国家出版基金资助项目

现代数学中的著名定理纵横谈丛书

丛书主编　王梓坤

SCHUR CONVEX FUNCTIONS AND INEQUALITIES

Schur凸函数与不等式

石焕南　著

哈爾濱工業大學出版社
HARBIN INSTITUTE OF TECHNOLOGY PRESS

内容提要

Schur 凸函数(Schur convex functions)是受控理论(Majorization theory)的核心概念,是比熟知的凸函数更为广泛的一类函数,有着广泛的应用. 本书介绍有关Schur 凸函数的基本理论和推广(包括 Schur 几何凸函数、Schur 调和凸函数、Schur 幂凸函数等),并且介绍了 Schur凸函数在不等式(包括平均值不等式、积分不等式、序列不等式、对称函数不等式和几何不等式等)方面的应用. 本书包含了国内外学者(主要是国内学者)近年来所获得的大量最新的研究成果,提供了六百多篇有关的参考文献.

本书适合数学研究人员、大学数学教师、研究生、本科生、中学数学教师及数学爱好者参考阅读.

图书在版编目(CIP)数据

Schur 凸函数与不等式/石焕南著. 一哈尔滨:哈尔滨工业大学出版社,2017.6

(现代数学中的著名定理纵横谈丛书)

ISBN 978-7-5603-6493-3

Ⅰ.①S… Ⅱ.①石… Ⅲ.①凸函数 Ⅳ.①O174.13

中国版本图书馆 CIP 数据核字(2017)第 042341 号

策划编辑 刘培杰 张永芹
责任编辑 张永芹 杜莹雪
封面设计 孙茵艾
出版发行 哈尔滨工业大学出版社
社　　址 哈尔滨市南岗区复华四道街 10 号 邮编 150006
传　　真 0451-86414749
网　　址 http://hitpress.hit.edu.cn
印　　刷 哈尔滨市石桥印务有限公司
开　　本 787mm×960mm 1/16 印张 50.75 字数 542 千字
版　　次 2017 年 6 月第 1 版 2017 年 6 月第 1 次印刷
书　　号 ISBN 978-7-5603-6493-3
定　　价 188.00 元

⊙代序

读书的乐趣

你最喜爱什么——书籍.

你经常去哪里——书店.

你最大的乐趣是什么——读书.

这是友人提出的问题和我的回答.真的,我这一辈子算是和书籍,特别是好书结下了不解之缘.有人说,读书要费那么大的劲,又发不了财,读它做什么?我却至今不悔,不仅不悔,反而情趣越来越浓.想当年,我也曾爱打球,也曾爱下棋,对操琴也有兴趣,还登台伴奏过.但后来却都一一断交,“终身不复鼓琴”.那原因便是怕花费时间,玩物丧志,误了我的大事——求学.这当然过激了一些.剩下来唯有读书一事,自幼至今,无日少废,谓之书痴也可,谓之书橱也可,管它呢,人各有志,不可相强.我的一生大志,便是教书,而当教师,不多读书是不行的.

读好书是一种乐趣,一种情操;一种向全世界古往今来的伟人和名人求教的方法，一种和他们展开讨论的方式；一封出席各种活动、体验各种生活、结识各种人物的邀请信；一张迈进科学官殿和未知世界的入场券；一股改造自己、丰富自己的强大力量．书籍是全人类有史以来共同创造的财富，是永不枯竭的智慧的源泉．失意时读书，可以使人重整旗鼓；得意时读书，可以使人头脑清醒；疑难时读书，可以得到解答或启示；年轻人读书，可明奋进之道；年老人读书，能知健神之理．浩浩乎！洋洋乎！如临大海，或波涛汹涌，或清风微拂，取之不尽，用之不竭．吾于读书，无疑义矣，三日不读，则头脑麻木，心摇摇无主．

潜能需要激发

我和书籍结缘，开始于一次非常偶然的机会．大概是八九岁吧，家里穷得揭不开锅，我每天从早到晚都要去田园里帮工．一天，偶然从旧木柜阴湿的角落里，找到一本蜡光纸的小书，自然很破了．屋内光线暗淡，又是黄昏时分，只好拿到大门外去看．封面已经脱落，扉页上写的是《薛仁贵征东》．管它呢，且往下看．第一回的标题已忘记，只是那首开卷诗不知为什么至今仍记忆犹新：

日出遥遥一点红，飘飘四海影无踪．

三岁孩童千两价，保主跨海去征东．

第一句指山东，二、三两句分别点出薛仁贵（雪、人贵）．那时识字很少，半看半猜，居然引起了我极大的兴趣，同时也教我认识了许多生字．这是我有生以来独立看的第一本书．尝到甜头以后，我便千方百计去找书，向小朋友借，到亲友家找，居然断断续续看了《薛丁山征西》《彭公案》《二度梅》等，樊梨花便成了我心中的女英雄.我真入迷了.从此,放牛也罢,车水也罢,我总要带一本书,还练出了边走田间小路边读书的本领,读得津津有味,不知人间别有他事.

当我们安静下来回想往事时,往往会发现一些偶然的小事却影响了自己的一生.如果不是找到那本《薛仁贵征东》,我的好学心也许激发不起来.我这一生,也许会走另一条路.人的潜能,好比一座汽油库,星星之火,可以使它雷声隆隆、光照天地;但若少了这粒火星,它便会成为一潭死水,永归沉寂.

抄,总抄得起

好不容易上了中学,做完功课还有点时间,便常光顾图书馆.好书借了实在舍不得还,但买不到也买不起,便下决心动手抄书.抄,总抄得起.我抄过林语堂写的《高级英文法》,抄过英文的《英文典大全》,还抄过《孙子兵法》,这本书实在爱得狠了,竟一口气抄了两份.人们虽知抄书之苦,未知抄书之益,抄完毫末俱见,一览无余,胜读十遍.

始于精于一,返于精于博

关于康有为的教学法,他的弟子梁启超说:"康先生之教,专标专精、涉猎二条,无专精则不能成,无涉猎则不能通也."可见康有为强烈要求学生把专精和广博(即"涉猎")相结合.

在先后次序上,我认为要从精于一开始.首先应集中精力学好专业,并在专业的科研中做出成绩,然后逐步扩大领域,力求多方面的精.年轻时,我曾精读杜布(J. L. Doob)的《随机过程论》,哈尔莫斯(P. R. Halmos)的《测度论》等世界数学名著,使我终身受益.简言之,即"始于精于一,返于精于博".正如中国革命一样，必须先有一块根据地，站稳后再开创几块，最后连成一片.

丰富我文采，澡雪我精神

辛苦了一周，人相当疲劳了，每到星期六，我便到旧书店走走，这已成为生活中的一部分，多年如此. 一次，偶然看到一套《纲鉴易知录》，编者之一便是选编《古文观止》的吴楚材. 这部书提纲挈领地讲中国历史，上自盘古氏，直到明末，记事简明，文字古雅，又富于故事性，便把这部书从头到尾读了一遍. 从此启发了我读史书的兴趣.

我爱读中国的古典小说，例如《三国演义》和《东周列国志》. 我常对人说，这两部书简直是世界上政治阴谋诡计大全. 即以近年来极时髦的人质问题(伊朗人质、劫机人质等)，这些书中早就有了，秦始皇的父亲便是受害者，堪称"人质之父".

《庄子》超尘绝俗，不屑于名利. 其中"秋水""解牛"诸篇，诚绝唱也.《论语》束身严谨，勇于面世，"己所不欲，勿施于人"，有长者之风. 司马迁的《报任少卿书》，读之我心两伤，既伤少卿，又伤司马；我不知道少卿是否收到这封信，希望有人做点研究. 我也爱读鲁迅的杂文，果戈理、梅里美的小说. 我非常敬重文天祥、秋瑾的人品，常记他们的诗句:"人生自古谁无死，留取丹心照汗青""休言女子非英物，夜夜龙泉壁上鸣". 唐诗、宋词、《西厢记》《牡丹亭》，丰富我文采，澡雪我精神，其中精粹，实是人间神品.

读了邓拓的《燕山夜话》，既叹服其广博，也使我动了写《科学发现纵横谈》的心. 不料这本小册子竟给我招来了上千封鼓励信. 以后人们便写出了许许多多的“纵横谈”.

从学生时代起,我就喜读方法论方面的论著.我想,做什么事情都要讲究方法,追求效率、效果和效益,方法好能事半而功倍.我很留心一些著名科学家、文学家写的心得体会和经验.我曾惊讶为什么巴尔扎克在51年短短的一生中能写出上百本书,并从他的传记中去寻找答案.文史哲和科学的海洋无边无际,先哲们的明智之光沐浴着人们的心灵,我衷心感谢他们的恩惠.

读书的另一面

以上我谈了读书的好处,现在要回过头来说说事情的另一面.

读书要选择.世上有各种各样的书:有的不值一看,有的只值看20分钟,有的可看5年,有的可保存一辈子,有的将永远不朽.即使是不朽的超级名著,由于我们的精力与时间有限,也必须加以选择.决不要看坏书,对一般书,要学会速读.

读书要多思考.应该想想,作者说得对吗?完全吗?适合今天的情况吗?从书本中迅速获得效果的好办法是有的放矢地读书,带着问题去读,或偏重某一方面去读.这时我们的思维处于主动寻找的地位,就像猎人追找猎物一样主动,很快就能找到答案,或者发现书中的问题.

有的书浏览即止,有的要读出声来,有的要心头记住,有的要笔头记录.对重要的专业书或名著,要勤做笔记,“不动笔墨不读书”.动脑加动手,手脑并用,既可加深理解,又可避忘备查,特别是自己的灵感,更要及时抓住.清代章学诚在《文史通义》中说:“札记之功必不可少,如不札记,则无穷妙绪如雨珠落大海矣.”

许多大事业、大作品,都是长期积累和短期突击相结合的产物.涓涓不息,将成江河;无此涓涓,何来江河?

爱好读书是许多伟人的共同特性,不仅学者专家如此,一些大政治家、大军事家也如此.曹操、康熙、拿破仑、毛泽东都是手不释卷,嗜书如命的人.他们的巨大成就与毕生刻苦自学密切相关.

王梓坤

作者简介

石焕南，男(1948—　)，湖南祁东人.

1. 基本简历

1962.9～1968.12，北京第五十七中学学习，1968届高中毕业生.

1968.12～1971.3，陕西省延川县文安驿公社下驿大队插队.

1971.3～1973.9，陕西省延川县革委会政工组通讯干事.

1976年毕业于北京师范大学数学系.

1976.8～1978.11，北京矿务局大安山煤矿职工子弟学校任教.

1980年自北京师范大学数学系高校师资班结业后调入北京联合大学师范学院工作直到2008年12月退休(期间于1984.9～1986在北京师苑大学数学系基础数学助教进修班进修硕士研究生课程).

2. 研教概况

2000年晋升为教授，2008年晋升为三级教授，所授“概率论与数理统计”课程被评为校级精品课程，多次获学院优秀科研成果一等奖，被评为北京联合大学2005～2007年度优秀教师.

曾担任学院学术委员会委员、《北京联合大学学报(自然科学版)》编委、全国不等式研究会副理事长、《不等式研究通讯》编委，现为全国不等式研究会顾问、全国初等数学研究会第三届理事会常务理事、《美国数学评论》评论员、澳大利亚国际不等式研究小组(RGMIA)成员. 发表论文 140 余篇，其中半数刊于国内核心期刊或境外期刊，20 多篇刊于 SCI 期刊. 2012 年在哈尔滨工业大学出版社出版专著《受控理论与解析不等式》.

在受控理论与解析不等式研究领域居国内领先水平，并引起国际关注，多次被邀参加国际不等式与应用大会，赴国内多所院校讲学. 2008 年 10 月赴澳大利亚国际不等式研究小组总部做短期学术访问. 2012 年参加了在韩国晋州由韩国庆尚大学(Gyeongsang National University)主办的国际"数学不等式和非线性泛函分析及其应用"的会议. 在历届全国不等式学术年会作大会发言，为全国第三届至第八届不等式年会学术委员会委员. 为《Computers and Math. Appl.》《Appl. Math. Letters》《J. Ineq. Appl.》《中国科学：A 辑》《数学学报》《应用数学与力学》等四十多家国内外期刊审稿.

3. **研究兴趣：**

(1)受控理论与不等式；

(2)凸函数与不等式；

(3)平均值与不等式；

(4)概率与不等式.

前　言

拙著《受控理论与解析不等式》自 2012 年 4 月由哈尔滨工业大学出版社出版后，受到国内同行的关注. 5 年间，书中所涉及的几乎所有问题都有了后续的研究成果. 本书《Schur 凸函数与不等式》是《受控理论与解析不等式》的再版，之所以更名为《Schur 凸函数与不等式》，是因为“受控理论”易与浑然不同的“控制理论”混淆，而 Schur 凸函数是受控理论的核心概念，故以它替代“受控理论”. 与《受控理论与解析不等式》相比较，本书的参考文献新增了近 160 余篇，基本上是近 5 年发表的，其中 94 篇是国内作者发表的（包括笔者及合作者的 27 篇）. 本书收录了这些新成果，并修补、纠正了《受控理论与解析不等式》一书中的诸多疏漏和错误，同时本书还新增了“Schur 凸函数与几何不等式”等章节.

这些年，国内受控理论的研究方兴未艾，硕果累累，愈加受到国际同行的关注. 令人欣慰的是涌现了一些受控理论研究的新人，例如张静、何灯、许谦、王文、龙波涌、王东生等.

感谢哈尔滨工业大学出版社刘培杰副社长建议我撰写此书，并得到哈尔滨工业大学出版社的出版资助，感谢刘培杰数学工作室这个优秀团队的精心编辑.

感谢李明老师等国内同行指出了《受控理论与解析不等式》中的多处疏漏.

感谢我的母校北京师范大学的王伯英教授和刘绍学教授对我科研工作的关心和鼓励.感谢胡克教授、王挽澜教授、刘证教授、匡继昌教授、续铁权教授、祁锋教授热心的指导和帮助.

衷心感谢我的家人对我始终不渝的呵护与照料,使我得以有足够的体力、精力和时间从事我钟爱的科研与写作.深深地怀念和感恩不久前去世的父亲石承忠,他含辛茹苦地养育了我及五个弟妹,教我一辈子老老实实做人,踏踏实实做事.

石焕南

2016 年 7 月 20 日

本书一般记号

这里列出本书常用的记号：

$\mathbf{R}=(-\infty,+\infty)$为实数集.

$\mathbf{R}_+=[0,\infty)$为非负实数集.

$\mathbf{R}_{++}=(0,\infty)$为正实数集.

$\mathbf{R}_-=(-\infty,0]$为非正实数集.

$\mathbf{R}_{--}=(-\infty,0)$为负实数集.

$\mathbf{N}=\{1,2,\cdots\}$为正整数集.

$\mathbf{Z}_+=\{0,1,2,\cdots\}$为非负整数集.

I 为实数轴上的开或闭区间.

$\mathbf{R}^n,\mathbf{R}^n_+,\mathbf{R}^n_{++},\mathbf{R}^n_-,\mathbf{R}^n_{--},\mathbf{Z}^n_+,I^n$ 分别表示具有 n 个相应分量的行向量的全体.

$\mathbf{R}^{m\times n},\mathbf{R}^{m\times n}_+,\mathbf{R}^{m\times n}_{++}$分别表示具有 $m\times n$ 个相应元素的 m 行 n 列矩阵的全体.

$C(I)$表示区间 I 上的连续函数空间.

$f\in C^n(I)$表示函数 f 具有 n 阶连续导数.

$f\in C^\infty(I)$表示函数 f 具有无穷阶连续导数.

对于 $\boldsymbol{x}=(x_1,\cdots,x_n)\in\mathbf{R}^n$，有

$$A(\boldsymbol{x})=\frac{1}{n}\sum_{i=1}^n x_i$$

$$G(\boldsymbol{x})=\Big(\prod_{i=1}^n x_i\Big)^{\frac{1}{n}}$$

$$H(\boldsymbol{x})=\frac{n}{\sum_{i=1}^{n}x_i^{-1}}$$

分别表示 $\boldsymbol{x}$ 的算术平均、几何平均、调和平均. $A(\boldsymbol{x})$有时也记作 $\bar{\boldsymbol{x}}$.

将 $\boldsymbol{x}$ 的分量排成递减的次序后,记作 $\boldsymbol{x}\downarrow=(x_{[1]},\cdots,x_{[n]})$,即 $x_{[1]}\geqslant\cdots\geqslant x_{[n]}$. 将 $\boldsymbol{x}$ 的分量排成递增的次序后,记作 $\boldsymbol{x}\uparrow=(x_{(1)},\cdots,x_{(n)})$,即 $x_{(1)}\leqslant\cdots\leqslant x_{(n)}$.

对于 $\boldsymbol{x}=(x_1,\cdots,x_n),\boldsymbol{y}=(y_1,\cdots,y_n)\in\mathbf{R}^n$:

$\boldsymbol{x}=\boldsymbol{y}$ 表示 $x_i=y_i,i=1,\cdots,n$;

$\boldsymbol{x}\leqslant\boldsymbol{y}$ 表示 $x_i\leqslant y_i,i=1,\cdots,n$;

$\boldsymbol{x}\geqslant\boldsymbol{0}$ 表示 $x_i\geqslant 0,i=1,\cdots,n$;

$\boldsymbol{x}\prec\boldsymbol{y}$ 表示 $\boldsymbol{x}$ 被 $\boldsymbol{y}$ 控制或 $\boldsymbol{y}$ 控制 $\boldsymbol{x}$;

$\boldsymbol{x}\prec\prec\boldsymbol{y}$ 表示 $\boldsymbol{x}$ 被 $\boldsymbol{y}$ 严格控制,或 $\boldsymbol{y}$ 严格控制 $\boldsymbol{x}$;

$\boldsymbol{x}\prec_w\boldsymbol{y}$ 表示 $\boldsymbol{x}$ 被 $\boldsymbol{y}$ 下(弱)控制;

$\boldsymbol{x}\prec^w\boldsymbol{y}$ 表示 $\boldsymbol{x}$ 被 $\boldsymbol{y}$ 上(弱)控制.

记

$$\nabla\varphi(\boldsymbol{x})=\left(\frac{\partial\varphi(\boldsymbol{x})}{\partial x_1},\cdots,\frac{\partial\varphi(\boldsymbol{x})}{\partial x_n}\right)\in\mathbf{R}^n$$

$$H(\boldsymbol{x})=\left(\frac{\partial^2\varphi(\boldsymbol{x})}{\partial x_i\partial x_j}\right)\in\mathbf{R}^{n\times n}$$

组合数 $\mathrm{C}_n^k=\dfrac{n!}{k!\ (n-k)!}$,规定 $\mathrm{C}_n^0=1$,当 $k>n$ 时,$\mathrm{C}_n^k=0$.

$\forall$ 表示对于一切,对于任意的.

$\exists$ 表示存在.

$\Rightarrow$表示蕴含,推出.

$\Leftrightarrow$表示充要条件,等价,当且仅当.

$\square$表示定理或命题证毕.

设 c, α, β, p 是常数，对于 $\boldsymbol{x}=(x_1,\cdots,x_n)$，$\boldsymbol{y}=(y_1,\cdots,y_n)\in\mathbf{R}^n$：

$c+\boldsymbol{x}$ 表示 $(c+x_1,\cdots,c+x_n)$，$\alpha\boldsymbol{x}^p$ 表示 $(\alpha x_1^p,\cdots,\alpha x_n^p)$；

$\ln\boldsymbol{x}$ 表示 $(\ln x_1,\cdots,\ln x_n)$，$\mathrm{e}^{\boldsymbol{x}}$ 表示 $(\mathrm{e}^{x_1},\cdots,\mathrm{e}^{x_n})$；

$\alpha\boldsymbol{x}+(1-\alpha)\boldsymbol{y}$ 表示 $(\alpha x_1+(1-\alpha)y_1,\cdots,\alpha x_n+(1-\alpha)y_n)$；

$(\alpha\boldsymbol{x}^{-1}+(1-\alpha)\boldsymbol{y}^{-1})^{-1}$ 表示 $((\alpha x_1^{-1}+(1-\alpha)y_1^{-1})^{-1},\cdots,(\alpha x_n^{-1}+(1-\alpha)y_n^{-1})^{-1})$；

$\boldsymbol{x}\boldsymbol{y}$ 表示 $(x_1y_1,\cdots,x_1y_1)$，$\boldsymbol{x}^\alpha\boldsymbol{y}^\beta$ 表示 $(x_1^\alpha y_1^\beta,\cdots,x_n^\alpha y_n^\beta)$，等.

目　录

目 录

引　言

不等式的种类五花八门，因此解决它们的技巧也就多彩多姿，不胜枚举，所以也就没有一些什么万灵的理论来对付不等式.

1923 年，Schur 把某类常见及有用的初等或高深的不等式归纳起来，演绎出一套较完备的理论用来处理具备某些特性的不等式，这就是受控理论，也称控制不等式理论.

受控理论的两个核心概念是控制关系(Majorization，见定义 1.3.1) 和 Schur 凸函数(Schur convex functions，见定义 2.1.1). 控制关系是向量间的一种较弱的次序关系，Schur 凸函数是比熟知的凸函数更为广泛的一类函数，二者的结合是导出不等式的十分有效的方法. 此种方法具有两个鲜明的特点，一是用此法证明不等式往往非常简洁，二是用此法建立不等式常常是“成批”的，它能把许多已有的从不同方法得来的不等式用一种统一的方法简便地推导出来.

在受控理论的研究中，有两项工作是重要而基础的，一是发现和建立向量间的控制关系，二是发现和证明各种 Schur 凸函数. 利用 Schur 凸函数判定定理(即定理2.1.3）是判定 Schur 凸函数的主要方法，此定理只依赖于函数的一阶偏导数，使用起来较为方便．因为控制关系深刻地描述了向量间的内在联系，一个新的控制关系与适当的 Schur 凸函数的结合，常常能繁衍出许多形形色色的有趣的不等式．下面列举一个我最初研究受控理论所接触到的初等例子，希望能引起读者的兴趣．

设 $x,y,z\geqslant 0,x+y+z=1$，则

$$0\leqslant xy+yz+zx-2xyz\leqslant \frac{7}{27} \tag{0.1}$$

这是第 25 届 IMO 试题，有多种证法．笔者发现式(0.1) 的如下等价形式

$$0\leqslant (1-x)(1-y)(1-z)-xyz\leqslant \left(1-\frac{1}{3}\right)^3-\left(\frac{1}{3}\right)^3 \tag{0.2}$$

由此考虑到它的高维推广：

设 $x_i\geqslant 0,i=1,2,\cdots,n$ 且 $\sum\limits_{i=1}^{n}x_i=1$，则

$$0\leqslant \prod_{i=1}^{n}(1-x_i)-\prod_{i=1}^{n}x_i\leqslant \left(1-\frac{1}{n}\right)^n-\left(\frac{1}{n}\right)^n \tag{0.3}$$

笔者采用逐步调整法证得上式（见文[85]），进而将式(0.3) 引申至初等对称函数的情形：

设 $\boldsymbol{x}\in \mathbf{R}_{+}^{n}$ 且 $E_1(\boldsymbol{x})=1$，则

$$0\leqslant E_k(1-\boldsymbol{x})-E_k(\boldsymbol{x})\leqslant \mathrm{C}_n^k\left[\left(1-\frac{1}{n}\right)^k-\left(\frac{1}{n}\right)^k\right] \tag{0.4}$$

其中

$$E_k(\boldsymbol{x}) = E_k(x_1,\cdots,x_n) = \sum_{1\leqslant i_1<\cdots<i_k\leqslant n}\prod_{j=1}^{k} x_{i_j},k = 1,\cdots,n$$

是 $\boldsymbol{x}$ 的第 k 个初等对称函数. 此时若采用初等或分析的方法证明式(0.4) 将不大轻松,而控制方法一蹴而就.

事实上,令 $\varphi(\boldsymbol{x})=E_k(1-\boldsymbol{x})-E_k(\boldsymbol{x})$,利用Schur凸函数判定定理,即定理 2.1.3 很容易证明 $\varphi(\boldsymbol{x})$ 是Schur 凹函数,于是结合简单的控制关系

$$\left(\frac{1}{n},\frac{1}{n},\cdots,\frac{1}{n}\right) \prec (x_1,x_2,\cdots,x_n) \prec (1,0,\cdots,0) \tag{0.5}$$

有

$$\varphi\left(\frac{1}{n},\frac{1}{n},\cdots,\frac{1}{n}\right) \geqslant \varphi(x_1,x_2,\cdots,x_n) \geqslant \varphi(1,0,\cdots,0)$$

即式(0.4) 成立.

式(0.4) 是差的形式,1996 年, 笔者就商的形式[74] 提出如下猜想:

设 $\boldsymbol{x} \in \mathbf{R}_{++}^n$,$E_1(\boldsymbol{x}) \leqslant 1$,则

$$\frac{E_k(1-\boldsymbol{x})}{E_k(\boldsymbol{x})} \geqslant (n-1)^k \tag{0.6}$$

该猜想提出后,引起不少国内同行的兴趣. 文[75]采用数学分析求极值的方法证明. 笔者[76] 给出一个初等证明,樊益武[77] 利用 Ky Fan 不等式[2]86 给出一个较为简洁的证明,而笔者最终得到如下控制证法可能是最为简洁的.

不妨设 $E_1(\boldsymbol{x})=1$,由式(1.4.2) 可得

$$\frac{1-\boldsymbol{x}}{n-1} = \left(\frac{1-x_1}{n-1},\cdots,\frac{1-x_n}{n-1}\right) \prec (x_1,\cdots,x_n) = \boldsymbol{x} \tag{0.7}$$

结合 $E_k(\boldsymbol{x})$ 在 $\mathbf{R}_{++}^n$ 上的 S－凹性(参见定理 3.1.9)有

$$E_k\left(\frac{1-\boldsymbol{x}}{n-1}\right) \geqslant E_k(\boldsymbol{x})$$

由此即得证.

此证法如此简洁，令笔者第一次深切地感受到了控制方法的威力与妙趣.

本书内容只限于受控理论的基础理论部分，主要应用于分析和几何不等式，故只要具备高等数学和线性代数的基本知识，就可以读懂本书的绝大部分内容，而且大部分的内容高中生也可以接受，书中有不少内容涉及高中奥数和大学生数学竞赛题. 苦于科研选题的分析方向的研究生或许可以从本书找到他们较易切入的课题. 我的老师王伯英教授主要应用受控理论于矩阵不等式，我侧重于分析不等式，并发表了 80 余篇此类论文. 由于受控理论的应用面非常广泛，其他专业的研究生当掌握了本书介绍的基础知识后，再结合自己的专业，我想将大有作为.

控制不等式

第一章

1.1 增函数与凸函数

本节的定义和定理均引自专著[1].

定义 1.1.1 设集合 $\Omega \subset \mathbf{R}^n$，$\varphi$：$\Omega \to \mathbf{R}$，若对于任意的 $\boldsymbol{x} \in \Omega$ 和任意的置换矩阵 $\boldsymbol{G}$ 都有 $\boldsymbol{xG} \in \Omega$，则称 Ω 为对称集. 若对于任意的 $\boldsymbol{x} \in \Omega$ 和任意的置换矩阵 $\boldsymbol{G}$ 都有 $\varphi(\boldsymbol{xG}) = \varphi(\boldsymbol{x})$，则称 φ 为对称集 Ω 上的对称函数.

定义 1.1.2 设 $\Omega \subset \mathbf{R}^n$，$\varphi$：$\Omega \to \mathbf{R}$：

(a) 若 $\forall \boldsymbol{x},\boldsymbol{y}\in\Omega,\boldsymbol{x}\leqslant\boldsymbol{y}\Rightarrow\varphi(\boldsymbol{x})\leqslant\varphi(\boldsymbol{y})$,则称 φ 为 Ω 上的增函数;若 $\forall \boldsymbol{x},\boldsymbol{y}\in\Omega,\boldsymbol{x}\leqslant\boldsymbol{y}$ 且 $\boldsymbol{x}\neq\boldsymbol{y}\Rightarrow\varphi(\boldsymbol{x})<\varphi(\boldsymbol{y})$,则称 φ 为 Ω 上的严格增函数;若 $-\varphi$ 是 Ω 上的(严格)增函数,则称 φ 为 Ω 上的(严格)减函数.

(b) 若 $\forall \boldsymbol{x},\boldsymbol{y}\in\mathbf{R}^n,\alpha\in[0,1]$ 总有 $\alpha\boldsymbol{x}+(1-\alpha)\boldsymbol{y}\in\Omega$,则称 Ω 为凸集.

(c) 设 Ω 为凸集,若 $\forall \boldsymbol{x},\boldsymbol{y}\in\Omega,\alpha\in[0,1]$,总有

$$\varphi(\alpha\boldsymbol{x}+(1-\alpha)\boldsymbol{y})\leqslant\alpha\varphi(\boldsymbol{x})+(1-\alpha)\varphi(\boldsymbol{y})\tag{1.1.1}$$

则称 φ 为 Ω 上的凸函数.若 $\forall \boldsymbol{x},\boldsymbol{y}\in\Omega,\boldsymbol{x}\neq\boldsymbol{y},\alpha\in(0,1)$,式(1.1.1)为严格不等式,则称 φ 为 Ω 上的严格凸函数.若 $-\varphi$ 是 Ω 上的(严格)凸函数,则称 φ 为 Ω 上的(严格)凹函数.

注 1.1.1[2]413　若式(1.1.1)中的 α 只取 $\frac{1}{2}$ 成立时,即

$$\varphi\left(\frac{\boldsymbol{x}+\boldsymbol{y}}{2}\right)\leqslant\frac{\varphi(\boldsymbol{x})+\varphi(\boldsymbol{y})}{2}\tag{1.1.2}$$

则称 φ 为 Ω 上的中点凸函数,又称 Jensen 意义上的凸函数,简称 J-凸函数.显然凸函数一定是 J-凸函数.反之,在连续条件下,J-凸函数也是凸函数.

受控理论与凸函数有着密切的关系.这里不加证明地给出以后要用到的凸函数的性质.

定理 1.1.1　设 g 在开区间 $I\subset\mathbf{R}$ 上可微,则:

(a) g 是 I 上的增函数 $\Leftrightarrow g'(t)\geqslant 0,\forall t\in I$;

(b) 若 $\forall t\in I$,有 $g'(t)>0$,则 g 是 I 上的严格增函数.

定理 1.1.2　设 g 在开凸集 $I\subset\mathbf{R}$ 上二次可微,则:

(a) g 是 I 上的凸函数 $\Leftrightarrow g''(t) \geqslant 0, \forall t \in I$;

(b) 若 $\forall t \in I$,有 $g''(t) > 0$,则 g 是I 上的严格凸函数.

上述两个定理是微积分中熟知的结果.下面的定理使我们可以把多元函数的凸性转换为一元函数来判断.

定理 1.1.3　设$\Omega \subset \mathbf{R}^n$ 是开凸集,$\varphi:\Omega \to \mathbf{R}$,对于 $\boldsymbol{x},\boldsymbol{y} \in \Omega$,定义$(0,1)$ 上的一元函数 $g(t)=\varphi(t\boldsymbol{x}+(1-t)\boldsymbol{y})$,则有:

(a) φ 是Ω 上的凸函数$\Leftrightarrow \forall \boldsymbol{x},\boldsymbol{y} \in \Omega$,$g$ 是$(0,1)$ 上的凸函数;

(b) φ 是Ω 上的严格凸函数$\Leftrightarrow \forall \boldsymbol{x},\boldsymbol{y} \in \Omega, \boldsymbol{x} \neq \boldsymbol{y}$,$g$ 是$(0,1)$ 上的严格凸函数.

定理 1.1.4　设 φ 在开凸集$\Omega \subset \mathbf{R}^n$ 上可微,则:

(a) φ 是Ω 上的增函数 $\Leftrightarrow \forall \boldsymbol{x} \in \Omega$,有 $\nabla \varphi(\boldsymbol{x}) = \left(\frac{\partial \varphi(\boldsymbol{x})}{\partial x_1},\cdots,\frac{\partial \varphi(\boldsymbol{x})}{\partial x_n}\right) \geqslant \mathbf{0}$;

(b) 若 $\forall \boldsymbol{x} \in \Omega$,有 $\nabla \varphi(\boldsymbol{x}) > \mathbf{0}$,则 φ 是Ω 上的严格增函数.

定理 1.1.5　设 φ 在开凸集$\Omega \subset \mathbf{R}^n$ 上二次可微,则:

(a) φ 是Ω 上的凸函数$\Leftrightarrow$Hesse矩阵 $\boldsymbol{H}(\boldsymbol{x})$ 在Ω上是非负定的;

(b) 若 $\boldsymbol{H}(\boldsymbol{x})$ 在Ω 上是正定的,则 φ 是Ω 上的严格凸函数.

定理 1.1.6　设$\Omega \subset \mathbf{R}^n$,$\varphi_i:\Omega \to \mathbf{R}$,$i=1,\cdots,k$,$h:\mathbf{R}^k \to \mathbf{R}$,$\psi(\boldsymbol{x})=h(\varphi_1(\boldsymbol{x}),\varphi_2(\boldsymbol{x}),\cdots,\varphi_k(\boldsymbol{x}))$:

(a) 若每个 φ_i 是凸的,h 是增且凸的,则 ψ 是凸的;

(b) 若每个 φ_i 是凹的,h 是减且凸的,则 ψ 是凸的;

(c) 若每个 φ_i 是凸的,h 是减且凹的,则 ψ 是凹的;

(d) 若每个 φ_i 是凹的,h 是增且凹的,则 ψ 是凹的.

推论 1.1.1 设 $\Omega \subset \mathbf{R}^n$,$\varphi:\Omega \to \mathbf{R}$:

(a) 若 $\ln \varphi$ 为凸的,则 φ 为凸的;

(b) 若 φ 为凹的,则 $\ln \varphi$ 为凹的.

定理 1.1.7 设 $g:I \to \mathbf{R}$,$\varphi:\mathbf{R}^n \to \mathbf{R}$,$\psi(\boldsymbol{x}) = \varphi(g(x_1),\cdots,g(x_n))$:

(a) 若 g 是凸的,φ 是增且凸的,则 ψ 是凸的;

(b) 若 g 是凹的,φ 是减且凸的,则 ψ 是凸的;

(c) 若 g 是凸的,φ 是减且凹的,则 ψ 是凹的;

(d) 若 g 是凹的,φ 是增且凹的,则 ψ 是凹的.

由定理 1.1.6 和定理 1.1.7 可得如下两个推论.

推论 1.1.2 设 φ_i 是 $\Omega \subset \mathbf{R}^n$ 上的凸(凹) 函数,$a_i > 0, i=1,\cdots,k$,则 $\psi=\sum_{i=1}^{k} a_i\varphi_i$ 仍是凸(凹) 函数;又若有一个 φ_i 是严格凸(凹) 的,则 ψ 是严格凸(凹) 函数.

推论 1.1.3 设 g 是 $I \subset \mathbf{R}$ 上的凸(凹) 函数,$a_i > 0, i=1,\cdots,n$,则 $\psi(\boldsymbol{x})=\sum_{i=1}^{n} a_i g(x_i)$ 是凸(凹) 函数;又若 g 是严格凸(凹) 的,则 ψ 也是严格凸(凹) 的.

例 1.1.1[3] 二元函数 $\varphi(x,y)=\dfrac{x^2}{2a^2}+\dfrac{y^2}{2b^2}$ 是 $\mathbf{R}_{++}^2$ 上的凸函数,其中 $a>0,b>0$.

证明 $g(t)=t^2$ 是 $\mathbf{R}_{++}$ 上的凸函数,又 $\dfrac{1}{2a^2}>0$,$\dfrac{1}{2b^2}>0$,由推论 1.1.3 即得证.

注 1.1.2　在判断多元函数的凸性时，注意充分利用凸函数的性质做判断，比之前利用定理 1.1.5 做判定往往要简单直接些. 此例的证明就比原文的证明简洁.

例 1.1.2[4]136　下列函数是 $\mathbf{R}^n$ 上的凸函数：

(ⅰ) $\psi(\boldsymbol{x})=\left(\sum\limits_{i=1}^{n}x_i^2\right)^{\frac{p}{2}}, p\geqslant 1$；

(ⅱ) $\psi(\boldsymbol{x})=\left(1+\sum\limits_{i=1}^{n}x_i^2\right)^{\sum\limits_{i=1}^{n}x_i^2}$；

(ⅲ) $\psi(\boldsymbol{x})=\left(1+\sum\limits_{i=1}^{n}x_i^2\right)^{\frac{p}{2}}, p\geqslant 1$.

证明　只证函数(ⅱ)，其余留给读者. 类似于例 1.1.1 可证 $\varphi:\mathbf{R}^n\to\mathbf{R}_+$，$\varphi(\boldsymbol{x})=\sum\limits_{i=1}^{n}x_i^2$ 是凸的，令 $h:\mathbf{R}_+\to\mathbf{R}_{++}$，$h(t)=(1+t)^t$，经计算

$$h'(t)=\left[\ln(1+t)+\frac{t}{1+t}\right]h(t)\geqslant 0$$

$$h''(t)=\left[\ln(1+t)+\frac{t}{1+t}\right]^2h(t)+\frac{2+t}{(1+t)^2}h(t)\geqslant 0$$

故 $h(t)$ 在 $\mathbf{R}_+^n$ 上增且凸，从而由定理 1.1.6(a) 知 $\psi(\boldsymbol{x})$ 是 $\mathbf{R}^n$ 上的凸函数.

下面给出利用定理 1.1.5 判断多元函数凸性的例子.

例 1.1.3[5]　设 $\boldsymbol{a},\boldsymbol{x}\in\mathbf{R}_{++}^n$，$\sum\limits_{i=1}^{n}x_i=1$，证明：$l(\boldsymbol{a})=a_1^{x_1}\cdots a_n^{x_n}$ 关于 $\boldsymbol{a}$ 为 $\mathbf{R}_{++}^n$ 上的凹函数.

证明　经计算 $l(\boldsymbol{a})$ 的 Hesse 矩阵为

$$\begin{pmatrix} \frac{x_1(x_1-1)l(\boldsymbol{a})}{a_1^2} & \frac{x_1x_2l(\boldsymbol{a})}{a_1a_2} & \cdots & \frac{x_1x_nl(\boldsymbol{a})}{a_1a_n} \\ \frac{x_1x_2l(\boldsymbol{a})}{a_1a_2} & \frac{x_2(x_2-1)l(\boldsymbol{a})}{a_2^2} & \cdots & \frac{x_2x_nl(\boldsymbol{a})}{a_2a_n} \\ \vdots & \vdots & & \vdots \\ \frac{x_1x_nl(\boldsymbol{a})}{a_1a_n} & \frac{x_2x_nl(\boldsymbol{a})}{a_2a_n} & \cdots & \frac{x_n(x_n-1)l(\boldsymbol{a})}{a_n^2} \end{pmatrix} \tag{1.1.3}$$

我们若用 det 表示对矩阵取行列式运算，则矩阵(1.1.3) 的第 $i(1 \leqslant i \leqslant n)$ 个顺序主子式为

$$\det\begin{pmatrix} \frac{x_1(x_1-1)l(\boldsymbol{a})}{a_1^2} & \frac{x_1x_2l(\boldsymbol{a})}{a_1a_2} & \cdots & \frac{x_1x_il(\boldsymbol{a})}{a_1a_i} \\ \frac{x_1x_2l(\boldsymbol{a})}{a_1a_2} & \frac{x_2(x_2-1)l(\boldsymbol{a})}{a_2^2} & \cdots & \frac{x_2x_il(\boldsymbol{a})}{a_2a_i} \\ \vdots & \vdots & & \vdots \\ \frac{x_1x_il(\boldsymbol{a})}{a_1a_i} & \frac{x_2x_il(\boldsymbol{a})}{a_2a_i} & \cdots & \frac{x_i(x_i-1)l(\boldsymbol{a})}{a_i^2} \end{pmatrix} =$$

$$l^i(\boldsymbol{a})\prod_{j=1}^{i}\left(\frac{x_j}{a_j}\right)^2 \cdot \det\begin{pmatrix} 1-\frac{1}{x_1} & 1 & \cdots & 1 \\ 1 & 1-\frac{1}{x_2} & \cdots & 1 \\ \vdots & \vdots & & \vdots \\ 1 & 1 & \cdots & 1-\frac{1}{x_i} \end{pmatrix} = \cdots =$$

$$(-1)^i \cdot l^i(\boldsymbol{a})\left[1-x_1-x_2-\cdots-x_i\right] \cdot \prod_{j=1}^{i}\frac{x_j}{a_j^2}$$

上式的符号由 $(-1)^i$ 确定，由半负定矩阵的判别法[6]8-9 知式(1.1.3) 为半负定矩阵，从而据定理1.1.5 知 $l(\boldsymbol{a})=a_1^{x_1}a_2^{x_2}\cdots a_n^{x_n}$ 为凹函数.

由上例可见，二元以上的凸函数的判定是一件比

较繁杂的事.

1.2　凸函数的推广

广义的凸函数种类繁多,本节只介绍后面要涉及的几类.

1.2.1　对数凸函数

定义 1.2.1　设 $\Omega \subset \mathbf{R}^n$,$\varphi:\Omega \to \mathbf{R}_{++}$,若 $\ln \varphi$ 为 Ω 上的凸函数,即 $\forall \boldsymbol{x},\boldsymbol{y} \in \mathbf{R}^n$,$\alpha \in [0,1]$,有

$$\varphi(\alpha \boldsymbol{x} + (1-\alpha)\boldsymbol{y}) \leqslant \varphi^{\alpha}(\boldsymbol{x})\varphi^{1-\alpha}(\boldsymbol{y})$$

则称 φ 为 Ω 上的对数凸函数(Logarithmically convex function).若上述不等式反向,则称函数 φ 为 Ω 上的对数凹函数.

定理 1.2.1[7]　设区间 $I \subset \mathbf{R}$,$\varphi:I \to \mathbf{R}_{++}$,则 φ 为 I 上的对数凸函数,当且仅当 $\forall a \in \mathbf{R}$,$\mathrm{e}^{ax}\varphi(x)$ 为 I 上的凸函数.

1.2.2　弱对数凸函数

定义 1.2.2[8]　设 $\varphi(x)$ 为区间 I 上的正值函数,若 $\forall x_1,x_2 \in I$,有

$$\varphi\left(\frac{x_1+x_2}{2}\right) \leqslant \sqrt{\varphi(x_1)\varphi(x_2)} \tag{1.2.1}$$

则称 $\varphi(x)$ 为 I 上的弱对数凸函数(Weakly logarithmically convex function),若式(1.2.1)中的不等号反向,则称 $\varphi(x)$ 为 I 上的弱对数凹函数.

关于弱对数凸(凹)函数,关开中[9]得到了下列结

论：

定理 1.2.2 设 $\varphi(x)$ 为区间 I 上的弱对数凸函数，$x_k \in I, k=1,2,\cdots,n$，则有

$$\varphi\left(\frac{1}{n}\sum_{k=1}^{n} x_k\right) \leqslant \prod_{k=1}^{n}(\varphi(x_k))^{\frac{1}{n}} \tag{1.2.2}$$

若 $\varphi(x)$ 为区间 I 上的弱对数凹函数，则式(1.2.2)的不等号反向.

定理 1.2.3[10] 设 $\varphi(x)$ 为区间 I 上具有二阶导数的正值函数，那么：

(a) $\varphi(x)$ 是区间 I 上的弱对数凸函数 $\Leftrightarrow$ $(\varphi'(x))^2 \leqslant \varphi(x)\varphi''(x)$ 或 $\dfrac{\varphi'(x)}{\varphi(x)}$ 递增，$x \in I$；

(b) $\varphi(x)$ 是区间 I 上的弱对数凹函数 $\Leftrightarrow$ $(\varphi'(x))^2 \geqslant \varphi(x)\varphi''(x)$ 或 $\dfrac{\varphi'(x)}{\varphi(x)}$ 递减，$x \in I$.

1.2.3 **几何凸函数**

定义 1.2.3 设 $\Omega \subset \mathbf{R}_{++}^n$，$\varphi: \Omega \to \mathbf{R}_{++}$：

(a) 若 $\forall \boldsymbol{x}, \boldsymbol{y} \in \mathbf{R}_{++}^n$，$\alpha \in [0,1]$，有 $\boldsymbol{x}^{\alpha}\boldsymbol{y}^{1-\alpha} \in \Omega$，则称 Ω 为几何凸集，亦称对数凸集；

(b) 设 Ω 为几何凸集，若 $\forall \boldsymbol{x}, \boldsymbol{y} \in \mathbf{R}_{++}^n$，$\alpha \in [0,1]$，有 $\varphi(\boldsymbol{x}^{\alpha}\boldsymbol{y}^{1-\alpha}) \leqslant \varphi^{\alpha}(\boldsymbol{x})\varphi^{1-\alpha}(\boldsymbol{y})$，则称 φ 为 Ω 上的几何凸函数(Geometrically convex function). 若上述不等式反向，则称 φ 为 Ω 上的几何凹函数.

定理 1.2.4[11] 设 $I \subseteq \mathbf{R}_{++}$ 为一区间，$f: I \to \mathbf{R}_{++}$ 连续，则以下四个结论彼此等价：

(a) 任取 $x_1, x_2 \in I$，恒有

$$f(\sqrt{x_1 x_2}) \leqslant \sqrt{f(x_1) f(x_2)} \tag{1.2.3}$$

(b) 任取 $x_1,x_2\in I,\alpha,\beta>0$ 且 $\alpha+\beta=1$,恒有

$$f(x_1^{\alpha}x_2^{\beta})\leqslant f^{\alpha}(x_1)f^{\beta}(x_2) \tag{1.2.4}$$

(c) 任取 $n\in\mathbf{N},n\geqslant 2$,和 $x_1,\cdots,x_n\in I$,恒有

$$f\left(\sqrt[n]{\prod_{i=1}^{n}x_i}\right)\leqslant\sqrt[n]{\prod_{i=1}^{n}f(x_i)} \tag{1.2.5}$$

(d) 任取 $n\in\mathbf{N},n\geqslant 2,x_1,\cdots,x_n\in I$,和 $0<\lambda_1,\cdots,\lambda_n<1$,且 $\sum_{i=1}^{n}\lambda_i=1$,恒有

$$f\left(\prod_{i=1}^{n}x_i^{\lambda_i}\right)\leqslant\prod_{i=1}^{n}f^{\lambda_i}(x_i) \tag{1.2.6}$$

定理 1.2.5[12]84 (a) 设 $\Omega\subset\mathbf{R}_{++}^n$,$\varphi$ 为 Ω 上的几何凸(凹) 函数,则 $\ln\varphi(\mathrm{e}^{\boldsymbol{x}})$ 为 $\ln\Omega=\{\ln\boldsymbol{x}\mid\boldsymbol{x}\in\Omega\}$ 上的凸(凹) 函数.

(b) 设 $\Omega\subset\mathbf{R}^n$,$\varphi$ 为 Ω 上的凸(凹) 函数,则 $\mathrm{e}^{\varphi(\ln\boldsymbol{x})}$ 为 $\mathrm{e}^{\Omega}=\{\mathrm{e}^{\boldsymbol{x}}\mid\boldsymbol{x}\in\Omega\}$ 上的几何凸(凹) 函数.

定理 1.2.6[13] 设区间 $I\subset\mathbf{R}_{++}$,函数 $\varphi:I\to\mathbf{R}_{++}$ 可导,则下述命题等价:

(a) φ 几何凸;

(b) 函数 $\dfrac{x\varphi'(x)}{\varphi(x)}$ 非减;

(c) $\forall x,y\in I$,有

$$\frac{\varphi(x)}{\varphi(y)}\geqslant\left(\frac{x}{y}\right)^{\frac{y\varphi'(y)}{\varphi(y)}}$$

进一步,若 φ 二阶可导,则 φ 为几何凸(凹) 函数当且仅当 $\forall x\in I$,有

$$x[\varphi(x)\varphi''(x)-(\varphi'(x))^2]+\varphi(x)\varphi'(x)\geqslant(\leqslant)0 \tag{1.2.7}$$

例 1.2.1 设 $\varphi=\varphi(x)=\operatorname{th}x$,则:

(ⅰ)φ 是 $\mathbf{R}_{++}$ 上单调递增的凹函数；

(ⅱ)φ 是 $\mathbf{R}_{++}$ 上的几何凹函数；

(ⅲ)$\forall x_1, x_2 \in \mathbf{R}_{++}$，有

$$\operatorname{th}\sqrt{x_1x_2} \geqslant \operatorname{th}\sqrt{x_1} \cdot \operatorname{th}\sqrt{x_2} \tag{1.2.8}$$

证明 (ⅰ)当 $x>0$ 时，有 $\operatorname{sh} x \geqslant 0, \operatorname{ch} x \geqslant 1$ 和 $0<\operatorname{th} x \leqslant 1$. 由 $\varphi'=\dfrac{1}{\operatorname{ch}^2 x} \geqslant 0$ 知 $\varphi=\operatorname{th} x$ 在 $\mathbf{R}_{++}$ 上递增，而由 $\varphi''=\dfrac{-2\operatorname{sh} x}{\operatorname{ch}^3 x} \leqslant 0$ 知 $\varphi=\operatorname{th} x$ 是 $\mathbf{R}_{++}$ 上的凹函数.

(ⅱ)记 $\Delta=x\varphi\varphi''-x\varphi'^2+\varphi\varphi'$，有

$$\Delta=\frac{-2x\operatorname{th} x\operatorname{sh} x}{\operatorname{ch}^3 x}-\frac{x}{\operatorname{ch}^4 x}+\frac{\operatorname{th} x}{\operatorname{ch}^2 x}=$$
$$\frac{\operatorname{th} x\operatorname{ch}^2 x-2x\operatorname{th} x\operatorname{sh} x\operatorname{ch} x-x}{\operatorname{ch}^4 x}=\frac{\psi(x)}{\operatorname{ch}^4 x}$$

其中

$$\psi(x)=\operatorname{th} x\operatorname{ch}^2 x-x\operatorname{th} x\operatorname{sh} 2x-x$$

由

$$\psi'(x)=1+\operatorname{th} x\operatorname{sh} 2x-\operatorname{th} x\operatorname{sh} 2x-$$
$$x(\operatorname{th} x\operatorname{sh} 2x)'-1=$$
$$-x\left(\frac{\operatorname{sh} 2x}{\operatorname{ch}^2 x}+2\operatorname{th} x\operatorname{ch} 2x\right) \leqslant 0$$

知 $\psi(x)$ 是递减函数. 因此当 $x>0$ 时，有 $\operatorname{th} x\operatorname{ch}^2 x-x\operatorname{th} x\operatorname{sh} 2x-x \leqslant 0$，进而$\Delta \leqslant 0$. 由定理 1.2.6 知 $\varphi=\operatorname{th} x$ 在 $\mathbf{R}_{++}$ 上几何凹.

(ⅲ)由情形(ⅱ)和定义 1.2.3 立得式(1.2.8).

不难验证对数凸函数与几何凸函数有如下关系：

定理 1.2.7[12]30 若 φ 在 $I \subset \mathbf{R}_{++}^n$ 是对数凸(凹)函数，且 φ 递增(递减)，则 φ 几何凸(凹).

1.2.4　调和凸函数

定义 1.2.4　设 $\Omega\subset\mathbf{R}_{++}^{n}$，$\varphi:\Omega\to\mathbf{R}_{++}$：

(a) 若 $\forall\,\boldsymbol{x},\boldsymbol{y}\in\mathbf{R}_{++}^{n}$，$\alpha\in[0,1]$，有 $(\alpha\boldsymbol{x}^{-1}+(1-\alpha)\boldsymbol{y}^{-1})^{-1}\in\Omega$，则称 Ω 是调和凸集；

(b) 设 Ω 为调和凸集，若 $\forall\,\boldsymbol{x},\boldsymbol{y}\in\mathbf{R}^{n}$，$\alpha\in[0,1]$，有

$$\varphi((\alpha\boldsymbol{x}^{-1}+(1-\alpha)\boldsymbol{y}^{-1})^{-1})\leqslant (\alpha(\varphi(\boldsymbol{x}))^{-1}+(1-\alpha)(\varphi(\boldsymbol{y}))^{-1})^{-1}$$

则称函数 φ 为 Ω 上的调和凸函数(Harmonically convex function). 若上述不等式反向，则称函数 φ 为 Ω 上的调和凹函数.

定理 1.2.8[14]　设 $(a,b)\subset\mathbf{R}_{++}$，$\varphi$ 为 (a,b) 上的正值函数，则 φ 为 (a,b) 上的调和凸(凹)函数的充要条件是 $(\varphi(x^{-1}))^{-1}$ 为 (b^{-1},a^{-1}) 上的凹(凸)函数.

定理 1.2.9[15]　设区间 $I\subset\mathbf{R}_{++}$ 为调和凸集，$\varphi:I\to\mathbf{R}_{++}$ 二阶可导. 若 $\forall\,x\in I$，有

$$x[2(\varphi'(x))^2-\varphi(x)\varphi''(x)]-2\varphi(x)\varphi'(x)\leqslant(\geqslant)0 \tag{1.2.9}$$

则 φ 在 Ω 上调和凸(凹).

1.2.5　*MN* 凸函数

Anderson[16] 就一元凸函数做了较系统的推广.

定义 1.2.5　若函数 $M:\mathbf{R}_{++}^{2}\to\mathbf{R}_{++}$ 满足：

(a) $M(x,y)=M(y,x)$；

(b) $M(x,x)=x$；

(c) $x<M(x,y)<y$，其中 $x<y$；

(d) $M(ax,ay)=aM(x,y)$，$\forall\,a>0$.

则称 M 为一个均值函数.

例如：

$M(x,y)=A(x,y)=\dfrac{x+y}{2}$ 为算术平均；

$M(x,y)=G(x,y)=\sqrt{xy}$ 为几何平均；

$M(x,y)=H(x,y)=\dfrac{1}{A\left(\frac{1}{x},\frac{1}{y}\right)}$ 为调和平均；

$M(x,y)=L(x,y)=\dfrac{x-y}{\ln x-\ln y}$ 为对数平均；

$M(x,y)=I(x,y)=\left(\dfrac{1}{\mathrm{e}}\right)\left(\dfrac{x^x}{y^y}\right)^{\frac{1}{x-y}}$ 为指数平均.

定义 1.2.6 设 $I\subset\mathbf{R}_{++}$，$\varphi:I\to\mathbf{R}_{++}$ 连续，又设 M,N 是任意两个均值函数. 若 $\forall\, x,y\in I$，有 $\varphi(M(x,y))\leqslant(\geqslant)N(\varphi(x),\varphi(y))$，则称 φ 为 MN 凸(凹)函数.

AA 凸函数就是通常的凸函数，GG 凸函数就是几何凸函数，AG 凸函数就是弱对数凸函数.

定理 1.2.10 设开区间 $I\subset\mathbf{R}_{++}$，$\varphi:I\to\mathbf{R}_{++}$ 连续. 在下面(d) ~ (i) 中设 $I=(0,b)$，$0<b<\infty$，则：

(a) φ 是 AA 凸(凹)的 $\Leftrightarrow\varphi$ 是凸(凹)的；

(b) φ 是 AG 凸(凹)的 $\Leftrightarrow\ln\varphi$ 是凸(凹)的；

(c) φ 是 AH 凸(凹)的 $\Leftrightarrow\dfrac{1}{\varphi}$ 是凹(凸)的；

(d) φ 在 I 上 GA 凸(凹) $\Leftrightarrow\varphi(b\mathrm{e}^{-t})$ 在 $\mathbf{R}_{++}$ 上是凸(凹)的；

(e) φ 在 I 上 GG 凸(凹) $\Leftrightarrow\ln\varphi(b\mathrm{e}^{-t})$ 在 $\mathbf{R}_{++}$ 上是凸(凹)的；

(f) φ 在 I 上 GH 凸(凹) $\Leftrightarrow\dfrac{1}{\varphi(b\mathrm{e}^{-t})}$ 在 $\mathbf{R}_{++}$ 上是凹

（凸）的；

(g)φ 在 I 上 HA 凸(凹)$\Leftrightarrow \varphi\left(\frac{1}{x}\right)$ 在 $\left(\frac{1}{b},\infty\right)$ 上是凸(凹) 的；

(h)φ 在 I 上 HG 凸(凹)$\Leftrightarrow \ln \varphi\left(\frac{1}{x}\right)$ 在 $\left(\frac{1}{b},\infty\right)$ 上是凸(凹) 的；

(i)φ 在 I 上 HH 凸(凹)$\Leftrightarrow \dfrac{1}{\varphi\left(\frac{1}{x}\right)}$ 在 $\left(\frac{1}{b},\infty\right)$ 上是凹(凸) 的.

推论 1.2.1　设开区间 $I\subset \mathbf{R}_{++}$, $\varphi: I\rightarrow \mathbf{R}_{++}$ 可导. 在下面(d) ~ (i) 中设 $I=(0,b)$, $0<b<\infty$, 则：

(a)φ 是 AA 凸(凹) 的 $\Leftrightarrow \varphi'(x)$ 是增(减) 的；

(b)φ 是 AG 凸(凹) 的 $\Leftrightarrow \dfrac{\varphi'(x)}{\varphi(x)}$ 是增(减) 的；

(c)φ 是 AH 凸(凹) 的 $\Leftrightarrow \dfrac{\varphi'(x)}{\varphi(x)^2}$ 是增(减) 的；

(d)φ 在 I 上 GA 凸(凹)$\Leftrightarrow x\varphi'(x)$ 是增(减) 的；

(e)φ 在 I 上 GG 凸(凹)$\Leftrightarrow \dfrac{x\varphi'(x)}{\varphi(x)}$ 是增(减) 的；

(f)φ 在 I 上 GH 凸(凹)$\Leftrightarrow \dfrac{x\varphi'(x)}{\varphi(x)^2}$ 是增(减) 的；

(g)φ 在 I 上 HA 凸(凹)$\Leftrightarrow x^2\varphi'(x)$ 是增(减) 的；

(h)φ 在 I 上 HG 凸(凹)$\Leftrightarrow \dfrac{x^2\varphi'(x)}{\varphi(x)}$ 是增(减) 的；

(i)φ 在 I 上 HH 凸(凹)$\Leftrightarrow \dfrac{x^2\varphi'(x)}{\varphi(x)^2}$ 是增(减) 的.

注 1.2.1　因为 $H(x,y)\leqslant G(x,y)\leqslant A(x,y)$，有：

(ⅰ)φ 是 AH 凸的 $\Rightarrow\varphi$ 是 AG 凸的 $\Rightarrow\varphi$ 是 AA 凸

的；

（ⅱ）φ 是 GH 凸的 $\Rightarrow\varphi$ 是 GG 凸的 $\Rightarrow\varphi$ 是 GA 凸的；

（ⅲ）φ 是 HH 凸的 $\Rightarrow\varphi$ 是 HG 凸的 $\Rightarrow\varphi$ 是 HA 凸的.

此外，若 φ 是增（减）的，则对于任意均值函数 N，φ 是 AN 凸（凹）的 $\Rightarrow\varphi$ 是 GN 凸（凹）的 $\Rightarrow\varphi$ 是 HN 凸（凹）的. 对于凹性(a)，(b)，(c) 反向.

例 1.2.2 对于 $x\in\mathbf{R}_{++}$：

（ⅰ）$\varphi(x)=\mathrm{ch}(x)$ 是 AG 凸的，因此也是 GG 凸的和 HG 凸的，但既不是 AH 凸的，也不是 GH 凸和 HH 凸的；

（ⅱ）$\varphi(x)=\mathrm{sh}(x)$ 虽是 AA 凸的，却是 AG 凹的；

（ⅲ）$\varphi(x)=\mathrm{e}^x$ 是 GG 凸的和 HG 凸的，但既不是 GH 凸的，也不是 HH 凸的；

（ⅳ）$\varphi(x)=\ln(1+x)$ 虽是 AG 凸的，却是 GG 凹的；

（ⅴ）$\varphi(x)=\arctan(x)$ 在 $\mathbf{R}_{++}$ 上是 HA 凸的，但不是 HG 凸的.

关开中和关汝柯[17] 证得.

定理 1.2.11 设开区间 $I\subset\mathbf{R}_{++}$，$\varphi:I\to\mathbf{R}_{++}$ 连续，则：

(a)φ 在 I 上 GG 凸（凹）$\Leftrightarrow\ln\varphi(\mathrm{e}^x)$ 在 $\ln I=\{\ln x\mid x\in I\}$ 上凸（凹）；

(b)φ 在 I 上 HA 凸（凹）$\Leftrightarrow\varphi\left(\frac{1}{x}\right)$ 在 $\frac{1}{I}=\left\{\frac{1}{x}\mid x\in I\right\}$ 上凸（凹）；

(c)φ 在 I 上 GA 凸（凹）$\Leftrightarrow\varphi(\mathrm{e}^x)$ 在 $\ln I=\{\ln x\mid$

$x \in I\}$ 上凸(凹).

有关 MN 凸函数的更多信息请参见文献[13],[18],[19]和[20].

1.2.6 Wright－凸函数

定义 1.2.7[21] 设区间 $I\subset \mathbf{R}$,若 $\forall x,y\in I,\lambda\in[0,1]$,函数 $f:I\to \mathbf{R}$ 满足

$$f(\lambda x+(1-\lambda)y)+f((1-\lambda)x+\lambda y)\leqslant f(x)+f(y) \tag{1.2.10}$$

则称 f 为 I 上的 Wright－凸函数.若 $\forall x,y\in \mathbf{R}$,函数 $f:\mathbf{R}\to \mathbf{R}$ 满足 $f(x+y)=f(x)+f(y)$,则称 f 是可加的.

定理 1.2.12[21] 设开区间 $I\subset \mathbf{R}$,$f:I\to \mathbf{R}$ Wright－凸当且仅当存在一个凸函数 $C:I\to \mathbf{R}$ 和一个可加函数 $A:\mathbf{R}\to \mathbf{R}$ 使得 $f(x)=C(x)+A(x)$,$x\in I$.

定义 1.2.8[21] 设区间 $I\subset \mathbf{R}$,若 $\forall x,y\in I,\lambda\in[0,1]$,函数 $f:I\to \mathbf{R}_{++}$ 满足

$$f(x^{\lambda}y^{1-\lambda})+f(x^{1-\lambda}y^{\lambda})\leqslant f(x)f(y) \tag{1.2.11}$$

则称 f 为 I 上的 Wright- 几何凸函数.若 $\forall x,y\in \mathbf{R}_{++}$,函数 $f:\mathbf{R}_{++}\to \mathbf{R}_{++}$ 满足 $f(xy)=f(x)f(y)$,则称 f 是可乘的.

定理 1.2.13[21] 设开区间 $I\subset \mathbf{R}_{++}$,$f:I\to \mathbf{R}$ Wright－几何凸当且仅当存在一个几何凸函数 $G:I\to \mathbf{R}_{++}$ 和一个可乘函数 $M:\mathbf{R}_{++}\to \mathbf{R}_{++}$ 使得 $f(x)=G(x)M(x)$,$x\in I$.

1.3 控制不等式的定义及基本性质

对于 $\boldsymbol{x}=(x_1,\cdots,x_n)\in\mathbf{R}^n$,将 $\boldsymbol{x}$ 的分量排成递减的次序后,记作 $\boldsymbol{x}\downarrow=(x_{[1]},\cdots,x_{[n]})$,即 $x_{[1]}\geqslant\cdots\geqslant x_{[n]}$. 将 $\boldsymbol{x}$ 的分量排成递增的次序后,记作 $\boldsymbol{x}\uparrow=(x_{(1)},\cdots,x_{(n)})$,即 $x_{(1)}\leqslant\cdots\leqslant x_{(n)}$.

显然有 $x_{[i]}=x_{(n+1-i)}$.

定义 1.3.1[1] 设 $\boldsymbol{x},\boldsymbol{y}\in\mathbf{R}^n$:

(a) 若

$$\sum_{i=1}^{k}x_{[i]}\leqslant\sum_{i=1}^{k}y_{[i]},k=1,2,\cdots,n-1 \quad (1.3.1)$$

$$\sum_{i=1}^{n}x_i=\sum_{i=1}^{n}y_i \quad (1.3.2)$$

则称 $\boldsymbol{x}$ 被 $\boldsymbol{y}$ 所控制,记作 $\boldsymbol{x}\prec\boldsymbol{y}$. 又若 $\boldsymbol{x}$ 不是 $\boldsymbol{y}$ 的重排,则称 $\boldsymbol{x}$ 被 $\boldsymbol{y}$ 严格控制,记作 $\boldsymbol{x}\prec\prec\boldsymbol{y}$;

(b) 若

$$\sum_{i=1}^{k}x_{[i]}\leqslant\sum_{i=1}^{k}y_{[i]},k=1,2,\cdots,n \quad (1.3.3)$$

则称 $\boldsymbol{x}$ 被 $\boldsymbol{y}$ 下(弱)控制,记作 $\boldsymbol{x}\prec_w\boldsymbol{y}$;

(c) 若

$$\sum_{i=1}^{k}x_{(i)}\geqslant\sum_{i=1}^{k}y_{(i)},k=1,2,\cdots,n \quad (1.3.4)$$

则称 $\boldsymbol{x}$ 被 $\boldsymbol{y}$ 上(弱)控制,记作 $\boldsymbol{x}\prec^w\boldsymbol{y}$.

相对于弱控制,控制也称为强控制.

注 1.3.1 条件(1.3.1) 等价于

$$\max_{1\leqslant i_1<\cdots<i_k\leqslant n}\sum_{j=1}^{k}x_{i_j}\leqslant \max_{1\leqslant i_1<\cdots<i_k\leqslant n}\sum_{j=1}^{k}y_{i_j},k=2,\cdots,n-1 \tag{1.3.5}$$

条件(1.3.4)等价于

$$\sum_{i=n-k+1}^{n}x_{[i]}\geqslant \sum_{i=n-k+1}^{n}y_{[i]},k=1,2,\cdots,n \tag{1.3.6}$$

注 1.3.2　值得注意的是:对于 $\boldsymbol{x},\boldsymbol{y}\in\mathbf{R}^n$,$\boldsymbol{x}\leqslant\boldsymbol{y}$ 与 $\boldsymbol{x},\boldsymbol{y}$ 分量的顺序和大小均有关,而 $\boldsymbol{x}\prec\boldsymbol{y}$ 与 $\boldsymbol{x},\boldsymbol{y}$ 分量的顺序无关,只与 $\boldsymbol{x},\boldsymbol{y}$ 分量的大小有关.

例 1.3.1　设 $x_1\geqslant x_2\geqslant x_3\geqslant x_4\geqslant 0$,则

$$\boldsymbol{u}=\left(\frac{x_1+x_2+x_3}{3},\frac{x_2+x_3+x_4}{3},\frac{x_3+x_4+x_1}{3},\frac{x_4+x_1+x_2}{3}\right)\prec \boldsymbol{v}=\left(\frac{x_1+x_2}{2},\frac{x_2+x_3}{2},\frac{x_3+x_4}{2},\frac{x_4+x_1}{2}\right) \tag{1.3.7}$$

证明　我们根据定义 1.3.1 证明.因 $x_1\geqslant x_2\geqslant x_3\geqslant x_4\geqslant 0$,将 $\boldsymbol{u}$ 的分量按从大到小的顺序排列有

$$\frac{x_1+x_2+x_3}{3}\geqslant\frac{x_4+x_1+x_2}{3}\geqslant\frac{x_3+x_4+x_1}{3}\geqslant\frac{x_2+x_3+x_4}{3}$$

而 $\boldsymbol{v}$ 的分量的排列需分两种情况讨论:

情况 1.若 $x_4+x_1\leqslant x_2+x_3$,则有

$$\frac{x_1+x_2}{2}\geqslant\frac{x_2+x_3}{2}\geqslant\frac{x_4+x_1}{2}\geqslant\frac{x_3+x_4}{2}$$

由于

$$\frac{x_1+x_2+x_3}{3}\leqslant\frac{x_1+x_2}{2}\Leftrightarrow 2x_3\leqslant x_1+x_2 \tag{1.3.8}$$

$$\frac{x_1+x_2+x_3}{3}+\frac{x_4+x_1+x_2}{3}\leqslant \frac{x_1+x_2}{2}+\frac{x_2+x_3}{2}\Leftrightarrow x_1+2x_4\leqslant 2x_2+x_3 \tag{1.3.9}$$

$$\frac{x_1+x_2+x_3}{3}+\frac{x_4+x_1+x_2}{3}+\frac{x_3+x_4+x_1}{3}\leqslant \frac{x_1+x_2}{2}+\frac{x_2+x_3}{2}+\frac{x_4+x_1}{2}\Leftrightarrow x_3+x_4\leqslant 2x_2 \tag{1.3.10}$$

以及

$$\frac{x_1+x_2+x_3}{3}+\frac{x_4+x_1+x_2}{3}+\frac{x_3+x_4+x_1}{3}+\frac{x_2+x_3+x_4}{3}= \frac{x_1+x_2}{2}+\frac{x_2+x_3}{2}+\frac{x_4+x_1}{2}+\frac{x_3+x_4}{2}= x_1+x_2+x_3+x_4 \tag{1.3.11}$$

故式(1.3.7)成立.

情况 2.若 $x_2+x_3\leqslant x_4+x_1$,则有

$$\frac{x_1+x_2}{2}\geqslant\frac{x_4+x_1}{2}\geqslant\frac{x_2+x_3}{2}\geqslant\frac{x_3+x_4}{2}$$

此时,式(1.3.8),式(1.3.10)和式(1.3.11)依然成立.又

$$\frac{x_1+x_2+x_3}{3}+\frac{x_4+x_1+x_2}{3}\leqslant$$

$$\frac{x_1+x_2}{2}+\frac{x_4+x_1}{2}\Leftrightarrow$$

$$x_2+2x_3\leqslant 2x_1+x_4$$

故式(1.3.7)成立. □

2006年,专著[22]的作者之一 I. Olkin 给关开中去信,谈及如下一个有趣的问题.

问题 1.3.1　设 $a_1\geqslant\cdots\geqslant a_n\geqslant 0$,定义

$$a_j^{(k)}=\frac{1}{k}(a_j+a_{j+1}+\cdots+a_{j+k-1}),2\leqslant k\leqslant n$$

并规定 $a_{n+j}\equiv a_j$,则

$$\boldsymbol{a}^{(k+1)}\equiv(a_1^{(k+1)},\cdots,a_n^{(k+1)})\prec(a_1^{(k)},\cdots,a_n^{(k)})\equiv\boldsymbol{a}^{(k)}$$

注 1.3.3　当 $n=4,k=2$ 时,例 1.3.1 证得问题 1.3.1成立.笔者[23]还证得当$n=5,k=3$时,此问题1.3.1亦成立.但一般情形是否得证?目前还不得而知.

定理 1.3.1[1]　设 $\boldsymbol{x},\boldsymbol{y}\in\mathbf{R}^n$:

(a) 若 $\boldsymbol{x}\prec\boldsymbol{y}$,则存在 $\boldsymbol{z}_1,\cdots,\boldsymbol{z}_n\in\mathbf{R}^n$,使得

$$\boldsymbol{x}=\boldsymbol{z}_n\prec\boldsymbol{z}_{n-1}\prec\cdots\prec\boldsymbol{z}_2\prec\boldsymbol{z}_1=\boldsymbol{y}$$

且 $\boldsymbol{z}_j$ 和 $\boldsymbol{z}_{j+1}$ 只有两个分量不同,j 为任意数;

(b)$\boldsymbol{x}\prec\boldsymbol{y}\Leftrightarrow$ 存在双随机矩阵 $\boldsymbol{Q}=(q_{ij})$(即 $q_{ij}\geqslant 0$ 且 $\sum_j q_{ij}=1$,j 为任意数,$\sum\limits_i q_{ij}=1$,i 为任意数),使得 $\boldsymbol{x}=\boldsymbol{y}\boldsymbol{Q}$.

例 1.3.2　设 $\boldsymbol{x}=(x_1,\cdots,x_n)\in\mathbf{R}^n$,$\bar{x}=\frac{1}{n}\sum\limits_{i=1}^n x_i$,则

$$(\bar{x},\cdots,\bar{x})\prec(x_1,\cdots,x_n)\tag{1.3.12}$$

证明　因$(\bar{x},\cdots,\bar{x})=(x_1,\cdots,x_n)\boldsymbol{P}$,其中

$$\boldsymbol{P}=\begin{pmatrix}\frac{1}{n} & \cdots & \frac{1}{n}\\ \vdots & & \vdots\\ \frac{1}{n} & \cdots & \frac{1}{n}\end{pmatrix}$$

是双随机矩阵,由定理 1.3.1(b) 知式(1.3.12) 成立.

□

当然,例 1.3.2 亦可依定义 1.3.1 加以证明[1]5.

例 1.3.3 设 $\boldsymbol{x}=(x_1,\cdots,x_n)\in\mathbf{R}^n$,则

$$\left(\frac{x_1+x_2}{2},\frac{x_2+x_3}{2},\cdots,\frac{x_{n-1}+x_n}{2},\frac{x_n+x_1}{2}\right)\prec\boldsymbol{x} \tag{1.3.13}$$

证明 因

$$\left(\frac{x_1+x_2}{2},\frac{x_2+x_3}{2},\cdots,\frac{x_{n-1}+x_n}{2},\frac{x_n+x_1}{2}\right)=$$

$$(x_1,x_2,\cdots,x_n)\boldsymbol{P}$$

其中

$$\boldsymbol{P}=\begin{pmatrix}\frac{1}{2} & 0 & \cdots & 0 & \frac{1}{2}\\ \frac{1}{2} & \frac{1}{2} & 0 & \cdots & 0\\ 0 & \frac{1}{2} & \frac{1}{2} & \ddots & \vdots\\ \vdots & \ddots & \ddots & \ddots & 0\\ 0 & \cdots & 0 & \frac{1}{2} & \frac{1}{2}\end{pmatrix}$$

是双随机矩阵,故据定理 1.3.1(b),式(1.3.13) 成立.

□

定理 1.3.2[1]12 设 $\boldsymbol{x},\boldsymbol{y}\in\mathbf{R}^n$,则

$$\sum_{i=1}^{n}x_{[i]}y_{(i)}\leqslant\sum_{i=1}^{n}x_iy_i\leqslant\sum_{i=1}^{n}x_{[i]}y_{[i]}$$

定理 1.3.3[22]445　设 $\boldsymbol{x},\boldsymbol{y}\in\mathbf{R}^n$，则不等式

$$\sum_{i=1}^{n}x_iu_i\leqslant\sum_{i=1}^{n}y_iu_i \tag{1.3.14}$$

对任何 $u_1\geqslant u_2\geqslant\cdots\geqslant u_n$ 成立当且仅当

$$\sum_{i=1}^{k}x_i\leqslant\sum_{i=1}^{k}y_i,k=1,2,\cdots,n-1 \tag{1.3.15}$$

$$\sum_{i=1}^{n}x_i=\sum_{i=1}^{n}y_i \tag{1.3.16}$$

证明　若式(1.3.14)对任何 $u_1\geqslant u_2\geqslant\cdots\geqslant u_n$ 成立，取 $\boldsymbol{u}=(1,1,\cdots,1)$ 和 $\boldsymbol{u}=(-1,-1,\cdots,-1)$，由式(1.3.14)可得式(1.3.16)。取 $\boldsymbol{u}=(\overbrace{0,\cdots,0}^{k},1,\cdots,1)$，由式(1.3.14)可得式(1.3.15)。

假设式(1.3.15)和式(1.3.16)成立，那么对任何 $u_1\geqslant u_2\geqslant\cdots\geqslant u_n$，由 Abel 引理[24]，有

$$\sum_{i=1}^{n}y_iu_i-\sum_{i=1}^{n}x_iu_i=\sum_{i=1}^{n}(y_i-x_i)u_i=$$

$$\sum_{i=1}^{n}(y_i-x_i)u_n+\sum_{k=1}^{n-1}\left[\sum_{i=1}^{k}(y_i-x_i)\right](u_k-u_{k+1})\geqslant 0$$

定理 1.3.3 证毕。　□

定理 1.3.4　设 $\boldsymbol{x},\boldsymbol{y}\in\mathbf{R}^n$，则不等式

$$\sum_{i=1}^{n}x_iu_i\leqslant\sum_{i=1}^{n}y_iu_i \tag{1.3.17}$$

对任何 $u_1\geqslant u_2\geqslant\cdots\geqslant u_n\geqslant 0$ 成立当且仅当

$$\sum_{i=1}^{k}x_i\leqslant\sum_{i=1}^{k}y_i,k=1,2,\cdots,n \tag{1.3.18}$$

证明　若式(1.3.17)对任何 $u_1\geqslant u_2\geqslant\cdots\geqslant u_n\geqslant 0$ 成立，取 $\boldsymbol{u}=(\overbrace{1,\cdots,1}^{k},0,\cdots,0)$，由式(1.3.17)可得式(1.3.18)。

反之,若式(1.3.17)成立,对任何 $u_1 \geqslant u_2 \geqslant \cdots \geqslant u_n \geqslant 0$,令 $t_i = y_i - x_i$,则 $\sum_{i=1}^{k} t_i \geqslant 0, k=1,\cdots,n$. 于是有

$$\begin{aligned}\sum_{i=1}^{n} y_i u_i - \sum_{i=1}^{n} x_i u_i = \sum_{i=1}^{n} t_i u_i &= t_1(u_1 - u_2) + \\ &(t_1 + t_2)(u_2 - u_3) + \cdots + \\ &(t_1 + \cdots + t_{n-1})(u_{n-1} - u_n) + \\ &(t_1 + \cdots + t_n) u_n \geqslant 0\end{aligned}$$ □

注 1.3.4 定理1.3.3中的 $\boldsymbol{u} \in \mathbf{R}^n$,而定理1.3.4中的 $\boldsymbol{u} \in \mathbf{R}_+^n$,在使用时注意这个差别.

由定理 1.3.3 和定理 1.3.4 不难导出下述定理 1.3.5 和定理 1.3.6.

定理 1.3.5[1]15 设 $\boldsymbol{x}, \boldsymbol{y} \in \mathbf{R}^n$,则:

(a) $\boldsymbol{x} \prec \boldsymbol{y} \Leftrightarrow \sum_{i=1}^{n} x_{[i]} u_{[i]} \leqslant \sum_{i=1}^{n} y_{[i]} u_{[i]}, \forall \boldsymbol{u} \in \mathbf{R}^n$;

(b) $\boldsymbol{x} \prec \boldsymbol{y} \Leftrightarrow \sum_{i=1}^{n} x_{(i)} u_{[i]} \geqslant \sum_{i=1}^{n} y_{(i)} u_{[i]}, \forall \boldsymbol{u} \in \mathbf{R}^n$;

(c) $\boldsymbol{x} \prec \boldsymbol{y} \Leftrightarrow \sum_{i=1}^{n} x_{[i]} u_{(i)} \geqslant \sum_{i=1}^{n} y_{[i]} u_{(i)}, \forall \boldsymbol{u} \in \mathbf{R}^n$.

定理 1.3.6[1]14 设 $\boldsymbol{x}, \boldsymbol{y} \in \mathbf{R}^n$,则:

(a) $\boldsymbol{x} \prec_w \boldsymbol{y} \Leftrightarrow \sum_{i=1}^{n} x_{[i]} u_{[i]} \leqslant \sum_{i=1}^{n} y_{[i]} u_{[i]}, \forall \boldsymbol{u} \in \mathbf{R}_+^n$;

(b) $\boldsymbol{x} \prec^w \boldsymbol{y} \Leftrightarrow \sum_{i=1}^{n} x_{(i)} u_{[i]} \geqslant \sum_{i=1}^{n} y_{(i)} u_{[i]}, \forall \boldsymbol{u} \in \mathbf{R}_+^n$.

例 1.3.4[25]69 设 $x_i, \lambda_i \in \mathbf{R}_+, i = 1,2,\cdots,n$, $x_1 \geqslant \cdots \geqslant x_n \geqslant 0, \lambda_1 \geqslant 1, \lambda_1 + \lambda_2 \geqslant 2, \lambda_1 + \lambda_2 + \lambda_3 \geqslant 3, \cdots, \lambda_1 + \lambda_2 + \cdots + \lambda_n \geqslant n, \alpha \geqslant 1$,则

$$\sum_{i=1}^{n} (\lambda_i x_i)^{\alpha} \geqslant \sum_{i=1}^{n} x_i^{\alpha} \tag{1.3.19}$$

证明　因 $\alpha \geqslant 1$，函数 t^{α} 单调增且凸，那么 $x_1^{\alpha} \geqslant x_2^{\alpha} \geqslant \cdots \geqslant x_n^{\alpha} \geqslant 0$，且

$$\sum_{i=1}^{k}\lambda_i^{\alpha} \geqslant k\left(\frac{1}{k}\sum_{i=1}^{k}\lambda\right)^{\alpha} \geqslant k\left(\frac{1}{k}k\right)^{\alpha}=k, k=1,\cdots,n$$

从而据定理 1.3.4 有

$$\sum_{i=1}^{n}\lambda_i^{\alpha}x_i^{\alpha} \geqslant \sum_{i=1}^{n}1\cdot x_i^{\alpha}$$

即式(1.3.19)成立.　□

定理 1.3.7[6]193　设 $\boldsymbol{x},\boldsymbol{y} \in \mathbf{R}^n$，$x_1 \geqslant x_2 \geqslant \cdots \geqslant x_n$，$\sum_{i=1}^{n}x_i=\sum_{i=1}^{n}y_i$，若下列条件之一成立，必有 $\boldsymbol{x} \prec \boldsymbol{y}$：

(a) 存在 k，$1 \leqslant k \leqslant n$ 使得 $x_i \leqslant y_i$，$i=1,2,\cdots,k$，$x_i \geqslant y_i$，$i=k+1,k+2,\cdots,n$；

(b) $y_i - x_i$ 关于 $i(i=1,\cdots,n)$ 单调减；

(c) 设 $x_i > 0$，$i=1,\cdots,n$，$\frac{y_i}{x_i}$ 关于 $i(i=1,\cdots,n)$ 单调减.

定理 1.3.8[6]194　设 $\boldsymbol{x},\boldsymbol{y} \in \mathbf{R}^n$，$x_1 \geqslant x_2 \geqslant \cdots \geqslant x_n$，$\sum_{i=1}^{n}x_i \leqslant \sum_{i=1}^{n}y_i$，则定理 1.3.7 中任一条件成立，都有 $\boldsymbol{x} \prec_w \boldsymbol{y}$.

例 1.3.5　若 $m \geqslant 3n$，则

$$(n,\underbrace{0,\cdots,0}_{(m+1)(n+1)}) \prec \left(\underbrace{\frac{m-n}{2},\cdots,\frac{m-n}{2}}_{(m+1)(n+1)},n-\frac{1}{2}(m+1)(n+1)(m-n)\right) \tag{1.3.20}$$

证明　因 $m \geqslant 3n$，则 $n \leqslant \frac{m-n}{2}$，从而 $n-$

$\frac{1}{2}(m+1)(n+1)(m-n)\leqslant 0$，由定理 1.3.5(a) 知式(1.3.20) 成立.

定理 1.3.9[1]5　设 $\boldsymbol{x},\boldsymbol{y}\in\mathbf{R}_{+}^{n},\boldsymbol{u},\boldsymbol{v}\in\mathbf{R}^{m}$：

(a) 若 $\boldsymbol{x}\prec_{w}\boldsymbol{y},\boldsymbol{u}\prec_{w}\boldsymbol{v}$，则 $(\boldsymbol{x},\boldsymbol{u})\prec_{w}(\boldsymbol{y},\boldsymbol{v})$；

(b) 若 $\boldsymbol{x}\prec^{w}\boldsymbol{y},\boldsymbol{u}\prec^{w}\boldsymbol{v}$，则 $(\boldsymbol{x},\boldsymbol{u})\prec^{w}(\boldsymbol{y},\boldsymbol{v})$；

(c) 若 $\boldsymbol{x}\prec\boldsymbol{y},\boldsymbol{u}\prec\boldsymbol{v}$，则 $(\boldsymbol{x},\boldsymbol{u})\prec(\boldsymbol{y},\boldsymbol{v})$.

定理 1.3.10[1]5　设 $\boldsymbol{u}\in\mathbf{R}^{m},\boldsymbol{y}\in\mathbf{R}_{+}^{n},1\leqslant m<n$，则存在 $\boldsymbol{v}\in\mathbf{R}^{n-m}$ 使得 $(\boldsymbol{u},\boldsymbol{v})\prec\boldsymbol{y}$ 的充要条件是 $\boldsymbol{u}\prec_{w}(y_{[1]},\cdots,y_{[m]})$ 且 $\boldsymbol{u}\prec^{w}(y_{(1)},\cdots,y_{(m)})$.

推论 1.3.1[1]10　设 $\boldsymbol{y}\in\mathbf{R}^{n},y_{[1]}\geqslant\alpha\geqslant y_{[n]},\beta=\sum_{i=1}^{n}y_{i}$，则

$$\left(\alpha,\frac{\beta-\alpha}{n-1},\cdots,\frac{\beta-\alpha}{n-1}\right)\prec\boldsymbol{y}$$

定理 1.3.11[1]10　设 $\boldsymbol{x},\boldsymbol{y},\boldsymbol{u},\boldsymbol{v}\in\mathbf{R}_{+}^{n}$：

(a) 若 $\boldsymbol{x}\prec_{w}\boldsymbol{y},\boldsymbol{u}\prec_{w}\boldsymbol{v}$ 则 $\boldsymbol{x}+\boldsymbol{u}\prec_{w}\boldsymbol{y}\downarrow+\boldsymbol{v}\downarrow$；

(b) 若 $\boldsymbol{x}\prec^{w}\boldsymbol{y},\boldsymbol{u}\prec^{w}\boldsymbol{v}$ 则 $\boldsymbol{x}+\boldsymbol{u}\prec^{w}\boldsymbol{y}\downarrow+\boldsymbol{v}\downarrow$；

(c) 若 $\boldsymbol{x}\prec\boldsymbol{y},\boldsymbol{u}\prec\boldsymbol{v}$ 则 $\boldsymbol{x}+\boldsymbol{u}\prec\boldsymbol{y}\downarrow+\boldsymbol{v}\downarrow$.

注 1.3.5　设 $\boldsymbol{x},\boldsymbol{y},\boldsymbol{u}\in\mathbf{R}_{+}^{n}$，由定理 1.3.11(c) 知：若 $\boldsymbol{x}\prec\boldsymbol{y}$，则有 $\boldsymbol{x}+\boldsymbol{u}\prec\boldsymbol{y}\downarrow+\boldsymbol{u}\downarrow$. 但一般 $\boldsymbol{x}+\boldsymbol{u}\prec\boldsymbol{y}+\boldsymbol{u}$ 不成立. 例如 $\boldsymbol{x}=(1,1,1)\prec\boldsymbol{y}=(3,0,0),\boldsymbol{u}=(0,3,1)$，但 $\boldsymbol{x}+\boldsymbol{u}=(1,4,2)\prec\boldsymbol{y}+\boldsymbol{u}=(3,3,1)$ 不成立.

定理 1.3.12[1]11　设 $\boldsymbol{x},\boldsymbol{y}\in\mathbf{R}_{+}^{n}$，则 $\boldsymbol{x}\downarrow+\boldsymbol{y}\uparrow\prec\boldsymbol{x}+\boldsymbol{y}\prec\boldsymbol{x}\downarrow+\boldsymbol{y}\downarrow$.

定理 1.3.13[1]11　设 $\boldsymbol{x}^{(j)}\prec\boldsymbol{y}\in\mathbf{R}^{n},j=1,\cdots,m$，$\alpha_{j}\geqslant 0$，且 $\sum_{j=1}^{m}\alpha_{j}=1$，则 $\sum_{j=1}^{m}\alpha_{j}\boldsymbol{x}^{(j)}\prec\boldsymbol{y}$.

弱控制关系比强控制关系条件宽松，因此一般来

说前者比后者多见，且较易于获得．但利用强控制关系得到的不等式往往要比利用弱控制关系得到的不等式要强．因此将弱控制关系修改或扩充为强控制关系是很有意义的，常常可以实现加强或加细已有不等式的目的．

定理 1.3.14[22]122-123　设 $\boldsymbol{x},\boldsymbol{y}\in\mathbf{R}^n$：

(a) 若 $\boldsymbol{x}\prec_w\boldsymbol{y}$，则

$$(\boldsymbol{x},x_{n+1})\prec(\boldsymbol{y},y_{n+1})$$

其中 $x_{n+1}=\min\{x_1,\cdots,x_n,y_1,\cdots,y_n\}$，$y_{n+1}=\sum\limits_{i=1}^{n+1}x_i-\sum\limits_{i=0}^{n}y_i$；

(b) 若 $\boldsymbol{x}\prec^w\boldsymbol{y}$，则

$$(x_0,\boldsymbol{x})\prec(y_0,\boldsymbol{y})$$

其中 $x_0=\max\{x_1,\cdots,x_n,y_1,\cdots,y_n\}$，$y_0=\sum\limits_{i=0}^{n}x_i-\sum\limits_{i=0}^{n}y_i$；

(c) 若 $\boldsymbol{x}\prec^w\boldsymbol{y}$，则

$$(\boldsymbol{x},0,0)\prec\left(\boldsymbol{y},\sum_{i=1}^{n}x_i,-\sum_{i=1}^{n}y_i\right)$$

定理 1.3.15[1]7　设 $\boldsymbol{x},\boldsymbol{y}\in\mathbf{R}^n$，$y_1\leqslant\cdots\leqslant y_n$，令 $\tilde{y}=y_1-\left(\sum\limits_{i=1}^{n}y_i-\sum\limits_{i=1}^{n}x_i\right)$，若 $\boldsymbol{x}\prec_w\boldsymbol{y}$，则

$$(x_1,\cdots,x_n)\prec(y_1,\cdots,y_{n-1},\tilde{y})$$

定理 1.3.16[26]177　设 $\boldsymbol{x}\in\mathbf{R}_+^n$，$\boldsymbol{y}\in\mathbf{R}^n$，令 $\delta=\sum\limits_{i=1}^{n}(y_i-x_i)$，若 $\boldsymbol{x}\prec_w\boldsymbol{y}$，则对任何整数 k，有

$$\left(\boldsymbol{x},\underbrace{\frac{\delta}{k},\cdots,\frac{\delta}{k}}_{k}\right)\prec(\boldsymbol{y},\underbrace{0,\cdots,0}_{k})$$

文[1]第7页证明了 $k=n$ 的情形.

注 1.3.6 一般不存在数 c 使 $(\boldsymbol{x},0)\prec(\boldsymbol{y},c)$.

注 1.3.7 一般不存在向量 $\boldsymbol{u}$ 使 $(\boldsymbol{x},\boldsymbol{u})\prec(\boldsymbol{y},0,\cdots,0)$.

例 1.3.6[27] 设 $\boldsymbol{x}=(x_1,\cdots,x_n)\in\mathbf{R}_{++}^n$，$n\geqslant 2$，且 $\prod_{i=1}^n x_i\geqslant 1$，则

$$(\underbrace{1,\cdots,1}_{n})\prec_w(x_1,\cdots,x_n) \tag{1.3.21}$$

证明 因

$$(\underbrace{1,\cdots,1}_{n})\leqslant(\bar{\boldsymbol{x}},\cdots,\bar{\boldsymbol{x}})\prec(x_1,\cdots,x_n)$$

故式(1.3.21)成立.

对于正数 x_1,x_2,x_3，由式(1.3.21)可得

$$(1,1,1)\prec_w\left(\frac{x_2+x_3}{x_3+x_1},\frac{x_3+x_1}{x_1+x_2},\frac{x_1+x_2}{x_2+x_3}\right) \tag{1.3.22}$$

$$(1,1,1)\prec_w\left(\frac{x_1}{\sqrt{x_2x_3}},\frac{x_2}{\sqrt{x_3x_1}},\frac{x_3}{\sqrt{x_1x_2}}\right) \tag{1.3.23}$$

$$(1,1,1)\prec_w\left(\frac{\sqrt{x_1x_2}}{x_3},\frac{\sqrt{x_3x_1}}{x_2},\frac{\sqrt{x_2x_3}}{x_1}\right) \tag{1.3.24}$$

式(1.3.23)和式(1.3.24)是文[28]给出的两个弱控制不等式.

设 $\boldsymbol{x}=(x_1,\cdots,x_n)\in\mathbf{R}_{++}^n$，且 $\prod_{i=1}^n x_i\geqslant 1$，据定理

1.3.16 和定理 1.3.14,由式(1.3.21) 可分别得

$$(\underbrace{1,\cdots,1}_{n},\underbrace{\bar{\boldsymbol{x}}-1,\cdots,\bar{\boldsymbol{x}}-1}_{n}) \prec (x_1,\cdots,x_n,\underbrace{0,\cdots,0}_{n}) \tag{1.3.25}$$

和

$$(\underbrace{1,\cdots,1}_{n},a) \prec (x_1,\cdots,x_n,x_{n+1}) \tag{1.3.26}$$

其中 $a=\min\{x_1,\cdots,x_n,1\}$,$x_{n+1}=n+a-\sum\limits_{i=1}^{n}x_i$.

1.4　一些常用控制不等式

在受控理论的研究中,发现和建立向量间的控制关系是一项重要而基础的工作.因为控制关系深刻地描述了向量间的内在联系,一个新的控制关系与下一章我们谈及的 $S-$ 凹函数或 $S-$ 凸函数相结合,常常能繁衍出许多形形色色的有趣的不等式.这里搜集了一些重要的向量间的控制关系,熟悉它们是必要的.

1. 设 $a\leqslant x_i\leqslant b,i=1,\cdots,n,n\geqslant 2,\sum\limits_{i=1}^{n}x_i=s$,则

$$\boldsymbol{x}=(x_1,\cdots,x_n) \prec (\underbrace{b,\cdots,b}_{n-1-u},c,\underbrace{a,\cdots,a}_{u})=\boldsymbol{y} \tag{1.4.1}$$

其中 $u=\left[\dfrac{nb-s}{b-a}\right]$,$c=s-b(n-1)+(b-u)a$.

证明[29]　根据题设条件,有 $x_1+x_2+\cdots+x_n=y_1+y_2+\cdots+y_n$,从而欲证式(1.4.1),只需证明

$$x_{[1]}+x_{[2]}+\cdots+x_{[k]}\leqslant$$
$$y_{[1]}+y_{[2]}+\cdots+y_{[k]},k=1,2,\cdots,n-1$$

不难验证 $b \geqslant c \geqslant a$. 由 $a \leqslant x_i \leqslant b(i=1,2,\cdots,n)$ 得

$$x_{[1]}+x_{[2]}+\cdots+x_{[k]} \leqslant kb =$$
$$y_{[1]}+y_{[2]}+\cdots+y_{[k]}, k=1,2,\cdots,n-1-u$$
$$x_{[k+1]}+x_{[k+2]}+\cdots+x_{[n]} \geqslant (n-k)a =$$
$$y_{[k+1]}+y_{[k+2]}+\cdots+y_{[n]}, k=n-u,n-u+1,\cdots,n$$

由 $x_1+x_2+\cdots+x_n=y_1+y_2+\cdots+y_n$ 知上式等价于

$$x_{[1]}+x_{[2]}+\cdots+x_{[k]} \leqslant$$
$$y_{[1]}+y_{[2]}+\cdots+y_{[k]}, k=n-u,n-u+1,\cdots,n$$

这样就证得式(1.4.1). □

2[30]. 设 $\boldsymbol{x}=(x_1,\cdots,x_n) \in \mathbf{R}_{++}^n, n \geqslant 2$, 且 $\sum\limits_{i=1}^{n} x_i = s > 0, c \geqslant s$, 则

$$\left(\frac{c-x_1}{nc-s},\cdots,\frac{c-x_n}{nc-s}\right) \prec \left(\frac{x_1}{s},\cdots,\frac{x_n}{s}\right) \quad (1.4.2)$$

证明 不妨设 $x_1 \geqslant x_2 \geqslant \cdots \geqslant x_n$, 则

$$\frac{x_1}{s} \geqslant \frac{x_2}{s} \geqslant \cdots \geqslant \frac{x_n}{s}$$

$$\frac{c-x_1}{nc-s} \leqslant \frac{c-x_2}{nc-s} \leqslant \cdots \leqslant \frac{c-x_n}{nc-s}$$

显然 $\sum\limits_{i=1}^{n} \frac{c-x_i}{nc-s} = \sum\limits_{i=1}^{n} \frac{x_i}{s} = 1$, 为证式(1.4.2) 只需证

$$\sum_{i=1}^{k} \frac{x_i}{s} \geqslant \sum_{i=1}^{k} \frac{c-x_i}{nc-s}, k=1,2,\cdots,n-1$$

上式等价于

$$(nc-s)\sum_{i=1}^{k} x_i + s\sum_{i=1}^{k} x_{n-i+1} \geqslant kcs \quad (1.4.3)$$

首先我们有

$$(n-1)\sum_{i=1}^{k}x_i+\sum_{i=1}^{k}x_{n-i+1}\geqslant ks \quad (1.4.4)$$

事实上,式(1.4.4)左边可写作

$$(n-k)x_1+\sum_{i=1}^{k}x_{n-i+1}+\sum_{j=2}^{k}\left[(n-k)x_j+\sum_{i=1}^{k}x_i\right]$$

因 $x_1\geqslant x_2\geqslant\cdots\geqslant x_n$,则

$$(n-k)x_1+\sum_{i=1}^{k}x_{n-i+1}\geqslant$$

$$\sum_{i=1}^{n-k}x_i+\sum_{i=1}^{k}x_{n-i+1}=\sum_{i=1}^{n}x_i=s$$

$$(n-k)x_j+\sum_{i=1}^{k}x_i\geqslant\sum_{i=k+1}^{n}x_i+\sum_{i=1}^{k}x_i=$$

$$\sum_{i=1}^{n}x_i=s,j=2,3,\cdots,k$$

从而式(1.4.4)成立.再有显然的不等式

$$\sum_{i=1}^{k}x_i-\sum_{i=1}^{k}x_{n-i+1}\geqslant 0 \quad (1.4.5)$$

于是经式(1.4.4)$\times c+$(1.4.5)$\times(c-s)$即得式(1.4.3),所以式(1.4.2)成立. □

3[30].设 $\boldsymbol{x}=(x_1,\cdots,x_n)\in\mathbf{R}_{++}^n,n\geqslant 2$,且 $\sum_{i=1}^{n}x_i=s>0,c>0$,则

$$\left(\frac{c+x_1}{nc+s},\cdots,\frac{c+x_n}{nc+s}\right)\prec\left(\frac{x_1}{s},\cdots,\frac{x_n}{s}\right) \quad (1.4.6)$$

注 1.4.1 Niezgoda 将控制关系(1.4.2)和(1.4.6)推广到由线性空间上的正交算子紧群所诱导的群诱导锥序关系,有兴趣的读者可参阅文献[31].

4[22].设 $\boldsymbol{x}=(x_1,\cdots,x_n)\in\mathbf{R}_{++}^n,n\geqslant 2,0<r\leqslant s$,则

$$\left(\frac{x_1^r}{\sum_{j=1}^n x_j^r},\cdots,\frac{x_n^r}{\sum_{j=1}^n x_j^r}\right) \prec \left(\frac{x_1^s}{\sum_{j=1}^n x_j^s},\cdots,\frac{x_n^s}{\sum_{j=1}^n x_j^s}\right) \tag{1.4.7}$$

5[32]. 设 $\boldsymbol{a}=(a_1,\cdots,a_n)\in\mathbf{R}_+^n$，$\sum_{i=1}^n a_i=s_n$，$x_i=a_i+\frac{n-m-1}{n-1}(s_n-a_i)$，若 $s_n-ma_i\geqslant 0$，$i=1,\cdots,n$，则

$$\boldsymbol{x}=(x_1,\cdots,x_n)\prec(s_n-ma_1,\cdots,s_n-ma_n)=s_n-m\boldsymbol{a} \tag{1.4.8}$$

6[22]. 设 $\boldsymbol{x}=(x_1,\cdots,x_n)\in\mathbf{R}^n$，$n\geqslant 2$，且 $\sum_{i=1}^n x_i=(n-2)c$，则

$$\left(\frac{c+x_1}{n-1},\cdots,\frac{c+x_n}{n-1}\right)\prec(c-x_1,\cdots,c-x_n) \tag{1.4.9}$$

7[22]. 设 $\boldsymbol{x}=(x_1,\cdots,x_n)\in\mathbf{R}^n$，$n\geqslant 2$，且 $\sum_{i=1}^n x_i=nc-2s$，$c\geqslant s$，则

$$\left(\frac{(c+x_1)s}{nc-s},\cdots,\frac{(c+x_n)s}{nc-s}\right)\prec(c-x_1,\cdots,c-x_n) \tag{1.4.10}$$

8[33]. 设 $\boldsymbol{x}=(x_1,\cdots,x_n)\in\mathbf{R}^n$，若 $x_{n-1}<0$，$x_n\geqslant 0$，则

$$(x_1,\cdots,x_{n-2},x_{n-1},x_n,0)\prec\boldsymbol{x} \tag{1.4.11}$$

证明　令 $\theta=\dfrac{x_{n-1}}{x_{n-1}-x_n}$，则

$$P=\begin{pmatrix}1 & & & & \\ & \ddots & & \mathbf{0} & \\ & & 1 & & \\ & \mathbf{0} & & \theta & 1-\theta \\ & & & 1-\theta & \theta\end{pmatrix}$$

易见 $\boldsymbol{P}$ 是双随机矩阵且$(x_1,\cdots,x_{n-2},x_{n-1},x_n,0)=\boldsymbol{xP}$,故式(1.4.11)成立. □

9[33]. 若设 $x_{n-1}<0,x_n\geqslant 0,\varepsilon>0,x_{n-1}+\varepsilon\leqslant 0$ 或 $x_{n-1}\leqslant 0,x_n>0,\varepsilon>0,x_{n-1}-\varepsilon\geqslant 0$,则

$$(x_1,\cdots,x_{n-2},x_{n-1}+\varepsilon,x_n-\varepsilon)\prec \boldsymbol{x} \tag{1.4.12}$$

10. $x>0$,则

$$(\underbrace{1+\frac{x}{n},\cdots,1+\frac{x}{n}}_{n})\prec(\underbrace{1+\frac{x}{n-1},\cdots,1+\frac{x}{n-1}}_{n-1},1) \tag{1.4.13}$$

11. 若 $x\neq n-1$,则

$$(\underbrace{\frac{x+1}{n},\cdots,\frac{x+1}{n}}_{n})\prec\prec(\underbrace{\frac{x}{n-1},\cdots,\frac{x}{n-1}}_{n-1},1) \tag{1.4.14}$$

12. 若 $x_i>0$ 或 $-1<x_i<0,i=1,\cdots,n$,则

$$(\underbrace{1+x_1,\cdots,1+x_n}_{n})\prec(1+\sum_{i=1}^{n}x_i,\underbrace{1,\cdots,1}_{n-1}) \tag{1.4.15}$$

13.

$$\left(\frac{1}{n},\cdots,\frac{1}{n}\right)\prec\left(\frac{1}{n-1},\cdots,\frac{1}{n-1},0\right)\prec\cdots\prec$$

$$\left(\frac{1}{2},\frac{1}{2},0,\cdots,0\right) \prec (1,0,\cdots,0) \tag{1.4.16}$$

14[22]. 设 $\boldsymbol{x}=(x_1,\cdots,x_n)\in \mathbf{R}_+^n$,则

$$(x_1,\cdots,x_n)\begin{cases} \prec \left(x_{[1]},\cdots,x_{[k]},\sum_{j=k+1}^{n}x_{[j]},0,\cdots,0\right) \prec \\ \left(\sum_{i=1}^{n}x_i,0,\cdots,0\right) \\ \prec \left(\sum_{j=1}^{k}x_{[j]},x_{[k+1]},\cdots,x_{[n]},0,\cdots,0\right) \prec \\ \left(\sum_{i=1}^{n}x_i,0,\cdots,0\right) \end{cases} \tag{1.4.17}$$

$$(\bar{\boldsymbol{x}},\cdots,\bar{\boldsymbol{x}}) \prec (x_{[1]},\cdots,x_{[k]},\dot{\boldsymbol{x}},\cdots,\dot{\boldsymbol{x}}) \prec (x_1,\cdots,x_n) \tag{1.4.18}$$

$$(\bar{\boldsymbol{x}},\cdots,\bar{\boldsymbol{x}}) \prec (\hat{\boldsymbol{x}},\cdots,\hat{\boldsymbol{x}},x_{[k+1]},\cdots,x_{[n]}) \prec (x_1,\cdots,x_n) \tag{1.4.19}$$

其中 $\dot{\boldsymbol{x}}=\dfrac{1}{n-k+1}\sum_{i=k+1}^{n}x_{[i]}$,$\hat{\boldsymbol{x}}=\dfrac{1}{k}\sum_{i=1}^{k}x_{[i]}$,$\bar{\boldsymbol{x}}=\dfrac{1}{n}\sum_{i=1}^{n}x_i$.

15[22]. 若 $x_1\geqslant y_1\geqslant x_2\geqslant\cdots\geqslant y_{n-1}\geqslant x_n$,则

$$\left(y_1,\cdots,y_{n-1},\sum_{j=1}^{n}x_j-\sum_{j=1}^{n-1}y_j\right) \prec (x_1,\cdots,x_n) \tag{1.4.20}$$

$$(x_2,\cdots,x_n) \prec_w (y_1,\cdots,y_{n-1}) \prec_w (x_1,\cdots,x_{n-1}) \tag{1.4.21}$$

16[22]. 若 $x_1\geqslant\cdots\geqslant x_{2n-1}>x_{2n}>0$,则

$$\left(\sum_{i=1}^{2n-1}(-1)^{i-1}x_i,x_2,x_4,\cdots,x_{2n-2}\right) \prec (x_1,x_3,\cdots,x_{2n-1}) \tag{1.4.22}$$

$$\left(\sum_{i=1}^{2n}(-1)^{i-1}x_i, x_2, x_4, \cdots, x_{2n}\right) \prec (x_1, x_3, \cdots, x_{2n-1}, 0) \tag{1.4.23}$$

证明[34]　下面利用定理 1.3.7(a) 证式(1.4.22).

显然,式(1.4.22) 中两个向量的分量之和相等. 记 $s=\sum_{i=1}^{2n-1}(-1)^{i-1}x_i$. 我们分四种情况讨论.

(ⅰ) 若 $x_2 \geqslant x_4 \geqslant \cdots \geqslant x_{2n-2} \geqslant s$, 因为 $x_{2i} \leqslant x_{2i-1}, i=1,2,\cdots,n-1$, 而

$$s=(x_1-x_2)+(x_3-x_4)+\cdots+(x_{2n-3}-x_{2n-2})+x_{2n-1} \geqslant x_{2n-1}$$

由定理 1.2.6 知式(1.4.22) 成立.

(ⅱ) 若 $s \geqslant x_2 \geqslant x_4 \geqslant \cdots \geqslant x_{2n-2}$, 因为

$$s=x_1-(x_2-x_3)-(x_4-x_5)-\cdots-(x_{2n-2}-x_{2n-1}) \leqslant x_1$$

而 $x_{2i} \geqslant x_{2i+1}, i=1,2,\cdots,n-1$, 由定理 1.3.5(a) 知式(1.4.22) 成立.

(ⅲ) 若 $x_2 \geqslant x_4 \geqslant \cdots \geqslant x_{2k} \geqslant x_{2k+1} \geqslant s \geqslant x_{2k+2} \geqslant \cdots \geqslant x_{2n-2}$, 此时, $x_{2i} \leqslant x_{2i-1}, i=1,2,\cdots,k$; $s \leqslant x_{2k+1}$, 而 $x_{2i} \geqslant x_{2i+1}, i=k+1,k+2,\cdots,n-1$, 由定理1.3.7(a) 知式(1.4.22) 成立.

(ⅳ) 若 $x_2 \geqslant x_4 \geqslant \cdots \geqslant x_{2k} \geqslant s \geqslant x_{2k+1} \geqslant x_{2k+2} \geqslant \cdots \geqslant x_{2n-2}$, 此时 $x_{2i} \leqslant x_{2i-1}, i=1,2,\cdots,k$; $s \geqslant x_{2k+1}$, 而 $x_{2i} \geqslant x_{2i+1}, i=k+1,k+2,\cdots,n-1$, 由定理 1.3.7(a) 知式(1.4.22) 成立.

同理可证式(1.4.23) 成立. □

17[22]. 若 $m \geqslant l$, 且 $\alpha=\frac{l}{m} \leqslant 1$, 则

$$(\underbrace{\alpha c,\cdots,\alpha c}_{m},0,\cdots,0)\prec(\underbrace{c,\cdots,c}_{l},0,\cdots,0)\tag{1.4.24}$$

18[22].

$$\left(\frac{x_1+c}{\sum_{i=1}^n x_i+nc},\cdots,\frac{x_n+c}{\sum_{i=1}^n x_i+nc}\right)\prec\left(\frac{x_1}{\sum_{i=1}^n x_i},\cdots,\frac{x_n}{\sum_{i=1}^n x_i}\right),c\geqslant 0\tag{1.4.25}$$

19[22]. 设 $x_1\geqslant\cdots\geqslant x_l\geqslant a>x_{l+1}\geqslant\cdots\geqslant x_n$, $y_1\geqslant\cdots\geqslant y_m\geqslant a>y_{m+1}\geqslant\cdots\geqslant y_n$, 若 $l\geqslant m$, 则

$$(x_1,\cdots,x_l)\prec_w(y_1,\cdots,y_m,\underbrace{a,\cdots,a}_{l-m})\tag{1.4.26}$$

$$(\underbrace{a,\cdots,a}_{l-m},x_{l+1},\cdots,x_n)\prec^w(y_{m+1},\cdots,y_n)\tag{1.4.27}$$

若 $l<m$, 则

$$(x_1,\cdots,x_l,\underbrace{a,\cdots,a}_{m-l})\prec_w(y_1,\cdots,y_m)\tag{1.4.28}$$

$$(x_{l+1},\cdots,x_n)\prec^w(\underbrace{a,\cdots,a}_{m-l},y_{m+1},\cdots,y_n)\tag{1.4.29}$$

20[35]. 设 $x>0,\lambda>0$, 则

$$\left(\frac{x+\lambda}{n},\cdots,\frac{x+\lambda}{n}\right)\prec\left(\underbrace{\frac{x}{k},\cdots,\frac{x}{k}}_{k},\underbrace{\frac{\lambda}{n-k},\cdots,\frac{\lambda}{n-k}}_{n-k}\right)\tag{1.4.30}$$

21. 设 $x \neq 1, x \geqslant 0$，则

$$(\underbrace{x,\cdots,x}_{n+1}) \prec\prec ((n+1)x-n,\underbrace{1,\cdots,1}_{n}) \tag{1.4.31}$$

22[36]. 设 $a \leqslant b, u(t)=tb+(1-t)a, v(t)=ta+(1-t)b, \frac{1}{2} \leqslant t_2 \leqslant t_1 \leqslant 1$，则

$$\left(\frac{a+b}{2},\frac{a+b}{2}\right) \prec (u(t_2),v(t_2)) \prec (u(t_1),v(t_1)) \prec (a,b) \tag{1.4.32}$$

23. 若 $x_i > 0, i=1,\cdots,n$，则对于任意常数 c，$0 < c < \frac{1}{n}\sum_{i=1}^{n} x_i$，有

$$\left(\frac{x_1}{\sum_{i=1}^{n} x_i},\cdots,\frac{x_n}{\sum_{i=1}^{n} x_i}\right) \prec \left(\frac{x_1-c}{\sum_{j=1}^{n}(x_j-c)},\cdots,\frac{x_n-c}{\sum_{j=1}^{n}(x_j-c)}\right) \tag{1.4.33}$$

24[22]. 设 $m=\min x_i, M=\max x_i$，则

$$\left(m,\frac{\sum_{j=1}^{n} x_j - m - M}{n-2},\cdots,\frac{\sum_{j=1}^{n} x_j - m - M}{n-2}\right) \prec (x_1,\cdots,x_n) \tag{1.4.34}$$

25[22]. 若 $x_{[n]} \leqslant x_{[n-1]} - d$，则

$$(x_1,\cdots,x_n) \prec (x_{[n]}, x_{[n]}+d,\cdots,x_{[n]}+d, M) \tag{1.4.35}$$

其中 M 由 $\sum_{i=1}^{n} x_i = x_{[n]} + (n-2)(x_{[n]}+d) + M$ 确定.

26[22]. 若 $c \geqslant 1$ 且 $x_{[1]} \geqslant c x_{[2]}, x_{[n]} \geqslant 0$，则

$$(x_1,\cdots,x_n)\prec\Big(x_{[1]},\underbrace{\frac{x_{[n]}}{c},\cdots,\frac{x_{[n]}}{c}}_{l},\cdots,\theta,0,\cdots,0\Big)\tag{1.4.36}$$

其中 $0\leqslant\theta<\frac{x_{[n]}}{c}$ 且 $\sum_{i=1}^{n}x_i=x_{[1]}+l\left[\frac{x_{[n]}}{c}\right]+\theta$.

27[22]. 若 $b\geqslant 0$ 且 $x_{[1]}\geqslant x_{[2]}+b,x_{[n]}\geqslant 0$,则

$$(x_1,\cdots,x_n)\prec(x_{[1]},\underbrace{x_{[1]}-b,\cdots,x_{[1]}-b}_{l},\cdots,\theta,0,\cdots,0)\tag{1.4.37}$$

其中 $0\leqslant\theta<x_{[1]}-b$ 且 $\sum_{i=1}^{n}x_i=x_{[1]}+l(x_{[1]}-b)+\theta$.

28[22]. 若 $x_{[n]}\leqslant cx_{[n-1]}$,则

$$(x_1,\cdots,x_n)\prec\Big(x_{[n]},\frac{x_{[n]}}{c},\cdots,\frac{x_{[n]}}{c},\cdots,M\Big)\tag{1.4.38}$$

其中 M 由 $\sum_{i=1}^{n}x_i=x_{[n]}+(n-2)\frac{x_{[n]}}{c}+M$ 确定.

29[22]. 若 $x_i\geqslant m,i=1,\cdots,n$,且 $\sum_{i=1}^{n}x_i=s$,则

$$(x_1,\cdots,x_n)\prec(m,\cdots,m,s-(n-1)m)\tag{1.4.39}$$

若 $x_i\leqslant M,i=1,\cdots,n$,且 $\sum_{i=1}^{n}x_i=s$,则

$$(x_1,\cdots,x_n)\prec\Big(\frac{s-M}{n-1},\cdots,\frac{s-M}{n-1},M\Big)\tag{1.4.40}$$

30.

$$(\underbrace{2,\cdots,2}_{n+1},\underbrace{4,\cdots,4}_{n+1},\cdots,\underbrace{2n,\cdots,2n}_{n+1}) \prec (\underbrace{1,\cdots,1}_{n},\underbrace{3,\cdots,3}_{n},\cdots,\underbrace{2n+1,\cdots,2n+1}_{n}) \tag{1.4.41}$$

证明[34]　用数学归纳法，当 $n=1$ 时，式(1.4.41)化为 $(2,2)\prec(1,3)$，此式显然成立. 若 $n=k$ 时，式(1.4.41)成立，即

$$\boldsymbol{x}=(\underbrace{2,\cdots,2}_{k+1},\underbrace{4,\cdots,4}_{k+1},\cdots,\underbrace{2k,\cdots,2k}_{k+1}) \prec (\underbrace{1,\cdots,1}_{k},\underbrace{3,\cdots,3}_{k},\cdots,\underbrace{2k+1,\cdots,2k+1}_{k})=\boldsymbol{y}$$

由定理 1.3.7(a) 易证

$$\boldsymbol{u}=(2,4,\cdots,2k,\underbrace{2k+2,\cdots,2k+2}_{k+2}) \prec (1,3,\cdots,2k+1,\underbrace{2k+3,\cdots,2k+3}_{k+1})=\boldsymbol{v}$$

从而由定理 1.3.9(c) 有 $(\boldsymbol{x},\boldsymbol{u})\prec(\boldsymbol{y},\boldsymbol{v})$，即

$$(\underbrace{2,\cdots,2}_{k+2},\underbrace{4,\cdots,4}_{k+2},\cdots,\underbrace{2k+2,\cdots,2k+2}_{k+2}) \prec (\underbrace{1,\cdots,1}_{k+1},\underbrace{3,\cdots,3}_{k+1},\cdots,\underbrace{2k+3,\cdots,2k+3}_{k+1})$$

亦即当 $n=k+1$ 时，式(1.4.41)成立，所以式(1.4.41)对所有 $n\in\mathbf{N}$ 成立.　□

31[37]. 若 $\alpha_i>0,i=1,\cdots,n,\beta_1\geqslant\beta_2\geqslant\cdots\geqslant\beta_n>0$ 且 $\frac{\beta_1}{\alpha_1}\leqslant\cdots\leqslant\frac{\beta_n}{\alpha_n}$，则

$$(b_1,\cdots,b_n)\prec(a_1,\cdots,a_n) \tag{1.4.42}$$

其中 $a_i=\frac{\alpha_i}{\sum_{j=1}^{n}\alpha_j}$,$b_i=\frac{\beta_i}{\sum_{j=1}^{n}\beta_j}$,$i=1,\cdots,n$.

32[38]. 设 $\boldsymbol{x}=(x_1,\cdots,x_n)\in\mathbf{R}_+^n$,$\sum_{i=1}^{n}x_i=s$,并令 $x_{n+i}=x_i$,$i=1,2,\cdots,n$.

若 $s=1$,则

$$\left(\frac{k}{n},\cdots,\frac{k}{n}\right)\prec\left(\sum_{i=1}^{k}x_i,\sum_{i=1}^{k}x_{i+1},\cdots,\sum_{i=1}^{k}x_{i+n-1}\right)\prec k(x_1,\cdots,x_n)\prec(k,0,\cdots,0) \tag{1.4.43}$$

若 $s\leqslant 1$,则

$$\left(\frac{k}{n},\cdots,\frac{k}{n}\right)\prec^{w}\left(\sum_{i=1}^{k}x_i,\sum_{i=1}^{k}x_{i+1},\cdots,\sum_{i=1}^{k}x_{i+n-1}\right)\prec k(x_1,\cdots,x_n)\prec_{w}(k,0,\cdots,0) \tag{1.4.44}$$

若 $s\geqslant 1$,则

$$\left(\frac{k}{n},\cdots,\frac{k}{n}\right)\prec_{w}\left(\sum_{i=1}^{k}x_i,\sum_{i=1}^{k}x_{i+1},\cdots,\sum_{i=1}^{k}x_{i+n-1}\right)\prec k(x_1,\cdots,x_n)\prec^{w}(k,0,\cdots,0) \tag{1.4.45}$$

33[224]. 设 $x\in[0,1]$,$\beta\geqslant 1$,$\alpha_i>0$,$i=1,2,\cdots,n$,$n\in\mathbf{N}$,则

$$\left(\beta+\left(\sum_{i=1}^{n}\alpha_i\right)x-1,\alpha_1,\cdots,\alpha_n\right)\prec\left(\beta+\sum_{i=1}^{n}\alpha_i-1,\alpha_1x,\cdots,\alpha_nx\right) \tag{1.4.46}$$

和

$$(\beta-1,\alpha_1 x,\cdots,\alpha_n x)\prec(\beta+(\sum_{i=1}^{n}\alpha_i)x-1,\underbrace{0,\cdots,0}_{n})$$

(1.4.47)

34[22]. 假设 $m\leqslant x_i\leqslant M,i=1,2,\cdots,n$,则存在唯一的 $\theta\in[m,M)$ 和唯一的整数 $l\in\{0,1,2,\cdots,n\}$ 使得

$$\sum_{i=1}^{n}x_i=(n-l-1)m+\theta+lM$$

θ,l 由下式确定

$$(x_1,\cdots,x_n)\prec(\underbrace{M,\cdots,M}_{l},\theta,\underbrace{m,\cdots,m}_{n-l-1})$$

(1.4.48)

注意,因 $\theta=\sum_{i=1}^{n}x_i-(n-l-1)m-lM\in[m,M)$,故

$$\frac{\sum_{i=1}^{n}x_i-nm}{M-m}-1\leqslant l\leqslant\frac{\sum_{i=1}^{n}x_i-nm}{M-m}$$

由此可确定 l.

35[22]. 若 $b\geqslant 0,c\geqslant 1$ 且 $x_{[1]}\geqslant cx_{[2]},x_{[1]}\geqslant x_{[2]}+b,x_{[n]}\geqslant 0$,则

$$(x_1,\cdots,x_n)\prec(x_{[1]},z,\cdots,z,\theta,0,\cdots,0)$$

(1.4.49)

其中 $z=\min\left\{\frac{x_{[1]}}{c},x_{[1]}-b\right\}$ 且 $0\leqslant\theta\leqslant z$.

36[22]. 若 $0\leqslant x_i\leqslant c_i$,对于 $i=1,2,\cdots,n,c_1\geqslant c_2\geqslant\cdots\geqslant c_n$ 和 $\sum_{i=1}^{n}x_i=s$,则

$$(x_1,\cdots,x_n)\prec(c_1,\cdots,c_r,s-\sum_{i=1}^{r}c_i,0,\cdots,0)$$

(1.4.50)

其中 $r \in \{1,2,\cdots,n-1\}$ 使得 $\sum_{i=1}^{r} c_i < s$ 且 $\sum_{i=1}^{r+1} c_i \geqslant s$，若这样的整数不存在，则 $r=n$.

37[22]. 若 $0 \leqslant a_i \leqslant x_i, i=1,2,\cdots,n, a_1 \geqslant a_2 \geqslant \cdots \geqslant a_n$ 和 $\sum_{i=1}^{n} x_i = s$，则

$$\left(a_1,\cdots,a_r,s-\sum_{i=1}^{r} a_i,0,\cdots,0\right) \prec (x_1,\cdots,x_n) \tag{1.4.51}$$

其中 $r \in \{1,2,\cdots,n-1\}$ 使得 $\sum_{i=1}^{r} a_i < s$ 且 $\sum_{i=1}^{r+1} a_i \geqslant s$，若这样的整数不存在，则 $r=n$.

1.5 凸函数与控制不等式

定理 1.5.1[1]45　设 $\Omega \subset \mathbf{R}^n$ 是对称凸集，$\boldsymbol{x},\boldsymbol{y} \in \Omega$，则 $\boldsymbol{x} \prec \boldsymbol{y} \Leftrightarrow$ 任意对称凸(凹)函数 $\varphi:\Omega \to \mathbf{R}$，有 $\varphi(\boldsymbol{x}) \leqslant (\geqslant) \varphi(\boldsymbol{y})$.

定理 1.5.2[1]47　设 $\Omega \subset \mathbf{R}^n$ 是对称凸集，$\boldsymbol{x},\boldsymbol{y} \in \Omega$，则 $\boldsymbol{x} \prec\prec \boldsymbol{y}$ 任意对称的严格凸(凹)函数 $\varphi:\Omega \to \mathbf{R}$，有 $\varphi(\boldsymbol{x}) < (>) \varphi(\boldsymbol{y})$.

定理 1.5.3[1]48　设 $\Omega \subset \mathbf{R}^n$ 是对称凸集，$\boldsymbol{x},\boldsymbol{y} \in \Omega$，则：

(a) $\boldsymbol{x} \prec_w \boldsymbol{y} \Leftrightarrow$ 任意对称的增的凸(减的凹)函数 $\varphi:\Omega \to \mathbf{R}$，有

$$\varphi(\boldsymbol{x}) \leqslant (\geqslant) \varphi(\boldsymbol{y})$$

(b) $\boldsymbol{x} \prec^w \boldsymbol{y} \Leftrightarrow$ 任意对称的减的凸(增的凹)函数

$\varphi:\Omega\to\mathbf{R}$,有

$$\varphi(\boldsymbol{x})\leqslant(\geqslant)\varphi(\boldsymbol{y})$$

定理 1.5.4[1]48,49　设 $I\subset\mathbf{R}$ 为一个区间,$\boldsymbol{x},\boldsymbol{y}\in I^n\subset\mathbf{R}^n$,则:

(a)$\boldsymbol{x}\prec\boldsymbol{y}\Leftrightarrow$ 任意凸函数 $g:I\to\mathbf{R}$,有 $\sum_{i=1}^{n}g(x_i)\leqslant\sum_{i=1}^{n}g(y_i)$;

(b)$\boldsymbol{x}\prec\boldsymbol{y}\Leftrightarrow$ 任意凹函数 $g:I\to\mathbf{R}$,有 $\sum_{i=1}^{n}g(x_i)\geqslant\sum_{i=1}^{n}g(y_i)$;

(c)$\boldsymbol{x}\prec_w\boldsymbol{y}\Leftrightarrow$ 任意递增的凸函数 $g:I\to\mathbf{R}$,有 $\sum_{i=1}^{n}g(x_i)\leqslant\sum_{i=1}^{n}g(y_i)$;

(d)$\boldsymbol{x}\prec_w\boldsymbol{y}\Leftrightarrow$ 任意递减的凹函数 $g:I\to\mathbf{R}$,有 $\sum_{i=1}^{n}g(x_i)\geqslant\sum_{i=1}^{n}g(y_i)$;

(e)$\boldsymbol{x}\prec^w\boldsymbol{y}\Leftrightarrow$ 任意递减的凸函数 $g:I\to\mathbf{R}$,有 $\sum_{i=1}^{n}g(x_i)\leqslant\sum_{i=1}^{n}g(y_i)$;

(f)$\boldsymbol{x}\prec^w\boldsymbol{y}\Leftrightarrow$ 任意递增的凹函数 $g:I\to\mathbf{R}$,有 $\sum_{i=1}^{n}g(x_i)\geqslant\sum_{i=1}^{n}g(y_i)$;

(g)$\boldsymbol{x}\prec\prec\boldsymbol{y}\Leftrightarrow$ 任意严格凸函数 $g:I\to\mathbf{R}$,有 $\sum_{i=1}^{n}g(x_i)<\sum_{i=1}^{n}g(y_i)$;

(h)$\boldsymbol{x}\prec\prec\boldsymbol{y}\Leftrightarrow$ 任意严格凹函数 $g:I\to\mathbf{R}$,有 $\sum_{i=1}^{n}g(x_i)>\sum_{i=1}^{n}g(y_i)$.

注 1.5.1 定理 1.5.4(a) 为著名的 Karamata 不等式.

例 1.5.1 第 40 届 IMO 的第二题是：设 n 是一个固定的整数，$n \geqslant 2$：

(ⅰ) 确定最小的常数 c，使得不等式

$$\sum_{1 \leqslant i < j \leqslant n} x_i x_j (x_i^2 + x_j^2) \leqslant c\left(\sum_{i=1}^{n} x_i\right)^4 \quad (1.5.1)$$

对所有的非负实数 $x_1, x_2, \cdots, x_n$ 都成立；

(ⅱ) 对于这个常数 c，确定等式成立的充要条件.

第 40 届 IMO 中国代表队提供的解答采用的是逐步调整法[357]，邹明[358] 给出一个简洁的另解. 笔者一直试图用控制不等式的方法解答此题，但屡屡失败. 后从塞尔维亚朋友 Zdravko F. Starc 寄来的文献[359]看到了下述一个漂亮的控制解法：

因为式(1.5.1) 是齐次的，不妨设 $\sum_{i=1}^{n} x_i = 1$，此时式(1.5.1) 可写作

$$\sum_{i=1}^{n} x_i^3 (1 - x_i) \leqslant c \quad (1.5.2)$$

易见 $f(x) = x^3(1-x)$ 是区间 $\left[0, \frac{1}{2}\right]$ 上的单调增的凸函数. 不妨设 $x_1 = \max\{x_i\}$，则 $x_2, \cdots, x_n$ 均不大于 $\frac{1}{2}$. 若 $x_1 \in \left[0, \frac{1}{2}\right]$，那么据定理 1.5.4(a)，由

$$(x_1, x_2, \cdots, x_n) \prec \left(\frac{1}{2}, \frac{1}{2}, \underbrace{0, \cdots, 0}_{n-2}\right)$$

有

$$f(x_1)+f(x_2)+\cdots+f(x_n)\leqslant$$
$$f\left(\frac{1}{2}\right)+f\left(\frac{1}{2}\right)+(n-2)f(0)=\frac{1}{8}$$

若 $x_1>\frac{1}{2}$，则 $1-x_1<\frac{1}{2}$，且 $(x_2,x_3,\cdots,x_n)\prec(1-x_1,\underbrace{0,\cdots,0}_{n-2})$，于是据定理1.5.4(a)有

$$f(x_1)+f(x_2)+\cdots+f(x_n)\leqslant$$
$$f(x_1)+f(1-x_1)+(n-2)f(0)=$$
$$f(x_1)+f(1-x_1)$$

易证 $g(x)=f(x)+f(1-x)$ 在区间 $[0,1]$ 上有最大值 $g\left(\frac{1}{2}\right)=\frac{1}{8}$，故在这种情况下亦有

$$f(x_1)+f(x_2)+\cdots+f(x_n)\leqslant\frac{1}{8}$$

笔者补充一个下界估计：

利用 $f(x)=x^3(1-x)$ 在区间 $\left[0,\frac{1}{2}\right]$ 上的凸性及

$$\left(\frac{1}{n},\cdots,\frac{1}{n}\right)\prec(x_1,x_2,\cdots,x_n)$$

可得

$$f(x_1)+f(x_2)+\cdots+f(x_n)\geqslant$$
$$n\left(\frac{1}{n}\right)^3\left(1-\frac{1}{n}\right)=\frac{n-1}{n^3}$$

于是可得式(1.5.1)的反向不等式

$$\frac{n-1}{n^3}\left(\sum_{i=1}^{n}x_i\right)^4\leqslant\sum_{1\leqslant i<j\leqslant n}x_ix_j(x_i^2+x_j^2) \tag{1.5.3}$$

且等式成立当且仅当 $x_1=\cdots=x_n$.

与例1.5.1类似的问题还有：

例 1.5.2(2008 年中国数学奥林匹克四川队集训题) 设 $x_1,x_2,\cdots,x_n$ 为非负实数，且 $\sum_{i=1}^{n}x_i=1$，求 $\sum_{i=1}^{n}(x_i^4-x_i^5)$ 的最大值.

王毅和朱琨[360] 对此类问题做了一般性讨论.

设非负实数 $x_1,x_2,\cdots,x_n$ 满足 $\sum_{i=1}^{n}x_i=s>0$，若 $f(x)$ 在区间 $[0,p]$ 内是凸函数，且 $p\geqslant\frac{s}{2}$，则求 $F(x_1,x_2,\cdots,x_n)=\sum_{i=1}^{n}f(x_i)$ 的最值需要分两个部分来讨论：一是所有分量均小于或等于 p；二是有一个分量取值大于或等于 p，易知此时其余分量均小于或等于 p. 在第一种情况下，有

$$\underbrace{\left(\frac{s}{n},\frac{s}{n},\cdots,\frac{s}{n}\right)}_{n}\prec(x_1,x_2,\cdots,x_n)\prec$$

$$(p,s-p,\underbrace{0,\cdots,0}_{n-2})$$

于是有

$$F\underbrace{\left(\frac{s}{n},\frac{s}{n},\cdots,\frac{s}{n}\right)}_{n}\leqslant F(x_1,x_2,\cdots,x_n)\leqslant$$

$$F(p,s-p,\underbrace{0,\cdots,0}_{n-2})$$

对于第二种情况，由对称性不妨设 $x_1\geqslant p$，则固定 x_1，令 $G(x_2,\cdots,x_n)=\sum_{i=1}^{n}f(x_i)$，则由

$$\underbrace{\left(\frac{s-x_1}{n-1},\frac{s-x_1}{n-1},\cdots,\frac{s-x_1}{n-1}\right)}_{n-1}\prec(x_2,\cdots,x_n)\prec$$

$$(s-x_1,\underbrace{0,\cdots,0}_{n-2})$$

有

$$G\underbrace{\left(\frac{s-x_1}{n-1},\frac{s-x_1}{n-1},\cdots,\frac{s-x_1}{n-1}\right)}_{n-1}\leqslant G(x_2,\cdots,x_n)\leqslant$$

$$G(s-x_1,\underbrace{0,\cdots,0}_{n-2})$$

因此

$$F\underbrace{\left(x_1,\frac{s-x_1}{n-1},\frac{s-x_1}{n-1},\cdots,\frac{s-x_1}{n-1}\right)}_{n}\leqslant$$

$$F(x_1,x_2,\cdots,x_n)\leqslant$$

$$F(x_1,s-x_1,\underbrace{0,\cdots,0}_{n-2})$$

对于单变量函数，我们很容易就能找出它们在区间$[p,s]$上的最值. 令在区间$[p,s]$上

$$F\underbrace{\left(x_1,\frac{s-x_1}{n-1},\frac{s-x_1}{n-1},\cdots,\frac{s-x_1}{n-1}\right)}_{n}\geqslant l$$

$$F(x_1,s-x_1,0,\cdots,0)\leqslant m$$

因此有如下定理：

定理 1.5.5　设非负实数 $x_1,x_2,\cdots,x_n$ 满足 $\sum_{i=1}^{n}x_i=s>0$，若 $f(x)$ 在区间$[0,p]$内是凸函数，且 $p\geqslant\frac{s}{2}$，则

$$\min\Big\{l,F\big(\underbrace{\frac{s}{n},\frac{s}{n},\cdots,\frac{s}{n}}_{n}\big)\Big\}\leqslant F(x_1,x_2,\cdots,x_n)\leqslant$$

$$\max\{m,F(p,s-p,0,\cdots,0)\}$$

利用定理1.5.5不难证明例1.5.2,详见文[360].

定理 1.5.6[1]49,50 设 $I\subset\mathbf{R}$ 为一个区间,$\boldsymbol{x},\boldsymbol{y}\in I^n\subset\mathbf{R}^n$,则:

(a) 任意凸函数 $g:I\to\mathbf{R}$,有

$$\boldsymbol{x}\prec\boldsymbol{y}\Rightarrow(g(x_1),\cdots,g(x_n))\prec_w(g(y_1),\cdots,g(y_n))$$

(b) 任意凹函数 $g:I\to\mathbf{R}$,有

$$\boldsymbol{x}\prec\boldsymbol{y}\Rightarrow(g(x_1),\cdots,g(x_n))\prec^w(g(y_1),\cdots,g(y_n))$$

(c) 任意递增的凸函数 $g:I\to\mathbf{R}$,有

$$\boldsymbol{x}\prec_w\boldsymbol{y}\Rightarrow(g(x_1),\cdots,g(x_n))\prec_w(g(y_1),\cdots,g(y_n))$$

(d) 任意递减的凹函数 $g:I\to\mathbf{R}$,有

$$\boldsymbol{x}\prec_w\boldsymbol{y}\Rightarrow(g(x_1),\cdots,g(x_n))\prec^w(g(y_1),\cdots,g(y_n))$$

(e) 任意递减的凸函数 $g:I\to\mathbf{R}$,有

$$\boldsymbol{x}\prec^w\boldsymbol{y}\Rightarrow(g(x_1),\cdots,g(x_n))\prec_w(g(y_1),\cdots,g(y_n))$$

(f) 任意递增的凹函数 $g:I\to\mathbf{R}$,有

$$\boldsymbol{x}\prec_w\boldsymbol{y}\Rightarrow(g(x_1),\cdots,g(x_n))\prec^w(g(y_1),\cdots,g(y_n))$$

例 1.5.3 设 $\boldsymbol{x}=(x_1,x_2,\cdots,x_n)\in\mathbf{R}^n_{++}$,$s=\sum_{i=1}^n x_i$.

(ⅰ) 若 $r\geqslant1,\alpha\geqslant1,t\geqslant1$,则

$$\Big(\underbrace{\Big[\frac{s^{t-1}}{n^{t-1}(m-1)}\Big]^\alpha,\Big[\frac{s^{t-1}}{n^{t-1}(m-1)}\Big]^\alpha,\cdots,\Big[\frac{s^{t-1}}{n^{t-1}(m-1)}\Big]^\alpha}_{n}\Big)\prec_w$$

$$\Big(\Big(\frac{x_1^t}{rs-x_1}\Big)^\alpha,\Big(\frac{x_2^t}{rs-x_2}\Big)^\alpha,\cdots,\Big(\frac{x_n^t}{rs-x_n}\Big)^\alpha\Big)\tag{1.5.4}$$

(ⅱ) 若 $r\geqslant1,\alpha\geqslant1,t>0$,则

$$\Big(\underbrace{\Big(\frac{n^{t-1}(m-1)}{s^{t-1}}\Big)^{\alpha},\Big(\frac{n^{t-1}(m-1)}{s^{t-1}}\Big)^{\alpha},\cdots,\Big(\frac{n^{t-1}(m-1)}{s^{t-1}}\Big)^{\alpha}}_{n}\Big)\prec_w$$

$$\Big(\Big(\frac{rs-x_1}{x_1^t}\Big)^{\alpha},\Big(\frac{rs-x_2}{x_2^t}\Big)^{\alpha},\cdots,\Big(\frac{rs-x_n}{x_n^t}\Big)^{\alpha}\Big) \tag{1.5.5}$$

证明　令 $g(u)=\dfrac{u^t}{rs-u}$，$h(u)=\dfrac{rs-u}{u^t}$，经计算，当 $r\geqslant 1,t\geqslant 1$ 时

$$g''(u)=\frac{t(t-1)u^{t-2}}{rs-u}+\frac{2tu^{t-1}}{(rs-u)^2}+\frac{2u^t}{(rs-u)^3}\geqslant 0$$

而当 $r\geqslant 1,t>0$ 时

$$h''(u)=\frac{2t}{u^{t+1}}+\frac{t(1+t)(rs-u)}{u^{t+2}}\geqslant 0$$

这意味着，对于 $r\geqslant 1$，当 $t\geqslant 1$ 和 $t>0$ 时，$g(u)$ 和 $h(u)$ 分别是 $\mathbf{R}_{++}$ 上的凸函数，进而据定理 1.1.7(a)，$g^{\alpha}(u)$ 和 $h^{\alpha}(u)$ 分别是 $\mathbf{R}_{++}$ 上的凸函数．由 $(\bar{\boldsymbol{x}},\cdots,\bar{\boldsymbol{x}})\prec(x_1,\cdots,x_n)$，根据定理 1.5.5(a)，有

$$(g^{\alpha}(\bar{\boldsymbol{x}}),\cdots,g^{\alpha}(\bar{\boldsymbol{x}}))\prec_w(g^{\alpha}(x_1),\cdots,g^{\alpha}(x_n))$$

和

$$(h^{\alpha}(\bar{\boldsymbol{x}}),\cdots,h^{\alpha}(\bar{\boldsymbol{x}}))\prec_w(h^{\alpha}(x_1),\cdots,h^{\alpha}(x_n))$$

即式(1.5.4)和式(1.5.5)成立．

注 1.5.2　若直接根据弱控制的定义证明式(1.5.4)和式(1.5.5)，要比上述证法麻烦许多，读者不妨一试．

1.6　Karamata 不等式的推广

1947 年，文[361]给出 Karamata 不等式，即定理 1.5.4(a)的加权推广．

定理 1.6.1 设区间 $I \subset \mathbf{R}, \boldsymbol{x}, \boldsymbol{y} \in I^n, x_1 \geqslant x_2 \geqslant \cdots \geqslant x_n, y_1 \geqslant y_2 \geqslant \cdots \geqslant y_n, \boldsymbol{w} = (w_1, w_2, \cdots, w_n) \in \mathbf{R}^n$. 若

$$\sum_{i=1}^{k} w_i x_i \leqslant \sum_{i=1}^{k} w_i y_i, k = 1, 2, \cdots, n-1 \tag{1.6.1}$$

且

$$\sum_{i=1}^{n} w_i x_i = \sum_{i=1}^{n} w_i y_i \tag{1.6.2}$$

则对于任一连续凸函数 $\varphi: I \to \mathbf{R}$, 有

$$\sum_{i=1}^{n} w_i \varphi(x_i) \leqslant \sum_{i=1}^{n} w_i \varphi(y_i) \tag{1.6.3}$$

1973 年, Bullen 等[362] 又给出:

定理 1.6.2 设区间 $I \subset \mathbf{R}, \boldsymbol{x}, \boldsymbol{y} \in I^n, x_1 \geqslant x_2 \geqslant \cdots \geqslant x_n, y_1 \geqslant y_2 \geqslant \cdots \geqslant y_n, \boldsymbol{w} = (w_1, w_2, \cdots, w_n) \in \mathbf{R}^n$. 若满足条件(1.6.1), 则对于任一递增的连续凸函数 $\varphi: I \to \mathbf{R}$, 式(1.6.3) 成立.

Janne Junnila 在题为 "A generalization of Karamata's inequality" 一文中, 根据定理 1.5.4(c) 并运用数学归纳法证得如下有趣的结果:

定理 1.6.3 设区间 $I \subset \mathbf{R}, h_0, h_1, \cdots, h_n: I \to I$ 是递增的连续凸函数. 对于 $k = 0, 1, \cdots, n$, 定义 $H_k = h_k \circ h_{k-1} \circ \cdots \circ h_1 \circ h_0$. 又设 $x_1 \geqslant x_2 \geqslant \cdots \geqslant x_n, y_1 \geqslant y_2 \geqslant \cdots \geqslant y_n$. 若

$$\sum_{i=1}^{k} H_i(x_i) \leqslant \sum_{i=1}^{k} H_i(y_i), k = 1, 2, \cdots, n-1 \tag{1.6.4}$$

则

$$\sum_{i=1}^{n} H_i(x_i) \leqslant \sum_{i=1}^{n} H_i(y_i) \qquad (1.6.5)$$

例 1.6.1　设 $a,b,c,x,y,z \in \mathbf{R}_{++}$ 满足 $x \geqslant y \geqslant z$. 假若 $a \geqslant x, a^2+b^2 \geqslant x^2+y^2$, 且 $a^3+b^3+c^3 \geqslant x^3+y^3+z^3$, 则

$$a^6+b^6+c^6 \geqslant x^6+y^6+z^6 \qquad (1.6.6)$$

证明　由对称性,不妨设 $a \geqslant b \geqslant c$. 考虑 $h_0(t)=t, h_1(t)=t^2, h_2(t)=t^{\frac{3}{2}}, h_3(t)=t^2$, 则 $H_0(t)=t$, $H_1(t)=t^2, H_2(t)=t^3, H_3(t)=t^6$. 由定理 1.6.3 即知式(1.6.6)成立.

1985 年, 利用定理 1.5.4(a) 和定理 1.2.12, Ng[619] 证得 Karamata 不等式的如下推广:

定理 1.6.4　设区间 $I \subset \mathbf{R}$, 则不等式

$$\sum_{i=1}^{n} g(x_i) \leqslant \sum_{i=1}^{n} g(y_i)$$

对于所有 $\boldsymbol{x},\boldsymbol{y} \in I^n$ 且 $\boldsymbol{x} \prec \boldsymbol{y}$ 成立当且仅当 $g: I \to \mathbf{R}$ 是 Wright－凸函数.

2012 年,Inoan 和 Rasa 给出了定理 1.6.4 的一个初等证明.

2009 年,苗雨和祁锋[451] 提出如下公开问题:

问题 1.6.1　对于 $n \in \mathbf{N}$, 设 $\boldsymbol{x},\boldsymbol{y} \in \mathbf{R}_{++}^n$, 满足 $x_1 \geqslant x_2 \geqslant \cdots \geqslant x_n, y_1 \geqslant y_2 \geqslant \cdots \geqslant y_n$, 且

$$\sum_{i=1}^{k} x_i \leqslant \sum_{i=1}^{k} y_i, k=1,2,\cdots,n \qquad (1.6.7)$$

在 α,β 满足什么条件下,成立不等式

$$\sum_{i=1}^{k} x_i^{\alpha} y_i^{\beta} \leqslant \sum_{i=1}^{k} y_i^{\alpha+\beta} \qquad (1.6.8)$$

$\alpha \geqslant 1, \beta \geqslant 0$.

文[451]首先证明了如下引理：

引理1.6.1 在问题1.6.1的条件下，对于$\alpha\geqslant 1$，成立不等式

$$\sum_{i=1}^{k}x_i^{\alpha}\leqslant\sum_{i=1}^{k}y_i^{\alpha},k=1,2,\cdots,n \qquad (1.6.9)$$

然后巧妙地利用 Hölder 不等式证明在 $\alpha\geqslant 1$，$\beta\geqslant 0$ 的条件下，式(1.6.8)成立. 证明如下

$$\begin{aligned}\sum_{i=1}^{n}x_i^{\alpha}y_i^{\beta}&\leqslant\left[\sum_{i=1}^{n}(x_i^{\alpha})^{\frac{\alpha+\beta}{\alpha}}\right]^{\frac{\alpha}{\alpha+\beta}}\left[\sum_{i=1}^{n}(y_i^{\beta})^{\frac{\alpha+\beta}{\beta}}\right]^{\frac{\beta}{\alpha+\beta}}\\&\leqslant\left(\frac{\sum_{i=1}^{n}x_i^{\alpha+\beta}}{\sum_{i=1}^{n}y_i^{\alpha+\beta}}\right)^{\frac{\alpha}{\alpha+\beta}}\sum_{i=1}^{n}y_i^{\alpha+\beta}\\&\leqslant\sum_{i=1}^{n}y_i^{\alpha+\beta}\end{aligned}$$

文[451]对引理1.6.1的证明很富技巧，不过它是定理1.5.4(c)的直接推论，注意式(1.6.7)意味着 $\boldsymbol{x}\prec_w\boldsymbol{y}$，而当 $\alpha\geqslant 1$ 时，t^{α} 递增且凸.

Schur 凸函数的定义和性质

第二章

控制关系和 Schur 凸函数是受控理论的两个最基本也是最重要的概念. 本章将介绍 Schur 凸函数的经典定义和性质以及近年来国内学者对 Schur 凸函数的推广,包括 Schur 几何凸函数. Schur 调和凸函数. Schur 幂凸函数,以及抽象控制不等式理论等.

2.1 Schur 凸函数的定义和性质

本节首先介绍 Schur 凸函数的经典定义,然后不加证明地给出 Schur 凸函数的一些基本性质,其详细证明可在专著[1]和[22]中找到.

定义 2.1.1[1],[22]　设 $\Omega \subset \mathbf{R}^n$，$\varphi:\Omega \to \mathbf{R}$，若在 Ω 上 $\boldsymbol{x} \prec \boldsymbol{y} \Rightarrow \varphi(\boldsymbol{x}) \leqslant \varphi(\boldsymbol{y})$，则称 φ 为 Ω 上的 Schur 凸函数，简称为 $S-$凸函数. 若在 Ω 上 $\boldsymbol{x} \prec\prec \boldsymbol{y} \Rightarrow \varphi(\boldsymbol{x}) < \varphi(\boldsymbol{y})$，则称 φ 为 Ω 上的严格 $S-$凹函数. 若 $-\varphi$ 是 Ω 上的(严格)$S-$凸函数，则称 φ 为 Ω 上的(严格)$S-$凹函数.

定理 2.1.1　若 φ 是对称集 Ω 上的 $S-$凸函数(或 $S-$凹函数)，则 φ 是 Ω 上的对称函数.

证明　$\forall \boldsymbol{x} \in \Omega$ 和任意的置换矩阵 $\boldsymbol{G}$ 都有 $\boldsymbol{xG} \in \Omega$，由 $\boldsymbol{x} \prec \boldsymbol{xG} \prec \boldsymbol{x}$ 有 $\varphi(\boldsymbol{x}) \leqslant \varphi(\boldsymbol{xG}) \leqslant \varphi(\boldsymbol{x})$，故 $\varphi(\boldsymbol{xG}) = \varphi(\boldsymbol{x})$，即 φ 是 Ω 上的对称函数.　□

注 2.1.1　若 φ 是非对称集 Ω 上的 $S-$凸函数(或 $S-$凹函数)，则不必是对称函数.

定理 2.1.2　设 $\Omega \subset \mathbf{R}^n$，$\varphi:\Omega \to \mathbf{R}$，则：

(a)$\boldsymbol{x} \prec_w \boldsymbol{y} \Leftrightarrow$ 任意增的 $S-$凸函数 φ，有 $\varphi(\boldsymbol{x}) \leqslant \varphi(\boldsymbol{y})$；

(b)$\boldsymbol{x} \prec^w \boldsymbol{y} \Leftrightarrow$ 任意减的 $S-$凸函数 φ，有 $\varphi(\boldsymbol{x}) \leqslant \varphi(\boldsymbol{y})$；

(c)$\boldsymbol{x} \prec_w \boldsymbol{y} \Leftrightarrow$ 任意减的 $S-$凹函数 φ，有 $\varphi(\boldsymbol{x}) \geqslant \varphi(\boldsymbol{y})$；

(d)$\boldsymbol{x} \prec^w \boldsymbol{y} \Leftrightarrow$ 任意增的 $S-$凹函数 φ，有 $\varphi(\boldsymbol{x}) \geqslant \varphi(\boldsymbol{y})$.

定理 2.1.3[1]58　设 $\Omega \subset \mathbf{R}^n$ 是有内点的对称凸集，$\varphi:\Omega \to \mathbf{R}$ 在 Ω 上连续，在 Ω 的内部 Ω° 可微，则 φ 在 Ω 上 $S-$凸(凹)$\Leftrightarrow \varphi$ 在 Ω 上对称且 $\forall \boldsymbol{x} \in \Omega^\circ$，有

$$(x_1 - x_2)\left(\frac{\partial \varphi}{\partial x_1} - \frac{\partial \varphi}{\partial x_2}\right) \geqslant 0 (\leqslant 0) \quad (2.1.1)$$

式(2.1.1)称为 Schur 条件.

注 2.1.2　定理 2.1.3 称为 Schur 凸函数判定定理，是受控理论最重要的定理. 在使用时要注意该定理的条件：首先看所考虑的集合 Ω 是否为对称凸集. 若不是，则不能使用该定理；若是，则观察该函数是否为对称函数. 若不是，由定理 2.1.1 可立即断定该函数不是 S－凸函数（或 S－凹函数）；若是，则进一步检验 Schur 条件. 总之，使用该定理必须全面顾及该定理的所有条件.

定理 2.1.4[1]58　设 $\Omega \subset \mathbf{R}^n$ 是有内点的对称凸集，$\varphi:\Omega \to \mathbf{R}$ 在 Ω 上连续，在 Ω 的内部 Ω° 可微，则 φ 在 Ω 上严格 S－凸（凹）$\Leftrightarrow \varphi$ 在 Ω 上对称且 $\forall \boldsymbol{x} \in \Omega^\circ$，有

$$(x_1 - x_2)\left(\frac{\partial \varphi}{\partial x_1} - \frac{\partial \varphi}{\partial x_2}\right) > 0(<0), x_1 \neq x_2 \tag{2.1.2}$$

祁锋[39] 用分析的方法得到如下一个非负数列和的指数与平方和之间的不等式.

对于 $\boldsymbol{x} = (x_1, \cdots, x_n) \in \mathbf{R}_+^n$ 和 $n \geqslant 2$，有

$$\frac{\mathrm{e}^2}{4}\left(\sum_{i=1}^{n} x_i^2\right) \leqslant \exp\left(\sum_{i=1}^{n} x_i\right) \tag{2.1.3}$$

且若某 $x_i = 2$，而其余 x_i 均为零时，式(2.1.3) 中等式成立. 因此式(2.1.3) 中的常数 $\frac{\mathrm{e}^2}{4}$ 是最佳的.

笔者[40] 用控制方法建立了下述定理，从而推广了式(2.1.3).

定理 2.1.5　设 $(x_1, \cdots, x_n) \in \mathbf{R}_+^n$，$n \geqslant 2$，若 $\alpha \geqslant 1$，则

$$\frac{\mathrm{e}^\alpha}{\alpha^\alpha}\left(\sum_{i=1}^{n} x_i^\alpha\right) \leqslant \exp\left(\sum_{i=1}^{n} x_i\right) \tag{2.1.4}$$

且式(2.1.4) 中等式成立当且仅当某 $x_i = \alpha$，而其余 x_i

均为零.

证明　首先证明对于任意 $s,\alpha>0$,有

$$\frac{e^{\alpha}}{\alpha^{\alpha}}\leqslant\frac{e^{s}}{s^{\alpha}}\tag{2.1.5}$$

且等式成立当且仅当 $s=\alpha$.

令 $\varphi(s)=\alpha\ln s-s$,则 $\varphi'(s)=\frac{\alpha}{s}-1$. 因为当 $s>\alpha>0$ 时,$\varphi'(s)<0$,$\varphi(s)$ 单调减;而当 $0<s\leqslant\alpha$ 时,$\varphi'(s)\geqslant 0$,$\varphi(s)$ 单调增. 所以,对任意 $s>0$,均有

$$\varphi(s)=\alpha\ln s-s\leqslant\varphi(\alpha)=\alpha\ln\alpha-\alpha$$

即式(2.1.5)成立,且等式成立当且仅当 $s=\alpha$.

现记 $f(\boldsymbol{x})=f(x_1,\cdots,x_n)=\ln\left(\sum_{i=1}^{n}x_i^{\alpha}\right)-s$,其中 $s=\sum_{i=1}^{n}x_i$,f 显然在对称凸集 $\mathbf{R}_+^n$ 上对称. 经计算

$$\Delta:=(x_1-x_2)\left(\frac{\partial f}{\partial x_1}-\frac{\partial f}{\partial x_2}\right)=\frac{\alpha(x_1-x_2)(x_1^{\alpha-1}-x_2^{\alpha-1})}{\sum_{i=1}^{n}x_i^{\alpha}}$$

当 $\alpha>1$ 时,因为 $x^{\alpha-1}$ 是 $\mathbf{R}_+$ 上的严格增函数,所以对于 $x_1\neq x_2$,$(x_1-x_2)\cdot(x_1^{\alpha-1}-x_2^{\alpha-1})>0$,从而有 $\Delta>0$,据定理 2.1.4 知 $f(\boldsymbol{x})$ 在 $\mathbf{R}_+^n$ 上严格 S－凸;因为$(x_1,\cdots,x_n)\prec(s,0,\cdots,0)$,且若不出现某 $x_i=s$,而其余 x_i 均为零的情形,此控制是严格的. 所以

$$f(x_1,\cdots,x_n)=\ln\left(\sum_{i=1}^{n}x_i^{\alpha}\right)-\sum_{i=1}^{n}x_i\leqslant f(s,0,\cdots,0)=\alpha\ln s-s$$

即

$$\frac{e^{s}}{s^{\alpha}}\left(\sum_{i=1}^{n}x_i^{\alpha}\right)\leqslant\exp\left(\sum_{i=1}^{n}x_i\right)\tag{2.1.6}$$

当且仅当某 $x_i=s$，而其余 x_i 均为零时等式成立. 式(2.1.6) 结合式(2.1.5) 即得式(2.1.4)，且式(2.1.4) 中等式成立当且仅当某 $x_i=s=\alpha$，而其余 x_i 均为零. □

2009 年，Witkowski[41] 给出二元 $S-$ 凸函数的判别定理.

定理 2.1.6 设区间 $I\subset\mathbf{R}$，二元对称函数 $\varphi:I\times I\to\mathbf{R}$ 为 $S-$ 凸函数的充要条件是 $\forall a\in\mathbf{R}_{++}$，一元函数 $\varphi_a(x)=\varphi(x,a-x)$ 在 $\left(-\infty,\frac{a}{2}\right)$ 上递减(假定 $(x,a-x)\in I\times I$).

证明 假设 φ 是 $S-$ 凸函数. 对于 $t<s<\frac{a}{2}$ 有 $(s,a-s)\prec(t,a-t)$，因此 $\varphi(s,a-s)\leqslant\varphi(t,a-t)$.

反之，假设 $\boldsymbol{x}\prec\boldsymbol{y}$，且令 $s=\min\{x_1,x_2\}$，$t=\min\{y_1,y_2\}$，$a=x_1+x_2$，那么 $t<s<\frac{a}{2}$ 且由 $\varphi_a(x)$ 的单调性有 $\varphi(s,a-s)\leqslant\varphi(t,a-t)$，从而由 φ 的对称性有 $\varphi(\boldsymbol{x})\leqslant\varphi(\boldsymbol{y})$. □

例 2.1.1 证明均值差 $M_{SA}(x,y)=\left(\frac{x^2+y^2}{2}\right)^{\frac{1}{2}}-\frac{x+y}{2}$ 在 $\mathbf{R}_{++}^2$ 上 $S-$ 凸.

证明 $M_{SA}(x,y)$ 显然对称. $\forall a\in\mathbf{R}_{++}$，令

$$\varphi_a(x)=M_{SA}(x,a-x)=\left[\frac{x^2+(a-x)^2}{2}\right]^{\frac{1}{2}}-\frac{a}{2}$$

对于 $x\leqslant\frac{a}{2}$，有

$$\varphi'_a(x)=\frac{x-\frac{a}{2}}{\left[\frac{x^2+(a-x)^2}{2}\right]^{\frac{1}{2}}}\leqslant 0$$

这意味着 $M_{SA}(x,a-x)$ 在 $\left(-\infty,\frac{a}{2}\right)$ 上递减，由定理 2.1.6 知 $M_{SA}(x,y)$ 在 $\mathbf{R}_{++}^2$ 上 $S-$凸.

对于非对称凸集 $D=\{\boldsymbol{x}\in\mathbf{R}^n \mid x_1\geqslant x_2\geqslant\cdots\geqslant x_n\}$ 上的 $S-$凸(凹) 函数，我们有如下判定定理：

定理 2.1.7[1]58　设 $\varphi:D\to\mathbf{R}$ 在 D 上连续，在 D 的内部 D° 可微，则 φ 在 D 上 $S-$凸(凹)$\Leftrightarrow\forall\boldsymbol{x}\in D^\circ$，有

$$\frac{\partial\varphi}{\partial x_i}\geqslant(\leqslant)\frac{\partial\varphi}{\partial x_{i+1}},i=1,\cdots,n-1 \quad (2.1.7)$$

定理 2.1.8[1]58　设 $\varphi:D\to\mathbf{R}$ 在 D 上连续，在 D 的内部 D° 可微，则 φ 在 D 上严格 $S-$凸(凹)$\Leftrightarrow\forall\boldsymbol{x}\in D^\circ$，有

$$\frac{\partial\varphi}{\partial x_i}>(<)\frac{\partial\varphi}{\partial x_{i+1}},i=1,\cdots,n-1 \quad (2.1.8)$$

注 2.1.3　若 φ 是 D 上的 $S-$凸函数，我们容易扩充它到 $\mathbf{R}^n$ 而成为 $\mathbf{R}^n$ 上的 $S-$凸函数：即对 $\boldsymbol{x}\in\mathbf{R}^n$，令 $\varphi(\boldsymbol{x})=\varphi(\boldsymbol{x}\downarrow)$，显然这种 $S-$凸扩张是唯一的，同时 φ 也成为任何集合 $A\subset\mathbf{R}^n$ 上的 $S-$凸函数.

定理 2.1.9[1]58　设 $\Omega\subset\mathbf{R}^n$，$\varphi_i:\Omega\to\mathbf{R}$，$i=1,\cdots,k$，$h:\mathbf{R}^k\to\mathbf{R}$，$\psi(\boldsymbol{x})=h(\varphi_1(\boldsymbol{x}),\cdots,\varphi_k(\boldsymbol{x}))$：

(a) 若每个 φ_i 是 $S-$凸的，h 是增的，则 ψ 在 Ω 上 $S-$凸；

(b) 若每个 φ_i 是 $S-$凸的，h 是减的，则 ψ 在 Ω 上 $S-$凹；

(c) 若每个 φ_i 是 $S-$凹的，h 是增的，则 ψ 在 Ω 上

S－凹；

(d) 若每个φ_i是S－凹的，h是减的，则ψ在Ω上S－凸；

(e) 若每个φ_i是增且S－凸的，h是增的，则ψ在Ω上增且S－凸；

(f) 若每个φ_i是增且S－凸的，h是减的，则ψ在Ω上减且S－凹；

(g) 若每个φ_i是减且S－凹的，h是增的，则ψ在Ω上减且S－凹；

(h) 若每个φ_i是减且S－凹的，h是减的，则ψ在Ω上增且S－凸；

(i) 若每个φ_i是减且S－凸的，h是增的，则ψ在Ω上减且S－凸；

(j) 若每个φ_i是增且S－凹的，h是减的，则ψ在Ω上减且S－凸；

(k) 若每个φ_i是增且S－凹的，h是增的，则ψ在Ω上增且S－凹；

(l) 若每个φ_i是减且S－凸的，h是减的，则ψ在Ω上增且S－凹.

推论 2.1.1　设$\Omega \subset \mathbf{R}^n$：

(a) $\varphi:\Omega \to \mathbf{R}$，$g:\mathbf{R} \to \mathbf{R}$是严增的，$\psi(\boldsymbol{x}) = g(\varphi(\boldsymbol{x}))$，则$\psi$为$S$－凸(凹)$\Leftrightarrow\varphi$为$S$－凸(凹)；

(b) $\varphi:\Omega \to \mathbf{R}_{++}$，则$\ln\varphi$为$S$－凸(凹)$\Leftrightarrow\varphi$为$S$－凸(凹).

例 2.1.2[22]93　设$\boldsymbol{x} \in \mathbf{R}^n_{++}$，$\boldsymbol{p} \in \mathbf{R}^n_{++}$，则

$$\varphi(\boldsymbol{x}) = \prod_{i=0}^{n} p_i^{x_i - x_{i+1}} \tag{2.1.9}$$

是$D_{++} = \{\boldsymbol{x} \mid \boldsymbol{x} \in \mathbf{R}^n_{++}, x_1 \geqslant \cdots \geqslant x_n > 0\}$上的$S$－

凸函数的充要条件是

$$\frac{p_1}{p_0} \geqslant \frac{p_2}{p_1} \geqslant \cdots \geqslant \frac{p_n}{p_{n-1}} \tag{2.1.10}$$

其中 $x_0 = x_{n+1} = 0$.

证明 考虑 $\ln \varphi(\boldsymbol{x}) = \sum_{i=0}^{n}(x_i - x_{i+1})\ln p_i$. 由推论 2.1.1(b) 知 φ 为 S－凸 $\Leftrightarrow \ln \varphi$ 为 S－凸. 注意这里 D_{++} 是非对称凸集,由定理 2.1.7,$\ln \varphi$ 为 S－凸 $\Leftrightarrow \frac{\partial \ln \varphi(\boldsymbol{x})}{\partial x_i} - \frac{\partial \ln \varphi(\boldsymbol{x})}{\partial x_{i+1}} \geqslant 0, i = 1,\cdots,n-1 \Leftrightarrow \ln \frac{p_i^2}{p_{i-1}p_{i+1}} \geqslant 0, i = 1,\cdots, n-1$,即式(2.1.10) 成立. □

例 2.1.3[22]96 设 $x \geqslant y > 0, \varphi(x,y) = x^\alpha - \alpha x y^{\alpha-1} + (\alpha-1)y^\alpha$,则当$\alpha \geqslant 1$ 或 $\alpha < 0$ 时,$\varphi(x,y) \geqslant 0$,当 $0 \leqslant \alpha \leqslant 1$ 时,$\varphi(x,y) \leqslant 0$.

证明 记 $D_{++} = \{(x,y) \mid x \geqslant y > 0\}$,则

$$\frac{\partial \varphi}{\partial x} = \alpha x^{\alpha-1} - \alpha y^{\alpha-1}$$

$$\frac{\partial \varphi}{\partial y} = -\alpha(\alpha-1)xy^{\alpha-2} + \alpha(\alpha-1)y^{\alpha-1}$$

若 $\alpha > 1$,则 $\forall (x,y) \in D^\circ_{++}$,有

$$\frac{\partial \varphi}{\partial x} - \frac{\partial \varphi}{\partial y} = \alpha x^{\alpha-1} + \alpha(\alpha-1)xy^{\alpha-2} - \alpha^2 y^{\alpha-1} \geqslant$$
$$\alpha y^{\alpha-1} + \alpha(\alpha-1)yy^{\alpha-2} - \alpha^2 y^{\alpha-1} = 0$$

若 $\alpha < 0$,则

$$\frac{\partial \varphi}{\partial x} - \frac{\partial \varphi}{\partial y} =$$
$$-(-\alpha)x^{\alpha-1} + (-\alpha)(1-\alpha)xy^{\alpha-2} - \alpha^2 y^{\alpha-1} \geqslant$$
$$-(-\alpha)y^{\alpha-1} + (-\alpha)(1-\alpha)yy^{\alpha-2} - \alpha^2 y^{\alpha-1} = 0$$

若 $0 < \alpha < 1$,则

$$\frac{\partial \varphi}{\partial x}-\frac{\partial \varphi}{\partial y}=\alpha x^{\alpha-1}-\alpha(1-\alpha)xy^{\alpha-2}-\alpha^2 y^{\alpha-1}\leqslant$$

$$\alpha y^{\alpha-1}-\alpha(1-\alpha)yy^{\alpha-2}-\alpha^2 y^{\alpha-1}=0$$

据定理2.1.7，由上述讨论知当$\alpha\geqslant 1$或$\alpha<0$时，$\varphi(x,y)$ 在 D_{++} 上 $S-$凸，当$0\leqslant\alpha\leqslant 1$时，$\varphi(x,y)$ 在 D_{++} 上 $S-$凹. 因$\left(\frac{(x+y)}{2},\frac{(x+y)}{2}\right)\prec(x,y)$，故当 $\alpha\geqslant 1$ 或 $\alpha<0$ 时，在 D_{++} 上有 $\varphi(x,y)\geqslant\varphi\left(\frac{(x+y)}{2},\frac{(x+y)}{2}\right)=0$，而当$0\leqslant\alpha\leqslant 1$ 时，在 D_{++} 上有 $\varphi(x,y)\leqslant\varphi\left(\frac{(x+y)}{2},\frac{(x+y)}{2}\right)=0$，证毕. □

注 2.1.4　例 2.1.3 中的 $\varphi(x,y)$ 是非对称函数，且 D_{++} 也不是对称集，故此例不能利用定理 2.1.3 证明，而应用定理 2.1.7 证明.

利用定理 2.1.7 易证：

定理 2.1.10　对于$(x,y)\in\mathbf{R}_{++}^2$，加权平均[2]57

$$M(\omega;x,y)=\frac{x+\omega y}{1+\omega},\omega>0 \quad (2.1.11)$$

在 $D=\{(x,y)\in\mathbf{R}_{++}^2 \mid x\geqslant y\}$ 上 $S-$凸(凹) 的充要条件是 $1\geqslant(\leqslant)\omega$.

例 2.1.4　2009 年，对于$(x,y)\in\mathbf{R}_{++}^2$，匡继昌定义了一个平均[2]58

$$K(m,n)=\frac{mA+nG}{m+n}=\frac{m(x+y)+2n\sqrt{xy}}{2(m+n)} \quad (2.1.12)$$

并指出在式(2.1.11) 中取

$$\omega=\frac{(m+2n)x-my-2n\sqrt{xy}}{mx-(m+2n)y+2n\sqrt{xy}}$$

即得 $K(m,n)$. 现利用定理 2.1.8(当然也可以利用定理 2.1.3) 证明 $K(m,n)$ 在 $\mathbf{R}_{++}^2$ 上 S－凹.

在 $D=\{(x,y)\in\mathbf{R}_{++}^2 \mid x\geqslant y\}$ 上,令 $t=\frac{x}{y}$,则 $t\geqslant 1$,且

$$\omega=\frac{(m+2n)\left(\frac{x}{y}\right)-m-2n\sqrt{\frac{x}{y}}}{m\left(\frac{x}{y}\right)-(m+2n)+2n\sqrt{\frac{x}{y}}}=\frac{(m+2n)t-m-2n\sqrt{t}}{mt-(m+2n)+2n\sqrt{t}}$$

于是 $K(m,n)$ 在 D 上 S－凹等价于 $\omega\geqslant 1$,即

$$(m+2n)t-m-2n\sqrt{t}\geqslant mt-(m+2n)+2n\sqrt{t}$$

而上式等价于 $t-2\sqrt{t}+1=(\sqrt{t}-1)^2\geqslant 0$. 再注意 $K(m,n)$ 在 $\mathbf{R}_{++}^2$ 上对称,由注 2.1.3 知 $K(m,n)$ 亦在 $\mathbf{R}_{++}^2$ 上 S－凹.

由 Juan Bosco Romero Marquez 提供的美国数学月刊第 10529 号问题[美国数学月刊,1996,103(6):509]是:

设 $\lambda\geqslant 0,0<a\leqslant b,n\in\mathbf{Z},n>1$,证明

$$\sqrt{ab}\leqslant\sqrt[n]{\frac{a^n+b^n+\lambda((a+b)^n-a^n-b^n)}{2+\lambda(2^n-2)}}\leqslant\frac{a+b}{2} \tag{2.1.13}$$

1998 年,Robin J. Chapman 发现此问题的条件 $\lambda\geqslant 0$ 有误,应改为 $\lambda\geqslant 1$,并就 $\lambda\geqslant 1$ 的情形给予证明. 石焕南等[42] 应用定理 2.1.7 证明如下结果.

例 2.1.5 设 $0<a\leqslant b,\alpha>0$,若 $\lambda\leqslant 1,0<\alpha\leqslant 1$ 或 $\lambda\geqslant 1,\alpha\geqslant 1$ 时,则

$$\frac{a+b}{(2+\lambda(2^{\alpha}-2))^{\frac{1}{\alpha}}} \leqslant$$

$$\left(\frac{a^{\alpha}+b^{\alpha}+\lambda((a+b)^{\alpha}-a^{\alpha}-b^{\alpha})}{2+\lambda(2^{\alpha}-2)}\right)^{\frac{1}{\alpha}} \leqslant$$

$$\frac{a+b}{2} \tag{2.1.14}$$

若 $\lambda \leqslant 1, \alpha \geqslant 1$ 或 $\lambda \geqslant 1, 0 < \alpha \leqslant 1$ 时，则式(2.1.14)中的不等式均反向.

证明　令 $\varphi(x,y)=(\psi(x,y))^{\frac{1}{\alpha}}$，其中

$$\psi(a,b)=\frac{a^{\alpha}+b^{\alpha}+\lambda((a+b)^{\alpha}-a^{\alpha}-b^{\alpha})}{2+\lambda(2^{\alpha}-2)}$$

则

$$\frac{\partial\varphi}{\partial a}=\psi^{\frac{1}{\alpha}-1}\cdot\frac{\alpha a^{\alpha-1}+\lambda\alpha\left[(a+b)^{\alpha-1}-a^{\alpha-1}\right]}{2+\lambda(2^{\alpha}-2)}$$

$$\frac{\partial\varphi}{\partial b}=\psi^{\frac{1}{\alpha}-1}\cdot\frac{\alpha b^{\alpha-1}+\lambda\alpha\left[(a+b)^{\alpha-1}-b^{\alpha-1}\right]}{2+\lambda(2^{\alpha}-2)}$$

易见 $\frac{\partial\varphi}{\partial x} \geqslant \frac{\partial\varphi}{\partial y}$ 等价于 $\alpha(b^{\alpha-1}-a^{\alpha-1})(1-\lambda) \leqslant 0$. 据定理 2.1.7，当 $\lambda \leqslant 1, 0 < \alpha \leqslant 1$ 时，或 $\lambda \geqslant 1, \alpha \geqslant 1$ 时，$\psi(x,y)$ 在 $D_2=\{(a,b)\in \mathbf{R}_{++}^2 \mid b \geqslant a\}$ 上 $S-$凹. 于是，由

$$\left(\frac{(a+b)}{2},\frac{(a+b)}{2}\right) \prec (a,b) \prec (a+b,0)$$

有

$$\varphi\left(\frac{a+b}{2},\frac{a+b}{2}\right) \geqslant \varphi(a,b) \geqslant \varphi(a+b,0)=$$

$$\frac{a+b}{(2+\lambda(2^{\alpha}-2))^{\frac{1}{\alpha}}}$$

即式(2.1.14)成立.

$\frac{\partial\varphi}{\partial x}\leqslant\frac{\partial\varphi}{\partial y}$ 等价于 $\alpha(b^{\alpha-1}-a^{\alpha-1})(1-\lambda)\geqslant 0$. 据定理 2.1.7，当 $\lambda\leqslant 1,\alpha\geqslant 1$ 时，或 $\lambda\geqslant 1,0<\alpha\leqslant 1$ 时，$\psi(x,y)$ 在 D_2 上 $S-$凸. 于是，有

$$\varphi\left(\frac{a+b}{2},\frac{a+b}{2}\right)\leqslant\varphi(a,b)\leqslant\varphi(a+b,0)$$

即式(2.1,14)反向成立.

注 2.1.5 与前述问题 10529 号比较，这里将 $n\in\mathbf{Z},n>1$ 放宽为 $\alpha>0$，改变了左端，并考虑了 $0\leqslant\lambda<1$ 的情形.

定理 2.1.11[1]58 设 $g:I\to\mathbf{R},\varphi:\mathbf{R}^n\to\mathbf{R},\psi(\boldsymbol{x})=\varphi(g(x_1),\cdots,g(x_n)),I^n\to\mathbf{R}$：

(a) 若 g 是凸的，φ 是增且 $S-$凸的，则 ψ 是 $S-$凸的；

(b) 若 g 是凹的，φ 是增且 $S-$凹的，则 ψ 是 $S-$凹的；

(c) 若 g 是凹的，φ 是减且 $S-$凸的，则 ψ 是 $S-$凸的；

(d) 若 g 是凸的，φ 是减且 $S-$凹的，则 ψ 是 $S-$凹的；

(e) 若 g 是减且凸的，φ 是增且 $S-$凸的，则 ψ 是减且 $S-$凸的；

(f) 若 g 是减且凸的，φ 是减且 $S-$凹的，则 ψ 是增且 $S-$凹的；

(g) 若 g 是增且凸的，φ 是增且 $S-$凸的，则 ψ 是增且 $S-$凸的；

(h) 若 g 是减且凹的，φ 是减且 $S-$凸的，则 ψ 是增且 $S-$凸的；

(i) 若 g 是增且凹的，φ 是减且 S－凸的，则 ψ 是减且 S－凸的.

推论 2.1.2　设 $g: I \to \mathbf{R}$ 连续，$\varphi(\boldsymbol{x}) = \sum_{i=1}^{n} g(x_i)$，则：

(a) φ 在 I^n 上(严格) S－凸 $\Leftrightarrow g$ 在 I 上(严格)凸；

(b) φ 在 I^n 上(严格) S－凹 $\Leftrightarrow g$ 在 I 上(严格)凹.

推论 2.1.3　设 $g: I \to \mathbf{R}_{++}$ 连续，$\varphi(\boldsymbol{x}) = \prod_{i=1}^{n} g(x_i)$，则：

(a) φ 在 I^n 上(严格) S－凸 $\Leftrightarrow \ln g$ 在 I 上(严格)凸；

(b) φ 在 I^n 上(严格) S－凹 $\Leftrightarrow \ln g$ 在 I 上(严格)凹.

2.2　凸函数与 Schur 凸函数

凸函数与 Schur 凸函数有着密切的关系，本节做一简述.

例 2.2.1　凸函数而非 S－凸函数的例子.

$\varphi(x, y) = x$ 显然是 $\mathbf{R}^2$ 上的凸函数，但非对称，故不是 S－凸函数.

例 2.2.2　S－凸函数而非凸函数的例子.

设 $x_1 > 0, x_2 > 0$，考察 $\varphi(\boldsymbol{x}) = \varphi(x_1, x_2) = -x_1 x_2$.

若 $(x_1, x_2) \prec (y_1, y_2)$，则 $x_1 + x_2 = y_1 + y_2 = s$，设 $x_1 \geqslant x_2, y_1 \geqslant y_2$，则有 $x_1 \leqslant y_1$. 从而

$$-x_1x_2=x_1(s-x_1)\leqslant y_1(s-y_1)=-y_1y_2\Leftrightarrow$$
$$y_1^2-x_1^2\geqslant s(y_1-x_1)\Leftrightarrow y_1+x_1\geqslant s$$

最后一个不等式显然成立，所以 φ 是 S － 凸函数. 因 $\boldsymbol{H}(\boldsymbol{x})=\begin{pmatrix}0 & -1\\ -1 & 0\end{pmatrix}$，$\det \boldsymbol{H}(\boldsymbol{x})=-1<0$，$\boldsymbol{H}(\boldsymbol{x})$ 不是非负定的，所以 φ 不是凸函数.

定理 2.2.1[1] 设 $\Omega\subset\mathbf{R}^n$ 是对称凸集，$\boldsymbol{x},\boldsymbol{y}\in\Omega$，则：

(a) 由 $\boldsymbol{x}\prec\boldsymbol{y}\Leftrightarrow$ 任意对称凸函数 $\varphi:\Omega\to\mathbf{R}$，$\varphi(\boldsymbol{x})\leqslant\varphi(\boldsymbol{y})$；

(b) 由 $\boldsymbol{x}\prec\prec\boldsymbol{y}\Leftrightarrow$ 任意对称的严格凸函数 $\varphi:\Omega\to\mathbf{R}$，有 $\varphi(\boldsymbol{x})<\varphi(\boldsymbol{y})$；

(c) 由 $\boldsymbol{x}\prec\boldsymbol{y}\Leftrightarrow$ 任意对称凹函数 $\varphi:\Omega\to\mathbf{R}$，有 $\varphi(\boldsymbol{x})\geqslant\varphi(\boldsymbol{y})$；

(d) 由 $\boldsymbol{x}\prec\prec\boldsymbol{y}\Leftrightarrow$ 任意对称的严格凹函数 $\varphi:\Omega\to\mathbf{R}$，有 $\varphi(\boldsymbol{x})>\varphi(\boldsymbol{y})$；

(e) 由 $\boldsymbol{x}\prec_w\boldsymbol{y}\Leftrightarrow$ 任意对称增的凸函数 $\varphi:\Omega\to\mathbf{R}$，有 $\varphi(\boldsymbol{x})\leqslant\varphi(\boldsymbol{y})$；

(f) 由 $\boldsymbol{x}\prec^w\boldsymbol{y}\Leftrightarrow$ 任意对称减的凸函数 $\varphi:\Omega\to\mathbf{R}$，有 $\varphi(\boldsymbol{x})\leqslant\varphi(\boldsymbol{y})$；

(g) 由 $\boldsymbol{x}\prec_w\boldsymbol{y}\Leftrightarrow$ 任意对称减的凹函数 $\varphi:\Omega\to\mathbf{R}$，有 $\varphi(\boldsymbol{x})\geqslant\varphi(\boldsymbol{y})$；

(h) 由 $\boldsymbol{x}\prec^w\boldsymbol{y}\Leftrightarrow$ 任意对称增的凹函数 $\varphi:\Omega\to\mathbf{R}$，有 $\varphi(\boldsymbol{x})\geqslant\varphi(\boldsymbol{y})$.

由定理 2.2.1(a) 和(c) 立得如下两个推论.

推论 2.2.1 设 φ 是对称凸集 Ω 上的对称凸(凹)函数，则 φ 是 Ω 上的 S － 凸(凹) 函数.

推论 2.2.2 设 $I\subset\mathbf{R}$ 为一个区间，g 为 $I\to\mathbf{R}$ 上

的(严格) 凸函数,则

$$\varphi(\boldsymbol{x})=\sum_{i=1}^{n}g(x_i)$$

为 I^n 上的(严格)$S-$凸函数.

例 2.2.3　均方差 $\sigma(\boldsymbol{x})=\left(\frac{1}{n}\sum_{i=1}^{n}(x_i-\bar{\boldsymbol{x}})^2\right)^{\frac{1}{2}}$ 是严格 $S-$凸函数,其中 $\bar{\boldsymbol{x}}=\frac{1}{n}\sum_{i=1}^{n}x_i$.

证明　$g(t)=(t-\bar{\boldsymbol{x}})^2$ 是严格凸的,由推论 2.2.2 知 $\frac{1}{n}\sum_{i=1}^{n}g(x_i)$ 是严格$S-$凸的,又 $h=t^{\frac{1}{2}}$ 是严格增的,由定理 2.1.7 知 $\sigma(\boldsymbol{x})$ 是严格 $S-$凸函数. □

设函数 f 定义在区间 I 上,且导数 f' 存在.定义二元函数

$$F(x,y)=\frac{f(y)-f(x)}{y-x},x\neq y$$

$F(x,x)=f'(x)$,其中 $(x,y)\in I^2$.

让我们考虑下述陈述:

(ⅰ) f' 在 I 上凸;

(ⅱ) $F(x,y)\leqslant\frac{f'(y)+f'(x)}{2},\forall(x,y)\in I^2$;

(ⅲ) $f'\left(\frac{x+y}{2}\right)\leqslant F(x,y),\forall(x,y)\in I^2$;

(ⅳ) F 在 I^2 上 $S-$凸.

和

(ⅰ') f' 在 I 上凹;

(ⅱ') $F(x,y)\geqslant\frac{f'(y)+f'(x)}{2},\forall(x,y)\in I^2$;

(ⅲ') $f'\left(\frac{x+y}{2}\right)\geqslant F(x,y),\forall(x,y)\in I^2$;

(iv′)F 在 I^2 上 $S-$凹.

2001 年,Merkle 考察了上述陈述的等价性,得到如下结果:

定理 2.2.2[43] 若 $x \to f'''(x)$ 在 I 上连续,则条件(i)~(iv)等价且条件(i′)~(iv′)也等价.

证明 (i)⇒(iii):若条件(i)成立,则在 I 上有 $f'''(x) \geqslant 0$. 设 $x,y(x<y)$ 是 I 上任意两点. 由 $c=\frac{x+y}{2}$ 附近的泰勒展开式有

$$f(x)=f(c)+f'(c)(x-c)+\frac{f''(c)}{2}(x-c)^2+R_1 \tag{2.2.1}$$

$$f(y)=f(c)+f'(c)(y-c)+\frac{f''(c)}{2}(y-c)^2+R_2 \tag{2.2.2}$$

其中 $R_1=f'''(\xi_1)\frac{(x-c)^3}{6} \leqslant 0$ 和 $R_2=f'''(\xi_2) \cdot \frac{(y-c)^3}{6} \geqslant 0$. 由式(2.2.1)和式(2.2.2)得

$$f(y)-f(x)=f'(c)(y-x)+R_2-R_1 \geqslant f'(c)(y-x)$$

由此导出(iii).

(iii)⇒(i):假设(iii)成立,而(i)不成立,则存在 $c \in I$ 使得 $f'''(c)<0$. 由 f''' 的连续性,存在一个区间 $I^* \subset I$ 使得 $f'''(t)<0, t \in I^*$. 这样 $-f'$ 在 I^* 上凸且由上述(i)⇒(iii)的证明,我们断定:在 $I^* \subset I$ 上,对于 $-f$,(iii)成立,因此对于 f,(iii)不成立,矛盾.

(i)⇒(ii):设 f' 在 I 上凸,且设 $x,y \in I(x<$

$y)$，则对于每一个 $t\in[x,y]$，有

$$t=\lambda(t)x+(1-\lambda(t))y$$

其中 $\lambda(t)=\dfrac{y-t}{y-x}$. 应用Jensen不等式并对 t 在 $[x,y]$ 上积分得

$$\int_x^y f'(t)\mathrm{d}t\leqslant$$

$$f(x)\int_x^y\lambda(t)\mathrm{d}t+f(y)\int_x^y(1-\lambda(t))\mathrm{d}t=$$

$$\frac{f(x)+f(y)}{2(y-x)}$$

它等价于(ⅱ).

(ⅱ)⇔(ⅳ)：因

$$\frac{\partial F(x,y)}{\partial x}=\frac{-f'(x)(y-x)+(f(y)-f(x))}{(y-x)^2}$$

$$\frac{\partial F(x,y)}{\partial y}=\frac{f'(y)(y-x)-(f(y)-f(x))}{(y-x)^2}$$

由此可见，两个偏导数在每一点 $(x,y)\in I^2, x\neq y$ 上连续，且

F 在 I^2 上 S－凸 ⇔

$$\frac{\partial F(x,y)}{\partial y}-\frac{\partial F(x,y)}{\partial x}=$$

$$\frac{(f'(x)+f'(y))(y-x)-2(f(y)-f(x))}{(y-x)^2}\geqslant 0$$

$$x<y\Leftrightarrow(f'(x)+f'(y))(y-x)-$$
$$2(f(y)-f(x))\geqslant 0$$

$$x<y\Leftrightarrow F(x,y)\leqslant\frac{f'(y)+f'(x)}{2},\ \forall(x,y)\in I^2$$

故(ⅱ)⇔(ⅳ).

(ⅳ)⇒(ⅲ)：现假定 F 在 I^2 上 S－凸，则对于充分

小的 $\varepsilon>0$,有

$$F\left(\frac{x+y}{2}-\varepsilon,\frac{x+y}{2}+\varepsilon\right)\leqslant F(x,y)$$

令 $\varepsilon\to 0$,得

$$f'\left(\frac{x+y}{2}\right)\leqslant F(x,y)$$

即(iii)成立.

这样就完成了条件(i)~(iv)等价的证明,以 $-f$ 代替 f 即可由(i)~(iv)的等价性推得(i′)~(iv′)等价. □

例 2.2.4[44] 取 $f(x)=x^{n+1}$,则由定理 2.2.2 可知 $\sum_{i=0}^{n}x^iy^{n-i}$ 在 $\mathbf{R}^2$ 上 S-凸.

Walorski[45] 还证明了如下结果:

定理 2.2.3 设区间 $I\subset\mathbf{R}$,对于 $x,y\in I$,定义二元函数

$$F_\alpha(x,y)=f(x)+\alpha\left(\frac{x+y}{2}\right)+f(y)$$

若 $\alpha>0$,则下述条件(i)~(vi)等价.

(i) $F(x,y)$ 在 I 上凸;

(ii) $F_\alpha\left(\frac{x+y}{2},\frac{x+y}{2}\right)\leqslant F_\alpha(x,y),\forall x,y\in I$;

(iii) $F_\alpha(x,y)\leqslant\frac{F_\alpha(x,x)+F_\alpha(y,y)}{2},\forall x,y\in I$;

(iv) F_α 在 I^2 上凸;

(v) F_α 在 I^2 上 S-凸;

(vi) f 在 I 上凸.

朱堒等人[46] 对定理 2.2.2 作了如下推广.

设 f,g 定义在区间 I 上，它们的导数 f',g' 存在，且 $g'\neq 0$. 定义二元函数如下：

$$F(x,y)=\frac{f(y)-f(x)}{g(y)-g(x)},x\neq y,F(x,x)=\frac{f'(x)}{g'(x)}$$

其中 $(x,y)\in I^2$.

考虑下述陈述：

（ⅰ）在 I 上，f' 凸，g' 凹，$f'\geqslant 0$ 且 $g'>0$；或在 I 上，f' 凹，g' 凸，$f'\leqslant 0$ 且 $g'<0$；

（ⅱ）$F(x,y)\geqslant\dfrac{f'\left(\frac{x+y}{2}\right)}{g'\left(\frac{x+y}{2}\right)},\forall(x,y)\in I^2$；

（ⅲ）$F(x,y)\leqslant\dfrac{f'(x)+f'(y)}{g'(x)+g'(y)},\forall(x,y)\in I^2$；

（ⅳ）F 在 I^2 上 $S-$凸.

和

（ⅰ′）在 I 上，f' 凹，g' 凸，$f'\geqslant 0$ 且 $g'>0$；或在 I 上，f' 凸，g' 凹，$f'\leqslant 0$ 且 $g'<0$；

（ⅱ′）$F(x,y)\leqslant\dfrac{f'\left(\frac{x+y}{2}\right)}{g'\left(\frac{x+y}{2}\right)},\forall(x,y)\in I^2$；

（ⅲ′）$F(x,y)\geqslant\dfrac{f'(x)+f'(y)}{g'(x)+g'(y)},\forall(x,y)\in I^2$；

（ⅳ′）F 在 I^2 上 $S-$凹.

定理 2.2.4[46]　设 $f'''(x),g'''(x)$ 在 I 上连续. 若（ⅰ）成立，则（ⅱ）～（ⅳ）成立；若（ⅰ′）成立，则（ⅱ′）～（ⅳ′）也成立.

再考虑下列陈述：

（ⅴ）在 I 上，g' 凹；

（ⅴ′）在 I 上，g' 凸；

（ⅵ）在 I 上，f' 凸；

（ⅵ′）在 I 上，f' 凹.

定理 2.2.5[46]　若 $f'''(x)$ 在 I 上连续且 $f(t)=t$，则条件（ⅴ），（ⅱ），（ⅲ），（ⅳ）等价，且条件（ⅴ′），（ⅱ′），（ⅲ′），（ⅳ′）也等价.

定理 2.2.6[46]　若 $f'''(x)$ 在 I 上连续且 $f(t)=t$，则条件（ⅵ），（ⅱ），（ⅲ），（ⅳ）等价，且条件（ⅵ′），（ⅱ′），（ⅲ′），（ⅳ′）也等价.

考虑三元对称函数

$$G(x,y,z)=F(x,y)+F(y,z)+F(z,x)$$

定理 2.2.7[46]　设 $x+y+z=s>0, x,y,z\in I=\left(0,\frac{s}{2}\right)$.

(a) 若 F 在 I^2 上 S－凸，$\phi_1(t)=F(t,t)$ 在 I 上凸，$\phi_2(t)=F\left(\frac{s}{2},t\right)$ 在 I 上严格凸，则

$$G\left(\frac{s}{3},\frac{s}{3},\frac{s}{3}\right)\leqslant G(x,y,z)<G\left(\frac{s}{2},\frac{s}{2},0\right)$$

(b) 若 F 在 I^2 上 S－凹，$\phi_1(t)=F(t,t)$ 在 I 上凹，$\phi_2(t)=F\left(\frac{s}{2},t\right)$ 在 I 上严格凹，则

$$G\left(\frac{s}{3},\frac{s}{3},\frac{s}{3}\right)\geqslant G(x,y,z)>G\left(\frac{s}{2},\frac{s}{2},0\right)$$

定理 2.2.8[46]　设 $x+y+z=s>0, x,y,z\in I=(0,s)$.

(a) 若 F 在 I^2 上 S－凸，$\phi_1(t)=F(t,t)$ 在 I 上凸，$\phi_2(t)=F(t,0)$ 在 I 上严格凸，则

$$G\left(\frac{s}{3},\frac{s}{3},\frac{s}{3}\right)\leqslant G(x,y,z)<G(s,0,0)$$

(*b*) 若 F 在 I^2 上 S－凹，$\phi_1(t)=F(t,t)$ 在 I 上凹，$\phi_2(t)=F(t,0)$ 在 I 上严格凹，则

$$G\left(\frac{s}{3},\frac{s}{3},\frac{s}{3}\right)\geqslant G(x,y,z)>G(s,0,0)$$

定理2.2.8可推广到n维情形. 考虑n元对称函数

$$G_1(x)=F_1(x_1,\cdots,x_{n-1})+F_1(x_2,\cdots,x_n)+\cdots+F_1(x_n,x_1,\cdots,x_{n-2})$$

定理 2.2.9[46]　设 $\boldsymbol{x}\in I^n=[0,s]^n$，$\sum_{i=1}^{n}x_i=s>0$.

(*a*) 若 F_1 在 I^{n-1} 上 S－凸，$\phi_1(t)=F_1(t,t,\cdots,t)$ 和 $\phi_2(t)=F_1(t,0,\cdots,0)$ 在 I 上凸，则

$$G_1\left(\frac{s}{n},\frac{s}{n},\cdots,\frac{s}{n}\right)\leqslant G_1(x_1,\cdots,x_n)<G_1(s,0,\cdots,0)$$

(*b*) 若 F_1 在 I^{n-1} 上 S－凹，$\phi_1(t)=F_1(t,t,\cdots,t)$ 和 $\phi_2(t)=F_1(t,0,\cdots,0)$ 在 I 上凹，则

$$G_1\left(\frac{s}{n},\frac{s}{n},\cdots,\frac{s}{n}\right)\geqslant G_1(x_1,\cdots,x_n)\geqslant G_1(s,0,\cdots,0)$$

2.3　Karamata 不等式的若干应用

设区间 $I\subset\mathbf{R}$，则：

$\boldsymbol{x}\prec\boldsymbol{y}\Rightarrow\forall I$ 上的凸(凹) 函数 g，有

$$\sum_{i=1}^{n}g(x_i)\leqslant(\geqslant)\sum_{i=1}^{n}g(y_i)\qquad(2.3.1)$$

$\boldsymbol{x}\prec\prec\boldsymbol{y}\Rightarrow\forall I$ 上的严格凸(凹) 函数 g，有

$$\sum_{i=1}^{n}g(x_i)<(>)\sum_{i=1}^{n}g(y_i)\qquad(2.3.2)$$

许多文献将上述结论，即推论 2.2.2 称之为 Karamata 不等式，这是受控理论中一个非常重要的结论. 本节集中展示一下它在多项式不等式中的应用，内容选自文[47]，[48].

2.3.1 整幂函数不等式的控制证明

引理 2.3.1 设 $g(t)=\ln\frac{x^t-1}{t}$：

(a) 若 $x>1$，则 $g(t)$ 是 $\mathbf{R}_{++}$ 上的严格凸函数；

(b) 若 $0<x<1$，则 $g(t)$ 是 $\mathbf{R}_{++}$ 上的严格凹函数.

证明 经计算

$$g''(t)=-\frac{x^t\ln^2 x}{(x^t-1)^2}+\frac{1}{t^2}$$

欲证 $g''(t)>0$，它等价于 $t^2x^t(\ln x)^2<(x^t-1)^2$，两边开方并同除以 x^t，亦等价于

$$f(t)=x^{\frac{t}{2}}-x^{-\frac{t}{2}}-t\ln x>0$$

当 $x>1$ 时，$f'(t)=\frac{1}{2}\ln x(x^{\frac{t}{2}}+x^{-\frac{t}{2}}-2)>0$，

所以 $f(t)$ 在 $(0,+\infty)$ 上严格单调增. 从而当 $t>0$ 时，$f(t)>f(0)=0$，即 $g''(t)>0$，(a) 得证，仿此可证得 (b). □

例 2.3.1 设 $x>0, x\neq 1, m,n,k\in\mathbf{N}$，则

$$x^{kn-1}+x<x^{kn}+1 \tag{2.3.3}$$

$$x^{n-(k-2)m}+x^{-(k-1)n}<x^{m-(k-2)n}+x^{-(k-1)m}, m>n, k\geqslant 2 \tag{2.3.4}$$

$$x^k(n-kx^{n-k})<n-k, k<n \tag{2.3.5}$$

$$\frac{x^m-1}{m}\geqslant\frac{x^n-1}{n}, m>n \tag{2.3.6}$$

[4]118

证明　对于 $x>0, x\neq 1$，由于 $g''(t)=x^t(\ln x)^2>0$，所以 $g(t)=x^t$ 是$[0,+\infty)$上的严格凸函数. 易见

$$(kn-1,1)\prec\prec(kn,0)$$

由式(2.3.2)即可证得式(2.3.3)；而由

$$(kn+m,(k-1)m)\prec\prec(km+n,(k-1)n)$$

有

$$x^{kn+m}+x^{(k-1)m}<x^{km+n}+x^{(k-1)n}$$

而此式与式(2.3.4)等价；由

$$(\underbrace{k,\cdots,k}_{n},\underbrace{0,\cdots,0}_{(k-1)n})\prec\prec(\underbrace{n,\cdots,n}_{k},\underbrace{0,\cdots,0}_{(n-1)k})$$

得

$$nx^k+(k-1)n<kx^n+(n-1)k$$

而此式与式(2.3.5)等价；由

$$(\underbrace{n,\cdots,n}_{m},\underbrace{0,\cdots,0}_{n})\prec\prec(\underbrace{m,\cdots,m}_{n},\underbrace{0,\cdots,0}_{m})$$

得

$$nx^m+m>mx^n+n$$

而此式与式(2.3.6)等价.　□

例 2.3.2　设 $x>1, n\geqslant 2, n,k\in\mathbf{N}, k<n$，则

$$k(x^n-x^{-n})\geqslant n(x^k-x^{-k})\qquad(2.3.7)$$

证明　令 $g(t)=x^t-x^{-t}$. 对于 $x>1$，当 $t>0$ 时，由于 $g''(t)=(\ln x)^2\cdot(x^t-x^{-t})=\dfrac{(\ln x)^2(x^{2t}-1)}{x^t}\geqslant 0$，所以 $g(t)$ 是$(0,+\infty)$上的凸函数. 不难验证

$$(\underbrace{k,\cdots,k}_{n})\prec(\underbrace{n,\cdots,n}_{k},\underbrace{0,\cdots,0}_{n-k})$$

从而由式(2.3.1)即知式(2.3.7)成立.　□

注 2.3.1　取 $k=2$，式(2.3.3)和式(2.3.4)分别

化为[49] 第 117 页第 1 题(2) 和(3)，取 $k=1$，式(2.3.5) 和式(2.3.7) 分别化为[49] 第 117 页第 1 题(4) 和[49] 第 118 页第 2 题.

例 2.3.3 设 $x>0, n\in\mathbf{N}$,则

$$\frac{1}{n-2m}\sum_{k=m+1}^{n-m}x^k \leqslant \frac{1}{n}\sum_{k=1}^{n}x^k \leqslant \frac{1}{2m}\left(\sum_{k=1}^{m}x^k+\sum_{k=n-m+1}^{n}x^k\right), n>2m \tag{2.3.8}$$

证明 记

$$\boldsymbol{x}=(\underbrace{n-m,\cdots,n-m}_{2m},\cdots,\underbrace{m+1,\cdots,m+1}_{2m})$$

$$\boldsymbol{y}=(\underbrace{n,\cdots,n}_{2m},\cdots,\underbrace{n-m+1,\cdots,n-m+1}_{n-m},\underbrace{m,\cdots,m}_{n-2m},\cdots,\underbrace{1,\cdots,1}_{n-2m})$$

注意 $\boldsymbol{y}$ 的前 $m(n-m)$ 个分量的每一个均大于 $\boldsymbol{x}$ 的任一分量,而 $\boldsymbol{y}$ 的后 $m(n-m)$ 个分量的每一个均小于 $\boldsymbol{x}$ 的任一分量,由定理 1.3.7(a) 可知 $\boldsymbol{x}\prec\boldsymbol{y}$,从而有

$$2m\sum_{k=m+1}^{n-m}x^k \leqslant (n-2m)\left(\sum_{k=1}^{m}x^k+\sum_{k=n-m+1}^{n}x^k\right)$$

而不难验证式(2.3.8) 的左右两个不等式均等价于上式,因此式(2.3.8) 成立. □

例 2.3.4[49]125 设 $x>0, x\neq 1, n\in\mathbf{N}$,则

$$\sum_{k=0}^{n}x^k > \frac{n+1}{n-1}\sum_{k=1}^{n-1}x^k \tag{2.3.9}$$

证明 当 $x>0, x\neq 1$ 时，由 $g(t)=x^t$ 在 $[0,+\infty)$ 上严格凸,并注意

$$(\underbrace{1,\cdots,1}_{n+1},\underbrace{2,\cdots,2}_{n+1},\cdots,\underbrace{n-1,\cdots,n-1}_{n+1}) \prec\prec$$

$$(\underbrace{0,\cdots,0}_{n-1},\underbrace{1,\cdots,1}_{n-1},\cdots,\underbrace{n,\cdots,n}_{n-1})$$

由式(2.3.2)有

$$\sum_{k=0}^{n}(n-1)x^k > \sum_{k=1}^{n-1}(n+1)x^k$$

而此式与式(2.3.9)等价. □

例 2.3.5[49]120　若 $x>0, x\neq 1, n,k\in\mathbf{N}, n\geqslant 2$, $n>k$，则

$$\left(1-\frac{k^2}{n^2}\right)(x^n-1)^2<(x^{n-k}-1)(x^{n+k}-1)<(x^n-1)^2 \tag{2.3.10}$$

证明　因$(n,n)\prec\prec(n+k,n-k)$，由 x^t 在$[0,+\infty)$上严格凸，有 $2x^n<x^{n+k}+x^{n-k}$，而此式与式(2.3.10)右边不等式等价.

对于左边不等式分两种情况讨论：

（ⅰ）当 $x>1$ 时，由引理 2.3.1(a) 知 $g(t)=\ln\dfrac{x^t-1}{t}$ 是 $\mathbf{R}_{++}$ 上的严格凸函数，因$(n,n)\prec\prec(n+k,n-k)$，由式(2.3.2)有

$$2\ln\frac{x^n-1}{n}<\ln\frac{x^{n-k}-1}{n-1}+\ln\frac{x^{n+k}-1}{n+1}$$

而此式与式(2.3.10)左边不等式等价；

（ⅱ）当 $0<x<1$ 时，由引理 2.3.1(b) 同样可知式(2.3.10)左边不等式成立. □

注 2.3.2　取 $k=1$，式(2.3.10)化为专著[49]第 120 页第 4 题(4).

例 2.3.6[49]120　设 $0 \leqslant x \leqslant 1$，则

$$(2n+1)x^n(1-x) \leqslant 1-x^{2n+1} \quad (2.3.11)$$

且当 $x \neq 1$ 时，不等式严格成立.

证明　当 $x=0$ 或 1 时，式(2.3.11)显然成立，当 $0<x<1$ 时，注意

$$(\underbrace{n,\cdots,n}_{2n+1}) \prec\prec (0,1,\cdots,2n)$$

由 x^t 在$[0,+\infty)$上严格凸，有

$$(2n+1)x^n < x^{2n}+x^{2n-1}+\cdots+x+1$$

两边同乘以 $1-x$，并注意 $1-x^{2n+1}=(1-x)(x^{2n}+x^{2n-1}+\cdots+x+1)$ 即得证. □

2.3.2　一个有理分式不等式的加细

专著[2]第 150,151 页记载了如下涉及有理分式的不等式:

设 $x \geqslant 0, m>n, P_n(x)=\sum_{k=0}^{n} x^k$，记 $f(x)=\dfrac{P_m(x)}{P_n(x)}, g(x)=f(x)x^{n-m}$，则

$$1<g(x)<\frac{m+1}{n+1}<f(x), 1<x<\infty \quad (2.3.12)$$

$$\max\left\{1, x^{m-n}\frac{m+1}{n+1}\right\}<f(x)<\frac{m+1}{n+1}<g(x), 0<x<1 \quad (2.3.13)$$

笔者[48]利用受控理论给出式(2.3.12)和式(2.3.13)的两种加细，即下述定理 2.3.1 和定理 2.3.2，并比较了两种加细的优劣.

定理 2.3.1　设 $x\geqslant 0, m>n, P_n(x)=\sum\limits_{k=0}^{n}x^k$，记 $f(x)=\dfrac{P_m(x)}{P_n(x)}, g(x)=f(x)x^{n-m}$，则

$$1<g(x)<\frac{m+1}{n+1}-\frac{x^{n-m}\left[1-x^{-\frac{1}{2}(m+1)(n+1)(m-n)}\right]}{(n+1)P_n(x)}<\frac{m+1}{n+1}<\frac{m+1}{n+1}+\frac{1-x^{-\frac{1}{2}(m+1)(n+1)(m-n)}}{(n+1)P_n(x)}<f(x), 1<x<\infty \tag{2.3.14}$$

$$\max\left\{1, x^{m-n}\frac{m+1}{n+1}\right\}<f(x)<\frac{m+1}{n+1}-\frac{x^{m}\left[1-x^{\frac{1}{2}(m+1)(n+1)(m-n)}\right]}{(n+1)P_n(x)}<\frac{m+1}{n+1}<\frac{m+1}{n+1}+\frac{x^{n}\left[1-x^{\frac{1}{2}(m+1)(n+1)(m-n)}\right]}{(n+1)P_n(x)}<g(x), 0<x<1 \tag{2.3.15}$$

证明　首先证式(2.3.14)，只需证式(2.3.14)的第 2 个和第 5 个不等式. 不难验证

$$\boldsymbol{x}=(\underbrace{n,\cdots,n}_{n+1},\underbrace{n+1,\cdots,n+1}_{n+1},\cdots,\underbrace{n+m,\cdots,n+m}_{n+1})\prec_w(\underbrace{m,\cdots,m}_{m+1},\underbrace{m+1,\cdots,m+1}_{m+1},\cdots,\underbrace{m+n,\cdots,m+n}_{m+1})=\boldsymbol{y} \tag{2.3.16}$$

这是因为由 $m>n$ 有 $x_{[i]}\leqslant y_{[i]}, i=1,\cdots,(m+1)\cdot(n+1)$. 对于式(2.3.16)算得

$$y_{(m+1)(n+1)+1}=\sum_{i=1}^{(m+1)(n+1)+1}x_i-\sum_{i=1}^{(m+1)(n+1)}y_i=$$
$$n-\frac{1}{2}(m+1)(n+1)(m-n)$$

其中 $x_{(m+1)(n+1)+1}=\min\{x_1,\cdots,x_{(m+1)(n+1)}\}=n$. 由定理 1.3.12(a) 有

$$(\underbrace{n,n,\cdots,n}_{n+1},\underbrace{n+1,\cdots,n+1}_{n+1},\cdots,\underbrace{n+m,\cdots,n+m}_{n+1})\prec\prec$$
$$(\underbrace{m,\cdots,m}_{m+1},\underbrace{m+1,\cdots,m+1}_{m+1},\cdots,\underbrace{m+n,\cdots,m+n}_{m+1},n-\frac{1}{2}(m+1)(n+1)(m-n))\tag{2.3.17}$$

设 $\varphi(t)=x^t$，当 $x\neq 1,x>0$ 时，$\frac{\mathrm{d}^2\varphi(t)}{\mathrm{d}t^2}=x^t(\ln x)^2>0$，故 $\varphi(t)$ 是 $\mathbf{R}$ 上的严格凸函数. 从而据定理 1.5.4(g)，由式(2.3.17)有

$$x^n+(n+1)P_m(x)x^n<(m+1)x^mP_n(x)+x^{n-\frac{1}{2}(m+1)(n+1)(m-n)}$$

两边同除以 $(n+1)x^mP_n(x)$，得

$$\frac{x^n}{(n+1)x^mP_n(x)}+g(x)<\frac{m+1}{n+1}+\frac{x^{n-\frac{1}{2}(m+1)(n+1)(m-n)}}{(n+1)x^mP_n(x)}$$

即

$$g(x)<\frac{m+1}{n+1}-\frac{x^{n-m}(1-x^{-\frac{1}{2}(m+1)(n+1)(m-n)})}{(n+1)P_n(x)}$$

这样就证得式(2.3.14)的第 2 个不等式.

类似地，不难验证

$$(\underbrace{0,\cdots,0}_{m+1},\underbrace{1,\cdots,1}_{m+1},\cdots,\underbrace{n,\cdots,n}_{m+1})\prec$$

$$_w(\underbrace{0,\cdots,0}_{n+1},\underbrace{1,\cdots,1}_{n+1},\cdots,\underbrace{m,\cdots,m}_{n+1}) \quad (2.3.18)$$

对于式(2.3.18)算得

$$\sum_{i=1}^{(m+1)(n+1)+1} x_i - \sum_{i=1}^{(m+1)(n+1)} y_i = -\frac{1}{2}(m+1)(n+1)(m-n)$$

其中 $x_{(m+1)(n+1)+1}=\min\{x_1,\cdots,x_{(m+1)(n+1)}\}=0$. 由定理 1.3.14(a) 有

$$(0,\underbrace{0,\cdots,0}_{m+1},\underbrace{1,\cdots,1}_{m+1},\cdots,\underbrace{n,\cdots,n}_{m+1}) \prec (\underbrace{0,\cdots,0}_{n+1},\underbrace{1,\cdots,1}_{n+1},\cdots,\underbrace{m,\cdots,m}_{n+1}, -\frac{1}{2}(m+1)(n+1)(m-n)) \quad (2.3.19)$$

从而据定理 1.5.4(g),由式(2.3.19)有

$$1+(m+1)P_n(x)<(n+1)P_m(x)+x^{-\frac{1}{2}(m+1)(n+1)(m-n)}$$

两边同除以$(n+1)P_n(x)$,得

$$\frac{1}{(n+1)P_n(x)}+\frac{m+1}{n+1}<f(x)+\frac{x^{-\frac{1}{2}(m+1)(n+1)(m-n)}}{(n+1)P_n(x)}$$

即

$$f(x)>\frac{m+1}{n+1}+\frac{1-x^{-\frac{1}{2}(m+1)(n+1)(m-n)}}{(n+1)P_n(x)}$$

这样就证得式(2.3.14)的第 5 个不等式.

下面证式(2.3.15),只需证式(2.3.15)的第 2 个和第 5 个不等式. 注意当$0<x<1$时,有 $1<\frac{1}{x}<\infty$,且 $g(x)=f\left(\frac{1}{x}\right)$,作置换 $x\to\frac{1}{x}$,由式(2.3.14)的第 2 个和第 5 个不等式即可相应的得到式(2.3.15)的

第 2 个和第 5 个不等式. □

定理 2.3.2 条件同定理 2.3.1,则

$$1<g(x)<\frac{m+1}{n+1}-\frac{(m+1)(x^{\frac{m-n}{2}}-1)}{x^{m}P_{n}(x)}<\frac{m+1}{n+1}<\frac{m+1}{n+1}+\frac{(m+1)(x^{\frac{m-n}{2}}-1)}{P_{n}(x)}<f(x),1<x<\infty \tag{2.3.20}$$

$$\max\left\{1,x^{m-n}\frac{m+1}{n+1}\right\}<f(x)<\frac{m+1}{n+1}-\frac{(m+1)x^{\frac{m+3n}{2}}(1-x^{\frac{m-n}{2}})}{P_{n}(x)}<\frac{m+1}{n+1}<\frac{m+1}{n+1}+\frac{(m+1)x^{\frac{3n-m}{2}}(1-x^{\frac{m-n}{2}})}{P_{n}(x)}<g(x),0<x<1 \tag{2.3.21}$$

证明 首先证式(2.3.20),只需证式(2.3.20)的第 2 个和第 5 个不等式. 对于式(2.3.16)经计算

$$\delta=\sum_{i=1}^{(m+1)(n+1)}(y_i-x_i)=\frac{1}{2}(m+1)(n+1)(m-n)$$

由定理 1.3.13 有

$$(\underbrace{n,\cdots,n}_{n+1},\underbrace{n+1,\cdots,n+1}_{n+1},\cdots,\underbrace{n+m,\cdots,n+m}_{n+1},\underbrace{\frac{m-n}{2},\cdots,\frac{m-n}{2}}_{(m+1)(n+1)})\prec\prec(\underbrace{m,\cdots,m}_{m+1},\underbrace{m+1,\cdots,m+1}_{m+1},\cdots,\underbrace{m+n,\cdots,m+n}_{m+1},\underbrace{0,\cdots,0}_{(m+1)(n+1)}) \tag{2.3.22}$$

因为当 $x\neq1,x>0$ 时,$\varphi(t)=x^{t}$ 是 $\mathbf{R}$ 上的严格凸函

数.从而据定理 1.5.4(g),由式(2.3.22)有

$$(n+1)x^{n}P_{m}(x)+(n+1)(m+1)x^{\frac{m-n}{2}}<(m+1)x^{m}P_{n}(x)+(n+1)(m+1)$$

两边同除以$(n+1)x^{m}P_{n}(x)$,得

$$g(x)+\frac{(m+1)x^{\frac{m-n}{2}}}{x^{m}P_{n}(x)}<\frac{m+1}{n+1}+\frac{m+1}{x^{m}P_{n}(x)}$$

即

$$g(x)<\frac{m+1}{n+1}-\frac{(m+1)(x^{\frac{m-n}{2}}-1)}{x^{m}P_{n}(x)}$$

这样就证得式(2.3.20)的第 2 个不等式.

类似地,对于式(2.3.18),有

$$\delta=\sum_{i=1}^{(m+1)(n+1)}(y_i-x_i)=\frac{1}{2}(m+1)(n+1)(m-n)$$

由定理 1.3.13 有

$$\Big(\underbrace{0,\cdots,0}_{m+1},\underbrace{1,\cdots,1}_{m+1},\cdots,\underbrace{n,\cdots,n}_{m+1},\underbrace{\frac{m-n}{2},\cdots,\frac{m-n}{2}}_{(m+1)(n+1)}\Big)\prec\prec$$

$$(\underbrace{0,\cdots,0}_{n+1},\underbrace{1,\cdots,1}_{n+1},\cdots,\underbrace{m,\cdots,m}_{n+1},\underbrace{0,\cdots,0}_{(m+1)(n+1)})\tag{2.3.23}$$

从而据定理 1.5.4(g),由式(2.3.23)有

$$(m+1)P_{n}(x)+(n+1)(m+1)x^{\frac{m-n}{2}}<(n+1)P_{m}(x)+(n+1)(m+1)$$

两边同除以$(n+1)P_{n}(x)$,得

$$\frac{m+1}{n+1}+\frac{(m+1)x^{\frac{m-n}{2}}}{P_{n}(x)}<f(x)+\frac{m+1}{P_{n}(x)}$$

即

$$f(x)>\frac{m+1}{n+1}+\frac{(m+1)(x^{\frac{m-n}{2}}-1)}{P_{n}(x)}$$

这样证得了式(2.3.20)的第 5 个不等式.

下面证式(2.3.21),只需证式(2.3.21)的第 2 个和第 5 个不等式. 作置换$x \to \frac{1}{x}$,由式(2.3.20)的第 2 个和第 5 个不等式即可相应的得到式(2.3.21)的第 2 个和第 5 个不等式. □

注 2.3.3 若 $m \geqslant 3n$,即 $n \leqslant \frac{m-n}{2}$,注意 $n-\frac{1}{2}(m+1)(n+1)(m-n) \leqslant 0$,由例 1.3.5 有

$$(n,\underbrace{0,\cdots,0}_{(m+1)(n+1)}) \prec$$

$$\left(\underbrace{\frac{m-n}{2},\cdots,\frac{m-n}{2}}_{(m+1)(n+1)},n-\frac{1}{2}(m+1)(n+1)(m-n)\right)$$

从而

$$(m+1)(n+1)x^{\frac{m-n}{2}}+x^{n-\frac{1}{2}(m+1)(n+1)(m-n)} \geqslant$$
$$x^n+(m+1)(n+1) \Leftrightarrow$$
$$(m+1)(n+1)(x^{\frac{m-n}{2}}-1) \geqslant$$
$$x^n(1-x^{-\frac{1}{2}(m+1)(n+1)(m-n)}) \Leftrightarrow$$
$$\frac{m+1}{n+1}-\frac{(m+1)(x^{\frac{m-n}{2}}-1)}{x^m P_n(x)} \leqslant$$
$$\frac{m+1}{n+1}-\frac{x^{n-m}(1-x^{-\frac{1}{2}(m+1)(n+1)(m-n)})}{(n+1)P_n(x)} \tag{2.3.24}$$

这说明当$m \geqslant 3n$时,式(2.3.20)中的第 2 个不等式强于式(2.3.14)中的第 2 个不等式. 而当 $m<3n$ 时,二者不分强弱. 例如,取 $m=4,n=2$,则式(2.3.24)$\Leftrightarrow$ $15x+x^{-13} \geqslant x^2+15 \Leftrightarrow \varphi(x)=15x^{14}-x^{15}-15x^{13}+$

$1 \geqslant 0$,经计算 $\varphi'(x)=-15x^{12}(x-13)(x-1)$. 当 $1 \leqslant x \leqslant 13$ 时,$\varphi'(x) \geqslant 0$,从而 $\varphi(x) \geqslant \varphi(1)=0$,即式(2.3.24)成立. 当 $x \geqslant 13$ 时,$\varphi'(x) \leqslant 0$,从而当 $x \geqslant 15$ 时,$\varphi(x) \leqslant \varphi(15)=1-15^{14}<0$,即式(2.3.24)反向成立.

注 2.3.4　由定理 1.3.7(a) 知

$$(\underbrace{0,\cdots,0}_{(m+1)(n+1)+1}) \prec \Big(\underbrace{\frac{m-n}{2},\cdots,\frac{m-n}{2}}_{(m+1)(n+1)},-\frac{1}{2}(m+1)(n+1)(m-n)\Big)$$

从而

$$(n+1)(m+1)x^{\frac{m-n}{2}}+x^{-\frac{1}{2}(m+1)(n+1)(m-n)} \geqslant (n+1)(m+1)+1 \Leftrightarrow$$

$$(n+1)(m+1)(x^{\frac{m-n}{2}}-1) \geqslant 1-x^{-\frac{1}{2}(m+1)(n+1)(m-n)} \Leftrightarrow$$

$$\frac{m+1}{n+1}+\frac{1-x^{-\frac{1}{2}(m+1)(n+1)(m-n)}}{(n+1)P_n(x)} \leqslant \frac{m+1}{n+1}+\frac{(m+1)(x^{\frac{m-n}{2}}-1)}{P_n(x)}$$

这说明式(2.3.20)中的第 5 个不等式强于式(2.3.14)中的第 5 个不等式.

2.3.3　一类含有幂平均,算术平均和几何平均的不等式

定理 2.3.3[27]　设 $\boldsymbol{x}=(x_1,\cdots,x_n) \in \mathbf{R}_{++}^n$,$n \geqslant 2$,$\alpha \geqslant 1$. 若 $\prod\limits_{i=1}^{n} x_i \geqslant 1$,则

$$M_\alpha \geqslant \left\{1 + n^{-\alpha}\left[\sum_{i=1}^{n}(x_i - 1)\right]^\alpha\right\}^{\frac{1}{\alpha}} \quad (2.3.25)$$

若 $n(A-1) \leqslant a$，则

$$M_\alpha \geqslant \left[1 + \frac{a^\alpha - \left(n + a - \sum_{i=1}^{n} x_i\right)^\alpha}{n}\right]^{\frac{1}{\alpha}} \quad (2.3.26)$$

其中，$M_\alpha = \left(\frac{1}{n}\sum_{i=1}^{n} x_i^\alpha\right)^{\frac{1}{\alpha}}$，$A = \frac{1}{n}\sum_{i=1}^{n} x_i$，$a = \min\{x_1, \cdots, x_n, 1\}$. 若 $0 < \alpha < 1$，则不等式(2.3.25)和(2.3.26)均反向.

证明 当 $\alpha \geqslant 1$ 时，$f(x) = x^\alpha$ 为$(0, \infty)$上的凸函数，由式(1.3.25)和式(1.3.26)有

$$\sum_{i=1}^{n} f(x_i) + nf(0) \geqslant nf(1) + nf(A-1)$$

和

$$\sum_{i=1}^{n} f(x_i) + f\left(n + a - \sum_{i=1}^{n} x_i\right) \geqslant nf(1) + f(a)$$

由此稍加整理即得式(2.3.25)和式(2.3.26). 当 $0 < \alpha < 1$ 时，幂函数 $f(x) = x^\alpha$ 在$(0, \infty)$上凹，故式(2.3.25)和式(2.3.26)反向成立.

推论 2.3.1 设 $\boldsymbol{x} = (x_1, \cdots, x_n) \in \mathbf{R}_{++}^n$，$n \geqslant 2$，$A$，$G$ 分别是 $\boldsymbol{x}$ 的算术平均和几何平均. 若 $\alpha \geqslant 1$，则

$$M_\alpha \geqslant [G^\alpha + (A - G)^\alpha]^{\frac{1}{\alpha}} \geqslant G \quad (2.3.27)$$

设 $b = \min\{x_1, \cdots, x_n, G\}$，$b \geqslant n(A - G)$，若 $\alpha \geqslant 1$，则

$$M_\alpha \geqslant \left\{G^\alpha + \frac{b^\alpha - [b - n(A - G)]^\alpha}{n}\right\}^{\frac{1}{\alpha}} \geqslant G \quad (2.3.28)$$

证明　对于正数$\frac{x_1}{G},\cdots,\frac{x_n}{G}$,有

$$\min\left\{\frac{x_1}{G},\cdots,\frac{x_n}{G},1\right\}=\frac{b}{G}$$

$$\prod_{i=1}^{n}\frac{x_i}{G}=1,\quad \left[\frac{1}{n}\sum_{i=1}^{n}\left(\frac{x_i}{G}\right)^{\alpha}\right]^{\frac{1}{\alpha}}=\frac{M_\alpha}{G}$$

由式(2.3.25)和式(2.3.26)分别有

$$\frac{M_\alpha}{G}\geqslant\left[1+\left(\frac{A}{G}-1\right)^{\alpha}\right]^{\frac{1}{\alpha}}$$

和

$$\frac{M_\alpha}{G}\geqslant\left[1+\frac{\left(\frac{b}{G}\right)^{\alpha}-\left(n+\frac{b}{G}-\sum_{i=1}^{n}\frac{x_i}{G}\right)^{\alpha}}{n}\right]^{\frac{1}{\alpha}}$$

稍加整理即可分别得到式(2.3.27)和式(2.3.28)左边的不等式.由$A\geqslant G$知式(2.3.27)和式(2.3.28)右边的不等式成立.

注 2.3.5　当$\alpha\geqslant 1$时,式(2.3.27)和式(2.3.28)给出不等式$M_\alpha\geqslant G$的两种加强.

定理 2.3.4　设$\boldsymbol{x}=(x_1,\cdots,x_n)\in\mathbf{R}_{++}^{n}$,$n\geqslant 2$,并记

$$E_k(\boldsymbol{x}^{\alpha})=E_k(x_1^{\alpha},\cdots,x_n^{\alpha})=\sum_{1\leqslant i_1<\cdots<i_k\leqslant n}\prod_{j=1}^{k}x_{i_j}^{\alpha}$$

$$E_k^{*}(\boldsymbol{x}^{\alpha})=E_k^{*}(x_1^{\alpha},\cdots,x_n^{\alpha})=\prod_{1\leqslant i_1<\cdots<i_k\leqslant n}\sum_{j=1}^{k}x_{i_j}^{\alpha}$$

(a) 若$\prod_{i=1}^{n}x_i\geqslant 1$,则对于$0<\alpha\leqslant 1$,$k=1,\cdots,n$,有

$$E_k(\boldsymbol{x}^\alpha) \leqslant \sum_{i=0}^{k} C_n^i C_n^{k-i} (A-1)^{(k-i)\alpha} \quad (2.3.29)$$

对于 $0 \leqslant \alpha \leqslant 1, k=n+1,\cdots,2n$，有

$$\prod_{l=k-n}^{n} (E_l^*(\boldsymbol{x}^\alpha))^{C_n^{k-l}} \leqslant \prod_{l=k-n}^{n} (l+(k-l)(A-1)^\alpha)^{C_n^l C_n^{k-l}} \quad (2.3.30)$$

(b) 若 $\prod_{i=1}^{n} x_j \geqslant 1$，且 $A \leqslant 1+\frac{a}{n}$，则对于 $0<\alpha \leqslant 1, k=1,\cdots,n$，有

$$E_k(\boldsymbol{x}^\alpha) + \left(n+a-\sum_{j=1}^{n} x_j\right)^\alpha E_{k-1}(\boldsymbol{x}^\alpha) \leqslant C_n^k + C_n^{k-1} a^\alpha \quad (2.3.31)$$

和

$$E_k^*(\boldsymbol{x}^\alpha) \prod_{1 \leqslant i_1 < \cdots < i_{k-1} \leqslant n} \left[\sum_{j=1}^{k-1} x_{i_j}^\alpha + (n+a-\sum_{j=1}^{n} x_j)^\alpha\right] \leqslant k^{C_n^k} (a^\alpha + k-1)^{C_n^{k-1}} \quad (2.3.32)$$

其中 $a=\min\{x_1,\cdots,x_n,1\}$. A 为 $\boldsymbol{x}$ 的算术平均.

证明 据定理 3.1.5 和定理 3.1.6，由式(1.3.25) 可分别得到式(2.3.29) 和式(2.3.30)，由式(1.3.26) 即可分别得到式(2.3.31) 和式(2.3.32).

推论 2.3.2 设 $\boldsymbol{x}=(x_1,\cdots,x_n) \in \mathbf{R}_{++}^n, n \geqslant 2$，则对于 $0<\alpha \leqslant 1, k=1,\cdots,n$，有

$$E_k(\boldsymbol{x}^\alpha) \leqslant G^{\alpha k} \sum_{i=0}^{k} C_n^i C_n^{k-i} \left(\frac{A-G}{G}\right)^{(k-i)\alpha} \quad (2.3.33)$$

对于 $0 \leqslant \alpha \leqslant 1, k=n+1,\cdots,2n$，有

$$\prod_{l=k-n}^{n}(E_l^*(\boldsymbol{x}^\alpha))^{C_n^{k-l}} \leqslant \prod_{l=k-n}^{n}(lG^\alpha+(k-l)(A-G)^\alpha)^{C_n^l C_n^{k-l}} \tag{2.3.34}$$

若 $b \geqslant n(A-G)$，则对于 $0 \leqslant \alpha \leqslant 1, k=1,\cdots,n$，有

$$E_k(\boldsymbol{x}^\alpha)+[b-n(A-G)]^\alpha E_{k-1}(\boldsymbol{x}^\alpha) \leqslant C_n^k G^{k\alpha}+C_n^{k-1}b^\alpha G^{(k-1)\alpha} \tag{2.3.35}$$

对于 $0<\alpha \leqslant 1, k=1,\cdots,n$，有

$$E_k(\boldsymbol{x}^\alpha)\prod_{1\leqslant i_1<\cdots<i_{k-1}\leqslant n}\left(\sum_{j=1}^{k-1}x_{i_j}^\alpha+b-n(A-G)^\alpha\right) \leqslant k^{C_n^k}G^{\alpha C_n^k}[b^\alpha+(k-1)G^\alpha]^{C_n^{k-1}} \tag{2.3.36}$$

其中 $b=\min\{x_1,\cdots,x_n,G\}$. A,G 分别为 $\boldsymbol{x}$ 的算术平均和几何平均.

证明　对于正数 $\frac{x_1}{G},\cdots,\frac{x_n}{G}$，有

$$\prod_{i=1}^{n}\frac{x_i}{G}=1,\frac{1}{n}\sum_{i=1}^{n}\frac{x_i}{G}=\frac{A}{G},\min\left\{\frac{x_1}{G},\cdots,\frac{x_n}{G},1\right\}=\frac{b}{G}$$

由式(2.3.29)和式(2.3.30)分别有

$$\sum_{1\leqslant i_1<\cdots<i_k\leqslant n}\prod_{j=1}^{k}\frac{x_{i_j}^\alpha}{G^\alpha} \leqslant \sum_{i=0}^{k}C_n^i C_n^{k-i}\left(\frac{A}{G}-1\right)^{(k-i)\alpha}$$

和

$$\prod_{l=k-n}^{n}\left(\prod_{1\leqslant i_1<\cdots<i_l\leqslant n}\sum_{j=1}^{l}\frac{x_{i_j}^\alpha}{G^\alpha}\right)^{C_n^{k-l}} \leqslant \prod_{l=k-n}^{n}\left(l+(k-l)\left(\frac{A-G}{G}\right)^\alpha\right)^{C_n^l C_n^{k-l}}$$

稍加整理即可分别得到式(2.3.33)和式(2.3.34).

由式(2.3.31)和式(2.3.32)分别有

$$\sum_{1\leqslant i_1<\cdots<i_k\leqslant n}\prod_{j=1}^{k}\frac{x_{i_j}^{\alpha}}{G^{\alpha}}+$$

$$\left(n+\frac{b}{G}-\sum_{j=1}^{n}\frac{x_j}{G}\right)^{\alpha}\sum_{1\leqslant i_1<\cdots<i_{k-1}\leqslant n}\prod_{j=1}^{k-1}\frac{x_{i_j}^{\alpha}}{G^{\alpha}}\leqslant$$

$$\mathrm{C}_n^k+\mathrm{C}_n^{k-1}\left(\frac{b}{G}\right)^{\alpha}$$

和

$$\left(\prod_{1\leqslant i_1<\cdots<i_k\leqslant n}\sum_{j=1}^{k}\frac{x_{i_j}^{\alpha}}{G^{\alpha}}\right)\prod_{1\leqslant i_1<\cdots<i_{k-1}\leqslant n}\left(\sum_{j=1}^{k-1}\frac{x_{i_j}^{\alpha}}{G^{\alpha}}+\right.$$

$$\left.\left(n+a-\sum_{j=1}^{n}\frac{x_j}{G}\right)^{\alpha}\right)\leqslant$$

$$k^{\mathrm{C}_n^k}\left[\left(\frac{b}{G}\right)^{\alpha}+k-1\right]^{\mathrm{C}_n^{k-1}}$$

稍加整理即可分别得到式(2.3.35)和式(2.3.36).

取不同的 n,k,由式(2.3.33) ~ 式(2.3.36)可得到许多有趣的不等式,例如在式(2.3.33)中取 $n=3$,$k=2$,在式(2.3.34)中取 $n=3,k=5$,可得:

推论 2.3.3 设 $x_i>0,i=1,2,3,0\leqslant\alpha\leqslant 1$,则

$$\frac{1}{3}(x_1^{\alpha}x_2^{\alpha}+x_2^{\alpha}x_3^{\alpha}+x_3^{\alpha}x_1^{\alpha})\leqslant (A-G)^{2\alpha}+3G^{\alpha}(A-G)^{\alpha}+G^{2\alpha} \tag{2.3.37}$$

$$(x_1^{\alpha}+x_2^{\alpha}+x_3^{\alpha})\sqrt[3]{(x_1^{\alpha}+x_2^{\alpha})(x_1^{\alpha}+x_3^{\alpha})(x_2^{\alpha}+x_3^{\alpha})}\leqslant [2G^{\alpha}+3(A-G)^{\alpha}][3G^{\alpha}+2(A-G)^{\alpha}] \tag{2.3.38}$$

特别取 $\alpha=1$,由式(2.3.37),式(2.3.38)可分别得

$$\frac{1}{3}(x_1x_2+x_2x_3+x_3x_1)\leqslant A^2+AG-G^2 \tag{2.3.39}$$

$$(x_1+x_2+x_3)\sqrt[3]{(x_1+x_2)(x_1+x_3)(x_2+x_3)}\leqslant (3A-G)(G+2A) \tag{2.3.40}$$

2.3.4 钟开来不等式的加强

设 $a_1\geqslant a_2\geqslant\cdots\geqslant a_n\geqslant 0$,若 $\sum_{j=1}^{k}a_j\leqslant\sum_{j=1}^{k}b_j$,$k=1,\cdots,n$,则

$$\sum_{j=1}^{n}a_j^2\leqslant\sum_{j=1}^{n}b_j^2 \tag{2.3.41}$$

仅当 $a_k=b_k$,$k=1,\cdots,n$ 时等式成立.

这是著名的钟开来不等式. 1989 年,陈计[50] 进一步证得:设 $\{a_k\}$,$\{b_k\}$ 均非负递减,且满足 $\sum_{j=1}^{k}a_j\leqslant\sum_{j=1}^{k}b_j$,$k=1,\cdots,n$,则当 $p>1$ 时

$$\sum_{j=1}^{n}a_j^p\leqslant\sum_{j=1}^{n}b_j^p \tag{2.3.42}$$

仅当 $a_k=b_k$,$k=1,\cdots,n$ 时等式成立.

1996 年,胡克[51-52] 将式(2.3.42) 推广为

$$\sum_{j=1}^{n}a_j^p\leqslant\sum_{j=1}^{n}|b_j|^p\cdot\left[1-\frac{A^2}{\left(\sum_{i=1}^{n}a_i^p\sum_{j=1}^{n}|b_j|^p\right)^2}\right]^{\frac{\theta(p)}{2}} \tag{2.3.43}$$

其中

$$A=\sum_{i=1}^{n}a_1^pe_i\sum_{j=1}^{n}|b_j|^p-\sum_{i=1}^{n}a_i^p\sum_{j=1}^{n}|b_j|^pe_j$$

且 $1-e_k+e_m\geqslant 0$,$k,m=1,2,\cdots,n$,当 $p>2$ 时 $\theta(p)=$

$p-1$；当 $p<2$ 时，$\theta(p)=1$.

2007 年，石焕南和顾春[53] 利用受控理论给出此不等式一个形式简洁的加强.

定理 2.3.5[53] 设 $\{a_k\}$，$\{b_k\}$ 均非负递减，且满足 $\sum_{j=1}^{k}a_j\leqslant\sum_{j=1}^{k}b_j$，$k=1,\cdots,n$，即 $(a_1,\cdots,a_n)\prec_w(b_1,\cdots,b_n)$. 记 $\delta=\sum_{i=1}^{n}(b_i-a_i)$，则当 $p>1$ 时，有

$$\sum_{j=1}^{n}a_j^p\leqslant\sum_{j=1}^{n}b_j^p-\frac{\delta^p}{k^{p-1}}\tag{2.3.44}$$

当 $0<p\leqslant1$ 时，不等式(2.3.44) 反向，且仅当 $a_k=b_k$，$k=1,\cdots,n$ 时，等式成立.

证明 由定理 1.3.16 和 Karamata 不等式(2.3.1) 即得证. □

2.3.5 凸函数的两个性质的控制证明

吴燕和李武[54] 根据凸函数的已有性质，运用数学归纳法证得关于凸函数的如下两个定理.

定理 2.3.6 设 $F:\mathbf{R}\to\mathbf{R}$ 是凸函数，则对任意的 $x,y\in\mathbf{R}$ 和任意的自然数 n，有

$$F\left(\frac{x}{2^{2n-1}}\right)\leqslant\frac{1}{2^{2n-1}}F(x+y)+\sum_{p=1}^{2n-1}\frac{1}{2^p}F\left(\frac{(-1)^py}{2^{2n-1-p}}\right)\tag{2.3.45}$$

定理 2.3.7 设 $F:\mathbf{R}\to\mathbf{R}$ 是凸函数，则对任何的自然数 m 和 $v_1,v_2,v_3\in\mathbf{R}$，有

$$-F(v_1+v_2+v_3)\leqslant -2^{2m}F\left(\frac{v_1}{2^{2m}}\right)+2^{2m-1}F\left(\frac{-v_2}{2^{2m}}\right)+\sum_{p=1}^{2m-1}2^{2m-1-p}F\left(\frac{(-1)^p v_3}{2^{2m-1-p}}\right) \tag{2.3.46}$$

石焕南等人[55]利用Karamata不等式给出这两个定理的简单证明.

引理 2.3.2　设$\{b_i\}$是公比为q的等比数列，则其前n项和

$$S_n=\sum_{i=1}^{n}b_i=\frac{b_1(1-q^n)}{1-q}=\frac{b_1-b_nq}{1-q} \tag{2.3.47}$$

定理 2.3.6 的证明　式(2.3.45)等价于

$$2^{2n-1}F\left(\frac{x}{2^{2n-1}}\right)\leqslant F(x+y)+\sum_{p=1}^{2n-1}2^{2n-1-p}F\left(\frac{(-1)^p y}{2^{2n-1-p}}\right) \tag{2.3.48}$$

利用引理 2.3.2 可得 $2^{2n-1}=1+\sum_{p=1}^{2n-1}2^{2n-1-p}$. 记

$$\begin{aligned}&\boldsymbol{u}=(u_1,\ldots,u_{2^{2n-1}})=\\&\Bigg(x+y,\underbrace{\frac{(-1)^1y}{2^{2n-1-1}},\ldots,\frac{(-1)^1y}{2^{2n-1-1}}}_{2^{2n-1-1}},\\&\underbrace{\frac{(-1)^2y}{2^{2n-1-2}},\ldots,\frac{(-1)^2y}{2^{2n-1-2}}}_{2^{2n-1-2}},\ldots,\\&\underbrace{\frac{(-1)^{2n-1}y}{2^{2n-1-(2n-1)}},\ldots,\frac{(-1)^{2n-1}y}{2^{2n-1-(2n-1)}}}_{2^{2n-1-(2n-1)}}\Bigg)\end{aligned}$$

易见$\sum_{i=1}^{2^{2n-1}}u_i=x$，于是$\frac{1}{2^{2n-1}}\sum_{i=1}^{2^{2n-1}}u_i=\frac{x}{2^{2n-1}}$，据式(1.3.12)知

$$\bar{\boldsymbol{u}}=\underbrace{\left(\frac{x}{2^{2n-1}},\cdots,\frac{x}{2^{2n-1}}\right)}_{2^{2n-1}}\prec \boldsymbol{u}$$

因 $F:\mathbf{R}\to\mathbf{R}$ 是凸函数，由 Karamata 不等式(2.3.1)即得式(2.3.48)，由此得证. □

定理 2.3.7 的证明 式(2.3.46)即为

$$2^{2m}F\left(\frac{v_1}{2^{2m}}\right)\leqslant F(v_1+v_2+v_3)+2^{2m-1}F\left(\frac{-v_2}{2^{2m}}\right)+\sum_{p=1}^{2m-1}2^{2m-1-p}F\left(\frac{(-1)^p v_3}{2^{2m-1-p}}\right) \tag{2.3.49}$$

利用引理 2.3.2 可得 $2^{2m}=1+2^{2m-1}+\sum\limits_{p=1}^{2m-1}2^{2m-1-p}$，记

$$\boldsymbol{w}=(w_1,\cdots,w_{2^{2m}})=$$
$$\Bigg(v_1+v_2+v_3,\underbrace{\frac{-v_2}{2^{2m}},\cdots,\frac{-v_2}{2^{2m}}}_{2^{2m-1}},$$
$$\underbrace{\frac{(-1)^1v_3}{2^{2m-1-1}},\cdots,\frac{(-1)^1v_3}{2^{2m-1-1}}}_{2^{2m-1-1}},$$
$$\underbrace{\frac{(-1)^2v_3}{2^{2m-1-2}},\cdots,\frac{(-1)^2v_3}{2^{2m-1-2}}}_{2^{2m-1-2}},\cdots,$$
$$\underbrace{\frac{(-1)^{2m-1}v_3}{2^{2m-1-(2m-1)}},\cdots,\frac{(-1)^{2m-1}v_3}{2^{2m-1-(2m-1)}}}_{2^{2m-1-(2m-1)}}\Bigg)$$

易见 $\sum\limits_{i=1}^{2^{2m}}w_i=v_1$，于是 $\frac{1}{2^{2m}}\sum\limits_{i=1}^{2^{2m}}w_i=\frac{v_1}{2^{2m}}$，据式(1.3.12)知

$$\overline{\boldsymbol{w}}=\underbrace{\left(\frac{v_1}{2^{2m}},\cdots,\frac{v_1}{2^{2m}}\right)}_{2^{2m}}\prec \boldsymbol{w}$$

因 $F:\mathbf{R}\to\mathbf{R}$ 是凸函数，由 Karamata 不等式(2.3.1) 即得式(2.3.49)，由此得证. □

2.4　Schur 凸函数的推广

2.4.1　Schur 几何凸函数

定义 2.4.1[12]　设 $\Omega\subset\mathbf{R}_{++}^n,\varphi:\Omega\to\mathbf{R}$：

(a) 若 $\forall\,\boldsymbol{x},\boldsymbol{y}\in\Omega$，总有 $(x_1^\alpha y_1^\beta,\cdots,x_n^\alpha y_n^\beta)\in\Omega$，则称 Ω 是几何凸集，其中 $\alpha,\beta\in[0,1]$ 且 $\alpha+\beta=1$；

(b) $\forall\,\boldsymbol{x},\boldsymbol{y}\in\Omega$，若 $\ln\boldsymbol{x}=(\ln x_1,\cdots,\ln x_n)\prec(\ln y_1,\cdots,\ln y_n)=\ln\boldsymbol{y}\Rightarrow\varphi(\boldsymbol{x})\leqslant\varphi(\boldsymbol{y})$，则称 φ 为 Ω 上的 Schur 几何凸函数(Schur-geometrically convex function)，亦称 Schur 乘积凸函数(Schur-multiplicative convex function)，简记为 $S-$几何凸函数；若 $-\varphi$ 是 Ω 上 $S-$几何凸函数，则称 φ 为 Ω 上 $S-$几何凹函数.

定理 2.4.1　设 $\Omega\subset\mathbf{R}_{++}^n,\varphi:\Omega\to\mathbf{R}_{++}$，$\ln\Omega=\{(\ln x_1,\cdots,\ln x_n)\mid\boldsymbol{x}\in\Omega\}$，则 φ 为 Ω 上 $S-$几何凸(凹) 函数当且仅当 $\varphi(\mathrm{e}^{\boldsymbol{x}})=\varphi(\mathrm{e}^{x_1},\cdots,\mathrm{e}^{x_n})$ 为 $\ln\Omega$ 上 $S-$凸(凹) 函数.

定理 2.4.2　若 φ 是对称集 $\Omega\subset\mathbf{R}_{++}^n$ 上的 $S-$几何凸(凹) 函数，则 φ 是 Ω 上的对称函数.

借助于定理 2.1.4，张小明证得 $S-$几何凸函数的判定定理.

定理 2.4.3[12]108　设 $\Omega\subset\mathbf{R}_{++}^n$ 是有内点的对称对数凸集，$\varphi:\Omega\to\mathbf{R}_+$ 于 Ω 上连续，在 Ω 的内部 Ω° 一阶可微，则 φ 在 Ω 上 $S-$ 几何凸(凹) 的充要条件是 φ 在 Ω 上对称，且 $\forall\boldsymbol{x}\in\Omega^\circ$，有

$$(\ln x_1-\ln x_2)\left(x_1\frac{\partial\varphi}{\partial x_1}-x_2\frac{\partial\varphi}{\partial x_2}\right)\geqslant 0(\leqslant 0)\tag{2.4.1}$$

注 2.4.1　由于当 $x_1\neq x_2$ 时，总有 $\dfrac{\ln x_1-\ln x_2}{x_1-x_2}\geqslant 0$，故式(2.4.1) 等价于

$$(x_1-x_2)\left(x_1\frac{\partial\varphi}{\partial x_1}-x_2\frac{\partial\varphi}{\partial x_2}\right)\geqslant 0(\leqslant 0)\tag{2.4.2}$$

定理 2.4.4[11]95　对称的对数凸集上的对称几何凸(凹) 函数必是 $S-$ 几何凸(凹) 函数.

定理 2.4.5[56]　设区间 $I\subset\mathbf{R}$，二元对称函数 $\varphi:I\times I\to\mathbf{R}$ 是 $S-$ 几何凸函数的充要条件是 $\forall a\in\mathbf{R}_{++}$，一元函数 $\varphi_a(x)=\varphi\left(x,\dfrac{a}{x}\right)$ 在$(-\infty,\sqrt{a})$ 上递减 (假定 $\left(x,\dfrac{a}{x}\right)\in I\times I$).

证明　假设 φ 是 $S-$ 几何凸函数. 对于 $t<s<\sqrt{a}$ 有 $\ln\left(s,\dfrac{a}{s}\right)\prec\ln\left(t,\dfrac{a}{t}\right)$，因此 $\varphi\left(s,\dfrac{a}{s}\right)\leqslant\varphi\left(t,\dfrac{a}{t}\right)$.

反之，假设 $\ln\boldsymbol{x}\prec\ln\boldsymbol{y}$，且令 $s=\min\{\ln x_1,\ln x_2\}$，$t=\min\{\ln y_1,\ln y_2\}$，$a=x_1x_2$，那么 $t<s<\sqrt{a}$ 且由 $\varphi_a(x)$ 的单调性有 $\varphi\left(s,\dfrac{a}{s}\right)\leqslant\varphi\left(t,\dfrac{a}{t}\right)$，从而由 φ 的对称性有 $\varphi(\boldsymbol{x})\leqslant\varphi(\boldsymbol{y})$. □

例 2.4.1　证明均值差 $M_{AG}(x,y)=\frac{x+y}{2}-\sqrt{xy}$ 在 $\mathbf{R}_{++}^2$ 上 $S-$几何凸.

证明　$\forall a\in\mathbf{R}_{++}$，$\varphi_a(x)=M_{AG}\left(x,\frac{a}{x}\right)=\frac{x+\frac{a}{x}}{2}-\sqrt{a}$，对于 $x\leqslant\sqrt{a}$，有 $\varphi'_a(x)=\frac{1-\frac{a}{x^2}}{2}\leqslant 0$，这意味着 $M_{AG}(x,y)$ 在$(-\infty,\sqrt{a})$上递减，由定理 2.4.5 知 $M_{AG}(x,y)$ 在 $\mathbf{R}_{++}^2$ 上 $S-$几何凸.

定理 2.4.6　设 $\varphi(\boldsymbol{x})$ 在 $\Omega\subset\mathbf{R}_{++}^n$ 上非负可微：

(a) 若 $\varphi(\boldsymbol{x})$ 是单调增的 $S-$凸函数，则 $\varphi(\boldsymbol{x})$ 一定是 $S-$几何凸函数；

(b) 若 $\varphi(\boldsymbol{x})$ 是单调减的 $S-$凹函数，则 $\varphi(\boldsymbol{x})$ 一定是 $S-$几何凹函数.

证明　(a) 设 $\boldsymbol{x}\in\mathbf{R}_{++}^n$，因 $\varphi(\boldsymbol{x})$ 单调增，则 $\nabla\varphi(\boldsymbol{x})=\left(\frac{\partial\varphi(\boldsymbol{x})}{\partial x_1},\cdots,\frac{\partial\varphi(\boldsymbol{x})}{\partial x_n}\right)\geqslant 0$. 又因 $\varphi(\boldsymbol{x})$ 是 $S-$凸函数，有 $\Delta=(x_1-x_2)\cdot\left(\frac{\partial\varphi}{\partial x_1}-\frac{\partial\varphi}{\partial x_2}\right)\geqslant 0$，于是

$$
\begin{aligned}
\Lambda= & (x_1-x_2)\left(x_1\frac{\partial\varphi}{\partial x_1}-x_2\frac{\partial\varphi}{\partial x_2}\right)= \\
& (x_1-x_2)\left(x_1\frac{\partial\varphi}{\partial x_1}-x_1\frac{\partial\varphi}{\partial x_2}+x_1\frac{\partial\varphi}{\partial x_2}-x_2\frac{\partial\varphi}{\partial x_2}\right)= \\
& x_1(x_1-x_2)\left(\frac{\partial\varphi}{\partial x_1}-\frac{\partial\varphi}{\partial x_2}\right)+\frac{\partial\varphi}{\partial x_2}(x_1-x_2)^2\geqslant 0
\end{aligned}
$$

由定理 2.4.3 知 φ 是 Ω 上 $S-$几何凸函数. 类似地可证 (b). □

定理 2.4.7　设 φ 是对称的对数凸集 Ω 上的对称

几何凸(凹)函数,则φ是Ω上的$S-$几何凸(凹)函数.

2015年,石焕南和张静[57]将定理2.3.11移植到$S-$几何凸函数的情形.

定理2.4.8[57] 设区间$[a,b]\subset\mathbf{R}_{++}$,$g:[a,b]\to\mathbf{R}$,$\varphi:\mathbf{R}^n\to\mathbf{R}$且$\psi(\boldsymbol{x})=\varphi(g(x_1),\cdots,g(x_n)):[a,b]^n\to\mathbf{R}$.

(a) 若g是几何凸的,φ是增且$S-$几何凸的,则ψ是$S-$几何凸的;

(b) 若g是几何凹的,φ是增且$S-$几何凹的,则ψ是$S-$几何凹的;

(c) 若g是几何凹的,φ是减且$S-$几何凸的,则ψ是$S-$几何凸的;

(d) 若g是几何凸的,φ是减且$S-$几何凹的,则ψ是$S-$几何凹的;

(e) 若g是减且几何凸的,φ是增且$S-$几何凸的,则ψ是减且$S-$几何凸的;

(f) 若g是减且几何凸的,φ是减且$S-$几何凹的,则ψ是增且$S-$几何凹的;

(g) 若g是增且几何凸的,φ是增且$S-$几何凸的,则ψ是增且$S-$几何凸的;

(h) 若g是减且几何凹的,φ是减且$S-$几何凸的,则ψ是增且$S-$几何凸的;

(i) 若g是增且几何凹的,φ是减且$S-$几何凸的,则ψ是减且$S-$几何凸的.

证明 仅详证情形(g),其他的类似可证.

若g是增且几何凸的,φ是增且$S-$几何凸的,据定理2.4.1,$\varphi(\mathrm{e}^{x_1},\cdots,\mathrm{e}^{x_n})$是增且$S-$凸的,又据定理1.2.5,$\ln g(\mathrm{e}^x)$是$[\ln a,\ln b]$上的凸函数,从而由定

理 2.3.11(g)，$\varphi(\mathrm{e}^{\ln g(\mathrm{e}^{x_1})},\cdots,\mathrm{e}^{\ln g(\mathrm{e}^{x_n})})=\varphi(g(\mathrm{e}^{x_1}),\cdots,g(\mathrm{e}^{x_n}))$ 是增且 S－凸的，再据定理 2.4.1，$\psi(x)=\varphi(g(x_1),\cdots,g(x_n))$ 是增且 S－几何凸的.

定理 2.4.9 [21]　设非空开区间 $I\subset\mathbf{R}_{++}$，令

$$F(\boldsymbol{x})=F(x_1,x_2,\cdots,x_n)=f(x_1)f(x_2)\cdots f(x_n),\boldsymbol{x}\in I^n,n\geqslant 2$$

则 $F:I^n\to\mathbf{R}_{++}$ 是 Schur 几何凸函数当且仅当 $f:I\to\mathbf{R}_{++}$ 是 Wright－几何凸函数.

下面给出 S－几何凸函数的一个应用.

2000 年，陈胜利[58] 证得如下结果：

设 $\boldsymbol{x}=(x_1,\cdots,x_n)\in\mathbf{R}_{++}^n$，$0<m\leqslant x_i\leqslant M$，$i=1,\cdots,n$，$n\geqslant 2$，则

$$4m[A(\boldsymbol{x})-G(\boldsymbol{x})]\leqslant A(\boldsymbol{x}^2)-G(\boldsymbol{x}^2)\leqslant 4M[A(\boldsymbol{x})-G(\boldsymbol{x})] \tag{2.4.3}$$

其中 $A(\boldsymbol{x})$，$G(\boldsymbol{x})$ 分别为 $\boldsymbol{x}$ 的算术平均和几何平均，$A(\boldsymbol{x}^2)$，$G(\boldsymbol{x}^2)$ 分别为 $\boldsymbol{x}^2=(x_1^2,\cdots,x_n^2)$ 的算术平均和几何平均.

续铁权，张小明[59] 将式(2.4.3) 推广为：

定理 2.4.10　设 $\boldsymbol{x}=(x_1,\cdots,x_n)$，$\boldsymbol{\lambda}=(\lambda_1,\cdots,\lambda_n)\in\mathbf{R}_{++}^n$，$0<m\leqslant x_i\leqslant M$，$i=1,\cdots,n$，$n\geqslant 2$，$\sum_{i=1}^{n}\lambda_i=1$，则当 $\alpha>0$，$\alpha\neq 1$ 时，有

$$K_\alpha[A(\boldsymbol{x})-G(\boldsymbol{x})]\leqslant A(\boldsymbol{x}^\alpha)-G(\boldsymbol{x}^\alpha)\leqslant L_\alpha[A(\boldsymbol{x})-G(\boldsymbol{x})] \tag{2.4.4}$$

和

$$K_\alpha[A(\boldsymbol{x},\boldsymbol{\lambda})-G(\boldsymbol{x},\boldsymbol{\lambda})]\leqslant A(\boldsymbol{x}^\alpha,\boldsymbol{\lambda})-G(\boldsymbol{x}^\alpha,\boldsymbol{\lambda})\leqslant$$

$$L_\alpha[A(\boldsymbol{x},\boldsymbol{\lambda})-G(\boldsymbol{x},\boldsymbol{\lambda})] \tag{2.4.5}$$

其中

$$K_\alpha=\begin{cases}\alpha^2M^{\alpha-1},0<\alpha<1\\ \alpha^2m^{\alpha-1},\alpha>1\end{cases},L_\alpha=\begin{cases}\alpha^2m^{\alpha-1},0<\alpha<1\\ \alpha^2M^{\alpha-1},\alpha>1\end{cases}$$

$A(\boldsymbol{x},\boldsymbol{\lambda})$，$G(\boldsymbol{x},\boldsymbol{\lambda})$ 分别为 $\boldsymbol{x}$ 的以 $\boldsymbol{\lambda}$ 为权的加权算术平均和加权几何平均，$A(\boldsymbol{x}^\alpha,\boldsymbol{\lambda})$，$G(\boldsymbol{x}^\alpha,\boldsymbol{\lambda})$ 分别为 $\boldsymbol{x}^\alpha=(x_1^\alpha,\cdots,x_n^\alpha)$ 以 $\boldsymbol{\lambda}$ 为权的加权算术平均和加权几何平均.

下面的定理给出不等式(2.4.5)的积分形式：

定理 2.4.11 设 $f(x)$，$p(x)$ 是$[a,b]$上的正值连续函数，$0<m\leqslant f(x)\leqslant M$，$\int_a^b p(x)\mathrm{d}x=1$，则当 $\alpha>0$，$\alpha\neq1$ 时，有

$$K_\alpha[A(f,p)-G(f,p)]\leqslant A(f^\alpha,p)-G(f^\alpha,p)\leqslant L_\alpha[A(f,p)-G(f,p)] \tag{2.4.6}$$

其中

$$A(f,p)=\frac{1}{b-a}\int_a^b p(x)f(x)\mathrm{d}x$$

$$G(f,p)=\frac{1}{b-a}\int_a^b p(x)\ln f(x)\mathrm{d}x$$

$$A(f^\alpha,p)=\frac{1}{b-a}\int_a^b p(x)f^\alpha(x)\mathrm{d}x$$

$$G(f^\alpha,p)=\frac{1}{b-a}\int_a^b p(x)\ln f^\alpha(x)\mathrm{d}x$$

定理 2.4.10 的证明 设 $I=[m,M]$，$E=I^n$，对于任意 $\alpha>0$，$\alpha\neq1$，因连续函数$[A(\boldsymbol{x}^\alpha)-G(\boldsymbol{x}^\alpha)]-K_\alpha[A(\boldsymbol{x})-G(\boldsymbol{x})]$ 在 E 上有界，必存在足够大的常数

C，使得在 E 上 $f(\boldsymbol{x})=[A(\boldsymbol{x}^{\alpha})-G(\boldsymbol{x}^{\alpha})]-K_{\alpha}[A(\boldsymbol{x})-G(\boldsymbol{x})]+C>0$. 显见 E 是对称几何凸集，$f(\boldsymbol{x})$ 是 E 上的对称函数. 注意到

$$\frac{\partial f}{\partial x_1}=\frac{\alpha}{n}\left[x_1^{\alpha-1}-\frac{G(\boldsymbol{x}^{\alpha})}{x_1}\right]-\frac{K_{\alpha}}{n}\left[1-\frac{G(\boldsymbol{x})}{x_1}\right]$$

$$\frac{\partial f}{\partial x_2}=\frac{\alpha}{n}\left[x_2^{\alpha-1}-\frac{G(\boldsymbol{x}^{\alpha})}{x_2}\right]-\frac{K_{\alpha}}{n}\left[1-\frac{G(\boldsymbol{x})}{x_2}\right]$$

$$(\ln x_1-\ln x_2)\left(x_1\frac{\partial f}{\partial x_1}-x_2\frac{\partial f}{\partial x_2}\right)=$$

$$\frac{1}{n}(\ln x_1-\ln x_2)[\alpha(x_1^{\alpha}-x_2^{\alpha})-K_{\alpha}(x_1-x_2)]=$$

$$\frac{1}{n}(x_1-x_2)(\ln x_1-\ln x_2)\left(\alpha\cdot\frac{x_1^{\alpha}-x_2^{\alpha}}{x_1-x_2}-K_{\alpha}\right)$$

由微分中值定理知存在 ξ 使得 $\frac{x_1^{\alpha}-x_2^{\alpha}}{x_1-x_2}=\alpha\xi^{\alpha-1}$，$\xi$ 在 x_1，x_2 之间，所以 $m<\xi<M$，则

$$(\ln x_1-\ln x_2)\left(x_1\frac{\partial f}{\partial x_1}-x_2\frac{\partial f}{\partial x_2}\right)=$$

$$\frac{1}{n}(x_1-x_2)(\ln x_1-\ln x_2)(\alpha^2\xi^{\alpha-1}-K_{\alpha})$$

当 $\alpha>1$ 时

$$K_{\alpha}=\alpha^2 m^{\alpha-1}<\alpha^2\xi^{\alpha-1}$$

$$(\ln x_1-\ln x_2)\left(x_1\frac{\partial f}{\partial x_1}-x_2\frac{\partial f}{\partial x_2}\right)\geqslant 0$$

当 $0<\alpha<1$ 时

$$K_{\alpha}=\alpha^2 M^{\alpha-1}<\alpha^2\xi^{\alpha-1}$$

$$(\ln x_1-\ln x_2)\left(x_1\frac{\partial f}{\partial x_1}-x_2\frac{\partial f}{\partial x_2}\right)\geqslant 0$$

故 f 为 S－几何凸函数，由 $(\ln G(\boldsymbol{x}),\cdots,\ln G(\boldsymbol{x}))\prec(\ln x_1,\cdots,\ln x_n)$，有 $f(\boldsymbol{x})\geqslant f(G(\boldsymbol{x}),G(\boldsymbol{x}),\cdots,$

$G(\boldsymbol{x}))$，即

$$A(\boldsymbol{x}^{\alpha})-G(\boldsymbol{x}^{\alpha})-K_{\alpha}[A(\boldsymbol{x})-G(\boldsymbol{x})]+C\geqslant$$

$$[G^{\alpha}(\boldsymbol{x})-G^{\alpha}(\boldsymbol{x})]-K_{\alpha}[G(\boldsymbol{x})-G(\boldsymbol{x})]+C=C$$

所以 $A(\boldsymbol{x}^{\alpha})-G(\boldsymbol{x}^{\alpha})\geqslant K_{\alpha}[A(\boldsymbol{x})-G(\boldsymbol{x})]$，从而得到式(2.4.4)的左边不等式.

下面设 $g(\boldsymbol{x})=L_{\alpha}[A(\boldsymbol{x})-G(\boldsymbol{x})]-[A(\boldsymbol{x}^{\alpha})-G(\boldsymbol{x}^{\alpha})]+C_1$，其中 C_1 取得足够大，使得在 E 上 $g(\boldsymbol{x})>0$. 同理可证 g 为几何凸函数，从而得到式(2.4.4)右边的不等式，式(2.4.4)得证.

对于式(2.4.5)，若所有 λ_i 是有理数，设 $\lambda_i=\frac{k_i}{p}$(k_i，p 是自然数)，在式(2.4.4)中设 $\boldsymbol{x}$ 有 p 个分量，其中有 k_i 个 $x_i(i=1,2,\cdots,n)$ 就得到式(2.4.5). 若存在 λ_i 是无理数，取 n 个正有理数列 $\{\mu_{i,j}\}(i=1,2,\cdots,n;j=1,2,\cdots)$，使 $\sum_{i=1}^{n}\mu_{i,j}=1(j=1,2,\cdots)$，且当 $j\to\infty$，$\mu_{i,j}\to\lambda_i$，记 $\boldsymbol{\mu}_j=(\mu_{1j},\cdots,\mu_{nj})$，由前面的证明知道

$$K_{\alpha}[A(\boldsymbol{x},\boldsymbol{\mu}_j)-G(\boldsymbol{x},\boldsymbol{\mu}_j)]\leqslant A(\boldsymbol{x}^{\alpha},\boldsymbol{\mu}_j)-G(\boldsymbol{x}^{\alpha},\boldsymbol{\mu}_j)\leqslant L_{\alpha}[A(\boldsymbol{x},\boldsymbol{\mu}_j)-G(\boldsymbol{x},\boldsymbol{\mu}_j)]$$

再令 $j\to\infty$，就得到式(2.4.5). □

利用定积分的定义和式(2.4.5)，可证定理2.4.11成立，详细过程从略.

2.4.2 Schur **调和凸函数**

2008 年，褚玉明等[60],[61] 首先提出并建立了 Schur 调和凸的定义及判定定理.

定义 2.4.2[60],[62] 设 $\Omega\subset\mathbf{R}_{++}^{n}$，$\varphi:\Omega\to\mathbf{R}_{+}$：

(a) 若 $\forall\boldsymbol{x},\boldsymbol{y}\in\Omega$，总有 $\left(\frac{x_1y_1}{\alpha x_1+\beta y_1},\cdots,\right.$

$\frac{x_n y_n}{\alpha x_n+\beta y_n})\in\Omega$,则称 Ω 是调和凸集,其中 $\alpha,\beta\in[0,1]$ 且 $\alpha+\beta=1$;

(b) $\forall \boldsymbol{x},\boldsymbol{y}\in\Omega$,且 $(\frac{1}{x_1},\cdots,\frac{1}{x_n})\prec(\frac{1}{y_1},\cdots,\frac{1}{y_n})\Rightarrow\varphi(\boldsymbol{x})\leqslant\varphi(\boldsymbol{y})$(或等价于 $\boldsymbol{x}\prec\boldsymbol{y}\Rightarrow\varphi(\frac{1}{x_1},\cdots,\frac{1}{x_n})\leqslant\varphi(\frac{1}{y_1},\cdots,\frac{1}{y_n})$),则称 φ 为 Ω 上的 Schur 调和凸函数(Schur-harmonic convex function),简记为 $S-$调和凸函数. 若 $-\varphi$ 是 Ω 上 $S-$调和凸函数,则称 φ 为 Ω 上 $S-$调和凹函数.

定理 2.4.12　设 $\Omega\subset\mathbf{R}_{++}^n$,$\varphi:\Omega\to\mathbf{R}_+$ 为 $S-$调和凸函数当且仅当 $\varphi\left(\frac{1}{x_1},\cdots,\frac{1}{x_n}\right)$ 为 $\frac{1}{\Omega}=\left\{\frac{1}{x}=\left(\frac{1}{x_1},\cdots,\frac{1}{x_n}\right):x=(x_1,\cdots,x_n)\in\Omega\right\}$ 上的 $S-$凸函数.

定理 2.4.13　设 $\Omega\subset\mathbf{R}_{++}^n$ 是有内点的对称调和凸集,$\varphi:\Omega\to\mathbf{R}_+$ 于 Ω 上连续,在 Ω 的内部 Ω° 一阶可微,则 φ 在 Ω 上 $S-$调和凸(凹)的充要条件是 φ 在 Ω 上对称,且对于任意 $\boldsymbol{x}\in\Omega^\circ$,有

$$(x_1-x_2)\left(x_1^2\frac{\partial\varphi}{\partial x_1}-x_2^2\frac{\partial\varphi}{\partial x_2}\right)\geqslant 0(\leqslant 0)\tag{2.4.7}$$

类似于定理 2.4.6 可以证明

定理 2.4.14　设 $\varphi(\boldsymbol{x})$ 在 $\Omega\subset\mathbf{R}_{++}^n$ 上非负可微:

(a) 若 $\varphi(\boldsymbol{x})$ 是单调增的 $S-$凸函数或 $S-$几何凸函数,则 $\varphi(\boldsymbol{x})$ 一定是 $S-$调和凸函数;

(b) 若 $\varphi(\boldsymbol{x})$ 是单调减的 $S-$凹函数或 $S-$几何凹

函数，则 $\varphi(\boldsymbol{x})$ 一定是$S-$调和凹函数.

石焕南和张静[63] 还将定理 2.3.11 移植到 $S-$调和凸函数的情形.

定理 2.4.15[63] 设区间$[a,b]\subset\mathbf{R}_{++}$，$g$：$[a,b]\to\mathbf{R}$，$\varphi$：$\mathbf{R}^n_{++}\to\mathbf{R}_{++}$ 且 $\psi(\boldsymbol{x})=\varphi(g(x_1),\cdots,gx_n))$：$[a,b]^n\to\mathbf{R}$.

(a) 若 g 是调和凸的，φ 是增且$S-$调和凸的，则 ψ 是 $S-$调和凸的；

(b) 若 g 是调和凹的，φ 是增且$S-$调和凹的，则 ψ 是 $S-$调和凹的；

(c) 若 g 是调和凹的，φ 是减且$S-$调和凸的，则 ψ 是 $S-$调和凸的；

(d) 若 g 是调和凸的，φ 是减且$S-$调和凹的，则 ψ 是 $S-$调和凹的；

(e) 若 g 是减且调和凸的，φ 是增且 $S-$调和凸的，则 ψ 是减且 $S-$调和凸的；

(f) 若 g 是减且调和凸的，φ 是减且$S-$调和凹的，则 ψ 是增且 $S-$调和凹的；

(g) 若 g 是增且调和凸的，φ 是增且 $S-$调和凸的，则 ψ 是增且 $S-$调和凸的；

(h) 若 g 是减且调和凹的，φ 是减且 $S-$调和凸的，则 ψ 是增且 $S-$调和凸的；

(i) 若 g 是增且调和凹的，φ 是减且$S-$调和凸的，则 ψ 是减且 $S-$调和凸的.

证明 仅详证(e)，其他的类似可证.

若 g 是减且调和凸的，φ 是增且 $S-$调和凸的，据定理 2.4.12，$\varphi\left(\frac{1}{x_1},\cdots,\frac{1}{x_n}\right)$ 是减且$S-$凸的，又据定理

1.2.8，$(g(x^{-1}))^{-1}$ 在 (b^{-1},a^{-1}) 上减且凹，从而由定理 2.3.11(e)，$\varphi((g(x_1^{-1}))^{-1},\cdots,(g(x_n^{-1}))^{-1})=\varphi(g(x_1^{-1}),\cdots,g(x_n^{-1}))$ 是增且 $S-$凸的，再据定理 2.4.12，$\psi(\boldsymbol{x})=\varphi(g(x_1),\cdots,g(x_n))$ 是减且 $S-$调和凸的.

2.4.3 Schur 幂凸函数

作为 $S-$凸，$S-$几何凸，$S-$调和凸等概念的推广和统一，2010 年，杨镇杭[46] 在《不等式研究通讯》2010 年第 2 期上定义了 Schur$-f$ 凸函数及 Schur$-$幂凸函数，并研究它们的性质及判定.

定义 2.4.3[64] (a) 设 $f:\mathbf{R}_{++}\to\mathbf{R}$ 是严格单调函数，$\Omega\subset\mathbf{R}^n$，$n\geqslant 2$. 若对于任何 $\boldsymbol{x},\boldsymbol{y}\in\Omega$，总有 $(f^{-1}(\alpha f(x_1)+\beta f(y_1)),\cdots,f^{-1}(\alpha f(x_n+\beta f(y_n))))\in\Omega$，则称 Ω 是 $f-$凸集，其中 $\alpha,\beta\in[0,1]$ 且 $\alpha+\beta=1$；

(b) 设 $\Omega\subset\mathbf{R}^n$，其内部非空. $\varphi:\Omega\to\mathbf{R}$，对于任意 $\boldsymbol{x},\boldsymbol{y}\in\Omega$，若 $(f(x_1),\cdots,f(x_n))\prec(f(y_1),\cdots,f(y_n))\Rightarrow\varphi(\boldsymbol{x})\leqslant\varphi(\boldsymbol{y})$，则称 φ 为 Ω 上的 $S-f$ 凸函数；若 $-\varphi$ 是 Ω 上 $S-f$ 凸函数，则称 φ 为 Ω 上 $S-f$ 凹函数.

定义 2.4.4[64] 在定义 2.4.3 中若取

$$f(x)=\begin{cases}\dfrac{x^m-1}{m}, & m\neq 0\\ \ln x, & m=0\end{cases}$$

则称 φ 为 Ω 上的 m 阶 $S-$幂凸函数(Schur power convex function)；若 $-\varphi$ 是 Ω 上的 m 阶 $S-$幂凸函数，则称 φ 为 Ω 上的 m 阶 $S-$幂凹函数.

注 2.4.2 在定义 2.4.3 中取 $f(x)=x$，$\ln x$ 和

x^{-1} 可分别得 $S-$凸函数，$S-$几何凸函数和 $S-$调和凸函数的定义.

定理 2.4.16 设 $f:\mathbf{R}\to\mathbf{R}$ 是严格单调函数，$\Omega\subset\mathbf{R}^n$，$f(\Omega)=\{(f(x_1),\cdots,f(x_n))\mid \boldsymbol{x}\in\Omega\}$，则 $\varphi:\Omega\to\mathbf{R}$ 在 Ω 上 $S-f$ 凸($S-f$ 凹) 当且仅当 $\varphi\circ f^{-1}$ 在 $f(\Omega)$ 上 $S-$凸($S-$凹).

证明 假定 φ 在 Ω 上 $S-f$ 凸. 现设 $\boldsymbol{x}',\boldsymbol{y}'\in f(\Omega)$，则存在 $\boldsymbol{x},\boldsymbol{y}\in\Omega$ 使得 $\boldsymbol{x}'=(f(x_1),\cdots,f(x_n))$，$\boldsymbol{y}'=(f(y_1),\cdots,f(y_n))$，若 $\boldsymbol{x}'\prec\boldsymbol{y}'$，即 $(f(x_1),\cdots,f(x_n))\prec(f(y_1),\cdots,f(y_n))$，则 $\varphi(\boldsymbol{x})\leqslant\varphi(\boldsymbol{y})$，即 $\varphi\circ f^{-1}(\boldsymbol{x}')\leqslant\varphi\circ f^{-1}(\boldsymbol{y}')$，故 $\varphi\circ f^{-1}$ 在 $f(\Omega)$ 上 $S-$凸. 反之，假定 $\varphi\circ f^{-1}$ 在 $f(\Omega)$ 上 $S-$凸. 现设 $\boldsymbol{x},\boldsymbol{y}\in\Omega$，满足 $(f(x_1),\cdots,f(x_n))\prec(f(y_1),\cdots,f(y_n))$，则 $\varphi\circ f^{-1}(f(x_1),\cdots,f(x_n))\leqslant\varphi\circ f^{-1}(f(y_1),\cdots,f(y_n))$，即 $\varphi(\boldsymbol{x})\leqslant\varphi(\boldsymbol{y})$.

类似可证凹的情形. □

定理 2.4.17 设 $\Omega\subset\mathbf{R}^n_{++}(n\geqslant 2)$ 是对称集，且 $\varphi:\Omega\to\mathbf{R}$ 在 Ω 上 $S-f$ 凸($S-f$ 凹)，则 φ 在 Ω 上对称.

证明 对于任意 $\boldsymbol{x}\in\Omega$ 和每个置换矩阵 $\boldsymbol{P}$，我们有 $\boldsymbol{xP}\in\Omega$. 注意 $\boldsymbol{xP}$ 是 $\boldsymbol{x}$ 的一个重排，故有 $f(\boldsymbol{x})\prec f(\boldsymbol{xP})\prec f(\boldsymbol{x})$. 因 φ 在 Ω 上 $S-f$ 凸($S-f$ 凹)，我们有 $\varphi(\boldsymbol{x})\leqslant(\geqslant)\varphi(\boldsymbol{xP})\leqslant(\geqslant)\varphi(\boldsymbol{x})$，即 $\varphi(\boldsymbol{xP})=\varphi(\boldsymbol{x})$，故 φ 在 Ω 上对称. □

定理 2.4.18 设 $f:\mathbf{R}\to\mathbf{R}$ 是严格单调的可微函数，$\Omega\subset\mathbf{R}^n_{++}$ 是有内点的对称 $f-$凸集，$\varphi:\Omega\to\mathbf{R}_+$ 于 Ω 上连续，在 Ω 的内部 Ω° 可微，φ 是 Ω 上 $S-f$ 凸($S-f$ 凹) 的充要条件是 φ 在 Ω 上对称，且对于 $\forall\,\boldsymbol{x}\in\Omega^\circ$，有

$$(f(x_1)-f(x_2))\left(\frac{1}{f'(x_1)}\frac{\partial\varphi}{\partial x_1}-\frac{1}{f'(x_2)}\frac{\partial\varphi}{\partial x_2}\right)\geqslant 0(\leqslant 0) \tag{2.4.8}$$

证明　不难验证 $\varphi\circ f^{-1}$ 在 $f(\Omega)$ 上对称等价于 φ 在 Ω 上对称. 由定理 2.4.12 和定理 2.1.3 知:$\varphi:\Omega\to\mathbf{R}$ 在 Ω 上 $S-f$ 凸($S-f$ 凹)$\Leftrightarrow\varphi\circ f^{-1}$ 在 $f(\Omega)$ 上 $S-$凸($S-$凹)$\Leftrightarrow\varphi\circ f^{-1}$ 在 $f(\Omega)$ 上对称,且 $\forall\,\boldsymbol{y}\in f(\Omega)^\circ$ 且 $y_1\neq y_2$,令 $\boldsymbol{x}=f^{-1}(\boldsymbol{y})$,此时 $\boldsymbol{x}\in\Omega^\circ$,且有

$$(y_1-y_2)\left(\frac{\partial\varphi}{\partial y_1}-\frac{\partial\varphi}{\partial y_2}\right)\geqslant 0(\leqslant 0)$$

对于 $\forall\,\boldsymbol{x}\in\Omega^\circ$ 有$(f(x_1),\cdots,f(x_n))\in f(\Omega)^\circ$,因此有

$$(f(x_1)-f(x_2))\left(f'(x_1)\frac{\partial(\varphi\circ f^{-1})}{\partial x_1}-f'(x_2)\frac{\partial(\varphi\circ f^{-1})}{\partial x_2}\right)\geqslant 0(\leqslant 0)$$

即

$$(f(x_1)-f(x_2))\left(\frac{1}{f'(x_1)}\frac{\partial\varphi}{\partial x_1}-\frac{1}{f'(x_2)}\frac{\partial\varphi}{\partial x_2}\right)\geqslant 0(\leqslant 0)$$

注 2.4.3　对于 $S-$幂凸函数,若 $m\in\mathbf{R},m\neq 0$,相应的 Schur 条件为

$$\frac{x_1^m-x_2^m}{m}\left(x_1^{1-m}\frac{\partial\varphi}{\partial x_1}-x_2^{1-m}\frac{\partial\varphi}{\partial x_2}\right)\geqslant 0(\leqslant 0) \tag{2.4.9}$$

关于不同阶的 $S-$ 幂凸函数之间的关系,张小明[344] 证得

定理 2.4.19　设 $p>q$,区间 $I\subset\mathbf{R}_{++}$,$\varphi:I^n\to\mathbf{R}$ 为对称可微函数:

(a) 若 φ 为递增的 p 阶 S — 幂凸函数，则 φ 为 q 阶 S — 幂凸函数；

(b) 若 φ 为递增的 q 阶 S — 幂凹函数，则 φ 为 p 阶 S — 幂凹函数；

(c) 若 φ 为递减的 p 阶 S — 幂凹函数，则 φ 为 q 阶 S — 幂凹函数；

(d) 若 φ 为递减的 q 阶 S — 幂凸函数，则 φ 为 p 阶 S — 幂凸函数.

证明 (a) 由于对称性，以下不妨假定 $x_1 \geqslant x_2 > 0$.

当 $pq \neq 0$ 时

$$\frac{x_1^q - x_2^q}{q}\left(x_1^{1-q}\frac{\partial\varphi}{\partial x_1} - x_2^{1-q}\frac{\partial\varphi}{\partial x_2}\right) =$$

$$\frac{x_1^q - x_2^q}{q}\left[x_1^{p-q}\left(x_1^{1-p}\frac{\partial\varphi}{\partial x_1} - x_2^{1-p}\frac{\partial\varphi}{\partial x_2}\right) + x_2^{1-p}(x_1^{p-q} - x_2^{p-q})\frac{\partial\varphi}{\partial x_2}\right] =$$

$$x_1^{p-q}\frac{x_1^q - x_2^q}{q}\left(x_1^{1-p}\frac{\partial\varphi}{\partial x_1} - x_2^{1-p}\frac{\partial\varphi}{\partial x_2}\right) + x_2^{1-p}\frac{x_1^q - x_2^q}{q}(x_1^{p-q} - x_2^{p-q})\frac{\partial\varphi}{\partial x_2} \geqslant 0$$

当 $q = 0$ 时

$$(\ln x_1 - \ln x_2)\left(x_1\frac{\partial\varphi}{\partial x_1} - x_2\frac{\partial\varphi}{\partial x_2}\right) =$$

$$(\ln x_1 - \ln x_2)\left[x_1^p\left(x_1^{1-p}\frac{\partial\varphi}{\partial x_1} - x_2^{1-p}\frac{\partial\varphi}{\partial x_2}\right) + x_2^{1-p}(x_1^p - x_2^p)\frac{\partial\varphi}{\partial x_2}\right] =$$

$$x_1^p(\ln x_1 - \ln x_2)\left(x_1^{1-p}\frac{\partial\varphi}{\partial x_1} - x_2^{1-p}\frac{\partial\varphi}{\partial x_2}\right) +$$

$$x_2^{1-p}(\ln x_1-\ln x_2)(x_1^p-x_2^p)\frac{\partial\varphi}{\partial x_2}\geqslant 0$$

当 $p=0$ 时

$$\frac{x_1^q-x_2^q}{q}\left(x_1^{1-q}\frac{\partial\varphi}{\partial x_1}-x_2^{1-q}\frac{\partial\varphi}{\partial x_2}\right)=$$

$$\frac{x_1^q-x_2^q}{q}\left[x_1^{-q}\left(x_1\frac{\partial\varphi}{\partial x_1}-x_2\frac{\partial\varphi}{\partial x_2}\right)+\right.$$

$$\left.x_2(x_1^{-q}-x_2^{-q})\frac{\partial\varphi}{\partial x_2}\right]=$$

$$x_1^{-q}\frac{x_1^q-x_2^q}{q}\left(x_1\frac{\partial\varphi}{\partial x_1}-x_2\frac{\partial\varphi}{\partial x_2}\right)+$$

$$x_2\frac{x_1^q-x_2^q}{q}(x_1^{-q}-x_2^{-q})\frac{\partial\varphi}{\partial x_2}\geqslant 0$$

同理可证(b),(c) 和(d). □

定理 2.4.20　设 $n\geqslant m\geqslant 2, n,m\in\mathbf{N}, a_i\geqslant 0(i=1,2,\cdots,m)$,试证

$$m\left(\sum_{i=1}^m a_i^n\right)^{n+1}\geqslant\sum_{i=1}^m a_i^{n+1}\left(\sum_{i=1}^m a_i^{n-1}\right)^{n+1} \tag{2.4.10}$$

该定理是杨学枝[25]在第七届全国初等数学研究会议上提出的二十二道不等式猜想之七,张小明在《不等式研究通讯》2011 年第 2 期上利用 Schur 幂凸性给出如下证明.

设

$$(a_1,a_2,\cdots,a_n)\in[0,+\infty)^n$$

$$f(a_1,\cdots,a_n)=m\left(\sum_{i=1}^m a_i^n\right)^{n+1}-\sum_{i=1}^m a_i^{n+1}\left(\sum_{i=1}^m a_i^{n-1}\right)^{n+1}$$

则

$$\frac{\partial f}{\partial a_1}=mn(n+1)a_1^{n-1}\left(\sum_{i=1}^m a_i^n\right)^n-$$

$$(n+1)a_1^n\left(\sum_{i=1}^m a_i^{n-1}\right)^{n+1}-$$
$$(n+1)(n-1)a_1^{n-2}\sum_{i=1}^m a_i^{n+1}\left(\sum_{i=1}^m a_i^{n-1}\right)^n$$

$$a_1^{2-n}\frac{\partial f}{\partial a_1}=mn(n+1)a_1\left(\sum_{i=1}^m a_i^n\right)^n-$$
$$(n+1)a_1^2\left(\sum_{i=1}^m a_i^{n-1}\right)^{n+1}-$$
$$(n+1)(n-1)\sum_{i=1}^m a_i^{n+1}\left(\sum_{i=1}^m a_i^{n-1}\right)^n$$

$$a_1^{2-n}\frac{\partial f}{\partial a_1}-a_2^{2-n}\frac{\partial f}{\partial a_2}=$$
$$(n+1)(a_1-a_2)\left[mn\left(\sum_{i=1}^m a_i^n\right)^n-\right.$$
$$\left.(a_1+a_2)\left(\sum_{i=1}^m a_i^{n-1}\right)^{n+1}\right]=$$
$$(n+1)(a_1-a_2)\left\{m^{1+n}n\left[\left(\frac{1}{m}\sum_{i=1}^m a_i^n\right)^{\frac{1}{n}}\right]^{n^2}-\right.$$
$$\left.(a_1+a_2)\left(\sum_{i=1}^m a_i^{n-1}\right)^{n+1}\right\}$$

由幂平均不等式

$$\left(\frac{1}{m}\sum_{i=1}^m a_i^n\right)^{\frac{1}{n}}\geqslant\left(\frac{1}{m}\sum_{i=1}^m a_i^{n-1}\right)^{\frac{1}{n-1}}$$

知

$$(a_1^{n-1}-a_2^{n-1})\left(a_1^{2-n}\frac{\partial f}{\partial a_1}-a_2^{2-n}\frac{\partial f}{\partial a_2}\right)\geqslant$$
$$(n+1)(a_1-a_2)(a_1^{n-1}-a_2^{n-1})\cdot$$
$$\left\{m^{1+n}n\left[\left(\frac{1}{m}\sum_{i=1}^m a_i^{n-1}\right)^{\frac{1}{n-1}}\right]^{n^2}-(a_1+a_2)\left(\sum_{i=1}^m a_i^{n-1}\right)^{n+1}\right\}=$$

$$(n+1)(a_1-a_2)(a_1^{n-1}-a_2^{n-1})\cdot$$
$$\left[m^{1+n-\frac{n^2}{n-1}}n\Big(\sum_{i=1}^{m}a_i^{n-1}\Big)^{\frac{n^2}{n-1}}-(a_1+a_2)\Big(\sum_{i=1}^{m}a_i^{n-1}\Big)^{n+1}\right]=$$
$$(n+1)(a_1-a_2)(a_1^{n-1}-a_2^{n-1})\cdot$$
$$\Big(\sum_{i=1}^{m}a_i^{n-1}\Big)^{n+1}\left[m^{-\frac{1}{n-1}}n\Big(\sum_{i=1}^{m}a_i^{n-1}\Big)^{\frac{1}{n-1}}-(a_1+a_2)\right]\geqslant$$
$$(n+1)m^{-\frac{1}{n-1}}(a_1-a_2)(a_1^{n-1}-a_2^{n-1})\cdot$$
$$\Big(\sum_{i=1}^{m}a_i^{n-1}\Big)^{n+1}[n(a_1^{n-1}+a_2^{n-1})^{\frac{1}{n-1}}-m^{\frac{1}{n-1}}(a_1+a_2)]\geqslant$$
$$(n+1)m^{-\frac{1}{n-1}}a_2(a_1-a_2)(a_1^{n-1}-a_2^{n-1})\cdot$$
$$\Big(\sum_{i=1}^{m}a_i^{n-1}\Big)^{n+1}[n(t^{n-1}+1)^{\frac{1}{n-1}}-n^{\frac{1}{n-1}}(t+1)]$$

其中 $t=\frac{a_1}{a_2}$，不妨设 $t\geqslant 1$. 此时 $n(t^{n-1}+1)^{\frac{1}{n-1}}-n^{\frac{1}{n-1}}(t+1)\geqslant 0$ 等价于

$$n^{n-2}(t^{n-1}+1)\geqslant(t+1)^{n-1}\qquad(2.4.11)$$

考虑到 $n\geqslant 2$，利用导数知识可证式(2.4.11)成立，至此有

$$(a_1^{n-1}-a_2^{n-1})\left(a_1^{2-n}\frac{\partial f}{\partial a_1}-a_2^{2-n}\frac{\partial f}{\partial a_2}\right)\geqslant 0$$

由注 2.4.3 和

$$\left(\frac{(M_{n-1}(a))^{n-1}-1}{n-1},\frac{(M_{n-1}(a))^{n-1}-1}{n-1},\cdots,\frac{(M_{n-1}(a))^{n-1}-1}{n-1}\right)\prec$$
$$\left(\frac{a_1^{n-1}-1}{n-1},\frac{a_2^{n-1}-1}{n-1},\cdots,\frac{a_n^{n-1}-1}{n-1}\right)$$

知

$$f(a_1,a_2,\cdots,a_n)\geqslant$$
$$f(M_{n-1}(a),M_{n-1}(a),\cdots,M_{n-1}(a))=0$$

上式即为式(2.4.10),其中 M_α 表示幂平均. □

2.4.4 一类条件不等式的控制证明

定理 2.4.21[65] 设 $\boldsymbol{x}=(x_1,\cdots,x_n)\in\mathbf{R}_+^n$ 且 $\sum\limits_{k=1}^{n}\frac{1}{x_k}=\lambda$,则 $\forall m\in\mathbf{N}$ 成立

$$n(n^{m-1}-1)G^{-m}\leqslant\left(\sum_{k=1}^{n}x_k^{-1}\right)^m-\left(\sum_{k=1}^{n}x_k^{-m}\right)\leqslant\left(1-\frac{1}{n^{m-1}}\right)\lambda^m \tag{2.4.12}$$

$$\left(\sum_{k=1}^{n}x_k\right)^m-\left(\sum_{k=1}^{n}x_k^m\right)\geqslant\frac{n^{2m}-n^{m+1}}{\lambda^m} \tag{2.4.13}$$

其中 $G=\sqrt[n]{\prod\limits_{i=1}^{n}x_i}$.

注 2.4.4 当 $\lambda=1$ 时,式(2.4.12)中右边不等式见文献[2]158.

证明 令 $\varphi(x_1,\cdots,x_n)=\left(\sum\limits_{k=1}^{n}x_k\right)^m-\left(\sum\limits_{k=1}^{n}x_k^m\right)$.显然 φ 在 $\mathbf{R}_+^n$ 上对称,且有

$$\frac{\partial\varphi}{\partial x_i}=m\left(\sum_{k=1}^{n}x_k\right)^{m-1}-mx_i^{m-1}\geqslant 0,i=1,\cdots,n$$

不妨设 $x_1\neq x_2$,于是

$$\Delta_1:=(x_1-x_2)\left(\frac{\partial\varphi}{\partial x_1}-\frac{\partial\varphi}{\partial x_2}\right)=$$
$$-m(x_1-x_2)(x_1^{m-1}-x_2^{m-1})\leqslant 0$$

据定理 2.1.4,$\varphi(x_1,\cdots,x_n)$ 在 $\mathbf{R}_+^n$ 上 $S-$凹.由式(1.3.12)有

$$\left(\frac{\lambda}{n},\cdots,\frac{\lambda}{n}\right)\prec\left(\frac{1}{x_1},\cdots,\frac{1}{x_n}\right)$$

故

$$\varphi\left(\frac{\lambda}{n},\cdots,\frac{\lambda}{n}\right)\geqslant\varphi\left(\frac{1}{x_1},\cdots,\frac{1}{x_n}\right)$$

即式(2.4.12)中右边不等式成立

$$\Delta_2:=(x_1-x_2)\left(x_1\frac{\partial\varphi}{\partial x_1}-x_2\frac{\partial\varphi}{\partial x_2}\right)=$$

$$m(x_1-x_2)[(x_1-x_2)\left(\sum_{k=1}^{n}x_k\right)^{m-1}-$$

$$(x_1^m-x_2^m)]=$$

$$m(x_1-x_2)^2\left[\left(\sum_{k=1}^{n}x_k\right)^{m-1}-\frac{x_1^m-x_2^m}{x_1-x_2}\right]\geqslant$$

$$m(x_1-x_2)^2\left[(x_1+x_2)^{m-1}-\frac{x_1^m-x_2^m}{x_1-x_2}\right]=$$

$$m(x_1-x_2)^2[(x_1^{m-1}+(m-1)x_1^{m-2}x_2+\cdots+$$

$$(m-1)x_1x_2^{m-2}+x_2^{m-1})-$$

$$(x_1^{m-1}+x_1^{m-2}x_2+\cdots+x_1x_2^{m-2}+x_2^{m-1})]\geqslant 0$$

注意到，总有 $\frac{\ln x_1-\ln x_2}{x_1-x_2}>0$，故据定理 2.4.3，$\varphi(x_1,\cdots,x_n)$ 在 $\mathbf{R}_+^n$ 上 $S-$几何凸. 由式(1.3.12)有

$$\left(\ln\frac{1}{G},\cdots,\ln\frac{1}{G}\right)\prec\left(\ln\frac{1}{x_1},\cdots,\ln\frac{1}{x_n}\right)$$

故

$$\varphi\left(\frac{1}{G},\cdots,\frac{1}{G}\right)\leqslant\varphi\left(\frac{1}{x_1},\cdots,\frac{1}{x_n}\right)$$

即式(2.4.12)中左边不等式成立

$$\Delta_3 := (x_1 - x_2)\left(x_1^2 \frac{\partial\varphi}{\partial x_1} - x_2^2 \frac{\partial\varphi}{\partial x_2}\right) =$$

$$m(x_1 - x_2)[(x_1^2 - x_2^2)\left(\sum_{k=1}^{n} x_k\right)^{m-1} -$$

$$(x_1^{m+1} - x_2^{m+1})] =$$

$$m(x_1 - x_2)^2\left[(x_1 + x_2)\left(\sum_{k=1}^{n} x_k\right)^{m-1} -\right.$$

$$\left.\frac{x_1^{m+1} - x_2^{m+1}}{x_1 - x_2}\right] \geqslant$$

$$m(x_1 - x_2)^2\left[(x_1 + x_2)^m - \frac{x_1^{m+1} - x_2^{m+1}}{x_1 - x_2}\right] =$$

$$m(x_1 - x_2)^2[(x_1^m + m x_1^{m-1} x_2 + \cdots +$$

$$m x_1 x_2^{m-1} + x_2^m) -$$

$$(x_1^m + x_1^{m-1} x_2 + \cdots + x_1 x_2^{m-1} + x_2^m)] \geqslant 0$$

据定理 2.4.11，$\varphi(x_1,\cdots,x_n)$ 在 $\mathbf{R}_+^n$ 上 S－调和凸. 由式（1.3.12）有 $\left(\frac{\lambda}{n},\cdots,\frac{\lambda}{n}\right) \prec \left(\frac{1}{x_1},\cdots,\frac{1}{x_n}\right)$，故 $\varphi\left(\frac{n}{\lambda},\cdots,\frac{n}{\lambda}\right) \leqslant \varphi(x_1,\cdots,x_n)$，即式(2.4.13)成立，证毕. □

定理 2.4.22 设 $x_k > 0, k=1,\cdots,n, n \geqslant 2$ 且 $\sum_{k=1}^{n}\frac{1}{x_k} = \lambda \leqslant 1$，则

$$\prod_{k=1}^{n}\left(\frac{1}{x_k} - 1\right) \leqslant \left(\frac{1}{G} - 1\right)^n \qquad (2.4.14)$$

$$\prod_{k=1}^{n}(x_k - 1) \geqslant \left(\frac{n}{\lambda} - 1\right)^n \qquad (2.4.15)$$

其中 $G = \sqrt[n]{\prod_{i=1}^{n} x_i}$.

证明　根据定理条件可知 $x_k>1,k=1,\cdots,n$. 令 $\psi(x_1,\cdots,x_n)=\prod_{k=1}^{n}(x_k-1)$，则

$$\frac{\partial\psi}{\partial x_1}=\frac{\psi(x_1,\cdots,x_n)}{x_1-1},\frac{\partial\psi}{\partial x_2}=\frac{\psi(x_1,\cdots,x_n)}{x_2-1}$$

于是

$$\Delta_2=(x_1-x_2)\left(x_1\frac{\partial\psi}{\partial x_1}-x_2\frac{\partial\psi}{\partial x_2}\right)=$$
$$(x_1-x_2)\psi(x_1,\cdots,x_n)\left(\frac{x_1}{x_1-1}-\frac{x_2}{x_2-1}\right)=$$
$$-\frac{(x_1-x_2)^2\psi(x_1,\cdots,x_n)}{(x_1-1)(x_2-1)}\leqslant 0$$

注意到 $\frac{\ln x_1-\ln x_2}{x_1-x_2}>0$，故据定理 2.4.3，$\psi(x_1,\cdots,x_n)$ 在 $\mathbf{R}_+^n$ 上 $S-$几何凹. 由 $\left(\ln\frac{1}{G},\cdots,\ln\frac{1}{G}\right)\prec\left(\ln\frac{1}{x_1},\cdots,\ln\frac{1}{x_n}\right)$ 有

$$\psi\left(\frac{1}{G},\cdots,\frac{1}{G}\right)\geqslant\psi\left(\frac{1}{x_1},\cdots,\frac{1}{x_n}\right)$$

即式(2.4.14)成立

$$\Delta_3=(x_1-x_2)\left(x_1^2\frac{\partial\psi}{\partial x_1}-x_2^2\frac{\partial\psi}{\partial x_2}\right)=$$
$$(x_1-x_2)\psi(x_1,\cdots,x_n)\left(\frac{x_1^2}{x_1-1}-\frac{x_2^2}{x_2-1}\right)=$$
$$(x_1-x_2)^2\psi(x_1,\cdots,x_n)\frac{x_1x_2-(x_1+x_2)}{(x_1-1)(x_2-1)}$$

因 $\sum_{k=1}^{n}\frac{1}{x_k}=\lambda\leqslant 1$，我们有 $1\geqslant\frac{1}{x_1}+\frac{1}{x_2}$，即 $x_1x_2-(x_1+x_2)\geqslant 0$，于是 $\Delta_3\geqslant 0$. 据定理 2.4.11，

$\psi(x_1,\cdots,x_n)$ 在 $\mathbf{R}_+^n$ 上 $S-$ 调和凸. 由 $\left(\frac{\lambda}{n},\cdots,\frac{\lambda}{n}\right) \prec \left(\frac{1}{x_1},\cdots,\frac{1}{x_n}\right)$ 有 $\psi\left(\frac{n}{\lambda},\cdots,\frac{n}{\lambda}\right) \leqslant \psi(x_1,\cdots,x_n)$, 即式 (2.4.15) 成立,证毕. □

推论 2.4.1[25].80 设 $x_k>0, k=1,\cdots,n, n\geqslant 2$ 且 $\sum_{k=1}^{n}\frac{1}{1+x_k}=\lambda\leqslant 1$,则

$$\prod_{k=1}^{n}x_k \geqslant \left(\frac{n}{\lambda}-1\right)^n \tag{2.4.16}$$

证明 作置换 $x_k \to x_k-1, k=1,\cdots,n$, 则式 (2.4.16) 化为式(2.4.15).

推论 2.4.2 设 $x_k>1, k=1,\cdots,n, n\geqslant 2$ 且 $\sum_{k=1}^{n}\frac{x_k^2}{1+x_k^2}=1$,则

$$\prod_{k=1}^{n}x_k \leqslant (n-1)^{-\frac{n}{2}} \tag{2.4.17}$$

证明 作置换 $x_k \to \frac{1}{\sqrt{x_k-1}}, k=1,\cdots,n$,则推论 2.4.2 化为式(2.4.15) 中 $\lambda=1$ 的情形.

推论 2.4.3 设 $x_k>1, k=1,\cdots,n, n\geqslant 2$ 且 $\sum_{k=1}^{n}\frac{1}{1+x_k^n}=1$,则

$$\prod_{k=1}^{n}x_k \geqslant n-1 \tag{2.4.18}$$

证明 作置换 $x_k \to \sqrt[n]{x_k-1}, k=1,\cdots,n$,则推论 2.4.3 化为式(2.4.15) 中 $\lambda=1$ 的情形.

定理 2.4.23 设 $x_k>0, k=1,\cdots,n, n\geqslant 2$ 且 $\sum_{k=1}^{n}\frac{1}{x_k}=\lambda\leqslant 1$,则

$$\sum_{k=1}^{n}\frac{x_k}{1-x_k}\geqslant\frac{nG}{1-G}\qquad(2.4.19)$$

$$\sum_{k=1}^{n}\frac{1}{x_k-1}\geqslant\frac{n\lambda}{n-\lambda}\qquad(2.4.20)$$

其中 $G=\sqrt[n]{\prod_{i=1}^{n}x_i}$.

证明 令 $\xi(x_1,\cdots,x_n)=\sum_{k=1}^{n}\frac{1}{x_k-1}$，显然 ξ 在 U 上对称，且有

$$\frac{\partial\xi}{\partial x_1}=-\frac{1}{(x_1-1)^2},\frac{\partial\xi}{\partial x_2}=-\frac{1}{(x_2-1)^2}$$

于是

$$\Delta_2=(x_1-x_2)\left(x_1\frac{\partial\xi}{\partial x_1}-x_2\frac{\partial\xi}{\partial x_2}\right)=$$

$$(x_1-x_2)\left(\frac{x_2}{(x_2-1)^2}-\frac{x_1}{(x_1-1)^2}\right)=$$

$$(x_1-x_2)\left(\frac{x_2(x_1-1)^2-x_1(x_2-1)^2}{(x_1-1)^2(x_2-1)^2}\right)=$$

$$(x_1-x_2)^2\frac{x_1x_2-1}{(x_1-1)^2(x_2-1)^2}$$

由定理2.4.23的条件可断定 $x_k>1,k=1,\cdots,n$，于是 $x_1x_2-1>0$，故 $\Delta_2\geqslant0$，据定理2.4.3，$\xi(x_1,\cdots,x_n)$ 在 U 上 S － 几何凸. 由 $\left(\ln\frac{1}{G},\cdots,\ln\frac{1}{G}\right)\prec\left(\ln\frac{1}{x_1},\cdots,\ln\frac{1}{x_n}\right)$ 有

$$\xi\left(\frac{1}{G},\cdots,\frac{1}{G}\right)\leqslant\xi\left(\frac{1}{x_1},\cdots,\frac{1}{x_n}\right)$$

即式(2.4.19)成立

$$\Delta_3=(x_1-x_2)\left(x_1^2\frac{\partial\xi}{\partial x_1}-x_2^2\frac{\partial\xi}{\partial x_2}\right)=$$

$$(x_1-x_2)\left(\frac{x_2^2}{(x_2-1)^2}-\frac{x_1^2}{(x_1-1)^2}\right)=$$

$$(x_1-x_2)\left(\frac{x_2^2(x_1-1)^2-x_1^2(x_2-1)^2}{(x_1-1)^2(x_2-1)^2}\right)=$$

$$(x_1-x_2)^2\frac{(x_1-1)x_2+x_1(x_2-1)}{(x_1-1)^2(x_2-1)^2}$$

因 $x_k>1,k=1,\cdots,n$,故 $\Delta_3\geqslant 0$. 据定理 2.4.11,$\xi(x_1,\cdots,x_n)$ 在 U 上 $S-$调和凸. 由 $\left(\frac{\lambda}{n},\cdots,\frac{\lambda}{n}\right)\prec\left(\frac{1}{x_1},\cdots,\frac{1}{x_n}\right)$ 有 $\xi\left(\frac{n}{\lambda},\cdots,\frac{n}{\lambda}\right)\leqslant\xi(x_1,\cdots,x_n)$,即式(2.4.20)成立,证毕.

推论 2.4.4 设 $x_k>0,k=1,\cdots,n,n\geqslant 2$ 且 $\sum_{k=1}^{n}\frac{x_k}{1+x_k}=\lambda\leqslant 1$,则

$$\sum_{k=1}^{n}x_k\geqslant\frac{n\lambda}{n-\lambda}\qquad(2.4.21)$$

证明 作置换 $x_k\rightarrow\frac{1}{x_k-1},k=1,\cdots,n$,则式(2.4.21)化为式(2.4.20).

2.5 凸函数和 Schur 凸函数的对称化

由推论 2.2.1 知,对称凸集上的对称凸函数必是 $S-$凸函数. 又由定理 2.1.1 知,所有对称集上的 $S-$凸函数都是对称函数,因此对称是对称集上的函数 $S-$凸的必要条件. 若一个函数是凸的但非对称,有各种方法使其对称化而保持凸性,从而得到一个 $S-$凸

函数. 下面介绍专著[22]第 82 页至第 91 页介绍的各种对称化方法，并将某些结论推广到 S－几何凸函数和S－调和凸函数的情形.

设 $\pi_i(1),\cdots,\pi_i(n)$ 是 $1,\cdots,n$ 的任意置换($i=1,\cdots,n!$)，记 $\pi_i=(\pi_i(1),\cdots,\pi_i(n))$，$i=1,\cdots,n!$，又记 $S_n=\{\pi_1,\cdots,\pi_{n!}\}$ 为$\{1,\cdots,n\}$的置换群，且令

$$\pi_i(\boldsymbol{x})=(x_{\pi_i(1)},\cdots,x_{\pi_i(n)})$$

定理 2.5.1　若 $\varphi:\mathbf{R}^n\to\mathbf{R}$ 凸且 $h:\mathbf{R}^{n!}\to\mathbf{R}$ 对称，增且凸. 若 $t_1,\cdots,t_n$ 是实数，则

$$\psi(\boldsymbol{x})=h(\varphi(t_1x_{\pi_1(1)},\cdots,t_nx_{\pi_1(n)}),\cdots,\\ \varphi(t_1x_{\pi_{n!}(1)},\cdots,t_nx_{\pi_{n!}(n)}))$$

对称凸. 若 φ 增(减)且凸，$t_1,\cdots,t_n$ 是非负实数，则 ψ 对称，增(减)且凸.

证明　ψ 对称显然. ψ 的凸性由定理 1.1.6 (a) 得证. □

推论 2.5.1　若 $\varphi:\mathbf{R}^n\to\mathbf{R}$ 凸且 $t_1,\cdots,t_n$ 是实数，则

$$\psi(\boldsymbol{x})=\sum_{\pi\in S_n}\varphi(t_1x_{\pi(1)},\cdots,t_nx_{\pi(n)})$$

对称凸.

例 2.5.1　若 $y_i>0,i=1,\cdots,n$ 且 $\boldsymbol{a}\prec\boldsymbol{b}$，则

$$\prod_{\pi}(1+y_{\pi(1)}^{a_1}y_{\pi(2)}^{a_2}\cdots y_{\pi(n)}^{a_n})\leqslant\\ \prod_{\pi}(1+y_{\pi(1)}^{b_1}y_{\pi(2)}^{b_2}\cdots y_{\pi(n)}^{b_n})\qquad(2.5.1)$$

且等式成立当且仅当 $\boldsymbol{a}$ 是 $\boldsymbol{b}$ 的一个排列或 $y_1=\cdots=y_n$.

证明　令 $t_i=\ln y_i$，这等价于证明

$$\sum_{\pi}\ln[1+\exp(a_1t_{\pi(1)}+\cdots+a_nt_{\pi(n)})]\leqslant\\ \sum_{\pi}[1+\exp(b_1t_{\pi(1)}+\cdots+b_nt_{\pi(n)})]$$

此不等式可在推论 2.2.3 中取 $\varphi(\boldsymbol{x}) = \ln[1 + \exp(x_1 + \cdots + x_n)]$ 确定. 易证 $g(z) = \lg(1 + e^z)$ 凸，从而 $\varphi(\boldsymbol{x}) = \ln[1 + \exp(x_1 + \cdots + x_n)]$ 对称凸. □

例 2.5.2 文[66] 定义了如下两个对称函数

$$S(\boldsymbol{t},\boldsymbol{x}) = \frac{1}{n!}\sum_{\pi \in S_n}\varphi\left(\frac{\sum_{i=1}^{n} t_i x_{\pi(i)}}{\sum_{j=1}^{n} t_j}\right)$$

和

$$S_*(\boldsymbol{t},\boldsymbol{x}) = \frac{1}{n!}\sum_{\pi \in S_n}\varphi\left(\sum_{i=1}^{n} t_i x_{\pi(i)}\right)$$

其中 φ 是区间 I 上的可微凸函数，并依据定理 2.1.3 证得如下结论：

(a) 若 $\boldsymbol{x} \in I^n$，则 $S(\boldsymbol{t},\boldsymbol{x})$ 关于 $\boldsymbol{t}$ 在 $\mathbf{R}_{++}^n$ 上 S - 凸；若 $\boldsymbol{t} \in \mathbf{R}_{++}^n$，则 $S(\boldsymbol{t},\boldsymbol{x})$ 关于 $\boldsymbol{x}$ 在 I^n 上 S - 凸；

(b) 若 $\boldsymbol{x},\boldsymbol{t} \in \mathbf{R}^n$，则 $S_*(\boldsymbol{t},\boldsymbol{x})$ 即关于 $\boldsymbol{t}$ 也关于 $\boldsymbol{x}$ 在 $\mathbf{R}^n$ 上 S - 凸.

注 2.5.1 因 φ 在 I 上是凸的，易见 $\varphi\left(\frac{\sum_{i=1}^{n} x_i}{\sum_{j=1}^{n} t_j}\right)$ 和 $\varphi\left(\sum_{i=1}^{n} x_i\right)$ 在 I^n 上是凸的，故此例可由推论 2.5.1 直接证得.

推论 2.5.2 若 $g_j: \mathbf{R} \to \mathbf{R}$ 凸，$j = 1,\cdots,n$ 且 $h: \mathbf{R}^n \to \mathbf{R}$ 对称，增且凸，则

$$\psi(\boldsymbol{x}) = h\left(\sum_{j=1}^{n} g_j(x_{\pi_1(j)}),\cdots,\sum_{j=1}^{n} g_j(x_{\pi_{n!}(j)})\right)$$

是对称凸的.

证明 因 $\varphi(\boldsymbol{x})=\sum_{j=1}^{n}g_j(x_j)$ 是凸的，由定理 2.5.1 即得证. □

推论 2.5.3 设 $g_j:\mathbf{R}\to(0,\infty)$ 且 $\ln g_j$ 凸，$j=1,\cdots,n$ 且若 $h:\mathbf{R}^{n!}\to\mathbf{R}$ 对称，增且凸，则

$$\psi(\boldsymbol{x})=h\left(\prod_{j=1}^{n}g_j(x_{\pi_1(j)}),\cdots,\prod_{j=1}^{n}g_j(x_{\pi_{n!}(j)})\right)$$

对称凸.

证明 因 $\sum_{j=1}^{n}\ln g_j(x_j)=\ln\prod_{j=1}^{n}g_j(x_j)$ 关于 $\boldsymbol{x}$ 凸，由推论 1.1.1 (a) $\varphi(\boldsymbol{x})=\prod_{j=1}^{n}g_j(x_j)$ 凸，从而由定理 2.5.1 即得证. □

推论 2.5.4 若 $g:\mathbf{R}\to(0,\infty)$ 且 $\ln g$ 凸，h 对称，增且凸，则

$$h\left(\prod_{j=1}^{n}g(t_jx_{\pi_1(j)}),\cdots,\prod_{j=1}^{n}g(t_jx_{\pi_{n!}(j)})\right)$$

对称凸.

例 2.5.3 若 $a>0$

$$\psi(\boldsymbol{x})=\sum_{1\leqslant i_1<\cdots<i_k\leqslant n}\prod_{j=1}^{k}\left(\frac{1}{x_{i_j}}\right)^{a} \tag{2.5.2}$$

在 $\mathbf{R}_{++}^{n}$ 上对称，减且凸. 对于 $\boldsymbol{x}\in\mathbf{R}_{++}^{n}$，满足 $\sum_{i=1}^{n}x_i\leqslant 1$，则有

$$\sum_{1\leqslant i_1<\cdots<i_k\leqslant n}\prod_{j=1}^{k}\left(\frac{1}{x_{i_j}}\right)^{a}\geqslant \mathrm{C}_n^k n^{ka} \tag{2.5.3}$$

证明 在推论 2.5.3 中取 $g_j(x)=x^{-a}$，$j=1,\cdots,k$，$g_j(x)\equiv 1$，$j=k+1,\cdots,n$，且 $h(z_1,\cdots,z_{n!})=n!\cdot[k!(n-k)!]^{-1}\sum_{i=1}^{n!}z_i$. 因此 ψ 是对称凸，而单调性

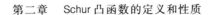

显然. 由定理2.2.1 (h) 及$\left(\frac{1}{n},\cdots,\frac{1}{n}\right)\prec^{w}\boldsymbol{x}$得$\psi(\boldsymbol{x})\geqslant\psi\left(\frac{1}{n},\cdots,\frac{1}{n}\right)$, 即式(2.5.3) 成立. □

注 2.5.2 原文[22] 第 85 页误取

$$h(z_1,\cdots,z_{n!})=\left[\frac{(n-k)!}{n!\ k!}\right]\sum_1^{n!}z_i$$

事实上, 若取 $n=3,k=2$, 则

$$\begin{aligned}\psi(\boldsymbol{x})=&\frac{(3-2)!}{3!\ 2!}(x_1^{-a}x_2^{-a}+x_1^{-a}x_3^{-a}+x_2^{-a}x_3^{-a}+\\&x_2^{-a}x_1^{-a}+x_3^{-a}x_1^{-a}+x_3^{-a}x_2^{-a})=\\&\frac{1}{6}(x_1^{-a}x_2^{-a}+x_1^{-a}x_3^{-a}+x_2^{-a}x_3^{-a})\end{aligned}$$

而由式(2.5.2) 有

$$\psi(\boldsymbol{x})=x_1^{-a}x_2^{-a}+x_1^{-a}x_3^{-a}+x_2^{-a}x_3^{-a}$$

二者不吻合.

若 $x_i<1,i=1,\cdots,n$, 则可以在式(2.5.3) 中以 $1-x_i$ 代替 x_i, 得到一个增的凸函数. 类似于式(2.3.3) 可以证明, 若 $x_i\leqslant 1$ 且 $\sum_{i=1}^{n}x_i\geqslant 1$, 则

$$\sum_{1\leqslant i_1<\cdots<i_k\leqslant n}\prod_{j=1}^{k}\left(\frac{1}{1-x_{i_j}}\right)^{a}\geqslant C_n^k\left(\frac{n}{n-1}\right)^{ka}\tag{2.5.4}$$

定理 2.5.2 若 $\varphi:\mathbf{R}^n\to\mathbf{R}$ 凸, 且 $t_1,\cdots,t_n$ 是实数, 则

$$\psi(\boldsymbol{x})=\sum_{k,\pi}\varphi(t_1x_{\pi(1)},\cdots,t_nx_{\pi(n)})$$

对称凸, 其中 $\sum_{k,\pi}$ 表示当 π 取遍 $1,\cdots,n$ 的 $n!$ 个排列时, $\varphi(t_1x_{\pi(1)},\cdots,t_nx_{\pi(n)})$ 的前 k 个最大值的和.

推论 2.5.5 若 $t_1,\cdots,t_n$ 是实数，则

$$\psi_k(\boldsymbol{x})=\sum_{k,\pi}(t_1x_{\pi(1)}+\cdots+t_nx_{\pi(n)})$$

对称凸，$k=1,\cdots,n!$.

推论 2.5.6 若 $g_j:\mathbf{R}\to(0,\infty)$ 且 $\ln g_j$ 凸，$j=1,\cdots,n$，则

$$\psi_k(\boldsymbol{x})=\sum_{k,\pi}\prod_{j=1}^{n}g_j(x_{\pi(j)})$$

对称凸，$1\leqslant k\leqslant n!$.

定理 2.5.3 设 $A\subset\mathbf{R}^k$ 是一个对称凸集，φ 是 A 上的 $S-$凸函数，具有性质：对每一个固定的 $x_2,\cdots,x_k$，$\varphi(z,x_2,\cdots,x_k)$ 关于 z 在 $\{z:(z,x_2,\cdots,x_k)\in A\}$ 上是凸的，则 $\forall n>k$

$$\psi(x_1,\cdots,x_n)=\sum_{\pi}\varphi(x_{\pi(1)},\cdots,x_{\pi(k)})$$

在 $B=\{(x_1,\cdots,x_n):(x_{\pi(1)},\cdots,x_{\pi(k)})\in A$，对于所有的排列$\pi\}$ 上 $S-$凸.

证明 为了检验定理 2.1.3 中的条件(2.1.1)，用 $\sum_{\pi(i,j)}$ 表示所有满足 $\pi(i)=1,\pi(j)=2$ 的排列 π 的总和. 因为 φ 对称

$$\begin{aligned}\psi(x_1,\cdots,x_n)=&\sum_{\substack{i,j\leqslant k\\ i\neq j}}\sum_{\pi(i,j)}\varphi(x_1,x_2,x_{\pi(1)},\cdots,\\&x_{\pi(i-1)},x_{\pi(i+1)},\cdots,x_{\pi(j-1)},\\&x_{\pi(j+1)},\cdots,x_{\pi(k)})+\\&\sum_{i\leqslant k<j}\sum_{\pi(i,j)}\varphi(x_1,x_{\pi(1)},\cdots,x_{\pi(i-1)},\\&x_{\pi(i+1)},\cdots,x_{\pi(k)})+\\&\sum_{j\leqslant k<i}\sum_{\pi(i,j)}\varphi(x_2,x_{\pi(1)},\cdots,x_{\pi(j-1)},\\&x_{\pi(j+1)},\cdots,x_{\pi(k)})+\end{aligned}$$

$$\sum_{\substack{k<i,j\\ i\neq j}}\sum_{\pi(i,j)}\varphi(x_{\pi(1)},\cdots,x_{\pi(k)})$$

则

$$\left(\frac{\partial\psi}{\partial x_1}-\frac{\partial\psi}{\partial x_2}\right)(x_1-x_2)=$$

$$\sum_{\substack{i,j\leqslant k\\ i\neq j}}\sum_{\pi(i,j)}(\varphi_{(1)}-\varphi_{(2)})(x_1,x_2,x_{\pi(1)},\cdots,x_{\pi(i-1)},x_{\pi(i+1)},\cdots,$$

$$x_{\pi(j-1)},x_{\pi(j+1)},\cdots,x_{\pi(k)})(x_1-x_2)+$$

$$\sum_{i\leqslant k<j}\sum_{\pi(i,j)}[\varphi_{(1)}(x_1,x_{\pi(1)},\cdots,x_{\pi(i-1)},x_{\pi(i+1)},\cdots,x_{\pi(k)})-$$

$$\varphi_{(1)}(x_2,x_{\pi(1)},\cdots,x_{\pi(j-1)},x_{\pi(j+1)},\cdots,x_{\pi(k)})](x_1-x_2)$$

因为 φ 是 $S-$凸的，有 $(\varphi_{(1)}-\varphi_{(2)})(x_1-x_2)\geqslant 0$，又因为 φ 关于第一个自变量凸，有

$$[\varphi_{(1)}(x_1,z)-\varphi_{(1)}(x_2,z)](x_1-x_2)\geqslant 0 \qquad \square$$

在大多数应用中，A 为 I^k 的形式，其中区间 $I\subset\mathbf{R}$，且在这种情况下，$B=I^n$. 注意固定其他变量，φ 在第一个自变量上的凸性也蕴涵着在其他变量上的凸性，因为 φ 是对称的.

推论 2.5.7 在定理 2.5.3 的条件下

$$\bar{\psi}(x_1,\cdots,x_n)=\sum_{1\leqslant i_1<\cdots<i_k\leqslant n}\varphi(x_{i_1},\cdots,x_{i_k})$$

在 $B=\{(x_1,\cdots,x_n):(x_{\pi(1)},\cdots,x_{\pi(l)})\in A$，对于所有的排列 $\pi\}$ 上 $S-$凸.

证明 注意

$$\bar{\psi}(\boldsymbol{x})=\frac{\psi(\boldsymbol{x})}{l!\ (n-l)!}$$

当然 ψ 是 $S-$凸的，$\bar{\psi}$ 也随之 $S-$凸. $\square$

例 2.5.4 函数

$$\bar{\psi}(\boldsymbol{x})=\sum_{1\leqslant i_1<\cdots<i_k\leqslant n}\frac{x_{i_1}+\cdots+x_{i_k}}{x_{i_1}\cdots x_{i_k}}$$

在 $\mathbf{R}_{++}^n$ 上 S－凸.

证明　因为 $\varphi(\boldsymbol{y})=\dfrac{\sum_{i=1}^{k}y_i}{\prod_{i=1}^{k}y_i}$ 在 $\mathbf{R}_{++}^k$ 上 S－凸（$\prod_{i=1}^{k}y_i$ 在 $\mathbf{R}_{++}^k$ 上 S－凹），由定理 2.5.3 和推论 2.5.7 即得证. □

若 $x_i>0, i=1,\cdots,n$ 且 $\sum_{i=1}^{n}x_i=1$，那么 $\left(\dfrac{1}{n},\cdots,\dfrac{1}{n}\right)\prec \boldsymbol{x}$，从而

$$\sum_{1\leqslant i_1<\cdots<i_k\leqslant n}\frac{x_{i_1}+\cdots+x_{i_k}}{x_{i_1}\cdots x_{i_k}}\geqslant k\mathrm{C}_n^k n^{k-1}\quad(2.5.5)$$

例 2.5.5　函数

$$\psi(\boldsymbol{x})=\sum_{1\leqslant i_1<\cdots<i_k\leqslant n}\frac{x_{i_1}\cdots x_{i_k}}{x_{i_1}+\cdots+x_{i_k}}$$

在 $\mathbf{R}_{++}^n$ 上 S－凹.

证明　因为 $\varphi(\boldsymbol{y})=\dfrac{\prod_{i=1}^{k}y_i}{\sum_{i=1}^{k}y_i}$ 在 $\mathbf{R}_{++}^k$ 上 S－凹且关于每一个变量凹，由定理 2.5.3 和推论 2.5.7 即得证. □

因为 $(\bar{\boldsymbol{x}},\cdots,\bar{\boldsymbol{x}})\prec \boldsymbol{x}$，其中 $\bar{\boldsymbol{x}}=\dfrac{1}{n}\sum_{1}^{n}x_i$，从而由 $\psi(x)$ 的 S－凹性，有

$$k\sum_{1\leqslant i_1<\cdots<i_k\leqslant n}\frac{x_{i_1}\cdots x_{i_k}}{x_{i_1}+\cdots+x_{i_k}}\leqslant \mathrm{C}_n^k\,(\bar{x})^{k-1}\quad(2.5.6)$$

例 2.5.6[26]296 若 $f:\mathbf{R}^n\to\mathbf{R}$ 是凸函数,对于 $k\in\{1,2,\cdots,n+1\}$

$$\kappa(\boldsymbol{x})=\sum_{1\leqslant i_1<\cdots<i_k\leqslant n}f\Big(\sum_{j=1}^{k}x_{i_j}\Big)$$

在 $\mathbf{R}^n$ 上 $S-$凸,从而有

$$\sum_{1\leqslant i_1<\cdots<i_k\leqslant n}f\Big(\sum_{j=1}^{k}x_{i_j}\Big)\geqslant \mathrm{C}_{n+1}^{k}f\left(\frac{k}{n+1}\right) \tag{2.5.7}$$

证明 因为 $\varphi(\boldsymbol{y})=\sum_{1}^{k}f(y_i)$ 在 $\mathbf{R}^k$ 上 $S-$凸且关于每一个变量凸,由定理 2.5.3 和推论 2.5.7 知 $\kappa(\boldsymbol{x})$ 在 $\mathbf{R}^n$ 上 $S-$凸,进而由 $(\bar{\boldsymbol{x}},\cdots,\bar{\boldsymbol{x}})\prec\boldsymbol{x}$,其中 $\bar{\boldsymbol{x}}=\frac{1}{n+1}\sum_{i=1}^{n+1}x_i$ 即得式(2.5.7).

石焕南和张静[67]针对 $S-$几何凸函数和 $S-$调和凸函数,建立类似于定理 2.5.3 的如下判定定理.

定理 2.5.4 设 $A\subset\mathbf{R}^k$ 是一个对称凸集,φ 是 A 上的 $S-$几何凸(凹)函数,具有性质:对每一个固定的 $x_2,\cdots,x_k$,$\varphi(z,x_2,\cdots,x_k)$ 关于 z 在 $\{z:(z,x_2,\cdots,x_k)\in A\}$ 上 GA 凸(凹),则 $\forall n>k$

$$\psi(x_1,\cdots,x_n)=\sum_{\pi}\varphi(x_{\pi(1)},\cdots,x_{\pi(k)})$$

在 $B=\{(x_1,\cdots,x_n):(x_{\pi(1)},\cdots,x_{\pi(k)})\in A$,对于所有的排列 $\pi\}$ 上 $S-$几何凸(凹).进而对称函数

$$\bar{\psi}(\boldsymbol{x})=\sum_{1\leqslant i_1<\cdots<i_k\leqslant n}\varphi(x_{i_1},\cdots,x_{i_k})$$

亦在 B 上 $S-$几何凸(凹).

定理 2.5.5 设 $A\subset\mathbf{R}^k$ 是一个对称凸集,φ 是 A 上的 $S-$调和凸(凹)函数,具有性质:对每一个固定的

$x_2,\cdots,x_k,\varphi(z,x_2,\cdots,x_k)$ 关于 z 在 $\{z:(z,x_2,\cdots,x_k)\in A\}$ 上 HA 凸(凹),则 $\forall n>k$

$$\psi(x_1,\cdots,x_n)=\sum_{\pi}\varphi(x_{\pi_1},\cdots,x_{\pi_k})$$

在 $B=\{(x_1,\cdots,x_n):(x_{\pi(1)},\cdots,x_{\pi(k)})\in A$,对于所有的排列 $\pi\}$ 上 $S-$调和凸(凹),进而对称函数

$$\bar{\psi}(\boldsymbol{x})=\sum_{1\leqslant i_1<\cdots<i_k\leqslant n}\varphi(x_{i_1},\cdots,x_{i_k})$$

亦在 B 上 $S-$调和凸(凹).

定理2.5.4的证明 为证满足定理2.4.3条件式(2.4.2),用 $\sum\limits_{\pi(i,j)}$ 表示所有满足 $\pi(i)=1,\pi(j)=2$ 的排列 π 的总和.因为 φ 对称

$$\psi(x_1,\cdots,x_n)=\sum_{\substack{i,j\leqslant k\\ i\neq j}}\sum_{\pi(i,j)}\varphi(x_1,x_2,x_{\pi(1)},\cdots,$$

$$x_{\pi(i-1)},x_{\pi(i+1)},\cdots,x_{\pi(j-1)},x_{\pi(j+1)},\cdots,x_{\pi(k)})+$$

$$\sum_{i\leqslant k<j}\sum_{\pi(i,j)}\varphi(x_1,x_{\pi(1)},\cdots,x_{\pi(i-1)},x_{\pi(i+1)},\cdots,x_{\pi(k)})+$$

$$\sum_{j\leqslant k<i}\sum_{\pi(i,j)}\varphi(x_2,x_{\pi(1)},\cdots,x_{\pi(j-1)},x_{\pi(j+1)},\cdots,x_{\pi(k)})+$$

$$\sum_{\substack{k<i,j\\ i\neq j}}\sum_{\pi(i,j)}\varphi(x_{\pi(1)},\cdots,x_{\pi(k)})$$

则

$$\Delta_1:=\left(x_1\frac{\partial\psi}{\partial x_1}-x_2\frac{\partial\psi}{\partial x_2}\right)(x_1-x_2)=$$

$$\sum_{\substack{i,j\leqslant k\\ i\neq j}}\sum_{\pi(i,j)}(x_1\varphi_{(1)}-x_2\varphi_{(2)})(x_1,x_2,x_{\pi(1)},\cdots,$$

$$x_{\pi(i-1)},x_{\pi(i+1)},\cdots,x_{\pi(j-1)},x_{\pi(j+1)},\cdots,x_{\pi(k)})(x_1-x_2)+$$

$$\sum_{i\leqslant k<j}\sum_{\pi(i,j)}[x_1\varphi_{(1)}(x_1,x_{\pi(1)},\cdots,x_{\pi(i-1)},x_{\pi(i+1)},\cdots,x_{\pi(k)})-$$

$$x_2\varphi_{(1)}(x_2,x_{\pi(1)},\cdots,x_{\pi(j-1)},x_{\pi(j+1)},\cdots,x_{\pi(k)})](x_1-x_2)$$

因为 φ 是 $S-$ 几何凸(凹)的,有 $(x_1\varphi_{(1)}-x_2\varphi_{(2)})(x_1-x_2)\geqslant 0$ $(\leqslant 0)$,又因为 $\varphi(z,x_2,\cdots,x_k)$ 关于 z 在 $\{z:(z,x_2,\cdots,x_k)\in A\}$ 上 GA 凸(凹),有

$$[x_1\varphi_{(1)}(x_1,z)-x_2\varphi_{(1)}(x_2,z)](x_1-x_2)\geqslant 0\ (\leqslant 0)$$

因此 $\Delta_1\geqslant 0$ $(\leqslant 0)$. 这说明 ψ 在 $B=\{(x_1,\cdots,x_n):(x_{\pi(1)},\cdots,x_{\pi(k)})\in A$,对于所有的排列 $\pi\}$ 上 $S-$ 几何凸(凹).

注意

$$\bar{\psi}(\boldsymbol{x})=\frac{\psi(\boldsymbol{x})}{l!\ (n-l)!}$$

当然 ψ 是 $S-$ 几何凸(凹)的,$\bar{\psi}$ 也随之 $S-$ 几何凸(凹).

在大多数应用中,A 为 I^k 的形式,其中区间 $I\subset\mathbf{R}$,且在这种情况下,$B=I^n$. 注意固定其他变量,φ 在第一个自变量上的凸性也蕴涵着在其他变量上的凸性,因为 φ 是对称的.

定理 2.5.5 的证明 只需检验定理 2.4.11 中的条件(2.4.7) 成立,证明过程与定理 2.5.4 类似,故从略.

记

$$E_k\left(\frac{\boldsymbol{x}}{1-\boldsymbol{x}}\right)=\sum_{1\leqslant i_1<\cdots<i_k\leqslant n}\prod_{j=1}^{k}\frac{x_{i_j}}{1-x_{i_j}}\qquad(2.5.8)$$

2011 年,关开中[17] 利用定理 2.4.3 证得

定理 2.5.6 对于 $k=1,2,\cdots,n$,$E_k\left(\frac{\boldsymbol{x}}{1-\boldsymbol{x}}\right)$ 在 $(0,1)^n$ 上 $S-$ 几何凸.

这里我们利用定理 2.5.4 给出定理 2.5.6 的一个新的证明,并利用定理 2.5.5 证明

定理 2.5.7　对于 $k=1,2,\cdots,n$，$E_k\left(\dfrac{\boldsymbol{x}}{1-\boldsymbol{x}}\right)$ 在 $(0,1)^n$ 上 $S-$调和凸.

定理 2.5.6 的证明　令 $\varphi(\boldsymbol{z})=\prod\limits_{i=1}^{k}(z_i/1-z_i)$，则 $\ln\varphi(\boldsymbol{z})=\sum\limits_{i=1}^{l}[\ln z_i-\ln(1-z_i)]$，于是

$$\begin{aligned}\frac{\partial\varphi(\boldsymbol{z})}{\partial z_1}&=\varphi(\boldsymbol{z})\left(\frac{1}{z_1}+\frac{1}{1-z_1}\right)\\ \frac{\partial\varphi(\boldsymbol{z})}{\partial z_2}&=\varphi(\boldsymbol{z})\left(\frac{1}{z_2}+\frac{1}{1-z_2}\right)\end{aligned}\tag{2.5.9}$$

$$\Delta:=(z_1-z_2)\left(z_1\frac{\partial\varphi(z)}{\partial z_1}-z_2\frac{\partial\varphi(z)}{\partial z_2}\right)=$$

$$(z_1-z_2)\varphi(\boldsymbol{z})\left(\frac{z_1}{1-z_1}-\frac{z_2}{1-z_2}\right)=$$

$$(z_1-z_2)^2\varphi(\boldsymbol{z})\frac{1}{(1-z_2)(1-z_1)}$$

由此可见，当 $0<z_i<1,i=1,\cdots,k$ 时，$\Delta\geqslant 0$，据定理 2.4.3，φ 在 $A=\{z:z\in(0,1)^k\}$ 上 $S-$几何凸. 又令 $g(t)=\dfrac{t}{1-t}$，则 $h(t):=tg'(t)=\dfrac{t}{(1-t)^2}$，当 $t\in(0,1)$ 时，$h'(t)=\dfrac{1+t}{(1-t)^3}\geqslant 0$，由推论 1.2.14(d)，$\varphi$ 对于单个变量在 $(0,1)$ 上 GA 凸，故据定理 2.5.4 知 $E_k\left(\dfrac{\boldsymbol{x}}{1-\boldsymbol{x}}\right)$ 在 $(0,1)^n$ 上 Schur 几何凸. □

定理 2.5.7 的证明　令 $\varphi(\boldsymbol{z})=\prod\limits_{i=1}^{k}(z_i/1-z_i)$，则 $\ln\varphi(\boldsymbol{z})=\sum\limits_{i=1}^{l}[\ln z_i-\ln(1-z_i)]$，于是由式(2.5.8)可得

$$\Delta_1:=(z_1-z_2)\left(z_1^2\frac{\partial\varphi(\boldsymbol{z})}{\partial z_1}-z_2^2\frac{\partial\varphi(\boldsymbol{z})}{\partial z_2}\right)=$$
$$(z_1-z_2)\varphi(\boldsymbol{z})\left(z_1-z_2+\frac{z_1^2}{1-z_1}-\frac{z_2^2}{1-z_2}\right)=$$
$$(z_1-z_2)^2\varphi(\boldsymbol{z})\left[1+\frac{z_1+z_2-z_1z_2}{(1-z_2)(1-z_1)}\right]$$

由此可见,当 $0<z_i<1,i=1,\cdots,k$ 时,$\Delta_1\geqslant 0$. 据定理2.4.11,φ 在 $A=\{z:z\in(0,1)^k\}$ 上 $S-$调和凸. 又令 $g(t)=\frac{t}{1-t}$,则 $p(t):=t^2g'(t)=\frac{t^2}{(1-t)^2}$ 当 $t\in(0,1)$ 时,$p'(t)=\frac{2t}{(1-t)^3}\geqslant 0$. 由推论1.2.1(g),对于单个变量在(0,1)上 HA 凸,故据定理 2.5.5 知 $E_k\left(\frac{\boldsymbol{x}}{1-\boldsymbol{x}}\right)$ 在 $(0,1)^n$ 上 $S-$调和凸. □

文[26]第129页利用定理2.5.3证得函数

$$\bar{\psi}(\boldsymbol{x})=\sum_{1\leqslant i_1<\cdots<i_k\leqslant n}\frac{x_{i_1}+\cdots+x_{i_k}}{x_{i_1}\cdots x_{i_k}}\tag{2.5.10}$$

在 $\mathbf{R}_{++}^n$ 上 $S-$凸.

这里我们分别利用定理2.5.4和定理2.5.5考查 $\bar{\psi}(\boldsymbol{x})$ 的 $S-$几何凸性和 $S-$调和凸性. 我们有

定理2.5.8 $\bar{\psi}(\boldsymbol{x})$ 在 $\mathbf{R}_{++}^n$ 上 $S-$几何凸和 $S-$调和凹.

证明 令 $\varphi(\boldsymbol{y})=\frac{\sum_{i=1}^k y_i}{\prod_{i=1}^k y_i}$,易见

$$\Delta:=(y_1-y_2)\left(y_1\frac{\partial\varphi(\boldsymbol{y})}{\partial y_1}-y_2\frac{\partial\varphi(\boldsymbol{y})}{\partial y_2}\right)=\frac{(y_1-y_2)^2}{\prod_{i=1}^{k}y_i}\geqslant 0$$

故 $\varphi(\boldsymbol{y})$ 在 $\mathbf{R}_{++}^k$ 上 Schur 几何凸，又令 $g(z)=\varphi(z,x_2,\cdots,x_k)=\frac{z+a}{bz}=\frac{1}{b}+\frac{a}{bz}$，其中 $a=\sum_{i=2}^{k}x_i$，$b=\prod_{i=2}^{k}x_i$，则 $h(z):=zg'(z)=-\frac{a}{bz}$. 当 $z\in\mathbf{R}_{++}$ 时，$h'(z)=\frac{a}{bz^2}\geqslant 0$，由推论 1.2.1(d)，$\varphi$ 对于单个变量在 $\mathbf{R}_+$ 上 GA 凸. 故据定理 2.5.5 知 $\bar{\varphi}(\boldsymbol{x})$ 在 $\mathbf{R}_{++}^n$ 上 $S-$几何凸.

易见

$$\Delta_1:=(y_1-y_2)\left(y_1^2\frac{\partial\varphi(\boldsymbol{y})}{\partial y_1}-y_2^2\frac{\partial\varphi(\boldsymbol{y})}{\partial y_2}\right)=\frac{(y_1-y_2)^2\left(y_1+y_2-\sum_{i=1}^{k}y_i\right)}{\prod_{i=1}^{k}y_i}\leqslant 0$$

据定理 2.4.11，$\varphi(\boldsymbol{y})$ 在 $\mathbf{R}_{++}^k$ 上 $S-$调和凹，又 $h(z):=z^2g'(z)=-\frac{a}{b}$. 当 $z\in\mathbf{R}_+$ 时，$h'(z)=0$，由推论 1.2.1(g)，φ 对于单个变量在 $\mathbf{R}_{++}$ 上 HA 凹. 故据定理 2.5.5 知 $\bar{\varphi}(\boldsymbol{x})$ 在 $\mathbf{R}_+^n$ 上 $S-$调和凹. □

设 $x_i>0,i=1,\cdots,n$ 且 $H=\frac{n}{\sum_{i=1}^{n}\frac{1}{x_i}}$，$G=\left(\prod_{i=1}^{n}x_i\right)^{\frac{1}{n}}$，则

$$(\ln G,\cdots,\ln G)\prec(\ln x_1,\cdots,\ln x_n) \tag{2.5.11}$$

$$\left(\frac{1}{H},\cdots,\frac{1}{H}\right)\prec\left(\frac{1}{x_1},\cdots,\frac{1}{x_n}\right) \tag{2.5.12}$$

从而由定理 2.5.8,有

$$\frac{k\mathrm{C}_n^k}{H^{k-1}}\geqslant\sum_{1\leqslant i_1<\cdots<i_k\leqslant n}\frac{x_{i_1}+\cdots+x_{i_k}}{x_{i_1}\cdots x_{i_k}}\geqslant\frac{k\mathrm{C}_n^k}{G^{k-1}} \tag{2.5.13}$$

文[26]第 129 页利用定理 2.5.3 证得函数

$$\psi(\boldsymbol{x})=\sum_{1\leqslant i_1<\cdots<i_k\leqslant n}\frac{x_{i_1}\cdots x_{i_k}}{x_{i_1}+\cdots+x_{i_k}}$$

在 $\mathbf{R}_{++}^n$ 上 $S-$凹.

利用定理 2.5.5,我们进一步得到

定理 2.5.9 $\psi(\boldsymbol{x})$ 在 $\mathbf{R}_{++}^n$ 上 $S-$调和凸.

证明 令 $\lambda(\boldsymbol{y})=\dfrac{\prod_{i=1}^k y_i}{\sum_{i=1}^k y_i}$. 由定理 2.5.8 的证明,已知 $\varphi(\boldsymbol{y})$ 在 $\mathbf{R}_{++}^k$ 上 $S-$调和凹,因 $\lambda(\boldsymbol{y})=\dfrac{1}{\varphi(\boldsymbol{y})}$,据 $S-$调和凸的定义可知 $\lambda(\boldsymbol{y})$ 在 $\mathbf{R}_{++}^k$ 上一定是 $S-$调和凸的. 又令 $g(z)=\lambda(z,x_2,\cdots,x_k)=\dfrac{bz}{z+a}$,其中 $a=\sum_{i=2}^k x_i$, $b=\prod_{i=2}^k x_i$,则 $h(z):=z^2g'(z)=\dfrac{z^2ab}{(z+a)^2}$. 当 $z\in\mathbf{R}_{++}$ 时,$h'(z)=\dfrac{2za^2b}{(z+a)^3}\geqslant 0$,这意味着 φ 对于单个变量在 $\mathbf{R}_{++}$ 上 HA 凸,故据定理 2.5.5 知 $\bar{\psi}(\boldsymbol{x})$ 在 $\mathbf{R}_{++}^n$ 上 $S-$调和凸. □

设 $x_i>0, i=1,\cdots,n$，由定理 2.5.9 和式(2.5.12)，我们有

$$\sum_{1\leqslant i_1<\cdots<i_k\leqslant n}\frac{x_{i_1}\cdots x_{i_k}}{x_{i_1}+\cdots+x_{i_k}}\geqslant\frac{H^{k-1}C_n^k}{k}\tag{2.5.14}$$

2.6　抽象受控不等式

2.6.1　抽象受控不等式

2009 年，杨定华[68] 用公理化的方法，提出了抽象平均、抽象凸函数和抽象受控等概念，它们分别是平均、凸函数和受控等概念的相应推广. 通过逻辑演绎，建立了抽象受控不等式的基本定理.

定义 2.6.1　连续函数 $\Sigma(\boldsymbol{x},\boldsymbol{p})=\Sigma\{x_1^{(p_1)}, x_2^{(p_2)},\cdots,x_n^{(p_n)}\}$，如果满足：

(a) 自变量齐一次：对任意给定的 $\lambda\neq0, y_i=\lambda x_i$ $(i=1,2,\cdots,n)$，有

$$\Sigma\{y_1^{(p_1)},y_2^{(p_2)},\cdots,y_n^{(p_n)}\}=\lambda\Sigma\{x_1^{(p_1)},x_2^{(p_2)},\cdots,x_n^{(p_n)}\}\tag{2.6.1}$$

(b) 权系数齐零次：对任意给定的 $\lambda\neq0, q_i=\lambda p_i$ $(i=1,2,\cdots,n)$，则

$$\Sigma\{x_1^{(q_1)},x_2^{(q_2)},\cdots,x_n^{(q_n)}\}=\Sigma\{x_1^{(p_1)},x_2^{(p_2)},\cdots,x_n^{(p_n)}\}\tag{2.6.2}$$

(c) 吸收律：对任意给定的 $p_i(i=1,\cdots,n), q_j(j=1,\cdots,m)$，令 $p=\sum_{i=1}^{n}p_i, g=\sum_{j=1}^{m}q_j$，有

$$\Sigma\{x_1^{(p_1)},x_2^{(p_2)},\cdots,x_n^{(p_n)},y_1^{(q_1)},y_2^{(q_2)},\cdots,y_m^{(q_m)}\}=$$
$$\Sigma\{\Sigma^{(p)}\{x_1^{(p_1)},x_2^{(p_2)},\cdots,x_n^{(p_n)}\},$$
$$\Sigma^{(q)}\{y_1^{(q_1)},y_2^{(q_2)},\cdots,y_m^{(q_m)}\}\}$$
(2.6.3)

(d) 规范律：当 $x_1=\cdots=x_n=y$ 时，有

$$\Sigma\{x_1^{(p_1)},x_2^{(p_2)},\cdots,x_n^{(p_n)}\}=\Sigma\{y^{(p_1)},y^{(p_2)},\cdots,y^{(p_n)}\}=y$$
(2.6.4)

(e) 迭加律：对任意的 $p_i,q_i,i=1,2,\cdots,n$，都有

$$\Sigma\{x_1^{(p_1+q_1)},x_2^{(p_2+q_2)},\cdots,x_n^{(p_n+q_n)}\}=$$
$$\Sigma\{x_1^{(p_1)},x_2^{(p_2)},\cdots,x_n^{(p_n)},x_1^{(q_1)},x_2^{(q_2)},\cdots,x_n^{(q_n)}\}$$
(2.6.5)

(f) 递增律：对任意的 $k=1,2,\cdots,n,x_k\geqslant y_k$ 当且仅当

$$\Sigma\{x_1^{(p_1)},x_2^{(p_2)},\cdots,x_n^{(p_n)}\}\geqslant\Sigma\{x_1^{(p_1)},\cdots,\overset{\vee}{y_k^{(p_k)}},\cdots,x_n^{(p_n)}\}$$
(2.6.6)

(g) 对称律：对 $1,2,\cdots,n$ 的任意一个置换 $i_1,i_2,\cdots,i_n$，若

$$\Sigma\{x_1^{(p_1)},x_2^{(p_2)},\cdots,x_n^{(p_n)}\}=\Sigma\{x_{i_1}^{(p_{i_1})},x_{i_2}^{(p_{i_2})},\cdots,x_{i_n}^{(p_{i_n})}\}$$
(2.6.7)

则称 $\Sigma(\boldsymbol{x},\boldsymbol{p})$ 是 $x_1,x_2,\cdots,x_n$ 关于权系数 $p_1,p_2,\cdots,p_n$ 的抽象平均，简称 $\Sigma(\boldsymbol{x},\boldsymbol{p})$ 为抽象平均，称 $p_1,p_2,\cdots,p_n$ 为抽象平均 $\Sigma(\boldsymbol{x},\boldsymbol{p})$ 关于自变量 $x_1,x_2,\cdots,x_n$ 的权系数，当某自变量 x_k 权系数为 $p_k=1$ 时，我们通常省略自变量 x_k 权系数 p_k 而写成 x_k. 这里的"∧"表示删除，"∨"表示替换，如

$$(x_1,\cdots,\overset{\wedge}{x_k},\cdots,x_n)=(x_1,\cdots,x_{k-1},x_{k+1},\cdots,x_n)$$
$$(x_1,\cdots,\overset{\vee}{y_k},\cdots,x_n)=(x_1,\cdots,x_{k-1},y_k,x_{k+1},\cdots,x_n)$$

下同.

例 2.6.1 对任意 $\boldsymbol{x},\boldsymbol{p}\in\mathbf{R}_{++}^n$,若 $q\in\mathbf{R},q\neq 0$,则 $\boldsymbol{x}$ 的加权 q 阶幂平均

$$M^{[q]}(\boldsymbol{x},\boldsymbol{p})=\left(\frac{p_1x_1^q+p_2x_2^q+\cdots+p_nx_n^q}{p_1+p_2+\cdots+p_n}\right)^{\frac{1}{q}} \tag{2.6.8}$$

是抽象平均.

注 2.6.1 在 $\boldsymbol{x}$ 的加权 q 阶幂平均 $M^{[q]}(\bar{\boldsymbol{x}},\bar{\boldsymbol{p}})$ 中,当 $q=1$ 时,$M^{[1]}(\boldsymbol{x},\boldsymbol{p})$ 即为加权算术平均;当 $q=0$ 时,$M^{[0]}(\boldsymbol{x},\boldsymbol{p})$ 即为加权几何平均;当 $q=-1$ 时,$M^{[-1]}(\boldsymbol{x},\boldsymbol{p})$ 即为加权调和平均.

例 2.6.2 $\forall\,\boldsymbol{x},\boldsymbol{p}\in\mathbf{R}_{++}^n$,若 $f(\boldsymbol{x})$ 是严格单调函数,则 $\boldsymbol{x}$ 的加权拟算术 f 平均

$$f(\boldsymbol{x},\boldsymbol{p})=f^{-1}\left(\frac{p_1f(x_1)+p_2f(x_2)+\cdots+p_nf(x_n)}{p_1+p_2+\cdots+p_n}\right) \tag{2.6.9}$$

是抽象平均.

定义 2.6.2 设 Σ 和 Σ' 是抽象平均,如果对任给的 $x,y\in I$,连续函数 $f(x)$ 满足

$$f(\Sigma\{x,y\})\geqslant\Sigma'\{f(x),f(y)\} \tag{2.6.10}$$

则称 $f(x)$ 为抽象 $\Sigma\to\Sigma'$ 上凸函数,当 $x\neq y$ 时,如果上述不等号严格成立,则称 $f(x)$ 为抽象 $\Sigma\to\Sigma'$ 严格上凸函数.当上述不等式反向时,称 $f(x)$ 为抽象 $\Sigma\to\Sigma'$ 下凸函数,当 $x\neq y$ 时,如果上述不等式反向并且不等号严格成立,则称 $f(x)$ 为抽象 $\Sigma\to\Sigma'$ 严格下凸函数.

定理 2.6.1 设 Σ 和 Σ' 是抽象平均,$x_i\in I$,$i=1,\cdots,n$,则对于 I 上任意的抽象 $\Sigma\to\Sigma'$ 严格上凸函

数 $f(x)$，都有

$$f(\Sigma\{x_1,x_2,\cdots,x_n\})\geqslant\Sigma'\{f(x_1),f(x_2),\cdots,f(x_n)\}\tag{2.6.11}$$

等式成立的充要条件是：$x_1=x_2=\cdots=x_n$.

定理 2.6.2 设 Σ 和 Σ' 是抽象平均，$x_i\in I$，$i=1,\cdots,n$，则对于 I 上任意的抽象 $\Sigma\to\Sigma'$ 严格下凸函数 $f(x)$，都有

$$f(\Sigma'\{x_1,x_2,\cdots,x_{t+1}\})\geqslant$$
$$\Sigma'\{f(x_1),f(x_2),\cdots,f(x_{t+1})\}\tag{2.6.12}$$

等式成立的充要条件是：$x_1=x_2=\cdots=x_n$.

定理 2.6.3 设 Σ 和 Σ' 是抽象平均，$x_i\in I$，$p_i\in I'$，$i=1,\cdots,n$，则对于 I 上任意的抽象 $\Sigma\to\Sigma'$ 严格上凸函数 $f(x)$，都有

$$f(\Sigma\{x_1^{(p_1)},x_2^{(p_2)},\cdots,x_n^{(p_n)}\})\geqslant$$
$$\Sigma'\{f^{(p_1)}(x_1),f^{(p_2)}(x_2),\cdots,f^{(p_n)}(x_n)\}\tag{2.6.13}$$

等式成立的充要条件是：$x_1=x_2=\cdots=x_n$.

定理 2.6.4 设 Σ 和 Σ' 是抽象平均，$x_i\in I$，$p_i\in I'$，$i=1,\cdots,n$，则对于 I 上任意的抽象 $\Sigma\to\Sigma'$ 严格下凸函数 $f(x)$，都有

$$f(\Sigma\{x_1^{(p_1)},x_2^{(p_2)},\cdots,x_n^{(p_n)}\})\leqslant$$
$$\Sigma'\{f^{(p_1)}(x_1),f^{(p_2)}(x_2),\cdots,f^{(p_n)}(x_n)\}\tag{2.6.14}$$

等式成立的充要条件是：$x_1=x_2=\cdots=x_n$.

定义 2.6.3 设 Σ 为抽象平均，$\boldsymbol{x}=(x_1,x_2,\cdots,x_n)$，$\boldsymbol{y}=(y_1,y_2,\cdots,y_n)$，$\sigma(1),\sigma(2),\cdots,\sigma(n)$ 和 $\tau(1)$，$\tau(2),\cdots,\tau(n)$ 是 $1,2,\cdots,n$ 的两个置换使得

$x_{\sigma(1)} \geqslant x_{\sigma(2)} \geqslant \cdots \geqslant x_{\sigma(n)}$；$y_{\tau(1)} \geqslant y_{\tau(2)} \geqslant \cdots \geqslant y_{\tau(n)}$：

(a) 如果对任意的 $k=1,2,\cdots,n-1$ 都有

$$\Sigma\{x_{\sigma(1)},x_{\sigma(2)},\cdots,x_{\sigma(k)}\} \leqslant \Sigma\{y_{\tau(1)},y_{\tau(2)},\cdots,y_{\tau(k)}\} \tag{2.6.15}$$

$$\Sigma\{x_{\sigma(1)},x_{\sigma(2)},\cdots,x_{\sigma(n)}\} = \Sigma\{y_{\tau(1)},y_{\tau(2)},\cdots,y_{\tau(n)}\} \tag{2.6.16}$$

则称 $\boldsymbol{y}$ 抽象Σ控制 $\boldsymbol{x}$ 或称 $\boldsymbol{x}$ 被 $\boldsymbol{y}$ 抽象Σ控制，记作 $(x_1, x_2,\cdots,x_n) \prec_n^{\Sigma} (y_1,y_2,\cdots,y_n)$，或简记为：$\boldsymbol{x} \prec_n^{\Sigma} \boldsymbol{y}$；

(b) 如果对任意的 $k=1,2,\cdots,n$ 都有

$$\Sigma\{x_{\sigma(1)},x_{\sigma(2)},\cdots,x_{\sigma(k)}\} \leqslant \Sigma\{y_{\tau(1)},y_{\tau(2)},\cdots,y_{\tau(k)}\} \tag{2.6.17}$$

则称 $\boldsymbol{y}$ 抽象Σ下控制 $\boldsymbol{x}$ 或称 $\boldsymbol{x}$ 被 $\boldsymbol{y}$ 抽象Σ下控制，记作 $(x_1,x_2,\cdots,x_n) \prec_{n,w}^{\Sigma} (y_1,y_2,\cdots,y_n)$，或简记为：$\boldsymbol{x} \prec_{n,w}^{\Sigma} \boldsymbol{y}$；

(c) 如果对任意的 $k=0,1,\cdots,n-1$ 都有

$$\Sigma\{x_{\sigma(k+1)},x_{\sigma(k+2)},\cdots,x_{\sigma(n)}\} \geqslant \Sigma\{y_{\tau(k+1)},y_{\tau(k+2)},\cdots,y_{\tau(n)}\} \tag{2.6.18}$$

称 $\boldsymbol{y}$ 抽象Σ上控制 $\boldsymbol{x}$，或称 $\boldsymbol{x}$ 被 $\boldsymbol{y}$ 抽象Σ上控制，记作 $(x_1,x_2,\cdots,x_n) \prec_{n,w}^{\Sigma} (y_1, y_2,\cdots,y_n)$，或简记为：$\boldsymbol{x} \prec_{n,w}^{\Sigma} \boldsymbol{y}$.

为了行文方便，我们在下文中都约定 $x_1 \geqslant x_2 \geqslant \cdots \geqslant x_n$，$y_1 \geqslant y_2 \geqslant \cdots \geqslant y_n$，这样对结果是没有任何影响的.

本节的主要结果是下面的抽象受控不等式基本定理.

定理 2.6.5　设Σ和Σ′均为抽象平均，如果 x_i，$y_i \in I, i=1,\cdots,n$ 满足 $(x_1,x_2,\cdots,x_n) \prec_n^{\Sigma} (y_1,y_2,\cdots,y_n)$，则对于 I 上任意的抽象 $\Sigma \to \Sigma'$ 严格上凸函数

$f(x)$，都有

$$\Sigma'\{f(x_1),f(x_2),\cdots,f(x_n)\}\geqslant \Sigma'\{f(y_1),f(y_2),\cdots,f(y_n)\} \tag{2.6.19}$$

等式成立的充要条件是：$x_t=y_t(t=1,2,\cdots,n)$.

下边的引理 2.6.1 是抽象受控的基本定理，也是我们证明定理 2.6.5 的关键.

引理 2.6.1 设 Σ 是抽象平均，$x_i,y_i\in I,i=1,\cdots,n$，由定理 1.3.1(b) 知 $(x_1,x_2,\cdots,x_n)\prec_n^{\Sigma}(y_1,y_2,\cdots,y_n)\Leftrightarrow$ 存在 n 阶双随机矩阵 $\boldsymbol{P}=(p_{ij}),i,j=1,\cdots,n$，使得

$$x_t=\Sigma\{y_1^{(p_{t1})},y_2^{(p_{t2})},\cdots,y_n^{(p_{tn})}\},t=1,2,\cdots,n \tag{2.6.20}$$

定理 2.6.6 设 Σ 和 Σ' 均为抽象平均，如果 $x_i,y_i\in I,i=1,\cdots,n$ 满足 $(x_1,x_2,\cdots,x_n)\prec_n^{\Sigma}(y_1,y_2,\cdots,y_n)$，则对于 I 上任意的抽象 $\Sigma\to\Sigma'$ 严格下凸函数 $f(x)$，都有

$$\Sigma'\{f(x_1),f(x_2),\cdots,f(x_n)\}\leqslant \Sigma'\{f(y_1),f(y_2),\cdots,f(y_n)\} \tag{2.6.21}$$

等式成立的充要条件是：$x_t=y_t(t=1,2,\cdots,n)$.

注 2.6.2 由于 Σ 和 Σ' 是抽象平均，$f(x)$ 为 I 上抽象 $\Sigma\to\Sigma'$ 严格上凸函数，对于任意的 $x_1,x_2,\cdots,x_n\in I$，令 $\Sigma(\boldsymbol{x})=\Sigma\{x_1,x_2,\cdots,x_n\}$，容易验证：$(\Sigma(\boldsymbol{x}),\Sigma(\boldsymbol{x}),\cdots,\Sigma(\boldsymbol{x}))\prec_n^{\Sigma}(x_1,x_2,\cdots,x_n)$，应用定理 2.6.5 直接得到定理2.6.1.

注 2.6.3 由于 Σ 和 Σ' 是抽象平均，$f(x)$ 为 I 上抽象 $\Sigma\to\Sigma'$ 严格下凸函数，对于任意的 $x_1,x_2,\cdots,x_n\in I$，令 $\Sigma(\boldsymbol{x})=\Sigma\{x_1,x_2,\cdots,x_n\}$，容易验证：$(\Sigma(\boldsymbol{x}),\Sigma(\boldsymbol{x}),\cdots,\Sigma(\boldsymbol{x}))\prec_n^{\Sigma}(x_1,x_2,\cdots,x_n)$，应用定理

2.6.6 直接得到定理2.6.2.

定理2.6.7　设Σ和Σ'均为抽象平均，若$x_i, y_i \in I, i=1,\cdots,n$满足$(x_1, x_2,\cdots,x_n) \prec_{n,w}^{\Sigma}(y_1,y_2,\cdots,y_n)$，则对于$I$上任意的抽象$\Sigma\to\Sigma'$严格上凸的递减函数$f(x)$，都有

$$\Sigma'\{f(x_1),f(x_2),\cdots,f(x_n)\} \geqslant \Sigma'\{f(y_1),f(y_2),\cdots,f(y_n)\} \qquad (2.6.22)$$

等式成立的充要条件是：$x_t=y_t(t=1,2,\cdots,n)$.

定理2.6.8　设Σ和Σ'均为抽象平均，若$x_i, y_i \in I, i=1,\cdots,n$满足$(x_1, x_2,\cdots,x_n) \prec_{n,w}^{\Sigma}(y_1,y_2,\cdots,y_n)$，则对于$I$上任意的抽象$\Sigma\to\Sigma'$严格上凸的递增函数$f(x)$，都有

$$\Sigma'\{f(x_1),f(x_2),\cdots,f(x_n)\} \leqslant \Sigma'\{f(y_1),f(y_2),\cdots,f(y_n)\} \qquad (2.6.23)$$

等式成立的充要条件是：$x_t=y_t(t=1,2,\cdots,n)$.

定理2.6.9　设Σ和Σ'均为抽象平均，若$x_i, y_i \in I, i=1,\cdots,n$满足$(x_1, x_2,\cdots,x_n) \prec_{n,w}^{\Sigma}(y_1,y_2,\cdots,y_n)$，则对于$I$上任意的抽象$\Sigma\to\Sigma'$严格上凸的递增函数$f(x)$，都有

$$\Sigma'\{f(x_1),f(x_2),\cdots,f(x_n)\} \geqslant \Sigma'\{f(y_1),f(y_2),\cdots,f(y_n)\} \qquad (2.6.24)$$

等式成立的充要条件是：$x_t=y_t(t=1,2,\cdots,n)$.

定理2.6.10　设Σ和Σ'均为抽象平均，若$x_i, y_i \in I, i=1,\cdots,n$满足$(x_1,x_2,\cdots,x_n) \prec_{n,w}^{\Sigma}(y_1,y_2,\cdots,y_n)$，则对于$I$上任意的抽象$\Sigma\to\Sigma'$严格下凸的递减函数$f(x)$，都有

$$\Sigma'\{f(x_1),f(x_2),\cdots,f(x_n)\} \leqslant \Sigma'\{f(y_1),f(y_2),\cdots,f(y_n)\} \qquad (2.6.25)$$

等式成立的充要条件是：$x_t=y_t(t=1,2,\cdots,n)$.

对于定理 2.6.5，我们猜测 $(x_1,x_2,\cdots,x_n)\prec_{n,w}^{\Sigma}(y_1,y_2,\cdots,y_n)$ 是不等式(2.6.19)成立的充分必要条件，于是提出

猜想 2.6.1 设 Σ 和 Σ' 均为抽象平均，$x_i,y_i\in I$，$i=1,\cdots,n$. 如果对于任意的抽象 $\Sigma\to\Sigma'$ 严格上凸函数 $f(x)$，都有

$$\Sigma'\{f(x_1),f(x_2),\cdots,f(x_n)\}\geqslant$$
$$\Sigma'\{f(y_1),f(y_2),\cdots,f(y_n)\}$$

则有

$$(x_1,x_2,\cdots,x_n)\prec_n^{\Sigma}(y_1,y_2,\cdots,y_n)\qquad(2.6.26)$$

对于定理 2.6.6，2.6.7 ~ 2.6.10，也可以提出类似的猜想，我们就不一一列出了.

下面推广抽象平均的基本定理到 n 维的情形，首先给出对称 $\bar{\Sigma}$ 集、抽象向量平均以及抽象 $\bar{\Sigma}\to\Sigma'$ 上凸函数等概念.

定义 2.6.4 集合 $S\subset\mathbf{R}^n$ 称为对称的，如果对于任意的 $\boldsymbol{x}\in S$ 和任意的置换矩阵 $\boldsymbol{G}$，都有 $\boldsymbol{Gx}\in S$；称对称集 $S\subset\mathbf{R}^n$ 为对称 $\bar{\Sigma}$ 集，如果 $\bar{\Sigma}$ 为抽象向量平均，对于任意的 $\boldsymbol{x}_i\in S$，$i=1,2,\cdots,m$，都有 $\bar{\Sigma}\{\boldsymbol{x}_1,\boldsymbol{x}_2,\cdots,\boldsymbol{x}_m\}\in S$；$n$ 元函数 $\varphi(\boldsymbol{x})$ 在对称集 S 上称为对称的，如果对于任意的 $\boldsymbol{x}\in S$ 和任意的置换矩阵 $\boldsymbol{G}$，都有 $\varphi(\boldsymbol{Gx})=\varphi(\boldsymbol{x})$.

定义 2.6.5 设 Σ 是抽象平均，对任给的 $\boldsymbol{x}_i=(x_{i1}.x_{i2},\cdots,x_{in})\in\mathbf{R}^n$，$i=1,2,\cdots,m$，称向量

$$\{\Sigma\{x_{11}^{(p_1)},x_{21}^{(p_2)},\cdots,x_{m1}^{(p_m)}\},$$
$$\Sigma\{x_{12}^{(p_1)},x_{22}^{(p_2)},\cdots,x_{m2}^{(p_m)}\},\cdots,$$

$$\Sigma\{x_{1n}^{(p_1)}, x_{2n}^{(p_2)}, \cdots, x_{mn}^{(p_m)}\}\} \quad (2.6.27)$$

为向量组 $\boldsymbol{X}=\{\boldsymbol{x}_1,\boldsymbol{x}_2,\cdots,\boldsymbol{x}_m\}$ 关于权系数 $p_1,p_2,\cdots,p_m$ 的抽象向量平均，记作 $\overline{\Sigma}\{\boldsymbol{x}_1^{(p_1)},\boldsymbol{x}_2^{(p_2)},\cdots,\boldsymbol{x}_m^{(p_m)}\}$，简记为 $\overline{\Sigma}(\boldsymbol{X},\boldsymbol{p})$，如果不引起混淆，也记为 $\overline{\Sigma}(\boldsymbol{X})$，甚至记为 $\overline{\Sigma}$.

定义 2.6.6　设 $\overline{\Sigma}$ 为抽象向量平均，Σ' 为抽象平均，$S\subset\mathbf{R}^n$ 为对称 $\overline{\Sigma}$ 集，如果对任给的 $\boldsymbol{x},\boldsymbol{y}\in S$，$n$ 元连续函数 $\varphi(\boldsymbol{x})$ 满足

$$\varphi(\overline{\Sigma}\{\boldsymbol{x},\boldsymbol{y}\})\geqslant\Sigma'\{\varphi(\boldsymbol{x}),\varphi(\boldsymbol{y})\} \quad (2.6.28)$$

则称 n 元连续函数 $\varphi(\boldsymbol{x})$ 为 S 上的抽象 $\overline{\Sigma}\to\Sigma'$ 上凸函数，当 $\boldsymbol{x}\neq\boldsymbol{y}$ 时，如果上述不等式严格成立，则称 $\varphi(\boldsymbol{x})$ 为 S 上的抽象 $\overline{\Sigma}\to\Sigma'$ 严格上凸函数. 当上述不等式反向时，则 n 元连续函数 $\varphi(\boldsymbol{x})$ 为 S 上的抽象 $\overline{\Sigma}\to\Sigma'$ 下凸函数，当 $\boldsymbol{x}\neq\boldsymbol{y}$ 时，如果上述不等式反向并且不等号严格成立，则称 $\varphi(\boldsymbol{x})$ 为 S 上的抽象 $\overline{\Sigma}\to\Sigma'$ 严格下凸函数.

类似于定理 2.6.1 ～ 2.6.4 中证明方法，容易给出下面定理 2.6.11 ～ 2.6.13 的证明，此处略去.

定理 2.6.11　设 $\overline{\Sigma}$ 为抽象向量平均，Σ' 为抽象平均，$S\subset\mathbf{R}^n$ 为对称 $\overline{\Sigma}$ 集，$\boldsymbol{x}_i\in S$，$i=1,2,\cdots,m$，则对 S 上任意的 n 元抽象 $\overline{\Sigma}\to\Sigma'$ 严格上凸函数 $\varphi(\boldsymbol{x})$，都有

$$\varphi(\overline{\Sigma}\{\boldsymbol{x}_1,\boldsymbol{x}_2,\cdots,\boldsymbol{x}_m\})\geqslant\Sigma'\{\varphi(\boldsymbol{x}_1),\varphi(\boldsymbol{x}_2),\cdots,\varphi(\boldsymbol{x}_m)\} \quad (2.6.29)$$

其中等式成立的充要条件是：$\boldsymbol{x}_1=\boldsymbol{x}_2=\cdots=\boldsymbol{x}_m$.

定理 2.6.12 设 $\bar{\Sigma}$ 为抽象向量平均，Σ' 为抽象平均，$S\subset\mathbf{R}^n$ 为对称 $\bar{\Sigma}$ 集，$\boldsymbol{x}_i\in S, i=1,2,\cdots,m$，则对 S 上任意的 n 元抽象 $\bar{\Sigma}\rightarrow\Sigma'$ 严格下凸函数 $\varphi(\boldsymbol{x})$，都有

$$\varphi(\bar{\Sigma}\{\boldsymbol{x}_1,\boldsymbol{x}_2,\cdots,\boldsymbol{x}_m\})\leqslant\Sigma'\{\varphi(\boldsymbol{x}_1),\varphi(\boldsymbol{x}_2),\cdots,\varphi(\boldsymbol{x}_m)\}\tag{2.6.30}$$

其中等式成立的充要条件是：$\boldsymbol{x}_1=\boldsymbol{x}_2=\cdots=\boldsymbol{x}_m$.

定理 2.6.13 设 $\bar{\Sigma}$ 为抽象向量平均，Σ' 为抽象平均，$S\subset\mathbf{R}^n$ 为对称 $\bar{\Sigma}$ 集，$\boldsymbol{x}_i\in S, p_i\in I, i=1,2,\cdots,m$，则对 S 上任意的 n 元抽象 $\bar{\Sigma}\rightarrow\Sigma'$ 严格上凸函数 $\varphi(\boldsymbol{x})$，都有

$$\varphi(\bar{\Sigma}\{\boldsymbol{x}_1^{(p_1)},\boldsymbol{x}_2^{(p_2)},\cdots,\boldsymbol{x}_m^{(p_m)}\})\geqslant$$
$$\Sigma'\{\varphi^{(p_1)}(\boldsymbol{x}_1),\varphi^{(p_2)}(\boldsymbol{x}_2),\cdots,\varphi^{(p_m)}(\boldsymbol{x}_m)\}\tag{2.6.31}$$

其中等式成立的充要条件是：$\boldsymbol{x}_1=\boldsymbol{x}_2=\cdots=\boldsymbol{x}_m$.

定理 2.6.14 设 $\bar{\Sigma}$ 为抽象向量平均，Σ' 为抽象平均，$S\subset\mathbf{R}^n$ 为对称 $\bar{\Sigma}$ 集，$\boldsymbol{x}_i\in S, p_i\in I, i=1,2,\cdots,m$，则对 S 上任意的 n 元抽象 $\bar{\Sigma}\rightarrow\Sigma'$ 严格下凸函数 $\varphi(\boldsymbol{x})$，都有

$$\varphi(\bar{\Sigma}\{\boldsymbol{x}_1^{(p_1)},\boldsymbol{x}_2^{(p_2)},\cdots,\boldsymbol{x}_m^{(p_m)}\})\leqslant$$
$$\Sigma'\{\varphi^{(p_1)}(\boldsymbol{x}_1),\varphi^{(p_2)}(\boldsymbol{x}_2),\cdots,\varphi^{(p_m)}(\boldsymbol{x}_m)\}\tag{2.6.32}$$

其中等式成立的充要条件是：$\boldsymbol{x}_1=\boldsymbol{x}_2=\cdots=\boldsymbol{x}_m$.

下面的定理也是抽象受控不等式的基本定理.

定理 2.6.15　设 $\bar{\Sigma}$ 为抽象向量平均，Σ' 为抽象平均，$S \subset \mathbf{R}^n$ 为对称凸集，$\boldsymbol{x}=(\boldsymbol{x}_1,\boldsymbol{x}_2,\cdots,\boldsymbol{x}_n)$，$\boldsymbol{y}=(\boldsymbol{y}_1,\boldsymbol{y}_2,\cdots,\boldsymbol{y}_n) \in S$，满足 $(\boldsymbol{x}_1,\boldsymbol{x}_2,\cdots,\boldsymbol{x}_n) \prec_n^{\Sigma} (\boldsymbol{y}_1,\boldsymbol{y}_2,\cdots,\boldsymbol{y}_n)$，则对任意的 n 元抽象对称 $\bar{\Sigma} \to \Sigma'$ 严格上凸函数 $\varphi(\boldsymbol{x})$，都有

$$\varphi(\boldsymbol{x}) \geqslant \varphi(\boldsymbol{y}) \tag{2.6.33}$$

其中等式成立的充要条件是：$\boldsymbol{x}_{\sigma(i)}=\boldsymbol{y}_i(i=1,2,\cdots,n)$.

注 2.6.4　事实上，不等式(2.6.33)与抽象平均 Σ 无关，即对任意的抽象平均 Σ，不等式(2.6.33)总成立，并且它也是定理 2.2.1(c)的推广和延伸.

由定理 2.6.15 的证明过程可以得到下面的定理

定理 2.6.16　设 $\bar{\Sigma}$ 是抽象向量平均，Σ' 为抽象平均，$S \subset \mathbf{R}^n$ 为对称凸集，$\boldsymbol{x}=(\boldsymbol{x}_1,\boldsymbol{x}_2,\cdots,\boldsymbol{x}_n)$，$\boldsymbol{y}=(\boldsymbol{y}_1,\boldsymbol{y}_2,\cdots,\boldsymbol{y}_n) \in S$，满足 $(\boldsymbol{x}_1,\boldsymbol{x}_2,\cdots,\boldsymbol{x}_n) \prec_n^{\Sigma} (\boldsymbol{y}_1,\boldsymbol{y}_2,\cdots,\boldsymbol{y}_n)$，则对 S 上任意的 n 元抽象对称 $\bar{\Sigma} \to \Sigma'$ 严格下凸函数 $\varphi(\boldsymbol{x})$，都有

$$\varphi(\boldsymbol{x}) \leqslant \varphi(\boldsymbol{y}) \tag{2.6.34}$$

其中等式成立的充要条件是：$\boldsymbol{x}_{\sigma(i)}=\boldsymbol{y}_i(i=1,2,\cdots,n)$.

对于定理 2.6.15，提出

猜想 2.6.2　设 $\bar{\Sigma}$ 是抽象向量平均，Σ' 为抽象平均，$S \subset \mathbf{R}^n$ 为对称凸集，$\boldsymbol{x}=(\boldsymbol{x}_1,\boldsymbol{x}_2,\cdots,\boldsymbol{x}_n)$，$\boldsymbol{y}=(\boldsymbol{y}_1,\boldsymbol{y}_2,\cdots,\boldsymbol{y}_n) \in S$ 如果对任意的 n 元抽象对称 $\bar{\Sigma} \to \Sigma'$ 严格上凸函数 $\varphi(\boldsymbol{x})$，不等式 $\varphi(\boldsymbol{x}) \geqslant \varphi(\boldsymbol{y})$ 都成立，则

$$(\boldsymbol{x}_1,\boldsymbol{x}_2,\cdots,\boldsymbol{x}_n) \prec_n^{\Sigma} (\boldsymbol{y}_1,\boldsymbol{y}_2,\cdots,\boldsymbol{y}_n) \tag{2.6.35}$$

对定理 2.6.16 也可以提出类似的猜想.

下面给出向量组 $\boldsymbol{Y}$ 抽象 $\bar{\Sigma}$－控制向量组 $\boldsymbol{X}$ 的概

念.

定义 2.6.7 设$\overline{\Sigma}$是抽象向量平均,Σ'为抽象平均,$S\subset \mathbf{R}^n$为对称凸集,$\boldsymbol{x}_i,\boldsymbol{y}_i\in S,i=1,\cdots,m$,如果存在$m$阶双随机矩阵$\boldsymbol{P}=(p_{ij})$,使得

$$\boldsymbol{x}_t=\overline{\Sigma}\{\boldsymbol{y}_1^{(p_{1t})},\boldsymbol{y}_2^{(p_{2t})},\cdots,\boldsymbol{y}_m^{(p_{mt})}\},t=1,2,\cdots,m \tag{2.6.36}$$

则称向量组$\boldsymbol{X}=\{\boldsymbol{x}_1,\boldsymbol{x}_2,\cdots,\boldsymbol{x}_m\}$被向量组$\boldsymbol{Y}=\{\boldsymbol{y}_1,\boldsymbol{y}_2,\cdots,\boldsymbol{y}_m\}$抽象$\overline{\Sigma}$—控制,称向量组$\boldsymbol{Y}=\{\boldsymbol{y}_1,\boldsymbol{y}_2,\cdots,\boldsymbol{y}_m\}$抽象$\overline{\Sigma}$—控制向量组$\boldsymbol{X}=\{\boldsymbol{x}_1,\boldsymbol{x}_2,\cdots,\boldsymbol{x}_m\}$,记作$\{\boldsymbol{x}_1,\boldsymbol{x}_2,\cdots,\boldsymbol{x}_m\}\prec_m^{\overline{\Sigma}}\{\boldsymbol{y}_1,\boldsymbol{y}_2,\cdots,\boldsymbol{y}_m\}$,简记为:$\boldsymbol{X}\prec_m^{\overline{\Sigma}}\boldsymbol{Y}$.

下面是关于向量组$\boldsymbol{Y}$抽象$\overline{\Sigma}$—控制向量组$\boldsymbol{X}$的基本不等式.

定理 2.6.17 设$\overline{\Sigma}$为抽象向量平均,Σ'为抽象平均,$S\subset \mathbf{R}^n$为对称$\overline{\Sigma}$集,如果$\boldsymbol{x}_i,\boldsymbol{y}_i\in S,i=1,\cdots,m$,满足$\{\boldsymbol{x}_1,\boldsymbol{x}_2,\cdots,\boldsymbol{x}_m\}\prec_m^{\overline{\Sigma}}\{\boldsymbol{y}_1,\boldsymbol{y}_2,\cdots,\boldsymbol{y}_m\}$,则对$S$上任意的$n$元抽象对称$\overline{\Sigma}\to\Sigma'$严格上凸函数$\varphi(\boldsymbol{x})$,都有

$$\Sigma'\{\varphi(\boldsymbol{x}_1),\varphi(\boldsymbol{x}_2),\cdots,\varphi(\boldsymbol{x}_m)\}\geqslant \Sigma'\{\varphi(\boldsymbol{y}_1),\varphi(\boldsymbol{y}_2),\cdots,\varphi(\boldsymbol{y}_m)\} \tag{2.6.37}$$

其中等式成立的充要条件是:$\boldsymbol{x}_{\sigma(i)}=\boldsymbol{y}_i(i=1,2,\cdots,m)$.

定理 2.6.18 设$\overline{\Sigma}$为抽象向量平均,Σ'为抽象平均,$S\subset \mathbf{R}^n$为对称$\overline{\Sigma}$集,如果$\boldsymbol{x}_i,\boldsymbol{y}_i\in S,i=1,\cdots,m$,满足$\{\boldsymbol{x}_1,\boldsymbol{x}_2,\cdots,\boldsymbol{x}_m\}\prec_m^{\overline{\Sigma}}\{\boldsymbol{y}_1,\boldsymbol{y}_2,\cdots,\boldsymbol{y}_m\}$,则对$S$上任意的$n$元抽象对称$\overline{\Sigma}\to\Sigma'$严格下凸函数$\varphi(\boldsymbol{x})$,都有

$$\Sigma'\{\varphi(\boldsymbol{x}_1),\varphi(\boldsymbol{x}_2),\cdots,\varphi(\boldsymbol{x}_m)\}\leqslant$$
$$\Sigma'\{\varphi(\boldsymbol{y}_1),\varphi(\boldsymbol{y}_2),\cdots,\varphi(\boldsymbol{y}_m)\} \quad (2.6.38)$$

其中等式成立的充要条件是：$\boldsymbol{x}_{\sigma(i)}=\boldsymbol{y}_i(i=1,2,\cdots,m)$.

对于定理 2.6.17，提出如下猜想

猜想 2.6.3　设 $\bar{\Sigma}$ 为抽象向量平均，Σ' 为抽象平均，$S\subset \mathbf{R}^n$ 为对称 $\bar{\Sigma}$ 集，如果 $\boldsymbol{x}_i,\boldsymbol{y}_i\in S,i=1,\cdots,m$，若对 S 上任意的 n 元抽象对称 $\bar{\Sigma}\to\Sigma'$ 上凸函数 $\varphi(\boldsymbol{x})$，不等式(2.6.37)成立，则有

$$\{\boldsymbol{x}_1,\boldsymbol{x}_2,\cdots,\boldsymbol{x}_m\}\prec_m^{\bar{\Sigma}}\{\boldsymbol{y}_1,\boldsymbol{y}_2,\cdots,\boldsymbol{y}_m\} \quad (2.6.39)$$

对于定理 2.6.18，也可以提出类似的猜想.

注 2.6.5　文[364]通过分别选取适当的抽象 $\Sigma\to\Sigma'(\bar{\Sigma}\to\Sigma')$ 上凸函数并利用抽象平均的性质证明猜想 2.6.1 和猜想 2.6.2 在加权算术平均或算术平均条件下是成立的.

2.6.2　抽象受控不等式的同构映射

2014 年，在前期工作[68]的基础上，杨定华[69]考虑范畴论的思想和方法：通过考察对象之间的态射反映对象本身的性质在抽象平均的基础平台上，基于映射的观点，首先提出抽象平均、抽象凸函数、抽象控制和抽象受控不等式等同构映射的概念，建立了抽象凸函数同构映射的基本定理：设 Σ 和 Σ' 为抽象平均，$\alpha(x)$ 为严格单调 Σ^- 函数，$\beta(x)$ 为严格单调递增 Σ'^- 函数 $f(x)$ 为抽象 $\Sigma\to\Sigma'$ 严格上凸函数的充分必要条件是：$f^*(x)=\beta^{-1}\circ f\circ\alpha(x)$ 为抽象 $\Sigma_\alpha\to\Sigma'_\beta$ 严格上凸函数，这里 $\Sigma_\alpha=\alpha^{-1}\circ\Sigma\circ\alpha,\Sigma'_\beta=\beta^{-1}\circ\Sigma'\circ\beta$.

在抽象平均同构映射的基础上，文[73]获得了抽象受控不等式同构映射的基本定理：

记 $a_i=\alpha^{-1}(x_i),b_i=\beta^{-1}(y_i),(i=1,2,\cdots,n)$，则不等式

$$\Sigma'\{f(x_1),f(x_2),\cdots,f(x_n)\}\geqslant \Sigma'\{f(y_1),f(y_2),\cdots,f(y_n)\} \tag{2.6.40}$$

成立的充分必要条件是不等式

$$\Sigma'_\beta\{f^*(\alpha_1),f^*(\alpha_2),\cdots,f^*(\alpha_n)\}\geqslant \Sigma'_\beta\{f^*(b_1),f^*(b_2),\cdots,f^*(b_n)\} \tag{2.6.41}$$

成立.

作为基本定理的直接应用，文[69]证明了：

(a) $(0,+\infty)$上严格单调递增函数$\alpha(x)=\ln x$为抽象平均Σ_A到抽象平均Σ_G的同构映射；

(b) $(0,+\infty)$上严格单调递减函数$\beta(x)=\exp(x^{-1})$为抽象平均Σ_G到抽象平均Σ_H的同构映射；

(c) $(0,+\infty)$上严格单调递减函数$\gamma(x)=x^{-1}$为抽象平均Σ_H到抽象平均Σ_A的同构映射.

在此基础上，文[69]进一步证明了算术受控不等式、几何受控不等式和调和受控不等式这三类不等式是等价的. 简而言之，这三类受控不等式是等价的，本质上是相同的，只是用不同的数学语言描述而已. 也是同一受控不等式的不同版本，同时也意味着：只要用算术形式的受控不等式，我们就立刻可以写出相应的几何形式和调和形式的版本.

详细内容请见原文[69].

第三章 Schur 凸函数与初等对称函数不等式

3.1 初等对称函数及其对偶式的 Schur 凸性

根据定理 2.2.1，一个对称凸集上的 $S-$凸函数（或 $S-$凹函数）必是对称函数. 这意味着控制不等式理论最适宜处理对称函数不等式问题，同时也意味着控制不等式理论不大适宜处理非对称函数不等式问题. 这是控制不等式理论的局限性. 俗话说，没有包治百病的灵丹妙药. 同样没有对任何类型的不等式均有效的通法. 本章着重介绍用控制方法处理与初等对称函数（亦称初等对称多项式）有关的不等式.

设 $\boldsymbol{x}=(x_1,x_2,\cdots,x_n)\in\mathbf{R}^n$，$\boldsymbol{x}$ 的第k 个初等对称函数定义为

$$E_k(\boldsymbol{x})=E_k(x_1,\cdots,x_n):=\sum_{1\leqslant i_1<\cdots<i_k\leqslant n}\prod_{j=1}^{k}x_{i_j},k=1,\cdots,n$$

称

$$E_k^*(\boldsymbol{x})=E_k^*(x_1,\cdots,x_n):=\prod_{1\leqslant i_1<\cdots<i_k\leqslant n}\sum_{j=1}^{k}x_{i_j},k=1,\cdots,n$$

为初等对称函数的对偶式.

规定 $E_0(\boldsymbol{x})=E_0^*(\boldsymbol{x})=1$，并且若 $k<0,k>n$，规定 $E_k(\boldsymbol{x})=E_k^*(\boldsymbol{x})=0$.

记 $B_k(\boldsymbol{x})=\dfrac{E_k(\boldsymbol{x})}{C_n^k}$，称 $P_k(\boldsymbol{x})=(B_k(\boldsymbol{x}))^{\frac{1}{k}}$ 为 $\boldsymbol{x}$ 的第 k 个对称平均，$k=0,1,\cdots,n$.

下面三个恒等式是常用的

$$E_k(\boldsymbol{x})=x_1E_{k-1}(x_2,\cdots,x_n)+E_k(x_2,\cdots,x_n) \tag{3.1.1}$$

$$\begin{aligned}E_k(\boldsymbol{x})=&x_1x_2E_{k-2}(x_3,\cdots,x_n)+\\&(x_1+x_2)E_{k-1}(x_3,\cdots,x_n)+\\&E_k(x_3,\cdots,x_n)\end{aligned} \tag{3.1.2}$$

$$\sum_{k=0}^{n}E_k(\boldsymbol{x})t^{n-k}=\sum_{k=0}^{n}C_n^kB_k(\boldsymbol{x})t^{n-k}=\prod_{k=1}^{n}(x_k+t) \tag{3.1.3}$$

这里列出与初等对称函数有关的几个重要的不等式.

定理 3.1.1[7]127(Newton 不等式)　对于 $k=1,\cdots,n-1$，我们有

$$B_k^2(\boldsymbol{x}) - B_{k-1}(\boldsymbol{x})B_{k+1}(\boldsymbol{x}) \geqslant 0 \qquad (3.1.4)$$

和

$$E_k^2(\boldsymbol{x}) - E_{k-1}(\boldsymbol{x})E_{k+1}(\boldsymbol{x}) \geqslant 0 \qquad (3.1.5)$$

式(3.1.4)中等式成立当且仅当 $x_1 = x_2 = \cdots = x_n$.

定理 3.1.2[7]129(Maclaurin 不等式)　若 $1 < s < t < n$,则

$$G_n(\boldsymbol{x}) \leqslant P_t(\boldsymbol{x}) \leqslant P_s(\boldsymbol{x}) \leqslant A_n(\boldsymbol{x}) \quad (3.1.6)$$

定理 3.1.3[70]　设 $\boldsymbol{x} \in \mathbf{R}_{++}^n$,$2 \leqslant k \leqslant n-1$,则使不等式

$$M_p(\boldsymbol{x}) \leqslant P_k(\boldsymbol{x}) \leqslant M_q(\boldsymbol{x}) \qquad (3.1.7)$$

成立的 p 的最大值为 0,q 的最小值为 $\dfrac{2(\ln n - \ln(n-1))}{\ln n - \ln(n-2)}$,其中 $M_p(\boldsymbol{x})$ 为幂平均.

定理 3.1.4[71]　设 $\boldsymbol{x} \in \mathbf{R}_{++}^n$,$2 \leqslant k \leqslant n-1$,则

$$(A(\boldsymbol{x}))^p(G(\boldsymbol{x}))^{1-p} \leqslant P_k(\boldsymbol{x}) \leqslant qA(\boldsymbol{x}) + (1-q)G(\boldsymbol{x}) \qquad (3.1.8)$$

其中 $p = \dfrac{n-k}{k(n-1)}$ 与 $q = \dfrac{n}{n-1} \cdot \left(1 - \dfrac{k}{n}\right)^{\frac{1}{k}}$ 均为最佳值.

定理 3.1.5[1]59,60　初等对称函数 $E_k(\boldsymbol{x})$ 是 $\mathbf{R}_+^n$ 上的增的 $S-$凹函数,当$k > 1$ 时,$E_k(\boldsymbol{x})$ 还是 $\mathbf{R}_{++}^n$ 上的严格 $S-$凹函数;特别 $E_2(\boldsymbol{x})$ 是 $\mathbf{R}^n$ 上的严格 $S-$凹函数.

证明　显然 $E_k(\boldsymbol{x})$ 在 $\mathbf{R}_+^n$ 上是增,在 $\mathbf{R}_{++}^n$ 上是严格增的,其次利用式(3.1.2)易得

$$\Delta := (x_1 - x_2)\left(\frac{\partial E_k(\boldsymbol{x})}{\partial x_1} - \frac{\partial E_k(\boldsymbol{x})}{\partial x_2}\right) = -(x_1 - x_2)^2 E_{k-2}(x_3, \cdots, x_n)$$

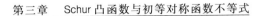

于是当 $\boldsymbol{x} \in \mathbf{R}_{+}^{n}$ 时 $\Delta \leqslant 0$，这表明 $E_k(\boldsymbol{x})$ 在 $\mathbf{R}_{+}^{n}$ 上是增且 S－凹的；当 $\boldsymbol{x} \in \mathbf{R}_{++}^{n}$，$x_1 \neq x_2$ 且 $k > 1$ 时 $\Delta < 0$，这表明 $E_k(\boldsymbol{x})$ 在 $\mathbf{R}_{++}^{n}$ 上是严格增且严格 S－凹的；最后当 $k=2$ 及任意 $\boldsymbol{x} \in \mathbf{R}^n$ 但 $x_1 \neq x_2$ 时 $\Delta < 0$，故 $E_2(\boldsymbol{x})$ 在 $\mathbf{R}^n$ 上是严格 S－凹的. □

注 3.1.1 由定理 1.1.4 容易证明当 $k \geqslant 2$ 时，$E_k(\boldsymbol{x})$ 在 $\mathbf{R}_{++}^{n}$ 上既非凹函数也不是凸函数，这表明 S－凸函数类比对称凸函数类广.

例 3.1.1 设 $\boldsymbol{x} \in \mathbf{R}_{++}^{n}$，$\boldsymbol{a} \in \mathbf{R}_{++}^{n}$，钱照平[72] 利用凸函数的性质及 Jensen 不等式

$$-\ln\left(\frac{a_j}{\sum_{i=1}^{n} a_i} \cdot \frac{x_j}{a_j}\right) \leqslant \sum_{j=1}^{n} \frac{a_j}{\sum_{i=1}^{n} a_i} \cdot \ln \frac{x_j}{a_j}$$

得到

$$\prod_{i=1}^{n} x_i^{a_i} \leqslant \prod_{i=1}^{n} a_i^{a_i} \cdot \left(\frac{\sum_{i=1}^{n} x_i}{\sum_{i=1}^{n} a_i}\right)^{\sum_{i=1}^{n} a_i} \tag{3.1.9}$$

若以 $a_i x_i$ 置换 x_i，$i=1,\cdots,n$，则式(3.1.9) 可化为

$$\left(\prod_{i=1}^{n} x_i^{a_i}\right)^{\frac{1}{\sum_{i=1}^{n} a_i}} \leqslant \frac{1}{\sum_{i=1}^{n} a_i} \sum_{i=1}^{n} a_i x_i \tag{3.1.10}$$

因此式(3.1.9) 实际上是加权算术－几何平均值不等式的变形.

赵德勤，殷明[73] 利用拉格朗日数乘法给出式(3.1.9) 的另一证明. 这里结合初等对称函数的 S－凹性与一个简单的受控关系给出式(3.1.9)，即加权算术－几何平均值不等式(3.1.10) 的控制证明. 等权算

术一几何平均值不等式的一个控制证明请参见专著[11]第10页.

记 $m=\sum\limits_{i=1}^{n}a_i$, $s=\sum\limits_{i=1}^{n}x_i$，则式(3.1.9)化为

$$\left(\frac{s}{m}\right)^m\geqslant\prod_{i=1}^{n}\left(\frac{x_i}{a_i}\right)^{a_i}\qquad(3.1.11)$$

(ⅰ)先考虑 $a_1,\cdots,a_n$ 为正整数 $k_1,\cdots,k_n$ 的情形. 由式(1.3.12)有

$$\boldsymbol{u}=\underbrace{\left(\frac{s}{m},\cdots,\frac{s}{m}\right)}_{m}\prec$$

$$\left(\underbrace{\frac{x_1}{k_1},\cdots,\frac{x_1}{k_1}}_{k_1},\underbrace{\frac{x_2}{k_2},\cdots,\frac{x_2}{k_2}}_{k_2},\cdots,\underbrace{\frac{x_n}{k_n},\cdots,\frac{x_n}{k_n}}_{k_n}\right)=\boldsymbol{v}$$

又由定理3.1.5，$E_n(\boldsymbol{x})$ 在 $\mathbf{R}_+^n$ 上 S－凹，故 $E_n(\boldsymbol{u})\geqslant E_n(\boldsymbol{v})$，即式(3.1.11)成立.

(ⅱ)再考虑 $a_1,\cdots,a_n$ 为正有理数的情形. 设 $a_i=\frac{p_i}{q_i}$, p_i,q_i, $i=1,\cdots,n$ 为正整数. 不妨设 $a_i=\frac{p_i}{q}$，其中 q 是 $p_1,\cdots,p_n$ 的公分母，则 $m=\sum\limits_{i=1}^{n}a_i=\frac{1}{q}\sum\limits_{i=1}^{n}p_i$，此时

$$\left(\frac{s}{m}\right)^m\geqslant\prod_{i=1}^{n}\left(\frac{x_i}{a_i}\right)^{a_i}\Leftrightarrow\left(\frac{s}{\sum\limits_{i=1}^{n}p_i}\right)^{\sum\limits_{i=1}^{n}p_i}\geqslant\prod_{i=1}^{n}\left(\frac{x_i}{p_i}\right)^{p_i}$$

注意 p_i, $i=1,\cdots,n$ 为正整数，由(ⅰ)知上面最后一个不等式成立，故 $a_1,\cdots,a_n$ 为有理数时式(3.1.11)成立.

(ⅲ)最后考虑 $a_1,\cdots,a_n$ 为正无理数的情形. 此时存在 n 个正有理数列 $\{r_{i_k}\}$, $k=1,2,\cdots$，且 $r_{i_k}\to a_i(k\to$

∞). 对于有理数 r_{i_k}, $i=1,\cdots,n$, 由(ⅱ)有

$$\left(\frac{s}{\sum_{i=1}^{n} r_{i_k}}\right)^{\sum_{i=1}^{n} r_{i_k}} \geqslant \prod_{i=1}^{n}\left(\frac{x_i}{r_{i_k}}\right)^{r_{i_k}}$$

令 $k\to\infty$, 即知 $a_1,\cdots,a_n$ 为正无理数时式(3.1.11)成立, 至此, 对于任意正实数 $a_1,\cdots,a_n$, 式(3.1.11)成立.

例 3.1.2 设 $\sum_{i=1}^{n} a_i=\sum_{i=1}^{n} b_i$, $\sum_{1\leqslant i<j\leqslant n} a_i a_j=\sum_{1\leqslant i<j\leqslant n} b_i b_j$ 且

$$\min_{1\leqslant i_1<\cdots<i_{n-k}\leqslant n}\sum_{j=1}^{n-k} a_{i_j}\leqslant$$

$$\min_{1\leqslant i_1<\cdots<i_{n-k}\leqslant n}\sum_{j=1}^{n-k} b_{i_j}, k=2,\cdots,n-1$$

求证: $\max_i\{a_i\}\geqslant\max_i\{b_i\}$. (当 $n=3$ 时, 即为 2008 年北京大学自主招生数学试题第三题)

证明 不妨设 $a_1\geqslant a_2\geqslant\cdots\geqslant a_n$, $b_1\geqslant b_2\geqslant\cdots\geqslant b_n$, 欲证 $a_1\geqslant b_1$, 由题设 $\sum_{i=k+1}^{n} a_i\leqslant\sum_{i=k+1}^{n} b_i$, $k=2,\cdots,n-1$, 因 $\sum_{i=1}^{n} a_i=\sum_{i=1}^{n} b_i$ 有 $\sum_{i=1}^{k} a_i\geqslant\sum_{i=1}^{k} b_i$, $k=2,\cdots,n-1$. 假若 $a_1<b_1$, 则 $(a_1,a_2,\cdots,a_n)\prec\prec(b_1,b_2,\cdots,b_n)$. 因为 $E_2(\boldsymbol{x})$ 是 $\mathbf{R}^n$ 上的严格 S-凹函数, 所以 $E_2(\boldsymbol{a})>E_2(\boldsymbol{b})$, 即 $\sum_{1\leqslant i<j\leqslant n} a_i a_j>\sum_{1\leqslant i<j\leqslant n} b_i b_j$, 这与题设矛盾. □

1996 年, 笔者[74] 提出的一个猜想: 设 $\boldsymbol{x}\in\mathbf{R}_{++}^n$, $E_1(\boldsymbol{x})\leqslant 1$, 则

$$\frac{E_k(1-\boldsymbol{x})}{E_k(\boldsymbol{x})}\geqslant(n-1)^k \qquad (3.1.12)$$

该猜想困扰笔者多年,提出后引起不少国内同行的兴趣.文[75]采用数学分析求极值的方法证明.为了便于说明问题,我们将其证明过程简述如下:

记 $G_k=\dfrac{E_k(1-\boldsymbol{x})}{E_k(\boldsymbol{x})}$,经计算

$$\frac{\partial G_k}{\partial x_i}=\frac{(x_n-x_i)J_i}{E_k^2(\boldsymbol{x})},i=1,\cdots,n-1$$

其中

$$J_i=E_{k-2}(1-x_1,1-x_{i-1},1-x_{i+1},\cdots,1-x_{n-1})$$
$$E_k(\boldsymbol{x})-E_{k-2}(x_1,x_{i-1},x_{i+1},\cdots,x_{n-1})E_k(1-\boldsymbol{x})$$

令 $\dfrac{\partial G_k}{\partial x_i}=0,i=1,\cdots,n-1$,可得 $x_n-x_i=0,i=1,\cdots,n-1$,由此解得 $x_1=\cdots=x_n=\dfrac{1}{n}$,即点 $\tilde{\boldsymbol{x}}=\left(\dfrac{1}{n},\cdots,\dfrac{1}{n}\right)$ 为 G_k 的稳定点.作者又言:"注意到对 J_i 进行计算,化简后 x_i 恰被消去.限于篇幅,这里不给出计算过程.由此可知,点 $\tilde{\boldsymbol{x}}$ 为 G_k 的唯一稳定点",由此完成猜想的证明.

1998 年 9 月,陕西蓝田北关中学的樊益武老师给笔者来信,对文[75]的证明提出质疑:要证稳定点的唯一性,需证 $J_i\neq 0,i=1,\cdots,n-1$,而作者模糊了这一证明的关键,这正是证明的难点所在.

笔者赞成樊老师看法.在实践中笔者感到,数学分析的求极值的方法虽是证明不等式的重要方法,但在多元的情况下有两个环节不易处理,一是稳定点的确定及唯一性的判定,二是极值点是最值点的判定,文[75]对后者也缺少交代.

此猜想有多种证法,笔者[76]给出一个初等证明,

樊益武[77] 利用 Ky Fan 不等式[2]86 给出一个较为简洁的证明,而笔者最终得到如下控制证法怕是最为简洁的.

不妨设 $E_1(\boldsymbol{x})=1$,由式(1.4.2)知

$$\frac{1-\boldsymbol{x}}{n-1}=\left(\frac{1-x_1}{n-1},\cdots,\frac{1-x_n}{n-1}\right)\prec(x_1,\cdots,x_n)=\boldsymbol{x}$$

结合 $E_k(\boldsymbol{x})$ 在 $\mathbf{R}_{++}^n$ 上的 $S-$凹性有

$$E_k\left(\frac{1-\boldsymbol{x}}{n-1}\right)\geqslant E_k(\boldsymbol{x})$$

由此即得证.

此证法如此简洁,笔者第一次深切地感受到了控制方法的威力与妙趣.

笔者猜测式(3.1.12)可作如下指数推广:

猜想 3.1.1 设 $\boldsymbol{x}\in\mathbf{R}_{++}^n$,$n\geqslant 2$,$E_1(\boldsymbol{x})\leqslant 1$,则对于 $k=1,\cdots,n$,$\alpha\geqslant 1$,有

$$\frac{E_k(1-\boldsymbol{x}^\alpha)}{E_k(\boldsymbol{x}^\alpha)}:=\frac{E_k[(1-x_1^\alpha),\cdots,(1-x_n^\alpha)]}{E_k(x_1^\alpha,\cdots,x_n^\alpha)}\geqslant (n^\alpha-1)^k \tag{3.1.13}$$

笔者[78] 研究了初等对称函数对偶式 $E_k^*(\boldsymbol{x})$ 的 $S-$凹性.下面将 $E_k^*(\boldsymbol{x})$ 的 $S-$几何凸性和 $S-$调和凸性一并讨论.

定理 3.1.6 对于 $k=1,\cdots,n$,$n\geqslant 2$,$E_k^*(\boldsymbol{x})$ 是 $\mathbf{R}_+^n$ 上的递增的 $S-$凹函数;是 $\mathbf{R}_{++}^n$ 上的严格递增的 $S-$凹函数,$S-$几何凸函数和 $S-$调和凸函数.

证明 易见

$$E_k^*(\boldsymbol{x})=E_k^*(x_1,\cdots,x_n)=$$

$$E_k^*(x_2,\cdots,x_n)\prod_{2\leqslant i_1<\cdots<i_{k-1}\leqslant n}\left(x_1+\sum_{j=1}^{k-1}x_{i_j}\right)$$

从而

$$\ln E_k^*(\boldsymbol{x})=\ln E_k^*(x_2,\cdots,x_n)+\sum_{2\leqslant i_1<\cdots<i_{k-1}\leqslant n}\ln\left(x_1+\sum_{j=1}^{k-1}x_{i_j}\right)$$

$$E_k^{*-1}(\boldsymbol{x})\frac{\partial E_k^*(\boldsymbol{x})}{\partial x_1}=\sum_{2\leqslant i_1<\cdots<i_{k-1}\leqslant n}\left(x_1+\sum_{j=1}^{k-1}x_{i_j}\right)^{-1}$$

$$\frac{\partial E_k^*(\boldsymbol{x})}{\partial x_1}=E_k^*(\boldsymbol{x})\sum_{2\leqslant i_1<\cdots<i_{k-1}\leqslant n}\left(x_1+\sum_{j=1}^{k-1}x_{i_j}\right)^{-1}=$$

$$E_k^*(\boldsymbol{x})\left[\sum_{3\leqslant i_1<\cdots<i_{k-1}\leqslant n}\left(x_1+\sum_{j=1}^{k-1}x_{i_j}\right)^{-1}+\sum_{3\leqslant i_1<\cdots<i_{k-2}\leqslant n}\left(x_1+x_2+\sum_{j=1}^{k-2}x_{i_j}\right)^{-1}\right]\geqslant 0$$

同理

$$\frac{\partial E_k^*(\boldsymbol{x})}{\partial x_2}=E_k^*(\boldsymbol{x})\left[\sum_{3\leqslant i_1<\cdots<i_{k-1}\leqslant n}\left(x_2+\sum_{j=1}^{k-1}x_{i_j}\right)^{-1}+\sum_{3\leqslant i_1<\cdots<i_{k-2}\leqslant n}\left(x_1+x_2+\sum_{j=1}^{k-2}x_{i_j}\right)^{-1}\right]\geqslant 0$$

以及 $\frac{\partial E_k^*(\boldsymbol{x})}{\partial x_i}\geqslant 0,i=3,\cdots,n$. 由定理 1.1.4(a) 知 $E_k^*(\boldsymbol{x})$ 在 $\mathbf{R}_+^n$ 上递增.

对于任意 $\boldsymbol{x}\in(\mathbf{R}_+^n)^\circ$,有

$$(x_1-x_2)\left(\frac{\partial E_k^*}{\partial x_1}-\frac{\partial E_k^*}{\partial x_2}\right)=$$

$$(x_1-x_2)E_k^*(\boldsymbol{x})\sum_{3\leqslant i_1<\cdots<i_{k-1}\leqslant n}\left[\left(x_1+\sum_{j=1}^{k-1}x_{i_j}\right)^{-1}-\left(x_2+\sum_{j=1}^{k-1}x_{i_j}\right)^{-1}\right]=-(x_1-x_2)^2E_k^*(\boldsymbol{x})$$

$$\sum_{3\leqslant i_1<\cdots<i_{k-1}\leqslant n}\left(x_1+\sum_{j=1}^{k-1}x_{i_j}\right)^{-1}\left(x_2+\sum_{j=1}^{k-1}x_{i_j}\right)^{-1}<0$$

由定理 2.1.4 知 $E_k^*(\boldsymbol{x})$ 是 $\mathbf{R}_+^n$ 上的严格 $S-$凹函数

$$x_1\frac{\partial E_k^*(\boldsymbol{x})}{\partial x_1}=x_1E_k^*(\boldsymbol{x})\sum_{2\leqslant i_1<\cdots<i_{k-1}\leqslant n}\left(x_1+\sum_{j=1}^{k-1}x_{i_j}\right)^{-1}=$$

$$E_k^*(\boldsymbol{x})\left[\sum_{3\leqslant i_1<\cdots<i_{k-1}\leqslant n}x_1\left(x_1+\sum_{j=1}^{k-1}x_{i_j}\right)^{-1}+\right.$$

$$\left.\sum_{3\leqslant i_1<\cdots<i_{k-2}\leqslant n}x_1\left(x_1+x_2+\sum_{j=1}^{k-2}x_{i_j}\right)^{-1}\right]$$

$$x_2\frac{E_k^*(\boldsymbol{x})}{\partial x_2}=E_k^*(\boldsymbol{x})\left[\sum_{3\leqslant i_1<\cdots<i_{k-1}\leqslant n}x_2\left(x_2+\sum_{j=1}^{k-1}x_{i_j}\right)^{-1}+\right.$$

$$\left.\sum_{3\leqslant i_1<\cdots<i_{k-2}\leqslant n}x_2\left(x_1+x_2+\sum_{j=1}^{k-2}x_{i_j}\right)^{-1}\right]$$

从而对于任意 $\boldsymbol{x}\in(\mathbf{R}_{++}^n)^\circ$,有

$$(\ln x_1-\ln x_2)\left(x_1\frac{\partial E_k^*}{\partial x_1}-x_2\frac{\partial E_k^*}{\partial x_2}\right)=$$

$$(\ln x_1-\ln x_2)E_k^*(\boldsymbol{x})\left\{\sum_{3\leqslant i_1<\cdots<i_{k-1}\leqslant n}\left[x_1\left(x_1+\sum_{j=1}^{k-1}x_{i_j}\right)^{-1}-\right.\right.$$

$$\left.x_2\left(x_2+\sum_{j=1}^{k-1}x_{i_j}\right)^{-1}\right]+$$

$$\sum_{3\leqslant i_1<\cdots<i_{k-2}\leqslant n}\left[x_1\left(x_1+x_2+\sum_{j=1}^{k-2}x_{i_j}\right)^{-1}-\right.$$

$$\left.\left.x_2\left(x_1+x_2+\sum_{j=1}^{k-2}x_{i_j}\right)^{-1}\right]\right\}=$$

$$(\ln x_1-\ln x_2)(x_1-x_2)E_k^*(\boldsymbol{x})\cdot$$

$$\left\{\sum_{3\leqslant i_1<\cdots<i_{k-1}\leqslant n}\left(x_1+\sum_{j=1}^{k-1}x_{i_j}\right)^{-1}\left(x_2+\sum_{j=1}^{k-1}x_{i_j}\right)^{-1}\left(\sum_{j=1}^{k-1}x_{i_j}\right)+\right.$$

$$\left.\sum_{3\leqslant i_1<\cdots<i_{k-2}\leqslant n}\left(x_1+x_2+\sum_{j=1}^{k-2}x_{i_j}\right)^{-1}\right\}\geqslant 0$$

$$((\ln x_1-\ln x_2)(x_1-x_2)\geqslant 0)$$

由定理 2.4.3 知 $E_k^*(\boldsymbol{x})$ 是 $\mathbf{R}_{++}^n$ 上的 S — 几何凸函数

$$x_1^2\frac{\partial E_k^*(\boldsymbol{x})}{\partial x_1}=x_1^2E_k^*(\boldsymbol{x})\sum_{2\leqslant i_1<\cdots<i_{k-1}\leqslant n}\left(x_1+\sum_{j=1}^{k-1}x_{i_j}\right)^{-1}=$$

$$E_k^*(\boldsymbol{x})\Big[\sum_{3\leqslant i_1<\cdots<i_{k-1}\leqslant n}x_1^2\left(x_1+\sum_{j=1}^{k-1}x_{i_j}\right)^{-1}+$$

$$\sum_{3\leqslant i_1<\cdots<i_{k-2}\leqslant n}x_1^2\left(x_1+x_2+\sum_{j=1}^{k-2}x_{i_j}\right)^{-1}\Big]$$

$$x_2^2\frac{E_k^*(\boldsymbol{x})}{\partial x_2}=E_k^*(\boldsymbol{x})\cdot\Big[\sum_{3\leqslant i_1<\cdots<i_{k-1}\leqslant n}x_2^2\left(x_2+\sum_{j=1}^{k-1}x_{i_j}\right)^{-1}+$$

$$\sum_{3\leqslant i_1<\cdots<i_{k-2}\leqslant n}x_2^2\left(x_1+x_2+\sum_{j=1}^{k-2}x_{i_j}\right)^{-1}\Big]$$

从而对于任意 $\boldsymbol{x}\in(\mathbf{R}_{++}^n)^\circ$，有

$$(x_1-x_2)\left(x_1^2\frac{\partial E_k^*}{\partial x_1}-x_2^2\frac{\partial E_k^*}{\partial x_2}\right)=$$

$$(x_1-x_2)E_k^*(\boldsymbol{x})\{\sum_{3\leqslant i_1<\cdots<i_{k-1}\leqslant n}[x_1^2(x_1+\sum_{j=1}^{k-1}x_{i_j})^{-1}-$$

$$x_2^2(x_2+\sum_{j=1}^{k-1}x_{i_j})^{-1}]+\sum_{3\leqslant i_1<\cdots<i_{k-2}\leqslant n}[x_1^2(x_1+x_2+$$

$$\sum_{j=1}^{k-2}x_{i_j})^{-1}-x_2^2(x_1+x_2+\sum_{j=1}^{k-2}x_{i_j})^{-1}]\}=$$

$$(x_1-x_2)^2E_k^*(x)\cdot$$

$$\{\sum_{3\leqslant i_1<\cdots<i_{k-1}\leqslant n}\left(x_1+\sum_{j=1}^{k-1}x_{i_j}\right)^{-1}\left(x_2+\sum_{j=1}^{k-1}x_{i_j}\right)^{-1}\cdot$$

$$\left(x_1x_2+(x_1+x_2)\sum_{j=1}^{k-1}x_{i_j}\right)+$$

$$\sum_{3\leqslant i_1<\cdots<i_{k-2}\leqslant n}\left(x_1+x_2+\sum_{j=1}^{k-2}x_{i_j}\right)^{-1}\cdot(x_1+x_2)\}\geqslant 0$$

由定理2.5.2知$E_k^*(\boldsymbol{x})$是$\mathbf{R}_{++}^n$上的$S-$调和凸函数,证毕. □

注3.1.2 $E_k^*(\boldsymbol{x})$在$\mathbf{R}_+^n$上的$S-$凹性的另一证明见专著[22]第86页.

推论3.1.1 设$\boldsymbol{x}\in\mathbf{R}_+^n$,$n\geqslant 2$,且$E_1(\boldsymbol{x})=s>0$,$c\geqslant s$,$0\leqslant\alpha\leqslant 1$,则对于$k=1,\cdots,n$,有

$$\frac{E_k^*[(c-\boldsymbol{x})^\alpha]}{E_k^*(\boldsymbol{x}^\alpha)}\geqslant\left(\frac{nc}{s}-1\right)^{\alpha C_n^k}\tag{3.1.14}$$

当$\alpha=1$时,等式成立当且仅当$x_1=\cdots=x_n$.

证明 由$E_k^*(\boldsymbol{x})$在$\mathbf{R}_{++}^n$上的$S-$凹性并结合式(1.4.2)即可证得式(3.1.14). □

同样,结合式(1.4.6)可得

推论3.1.2 设$\boldsymbol{x}\in\mathbf{R}_+^n$,$n\geqslant 2$,且$E_1(\boldsymbol{x})=s$,$c\geqslant 0$,$0\leqslant\alpha\leqslant 1$,则对于$k=1,\cdots,n$,有

$$\frac{E_k^*[(c+\boldsymbol{x})^\alpha]}{E_k^*(\boldsymbol{x}^\alpha)}\geqslant\left(\frac{nc}{s}+1\right)^{\alpha C_n^k}\tag{3.1.15}$$

当$\alpha=1$时,等式成立当且仅当$x_1=\cdots=x_n$.

推论3.1.3 设$\boldsymbol{x}\in\mathbf{R}_+^n$,$n\geqslant 2$,且$E(\boldsymbol{x})=1>0$,$c\geqslant 1$,则对于$k=1,\cdots,n$,有

$$E_k^*(\boldsymbol{x})\geqslant\exp\left\{\frac{cC_n^k}{nc-1}\right\}E_k^*\left(x_1^{\frac{-1}{nc-1}},\cdots,x_n^{\frac{-1}{nc-1}}\right)\tag{3.1.16}$$

证明 在式(1.4.2)中取$s=1$且以$\ln x_i$代替x_i,则有

$$\left(\frac{c-\ln x_1}{nc-1},\cdots,\frac{c-\ln x_n}{nc-1}\right)\prec(\ln x_1,\cdots,\ln x_n)$$

即

$$\left(\ln\left(\frac{e^c}{x_1}\right)^{\frac{1}{nc-1}},\cdots,\ln\left(\frac{e^c}{x_n}\right)^{\frac{1}{nc-1}}\right)\prec(\ln x_1,\cdots,\ln x_n)$$

结合 $E_k^*(\boldsymbol{x})$ 在 $\mathbf{R}_{++}^n$ 上的 $S-$几何凸性，有

$$E_k^*\left(\left(\frac{\mathrm{e}^c}{x_1}\right)^{\frac{1}{nc-1}},\cdots,\left(\frac{\mathrm{e}^c}{x_n}\right)^{\frac{1}{nc-1}}\right)\leqslant E_k^*(\boldsymbol{x})$$

即式(3.1.16)成立. □

推论 3.1.4　设 $\boldsymbol{x}\in\mathbf{R}_+^n$，$n\geqslant 2$，且 $E(\boldsymbol{x})=1$，$c\geqslant 0$，则对于 $k=1,\cdots,n$，有

$$E_k^*(\boldsymbol{x})\geqslant\exp\left\{\frac{c\mathrm{C}_n^k}{nc-1}\right\}E_k^*\left(x_1^{\frac{-1}{nc-1}},\cdots,x_n^{\frac{-1}{nc-1}}\right)\tag{3.1.17}$$

证明　在式(1.4.6)中取 $s=1$ 且以 $\ln x_i$ 代替 x_i，则有

$$\left(\frac{c+\ln x_1}{nc-1},\cdots,\frac{c+\ln x_n}{nc-1}\right)\prec(\ln x_1,\cdots,\ln x_n)$$

即

$$(\ln(\mathrm{e}^c x_1)^{\frac{1}{nc+1}},\cdots,\ln(\mathrm{e}^c x_n)^{\frac{1}{nc+1}})\prec(\ln x_1,\cdots,\ln x_n)$$

结合 $E_k^*(\boldsymbol{x})$ 在 $\mathbf{R}_{++}^n$ 上的 $S-$几何凸性，有

$$E_k^*((\mathrm{e}^c x_1)^{\frac{1}{nc+1}},\cdots,(\mathrm{e}^c x_n)^{\frac{1}{nc+1}})\leqslant E_k^*(\boldsymbol{x})$$

即式(3.1.17)成立. □

推论 3.1.5　设 $\boldsymbol{x}\in\mathbf{R}_{++}^n$，$n\geqslant 2$，$0<r\leqslant s$，则

$$\frac{E_k^*(x_1^r,\cdots,x_n^r)}{E_k^*(x_1^s,\cdots,x_n^s)}\geqslant\left(\frac{\sum\limits_{j=1}^n x_j^r}{\sum\limits_{j=1}^n x_j^s}\right)^{\mathrm{C}_n^k}\tag{3.1.18}$$

证明　由 $E_k^*(\boldsymbol{x})$ 在 $\mathbf{R}_{++}^n$ 上的 $S-$凹性并结合式(1.4.7)即可证得式(3.1.18). □

3.2 初等对称函数商或差的 Schur 凸性

本节讨论初等对称函数商或差的 S－凸性.

3.2.1 初等对称函数商的 Schur 凸性

先给出国内学者建立的两个重要的不等式.

定理 3.2.1[79] 若 $1 < s < t < n$，则

$$\frac{G_n(\boldsymbol{x})}{G_n(1-\boldsymbol{x})} \leqslant \frac{P_t(\boldsymbol{x})}{P_t(1-\boldsymbol{x})} \leqslant \frac{P_s(\boldsymbol{x})}{P_s(1-\boldsymbol{x})} \leqslant \frac{A_n(\boldsymbol{x})}{A_n(1-\boldsymbol{x})} \tag{3.2.1}$$

其中 $\boldsymbol{x} \in \left(0, \frac{1}{2}\right]^n$.

定理 3.2.2[80] 设 $\boldsymbol{x}, \boldsymbol{y} \in \mathbf{R}_{++}^n$ 满足 $0 < y_1 \leqslant y_2 \leqslant \cdots \leqslant y_n$ 且 $0 < \frac{x_1}{y_1} \leqslant \frac{x_2}{y_2} \leqslant \cdots \leqslant \frac{x_n}{y_n}$，则对于 $1 < s < t < n$ 有

$$\frac{G_n(\boldsymbol{x})}{G_n(\boldsymbol{y})} \leqslant \frac{P_t(\boldsymbol{x})}{P_t(\boldsymbol{y})} \leqslant \frac{P_s(\boldsymbol{x})}{P_s(\boldsymbol{y})} \leqslant \frac{A_n(\boldsymbol{x})}{A_n(\boldsymbol{y})} \tag{3.2.2}$$

等式成立当且仅当 $\frac{x_1}{y_1} = \frac{x_2}{y_2} = \cdots = \frac{x_n}{y_n}$.

定理 3.2.3 若 $1 \leqslant p \leqslant k \leqslant n$，则：

(a)[22]80 $F_{k,p}(\boldsymbol{x}) = \left[\frac{E_k(\boldsymbol{x})}{E_{k-p}(\boldsymbol{x})}\right]^{\frac{1}{p}}$ 是 $\mathbf{R}_{++}^n$ 上的凹函数；因此 $F_{k,p}(\boldsymbol{x})$ 还是 $\mathbf{R}_{++}^n$ 上的 S－凹函数；

(b)[81] $F_{k,p}(\boldsymbol{x}) = \frac{E_k(\boldsymbol{x})}{E_{k-p}(\boldsymbol{x})}$ 是 $\mathbf{R}_{++}^n$ 上的严格递增和严格 S－凹函数.

在定理 3.2.3 中取 $p=1$,立得:

推论 3.2.1　$\dfrac{E_k(\boldsymbol{x})}{E_{k-1}(\boldsymbol{x})}$ 是 $\mathbf{R}_{++}^n$ 上的递增的凹函数和 $S-$凹函数.

定理 3.2.4[82]　设 $1\leqslant p<k\leqslant n$,则 $\dfrac{E_k(\boldsymbol{x})}{E_{k-p}(\boldsymbol{x})}$ 和 $\left(\dfrac{E_k(\boldsymbol{x})}{E_{k-p}(\boldsymbol{x})}\right)^{\frac{1}{p}}$ 在 $\mathbf{R}_{++}^n$ 上 $S-$调和凸.

推论 3.2.2　设 $1\leqslant p<k\leqslant n$,$\boldsymbol{x}\in\mathbf{R}_{++}^n$,则

$$\frac{n-k+1}{k}\cdot H(\boldsymbol{x})\leqslant\frac{E_k(\boldsymbol{x})}{E_{k-1}(\boldsymbol{x})}\leqslant\frac{n-k+1}{k}\cdot A(\boldsymbol{x})\tag{3.2.3}$$

推论 3.2.3　设 $1\leqslant p<k\leqslant n$,$\boldsymbol{x}\in\mathbf{R}_{++}^n$,则

$$\left(\frac{\mathrm{C}_n^k}{\mathrm{C}_n^{k-p}}\right)^{\frac{1}{p}}\cdot H(\boldsymbol{x})\leqslant\frac{E_k(\boldsymbol{x})}{E_{k-1}(\boldsymbol{x})}\leqslant\left(\frac{\mathrm{C}_n^k}{\mathrm{C}_n^{k-p}}\right)^{\frac{1}{p}}\cdot A(\boldsymbol{x})\tag{3.2.4}$$

文[82]末提出如下

问题 3.2.1　设 $1\leqslant k\leqslant n$,$\dfrac{E_k(\boldsymbol{x})}{E_{k-1}(\boldsymbol{x})}$ 在 $\mathbf{R}_{++}^n$ 上的 $S-$几何凸性如何?

利用推论 3.2.1,笔者[30]建立了下述定理 3.2.5 和定理 3.2.6 及推论 3.2.4.

定理 3.2.5　设 $\boldsymbol{x}\in\mathbf{R}_{++}^n$,$E_1(\boldsymbol{x})=s$,$c>s$,$0<\alpha\leqslant 1$,则

$$\frac{E_k((c-\boldsymbol{x})^\alpha)}{E_k(\boldsymbol{x}^\alpha)}\geqslant\left(\frac{nc}{s}-1\right)^\alpha\frac{E_{k-1}((c-\boldsymbol{x})^\alpha)}{E_{k-1}(\boldsymbol{x}^\alpha)},k=1,\cdots,n\tag{3.2.5}$$

其中 $E_k((c-\boldsymbol{x})^\alpha)=E_k((c-x_1)^\alpha,\cdots,(c-x_n)^\alpha)$, $E_k(\boldsymbol{x}^\alpha)=E_k(x_1^\alpha,\cdots,x_n^\alpha)$.

证明 因 $\dfrac{E_k(\boldsymbol{x})}{E_{k-1}(\boldsymbol{x})}$ 是 $\mathbf{R}_{++}^n$ 上的增的 $S-$凹函数,又当 $0<\alpha\leqslant 1$ 时 x^α 是凹函数,故 $\dfrac{E_k(\boldsymbol{x}^\alpha)}{E_{k-1}(\boldsymbol{x}^\alpha)}$ 亦是 $\mathbf{R}_{++}^n$ 上的 $S-$凹函数,结合式(1.4.2)有

$$\frac{E_k\left(\left(\frac{c-x_1}{nc-s}\right)^\alpha,\cdots,\left(\frac{c-x_n}{nc-s}\right)^\alpha\right)}{E_{k-1}\left(\left(\frac{c-x_1}{nc-s}\right)^\alpha,\cdots,\left(\frac{c-x_n}{nc-s}\right)^\alpha\right)}\geqslant$$

$$\frac{E_k\left(\left(\frac{x_1}{s}\right)^\alpha,\cdots,\left(\frac{x_n}{s}\right)^\alpha\right)}{E_{k-1}\left(\left(\frac{x_1}{s}\right)^\alpha,\cdots,\left(\frac{x_n}{s}\right)^\alpha\right)}$$

由此即得式(3.2.5). □

定理 3.2.6[30] 设 $\boldsymbol{x}\in\mathbf{R}_{++}^n$, $n\geqslant 2$, $E_1(\boldsymbol{x})=s$, $c>0$, $0<\alpha\leqslant 1$,则

$$\frac{E_k((c+\boldsymbol{x})^\alpha)}{E_k(\boldsymbol{x}^\alpha)}\geqslant \left(\frac{nc}{s}-1\right)^\alpha\frac{E_{k-1}((c+\boldsymbol{x})^\alpha)}{E_{k-1}(\boldsymbol{x}^\alpha)},k=1,\cdots,n \tag{3.2.6}$$

由定理 3.2.6 立得如下

推论 3.2.4[30] 设 $\boldsymbol{x}\in\mathbf{R}_{++}^n$, $n\geqslant 2$,且 $E(\boldsymbol{x})=s>0$, $c\geqslant s$, $0<\alpha\leqslant 1$,则

$$\frac{E_k[(c-\boldsymbol{x})^\alpha]}{E_k(\boldsymbol{x}^\alpha)}\geqslant\left(\frac{nc}{s}-1\right)^\alpha\cdot\frac{E_{k-1}[(c-\boldsymbol{x})^\alpha]}{E_{k-1}(\boldsymbol{x}^\alpha)}\geqslant\cdots\geqslant$$

$$\left(\frac{nc}{s}-1\right)^{(k-1)\alpha}\cdot\frac{E_1[(c-\boldsymbol{x})^\alpha]}{E_1(\boldsymbol{x}^\alpha)}\geqslant$$

$$\left(\frac{nc}{s}-1\right)^{k\alpha}\cdot\frac{E_0[(c-\boldsymbol{x})^\alpha]}{E_0(\boldsymbol{x}^\alpha)}=$$

$$\left(\frac{nc}{s}-1\right)^{k\alpha} \tag{3.2.7}$$

取 $s=c=\alpha=1$，则式(3.2.7)给出式(3.1.12)的加细.
记

$$A=\{\boldsymbol{x}\mid 0<x_i\leqslant\frac{1}{2}\}$$

$$\bar{A}=\{\boldsymbol{x}\mid 0\leqslant x_i\leqslant\frac{1}{2}\}$$

$$A^\circ=\{\boldsymbol{x}\mid 0<x_i<\frac{1}{2}\}$$

当 $0<\sigma<\frac{\pi}{2}$ 时，记

$$A_\sigma=\{\boldsymbol{x}\mid \boldsymbol{x}\in A,\sum_{i=1}^n x_i=\sigma\},$$

$$\bar{A}_\sigma=\{\boldsymbol{x}\mid \boldsymbol{x}\in \bar{A},\sum_{i=1}^n x_i=\sigma\}$$

2000 年，续铁权[83] 得到下述定理 3.2.7 和定理 3.2.8.

定理 3.2.7　当 $2\leqslant k\leqslant n$ 时，$\Phi(\boldsymbol{x})=\frac{E_k(1-\boldsymbol{x})}{E_k(\boldsymbol{x})}$ 在 $A=\{\boldsymbol{x}\mid 0<x_i\leqslant\frac{1}{2}\}$ 上严格 S－凸，若 $0<\sigma<\frac{\pi}{2}$，当 $k\geqslant 2\sigma+1$ 时，$\Phi(\boldsymbol{x})$ 在 $A_\sigma=\{\boldsymbol{x}\mid \boldsymbol{x}\in A,\sum_{i=1}^n x_i=\sigma\}$ 上无界；当 $2\leqslant k<2\sigma+1$ 时

$$\frac{E_k(1-\boldsymbol{x})}{E_k(\boldsymbol{x})}\leqslant\frac{(2-\alpha)E_{k-1}(1;2)+E_k(1;2)}{\alpha C_m^{k-1}+C_m^k} \tag{3.2.8}$$

等式当且仅当$\frac{n-1}{2}<\sigma<\frac{n}{2}$且$\boldsymbol{x}\downarrow=x_0$成立,其中$(1;2)$表示由$m$个1和$n-m-1$个2组成的向量.

定理 3.2.8 (a) 当$2\leqslant k\leqslant n$时,$\psi(\boldsymbol{x})=\frac{E_k(1+\boldsymbol{x})}{E_k(1-\boldsymbol{x})}$在$B=\{\boldsymbol{x}\mid 0\leqslant x_i<1\}$上严格$S-$凸.

(b) 当$\boldsymbol{x}\in B_\sigma=\{\boldsymbol{x}\mid \boldsymbol{x}\in B,\sum_{i=1}^{n}x_i=\sigma\}$时

$$\frac{E_k(1+\boldsymbol{x})}{E_k(1-\boldsymbol{x})}\geqslant\left(\frac{n+\sigma}{n-\sigma}\right)^k \tag{3.2.9}$$

等式当且仅当$x_1=\cdots=x_n=\frac{\sigma}{n}$时成立.

(c) 若$0<\sigma<n$,当$k\geqslant n+1-\sigma$时,$\psi(\boldsymbol{x})$在B_σ上无界;当$2\leqslant k<n+1-\sigma$时,设$[\sigma]=m,\sigma=m+\alpha$,$0\leqslant\alpha<1$,则

$$\frac{E_k(1+\boldsymbol{x})}{E_k(1-\boldsymbol{x})}\leqslant\frac{(1+\alpha)E_{k-1}(2;1)+E_k(2;1)}{(1-\alpha)\mathrm{C}_{n-m-1}^{k-1}+\mathrm{C}_{n-m-1}^{k}} \tag{3.2.10}$$

等式当且仅当$0<\sigma<1$且$\boldsymbol{x}\downarrow=(\sigma,0,\cdots,0)$成立,其中$(2;1)$表示由$m$个2和$n-m-1$个1组成的向量.

为证明上述两个定理,首先证明如下引理.

引理 3.2.1 若$1\leqslant k\leqslant n,\boldsymbol{x}\in A_\sigma$,则

$$\frac{E_k(1-\boldsymbol{x})}{E_k(\boldsymbol{x})}\geqslant\left(\frac{n-\sigma}{\sigma}\right)^k \tag{3.2.11}$$

若$2\leqslant k\leqslant n$,等式当且仅当$x_1=\cdots=x_n=\frac{\sigma}{n}$时成立.

证明 由定理 3.2.1 和$\frac{E_1(1-\boldsymbol{x})}{E_1(\boldsymbol{x})}=\frac{n-\sigma}{\sigma}$即得证. □

引理 3.2.2 当$2\leqslant k\leqslant n$时,$f(\boldsymbol{x})=\frac{E_k(\boldsymbol{x})}{E_k(1-\boldsymbol{x})}$

在 $\bar{A}$ 上严格 S－凹.

证明　记 $\tilde{\boldsymbol{x}}=(x_3,\cdots,x_n)$，则

$$f(\boldsymbol{x}):=\frac{E_k(\boldsymbol{x})}{E_k(1-\boldsymbol{x})}=$$

$$\frac{x_1x_2E_{k-2}(\tilde{\boldsymbol{x}})+(x_1+x_2)E_{k-1}(\tilde{\boldsymbol{x}})+E_k(\tilde{\boldsymbol{x}})}{(1-x_1)(1-x_2)E_{k-2}(1-\tilde{\boldsymbol{x}})+(2-x_1-x_2)E_{k-1}(1-\tilde{\boldsymbol{x}})+E_k(1-\tilde{\boldsymbol{x}})} \tag{3.2.12}$$

$$E_k^2(1-\boldsymbol{x})\frac{\partial f}{\partial x_1}=[x_2E_{k-2}(\tilde{\boldsymbol{x}})+E_{k-1}(\tilde{\boldsymbol{x}})]E_k(1-\boldsymbol{x})+[(1-x_2)E_{k-2}(1-\tilde{\boldsymbol{x}})+E_{k-1}(1-\tilde{\boldsymbol{x}})]E_k(\boldsymbol{x})$$

$$E_k^2(1-\boldsymbol{x})\frac{\partial f}{\partial x_2}=[x_1E_{k-2}(\tilde{\boldsymbol{x}})+E_{k-1}(\tilde{\boldsymbol{x}})]E_{k-1}(1-\boldsymbol{x})+[(1-x_1)E_{k-2}(1-\tilde{\boldsymbol{x}})+E_{k-1}(1-\tilde{\boldsymbol{x}})]E_k(\boldsymbol{x})$$

$$(x_1-x_2)E_k^2(1-\boldsymbol{x})\left(\frac{\partial f}{\partial x_2}-\frac{\partial f}{\partial x_2}\right)=-(x_1-x_2)^2[E_k(1-\boldsymbol{x})E_{k-2}(\tilde{\boldsymbol{x}})-E_k(\boldsymbol{x})E_{k-2}(1-\tilde{\boldsymbol{x}})] \tag{3.2.13}$$

由定理 3.2.1，当 $\boldsymbol{x}\in A^{\circ}$ 时，有

$$\frac{x_1x_2E_{k-2}(\tilde{\boldsymbol{x}})}{(1-x_1)(1-x_2)E_{k-2}(1-\tilde{\boldsymbol{x}})}<\frac{E_{k-2}(\tilde{\boldsymbol{x}})}{E_{k-2}(1-\tilde{\boldsymbol{x}})}$$

$$\frac{(x_1+x_2)E_{k-1}(\tilde{\boldsymbol{x}})}{(2-x_1-x_2)E_{k-1}(1-\tilde{\boldsymbol{x}})}<\frac{E_{k-2}(\tilde{\boldsymbol{x}})}{E_{k-2}(1-\tilde{\boldsymbol{x}})}$$

和

$$\frac{E_k(\widetilde{\boldsymbol{x}})}{E_k(1-\widetilde{\boldsymbol{x}})}<\frac{E_{k-2}(\widetilde{\boldsymbol{x}})}{E_{k-2}(1-\widetilde{\boldsymbol{x}})}$$

再结合式(3.2.12)得

$$\frac{E_k(\boldsymbol{x})}{E_k(1-\boldsymbol{x})}<\frac{E_{k-2}(\widetilde{\boldsymbol{x}})}{E_{k-2}(1-\widetilde{\boldsymbol{x}})}$$

即 $E_k(1-\boldsymbol{x})E_{k-2}(\widetilde{\boldsymbol{x}})-E_k(\boldsymbol{x})E_{k-2}(1-\widetilde{\boldsymbol{x}})>0$,进而由式(3.1.13)知,当 $\boldsymbol{x}\in A^{\circ}$ 且 $x_1\neq x_2$ 时,有 $(x_1-x_2)\left(\frac{\partial f}{\partial x_1}-\frac{\partial f}{\partial x_2}\right)<0$,故由定理2.1.4知 $f(\boldsymbol{x})$ 在 $\bar{A}$ 上严格 $S-$凹.

当 $0<\sigma<\frac{\pi}{2}$ 时,设 $[2\sigma]=m,2\sigma=m+\alpha$,则 $0\leqslant\sigma\leqslant 1$.记

$$x_0=\Big(\overbrace{\frac{1}{2},\cdots,\frac{1}{2}}^{m},\frac{\alpha}{2},\overbrace{0,\cdots,0}^{n-m-1}\Big)$$

规定当 $i<0$ 或 $i>n$ 时 $C_n^i=0$.

推论 3.2.5 当 $2\leqslant k\leqslant n,\boldsymbol{x}\in\bar{A}_\sigma$ 时

$$\frac{\alpha C_m^{k-1}+C_m^k}{(2-\alpha)E_{k-1}(1;2)+E_k(1;2)}\leqslant\frac{E_k(x)}{E_k(1-x)}\leqslant\left(\frac{\sigma}{n-\sigma}\right)^k \tag{3.2.14}$$

右边等式当且仅当 $x_1=\cdots=x_n=\frac{\sigma}{n}$ 时成立,左边等式当且仅当 $\boldsymbol{x}\downarrow=\boldsymbol{x}_0$ 时成立.

证明 由 $\left(\frac{\sigma}{n},\cdots,\frac{\sigma}{n}\right)\prec\boldsymbol{x}\prec\boldsymbol{x}_0$ 及 $f(\boldsymbol{x})$ 在 $\bar{A}$ 上

严格 $S-$凹得

$$\left(\frac{\sigma}{n-\sigma}\right)^k=f\left(\frac{\sigma}{n},\cdots,\frac{\sigma}{n}\right)\geqslant f(\boldsymbol{x})\geqslant f(\boldsymbol{x}_0)=$$

$$\frac{E_k(\boldsymbol{x}_0)}{E_k(1-\boldsymbol{x}_0)}=\frac{E_k(2\boldsymbol{x}_0)}{E_k(2-2\boldsymbol{x}_0)}$$

注意

$$E_k(2\boldsymbol{x}_0)=E_k(\overbrace{1,\cdots,1}^{m},\alpha,\overbrace{0,\cdots,0}^{n-m-1})=\alpha C_m^{k-1}+C_m^k$$

$$E_k(2-2\boldsymbol{x}_0)=E_k(\overbrace{1,\cdots,1}^{m},2-\alpha,\overbrace{2,\cdots,2}^{n-m-1})=$$
$$(2-\alpha)E_{k-1}(1;2)+E_k(1;2)$$

即知式(3.2.14)成立.由 $f(x)$ 严格 $S-$凹可得等式成立条件. □

注 3.2.1　因

$$E_k(1;2)=\sum_{i=0}^{k-1}E_{k-i-1}(1,\cdots,1)E_i(2,\cdots,2)=$$
$$\sum_{i=0}^{k-1}2^iC_m^{k-i}C_{n-m-1}^iE_k(1;2)=$$
$$\sum_{i=0}^{k}E_{k-i}(1,\cdots,1)E_i(2,\cdots,2)=$$
$$\sum_{i=0}^{k}2^iC_m^{k-i-1}C_{n-m-1}^i$$

定理 3.2.7 的证明　若 $\boldsymbol{x},\boldsymbol{y}\in A$ 且 $\boldsymbol{x}\prec\prec\boldsymbol{y}$,由引理 3.2.2, $\frac{E_k(\boldsymbol{x})}{E_k(1-\boldsymbol{x})}>\frac{E_k(\boldsymbol{y})}{E_k(1-\boldsymbol{y})}>0$, 即 $\frac{E_k(1-\boldsymbol{x})}{E_k(\boldsymbol{x})}<\frac{E_k(1-\boldsymbol{y})}{E_k(\boldsymbol{y})}$,故 $\Phi(\boldsymbol{x})$ 在 A 上严格 $S-$凸.

若 $0<\sigma<\frac{n}{2}$,当 $k\geqslant 2\sigma+1=m+\alpha+1\geqslant m$, $k-1\geqslant m$ 且 $k-1=m$ 时,$\alpha=0$.由式(3.2.14),在 $\bar{A}_\sigma$

上 $f(\boldsymbol{x}_0)=0$，这时在 A_σ 上，当 $\boldsymbol{x}\to\boldsymbol{x}_0$，有 $\Phi(\boldsymbol{x})=(f(\boldsymbol{x}))^{-1}\to+\infty$，即 $\Phi(\boldsymbol{x})$ 在 A_σ 上无界. 当 $2\leqslant k<2\sigma+1, k-1\leqslant m$ 且 $k-1=m$ 时，$\alpha>0$，由式(3.2.14)，在 $\bar{A}_\sigma$ 上，$f(\boldsymbol{x}_0)>0$. 再由式(3.2.14)得式(3.2.8). 当且仅当 $\boldsymbol{x}_0\leqslant A_\sigma$ 且 $\boldsymbol{x}\downarrow=\boldsymbol{x}_0$ 时，式(3.2.8)的等式成立. 而 $\boldsymbol{x}_0\in A_\sigma$ 等价于 $\boldsymbol{x}_0=\Big(\overbrace{\frac{1}{2},\cdots,\frac{1}{2}}^{n-1},\frac{\alpha}{2}\Big)$ 且 $0<\alpha<1$，即 $\frac{n-1}{2}<\alpha<\frac{n}{2}$. □

定理 3.2.8 的证明 (a) 当 $\boldsymbol{x}\in B$ 时，则 $\frac{1-\boldsymbol{x}}{2}=\left(\frac{1-x_1}{2},\cdots,\frac{1-x_n}{2}\right)\in A$，且

$$\psi(\boldsymbol{x})=\frac{E_k(1+\boldsymbol{x})}{E_k(1-\boldsymbol{x})}=\frac{E_k\left(\frac{1+\boldsymbol{x}}{2}\right)}{E_k\left(\frac{1-\boldsymbol{x}}{2}\right)}=$$

$$\frac{E_k\left(1-\frac{1-\boldsymbol{x}}{2}\right)}{E_k\left(\frac{1-\boldsymbol{x}}{2}\right)}=\Phi\left(\frac{1-\boldsymbol{x}}{2}\right)$$

若 $\boldsymbol{x},\boldsymbol{y}\in B$ 且 $\boldsymbol{x}\prec\prec\boldsymbol{y}$，则 $\frac{1-\boldsymbol{x}}{2},\frac{1-\boldsymbol{y}}{2}\in A$ 且 $\frac{1-\boldsymbol{x}}{2}\prec\prec\frac{1-\boldsymbol{y}}{2}$，由定理 3.2.7，有 $\Phi\left(\frac{1-\boldsymbol{x}}{2}\right)<\Phi\left(\frac{1-\boldsymbol{y}}{2}\right)$，即 $\psi(\boldsymbol{x})<\psi(\boldsymbol{y})$，故 $\psi(\boldsymbol{x})$ 在 B 上严格 $S-$凸.

(b) 若 $\sum\limits_{i=1}^{n}x_i=\sigma, 0<\sigma<n$，则 $\sigma_1:=\sum\limits_{i=1}^{n}\frac{1-x_i}{2}=$

$\frac{n-\sigma}{2}$，$0<\sigma_1<\frac{n}{2}$. 当且仅当 $\boldsymbol{x}\in B_\sigma$ 时，$\frac{1-\boldsymbol{x}}{2}\in A_{\sigma_1}$. 由式(3.2.11)有

$$\psi(\boldsymbol{x})=\Phi\left(\frac{1-\boldsymbol{x}}{2}\right)\geqslant\left(\frac{n-\sigma_1}{\sigma_1}\right)^k=\left(\frac{n+\sigma}{n-\sigma}\right)^k$$

且等式成立条件为 $\frac{1-\boldsymbol{x}}{2}=\left(\frac{\sigma_1}{n},\cdots,\frac{\sigma_1}{n}\right)=\left(\frac{1-\frac{\sigma}{n}}{2},\cdots,\frac{1-\frac{\sigma}{n}}{2}\right)$，即 $\boldsymbol{x}=\left(\frac{\sigma}{n},\cdots,\frac{\sigma}{n}\right)$.

(c) 若 $0<\sigma<n$，$k\geqslant 2\sigma_1+1=n+1-\sigma$，由定理 3.2.6，$\Phi(\boldsymbol{x})$ 在 A_{σ_1} 上无上界，从而 $\psi(\boldsymbol{x})$ 在 B_σ 上无上界. 当 $k<2\sigma_1+1=n+1-\sigma$ 时，因 $2\sigma_1=n-\sigma=n-(m+\alpha)=(n-m+1)+(1-\alpha)$，在式(3.2.8)中依次将 $\frac{E_k(1-\boldsymbol{x})}{E_k(\boldsymbol{x})}$，$m$，$n-m-1$ 换成 $\frac{E_k(1-\boldsymbol{x})}{E_k(\boldsymbol{x})}$，$n-m-1$，$m$，$1-\alpha$ 所得不等式，等式成立条件 $\frac{n-1}{2}<\sigma_1=\frac{n-\sigma}{n}=\frac{n}{2}$ 且 $\frac{1-\boldsymbol{x}}{2}\downarrow=\left(\frac{1}{2},\cdots,\frac{1}{2},\frac{1-\alpha}{2}\right)$ $(0<\alpha<1)$，即 $0<\sigma<1$ 且 $\boldsymbol{x}\downarrow=(\sigma,0,\cdots,0)$. □

推论 3.2.6　设 $0<\sigma<1$，$\boldsymbol{x}\in B_\sigma$. 若 $1\leqslant k\leqslant n$，则

$$\left(\frac{n+\sigma}{n-\sigma}\right)^k\leqslant\frac{E_k(1+\boldsymbol{x})}{E_k(1-\boldsymbol{x})}\leqslant\frac{\mathrm{C}_n^k+\sigma\mathrm{C}_{n-1}^{k-1}}{\mathrm{C}_n^k-\sigma\mathrm{C}_{n-1}^{k-1}}\tag{3.2.15}$$

证明　当 $k=1$ 时，式(3.2.13)是等式. 当 $2\leqslant k\leqslant n$ 时，因 $0<\sigma<1$，在定理 3.2.7 中取 $m=0$，$\alpha=\sigma$，有

$$(1+\alpha)E_{k-1}(2;1)+E_k(2;1)=$$
$$(1+\alpha)C_{n-1}^{k-1}+C_{n-1}^{k}=C_n^k+\sigma C_{n-1}^{k-1}$$
$$(1-\alpha)C_{n-m-1}^{k-1}+C_{n-m-1}^{k}=$$
$$(1-\sigma)C_{n-1}^{k-1}+C_{n-1}^{k}=C_n^k-\sigma C_{n-1}^{k-1}$$

由式(3.2.9)和式(3.2.10)得式(3.2.15). □

3.2.2 初等对称函数差的 Schur 凸性

由推论 3.2.1 知商函数$\dfrac{E_k(\boldsymbol{x})}{E_{k-1}(\boldsymbol{x})}$在 $\mathbf{R}_+^n$ 上 S－凹. 很自然猜想差函数$E_k(\boldsymbol{x})-E_{k-1}(\boldsymbol{x})$在 $\mathbf{R}_+^n$ 上也 S－凹. 但实际上此猜想不成立. 例如在 $\mathbf{R}_+^3$ 中取 $\boldsymbol{x}=(1,1,1)$, $\boldsymbol{y}=(2,0.5,0.5)$,则 $\boldsymbol{x}\prec\boldsymbol{y}$,而 $E_3(\boldsymbol{x})-E_2(\boldsymbol{x})=-2<E_3(\boldsymbol{y})-E_2(\boldsymbol{y})=-1\ 175$;若取 $\boldsymbol{x}=(5,5,5)$,$\boldsymbol{y}=(10,3,2)$,则 $\boldsymbol{x}\prec\boldsymbol{y}$,但 $E_3(\boldsymbol{x})-E_2(\boldsymbol{x})=50>E_3(\boldsymbol{y})-E_2(\boldsymbol{y})=4$. 这说明 $E_k(\boldsymbol{x})-E_{k-1}(\boldsymbol{x})$ 在 $\mathbf{R}_+^n$ 上的 S－凹凸性不确定. 但笔者[84]获得了如下两个结果.

定理 3.2.9 若 $3\leqslant k\leqslant n$,则 $E_k(\boldsymbol{x})-E_{k-1}(\boldsymbol{x})$ 是单形 $\Omega_n=\{\boldsymbol{x}\in\mathbf{R}_+^n,E_1(\boldsymbol{x})\leqslant 1\}$ 上的递减的 S－凸函数;当 $k=2$ 时,$E_k(\boldsymbol{x})-E_{k-1}(\boldsymbol{x})$ 是 Ω_n 上的递减的S－凹函数.

定理 3.2.10 设 $n\geqslant 2$,若 $n\geqslant k\geqslant\dfrac{n+3}{2}$,则 $E_k(\boldsymbol{x})-E_{k-1}(\boldsymbol{x})$ 是 n 维立方体 $\Omega'_n=\{\boldsymbol{x}\in\mathbf{R}_+^n,0\leqslant x_i\leqslant 1,i=1,\cdots,n\}$ 上的递减的 S－凸函数;当 $k=2$ 时,$E_k(\boldsymbol{x})-E_{k-1}(\boldsymbol{x})$ 是 Ω'_n 上的递减的 S－凹函数.

为证明定理 3.2.9 和定理 3.2.10,先给出如下引理.

引理 3.2.3 设 $\boldsymbol{x}\in\mathbf{R}_+^n$,$k=1,2,\cdots,n$,若

$E_1(\boldsymbol{x}) \leqslant \dfrac{nk}{n-k+1}$,则

$$E_k(\boldsymbol{x}) \geqslant E_{k-1}(\boldsymbol{x})$$

证明　由式(3.1.6)有

$$\frac{E_{k-1}(\boldsymbol{x})}{C_n^{k-1}} \geqslant \left[\frac{E_k(\boldsymbol{x})}{C_n^k}\right]^{\frac{k-1}{k}}$$

和

$$\frac{E_1(\boldsymbol{x})}{C_n^1} \geqslant \left[\frac{E_k(\boldsymbol{x})}{C_n^k}\right]^{\frac{1}{k}}$$

两式对应相乘得 $\dfrac{E_1(\boldsymbol{x})E_{k-1}(\boldsymbol{x})}{C_n^1 C_n^{k-1}} \geqslant \dfrac{E_k(\boldsymbol{x})}{C_n^k}$, 即 $E_{k-1}(\boldsymbol{x}) \geqslant \dfrac{C_n^1 C_n^{k-1}}{C_n^k E_1(\boldsymbol{x}) E_k(\boldsymbol{x})}$, 注意到 $E_1(\boldsymbol{x}) \leqslant \dfrac{nk}{n-k+1} \Leftrightarrow \dfrac{C_n^1 C_n^{k-1}}{C_n^k E_1(\boldsymbol{x})} \geqslant 1$,即知引理 3.2.3 成立. □

定理 3.2.9 的证明　记 $\varphi(\boldsymbol{x}) = E_k(\boldsymbol{x}) - E_{k-1}(\boldsymbol{x})$,利用恒等式(3.1.1)可算得

$$\frac{\partial \varphi(\boldsymbol{x})}{\partial x_1} = E_{k-1}(x_2, \cdots, x_n) - E_{k-2}(x_2, \cdots, x_n)$$

当 $2 \leqslant k \leqslant n$ 时,$E_1(x_2, \cdots, x_n) \leqslant 1 + \dfrac{n(k-2)}{n-k+1} = \dfrac{(n-1)(k-1)}{(n-1)-(k-1)+1}$,据引理 3.2.3 知 $\dfrac{\partial \varphi(\boldsymbol{x})}{\partial x_1} \leqslant 0$,同理 $\dfrac{\partial \varphi(\boldsymbol{x})}{\partial x_i} \leqslant 0, i = 2, \cdots, n$,故 $\varphi(\boldsymbol{x})$ 是 Ω_n 上的减函数.

利用恒等式(3.1.2)可算得

$$\Delta := (x_1 - x_2)\left(\frac{\partial \varphi}{\partial x_1} - \frac{\partial \varphi}{\partial x_2}\right) = (x_1 - x_2)^2 [E_{k-3}(x_3, \cdots, x_n) - E_{k-2}(x_3, \cdots, x_n)]$$

当 $k = 2$ 时,$\Delta = (x_1 - x_2)^2(0-1) \leqslant 0$,当 $3 \leqslant k \leqslant n$

时，因 $E_1(x_2,\cdots,x_n) \leqslant 1+\frac{(n-1)(k-3)}{n-k+1}=\frac{(n-2)(k-2)}{(n-2)-(k-2)+1}$，据引理 3.2.3 知 $\Delta \geqslant 0$，由此得证. □

定理 3.2.10 的证明　注意当 $n \geqslant k \geqslant \frac{n+3}{2}$ 时，有

$$E_1(x_2,\cdots,x_n) \leqslant n-1 \leqslant \frac{(n-1)(k-1)}{(n-1)-(k-1)+1}$$

和

$$E_1(x_3,\cdots,x_n) \leqslant n-1 \leqslant \frac{(n-2)(k-2)}{(n-2)-(k-2)+1}$$

从而由引理 3.2.3 即可得证. □

推论 3.2.7　当 $\lambda \geqslant 1, 3 \leqslant k \leqslant n$ 时，$\varphi(\boldsymbol{x},\lambda)=E_k(\boldsymbol{x})-\lambda E_{k-1}(\boldsymbol{x})$ 是 Ω_n 上递减的 $S-$凸函数，当 $0<\lambda \leqslant 1, k=2$ 时，$\varphi(\boldsymbol{x},\lambda)$ 是 Ω_n 上的 $S-$凹函数.

证明　由定理 3.2.10，当 $3 \leqslant k \leqslant n$ 时，$E_k(\boldsymbol{x})-E_{k-1}(\boldsymbol{x})$ 是 $\Omega_n=\{\boldsymbol{x} \in \mathbf{R}_+^n, E_1(\boldsymbol{x}) \leqslant 1\}$ 上递减的 $S-$凸函数；而 $E_k(\boldsymbol{x})$ 是 $\mathbf{R}_+^n$ 上递增的 $S-$凹函数，即 $-E_k(\boldsymbol{x})$ 是 Ω_n 上递减的 $S-$凸函数，故当 $\lambda \geqslant 1$ 时

$$\varphi(\boldsymbol{x},\lambda)=E_k(\boldsymbol{x})-\lambda E_{k-1}(\boldsymbol{x})=\lambda[E_k(\boldsymbol{x})-E_{k-1}(\boldsymbol{x})]+(\lambda-1)[-E_k(\boldsymbol{x})]$$

是 Ω_n 上的两个递减的 $S-$凸函数的非负线性组合，因而也是 Ω_n 上递减的 $S-$凸函数. 当 $k=2$ 时，据定理 3.2.8，$E_k(\boldsymbol{x})-E_{k-1}(\boldsymbol{x})$ 是 Ω_n 上的 $S-$凹函数，而当 $0<\lambda \leqslant 1, k=2$ 时

$$\varphi(\boldsymbol{x},\lambda)=E_k(\boldsymbol{x})-\lambda E_{k-1}(\boldsymbol{x})=\lambda[E_k(\boldsymbol{x})-E_{k-1}(\boldsymbol{x})]+(1-\lambda)E_k(\boldsymbol{x})$$

是 Ω_n 上的两个 $S-$ 凹函数的非负线性组合，因而亦是 Ω_n 上的 $S-$ 凹函数. □

类似地由定理 3.2.10 可得

推论 3.2.8　设 $n \geqslant 2, \lambda \geqslant 1$，当 $n \geqslant k \geqslant \frac{n+3}{2}$ 时，$\varphi(\boldsymbol{x},\lambda)=E_k(\boldsymbol{x})-\lambda E_{k-1}(\boldsymbol{x})$ 是 Ω'_n 上的递减的 $S-$ 凸函数，当 $0<\lambda \leqslant 1, k=2$ 时，$\varphi(\boldsymbol{x},\lambda)$ 是 Ω'_n 上的 $S-$ 凹函数.

推论 3.2.9　设 $\lambda \geqslant 1$，当 $n \geqslant k > j \geqslant 2$ 时，$\varphi(\boldsymbol{x},\lambda)=E_k(\boldsymbol{x})-\lambda E_j(\boldsymbol{x})$ 是 Ω_n 上的递减的 $S-$ 凸函数.

证明　注意到

$$\begin{aligned}\varphi(\boldsymbol{x},\lambda)=&[E_k(\boldsymbol{x})-E_{k-1}(\boldsymbol{x})]+\\&[E_{k-1}(\boldsymbol{x})-E_{k-2}(\boldsymbol{x})]+\cdots+\\&[E_{j+1}(\boldsymbol{x})-\lambda E_j(\boldsymbol{x})]\end{aligned}$$

由推论 3.2.7 即得证. □

类似地由推论 3.2.8 可得

推论 3.2.10　设 $n \geqslant 2, \lambda \geqslant 1$，当 $n \geqslant k > j \geqslant \frac{n+3}{2}$ 时，$\varphi(\boldsymbol{x},\lambda)=E_k(\boldsymbol{x})-\lambda E_j(\boldsymbol{x})$ 是 Ω'_n 上的递减的 $S-$ 凸函数.

定理 3.2.11[22]　函数

$$\varphi(\boldsymbol{x})=E_1^{n-k}(\boldsymbol{x})E_k(\boldsymbol{x})-(n-2)^{n-k}\mathrm{C}_{n-2}^{k-2}E_n(\boldsymbol{x}) \tag{3.2.16}$$

在 $\mathbf{R}_{++}^n$ 上 $S-$ 凹，$k=2,3,\cdots,n-1$.

证明　显然 $\varphi(\boldsymbol{x})$ 对称，注意 $\frac{\partial\varphi}{\partial x_1}-\frac{\partial\varphi}{\partial x_2}=-(x_1-x_2)E_{k-2}(x_3,\cdots,x_n)$，有

$$\Delta := (x_1 - x_2)\left(\frac{\partial\varphi}{\partial x_1} - \frac{\partial\varphi}{\partial x_2}\right) =$$

$$-(x_1 - x_2)^2 E_1^{n-k}(x_1,\cdots,x_n)E_{k-2}(x_3,\cdots,x_n) +$$

$$(n-2)^{n-k}C_{n-2}^{n-k}(x_1 - x_2)^2 E_{n-2}(x_3,\cdots,x_n) \leqslant$$

$$(x_1 - x_2)^2[-E_1^{n-k}(x_3,\cdots,x_n)E_{k-2}(x_3,\cdots,x_n) +$$

$$(n-2)^{n-k}C_{n-2}^{n-k}E_{n-2}(x_3,\cdots,x_n)] =$$

$$(x_1 - x_2)^2 C_{n-2}^{n-k}(n-2)^{n-k}\left[E_{n-2}(x_3,\cdots,x_n) - \right.$$

$$\left.\frac{E_{k-2}(x_3,\cdots,x_n)}{C_{n-2}^{n-k}}\left(\frac{E_1(x_3,\cdots,x_n)}{C_{n-2}^1}\right)^{n-k}\right]$$

由式(3.1.4)知

$$\frac{\dfrac{E_{k+1}(x_3,\cdots,x_n)}{C_{n-2}^{k+1-2}}}{\dfrac{E_k(x_3,\cdots,x_n)}{C_{n-2}^{k-2}}}$$

关于 $k=1,\cdots,n-1$ 递减,故 $\Delta \leqslant 0$,证毕. □

设 $x,y,z \geqslant 0, x+y+z=1$,则

$$0 \leqslant xy + yz + zx - 2xyz \leqslant \frac{7}{27} \quad (3.2.17)$$

这是第 25 届 IMO 试题,笔者曾探求式(3.2.17)的概率证法,未能奏效,但发现式(3.2.17)的如下等价形式

$$0 \leqslant (1-x)(1-y)(1-z) - xyz \leqslant \left(1-\frac{1}{3}\right)^3 - \left(\frac{1}{3}\right)^3 \quad (3.2.18)$$

由此考虑到它的高维推广:

设 $\boldsymbol{x} \in \mathbf{R}_+^n$ 且 $E_1(\boldsymbol{x})=1$.则

$$0\leqslant\prod_{i=1}^{n}(1-x_i)-\prod_{i=1}^{n}x_i\leqslant\left(1-\frac{1}{n}\right)^n-\left(\frac{1}{n}\right)^n \tag{3.2.19}$$

并用逐步调整法证得上式(见[85]),进而将式(3.2.19)引申至初等对称函数的情形:

设 $\boldsymbol{x}\in\mathbf{R}_+^n$ 且 $E_1(\boldsymbol{x})=1$,则

$$0\leqslant E_k(1-\boldsymbol{x})-E_k(\boldsymbol{x})\leqslant C_n^k\left[\left(1-\frac{1}{n}\right)^k-\left(\frac{1}{n}\right)^k\right] \tag{3.2.20}$$

笔者仍用逐步调整法证得式(3.2.20)(见[86]),进一步又考虑了指数推广并引入参变量,得到

定理 3.2.12[76]　设 $\boldsymbol{x}\in\mathbf{R}_{++}^n$ 且 $E_1(x)=1$,则

$$(C_{n-1}^k)^r\leqslant E_k^r(1-\boldsymbol{x}^\alpha)-\lambda E_k^r(\boldsymbol{x}^\alpha)\leqslant (C_n^k)^r\left[\left(1-\frac{1}{n^\alpha}\right)^{kr}-\left(\frac{1}{n^\alpha}\right)^k\right] \tag{3.2.21}$$

其中 $n\geqslant 3,r\geqslant 1,\alpha\geqslant 1,k=2,\cdots,n,0\leqslant\lambda\leqslant\max\{1,(n-1)^{k(r-1)}\}$. 当 $k=1$ 时,式(3.2.21)左端换成 $(C_{n-1}^k)^r-1$.

此时用逐步调整法证明式(3.2.21)失效,现用控制方法证明:

证明　当 $k>n$ 时,规定 $C_n^k=0$. 记 $\Omega=\{\boldsymbol{x}\mid\boldsymbol{x}\in\mathbf{R}_+^n,E_1(\boldsymbol{x})\leqslant 1\}$,考虑 Ω 上的函数

$$\varphi(\boldsymbol{x})=E_k^r(1-\boldsymbol{x})-\lambda E_k^r(\boldsymbol{x})$$

利用式(3.1.1)可算得

$$\frac{\partial\varphi(\boldsymbol{x})}{\partial x_1}=-r[E_k^{r-1}(1-\boldsymbol{x})E_{k-1}(1-x_2,\cdots,1-x_n)+\lambda E_k^{r-1}(\boldsymbol{x})E_{k-2}(x_2,\cdots,x_n)]\leqslant 0$$

同理$\frac{\partial \varphi(\boldsymbol{x})}{\partial x_i} \leqslant 0, i=2,\cdots,n$，故 $\varphi(\boldsymbol{x})$ 是 Ω 上的减函数.

利用式(3.1.2)可算得

$$(x_1-x_2)\left(\frac{\partial \varphi(\boldsymbol{x})}{\partial x_1}-\frac{\partial \varphi(\boldsymbol{x})}{\partial x_2}\right)=-r(x_1-x_2)^2 \cdot$$
$$[E_k^{r-1}(1-\boldsymbol{x})E_{k-1}(1-x_3,\cdots,1-x_n)-$$
$$\lambda E_k^{r-1}(\boldsymbol{x})E_{k-2}(x_3,\cdots,x_n)]$$

由式(3.1.12)知上式不大于零，故 $\varphi(\boldsymbol{x})$ 是 Ω 上的 $S-$凹函数，又 $\boldsymbol{x}^\alpha$ 当 $\alpha \geqslant 1$ 时是凸函数，由定理 2.2.2(d) 知 $\psi(\boldsymbol{x})=\varphi(\boldsymbol{x}^\alpha)$ 亦是 Ω 上的 $S-$凹函数，从而由

$$\left(\frac{1}{n},\cdots,\frac{1}{n}\right) \prec (x_1,\cdots,x_n) \prec (1,0,\cdots,0)$$

有

$$\psi\left(\frac{1}{n},\cdots,\frac{1}{n}\right) \geqslant \psi(x_1,\cdots,x_n) \geqslant \psi(1,0,\cdots,0)$$

即式(3.2.21)成立. □

笔者猜测对于 $E_k(\boldsymbol{x})$ 的对偶式 $E_k^*(\boldsymbol{x})$ 有如下类似的不等式成立：

猜想 3.2.1 设 $\boldsymbol{x} \in \mathbf{R}_{++}^n, n \geqslant 2, E_1(\boldsymbol{x}) \leqslant 1$，则对于 $k=1,\cdots,n$，有

$$E_k^*(1-\boldsymbol{x})-E_k^*(\boldsymbol{x}) \leqslant \left[\frac{k(n-1)}{n}\right]^{C_n^k}-\left(\frac{k}{n}\right)^{C_n^k} \tag{3.2.22}$$

张小明，李世杰[87] 考察了与初等对称函数差有关的 $S-$几何凸性，得到如下结果.

定理 3.2.13 设 $n \geqslant 3, 2 \leqslant k \leqslant n-1$，则 $E_k^2(\boldsymbol{x})-E_{k-1}(\boldsymbol{x})E_{k+1}(\boldsymbol{x})$ 是 $\mathbf{R}_{++}^n$ 上的 $S-$几何凸函数.

证明 记 $\tilde{\boldsymbol{x}}=(x_3,x_4,\cdots,x_n)$，当 $n \geqslant 3, k=2$ 时

$$f(\boldsymbol{x})=E_2^2(\boldsymbol{x})-E_1(\boldsymbol{x})E_3(\boldsymbol{x})=$$
$$[x_1x_2+(x_1+x_2)E_1(\tilde{\boldsymbol{x}})+E_2(\tilde{\boldsymbol{x}})]^2-$$
$$E_1(\boldsymbol{x})[(x_1+x_2)E_2(\tilde{\boldsymbol{x}})+$$
$$x_1x_2E_1(\tilde{\boldsymbol{x}})+E_3(\tilde{\boldsymbol{x}})]$$

故

$$\frac{\partial f(\boldsymbol{x})}{\partial x_1}=2[x_1x_2+(x_1+x_2)E_1(\tilde{\boldsymbol{x}})+$$
$$E_2(\tilde{\boldsymbol{x}})](x_2+E_1(\tilde{\boldsymbol{x}}))-$$
$$[(x_1+x_2)E_2(\tilde{\boldsymbol{x}})+$$
$$x_1x_2E_1(\tilde{\boldsymbol{x}})+E_3(\tilde{\boldsymbol{x}})]-$$
$$E_1(\boldsymbol{x})(E_2(\tilde{\boldsymbol{x}})+x_2E_1(\tilde{\boldsymbol{x}}))$$

$$x_1\frac{\partial f(\boldsymbol{x})}{\partial x_1}=2[x_1x_2+(x_1+x_2)E_1(\tilde{\boldsymbol{x}})+$$
$$E_2(\tilde{\boldsymbol{x}})](x_1x_2+x_1E_1(\tilde{\boldsymbol{x}}))-$$
$$[(x_1+x_2)E_2(\tilde{\boldsymbol{x}})+$$
$$x_1x_2E_1(\tilde{\boldsymbol{x}})+E_3(\tilde{\boldsymbol{x}})]x_1-$$
$$(x_1+x_2+E_1(\tilde{\boldsymbol{x}}))(x_1E_2(\tilde{\boldsymbol{x}})+$$
$$x_1x_2E_1(\tilde{\boldsymbol{x}}))$$

所以

$$(\ln x_1-\ln x_2)\left(x_1\frac{\partial f}{\partial x_1}-x_2\frac{\partial f}{\partial x_2}\right)=$$
$$(\ln x_1-\ln x_2)(x_1-x_2)\cdot$$
$$[x_1x_2E_1(\tilde{\boldsymbol{x}})+(x_1+x_2)(2E_1^2(\tilde{\boldsymbol{x}})-2E_2(\tilde{\boldsymbol{x}}))+$$
$$E_2(\tilde{\boldsymbol{x}})E_1(\tilde{\boldsymbol{x}})-E_3(\tilde{\boldsymbol{x}})]$$

由 $E_1^2(\tilde{\boldsymbol{x}}) \geqslant E_2(\tilde{\boldsymbol{x}})$ 和 $E_1(\tilde{\boldsymbol{x}})E_2(\tilde{\boldsymbol{x}}) \geqslant E_3(\tilde{\boldsymbol{x}})$ 知

$$(\ln x_1 - \ln x_2)\left(x_1 \frac{\partial f}{\partial x_1} - x_2 \frac{\partial f}{\partial x_2}\right) \geqslant 0$$

故对于 $n \geqslant 3, k = 2$,定理 3.2.12 为真.

当 $k \geqslant 3$ 时(此时 $n \geqslant 4$)

$$\begin{aligned}\frac{\partial f}{\partial x_1} = 2E_k(\boldsymbol{x})E_{k-1}(x_2,\cdots,x_n) - &\\ E_{k-2}(x_2,\cdots,x_n)E_{k+1}(\boldsymbol{x}) - &\\ E_{k-1}(\boldsymbol{x})E_k(x_2,\cdots,x_n)&\end{aligned}$$

$$\begin{aligned}x_1 \frac{\partial f}{\partial x_1} = {} & 2x_1E_k(\boldsymbol{x})E_{k-1}(x_2,\cdots,x_n) - \\ & x_1E_{k-2}(x_2,\cdots,x_n)E_{k+1}(\boldsymbol{x}) - \\ & x_1E_{k-1}(\boldsymbol{x})E_k(x_2,\cdots,x_n)\end{aligned}$$

$$\begin{aligned}x_2 \frac{\partial f}{\partial x_2} = {} & 2x_2E_k(\boldsymbol{x})E_{k-1}(x_2,\cdots,x_n) - \\ & x_2E_{k-2}(x_2,\cdots,x_n)E_{k+1}(\boldsymbol{x}) - \\ & x_2E_{k-1}(\boldsymbol{x})E_k(x_2,\cdots,x_n)\end{aligned}$$

所以

$$\begin{aligned}&(\ln x_1 - \ln x_2)\left(x_1 \frac{\partial f}{\partial x_1} - x_2 \frac{\partial f}{\partial x_2}\right) = \\ &(\ln x_1 - \ln x_2)(x_1 - x_2) \cdot h(\boldsymbol{x})\end{aligned} \tag{3.2.23}$$

其中

$$\begin{aligned}h(\boldsymbol{x}) = {} & 2E_k(\boldsymbol{x})E_{k-1}(\tilde{\boldsymbol{x}}) - E_{k-2}(\tilde{\boldsymbol{x}})E_{k+1}(\boldsymbol{x}) - \\ & E_{k-1}(\boldsymbol{x})E_k(\tilde{\boldsymbol{x}}) = \\ & 2[(x_1 + x_2)E_{k-1}(\tilde{\boldsymbol{x}}) + \\ & x_1x_2E_{k-2}(\tilde{\boldsymbol{x}})]E_{k-1}(\tilde{\boldsymbol{x}}) -\end{aligned}$$

$$
\begin{aligned}
& E_{k-2}(\tilde{\boldsymbol{x}})[(x_1+x_2)E_k(\tilde{\boldsymbol{x}})+ \\
& x_1x_2E_{k-1}(\tilde{\boldsymbol{x}})]- \\
& [(x_1+x_2)E_{k-2}(\tilde{\boldsymbol{x}})+ \\
& x_1x_2E_{k-3}(\tilde{\boldsymbol{x}})]E_k(\tilde{\boldsymbol{x}})= \\
& x_1x_2(E_{k-2}(\tilde{\boldsymbol{x}})E_{k-1}(\tilde{\boldsymbol{x}})- \\
& E_{k-3}(\tilde{\boldsymbol{x}})E_k(\tilde{\boldsymbol{x}}))+ \\
& 2(x_1+x_2)(E_{k-1}^2(\tilde{\boldsymbol{x}})- \\
& E_{k-2}(\tilde{\boldsymbol{x}})E_k(\tilde{\boldsymbol{x}}))
\end{aligned} \tag{3.2.24}
$$

又由例5.2.6知，$\{E_k(\tilde{\boldsymbol{x}}),1\leqslant k\leqslant n-2\}$为对数凹数列，根据定理5.1.6得

$$E_{k-2}(\tilde{\boldsymbol{x}})E_{k-1}(\tilde{\boldsymbol{x}})-E_{k-3}(\tilde{\boldsymbol{x}})E_k(\tilde{\boldsymbol{x}})\geqslant 0$$

再据式(3.2.23)，式(3.2.24)知

$$(\ln x_1-\ln x_2)\left(x_1\frac{\partial f}{\partial x_1}-x_2\frac{\partial f}{\partial x_2}\right)\geqslant 0$$

故对于$k\geqslant 3$，定理3.2.12也为真. 定理3.2.12证毕.

□

定理3.2.14[87]　设$n\geqslant 3,2\leqslant k\leqslant n-1,G(\boldsymbol{x})=\sqrt[n]{\prod_{i=1}^{n}x_i}$，则

$$
\begin{aligned}
g(\boldsymbol{x})= & E_k^2(\boldsymbol{x})-E_{k-1}(\boldsymbol{x})E_{k+1}(\boldsymbol{x})-[(\mathrm{C}_n^k)^2- \\
& \mathrm{C}_n^{k-1}\mathrm{C}_n^{k+1}]G^{2k}(\boldsymbol{x})
\end{aligned}
$$

是$\mathbf{R}_{++}^n$上的S－几何凸函数.

证明　其实我们不难证明

$$
\begin{aligned}
& (\ln x_1-\ln x_2)(x_1g'_1-x_2g'_2)= \\
& (\ln x_1-\ln x_2)(x_1f'_1-x_2f'_2)
\end{aligned}
$$

其中 f 如定理 3.2.13 所设.此时不难知定理 3.2.14 为真. □

推论 3.2.11 设 $G(\boldsymbol{x})=\sqrt[n]{\prod_{i=1}^{n}x_i}$,则

$$E_k^2(\boldsymbol{x})-E_{k-1}(\boldsymbol{x})\cdot E_{k+1}(\boldsymbol{x})\geqslant$$
$$[(C_n^k)^2-C_n^{k-1}C_n^{k+1}]\cdot G^{2k}(\boldsymbol{x}) \qquad (3.2.25)$$

证明 根据 $(\ln G(\boldsymbol{x}),\cdots,\ln G(\boldsymbol{x}))\prec(\ln x_1,\cdots,\ln x_n)$ 和定理 3.2.14 知

$$f(G(\boldsymbol{x}),\cdots,G(\boldsymbol{x}))\leqslant f(x_1,\cdots,x_n)$$

即式(3.2.25)成立. □

与定理 3.2.14 的证明相仿,可证得

定理 3.2.15[87] 当 $1\leqslant k\leqslant\frac{n-1}{2}$ 时,$B_k^2(\boldsymbol{x})-B_{k-1}(\boldsymbol{x})B_{k+1}(\boldsymbol{x})$ 是 $\mathbf{R}_{++}^n$ 上的 $S-$几何凸函数.

注 3.2.2 2010 年 11 月 23 日,张小明来信讲,发现 $E_k^2(\boldsymbol{x})-E_{k-1}(\boldsymbol{x})E_{k+1}(\boldsymbol{x})$ 和 $B_k^2(\boldsymbol{x})-B_{k-1}(\boldsymbol{x})B_{k+1}(\boldsymbol{x})$ 在 $\mathbf{R}_{++}^n$ 上的 $S-$凸性,$S-$调和凸性均不确定.

定理 3.2.16[88] 设 $n=2$ 或 $n\geqslant3$,则对于 $2\leqslant k-1<k\leqslant n$,$P_{k-1}(\boldsymbol{x})-P_k(\boldsymbol{x})$ 是 $S-$几何凸函数.

3.2.3 初等对称函数差或商的复合函数的 Schur 凸性

2011 年,冯烨[89] 研究了下列三类初等对称函数差或商的复合函数的 $S-$凸性、$S-$几何凸性和 $S-$调和凸性

$$\varphi(\boldsymbol{x};f,k)=E_k(f(\boldsymbol{x}))-E_{k-p}(f(\boldsymbol{x})),$$
$$\boldsymbol{x}\in I^n,k,n,p\in\mathbf{N} \qquad (3.2.26)$$

$$\varphi(\boldsymbol{x};f,k)=\frac{E_k(f(\boldsymbol{x}))}{E_{k-p}(f(\boldsymbol{x}))},\boldsymbol{x}\in I^n,k,n,p\in\mathbf{N}$$

(3.2.27)

$$\psi(\boldsymbol{x};f,k)=\frac{aE_{k+1}(f(\boldsymbol{x}))+bE_k(f(\boldsymbol{x}))}{\alpha E_k(f(\boldsymbol{x}))+\beta E_{k-1}(f(\boldsymbol{x}))},$$

$$\boldsymbol{x}\in I^n,a,b,\alpha,\beta\in\mathbf{R}_{++}$$

(3.2.28)

其中，$f(\boldsymbol{x})=(f(x_1),\cdots,f(x_n))$ 得到如下结果.

定理 3.2.17　设区间 $I\subset\mathbf{R}$，$f:I\to\mathbf{R}_{++}$ 是可微的对数凸函数(凹函数且为对数凹函数)：

(a) 若 $\Omega_1(f)=\left\{\boldsymbol{x}\mid\boldsymbol{x}\in I^n,\sum_{i=1}^n f(x_i)\leqslant 1\right\}$ 为凸集，则当 $p+2\leqslant k\leqslant n$ 时，$\varphi(\boldsymbol{x};f,k)$ 为 $\Omega_1(f)$ 上的 $S-$凹(凸) 函数；

(b) 若 $\Omega_2(f)=\{\boldsymbol{x}\mid\boldsymbol{x}\in I^n,f(x_i)\geqslant n,i=1,2,\cdots,n\}$ 为凸集，则当 $p+1\leqslant k\leqslant n$ 时，$\varphi(\boldsymbol{x};f,k)$ 为 $\Omega_2(f)$ 上的 $S-$凸(凹) 函数.

定理 3.2.18　设区间 $I\subset\mathbf{R}_{++}$，$f:I\to\mathbf{R}_{++}$ 是单调递增的可微对数凸函数(单调递减的可微凹函数且为对数凹函数)：

(a) 若 $\Omega_1(f)=\left\{\boldsymbol{x}\mid\boldsymbol{x}\in I^n,\sum_{i=1}^n f(x_i)\leqslant 1\right\}$ 为几何凸集，则当 $p+2\leqslant k\leqslant n$ 时，$\varphi(\boldsymbol{x};f,k)$ 为 $\Omega_1(f)$ 上的 $S-$几何凹(凸) 函数；

(b) 若 $\Omega_2(f)=\{\boldsymbol{x}\mid\boldsymbol{x}\in I^n,f(x_i)\geqslant n,i=1,2,\cdots,n\}$ 为几何凸集，则 $p+1\leqslant k\leqslant n$ 时，函数 $\varphi(\boldsymbol{x};f,k)$ 为 $\Omega_2(f)$ 上的 $S-$几何凸(凹) 函数.

定理 3.2.19　设区间 $I\subset\mathbf{R}_{++}$，$f:I\to\mathbf{R}_{++}$ 是单调递增的可微对数凸函数(单调递减的可微凹函数且

为对数凹函数)：

(a) 若 $\Omega_1(f)=\left\{\boldsymbol{x}\mid \boldsymbol{x}\in I^n,\sum_{i=1}^{n}f(x_i)\leqslant 1\right\}$ 为调和凸集，则当 $p+2\leqslant k\leqslant n$ 时，$\varphi(\boldsymbol{x};f,k)$ 为 $\Omega_1(f)$ 上的 $S-$ 调和凹(凸) 函数；

(b) 若 $\Omega_2(f)=\{\boldsymbol{x}\mid \boldsymbol{x}\in I^n,f(x_i)\geqslant n,i=1,2,\cdots,n\}$ 为调和凸集，则当 $p+1\leqslant k\leqslant n$ 时，$\varphi(\boldsymbol{x};f,k)$ 为 $\Omega_2(f)$ 上的 $S-$ 调和凸(凹) 函数.

定理 3.2.20 设区间 $I\subset\mathbf{R}$，$f:I\to\mathbf{R}_{++}$ 为连续可微凹函数且为对数凹函数，$k,n,p\in\mathbf{N}$，则当 $p\leqslant k\leqslant n$，$k\neq p+1$ 时，$\varphi(\boldsymbol{x};f,k)$ 为 I^n 上的 $S-$ 凹函数.

定理 3.2.21 设区间 $I\subset\mathbf{R}_{++}$，$f:I\to\mathbf{R}_{++}$ 为连续可微的单调递减的凹函数且为对数凹函数，则当 $p\leqslant k\leqslant n$，$k\neq p+1$ 时，$\varphi(\boldsymbol{x};f,k)$ 为 I^n 上的 $S-$ 几何凹函数.

定理 3.2.22 设区间 $I\subset\mathbf{R}_{++}$，$f:I\to\mathbf{R}_{++}$ 为连续可微的单调递减的凹函数且为对数凹函数，则当 $p\leqslant k\leqslant n$，$k\neq p+1$ 时，$\varphi(\boldsymbol{x};f,k)$ 为 I^n 上的 $S-$ 调和凹函数.

定理 3.2.23 设区间 $I\subset\mathbf{R}$，$f:I\to\mathbf{R}_{++}$ 是可微的凹函数且为对数凹函数，则当 $3\leqslant k\leqslant n$ 时，$\psi(\boldsymbol{x};f,k)$ 为 I^n 上的 $S-$ 凹函数.

定理 3.2.24 设区间 $I\subset\mathbf{R}_{++}$，$f:I\to\mathbf{R}_{++}$ 是单调递减可微的凹函数且为对数凹函数，则当 $3\leqslant k\leqslant n$ 时，$\psi(\boldsymbol{x};f,k)$ 为 I^n 上的 $S-$ 几何凹函数.

定理 3.2.25 设区间 $I\subset\mathbf{R}_{++}$，$f:I\to\mathbf{R}_{++}$ 是单调递减可微的凹函数且为对数凹函数，则当 $3\leqslant k\leqslant n$ 时，$\psi(\boldsymbol{x};f,k)$ 为 I^n 上的 $S-$ 调和凹函数.

3.3　初等对称函数的某些复合函数的 Schur 凸性

本节利用定理 2.2.6 和推论 2.2.9 研究初等对称函数的某些复合函数的 Schur 凸性,改善了已有的结论或证明.

3.3.1　复合函数 $E_k\left(\frac{\boldsymbol{x}}{1-\boldsymbol{x}}\right)$ 的 Schur 凸性

定理 3.3.1[90]　设 $\boldsymbol{x}\in[0,1)^n$,记

$$E_k\left(\frac{\boldsymbol{x}}{1-\boldsymbol{x}}\right)=\sum_{1\leqslant i_1<\cdots<i_k\leqslant n}\prod_{j=1}^{k}\frac{x_{i_j}}{1-x_{i_j}},k=1,2,\cdots,n \tag{3.3.1}$$

则

(a) 对于 $n\geqslant 2$,$E_1\left(\frac{\boldsymbol{x}}{1-\boldsymbol{x}}\right)$ 在 $[0,1)^n$ 上严格 $S-$凸;

(b) 对于 $n\geqslant 3$,$E_2\left(\frac{\boldsymbol{x}}{1-\boldsymbol{x}}\right)$ 在 $\Omega=\{\boldsymbol{x}\mid\sum_{i=1}^{n}x_i\leqslant 1\}$ 上严格 $S-$凸;

(c) 对于 $n\geqslant 4$,$E_{n-1}\left(\frac{\boldsymbol{x}}{1-\boldsymbol{x}}\right)$ 在 $\Omega=\{\boldsymbol{x}\mid\sum_{i=1}^{n}x_i\leqslant 1\}$ 上严格 $S-$凹;

(d) 对于 $n\geqslant 3$,$E_n\left(\frac{\boldsymbol{x}}{1-\boldsymbol{x}}\right)$ 在 $\left(0,\frac{1}{2}\right]^n$ 上严格 $S-$凹;

(e) 对于 $1\leqslant k\leqslant n$,$E_k\left(\frac{\boldsymbol{x}}{1-\boldsymbol{x}}\right)$ 在 $(0,1)^n$ 上 $S-$几

何凸.

褚玉明，夏卫锋，赵铁洪[91] 完善定理 3.3.1，得到：

定理 3.3.2 设 $n\geqslant 2,2\leqslant k\leqslant n$，则 $E_k\left(\frac{\boldsymbol{x}}{1-\boldsymbol{x}}\right)$ 在 $\left[\frac{k-1}{2(n-1)},1\right)^n$ 上 $S-$凸；在 $\left[0,\frac{k-1}{2(n-1)}\right]^n$ 上 $S-$凹；

笔者[92] 利用定理2.2.6和推论2.2.9证明如下结论.

定理 3.3.3 设 $n\geqslant 2,2\leqslant k\leqslant n$，则 $E_k\left(\frac{\boldsymbol{x}}{1-\boldsymbol{x}}\right)$ 在 $\Omega=\{\boldsymbol{x}\mid \boldsymbol{x}\in(0,1)^n,x_i+x_j\geqslant 1,i\neq j\}$ 上 $S-$凸.

证明 令 $\varphi(\boldsymbol{z})=\prod\limits_{i=1}^{k}\left(\frac{z_i}{1-z_i}\right)$，则 $\ln\varphi(\boldsymbol{z})=\sum\limits_{i=1}^{l}[\ln z_i-\ln(1-z_i)]$，于是

$$\frac{\partial\varphi(\boldsymbol{z})}{\partial z_1}=\varphi(\boldsymbol{z})\left(\frac{1}{z_1}+\frac{1}{1-z_1}\right)$$

$$\frac{\partial\varphi(\boldsymbol{z})}{\partial z_2}=\varphi(\boldsymbol{z})\left(\frac{1}{z_2}+\frac{1}{1-z_2}\right)$$

$$\Delta:=(z_1-z_2)\left(\frac{\partial\varphi(\boldsymbol{z})}{\partial z_1}-\frac{\partial\varphi(\boldsymbol{z})}{\partial z_2}\right)=$$

$$(z_1-z_2)\varphi(\boldsymbol{z})\left(\frac{1}{z_1}-\frac{1}{z_2}+\frac{1}{1-z_1}-\frac{1}{1-z_2}\right)=$$

$$(z_1-z_2)^2\varphi(\boldsymbol{z})\ \frac{z_1+z_2-1}{z_2z_1(1-z_2)(1-z_1)}$$

由此可见，当 $z_i+z_j\geqslant 1,i\neq j$ 且 $0<z_i<1,i=1,\cdots,k$ 时，$\Delta\geqslant 0$，即 φ 在 $A=\{\boldsymbol{z}\mid \boldsymbol{z}\in(0,1)^k,z_i+z_j\geqslant 1,i\neq j\}$ 上 $S-$凸. 又令 $g(t)=\frac{t}{1-t}$，当 $t\in(0,1)$ 时，

$g''(t)=\dfrac{2}{(1-t)^3}>0$,这意味着 φ 对于单个变量在$(0,1)$凸.故据定理2.2.6和推论2.2.9知 $E_k\left(\dfrac{\boldsymbol{x}}{1-\boldsymbol{x}}\right)$ 在 Ω 上 S-凸. □

注 3.3.1 文[91]是利用定理2.1.3,即 S-凸函数判定定理证得定理3.3.2.定理3.3.3与定理3.3.2比较,二者的 S-凸区域互不包含,因此定理3.3.3扩展了定理3.3.2的结论.

2014年,孙明保[93]进一步考察了 $E_k\left(\dfrac{\boldsymbol{x}}{1-\boldsymbol{x}}\right)$ 在 $(-\infty,0]^n\cup(1,+\infty)^n$ 上的 S-凸性,得到如下结果:

定理 3.3.4 对于 $\boldsymbol{x}\in(-\infty,0]^n\cup(1,+\infty)^n$,$n\geqslant 2$ 和 $k=1,2,\cdots,n$,若 k 是偶数(奇数),则 $E_k\left(\dfrac{\boldsymbol{x}}{1-\boldsymbol{x}}\right)$ 在 $(-\infty,0]^n$ 上 S-凹(S-凸),在 $(1,+\infty)^n$ 上 S-凸(S-凹).

定理 3.3.5[94] 对称函数

$$E_k^*\left(\frac{\boldsymbol{x}}{1-\boldsymbol{x}}\right)=\prod_{1\leqslant i_1<\cdots<i_k\leqslant n}\sum_{j=1}^{k}\left(\frac{x_{i_j}}{1-x_{i_j}}\right),k=1,\cdots,n \tag{3.3.2}$$

在 $\left[\dfrac{1}{2},1\right)^n$ 上 S-凸.

3.3.2 复合函数 $E_k\left(\dfrac{1-\boldsymbol{x}}{\boldsymbol{x}}\right)$ 的Schur凸性

定理 3.3.6[95] 设 $\boldsymbol{x}\in(0,1]^n$,记

$$E_k\left(\frac{1-\boldsymbol{x}}{\boldsymbol{x}}\right)=\sum_{1\leqslant i_1<\cdots<i_k\leqslant n}\prod_{j=1}^{k}\frac{1-x_{i_j}}{x_{i_j}},k=1,2,\cdots,n \tag{3.3.3}$$

则：

(a)$E_1\left(\frac{1-\boldsymbol{x}}{\boldsymbol{x}}\right)$在$(0,1]^n$上$S-$凸；

(b) 对于$2\leqslant k\leqslant n$，$E_k\left(\frac{1-\boldsymbol{x}}{\boldsymbol{x}}\right)$在$\left(0,\frac{2n-k-1}{2n-2}\right]^n$上$S-$凸，在$\left[\frac{2n-k-1}{2n-2},1\right]^n$上$S-$凹.

定理 3.3.7[95]　条件同定理 3.3.6：

(a)$E_1\left(\frac{1-\boldsymbol{x}}{\boldsymbol{x}}\right)$在$(0,1]^n$上$S-$几何凸；

(b)$E_n\left(\frac{1-\boldsymbol{x}}{\boldsymbol{x}}\right)$在$(0,1]^n$上$S-$几何凹；

(c) 对于$n\geqslant 3,2\leqslant k\leqslant n-1$，$E_k\left(\frac{1-\boldsymbol{x}}{\boldsymbol{x}}\right)$在$\left(0,\frac{n-k}{n-1}\right]^n$上$S-$几何凸，在$\left[\frac{n-k}{n-1},1\right]^n$上$S-$几何凹.

专著[22]第 91 页对于式(3.3.3)给出如下结论.

$E_k\left(\frac{1-\boldsymbol{x}}{\boldsymbol{x}}\right)$在$B=\{\boldsymbol{x}\mid \boldsymbol{x}\in(0,1)^n,x_i+x_j\leqslant 1,i\neq j\}$上$S-$凸，而在$\bar{B}=\{\boldsymbol{x}\mid \boldsymbol{x}\in(0,1)^n,x_i+x_j\geqslant 1,i\neq j\}$上$S-$凹.

笔者在文[92]指出此结论的前半部是对的，而后半部有误. 事实上，令

$$\varphi(\boldsymbol{z})=\prod_{i=1}^{k}\frac{1-z_i}{z_i}$$

则$\ln\varphi(\boldsymbol{z})=\sum_{i=1}^{k}[\ln(1-z_i)-\ln z_i]$，于是

$$\frac{\partial\varphi(\boldsymbol{z})}{\partial z_1}=\varphi(\boldsymbol{z})\left(\frac{-1}{1-z_1}-\frac{1}{z_1}\right)$$

$$\frac{\partial\varphi(\boldsymbol{z})}{\partial z_2}=\varphi(\boldsymbol{z})\left(\frac{-1}{1-z_2}-\frac{1}{z_2}\right)$$

$$\Delta := (z_1 - z_2)\left(\frac{\partial\varphi(\boldsymbol{z})}{\partial z_1} - \frac{\partial\varphi(\boldsymbol{z})}{\partial z_2}\right) =$$

$$(z_1 - z_2)\varphi(\boldsymbol{z})\left(\frac{1}{1-z_2} - \frac{1}{1-z_1} + \frac{1}{z_2} - \frac{1}{z_1}\right) =$$

$$(z_1 - z_2)^2\varphi(\boldsymbol{z})\,\frac{1 - z_1 - z_2}{z_2 z_1(1-z_2)(1-z_1)}$$

由此可见，当 $z_i + z_j \leqslant 1, i \neq j$ 且 $0 < z_i < 1, i = 1, \cdots, k$ 时，$\Delta \geqslant 0$，即 φ 在 $A = \{\boldsymbol{z} \mid \boldsymbol{z} \in (0,1)^k, z_i + z_j \leqslant 1, i \neq j\}$ 上 $S-$凸. 而 φ 在 $\bar{A} = \{\boldsymbol{z} \mid \boldsymbol{z} \in (0,1)^k, z_i + z_j \geqslant 1, i \neq j\}$ 上 $S-$凹. 又令 $g(t) = \frac{1-t}{t}$，当 $t \in (0, 1)$ 时，$g''(t) = \frac{2}{t^3} > 0$，这意味着 φ 对于单个变量在$(0, 1)$凸. 故据定理 2.2.6 和推论 2.2.9 知 $E_k\left(\frac{1-\boldsymbol{x}}{\boldsymbol{x}}\right)$ 在 $B = \{\boldsymbol{x} \mid \boldsymbol{x} \in \mathbf{R}_{++}^n, x_i + x_j \leqslant 1, i \neq j\}$ 上 $S-$凸. 尽管 φ 在 $\bar{A}$ 上 $S-$凹，但 φ 对于单个变量在$(0,1)$不凹，因此不能断言 $E_k\left(\frac{1-\boldsymbol{x}}{\boldsymbol{x}}\right)$ 在 $\bar{B} = \{\boldsymbol{x} \mid \boldsymbol{x} \in (0,1)^n, x_i + x_j \geqslant 1, i \neq j\}$ 上 $S-$凹.

事实上，对于 $n=3, k=2$，取 $\boldsymbol{x} = \left(\frac{2}{3}, \frac{2}{3}, \frac{2}{3}\right)$，$\boldsymbol{y} = \left(\frac{5}{6}, \frac{2}{3}, \frac{1}{2}\right)$，则 $\boldsymbol{x}, \boldsymbol{y} \in \bar{B}$，且 $\boldsymbol{x} \prec \boldsymbol{y}$，若 $E_k\left(\frac{1-\boldsymbol{x}}{\boldsymbol{x}}\right)$ 在 $\bar{B}$ 上 $S-$凹为真，则导致

$$E_k\left(\frac{1-\boldsymbol{x}}{\boldsymbol{x}}\right) = \frac{3}{4} \geqslant E_k\left(\frac{1-\boldsymbol{y}}{\boldsymbol{y}}\right) = \frac{4}{5}$$

这一矛盾结果.

定理 3.3.6(b) 也印证了专著[22]第 91 页的结论

的后半部有误.由定理3.3.6(b)知,对于 $2\leqslant k\leqslant n$, $E_k\left(\frac{1-\boldsymbol{x}}{\boldsymbol{x}}\right)$ 在 $\left(0,\frac{2n-k-1}{2n-2}\right]^n$ 上 $S-$凸.显然

$$D:=\left[\frac{2n-k-2}{2n-2},\frac{2n-k-1}{2n-2}\right]^n\subset\left(0,\frac{2n-k-1}{2n-2}\right]^n$$

又当 $k\leqslant n-1$ 时,对于任意 $\boldsymbol{x}\in D$,有

$$x_i+x_j\geqslant 2\cdot\frac{2n-k-2}{2n-2}=\frac{2n-k-2}{n-1}\geqslant 1$$

即 $D\subset\bar{B}$.这样当 $k\leqslant n-1$ 时,就导出 $E_k\left(\frac{1-\boldsymbol{x}}{\boldsymbol{x}}\right)$ 在 D 上即凸又凹的矛盾.

定理 3.3.8[96]　对数函数

$$E_k^*\left(\frac{1-\boldsymbol{x}}{\boldsymbol{x}}\right)=\prod_{1\leqslant i_1<\cdots<i_k\leqslant n}\sum_{j=1}^{k}\left(\frac{1-x_{i_j}}{x_{i_j}}\right),k=1,\cdots,n \tag{3.3.4}$$

在 $\left(0,\frac{1}{2}\right]^n$ 上 $S-$凸.

3.3.3　复合函数 $E_k\left(\frac{1+\boldsymbol{x}}{1-\boldsymbol{x}}\right)$ 的 Schur 凸性

定理 3.3.9[97]　设 $\boldsymbol{x}\in(0,1)^n$,记

$$E_k\left(\frac{1+\boldsymbol{x}}{1-\boldsymbol{x}}\right)=\sum_{1\leqslant i_1<\cdots<i_k\leqslant n}\prod_{j=1}^{k}\frac{1+x_{i_j}}{1-x_{i_j}},k=1,2,\cdots,n \tag{3.3.5}$$

则 $E_k\left(\frac{1+\boldsymbol{x}}{1-\boldsymbol{x}}\right),k=1,2,\cdots,n$ 在 $(0,1)^n$ 上 $S-$凸,$S-$几何凸和 $S-$调和凸.

文[97]是利用定理2.1.3,即 $S-$凸函数判定定理证明 $S-$凸性的.笔者[92]应用定理2.2.6和推论

2.2.9 给出一个简洁的证明.

证明　令 $\varphi(\boldsymbol{z})=\prod_{i=1}^{l}\frac{1+z_i}{1-z_i}$，则 $\ln\varphi(\boldsymbol{z})=\sum_{i=1}^{l}[\ln(1+z_i)-\ln(1-z_i)]$，于是

$$\frac{\partial\varphi(\boldsymbol{z})}{\partial z_1}=\varphi(\boldsymbol{z})\left(\frac{1}{1+z_1}+\frac{1}{1-z_1}\right)$$

$$\frac{\partial\varphi(\boldsymbol{z})}{\partial z_2}=\varphi(\boldsymbol{z})\left(\frac{1}{1+z_2}+\frac{1}{1-z_2}\right)$$

$$\Delta:=(z_1-z_2)\left(\frac{\partial\varphi(\boldsymbol{z})}{\partial z_1}-\frac{\partial\varphi(\boldsymbol{z})}{\partial z_2}\right)=$$

$$(z_1-z_2)\varphi(\boldsymbol{z})\left(\frac{1}{1+z_1}-\frac{1}{1+z_2}+\frac{1}{1-z_1}-\frac{1}{1-z_2}\right)=$$

$$(z_1-z_2)^2\varphi(\boldsymbol{z})\frac{2(z_1+z_2)}{(1-z_2^2)(1-z_1^2)}$$

当 $0<z_i<1,i=1,\cdots,k$ 时，$\Delta\geqslant 0$，即 φ 在 $(0,1)^k$ 上 S－凸. 又令 $g(t)=\frac{1+t}{1-t}$，当 $t\in(0,1)$ 时，$g''(t)=\frac{4}{(1-t)^3}>0$，这意味着 φ 对于单个变量在 $(0,1)$ 凸. 故据定理 2.2.6 和推论 2.2.9 知 $F_n\left(\frac{1+\boldsymbol{x}}{1-\boldsymbol{x}}\right)$ 在 $(0,1)^n$ 上 S－凸.

设 $\boldsymbol{x}\in[0,1)^n$，记

$$F_n^k(\boldsymbol{x},\lambda,\alpha)=\sum_{1\leqslant i_1<\cdots<i_k\leqslant n}\prod_{j=1}^{k}\frac{1+\lambda x_{i_j}^{\alpha}}{1-\lambda x_{i_j}^{\alpha}},k=1,2,\cdots,n \tag{3.3.6}$$

定理 3.3.10[98]　当 $\lambda\in(0,1]$ 时，$F_n^k(\boldsymbol{x},\lambda,\alpha)$ 在

$(0,1]^n$ 上 $S-$凸，$S-$几何凸且 $S-$调和凸，当 $\lambda\in[-1,0)$ 时，$F_n^k(\boldsymbol{x},\lambda,\alpha)$ 在 $(0,1]^n$ 上 $S-$凹，$S-$几何凹且 $S-$调和凹.

定理 3.3.11[99]　对称函数

$$E_k^*\left(\frac{1+\boldsymbol{x}}{1-\boldsymbol{x}}\right)=\prod_{1\leqslant i_1<\cdots<i_k\leqslant n}\sum_{j=1}^{k}\left(\frac{1+x_{i_j}}{1-x_{i_j}}\right),k=1,\cdots,n \tag{3.3.7}$$

既是 $(0,1)^n$ 上的 $S-$凸函数，也是 $(0,1)^n$ 上的 $S-$几何凸函数和 $S-$调和凸函数.

3.3.4　复合函数 $E_k\left(\frac{1}{\boldsymbol{x}}-\boldsymbol{x}\right)$ 的 Schur 凸性

定理 3.3.12[100]　设 $\boldsymbol{x}\in(0,1)^n$，记

$$E_k\left(\frac{1}{\boldsymbol{x}}-\boldsymbol{x}\right)=\sum_{1\leqslant i_1<\cdots<i_k\leqslant n}\prod_{j=1}^{k}\left(\frac{1}{x_{i_j}}-x_{i_j}\right),k=1,2,\cdots,n \tag{3.3.8}$$

则 $E_k\left(\frac{1}{\boldsymbol{x}}-\boldsymbol{x}\right)$ 在 $(0,1)^n$ 上 $S-$凸.

最近，邵志华[101] 证得下述定理 3.3.13 和定理 3.3.14.

定理 3.3.13　条件同定理 3.3.12，则：

(a) $E_1\left(\frac{1}{\boldsymbol{x}}-\boldsymbol{x}\right)$ 在 $(0,1)^n$ 为 $S-$几何凸，$E_n\left(\frac{1}{\boldsymbol{x}}-\boldsymbol{x}\right)$ 在 $(0,1)^n$ 上为 $S-$几何凹.

(b) 对于 $2\leqslant k\leqslant n-1$ 和 $a=\frac{\sqrt{n-1}-\sqrt{k-1}}{\sqrt{n-k}}$，$E_k\left(\frac{1}{\boldsymbol{x}}-\boldsymbol{x}\right)$ 在 $(0,a]^n$ 上为 $S-$几何凸.

(c) 对于 $2\leqslant k\leqslant n-1$ 和 $a=\dfrac{\sqrt{n-1}-\sqrt{k-1}}{\sqrt{n-k}}$,

$E_k\left(\dfrac{1}{\boldsymbol{x}}-\boldsymbol{x}\right)$ 在 $[a,1)^n$ 上为 S — 几何凹.

定理 3.3.14 $E_k\left(\dfrac{1}{\boldsymbol{x}}-\boldsymbol{x}\right)$ 在 $(0,1)^n$ 上为 S — 调和凹.

定理 3.3.15 对称函数

$$E_k^*\left(\frac{1}{\boldsymbol{x}}-\boldsymbol{x}\right)=\prod_{1\leqslant i_1<i_2<\cdots<i_k\leqslant n}\sum_{j=1}^{k}\left(\frac{1}{x_{i_j}}-x_{i_j}\right),$$

$$k=1,\cdots,n \tag{3.3.9}$$

在 $(0,\sqrt{\sqrt{5}-2})^n$ 上 S — 凸.

3.3.5 复合函数 $E_k\left(\dfrac{1}{\boldsymbol{x}}-\mu\right)$ 的 Schur 调和凸性

为了实现著名的 Pedoe 不等式的高维推广,文[102] 提出了一个分析不等式.

设 $0<x_i<\dfrac{1}{2}, i=1,2,\cdots,n$, 且 $E_1(\boldsymbol{x})=1$, 则

$$E_k\left(\frac{1}{\boldsymbol{x}}-2\right)=E_{n-1}\left(\frac{1}{x_1}-2,\cdots,\frac{1}{x_n}-2\right)\geqslant n(n-2)^{n-1} \tag{3.3.10}$$

文[103] 用分析方法将式(3.3.9) 作了如下推广.

定理 3.3.16 设 $\boldsymbol{x}\in\mathbf{R}_{++}^n, n,k\in\mathbf{N},\mu>0,n\geqslant 2$ 且 $E_1(\boldsymbol{x})=1$, 则对于 $n\geqslant k+\mu-1$, 有

$$E_k\left(\frac{1}{\boldsymbol{x}}-\mu\right)=E_k\left(\frac{1}{x_1}-\mu,\cdots,\frac{1}{x_n}-\mu\right)\geqslant C_n^k(n-\mu)^k \tag{3.3.11}$$

2013 年，石焕南，张静[104]通过研究 $E_k\left(\frac{1}{\boldsymbol{x}}-\mu\right)$ 的 Schur 调和凸性得到了式 (3.3.11) 的反向不等式.

定理 3.3.17 设 $\boldsymbol{x}\in\mathbf{R}_{++}^n, n, k\in\mathbf{N}, \mu>0, n\geqslant 2$ 且 $E_1(\boldsymbol{x})=1$，则对于 $n\geqslant k+\mu-1$，$E_k\left(\frac{1}{\boldsymbol{x}}-\mu\right)$ 在 $\Omega=\{\boldsymbol{x}:\boldsymbol{x}\in\mathbf{R}_{++}^n, E_1(\boldsymbol{x})\leqslant 1\}$ 上 $S-$ 调和凸，且当 $E_1(\boldsymbol{x})\leqslant 1$ 时，有

$$E_k\left(\frac{1}{\boldsymbol{x}}-\mu\right)=E_k\left(\frac{1}{x_1}-\mu,\cdots,\frac{1}{x_n}-\mu\right)\leqslant \mathrm{C}_n^k\left(\frac{1}{H}-\mu\right)^k \tag{3.3.12}$$

其中 $H=n\left(\sum_{i=1}^n x_i^{-1}\right)^{-1}$ 是 $\boldsymbol{x}$ 的调和平均.

3.3.6 复合函数 $E_k(f(\boldsymbol{x}))$ 的 Schur 凸性

考虑初等对称函数的如下一般的复合函数的 Schur 凸性

$$E_k(f(\boldsymbol{x}))=E_k(f(x_1),\cdots,f(x_n))=\sum_{1\leqslant i_1<\cdots<i_k\leqslant n}\prod_{j=1}^k(f(x_j)), k=1,2,\cdots n \tag{3.3.13}$$

王淑红、张天宇、华志强[105]得到了如下结论.

定理 3.3.18 设 $\Omega\subset\mathbf{R}$ 是具有非空内部的对称凸集，函数 $f:\Omega\to\mathbf{R}_{++}$ 在 Ω 上连续，在 Ω 的内部 Ω° 可微且对数凸，则 $E_k(f(\boldsymbol{x}))$ 在 Ω^n 上 $S-$ 凸.

定理 3.3.19 设 $\Omega\subset\mathbf{R}$ 是具有非空内部的对称凸集，函数 $f:\Omega\to\mathbf{R}_{++}$ 在 Ω 上连续，递增且对数凸，在 Ω 的内部 Ω° 可微，则 $E_k(f(\boldsymbol{x}))$ 在 Ω^n 上 $S-$ 几何凸且 $S-$ 调和凸.

注 3.3.2　文[105]是利用定理 2.1.6，即 S－凸函数判定定理证明 $E_k(f(\boldsymbol{x}))$ 的 S－凸性的，张静、石焕南[106] 应用定理 2.2.6 和推论 2.2.9 给出如下简洁的证明.

定理 3.3.18 的证明　令 $\varphi(\boldsymbol{x})=\prod_{j=1}^{k}f(x_i)$，由推论 2.1.3 知 φ 在 I^k 上 S－凸. 又因 f 是 I 上的对数凸函数，据推论 1.1.1(a)，f 亦是 I 上的凸函数，这样对每一个固定的 $x_2,\cdots,x_k$，$\varphi(z,x_2,\cdots,x_k)=f(z)\prod_{j=2}^{k}f(x_i)$，关于 z 在 $\{z:(z,x_2,\cdots,x_k)\in I^k\}$ 上凸. 于是由定理 2.2.6 和推论 2.2.9，对任意的 $k=1,2,\cdots,n$，$F_k(\boldsymbol{x})$ 为 I^n 上的 S－凸函数.

定理 3.3.19 的证明　因 f 在 I 上非负递增，显然 $F_k(\boldsymbol{x})=\sum_{1\leqslant i_1<\cdots<i_k\leqslant n}\prod_{j=1}^{k}f(x_{i_j})$ 亦在 I^n 上非负递增，结合定理 3.3.18 和定理 2.4.6 及定理 2.4.12 即得证.

问题 3.3.1　若定理 3.3.18 中的条件“对数凸”改为“对数凹”，结论如何？更一般地，“对数凸”改为其他的某种凸性(如第一章第 2 节所谈及的)，结论如何？

文[107]利用 S－凸，S－几何凸和 S－调和凸函数的判定定理证得：

定理 3.3.20　设 $\boldsymbol{x}\in\mathbf{R}_{++}^n$，对称函数

$$E_k\left(\frac{1+\boldsymbol{x}}{\boldsymbol{x}}\right)=\sum_{1\leqslant i_1<\cdots<i_k\leqslant n}\prod_{j=1}^{k}\frac{1+x_{i_j}}{x_{i_j}},k=1,2,\cdots,n \tag{3.3.14}$$

在 $\mathbf{R}_{++}^n$ 上 S－凸，S－几何凸和 S－调和凸.

也可利用定理 2.5.3，定理 2.5.4 和定理 2.5.5 证明定理3.3.20.

考虑 $E_k(f(\boldsymbol{x}))$ 的对偶函数

$$E_k^*(f(\boldsymbol{x}))=E_k^*(f(x_1),\cdots,f(x_n))=\prod_{1\leqslant i_1<\cdots<i_k\leqslant n}\sum_{j=1}^{k}f(x_{i_j}),k=1,\cdots,n \tag{3.3.15}$$

2014 年，石焕南和张静[99] 研究了 $E_k^*(f(\boldsymbol{x}))$ 的 S－凸性，利用 Schur 凸函数，Schur 几何凸函数和 Schur 调和凸函数的性质证得如下结果：

定理 3.3.21 设 $I\subset\mathbf{R}$ 是一具有非空内部的对称凸集，函数 $f:I\rightarrow\mathbf{R}$ 为在 I 上连续，在 I 的内部可微的对数凸函数，则对任意的 $k=1,2,\cdots,n$，$E_k^*(f(\boldsymbol{x}))$ 为 I^n 上的 Schur 凸函数.

定理 3.3.22 设 $I\subset\mathbf{R}_+$ 是一具有非空内部的对称凸集，函数 $f:I\rightarrow\mathbf{R}_+$ 为在 I 上连续，在 I 的内部可微，且 f 为 I 上递增的对数凸函数，则对任意的 $k=1,2,\cdots,n$，$E_k^*(f(\boldsymbol{x}))$ 为 I^n 上的 Schur 几何凸函数.

定理 3.3.23 设 $I\subset\mathbf{R}_+$ 是一具有非空内部的对称凸集，函数 $f:I\rightarrow\mathbf{R}_+$ 为在 I 上连续，在 I 的内部可微，且 f 为 I 上递增的对数凸函数，则对任意的 $k=1,2,\cdots,n$，$E_k^*(f(\boldsymbol{x}))$ 为 I^n 上的 Schur 调和凸函数.

为证明定理 3.3.21 需如下引理：

引理 3.3.1 设 $\boldsymbol{x}=(x_1,\cdots,x_m)$，$\boldsymbol{y}=(y_1,\cdots,y_m)\in\mathbf{R}_+^m$，则函数 $p(t)=\ln g(t)$ 在$[0,1]$上凸，其中

$$g(t)=\sum_{j=1}^{m}f(tx_j+(1-t)y_j)$$

证明

$$p'(t)=\frac{g'(t)}{g(t)}$$

其中

$$g'(t)=\sum_{j=1}^{m}(x_j-y_j)f'(tx_j+(1-t)y_j)$$

$$p''(t)=\frac{g''(t)g(t)-(g'(t))^2}{g^2(t)}$$

其中

$$g''(t)=\sum_{j=1}^{m}(x_j-y_j)^2f''(tx_j+(1-t)y_j)$$

利用柯西不等式,有

$$\begin{aligned}&g''(t)g(t)-(g'(t))^2=\\&\sum_{j=1}^{m}(x_j-y_j)^2f''(tx_j+(1-t)y_j)\cdot\\&\sum_{j=1}^{m}f(tx_j+(1-t)y_j)-\\&\left[\sum_{j=1}^{m}(x_j-y_j)f'(tx_j+(1-t)y_j)\right]^2\geqslant\\&(\sum_{j=1}^{m}\sqrt{f''(tx_j+(1-t)y_j)}\,|x_j-y_j|\cdot\\&\sqrt{f(tx_j+(1-t)y_j)})^2-\\&\left[\sum_{j=1}^{m}(x_j-y_j)f'(tx_j+(1-t)y_j)\right]^2\end{aligned}$$

因 f 对数凸,有 $(\ln f(u))''=\dfrac{f''(u)f(u)-(f'(u))^2}{f^2(u)}\geqslant 0$,故

$$\sqrt{f''(tx_j+(1-t)y_j)}\cdot\sqrt{f(tx_j+(1-t)y_j)}\geqslant f'(tx_j+(1-t)y_j)$$

这意味着 $g''(t)g(t)-(g'(t))^2\geqslant 0$,进而 $p''(t)\geqslant 0$,即

$p(t)$ 是$[0,1]$上的凸函数. 引理 3.3.1 证毕.

定理 3.3.21 的证明　对于任意 $1\leqslant i_1<\cdots<i_k\leqslant n$,据引理 3.3.1 和定理 1.1.3,$\ln\sum_{j=1}^{k}f(x_{i_j})$ 是 I^k 上的凸函数,显然也可视 $\ln\sum_{j=1}^{k}f(x_{i_j})$ 是 I^n 上的凸函数,进而 $\ln F_k^*(\boldsymbol{x})=\sum_{1\leqslant i_1<\cdots<i_k\leqslant n}\ln\sum_{j=1}^{k}f(x_{i_j})$ 在 I^n 上凸. 又 $\ln F_k^*(\boldsymbol{x})$ 显然对称, 故由推论 2.2.1 知 $\ln F_k^*(\boldsymbol{x})$ 在 I^n 上 $S-$凸,据推论 2.1.1(b),$F_k^*(\boldsymbol{x})$ 在 I^n 上 $S-$凸. 证毕.

定理 3.3.22 的证明　因 f 非负递增,结合定理 3.3.18 和定理 2.4.6 即得证.

定理 3.3.23 的证明　因 f 非负递增,结合定理 3.3.18 和定理 2.4.12 即得证.

下面给出两例应用.

例 3.3.1　定理 3.3.9 的证明:令 $f(x)=\frac{1+x}{1-x}$,则 $\ln f(x)=\ln(1+x)-\ln(1-x)$. 对于 $x\in(0,1)$,经计算,$f'(x)=\frac{2}{(1-x)^2}>0$ 且

$$(\ln f(x))''=\frac{1}{(1-x)^2}-\frac{1}{(1+x)^2}=\frac{4x}{(1+x)^2(1-x)^2}\geqslant 0$$

这就是说 $f(x)$ 是$(0,1)$上的递增的对数凸函数,据定理 3.3.21,定理 3.3.22 和定理 3.3.23 即得证.

例 3.3.2　设 $x>1$,则

$$P_k(\boldsymbol{t})=\prod_{1\leqslant i_1<\cdots<i_k\leqslant n}\sum_{j=1}^{k}\left(\frac{x^{t_{i_j}}-1}{t_{i_j}}\right),k=1,\cdots,n \tag{3.3.16}$$

是 $\mathbf{R}_{++}^n$ 上的 Schur 凸函数. 从而若 $\boldsymbol{p},\boldsymbol{q}\in\mathbf{R}_{++}^n,\boldsymbol{p}\prec\boldsymbol{q}$，有

$$\prod_{1\leqslant i_1<\cdots<i_k\leqslant n}\sum_{j=1}^{k}\left(\frac{x^{p_{i_j}}-1}{p_{i_j}}\right)\leqslant \prod_{1\leqslant i_1<\cdots<i_k\leqslant n}\sum_{j=1}^{k}\left(\frac{x^{q_{i_j}}-1}{q_{i_j}}\right) \tag{3.3.17}$$

证明　令 $g(t)=\dfrac{x^t-1}{t}$，由引理 2.3.1 知 $g(t)$ 是 $\mathbf{R}_{++}^n$ 上的对数凸函数，据定理 2.3.21 即得证.

注 3.3.3　若取 $n=2,k=1$ 且 $\boldsymbol{p}=(m,m),\boldsymbol{q}=(m+r,m-r)$，由(3.3.17) 可得熟知的不等式

$$(x^{m-r}-1)(x^{m+r}-1)\geqslant\left(1-\frac{r^2}{m^2}\right)(x^m-1)^2 \tag{3.3.18}$$

其中 $r\in\mathbf{N},m\geqslant 2,r<m$.

若取 $k=1$，由(3.3.17) 可得文[108] 中的不等式

$$\prod_{j=1}^{n}q_j(x^{p_j}-1)\leqslant\prod_{j=1}^{n}p_j(x^{q_j}-1) \tag{3.3.19}$$

若取 $k=n$，由(3.3.17) 可得不等式

$$\sum_{j=1}^{n}\frac{x^{p_j}-1}{p_j}\leqslant\sum_{j=1}^{n}\frac{x^{q_j}-1}{q_j} \tag{3.3.20}$$

3.4　几个著名不等式的证明与推广

将式(3.2.4) 的 $E_n(\boldsymbol{x})$ 替换成一般的 $E_k(\boldsymbol{x})$ 便得

到式(3.2.5),本节介绍沿着这一思路对几个著名不等式所做的推广.

3.4.1 Weierstrass 不等式

设 $0 < x_i < 1, i = 1, \cdots, n$,则

$$\prod_{i=1}^{n}(1+x_i) > 1+\sum_{i=1}^{n}x_i, \quad \prod_{i=1}^{n}(1-x_i) > 1-\sum_{i=1}^{n}x_i \tag{3.4.1}$$

1983 年,Pečarić[109] 将式(3.4.1) 推广为:

设 $0 < x_i < 1, a_i \geqslant 1, i = 1, \cdots, n$,则

$$\begin{aligned}\prod_{i=1}^{n}(1+x_i)^{a_i} &> 1+\sum_{i=1}^{n}a_i x_i \\ \prod_{i=1}^{n}(1-x_i)^{a_i} &> 1-\sum_{i=1}^{n}a_i x_i\end{aligned} \tag{3.4.2}$$

式(3.4.1) 和式(3.4.2) 均称为 Weierstrass 不等式[2]186.

笔者[110] 将上述各式推广到一般初等对称函数上,并给出一个上界估计.

定理 3.4.1 设 $\boldsymbol{x} \in \mathbf{R}_{++}^n, n \geqslant 2, 1 < k \leqslant n, p > 0, 0 \leqslant \alpha \leqslant 1$,则

$$\begin{aligned}&\mathrm{C}_n^k(p+\bar{\boldsymbol{x}})^{k\alpha} \geqslant E_k[(p+\boldsymbol{x})^\alpha] \geqslant \\ &\mathrm{C}_{n-1}^k p^{k\alpha} + \mathrm{C}_{n-1}^{(k-1)\alpha}\left(p+\sum_{i=1}^{n}x_i\right)^\alpha\end{aligned} \tag{3.4.3}$$

其中 $\bar{\boldsymbol{x}} = \dfrac{1}{n}\sum_{i=1}^{n}x_i$. 当 $\alpha = 1$ 时右边不等式为严格不等式.

证明 不难证明

$$(p+\bar{\boldsymbol{x}}, p+\bar{\boldsymbol{x}}, \cdots, p+\bar{\boldsymbol{x}}) \prec$$

$$(p+x_1,p+x_2,\cdots,p+x_n)\prec\prec$$

$$\left(p+\sum_{i=1}^n x_i,p,\cdots,p\right) \tag{3.4.4}$$

由定理 3.1.5 知 $E_k(\boldsymbol{x})$ 是 $\mathbf{R}_{++}^n$ 上递增的且严格 $S-$凹函数，又当 $0\leqslant\alpha\leqslant1$ 时，$\boldsymbol{x}^\alpha$ 是凹函数，由定理 2.1.10(b) 知 $E_k(\boldsymbol{x}^\alpha)$ 亦在 $\mathbf{R}_{++}^n$ 上 $S-$凹，从而由式(3.4.4) 有

$$E_k[(p+\bar{\boldsymbol{x}})^\alpha,(p+\bar{\boldsymbol{x}})^\alpha,\cdots,(p+\bar{\boldsymbol{x}})^\alpha]\geqslant$$
$$E_k[(p+x_1)^\alpha,(p+x_2)^\alpha,\cdots,(p+x_n)^\alpha]\geqslant$$
$$E_k\left[(p+\sum_{i=1}^n x_i)^\alpha,p^\alpha,\cdots,p^\alpha\right]$$

且当 $\alpha=1$ 时右边不等式为严格不等式，由此证得式(3.4.3). 当 $\alpha=p=1,k=n$ 时，式(3.4.3) 的右边不等式即化为式(3.4.1) 中第一个不等式(注意 $C_{n-1}^n=0$).

□

定理 3.4.2　设 $\boldsymbol{x}\in\mathbf{R}_{++}^n,n\geqslant2,a_i\geqslant1,i=1,\cdots,n,1\leqslant k\leqslant n$，则

$$C_n^k\left[\frac{1}{n}\sum_{i=1}^n(1+x_i)^{a_i}\right]^k\geqslant$$
$$E_k[(1+x_1)^{a_1},(1+x_2)^{a_2},\cdots,(1+x_n)^{a_n}]>$$
$$C_{n-1}^k+C_{n-1}^{k-1}\left(1+\sum_{i=1}^n a_ix_i\right) \tag{3.4.5}$$

证明　记 $y=\frac{1}{n}\sum_{i=1}^n(1+x_i)^{a_i}$，由 Bernoulli[2]152 不等式 $(1+x_i)^{a_i}\geqslant1+a_ix_i,i=1,\cdots,n$，有

$$(y,y,\cdots,y)\prec$$
$$((1+x_1)^{a_1},(1+x_2)^{a_2},\cdots,(1+x_n)^{a_n})\geqslant$$
$$(1+a_1x_1,1+a_2x_2,\cdots,1+a_nx_n)\prec\prec$$
$$\left(1+\sum_{i=1}^{n}a_ix_i,1,\cdots,1\right)$$

从而由 $E_k(\boldsymbol{x})$ 递增的严格 S－凹性，有

$$E_k(y,y,\cdots,y)\geqslant$$
$$E_k[(1+x_1)^{a_1},(1+x_2)^{a_2},\cdots,(1+x_n)^{a_n}]\geqslant$$
$$E_k(1+a_1x_1,1+a_2x_2,\cdots,1+a_nx_n)>$$
$$E_k\left(1+\sum_{i=1}^{n}a_ix_i,1,\cdots,1\right)$$

由此证得式(3.4.5). 当 $k=n$ 时，式(3.4.5) 右边不等式化为式(3.4.2) 中第一个不等式.

注意

$$(p-\bar{\boldsymbol{x}},p-\bar{\boldsymbol{x}},\cdots,p-\bar{\boldsymbol{x}})\prec$$
$$(p-x_1,p-x_2,\cdots,p-x_n)\prec\prec$$
$$\left(p-\sum_{i=1}^{n}a_i,p,\cdots,p\right)$$

其中 $\bar{\boldsymbol{x}}=\frac{1}{n}\sum_{i=1}^{n}x_i$，类似于定理 3.4.1 可证得：

定理 3.4.3 设 $\boldsymbol{x}\in\mathbf{R}_{++}^n$，$n\geqslant 2$，$1\leqslant k\leqslant n$，$0\leqslant\alpha\leqslant 1$，$p>0$，$\sum_{i=1}^{n}x_i\leqslant p$，则

$$\mathrm{C}_n^k(p-\bar{\boldsymbol{x}})^{k\alpha}\geqslant$$
$$E_k[(p-x_1)^{\alpha},(p-x_2)^{\alpha},\cdots,(p-x_n)^{\alpha}]\geqslant$$
$$\mathrm{C}_{n-1}^k p^{k\alpha}+\mathrm{C}_{n-1}^{(k-1)\alpha}\left(p-\sum_{i=1}^{n}x_i\right)^{\alpha} \tag{3.4.6}$$

其中 $\bar{x}=\frac{1}{n}\sum_{i=1}^{n}x_i$，当 $\alpha=1$ 时右边不等式为严格不等式.

对于式(3.4.6)左边不等式以及当 $k=2$ 或 $k=n$ 时的右边不等式，条件 $\sum_{i=1}^{n}x_i\leqslant p$ 可放宽为 $0<x_i<p,i=1,\cdots,n$，当 $\alpha=p=1,k=n$ 时，式(3.4.6)右边不等式即化为式(3.4.1)中第二个不等式. 类似于定理3.4.2，可证得：

定理 3.4.4　设 $\boldsymbol{x}\in\mathbf{R}_{++}^n,n\geqslant 2,1\leqslant k\leqslant n,a_i\geqslant 1,i=1,\cdots,n,\sum_{i=1}^{n}a_ix_i\leqslant 1$，则

$$\begin{aligned}&\mathrm{C}_n^k\left[\frac{1}{n}\sum_{i=1}^{n}(1-x_i)^{a_i}\right]^k\geqslant\\&E_k[(1-x_1)^{a_1},(1-x_2)^{a_2},\cdots,(1-x_n)^{a_n}]>\\&\mathrm{C}_{n-1}^k+\mathrm{C}_{n-1}^{k-1}\left(1-\sum_{i=1}^{n}a_ix_i\right)\end{aligned}\tag{3.4.7}$$

对于式(3.4.7)左边不等式以及当 $k=2$ 或 $k=n$ 时的右边不等式，条件 $\sum_{i=1}^{n}a_ix_i\leqslant 1$ 可放宽为 $0<x_i<1$，$i=1,\cdots,n$. 当 $k=n$ 时，式(3.4.7)右边不等式化为式(3.4.2)中第二个不等式.

定理 3.4.5　设 $a_i\geqslant 1,x_i\geqslant 1,i=1,\cdots,n,n\geqslant 2$，$1\leqslant k\leqslant n,A_k=\min\limits_{1\leqslant i_1<\cdots<i_k\leqslant n}\sum_{j=1}^{k}a_{i_j}$，则

$$E_k[(1+x_1)^{a_1},(1+x_2)^{a_2},\cdots,(1+x_n)^{a_n}]\geqslant$$

$$\frac{2^{A_k}}{1+A_k}\mathrm{C}_{n-1}^{k-1}\left[\frac{n}{k}(1+A_k)-A_n+\sum_{i=1}^{n}a_ix_i\right]\tag{3.4.8}$$

证明

$$式(3.4.8)左边=\sum_{1\leqslant i_1<\cdots<i_k\leqslant n}\prod_{j=1}^{k}(1+x_{i_j})^{a_{i_j}}=$$

$$\sum_{1\leqslant i_1<\cdots<i_k\leqslant n}2^{\sum\limits_{j=1}^{k}a_{i_j}}\prod_{j=1}^{k}\left(1+\frac{x_{i_j}-1}{2}\right)^{a_{i_j}}\geqslant$$

$$2^{A_k}E_k\left[\left(1+\frac{x_1-1}{2}\right)^{a_1},\left(1+\frac{x_2-1}{2}\right)^{a_2},\cdots,\right.$$

$$\left.\left(1+\frac{x_n-1}{2}\right)^{a_n}\right]\geqslant$$

$$2^{A_k}\left[\mathrm{C}_{n-1}^{k}+\mathrm{C}_{n-1}^{k-1}\left(1+\sum_{i=1}^{n}\frac{a_i(x_i-1)}{2}\right)\right]=$$

$$2^{A_k}\mathrm{C}_{n-1}^{k}\left[\frac{n}{k}+\sum_{i=1}^{n}\frac{a_i(x_i-1)}{2}\right]\geqslant$$

$$2^{A_k}\mathrm{C}_{n-1}^{k}\left[\frac{n}{k}+\sum_{i=1}^{n}\frac{a_i(x_i-1)}{1+A_k}\right]=$$

$$\frac{2^{A_k}}{1+A_k}\mathrm{C}_{n-1}^{k-1}\left[\frac{n}{k}(1+A_k)-A_n+\sum_{i=1}^{n}a_ix_i\right]\qquad\square$$

当 $k=n$ 时,式(3.4.8)化为专著[111]第69页中的式(7.5)

$$\prod_{i=1}^{n}(1+x_i)^{a_i}\geqslant\frac{2^{A_n}}{1+A_n}\left(1+\sum_{i=1}^{n}a_ix_i\right)$$

3.4.2 Adamovic 不等式

若所有的因子都为正时,下述不等式成立

$$\prod_{i=1}^{n}a_i\geqslant\prod_{i=1}^{n}(s-(n-1)a_i)\tag{3.4.9}$$

其中 $s=\sum_{i=1}^{n}a_i$.

式(3.4.9)为 Adamovic 不等式[7]. 1996 年，Klamkin[112] 将式(3.4.9)推广为：

设 $a_1,\cdots,a_n\in\mathbf{R}_{++}$，且 $s=\sum_{i=1}^{n}a_i$，则对任一凸函数 f，有

$$\sum_{i=1}^{n}f(s-(n-1)a_i)\geqslant\sum_{i=1}^{n}f(a_i) \tag{3.4.10}$$

取 $f(x)=-\ln x$，则式(3.4.10)便化为式(3.4.9). 专著[49]第 166 页收录了下述与式(3.4.9)类似的不等式：

设 $a_i\geqslant 0,\sum_{i=1}^{n}a_i=s,y_i=a_i+\frac{n-3}{n-1}(s-a_i),i=1,2,\cdots,n$，则

$$\prod_{i=1}^{n}y_i\geqslant\prod_{i=1}^{n}(s-a_i) \tag{3.4.11}$$

笔者[32] 统一推广了式(3.4.9)，式(3.4.10)和式(3.4.11).

定理 3.4.6　设 $\boldsymbol{a}=(a_1,\cdots,a_n)\in\mathbf{R}_{+}^{n},E_1(\boldsymbol{a})=s$，$\boldsymbol{x}=(x_1,\cdots,x_n),\boldsymbol{y}=(y_1,\cdots,y_n)$，其中，$x_i=s-ma_i\geqslant 0,y_i=\frac{(c-x_i)(n-m)s}{nc-(n-m)s},i=1,\cdots,n,m\leqslant n,c\geqslant(n-m)s$，$f$ 是 $\mathbf{R}_{+}$ 上的凹函数，$k=1,\cdots,n$，则：

(a)

$$\mathrm{C}_n^k\left[f\left(\frac{(n-m)s}{n}\right)\right]^k\geqslant E_k(f(y_1),\cdots,f(y_n))\geqslant E_k(f(x_1),\cdots,f(x_n)) \tag{3.4.12}$$

$$k\left[f\left(\frac{(n-m)s}{n}\right)\right]^{C_n^k} \geqslant E_k^*(f(y_1),\cdots,f(y_n)) \geqslant E_k^*(f(x_1),\cdots,f(x_n)) \tag{3.4.13}$$

(b) 若 $s-ma_i \geqslant 0, i=1,\cdots,n, 1 \leqslant p \leqslant k \leqslant n$，则

$$\frac{E_k(f(y_1),\cdots,f(y_n))}{E_k(f(x_1),\cdots,f(x_n))} \geqslant \frac{E_{k-p}(f(y_1),\cdots,f(y_n))}{E_{k-p}(f(x_1),\cdots,f(x_n))} \tag{3.4.14}$$

(c) 当 $\lambda \geqslant 1, 2 \leqslant p < k \leqslant n$ 时

$$E_k\left(f\left(\frac{y_1}{(n-m)s}\right),\cdots,f\left(\frac{y_n}{(n-m)s}\right)\right)-E_k\left(f\left(\frac{x_1}{(n-m)s}\right),\cdots,f\left(\frac{x_n}{(n-m)s}\right)\right) \leqslant \lambda\left[E_p\left(f\left(\frac{y_1}{(n-m)s}\right),\cdots,f\left(\frac{y_n}{(n-m)s}\right)\right)-E_p\left(f\left(\frac{x_1}{(n-m)s}\right),\cdots,f\left(\frac{x_n}{(n-m)s}\right)\right)\right] \tag{3.4.15}$$

证明　由式(1.4.2)有

$$\boldsymbol{y}=(y_1,y_2,\cdots,y_n) \prec (x_1,x_2,\cdots,x_n)=\boldsymbol{x} \tag{3.4.16}$$

(a) 因 $E_k(\boldsymbol{a})$ 是 $\mathbf{R}_+^n$ 上递增的 S－凹函数，而 f 是 $\mathbf{R}_+$ 上的凹函数，由定理 2.1.10(b)，$E_k(f(a_1),\cdots,f(a_n))$ 亦在 $\mathbf{R}_+^n$ 上 S－凹，从而由(3.4.16)及

$$(\bar{\boldsymbol{y}},\bar{\boldsymbol{y}},\cdots,\bar{\boldsymbol{y}}) \prec (y_1,y_2,\cdots,y_n)$$

$$\left(\text{其中 } \bar{\boldsymbol{y}}=\frac{1}{n}\sum_{i=1}^n y_i=\frac{(n-m)s}{n}\right)$$

有

$$E_k(f(\bar{\boldsymbol{y}}),f(\bar{\boldsymbol{y}}),\cdots,f(\bar{\boldsymbol{y}}))\geqslant E_k(f(\boldsymbol{y}))\geqslant E_k(f(\boldsymbol{x}))$$

即式(3.4.12)成立.

因 $E_k^*(\boldsymbol{a})$ 也是 $\mathbf{R}_+^n$ 上的增的 S－凹函数,类似地可证得式(3.3.13)成立.

(b) 由定理 3.2.1(b),$\dfrac{E_k(\boldsymbol{a})}{E_{k-p}(\boldsymbol{a})}$ 是 $\mathbf{R}_{++}^n$ 上递增的 S－凹函数,所以 $\dfrac{E_k(f(a_1),\cdots,f(a_n))}{E_{k-p}(f(a_1),\cdots,f(a_n))}$ 亦在 $\mathbf{R}_{++}^n$ 上 S－凹,从而由式(3.4.16)有

$$\frac{E_k(f(y_1),\cdots,f(y_n))}{E_{k-p}(f(y_1),\cdots,f(y_n))}\geqslant\frac{E_k(f(x_1),\cdots,f(x_n))}{E_{k-p}(f(x_1),\cdots,f(x_n))}$$

由此即知式(3.4.14)成立.

(c) 由推论 3.2.7 知 $-\varphi(\boldsymbol{x})=\lambda E_p(\boldsymbol{x})-E_k(\boldsymbol{x})$ 是 $\Omega=\{\boldsymbol{x}\mid \boldsymbol{x}\in\mathbf{R}_+^n,E_1(\boldsymbol{x})\leqslant 1\}$ 上递增的 S－凹函数. 由式(3.4.16)显然有 $\dfrac{\boldsymbol{y}}{(n-m)s}\prec\dfrac{\boldsymbol{x}}{(n-m)s}$,又 $\dfrac{\boldsymbol{y}}{(n-m)s},\dfrac{\boldsymbol{x}}{(n-m)s}\in\Omega$,因而有

$$-\varphi\left(f\left(\frac{y_1}{(n-m)s}\right),\cdots,f\left(\frac{y_n}{(n-m)s}\right)\right)\geqslant$$
$$-\varphi\left(f\left(\frac{x_1}{(n-m)s}\right),\cdots,f\left(\frac{x_n}{(n-m)s}\right)\right)$$

即式(3.4.15)成立,证毕. □

取 $p=1$,反复应用式(3.4.14)可得

推论 3.4.1　设 $\boldsymbol{a}\in\mathbf{R}_+^n$,$E_1(\boldsymbol{a})=s$,$\boldsymbol{x}=(x_1,\cdots,x_n)$,$\boldsymbol{y}=(y_1,\cdots,y_n)$,其中,$x_i=s-ma_i>0$,$y_i=\dfrac{(c-x_i)(n-m)s}{nc-(n-m)s}$,$i=1,\cdots,n$,$m\leqslant n$,$c\geqslant(n-m)s$,$f$ 是 $\mathbf{R}_+$ 上的凹函数,$k=1,\cdots,n$,则

$$\frac{E_n(f(\boldsymbol{y}))}{E_n(f(\boldsymbol{x}))}\geqslant\frac{E_{n-1}(f(\boldsymbol{y}))}{E_{n-1}(f(\boldsymbol{x}))}\geqslant\cdots\geqslant$$

$$\frac{E_1(f(\boldsymbol{y}))}{E_1(f(\boldsymbol{x}))} \geqslant \frac{E_0(f(\boldsymbol{y}))}{E_0(f(\boldsymbol{x}))} = 1 \qquad (3.4.17)$$

注 3.4.1 ① 对任一凸函数 f，则 $-f$ 为凹函数，取 $k=1, m=n-1, c=(n-m)s$，由式(3.4.12)右边不等式即得式(3.4.10)；

② 取 $f((x_1),\cdots,f(x_n)) = \boldsymbol{x}, k=n, m=2, c=(n-m)s$，且

$$y_i = \frac{(n-2)s-(s-2a_i)}{n-1} = a_i + \frac{(n-3)(s-a_i)}{n-1}$$

则式(3.4.12)右边不等式即化为式式(3.4.11)，不过式(3.4.11)不必限制 $s-ma_i \geqslant 0, i=1,\cdots,n$. 取 $(f(x_1),\cdots,f(x_n)) = \boldsymbol{x}, k=1, m=2, c=(n-m)s$ 时，式(3.4.13)右边不等式也化为式(3.4.11)；

③ 式(3.4.17)给出式(3.4.12)右边不等式的等价形式的加细.

3.4.3 Chrystal 不等式

设 $\boldsymbol{x} \in \mathbf{R}^n_{++}$，Chrystal 不等式[2]188 为

$$\prod_{i=1}^{n}(1+x_i) \geqslant (1+G_n(\boldsymbol{x}))^n \qquad (3.4.18)$$

仅当 $x_1 = \cdots = x_n = G(\boldsymbol{x})$ 时等号成立.

顾春，石焕南[113] 建立如下三个反向 Chrystal 不等式.

定理 3.4.7 设 $\boldsymbol{x} = (x_1,\cdots,x_n) \in \mathbf{R}^n_+$，则

$$(1+G_n(\boldsymbol{x}))^{n+1} \geqslant$$

$$(1+G_n(\boldsymbol{x}) - n(A_n(\boldsymbol{x}) - G_n(\boldsymbol{x})))\prod_{i=1}^{n}(1+x_i) \qquad (3.4.19)$$

定理 3.4.8 设 $\boldsymbol{x} = (x_1,\cdots,x_n) \in \mathbf{R}^n_+, n \in \mathbf{N}$，

$x_1 \leqslant \cdots \leqslant x_n$，则

$$(1+G_n(\boldsymbol{x}))^n \geqslant$$
$$(1+x_n-n(A_n(\boldsymbol{x})-G_n(\boldsymbol{x})))\prod_{i=1}^{n-1}(1+x_i) \tag{3.4.20}$$

定理 3.4.9　设 $\boldsymbol{x}=(x_1,\cdots,x_n)\in \mathbf{R}_+^n$，$n\in \mathbf{N}$，$k=1,\cdots,n$，$0\leqslant \alpha\leqslant 1$，则

$$\sum_{k=0}^{n}(\mathrm{C}_n^k)^2(1+G_n(\boldsymbol{x}))^{\alpha k}(A_n(\boldsymbol{x})-G_n(\boldsymbol{x}))^{\alpha(n-k)} \geqslant$$
$$\prod_{i=1}^{n}(1+x_i)^{\alpha} \tag{3.4.21}$$

定理 3.4.7 的证明　由算术－几何平均值不等式和式(1.3.12)有

$$\underbrace{(1+G_n(\boldsymbol{x}),\cdots,1+G_n(\boldsymbol{x}))}_{n} \leqslant$$
$$\underbrace{(1+A_n(\boldsymbol{x}),\cdots,1+A_n(\boldsymbol{x}))}_{n} \prec$$
$$(1+x_1,\cdots,1+x_n)$$

故

$$\underbrace{(1+G_n(\boldsymbol{x}),\cdots,1+G_n(\boldsymbol{x}))}_{n} \prec_w (1+x_1,\cdots,1+x_n) \tag{3.4.22}$$

据定理 1.3.12，由式(3.4.22)可得

$$\underbrace{(1+G_n(\boldsymbol{x}),\cdots,1+G_n(\boldsymbol{x}))}_{n+1} \prec$$
$$(1+x_1,\cdots,1+x_n,1+G_n(\boldsymbol{x})-n(A_n(\boldsymbol{x})-G_n(\boldsymbol{x})))$$

进而由初等对称函数的 S－凹性，有

$$E_{n+1}(\underbrace{1+G_n(\boldsymbol{x}),\cdots,1+G_n(\boldsymbol{x})}_{n+1})\geqslant$$

$$E_{n+1}(1+x_1,\cdots,1+x_n,1+G_n(\boldsymbol{x})-n(A_n(\boldsymbol{x})-G_n(\boldsymbol{x})))$$

即式(3.4.19)成立. □

定理 3.4.8 的证明 据定理 1.3.13，由式(3.4.22)有

$$(\underbrace{1+G_n(\boldsymbol{x}),\cdots,1+G_n(\boldsymbol{x})}_{n})\prec$$

$$(1+x_1,\cdots,1+x_{n-1},1+x_n-n(A_n(\boldsymbol{x})-G_n(\boldsymbol{x})))$$

进而由初等对称函数的 $S-$ 凹性，有

$$E_n(\underbrace{1+G_n(\boldsymbol{x}),\cdots,1+G_n(\boldsymbol{x})}_{n})\geqslant$$

$$E_n(1+x_1,\cdots,1+x_{n-1},1+x_n-n(A_n(\boldsymbol{x})-G_n(\boldsymbol{x})))$$

即式(3.4.20)成立. □

定理 3.4.9 的证明 据定理 1.3.14，由式(3.4.22)有

$$(\underbrace{1+G_n(\boldsymbol{x}),\cdots,1+G_n(\boldsymbol{x})}_{n},$$

$$\underbrace{A_n(\boldsymbol{x})-G_n(\boldsymbol{x}),\cdots,A_n(\boldsymbol{x})-G_n(\boldsymbol{x})}_{n})\prec$$

$$(1+x_1,\cdots,1+x_n,\underbrace{0,\cdots,0}_{n})$$

进而由初等对称函数的递增的 $S-$ 凹性并结合定理 2.1.10(b)，有

$$E_n[\underbrace{(1+G_n(\boldsymbol{x}))^\alpha,\cdots,(1+G_n(\boldsymbol{x}))^\alpha}_{n},$$

$$\underbrace{(A_n(\boldsymbol{x})-G_n(\boldsymbol{x}))^\alpha,\cdots,(A_n(\boldsymbol{x})-G_n(\boldsymbol{x}))^\alpha}_{n}]\geqslant$$

$$E_n((1+x_1)^\alpha,\cdots,(1+x_n)^\alpha,\underbrace{0,\cdots,0}_{n})$$

即式(3.4.21)成立. □

3.4.4 Bernoulli 不等式

设 $x>-1$，n 是正整数，则

$$(1+x)^n \geqslant 1+nx \tag{3.4.23}$$

式(3.4.23)为 Bernoulli 不等式. 该不等式在数学分析中占有非常重要的地位. 因此，不断有人探索它的变形、推广、证明和应用. 例如，文[2]第 152 ~ 156 页记录了如下推广和变形：

定理 3.4.10 对于 $x>-1$，若 $\alpha>1$ 或 $\alpha<0$，则

$$(1+x)^\alpha \geqslant 1+\alpha x \tag{3.4.24}$$

若 $0<\alpha<1$，则

$$(1+x)^\alpha \leqslant 1+\alpha x \tag{3.4.25}$$

式(3.4.24)和式(3.4.25)中的等式成立当且仅当 $x=0$.

定理 3.4.11 设 $a_i\geqslant 0$，$x_i>-1$，$i=1,\cdots,n$，且 $\sum_{i=1}^n a_i\leqslant 1$，则

$$\prod_{i=1}^n (1+x_i)^{a_i} \leqslant 1+\sum_{i=1}^n a_i x_i \tag{3.4.26}$$

若 $a_i\geqslant 1$，$x_i>0$ 或 $a_i\leqslant 0$，$x_i<0$，$i=1,\cdots,n$，则

$$\prod_{i=1}^n (1+x_i)^{a_i} \geqslant 1+\sum_{i=1}^n a_i x_i \tag{3.4.27}$$

定理 3.4.12 设 $x>0$，$x\neq 1$，则当 $0<\alpha<1$ 时，有

$$\alpha x^{\alpha-1}(x-1) < x^\alpha - 1 < \alpha(x-1) \tag{3.4.28}$$

当 $\alpha>1$ 或 $\alpha<0$ 时，式(3.4.28)中的两个不等式均反向.

定理 3.4.10 的证法有多种，包括数学归纳法、幂级数方法、积分方法以及利用算术－几何平均值不等式、利用幂平均不等式、利用函数的单调性、利用中值定理等方法. 笔者[114] 用控制方法证明了定理 3.4.10 和定理 3.4.12 并推广 Bernoulli 不等式(3.4.23) 和定理 3.4.11.

定理 3.4.13[114] 设 m,n 是正整数，$k=1,\cdots,m$，则：

(a) 若 $m\geqslant n$ 且 $x>-1$，则

$$C_m^k\left(1+\frac{n}{m}x\right)^k\geqslant\sum_{i=0}^{k}C_n^iC_{m-n}^{k-i}(1+x)^i \tag{3.4.29}$$

$$k^{C_m^k}\left(1+\frac{n}{m}x\right)^{C_m^k}\geqslant\prod_{i=0}^{k}(ix+k)^{C_n^iC_{m-n}^{k-i}} \tag{3.4.30}$$

(b) 若 $m<n$ 且 $x>-\frac{m}{n}$，则

$$C_n^k\,(1+x)^k\geqslant\sum_{i=0}^{k}C_m^iC_{n-m}^{k-i}\left(1+\frac{n}{m}x\right)^i,k=1,\cdots,n \tag{3.4.31}$$

$$k^{C_n^k}\,(1+x)^{C_n^k}\geqslant\prod_{i=0}^{k}\left(i\,\frac{n}{m}x+k\right)^{C_m^iC_{n-m}^{k-i}} \tag{3.4.32}$$

且式 (3.4.29)，式 (3.4.30)，式 (3.4.31) 和式 (3.4.32) 等式成立当且仅当 $x=0$.

注 3.4.2 当 $x=0$ 时，式(3.4.29)，式(3.4.30)，式(3.4.31) 和式(3.4.32) 均化为 Vandermonde 恒等式

$$C_m^k = \sum_{i=0}^{k} C_n^i C_{m-n}^{k-i}$$

定理 3.4.14[475]　设 $a_i \geqslant 1, x_i > 0$ 或 $a_i \leqslant 0$, $0 \geqslant x_i > -1$,则对于 $k = 1, \cdots, n$,有

$$\begin{aligned} C_n^k\left[\frac{1}{n}\sum_{i=1}^{n}(1+x_i)^{a_i}\right]^k &\geqslant \\ \sum_{1\leqslant i_1<\cdots<i_k\leqslant n}\prod_{j=1}^{k}(1+x_{i_j})^{a_{i_j}} &\geqslant \\ \sum_{1\leqslant i_1<\cdots<i_k\leqslant n}\prod_{j=1}^{k}(1+a_{i_j}x_{i_j}) &\geqslant \\ C_{n-1}^k + C_{n-1}^{k-1}\left(1+\sum_{i=1}^{n}a_i x_i\right) & \end{aligned} \tag{3.4.33}$$

$$\begin{aligned} \left[\frac{k}{n}\sum_{i=1}^{n}(1+x_i)^{a_i}\right]^{C_n^k} &\geqslant \prod_{1\leqslant i_1<\cdots<i_k\leqslant n}\sum_{j=1}^{k}(1+x_{i_j})^{a_{i_j}} \geqslant \\ &\prod_{1\leqslant i_1<\cdots<i_k\leqslant n}\sum_{j=1}^{k}(1+a_{i_j}x_{i_j}) \geqslant \\ &k^{C_{n-1}^k}\left(k+\sum_{i=1}^{n}a_i x_i\right)^{C_{n-1}^{k-1}} \end{aligned} \tag{3.4.34}$$

注 3.4.3　当 $k = n$ 时,由式(3.4.33)即可得式(3.4.27),且当 $k = 1$ 时,由式(3.4.34)也可得式(3.4.27).

定理 3.4.14 证明　记 $y = \frac{1}{n}\sum_{i=1}^{n}(1+x_i)^{a_i}$,由式(3.4.24)有 $(1+x_i)^{a_i} \geqslant 1 + a_i x_i, i = 1, \cdots, n$. 于是由式(1.3.12)有

$$(\underbrace{y,\cdots,y}_{n}) \prec ((1+x_1)^{a_1},\cdots,(1+x_n)^{a_n}) \geqslant$$
$$(1+a_1x_1,\cdots,1+a_nx_n) \prec$$
$$\left(1+\sum_{i=1}^{n}a_ix_i,\underbrace{1,\cdots,1}_{n-1}\right)$$

从而由 $E_k(\boldsymbol{x})$ 的增的 $S-$凹性,有

$$E_k(y,y,\cdots,y) \geqslant$$
$$E_k\left[(1+x_1)^{a_1},(1+x_2)^{a_2},\cdots,(1+x_n)^{a_n}\right] \geqslant$$
$$E_k(1+a_1x_1,1+a_2x_2,\cdots,1+a_nx_n) \geqslant$$
$$E_k\left(1+\sum_{i=1}^{n}a_ix_i,1,\cdots,1\right)$$

和

$$E_k^*(y,y,\cdots,y) \geqslant$$
$$E_k^*\left[(1+x_1)^{a_1},(1+x_2)^{a_2},\cdots,(1+x_n)^{a_n}\right] \geqslant$$
$$E_k^*(1+a_1x_1,1+a_2x_2,\cdots,1+a_nx_n) \geqslant$$
$$E_k^*\left(1+\sum_{i=1}^{n}a_ix_i,1,\cdots,1\right)$$

由此证得式(3.4.33) 和式(3.4.34),证毕.

定理 3.4.13 证明 由式(1.3.12) 知

$$\boldsymbol{p}=\left(\underbrace{1+\frac{n}{m}x,\cdots,1+\frac{n}{m}x}_{m}\right) \prec$$
$$(\underbrace{1+x,\cdots,1+x}_{n},\underbrace{1,\cdots,1}_{m-n})=\boldsymbol{q}$$

当 $x\neq 0$ 时,$\boldsymbol{p} \prec\prec \boldsymbol{q}$. 若 $m\geqslant n$,对于 $x>-1$ 有$1+x>0$, $1+\frac{n}{m}x>1-\frac{n}{m}\geqslant 0$,即 $\boldsymbol{p},\boldsymbol{q}\in \mathbf{R}_{++}^n$. 因 $E_k(\boldsymbol{x})$ 是 $\mathbf{R}_+^n$ 上的增的 $S-$凹函数,且当 $k>1$ 时,$E_k(\boldsymbol{x})$ 是 $\mathbf{R}_{++}^n$ 上的增的严格 $S-$凹函数,因此

$$E_k(\boldsymbol{p}) \geqslant E_k(\boldsymbol{q})$$

即式(3.4.29) 成立，且等式成立当且仅当 $x=0$.

因 $E_k^*(\boldsymbol{x})$ 是 $\mathbf{R}_+^n$ 上的增的 $S-$凹函数，且当 $k>1$ 时，$E_k^*(\boldsymbol{x})$ 是 $\mathbf{R}_{++}^n$ 上的增的严格 $S-$凹函数，因此

$$E_k^*(\boldsymbol{p}) \geqslant E_k^*(\boldsymbol{q})$$

即式(3.4.30) 成立，且等式成立当且仅当 $x=0$.

若 $m<n$，由式(1.3.12) 知

$$\boldsymbol{p}' = (\underbrace{1+x,\cdots,1+x}_{n}) \prec$$

$$\Big(\underbrace{1+\frac{n}{m}x,\cdots,1+\frac{n}{m}x}_{m},\underbrace{1,\cdots,1}_{n-m}\Big) = \boldsymbol{q}'$$

当 $x\neq 0$ 时，$\boldsymbol{p}' \prec\prec \boldsymbol{q}'$. 由 $x>-\frac{m}{n}$ 有 $1+\frac{n}{m}x>1-\frac{n}{m}\cdot\frac{n}{m}>0$，即 $\boldsymbol{p}',\boldsymbol{q}'\in\mathbf{R}_{++}^n$，因此 $E_k(\boldsymbol{p}')\geqslant E_k(\boldsymbol{q}')$ 且 $E_k^*(\boldsymbol{p}')\geqslant E_k^*(\boldsymbol{q}')$，即式(3.4.31) 和式(3.4.32) 成立，且等式成立当且仅当 $x=0$. 定理 3.4.13 证毕. □

定理 3.4.10 的控制证明　分三种情形讨论.

(i)$0<\alpha<1$ 时. 当 $k=m$ 时，注意当 $k>n$ 时，$C_n^k=0$，由式(3.4.29)，有

$$\left(1+\frac{n}{m}x\right)^m \geqslant (1+x)^n$$

即

$$(1+x)^{\frac{n}{m}} \leqslant 1+\frac{n}{m}x \qquad (3.4.35)$$

且等式成立当且仅当 $x=0$. 式(3.4.35) 表明对于满足 $0<\alpha<1$ 的有理数 α，式(3.4.25) 成立. 若 α 是无理数，存在有理数列 $\{r_k\}$ 满足 $0<r_k<1$，$k=1,2,\cdots$，且 $r_k\to\alpha(k\to\infty)$. 对于有理数 r_k，由式(3.4.35) 有 $(1+x)^{r_k}\leqslant$

$1+r_k x$，令 $k\to\infty$，即得式(3.4.25).

(ⅱ)$\alpha>1$ 时. 若 $\alpha x\leqslant -1$，即 $1+\alpha x\leqslant 0$，式(3.4.24) 显然成立；若 $\alpha x>-1$，因 $0<\frac{1}{\alpha}<1$，由式(3.4.25) 有 $(1+\alpha x)^{\frac{1}{\alpha}}\leqslant 1+\frac{1}{\alpha}(\alpha x)$，即式(3.4.24) 成立.

(ⅲ)$\alpha<0$ 时. 此时 $1-\alpha>1$，$-\frac{x}{1+x}>-1$，由式(3.4.24) 有

$$\left(\frac{1}{1+x}\right)^{1-\alpha}=\left(1-\frac{x}{1+x}\right)^{1-\alpha}\geqslant 1-\frac{(1-\alpha)x}{1+x}$$

即 $(1+x)^{\alpha}\geqslant 1+\alpha x$，这样我们利用定理 3.4.13 证得定理 3.4.10，证毕. □

定理 3.4.12 的控制证明 由于式(3.4.28) 右边的不等式等价于式(3.4.25)，故只需证式(3.4.28) 左边不等式. 分三种情形讨论.

(ⅰ)$\alpha>1$ 时. 设 $m<n$，欲证

$$\frac{n}{m}x^{\frac{n}{m}-1}(x-1)>x^{\frac{n}{m}}-1 \tag{3.4.36}$$

对于 $x>1$，令

$$\boldsymbol{u}=\Big(\underbrace{\frac{n}{m}\ln x,\cdots,\frac{n}{m}\ln x}_{m},\underbrace{\left(\frac{n}{m}-1\right)\ln x,\cdots,\left(\frac{n}{m}-1\right)\ln x}_{n}\Big)$$

$$\boldsymbol{v}=\Big(\underbrace{\frac{n}{m}\ln x,\cdots,\frac{n}{m}\ln x}_{n},\underbrace{0,\cdots,0}_{m}\Big)$$

因 $m<n$，有 $0<\left(\frac{n}{m}-1\right)\ln x<\frac{n}{m}\ln x$，从而 $u_i\leqslant v_i$，$i=1,\cdots,n$，而 $u_i\geqslant v_i$，$i=n+1,\cdots,m+n$，又 $\sum_{i=1}^{m+n}u_i=$

$\frac{n^2}{m}\ln x=\sum_{i=1}^{m+n}v_i$，由定理 1.3.7(a) 知 $\boldsymbol{u}\prec\boldsymbol{v}$，且因 $x\neq 1$，此控制是严格的. 从而因 e^x 是 $\mathbf{R}$ 上的严格凸函数，由定理 1.5.4(g) 有 $\sum_{i=1}^{m+n}e^{u_i}<\sum_{i=1}^{m+n}e^{v_i}$，即

$$mx^{\frac{n}{m}}+nx^{\frac{n}{m}-1}<nx^{\frac{n}{m}}+m$$

而此式等价于式(3.4.36).

对于 $0<x<1$，令

$$\boldsymbol{u}'=\Big(\underbrace{\Big(\frac{n}{m}-1\Big)\ln x,\cdots,\Big(\frac{n}{m}-1\Big)\ln x}_{n},\underbrace{\frac{n}{m}\ln x,\cdots,\frac{n}{m}\ln x}_{m}\Big)$$

$$\boldsymbol{v}'=\Big(\underbrace{0,\cdots,0}_{m},\underbrace{\frac{n}{m}\ln x,\cdots,\frac{n}{m}\ln x}_{n}\Big)$$

因 $m<n$，有 $0>\left(\frac{n}{m}-1\right)\ln x>\frac{n}{m}\ln x$，从而 $u'_i\leqslant v'_i,i=1,\cdots,m$，而 $u'_i\geqslant v'_i,i=m+1,\cdots,m+n$，又 $\sum_{i=1}^{m+n}u'_i=\frac{n^2}{m}\ln x=\sum_{i=1}^{m+n}v'_i$，所以 $\boldsymbol{u}'\prec\boldsymbol{v}'$，且因 $x\neq 1$，此控制是严格的，从而因 e^x 是 $\mathbf{R}$ 上的严格凸函数，有 $\sum_{i=1}^{m+n}e^{u_i}<\sum_{i=1}^{m+n}e^{v_i}$，即

$$mx^{\frac{n}{m}}+nx^{\frac{n}{m}-1}<nx^{\frac{n}{m}}+m\Leftrightarrow\frac{n}{m}x^{\frac{n}{m}-1}(x-1)>x^{\frac{n}{m}}-1$$

总之，对于 $x>0,x\neq 1,m<n$，式(3.4.36) 成立. 这说明对于满足 $\alpha>1$ 的有理数有 $\alpha x^{\alpha-1}(x-1)>x^\alpha-1$，通过有理逼近知，对于满足 $\alpha>1$ 的任意实数均有 $\alpha x^{\alpha-1}(x-1)>x^\alpha-1$.

(ii)$\alpha<0$ 时. 此时 $1-\alpha>1$，对于 $x>0,x\neq 1$，有 $x^{-1}>0,x^{-1}\neq 1$，由(i) 有

$$(1-\alpha)(x^{-1})^{(1-\alpha)-1}(x^{-1}-1)>(x^{-1})^{1-\alpha}-1$$

即 $\alpha x^{\alpha-1}(x-1)>x^{\alpha}-1$.

(iii) $0<\alpha<1$ 时. 此时 $\frac{1}{\alpha}>1$, 对于 $x>0, x\neq 1$, 有 $x^{\alpha}>0, x^{\alpha}\neq 1$, 由(i) 有

$$\frac{1}{\alpha}(x^{\alpha})^{\frac{1}{\alpha}-1}[(x^{\alpha})^{-1}-1]>(x^{\alpha})^{\frac{1}{\alpha}}-1$$

即 $\alpha x^{\alpha-1}(x-1)<x^{\alpha}-1$, 证毕. □

3.4.5 Rado-Popoviciu 不等式

设 $\boldsymbol{x}=(x_1,\cdots,x_n)\in\mathbf{R}_{++}^n$, $A_n=\frac{1}{n}\sum_{i=1}^{n}x_i$, $G_n=\prod_{i=1}^{n}x_i^{\frac{1}{n}}$, 则

$$\left(\frac{A_n}{G_n}\right)^n\geqslant\left(\frac{A_{n-1}}{G_{n-1}}\right)^{n-1}\tag{3.4.37}$$

等式仅当 $a_n=A_{n-1}$ 时成立

$$n(A_n-G_n)\geqslant(n-1)(A_{n-1}-G_{n-1})\tag{3.4.38}$$

式(3.4.37) 和式(3.4.38) 分别为著名的 Popoviciu 不等式和 Rado 不等式[7]121-137.

张静和石焕南[35],[115] 利用初等对称函数及其对偶式的 Schur 凸性给出这两个不等式的多参数推广.

定理 3.4.15[35] 设 $n\geqslant 2, \lambda>0, f(t)$ 是 $\mathbf{R}_{++}$ 上的凹函数, 则对于 $k=1,\cdots,n$, 有

$$\left(f\left(\frac{t+\lambda}{n}\right)\right)^k\geqslant$$
$$\left(\frac{k}{n}\right)f(\lambda)\left(f\left(\frac{t}{n-1}\right)\right)^{k-1}+\left(1-\frac{k}{n}\right)\left(f\left(\frac{t}{n-1}\right)\right)^k\tag{3.4.39}$$

证明　由式(1.3.12)知

$$u=\left(\frac{t+\lambda}{n},\cdots,\frac{t+\lambda}{n}\right)\prec\left(\frac{t}{n-1},\cdots,\frac{t}{n-1},\lambda\right)=v$$

(3.4.40)

注意当 $t\neq(n-1)\lambda$ 时,u 不会是 v 的重排,故此时 u 被 v 严格控制.由定理 3.1.5 知初等对称函数 $E_k(x)$ 在 $\mathbf{R}_{++}^n$ 上递增且 $S-$凹,当 $k>1$ 时,还是严格 $S-$凹的,由定理 2.2.2(b) 知 $E_k(f(x))$ 也在 $\mathbf{R}_{++}^n$ 上 $S-$凹(但不一定是严格的),从而当 $k\geqslant1$ 时,由式(3.4.40)有

$$E_k\left(f\left(\frac{t+\lambda}{n}\right),\cdots,f\left(\frac{t+\lambda}{n}\right)\right)\geqslant$$
$$E_k\left(f\left(\frac{t}{n-1}\right),\cdots,f\left(\frac{t}{n-1}\right),f(\lambda)\right)$$

即

$$C_n^k\left(f\left(\frac{t+\lambda}{n}\right)\right)^k\geqslant$$
$$C_{n-1}^{k-1}\left(f\left(\frac{t}{n-1}\right)\right)^{k-1}f(\lambda)+C_{n-1}^k\left(f\left(\frac{t}{n-1}\right)\right)^k$$

上式两端同除以 C_n^k 即得式(3.4.39).　□

推论 3.4.2[35]　设 $n\geqslant2,t>0$,对于 $k=1,\cdots,n,0<\alpha\leqslant1,\lambda>0$,有

$$\left(\frac{t+\lambda}{n}\right)^{k\alpha}\geqslant\lambda^{\alpha}\left(\frac{k}{n}\right)\left(\frac{t}{n-1}\right)^{(k-1)\alpha}+\left(1-\frac{k}{n}\right)\left(\frac{t}{n-1}\right)^{k\alpha}$$

(3.4.41)

当 $\alpha=1,k>1$ 时,等式仅当 $t=(n-1)\lambda$ 时成立.

证明　注意当 $0<\alpha\leqslant1$ 时,$f(t)=t^{\alpha}$ 是 $\mathbf{R}_{++}^n$ 上的凹函数,由定理 3.4.14 即知式(3.4.41)成立.当 $\alpha=1$,$k>1$ 时,由 $E_k(x)$ 的严格 $S-$凹性,等式仅当 $\frac{t}{n-1}=$

$\dfrac{n+1}{\lambda}=\lambda$,即 $t=(n-1)\lambda$ 时成立. □

推论 3.4.3[35] 设 $\boldsymbol{x}\in\mathbf{R}_{++}^{n}$,$n\geqslant 2$,$A_n=\dfrac{1}{n}\sum\limits_{i=1}^{n}x_i$,$G_n=\prod\limits_{i=1}^{n}x_i^{\frac{1}{n}}$,$0<\alpha\leqslant 1$,$\lambda>0$,则对于 $k=1,\cdots,n$,有

$$\frac{\left(A_n+\dfrac{\lambda-1}{n}x_n\right)^{k\alpha}}{G_n^{n\alpha}}\geqslant\lambda_n^{\alpha}\left(\frac{k}{n}\right)\frac{A_{n-1}^{(k-1)\alpha}}{G_{n-1}^{(n-1)\alpha}}+\left(1-\frac{k}{n}\right)\frac{A_{n-1}^{k\alpha}}{G_n^{n\alpha}} \tag{3.4.42}$$

当 $\alpha=1$,$k>1$ 时,等式仅当 $x_n=\dfrac{A_{n-1}}{\lambda}$ 时成立.

证明 取 $t=\left(\sum\limits_{i=1}^{n-1}x_i\right)x_n^{-1}$,由式(3.4.41)有

$$\left(\frac{A_n+\dfrac{\lambda-1}{n}x_n}{x_n}\right)^{k\alpha}\geqslant$$

$$\lambda^{\alpha}\left(\frac{k}{n}\right)\left(\frac{A_{n-1}}{x_n}\right)^{(k-1)\alpha}+\left(1-\frac{k}{n}\right)\left(\frac{A_{n-1}}{x_n}\right)^{k\alpha}$$

上式两边同乘以 $x_n^{k\alpha}\left(\prod\limits_{i=1}^{n}x_i^{\alpha}\right)^{-1}$ 即得式(3.4.42). 当 $\alpha=1$,$k>1$ 时,等式仅当 $t=\left(\sum\limits_{i=1}^{n-1}x_i\right)x_n^{-1}=(n-1)\lambda$,即 $x_n=\dfrac{A_{n-1}}{\lambda}$ 时成立. □

当 $\alpha=\lambda=1$,$k=n$ 时,式(3.4.42)便化为式(3.4.37). 因此式(3.4.41)从多方面推广了Popoviciu不等式.

定理 3.4.16[115] 设 $n\geqslant 2$,$\lambda>0$,$f(t)$ 是 $\mathbf{R}_{++}$ 上的凹函数,则对于 $k=1,\cdots,n$,有

$$\left[f\left(\frac{t+\lambda}{n}\right)\right]^{k} \geqslant$$

$$\left[\left(1-\frac{1}{k}\right)f\left(\frac{t}{n-1}\right)+\frac{1}{k}f(\lambda)\right]^{\frac{k}{n}}\left[f\left(\frac{t}{n-1}\right)\right]^{1-\frac{k}{n}} \tag{3.4.43}$$

证明　由定理 3.1.6 知初等对称函数对偶式 $E_k^*(\boldsymbol{x})$ 在 $\mathbf{R}_{++}^n$ 上递增且 $S-$凹，由定理 2.2.2 (b) 知 $E_k^*(f(\boldsymbol{x}))$ 也在 $\mathbf{R}_{++}^n$ 上 $S-$凹，从而当 $k \geqslant 1$ 时，由式(3.4.38)，有 $E_k^*(f(\boldsymbol{u})) \geqslant E_k^*(f(\boldsymbol{v}))$，即

$$\left(kf\left(\frac{t+\lambda}{n}\right)\right)^{C_n^k} \geqslant$$

$$\left[(k-1)f\left(\frac{t}{n-1}\right)+f(\lambda)\right]^{C_{n-1}^{k-1}}\left[kf\left(\frac{t}{n-1}\right)\right]^{C_{n-1}^{k}}$$

上式两端同开 C_n^k 次方得

$$kf\left(\frac{t+\lambda}{n}\right) \geqslant$$

$$\left[(k-1)f\left(\frac{t}{n-1}\right)+f(\lambda)\right]^{\frac{k}{n}}\left[kf\left(\frac{t}{n-1}\right)\right]^{1-\frac{k}{n}} \tag{3.4.44}$$

式(3.4.44) 两边同除以 $k=k^{\frac{k}{n}} \cdot k^{1-\frac{k}{n}}$ 即得式(3.4.43).

□

推论 3.4.4[115]　设 $\boldsymbol{x} \in \mathbf{R}_{++}^n, n \geqslant 2, 0<\alpha \leqslant 1, \lambda>0$，则对于 $k=1,\cdots,n$，有

$$\left[A_n+\frac{\lambda-1}{n}x_n\right]^{\alpha} \geqslant$$

$$\left[\left(1-\frac{k}{n}\right)(A_{n-1})^{\alpha}+\frac{1}{k}\lambda^{\alpha}(x_n)^{\alpha}\right]^{\frac{k}{n}}(A_{n-1})^{\left(1-\frac{k}{n}\right)\alpha} \tag{3.4.45}$$

证明 取 $f(y)=y^{\alpha}, 0<\alpha\leqslant 1$，并取 $t=\left(\sum_{i=1}^{n-1}x_i\right)x_n^{-1}$，由式(3.4.43)，有

$$\left[\frac{A_n+\frac{(\lambda-1)x_n}{n}}{x_n}\right]^{\alpha}\geqslant$$

$$\left[\left(1-\frac{k}{n}\right)\left(\frac{A_{n-1}}{x_n}\right)^{\alpha}+\frac{1}{k}\lambda^{\alpha}\right]^{\frac{k}{n}}\left(\frac{A_{n-1}}{x_n}\right)^{\left(1-\frac{k}{n}\right)\alpha}$$

上式两边同乘以 $(x_n)^{\alpha}=(x_n)^{\frac{k}{n}\alpha}(x_n)^{\left(1-\frac{k}{n}\right)\alpha}$ 即得式(3.4.45). □

当 $\alpha=\lambda=1, k=n$ 时，式(3.4.45)便化为(3.4.38). 因此式(3.4.45)从多方面推广了 Rado 不等式.

3.4.6 幂平均不等式

著名的幂平均不等式[116]是

$$n^{\frac{1}{p}-1}\left(\frac{\sum_{i=1}^{n}x_i^p}{n}\right)^{\frac{1}{p}}<\frac{\sum_{i=1}^{n}x_i}{n}\leqslant\left(\frac{\sum_{i=1}^{n}x_i^p}{n}\right)^{\frac{1}{p}} \tag{3.4.46}$$

其中 $x_i>0, i=1,\cdots,n, p>1$.

不等式(3.4.46)等价于

$$\sum_{i=1}^{n}x_i^p<\left(\sum_{i=1}^{n}x_i\right)^p\leqslant n^{p-1}\sum_{i=1}^{n}x_i^p \tag{3.4.47}$$

1990 年，Janous 等人[117]提出如下猜想

$$\left(\sum_{i=1}^{n}x_i\right)^n\leqslant(n-1)^{n-1}\sum_{i=1}^{n}x_i^n+ n(n^{n-1}-(n-1)^{n-1})\prod_{i=1}^{n}x_i \tag{3.4.48}$$

2005 年,吴善和[118] 应用受控理论和分析技巧推广和加强了幂平均不等式,得到如下结果.

定理 3.4.17　设 $\boldsymbol{x}\in\mathbf{R}_{++}^{n}$,$n\geqslant 2$,$0\leqslant\lambda\leqslant 1$,$p\geqslant 2$,$1\leqslant k\leqslant n$,则

$$(E_k(\boldsymbol{x}))^p-E_k(\boldsymbol{x}^p)\geqslant\left((E_k(\boldsymbol{x}^{\frac{\lambda}{\lambda-n}}))^p-E_k(\boldsymbol{x}^{\frac{\lambda p}{\lambda-n}})\right)\prod_{i=1}^{n}x_i^{\frac{kp}{n-\lambda}} \tag{3.4.49}$$

定理 3.4.18　设 $\boldsymbol{x}\in\mathbf{R}_{++}^{n}$,$\lambda\geqslant\max\{(n-1)^{p-1},(p-1)^{p-1}\}$,$n\geqslant 1$,$p>1$,则

$$\left(\sum_{i=1}^{n}x_i\right)^p\leqslant\lambda\sum_{i=1}^{n}x_i^p+(n^p-n\lambda)\left(\prod_{i=k}^{n}x_i\right)^{\frac{p}{n}} \tag{3.4.50}$$

定理 3.4.19　设 $\boldsymbol{x}\in\mathbf{R}_{++}^{n}$,$\lambda\geqslant\max\{(\mathrm{C}_n^k-1)^{p-1},(p-1)^{p-1}\}$,$n\geqslant 1$,$p>1$,$1\leqslant k\leqslant n$,则

$$(E_k(\boldsymbol{x}))^p-\lambda E_k(\boldsymbol{x}^p)\leqslant((\mathrm{C}_n^k)^p-\lambda\mathrm{C}_n^k)\prod_{i=1}^{n}x_i^{\frac{kp}{n}} \tag{3.4.51}$$

为证明上述三个定理,先给出如下引理.

引理 3.4.1　设 $\boldsymbol{x}\in\mathbf{R}^n$,$n\geqslant 2$,$\varphi_k(\boldsymbol{x})=(E_k(\mathrm{e}^{\boldsymbol{x}}))^p-E_k(\mathrm{e}^{p\boldsymbol{x}})$,则 $\varphi_k(\boldsymbol{x})$ 在 $\mathbf{R}^n$ 上 $S-$凸.

证明　注意

$$E_k(\mathrm{e}^{x})=\mathrm{e}^{x_1}\mathrm{e}^{x_2}E_{k-2}(\mathrm{e}^{x_3},\cdots,\mathrm{e}^{x_n})+(\mathrm{e}^{x_1}+\mathrm{e}^{x_2})\cdot E_{k-1}(\mathrm{e}^{x_3},\cdots,\mathrm{e}^{x_n})+E_k(\mathrm{e}^{x_3},\cdots,\mathrm{e}^{x_n})$$

经计算有

$$\frac{\partial\varphi_k}{\partial x_1}=p\mathrm{e}^{x_1}(E_k(\mathrm{e}^x))^{p-1}\frac{\partial E_k(\mathrm{e}^{x_1},\mathrm{e}^{x_2},\cdots,\mathrm{e}^{x_n})}{\partial(\mathrm{e}^{x_1})}-$$

$$p\mathrm{e}^{px_1}\frac{\partial E_k(\mathrm{e}^{px})}{\partial(\mathrm{e}^{px_1})}=$$

$$p\mathrm{e}^{x_1}(E_k(\mathrm{e}^x))^{p-1}(\mathrm{e}^{x_2}E_{k-2}(\mathrm{e}^{x_3},\cdots,\mathrm{e}^{x_n})+$$

$$E_{k-1}(\mathrm{e}^{x_3},\cdots,\mathrm{e}^{x_n}))-$$

$$p\mathrm{e}^{px_1}(\mathrm{e}^{px_2}E_{k-2}(\mathrm{e}^{px_3},\cdots,\mathrm{e}^{px_n})+E_{k-1}(\mathrm{e}^{px_3},\cdots,\mathrm{e}^{px_n}))$$

$$\frac{\partial\varphi_k}{\partial x_2}=p\mathrm{e}^{x_2}(E_k(\mathrm{e}^x))^{p-1}(\mathrm{e}^{x_1}E_{k-2}(\mathrm{e}^{x_3},\cdots,\mathrm{e}^{x_n})+$$

$$E_{k-1}(\mathrm{e}^{x_3},\cdots,\mathrm{e}^{x_n}))-$$

$$p\mathrm{e}^{px_2}(\mathrm{e}^{px_1}E_{k-2}(\mathrm{e}^{px_3},\cdots,\mathrm{e}^{px_n})+E_{k-1}(\mathrm{e}^{px_3},\cdots,\mathrm{e}^{px_n}))$$

于是

$$\frac{\partial\varphi_k}{\partial x_1}-\frac{\partial\varphi_k}{\partial x_2}=p(\mathrm{e}^{x_1}-\mathrm{e}^{x_2})(E_k(\mathrm{e}^x))^{p-1}E_{k-1}(\mathrm{e}^{x_3},\cdots,\mathrm{e}^{x_n})-$$

$$p(\mathrm{e}^{px_1}-\mathrm{e}^{px_2})E_{k-1}(\mathrm{e}^{px_3},\cdots,\mathrm{e}^{px_n})$$

由式(3.4.47)有

$$(E_k(\mathrm{e}^x))^{p-1}E_{k-1}(\mathrm{e}^{x_3},\cdots,\mathrm{e}^{x_n})=$$

$$[\mathrm{e}^{x_1}\mathrm{e}^{x_2}E_{k-2}(\mathrm{e}^{x_3},\cdots,\mathrm{e}^{x_n})+$$

$$(\mathrm{e}^{x_1}+\mathrm{e}^{x_2})E_{k-1}(\mathrm{e}^{x_3},\cdots,\mathrm{e}^{x_n})+$$

$$E_k(\mathrm{e}^{x_3},\cdots,\mathrm{e}^{x_n})]^{p-1}E_{k-1}(\mathrm{e}^{x_3},\cdots,\mathrm{e}^{x_n})\geqslant$$

$$(\mathrm{e}^{x_1}+\mathrm{e}^{x_2})^{p-1}(E_{k-1}(\mathrm{e}^{x_3},\cdots,\mathrm{e}^{x_n}))^{p}\geqslant$$

$$(\mathrm{e}^{x_1}+\mathrm{e}^{x_2})^{p-1}E_{k-1}(\mathrm{e}^{px_3},\cdots,\mathrm{e}^{px_n})$$

因$(x_1-x_2)\left(\frac{\partial\varphi_k}{\partial x_1}-\frac{\partial\varphi_k}{\partial x_2}\right)$关于$x_1$和$x_2$对称，故不妨设$x_1\geqslant x_2$，于是有

$$(x_1-x_2)\left(\frac{\partial\varphi_k}{\partial x_1}-\frac{\partial\varphi_k}{\partial x_2}\right)\geqslant$$

$$p(x_1-x_2)[(\mathrm{e}^{x_1}-\mathrm{e}^{x_2})(\mathrm{e}^{x_1}-\mathrm{e}^{x_2})^{p-1}+$$

$$\mathrm{c}^{px_1}-\mathrm{e}^{px_2}]E_{k-1}(\mathrm{e}^{px_3},\cdots,\mathrm{e}^{px_n})$$

另一方面,应用加权幂平均值不等式[82]26 可得

$$(e^{x_1}-e^{x_2})(e^{x_1}+e^{x_2})^{p-1}+e^{px_2}=$$
$$(e^{x_1}-e^{x_2})(e^{x_1}+e^{x_2})^{p-1}+e^{x_2}(e^{x_2})^{p-1}\geqslant$$
$$(e^{x_1}-e^{x_2}+e^{x_2})^{2-p}[(e^{x_1}-e^{x_2})(e^{x_1}+e^{x_2})^{p-1}+$$
$$e^{x_2}e^{x_2}]^{p-1}=e^{px_1}$$

由此得 $(x_1-x_2)\left(\frac{\partial\varphi_k}{\partial x_1}-\frac{\partial\varphi_k}{\partial x_2}\right)\geqslant 0$,故 $\varphi_k(\boldsymbol{x})$ 在 $\mathbf{R}^n$ 上 S - 凸. 引理 3.4.1 证毕. □

下述不等式是 Bernoulli 不等式的变形:

引理 3.4.2 设 $x>0,0\leqslant\alpha\leqslant 1$. 则

$$x^{\alpha}\leqslant\alpha x-\alpha+1 \tag{3.4.52}$$

若 $\alpha\geqslant 1$ 或 $\alpha\leqslant 0$,则上述不等式反向.

定理 3.4.17 的证明 由式(1.4.2) 不难证明

$$\left(\frac{\ln(x_1x_2,\cdots,x_n)-\lambda\ln x_1}{n-\lambda},\right.$$
$$\frac{\ln(x_1x_2,\cdots,x_n)-\lambda\ln x_2}{n-\lambda},\cdots,$$
$$\left.\frac{\ln(x_1x_2,\cdots,x_n)-\lambda\ln x_n}{n-\lambda}\right)\prec$$
$$(\ln x_1,\ln x_2,\cdots,\ln x_n)$$

于是由引理 3.4.1 有

$$\varphi_k\left(\frac{\ln(x_1x_2,\cdots,x_n)-\lambda\ln x_1}{n-\lambda},\right.$$
$$\frac{\ln(x_1x_2,\cdots,x_n)-\lambda\ln x_2}{n-\lambda},\cdots,$$
$$\left.\frac{\ln(x_1x_2,\cdots,x_n)-\lambda\ln x_n}{n-\lambda}\right)\leqslant$$
$$\varphi_k(\ln x_1,\ln x_2,\cdots,\ln x_n)$$

由引理 3.4.1 中 $\varphi_k(\boldsymbol{x})$ 的定义易将上述不等式化为式(3.4.49),定理 3.4.17 证毕. □

定理 3.4.18 的证明 当 $n=1$ 时,式(3.4.50)为恒等式.下设 $n\geqslant 2$.定义

$$f_m(x)=\frac{\left[\left(mx+\sum_{i=m+1}^{n}x_i\right)^{p-1}-\lambda\left(mx^p+\sum_{i=m+1}^{n}x_i^p\right)\right]}{\left(x^m\prod_{i=m+1}^{n}x_i\right)^{\frac{p}{n}}}$$

其中 $0<x\leqslant x_i,i=m+1,m+2,\cdots,n,1\leqslant m\leqslant n-1$.

对 $f_m(x)$ 关于 x 求导,得

$$f'_m(x)=$$

$$\left\{\left(mx+\sum_{i=m+1}^{n}x_i\right)^{p-1}\left[(n-m)x-\sum_{i=m+1}^{n}x_i\right]+\right.$$

$$\left.\lambda\left[(n-m)x^p+\sum_{i=m+1}^{n}x_i^p\right]\right\}\Big/\frac{nx}{mp}\left(x^m\prod_{i=m+1}^{n}x_i\right)^{\frac{p}{n}}$$

在式(3.4.47)中置 $\dfrac{(n-m)x}{\sum\limits_{i=m+1}^{n}x_i}=t,0\leqslant t\leqslant 1$,有

$$\left(mx+\sum_{i=m+1}^{n}x_i\right)^{p-1}\left[(n-m)x-\sum_{i=m+1}^{n}x_i\right]+$$

$$\lambda\left[(n-m)x^p+\sum_{i=m+1}^{n}x_i^p\right]\geqslant$$

$$\left(mx+\sum_{i=m+1}^{n}x_i\right)^{p-1}\left[(n-m)x-\sum_{i=m+1}^{n}x_i\right]+$$

$$\lambda\left[(m-n)x^p+(n-m)^{1-p}\left(\sum_{i=m+1}^{n}x_i\right)^p\right]=$$

$$\left[mx+\frac{(n-m)x}{t}\right]^{p-1}\left[(n-m)x-\frac{(n-m)x}{t}\right]+$$

$$\lambda\left[(n-m)x^p+(n-m)\left(\frac{x}{t}\right)^p\right]=$$

$$(n-m)x^pt^{-p}\left[-(mt+n-m)^{p-1}(1-t)+\right.$$

$\lambda(1-t^p)] \geqslant$

$(n-m)x^p t^{-p}[-(t+n-1)^{p-1}(1-t)+\lambda(1-t^p)]$

设

$$g(t)=-(t+n-1)^{p-1}(1-t)+\lambda(1-t^p),0<t\leqslant 1$$

易见 $g(1)=0$. 下证

$$g(t)\geqslant 0,0<t<1,\lambda\geqslant\max\{(n-1)^{p-1},(p-1)^{p-1}\}$$

(i) $1<p\leqslant 2$. 由引理 3.4.2,有

$$\left(\frac{1-t^p}{1-t}\right)^{\frac{1}{p-1}}\geqslant\frac{1}{p-1}\left(\frac{1-t^p}{1-t}\right)-\frac{1}{p-1}+1=\frac{t}{p-1}\left(\frac{1-t^{p-1}}{1-t}\right)+1\geqslant\frac{t}{p-1}\left[\frac{1-(p-1)t+(p-1)-1}{1-t}\right]+1=t+1$$

此外,条件 $\lambda\geqslant\max\{(n-1)^{p-1},(p-1)^{p-1}\}$ 蕴涵着

$$(t+n-1)\lambda^{\frac{1}{1-p}}\leqslant\frac{t+n-1}{n-1}\leqslant t+1$$

因此 $\dfrac{1-t^p}{(1-t)^{\frac{1}{p-1}}}\geqslant\lambda^{\frac{1}{p-1}}(t+n-1)$, 这意味着 $g(t)\geqslant 0$.

(ii) $p>2$. 由引理 3.4.2,有

$$\left(\frac{1-t}{1-t^p}\right)^{\frac{1}{p-1}}\left(\frac{t}{p-1}+1\right)\leqslant\left[\frac{1}{p-1}\left(\frac{1-t^p}{1-t}\right)-\frac{1}{p-1}+1\right]\left(\frac{t}{p-1}+1\right)=\frac{t^p}{(p-1)^2(1-t^p)}[t+(p-1)(1-t)-t^{2-p}]+1\leqslant\frac{t^p}{(p-1)^2(1-t^p)}[t+(p-1)(1-t)-(2-p)t+$$

$(2-p)-1]+1=1$

这样，$\frac{1-t^p}{(1-t)^{\frac{1}{p-1}}} \geqslant \frac{t}{(p-1)+1}$.

另一方面，由 $\lambda \geqslant \max\{(n-1)^{p-1},(p-1)^{p-1}\}$ 可断言 $\frac{t}{p-1}+1 \geqslant (t+n-1)\lambda^{\frac{1}{1-p}}$. 因此 $\frac{1-t^p}{(1-t)^{\frac{1}{p-1}}} \geqslant \lambda^{\frac{1}{1-p}}(t+n-1)$，这意味着 $g(t) \geqslant 0$.

结合（ⅰ）和（ⅱ）可断定，对于 $0 < x \leqslant x_i, i = m+1, m+2, \cdots, n$，有 $f'_m(x) \geqslant 0$，即 $f_m(x)$ 在 $0 < x \leqslant x_i$ 上递增.

现证(3.4.50)成立.

因(3.4.50)关于 $x_1,\cdots,x_n$ 对称，不妨假定 $x_1 \leqslant \cdots \leqslant x_n$，由于 $f_m(x)$ 在$0 < x \leqslant x_i$ 上递增，有

$$\frac{\left(x_1+\sum_{i=2}^{n}x_i\right)^p-\lambda\left(x_1^p+\sum_{i=2}^{n}x_i^p\right)}{\left(x_1\prod_{i=2}^{n}x_i\right)^{\frac{p}{n}}}=$$

$$f_1(x_1) \leqslant f_1(x_2)=f_2(x_2) \leqslant$$

$$f_2(x_3)=f_3(x_3) \leqslant \cdots \leqslant f_{n-1}(x_n)=$$

$$\frac{[(n-1)x_n+x_n]^p-\lambda(n-1)x_n^p+x_n^p}{(x_n^{n-1}x_n)^{\frac{p}{n}}}=$$

$$n^p-n\lambda$$

显然，有上述不等式即得式(3.4.50)，至此证得定理 3.4.18. □

定理 3.4.19 的证明　由定理 3.4.18 有

$$(\sum_{1\leqslant i_1<\cdots<i_k\leqslant n}\prod_{j=1}^{k}x_{i_j})^p\leqslant$$

$$\lambda(\sum_{1\leqslant i_1<\cdots<i_k\leqslant n}\prod_{j=1}^{k}x_{i_j}^p)+$$

$$[(C_n^k)^p-\lambda C_n^k](\prod_{1\leqslant i_1<\cdots<i_k\leqslant n}\prod_{j=1}^{k}x_{i_j})^{\frac{p}{C_n^k}}=$$

$$\lambda(\sum_{1\leqslant i_1<\cdots<i_k\leqslant n}\prod_{j=1}^{k}x_{i_j}^p)+[(C_n^k)^p-\lambda C_n^k](\prod_{j=1}^{k}x_{i_j})^{\frac{pC_{n-1}^{k-1}}{C_n^k}}=$$

$$\lambda(\sum_{1\leqslant i_1<\cdots<i_k\leqslant n}\prod_{j=1}^{k}x_{i_j}^p)+[(C_n^k)^p-\lambda C_n^k](\prod_{j=1}^{k}x_{i_j})^{\frac{kp}{n}}$$

显然,上述不等式等价于式(3.4.51),定理3.4.19证毕. □

取 $\lambda=0$,由定理3.4.15直接可得:

推论3.4.5　设 $\boldsymbol{x}\in\mathbf{R}_{++}^n,n\geqslant2,0\leqslant\lambda\leqslant1,p\geqslant2,1\leqslant k\leqslant n$,则

$$(E_k(\boldsymbol{x}))^p-E_k(\boldsymbol{x}^p)\geqslant[(C_n^k)^p-C_n^k]\prod_{i=k}^{n}x_i^{\frac{kp}{n}} \tag{3.4.53}$$

取 $k=1$,由定理3.4.17得

推论3.4.6　设 $\boldsymbol{x}\in\mathbf{R}_{++}^n,n\geqslant2,0\leqslant\lambda\leqslant1,p\geqslant2$,则

$$\begin{gathered}(\sum_{i=1}^{n}x_i)^p-\sum_{i=1}^{n}x_i^p\geqslant\\ \left[(\sum_{i=1}^{n}x_i^{\frac{\lambda}{\lambda-n}})^p-\sum_{i=1}^{n}x_i^{\frac{\lambda}{\lambda-n}}\right](\prod_{i=k}^{n}x_i)^{\frac{kp}{n}}\end{gathered} \tag{3.4.54}$$

在式(3.4.54)中,取 $\lambda=0$ 得

推论3.4.7　设 $\boldsymbol{x}\in\mathbf{R}_{++}^n,n\geqslant2,p\geqslant2$,则

$$\left(\sum_{i=1}^{n}x_i\right)^p \geqslant \sum_{i=1}^{n}x_i^p + (n^p - n)\left(\prod_{i=k}^{n}x_i\right)^{\frac{kp}{n}}$$

(3.4.55)

由定理 3.4.18 可得如下幂平均不等式的加强

推论 3.4.8 若 $\boldsymbol{x} \in \mathbf{R}_{++}^n, 1 < p \leqslant n$,则

$$\left(\sum_{i=2}^{n}x_i\right)^p \leqslant$$

$$(n-1)^{p-1}\sum_{i=2}^{n}x_i^p + n[n^{p-1} - (n-1)^{p-1}]\left(\prod_{i=1}^{n}x_i\right)^{\frac{p}{n}}$$

(3.4.56)

若 $\boldsymbol{x} \in \mathbf{R}_{++}^n, p \geqslant n \geqslant 2$,则

$$\left(\sum_{i=2}^{n}x_i\right)^p \leqslant$$

$$(n-1)^{p-1}\sum_{i=2}^{n}x_i^p + n[n^{p-1} - (n-1)^{p-1}]\left(\prod_{i=1}^{n}x_i\right)^{\frac{p}{n}}$$

(3.4.57)

特别,在推论 3.4.8 中取 $p=n$ 便得到前述不等式猜想(3.4.48).

下述推论给出算术-几何不等式的加细.

推论 3.4.9 设 $\boldsymbol{x} \in \mathbf{R}_{++}^n, A(\boldsymbol{x}) = \frac{1}{n}\sum_{i=1}^{n}x_i$, $G(\boldsymbol{x}) = \sqrt[n]{\prod_{i=1}^{n}x_i}$,则对于$2 \leqslant p \leqslant n$,有

$$A(\boldsymbol{x}) \geqslant$$

$$G(\boldsymbol{x}) + \left(\frac{n}{n-1}\right)^{p-1}\left[\left(\frac{1}{n}\sum_{i=1}^{n}x_i^{\frac{1}{p}}\right)^p - \left(\sqrt[n]{\prod_{i=1}^{p}x_i^{\frac{1}{p}}}\right)^p\right] \geqslant$$

$$G(\boldsymbol{x})+\left(\frac{1}{n-1}\right)^{p-1}\left(\frac{1}{n}\sum_{i=1}^{n}x_i-\sqrt[n]{\prod_{i=1}^{p}x_i}\right)\geqslant G(\boldsymbol{x})$$

(3.4.58)

对于 $p\geqslant n\geqslant 2$,有

$A(\boldsymbol{x})\geqslant$

$$G(\boldsymbol{x})+\left(\frac{n}{p-1}\right)^{p-1}\left[\left(\frac{1}{n}\sum_{i=1}^{n}x_i^{\frac{1}{p}}\right)^{p}-\left(\sqrt[n]{\prod_{i=1}^{n}x_i^{\frac{1}{p}}}\right)^{p}\right]\geqslant$$

$$G(\boldsymbol{x})+\left(\frac{1}{p-1}\right)^{p-1}\left(\frac{1}{n}\sum_{i=1}^{n}x_i-\sqrt[n]{\prod_{i=1}^{n}x_i}\right)\geqslant G(\boldsymbol{x})$$

(3.4.59)

证明　分别在式(3.4.56),式(3.4.57)和式(3.4.55)中以 $x_i^{\frac{1}{p}}$ 代替 x_i,$i=1,2,\cdots,n$,有

$$\left(\frac{n-1}{n}\right)^{p-1}\left(\frac{1}{n}\sum_{i=1}^{n}x_i-\sqrt[n]{\prod_{i=1}^{n}x_i}\right)\geqslant$$

$$\left(\frac{1}{n}\sum_{i=1}^{n}x_i^{\frac{1}{p}}\right)^{p}-\left(\sqrt[n]{\prod_{i=1}^{n}x_i^{\frac{1}{p}}}\right)^{p},1<p\leqslant n$$

$$\left(\frac{p-1}{n}\right)^{p-1}\left(\frac{1}{n}\sum_{i=1}^{n}x_i-\sqrt[n]{\prod_{i=1}^{p}x_i}\right)\geqslant$$

$$\left(\frac{1}{n}\sum_{i=1}^{n}x_i^{\frac{1}{p}}\right)^{p}-\left(\sqrt[n]{\prod_{i=1}^{p}x_i^{\frac{1}{p}}}\right)^{p},p\geqslant n\geqslant 2$$

和

$$\left(\frac{1}{n}\sum_{i=1}^{n}x_i^{\frac{1}{p}}\right)^{p}-\left(\sqrt[n]{\prod_{i=1}^{p}x_i^{\frac{1}{p}}}\right)^{p}\geqslant$$

$$n^{1-p}\left(\frac{1}{n}\sum_{i=1}^{n}x_i-\sqrt[n]{\prod_{i=1}^{n}x_i}\right),p\geqslant 2$$

结合上述不等式即得式(3.4.58)和式(3.4.59).

□

3.4.7 算术－几何－调和平均值不等式

设 $\boldsymbol{x}\in\mathbf{R}_{++}^{n}$，著名的算术－几何－调和平均值不等式为

$$A_n(\boldsymbol{x})\geqslant G_n(\boldsymbol{x})\geqslant H_n(\boldsymbol{x})\qquad(3.4.60)$$

即

$$\frac{1}{n}\sum_{i=1}^{n}x_i\geqslant\sqrt[n]{\prod_{i=1}^{n}x_i}\geqslant\frac{n}{\sum_{i=1}^{n}\frac{1}{x_i}}$$

1999 年，Paul 和 Jack Abad 在美国数学协会(MAA)上推荐了“100 个最伟大的定理”(The Hundred Greatest Theorems)，这些定理的排名是基于这样的准则：“定理在文献里的地位，有高质量的证明，以及突破性的结果”. 算术－几何平均值不等式位列“100 个最伟大的定理”的第 38 位，足见它在数学及其应用中拥有的崇高地位. 寻求对算术－几何平均值不等式的不同证法，一直是人们研究的热点，至今已有上百种不同的证明方法. 文[119]利用控制不等式的方法，给出式(3.4.60)一个简单证明.

对于 $\boldsymbol{x}\in\mathbf{R}_{++}^{n}$，令

$$\varphi(\boldsymbol{x})=nA_n(\boldsymbol{x})+\frac{1}{G_n(\boldsymbol{x})}=\sum_{i=1}^{n}x_i+\frac{1}{\prod_{i=1}^{n}x_i}$$

容易计算

$$(x_1-x_2)\left(\frac{\partial\varphi}{\partial x_1}-\frac{\partial\varphi}{\partial x_2}\right)=\frac{(x_1-x_2)^2}{x_1^2x_2^2x_3\cdots x_n}\geqslant 0$$

故 $\varphi(\boldsymbol{x})$ 在 $\mathbf{R}_{++}^n$ 上 $S-$凸，由式(1.3.12)有

$$\varphi(A_n(\boldsymbol{x}),A_n(\boldsymbol{x}),\cdots,A_n(\boldsymbol{x}))\leqslant\varphi(x_1,x_2,\cdots,x_n)$$

即

$$\sum_{i=1}^n x_i+\frac{1}{\prod\limits_{i=1}^n x_i}\geqslant\sum_{i=1}^n x_i+\frac{n^n}{\left(\sum\limits_{i=1}^n x_i\right)^n}\tag{3.4.61}$$

由此即得

$$A_n(\boldsymbol{x})\geqslant G_n(\boldsymbol{x})$$

因

$$(x_1-x_2)\left(x_1\frac{\partial\varphi}{\partial x_1}-x_2\frac{\partial\varphi}{\partial x_2}\right)=(x_1-x_2)^2\geqslant 0$$

故 $\varphi(\boldsymbol{x})$ 在 $\mathbf{R}_{++}^n$ 上 $S-$几何凸，由式(1.3.12)有

$$\left(\ln\frac{1}{G_n(\boldsymbol{x})},\ln\frac{1}{G_n(\boldsymbol{x})},\cdots,\ln\frac{1}{G_n(\boldsymbol{x})}\right)\prec\left(\ln\frac{1}{x_1},\ln\frac{1}{x_2},\cdots,\ln\frac{1}{x_n}\right)$$

于是有

$$\varphi\left(\frac{1}{G_n(\boldsymbol{x})},\frac{1}{G_n(\boldsymbol{x})},\cdots,\frac{1}{G_n(\boldsymbol{x})}\right)\leqslant\varphi\left(\frac{1}{x_1},\frac{1}{x_2},\cdots,\frac{1}{x_n}\right)$$

由此即可得

$$G_n(\boldsymbol{x})\geqslant H_n(\boldsymbol{x})$$

若取 $\varphi(\boldsymbol{x})=A_n(\boldsymbol{x})+G_n(\boldsymbol{x})$，同样可证得式(3.4.60).

已知 $\boldsymbol{x}\in\mathbf{R}_{++}^n,\sum\limits_{i=1}^n x_i^k=1,k\in\mathbf{N}$，则

$$\sum_{i=1}^n x_i+\frac{1}{\prod\limits_{i=1}^n x_i}\geqslant n^{1-\frac{1}{k}}+n^{\frac{n}{k}}\tag{3.4.62}$$

这是一道美国数学月刊征解题(见[120]).

徐彦辉[121] 运用受控理论和 Hölder 不等式给出如下证明：

令 $t=\sum_{i=1}^{n}x_i$, $g(t)=t+\frac{n^n}{t^n}$，则 $g''(t)=n(n+1)n^n t^{-n-2}\geqslant 0$，从而 $g'(t)<0$ 时，$t>n$；当 $g'(t)=0$ 时，$t=n$，所以 $g(t)$ 在 $(0,n)$ 上递减. 由 Hölder 不等式[2] 得

$$\left(\sum_{i=1}^{n}x_i^k\right)^{\frac{1}{k}}(1+1+\cdots+1)^{\frac{1}{k}}\geqslant\sum_{i=1}^{n}x_i$$

$$\sum_{i=1}^{n}x_i\leqslant n^{1-\frac{1}{k}}$$

所以 $g(t)=t+\frac{n^n}{t^n}\geqslant n^{1-\frac{1}{k}}+n^{\frac{n}{k}}$，由 (3.4.55) 知 (3.4.62) 成立.

Schur 凸函数与其他对称函数不等式

第四章

4.1 完全对称函数的 Schur 凸性

4.1.1 完全对称函数的 Schur 凸性

n 维向量 $\boldsymbol{x}$ 的 k 次完全对称函数为

$$c_k(\boldsymbol{x})=c_k(x_1,x_2,\cdots,x_n)=\sum_{i_1+i_2+\cdots+i_n=k} x_1^{i_1}x_2^{i_2}\cdots x_n^{i_n} \tag{4.1.1}$$

其中 $i_1,i_2,\cdots,i_n$ 是非负整数. 当 $k>n$ 时,规定 $c_k(\boldsymbol{x})=0$,并规定 $c_0(\boldsymbol{x})=1$.

例如

$$c_1(\boldsymbol{x})=x_1+\cdots+x_n$$

$$c_2(\boldsymbol{x})=x_1^2+\cdots+x_n^2+x_1x_2+\cdots+x_{n-1}x_n$$

当 $n=3$ 时

$$c_3(\boldsymbol{x}) = x_1^3 + x_2^3 + x_3^3 + x_1^2 x_2 + x_1^2 x_3 + x_2^2 x_3 + x_2^2 x_1 + x_3^2 x_1 + x_3^2 x_2 + x_1 x_2 x_3$$

相应地,$\boldsymbol{x}$ 的 k 次完全对称函数平均为

$$D_k(\boldsymbol{x}) = D_k(x_1, x_2, \cdots, x_n) := (\mathrm{C}_{k+n-1}^{n-1})^{-1} c_k(\boldsymbol{x}) \tag{4.1.2}$$

对于 $\boldsymbol{x} \in \mathbf{R}_{++}^n$,记 $\tilde{\boldsymbol{x}}_i = (x_1, \cdots, x_{i-1}, x_{i+1}, \cdots, x_n)$,不难验证

$$c_k(\boldsymbol{x}) = x_i c_{k-1}(\boldsymbol{x}) + c_k(\tilde{\boldsymbol{x}}_i) \tag{4.1.3}$$

事实上,易见

$$c_k(\boldsymbol{x}) = \sum_{1 \leqslant i_1 + i_2 + \cdots + i_n = k} x_1^{i_1} x_2^{i_2} \cdots x_n^{i_n} = x_i^k + x_i^{k-1} c_1(\tilde{\boldsymbol{x}}_i) + \cdots + c_k(\tilde{\boldsymbol{x}}_i)$$

$$c_{k-1}(\boldsymbol{x}) = x_i^{k-1} + x_i^{k-2} c_1(\tilde{\boldsymbol{x}}_i) + \cdots + c_{k-1}(\tilde{\boldsymbol{x}}_i)$$

故式(4.1.3)成立.

完全对称函数的积分表示[122]164

$$c_k(\boldsymbol{x}) = \mathrm{C}_{n-1+k}^k L_k^k(\boldsymbol{x}) \tag{4.1.4}$$

其中

$$L_r(\boldsymbol{x}) = \begin{cases} \left((n-1)! \displaystyle\int_{E_{n-1}} (A(\boldsymbol{x}, \boldsymbol{u}))^k \mathrm{d}\boldsymbol{u}\right)^{\frac{1}{k}}, & k \neq 0 \\ \exp\left((n-1)! \displaystyle\int_{E_{n-1}} \ln A(\boldsymbol{x}, \boldsymbol{u}) \mathrm{d}\boldsymbol{u}\right), & k = 0 \end{cases} \tag{4.1.5}$$

完全对称函数是一类重要的对称函数. 关于此函数,文[124]中给出如下结果

$$(c_k(\boldsymbol{x} + \boldsymbol{y}))^{\frac{1}{k}} \leqslant (c_k(\boldsymbol{x}))^{\frac{1}{k}} + (c_k(\boldsymbol{y}))^{\frac{1}{k}} \tag{4.1.6}$$

$$c_r(\boldsymbol{x})c_{s-1}(\boldsymbol{x}) \geqslant c_{r-1}(\boldsymbol{x})c_s(\boldsymbol{x}), 0 < r < s \tag{4.1.7}$$

$$(c_r(\boldsymbol{x}))^{\frac{1}{r}} \geqslant (c_s(\boldsymbol{x}))^{\frac{1}{s}}, 0 < r < s \tag{4.1.8}$$

$$D_{k-2}(\boldsymbol{x})D_{k+2}(\boldsymbol{x}) - D_{k-1}(\boldsymbol{x})D_{k+1}(\boldsymbol{x}) \geqslant 0, n=2 \tag{4.1.9}$$

并提出问题：当 $n > 2$ 时，式(4.1.9)是否成立？

文[124]得到

$$D_{k-2}(\boldsymbol{x})D_{k+2}(\boldsymbol{x}) - D_{k-1}(\boldsymbol{x})D_{k+1}(\boldsymbol{x}) \geqslant 0, k=1,2,3 \tag{4.1.10}$$

关开中[125]证得当 $n \geqslant 4$ 时，式(4.1.9)依然成立.

2006 年，关开中[125]建立了如下两个重要结论：

定理 4.1.1　$c_k(\boldsymbol{x})$ 是 $\mathbf{R}_{++}^n$ 上的递增的 $S-$凸函数.

证明　由式(4.1.3)有

$$\frac{\partial c_k(\boldsymbol{x})}{\partial x_i} = c_{k-1}(\boldsymbol{x}) + x_i \frac{\partial c_{k-1}(\boldsymbol{x})}{\partial x_i} \tag{4.1.11}$$

由此利用归纳法不难证得

$$\frac{\partial c_k(\boldsymbol{x})}{\partial x_i} \geqslant 0, i=1,2,\cdots,n$$

即 $c_k(\boldsymbol{x})$ 在 $\mathbf{R}_{++}^n$ 上递增.

下证 $c_k(\boldsymbol{x})$ 在 $\mathbf{R}_{++}^n$ 上 $S-$凸. $c_k(\boldsymbol{x})$ 显然对称，只需证

$$(x_i - x_j)\left(\frac{\partial c_k(\boldsymbol{x})}{\partial x_i} - \frac{\partial c_k(\boldsymbol{x})}{\partial x_j}\right) \geqslant 0, i \neq j \tag{4.1.12}$$

仍用归纳法证明.（ⅰ）当 $k=2$ 时，$c_k(\boldsymbol{x})$ 对 x_i 求导得

$$\frac{\partial c_k(\boldsymbol{x})}{\partial x_i} = c_{k-1}(\boldsymbol{x}) + x_i \frac{\partial c_{k-1}(\boldsymbol{x})}{\partial x_i} = \sum_{m=1}^{n} x_m + x_i$$

因此

$$(x_i - x_j)\left(\frac{\partial c_k(\boldsymbol{x})}{\partial x_i} - \frac{\partial c_k(\boldsymbol{x})}{\partial x_j}\right) = (x_i - x_j)^2 \geqslant 0$$

（ⅱ）假定对于 $k-1$ 式(4.1.12) 真. 由

$$\frac{\partial c_k(\boldsymbol{x})}{\partial x_i} = c_{k-1}(\boldsymbol{x}) + x_i \frac{\partial c_{k-1}(\boldsymbol{x})}{\partial x_i}$$

$$\frac{\partial c_k(\boldsymbol{x})}{\partial x_j} = c_{k-1}(\boldsymbol{x}) + x_j \frac{\partial c_{k-1}(\boldsymbol{x})}{\partial x_j}$$

有

$$\frac{\partial c_k(\boldsymbol{x})}{\partial x_i} - \frac{\partial c_k(\boldsymbol{x})}{\partial x_j} = x_i \frac{\partial c_{k-1}(\boldsymbol{x})}{\partial x_i} - x_j \frac{\partial c_{k-1}(\boldsymbol{x})}{\partial x_j} =$$

$$x_i \frac{\partial c_{k-1}(\boldsymbol{x})}{\partial x_i} - x_j \frac{\partial c_{k-1}(\boldsymbol{x})}{\partial x_i} +$$

$$x_j \frac{\partial c_{k-1}(\boldsymbol{x})}{\partial x_i} - x_j \frac{\partial c_{k-1}(\boldsymbol{x})}{\partial x_j} =$$

$$(x_i - x_j) \frac{\partial c_{k-1}(\boldsymbol{x})}{\partial x_i} +$$

$$x_j \left(\frac{\partial c_{k-1}(\boldsymbol{x})}{\partial x_i} - \frac{\partial c_{k-1}(\boldsymbol{x})}{\partial x_j}\right)$$

从而由归纳假设有

$$(x_i - x_j)\left(\frac{\partial c_k(\boldsymbol{x})}{\partial x_i} - \frac{\partial c_k(\boldsymbol{x})}{\partial x_j}\right) =$$

$$(x_i - x_j)^2 \frac{\partial c_{k-1}(\boldsymbol{x})}{\partial x_i} +$$

$$x_j (x_i - x_j)\left(\frac{\partial c_{k-1}(\boldsymbol{x})}{\partial x_i} - \frac{\partial c_{k-1}(\boldsymbol{x})}{\partial x_j}\right) \geqslant 0$$

故 $c_k(\boldsymbol{x})$ 是 $\mathbf{R}_{++}^n$ 上的递增的 S－凸函数. 定理 4.1.1 证毕. □

定理 4.1.2 设 $\boldsymbol{x} \in \mathbf{R}_{++}^n$，$c_k(\boldsymbol{x})$ 是 $\boldsymbol{x}$ 的完全对称函数，则对于正整数 $k \geqslant 1$，$\varphi_k(\boldsymbol{x}) = \dfrac{c_k(\boldsymbol{x})}{c_{k-1}(\boldsymbol{x})}$ 是 $\mathbf{R}_{++}^n$ 上

的递增的 $S-$凸函数.

证明　显然 $\varphi(\boldsymbol{x})$ 对称. 经计算

$$\frac{\partial\varphi_k(\boldsymbol{x})}{\partial x_i}=\frac{1}{(c_{k-1}(\boldsymbol{x}))^2}\left(c_{k-1}(\boldsymbol{x})\frac{\partial c_k(\boldsymbol{x})}{\partial x_i}-c_k(\boldsymbol{x})\frac{\partial c_{k-1}(\boldsymbol{x})}{\partial x_i}\right)$$

注意

$$\begin{aligned}\frac{\partial c_k(\boldsymbol{x})}{\partial x_i}&=c_{k-1}(\boldsymbol{x})+x_i\frac{\partial c_{k-1}(\boldsymbol{x})}{\partial x_i}=\\&c_{k-1}(\boldsymbol{x})+x_i\left(c_{k-2}(\boldsymbol{x})+x_i\frac{\partial c_{k-2}(\boldsymbol{x})}{\partial x_i}\right)=\\&c_{k-1}(\boldsymbol{x})+x_ic_{k-2}(\boldsymbol{x})+x_i^2\frac{\partial c_{k-2}(\boldsymbol{x})}{\partial x_i}=\cdots=\\&c_{k-1}(\boldsymbol{x})+x_ic_{k-2}(\boldsymbol{x})+x_i^2c_{k-3}(\boldsymbol{x})+\cdots+\\&x_i^2c_1(\boldsymbol{x})+x_i^{k-1}\end{aligned}\tag{4.1.13}$$

由式(4.1.3)和式(4.1.13)有

$$\begin{aligned}\frac{\partial\varphi_k(\boldsymbol{x})}{\partial x_i}=&(c_{k-1}(\boldsymbol{x})c_{k-1}(\boldsymbol{x})-c_k(\boldsymbol{x})c_{k-2}(\boldsymbol{x}))+\\&x_i(c_{k-1}(\boldsymbol{x})c_{k-2}(\boldsymbol{x})-\\&c_k(\boldsymbol{x})c_{k-3}(\boldsymbol{x}))+\cdots+\\&x_i^{k-2}(c_{k-1}(\boldsymbol{x})c_1(\boldsymbol{x})-\\&c_k(\boldsymbol{x})c_0(\boldsymbol{x}))+c_{k-1}(\boldsymbol{x})x_i^{k-1}\end{aligned}$$

$$\begin{aligned}\frac{\partial\varphi_k(\boldsymbol{x})}{\partial x_i}-\frac{\partial\varphi_k(\boldsymbol{x})}{\partial x_j}=&\frac{1}{(c_{k-1}(\boldsymbol{x}))^2}[(c_k(\boldsymbol{x})-x_jc_{k-1}(\boldsymbol{x}))\cdot\\&(c_{k-2}(\boldsymbol{x})+x_jc_{k-3}(\boldsymbol{x})+\\&x_j^2c_{k-4}(\boldsymbol{x})+\cdots+\\&x_j^{k-3}c_1(\boldsymbol{x})+x_i^{k-1})-(c_k(\boldsymbol{x})-\\&x_ic_{k-1}(\boldsymbol{x}))(c_{k-2}(\boldsymbol{x})+x_ic_{k-3}(\boldsymbol{x})+\\&x_i^2c_{k-4}(\boldsymbol{x})+\cdots+x_i^{k-3}c_1(\boldsymbol{x})+\\&x_i^{k-2})]=\frac{1}{(c_{k-1}(\boldsymbol{x}))^2}\end{aligned}$$

$$[(c_{k-1}(\boldsymbol{x})c_{k-2}(\boldsymbol{x})-c_k(\boldsymbol{x})c_{k-3}(\boldsymbol{x}))(x_i-x_j)+(c_{k-1}(\boldsymbol{x})c_{k-3}(\boldsymbol{x})-c_k(\boldsymbol{x})c_{k-4}(\boldsymbol{x}))(x_i{}^2-x_j{}^2)+\cdots+(c_{k-1}(\boldsymbol{x})c_1(\boldsymbol{x})-c_k(\boldsymbol{x})c_0(\boldsymbol{x}))(x_i{}^{k-2}-x_j{}^{k-2})+c_{k-1}(\boldsymbol{x})(x_i{}^{k-1}-x_j{}^{k-1})]$$

由式(4.1.5)有

$$\frac{c_{k-1}(\boldsymbol{x})}{c_k(\boldsymbol{x})}>\frac{c_{k-3}(\boldsymbol{x})}{c_{k-2}(\boldsymbol{x})},\frac{c_{k-1}(\boldsymbol{x})}{c_k(\boldsymbol{x})}>\frac{c_{k-4}(\boldsymbol{x})}{c_{k-3}(\boldsymbol{x})},\cdots,\frac{c_{k-1}(\boldsymbol{x})}{c_k(\boldsymbol{x})}>\frac{c_0(\boldsymbol{x})}{c_1(\boldsymbol{x})} \tag{4.1.14}$$

因此$\frac{\partial\varphi_k(\boldsymbol{x})}{\partial x_i}\geqslant 0$，这意味着$\varphi(\boldsymbol{x})=\frac{c_k(\boldsymbol{x})}{c_{k-1}(\boldsymbol{x})}$在$\mathbf{R}^n_{++}$上递增.注意

$$(x_i-x_j)(x_i{}^s-x_j{}^s)\geqslant 0,1\leqslant s\leqslant k-1 \tag{4.1.15}$$

由式(4.1.14)和式(4.1.15)有

$$(x_i-x_j)\left(\frac{\partial\varphi_k(\boldsymbol{x})}{\partial x_i}-\frac{\partial\varphi_k(\boldsymbol{x})}{\partial x_j}\right)\geqslant 0$$

因此$\varphi_k(\boldsymbol{x})=\frac{c_k(\boldsymbol{x})}{c_{k-1}(\boldsymbol{x})}$在$\mathbf{R}^n_{++}$上 S－凸.定理 4.1.2 得证. □

下述定理给出定理 4.1.2 的一例应用.

定理 4.1.3[126]　设$\boldsymbol{a}=(a_1,\cdots,a_n)\in\mathbf{R}^n_{++},n\geqslant 2$，$s=\sum_{i=1}^n a_i,r\geqslant 1,\alpha\geqslant 1$.

(a) 记 $x_i=\frac{a_i^t}{rs-a_i},i=1,2,\cdots,n,c_1(\boldsymbol{x})$,

$c_2(\boldsymbol{x}),\cdots,c_n(\boldsymbol{x})$ 是关于 $\boldsymbol{x}=(x_1,\cdots,x_n)$ 完全对称函数,则当 $t\geqslant 1$ 时有

$$1\leqslant \frac{n^{\alpha(t-1)}(rn-1)^{\alpha}c_1(\boldsymbol{x}^{\alpha})}{s^{\alpha(t-1)}\mathrm{C}_n^1}\leqslant \frac{n^{2\alpha(t-1)}(rn-1)^{2\alpha}c_2(\boldsymbol{x}^{\alpha})}{s^{2\alpha(t-1)}\mathrm{C}_{n+1}^2}\leqslant\cdots\leqslant \frac{n^{n\alpha(t-1)}(rn-1)^{n\alpha}c_n(\boldsymbol{x}^{\alpha})}{s^{n\alpha(t-1)}\mathrm{C}_{n+(n-1)}^n} \quad (4.1.16)$$

(b) 记 $y_i=\dfrac{rs-a_i}{a_i^t},i=1,2,\cdots,n,c_1(\boldsymbol{y})$, $c_2(\boldsymbol{y}),\cdots,c_n(\boldsymbol{y})$ 是关于 $\boldsymbol{y}=(y_1,\cdots,y_n)$ 的完全对称函数,则当 $t>0$ 时有

$$1\leqslant \frac{s^{\alpha(t-1)}c_1(\boldsymbol{y}^{\alpha})}{n^{\alpha(t-1)}(rn-1)^{\alpha}\mathrm{C}_n^1}\leqslant \frac{s^{2\alpha(t-1)}c_2(\boldsymbol{y}^{\alpha})}{n^{2\alpha(t-1)}(rn-1)^{2\alpha}\mathrm{C}_{n+1}^2}\leqslant\cdots\leqslant \frac{s^{n\alpha(t-1)}c_n(\boldsymbol{y}^{\alpha})}{n^{n\alpha(t-1)}(rn-1)^{n\alpha}\mathrm{C}_{n+(n-1)}^n} \quad (4.1.17)$$

证明　根据定理 4.1.2 和定理 1.5.3(a),对于 $k=1,2,\cdots,n$,由式(1.5.4)和式(1.5.5)分别有

$$\varphi_k\Bigg(\underbrace{\left(\frac{s^{t-1}}{n^{t-1}(rn-1)}\right)^{\alpha},\left(\frac{s^{t-1}}{n^{t-1}(rn-1)}\right)^{\alpha},\cdots,\left(\frac{s^{t-1}}{n^{t-1}(rn-1)}\right)^{\alpha}}_{n}\Bigg)\leqslant \varphi_k\left(\left(\frac{a_1^t}{rs-a_1}\right)^{\alpha},\left(\frac{a_2^t}{rs-a_2}\right)^{\alpha},\cdots,\left(\frac{a_n^t}{rs-a_n}\right)^{\alpha}\right)$$

和

$$\varphi_k\Bigg(\underbrace{\left(\frac{n^{t-1}(rn-1)}{s^{t-1}}\right)^{\alpha},\left(\frac{n^{t-1}(rn-1)}{s^{t-1}}\right)^{\alpha},\cdots,\left(\frac{n^{t-1}(rn-1)}{s^{t-1}}\right)^{\alpha}}_{n}\Bigg)\leqslant \varphi_k\left(\left(\frac{rs-a_1}{a_1^t}\right)^{\alpha},\left(\frac{rs-a_2}{a_2^t}\right)^{\alpha},\cdots,\left(\frac{rs-a_n}{a_n^t}\right)^{\alpha}\right)$$

即

$$\frac{n^{k\alpha(t-1)}(rn-1)^{k\alpha}c_k(\boldsymbol{x}^\alpha)}{s^{k\alpha(t-1)}\mathrm{C}_{n+k-1}^k}\geqslant$$

$$\frac{n^{(k-1)\alpha(t-1)}(rn-1)^{(k-1)\alpha}c_{k-1}(\boldsymbol{x}^\alpha)}{s^{(k-1)\alpha(t-1)}\mathrm{C}_{n+k-2}^{k-1}},k=1,\cdots,n$$

和

$$\frac{s^{k\alpha(t-1)}c_k(\boldsymbol{y}^\alpha)}{n^{k\alpha(t-1)}(rn-1)^{k\alpha}\mathrm{C}_{n+k-1}^k}\geqslant$$

$$\frac{s^{(k-1)\alpha(t-1)}c_{k-1}(\boldsymbol{y}^\alpha)}{n^{(k-1)\alpha(t-1)}(rn-1)^{(k-1)\alpha}\mathrm{C}_{n+k-2}^{k-1}},k=1,\cdots,n$$

由此即证得式(4.1.16)和式(4.1.17),定理 4.1.3 证毕. □

注 4.1.1 取 $t=r=1$,式(4.1.16)中第一个不等式可化为 1987 年第 28 届 IMO 备选题

$$\left(\frac{a_1}{a_2+a_3+\cdots+a_n}\right)^\alpha+\cdots+$$

$$\left(\frac{a_n}{a_1+a_2+\cdots+a_{n-1}}\right)^\alpha\geqslant\frac{n}{(n-1)^\alpha}\tag{4.1.18}$$

因此式(4.1.16)是式(4.1.18)的推广和引申.

取 $r=1,n=3$,由定理 4.1.4 可得:

推论 4.1.1 设 $a_1>0,a_2>0,a_3>0,s=a_1+a_2+a_3$,则

$$1\leqslant\frac{1}{3}\left(\frac{2\cdot 3^{t-1}}{s^{t-1}}\right)^\alpha\left[\left(\frac{a_1^t}{a_2+a_3}\right)^\alpha+\right.$$

$$\left.\left(\frac{a_2^t}{a_3+a_1}\right)^\alpha+\left(\frac{a_3^t}{a_1+a_2}\right)^\alpha\right]\leqslant$$

$$\frac{1}{6}\left[\frac{4\cdot 3^{2(t-1)}}{s^{2(t-1)}}\right]^\alpha\left[\frac{a_1^{\alpha t}a_2^{\alpha t}}{(a_2+a_3)^\alpha(a_3+a_1)^\alpha}+\right.$$

$$\frac{a_2^{\alpha t}a_3^{\alpha t}}{(a_3+a_1)^\alpha(a_1+a_2)^\alpha}+\frac{a_3^{\alpha t}a_1^{\alpha t}}{(a_1+a_2)^\alpha(a_2+a_3)^\alpha}+$$

$$\left.\left(\frac{a_1^t}{a_2+a_3}\right)^{2\alpha}+\left(\frac{a_2^t}{a_3+a_1}\right)^{2\alpha}+\left(\frac{a_3^t}{a_1+a_2}\right)^{2\alpha}\right]\leqslant$$

$$\frac{1}{10}\left[\frac{8\cdot 3^{3(t-1)}}{s^{3(t-1)}}\right]^\alpha\left[\frac{a_1^{t\alpha}a_2^{t\alpha}a_3^{t\alpha}}{(a_1+a_2)^\alpha(a_2+a_3)^\alpha(a_3+a_1)^\alpha}+\right.$$

$$\frac{a_1^{t\alpha}a_3^{2t\alpha}}{(a_1+a_2)^{2\alpha}(a_2+a_3)^\alpha}+\frac{a_2^{t\alpha}a_3^{2t\alpha}}{(a_1+a_2)^{2\alpha}(a_3+a_1)^\alpha}+$$

$$\frac{a_1^{2t\alpha}a_3^{t\alpha}}{(a_1+a_2)^\alpha(a_2+a_3)^{2\alpha}}+\frac{a_1^{2t\alpha}a_2^{t\alpha}}{(a_2+a_3)^{2\alpha}(a_3+a_1)^\alpha}+$$

$$\frac{a_2^{2t}a_3^t}{(a_1+a_2)(a_3+a_1)^2}+\frac{a_1^ta_2^{2t}}{(a_2+a_3)^2(a_3+a_1)^2}+$$

$$\left.\frac{a_1^{3t}}{(a_2+a_3)^3}+\frac{a_2^{3t}}{(a_3+a_1)^3}+\frac{a_3^{3t}}{(a_1+a_2)^3}\right]\qquad(4.1.19)$$

和

$$1\leqslant\frac{1}{3}\left(\frac{s^{t-1}}{2\cdot 3^{t-1}}\right)^\alpha\left[\left(\frac{a_2+a_3}{a_1^t}\right)^\alpha+\right.$$

$$\left.\left(\frac{a_3+a_1}{a_2^t}\right)^\alpha+\left(\frac{a_1+a_2}{a_3^t}\right)^\alpha\right]\leqslant$$

$$\frac{1}{6}\left[\frac{s^{2(t-1)}}{4\cdot 3^{2(t-1)}}\right]^\alpha\cdot$$

$$\left[\frac{(a_2+a_3)(a_3+a_1)}{a_1^ta_2^t}+\frac{(a_3+a_1)(a_1+a_2)}{a_2^ta_3^t}+\right.$$

$$\frac{(a_1+a_2)(a_2+a_3)}{a_3^ta_1^t}+$$

$$\left.\left(\frac{a_2+a_3}{a_1^t}\right)^2+\left(\frac{a_3+a_1}{a_2^t}\right)^2+\left(\frac{a_1+a_2}{a_3^t}\right)^2\right]\leqslant$$

$$\frac{1}{10}\left[\frac{s^{3(t-1)}}{8\cdot 3^{3(t-1)}}\right]^\alpha\left[\frac{(a_1+a_2)(a_2+a_3)(a_3+a_1)}{a_1^ta_2^ta_3^t}+\right.$$

$$\frac{(a_1+a_2)^2(a_2+a_3)}{a_1^ta_3^{2t}}+\frac{(a_1+a_2)^2(a_3+a_1)}{a_2^ta_3^{2t}}+$$

$$\frac{(a_1+a_2)(a_2+a_3)^2}{a_1^{2t}a_3^t}+\frac{(a_1+a_2)(a_3+a_1)^2}{a_2^{2t}a_3^t}+$$

$$\frac{(a_2+a_3)^2(a_3+a_1)}{a_1^{2t}a_2^t}+\frac{(a_2+a_3)^2(a_3+a_1)^2}{a_1^t a_2^{2t}}+$$

$$\left.\frac{(a_2+a_3)^3}{a_1^{3t}}+\frac{(a_3+a_1)^3}{a_2^{3t}}+\frac{(a_1+a_2)^3}{a_3^{3t}}\right] \tag{4.1.20}$$

注 4.1.2 取 $\alpha=1$,式(4.1.19)中第一个不等式可化为 1989 年第 30 届 IMO 备选题

$$\frac{a_1^t}{a_2+a_3}+\frac{a_2^t}{a_3+a_1}+\frac{a_3^t}{a_1+a_2}\geqslant \left(\frac{2}{3}\right)^{t-2}\left(\frac{a_1+a_2+a_3}{2}\right)^{t-1} \tag{4.1.21}$$

而式(4.1.20)中第一个不等式可化为

$$\frac{a_2+a_3}{a_1^t}+\frac{a_3+a_1}{a_2^t}+\frac{a_1+a_2}{a_3^t}\geqslant \frac{2\cdot 3^t}{(a_1+a_2+a_3)^{t-1}} \tag{4.1.22}$$

当 $t=1$ 时,式(4.1.21)和式(4.1.22)分别化为下述两个熟悉的对偶不等式

$$\frac{a_1}{a_2+a_3}+\frac{a_2}{a_3+a_1}+\frac{a_3}{a_1+a_2}\geqslant \frac{3}{2}\text{[3]} \tag{4.1.23}$$

和

$$\frac{a_2+a_3}{a_1}+\frac{a_3+a_1}{a_2}+\frac{a_1+a_2}{a_3}\geqslant 6 \tag{4.1.24}$$

当 $t=\frac{1}{2}$ 时,式(4.1.22)化为

$$\frac{a_2+a_3}{\sqrt{a_1}}+\frac{a_3+a_1}{\sqrt{a_2}}+\frac{a_1+a_2}{\sqrt{a_3}}\geqslant 6\sqrt{\frac{a_1+a_2+a_3}{3}} \tag{4.1.25}$$

褚玉明等人[60] 证得如下两个定理.

定理4.1.4　完全对称函数$c_k(\boldsymbol{x})$是$\mathbf{R}^n_{++}$上的S－几何凸函数和S－调和凸函数.

定理4.1.5　设$c_k(\boldsymbol{x})$是$\boldsymbol{x}$的完全对称函数,则对于正整数$k\geqslant 1$,$\varphi_k(\boldsymbol{x})=\frac{c_k(\boldsymbol{x})}{c_{k-1}(\boldsymbol{x})}$是$\mathbf{R}^n_{++}$上的$S$－几何凸函数和$S$－调和凸函数.

4.1.2　完全对称函数的推广

关开中[127]对于完全对称函数的推广形式

$$c(\boldsymbol{x}^{\frac{1}{k}})=c_k(x_1^{\frac{1}{k}},x_2^{\frac{1}{k}},\cdots,x_n^{\frac{1}{k}})=\sum_{i_1+i_2+\cdots+i_n=k}(x_1^{i_1}x_2^{i_2}\cdots x_n^{i_n})^{\frac{1}{k}} \tag{4.1.26}$$

证得:

定理4.1.6　$c(\boldsymbol{x}^{\frac{1}{k}})$在$\mathbf{R}^n_{++}$上递增且$S$－凹,$k=1,2,\cdots,n$.

证明　当$k=1$时,$c_k(\boldsymbol{x}^{\frac{1}{k}})=\sum_{i=1}^{n}x_i$,易见结论成立.现设$2\leqslant k\leqslant n$,令$u_i=x_i^{\frac{1}{k}}$,则$c(\boldsymbol{x}^{\frac{1}{k}})=c(\boldsymbol{u})$,于是反复使用式(4.1.3)可算得

$$\frac{\partial c_k(\boldsymbol{u})}{\partial u_j}=c_{k-1}(\boldsymbol{u})+u_jc_{k-2}(\boldsymbol{u})+u_j^2c_{k-3}(\boldsymbol{u})+\cdots+u_j^{k-2}c_1(\boldsymbol{u})+u_j^{k-1},j=1,2,\cdots,n \tag{4.1.27}$$

对$c(\boldsymbol{x}^{\frac{1}{k}})$关于$x_1$求导并使用式(4.1.27)得

$$\frac{\partial c_k(\boldsymbol{u})}{\partial x_1}=\frac{\partial c_k(\boldsymbol{u})}{\partial u_1}\cdot\frac{\partial u_1}{\partial x_1}=\left(c_{k-1}(\boldsymbol{u})+u_1\frac{\partial c_{k-1}(\boldsymbol{u})}{\partial u_1}\right)\frac{x_1^{\frac{1}{k}}}{kx_1}=$$

$$(c_{k-1}(\boldsymbol{u})+u_1c_{k-2}(\boldsymbol{u})+u_1^2c_{k-3}(\boldsymbol{u})+\cdots+$$

$$u_1^{k-2}c_1(\boldsymbol{u})+u_1^{k-1})\frac{x_1^{\frac{1}{k}}}{kx_1}=$$

$$\frac{1}{k}\sum_{j=1}^{k}c_{k-j}(\boldsymbol{u})x_1^{\frac{j-k}{k}}$$

类似地可算得

$$\frac{\partial c_k(\boldsymbol{u})}{\partial x_2}=\frac{1}{k}\sum_{j=1}^{k}c_{k-j}(\boldsymbol{u})x_2^{\frac{j-k}{k}}$$

注意，对于 $j=1,2,\cdots,k-1$，$x^{\frac{j-k}{k}}$ 在 $\mathbf{R}_{++}$ 上递减，易得

$$\Delta:=(x_1-x_2)\left(\frac{\partial c_k(\boldsymbol{u})}{\partial x_1}-\frac{\partial c_k(\boldsymbol{u})}{\partial x_1}\right)=$$

$$\frac{x_1-x_2}{k}\sum_{j=1}^{k-1}c_{k-j}(\boldsymbol{u})(x_1^{\frac{j-k}{k}}-x_2^{\frac{j-k}{k}})\leqslant 0$$

故 $c(\boldsymbol{x}^{\frac{1}{k}})$ 在 $\mathbf{R}_{++}^n$ 上 $S-$凹，$k=1,2,\cdots,n$，证毕 □

褚玉明和孙天川[62] 证得：

定理 4.1.7 $c(\boldsymbol{x}^{\frac{1}{k}})$ 在 $\mathbf{R}_{++}^n$ 上 $S-$调和凹，$k=1,2,\cdots,n$.

张孔生和石焕南[128] 考察完全对称函数 $c_k(\boldsymbol{x})$ 的对偶形式

$$c^*(\boldsymbol{x})=\prod_{i_1+i_2+\cdots+i_n=k}\sum_{j=1}^{n}i_jx_j \qquad (4.1.28)$$

其中 $k\in\{1,2,\cdots,n\}$，$i_1,i_2,\cdots,i_n$ 为非负整数.

张孔生证得：

定理 4.1.8 $c^*(\boldsymbol{x})$ 在 $\mathbf{R}_{++}^n$ 上 $S-$几何凸且 $S-$调

和凸，$k=1,2,\cdots,n$.

证明　当 $k=1,2$ 时，易证结论成立. 现设 $k\geqslant 3$. 不妨设 $x_1>x_2$.

$$c^*(\boldsymbol{x})=\prod_{\substack{i_1+i_2+\cdots+i_n=k\\ i_1\neq 0,i_2=0}}\sum_{j=1}^{n}i_jx_j\cdot\prod_{\substack{i_1+i_2+\cdots+i_n=k\\ i_1=0,i_2\neq 0}}\sum_{j=1}^{n}i_jx_j\cdot$$

$$\prod_{\substack{i_1+i_2+\cdots+i_n=k\\ i_1\neq 0,i_2\neq 0}}\sum_{j=1}^{n}i_jx_j\cdot\prod_{\substack{i_1+i_2+\cdots+i_n=k\\ i_1=0,i_2=0}}\sum_{j=1}^{n}i_jx_j$$

易见

$$x_1\frac{\partial c^*(\boldsymbol{x})}{\partial x_1}=$$

$$c^*(\boldsymbol{x})\left(\sum_{\substack{i_1+i_2+\cdots+i_n=k\\ i_1\neq 0,i_2=0}}\frac{i_1x_1}{\sum\limits_{j=1}^{n}i_jx_j}+\sum_{\substack{i_1+i_2+\cdots+i_n=k\\ i_1\neq 0,i_2\neq 0}}\frac{i_1x_1}{\sum\limits_{j=1}^{n}i_jx_j}\right)=$$

$$c^*(\boldsymbol{x})\left(\sum_{\substack{m+k_3+\cdots+k_n=k\\ m\neq 0}}\frac{mx_1}{mx_1+\sum\limits_{j=3}^{n}k_jx_j}+\right.$$

$$\left.\sum_{\substack{i_1+i_2+\cdots+i_n=k\\ i_1\neq 0,i_2\neq 0}}\frac{i_1x_1}{i_1x_1+i_2x_2+\sum\limits_{j=3}^{n}i_jx_j}\right)$$

$$x_2\frac{\partial c^*(\boldsymbol{x})}{\partial x_2}=c^*(\boldsymbol{x})\left(\sum_{\substack{i_1+i_2+\cdots+i_n=k\\ i_1=0,i_2\neq 0}}\frac{i_2x_2}{\sum\limits_{j=1}^{n}i_jx_j}+\right.$$

$$\left.\sum_{\substack{i_1+i_2+\cdots+i_n=k\\ i_1\neq 0,i_2\neq 0}}\frac{i_2x_2}{\sum\limits_{j=1}^{n}i_jx_j}\right)=$$

$$c^*(\boldsymbol{x})\left(\sum_{\substack{m+k_3+\cdots+k_n=k\\ m\neq 0}}\frac{mx_2}{mx_2+\sum\limits_{j=3}^{n}k_jx_j}+\right.$$

$$\sum_{\substack{i_1+i_2+\cdots+i_n=k \\ i_1\neq 0,i_2\neq 0}} \left.\frac{i_1x_2}{i_1x_2+i_2x_1+\sum_{j=3}^{n}i_jx_j}\right)$$

于是

$$\Lambda:=(x_1-x_2)\left(x_1\frac{\partial c^*(\boldsymbol{x})}{\partial x_1}-x_2\frac{\partial c^*(\boldsymbol{x})}{\partial x_2}\right)=$$
$$(x_1-x_2)c^*(\boldsymbol{x})(\Lambda_1+\Lambda_2)$$

其中

$$\Lambda_1=\sum_{\substack{m+k_3+\cdots+k_n=k \\ m\neq 0}}\left(\frac{mx_1}{mx_1+\sum_{j=3}^{n}k_jx_j}-\frac{mx_2}{mx_2+\sum_{j=3}^{n}k_jx_j}\right)$$

$$\Lambda_2=\sum_{\substack{i_1+i_2+\cdots+i_n=r \\ i_1\neq 0,i_2\neq 0}}\left(\frac{i_1x_1}{i_1x_1+i_2x_2+\sum_{j=3}^{n}i_jx_j}-\right.$$
$$\left.\frac{i_1x_2}{i_1x_2+i_2x_1+\sum_{j=3}^{n}i_jx_j}\right)$$

不妨设 $x_1\geqslant x_2$. 注意到对于正数 c, $\frac{t}{t+c}=1-\frac{c}{t+c}$ 在 $(0,\infty)$ 上单调增,故 $\Lambda_1\geqslant 0$.

记 $a=\sum_{j=3}^{n}i_jx_j$, 考察 $\frac{i_1x_1}{i_1x_1+i_2x_2+a}-\frac{i_1x_2}{i_1x_2+i_2x_1+a}$. 通分后,分子

$$i_1^2x_1x_2+i_1i_2x_1^2+ai_1x_1-$$
$$(i_1^2x_1x_2+i_1i_2x_2^2+ai_1x_2)=$$
$$i_1i_2(x_1^2-x_2^2)+ai_1(x_1-x_2)>0$$

故 $\Lambda_2\geqslant 0$,结合 $\Lambda_1\geqslant 0$,有 $\Lambda\geqslant 0$,由此证得 $c^*(\boldsymbol{x})$ 在 $\mathbf{R}_{++}^n$ 上 $S-$几何凸.

注意

$$\left(x_1 \frac{\partial c^*(\boldsymbol{x})}{\partial x_1} - x_2 \frac{\partial c^*(\boldsymbol{x})}{\partial x_2}\right) = c^*(\boldsymbol{x})(\Lambda_1 + \Lambda_2) \geqslant 0$$

且 $\frac{\partial c^*(\boldsymbol{x})}{\partial x_1} \geqslant 0$，$\frac{\partial c^*(\boldsymbol{x})}{\partial x_2} \geqslant 0$ 和 $x_1 > x_2$，可知 $\left(x_1^2 \frac{\partial c^*(\boldsymbol{x})}{\partial x_1} - x_2^2 \frac{\partial c^*(\boldsymbol{x})}{\partial x_2}\right) \geqslant 0$. 从而

$$(x_1 - x_2)\left(x_1^2 \frac{\partial c^*(\boldsymbol{x})}{\partial x_1} - x_2^2 \frac{\partial c^*(\boldsymbol{x})}{\partial x_2}\right) \geqslant 0 \tag{4.1.29}$$

这意味着 $c^*(\boldsymbol{x})$ 在 $\mathbf{R}_{++}^n$ 上 S－调和凸. 证毕. □

定理 4.1.9　$c^*(\boldsymbol{x})$ 在 $\mathbf{R}_{++}^n$ 上递增且 S－凹，$k = 1, 2, \cdots, n$.

证明　不难验证

$$c^*(\boldsymbol{x}) = \prod_{i_1+i_2+\cdots+i_n=k} \sum_{j=1}^{n} i_j x_j = \prod_{1\leqslant i_1\leqslant i_2\leqslant\cdots\leqslant i_n\leqslant n} \sum_{j=1}^{k} x_j$$

因 $\ln c^*(\boldsymbol{x})$ 在 $\mathbf{R}_{++}^n$ 上递增且凹，又 $\ln c^*(\boldsymbol{x})$ 显然对称，故 $\ln c^*(\boldsymbol{x})$ 在 $\mathbf{R}_{++}^n$ 上递增且 S－凹，从而 $c^*(\boldsymbol{x})$ 在 $\mathbf{R}_{++}^n$ 上递增且 S－凹.

设 $k \in \mathbf{Z}_+$，$\boldsymbol{x} \in \mathbf{R}_+^n$，$\boldsymbol{s} = (s_1, \cdots, s_n) \in \mathbf{R}_{++}^n$，由下式确定的函数 $W_{k,\boldsymbol{s}}(\boldsymbol{x})$ 称为 k 次广义完全对称函数

$$\sum_{k=0}^{\infty} W_{k,\boldsymbol{s}}(\boldsymbol{x}) t^k = \prod_{i=1}^{n} \frac{1}{(1 - x_i t)^{s_i}} \tag{4.1.30}$$

其中 $|t|$ 足够小.

注 4.1.3　对于 $\boldsymbol{s} = (1, \cdots, 1) = \boldsymbol{I}$，$W_{k,\boldsymbol{I}}(\boldsymbol{x}) = c_k(\boldsymbol{x})$.

注 4.1.4　易见

$$W_{k,\boldsymbol{s}}(\boldsymbol{x}) = \sum_{i_1+\cdots+i_n=k} \prod_{j=1}^{n} \mathrm{C}_{k_j+i_j-1}^{i_j} x_j^{i_j} \tag{4.1.31}$$

约定 $\boldsymbol{s}=s$ 表示 $s_i=s, i=1,\cdots,n$，称

$$w_{k,s}(\boldsymbol{x})=\frac{1}{C_{ns+k-1}^{k}}W_{k,s}(\boldsymbol{x}), s>0 \quad (4.1.32)$$

为 Whiteley 平均.

$W_{k,s}(\boldsymbol{x})$ 的积分表示[129]

$$W_{k,s}(\boldsymbol{x})=\frac{1}{k!\ (\Gamma(s))^n}\int_{\mathbf{R}_+^n}\left(\sum_{i=1}^{n}x_iu_i\right)^k \exp\left(-\sum_{i=1}^{n}u_i\right)\prod_{i=1}^{n}u_i^{s-1}\mathrm{d}u_1\cdots\mathrm{d}u_n \quad (4.1.33)$$

Pečarći 等人[130] 证明了 k 次广义完全对称函数 $W_{k,s}(\boldsymbol{x})$ 的如下四个定理.

定理 4.1.10 若 $k_1<k_2, k_1, k_2\in\mathbf{R}$，则

$$(W_{k_1,s}(\boldsymbol{x}))^{\frac{1}{k_1}}\leqslant(W_{k_2,s}(\boldsymbol{x}))^{\frac{1}{k_2}} \quad (4.1.34)$$

其中 $k_1=0$ 或 $k_2=0$ 情形为相应的极限.

若 $k\in\mathbf{R}$，则

$$(W_{k,s}(\boldsymbol{x}))^2\leqslant W_{k-1,s}(\boldsymbol{x})W_{k+1,s}(\boldsymbol{x}) \quad (4.1.35)$$

定理 4.1.11 设 $p_1, p_2, q_1, q_2\in\mathbf{R}$，使得 $p_1\leqslant q_1$，$p_2\leqslant q_2$，$p_1<p_2$，$q_1<q_2$，则下述不等式成立

$$\left(\frac{W_{p_2,s}(\boldsymbol{x})}{W_{p_1,s}(\boldsymbol{x})}\right)^{\frac{1}{p_2-p_1}}\leqslant\left(\frac{W_{q_2,s}(\boldsymbol{x})}{W_{q_1,s}(\boldsymbol{x})}\right)^{\frac{1}{q_2-q_1}} \quad (4.1.36)$$

对于 $k\geqslant1$，由 Minkowski 不等式和 $W_{k,s}(\boldsymbol{x})$ 的积分表示易得

$$(W_{k,s}(\boldsymbol{x}+\boldsymbol{y}))^{\frac{1}{k}}\leqslant(W_{k,s}(\boldsymbol{x}))^{\frac{1}{k}}+(W_{k,s}(\boldsymbol{y}))^{\frac{1}{k}} \quad (4.1.37)$$

对于 $k<1$，式(4.1.37) 反向.

因为$(W_{k,s}(\boldsymbol{x}))^{\frac{1}{k}}$关于$\boldsymbol{x}$是齐次的，式(4.1.37)意味着当$k \geqslant 1$时，$(W_{k,s}(\boldsymbol{x}))^{\frac{1}{r}}$是凸函数，当$k < 1$时，$(W_{k,s}(\boldsymbol{x}))^{\frac{1}{k}}$是凹函数. 进而当$k \geqslant 1$或$k < 0$时，$W_{k,s}(\boldsymbol{x})$是凸函数，当$0 < k < 1$时，$W_{k,s}(\boldsymbol{x})$是凹函数. 对于$s_1 = \cdots = s_n = s$，$W_{k,s}(\boldsymbol{x})$是对称的，因此有

定理 4.1.12　对于$s_1 = \cdots = s_n = s$，当$k \geqslant 1$或$k < 0$时，$W_{k,s}(\boldsymbol{x})$是$S-$凸函数，当$0 < k < 1$时，$W_{k,s}(\boldsymbol{x})$是$S-$凹函数.

同理，对于$1 \leqslant k \leqslant 2$，由 Dresher 不等式[129]

$$\frac{W_{k,s}(\boldsymbol{x}+\boldsymbol{y})}{W_{k-1,s}(\boldsymbol{x}+\boldsymbol{y})} \leqslant \frac{W_{k,s}(\boldsymbol{x})}{W_{k-1,s}(\boldsymbol{x})} + \frac{W_{k,s}(\boldsymbol{y})}{W_{k-1,s}(\boldsymbol{y})} \tag{4.1.38}$$

可得：

定理 4.1.13　当$1 \leqslant k \leqslant 2$时，$\dfrac{W_{k,s}(\boldsymbol{x})}{W_{k-1,s}(\boldsymbol{x})}$是$S-$凸函数.

4.1.3　一个完全对称函数复合函数的 Schur 凸性

对于下述$c_k(\boldsymbol{x})$的复合函数

$$c_k\left(\frac{\boldsymbol{x}}{1-\boldsymbol{x}}\right) = \sum_{i_1+i_2+\cdots+i_n=k}\left(\frac{x_1}{1-x_1}\right)^{i_1}\left(\frac{x_2}{1-x_2}\right)^{i_1}\cdots\left(\frac{x_n}{1-x_n}\right)^{i_n} \tag{4.1.39}$$

孙明保等人[131]考察了它的$S-$凸性，$S-$几何凸性和$S-$调和凸性，分别利用这三种凸性的判定定理，即定理 2.1.3，定理 2.4.3 和定理 2.4.11 证得如下三个定理.

定理 4.1.14 对于 $\boldsymbol{x} \in [0,1)^n \cup (1,+\infty)^n$ 和 $k \in \mathbf{N}$,

(a) $c_k\left(\frac{\boldsymbol{x}}{1-\boldsymbol{x}}\right)$ 在 $[0,1)^n$ 上递增且 S — 凸;

(b) 若 k 是偶数(奇数),则 $c_k\left(\frac{\boldsymbol{x}}{1-\boldsymbol{x}}\right)$ 在 $(1,+\infty)^n$ 上递减且 S — 凸(递增且 S — 凹).

定理 4.1.15 对于 $\boldsymbol{x} \in [0,1)^n \cup (1,+\infty)^n$ 和 $k \in \mathbf{N}$,

(a) $c_k\left(\frac{\boldsymbol{x}}{1-\boldsymbol{x}}\right)$ 在 $[0,1)^n$ 上递增且 S — 几何凸;

(b) 若 k 是偶数(奇数),则 $c_k\left(\frac{\boldsymbol{x}}{1-\boldsymbol{x}}\right)$ 在 $(1,+\infty)^n$ 上递减且 S — 几何凸(递增且 S — 几何凹).

定理 4.1.16 对于 $\boldsymbol{x} \in [0,1)^n \cup (1,+\infty)^n$ 和 $k \in \mathbf{N}$,

(a) $c_k\left(\frac{\boldsymbol{x}}{1-\boldsymbol{x}}\right)$ 在 $[0,1)^n$ 上递增且 S — 调和凸;

(b) 若 k 是偶数(奇数),则 $c_k\left(\frac{\boldsymbol{x}}{1-\boldsymbol{x}}\right)$ 在 $(1,+\infty)^n$ 递减且 S — 调和凸(递增且 S — 调和凹).

石焕南等人[132] 分别利用 S — 凸,S — 几何凸和 S — 调和凸的有关性质给出上述三个定理的简单证明.

首先证明一个引理.

引理 4.1.1 若 k 是偶数(奇数),则 $c_k(\boldsymbol{x})$ 在 $\mathbf{R}^n_{--}$ 上递减且 S — 凸(递增且 S — 凹).

证明 注意

$$c_k(-\boldsymbol{x})=\sum_{i_1+i_2+\cdots+i_n=k}(-x_1)^{i_1}(-x_2)^{i_2}\cdots(-x_n)^{i_n}=$$

$$(-1)^{i_1+i_2+\cdots+i_n}\sum_{i_1+i_2+\cdots+i_n=k}x_1^{i_1}x_2^{i_2}\cdots x_n^{i_n}=$$

$$(-1)^k c_k(\boldsymbol{x})$$

若 k 是偶数，则 $c_k(\boldsymbol{x})=c_k(-\boldsymbol{x})$. 对于 $\boldsymbol{x},\boldsymbol{y}\in\mathbf{R}^n_{--}$，若 $\boldsymbol{x}\prec\boldsymbol{y}$，则 $-\boldsymbol{x}\prec-\boldsymbol{y}$ 且 $-\boldsymbol{x},-\boldsymbol{y}\in\mathbf{R}^n_{++}$. 但 $c_k(\boldsymbol{x})$ 是 $\mathbf{R}^n_{++}$ 上 S－凸，故有 $c_k(-\boldsymbol{x})\leqslant c_k(-\boldsymbol{y})$，即 $c_k(\boldsymbol{x})\leqslant c_k(\boldsymbol{y})$，故 $c_k(\boldsymbol{x})$ 在 $\mathbf{R}^n_{--}$ 上 S－凸，若 $\boldsymbol{x}\leqslant\boldsymbol{y}$，则 $-\boldsymbol{x}\geqslant-\boldsymbol{y}$. 但 $c_k(\boldsymbol{x})$ 在 $\mathbf{R}^n_{++}$ 上递增，故有 $c_k(-\boldsymbol{x})\geqslant c_k(-\boldsymbol{y})$，即 $c_k(\boldsymbol{x})\geqslant c_k(\boldsymbol{y})$，故 $c_k(\boldsymbol{x})$ 在 $\mathbf{R}^n_{--}$ 上递减.

若 k 是奇数，则 $c_k(\boldsymbol{x})=-c_k(-\boldsymbol{x})$. 对于 $\boldsymbol{x},\boldsymbol{y}\in\mathbf{R}^n_{--}$，若 $\boldsymbol{x}\prec\boldsymbol{y}$，则 $-\boldsymbol{x}\prec-\boldsymbol{y}$ 且 $-\boldsymbol{x},-\boldsymbol{y}\in\mathbf{R}^n_{++}$. 但 $c_k(\boldsymbol{x})$ 在 $\mathbf{R}^n_{++}$ 上 S－凸，故有 $c_k(-\boldsymbol{x})\leqslant c_k(-\boldsymbol{y})$，即 $c_k(\boldsymbol{x})\geqslant c_k(\boldsymbol{y})$，因此 $c_k(\boldsymbol{x})$ 在 $\mathbf{R}^n_{--}$ 上 S－凹，若 $\boldsymbol{x}\leqslant\boldsymbol{y}$，则 $-\boldsymbol{x}\geqslant-\boldsymbol{y}$. 但 $c_k(\boldsymbol{x})$ 在 $\mathbf{R}^n_{++}$ 上递增，故有 $c_k(-\boldsymbol{x})\geqslant c_k(-\boldsymbol{y})$，即 $c_k(\boldsymbol{x})\leqslant c_k(\boldsymbol{y})$，所以 $c_k(\boldsymbol{x})$ 在 $\mathbf{R}^n_{--}$ 上递增.

□

定理 4.1.14 的证明　令 $g(t)=\dfrac{t}{1-t}$，直接计算得 $g'(t)=\dfrac{1}{(1-t)^2}$ 和 $g''(t)=\dfrac{2}{(1-t)^3}$，由此可见 $g(t)$ 在$(0,1)$上递增且凸，在$(1,+\infty)$上递增且凹.

因 $c_k(\boldsymbol{x})$ 是 $\mathbf{R}^n_{++}$ 上递增且 S－凸，由定理 2.1.11(a) 知 $c_k\left(\dfrac{\boldsymbol{x}}{1-\boldsymbol{x}}\right)$ 在$(0,1)^n$上递增且 S－凸，由 $c_k\left(\dfrac{\boldsymbol{x}}{1-\boldsymbol{x}}\right)$ 在$(0,1)^n$上的连续性，$c_k\left(\dfrac{\boldsymbol{x}}{1-\boldsymbol{x}}\right)$ 在$[0,1)^n$上递增且 S－凸.

若 k 是偶数，由引理 4.1.1 知 $c_k(\boldsymbol{x})$ 在 $\mathbf{R}_{-}^{n}$ 上递减且 $S-$凸，又 $g(t)$ 在$(1,+\infty)$ 上递增且凹，由定理 2.1.11(c) 知 $c_k\left(\frac{\boldsymbol{x}}{1-\boldsymbol{x}}\right)$ 在$(1,+\infty)^n$ 上递减且 $S-$凸.

若 k 是奇数，由引理 4.1.1 知 $c_k(\boldsymbol{x})$ 在 $\mathbf{R}_{-}^{n}$ 上递增且 $S-$凹，又 $g(t)$ 在$(1,+\infty)$ 上递增且凹，由定理 2.1.11(b) 知 $c_k\left(\frac{\boldsymbol{x}}{1-\boldsymbol{x}}\right)$ 在$(1,+\infty)^n$ 上递增且 $S-$凹. □

定理 4.1.15 的证明　由定理 4.1.14(a) 和定理 2.4.6(a) 知定理 4.1.15(a) 成立. 现考虑

$$c_k\left(\frac{\mathrm{e}^{\boldsymbol{x}}}{1-\mathrm{e}^{\boldsymbol{x}}}\right)=\sum_{i_1+i_2+\cdots+i_n=k}\left(\frac{\mathrm{e}^{x_1}}{1-\mathrm{e}^{x_1}}\right)^{i_1}\left(\frac{\mathrm{e}^{x_2}}{1-\mathrm{e}^{x_2}}\right)^{i_1}\cdots\left(\frac{\mathrm{e}^{x_n}}{1-\mathrm{e}^{x_n}}\right)^{i_n} \tag{4.1.40}$$

令 $h(t)=\frac{\mathrm{e}^t}{1-\mathrm{e}^t}$，则 $h(t)<0, t\in(0,+\infty)$. 直接计算得 $g'(t)=\frac{\mathrm{e}^t}{(1-\mathrm{e}^t)^2}$ 和 $g''(t)=\frac{\mathrm{e}^t(1+\mathrm{e}^t)}{(1-\mathrm{e}^t)^3}$，易见 $h(t)$ 在$(0,+\infty)$ 上递增且凹. 若 k 是偶数(奇数)，由引理 4.1.1 和定理 2.4.6(c)(定理 2.4.6(b)) 知，$c_k\left(\frac{\mathrm{e}^x}{1-\mathrm{e}^x}\right)$ 在$(0,+\infty)$ 上 $S-$凸($S-$凹)，从而由定理 2.4.1，$c_k\left(\frac{\boldsymbol{x}}{1-\boldsymbol{x}}\right)$ 在$(1,+\infty)^n$ 上递减且 $S-$几何凸(递增且 $S-$几何凹). □

定理 4.1.16 的证明　由定理 4.1.13(a) 和定理 2.4.14(a) 知定理 4.1.15(a) 成立. 现考虑

$$c_k\left(\frac{\frac{1}{\boldsymbol{x}}}{1-\frac{1}{\boldsymbol{x}}}\right)=c_k\left(\frac{1}{\boldsymbol{x}-1}\right)=$$

$$\sum_{i_1+i_2+\cdots+i_n=k}\left(\frac{1}{\boldsymbol{x}_1-1}\right)^{i_1}\left(\frac{1}{\boldsymbol{x}_2-1}\right)^{i_1}\cdots\left(\frac{1}{\boldsymbol{x}_n-1}\right)^{i_n}$$

(4.1.41)

令 $p(t)=\frac{1}{t-1}$，则 $p(t)<0,t\in(0,1)$. 直接计算得 $p'(t)=-\frac{1}{(t-1)^2}$ 和 $p''(t)=\frac{2}{(t-1)^3}$，易见 $p(t)$ 在 $(0,1)$ 上递减且凹. 若 k 是偶数(奇数)，由引理 4.1.1 和定理 2.4.6(c)(定理 2.4.6 (b)) 知，$c_k\left(\frac{1}{\boldsymbol{x}-1}\right)$ 在 $(0,1)$ 上 $S-$ 凸($S-$ 凹)，从而由定理 2.4.12，$c_k\left(\frac{\boldsymbol{x}}{1-\boldsymbol{x}}\right)$ 在 $(1,+\infty)^n$ 上递减且 $S-$ 调和凸(递增且 $S-$ 调和凹). □

4.2　Hamy 对称函数的 Schur 凸性

4.2.1　Hamy 对称函数及其推广

设 $\boldsymbol{x}=(x_1,\cdots,x_n)\in\mathbf{R}_{++}^n$，$\boldsymbol{x}$ 的 Hamy 对称函数为

$$H_k(\boldsymbol{x})=\sum_{1\leqslant i_1<\cdots<i_k\leqslant n}\left(\prod_{j=1}^{k}x_{i_j}\right)^{\frac{1}{k}},k=1,2,\cdots,n$$

(4.2.1)

与此相关的是 k 阶 Hamy 平均

$$\sigma_n(\boldsymbol{x},k)=\frac{1}{C_n^k}\sum_{1\leqslant i_1<i_2<\cdots<i_k\leqslant n}\left(\prod_{j=1}^{k}x_{i_j}\right)^{\frac{1}{k}} \tag{4.2.2}$$

1981 年，张运筹[2]85 给出算术－几何平均不等式的加细

$$G_n(\boldsymbol{x})=\sigma_n(\boldsymbol{x},n)\leqslant\sigma_n(\boldsymbol{x},n-1)\leqslant\cdots\leqslant \sigma_n(\boldsymbol{x},2)\leqslant\sigma_n(\boldsymbol{x},1)=A_n(\boldsymbol{x}) \tag{4.2.3}$$

关开中[133] 将 Hamy 对称函数和 Hamy 平均分别推广为

$$\sum_n^k(f(x_1),\cdots,f(x_n))=\sum_{1\leqslant i_1<\cdots<i_k\leqslant n}f\left(\prod_{j=1}^{k}x_{i_j}^{\frac{1}{k}}\right),k=1,2,\cdots,n \tag{4.2.4}$$

和

$$\sigma_n^k(f(x_1),\cdots,f(x_n))=\frac{1}{C_n^k}\sum_{1\leqslant i_1<\cdots<i_k\leqslant n}f\left(\prod_{j=1}^{k}x_{i_j}^{\frac{1}{k}}\right),k=1,2,\cdots,n \tag{4.2.5}$$

2011 年，关开中和关汝柯[17] 研究了当 f 为 MN 凸函数(参见 1.2.5) 时 $\sum_n^k(f(x_1),\cdots,f(x_n))$ 的 S－凸性，得到如下结果.

定理 4.2.1 设 $I\subset\mathbf{R}_{++}$，$f:I\to\mathbf{R}_{++}$ 连续，则：

(a) 若 f 在 I 上递减且 AA 凸，则 $\sum_n^k(f(x_1),\cdots,f(x_n))$ 在 I^n 上 S－凸；

(b) 若 f 在 I 上递增且 AA 凹，则 $\sum_{n}^{k}(f(x_1),\cdots,f(x_n))$ 在 I^n 上 S－凹.

证明　(a) 令 $\varphi(x_1,\cdots,x_k)=f(\sqrt[k]{x_1\cdots x_k})$，由定理 2.1.4 不难证明，函数 $\sqrt[k]{x_1\cdots x_k}$ 在 I^k 上 S－凹，进而对于递减函数 f，$\varphi=f(\sqrt[k]{x_1\cdots x_k})$ 在 I^k 上 S－凸. 因 f 在 I 上凸，易见对每一个固定的 $x_2,\cdots,x_k$，$\varphi(z,x_2,\cdots,x_k)$ 关于 z 在 $\{z\mid(z,x_2,\cdots,x_k)\in I^k\}$ 上是凸的，故据定理 2.2.6 和推论 2.2.9 知 $\sum_{n}^{k}(f(x_1),\cdots,f(x_n))$ 在 I^n 上 S－凸.

(b) 若 f 在 I 上递增且 AA 凹，那么 $-f$ 在 I 上递减且 AA 凸，由(a)，$-\sum_{n}^{k}(f(x_1),\cdots,f(x_n))$ 在 I^n 上 S－凸. 因此，$\sum_{n}^{k}(f(x_1),\cdots,f(x_n))$ 在 I^n 上 S－凹. 定理 4.2.1 证毕. □

定理 4.2.2　设 $I\subset\mathbf{R}_{++}$，$f:I\to\mathbf{R}_{++}$ 连续，则：

(a) 若 f 在 I 上 GA 凸，则 $\sum_{n}^{k}(f(x_1),\cdots,f(x_n))$ 在 I^n 上 S－几何凸；

(b) 若 f 在 I 上 GA 凹，则 $\sum_{n}^{k}(f(x_1),\cdots,f(x_n))$ 在 I^n 上 S－几何凹.

证明　(a) 由定理 2.4.1，只需证函数

$$\sum_{n}^{k}(f(e^{x_1}),\cdots,f(e^{x_n}))=\sum_{1\leqslant i_1<\cdots<i_k\leqslant n}f\left(e^{\frac{\sum_{j=1}^{k}x_{i_j}}{k}}\right)$$

在 $\ln I^n=\{\ln \boldsymbol{x}\mid \boldsymbol{x}\in I^n\}$ 上 $S-$凸. 易见 $\varphi(x_1,\cdots,x_k)=f(\mathrm{e}^{\frac{\sum_{j=1}^{k}x_{i_j}}{k}})S-$凸. 对每一个固定的 $x_2,\cdots,x_k$, 由定理 1.2.11(c) 知 $\varphi(z,x_2,\cdots,x_k)$ 关于 z 在 $\{z\mid(z,x_2,\cdots,x_k)\in I^k\}$ 上是凸的, 故据定理 2.2.6 和推论 2.2.9 知 $\sum_n^k(f(\mathrm{e}^{x_1}),\cdots,f(\mathrm{e}^{x_n}))$ 在 $\ln I^n$ 上 $S-$凸.

(b) 若 f 在 I 上 GA 凹, 那么 $-f$ 在 I 上 GA 凸, 由 (a), $-\sum_n^k(f(\mathrm{e}^{x_1}),\cdots,f(\mathrm{e}^{x_n}))$ 在 I^n 上 $S-$凸. 因此, $\sum_n^k(f(\mathrm{e}^{x_1}),\cdots,f(\mathrm{e}^{x_n}))$ 在 I^n 上 $S-$凹. 定理4.2.2 证毕. □

定理 4.2.3 设 $I\subset \mathbf{R}_{++}$, $f:I\to \mathbf{R}_{++}$ 连续, 则:

(a) 若 f 在 I 上递增且 HA 凸, 则 $\sum_n^k(f(x_1),\cdots,f(x_n))$ 在 I^n 上 $S-$调和凸;

(b) 若 f 在 I 上递减且 HA 凹, 则 $\sum_n^k(f(x_1),\cdots,f(x_n))$ 在 I^n 上 $S-$调和凹.

证明 (a) 由定理 2.5.1, 只需证函数 $\sum_n^k\left(f\left(\frac{1}{x_1}\right),\cdots,f\left(\frac{1}{x_n}\right)\right)$ 在 $\frac{1}{I^n}=\left\{\frac{1}{\boldsymbol{x}}\mid \boldsymbol{x}\in I^n\right\}$ 上 $S-$凸. 注意

$$\sum_n^k\left(f\left(\frac{1}{x_1}\right),\cdots,f\left(\frac{1}{x_n}\right)\right)=\sum_{1\leqslant i_1<\cdots<i_k\leqslant n}f\left(\prod_{j=1}^{k}\left(\frac{1}{x_{i_j}}\right)^{\frac{1}{k}}\right)$$

令

$$\varphi(x_1,\cdots,x_k)=f\left(\frac{1}{\sqrt[k]{x_1\cdots x_k}}\right)$$

由定理 2.1.4 不难证明，函数 $\frac{1}{\sqrt[k]{x_1\cdots x_k}}$ 在 $\frac{1}{I^k}=\left\{\frac{1}{\boldsymbol{x}}\mid \boldsymbol{x}\in I^k\right\}$ 上 $S-$凸. 进而因 f 在 I 上递增，$\varphi(x_1,\cdots,x_k)$ 亦在 $\frac{1}{I^k}$ 上 $S-$凸. 对每一个固定的 $x_2,\cdots,x_k$，由定理1.2.11(b)知 $\varphi(z,x_2,\cdots,x_k)$ 关于 z 是凸的，故据定理 2.2.6 和推论 2.2.9 知 $\sum_n^k\left(f\left(\frac{1}{x_1}\right),\cdots,f\left(\frac{1}{x_n}\right)\right)$ 在 $\frac{1}{I^n}$ 上 $S-$凸.

(b) 若 f 在 I 上递减且 HA 凹，那么 $-f$ 在 I 上递增且 HA 凸，由(a)，$-\sum_n^k\left(f\left(\frac{1}{x_1}\right),\cdots,f\left(\frac{1}{x_n}\right)\right)$ 在 I^n 上 $S-$凸. 因此，$\sum_n^k\left(f\left(\frac{1}{x_1}\right),\cdots,f\left(\frac{1}{x_n}\right)\right)$ 在 I^n 上$S-$凹. 定理 4.2.3 证毕. □

定理 4.2.4　设 $I\subset\mathbf{R}_{++}$，$f:I\to\mathbf{R}_{++}$，则：

(a) 若 f 在 I 上 GA 凸，则

$$\sigma_n^n(f(x_1),\cdots,f(x_n))\leqslant$$
$$\sigma_n^{n-1}(f(x_1),\cdots,f(x_n))\leqslant\cdots\leqslant$$
$$\sigma_n^2(f(x_1),\cdots,f(x_n))\leqslant$$
$$\sigma_n^1(f(x_1),\cdots,f(x_n))\tag{4.2.6}$$

(b) 若 f 在 I 上 GA 凹，则

$$\sigma_n^n(f(x_1),\cdots,f(x_n))\geqslant$$
$$\sigma_n^{n-1}(f(x_1),\cdots,f(x_n))\geqslant\cdots\geqslant$$
$$\sigma_n^2(f(x_1),\cdots,f(x_n))\geqslant$$
$$\sigma_n^1(f(x_1),\cdots,f(x_n))\tag{4.2.7}$$

由推论 1.2.1 易证 $f(x)=x$ 在 $\mathbf{R}_{++}$ 上递增且 AA 凹，GA 凸，递增且 HA 凸. 从而据定理 4.2.1，定理

4.2.2 和定理 4.2.3 可得：

推论 4.2.1 Hamy 对称函数 $H_k(\boldsymbol{x})$ 在 $\mathbf{R}_{++}^n$ 上 $S-$凹，$S-$几何凸和 $S-$调和凸，$k=1,2,\cdots,n$.

文[127]，[133] 和[61] 曾分别利用 $S-$凹，$S-$几何凸和 $S-$调和凸的判别定理证得 $H_k(\boldsymbol{x})$ 在 $\mathbf{R}_{++}^n$ 上 $S-$凹性，$S-$几何凸性和 $S-$调和凸性.

最近，王文和杨世国[134] 研究了 $\sum_n^k(f(\boldsymbol{x}))=\sum_n^k(f(x_1),\cdots,f(x_n))$ 的 $S-$幂凸性，得到如下结果.

定理 4.2.5 设 $I\subset\mathbf{R}_+$，$f:I\to\mathbf{R}_+$ 在 I 内有二阶连续的偏导数. 若 f 在 I 上是单调递增的几何凸函数，则

(a) 对于 $m\leqslant 0$，$\sum_n^k(f(\boldsymbol{x}))$ 在 I^n 上 m 阶 $S-$幂凸；

(b) 当 $r=2$，$n=2$ 时，对于 $m>0$，$\sum_n^k(f(\boldsymbol{x}))$ 在 I^n 上 m 阶 $S-$幂凹.

注 4.2.1 这个定理是经文[135]修正后的结果，且不同于文[134]，文[135] 给出结论(a) 如下简单证明：

由推论 4.2.1 知 $\sum_n^k(f(\boldsymbol{x}))$ 是 $S-$几何凸的，即当 $m=0$ 时，$\sum_n^k(f(\boldsymbol{x}))$ 是 0 阶 $S-$幂凸的. 因 f 在 I 上单调递增，显然 $\sum_n^k(f(\boldsymbol{x}))$ 在 I^n 上单调递增. 若 $m<0$，由定理 2.4.16 即可断定 $\sum_n^k(f(\boldsymbol{x}))$ 是 I^n 上的 m 阶 $S-$

幂凸函数. 定理 4.2.5(a) 得证.

4.2.2　Hamy 对称函数的对偶式

姜卫东[136] 定义 Hamy 对称函数的对偶式如下

$$H_k^*(\boldsymbol{x})=\prod_{1\leqslant i_1<i_2<\cdots<i_k\leqslant n}\left(\sum_{j=1}^{k}x_{i_j}^{\frac{1}{k}}\right),k=1,2,\cdots,n \tag{4.2.8}$$

并证得:

定理 4.2.6[136]　$H_k^*(\boldsymbol{x})$ 在 $\mathbf{R}_{++}^n$ 上单调增且 $S-$凹, $k=1,2,\cdots,n$.

证明　$k=1$ 时定理显然成立. 以下设 $2\leqslant k\leqslant n$, 易知

$$H_k^*(\boldsymbol{x})=H_k^*(x_1,x_2,\cdots,x_n)=$$

$$H_k^*(x_2,\cdots,x_n)\prod_{2\leqslant i_1<i_2<\cdots<i_k\leqslant n}\left(x^{\frac{1}{k}}+\sum_{j=1}^{k-1}x_{i_j}^{\frac{1}{k}}\right)$$

$$\ln H_k^*(\boldsymbol{x})=\ln H_k^*(x_1,x_2,\cdots,x_n)=$$

$$\ln H_k^*(x_2,\cdots,x_n)+$$

$$\sum_{2\leqslant i_1<i_2<\cdots<i_k\leqslant n}\ln\left(x^{\frac{1}{k}}+\sum_{j=1}^{k-1}x_{i_j}^{\frac{1}{k}}\right)$$

将 $H_k^*(\boldsymbol{x})$ 关于 x_1,x_2 求偏导数,可得

$$\frac{\partial H_k^*(\boldsymbol{x})}{\partial x_1}=$$

$$H_k^*(\boldsymbol{x})\sum_{2\leqslant i_1<i_2<\cdots<i_{k-1}\leqslant n}\left(x_1^{\frac{1}{k}}+\sum_{j=1}^{k-1}x_{i_j}^{\frac{1}{k}}\right)^{-1}\cdot\frac{1}{k}x_1^{\frac{1}{k}-1}=$$

$$H_k^*(\boldsymbol{x})\left[\sum_{3\leqslant i_1<i_2<\cdots<i_{k-1}\leqslant n}\left(x_1^{\frac{1}{k}}+\sum_{j=1}^{k-1}x_{i_j}^{\frac{1}{k}}\right)^{-1}\cdot\frac{1}{k}x_1^{\frac{1}{k}-1}+\right.$$

$$\left.\sum_{3\leqslant i_1<i_2<\cdots<i_{k-2}\leqslant n}\left(x_1^{\frac{1}{k}}+x_2^{\frac{1}{k}}+\sum_{j=1}^{k-2}x_{i_j}^{\frac{1}{k}}\right)^{-1}\cdot\frac{1}{k}x_1^{\frac{1}{k}-1}\right]>0$$

$$\frac{\partial H_k^*(\boldsymbol{x})}{\partial x_2}=$$

$$H_k^*(\boldsymbol{x})\sum_{2\leqslant i_1<i_2<\cdots<i_{k-1}\leqslant n}\left(x_2^{\frac{1}{k}}+\sum_{j=1}^{k-1}x_{i_j}^{\frac{1}{k}}\right)^{-1}\cdot\frac{1}{k}x_2^{\frac{1}{k}-1}=$$

$$H_k^*(\boldsymbol{x})\Bigg[\sum_{3\leqslant i_1<i_2<\cdots<i_{k-1}\leqslant n}\left(x_2^{\frac{1}{k}}+\sum_{j=1}^{r-1}x_{i_j}^{\frac{1}{k}}\right)^{-1}\cdot\frac{1}{k}x_2^{\frac{1}{k}-1}+$$

$$\sum_{3\leqslant i_1<i_2<\cdots<i_{k-2}\leqslant n}\left(x_1^{\frac{1}{k}}+x_2^{\frac{1}{k}}+\sum_{j=1}^{k-2}x_{i_j}^{\frac{1}{k}}\right)^{-1}\cdot\frac{1}{k}x_2^{\frac{1}{k}-1}\Bigg]>0$$

由定理1.1.4(a)知 $H_k^*(\boldsymbol{x})$ 在 $\mathbf{R}_{++}^n$ 上递增.

$$(x_1-x_2)\left(\frac{\partial H_k^*(\boldsymbol{x})}{\partial x_1}-\frac{\partial H_k^*(\boldsymbol{x})}{\partial x_2}\right)=(x_1-x_2)H_k^*(\boldsymbol{x})$$

$$\Bigg[\sum_{3\leqslant i_1<i_2<\cdots<i_{k-1}\leqslant n}\left(x_1^{\frac{1}{k}}+\sum_{j=1}^{k-1}x_{i_j}^{\frac{1}{k}}\right)^{-1}\cdot\frac{1}{k}x_1^{\frac{1}{k}-1}-$$

$$\sum_{3\leqslant i_1<i_2<\cdots<i_{k-1}\leqslant n}\left(x_2^{\frac{1}{k}}+\sum_{j=1}^{k-1}x_{i_j}^{\frac{1}{k}}\right)^{-1}\cdot\frac{1}{k}x_2^{\frac{1}{k}-1}\Bigg]+$$

$$(x_1-x_2)H_k^*(\boldsymbol{x})\cdot$$

$$\Bigg[\sum_{3\leqslant i_1<i_2<\cdots<i_{r-2}\leqslant n}\left(x_1^{\frac{1}{k}}+x_2^{\frac{1}{k}}+\sum_{j=1}^{k-2}x_{i_j}^{\frac{1}{k}}\right)^{-1}\cdot$$

$$\left(\frac{1}{k}x_1^{\frac{1}{k}-1}-\frac{1}{k}x_2^{\frac{1}{k}-1}\right)\Bigg]=$$

$$\frac{1}{k}(x_1-x_2)H_k^*(\boldsymbol{x})\Bigg[\sum_{3\leqslant i_1<i_2<\cdots<i_{k-1}\leqslant n}\left(x_1^{\frac{1}{k}}+\sum_{j=1}^{k-1}x_{i_j}^{\frac{1}{k}}\right)^{-1}\cdot$$

$$\left(x_2^{\frac{1}{k}}+\sum_{j=1}^{k-1}x_{i_j}^{\frac{1}{k}}\right)^{-1}\cdot M\Bigg]$$

其中

$$M=\left(x_2^{\frac{1}{k}}+\sum_{j=1}^{k-1}x_{i_j}^{\frac{1}{k}}\right)x_1^{\frac{1}{k}-1}-\left(x_1^{\frac{1}{k}}+\sum_{j=1}^{k-1}x_{i_j}^{\frac{1}{k}}\right)x_2^{\frac{1}{k}-1}=$$

$$x_1^{\frac{1}{k}-1}x_2^{\frac{1}{k}}-x_2^{\frac{1}{k}-1}x_1^{\frac{1}{k}}+\sum_{j=1}^{k-1}x_{i_j}^{\frac{1}{k}}(x_1^{\frac{1}{k}-1}-x_2^{\frac{1}{k}-1})=$$

$$x_1^{\frac{1}{k}}x_2^{\frac{1}{k}}\left(\frac{1}{x_1}-\frac{1}{x_2}\right)+\sum_{j=1}^{k-1}x_{i_j}^{\frac{1}{k}}(x_1^{\frac{1}{k}-1}-x_2^{\frac{1}{k}-1})$$

注意到 x^{-1}，$x^{\frac{1}{k}-1}$ 都在$(0,+\infty)$上递减，有

$$(x_1-x_2)\left(\frac{1}{x_1}-\frac{1}{x_2}\right)\leqslant 0,(x_1-x_2)(x_1^{\frac{1}{k}-1}-x_2^{\frac{1}{k}-1})\leqslant 0$$

从而

$$(x_1-x_2)\left(\frac{\partial H_k^*(\boldsymbol{x})}{\partial x_1}-\frac{\partial H_k^*(\boldsymbol{x})}{\partial x_2}\right)\leqslant 0$$

定理 4.2.6 成立. □

文[136]还根据 S－几何凸判别定理证得：

定理 4.2.7　$H_k^*(\boldsymbol{x})$ 在 $\mathbf{R}_{++}^n$ 上 S－几何凸，$k=1,2,\cdots,n$.

文[137]根据 S－调和凸判别定理证得：

定理 4.2.8　$H_k^*(\boldsymbol{x})$ 在 $\mathbf{R}_{++}^n$ 上 S－调和凸，$k=1,2,\cdots,n$.

注 4.2.2　根据定理 2.4.12(a)，由定理 4.2.6 和定理 4.2.7 可立得定理 4.2.8.

2012 年，褚玉明等[556]定义了 Hamy 对称函数的第二类对偶式

$$H_k^{**}(\boldsymbol{x})=\prod_{1\leqslant i_1<i_2<\cdots<i_k\leqslant n}\left(\sum_{j=1}^{k}x_{i_j}\right)^{\frac{1}{k}},k=1,2,\cdots,n \tag{4.2.9}$$

并根据 S－凸、S－几何凸和 S－调和凸判别定理证得.

定理 4.2.9　$H_k^{**}(\boldsymbol{x})$ 在 $\mathbf{R}_{++}^n$ 上 S－凹，S－几何凸和 S－调和凸，$k=1,2,\cdots,n$.

4.2.3 Hamy 对称函数对偶式的复合函数

文[138]研究了 Hamy 对称函数的对偶式的一种复合函数

$$\varphi_n(\boldsymbol{x};k)=\varphi_n(x_1,\cdots,x_n;k)=$$

$$\prod_{1\leqslant i_1<i_2<\cdots<i_k\leqslant n}\left(\sum_{j=1}^{k}\frac{x_{i_j}}{1+x_{i_j}}\right)^{\frac{1}{k}} \tag{4.2.10}$$

$$\boldsymbol{x}\in\mathbf{R}_+^n,k=1,2,\cdots,n$$

的 $S-$凸性，$S-$几何凸性以及 $S-$调和凸性，并得到了一些分析不等式.

定理 4.2.10 对于 $k\in\{1,2,\cdots,n\}$，对称函数 $\varphi_n(\boldsymbol{x},k)$ 在 $\mathbf{R}_{++}^n$ 上 $S-$凹.

证明 对于所有 $\boldsymbol{x}=(x_1,x_2,\cdots,x_n)\in\mathbf{R}_{++}^n$ 和 $k=1,2,\cdots,n$，为证

$$(x_1-x_2)\left(\frac{\partial\varphi_n(\boldsymbol{x},k)}{\partial x_1}-\frac{\partial\varphi_n(\boldsymbol{x},k)}{\partial x_2}\right)\leqslant 0$$

分四种情形讨论.

情形 1. 若 $k=1$，则式(4.2.10)化为

$$\varphi_n(\boldsymbol{x},1)=\varphi_n(x_1,x_2,\cdots,x_n;1)=\prod_{i=1}^{n}\frac{x_i}{1+x_i}$$

经简单计算得

$$(x_1-x_2)\left(\frac{\partial\varphi_n(\boldsymbol{x},1)}{\partial x_1}-\frac{\partial\varphi_n(\boldsymbol{x},1)}{\partial x_2}\right)=$$

$$\frac{(x_1-x_2)^2(1+x_1+x_2)}{x_1x_2(1+x_1)(1+x_2)}\varphi_n(\boldsymbol{x},1)\leqslant 0$$

情形 2. 若 $n\geqslant 2$ 且 $k=n$，则式(4.2.10)化为

$$\varphi_n(\boldsymbol{x},n)=\varphi_n(x_1,x_2,\cdots,x_n;n)=\left(\sum_{i=1}^{n}\frac{x_i}{1+x_i}\right)^{\frac{1}{n}}$$

$$(x_1-x_2)\left(\frac{\partial\varphi_n(\boldsymbol{x},n)}{\partial x_1}-\frac{\partial\varphi_n(\boldsymbol{x},n)}{\partial x_2}\right)=$$

$$\frac{(x_1-x_2)^2(2+x_1+x_2)}{n(1+x_1)^2(1+x_2)^2}\left(\sum_{i=1}^n\frac{x_i}{1+x_i}\right)^{\frac{1}{n-1}}\leqslant 0$$

情形 3. $n\geqslant 3$ 且 $r=2$，则

$$\varphi_n(\boldsymbol{x},2)=\varphi_n(x_1,x_2,\cdots,x_n;2)=$$

$$\left(\frac{x_1}{1+x_1}+\frac{x_2}{1+x_2}\right)^{\frac{1}{2}}\left[\prod_{j=3}^n\left(\frac{x_1}{1+x_1}+\frac{x_j}{1+x_j}\right)^{\frac{1}{2}}\right]$$

$$\varphi_{n-1}(x_2,x_3,\cdots,x_n;2)=$$

$$\left(\frac{x_2}{1+x_2}+\frac{x_1}{1+x_1}\right)^{\frac{1}{2}}\left[\prod_{j=3}^n\left(\frac{x_2}{1+x_2}+\frac{x_j}{1+x_j}\right)^{\frac{1}{2}}\right]\cdot$$

$$\varphi_{n-1}(x_1,x_3,\cdots,x_n;2)$$

于是

$$(x_1-x_2)\left(\frac{\partial\varphi_n(\boldsymbol{x},2)}{\partial x_1}-\frac{\partial\varphi_n(\boldsymbol{x},2)}{\partial x_2}\right)=$$

$$-\frac{(x_1-x_2)^2}{(1+x_1)(1+x_2)}\frac{\varphi_n(\boldsymbol{x},2)}{2}\cdot$$

$$\left[\frac{2+x_1+x_2}{x_1+x_2+2x_1x_2}\frac{\varphi_n(\boldsymbol{x},2)}{2}+\right.$$

$$\left.\sum_{j=3}^n\frac{[(1+x_1+x_2)+(3+2x_1+2x_2)x_j](1+x_j)}{(x_1+x_j+2x_1x_j)(x_2+x_j+2x_2x_j)}\right]\leqslant 0$$

情形 4. 若 $n\geqslant 4$ 且 $3\leqslant k\leqslant n-1$，则

$$\varphi_n(\boldsymbol{x},k)=\varphi_n(x_1,x_2,\cdots,x_n;k)=$$

$$\varphi_{n-1}(x_2,x_3,\cdots,x_n;k)\cdot$$

$$\prod_{3\leqslant i_1<i_2<\cdots<i_{r-1}\leqslant n}\left(\frac{x_1}{1+x_1}+\sum_{j=1}^{k-1}\frac{x_{i_j}}{1+x_{i_j}}\right)^{\frac{1}{k}}\cdot$$

$$\prod_{3\leqslant i_1<i_2<\cdots<i_{k-2}\leqslant n}\left(\frac{x_1}{1+x_1}+\frac{x_2}{1+x_2}+\sum_{j=1}^{k-2}\frac{x_{i_j}}{1+x_{i_j}}\right)^{\frac{1}{k}}=$$

$$\varphi_{n-1}(x_1,x_3,\cdots,x_n;k)\cdot$$

$$\prod_{3\leqslant i_1<i_2<\cdots<i_{k-1}\leqslant n}\left(\frac{x_2}{1+x_2}+\sum_{j=1}^{k-1}\frac{x_{i_j}}{1+x_{i_j}}\right)^{\frac{1}{k}}\cdot$$

$$\prod_{3\leqslant i_1<i_2<\cdots<i_{k-2}\leqslant n}\left(\frac{x_1}{1+x_1}+\frac{x_2}{1+x_2}+\sum_{j=1}^{k-2}\frac{x_{i_j}}{1+x_{i_j}}\right)^{\frac{1}{k}}$$

$$(x_1-x_2)\left(\frac{\partial\varphi_n(\boldsymbol{x},k)}{\partial x_1}-\frac{\partial\varphi_n(\boldsymbol{x},k)}{\partial x_2}\right)=$$

$$-\frac{(x_1-x_2)^2}{(1+x_1)^2(1+x_2)^2}\cdot$$

$$\left[\sum_{3\leqslant i_1<i_2<\cdots<i_{k-2}\leqslant n}\frac{2+x_1+x_2}{\left(\frac{x_1}{1+x_1}\right)+\left(\frac{x_2}{1+x_2}\right)+\sum_{j=1}^{k-2}\left(\frac{x_{i_j}}{1+x_{i_j}}\right)}+\right.$$

$$\sum_{3\leqslant i_1<i_2<\cdots<i_{k-1}\leqslant n}\left(1+x_1+x_2+\left(2+x_1+x_2\sum_{j=1}^{k-1}\left(\frac{x_{i_j}}{1+x_{i_j}}\right)\right)\right)$$

$$\left.\Big/\left(\frac{x_1}{1+x_1}+\sum_{j=1}^{k-1}\left(\frac{x_{i_j}}{1+x_{i_j}}\right)\right)\left(\frac{x_2}{1+x_2}+\sum_{j=1}^{k-1}\left(\frac{x_{i_j}}{1+x_{i_j}}\right)\right)\right]\cdot$$

$$\frac{\varphi_n(\boldsymbol{x},k)}{k}\leqslant 0$$

定理 4.2.11 $\varphi_n(\boldsymbol{x},k)$ 在$[1,\infty)^n$ 上 S－几何凹.

证明 对于任意 $\boldsymbol{x}=(x_1,x_2,\cdots,x_n)\in[1,\infty)^n$ 和 $k=1,2,\cdots,n$,只需证

$$(\ln x_1-\ln x_2)\left(x_1\frac{\partial\varphi_n(\boldsymbol{x},k)}{\partial x_1}-x_2\frac{\partial\varphi_n(\boldsymbol{x},k)}{\partial x_2}\right)\leqslant 0$$

分四种情形加以证明.

情形 1. 若 $k=1$,则

$$(\ln x_1-\ln x_2)\left(x_1\frac{\partial\varphi_n(\boldsymbol{x},1)}{\partial x_1}-x_2\frac{\partial\varphi_n(\boldsymbol{x},1)}{\partial x_2}\right)=$$

$$-\frac{(\log x_1-\log x_2)(x_1-x_2)}{(1+x_1)(1+x_2)}\varphi_n(\boldsymbol{x},1)\leqslant 0 \tag{4.2.11}$$

情形 2. 若 $k=n, n\geqslant 2$，则

$$(\ln x_1-\ln x_2)\left(x_1\frac{\partial\varphi_n(\boldsymbol{x},n)}{\partial x_1}-x_2\frac{\partial\varphi_n(\boldsymbol{x},n)}{\partial x_2}\right)=$$

$$\frac{(\ln x_1-\ln x_2)(x_1-x_2)}{n(1+x_1)^2(1+x_2)^2}(1-x_1x_2)\left(\sum_{i=1}^{n}\frac{x_i}{1+x_i}\right)^{\frac{1}{n-1}}\leqslant 0 \tag{4.2.12}$$

情形 3. 若 $n\geqslant 3$ 且 $k=2$，则

$$(\ln x_1-\ln x_2)\left(x_1\frac{\partial\varphi_n(\boldsymbol{x},2)}{\partial x_1}-x_2\frac{\partial\varphi_n(\boldsymbol{x},2)}{\partial x_2}\right)=$$

$$\frac{\varphi_n(\boldsymbol{x},2)}{2}\frac{(\ln x_1-\ln x_2)(x_1-x_2)}{(1+x_1)^2(1+x_2)^2}\cdot$$

$$\left[\frac{1-x_1x_2}{\frac{x_1}{1+x_1}+\frac{x_2}{1+x_2}}+\right.$$

$$\left.\sum_{j=3}^{n}\frac{-x_1x_2+(1-x_1x_2)\left(\frac{x_j}{1+x_j}\right)}{\left(\frac{x_1}{1+x_1}+\frac{x_j}{1+x_j}\right)\left(\frac{x_2}{1+x_2}+\frac{x_j}{1+x_j}\right)}\right]\leqslant 0$$

情形 4. 若 $n\geqslant 4$ 且 $3\leqslant k\leqslant n-1$，则

$$(\ln x_1-\ln x_2)\left(x_1\frac{\partial\varphi_n(\boldsymbol{x},k)}{\partial x_1}-x_2\frac{\partial\varphi_n(\boldsymbol{x},k)}{\partial x_2}\right)=$$

$$\frac{(\ln x_1-\ln x_2)(x_1-x_2)}{(1+x_1)^2(1+x_2)^2}\cdot$$

$$\left[\sum_{3\leqslant i_1<i_2<\cdots<i_{k-2}\leqslant n}\frac{1-x_1x_2}{\frac{x_1}{1+x_1}+\frac{x_2}{1+x_2}+\sum_{j=1}^{k-2}\frac{x_{i_j}}{1+x_{i_j}}}+\right.$$

$$\left.\sum_{\substack{3\leqslant i_1<i_2\\<\cdots<\\i_{k-1}\leqslant n}} \frac{-x_1x_2+(1-x_1x_2)\sum\limits_{j=1}^{k-1}\dfrac{x_{i_j}}{1+x_{i_j}}}{\left(\dfrac{x_1}{1+x_1}+\sum\limits_{j=1}^{k-1}\dfrac{x_{i_j}}{1+x_{i_j}}\right)\left(\dfrac{x_2}{1+x_2}+\sum\limits_{j=1}^{k-1}\dfrac{x_{i_j}}{1+x_{i_j}}\right)}\right]\cdot$$

$$\frac{\varphi_n(\boldsymbol{x},k)}{k}\leqslant 0$$

注 4.2.3 由式(4.2.11)和式(4.2.12)知 $\varphi_n(\boldsymbol{x},1)$ 在 $(0,\infty)^n$ 上 $S-$几何凹，$\varphi_n(\boldsymbol{x},n)$ 在 $(0,1]^n$ 上 $S-$几何凸.

定理 4.2.12 对于 $k\in\{1,2,\cdots,n\}$，对称函数 $\varphi_n(\boldsymbol{x},k)$ 在 $\mathbf{R}_{++}^n$ 上 $S-$调和凸.

证明 $\forall\,\boldsymbol{x}\in[1,\infty)^n$ 和 $k=1,2,\cdots,n$，只需证

$$(x_1-x_2)\left(x_1^2\frac{\partial\varphi_n(\boldsymbol{x},k)}{\partial x_1}-x_2^2\frac{\partial\varphi_n(\boldsymbol{x},k)}{\partial x_2}\right)\geqslant 0$$

分四种情形加以证明.

情形 1. 若 $k=1$，则

$$(x_1-x_2)\left(x_1^2\frac{\partial\varphi_n(\boldsymbol{x},1)}{\partial x_1}-x_2^2\frac{\partial\varphi_n(\boldsymbol{x},1)}{\partial x_2}\right)=$$

$$\frac{(x_1-x_2)^2}{(1+x_1)(1+x_2)}\varphi_n(\boldsymbol{x},1)\geqslant 0$$

情形 2. 若 $k=n, n\geqslant 2$，则

$$(x_1-x_2)\left(x_1^2\frac{\partial\varphi_n(\boldsymbol{x},n)}{\partial x_1}-x_2^2\frac{\partial\varphi_n(\boldsymbol{x},n)}{\partial x_2}\right)=$$

$$\frac{(x_1-x_2)^2(x_1+x_2+2x_1x_2)}{n\,(1+x_1)^2\,(1+x_2)^2}\left(\sum_{i=1}^n\frac{x_i}{1+x_i}\right)^{\frac{1}{n-1}}\geqslant 0$$

情形 3. 若 $n\geqslant 3$ 且 $k=2$，则

$$(x_1-x_2)\left(x_1^2\frac{\partial\varphi_n(\boldsymbol{x},2)}{\partial x_1}-x_2^2\frac{\partial\varphi_n(\boldsymbol{x},2)}{\partial x_2}\right)=$$

$$\frac{(x_1-x_2)^2}{(1+x_1)(1+x_2)}\frac{\varphi_n(x,2)}{2}\cdot$$

$$\left[1+\sum_{j=3}^{n}\frac{(x_1x_2+x_1x_j+x_2x_j+3x_1x_2x_j)(1+x_j)}{(x_1+x_j+2x_1x_j)(x_2+x_j+2x_2x_j)}\right]\geqslant 0$$

情形 4. 若 $n\geqslant 4$ 且 $3\leqslant k\leqslant n-1$，则

$$(x_1-x_2)\left(x_1^2\frac{\partial\varphi_n(\boldsymbol{x},k)}{\partial x_1}-x_2^2\frac{\partial\varphi_n(\boldsymbol{x},k)}{\partial x_2}\right)=$$

$$\frac{(x_1-x_2)^2}{(1+x_1)^2(1+x_2)^2}\frac{\varphi_n(\boldsymbol{x},k)}{k}\cdot$$

$$\left[\sum_{3\leqslant i_1<i_2<\cdots<i_{k-2}\leqslant n}\frac{x_1+x_2+2x_1x_2}{\frac{x_1}{1+x_1}+\frac{x_2}{1+x_2}+\sum_{j=1}^{k-2}\frac{x_{i_j}}{1+x_{i_j}}}+\right.$$

$$\left.\sum_{\substack{3\leqslant i_1<i_2\\<\cdots<\\i_{k-1}\leqslant n}}\frac{x_1x_2+(x_1+x_2+2x_1x_2)\sum_{j=1}^{k-2}\frac{x_{i_j}}{1+x_{i_j}}}{\left(\frac{x_1}{1+x_1}+\sum_{j=1}^{k-1}\frac{x_{i_j}}{1+x_{i_j}}\right)\left(\frac{x_2}{1+x_2}+\sum_{j=1}^{k-1}\frac{x_{i_j}}{1+x_{i_j}}\right)}\right]\geqslant 0$$

定理 4.2.12 证毕. □

张涛[139] 研究了 Hamy 对称函数的对偶式的较为一般的复合形式.

设 $I\subset\mathbf{R}$ 为区间，$g:I\to\mathbf{R}_{++}$，$\varphi:\mathbf{R}\to\mathbf{R}$，且 $g''(x)\leqslant 0$. 对于 $\boldsymbol{x}\in I^n$，$r=1,2,\cdots,n$，$s\in\mathbf{R}$，定义

$$H_n(\boldsymbol{x};r,\varphi(s))=\prod_{1\leqslant i_1<\cdots<i_r\leqslant n}\left(\sum_{j=1}^{r}g(x_{i_j})\right)^{\varphi(s)} \tag{4.2.13}$$

定理 4.2.13[139]　当 $\varphi(s)>0$ 时，$H_n(\boldsymbol{x};r,\varphi(s))$ 在 I^n 上 S－凹；当 $\varphi(s)<0$ 时，$H_n(\boldsymbol{x};r,\varphi(s))$ 在 I^n 上

S－凸.

证明　先证 $\varphi(s)>0$ 的情况.

（ⅰ）当 $r=1$ 时，有

$$H_n(\boldsymbol{x};1,\varphi(s))=\left(\prod_{i=1}^n g(x_i)\right)^{\varphi(s)}$$

由于 $g''(x)<0$，又 $g(x)>0$，所以有

$$\left(\frac{g'(x)}{g(x)}\right)'=\frac{g''(x)g(x)-(g'(x))^2}{(g(x))^2}\leqslant 0$$

即 $\frac{g'(x)}{g(x)}$ 在 I 上递减，从而

$$(x_1-x_2)\left(\frac{\partial H_n(\boldsymbol{x};1,\varphi(s))}{\partial x_1}-\frac{\partial H_n(\boldsymbol{x};1,\varphi(s))}{\partial x_2}\right)=$$

$$(x_1-x_2)\left(\frac{g'(x_1)}{g(x_1)}-\frac{g'(x_2)}{g(x_2)}\right)\varphi(s)H_n(\boldsymbol{x};1,\varphi(s))\leqslant 0$$

（ⅱ）当 $n\geqslant 2,r=n$ 时，有

$$H_n(\boldsymbol{x};n,\varphi(s))=\left(\sum_{i=1}^n g(x_i)\right)^{\varphi(s)}$$

由 $g'(x)$ 的递减性，有

$$(x_1-x_2)\left(\frac{\partial H_n(\boldsymbol{x};n,\varphi(s))}{\partial x_1}-\frac{\partial H_n(\boldsymbol{x};n,\varphi(s))}{\partial x_2}\right)=$$

$$(x_1-x_2)(g'(x_1)-g'(x_2))\frac{\varphi(s)H_n(\boldsymbol{x};n,\varphi(s))}{\sum\limits_{i=1}^n g(x_i)}\leqslant 0$$

（ⅲ）当 $n\geqslant 3,r=2$ 时

$$H_n(\boldsymbol{x};2,\varphi(s))=(g(x_1)+g(x_2))^{\varphi(s)}\cdot$$

$$\left(\prod_{i=3}^n(g(x_1)+g(x_i))\right)^{\varphi(s)}H_{n-2}(x_3,\cdots,x_n;2,\varphi(s))$$

$$\frac{\partial H_n(\boldsymbol{x};2,\varphi(s))}{\partial x_k}=\varphi(s)g'(x_k)\left(\frac{1}{g(x_1)+g(x_2)}+\sum_{i=3}^{n}\frac{1}{g(x_k)+g(x_i)}\right)H_n(\boldsymbol{x};2,\varphi(s)),k=1,2$$

由 $g'(x)$ 的递减性，得

$$(x_1-x_2)\left(\frac{\partial H_n(\boldsymbol{x};2,\varphi(s))}{\partial x_1}-\frac{\partial H_n(\boldsymbol{x};2,\varphi(s))}{\partial x_2}\right)=$$

$$(x_1-x_2)\varphi(s)H_n(\boldsymbol{x};2,\varphi(s))\left(\frac{g'(x_1)-g'(x_2)}{g(x_1)+g(x_2)}+\sum_{i=3}^{n}\left(\frac{g'(x_1)}{g(x_1)+g(x_i)}-\frac{g'(x_2)}{g(x_2)+g(x_i)}\right)\right)\leqslant 0$$

(iv) 当 $n\geqslant 4,3\leqslant r\leqslant n-1$ 时

$$H_n(\boldsymbol{x};r,\varphi(s))=$$

$$\prod_{3\leqslant i_3<\cdots<i_r\leqslant n}\left(g(x_1)+g(x_2)+\sum_{j=3}^{r}g(x_{i_j})\right)^{\varphi(s)}\cdot$$

$$\prod_{3\leqslant i_2<\cdots<i_r\leqslant n}\left(g(x_k)+\sum_{j=2}^{r}g(x_{i_j})\right)^{\varphi(s)}\cdot$$

$$H_{n-2}(x_3,\cdots,x_n;r,\varphi(s))$$

$$\frac{\partial H_n(\boldsymbol{x};r,\varphi(s))}{\partial x_k}=\varphi(s)H_n(\boldsymbol{x};r,\varphi(s))\cdot$$

$$\left[\sum_{3\leqslant i_3<\cdots<i_r\leqslant n}\frac{g'(x_k)}{g(x_1)+g(x_2)+\sum_{j=3}^{r}g(x_{i_j})}+\sum_{3\leqslant i_2<\cdots<i_r\leqslant n}\frac{g'(x_k)}{g(x_k)+\sum_{j=2}^{r}g(x_{i_j})}\right],k=1,2$$

结合 $g'(x)$ 的递减性得

$$(x_1-x_2)\left(\frac{\partial H_n(\boldsymbol{x};r,\varphi(s))}{\partial x_1}-\frac{\partial H_n(\boldsymbol{x};r,\varphi(s))}{\partial x_2}\right)=$$

$$(x_1-x_2)\varphi(s)H_n(\boldsymbol{x};r,\varphi(s))\cdot$$

$$\left[\sum_{3\leqslant i_3<\cdots<i_r\leqslant n}\frac{g'(x_1)-g'(x_2)}{g(x_1)+g(x_2)+\sum\limits_{j=3}^{r}g(x_{i_j})}+\right.$$

$$\left.\sum_{3\leqslant i_2<\cdots<i_r\leqslant n}\left(\frac{g'(x_1)}{g(x_1)+\sum\limits_{j=2}^{r}g(x_{i_j})}-\frac{g'(x_2)}{g(x_2)+\sum\limits_{j=2}^{r}g(x_{i_j})}\right)\right]\leqslant 0$$

于是由(ⅰ)～(ⅳ)知，当 $\varphi(s)>0$ 时，$H_n(\boldsymbol{x};r,\varphi(s))$ 为 I^n 上的 $S-$凹函数. 同理可证 $\varphi(s)<0$ 的情况，证毕. □

若取 $s=r, g(x)=x^{\frac{1}{r}}, \varphi(s)=1$，则由定理 4.2.13 可得推论 4.2.1 的结论.

若取 $g(x)=\dfrac{x}{1+x}, \varphi(s)=\dfrac{1}{r}$，则由定理 4.2.13 可得定理 4.2.8 的结论.

若取 $g(x)=\sqrt{1-x}, x\in[0,1], \varphi(s)=-s^2$，可知 $\prod\limits_{1\leqslant i_1<i_2<\cdots<i_r\leqslant n}\left(\sum\limits_{j=1}^{r}\sqrt{1-x_{i_j}}\right)^{-s^2}$ 在 $(0,1)^n$ 上 $S-$凸.

若取 $g(x)=\dfrac{x}{1+x}, \varphi(s)=\varphi(r)=-\dfrac{1}{r}$，可知 $\prod\limits_{1\leqslant i_1<\cdots<i_r\leqslant n}\left(\sum\limits_{j=1}^{r}\dfrac{x_{i_j}}{1+x_{i_j}}\right)^{-\frac{1}{r}}$ 在 $\mathbf{R}_+^n$ 上 $S-$凸.

褚玉明[140] 等对于对称函数

$$F_n(\boldsymbol{x},r)=\prod_{i\leqslant i_1<\cdots<i_r\leqslant n}\frac{\sum\limits_{j=1}^{r}x_{i_j}}{\sum\limits_{j=1}^{r}(1+x_{i_j})}\tag{4.2.14}$$

证得如下结论.

定理 4.2.14 对于 $r=1,2,\cdots,n$，$F_n(\boldsymbol{x},r)$ 在 $\mathbf{R}_{++}^n$ 上 $S-$凹且 $S-$调和凸.

定理 4.2.15 (a)$F_n(\boldsymbol{x},1)$ 在 $\mathbf{R}_{++}^n$ 上 $S-$几何凹；

(b)$F_n(\boldsymbol{x},n)$ 在 $\mathbf{R}_{++}^n$ 上几何凸；

(c) 若 $n\geqslant 3, 2\leqslant r\leqslant n-1$，则对于 $t>0$，$F_n(\boldsymbol{x},r)$ 在 $\Omega_n(t,r)$ 上 $S-$几何凸，其中

$$\Omega_n(t,r)=\{\boldsymbol{x}\in\mathbf{R}^n \mid t\leqslant x_i\leqslant \sqrt{(r-1)^2t^2+r(r-1)t}\}$$

关于式(4.2.9)，(4.2.10) 和(4.2.14) 所示的三个对称函数的 $S-$凹性，原文作者均是利用 Schur 凸函数判定定理，即定理 2.1.3 加以证明的. 下面是笔者[141] 利用 $S-$凸函数的性质给出简单的证明.

引理 4.2.1 设 $\boldsymbol{x}=(x_1,\cdots,x_m)$，$\boldsymbol{y}=(y_1,\cdots,y_m)\in R_{++}^m$，则下述三个函数均是区间$(0,1)$上的凹函数.

(a)$f(t)=\ln\sum\limits_{j=1}^m(tx_j+(1-t)y_j)-\ln\sum\limits_{j=1}^m(1+tx_j+(1-t)y_j)$，

(b)$g(t)=\ln\sum\limits_{j=1}^m(tx_j+(1-t)y_j)^{\frac{1}{m}}$，

(c)$h(t)=\dfrac{1}{m}\ln\psi(t)$，其中

$$\psi(t)=\sum_{j=1}^m\frac{tx_j+(1-t)y_j}{1+tx_j+(1-t)y_j}$$

证明 (a)

$$f'(t)=\sum_{j=1}^m(x_j-y_j)\cdot\left[\frac{1}{tx_j+(1-t)y_j}-\frac{1}{1+tx_j+(1-t)y_j}\right]$$

$$f''(t)=-\sum_{j=1}^{m}(x_j-y_j)^2\cdot$$

$$\left[\frac{1}{(tx_j+(1-t)y_j)^2}-\frac{1}{(1+tx_j+(1-t)y_j)^2}\right]=$$

$$-\sum_{j=1}^{m}(x_j-y_j)^2\cdot$$

$$\frac{1+2tx_j+2(1-t)y_j}{(tx_j+(1-t)y_j)^2(1+tx_j+(1-t)y_j)^2}\leqslant 0$$

故 $f(t)$ 是(0,1)上的凹函数.

(b)

$$g'(t)=\frac{\frac{1}{m}\sum_{j=1}^{m}(x_j-y_j)^{\frac{1}{m}-1}}{\sum_{j=1}^{m}(tx_j+(1-t)y_j)^{1/m}}$$

$$g''(t)=-\frac{\left[\frac{1}{m}\sum_{j=1}^{m}(x_j-y_j)^{\frac{1}{m}-1}\right]^2}{\sum_{j=1}^{m}(tx_j+(1-t)y_j)^{2/m}}\leqslant 0$$

故 $g(t)$ 是(0,1)上的凹函数.

(c)

$$h'(t)=\frac{1}{m}\frac{\psi'(t)}{\psi(t)}$$

其中

$$\psi'(t)=\sum_{j=1}^{m}\frac{x_j-y_j}{(1+tx_j+(1-t)y_j)^2}$$

$$h''(t)=\frac{1}{m}\frac{\psi''(t)\psi(t)-(\psi'(t))^2}{\psi^2(t)}$$

其中

$$\psi''(t)=-\sum_{j=1}^{m}\frac{2(x_j-y_j)^2}{(1+tx_j+(1-t)y_j)^3}$$

$$\psi''(t)\psi(t)-(\psi'(t))^2=-\sum_{j=1}^{m}\frac{2(x_j-y_j)^2}{(1+tx_j+(1-t)y_j)^3}\cdot\sum_{j=1}^{m}\frac{tx_j+(1-t)y_j}{1+tx_j+(1-t)y_j}-\left[\sum_{j=1}^{m}\frac{x_j-y_j}{(1+tx_j+(1-t)y_j)^2}\right]^2\leqslant 0$$

进而 $h''(t)\leqslant 0$，故 $h(t)$ 是 $(0,1)$ 上的凹函数. 引理 4.2.1 证毕. □

下证式(4.2.14)所示的对称函数 $F_n(\boldsymbol{x},r)$ 的 $S-$凹性：

对于任意 $1\leqslant i_1<\cdots<i_k\leqslant n$，据定理 1.1.3 和引理 4.2.1(a)，$\ln\sum_{j=1}^{k}x_{i_j}-\ln\sum_{j=1}^{k}(1+x_{i_j})$ 是 $\mathbf{R}_{++}^n$ 上的凹函数，进而 $\ln F_n(\boldsymbol{x},k)=\sum_{1\leqslant i_1<\cdots<i_k\leqslant n}(\ln\sum_{j=1}^{k}x_{i_j}-\ln\sum_{j=1}^{k}(1+x_{i_j}))$ 在 $\mathbf{R}_{++}^n$ 上凹. 又 $\ln F(\boldsymbol{x},k)$ 显然对称，故由推论 2.2.1 知 $\ln F(\boldsymbol{x},k)$ 在 $\mathbf{R}_{++}^n$ 上 $S-$凹，据推论 2.1.1(b)，$F(\boldsymbol{x},k)$ 在 $\mathbf{R}_{++}^n$ 上亦 $S-$凹，证毕.

利用引理 4.2.1(b) 和引理 4.2.1(c)，类似地，可分别证式(4.2.9)和(4.2.10)所示的两个对称函数的 $S-$凹性.

文[142]定义了如下对称函数

$$F_{n,k}(\boldsymbol{x},r)=\prod_{1\leqslant i_1<i_2<\cdots<i_k\leqslant n}f\left(\left(\sum_{j=1}^{k}x_{i_j}^r\right)^{\frac{1}{r}}\right),k=1,2,\cdots,n \tag{4.2.15}$$

并利用 S—幂凸函数的判定定理，即式(2.4.9)证得下述结果.

定理 4.2.16 设 $\Omega\subset\mathbf{R}_{++}^n$ 是一个具有非空内点的对称凸集，$f:\Omega\to\mathbf{R}_{++}^n$ 在 Ω 上连续，在 Ω° 可微. 若 f 是递增的几何凸函数，则对于 $m\leqslant 0,r>0,k=1,2,\cdots,n,F_{n,k}(\boldsymbol{x},r)$ 是 Ω 上的 S－幂凸函数.

这里利用 S—几何凸函数和 S—幂凸函数的性质给出定理 4.2.16 一个简单的证明.

证明 令

$$\varphi(\boldsymbol{z})=\ln f\Big(\big(\sum_{j=1}^k z_{i_j}^r\big)^{\frac{1}{r}}\Big)$$

则

$$\frac{\partial\varphi(\boldsymbol{z})}{\partial z_j}=\frac{z_j^{r-1}f'\Big(\big(\sum_{j=1}^k z_{i_j}^r\big)^{\frac{1}{r}}\Big)\big(\sum_{j=1}^k z_{i_j}^r\big)^{\frac{1}{r}-1}}{f\Big(\big(\sum_{j=1}^k z_{i_j}^r\big)^{\frac{1}{r}}\Big)},j=1,2$$

从而

$$\Delta:=(z_1-z_2)\left(z_1\frac{\partial\varphi(\boldsymbol{z})}{\partial z_1}-z_2\frac{\partial\varphi(\boldsymbol{z})}{\partial z_2}\right)=$$

$$(z_1-z_2)(z_1^r-z_2^r)\frac{f'\Big(\big(\sum_{j=1}^k z_{i_j}^r\big)^{\frac{1}{r}}\Big)\big(\sum_{j=1}^k z_{i_j}^r\big)^{\frac{1}{r}-1}}{f\Big(\big(\sum_{j=1}^k z_{i_j}^r\big)^{\frac{1}{r}}\Big)}$$

因 f 递增，$f'\geqslant 0$，又注意 $f>0,r>0$，则在 $\Omega\cap\mathbf{R}^k$ 上有 $\Delta\geqslant 0$，故 φ 在 $\Omega\cap\mathbf{R}^k$ 上几何凸.

再令 $g(t)=\ln f(u)$，其中 $u=(t^r+a)^{\frac{1}{r}}$ 且 a 是常数，则

$$h(t):=\tan'(t)=\frac{t^r}{t^r+a}\cdot\frac{uf'(u)}{f(u)}$$

易见$\frac{t^r}{t^r+a}$递增. 因f几何凸, 由推论1.2.1(e)知$h(t)$递增, 由推论1.2.1(d)知$h(t)$GA凸, 也就是说$\varphi(z)$关于单个变量在$\Omega\cap\mathbf{R}^k$上GA凸, 从而由定理2.3.4知$\ln F_{n,k}(\boldsymbol{x},r)$在$\Omega$上$S-$几何凸. 注意函数$\ln t$递增, 由$S-$几何凸的定义知$F_{n,k}(\boldsymbol{x},r)$亦在$\Omega$上$S-$几何凸, 即$F_{n,k}(\boldsymbol{x},r)$在$\Omega$上是0阶幂凸的. 因$f$递增, 易见$F_{n,k}(\boldsymbol{x},r)$也递增, 由定理2.4.16, 对于$m\leqslant 0$, $F_{n,k}(\boldsymbol{x},r)$是$\Omega$上的$S-$幂凸函数. 证毕.

4.3 Muirhead 对称函数的 Schur 凸性及其应用

4.3.1 Muirhead 对称函数的 Schur 凸性

设$\pi_i(1),\cdots,\pi_i(n)$是$1,\cdots,n$的任意置换$(i=1,\cdots,n!)$, 记$\pi_i=(\pi_i(1),\cdots,\pi_i(n)),i=1,\cdots,n!$, 又记$S_n=\{\pi_1,\cdots,\pi_{n!}\}$为$\{1,\cdots,n\}$的置换群, 且令

$$\pi_i(\boldsymbol{x})=(x_{\pi_i(1)},\cdots,x_{\pi_i(n)})$$

定义 4.3.1　设$\boldsymbol{x}\in\mathbf{R}_{++}^n,\boldsymbol{p}\in\mathbf{R}^n$, 称

$$\sum_{\pi\in S_n}x_{\pi(1)}^{p_1}x_{\pi(2)}^{p_2}\cdots x_{\pi(n)}^{p_n}$$

为 Muirhead 对称函数, 而称

$$[\boldsymbol{p}]=\frac{1}{n!}\sum_{\pi\in S_n}x_{\pi(1)}^{p_1}x_{\pi(2)}^{p_2}\cdots x_{\pi(n)}^{p_n}$$

为x的 Muirhead 对称平均.

例如

$$[1,3,2]=\frac{1}{3!}(x_1x_2^3x_3^2+x_1x_3^3x_2^2+x_2x_1^3x_3^2+x_2x_3^3x_1^2+x_3x_1^3x_2^2+x_3x_2^3x_1^2)$$

$$[1,0,\cdots,0]=\frac{1}{n}\sum_{i=1}^{n}x_i=A(\boldsymbol{x})$$

$$\left[\frac{1}{n},\frac{1}{n},\cdots,\frac{1}{n}\right]=\sqrt[n]{\prod_{i=1}^{n}x_i}=G(\boldsymbol{x})$$

由定义 4.3.1 易得

定理 4.3.1 设 $\boldsymbol{p}\in\mathbf{R}^n$，$\boldsymbol{x}\in\mathbf{R}_{++}^n$ 满足 $\prod_{i=1}^{n}x_i=1$，则对于任何 $r\in\mathbf{R}$ 有

$$[\boldsymbol{p}]=[\boldsymbol{p}-\boldsymbol{r}]$$

定理 4.3.2[122]45 设 $\boldsymbol{p},\boldsymbol{q}\in\mathbf{R}^n$，则不等式

$$[\boldsymbol{p}]\leqslant[\boldsymbol{q}] \tag{4.3.1}$$

(a) $\forall\,\boldsymbol{x}\in\mathbf{R}_{++}^n$ 成立的充要条件是 $\boldsymbol{p}\prec\boldsymbol{q}$. 换言之，对于固定的 $\boldsymbol{x}\in\mathbf{R}_{++}^n$，Muirhead 对称函数 $[\boldsymbol{p}]$ 关于 $\boldsymbol{p}$ 在 $\mathbf{R}^n$ 上 S — 凸.

(b) 式(4.3.1) 对于所有 $\boldsymbol{x}\in[1,\infty)^n$ 成立的充要条件是 $\boldsymbol{p}\prec_w\boldsymbol{q}$，

(c) 式(4.3.1) 对于所有 $\boldsymbol{x}\in(0,1]^n$ 成立的充要条件是 $\boldsymbol{p}\prec^w\boldsymbol{q}$.

证明详见文[22]第 110 页的命题 B.5.(a) 的证明亦可见文[1] 的定理 8.1.

推论 4.3.1 对于固定的 $\boldsymbol{x}\in[1,\infty)^n$，Muirhead 对称函数 $[\boldsymbol{p}]$ 关于 $\boldsymbol{p}$ 在 $\mathbf{R}^n$ 上 S — 几何凸.

证明 易见当 $\boldsymbol{x}\in[1,\infty)^n$ 时，$[\boldsymbol{p}]$ 关于 $\boldsymbol{p}$ 在 $\mathbf{R}^n$ 上单调增，又 $[\boldsymbol{p}]$ 关于 $\boldsymbol{p}$ 在 $\mathbf{R}^n$ 上 S — 凸，据定理 2.4.6(a) 知推论 4.3.1 成立. □

因 $\left(\frac{1}{n},\frac{1}{n},\cdots,\frac{1}{n}\right)\prec(1,0,\cdots,0)$，由式(4.3.1) 立得算术 — 几何平均值不等式 $G(\boldsymbol{x})\leqslant A(\boldsymbol{x})$.

定理 4.3.3(Schur 不等式)　设$(x,y,z)\in\mathbf{R}_{++}^3$，则对于任意 $a,b\in\mathbf{R}_{++}$ 有

$$[a+2b,0,0]+[a,b,b]\geqslant 2[a+b,b,0] \tag{4.3.2}$$

证明

$$\frac{1}{2}[a+2b,0,0]+\frac{1}{2}[a,b,b]-2[a+b,b,0]=$$
$$x^a(x^b-y^b)(x^b-z^b)+y^a(y^b-x^b)(y^b-z^b)+$$
$$z^a(z^b-x^b)(z^b-y^b)$$

不妨设 $x\geqslant y\geqslant z$. 欲证上式非负，只需证

$$x^a(x^b-y^b)(x^b-z^b)+y^a(y^b-x^b)(y^b-z^b)\geqslant 0$$

即

$$(x^b-y^b)(x^a(x^b-z^b)-y^a(y^b-z^b))\geqslant 0$$

而此不等式等价于

$$x^{a+b}-y^{a+b}-z^b(x^a-y^a)\geqslant 0$$

但

$$x^{a+b}-y^{a+b}-z^b(x^a-y^a)\geqslant$$
$$x^{a+b}-y^{a+b}-y^b(x^a-y^a)=$$
$$x^a(x^b-y^b)\geqslant 0$$

至此证得定理 4.3.3.　□

推论 4.3.2　设$(x,y,z)\in\mathbf{R}_{++}^3$，$r\geqslant 0$，则

$$x^r(x-y)(x-z)+y^r(y-z)(y-x)+$$
$$z^r(z-x)(z-y)\geqslant 0 \tag{4.3.3}$$

证明　展开并整理，式(4.3.3)可写作

$$[r+2,0,0]+[r,1,1]\geqslant 2[r+1,1,0]$$

在式(4.3.2)中取 $a=r,b=1$ 即得上式.　□

例 4.3.1[143]　设$(x,y,z)\in\mathbf{R}_{++}^3$，对于 $m\geqslant 1$，

$k \geqslant 1$ 有

$$\frac{x^{m+k}}{y^m+z^m}+\frac{y^{m+k}}{z^m+x^m}+\frac{z^{m+k}}{x^m+y^m} \geqslant \frac{x^k+y^k+z^k}{2} \tag{4.3.4}$$

证明 式(4.3.4)两边同乘以 $2(z^m+x^m)(x^m+y^m)(y^m+z^m)$ 并化简得

$$\begin{aligned}&2x^{3m+k}+2y^{3m+k}+2z^{3m+k}+z^m x^{2m+k}+y^{2m+k}x^m+\\&z^m y^{2m+k}+x^{2m+k}y^m+x^m z^{2m+k}+z^{2m+k}y^m \geqslant\\&z^{2m}x^{m+k}+x^{m+k}y^{2m}+z^{2m}y^{m+k}+\\&x^{2m}y^{m+k}+z^{m+k}y^{2m}+x^{2m}z^{m+k}+\\&z^{2m}x^m y^k+x^{2m}z^m y^k+z^m y^{2m}x^k+\\&z^{2m}y^m x^k+x^{2m}y^m z^k+x^m y^{2m}z^k\end{aligned}$$

即

$$\begin{aligned}&[3m+k,0,0]+[2m+k,m,0] \geqslant\\&[2m,m+k,0]+[2m,m,k]\end{aligned} \tag{4.3.5}$$

由

$$\begin{aligned}&(2m,m,k) \prec (2m+k,m,0) \Rightarrow\\&[2m,m,k] \leqslant [2m+k,m,0]\end{aligned}$$

和

$$\begin{aligned}&(2m,m+k,0) \prec (3m+k,0,0) \Rightarrow\\&[2m,m+k,0] \leqslant [3m+k,0,0]\end{aligned}$$

即得式(4.3.5). □

例 4.3.2(1995 年国际数学奥林匹克试题) 设 $(x,y,z) \in \mathbf{R}_{++}^3$,满足 $xyz=1$. 证明

$$\frac{1}{x^3(y+z)}+\frac{1}{y^3(z+x)}+\frac{1}{z^3(x+y)} \geqslant \frac{3}{2} \tag{4.3.6}$$

证明 式(4.3.6)两边同乘以公分母并整理得

$$[4,4,0]+2[4,3,1]+[3,3,2]\geqslant$$
$$3[5,4,3]+[4,4,4]$$

注意 $4+4+0=4+3+1=3+3+2=8$，但 $5+4+3=4+4+4=12$，因此取 $r=\frac{4}{3}$，由定理 4.3.1 有

$$[5,4,3]=\left[\frac{11}{3},\frac{8}{3},\frac{5}{3}\right],\quad [4,4,4]=\left[\frac{8}{3},\frac{8}{3},\frac{8}{3}\right]$$

显然

$$\left(\frac{11}{3},\frac{8}{3},\frac{5}{3}\right)\prec(4,4,0)$$

$$\left(\frac{11}{3},\frac{8}{3},\frac{5}{3}\right)\prec(4,3,1)$$

$$\left(\frac{8}{3},\frac{8}{3},\frac{8}{3}\right)\prec(3,3,2)$$

由定理 4.3.2 即可得证. □

例 4.3.3　设 $(x,y,z)\in\mathbf{R}_{++}^3$，证明

$$\frac{1}{x^3+y^3+xyz}+\frac{1}{y^3+z^3+xyz}+\frac{1}{z^3+x^3+xyz}\leqslant\frac{1}{xyz}\tag{4.3.7}$$

证明　两边同乘以 $xyz(x^3+y^3+xyz)(y^3+z^3+xyz)(z^3+x^3+xyz)$，则式(4.3.7)等价于

$$\frac{3}{2}[4,4,1]+2[5,2,2]+\frac{1}{2}[7,1,1]+\frac{1}{2}[3,3,3]\leqslant$$
$$\frac{1}{2}[4,4,1]+[6,3,0]+\frac{3}{2}[4,4,1]+\frac{1}{2}[7,1,1]+$$
$$[5,2,2]$$

由 $(5,2,2)\prec(6,3,0)\Rightarrow[5,2,2]\leqslant[6,3,0]$ 即得证.

□

例 4.3.4(Shortlisted Problems of IMO 2005 预

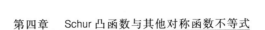

选题 第 5 题)[144]　设 $(x,y,z)\in\mathbf{R}_{++}^3$ 满足 $xyz\geqslant 1$. 证明

$$\frac{x^5-x^2}{x^5+y^2+z^2}+\frac{y^5-y^2}{y^5+z^2+x^2}+\frac{z^5-z^2}{z^5+x^2+y^2}\geqslant 0 \tag{4.3.8}$$

证明　两边乘以公分母,则式(4.3.8)等价于

$$[5,5,5]+4[7,5,0]+[5,5,2]+[9,0,0]\geqslant [5,2,2]+[6,0,0]+2[5,4,0]+2[4,2,0]+[2,2,2]$$

由 Schur 不等式和 Muirhead 不等式有 $[9,0,0]+[5,5,2]\geqslant 2[7,2,0]\geqslant 2[7,1,1]$. 因 $xyz\geqslant 1$,有 $[7,1,1]\geqslant[6,0,0]$. 因此

$$[9,0,0]+[5,5,2]\geqslant 2[6,0,0]\geqslant [6,0,0]+2[4,2,0] \tag{4.3.9}$$

又由 Muirhead 不等式并结合 $xyz\geqslant 1$,得

$$[7,5,0]\geqslant[5,5,2]$$

$$2[7,5,0]\geqslant 2[6,5,1]\geqslant 2[5,4,0]$$

$$[7,5,0]\geqslant[6,4,2]\geqslant 2[4,2,0]$$

和

$$[5,5,5]\geqslant[2,2,2]$$

将这四个不等式加到式(4.3.9)中即得证.　□

例 4.3.5　设 $(x,y,z)\in\mathbf{R}_{++}^3$ 且 $x+y+z=1$,求证

$$\frac{xy}{1-xy}+\frac{yz}{1-yz}+\frac{zx}{1-zx}\geqslant\frac{3}{8} \tag{4.3.10}$$

证明　因 $x+y+z=1$,上式等价于

$$\frac{xy}{(x+y+z)^2-xy}+\frac{yz}{(x+y+z)^2-yz}+\frac{zx}{(x+y+z)^2-zx}\geqslant\frac{3}{8}$$

去分母并整理可见上式等价于

$$3[6,0,0]+14[5,1,0]+2[4,2,0]+10[4,1,1]\geqslant 6[3,3,0]+10[3,2,1]+13[2,2,2]$$

由 Muirhead 不等式得

$$10[3,2,1]\leqslant 10[4,1,1],2[2,2,2]\leqslant 2[4,2,0],11[2,2,2]\leqslant 11[5,1,0]$$

$$3[3,3,0]\leqslant 3[5,1,0],3[3,3,0]\leqslant 3[6,0,0]$$

将这五个不等式相加即得式(4.3.10). □

4.3.2　涉及 Muirhead 对称函数的不等式

文家金与其合作者就 Muirhead 对称函数，即文家金所称的 Hardy 函数做了不少文章，这里重点介绍其中三篇的结果.

定理 4.3.4[145]　(a) 设 $\boldsymbol{a}\in\mathbf{R}_{++}^{n}$，$\boldsymbol{\alpha},\boldsymbol{\beta}\in\mathbf{R}^{m}$，$m\geqslant 2$，$n\geqslant 2$. 若 $\boldsymbol{\alpha}\prec\boldsymbol{\beta}$，则

$$\prod_{i=1}^{m}A(\boldsymbol{a}^{\alpha_i})\leqslant\prod_{i=1}^{m}A(\boldsymbol{a}^{\beta_i})\qquad(4.3.11)$$

(b) 设 $\boldsymbol{r}\in\mathbf{R}^{m}$，$\boldsymbol{a},\boldsymbol{b}\in\mathbf{R}_{++}^{n}$，若 $\ln\boldsymbol{a}\prec\ln\boldsymbol{b}$，则

$$\prod_{i=1}^{m}A(\boldsymbol{a}^{r_i})\leqslant\prod_{i=1}^{m}A(\boldsymbol{b}^{r_i})\qquad(4.3.12)$$

其中 $A(\boldsymbol{x})$ 表示算术平均. 例如 $A(\boldsymbol{a}^{\alpha_i})=A(a_1^{\alpha_i},\cdots,a_n^{\alpha_i})=\frac{1}{n}\sum_{j=1}^{n}a_j^{\alpha_i}$.

证明　(a) 令

$$f(\boldsymbol{r})=\ln\left[\prod_{i=1}^{m}A(\boldsymbol{a}^{r_i})\right]=\sum_{i=1}^{m}\ln\frac{\sum_{j=1}^{n}a_j^{r_i}}{n}$$

首先证明 $f(\boldsymbol{r})$ 是 $\mathbf{R}^{m}$ 上的 $S-$凸函数.

显见，$f(\boldsymbol{r})$ 在对称凸集 $\mathbf{R}^{m}$ 上对称且可微. 根据拉

格朗日微分中值定理,存在 $\xi_{i,j}$ 介于 r_1, r_2 之间,使得

$$\left(\frac{a_i}{a_j}\right)^{r_2}-\left(\frac{a_i}{a_j}\right)^{r_1}=(r_1-r_2)\frac{\mathrm{d}}{\mathrm{d}t}\left(\frac{a_i}{a_j}\right)^{t}\Bigg|_{t=\xi_{i,j}}=$$

$$(r_2-r_1)\left(\frac{a_i}{a_j}\right)^{\xi_{i,j}}\ln\left(\frac{a_i}{a_j}\right)=$$

$$(r_1-r_2)\left(\frac{a_i}{a_j}\right)^{\xi_{i,j}}(\ln a_j-\ln a_i)$$

$$(r_1-r_2)\left(\frac{\partial f(\boldsymbol{r})}{\partial r_1}-\frac{\partial f(\boldsymbol{r})}{\partial r_2}\right)=$$

$$(r_1-r_2)\cdot$$

$$\frac{\sum\limits_{1\leqslant i<j\leqslant n} a_j^{r_1+r_2}\left[\left(\frac{a_i}{a_j}\right)^{r_2}-\left(\frac{a_i}{a_j}\right)^{r_1}\right](\ln a_j-\ln a_i)}{\left(\sum\limits_{j=1}^{n}a_j^{r_1}\right)\left(\sum\limits_{j=1}^{n}a_j^{r_2}\right)}=$$

$$\frac{\sum\limits_{1\leqslant i<j\leqslant n} a_j^{r_1+r_2}\left(\frac{a_i}{a_j}\right)^{\xi_{i,j}}(r_1-r_2)^2(\ln a_j-\ln a_i)^2}{\left(\sum\limits_{j=1}^{n}a_j^{r_1}\right)\left(\sum\limits_{j=1}^{n}a_j^{r_2}\right)}\geqslant 0$$

故 $f(\boldsymbol{r})$ 是 $\mathbf{R}^m$ 上的 S - 凸函数. 从而对于 $\boldsymbol{\alpha},\boldsymbol{\beta}\in\mathbf{R}^m$, $\boldsymbol{\alpha}\prec\boldsymbol{\beta}$, 有 $f(\boldsymbol{\alpha})\leqslant f(\boldsymbol{\beta})$, 即式(4.3.11)成立.

(b) 令

$$g(\boldsymbol{x})=\ln\left[\prod_{i=1}^{m}A(\exp(r_i x_j))\right]=$$

$$\sum_{i=1}^{m}\ln\left(\frac{1}{n}\sum_{j=1}^{n}\exp(r_i x_j)\right)$$

首先证明 $g(\boldsymbol{x})$ 在 $\mathbf{R}^n$ 上 S - 凸.

显然 $g(\boldsymbol{x})$ 是对称凸集 $\mathbf{R}^n$ 上的对称的可微函数. 类似(a)的证明有

$$\frac{\partial g(\boldsymbol{x})}{\partial x_1}-\frac{\partial g(\boldsymbol{x})}{\partial x_2}=\sum_{i=1}^{m}\frac{r_i \mathrm{e}^{r_i x_1}}{\sum_{j=1}^{n}\mathrm{e}^{r_i x_j}}-\sum_{i=1}^{m}\frac{r_i \mathrm{e}^{r_i x_2}}{\sum_{j=1}^{n}\mathrm{e}^{r_i x_j}}=$$

$$\sum_{i=1}^{m}\frac{r_i(\mathrm{e}^{r_i x_1}-\mathrm{e}^{r_i x_2})}{\sum_{j=1}^{n}\mathrm{e}^{r_i x_j}}=$$

$$\sum_{i=1}^{m}\frac{r_i^2(x_1-x_2)\mathrm{e}^{r_i \xi_{i,j}}}{\sum_{j=1}^{n}\mathrm{e}^{r_i x_j}}$$

其中存在 $\xi_{i,j}$ 介于 x_1,x_2 之间

$$(x_1-x_2)\left(\frac{\partial g(\boldsymbol{x})}{\partial x_1}-\frac{\partial g(\boldsymbol{x})}{\partial x_2}\right)=$$

$$\sum_{i=1}^{m}\frac{r_i^2\ (x_1-x_2)^2\mathrm{e}^{r_i \xi_{i,j}}}{\sum_{j=1}^{n}\mathrm{e}^{r_i x_j}}\geqslant 0$$

由于 $g(\boldsymbol{x})$ 在 $\mathbf{R}^n$ 上 S 一凸，且 $\ln \boldsymbol{a},\ln \boldsymbol{b}\in\mathbf{R}^n$，$\ln \boldsymbol{a}\prec\ln \boldsymbol{b}$，故 $g(\ln \boldsymbol{a})\leqslant g(\ln \boldsymbol{b})$，即

$$\sum_{i=1}^{m}\ln\frac{\sum_{j=1}^{n}\exp(r_i\ln a_j)}{n}\leqslant\sum_{i=1}^{m}\ln\frac{\sum_{j=1}^{n}\exp(r_i\ln b_j)}{n}$$

由此证得式(4.3.12).　□

由黎曼积分的定义可知，不等式(4.3.11)的一种积分形式如下：

推论 4.3.3　设函数 $f:[a,b]\to(0,+\infty)$ 黎曼可积，$\boldsymbol{\alpha},\boldsymbol{\beta}\in\mathbf{R}^m$，$m\geqslant 2$. 若 $\boldsymbol{\alpha}\prec\boldsymbol{\beta}$，则

$$\prod_{i=1}^{m}\int_a^b[f(x)]^{\alpha_i}\,\mathrm{d}x\leqslant\prod_{i=1}^{m}\int_a^b[f(x)]^{\beta_i}\,\mathrm{d}x \tag{4.3.13}$$

文[145]还建立了一个与文[146]类似的结果，

即：

定理 4.3.5 若 $x\in\mathbf{R}_+^n, n\geqslant 2, A(x)\geqslant 1$，则

$$\frac{1}{n^2}\sum_{1\leqslant i,j\leqslant n}x_j^{x_i}\geqslant[A(x)]^{A(x)}\geqslant[G(x)]^{G(x)} \tag{4.3.14}$$

其中 $A(x)$ 和 $G(x)$ 分别为 x 的算术平均和几何平均.

证明 因 $(A(x),\cdots,A(x))\prec x$，由定理 4.3.4 及幂平均不等式(参见[340])有

$$\prod_{i=1}^n A(x^{x_i})\geqslant\prod_{i=1}^n A(x^{A(x)})=$$

$$\left(\frac{1}{n}\sum_{i=1}^n x_i^{A(x)}\right)^n\geqslant\left(\frac{1}{n}\sum_{i=1}^n x_i\right)^{nA(x)}=$$

$$[A(x)]^{nA(x)}\geqslant[A(x)]^{nG(x)}\geqslant[G(x)]^{nG(x)}$$

$$\sqrt[n]{\prod_{i=1}^n A(x^{x_i})}\geqslant[A(x)]^{A(x)}\geqslant[G(x)]^{G(x)} \tag{4.3.15}$$

另一方面，由算术 — 几何平均不等式有

$$\sqrt[n]{\prod_{i=1}^n A(x^{x_i})}\leqslant\frac{1}{n}\sum_{i=1}^n A(x^{x_i})= \tag{4.3.16}$$

$$\frac{1}{n}\sum_{i=1}^n\left(\frac{1}{n}\sum_{j=1}^n x_j^{x_i}\right)=\frac{1}{n^2}\sum_{1\leqslant i,j\leqslant n}x_j^{x_i}$$

结合式(4.3.15)，式(4.3.16) 可得式(4.3.14)，证毕.

□

4.3.3 Jensen-Pecaric-Svrtan-Fan 型不等式

设 $\Omega_n=\{\alpha\in\mathbf{R}_+^n,\alpha_1+\alpha_2+\cdots+\alpha_n=1\}$，区间 $I\subset\mathbf{R}$，$f:I\to\mathbf{R}$ 二阶可导. 对于 $x\in I^n$，$\alpha\in\Omega_n$，记

$$S(\boldsymbol{\alpha},\boldsymbol{x}):=\frac{1}{n!}\sum_{i_1\cdots i_n}f(a_1x_{i_1}+\cdots+a_nx_{i_n})$$

其中$\sum\limits_{i_1\cdots i_n}$表示对$\{1,2,\cdots,n\}$的全部排列取和

$$F(\boldsymbol{\alpha}):=\ln\left[\frac{S(\boldsymbol{\alpha},\boldsymbol{a})}{S(\boldsymbol{\alpha},\boldsymbol{b})}\right],\boldsymbol{a},\boldsymbol{b}\in I^n$$

定理 4.3.6[147]　设区间 $I\subset\mathbf{R}$，$f:I\to\mathbf{R}$，$\boldsymbol{a},\boldsymbol{b}\in I^n(n\geqslant 2)$ 且：

(a)$a_1\leqslant\cdots\leqslant a_n\leqslant b_n\leqslant\cdots\leqslant b_1$，$a_1+b_1\leqslant\cdots\leqslant a_n+b_n$；

(b)$f(t)>0$，$f'(t)>0$，$f''(t)>0$，$f'''(t)<0$，$\forall t\in I$.

则 $F(\boldsymbol{\alpha})$ 关于 $\boldsymbol{\alpha}$ 在 Ω_n 上 $S-$凸，若 $f''(t)<0$，$f'''(t)>0$，$\forall t\in I$，则 $F(\boldsymbol{\alpha})$ 关于 $\boldsymbol{\alpha}$ 在 Ω_n 上 $S-$凹.

为证定理 4.3.6，先证如下引理.

引理 4.3.1　设区间 $I\subset\mathbf{R}$，$f:I\to\mathbf{R}$ 二阶可导，并记 $i=(i_1,i_2,\cdots,i_n)$，则

$$u_i(\boldsymbol{x}):=a_1x_{i_1}+a_2x_{i_2}+\sum_{j=3}^{n}a_jx_{i_j}$$

$$v_i(\boldsymbol{x}):=a_1x_{i_2}+a_2x_{i_1}+\sum_{j=3}^{n}a_jx_{i_j}$$

则在 $u_i(\boldsymbol{a})$ 和 $v_i(\boldsymbol{a})$ 之间存在 $\xi_i(\boldsymbol{a})$，在 $u_i(\boldsymbol{b})$ 和 $v_i(\boldsymbol{b})$ 之间存在 $\xi_i(\boldsymbol{b})$，使得

$$(\alpha_1-\alpha_2)\left(\frac{\partial F}{\partial\alpha_1}-\frac{\partial F}{\partial\alpha_2}\right)=$$

$$\frac{1}{n!}\sum_{i_3\cdots i_n}\sum_{1\leqslant i_1<i_2\leqslant i_n}\left[\frac{f''(\xi_i(\boldsymbol{a}))(u_i(\boldsymbol{a})-v_i(\boldsymbol{a}))^2}{S(\boldsymbol{\alpha},\boldsymbol{a})}-\frac{f''(\xi_i(\boldsymbol{b}))(u_i(\boldsymbol{b})-v_i(\boldsymbol{b}))^2}{S(\boldsymbol{\alpha},\boldsymbol{b})}\right]$$

其中$\sum\limits_{i_3\cdots i_n}$ 表示对$\{1,2,\cdots,n\}\backslash\{i_1,i_2\}$的全部排列取和.

证明　注意如下恒等式

$$S(\boldsymbol{a},\boldsymbol{x}):=\frac{1}{n!}\sum_{i_3\cdots i_n}\sum_{1\leqslant i_1\neq i_2\leqslant n}f(a_1x_{i_1}+\cdots+a_nx_{i_n})=$$

$$\frac{1}{n!}\sum_{i_3\cdots i_n}\sum_{1\leqslant i_1<i_2\leqslant n}[f(u_i(\boldsymbol{x}))+f(v_i(\boldsymbol{x}))]$$

$$\frac{\partial}{\partial\alpha_1}[f(u_i)+f(v_i)]-\frac{\partial}{\partial\alpha_2}[f(u_i)+f(v_i)]=$$

$$[f'(u_i)-f'(v_i)](x_{i_1}-x_{i_2})\cdot$$

$$(\alpha_1-\alpha_2)\left(\frac{\partial S}{\partial\alpha_1}-\frac{\partial S}{\partial\alpha_2}\right)=$$

$$\frac{1}{n!}\sum_{i_3\cdots i_n}\sum_{1\leqslant i_1<i_2\leqslant n}[f'(u_i)-f'(v_i)]\cdot$$

$$(\alpha_1-\alpha_2)(x_{i_1}-x_{i_2})=$$

$$\frac{1}{n!}\sum_{i_3\cdots i_n}\sum_{1\leqslant i_1<i_2\leqslant n}[f'(u_i)-f'(v_i)](u_i-v_i)$$

(4.3.17)

由$F(\boldsymbol{\alpha})=\log S(\boldsymbol{\alpha},\boldsymbol{a})-\log S(\boldsymbol{\alpha},\boldsymbol{b})$和式(4.3.17),有

$$(\alpha_1-\alpha_2)\left(\frac{\partial F}{\partial\alpha_1}-\frac{\partial F}{\partial\alpha_2}\right)=$$

$$(\alpha_1-\alpha_2)\left\{[S(\boldsymbol{\alpha},\boldsymbol{a})]^{-1}\left[\frac{\partial S(\boldsymbol{\alpha},\boldsymbol{a})}{\partial\alpha_1}-\frac{\partial S(\boldsymbol{\alpha},\boldsymbol{a})}{\partial\alpha_2}\right]-\right.$$

$$\left.[S(\boldsymbol{\alpha},\boldsymbol{b})]^{-1}\left[\frac{\partial S(\boldsymbol{\alpha},\boldsymbol{b})}{\partial\alpha_1}-\frac{\partial S(\boldsymbol{\alpha},\boldsymbol{b})}{\partial\alpha_2}\right]\right\}=$$

$$\frac{1}{n!}\sum_{i_3\cdots i_n}\sum_{1\leqslant i_1<i_2\leqslant i_n}\left\{\frac{[f'(u_i(\boldsymbol{a}))-f'(v_i(\boldsymbol{a}))][u_i(\boldsymbol{a})-v_i(\boldsymbol{a})]}{S(\boldsymbol{\alpha},\boldsymbol{a})}-\right.$$

$$\left.\frac{[f'(u_i(\boldsymbol{b}))-f'(v_i(\boldsymbol{b}))][u_i(\boldsymbol{b})-v_i(\boldsymbol{b})]}{S(\boldsymbol{\alpha},\boldsymbol{a})}\right\}=$$

$$\frac{1}{n!}\sum_{i_3\cdots i_n}\sum_{1\leqslant i_1<i_2\leqslant i_n}\left\{\frac{f''(\xi_i(\boldsymbol{a}))\,(u_i(\boldsymbol{a})-v_i(\boldsymbol{a}))^2}{S(\boldsymbol{\alpha},\boldsymbol{a})}-\right.$$
$$\left.\frac{f''(\xi_i(\boldsymbol{b}))\,(u_i(\boldsymbol{b})-v_i(\boldsymbol{b}))^2}{S(\boldsymbol{\alpha},\boldsymbol{b})}\right\}$$

这里我们对 $f'(t)$ 使用了中值定理. 证毕. □

定理 4.3.6 的证明　易见 Ω_n 是对称集且 F 在 Ω_n 可微且对称. 为证 $F(\boldsymbol{\alpha})$ 关于 $\boldsymbol{\alpha}$ 在 Ω_n 上 S — 凸，欲证

$$(\alpha_1-\alpha_2)\left(\frac{\partial F}{\partial\alpha_1}-\frac{\partial F}{\partial\alpha_2}\right)\geqslant 0,\forall\,\boldsymbol{\alpha}\in\Omega_n \tag{4.3.18}$$

只需证

$$\frac{f''(\xi_i(\boldsymbol{a}))\,[u_i(\boldsymbol{a})-v_i(\boldsymbol{a})]^2}{S(\boldsymbol{\alpha},\boldsymbol{a})}\geqslant\frac{f''(\xi_i(\boldsymbol{b}))\,[u_i(\boldsymbol{b})-v_i(\boldsymbol{b})]^2}{S(\boldsymbol{\alpha},\boldsymbol{b})} \tag{4.3.19}$$

由题设 $a_1\leqslant\cdots\leqslant a_n\leqslant b_n\leqslant\cdots\leqslant b_1$，$f(t)>0$ 和 $f'(t)>0$ 有 $a_j\leqslant b_j(j=1,2,\cdots,n)$ 和

$$\frac{1}{S(\boldsymbol{\alpha},\boldsymbol{a})}\geqslant\frac{1}{S(\boldsymbol{\alpha},\boldsymbol{b})}>0 \tag{4.3.20}$$

由定理的条件(a) 和 $1\leqslant i_1<i_2\leqslant n$，有 $a_{i_2}-a_{i_1}\geqslant b_{i_1}-b_{i_2}\geqslant 0$ 和

$$(u_i(\boldsymbol{a})-v_i(\boldsymbol{a}))^2\geqslant(u_i(\boldsymbol{b})-v_i(\boldsymbol{b}))^2\geqslant 0 \tag{4.3.21}$$

由式(4.3.20) 和式(4.3.21) 得

$$\frac{(u_i(\boldsymbol{a})-v_i(\boldsymbol{a}))^2}{S(\boldsymbol{\alpha},\boldsymbol{a})}\geqslant\frac{(u_i(\boldsymbol{b})-v_i(\boldsymbol{b}))^2}{S(\boldsymbol{\alpha},\boldsymbol{b})}\geqslant 0 \tag{4.3.22}$$

注意 $\boldsymbol{a},\boldsymbol{b}\in I^n$，$u_i(\boldsymbol{a}),v_i(\boldsymbol{a}),u_i(\boldsymbol{b}),v_i(\boldsymbol{b})\in I$ 及

$$\min\{u_i(\boldsymbol{a}),v_i(\boldsymbol{a})\}\leqslant\xi_i(\boldsymbol{a})\leqslant\max\{u_i(\boldsymbol{a}),v_i(\boldsymbol{a})\}\leqslant$$
$$\min\{u_i(\boldsymbol{b}),v_i(\boldsymbol{b})\}\leqslant$$

$$\xi_i(\boldsymbol{b}) \leqslant \max\{u_i(\boldsymbol{b}), v_i(\boldsymbol{b})\}$$

得

$$\xi_i(\boldsymbol{a}) \leqslant \xi_i(\boldsymbol{b}), \xi_i(\boldsymbol{a}), \xi_i(\boldsymbol{b}) \in I \quad (4.3.23)$$

若 $f''(t) > 0, f'''(t) < 0, \forall t \in I$，由式(4.3.23)有

$$f''(\xi_i(\boldsymbol{a})) \leqslant f''(\xi_i(\boldsymbol{b})) > 0 \quad (4.3.24)$$

结合式(4.3.22)和式(4.3.24)知式(4.3.19)成立，故 $F(\boldsymbol{\alpha})$ 关于 $\boldsymbol{\alpha}$ 在 Ω_n 上 S－凸.

类似地，若 $f''(t) < 0, f'''(t) > 0, \forall t \in I$，可得

$$-f''(\xi_i(\boldsymbol{a})) \leqslant -f''(\xi_i(\boldsymbol{b})) > 0 \quad (4.3.25)$$

结合式(4.3.22)和式(4.3.25)知式(4.3.19)和式(4.3.18)反向成立，故 $F(\boldsymbol{\alpha})$ 关于 $\boldsymbol{\alpha}$ 在 Ω_n 上 S－凹. 定理 4.3.6 证毕. □

注 4.3.1 当 $\alpha_1 \neq \alpha_2$ 时，若 $a_1 = \cdots = a_n$ 和 $b_1 = \cdots = b_n$，则式(4.3.18)等式成立. 事实上，式(4.3.18)等式成立当且仅当式(4.3.20)，式(4.3.23)，式(4.3.24)和式(4.3.21)中的第一个不等式等式成立或式(4.3.21)中的所有不等式均等式成立. 对于第一种情形，由 $a_1 \leqslant \cdots \leqslant a_n \leqslant b_n \leqslant \cdots \leqslant b_1$ 得 $a_1 = \cdots = a_n, b_1 = \cdots = b_n$. 对于第二种情形，有 $a_{i_1} - a_{i_2} = 0 = b_{i_1} - b_{i_2}$. 因 $1 \leqslant i_1 < i_2 \leqslant n$ 和 i_1, i_2 是任意的，得 $a_1 = \cdots = a_n$ 和 $b_1 = \cdots = b_n$. 显然，若 $a_1 = \cdots = a_n$，$b_1 = \cdots = b_n$，则式(4.3.18)化为等式.

定理 4.3.7 设区间 $I \subset \mathbf{R}, f: I \to \mathbf{R}, \boldsymbol{a}, \boldsymbol{b} \in I^n (n \geqslant 2)$ 且：

(a) $a_1 \leqslant \cdots \leqslant a_n \leqslant b_n \leqslant \cdots \leqslant b_1, a_1 + b_1 \leqslant \cdots \leqslant a_n + b_n$；

(b) $f(t) > 0, f'(t) > 0, f''(t) > 0, f'''(t) < 0$，

$\forall t\in I$,则

$$\frac{f(A(\boldsymbol{a}))}{f(A(\boldsymbol{b}))}=\frac{f_{n,n}(\boldsymbol{a})}{f_{n,n}(\boldsymbol{b})}\leqslant\cdots\leqslant$$
$$\frac{f_{k+1,n}(\boldsymbol{a})}{f_{k+1,n}(\boldsymbol{b})}\leqslant\frac{f_{k,n}(\boldsymbol{a})}{f_{k,n}(\boldsymbol{b})}\leqslant\cdots\leqslant \tag{4.3.26}$$
$$\frac{f_{1,n}(\boldsymbol{a})}{f_{1,n}(\boldsymbol{b})}=\frac{A(f(\boldsymbol{a}))}{A(f(\boldsymbol{b}))}$$

其中

$$f_{n,k}(\boldsymbol{x})=\frac{1}{C_n^k}\sum_{1\leqslant i_1<\cdots<i_k\leqslant n}f\left(\frac{x_{i1}+\cdots+x_{ik}}{k}\right),k=1,\cdots,n$$

若 $f''(t)<0,f'''(t)>0,\forall t\in I$,则式(4.3.26)中的不等式反向成立,等式成立当且仅当 $a_1=\cdots=a_n$ 且 $b_1=\cdots=b_n$.

证明 首先注意,若

$$\boldsymbol{\alpha}=\boldsymbol{\alpha}_k:=(\underbrace{k^{-1},k^{-1},\cdots,k^{-1}}_{k},0,\cdots,0)$$

则

$$S(\boldsymbol{\alpha}_k,x)=f_{k,n}(\boldsymbol{x})$$

且

$$F(\boldsymbol{\alpha}_k)=\ln\frac{f_{k,n}(\boldsymbol{a})}{f_{k,n}(\boldsymbol{b})} \tag{4.3.27}$$

对于 $\boldsymbol{\alpha}_{k+1},\boldsymbol{\alpha}_k\in\Omega_n$ 有 $\boldsymbol{\alpha}_{k+1}\prec\boldsymbol{\alpha}_k$,据定理 4.3.6,$F(\boldsymbol{\alpha})$ 在 Ω_n 上凸(凹),故

$$F(\boldsymbol{\alpha}_{k+1})\leqslant(\geqslant)F(\boldsymbol{\alpha}_k),k=1,\cdots,n-1 \tag{4.3.28}$$

于是由式(4.3.27)和式(4.3.28)知式(4.3.26)成立.因为 $\alpha_{k+1}\neq\alpha_k$,由注 4.3.1 知式(4.3.26)等式成立当且仅当 $a_1=\cdots=a_n,b_1=\cdots=b_n$,定理4.3.7 证毕. □

定理 4.3.8[571] 设两个函数,$f:[a,b]\to(0,$

$\infty)$，$g:[a,b]\to(0,\infty)$ 满足

$$\sup_{t\in[a,b]}\left\{\left|\frac{g''(t)}{f''(t)}\right|\right\}<\inf_{t\in[a,b]}\left\{\left|\frac{g(t)}{f(t)}\right|\right\}$$

若 $f''(t)>0$，$\forall t\in[a,b]$，则对于任何 $\boldsymbol{x}\in[a,b]^n$，有

$$\frac{f(A(\boldsymbol{x}))}{f(A(\boldsymbol{x}))}\leqslant\cdots\leqslant\frac{f_{k+1,n}(\boldsymbol{x})}{f_{k+1,n}(\boldsymbol{x})}\leqslant\frac{f_{k,n}(\boldsymbol{x})}{f_{k,n}(\boldsymbol{x})}\leqslant\cdots\leqslant\frac{A(f(x))}{A(f(x))}\tag{4.3.29}$$

其中 $1\leqslant k\leqslant n-1$. 若 $f''(t)<0$，$\forall t\in[a,b]$，则式(4.3.29)中的不等式反向成立，在每种情况下，等式成立当且仅当 $x_1=x_2=\cdots=x_n$.

4.3.4 含剩余对称平均的不等式

对于 $\boldsymbol{x}\in\mathbf{R}_{++}^n$，$n\geqslant2$，张日新，文家金[148]定义了 k 次剩余对称平均

$$Q_n(\boldsymbol{x},k)=\left(\frac{\left(\sum_{i=1}^n x_i\right)^k-k!\ E_k(\boldsymbol{x})}{n^k-k!\ \mathrm{C}_n^k}\right)^{\frac{1}{k}},2\leqslant k\leqslant n$$

并借助 Muirhead 对称函数$[\boldsymbol{p}]$的 S—凸性建立了如下结果：

定理 4.3.9 设 $\boldsymbol{x}\in\mathbf{R}_{++}^n$，$n\geqslant2$，则有不等式链

$$A_n(\boldsymbol{x})\leqslant Q_n(\boldsymbol{x},n)\leqslant Q_n(\boldsymbol{x},n-1)\leqslant\cdots\leqslant Q_n(\boldsymbol{x},3)\leqslant Q_n(\boldsymbol{x},2)=M_n(\boldsymbol{x},2)\tag{4.3.30}$$

等式成立当且仅当 $x_1=\cdots=x_n$，其中 $A_n(\boldsymbol{x})$ 为算术平均，$M_n(\boldsymbol{x},2)$ 为 2 阶幂平均.

为证明定理 4.3.9 需如下引理.

引理 4.3.2　设 $\boldsymbol{x}\in\mathbf{R}_{++}^{n}$，$2\leqslant k\leqslant n-1$. 记

$$F_k(\boldsymbol{x})=\frac{k!\ E_k(\boldsymbol{x})\sum_{i=1}^{n}x_i-(k+1)!\ E_{k+1}(\boldsymbol{x})}{k!\ \mathrm{C}_n^k n-(k+1)!\ \mathrm{C}_n^{k+1}}$$

则有不等式

$$F_k(\boldsymbol{x})\leqslant F_{k-1}(\boldsymbol{x})A_n(\boldsymbol{x})\qquad(4.3.31)$$

证明　任意固定 $j(1\leqslant j\leqslant n)$，记 $\boldsymbol{x}(j)=(x_1,\cdots,x_{j-1},x_{j+1},\cdots,x_n)$，由多项式的乘法法则知，存在只与 k,n 有关的常数 λ 使得

$$E_k(\boldsymbol{x})\sum_{i=1}^{n}x_i=\sum_{j=1}^{n}x_j^2E_{k-1}(\boldsymbol{x}(j))+\lambda E_{k+1}(\boldsymbol{x})\qquad(4.3.32)$$

在式(4.3.32)中令 $\boldsymbol{x}=(1,1,\cdots,1)$ 得

$$\mathrm{C}_n^k n=n\mathrm{C}_{n-1}^{k-1}+\lambda\mathrm{C}_n^{k+1}$$

所以

$$\lambda=k+1\qquad(4.3.33)$$

由式(4.3.32)，式(4.3.33)及 $k!\ \mathrm{C}_n^k n-(k+1)!\cdot\mathrm{C}_n^{k+1}=k!\ n\mathrm{C}_{n-1}^{k-1}$ 可得

$$F_k(\boldsymbol{x})=\frac{\sum_{j=1}^{n}x_j^2E_{k-1}(\boldsymbol{x}(j))}{n\mathrm{C}_{n-1}^{k-1}}\qquad(4.3.34)$$

第 1 步：我们有

$$\frac{E_{k-1}(\boldsymbol{x}(j))}{\mathrm{C}_{n-1}^{k-1}}\leqslant\frac{E_{k-2}(\boldsymbol{x}(j))}{\mathrm{C}_{n-1}^{k-2}}\frac{E_1(\boldsymbol{x}(j))}{\mathrm{C}_{n-1}^{1}}\qquad(4.3.35)$$

事实上，由定理 3.1.1 知 $\left\{\dfrac{E_k(\boldsymbol{x})}{\mathrm{C}_n^k}\right\}$ 是对数凸数列，又 $(0,k-1)\prec(1,k-2)$，据定理 5.1.6，式(4.3.35)成立.

第 2 步：证明关于 j 的数列 $\left\{x_j^2\,\frac{E_{k-2}(\boldsymbol{x}(j))}{C_{n-1}^{k-2}}\right\}$ 与 $\left\{\frac{E_1(\boldsymbol{x}(j))}{C_{n-1}^{1}}\right\}$ 是反序的($j=1,\cdots,n$). 不妨设 $0<x_1\leqslant x_2\leqslant\cdots\leqslant x_n$，只需证明

$$x_1^2\,\frac{E_{k-2}(\boldsymbol{x}(1))}{C_{n-1}^{k-2}}\leqslant x_2^2\,\frac{E_{k-2}(\boldsymbol{x}(2))}{C_{n-1}^{k-2}}\quad(4.3.36)$$

$$\frac{E_1(\boldsymbol{x}(1))}{C_{n-1}^{1}}\leqslant\frac{E_1(\boldsymbol{x}(2))}{C_{n-1}^{1}}\quad(4.3.37)$$

记 $E_j(x_3,\cdots,x_n)=E_j(1,2)$，由 $E_{k-2}(\boldsymbol{x}(1))=x_2E_{k-3}(1,2)+E_{k-2}(1,2)$，$E_{k-2}(\boldsymbol{x}(2))=x_1E_{k-3}(1,2)+E_{k-2}(1,2)$，$E_1(\boldsymbol{x}(1))=\sum\limits_{i=1}^{n}x_i-x_1$，$E_1(x(2))=\sum\limits_{i=1}^{n}x_i-x_2$ 及 $x_1-x_2\leqslant 0$ 知式(4.3.36)和式(4.3.37)成立.

第 3 步：证明式(4.3.31)成立. 由式(4.3.34)，式(4.3.35)，第 2 步及 Chebyshev 不等式[2]77 得

$$F_k(\boldsymbol{x})=\frac{1}{n}\sum_{j=1}^{n}x_j^2\,\frac{E_{k-1}(\boldsymbol{x}(j))}{C_{n-1}^{k-1}}\leqslant$$

$$\frac{1}{n}\sum_{j=1}^{n}x_j^2\,\frac{E_{k-1}(\boldsymbol{x}(j))}{C_{n-1}^{k-1}}\cdot\frac{E_1(\boldsymbol{x}(j))}{C_{n-1}^{1}}\leqslant$$

$$\left(\frac{1}{n}\sum_{j=1}^{n}\frac{x_j^2E_{k-1}(\boldsymbol{x}(j))}{C_{n-1}^{k-1}}\right)\cdot\left(\frac{1}{n}\sum_{j=1}^{n}\frac{E_1(\boldsymbol{x}(j))}{C_{n-1}^{1}}\right)=$$

$$F_{k-1}(\boldsymbol{x})A_n(\boldsymbol{x})$$

即式(4.3.31)成立，且式(4.3.32)等式成立当且仅当 $x_1=\cdots=x_n$. □

引理 4.3.3 设 $2\leqslant k\leqslant n$，$n\geqslant 3$，$B_k=\{\boldsymbol{\alpha}\mid\alpha_1,\cdots,\alpha_n$ 为非负整数，$\alpha_1\geqslant\cdots\geqslant\alpha_{k-1}$，$\alpha_k=\alpha_{k+1}=\cdots=$

$\alpha_n=0,\alpha_1+\cdots+\alpha_{k-1}=k\}$，$\boldsymbol{\beta}=(2,\underbrace{1,\cdots,1}_{k-2},0,\cdots,0)$，$\boldsymbol{\beta}\in\mathbf{R}^n$，则 $\forall\boldsymbol{\alpha}\in B_k$，有 $\boldsymbol{\beta}\prec\boldsymbol{\alpha}$.

证明 设 $\boldsymbol{\alpha}=(\alpha_1,\cdots,\alpha_{k-1},0,\cdots,0)$，$\boldsymbol{\beta}=(\beta_1,\cdots,\beta_{k-1},0,\cdots,0)$，由于 $\boldsymbol{\beta}\in B_k$，故只需证

$$\beta_1+\cdots+\beta_i\leqslant\alpha_1+\cdots+\alpha_i,1\leqslant i\leqslant k-1 \tag{4.3.38}$$

$$\beta_1+\cdots+\beta_{k-1}=\alpha_1+\cdots+\alpha_{k-1} \tag{4.3.39}$$

式(4.3.39)为显然. 往证式(4.3.38). 对 i 施行数学归纳法. 当 $i=1$ 时，欲证 $\alpha_i\geqslant 2$，用反证法. 假定 $0\leqslant\alpha_i\leqslant 1$，则 $k=\alpha_1+\alpha_2+\cdots+\alpha_{k-1}\leqslant(k-1)\alpha_i\leqslant k-1$，矛盾. 假设 $\alpha_1+\cdots+\alpha_{i-1}\geqslant\beta_1+\cdots+\beta_{i-1}(2\leqslant i\leqslant k-1)$ 成立，即 $\alpha_1+\cdots+\alpha_{i-1}\geqslant i$ 成立，往证式(4.3.38)，即证

$$\alpha_1+\alpha_2+\cdots+\alpha_{i-1}+\alpha_i\geqslant i+1 \tag{4.3.40}$$

情形1. $\alpha_i=0$. 由 $\alpha_i\geqslant\alpha_{i+1}\geqslant\cdots\geqslant\alpha_{k-1}\geqslant 0$，得 $\alpha_i=\cdots=\alpha_{i-1}=0$；由 $\alpha_i+\cdots+\alpha_{k-1}=k$ 得 $\alpha_1+\cdots+\alpha_{i-1}=k$，故 $\alpha_1+\cdots+\alpha_{i-1}+\alpha_i=k\geqslant i+1$.

情形2. $\alpha_i\geqslant 1$. 由归纳假设知 $\alpha_1+\cdots+\alpha_{i-1}+\alpha_i\geqslant i+\alpha_i\geqslant i+1$，故式(4.3.38)成立，证毕. □

定理4.3.9的证明 当 $n=2$ 时，式(4.3.30)显然成立. 下设 $n\geqslant 3$. 只需证明：对 $2\leqslant k\leqslant n-1$ 有

$$Q_n(\boldsymbol{x},k+1)\leqslant Q_n(\boldsymbol{x},k) \tag{4.3.41}$$

由 $Q_n(\boldsymbol{x},k)$ 的定义知

$$\left(\sum_{i=1}^{n}x_i\right)^k=k!\ E_k(\boldsymbol{x})+(n^k-k!\ \mathrm{C}_n^k)(Q_n(\boldsymbol{x},k))^k \tag{4.3.42}$$

式(4.3.42)两边同乘以 $\sum\limits_{i=1}^{n}x_i=nA(\boldsymbol{x})$，并利用 $F_k(\boldsymbol{x})$ 的定义得

$$\left(\sum_{i=1}^{n}x_i\right)^{k+1}=k!\ E_k(\boldsymbol{x})\sum_{i=1}^{n}x_i+$$
$$(n^{k+1}-n\cdot k!\ \mathrm{C}_n^k)(Q_n(\boldsymbol{x},k))^kA(\boldsymbol{x})=$$
$$(k+1)!\ E_{k+1}(\boldsymbol{x})+[k!\ \mathrm{C}_n^kn-(k+1)!\ \mathrm{C}_n^{k+1}]F_k(\boldsymbol{x})+$$
$$(n^{k+1}-n\cdot k!\ \mathrm{C}_n^k)(Q_n(\boldsymbol{x},k))^kA(\boldsymbol{x})=$$
(利用 $k!\ \mathrm{C}_n^kn-(k+1)!\ \mathrm{C}_n^{k+1}=k!\ n\mathrm{C}_{n-1}^{k-1}=k\cdot k!\ \mathrm{C}_n^k$)
$$(k+1)!\ E_{k+1}(\boldsymbol{x})+k\cdot k!\ \mathrm{C}_n^kF_k(\boldsymbol{x})+$$
$$(n^{k+1}-n\cdot k!\ \mathrm{C}_n^k)(Q_n(\boldsymbol{x},k))^kA(\boldsymbol{x})\leqslant$$
$$(k+1)!\ E_{k+1}(\boldsymbol{x})+A(\boldsymbol{x})[k\cdot k!\ \mathrm{C}_n^kF_{k-1}(\boldsymbol{x})+$$
$$(n^{k+1}-n\cdot k!\ \mathrm{C}_n^k)(Q_n(\boldsymbol{x},k))^k]$$

由定理 3.1.2 知 $P_k(\boldsymbol{x})\leqslant A(\boldsymbol{x})$，即

$$A(\boldsymbol{x})\leqslant Q_n(\boldsymbol{x},k)\tag{4.3.43}$$

往证

$$F_{k-1}(\boldsymbol{x})\leqslant(Q_n(\boldsymbol{x},k))^k\tag{4.3.44}$$

由式(4.3.34)知，式(4.3.44)等价于

$$\left(\sum_{i=1}^{n}x_i\right)^k-k!\ E_k(\boldsymbol{x})\geqslant\frac{n^k-k!\ \mathrm{C}_n^k}{n\mathrm{C}_{n-1}^{k-2}}\cdot\sum_{j=1}^{n}x_i^{\,2}E_{k-2}(\boldsymbol{x}(j))\tag{4.3.45}$$

由多项式的展开定理及$[\boldsymbol{\alpha}]$和 B_k 的定义知，存在与 $\boldsymbol{x}$ 无关的 $\lambda_{\boldsymbol{\alpha}}>0$ 使得

$$\left(\sum_{i=1}^{n}x_i\right)^k-k!\ E_k(\boldsymbol{x})=\sum_{\alpha\in B_k}\lambda_{\boldsymbol{\alpha}}[\boldsymbol{\alpha}]\tag{4.3.46}$$

在式(4.3.46)中，令 $\boldsymbol{x}=\boldsymbol{I}=(1,1,\cdots,1)\in\mathbf{R}_{++}^n$，由 $[\boldsymbol{I}]=1$ 可得

$$\sum_{\boldsymbol{\alpha}\in B_k}\lambda_{\boldsymbol{\alpha}}=n^k-k!\ \mathrm{C}_n^k\tag{4.3.47}$$

由式(4.3.46)，式(4.3.47)及 $\dfrac{\sum\limits_{j=1}^{n}x_jE_{k-2}(\boldsymbol{x}(j))}{nC_{n-1}^{n-2}}=$ $[\boldsymbol{\beta}]$($\boldsymbol{\beta}$ 如引理 4.3.3 所定义)知,式(4.3.45)等价于

$$\sum_{\boldsymbol{\alpha}\in B_k}\lambda_{\boldsymbol{\alpha}}[\boldsymbol{\alpha}]\geqslant\Big(\sum_{\boldsymbol{\alpha}\in B_k}\lambda_{\boldsymbol{\alpha}}\Big)[\boldsymbol{\beta}]\qquad(4.3.48)$$

由定理 4.3.2 知$[\boldsymbol{\alpha}]$在 $\mathbf{R}^n$ 上 S－凸,又由引理 4.3.3 知,$\forall\boldsymbol{\alpha}\in B_k$,有 $\boldsymbol{\beta}\prec\boldsymbol{\alpha}$,故$[\boldsymbol{\alpha}]\geqslant[\boldsymbol{\beta}]$,从而

$$\sum_{\boldsymbol{\alpha}\in B_k}\lambda_{\boldsymbol{\alpha}}[\boldsymbol{\alpha}]\geqslant\sum_{\boldsymbol{\alpha}\in B_k}\lambda_{\boldsymbol{\alpha}}[\boldsymbol{\beta}]=\Big(\sum_{\boldsymbol{\alpha}\in B_k}\lambda_{\boldsymbol{\alpha}}\Big)[\boldsymbol{\beta}]$$

这就证明了式(4.3.48),于是式(4.3.44)获证.

由式(4.3.42),式(4.3.43)和式(4.3.44)得

$$\begin{aligned}&\Big(\sum_{i=1}^{n}x_i\Big)^{k+1}\leqslant(k+1)!\ E_{k+1}(\boldsymbol{x})+\\&Q_n(\boldsymbol{x},k)[k\cdot k!\ C_n^k\ (Q_n(\boldsymbol{x},k))^k+\\&(n^{k+1}-n\cdot k!\ C_n^k)\ (Q_n(\boldsymbol{x},k))^k]=\\&(\text{利用 }k\cdot k!\ C_n^k+n^{k+1}-n\cdot k!\ C_n^k=\\&n^{k+1}-(k+1)!\ C_n^{k+1})\\&(k+1)!\ E_{k+1}(\boldsymbol{x})+\\&[n^{k+1}-(k+1)!\ C_n^{k+1}]\ (Q_n(\boldsymbol{x},k))^{k+1}\end{aligned}$$

即式(4.3.41)成立.由 $A(\boldsymbol{x})\geqslant G(\boldsymbol{x})$ 知 $Q_n(\boldsymbol{x},k)\geqslant A(\boldsymbol{x})$,式(4.3.30)得证.

由以上的证明可知,式(4.3.30)取等号的条件正如定理所云,证毕. □

4.4　Kantorovich 不等式的推广

文[7]中的 79～88 页介绍了两个重要不等式:

Schweitzer 不等式：若 $0 < m \leqslant a_i \leqslant M, i=1,2,\cdots,n$，则

$$\left(\frac{1}{n}\sum a_i\right)\left(\frac{1}{n}\sum \frac{1}{a_i}\right) \leqslant \frac{(M+m)^2}{4Mm} \quad (4.4.1)$$

Kantorovich 不等式：若 $0 < m \leqslant \gamma_i \leqslant M, i=1,2,\cdots,n$，则

$$\left(\sum \gamma_i u_i^2\right)\left(\sum \frac{1}{\gamma_i} u_i^2\right) \leqslant \frac{1}{4}\left(\sqrt{\frac{M}{m}}+\sqrt{\frac{m}{M}}\right)^2\left(\sum u_i^2\right)^2$$

(4.4.2)

当 $u_i=1(i=1,2,\cdots,n)$ 时，由式(4.4.2)可得到式(4.4.1)，所以 Kantorovich 不等式可以看作 Schweitzer 不等式的推广.

定理 4.4.1[150] 设 $\boldsymbol{a} \in \mathbf{R}_{++}^n, \alpha > 0, M = \max\{a_1,\cdots,a_n\}, m=\min\{a_1,\cdots,a_n\}, M > m > 0$，则

$$\left(\frac{1}{n}\sum a_i\right)\left(\frac{1}{n}\sum \frac{1}{a_i^\alpha}\right) \leqslant \frac{(M^{\alpha+1}-m^{\alpha+1})^2}{4(M^\alpha - m^\alpha)(M-m)(Mm)^\alpha}$$

(4.4.3)

证明 记 $s=\sum a_i$，由式(1.4.1)知存在 $k \in \mathbf{N}$，$1 \leqslant k \leqslant n-1$，使得

$$(a_1,a_2,\cdots,a_n) \prec (\underbrace{M,\cdots,M}_{k},l,\underbrace{m,\cdots,m}_{n-k-1})$$

(4.4.4)

又易证 $x^{-\alpha}$ 是 $\mathbf{R}_{++}$ 上的凸函数，所以据推论 2.2.2 有

$$\sum a_i^{-\alpha} \leqslant k \cdot M^{-\alpha} + (n-k-1)m^{-\alpha} + l^{-\alpha}$$

这里 $l = s - kM - (n-k-1)m, m \leqslant l \leqslant M$. 故

$$\left(\frac{1}{n}\sum a_i\right)\left(\frac{1}{n}\sum a_i^{-\alpha}\right)\leqslant\frac{s}{n^2}\left(\frac{k}{M^\alpha}+\frac{n-k-1}{m^\alpha}+\frac{1}{l^\alpha}\right)=$$

$$\frac{kM+(n-k-1)m+l}{n^2}\cdot$$

$$\left[\frac{(n-k-1)M^\alpha+km^\alpha}{(Mm)^\alpha}+\frac{1}{l^\alpha}\right]=f_k(l)$$

(4.4.5)

记 $u=kM+(n-k-1)m$, $v=(n-k-1)M^\alpha+km^\alpha$，则

$$f_k(l)=\frac{1}{n^2(Mm)^\alpha}[u(Mm)^\alpha l^{-\alpha}+(Mm)^\alpha l^{-\alpha+1}+vl+uv]$$

经计算

$$f''_k(l)=\frac{\alpha}{n^2}l^{-\alpha-2}[(\alpha+1)u+(\alpha-1)l]$$

当 $\alpha\geqslant 1$，显见 $f''_k(l)>0$；当 $0<\alpha<1$，注意 $m\leqslant l\leqslant M$ 和 $u\geqslant M$，仍有 $f''_k(l)>0$. 所以任取 k, $1\leqslant k\leqslant n-1$, $f_k(l)$ 都是 $[m,M]$ 上的凸函数，$f_k(l)\leqslant f_k(m)$ 与 $f_k(l)\leqslant f_k(M)$ 两个不等式必有一个成立. 由式(4.4.5)得

$$f_k(m)=\frac{[kM+(n-k)m][(n-k)M^\alpha+km^\alpha]}{n^2(Mm)^\alpha}$$

$$f_k(M)=([(k+1)M+(n-k-1)m]\cdot[(n-k-1)M^\alpha+(k+1)m^\alpha])/n^2(Mm)^\alpha=f_{k+1}(m)$$

下面把 k 看作实数，求出使 $f_k(m)$ 取最大值的 k. 把 $f_k(m)$ 的分子记作 $h(k)$

$$h(k)=[kM+(n-k)m][(n-k)M^\alpha+km^\alpha]=k^2Mm^\alpha+(n-k)^2M^\alpha m+$$

$$k(n-k)(M^{\alpha+1}+m^{\alpha+1})=$$
$$-(M^{\alpha}-m^{\alpha})(M-m)k^2+$$
$$n(M^{\alpha+1}+m^{\alpha+1}-2M^{\alpha}m)k+n^2M^{\alpha}m$$

它是 k 的二次函数.记

$$p=\frac{M}{m},p>1,A=p^{\alpha+1}-2p^{\alpha}+1,B=p^{\alpha+1}-2p+1$$

则当

$$k=\frac{n(M^{\alpha+1}+m^{\alpha+1}-2M^{\alpha}m)}{2(M^{\alpha}-m^{\alpha})(M-m)}=$$
$$\frac{n(p^{\alpha+1}-2p^{\alpha}+1)}{2(p^{\alpha}-1)(p-1)}=$$
$$\frac{nA}{2(p^{\alpha}-1)(p-1)}$$

即 $n-k=\dfrac{nB}{2(p^{\alpha}-1)(p-1)}$ 时,$h(k)$ 和 $f_k(m)$ 取最大值.将 $k=\dfrac{nA}{2(p^{\alpha}-1)(p-1)}$ 代入 $h(k)=[kM+(n-k)m][(n-k)M^{\alpha}+km^{\alpha}]$,得到 $h(k)$ 的最大值是

$$\frac{n^2}{4(p^{\alpha}-1)^2(p-1)^2}\cdot(AM+Bm)(BM^{\alpha}+Am^{\alpha})=$$
$$\frac{n^2m^{\alpha+1}}{4(p^{\alpha}-1)^2(p-1)^2}\cdot(Ap+B)(Bp^{\alpha}+A)=$$
$$\frac{n^2m^{\alpha+1}}{4(p^{\alpha}-1)^2(p-1)^2}\cdot$$
$$(p^{\alpha+2}-p^{\alpha+1}-p+1)(p^{2\alpha+1}-p^{\alpha+1}-p^{\alpha}+1)=$$
$$\frac{n^2m^{\alpha+1}}{4(p^{\alpha}-1)^2(p-1)^2}\cdot$$
$$(p^{\alpha+1}-1)(p-1)(p^{\alpha+1}-1)(p^{\alpha}-1)=$$
$$\frac{n^2m^{\alpha+1}}{4(p^{\alpha}-1)(p-1)}\cdot(p^{\alpha+1}-1)^2$$

所以 $f_k(m)$ 的最大值是

$$\frac{(p^{\alpha+1}-1)^2 m}{4(p^\alpha-1)(p-1)M^\alpha}=\frac{(M^{\alpha+1}-m^{\alpha+1})^2}{4(M^\alpha-m^\alpha)(M-m)(Mm)^\alpha}$$

又因为 $f_k(M)=f_{k+1}(m)$，故 $f_k(M)$ 的最大值与此相同.

前面已经说过任取 $k,1\leqslant k\leqslant n-1,f_k(l)\leqslant f_k(m)$ 与 $f_k(l)\leqslant f_k(M)$ 两个不等式必有一个成立，所以任取 $k,1\leqslant k\leqslant n-1$，都有

$$f_k(l)\leqslant\frac{(M^{\alpha+1}-m^{\alpha+1})^2}{4(M^\alpha-m^\alpha)(M-m)(Mm)^\alpha}\tag{4.4.6}$$

综合式(4.4.5)，式(4.4.6)，就证明了式(4.4.3). □

注 4.4.1　当 $\alpha=1$，由式(4.4.3)可得 Schweitzer 不等式. 所以式(4.4.3)是 Schweitzer 不等式的推广.

注 4.4.2　分析上述证明过程，式(4.4.3)等式成立条件是：

(ⅰ) $\dfrac{nA}{2(p^\alpha-1)(p-1)}$ 是整数，把它记作 $k,1\leqslant k\leqslant n-1$；

(ⅱ) $(a_1,a_2,\cdots,a_n)\downarrow=(\underbrace{M,\cdots,M}_{k},\underbrace{m,\cdots,m}_{n-k})$.

以下记

$$K(M,m,\alpha)=\frac{(M^{\alpha+1}-m^{\alpha+1})^2}{4(M^\alpha-m^\alpha)(M-m)(Mm)^\alpha}$$

定理 4.4.2　设 $0<m\leqslant\gamma_i\leqslant M(i=1,2,\cdots,n)$，$\alpha>0,M>m>0$，则

$$\left(\sum\gamma_i u_i^2\right)\left(\sum\frac{u_i^2}{\gamma_i^\alpha}\right)\leqslant K(M,m,\alpha)\left(\sum u_i^2\right)^2\tag{4.4.7}$$

证明　先假定 $M=\max\{\gamma_1,\cdots,\gamma_n\},m=$

$\min\{\gamma_1,\cdots,\gamma_n\}$. 若所有 u_i^2 都是正有理数，当 $\sum u_i^2=1$，设 $u_i^2=\frac{k_i}{p}$，k_i，p 是自然数，且 $\sum k_i=p$，以 $(\underbrace{\gamma_1,\cdots,\gamma_1}_{k_1},\cdots,\underbrace{\gamma_n,\cdots,\gamma_n}_{k_n})$ 代替 $(a_1,a_2,\cdots,a_n)$，由式(4.4.3)得到

$$\left(\frac{1}{p}\sum k_i\gamma_i\right)\left(\frac{1}{p}\sum\frac{k_i}{\gamma_i^\alpha}\right)\leqslant K(M,m,\alpha)$$

即式(4.4.7)成立. 当 $\sum u_i^2\neq 1$，以 $\frac{u_i^2}{\sum u_i^2}$ 代替 u_i^2，同样可得到式(4.4.7).

若 u_i^2 不都是正有理数，取 n 个正有理数列 $\{\mu_{i,j}^2\}$ $(i=1,2,\cdots,n;j=1,2,\cdots)$，使当 $j\to\infty$，$\mu_{i,j}^2\to u_i^2$，则由前面的证明知

$$\left(\sum\gamma_i\mu_{i,j}^2\right)\left(\sum\frac{\mu_{i,j}^2}{\gamma_i^\alpha}\right)\leqslant$$

$$K(M,m,\alpha)\left(\sum\mu_{i,j}^2\right)^2,j=1,2,\cdots$$

令 $j\to\infty$，即得式(4.4.7).

如果 $M\neq\max\{\gamma_1,\cdots,\gamma_n\}$ 或 $m\neq\min\{\gamma_1,\cdots,\gamma_n\}$，我们可以在集合 $\{\gamma_1,\cdots,\gamma_n\}$ 中添加 $\gamma_{n+1}=M(\gamma_{n+2}=m)$，并令相应的 $u_{n+1}=0(u_{n+2}=0)$，即可归结为前面的情形. □

注 4.4.3 当 $\alpha=1$ 时，由式(4.4.7)可得 Kantorovich 不等式，所以式(4.4.7)是 Kantorovich 不等式的推广.

以下用 f 表示 $f(x)$，用 $\int_a^b f$ 表示 $\int_a^b f(x)\mathrm{d}x$，并以 $\sum\limits_i$，$\sum\limits_j$ 分别表示 $\sum\limits_{i=0}^n$，$\sum\limits_{j=0}^n$，以 $\sum\limits_{i,j}$ 表示 $\sum\limits_i\sum\limits_j$.

定理 4.4.3　设 $\alpha>0, f\in L[a,b], \frac{1}{f^{\alpha}}\in L[a,b], 0<m\leqslant f(x)\leqslant M(M>m>0)$，又 $p\in L[a,b]$，$0\leqslant p(\boldsymbol{x})\leqslant P$，则

$$\left(\int_a^b fp\right)\left(\int_a^b \frac{p}{f^{\alpha}}\right)\leqslant K(M,m,\alpha)\left(\int_a^b p\right)^2 \tag{4.4.8}$$

证明　设 $t_i=m+\frac{i(M-m)}{n}$，令

$$E_{i,j}=\Big\{x\mid t_i\leqslant f(\boldsymbol{x})<t_{i+1};$$

$$\frac{jP}{n}\leqslant p(\boldsymbol{x})<\frac{(j+1)P}{n}\Big\}$$

$$E_j=\{x\mid \frac{jP}{n}\leqslant p(\boldsymbol{x})<\frac{(j+1)P}{n}\}=$$

$$\sum_i E_{i,j}, i,j=0,1\cdots,n$$

由式(4.4.7)得

$$\left(\sum_{i,j}t_i\cdot\frac{jp}{n}\cdot m(E_{i,j})\right)\left(\sum_{i,j}\frac{1}{t_i^{\alpha}}\cdot\frac{jp}{n}\cdot m(E_{i,j})\right)\leqslant$$

$$K(M,m,\alpha)\left(\sum_{i,j}\frac{jp}{n}\cdot m(E_{i,j})\right)^2=$$

$$K(M,m,\alpha)\left(\sum_{j}\frac{jp}{n}\cdot m(E_j)\right)^2$$

令 $n\to\infty$，由控制收敛定理(参看[150]第 173 页，定理 4.14)，有

$$\sum_{i,j}t_i\cdot\frac{jp}{n}\cdot m(E_{i,j})\to\int_a^b fp$$

$$\sum_{i,j}\frac{1}{t_i^{\alpha}}\cdot\frac{jp}{n}\cdot m(E_{i,j})\to\int_a^b\frac{p}{f^{\alpha}}$$

$$\sum_{j}\frac{jp}{n}\cdot m(E_j)\to\int_a^b p$$

由此即得式(4.4.8). □

定理 4.4.3 显然是 Kantorovich 不等式的积分形式[2]706 的推广.

4.5 一对互补对称函数的 Schur 凸性

记

$$\varphi_k(\boldsymbol{a})=\sum_{1\leqslant i_1<\cdots<i_k\leqslant n}\frac{\sum_{j=1}^{k}a_{i_j}}{S-\sum_{j=1}^{k}a_{i_j}} \tag{4.5.1}$$

和

$$\tilde{\varphi}_k(\boldsymbol{a})=\sum_{1\leqslant i_1<\cdots<i_k\leqslant n}\frac{S-\sum_{j=1}^{k}a_{i_j}}{\sum_{j=1}^{k}a_{i_j}} \tag{4.5.2}$$

其中 $S=\sum_{i=1}^{n}a_i$. 若 $k=0$,规定 $\varphi_k(\boldsymbol{a})=\tilde{\varphi}_k(\boldsymbol{a})=1$;若 $k>n$,规定 $\varphi_k(\boldsymbol{a})=\tilde{\varphi}_k(\boldsymbol{a})=0$.

对于上述两个互补的对称函数 $\varphi_k(\boldsymbol{a})$ 与 $\tilde{\varphi}_k(\boldsymbol{a})$,文[151]获得了如下三个结论:

定理 4.5.1 设 n 和 k 是自然数,满足 $n\geqslant 2$ 和 $k\leqslant\left[\frac{n}{2}\right]$. 则对于任意 $\boldsymbol{a}\in\mathbf{R}_{++}^{n}$,下述不等式成立

$$\varphi_k(\boldsymbol{a})\leqslant\frac{k^2}{(n-k)^2}\tilde{\varphi}_k(\boldsymbol{a}) \tag{4.5.3}$$

定理 4.5.2 设 n 和 k 是自然数,满足 $n\geqslant 2$ 和 $1\leqslant k\leqslant n-1$,则对于任意 $\boldsymbol{a}\in\mathbf{R}_{++}^{n}$,下述不等式成立

$$\varphi_k(\boldsymbol{a}) \geqslant C_n^k \frac{k}{n-k} \qquad (4.5.4)$$

定理 4.5.3　设 n 和 k 是自然数，满足 $n \geqslant 2$ 和 $k \leqslant \left[\frac{n}{2}\right]$，则对于任意 $\boldsymbol{a} \in \mathbf{R}_{++}^n$，有

$$\tilde{\varphi}_k(\boldsymbol{a}) - \varphi_k(\boldsymbol{a}) \geqslant C_n^k \frac{(n-2k)n}{(n-k)k} \qquad (4.5.5)$$

笔者和张小明[152] 研究了 $\varphi_k(\boldsymbol{a})$，$\tilde{\varphi}_k(\boldsymbol{a})$ 及二者差的 S－凹凸性，并据此给出式(4.5.4)，式(4.5.5) 的控制证明，并建立与式(4.5.4) 互补的不等式. 主要结论是下面的定理.

定理 4.5.4　设 n 和 k 是自然数，满足 $n \geqslant 2$ 和 $1 \leqslant k \leqslant n-1$，则 $\varphi_k(\boldsymbol{a})$ 和 $\tilde{\varphi}_k(\boldsymbol{a})$ 均在 $\mathbf{R}_{++}^n$ 上 S－凸.

注 4.5.1　因 $\left(\frac{S}{n},\cdots,\frac{S}{n}\right) \prec (a_1,\cdots,a_n)$，据定理 4.4.8 有

$$\tilde{\varphi}_k(a_1,\cdots,a_n) \geqslant \tilde{\varphi}_k\left(\frac{S}{n},\cdots,\frac{S}{n}\right) = \frac{kC_n^k}{n-k}$$

由此给出式(4.5.4) 的控制证明，同理可得下述与式(4.5.4) 互补的不等式.

推论 4.5.1　设 n 和 k 是自然数，满足 $n \geqslant 2$ 和 $1 \leqslant k \leqslant n-1$，则

$$\tilde{\varphi}_k(\boldsymbol{a}) \geqslant \frac{C_n^k(n-k)}{k} \qquad (4.5.6)$$

定理 4.5.5　设 n 和 k 是自然数，且 $n \geqslant 2$. 若 $k \leqslant \frac{n}{2}$，则 $\tilde{\varphi}_k(\boldsymbol{a}) - \varphi_k(\boldsymbol{a})$ 在 $\mathbf{R}_{++}^n$ 上 S－凸；若 $k \geqslant \frac{n}{2}$，则 $\tilde{\varphi}_k(\boldsymbol{a}) - \varphi_k(\boldsymbol{a})$ 在 $\mathbf{R}_{++}^n$ 上 S－凹.

注 4.5.2 因$\left(\frac{S}{n},\cdots,\frac{S}{n}\right)\prec(a_1,\cdots,a_n)$，据定理4.5.5 可推广定理4.5.3 得到下面的推论

推论 4.5.2 设 n 和 k 是自然数，满足 $n\geqslant 2$ 和 $k\geqslant\frac{n}{2}$，则对于任意$\boldsymbol{a}\in\mathbf{R}_{++}^n$，有

$$\tilde{\varphi}_k(\boldsymbol{a})-\varphi_k(\boldsymbol{a})\leqslant\frac{\mathrm{C}_n^k(n-2k)n}{(n-k)k}\tag{4.5.7}$$

定理 4.5.4 的证明 易见 $\varphi_k(\boldsymbol{a})=g_k(\boldsymbol{a})-\mathrm{C}_n^k$，其中

$$g_k(\boldsymbol{a})=S\sum_{1\leqslant i_1<\cdots<i_k\leqslant n}\left(S-\sum_{j=1}^k a_{i_j}\right)^{-1}$$

为证 $\varphi_k(\boldsymbol{a})$ 在 $\mathbf{R}_{++}^n$ 上 $S-$凸，只需证 $g_k(\boldsymbol{a})$ 在 $\mathbf{R}_{++}^n$ 上 $S-$凸. 注意

$$\sum_{1\leqslant i_1<\cdots<i_k\leqslant n}\left(S-\sum_{j=1}^k a_{i_j}\right)^{-1}=$$

$$\sum_{3\leqslant i_1<\cdots<i_{k-1}\leqslant n}\left[S-\left(a_1+\sum_{j=1}^{k-1}a_{i_j}\right)\right]^{-1}+$$

$$\sum_{3\leqslant i_1<\cdots<i_{k-1}\leqslant n}\left[S-\left(a_2+\sum_{j=1}^{k-1}a_{i_j}\right)\right]^{-1}+$$

$$\sum_{3\leqslant i_1<\cdots<i_{k-2}\leqslant n}\left[S-\left(a_1+a_2+\sum_{j=1}^{k-1}a_{i_j}\right)\right]^{-1}+$$

$$\sum_{3\leqslant i_1<\cdots<i_k\leqslant n}\left(S-\sum_{j=1}^k a_{i_j}\right)^{-1}$$

可得

$$\frac{\partial g_k(\boldsymbol{a})}{\partial a_1}=\sum_{1\leqslant i_1<\cdots<i_k\leqslant n}\left(S-\sum_{j=1}^k a_{i_j}\right)^{-1}-$$

$$S\Big\{\sum_{3\leqslant i_1<\cdots<i_{k-1}\leqslant n}\left[S-\left(a_2+\sum_{j=1}^{k-1}a_{i_j}\right)\right]^{-2}+$$

$$\sum_{3\leqslant i_1<\cdots<i_k\leqslant n}\left(S-\sum_{j=1}^{k}a_{i_j}\right)^{-2}\Bigg\}$$

$$\frac{\partial g_k(\boldsymbol{a})}{\partial a_2}=\sum_{1\leqslant i_1<\cdots<i_k\leqslant n}\left(S-\sum_{j=1}^{k}a_{i_j}\right)^{-1}-$$

$$S\Bigg\{\sum_{3\leqslant i_1<\cdots<i_{k-1}\leqslant n}\left[S-\left(a_1+\sum_{j=1}^{k-1}a_{i_j}\right)\right]^{-2}+$$

$$\sum_{3\leqslant i_1<\cdots<i_k\leqslant n}\left(S-\sum_{j=1}^{k}a_{i_j}\right)^{-2}\Bigg\}$$

计算

$$\Delta:=(a_1-a_2)\left(\frac{\partial g_k(\boldsymbol{a})}{\partial a_1}-\frac{\partial g_k(\boldsymbol{a})}{\partial a_2}\right)=$$

$$S(a_1-a_2)\sum_{3\leqslant i_1<\cdots<i_{k-1}\leqslant n}\Bigg\{\left[S-\left(a_1+\sum_{j=1}^{k-1}a_{i_j}\right)\right]^{-2}-$$

$$\left[S-\left(a_2+\sum_{j=1}^{k-1}a_{i_j}\right)\right]^{-2}\Bigg\}=$$

$$S(a_1-a_2)\sum_{3\leqslant i_1<\cdots<i_{k-1}\leqslant n}\Bigg(\left[S-\left(a_2+\sum_{j=1}^{k-1}a_{i_j}\right)\right]^{2}-$$

$$\left[S-\left(a_1+\sum_{j=1}^{k-1}a_{i_j}\right)\right]^{2}\Bigg)\Bigg/$$

$$\left[S-\left(a_1+\sum_{j=1}^{k-1}a_{i_j}\right)\right]^{2}\left[S-\left(a_2+\sum_{j=1}^{k-1}a_{i_j}\right)\right]^{2}=$$

$$\sum_{3\leqslant i_1<\cdots<i_{k-1}\leqslant n}\left(S(a_1-a_2)^2\left[2S-\left(a_1+a_2+2\sum_{j=1}^{k-1}a_{i_j}\right)\right]\right)\Bigg/$$

$$\left[S-\left(a_1+\sum_{j=1}^{k-1}a_{i_j}\right)\right]^{2}\left[S-\left(a_2+\sum_{j=1}^{k-1}a_{i_j}\right)\right]^{2}$$

注意 $3\leqslant i_1<\cdots<i_{k-1}\leqslant n$，有 $2S-(a_1+a_2+2\sum_{j=1}^{k-1}a_{i_j})\geqslant 0$，故 $\Delta\geqslant 0$，即 $g_k(\boldsymbol{a})$ 为 $S-$ 凸，进而

$\varphi_k(\boldsymbol{a})=g_k(\boldsymbol{a})-\mathrm{C}_n^k$ 亦 S－凸.

易见$\tilde{\varphi}_k(\boldsymbol{a})=h_k(\boldsymbol{a})-\mathrm{C}_n^k$,其中

$$h_k(\boldsymbol{a})=S\sum_{1\leqslant i_1<\cdots<i_k\leqslant n}\left(\sum_{j=1}^{k}a_{i_j}\right)^{-1}$$

为证$\tilde{\varphi}_k(\boldsymbol{a})$ 在 $\mathbf{R}_{++}^n$ 上 S－凹,只需证 $h_k(\boldsymbol{a})$ 在 $\mathbf{R}_{++}^n$ 上 S－凹.注意

$$\sum_{1\leqslant i_1<\cdots<i_k\leqslant n}\left(\sum_{j=1}^{k}a_{i_j}\right)^{-1}=$$

$$\sum_{3\leqslant i_1<\cdots<i_{k-1}\leqslant n}\left(a_1+\sum_{j=1}^{k-1}a_{i_j}\right)^{-1}+$$

$$\sum_{3\leqslant i_1<\cdots<i_{k-1}\leqslant n}\left(a_2+\sum_{j=1}^{k-1}a_{i_j}\right)^{-1}+$$

$$\sum_{3\leqslant i_1<\cdots<i_{k-2}\leqslant n}\left(a_1+a_2+\sum_{j=1}^{k-1}a_{i_j}\right)^{-1}+$$

$$\sum_{3\leqslant i_1<\cdots<i_k\leqslant n}\left(\sum_{j=1}^{k}a_{i_j}\right)^{-1}$$

可得

$$\frac{\partial h_k(\boldsymbol{a})}{\partial a_1}=\sum_{1\leqslant i_1<\cdots<i_k\leqslant n}\left(\sum_{j=1}^{k}a_{i_j}\right)^{-1}-$$

$$S\left[\sum_{3\leqslant i_1<\cdots<i_{k-1}\leqslant n}\left(a_1+\sum_{j=1}^{k-1}a_{i_j}\right)^{-2}+\right.$$

$$\left.\sum_{3\leqslant i_1<\cdots<i_{k-2}\leqslant n}\left(a_1+a_2+\sum_{j=1}^{k-1}a_{i_j}\right)^{-2}\right]$$

$$\frac{\partial h_k(\boldsymbol{a})}{\partial a_2}=\sum_{1\leqslant i_1<\cdots<i_k\leqslant n}\left(\sum_{j=1}^{k}a_{i_j}\right)^{-1}-$$

$$S\left[\sum_{3\leqslant i_1<\cdots<i_{k-1}\leqslant n}\left(a_2+\sum_{j=1}^{k-1}a_{i_j}\right)^{-2}+\right.$$

$$\sum_{3\leqslant i_1<\cdots<i_{k-2}\leqslant n}\left(a_1+a_2+\sum_{j=1}^{k-1}a_{i_j}\right)^{-2}\Big]$$

计算

$$(a_1-a_2)\left(\frac{\partial h_k(\boldsymbol{a})}{\partial a_1}-\frac{\partial h_k(\boldsymbol{a})}{\partial a_2}\right)=$$

$$-S(a_1-a_2)\sum_{3\leqslant i_1<\cdots<i_{k-1}\leqslant n}\Big[\left(a_1+\sum_{j=1}^{k-1}a_{i_j}\right)^{-2}-$$

$$\left(a_2+\sum_{j=1}^{k-1}a_{i_j}\right)^{-2}\Big]=-S(a_1-a_2)\cdot$$

$$\sum_{3\leqslant i_1<\cdots<i_{k-1}\leqslant n}\frac{\left(a_2+\sum_{j=1}^{k-1}a_{i_j}\right)^2-\left(a_1+\sum_{j=1}^{k-1}a_{i_j}\right)^2}{\left(a_1+\sum_{j=1}^{k-1}a_{i_j}\right)^2\left(a_2+\sum_{j=1}^{k-1}a_{i_j}\right)^2}=$$

$$\sum_{3\leqslant i_1<\cdots<i_{k-1}\leqslant n}\frac{S\,(a_1-a_2)^2\left(a_1+a_2+2\sum_{j=1}^{k-1}a_{i_j}\right)}{\left(a_1+\sum_{j=1}^{k-1}a_{i_j}\right)^2\left(a_2+\sum_{j=1}^{k-1}a_{i_j}\right)^2}\geqslant 0$$

故 $h_k(\boldsymbol{a})$ 为 $S-$凸，进而 $\tilde{\varphi}_k(\boldsymbol{a})=h_k(\boldsymbol{a})-\mathrm{C}_n^k$ 亦 $S-$凸.

□

定理 4.5.5 的证明 因 $\tilde{\varphi}_k(\boldsymbol{a})-\varphi_k(\boldsymbol{a})=h_k(\boldsymbol{a})-g_k(\boldsymbol{a})$，有

$$\Lambda:=(a_1-a_2)\left(\frac{\partial(\tilde{\varphi}_k(\boldsymbol{a})-\varphi_k(\boldsymbol{a}))}{\partial a_1}-\frac{\partial(\tilde{\varphi}_k(\boldsymbol{a})-\varphi_k(\boldsymbol{a}))}{\partial a_2}\right)=$$

$$(a_1-a_2)\left(\frac{\partial h_k(\boldsymbol{a})}{\partial a_1}-\frac{\partial h_k(\boldsymbol{a})}{\partial a_2}\right)-$$

$$(a_1-a_2)\left(\frac{\partial g_k(\boldsymbol{a})}{\partial a_1}-\frac{\partial g_k(\boldsymbol{a})}{\partial a_2}\right)=$$

$$\sum_{3\leqslant i_1<\cdots<i_{k-1}\leqslant n}\frac{S(a_1-a_2)^2\left(a_1+a_2+2\sum_{j=1}^{k-1}a_{i_j}\right)}{\left(a_1+\sum_{j=1}^{k-1}a_{i_j}\right)^2\left(a_2+\sum_{j=1}^{k-1}a_{i_j}\right)^2}-$$

$$\sum_{3\leqslant i_1<\cdots<i_{k-1}\leqslant n}$$

$$\frac{S(a_1-a_2)^2\left[2S-\left(a_1+a_2+2\sum_{j=1}^{k-1}a_{i_j}\right)\right]}{\left[S-\left(a_1+\sum_{j=1}^{k-1}a_{i_j}\right)\right]^2\left[S-\left(a_2+\sum_{j=1}^{k-1}a_{i_j}\right)\right]^2}=$$

$$S(a_1-a_2)^2\cdot$$

$$\sum_{3\leqslant i_1<\cdots<i_{k-1}\leqslant n}\left\{\frac{1}{\left(a_1+\sum_{j=1}^{k-1}a_{i_j}\right)^2\left(a_2+\sum_{j=1}^{k-1}a_{i_j}\right)}+\right.$$

$$\frac{1}{\left(a_1+\sum_{j=1}^{k-1}a_{i_j}\right)\left(a_2+\sum_{j=1}^{k-1}a_{i_j}\right)^2}-$$

$$\frac{1}{\left[S-\left(a_1+\sum_{j=1}^{k-1}a_{i_j}\right)\right]^2\left[S-\left(a_2+\sum_{j=1}^{k-1}a_{i_j}\right)\right]}-$$

$$\left.\frac{1}{\left[S-\left(a_1+\sum_{j=1}^{k-1}a_{i_j}\right)\right]\left[S-\left(a_2+\sum_{j=1}^{k-1}a_{i_j}\right)\right]^2}\right\}\quad(4.5.8)$$

（ⅰ）当 $k=\frac{n}{2}$ 时，显然有 $\tilde{\varphi}_k(\boldsymbol{a})=\varphi_k(\boldsymbol{a})$，定理 4.5.5 为平凡.

(ⅱ) 当 $k>\frac{n}{2}$ 时，此时有 $k>1$ 和 $k-1>n-k-1$. 对于式(4.5.8) 中的数组 $\{i_j \mid 3\leqslant i_1<i_2<\cdots<i_{k-1}\leqslant n\}$，设 I_{n-k-1} 是其中的任一含有 $n-k-1$ 个元素的子集. 因

$$(a_1+\sum_{j=1}^{k-1}a_{i_j})^2>(a_1+\sum_{t\in I_{n-k-1}}a_t)^2$$

$$a_2+\sum_{j=1}^{k-1}a_{i_j}>a_2+\sum_{t\in I_{n-k-1}}a_t$$

有

$$\frac{1}{(a_1+\sum_{j=1}^{k-1}a_{i_j})^2(a_2+\sum_{j=1}^{k-1}a_{i_j})}<$$

$$\frac{1}{(a_1+\sum_{t\in I_{n-k-1}}a_t)^2(a_2+\sum_{t\in I_{n-k-1}}a_t)}$$

满足上式的子集 I_{n-k-1} 共有 C_{k-1}^{n-k-1} 个，故有

$$C_{k-1}^{n-k-1}\frac{1}{(a_1+\sum_{j=1}^{k-1}a_{i_j})^2(a_2+\sum_{j=1}^{k-1}a_{i_j})}<$$

$$\sum_{I_{n-k-1}\subseteq\{i_1,i_2,\cdots,i_{k-1}\}}\frac{1}{(a_1+\sum_{t\in I_{n-k-1}}a_t)^2(a_2+\sum_{t\in I_{n-k-1}}a_t)}$$

$$C_{k-1}^{n-k-1}\sum_{3\leqslant i_1<\cdots<i_{k-1}\leqslant n}\frac{1}{(a_1+\sum_{j=1}^{k-1}a_{i_j})^2(a_2+\sum_{j=1}^{k-1}a_{i_j})}<$$

$$\sum_{3\leqslant i_1<\cdots<i_{k-1}\leqslant n}\sum_{I_{n-k-1}\subseteq\{i_1,i_2,\cdots,i_{k-1}\}}$$

$$\frac{1}{(a_1+\sum_{t\in I_{n-k-1}}a_t)^2(a_2+\sum_{t\in I_{n-k-1}}a_t)}$$

注意 $S=a_1+a_2+\sum_{t=3}^{n}a_t$，上式可化为

$$C_{k-1}^{n-k-1}\sum_{3\leqslant i_1<\cdots<i_{k-1}\leqslant n}\frac{1}{\left(a_1+\sum_{j=1}^{k-1}a_{i_j}\right)^2\left(a_2+\sum_{j=1}^{k-1}a_{i_j}\right)}<$$

$$\sum_{3\leqslant i_1<\cdots<i_{k-1}\leqslant n}\sum_{I_{n-k-1}\subseteq\{i_1,i_2,\cdots,i_{k-1}\}}$$

$$\frac{1}{\left[S-\left(a_2+\sum_{t\geqslant 3,t\notin I_{n-k-1}}a_t\right)\right]^2}\cdot$$

$$\frac{1}{S-\left(a_1+\sum_{t\geqslant 3,t\notin I_{n-k-1}}a_t\right)}$$

$$(4.5.9)$$

此时上式右边和中的各项就是和式

$$\sum_{3\leqslant i_1<\cdots<i_{k-1}\leqslant n}\frac{1}{\left[S-\left(a_1+\sum_{j=1}^{k-1}a_{i_j}\right)\right]\left[S-\left(a_2+\sum_{j=1}^{k-1}a_{i_j}\right)\right]^2}$$

中的各项，且二式关于诸 a_i 显然对称，再计算各单项的数目知

$$\frac{1}{C_{k-1}^{n-k-1}}\cdot$$

$$\frac{1}{C_{n-2}^{k-1}}\sum_{\substack{3\leqslant i_1\\<\cdots<\\i_{k-1}\leqslant n}}\sum_{\substack{I_{n-k-1}\subseteq\\\{i_1,i_2,\cdots,i_{k-1}\}}}\frac{1}{\left[S-\left(a_2+\sum_{t\notin I_{n-k-1}}a_t\right)\right]^2\left[S-\left(a_1+\sum_{t\notin I_{n-k-1}}a_t\right)\right]}=$$

$$\frac{1}{C_{n-2}^{k-1}}\sum_{\substack{3\leqslant i_1\\<\cdots<\\i_{k-1}\leqslant n}}\frac{1}{\left[S-\left(a_1+\sum_{j=1}^{k-1}a_{i_j}\right)\right]\left[S-\left(a_2+\sum_{j=1}^{k-1}a_{i_j}\right)\right]^2}\quad(4.5.10)$$

联立式(4.5.9)和式(4.5.10)知

$$\sum_{3\leqslant i_1<\cdots<i_{k-1}\leqslant n}\frac{1}{\left(a_1+\sum_{j=1}^{k-1}a_{i_j}\right)^2\left(a_2+\sum_{j=1}^{k-1}a_{i_j}\right)}<$$

$$\sum_{\substack{3\leqslant i_1\\<\cdots<\\i_{k-1}\leqslant n}} \frac{1}{\left[S-\left(a_1+\sum_{j=1}^{k-1}a_{i_j}\right)\right]\left[S-\left(a_2+\sum_{j=1}^{k-1}a_{i_j}\right)\right]^2} \tag{4.5.11}$$

同理可证

$$\sum_{3\leqslant i_1<\cdots<i_{k-1}\leqslant n} \frac{1}{\left(a_1+\sum_{j=1}^{k-1}a_{i_j}\right)\left(a_2+\sum_{j=1}^{k-1}a_{i_j}\right)^2}<$$

$$\sum_{3\leqslant i_1<\cdots<i_{k-1}\leqslant n} \frac{1}{\left[S-\left(a_1+\sum_{j=1}^{k-1}a_{i_j}\right)\right]^2\left[S-\left(a_2+\sum_{j=1}^{k-1}a_{i_j}\right)\right]} \tag{4.5.12}$$

联立式(4.5.8),式(4.5.11)和式(4.5.12)知 $\Lambda<0$,由此证得 $\widetilde{\varphi}_k(\boldsymbol{a})-\varphi_k(\boldsymbol{a})$ 在 $\mathbf{R}_{++}^n$ 上 $S-$凹.

(ⅲ)当 $k<\dfrac{n}{2}$ 时,对于式(4.5.3)中的任一数组 $\{i_j\mid 3\leqslant i_1<i_2<\cdots<i_{k-1}\leqslant n\}$,设 $L_{n-k-1}=\{3,4,\cdots,n\}-\{i_1,i_2,\cdots,i_{k-1}\}$,则 L_{n-k-1} 中的元素个数为 $n-k-1$,且大于 $k-1$.对于 L_{n-k-1} 的任一具有 $k-1$ 元素的子集 J_{k-1},易见

$$\left(a_2+\sum_{t\in L_{n-k-1}}a_t\right)^2>\left(a_2+\sum_{t\in J_{k-1}}a_t\right)^2$$

$$a_1+\sum_{t\in L_{n-k-1}}a_t>a_1+\sum_{t\in J_{k-1}}a_t$$

因而

$$\frac{1}{\left(a_2+\sum_{t\in L_{n-k-1}}a_t\right)^2\left(a_1+\sum_{t\in L_{n-k-1}}a_t\right)}<$$

$$\frac{1}{\left(a_2+\sum_{t\in J_{k-1}}a_t\right)^2\left(a_1+\sum_{t\in J_{k-1}}a_t\right)}$$

$$\frac{1}{\left[S-\left(a_1+\sum_{j=1}^{k-1}a_{i_j}\right)\right]^2\left[S-\left(a_2+\sum_{j=1}^{k-1}a_{i_j}\right)\right]}<$$

$$\frac{1}{\left(a_2+\sum_{t\in J_{k-1}}a_t\right)^2\left(a_1+\sum_{t\in J_{k-1}}a_t\right)}$$

由于这样的子集 J_{k-1} 有 C_{n-k-1}^{k-1} 个，故

$$C_{n-k-1}^{k-1}\frac{1}{\left[S-\left(a_1+\sum_{j=1}^{k-1}a_{i_j}\right)\right]^2\left[S-\left(a_2+\sum_{j=1}^{k-1}a_{i_j}\right)\right]}<$$

$$\sum_{J_{k-1}\subseteq L_{n-k-1}}\frac{1}{\left(a_2+\sum_{t\in J_{k-1}}a_t\right)^2\left(a_1+\sum_{t\in J_{k-1}}a_t\right)}$$

$$C_{n-k-1}^{k-1}\cdot$$

$$\sum_{\substack{3\leqslant i_1\\<\cdots<\\i_{k-1}\leqslant n}}\frac{1}{\left[S-\left(a_1+\sum_{j=1}^{k-1}a_{i_j}\right)\right]^2\left[S-\left(a_2+\sum_{j=1}^{k-1}a_{i_j}\right)\right]}<$$

$$\sum_{3\leqslant i_1<\cdots<i_{k-1}\leqslant n}\sum_{J_{k-1}\subseteq L_{n-k-1}}\frac{1}{\left(a_2+\sum_{t\in J_{k-1}}a_t\right)^2\left(a_1+\sum_{t\in J_{k-1}}a_t\right)}$$

(4.5.13)

其实上式右边和式中各项就是和式

$$\sum_{3\leqslant i_1<\cdots<i_{k-1}\leqslant n}\frac{1}{\left(a_1+\sum_{j=1}^{k-1}a_{i_j}\right)\left(a_2+\sum_{j=1}^{k-1}a_{i_j}\right)^2}$$

中的各项，且二式关于诸 a_i 显然对称，再计算各单项的数目知

$$\frac{1}{C_{n-2}^{k-1}}\sum_{3\leqslant i_1<\cdots<i_{k-1}\leqslant n}\frac{1}{\left(a_1+\sum_{j=1}^{k-1}a_{i_j}\right)\left(a_2+\sum_{j=1}^{k-1}a_{i_j}\right)^2}=$$

$$\frac{1}{C_{n-k-1}^{k-1}}\cdot\frac{1}{C_{n-2}^{k-1}}\sum_{3\leqslant i_1<\cdots<i_{k-1}\leqslant n}\sum_{J_{k-1}\subseteq L_{n-k-1}}$$

$$\frac{1}{\left(a_2+\sum_{t\in J_{k-1}}a_t\right)^2\left(a_1+\sum_{t\in J_{k-1}}a_t\right)} \tag{4.5.14}$$

联立式(4.5.13)和式(4.5.14)知

$$\sum_{3\leqslant i_1<\cdots<i_{k-1}\leqslant n}\frac{1}{\left(a_1+\sum_{j=1}^{k-1}a_{i_j}\right)\left(a_2+\sum_{j=1}^{k-1}a_{i_j}\right)^2}>$$

$$\sum_{\substack{3\leqslant i_1\\<\cdots<\\i_{k-1}\leqslant n}}\frac{1}{\left[S-\left(a_1+\sum_{j=1}^{k-1}a_{i_j}\right)\right]^2\left[S-\left(a_2+\sum_{j=1}^{k-1}a_{i_j}\right)\right]} \tag{4.5.15}$$

同理可证

$$\sum_{3\leqslant i_1<\cdots<i_{k-1}\leqslant n}\frac{1}{\left(a_2+\sum_{j=1}^{k-1}a_{i_j}\right)\left(a_1+\sum_{j=1}^{k-1}a_{i_j}\right)^2}>$$

$$\sum_{3\leqslant i_1<\cdots<i_{k-1}\leqslant n}$$

$$\frac{1}{\left[S-\left(a_2+\sum_{j=1}^{k-1}a_{i_j}\right)\right]^2\left[S-\left(a_1+\sum_{j=1}^{k-1}a_{i_j}\right)\right]} \tag{4.5.16}$$

至此联立式(4.5.8)，式(4.5.15)和式(4.5.16)知 $\Lambda>0$，由此证得 $\tilde{\varphi}_k(\boldsymbol{a})-\varphi_k(\boldsymbol{a})$ 在 $\mathbf{R}_{++}^n$ 上 $S-$凸. □

银花[153]研究了另一对互补对称函数的$S-$凸性.

记

$$\Phi_k(\boldsymbol{a}) = \sum_{1 \leqslant i_1 < \cdots < i_k \leqslant n} \frac{\sum_{j=1}^{k} a_{i_j}}{S + \sum_{j=1}^{k} a_{i_j}} \tag{4.5.17}$$

和

$$\widetilde{\Phi}_k(\boldsymbol{a}) = \sum_{1 \leqslant i_1 < \cdots < i_k \leqslant n} \frac{S + \sum_{j=1}^{k} a_{i_j}}{\sum_{j=1}^{k} a_{i_j}} \tag{4.5.18}$$

其中 $S = \sum_{i=1}^{n} a_i$. 若 $k = 0$,规定 $\Phi_k(\boldsymbol{a}) = \widetilde{\Phi}_k(\boldsymbol{a}) = 1$;若 $k > n$,规定 $\Phi_k(\boldsymbol{a}) = \widetilde{\Phi}_k(\boldsymbol{a}) = 0$.

定理 4.5.6 设 n 和 k 是自然数,满足 $n \geqslant 2$ 和 $1 \leqslant k \leqslant n-1$,则 $\Phi_k(\boldsymbol{a})$ 和 $\widetilde{\Phi}_k(\boldsymbol{a})$ 分别在 $\mathbf{R}_{++}^n$ 上 S-凹和 S-凸.

定理 4.5.7 设 n 和 k 是自然数,且 $n \geqslant 2$. 若 $1 \leqslant k \leqslant n-1$,则 $\widetilde{\Phi}_k(\boldsymbol{a}) - \Phi_k(\boldsymbol{a})$ 在 $\mathbf{R}_{++}^n$ 上 S-凸.

Schur 凸函数与序列不等式

第五章

5.1 凸数列的定义及性质

定义 5.1.1 若实数列 $\{a_k\}$（有限的 $\{a_k\}_{k=1}^{n}$ 或无限的 $\{a_k\}_{k=1}^{\infty}$）满足条件

$$a_{k-1}+a_{k+1}\geqslant 2a_k,$$
$$k=2,\cdots,n-1 \text{ 或 } k\geqslant 2 \tag{5.1.1}$$

则称 $\{a_k\}$ 是一个凸数列（或凸序列）. 若上述不等式反向，则称数列 $\{a_k\}$ 是一个凹数列.

定义 5.1.2 若非负实数列 $\{a_k\}$（有限的 $\{a_k\}_{k=1}^{n}$ 或无限的 $\{a_k\}_{k=1}^{\infty}$）满足条件

$$a_{k-1}a_{k+1} \geqslant a_k^2, k=2,\cdots,n-1 \text{ 或 } k \geqslant 2 \tag{5.1.2}$$

则称$\{a_k\}$是一个对数凸数列. 若上述不等式反向,则称数列$\{a_k\}$是一个对数凹数列.

定理 5.1.1[49]208,209　若$\{a_k\}$是一个凸序列,则$\{A_k\}$也是一个凸序列,其中$A_k = \frac{1}{k}\sum_{i=1}^{k} a_i$.

凸数列是凸函数的离散形式,下述三个定理反映了二者的关联.

定理 5.1.2　设$\{a_k\}$是凸数列,f是递增的凸函数,则$\{f(a_k)\}$也是凸数列.

证明　由题设有

$$f(a_{i-1}) + f(a_{i+1}) \geqslant 2f\left(\frac{a_{i-1}+a_{i+1}}{2}\right) \geqslant 2f\left(\frac{2a_i}{2}\right) = 2f(a_i)$$

即$\{f(a_k)\}$也是凸数列. □

定理 5.1.3[8]465　设φ是$\mathbf{R}_{++}$上的凸函数,则$\{\varphi(k)\}$是凸数列.

文[154]第6页命题1.12的注指出:"如果$\{a_k\}$是凸序列,则函数φ是$[1,\infty)$上的凸函数,这里φ的图象是以$(k,a_k)(k\in \mathbf{N})$为顶点的折线". 但未叙述证明. 吴善和[155]给出了如下证明.

定理 5.1.4　设$\{a_k\}$是凸数列,ψ是Ω上的连续的递增的凸函数. 定义函数$\varphi:[1,n]\to I(I\subset \Omega)$如下

$$\varphi(\boldsymbol{x})=\begin{cases}a_1+(a_2-a_1)(x-1), & 1\leqslant x<2\\ a_2+(a_3-a_2)(x-2), & 2\leqslant x<3\\ \vdots & \\ a_i+(a_{i+1}-a_i)(x-i), & i\leqslant x<i+1\\ \vdots & \\ a_{k-1}+(a_k-a_{k-1})(x-k+1), & k-1\leqslant x\leqslant k\end{cases}\tag{5.1.3}$$

则 $\psi(\varphi(\boldsymbol{x}))$ 是 $[1,k]$ 上的连续凸函数. 若 ψ 是 Ω 上的连续的递减的凹函数, 则 $\psi(\varphi(\boldsymbol{x}))$ 是 $[1,k]$ 上的连续凹函数.

证明 $\psi(\varphi(\boldsymbol{x}))$ 的连续性显然. 对于任意 $x_1, x_2\in[1,k]$(不妨设 $x_1<x_2$), 存在正整数 i,l,m($1\leqslant i\leqslant l\leqslant m\leqslant k-1$) 使得

$$x_1\in[i,i+1)$$

$$\frac{x_1+x_2}{2}\in[l,l+1)$$

$$x_2\in[m,m+1]$$

进而由式(5.1.3) 有

$$\varphi(x_1)=a_i+(a_{i+1}-a_i)(x_1-i)$$

$$\varphi(x_2)=a_m+(a_{m+1}-a_m)(x_2-m)$$

$$\varphi\left(\frac{x_1+x_2}{2}\right)=a_l+(a_{l+1}-a_l)\left(\frac{x_1+x_2}{2}-l\right)$$

另一方面, 由凸数列的定义及 $i\leqslant x_1<i+1, i\leqslant l$ 有

$$\begin{aligned}\varphi(x_1)=a_i+(a_{i+1}-a_i)(x_1-i)=&\\ a_{i+1}+(a_{i+2}-a_{i+1})(x_1-i-1)+&\\ (2a_{i+1}-a_{i+2}-a_k)(x_1-i-1)\geqslant&\\ a_{i+1}+(a_{i+2}-a_{i+1})(x_1-i-1)\geqslant\cdots\geqslant&\end{aligned}$$

$$a_l+(a_{l+1}-a_l)(x_1-l) \tag{5.1.4}$$

类似地，由 $m \leqslant x_2 \leqslant m+1$ 和 $m \geqslant l$ 有

$$\begin{aligned}\varphi(x_2)=&a_m+(a_{m+1}-a_m)(x_2-m)=\\&a_{m-1}+(a_m-a_{m-1})(x_2-m+1)+\\&(a_{m+1}+a_{m-1}-2a_m)(x_2-m)\geqslant\\&a_{m-1}+(a_m-a_{m-1})(x_2-m+1)\geqslant\cdots\geqslant\\&a_l+(a_{l+1}-a_l)(x_2-l)\end{aligned} \tag{5.1.5}$$

结合式(5.1.4)和式(5.1.5)得

$$\frac{\varphi(x_1)+\varphi(x_2)}{2}\geqslant$$

$$\frac{a_l+(a_{l+1}-a_l)(x_1-l)+a_l+(a_{l+1}-a_l)(x_2-l)}{2}=$$

$$a_l+(a_{l+1}-a_l)\left(\frac{x_1+x_2}{2}-l\right)=\varphi\left(\frac{x_1+x_2}{2}\right)$$

因 ψ 是 Ω 上的连续的递增的凸函数，则

$$\psi\left(\varphi\left(\frac{x_1+x_2}{2}\right)\right)\leqslant\psi\left(\frac{\varphi(x_1)+\varphi(x_2)}{2}\right)\leqslant$$

$$\frac{\psi(\varphi(x_1))+\psi(\varphi(x_2))}{2}$$

即 $\psi(\varphi(\boldsymbol{x}))$ 在 $[1,k]$ 上是凸的. 类似地可证得定理 5.1.4 的第二部分. □

定理 5.1.5[156] 数列 $\{a_k\}$ 是凸数列的充要条件为：对任意四个非负整数 m,n,p,q，当 $p<m<q$，$p<n<q$，且 $m+n=p+q$ 时，恒有

$$a_p+a_q\geqslant a_m+a_n \tag{5.1.6}$$

注 5.1.1 由文[156]的证明过程可见，条件 $p<m<q$，$p<n<q$ 可放宽为 $p\leqslant m\leqslant q$，$p\leqslant n\leqslant q$. 从控制不等式的观点来看，条件 $p\leqslant m\leqslant q$，$p\leqslant n\leqslant q$，

且 $m+n=p+q$ 意味着 $(m,n)\prec(p,q)$.

很自然想到上述结果是否可推广到 n 维情形？石焕南，李大矛[157] 建立了如下结果：

定理 5.1.6　设 $n\geqslant 2$，数列 $\{a_k\}$ 是凸数列的充要条件为：$\forall\ \boldsymbol{p},\boldsymbol{q}\in\mathbf{Z}_+^n$，若 $\boldsymbol{p}\prec\boldsymbol{q}$，恒有

$$a_{p_1}+\cdots+a_{p_n}\leqslant a_{q_1}+\cdots+a_{q_n}\qquad(5.1.7)$$

证明　必要性：对 n 用数学归纳法. 当 $n=2$ 时命题成立，假定当 $n=m(m\geqslant 2)$ 时命题成立. 考察 $n=m+1$ 的情形. 设 $\boldsymbol{p},\boldsymbol{q}\in\mathbf{Z}_+^{m+1}$，$\boldsymbol{p}=(p_1,\cdots,p_{m+1})\prec(q_1,\cdots,q_{m+1})=\boldsymbol{q}$，不妨设 $p_1\geqslant p_2\geqslant\cdots\geqslant p_{m+1}$，$q_1\geqslant q_2\geqslant\cdots\geqslant q_{m+1}$，它们满足：

(ⅰ) $\sum\limits_{i=1}^{k}p_i\leqslant\sum\limits_{i=1}^{k}q_i,k=1,\cdots,m;$

(ⅱ) $\sum\limits_{i=1}^{m+1}p_i=\sum\limits_{i=1}^{m+1}q_i.$

下面分两种情形证明.

情形 1. 存在 $r(1\leqslant r\leqslant m+1)$，使得 $p_r=q_r$. 去掉 p_r,q_r，显然仍有

$$(p_1,\cdots,p_{r-1},p_{r+1},\cdots,p_{m+1})\prec$$
$$(q_1,\cdots,q_{r-1},q_{r+1},\cdots,q_{m+1})$$

由归纳假设有

$$a_{q_1}+\cdots+a_{q_{r-1}}+a_{q_{r+1}}+\cdots+a_{q_{m+1}}\geqslant$$
$$a_{p_1}+\cdots+a_{p_{r-1}}+a_{p_{r+1}}+\cdots+a_{p_{m+1}}$$

两边同加上 a_{p_r}，则

$$a_{q_1}+\cdots+a_{q_{m+1}}\geqslant a_{p_1}+\cdots+a_{p_{m+1}}$$

情形 2. $p_i=q_i,i=1,2,\cdots,m+1$，由(ⅰ)有 $p_1<q_1$，由(ⅱ)不可能对一切 i，$p_i<q_i$，故必存在 r，$2\leqslant r\leqslant m+1$，使得 $p_r>q_r$，不妨设这个 r 是使 $p_r>q_r$ 最

小的下标，于是 $p_1<q_1, p_2<q_2, \cdots, p_{r-1}<q_{r-1}, p_r>q_r$，把两个自然数 $q_{r-1}-p_{r-1}, p_r-q_r$ 中较小的一个记作 $h, h>0$，再记 $q'_{r-1}=q_{r-1}-h, q'_r=q_r+h$，则

$$q'_{r-1}\geqslant p_{r-1},\quad q'_r\leqslant p_r \tag{5.1.8}$$

并且这两个不等式中至少有一个等式成立（当 $h=q_{r-1}-p_{r-1}$ 时，$q'_{r-1}=q_{r-1}h=p_{r-1}$，当 $h=p_r-q_r$ 时，$q'_r=q_r+h=p_r$），又因 $p_{r-1}\geqslant p_r$，由式(5.1.7)有 $q'_{r-1}\geqslant q'_r$，于是 $q_{r-1}>q'_{r-1}\geqslant q'_r>q_r$，且 $q'_{r-1}+q'_r=q_{r-1}+q_r$，由定理 5.1.5 和注5.1.1，有

$$a_{q'_{r-1}}+a_{q'_r}\leqslant a_{q_{r-1}}+a_{q_r} \tag{5.1.9}$$

规定当 $i\neq r-1, r$ 时，$q'_i=q_i$，在式(5.1.9)两边再加上 $\sum\limits_{i\neq r-1,r}a_{q_i}$，得

$$\sum_{i=1}^{m+1}a_{q'_i}\leqslant\sum_{i=1}^{m+1}a_{q_i} \tag{5.1.10}$$

再考察 $(q'_1,\cdots,q'_{m+1})$ 和 $(p_1,\cdots,p_{m+1})$，由 $q'_{r-2}=q_{r-2}\geqslant q_{r-1}>q'_{r-1}\geqslant q'_r>q_r\geqslant q_{r+1}=q'_{r+1}$ 知 $(q'_1,\cdots,q'_n)=(q'_{[1]},\cdots,q'_{[n]})$，容易验证 $(p_1,\cdots,p_n)\prec(q'_1,\cdots,q'_n)$，前面已证式(5.1.8)的两个不等式中至少有一个等式成立，即 $(p_1,\cdots,p_n)$ 与 $(q'_1,\cdots,q'_n)$ 至少有一对同下标的分量相等，由已证明的第一种情形，$\sum\limits_{i=1}^{m+1}a_{p_i}\leqslant\sum\limits_{i=1}^{m+1}a_{q'_i}$ 结合式(5.1.10)得 $\sum\limits_{i=1}^{m+1}a_{p_i}\leqslant\sum\limits_{i=1}^{m+1}a_{q_i}$.

总结以上两种情形，由归纳假定当 $n=m(m\geqslant 2)$ 时命题成立可以证明当 $n=m+1$ 时命题正确，从而对一切 $n\geqslant 2$ 命题正确.

充分性：对任意正整数 i，于式(5.1.7)中取 $q_1=i-1, q_2=i+1, q_3=\cdots=q_n=0, p_1=p_2=i, p_3=\cdots=p_n=0$，则 $(p_1,\cdots,p_n)\prec(q_1,\cdots,q_n)$ 且式(5.1.7)化为

$a_{i-1}+a_{i+1}\geqslant 2a_i$，$i=1,2,\cdots$，故$\{a_k\}$是一凸数列，定理 5.1.6 证毕. □

推论 5.1.1　设 $f:I\subset\mathbf{R}\to\mathbf{R}$ 是递增的凸函数，$\{a_k\}$是凸集 I 上的凸数列，$\forall\,\boldsymbol{p},\boldsymbol{q}\in\mathbf{Z}_+^n$，若 $\boldsymbol{p}\prec\boldsymbol{q}$，则

$$\sum_{i=1}^{n}f(a_{q_i})\geqslant\sum_{i=1}^{n}f(a_{p_i})\qquad(5.1.11)$$

证明　由定理 5.1.2 知$\{f(a_k)\}$是凸数列，进而据定理 5.1.6 即得证. □

推论 5.1.2　非负数列$\{a_k\}$是对数凸数列的充要条件为：$\forall\,\boldsymbol{p},\boldsymbol{q}\in\mathbf{Z}_+^n$，若$\boldsymbol{p}\prec\boldsymbol{q}$，则

$$\prod_{i=1}^{n}a_{p_i}\leqslant\prod_{i=1}^{n}a_{q_i}\qquad(5.1.12)$$

证明　对数凸数列中有等于零的项，易证此数列各项均为零，这时推论 5.1.3 显然成立. 下假设$\{a_k\}$为正数列. 由于$\{\ln a_k\}$是凸数列，根据定理 5.1.6，我们有$\sum\limits_{i=1}^{n}\ln a_{q_i}\geqslant\sum\limits_{i=1}^{n}\ln a_{p_i}$，故式(5.1.12)成立. □

注 5.1.2　由定理 5.1.4 和定理 1.5.4(a)可直接证得定理 5.1.6 的必要性.

笔者[158]将定理 5.1.6 推广为下面的定理.

定理 5.1.7　若数列$\{a_k\}$是增的凸数列，对于任意 $\boldsymbol{p},\boldsymbol{q}\in\mathbf{Z}_+^n$，若 $\boldsymbol{p}\prec_w\boldsymbol{q}$，则

$$a_{p_1}+\cdots+a_{p_n}\leqslant a_{q_1}+\cdots+a_{q_n}$$

证明　因 $\boldsymbol{p}=(p_1,\cdots,p_n)\prec_w(q_1,\cdots,q_n)=\boldsymbol{q}$，由专著[1]第 13 页定理 1.20(a)知存在 $\boldsymbol{u}=(u_1,\cdots,u_n)\in\mathbf{R}^n$，使得 $\boldsymbol{p}\leqslant\boldsymbol{u}$，$\boldsymbol{u}\prec\boldsymbol{q}$，由该定理的证明过程可见，$\boldsymbol{u}\in\mathbf{Z}_+^n$，从而由定理 5.1.6 及$\{a_k\}$是增数列的条件，有

$$a_{p_1}+\cdots+a_{p_n}\leqslant a_{u_1}+\cdots+a_{u_n}\leqslant a_{q_1}+\cdots+a_{q_n}$$

证毕. □

推论 5.1.3 设非负数列$\{a_k\}$是递增的对数凸数列,对于任意 $\boldsymbol{p},\boldsymbol{q}\in \mathbf{Z}_+^n$,若 $\boldsymbol{p}\prec_w\boldsymbol{q}$,则

$$\prod_{i=1}^{n}a_{p_i}\leqslant\prod_{i=1}^{n}a_{q_i}$$

证明 若递增的对数凸数列中有等于零的项,易证此数列各项均为零,这时推论 5.1.3 显然成立.若各项均不为零,注意此时$\{\ln a_k\}$是递增的凸数列,由定理 5.1.6 即得证. □

吴树宏[159]将定理5.1.6推广到算子凸序列情形.

有关凸序列的更多的性质请参见专著[154].

定理 5.1.8[34] 设$\{a_n\}$是一个凸序列,m,k 为非负整数,则

$$\begin{aligned}&(n-2m)(a_{k+1}+a_{k+3}+\cdots+a_{k+2n+1})+\\&(2m-n-1)(a_{k+2}+a_{k+4}+\cdots+a_{k+2n})+\\&2m(a_{k+1}+a_{k+2n+1})-m(a_{k+2}+a_{k+2n})\geqslant 0\end{aligned}\tag{5.1.13}$$

证明 据定义 1.3.1 及式(1.4.41)有

$$\begin{aligned}&(\underbrace{k+2,\cdots,k+2}_{n+1},\underbrace{k+4,\cdots,k+4}_{n+1},\cdots,\\&\underbrace{k+2n,\cdots,k+2n}_{n+1})\prec\\&(\underbrace{k+1,\cdots,k+1}_{n},\underbrace{k+3,\cdots,k+3}_{n},\cdots,\\&\underbrace{k+(2n+1),\cdots,k+(2n+1)}_{n})\end{aligned}$$

故由定理 5.1.6 得

$$(n+1)(a_{k+2}+a_{k+4}+\cdots+a_{k+2n}) \leqslant n(a_{k+1}+a_{k+3}+\cdots+a_{k+2n+1}) \tag{5.1.14}$$

又由定理 1.3.5(a) 易证

$$(\underbrace{k+1,\cdots,k+1}_{2m},\underbrace{k+2,\cdots,k+2}_{m},\underbrace{k+3,\cdots,k+3}_{2m},\cdots,\underbrace{k+2n-1,\cdots,k+2n-1}_{2m},\underbrace{k+2n,\cdots,k+2n}_{m},\underbrace{k+2n+1,\cdots,k+2n+1}_{2m}) \prec$$

$$(\underbrace{k+1,\cdots,k+1}_{2m},\underbrace{k+2,\cdots,k+2}_{m},\underbrace{k+4,\cdots,k+4}_{2m},\cdots,\underbrace{k+2n-2,\cdots,k+2n-2}_{2m},\underbrace{k+2n,\cdots,k+2n}_{m},\underbrace{k+2n+1,\cdots,k+2n+1}_{2m})$$

从而由定理 5.1.6 有

$$2m(a_{k+1}+a_{k+3}+\cdots+a_{k+2n+1})+m(a_{k+2}+a_{k+2n}) \leqslant 2m(a_{k+2}+a_{k+4}+\cdots+a_{k+2n})+2m(a_{k+1}+a_{k+2n+1}) \tag{5.1.15}$$

式(5.1.14)与式(5.1.15)的两边对应相加,并稍加变形即得式(5.1.13).

当 $m=0$ 时,由式(5.1.13)得

推论 5.1.4 设$\{a_n\}$是一个凸序列,k为非负整数,则

$$\frac{a_{k+1}+a_{k+3}+\cdots+a_{k+2n+1}}{n+1} \geqslant \frac{a_{k+2}+a_{k+4}+\cdots+a_{k+2n}}{n} \tag{5.1.16}$$

当 $k=0$ 时,式(5.1.16)为著名的 Nanson 不等

式[49]509

$$\frac{a_1+a_3+\cdots+a_{2n+1}}{n+1}\geqslant\frac{a_2+a_4+\cdots+a_{2n}}{n} \tag{5.1.17}$$

例 5.1.1 若$\{a_n\}$是一个凸数列,则

$$\sum_{i=1}^{2n+1}(-1)^{i+1}a_{k+i}\geqslant\frac{1}{n+1}\sum_{i=0}^{n}a_{k+2i+1}\geqslant \frac{1}{2n+1}\sum_{i=1}^{2n+1}a_{k+i}\geqslant \frac{1}{n}\sum_{i=1}^{n}a_{k+2i} \tag{5.1.18}$$

证明 不难验证式(5.1.18)中的三个不等式均等价于式(5.1.16).

例 5.1.2 设$\{a_n\}$是一个凸序列,$m\in\mathbf{N}$,则

$$a_2+a_4+\cdots+a_{2m}\geqslant a_3+a_5+\cdots+a_{2m-1}+a_{m+1} \tag{5.1.19}$$

$$a_1+a_3+a_5+\cdots+a_{2m+1}\geqslant a_2+a_4+\cdots+a_{2m}+a_{m+1} \tag{5.1.20}$$

证明 令$x_i=2m-(i-1)$,$i=1,2,\cdots,m$,则$x_1\geqslant x_2\geqslant\cdots\geqslant x_{2m}\geqslant 0$,且

$$\sum_{i=1}^{2m-1}(-1)^{i-1}x_i=m+1,\quad \sum_{i=1}^{2m}(-1)^{i-1}x_i=m$$

由式(1.4.22)和式(1.4.23)可分别得

$$(m+1,2m-1,2m-3,\cdots,5,3)\prec(2m,2m-2,\cdots,4,2) \tag{5.1.21}$$

和

$$(m,2m-1,2m-3,\cdots,3,1)\prec$$

$$(2m,2m-2,\cdots,4,2,0) \tag{5.1.22}$$

由式(5.1.22)显然有

$$(m+1,2m,2m-2,\cdots,4,2) \prec (2m+1,2m-1,\cdots,5,3,1) \tag{5.1.23}$$

从而由定理 5.1.6 并结合式(5.1.21)和式(5.1.23)知式(5.1.19)和式(5.1.20)成立.

例 5.1.3 设$\{a_n\}$是一个凸序列,$h,m,n\in \mathbf{N}$,则

$$\frac{1}{n-2m}\sum_{k=m+1}^{n-m}a_k\leqslant \frac{1}{n}\sum_{k=1}^{n}a_k\leqslant \frac{1}{2m}\left(\sum_{k=1}^{m}a_k+\sum_{k=n-m+1}^{n}a_k\right),n>2m \tag{5.1.24}$$

$$\frac{n-m}{h}\sum_{k=1}^{h}a_k+\frac{h-n}{m}\sum_{k=1}^{m}a_k+\frac{m-h}{n}\sum_{k=1}^{n}a_k\geqslant 0,h<m<n \tag{5.1.25}$$

$$\frac{n+m}{n-m}\left(\sum_{k=1}^{n}a_k-\sum_{k=1}^{m}a_k\right)\leqslant \sum_{k=1}^{n+m}a_k,m\neq n \tag{5.1.26}$$

证明 因$\{a_n\}$是凸数列,由定理5.1.1知$\{A_n\}$也是一个凸数列,其中$A_n=\frac{1}{n}\sum_{i=1}^{n}a_i$,不难验证,对于$n>2m$,有

$$(\underbrace{n-m,\cdots,n-m}_{n-m},\underbrace{n,\cdots,n}_{2m})\prec(\underbrace{m,\cdots,m}_{m},\underbrace{n,\cdots,n}_{n})$$

从而由定理 5.1.6 可得

$$(n-m)A_{n-m}+2mA_n\leqslant mA_m+nA_n$$

而易见式(5.1.24)中左右两个不等式均等价于上式.

对于$h<m<n$,有

$$(\underbrace{m,\cdots,m}_{n-h}) \prec (\underbrace{n,\cdots,n}_{m-h},\underbrace{h,\cdots,h}_{n-m})$$

从而由定理 5.1.6 可得

$$(n-h)A_m \leqslant (m-h)A_n + (n-m)A_h$$

而式(5.1.25)与上式等价,从而式(5.1.25)得证.

由于式(5.1.26)关于 m,n 对称,可不妨设 $m<n$. 注意到

$$(\underbrace{n,\cdots,n}_{n}) \prec (\underbrace{m,\cdots,m}_{m},\underbrace{n+m,\cdots,n+m}_{n-m})$$

由定理 5.1.6 可得

$$nA_n \leqslant (n-m)A_{n+m} + mA_m$$

而此式与式(5.1.26)等价,从而式(5.1.26)得证.

例 5.1.4 若 $\{a_n\}$ 是凸数列,$n\in\mathbf{N}, n>1$,则

$$\sum_{k=0}^{n} a_k \geqslant \frac{n+1}{n-1}\sum_{k=1}^{n-1} a_k \tag{5.1.27}$$

$$\frac{1}{2^n}\sum_{i=0}^{n} a_i \mathrm{C}_n^i \leqslant \frac{1}{n+1}\sum_{i=0}^{n} a_i \leqslant \frac{1}{2}(a_0+a_n) \tag{5.1.28}$$

证明 根据定理 1.3.7(a)成立

$$(\underbrace{1,\cdots,1}_{n+1},\underbrace{2,\cdots,2}_{n+1},\cdots,\underbrace{n-1,\cdots,n-1}_{n+1}) \prec$$

$$(\underbrace{0,\cdots,0}_{n-1},\underbrace{1,\cdots,1}_{n-1},\cdots,\underbrace{n,\cdots,n}_{n-1})$$

和

$$(0,0,1,1,\cdots,n,n) \prec (\underbrace{0,\cdots,0}_{n+1},\underbrace{n,\cdots,n}_{n+1})$$

从而由定理 5.1.6 即得式(5.1.27)和式(5.1.28).

例 5.1.5 若 $\{a_k\}$ 是凸数列,则对于 $0\leqslant i\leqslant k$ 有

$$a_i \leqslant \left(1-\frac{i}{k}\right)a_0 + \frac{i}{k}a_k \tag{5.1.29}$$

证明　注意$(\underbrace{i,\cdots,i}_{k个}) \prec (\underbrace{k,\cdots,k}_{i个},\underbrace{0,\cdots,0}_{k-i个})$，由定理 5.1.6 有 $ka_i \leqslant (k-i)a_0 + ia_k$，即式(5.1.29)成立.

例 5.1.6　设 $x>0, n\in \mathbf{N}$，则

$$\frac{1+x^2+\cdots+x^{2n}}{x+x^3+\cdots+x^{2n-1}} \geqslant \frac{n+1}{n}+\left(\sqrt{x}-\frac{1}{\sqrt{x}}\right)^2 \tag{5.1.30}$$

证明　因为 $\frac{n+1}{n}+\left(\sqrt{x}-\frac{1}{\sqrt{x}}\right)^2 = \frac{nx^2-(n-1)x+n}{nx}$，所以

所证不等式(5.1.30)⇔

$$nx(1+x^2+\cdots+x^{2n}) \geqslant$$
$$(x+x^3+\cdots+x^{2n-1})[nx^2-(n-1)x+n] \Leftrightarrow$$
$$n(x+x^3+\cdots+x^{2n+1})+2n(x^2+x^4+\cdots+x^{2n}) \geqslant$$
$$n(x^{2n+1}+x)+(n+1)(x^2+x^4+\cdots+x^{2n})+$$
$$2n(x^3+x^5+\cdots+x^{2n-1}) \Leftrightarrow$$
$$x[(n-1)(x+x^3+\cdots+x^{2n-1})-$$
$$n(x^2+x^4+\cdots+x^{2n-2})] \geqslant 0$$

记 $a_n = x^n, n\in\mathbf{N}$，则

$$(n-1)(x+x^3+\cdots+x^{2n-1})-$$
$$n(x^2+x^4+\cdots+x^{2n-2})=$$
$$(n-1)(a_1+a_3+\cdots+a_{2n-1})-$$
$$n(a_2+a_4+\cdots+a_{2n-2})$$

由定理 5.1.3 知 $\{a_n\}$ 是凸序列，由式(5.1.17)知

$$(n-1)(a_1+a_3+\cdots+a_{2n-1})-$$
$$n(a_2+a_4+\cdots+a_{2n-2}) \geqslant 0$$

所以不等式(5.1.30)成立.

不等式(5.1.30)是著名的 Wilson 不等式[49]125

$$\frac{1+x^2+\cdots+x^{2n}}{x+x^3+\cdots+x^{2n-1}} \geqslant \frac{n+1}{n} \tag{5.1.31}$$

的一个加强形式.

5.2 各种凸数列

凸数列和对数凸数列的种类繁多,本节介绍数例.

例 5.2.1 设 $\boldsymbol{x} \in \mathbf{R}_{++}^n, k \in \mathbf{N}$,令 $S_k = \sum_{i=1}^n x_i^k$,则 $\{S_k\}_{k\in\mathbf{N}}$ 是凸数列.

证明

$$\begin{aligned} S_{k-1} + S_{k+1} = \sum_{i=1}^n x_i^{k-1} + \sum_{i=1}^n x_i^{k+1} = \\ \sum_{i=1}^n (x_i^{k-1} + x_i^{k+1}) \geqslant \\ \sum_{i=1}^n 2\sqrt{x_i^{k-1} x_i^{k+1}} = \\ 2\sum_{i=1}^n x_i^k = 2S_k \end{aligned}$$

例 5.2.2 设 $\boldsymbol{x} \in \mathbf{R}_{++}^n, k \in \mathbf{N}$,令 $S_k = \sum_{i=1}^n x_i^k$,则 $\{S_k\}_{k\in\mathbf{N}}$ 是对数凸数列.

证明 欲证

$$S_k^2 \leqslant S_{k-1} S_{k+1}, k \geqslant 2 \tag{5.2.1}$$

对 n 用归纳法. 当 $n=1$ 时,式(5.2.1) 等式成立. 假设当 $n=m$ 时,式(5.2.1) 成立. 现设 $n=m+1$,此时

$$(\sum_{i=1}^{m+1}x_i^k)^2=(\sum_{i=1}^{m}x_i^k+x_{m+1}^k)^2=$$
$$(\sum_{i=1}^{m}x_i^k)^2+2x_{m+1}^k\sum_{i=1}^{m}x_i^k+x_{m+1}^{2k}\leqslant$$
$$(\sum_{i=1}^{m}x_i^{k-1})(\sum_{i=1}^{m}x_i^{k+1})+2x_{m+1}^k\sum_{i=1}^{m}x_i^k+x_{m+1}^{2k} \tag{5.2.2}$$

另一方面

$$(\sum_{i=1}^{m+1}x_i^{k-1})(\sum_{i=1}^{m+1}x_i^{k+1})=$$
$$(\sum_{i=1}^{m}x_i^{k-1}+x_{m+1}^{k-1})(\sum_{i=1}^{m}x_i^{k+1}+x_{m+1}^{k+1})=$$
$$(\sum_{i=1}^{m}x_i^{k-1})(\sum_{i=1}^{m}x_i^{k+1})+x_{m+1}^{k+1}\sum_{i=1}^{m}x_i^{k-1}+$$
$$x_{m+1}^{k-1}\sum_{i=1}^{m}x_i^{k+1}+x_{m+1}^{2k} \tag{5.2.3}$$

比较式(5.2.2)和式(5.2.3)右端，只需证

$$2x_{m+1}^k\sum_{i=1}^{m}x_i^k\leqslant x_{m+1}^{k+1}\sum_{i=1}^{m}x_i^{k-1}+x_{m+1}^{k-1}\sum_{i=1}^{m}x_i^{k+1}\Leftrightarrow$$
$$x_{m+1}^k\sum_{i=1}^{m}x_i^k-x_{m+1}^{k+1}\sum_{i=1}^{m}x_i^{k-1}+$$
$$x_{m+1}^k\sum_{i=1}^{m}x_i^k-x_{m+1}^{k-1}\sum_{i=1}^{m}x_i^{k+1}\leqslant 0\Leftrightarrow$$
$$x_{m+1}^k\sum_{i=1}^{m}x_i^{k-1}(x_i-x_{m+1})+$$
$$x_{m+1}^{k-1}\sum_{i=1}^{m}x_i^k(x_{m+1}-x_i)\leqslant 0\Leftrightarrow$$

$$x_{m+1}^{k-1}\sum_{i=1}^{m}x_i^{k-1}(x_i-x_{m+1})(x_{m+1}-x_i)\leqslant 0\Leftrightarrow$$

$$-x_{m+1}^{k-1}\sum_{i=1}^{m}x_i^{k-1}(x_i-x_{m+1})^2\leqslant 0$$

而上式显然成立，式(5.2.1)得证.

另证

$$\begin{aligned}S_{k-1}S_{k+1}-S_k^2=&\left(\sum_{i=1}^{n}x_i^{k-1}\right)\left(\sum_{i=1}^{n}x_i^{k+1}\right)-\left(\sum_{i=1}^{n}x_i^{k}\right)^2=\\&\left(\sum_{i=1}^{n}x_i^{k-1}\right)\left(\sum_{j=1}^{n}x_j^{k+1}\right)-\\&\left(\sum_{i=1}^{n}x_i^{k}\right)\left(\sum_{j=1}^{n}x_j^{k}\right)=\\&\left(\sum_{i=1}^{n}x_i^{k-1}\sum_{j=1}^{n}x_j^{k+1}\right)-\left(\sum_{i=1}^{n}x_i^{k}\sum_{j=1}^{n}x_j^{k}\right)=\\&\sum_{i=1}^{n}\left(x_i^{k-1}\sum_{j=1}^{n}x_j^{k+1}-x_i^{k}\sum_{j=1}^{n}x_j^{k}\right)=\\&\sum_{i=1}^{n}\left(x_i^{k-1}\left(\sum_{j=1}^{n}x_j^{k+1}-x_i\sum_{j=1}^{n}x_j^{k}\right)\right)=\\&\sum_{i=1}^{n}\left(x_i^{k-1}\left(\sum_{j=1}^{n}(x_j^{k+1}-x_ix_j^{k})\right)\right)=\\&\sum_{i=1}^{n}\left(x_i^{k-1}\left(\sum_{j=1}^{n}x_j^{k}(x_j-x_i)\right)\right)=\\&\sum_{i=1}^{n}\sum_{j=1}^{n}(x_j^{k+1}x_i^{k-1}-x_j^{k}x_i^{k})=\\&\sum_{i=1}^{n}\sum_{j=1}^{n}x_i^{k-1}x_j^{k-1}(x_i-x_j)^2\geqslant 0\end{aligned}$$

例 5.2.3[49]585　设 f,g 是 $[a,b]$ 上的正的连续函数，

记 $I_n=\int_a^b[f(x)]^n g(x)\mathrm{d}x$，则 $\{I_n\}$ 是对数凸数列. 对任意自然数 m，取 $\boldsymbol{p}=(\underbrace{m,\cdots,m}_{m+1})$，$\boldsymbol{q}=(\underbrace{m+1,\cdots,m+1}_{m},0)$，则 $\boldsymbol{p}\prec\boldsymbol{q}$. 由推论 5.1.2 有 $I_m^{m+1}\leqslant I_{m+1}^m\cdot I_0$，即

$$\left(\int_a^b f(x)^m g(x)\mathrm{d}x\right)^{m+1}\leqslant \int_a^b g(x)\mathrm{d}x\left(\int_a^b f(x)^{m+1}g(x)\mathrm{d}x\right)^m \tag{5.2.4}$$

特别取 $m=1$，$g(x)=1$，由式(5.2.4)可得熟悉的不等式

$$\left(\int_a^b f(x)\mathrm{d}x\right)^2\leqslant\frac{1}{b-a}\left(\int_a^b f^2(x)\mathrm{d}x\right) \tag{5.2.5}$$

例 5.2.4[49]432　设

$$E_n(z)=\int_1^\infty\frac{\mathrm{e}^{-zt}}{t^n}\mathrm{d}t,\mathrm{Re}\ z>0,n=0,1,2,\cdots$$

则当 $z>0$ 时，对于 $n=1,2,3,\cdots$，$\{E_n(z)\}$ 是对数凸数列.

定义 5.2.1[111]365　称函数 f 在 $(0,\infty)$ 上绝对单调，如果它的各阶导数存在且

$$f^{(k)}(t)\geqslant 0,t\in(0,\infty),k=0,1,2,\cdots \tag{5.2.6}$$

例 5.2.5　设 $b>a>0$，$x>0$，$g(x)=\dfrac{b^x-a^x}{x}$，祁锋[160] 证明了 $g(x)$ 是 $\mathbf{R}_{++}$ 上绝对单调函数.

定义 5.2.2[111]365　称函数 f 在 $\mathbf{R}_{++}$ 上完全单调，如果它的各阶导数存在且

$$(-1)^k f^{(k)}(t)\geqslant 0,t\in(0,\infty),k=0,1,2,\cdots \tag{5.2.7}$$

定义 5.2.3 [618] 称正值函数 f 在区间 $I\subset\mathbf{R}$ 上对数完全单调,如果它的对数 $\ln f$ 的各阶导数存在且满足

$$(-1)^k[\ln f(t)]^{(k)}\geqslant 0, t\in I, k=1,2,\cdots \tag{5.2.8}$$

定理 5.2.1 [618] 对数完全单调函数一定是完全单调函数.

定理 5.2.2 [111]369 设 f 在 $\mathbf{R}_{++}$ 上完全单调,$f^{(k)}(t)\neq 0, k=0,1,2,\cdots$,则 $\{(-1)^k f^{(k)}(t)\}$ 是对数凸数列.

注 5.2.1 $\{(-1)^k f^{(k)}(t)\}$ 是对数凸数列,意味着

$$(-1)^{k-1}f^{(k-1)}(t)\cdot(-1)^{k+1}f^{(k+1)}(t)\geqslant [(-1)^k f^{(k)}(t)]^2, k=0,1,2,\cdots$$

成立,即

$$f^{(k-1)}(t)f^{(k+1)}(t)\geqslant[f^{(k)}(t)]^2, k=0,1,2,\cdots \tag{5.2.9}$$

成立,这就是说,在定理 5.2.2 的条件下,$\{f^{(k)}(t)\}$ 也是对数凸数列.

值得注意的是,专著[111]第 366 页认为,若函数 f 在 $(0,\infty)$ 上绝对单调,则(5.2.9)成立,即 $\{f^{(k)}(t)\}$ 也是对数凸数列. 2012 年,Sitnik[591] 通过如下反例指出此结论不成立.

考虑 $f(x)=x^2+1, x\in[0,\infty)$,则

$$f(x)\geqslant 0, f'(x)=2x\geqslant 0, f''(x)=2\geqslant 0, f^{(k)}(x)=0, k>2$$

故 $f(x)=x^2+1$ 在 $(0,\infty)$ 上绝对单调,但

$$f(x)f''(x)\geqslant(f'(x))^2\Leftrightarrow 2(x^2+1)\geqslant 4x^2\Leftrightarrow 1\geqslant x^2$$

在$(0,\infty)$上不成立.

例 5.2.6　对于$\boldsymbol{x}=(x_1,\cdots,x_n)$的初等对称函数$E_k(\boldsymbol{x})=\sum_{1\leqslant i_1<\cdots<i_k\leqslant n}\prod_{j=1}^{k}x_{i_j}$及其平均$B_k(\boldsymbol{x})=\frac{E_k(\boldsymbol{x})}{\mathrm{C}_n^k}$,由定理 3.1.1 知$\{E_k(\boldsymbol{x})\}$和$\{B_k(\boldsymbol{x})\}$均是对数凹数列.

例 5.2.7[6]　对于正随机变量ξ的各阶矩$E\xi^k$,有

$$E\xi^{p+q}E\xi^{p-1}\geqslant E\xi^{p-1+q}E\xi^{p},p>0,q\geqslant 0 \tag{5.2.10}$$

取$q=1$,式(5.2.10)化为

$$(E\xi^{p})^2\leqslant E\xi^{p-1}E\xi^{p+1}$$

故$\{E\xi^k\}$是对数凸数列.

例 5.2.8　设$\mathbf{R}^n$中n维多胞形Ω有$N(\geqslant n+1)$个$n-1$维表面$F_1,\cdots,F_N$,用$\boldsymbol{e}_i$表示F_i的单位法向量,称

$$\alpha_{i_1i_2\cdots i_s}=\arcsin\left|\det\Gamma(\boldsymbol{e}_{i_1},\boldsymbol{e}_{i_2},\cdots,\boldsymbol{e}_{i_s})\right|^{\frac{1}{2}}$$

为Ω的s个表面$F_{i_1},F_{i_2},\cdots,F_{i_s}$形成的$s$面空间角,其中$\Gamma(\boldsymbol{e}_{i_1},\boldsymbol{e}_{i_2},\cdots,\boldsymbol{e}_{i_s})$是$s$个法向量$\boldsymbol{e}_{i_1},\boldsymbol{e}_{i_2},\cdots,\boldsymbol{e}_{i_s}$的 Gram 矩阵,$1\leqslant i_1<i_2<\cdots<i_s\leqslant N$.

设$\mathbf{R}^n$中n维多胞形Ω有$N(\geqslant n+1)$个$n-1$维表面$F_1,\cdots,F_N$,其中任意$s(2\leqslant s\leqslant n)$个表面$F_{i_1},F_{i_2},\cdots,F_{i_s}$形成的$s$面空间角为$\alpha_{i_1i_2\cdots i_s}$,又$x_1,\cdots,x_N$为$N$个实数,令

$$N_0=1,N_1=\sum_{i=1}^{n}x_i\neq 0$$

$$N_s=\sum_{1\leqslant i_1<i_2<\cdots<i_s\leqslant N}x_{i_1}x_{i_2}\cdots x_{i_s}\sin^2\alpha_{i_1i_2\cdots i_s},2\leqslant s\leqslant n$$

张垚[161]证得

$$N_k^2 \geqslant \frac{k+1}{k} \cdot \frac{n+1-k}{n-k} N_{k-1} N_{k+1}, 1 \leqslant k \leqslant n-1 \tag{5.2.11}$$

即

$$\left(\frac{N_k}{C_n^k}\right)^2 \geqslant \left(\frac{N_{k-1}}{C_n^{k-1}}\right)\left(\frac{N_{k+1}}{C_n^{k+1}}\right)$$

故 $\left\{\frac{N_k}{C_n^k}\right\}$ 是对数凹数列,从而由

$$(k, n-k, \underbrace{0, \cdots, 0}_{n-2}) \prec (n, \underbrace{0, \cdots, 0}_{n-1})$$

和

$$(\underbrace{k, \cdots, k}_{n}) \prec (\underbrace{n, \cdots, n}_{k}, \underbrace{0, \cdots, 0}_{n-k})$$

可得

$$N_k N_{n-k} \geqslant (C_n^k)^2 N_n \tag{5.2.12}$$

和

$$(N_k)^n \geqslant (C_n^k)^n (N_n)^k \tag{5.2.13}$$

例 5.2.9 设 $\boldsymbol{a} \in \mathbf{R}_+^n, \boldsymbol{\lambda} \in \mathbf{R}_{++}^n$ 是一组正的权,$r \in \mathbf{N}$,定义

$$E(\boldsymbol{a}, \boldsymbol{\lambda}) = \sum_{\substack{i_1, i_2, \cdots, i_n \geqslant 0 \\ i_1+i_2+\cdots+i_n=r}} \left(\sum_{k=1}^{n} (1+i_k)\lambda_k\right) a_1^{i_1} a_2^{i_2} \cdots a_n^{i_n} \tag{5.2.14}$$

和式中的 i_k 取非负整数,令

$$\Omega_r(\boldsymbol{a}, \boldsymbol{\lambda}) = \begin{cases} \left[\left(C_{n+r}^r \sum_{k=1}^{n} \lambda_k\right)^{-1} E_r(\boldsymbol{a}, \boldsymbol{\lambda})\right]^{\frac{1}{r}}, & r = 1, 2, \cdots \\ 1, \quad r = 0 \end{cases} \tag{5.2.15}$$

则称 $\Omega_r(\boldsymbol{a}, \boldsymbol{\lambda})$ 为非负实数组 a 关于权 λ 的广义 r 次加权平均.

关于此类加权对称平均，萧振纲，张志华和卢小宁[162]证得

$$(\Omega_{r-1}(\boldsymbol{a},\boldsymbol{\lambda}))^{r-1}(\Omega_{r+1}(\boldsymbol{a},\boldsymbol{\lambda}))^{r+1}\geqslant(\Omega_r(\boldsymbol{a},\boldsymbol{\lambda}))^{2r},r\in\mathbf{N} \tag{5.2.16}$$

即$\{(\Omega_r(\boldsymbol{a},\boldsymbol{\lambda}))^r\}$是对数凸数列.

例 5.2.10[163] $h_n=\sum\limits_{k=1}^{n}\frac{1}{k},n=1,2,\cdots$ 表示调和级数的部分和，令 $a_n=h_n-\log n$，则

$$(a_n-\gamma)(a_{n+2}-\gamma)\geqslant(a_{n+1}-\gamma)^2 \tag{5.2.17}$$

即$\{a_n-\gamma\}$是对数凸数列. 其中 $\gamma=0.577\ 215\ 664\ 9\cdots$ 是 Euler-Mascheroni 常数.

5.3 关于凸序列一个不等式

本节介绍由吴善和证明的一个凸序列不等式，证明的关键是一个受控关系的建立，而此受控关系的建立不是轻而易举的.

定理 5.3.1[164] 设$\{a_n\}$是凸序列，m 为非负整数，$n,l\in\mathbf{N}$，则

$$\frac{1}{2^n}\sum_{k=0}^{n}a_{m+kl}\mathrm{C}_n^k\leqslant\frac{1}{n+1}\sum_{k=0}^{n}a_{m+kl}\leqslant\frac{a_m+a_{m+nl}}{2} \tag{5.3.1}$$

为证明定理 5.3.1，先证明三个引理.

引理 5.3.1 设

$$\sum_{i=1}^{s}k_i\leqslant\sum_{i=1}^{s}l_i,s=1,2,\cdots,m-1$$

$$\sum_{i=1}^{m}k_i=\sum_{i=1}^{m}l_i=T$$

$$\{\underbrace{a_1,\cdots,a_1}_{k_1},\underbrace{a_2,\cdots,a_2}_{k_2},\cdots,\underbrace{a_m,\cdots,a_m}_{k_m}\}=\{A_1,A_2,\cdots,A_T\}$$

$$\{\underbrace{a_1,\cdots,a_1}_{l_1},\underbrace{a_2,\cdots,a_2}_{l_2},\cdots,\underbrace{a_m,\cdots,a_m}_{l_m}\}=\{B_1,B_2,\cdots,B_T\}$$

若序列$\{a_i\}$递增，则 $A_i\geqslant B_i$；若序列$\{a_i\}$递减，则 $A_i\leqslant B_i$，其中 $i=1,2,\cdots,T$.

证明 下面仅证序列$\{a_i\}$递增的情形，用同样方法可证明序列$\{a_i\}$递减的情形.

因为

$$\begin{aligned}&(k_0,k_1]\cup(k_1,k_1+k_2]\cup\\&(k_1+k_2,k_1+k_2+k_3]\cup\cdots\cup\\&(k_0+k_1+\cdots+k_{m-1},\\&k_0+k_1+\cdots+k_{m-1}+k_m]=(0,T]\end{aligned}$$

其中 $k_0=0$；所以对任意 $i\in(0,T]$，存在 $j(1\leqslant j\leqslant m)$，使得 $i\in(k_0+k_1+\cdots+k_{j-1},k_0+k_1+\cdots+k_j]$，从而有 $A_i=a_j$. 因为

$$\begin{aligned}i\leqslant k_0+k_1+\cdots+k_j=k_1+k_2+\cdots+k_j\leqslant\\l_1+l_2+\cdots+l_j\end{aligned}$$

由题设条件知，序列$\{a_i\}$，$\{b_i\}$递增，所以 $B_i\leqslant B_{l_1+l_2+\cdots+l_j}=a_j$；故 $A_i\geqslant B_i$，$i=1,2,\cdots,T$. □

引理 5.3.2 设 n 为偶数，$n\geqslant 2$，$k=0,1,2,\cdots,\frac{n}{2}-1$（或 n 为奇数，$n\geqslant 3$，$k=0,1,2,\cdots,\frac{n-3}{2}$），则

$$(n+1)(C_n^0+C_n^1+\cdots+C_n^k)<(k+1)2^n$$

证明 记 $f(k)=(n+1)(C_n^0+C_n^1+\cdots+C_n^k)-(k+1)2^n$.

下面分两种情形讨论：

（ⅰ）若 n 为偶数，$n\geqslant 2$，$k=0,1,2,\cdots,\frac{n}{2}-1$.

因为 $k\in\left[0,\frac{n}{2}\right]$ 时 C_n^k 递增，且 $1<\frac{2^n}{n+1}<C_n^{\frac{n}{2}}$（根据 $2^n=C_n^0+C_n^1+\cdots+C_n^n$ 及 $n+1<C_n^0+C_n^1+\cdots+C_n^n<(n+1)C_n^{\frac{n}{2}}$），所以存在 $k_0\in\left[0,\frac{n}{2}\right]$，使 $C_n^{k_0-1}\leqslant\frac{2^n}{n+1}<C_n^{k_0}$.

于是，当 $0\leqslant k<k_0$ 时，有

$$f(k)-f(k-1)=(n+1)\left(C_n^k-\frac{2^n}{n+1}\right)\leqslant (n+1)\left(C_n^{k_0-1}-\frac{2^n}{n+1}\right)\leqslant 0$$

从而

$$\begin{aligned}f(k)\leqslant f(k-1)\leqslant\cdots\leqslant f(0)&=\\ n+1-2^n&=\\ n+1-C_n^0-C_n^1-\cdots-C_n^n&<0\end{aligned}$$

当 $k_0\leqslant k\leqslant\frac{n}{2}-1$ 时，有

$$f(k)-f(k-1)=(n+1)\left(C_n^k-\frac{2^n}{n+1}\right)\geqslant (n+1)\left(C_n^{k_0}-\frac{2^n}{n+1}\right)>0$$

从而

$$\begin{aligned}&f(k)<f(k+1)<\cdots<f\left(\frac{n}{2}-1\right)=\\&(n+1)(C_n^0+C_n^1+\cdots+C_n^{\frac{n}{2}-1})-n2^{n-1}=\\&\frac{1}{2}(n+1)(C_n^0+C_n^1+\cdots+C_n^n-C_n^{\frac{n}{2}})-n2^{n-1}=\\&\frac{1}{2}[2^n-(n+1)C_n^{\frac{n}{2}}]<0\end{aligned}$$

所以

$$(n+1)(C_n^0+C_n^1+\cdots+C_n^k)<$$
$$(k+1)2^n, k=0,1,2,\cdots,\frac{n}{2}-1$$

（ⅱ）若 n 为奇数，$n\geqslant 3$，$k=0,1,2,\cdots,\frac{n-3}{2}$.

因为 $C_n^k=\frac{n}{n-k}C_{n-1}^k<\frac{2n}{n+1}C_{n-1}^k$，所以

$$(n+1)(C_n^0+C_n^1+\cdots+C_n^k)<$$
$$2n(C_{n-1}^0+C_{n-1}^1+\cdots+C_{n-1}^k)$$

由于 $n-1$ 为偶数，运用（ⅰ）中已证结果，得 $2n(C_{n-1}^0+C_{n-1}^1+\cdots+C_{n-1}^k)<(k+1)2^n$，所以 $(n+1)(C_n^0+C_n^1+\cdots+C_n^k)<(k+1)2^n$.

综合（ⅰ）和（ⅱ），引理 5.3.2 得证. □

引理 5.3.3 设 m 为非负整数，$n,l\in\mathbf{N}$，则

$$(\underbrace{m+nl,\cdots,m+nl}_{(n+1)C_n^n},\cdots,\underbrace{m+l,\cdots,m+l}_{(n+1)C_n^1},\underbrace{m,\cdots,m}_{(n+1)C_n^0})\prec$$
$$(\underbrace{m+nl,\cdots,m+nl}_{2^n},\cdots,\underbrace{m+l,\cdots,m+l}_{2^n},\underbrace{m,\cdots,m}_{2^n}) \tag{5.3.2}$$

证明 当 $n=1$ 时，式(5.3.2)显然成立；下面证明 $n\geqslant 2,n\in\mathbf{N}$ 时，式(5.3.2)成立.

根据恒等式 $C_n^1+2C_n^2+\cdots+nC_n^n=n2^{n-1}$，$C_n^0+C_n^1+\cdots+C_n^n=2^n$，得

$$m(n+1)C_n^0+(m+l)(n+1)C_n^1+\cdots+$$
$$(m+nl)(n+1)C_n^n=$$
$$(n+1)[m(C_n^0+C_n^1+\cdots+C_n^n)+$$
$$l(C_n^1+2C_n^2+\cdots+nC_n^n)]=$$
$$(n+1)(2m+nl)2^{n-1}=$$
$$m2^n+(m+l)2^n+\cdots+(m+nl)2^n$$

下面分两种情形讨论：

（ⅰ）当 n 为偶数，且 $n\geqslant 2$ 时，记

$$\Big\{\underbrace{m,\cdots,m}_{(n+1)C_n^0},\underbrace{m+l,\cdots,m+l}_{(n+1)C_n^1},\cdots,$$
$$\underbrace{\left(m+\frac{n}{2}-1\right)l,\cdots,m+\left(\frac{n}{2}-1\right)l}_{(n+1)C_n^{\frac{n}{2}-1}},$$
$$\underbrace{m+\frac{n}{2}l,\cdots,m+\frac{n}{2}l}_{\frac{1}{2}(n+1)C_n^{\frac{n}{2}}}\Big\}=\{A_1,A_2,\cdots,A_T\}$$

$$\Big\{\underbrace{m,\cdots,m}_{2^n},\underbrace{m+l,\cdots,m+l}_{2^n},\cdots,$$
$$\underbrace{m+\left(\frac{n}{2}-1\right)l,\cdots,m+\left(\frac{n}{2}-1\right)l}_{2^n},$$
$$\underbrace{m+\frac{n}{2}l,\cdots,m+\frac{n}{2}l}_{2^{n-1}}\Big\}=\{B_1,B_2,\cdots,B_T\}$$

其中

$$T=(n+1)C_n^0+(n+1)C_n^1+\cdots+$$
$$(n+1)C_n^{\frac{n}{2}-1}+\frac{1}{2}(n+1)C_n^{\frac{n}{2}}=\frac{n}{2}2^n+2^{n-1}$$

由引理 5.3.2,知

$$(n+1)(C_n^0+C_n^1+\cdots+C_n^k)<$$
$$(k+1)2^n, k=0,1,2,\cdots,\frac{n}{2}-1$$

运用引理 5.3.1,得 $A_i \geqslant B_i, i=1,2,\cdots,T$. 记

$$\Big\{\underbrace{m+nl,\cdots,m+nl}_{(n+1)C_n^n},\cdots,$$
$$\underbrace{m+\left(\frac{n}{2}+1\right)l,\cdots,m+\left(\frac{n}{2}+1\right)l}_{(n+1)C_n^{\frac{n}{2}+1}},$$
$$\underbrace{m+\frac{n}{2}l,\cdots,m+\frac{n}{2}l}_{\frac{1}{2}(n+1)C_n^{\frac{n}{2}}}\Big\}=\{A'_1,A'_2,\cdots,A'_T\}$$

$$\Big\{\underbrace{m+nl,\cdots,m+nl}_{2^n},\cdots,$$
$$\underbrace{m+\left(\frac{n}{2}+1\right)l,\cdots,m+\left(\frac{n}{2}+1\right)l}_{2^n},$$
$$\underbrace{m+\frac{n}{2}l,\cdots,m+\frac{n}{2}l}_{2^{n-1}}\Big\}=\{B'_1,B'_2,\cdots,B'_T\}$$

其中

$$T=(n+1)C_n^n+(n+1)C_n^{n-1}+\cdots+$$
$$(n+1)C_n^{\frac{n}{2}+1}+\frac{1}{2}(n+1)C_n^{\frac{n}{2}}=\frac{n}{2}2^n+2^{n-1}$$

由引理 5.3.2,得

$$(n+1)(C_n^n+C_n^{n-1}+\cdots+C_n^{n-k})=$$
$$(n+1)(C_n^0+C_n^1+\cdots+C_n^k)<(k+1)2^n$$

其中，$k=0,1,2,\cdots,\frac{n}{2}-1$；运用引理 5.3.1，得 $A'_i\leqslant B'_i$，$i=1,2,\cdots,T$. 根据定理1.3.7(a)，有

$$(A'_1,A'_2,\cdots,A'_T,A_T,A_{T-1},\cdots,A_1)\prec (B'_1,B'_2,\cdots,B'_T,B_T,B_{T-1},\cdots,B_1)$$

（ⅱ）当 n 为奇数，且 $n\geqslant 3$ 时，记

$$\{\underbrace{m,\cdots,m}_{(n+1)C_n^0},\underbrace{m+l,\cdots,m+l}_{(n+1)C_n^1},\cdots,\underbrace{m+\frac{n-1}{2}l,\cdots,m+\frac{n-1}{2}l}_{(n+1)C_n^{\frac{n-1}{2}}}\}=\{A_1,A_2,\cdots,A_T\}$$

$$\{\underbrace{m,\cdots,m}_{2^n},\underbrace{m+l,\cdots,m+l}_{2^n},\cdots,\underbrace{m+\frac{n-1}{2}l,\cdots,m+\frac{n-1}{2}l}_{2^n}\}=\{B_1,B_2,\cdots,B_T\}$$

其中

$$T=(n+1)C_n^0+(n+1)C_n^1+\cdots+(n+1)C_n^{\frac{n-1}{2}}=\frac{1}{2}(n+1)2^n$$

由引理 5.3.2 知

$$(n+1)(C_n^0+C_n^1+\cdots+C_n^k)<(k+1)2^n,k=0,1,2,\cdots,\frac{n-3}{2}$$

运用引理 5.3.1，得 $A_i\geqslant B_i$，$i=1,2,\cdots,T$. 记

$$\{\underbrace{m+nl,\cdots,m+nl}_{(n+1)C_n^n},\cdots,\underbrace{m+\frac{n+1}{2}l,\cdots,m+\frac{n+1}{2}l}_{(n+1)C_n^{\frac{n+1}{2}}}\}=\{A'_1,A'_2,\cdots,A'_T\}$$

$$\{\underbrace{m+nl,\cdots,m+nl}_{2^n},\cdots,\underbrace{m+\frac{n+1}{2}l,\cdots,m+\frac{n+1}{2}l}_{2^n}\}=$$

$$\{B'_1,B'_2,\cdots,B'_T\}$$

其中

$$T=(n+1)C_n^n+(n+1)C_n^{n-1}+\cdots+(n+1)C_n^{\frac{n+1}{2}}=\frac{1}{2}(n+1)2^n$$

由引理 5.3.2,得

$$(n+1)(C_n^n+C_n^{n-1}+\cdots+C_n^{n-k})=$$
$$(n+1)(C_n^0+C_n^1+\cdots+C_n^k)<(k+1)2^n$$

其中 $k=0,1,2,\cdots,\frac{n-3}{2}$.

运用引理 5.3.1,得 $A'_i\leqslant B'_i,i=1,2,\cdots,T$. 根据定理 1.3.7(a) 有

$$(A'_1,A'_2,\cdots,A'_T,A_T,A_{T-1},\cdots,A_1)\prec$$
$$(B'_1,B'_2,\cdots,B'_T,B_T,B_{T-1},\cdots,B_1)$$

综合(ⅰ)和(ⅱ),引理 5.3.3 得证. □

定理 5.3.1 证明 运用定理 5.1.6,引理 5.3.3 得

$$(n+1)C_n^0a_m+(n+1)C_n^1a_{m+l}+\cdots+$$
$$(n+1)C_n^na_{m+nl}\leqslant$$
$$2^na_m+2^na_{m+l}+\cdots+2^na_{m+nl}$$

整理即得式(5.3.1)左边不等式.

由定理 1.3.7(a) 知

$$(m+nl,m+nl,\cdots,m+l,m+l,m,m)\prec$$
$$(\underbrace{m+nl,\cdots,m+nl}_{n+1},\underbrace{m,\cdots,m}_{n+1})$$

运用定理 5.1.6 得

$$2(a_m+a_{m+l}+\cdots+a_{m+nl})\leqslant(n+1)(a_m+a_{m+nl})$$

整理即得(5.3.1) 右边不等式. □

发现和建立各种受控关系是受控理论研究的一项重要内容. 一个受控关系与不同的 $S-$ 函数的结合可能产生众多形形色色的不等式. 因此花大气力发现和证明一个受控关系是值得的.

5.4　凸数列的几个加权和性质的控制证明

文[165]和[166]利用数学归纳法和 Abel 变换给出凸数列的几个有趣的加权和性质,即下述五个定理. 文[167]利用受控理论并结合概率方法给出这些结果的新的证明.

定理 5.4.1[165]　若是一个凸数列,p 是一个非负整数,则对任意的 $n\in\mathbf{N}$,有

$$\sum_{i=0}^{n}a_iC_{p+i}^{p}\geqslant\frac{1}{p+2}C_{p+n+1}^{p+1}[na_{n-1}+(p+2-n)a_n]\tag{5.4.1}$$

$$\sum_{i=0}^{n}a_iC_{p+n-i}^{p}\geqslant\frac{1}{p+2}C_{p+n+1}^{p+1}[(p+2-n)a_0+na_1]\tag{5.4.2}$$

定理 5.4.2[165]　若$\{a_n\}_{n\geqslant0}$ 是一个凸数列,则对任意的 $n\in\mathbf{N}$,有

$$\sum_{i=1}^{n}i^2a_i\geqslant$$
$$\frac{1}{12}n(n+1)[n(n-1)a_{n-1}-(n^2-5n-2)a_n]\tag{5.4.3}$$

定理 5.4.3[166] 若$\{a_n\}_{n\geqslant 0}$是一个凸数列，则对任意的$n\geqslant 3$，有

$$\sum_{i=1}^{n} i^2 a_i \geqslant \frac{1}{12} n(n+1)[na_1+(3n+2)a_n] \tag{5.4.4}$$

定理 5.4.4[166] 若$\{a_n\}_{n\geqslant 0}$是一个凸数列，则对任意的$n\geqslant 3$，有

$$2^{n-2} n[a_1+a_n] \geqslant \sum_{i=1}^{n} i a_i \mathrm{C}_n^i \tag{5.4.5}$$

$$2^{n-3} n[na_1+(n+2)a_n] \geqslant \sum_{i=1}^{n} i^2 a_i \mathrm{C}_n^i \tag{5.4.6}$$

定理 5.4.5[166] 若$\{a_n\}_{n\geqslant 0}$是一个凸数列，则对任意的$n\geqslant 2$，有

$$\sum_{i=0}^{n} a_i \mathrm{C}_n^i \leqslant 2^{n-1}(a_0+a_n) \tag{5.4.7}$$

$$\sum_{i=0}^{n} a_i \mathrm{C}_k^i \mathrm{C}_m^{n-i} \geqslant \frac{ma_0+ka_n}{m+k} \mathrm{C}_{m+k}^n \tag{5.4.8}$$

其中k,m是不小于n的正整数.

引理 5.4.1[165] 对任意正整数n，有下列等式

$$\sum_{i=1}^{n} i\mathrm{C}_n^i = 2^{n-1} n \tag{5.4.9}$$

$$\sum_{i=1}^{n} i^2 \mathrm{C}_n^i = 2^{n-2} n(n+1) \tag{5.4.10}$$

$$\sum_{i=1}^{n} i^3 \mathrm{C}_n^i = 2^{n-3} n^2(n+3) \tag{5.4.11}$$

下面用概率方法证明几个组合恒等式.

引理 5.4.2 设p是一个非负整数，则对任意的$n\in\mathbf{N}$，有

$$\sum_{i=0}^{n} C_{p+n-i}^{p} = C_{p+n+1}^{p+1}\text{（朱世杰恒等式）}\quad(5.4.12)$$

证明　考虑随机试验：从自然数 1 到 $p+n+1$ 中任取 $p+1$ 个数，令 A_i 表示取出的 $p+1$ 个数的最大数是 $p+i+1$，则

$$P(A_i) = \frac{C_{p+i}^{p}}{C_{p+n+1}^{p+1}}, i = 0,1,\cdots,n$$

显然诸 A_i 互不相容，且 $\bigcup_{i=0}^{n} A_i = \Omega$，故 $\sum_{i=1}^{n} P(A_i) = 1$，由此即得(5.4.12).

引理 5.4.3　设 p 是一个非负整数，则对任意的 $n \in \mathbf{N}$，则对任意不小于 n 的正整数 k, m，有

$$\sum_{i=0}^{n} C_k^i C_m^{n-i} = C_{m+k}^{n}\text{（范德蒙恒等式）}\quad(5.4.13)$$

$$\sum_{i=0}^{n} i C_k^i C_m^{n-i} = \frac{kn}{k+m} C_{m+k}^{n}\qquad(5.4.14)$$

证明　考虑随机试验：袋里装 $m+k$ 个球，其中 m 个红球，k 个白球. 现从中任取 $n(n \leqslant k, n \leqslant m)$ 个球，令 X 表示取出的 n 个球中的白球数，则

$$P(X=i) = \frac{C_k^i C_m^{n-i}}{C_{m+k}^{n}}, i = 0,1,\cdots,n$$

从而 $\sum_{i=0}^{n} P(X=i) = 1$，由此即得(5.4.13)

$$E(X) = \sum_{i=0}^{n} i \frac{C_k^i C_m^{n-i}}{C_{m+k}^{n}}\qquad(5.4.15)$$

若令

$$X_i = \begin{cases} 1, & \text{若第 } i \text{ 个白球被取出} \\ 0, & \text{若第 } i \text{ 个白球没被取出} \end{cases}, i = 1,\cdots,k$$

则 $X = X_1 + X_2 + \cdots + X_k$，而

$$E(X_i)=P(X_i=1)=P\{\text{第 } i \text{ 个白球被取出}\}=$$
$$\frac{C_{m+k-1}^{n-1}}{C_{m+k}^{n}}=\frac{n}{k+m}, i=1,\cdots,k$$

于是

$$E(X)=E(X_1)+E(X_2)+\cdots+E(X_k)=$$
$$\frac{nk}{k+m}$$

(5.4.16)

结合式(5.4.15)和式(5.4.16)即得式(5.4.14).

引理 5.4.4 设 p 是一个非负整数,则对任意的 $n\in\mathbf{N}$,有

$$\sum_{i=1}^{n} iC_{p+i}^{p}=\frac{n(p+1)}{p+2}C_{p+n+1}^{p+1} \quad (5.4.16)$$

$$\sum_{i=0}^{n} iC_{p+n-i}^{p}=\frac{n}{p+2}C_{p+n+1}^{p+1} \quad (5.4.17)$$

证明 考虑随机试验:从自然数 1 到 $p+n+1$ 中任取 $p+1$ 个数,随机变量 X 表示取出的最大数与 $p+1$ 的差,则

$$P(X=i)=\frac{C_{p+i}^{p}}{C_{p+n+1}^{p+1}}, i=1,\cdots,n$$

从而,我们有

$$\sum_{i=1}^{n}\frac{C_{p+i}^{p}}{C_{p+n+1}^{p+1}}=1$$

即

$$\sum_{i=1}^{n}C_{p+i}^{p}=C_{p+n+1}^{p+1} \quad (5.4.18)$$

又有

$$E(X)=\sum_{i=1}^{n} i\frac{C_{p+i}^{p}}{C_{p+n+1}^{p+1}} \quad (5.4.19)$$

另一方面，据文[168]，对于整值随机变量 X，有

$$E(X)=\sum_{i=1}^{n}P(X\geqslant i)=n-\sum_{i=1}^{n}P(X<i)=$$
$$n-\sum_{i=2}^{n}P(X<i)=n-\sum_{i=2}^{n}\frac{C_{p+i}^{p+1}}{C_{p+n+1}^{p+1}} \tag{5.4.20}$$

结合(5.4.19)和(5.4.20)，有

$$\sum_{i=1}^{n}iC_{p+i}^{p}=nC_{p+n+1}^{p+1}-\sum_{i=2}^{n}C_{p+i}^{p+1}=$$
$$nC_{p+n+1}^{p+1}-\sum_{i=1}^{n-1}C_{p+i+1}^{p+1}=$$
$$nC_{p+n+1}^{p+1}-C_{p+n+1}^{p+2}\text{（由(5.4.18)）}=$$
$$nC_{p+n+1}^{p+1}-\frac{n}{p+2}C_{p+n+1}^{p+1}=\frac{n(p+1)}{p+2}C_{p+n+1}^{p+1}$$

(5.4.16)得证.

对式(5.4.16)作变换 $n-i\to i$，可知

$$\sum_{i=0}^{n}iC_{p+n-i}^{p+1}=\sum_{i=0}^{n}(n-i)C_{p+i}^{p}=n\sum_{i=0}^{n}C_{p+i}^{p}-\sum_{i=0}^{n}iC_{p+i}^{p}=$$
$$nC_{p+n+1}^{p+1}-\frac{n(p+1)}{p+2}C_{p+n+1}^{p+1}\text{（由(5.4.18)和(5.4.16)）}=$$
$$\frac{n}{p+2}C_{p+n+1}^{p+1}$$

(5.4.17)得证.

定理 5.4.1 的证明　令

$$\boldsymbol{x}=(\underbrace{n,\cdots,n}_{(p+2-n)C_{p+n+1}^{p+1}},\underbrace{n-1,\cdots,n-1}_{nC_{p+n+1}^{p+1}})$$

$$\boldsymbol{y}=(\underbrace{n,\cdots,n}_{(p+2)C_{p+n}^{p}},\cdots,\underbrace{1,\cdots,1}_{(p+2)C_{p+1}^{p}},\underbrace{0,\cdots,0}_{(p+2)C_{p+0}^{p}})$$

由(5.4.18)有

$$(p+2)\sum_{i=0}^{n}C_{p+i}^{p}=$$

$$C_{p+n+1}^{p+1}[(p+2-n)+n]=(p+2)C_{p+n+1}^{p+1}=:m$$

又由(5.4.16)有

$$\sum_{i=1}^{m}x_i=C_{p+n+1}^{p+1}[n(p+2-n)+(n-1)n]=$$

$$n(p+1)C_{p+n+1}^{p+1}=$$

$$(p+2)\sum_{i=0}^{n}iC_{p+i}^{p}=\sum_{i=1}^{m}y_i$$

再由 $\boldsymbol{x}$ 和 $\boldsymbol{y}$ 的结构，易见存在 $k,1\leqslant k\leqslant m$ 使得 $x_i\leqslant y_i\ i=1,2,\cdots,k,x_i\geqslant y_i,i=k+1,k+2,\cdots,m$，故据定理 1.3.7 知 $\boldsymbol{x}\prec\boldsymbol{y}$，从而由定理 5.1.6 可得式(5.4.1).

令

$$\boldsymbol{u}=(\underbrace{1,\cdots,1}_{nC_{p+n+1}^{p+1}},\underbrace{0,\cdots,0}_{(p+2-n)C_{p+n+1}^{p+1}})$$

$$\boldsymbol{v}=(\underbrace{n,\cdots,n}_{(p+2)C_{p+n-n}^{p}},\cdots,\underbrace{1,\cdots,1}_{(p+2)C_{p+n-1}^{p}},\underbrace{0,\cdots,0}_{(p+2)C_{p+n-0}^{p}})$$

由(5.4.12)有

$$(p+2)\sum_{i=0}^{n}C_{p+n-i}^{p}=C_{p+n+1}^{p+1}[(p+2-n)+n]=$$

$$(p+2)C_{p+n+1}^{p+1}=:m$$

又由(5.4.17)有

$$\sum_{i=1}^{m}u_i=C_{p+n+1}^{p+1}[0\cdot(p+2-n)+1\cdot n]=nC_{p+n+1}^{p+1}=$$

$$(p+2)\sum_{i=0}^{n}iC_{p+n-i}^{p}=\sum_{i=1}^{m}v_i$$

再由 $\boldsymbol{u}$ 和 $\boldsymbol{v}$ 的结构，易见存在 $k,1\leqslant k\leqslant m$ 使得 $u_i\leqslant v_i\ i=1,2,\cdots,k,u_i\geqslant v_i,i=k+1,k+2,\cdots,m$，故据定

理 1.3.7 知 $\boldsymbol{u} \prec \boldsymbol{v}$，从而由定理 5.1.6 可得式(5.4.2).

定理 5.4.2 的证明 令

$$\boldsymbol{x} = (\underbrace{n-1,\cdots,n-1}_{n^2(n+1)(n-1)})$$

$$\boldsymbol{y} = (\underbrace{n,\cdots,n}_{12n^2+n(n+1)(n^2-5n-2)},\cdots,\underbrace{2,\cdots,2}_{12\cdot 2^2},\underbrace{1,\cdots,1}_{12\cdot 1^2})$$

注意

$$n(n+1)(n^2-5n-2)+12\sum_{i=1}^{n} i^2 =$$

$$n(n+1)(n^2-5n-2)+12\times\frac{1}{6}n(n+1)(2n+1) =$$

$$n^2(n+1)(n-1) := m$$

$$\sum_{i=1}^{m} y_i = n^2(n+1)(n^2-5n-2)+12\sum_{i=1}^{n} i^3 =$$

$$n^2(n+1)(n^2-5n-2)+12\times\left(\frac{1}{2}n(n+1)\right)^2 =$$

$$n^2(n+1)(n-1)^2$$

我们有$\frac{1}{m}\sum_{i=1}^{m} y_i = n-1$，由式(1.3.12)知 $\boldsymbol{x} \prec \boldsymbol{y}$，从而由定理 5.1.6 可得式(5.4.3).

定理 5.4.3 的证明 令

$$\boldsymbol{x} = (\underbrace{n,\cdots,n}_{n(3n+2)(n+1)},\underbrace{1,\cdots,1}_{n^2(n+1)})$$

$$\boldsymbol{y} = (\underbrace{n,\cdots,n}_{12n^2},\cdots,\underbrace{2,\cdots,2}_{12\cdot 2^2},\underbrace{1,\cdots,1}_{12\cdot 1^2})$$

$$12\sum_{i=1}^{n} i^2 = 12\times\frac{1}{6}n(n+1)(2n+1) =$$

$$n^2(n+1)+n(n+1)(3n+2) := m$$

$$\sum_{i=1}^{m} y_i = 12\sum_{i=1}^{n} i^3 = 12 \times \left(\frac{1}{2}n(n+1)\right)^2 =$$

$$n^2(n+1) + n^2(n+1)(3n+2) = \sum_{i=1}^{m} x_i$$

再由 $\boldsymbol{x}$ 和 $\boldsymbol{y}$ 的结构，易见存在 $k, 1 \leqslant k \leqslant m$ 使得 $x_i \leqslant y_i\, i=1,2,\cdots,k, x_i \geqslant y_i, i=k+1,k+2,\cdots,m$，故据定理 1.3.7 知 $\boldsymbol{x} \prec \boldsymbol{y}$，从而由定理 5.1.6 可得式(5.4.4).

定理 5.4.4 的证明 令

$$\boldsymbol{x} = (\underbrace{n,\cdots,n}_{nC_n^n},\cdots,\underbrace{2,\cdots,2}_{2C_n^2},\underbrace{1,\cdots,1}_{C_n^1})$$

$$\boldsymbol{y} = (\underbrace{n,\cdots,n}_{2^{n-2}n},\underbrace{1,\cdots,1}_{2^{n-2}n})$$

由引理 5.4.1 有

$$2 \times 2^{n-2}n = 2^{n-1}n = \sum_{i=1}^{n} i C_n^i := m$$

$$\sum_{i=1}^{m} y_i = 2^{n-2}n^2 + 2^{n-2}n =$$

$$2^{n-2}n(n+1) = \sum_{i=1}^{n} i^2 C_n^i = \sum_{i=1}^{m} x_i$$

注意 $nC_n^n \leqslant 2^{n-2}n$，易见存在 $k, 1 \leqslant k \leqslant m$ 使得 $x_i \leqslant y_i$，$i=1,2,\cdots,k, x_i \geqslant y_i, i=k+1,k+2,\cdots,m$，故据定理 1.3.7 知 $\boldsymbol{x} \prec \boldsymbol{y}$，从而由定理 5.1.6 可得式(5.4.5)

令

$$\boldsymbol{u} = (\underbrace{n,\cdots,n}_{n^2C_n^n},\cdots,\underbrace{2,\cdots,2}_{2^2C_n^2},\underbrace{1,\cdots,1}_{C_n^1})$$

$$\boldsymbol{v} = (\underbrace{n,\cdots,n}_{2^{n-3}n(n+2)},\underbrace{1,\cdots,1}_{2^{n-3}n^2})$$

由引理 5.4.3 有

$$2^{n-3}n(n+2)+2^{n-3}n^2=2^{n-2}n(n+1)=$$

$$\sum_{i=1}^{n}i^2\mathrm{C}_n^i:=m$$

$$\sum_{i=1}^{m}v_i=2^{n-3}n^2(n+2)+2^{n-3}n^2=$$

$$2^{n-3}n^2(n+3)=\sum_{i=1}^{n}i^3\mathrm{C}_n^i=\sum_{i=1}^{m}u_i$$

注意 $n^2\mathrm{C}_n^n\leqslant 2^{n-3}n(n+3)$，易见存在 k，$1\leqslant k\leqslant m$ 使得 $u_i\leqslant v_i\ i=1,2,\cdots,k$，$u_i\geqslant v_i$，$i=k+1,k+2,\cdots,m$，故据定理 1.3.7 知 $\boldsymbol{u}\prec\boldsymbol{v}$，从而由定理 5.1.6 可得式(5.4.6).

定理 5.4.5 的证明　令

$$\boldsymbol{x}=(\underbrace{n,\cdots,n}_{\mathrm{C}_n^n},\underbrace{n-1,\cdots,n-1}_{\mathrm{C}_n^{n-1}},\cdots,\underbrace{1,\cdots,1}_{\mathrm{C}_n^1},\underbrace{0,\cdots,0}_{\mathrm{C}_n^0})$$

$$\boldsymbol{y}=(\underbrace{n,\cdots,n}_{2^{n-1}},\underbrace{0,\cdots,0}_{2^{n-1}})$$

注意 $2^n=\sum_{i=1}^{n}\mathrm{C}_n^i$，易见对于 $k=2^{n-1}$，满足 $1\leqslant k\leqslant 2^n$ 使得 $x_i\leqslant y_i$，$i=1,2,\cdots,k$，$x_i\geqslant y_i$，$i=k+1,k+2,\cdots,2^n$，故据定理1.3.7知 $\boldsymbol{x}\prec\boldsymbol{y}$，从而由定理5.1.6可得式(5.4.7).

令

$$\boldsymbol{u}=(\underbrace{n,\cdots,n}_{k\mathrm{C}_{m+k}^n},\underbrace{0,\cdots,0}_{m\mathrm{C}_{m+k}^n})$$

$$\boldsymbol{v}=(\underbrace{n,\cdots,n}_{(m+k)\mathrm{C}_k^n\mathrm{C}_m^{n-n}},\cdots,\underbrace{1,\cdots,1}_{(m+k)\mathrm{C}_k^1\mathrm{C}_m^{n-1}},\underbrace{0,\cdots,0}_{(m+k)\mathrm{C}_k^0\mathrm{C}_m^{n-0}})$$

由引理 5.4.4 有

$$(k+m)\mathrm{C}_{m+k}^n=(m+k)\sum_{i=1}^{n}\mathrm{C}_k^i\mathrm{C}_m^{n-i}:=s$$

$$\sum_{i=1}^{s} u_i = nk\mathrm{C}_{m+k}^{n} = \sum_{i=0}^{n} i\mathrm{C}_k^i \mathrm{C}_m^{n-i} = \sum_{i=1}^{s} v_i$$

再由 $\boldsymbol{u}$ 和 $\boldsymbol{v}$ 的结构，易见存在 k，$1 \leqslant k \leqslant m$ 使得 $u_i \leqslant v_i$，$i=1,2,\cdots,k$，$u_i \geqslant v_i$，$i=k+1,k+2,\cdots,m$，故据定理 1.3.7 知 $\boldsymbol{u} \prec \boldsymbol{v}$，从而由定理 5.1.6 可得式(5.4.8).

5.5 离散 Steffensen 不等式的加细

定理 5.5.1 设 $\boldsymbol{x}=(x_1,\cdots,x_n) \in \mathbf{R}_+^n$，$x_1 \geqslant \cdots \geqslant x_n$，$\boldsymbol{y}=(y_1,\cdots,y_n) \in \mathbf{R}^n$ 满足 $0 \leqslant y_i \leqslant 1$，$i=1,\cdots,n$ 且存在 $k_1,k_2 \in \{1,\cdots,n\}$ 使得 $k_2 \leqslant \sum_{i=1}^{n} y_i \leqslant k_1$，则

$$\sum_{i=n-k_2+1}^{n} x_i \leqslant \sum_{i=1}^{n} x_i y_i \leqslant \sum_{i=1}^{k_1} x_i \tag{5.5.1}$$

文[169]首先给出了上述离散 Steffensen 不等式. 笔者与吴善和[170] 用控制方法证明并加细了此不等式. 得到如下结果.

定理 5.5.2 设 $\boldsymbol{x}=(x_1,\cdots,x_n) \in \mathbf{R}_+^n$，$x_1 \geqslant \cdots \geqslant x_n$，$\boldsymbol{y}=(y_1,\cdots,y_n) \in \mathbf{R}^n$ 满足 $0 \leqslant y_i \leqslant 1$，$i=1,\cdots,n$，且存在 $k_1,k_2 \in \{1,\cdots,n\}$ 使得 $k_2 \leqslant \sum_{i=1}^{n} y_i \leqslant k_1$，则

$$\sum_{i=n-k_2+1}^{n} x_i + \left(\sum_{i=1}^{n} y_i - k_2\right) x_n \leqslant \sum_{i=1}^{n} x_i y_i \leqslant \sum_{i=1}^{k_1} x_i - \left(k_1 - \sum_{i=1}^{n} y_i\right) x_n \tag{5.5.2}$$

特别，如果 $x_n \geqslant 0$，则有如下离散 Steffensen 不等式的

加细形式

$$\sum_{i=n-k_2+1}^{n} x_i \leqslant \sum_{i=n-k_2+1}^{n} x_i + \left(\sum_{i=1}^{n} y_i - k_2\right) x_n \leqslant \sum_{i=1}^{n} x_i y_i \leqslant$$

$$\sum_{i=1}^{k_1} x_i - \left(k_1 - \sum_{i=1}^{n} y_i\right) x_n \leqslant \sum_{i=1}^{k_1} x_i \tag{5.5.3}$$

证明定理 5.5.2 的关键是下述弱控制关系的发现.

引理 5.5.1　设 $\boldsymbol{y}=(y_1,\cdots,y_n)\in\mathbf{R}^n$ 满足 $0\leqslant y_i\leqslant 1, i=1,\cdots,n$，且存在 $k_1,k_2\in\{1,\cdots,n\}$ 使得 $k_2\leqslant \sum_{i=1}^{n} y_i\leqslant k_1$，则

$$\boldsymbol{y}=(y_1,\cdots,y_n)\prec^{w}(\underbrace{0,\cdots,0}_{n-k_2},\underbrace{1,\cdots,1}_{k_2})=\boldsymbol{z} \tag{5.5.4}$$

$$\boldsymbol{y}=(y_1,\cdots,y_n)\prec_{w}(\underbrace{1,\cdots,1}_{k_1},\underbrace{0,\cdots 0}_{n-k_1})=\boldsymbol{v} \tag{5.5.5}$$

证明　首先根据上弱控制的定义证 $\boldsymbol{y}\prec^{w}\boldsymbol{z}$. 若 $1\leqslant k\leqslant n-k_2$，显然有 $\sum_{i=1}^{k} y_{(i)}\geqslant \sum_{i=1}^{k} z_{(i)}=0$；对于 $n\geqslant k>n-k_2$ 的情形，用反证法. 假若存在 $k(n\geqslant k>n-k_2)$ 使得 $\sum_{i=1}^{k} y_{(i)}<\sum_{i=1}^{k} z_{(i)}$，注意 $0\leqslant y_i\leqslant 1, i=1,\cdots,n$，有

$$\sum_{i=1}^{n} y_{(i)}=\sum_{i=1}^{k} y_{(i)}+\sum_{i=k+1}^{n} y_{(i)}< k-(n-k_2)+(n-k)=k_2$$

这与 $k_2\leqslant \sum_{i=1}^{n} y_i$ 矛盾.

再根据下弱控制的定义证 $\boldsymbol{y} \prec_w \boldsymbol{v}$. 注意 $0 \leqslant y_i \leqslant 1, i=1,\cdots,n$, 若 $1 \leqslant k \leqslant k_1$, 有 $\sum_{i=1}^{k} y_{[i]} \leqslant k = \sum_{i=1}^{k_1} v_{[i]}$; 若 $k_1+1 \leqslant k \leqslant n$, 有 $\sum_{i=1}^{k} y_{[i]} \leqslant \sum_{i=1}^{n} y_{[i]} \leqslant k_1 = \sum_{i=1}^{k} v_{[i]}$.

□

定理 5.5.2 的证明 首先证式(5.5.2)成立. 因 $\boldsymbol{y} \prec_w \boldsymbol{v}$, 由定理 1.3.14(a) 有

$$(y_1,\cdots,y_n,y_{n+1}) \prec (\underbrace{1,\cdots,1}_{k_1},\underbrace{0,\cdots,0}_{n-k_1},v_{n+1})$$

其中 $y_{n+1}=\min\{y_1,\cdots,y_n,v_1,\cdots,v_n\}$, $v_{n+1}=\sum_{i=1}^{n+1} y_i - \sum_{i=1}^{n} v_i = \sum_{i=1}^{n} y_i + y_{n+1} - k_1$. 显然 $y_{n+1}=0$, 进而亦有 $v_{n+1} \leqslant 0$. 对于 $\boldsymbol{u}=(x_1,\cdots,x_n,x_n)$, 由定理 1.3.2 和定理1.3.5(a) 有

$$\sum_{i=1}^{n} x_i y_i + x_n y_{n+1} \leqslant \sum_{i=1}^{n} x_{[i]} y_{[i]} + x_n y_{n+1} \leqslant \sum_{i=1}^{k_1} x_i + \left(\sum_{i=1}^{n} y_i + y_{n+1} - k_1\right) x_n$$

即

$$\sum_{i=1}^{n} x_i y_i \leqslant \sum_{i=1}^{k_1} x_i - \left(k_1 - \sum_{i=1}^{n} y_i\right) x_n$$

因 $\boldsymbol{y} \prec^w \boldsymbol{z}$, 有

$$(y_1,\cdots,y_n,y_0) \prec (\underbrace{0,\cdots 0}_{n-k_2},\underbrace{1,\cdots,1}_{k_2},z_0)$$

其中 $y_0=\max\{y_1,\cdots,y_n,z_1,\cdots,z_n\}$, $z_0=\sum_{i=0}^{n} y_i - \sum_{i=1}^{n} v_i = \sum_{i=1}^{n} y_i + y_0 - k_2$. 显然 $y_0 \geqslant 1$, 进而亦有 $z_0 \geqslant 1$.

对于 $\boldsymbol{u}=(x_1,\cdots,x_n,x_n)$，注意 $x_1\geqslant\cdots\geqslant x_n$，由定理 1.3.2 和定理 1.3.5(c) 有

$$\sum_{i=1}^{n}x_iy_i+x_ny_0\geqslant\sum_{i=1}^{n}x_{(i)}y_{[i]}+x_ny_0\geqslant$$
$$\sum_{i=n-k_2+1}^{n}x_i+\left(\sum_{i=1}^{n}y_i+y_0-k_2\right)x_n$$

即

$$\sum_{i=1}^{n}x_iy_i\geqslant\sum_{i=n-k_2+1}^{n}x_i+\left(\sum_{i=1}^{n}y_i-k_2\right)x_n$$

其次，若 $x_n\geqslant 0$，则 $x_1\geqslant\cdots\geqslant x_n\geqslant 0$. 从而注意 $k_2\leqslant\sum_{i=1}^{n}y_i\leqslant k_1$，由式(5.5.2)即知式(5.5.3)成立，这样就完成了定理 5.5.2 的证明. □

5.6　凸函数单调平均不等式的改进

设 f 是(0,1]上的一个严格增的凸(或凹)函数，1999 年，匡继昌[171]证得

$$\frac{1}{n}\sum_{i=1}^{n}f\left(\frac{i}{n}\right)>\frac{1}{n+1}\sum_{i=1}^{n+1}f\left(\frac{i}{n+1}\right)>\int_0^1 f(x)\mathrm{d}x \tag{5.6.1}$$

并在专著[8]中称其为凸函数的单调平均不等式.

祁锋[172]将式(5.6.1)作了参数推广

$$\frac{1}{n}\sum_{i=k+1}^{n+k}f\left(\frac{i}{n+k}\right)>\frac{1}{n+1}\sum_{i=k+1}^{n+k+1}f\left(\frac{i}{n+k+1}\right)>\int_0^1 f(x)\mathrm{d}x \tag{5.6.2}$$

其中 $k\in\mathbf{Z}_+$，$n\in\mathbf{N}$.

祁锋、郭白妮[173]又给出：

定理 5.6.1 设 f 是$[0,1]$上的一个递增的凸(或凹)函数，$\{a_n\}_{n\in\mathbf{N}}$ 是递增的正数列，使得 $\left\{i\left(\frac{a_i}{a_{i+1}}-1\right)\right\}_{i\in\mathbf{N}}$ 递减$\left(\left\{i\left(\frac{a_{i+1}}{a_i}-1\right)\right\}_{i\in\mathbf{N}}\text{递增}\right)$，则

$$\frac{1}{n}\sum_{i=1}^{n}f\left(\frac{a_i}{a_n}\right)\geqslant\frac{1}{n+1}\sum_{i=1}^{n+1}f\left(\frac{a_i}{a_{n+1}}\right)\geqslant\int_0^1 f(x)\mathrm{d}x \tag{5.6.3}$$

注 5.6.1 我们指出式(5.6.3)中右边的不等式不成立，反例如下：

令 $f(x)=x^2,x\in[0,1]$. 取 $a_i=2^i$，则 $i\left(\frac{a_i}{a_{i+1}}-1\right)=-\frac{i}{2}$ 递减. 因此，当 $n\geqslant 4$ 时，有

$$\frac{1}{n}\sum_{i=1}^{n}f\left(\frac{a_i}{a_n}\right)=\frac{1}{n}\sum_{i=1}^{n}\left(\frac{1}{2^{n-i}}\right)^2<\frac{1}{n}\sum_{i=0}^{\infty}\left(\frac{1}{4}\right)^i=$$

$$\frac{4}{3n}\leqslant\frac{1}{3}=\int_0^1 f(x)\mathrm{d}x$$

陈超平等[174]进一步给出下述两个定理.

定理 5.6.2 设 f 在$[0,1]$上递增凸(或凹)，则

$$\frac{1}{n}\sum_{i=1}^{n}f\left(\frac{i}{n}\right)\geqslant\frac{1}{n+1}\sum_{i=1}^{n+1}f\left(\frac{i}{n+1}\right)\geqslant\int_0^1 f(x)\mathrm{d}x\geqslant$$
$$\frac{1}{n+1}\sum_{i=0}^{n}f\left(\frac{i}{n+1}\right)\geqslant\frac{1}{n}\sum_{i=0}^{n-1}f\left(\frac{i}{n}\right) \tag{5.6.4}$$

定理 5.6.3 设 f 在$[0,1]$上递增凸(或凹)，$\{a_n\}_{n\in\mathbf{N}}$ 是递增的正数列，使得 $\left\{i\left(\frac{a_i}{a_{i+1}}-1\right)\right\}_{i\in\mathbf{N}}$ 递减 $\left(\left\{i\left(\frac{a_{i+1}}{a_i}-1\right)\right\}_{i\in\mathbf{N}}\text{递增}\right)$，则

$$\int_0^1 f(x)\mathrm{d}x \geqslant \frac{1}{n+1}\sum_{i=0}^{n} f\left(\frac{a_i}{a_{n+1}}\right) \geqslant \frac{1}{n}\sum_{i=0}^{n-1} f\left(\frac{a_i}{a_n}\right) \tag{5.6.5}$$

其中 $a_0=0$.

注 5.6.2 我们指出式(5.6.5)中左边的不等式不成立,反例如下:

令 $f(x)=x^2, x\in[0,1]$. 取 $a_i=1-\frac{1}{2^i}$, 则 $i\left(\frac{a_{i+1}}{a_i}-1\right)=\frac{i}{2(2^i-1)}$ 递减. 考察函数 $g(x)=\frac{x}{2^x-1}$. 不难验证 $g'(x)<0$, 即 $g(x)$ 在 $\mathbf{R}_{++}$ 上严格递减. 因此, 当 $n\geqslant 5$ 时, 有

$$\frac{1}{n}\sum_{i=0}^{n-1} f\left(\frac{a_i}{a_n}\right)=\frac{1}{n}\sum_{i=1}^{n-1}\left(\frac{1-\frac{1}{2^i}}{1-\frac{1}{2^n}}\right)^2 >$$

$$\frac{1}{n}\sum_{i=1}^{n-1}\left(1-\frac{1}{2^i}\right)^2>\frac{1}{n}\sum_{i=1}^{n-1}\left(1-\frac{2}{2^i}\right)=$$

$$\frac{n-1}{n}-\frac{2}{n}\sum_{i=1}^{n-1}\frac{1}{2^i}>\frac{n-1}{n}-\frac{2}{n}\sum_{i=1}^{\infty}\frac{1}{2^i}=$$

$$\frac{n-3}{n}=1-\frac{3}{n}\geqslant\frac{2}{5}>\frac{1}{3}=\int_0^1 f(x)\mathrm{d}x$$

2007 年, 续铁权, 石焕南[175] 改进定理 5.6.1 和定理 5.6.3, 建立如下两个定理.

定理 5.6.4 设 f 在 $[0,1]$ 上递增, $\{a_n\}_{n\in\mathbf{N}}$ 是递增的正数列.

(a) 若 f 凹且 $\left\{i\left(\frac{a_{i+1}}{a_i}-1\right)\right\}_{i\in\mathbf{N}}$ 递增, 则

$$\frac{1}{n}\sum_{i=1}^{n}f\left(\frac{a_i}{a_{n+1}}\right)\geqslant\frac{1}{n+1}\sum_{i=1}^{n+1}f\left(\frac{a_i}{a_{n+2}}\right)\geqslant f(0)\tag{5.6.6}$$

若 $f(t)$ 在 $t=0$ 右连续,则下界 $f(0)$ 是最好的.

(b) 若 f 凸且 $\left\{i\left(\frac{a_i}{a_{i+1}}-1\right)\right\}_{i\in\mathbf{N}}$ 递减,则

$$\frac{1}{n}\sum_{i=1}^{n}f\left(\frac{a_i}{a_n}\right)\geqslant\frac{1}{n+1}\sum_{i=1}^{n+1}f\left(\frac{a_i}{a_{n+1}}\right)\geqslant f(0)\tag{5.6.7}$$

下界 $f(0)$ 是最好的.

定理 5.6.5 设 f 在$[0,1]$上递增,$\{a_n\}_{n\in\mathbf{N}}$ 是递增的正数列,$a_0=0$.

(a) 若 f 凹且 $\left\{i\left(\frac{a_{i-1}}{a_i}-1\right)\right\}$ 递增,则

$$\frac{1}{n}\sum_{i=0}^{n-1}f\left(\frac{a_i}{a_{n-1}}\right)\leqslant\frac{1}{n+1}\sum_{i=0}^{n}f\left(\frac{a_i}{a_n}\right)\leqslant f(1)\tag{5.6.8}$$

上界 $f(1)$ 是最好的.

(b) 若 f 凸且 $\left\{i\left(\frac{a_{i+1}}{a_i}-1\right)\right\}$ 递减,则

$$\frac{1}{n}\sum_{i=0}^{n-1}f\left(\frac{a_i}{a_n}\right)\leqslant\frac{1}{n+1}\sum_{i=0}^{n}f\left(\frac{a_i}{a_{n+1}}\right)\leqslant f(1)\tag{5.6.9}$$

若 $f(t)$ 在 $t=1$ 左连续,则上界 $f(1)$ 是最好的.

应用定理 5.6.4(a),文[175]将 Minc-Sathre 不等式[176]

$$\frac{n}{n+1}<\frac{\sqrt[n]{n!}}{\sqrt[n+1]{(n+1)!}}<1\tag{5.6.10}$$

左边的不等式加强为

$$\frac{n+1}{n+2}\leqslant\frac{\sqrt[n]{n!}}{\sqrt[n+1]{(n+1)!}}\tag{5.6.11}$$

应用定理 5.6.4(a) 和定理 5.6.5(a)，文[175] 得到不等式

$$\frac{n+1}{n+2}\leqslant\left(\frac{\frac{1}{n}\sum_{i=1}^{n}i^r}{\frac{1}{n+1}\sum_{i=1}^{n+1}i^r}\right)^{\frac{1}{r}}\leqslant\frac{n-1}{n}\tag{5.6.12}$$

其中 $0<r\leqslant 1$.

在 $0<r\leqslant 1$ 的条件下，式(5.6.12) 的左边不等式改进了 Alzer 不等式[177]

$$\frac{n}{n+1}\leqslant\left(\frac{\frac{1}{n}\sum_{i=1}^{n}i^r}{\frac{1}{n+1}\sum_{i=1}^{n+1}i^r}\right)^{\frac{1}{r}}\tag{5.6.13}$$

式(5.6.12) 的右边不等式改进了文[174] 的推论 1 证得的不等式

$$\left(\frac{\frac{1}{n}\sum_{i=1}^{n-1}i^r}{\frac{1}{n+1}\sum_{i=1}^{n}i^r}\right)^{\frac{1}{r}}\leqslant\frac{n}{n+1}\tag{5.6.14}$$

本节用控制方法证明定理 5.6.4 中左边的不等式，改进定理 5.6.5 中左边的不等式，并推广式(5.6.2). 本节内容是对文[178] 的改善. 首先给出两个引理.

引理 5.6.1　设 $\{a_n\}_{n\in\mathbf{N}}$ 是一个递增的正数列，$m\in\mathbf{N}$，令

$$\boldsymbol{x}=(\underbrace{\frac{a_1}{a_{n+m}},\cdots,\frac{a_1}{a_{n+m}}}_{n},\cdots,\underbrace{\frac{a_{n+1}}{a_{n+m}},\cdots,\frac{a_{n+1}}{a_{n+m}}}_{n})$$

$$\boldsymbol{y}=(\underbrace{\frac{a_1}{a_{n+m-1}},\cdots,\frac{a_1}{a_{n+m-1}}}_{n+1},\cdots,\underbrace{\frac{a_n}{a_{n+m-1}},\cdots,\frac{a_n}{a_{n+m-1}}}_{n+1})$$

(a) 若 $m=1$，$\left\{i\left(\frac{a_i}{a_{i+1}}-1\right)\right\}_{i\in\mathbf{N}}$ 递减，则 $\boldsymbol{x}\prec_w\boldsymbol{y}$；

(b) 若 $m=1$ 或 2，$\left\{i\left(\frac{a_{i+1}}{a_i}-1\right)\right\}_{i\in\mathbf{N}}$ 递增，则 $\boldsymbol{y}\prec^w\boldsymbol{x}$.

证明 (a) 令

$$\boldsymbol{u}_i=(\underbrace{\frac{a_i}{a_{n+1}},\cdots,\frac{a_i}{a_{n+1}}}_{n})$$

$$\boldsymbol{v}_i=(\underbrace{\frac{a_{i-1}}{a_n},\cdots,\frac{a_{i-1}}{a_n}}_{i-1},\underbrace{\frac{a_i}{a_n},\cdots,\frac{a_i}{a_n}}_{n-i+1}),i=1,\cdots,n+1$$

据定理1.3.9(a)，为证 $\boldsymbol{x}\prec_w\boldsymbol{y}$，只需证 $\boldsymbol{u}_i\prec_w\boldsymbol{v}_i$. 若 $1\leqslant k\leqslant n-i+1$，则

$$\sum_{j=1}^k u_{i_{[j]}}=k\cdot\frac{a_i}{a_{n+1}}\leqslant k\cdot\frac{a_i}{a_n}=\sum_{j=1}^k v_{i_{[j]}}$$

若 $n-i+1<k\leqslant n$，则

$$\sum_{j=1}^k u_{i_{[j]}}=k\cdot\frac{a_i}{a_{n+1}}\leqslant(n-i+1)\frac{a_i}{a_n}+$$

$$[k-(n-i+1)]\frac{a_{i-1}}{a_n}=\sum_{j=1}^k v_{i_{[j]}}\Leftrightarrow$$

$$k\cdot\frac{a_n}{a_{n+1}}\leqslant(n-i+1)+[k-(n-i+1)]\frac{a_{i-1}}{a_i}\Leftrightarrow$$

$$k\left(\frac{a_n}{a_{n+1}}-\frac{a_{i-1}}{a_i}\right)\leqslant(n-i+1)\left(1-\frac{a_{i-1}}{a_i}\right)\tag{5.6.15}$$

若$\frac{a_n}{a_{n+1}}-\frac{a_{i-1}}{a_i}\leqslant 0$,因$\{a_n\}_{n\in\mathbf{N}}$是一个递增的正数列,有$1-\frac{a_{i-1}}{a_i}\geqslant 0$,因此式(5.6.15)显然成立.

若$\frac{a_n}{a_{n+1}}-\frac{a_{i-1}}{a_i}>0$,因$\left\{i\left(\frac{a_i}{a_{i+1}}-1\right)\right\}_{i\in\mathbf{N}}$递减,有

$$k\left(\frac{a_n}{a_{n+1}}-\frac{a_{i-1}}{a_i}\right)\leqslant n\left(\frac{a_n}{a_{n+1}}-\frac{a_{i-1}}{a_i}\right)=$$

$$n\left(\frac{a_n}{a_{n+1}}-1\right)-n\left(\frac{a_{i-1}}{a_i}-1\right)\leqslant$$

$$(i-1)\left(\frac{a_{i-1}}{a_i}-1\right)-n\left(\frac{a_{i-1}}{a_i}-1\right)=$$

$$(n-i+1)\left(1-\frac{a_{i-1}}{a_i}\right)$$

即式(5.6.15)成立.

(b)令

$$\boldsymbol{u}_i=(\underbrace{\frac{a_i}{a_{n+m}},\cdots,\frac{a_i}{a_{n+m}}}_{n-i+1},\underbrace{\frac{a_{i+1}}{a_{n+m}},\cdots,\frac{a_{i+1}}{a_{n+m}}}_{i})$$

$$\boldsymbol{v}_i=(\underbrace{\frac{a_i}{a_{n+m-1}},\cdots,\frac{a_i}{a_{n+m-1}}}_{n+1}),i=1,\cdots,n$$

由定理1.3.9(b),为证$\boldsymbol{y}\prec^{w}\boldsymbol{x}$,只需证$\boldsymbol{v}_i\prec^{w}\boldsymbol{u}_i$.若$1\leqslant k\leqslant n-i+1$,则

$$\sum_{j=1}^{k}v_{i_{(j)}}=k\cdot\frac{a_i}{a_{n+m-1}}\geqslant k\cdot\frac{a_i}{a_{n+m}}=\sum_{j=1}^{k}u_{i_{(j)}}$$

若$n-i+2\leqslant k\leqslant n+1$,则

$$\sum_{j=1}^{k} v_{i_{(j)}} \geqslant \sum_{j=1}^{k} u_{i_{(j)}} \Leftrightarrow k \cdot \frac{a_i}{a_{n+m-1}} \geqslant$$

$$(n-i+1)\frac{a_i}{a_{n+m}}+[k-(n-i+1)]\frac{a_{i+1}}{a_{n+m}} \Leftrightarrow$$

$$k \cdot \frac{a_{n+m}}{a_{n+m-1}} \geqslant (n-i+1)+[k-(n-i+1)]\frac{a_{i+1}}{a_i} \Leftrightarrow$$

$$k\left(\frac{a_{n+m}}{a_{n+m-1}}-\frac{a_{i+1}}{a_i}\right) \geqslant (n-i+1)\left(1-\frac{a_{i+1}}{a_i}\right) \tag{5.6.16}$$

若$\frac{a_{n+m}}{a_{n+m-1}}-\frac{a_{i+1}}{a_i} \geqslant 0$,因$\{a_n\}_{n\in \mathbf{N}}$是一个递增的正数列,有$1-\frac{a_{i+1}}{a_i} \leqslant 0$,因此式(5.6.16)成立.

若$\frac{a_{n+m}}{a_{n+m-1}}-\frac{a_{i+1}}{a_i}<0$,因$m \geqslant 1$,有$n+m-1 \geqslant i$,而$\left\{i\left(\frac{a_{i+1}}{a_i}-1\right)\right\}$递增,故

$$(n+m-1)\left(\frac{a_{n+m}}{a_{n+m-1}}-1\right) \geqslant i\left(\frac{a_{i+1}}{a_i}-1\right)$$

当$m=1$时,有$k \leqslant n+1 \leqslant n+m$,故

$$k\left(\frac{a_{n+m}}{a_{n+m-1}}-\frac{a_{i+1}}{a_i}\right) \geqslant (n+m)\left(\frac{a_{n+m}}{a_{n+m-1}}-\frac{a_{i+1}}{a_i}\right)=$$

$$(n+m)\left(\frac{a_{n+m}}{a_{n+m-1}}-1\right)-(n+m)\left(\frac{a_{i+1}}{a_i}-1\right) \geqslant$$

$$(n+m-1)\left(\frac{a_{n+m}}{a_{n+m-1}}-1\right)-(n+m)\left(\frac{a_{i+1}}{a_i}-1\right) \geqslant$$

$$i\left(\frac{a_{i+1}}{a_i}-1\right)-(n+m)\left(\frac{a_{i+1}}{a_i}-1\right)=$$

$$(n-i+1)\left(1-\frac{a_{i+1}}{a_i}\right)$$

即式(5.6.16)成立.

当 $m=2$ 时，有 $k\leqslant n+1\leqslant n+m-1$，故

$$k\left(\frac{a_{n+m}}{a_{n+m-1}}-\frac{a_{i+1}}{a_i}\right)\geqslant (n+m-1)\left(\frac{a_{n+m}}{a_{n+m-1}}-\frac{a_{i+1}}{a_i}\right)=$$

$$(n+m-1)\left(\frac{a_{n+m}}{a_{n+m-1}}-1\right)-(n+m-1)\left(\frac{a_{i+1}}{a_i}-1\right)\geqslant$$

$$i\left(\frac{a_{i+1}}{a_i}-1\right)-(n+1)\left(\frac{a_{i+1}}{a_i}-1\right)=$$

$$(n-i+1)\left(1-\frac{a_{i+1}}{a_i}\right)$$

即式(5.6.7)成立. 引理 5.6.1 得证. □

引理 5.6.2 设 $\{a_n\}_{n\in\mathbf{N}}$ 是一个递增的正数列，$a_0=0, m\in\mathbf{N}$. 令

$$\boldsymbol{x}=\Big(\underbrace{\frac{a_0}{a_{n+m-1}},\cdots,\frac{a_0}{a_{n+m-1}}}_{n+1},\cdots,\underbrace{\frac{a_{n-1}}{a_{n+m-1}},\cdots,\frac{a_{n-1}}{a_{n+m-1}}}_{n+1}\Big)$$

$$\boldsymbol{y}=\Big(\underbrace{\frac{a_0}{a_{n+m}},\cdots,\frac{a_0}{a_{n+m}}}_{n},\cdots,\underbrace{\frac{a_n}{a_{n+m}},\cdots,\frac{a_n}{a_{n+m}}}_{n}\Big)$$

(a) 若 $m\geqslant 0$，$\left\{i\left(\frac{a_{i-1}}{a_i}-1\right)\right\}_{i\in\mathbf{N}}$ 递增，则 $\boldsymbol{y}\prec^{w}\boldsymbol{x}$.

(b) 若 $m\geqslant 1$，$\left\{i\left(\frac{a_i}{a_{i-1}}-1\right)\right\}_{i\in\mathbf{N}}$ 递减，则 $\boldsymbol{x}\prec_{w}\boldsymbol{y}$.

证明　(a) 因 $\left\{i\left(\frac{a_{i-1}}{a_i}-1\right)\right\}_{i\in\mathbf{N}}$ 递增

$$(i+1)\left(\frac{a_i}{a_{i+1}}-1\right)\geqslant i\left(\frac{a_{i-1}}{a_i}-1\right)\geqslant$$

$$(i+1)\left(\frac{a_{i-1}}{a_i}-1\right)\quad\left(\text{注意}\frac{a_{i-1}}{a_i}-1\leqslant 0\right)$$

故 $\frac{a_i}{a_{i+1}}\geqslant\frac{a_{i-1}}{a_i}$，即 $\left\{\frac{a_i}{a_{i+1}}\right\}_{i\in\mathbf{N}}$ 也递增.

将 $\boldsymbol{x}$ 和 $\boldsymbol{y}$ 的分量分成 $n+1$ 组使得每组含有 n 个分

量,$\boldsymbol{x}$ 和 $\boldsymbol{y}$ 的第 $i(i=0,1,\cdots,n)$ 组分量分别是

$$\boldsymbol{u}_i=(\underbrace{\frac{a_{i-1}}{a_{n+m-1}},\cdots,\frac{a_{i-1}}{a_{n+m-1}}}_{i},\underbrace{\frac{a_i}{a_{n+m-1}},\cdots,\frac{a_i}{a_{n+m-1}}}_{n-i})$$

和

$$\boldsymbol{v}_i=(\underbrace{\frac{a_i}{a_{n+m}},\cdots,\frac{a_i}{a_{n+m}}}_{n})$$

据定理 1.3.9(a),只需证 $\boldsymbol{v}_i\prec^w\boldsymbol{u}_i$. 注意 $\boldsymbol{u}_i$ 和$\boldsymbol{v}_i$ 的分量已是递增排列. 由 $a_0=0$ 显然有 $\boldsymbol{v}_0\prec^w\boldsymbol{u}_0$. 现考虑 $i\geqslant 1$ 的情形.

若 $1\leqslant k\leqslant i$,因 $\left\{\frac{a_i}{a_{i+1}}\right\}_{i\in\mathbf{N}}$ 递增,有$\frac{a_{i-1}}{a_i}\leqslant\frac{a_{n+m-1}}{a_{n+m}}$,故

$$\sum_{j=1}^{k}v_{i_{(j)}}=k\cdot\frac{a_i}{a_{n+m}}\geqslant k\cdot\frac{a_{i-1}}{a_{n+m-1}}=\sum_{j=1}^{k}u_{i_{(j)}}$$

若 $i+1\leqslant k\leqslant n$,则

$$\begin{aligned}&\sum_{j=1}^{k}v_{i_{(j)}}\geqslant\sum_{j=1}^{k}u_{i_{(j)}}\Leftrightarrow k\cdot\frac{a_i}{a_{n+m}}\geqslant\\&i\cdot\frac{a_{i-1}}{a_{n+m-1}}+(k-i)\frac{a_i}{a_{n+m-1}}\Leftrightarrow\\&k\cdot\frac{a_{n+m-1}}{a_{n+m}}\geqslant i\frac{a_{i-1}}{a_i}+(k-i)\Leftrightarrow\\&k\left(\frac{a_{n+m-1}}{a_{n+m}}-1\right)\geqslant i\left(\frac{a_{i-1}}{a_i}-1\right)\end{aligned}\tag{5.6.17}$$

因 $\left\{i\left(\frac{a_{i-1}}{a_i}-1\right)\right\}_{i\in\mathbf{N}}$ 递增,有

$$(n+m)\left(\frac{a_{n+m-1}}{a_{n+m}}-1\right)\geqslant i\left(\frac{a_{i-1}}{a_i}-1\right)$$

注意$\frac{a_{n+m-1}}{a_{n+m}}-1\leqslant 0$,有

$$k\left(\frac{a_{n+m-1}}{a_{n+m}}-1\right)\geqslant(n+m)\left(\frac{a_{n+m-1}}{a_{n+m}}-1\right)$$

即知式(5.6.17)成立.

(b) 因 $\left\{i\left(\frac{a_{i+1}}{a_i}-1\right)\right\}_{i\in\mathbf{N}}$ 递减,有

$$i\left(\frac{a_i}{a_{i-1}}-1\right)\geqslant(i+1)\left(\frac{a_{i+1}}{a_i}-1\right)\geqslant i\left(\frac{a_{i+1}}{a_i}-1\right)$$

即 $\frac{a_i}{a_{i-1}}\geqslant\frac{a_{i+1}}{a_i}$. 这就是说 $\left\{i\left(\frac{a_{i+1}}{a_i}-1\right)\right\}_{i\in\mathbf{N}}$ 递减蕴涵着 $\left\{\frac{a_{i+1}}{a_i}\right\}_{i\in\mathbf{N}}$ 递减.

将 $\boldsymbol{x},\boldsymbol{y}$ 的分量分成 n 个小组,每组含有 $n+1$ 分量, $\boldsymbol{x},\boldsymbol{y}$ 的第 $i(i=0,\cdots,n-1)$ 组分量分别是

$$\boldsymbol{u}_i=(\underbrace{\frac{a_i}{a_{n+m-1}},\cdots,\frac{a_i}{a_{n+m-1}}}_{n+1})$$

和

$$\boldsymbol{v}_i=(\underbrace{\frac{a_i}{a_{n+m}},\cdots,\frac{a_i}{a_{n+m}}}_{n-i},\underbrace{\frac{a_{i+1}}{a_{n+m}},\cdots,\frac{a_{i+1}}{a_{n+m}}}_{i+1})$$

由定理 1.3.9(a),我们只需证 $\boldsymbol{u}_i\prec_w\boldsymbol{v}_i$. 注意 $\boldsymbol{u}_i$ 和 $\boldsymbol{v}_i$ 的分量已按递增的顺序排列. 由 $a_0=0$, 显然 $\boldsymbol{u}_0\prec_w\boldsymbol{v}_0$. 现考虑 $i\geqslant1$ 的情况.

当 $1\leqslant k\leqslant i+1$ 时,因 $m\geqslant1$,有 $n+m-1\geqslant i$, 而 $\left\{\frac{a_{i+1}}{a_i}\right\}_{i\in\mathbf{N}}$ 递减,故 $\frac{a_{i+1}}{a_i}\geqslant\frac{a_{n+m}}{a_{n+m-1}}$,即 $\frac{a_i}{a_{n+m-1}}\leqslant\frac{a_{i+1}}{a_{n+m}}$,从而

$$\sum_{j=1}^{k}u_{i_{[j]}}=k\cdot\frac{a_i}{a_{n+m-1}}\leqslant k\cdot\frac{a_{i+1}}{a_{n+m}}=\sum_{j=1}^{k}v_{i_{[j]}}$$

当 $i+2\leqslant k\leqslant n+1$ 时,有

$$\sum_{j=1}^{k} u_{i_{[j]}} \leqslant \sum_{j=1}^{k} v_{i_{[j]}} \Leftrightarrow k \cdot \frac{a_i}{a_{n+m-1}} \leqslant$$

$$(i+1)\frac{a_{i+1}}{a_{n+m}} + (k-i-1)\frac{a_i}{a_{n+m}} \Leftrightarrow$$

$$k \cdot \frac{a_{n+m}}{a_{n+m-1}} \leqslant (i+1)\frac{a_{i+1}}{a_i} + (k-i-1) \Leftrightarrow$$

$$k\left(\frac{a_{n+m}}{a_{n+m-1}} - 1\right) \leqslant (i+1)\left(\frac{a_{i+1}}{a_i} - 1\right) \tag{5.6.18}$$

由 $\left\{i\left(\frac{a_i}{a_{i-1}}-1\right)\right\}_{i\in\mathbf{N}}$ 和 $\left\{\frac{a_{i+1}}{a_i}\right\}_{i\in\mathbf{N}}$ 递减，我们有

$$(n+m)\left(\frac{a_{n+m}}{a_{n+m-1}} - 1\right) \leqslant (i+1)\left(\frac{a_{i+1}}{a_i} - 1\right)$$

再结合

$$k\left(\frac{a_{n+m}}{a_{n+m-1}} - 1\right) \leqslant (n+1)\left(\frac{a_{n+m}}{a_{n+m-1}} - 1\right) \leqslant$$

$$(n+m)\left(\frac{a_{n+m}}{a_{n+m-1}} - 1\right)$$

即知式(5.6.18)成立.引理5.6.2证毕. □

定理5.6.4的控制证明 (a) 取 $m=2$，由引理5.6.1(b)有

$$\Bigg(\underbrace{\frac{a_1}{a_{n+1}},\cdots,\frac{a_1}{a_{n+1}}}_{n+1},\cdots,\underbrace{\frac{a_n}{a_{n+1}},\cdots,\frac{a_n}{a_{n+1}}}_{n+1}\Bigg) \prec$$

$$_{w}\Bigg(\underbrace{\frac{a_1}{a_{n+2}},\cdots,\frac{a_1}{a_{n+2}}}_{n},\cdots,\underbrace{\frac{a_{n+1}}{a_{n+2}},\cdots,\frac{a_{n+1}}{a_{n+2}}}_{n}\Bigg)$$

从而据定理1.5.4(f)即可证得式(5.6.6)左边不等式.

(b) 由引理5.6.1(a)有

$$\left(\underbrace{\frac{a_1}{a_{n+1}},\cdots,\frac{a_1}{a_{n+1}}}_{n},\cdots,\underbrace{\frac{a_{n+1}}{a_{n+1}},\cdots,\frac{a_{n+1}}{a_{n+1}}}_{n}\right)\prec$$

$$_w\left(\underbrace{\frac{a_1}{a_n},\cdots,\frac{a_1}{a_n}}_{n+1},\cdots,\underbrace{\frac{a_n}{a_n},\cdots,\frac{a_n}{a_n}}_{n+1}\right)$$

从而据定理 1.5.4(c) 即可证得式(5.6.7) 左边不等式.

下述定理给出定理 5.6.5 的推广.

定理 5.6.6　设 f 在[0,1] 上递增,$\{a_n\}_{n\in\mathbf{N}}$ 是递增的正数列,$a_0=0$.

(a) 若 f 凹且 $\left\{i\left(\frac{a_{i-1}}{a_i}-1\right)\right\}_{i\in\mathbf{N}}$ 递增,则对于 $m\geqslant 0$,有

$$\frac{1}{n}\sum_{i=0}^{n-1}f\left(\frac{a_i}{a_{n+m-1}}\right)\leqslant\frac{1}{n+1}\sum_{i=0}^{n}f\left(\frac{a_i}{a_{n+m}}\right)\leqslant f(1) \tag{5.6.19}$$

(b) 若 f 凸且 $\left\{i\left(\frac{a_i}{a_{i-1}}-1\right)\right\}_{i\in\mathbf{N}}$ 递减,则对于 $m\geqslant 1$,有

$$\frac{1}{n}\sum_{i=0}^{n-1}f\left(\frac{a_i}{a_{n+m-1}}\right)\leqslant\frac{1}{n+1}\sum_{i=0}^{n}f\left(\frac{a_i}{a_{n+m}}\right)\leqslant f(1) \tag{5.6.20}$$

证明　(a) 式(5.6.19) 右边不等式显然成立.据定理 1.5.4(f),由引理5.6.2(a) 即可证得式(5.6.19) 左边不等式.

(b) 式(5.6.20) 右边不等式显然成立.据定理 1.5.4(c),由引理5.6.2(b) 即可证得式(5.6.20) 左边不等式. □

在定理5.6.6 中,置 f 为 $-f$,即可得与定理5.6.6

对偶的如下定理.

定理 5.6.7 设 f 在$[0,1]$上递减,$\{a_n\}_{n\in\mathbf{N}}$ 是递增的正数列,$a_0=0$.

(a) 若 f 凸且$\left\{i\left(\frac{a_{i-1}}{a_i}-1\right)\right\}_{i\in\mathbf{N}}$ 递增,则对于 $m\geqslant 0$,有

$$\frac{1}{n}\sum_{i=0}^{n-1}f\left(\frac{a_i}{a_{n+m-1}}\right)\geqslant\frac{1}{n+1}\sum_{i=0}^{n}f\left(\frac{a_i}{a_{n+m}}\right)\geqslant f(1) \tag{5.6.21}$$

(b) 若 f 凹且$\left\{i\left(\frac{a_i}{a_{i-1}}-1\right)\right\}_{i\in\mathbf{N}}$ 递减,则对于 $m\geqslant 1$,有

$$\frac{1}{n}\sum_{i=0}^{n-1}f\left(\frac{a_i}{a_{n+m-1}}\right)\geqslant\frac{1}{n+1}\sum_{i=0}^{n}f\left(\frac{a_i}{a_{n+m}}\right)\geqslant f(1) \tag{5.6.22}$$

定理 5.6.8 设 f 在$[0,1]$上递增且凸,$k>-1$,则

$$\begin{aligned}&\frac{1}{n}\sum_{i=1}^{n}f\left(\frac{k+i}{n+k}\right)\geqslant\frac{1}{n+1}\sum_{i=1}^{n+1}f\left(\frac{k+i}{n+k+1}\right)+\\&f\left(\frac{k+1}{2(n+k)(n+k+1)}\right)-f(0)\geqslant\\&2f\left(\frac{n+2k+1}{4(n+k)}\right)-f(0)\geqslant 0\end{aligned} \tag{5.6.23}$$

证明 在引理 5.6.1 中取 $a_i=k+i$,有

$$\boldsymbol{x}=\Big(\underbrace{\frac{k+1}{k+n+1},\cdots,\frac{k+1}{k+n+1}}_{n},\cdots,$$

$$\underbrace{\frac{k+n+1}{k+n+1},\cdots,\frac{k+n+1}{k+n+1}}_{n}\Big)$$

$$\boldsymbol{y}=(\underbrace{\frac{k+1}{k+n},\cdots,\frac{k+1}{k+n}}_{n+1},\cdots,\underbrace{\frac{k+n}{k+n},\cdots,\frac{k+n}{k+n}}_{n+1})$$

此时易见当 $k>-1$ 时，$\left\{i\left(\frac{a_i}{a_{i-1}}-1\right)\right\}_{i\in\mathbf{N}}$ 递减，故 $\boldsymbol{x}\prec_w\boldsymbol{y}$. 现令

$$\delta=\sum_{i=1}^{n(n+1)}(y_i-x_i)=\sum_{i=1}^{n(n+1)}y_i-\sum_{i=1}^{n(n+1)}x_i=$$

$$\frac{n(n+1)(n+2k+1)}{2(n+k)}-\frac{(n+2k+2)n(n+1)}{2(n+k+1)}=$$

$$\frac{n(n+1)(k+1)}{2(n+k)(n+k+1)}$$

由式(1.3.12)和定理 1.3.16 有

$$(\underbrace{\frac{n+2k+1}{4(n+k)},\cdots,\frac{n+2k+1}{4(n+k)}}_{2n(n+1)})\prec$$

$$(\underbrace{\frac{k+1}{k+n+1},\cdots,\frac{k+1}{k+n+1}}_{n},\cdots,\underbrace{\frac{k+n+1}{k+n+1},\cdots,\frac{k+n+1}{k+n+1}}_{n},$$

$$\underbrace{\frac{k+1}{2(n+k)(n+k+1)},\cdots,\frac{k+1}{2(n+k)(n+k+1)}}_{n(n+1)})\prec$$

$$(\underbrace{\frac{k+1}{k+n},\cdots,\frac{k+1}{k+n}}_{n+1},\cdots,\underbrace{\frac{k+n}{k+n},\cdots,\frac{k+n}{k+n}}_{n+1},\underbrace{0,\cdots,0}_{n(n+1)})$$

(5.6.24)

因 f 在[0,1]上凸，据定理 1.5.4，由式(5.6.24)有

$$(n+1)\sum_{i=1}^{n}f\left(\frac{k+i}{n+k}\right)+n(n+1)f(0)\geqslant$$

$$n\sum_{i=1}^{n+1}f\left(\frac{k+i}{n+k+1}\right)+$$

$$n(n+1)f\left(\frac{k+1}{2(n+k)(n+k+1)}\right)\geqslant$$

$$2n(n+1)f\left(\frac{n+2k+1}{4(n+k)}\right)$$

由此即得式(5.6.23). □

注 5.6.3 注意式(5.6.2)左边不等式可写作

$$\frac{1}{n}\sum_{i=1}^{n}f\left(\frac{k+i}{n+k}\right)>\frac{1}{n+1}\sum_{i=1}^{n+1}f\left(\frac{k+i}{n+k+1}\right)$$

因 f 在$[0,1]$上递增,有

$$f\left(\frac{k+1}{2(n+k)(n+k+1)}\right)-f(0)\geqslant 0$$

这样,在条件 f 在$[0,1]$上递增且凸和 $k>-1$ 下,式(5.6.23)左边不等式强于式(5.6.2)左边不等式.

2013 年,关开中[179]考虑了 GA 凸函数(参见本书 1.2.5 节)的单调平均不等式,得到如下结果:

定理 5.6.9 设 f 在$(0,1]$上递增且 GA 凸,则

$$0\leqslant\frac{1}{n}\sum_{i=1}^{n}f\left(\frac{i}{n}\right)-\frac{1}{n+1}\sum_{i=1}^{n+1}f\left(\frac{i}{n+1}\right)\leqslant$$

$$\frac{1}{n(n+1)}\left[f(1)-f\left(\frac{1}{n+1}\right)\right],n=1,2,\cdots \tag{5.6.24}$$

若 f 递减且 GA 凹,则不等式(5.6.24)反向成立.

定理 5.6.10 设 f 定义在$(0,1)$上,$\{a_n\}_{n\in\mathbf{N}}$ 是递增的正数列,使得$\left\{\left(\frac{a_{i+1}}{a_i}\right)^i\right\}_{i\in\mathbf{N}}$ 递增.

(i)若 f 递增且 GA 凹,则

$$\frac{1}{n}\sum_{i=1}^{n}f\left(\frac{a_i}{a_{n+1}}\right)\geqslant\frac{1}{n+1}\sum_{i=1}^{n+1}f\left(\frac{a_i}{a_{n+2}}\right) \quad (5.6.25)$$

（ⅱ）若 f 递减且 GA 凸，则不等式(5.6.25)反向成立.

5.7　一类跳阶乘不等式

定理 5.7.1　设正整数 $n>1$，则有

$$\frac{1}{2\sqrt{n}}<\frac{(2n-1)!!}{(2n)!!}<\frac{1}{2\sqrt{2n+1}} \quad (5.7.1)$$

$$\frac{1}{\sqrt{2n+1}}<\frac{(2n)!!}{(2n+1)!!}<\frac{1}{\sqrt{n+1}} \quad (5.7.2)$$

式(5.7.1)是著名的 Wallis 不等式[2]119.

刘琼[180]给出一个控制证明，令人耳目一新.

证明　设 $f(x)=\ln x$，易知 $f(x)$ 是 $\mathbf{R}_{++}$ 上的严格凹函数. 因为

$$(2,2)\prec\prec(1,3),(4,4)\prec\prec(3,5),\cdots,(2n,2n)\prec\prec(2n-1,2n+1)$$

有

$$\ln 2+\ln 2>\ln 1+\ln 3$$

$$\ln 4+\ln 4>\ln 3+\ln 5$$

$$\vdots$$

$$\ln(2n)+\ln(2n)>\ln(2n-1)+\ln(2n+1)$$

上述不等式相加得

$$2[\ln 2+\ln 4+\cdots+\ln(2n)]>2[\ln 1+\ln 3+\cdots+\ln(2n-1)+\ln(2n+1)]$$

由此得

$$\frac{(2n-1)!!}{(2n)!!} < \frac{1}{2\sqrt{2n+1}} \tag{5.7.3}$$

又

$$(3,3) \prec\prec (2,4),(5,5) \prec\prec (4,6),\cdots,$$
$$(2n-1,2n-1) \prec\prec (2n-2,2n)$$

有

$$\ln 3+\ln 3 > \ln 2+\ln 4$$
$$\ln 5+\ln 5 > \ln 4+\ln 6$$
$$\vdots$$
$$\ln(2n-1)+\ln(2n-1) > \ln(2n-2)+\ln(2n)$$

上述不等式相加得

$$2[\ln 1+\ln 3+\cdots+\ln(2n-1)] >$$
$$2[\ln 2+\ln 4+\cdots+\ln(2n+1)+\ln(2n)]-$$
$$\ln 2-\ln(2n)$$

由此得

$$\frac{1}{2\sqrt{n}} < \frac{(2n-1)!!}{(2n)!!} \tag{5.7.4}$$

由式(5.7.3)和式(5.7.4)得式(5.7.1).

因为

$$(3,3) \prec\prec (2,4),(5,5) \prec\prec (4,6),\cdots,$$
$$(2n+1,2n+1) \prec\prec (2n,2n+2)$$

又

$$(2,2) \prec\prec (1,3),(4,4) \prec\prec (3,5),\cdots,$$
$$(2n,2n) \prec\prec (2n-1,2n+1)$$

类似于式(5.7.1)的证明可证得式(5.7.2). □

定理 5.7.2 设正整数 $n>1$,则有

$$\left(\frac{1}{3n+1}\right)^{\frac{1}{3}} < \frac{(3n)!!!}{(3n+1)!!!} < \left(\frac{1}{n+1}\right)^{\frac{1}{3}} \tag{5.7.5}$$

$$\left(\frac{2}{9n}\right)^{\frac{1}{3}} < \frac{(3n-1)!!!}{(3n)!!!} < \left(\frac{2}{3n+2}\right)^{\frac{1}{3}} \tag{5.7.6}$$

$$\left[\frac{2}{4(3n-1)}\right]^{\frac{1}{3}} < \frac{(3n-2)!!!}{(3n-1)!!!} < \left(\frac{1}{3n+1}\right)^{\frac{1}{3}} \tag{5.7.7}$$

证明　因为

$$(4,4,4) \prec\prec (3,3,6),(7,7,7) \prec\prec (6,6,9),\cdots,$$
$$(3n+1,3n+1,3n+1) \prec\prec (3n,3n,3n+3)$$

由 $\ln x$ 在 $\mathbf{R}_{++}$ 上的严格凹性，有

$$\ln 4+\ln 4+\ln 4 > \ln 3+\ln 3+\ln 6$$
$$\ln 7+\ln 7+\ln 7 > \ln 6+\ln 6+\ln 9$$
$$\vdots$$
$$\ln(3n+1)+\ln(3n+1)+\ln(3n+1) >$$
$$\ln(3n)+\ln(3n)+\ln(3n+3)$$

上述不等式相加得

$$3[\ln 1+\ln 4+\ln 7+\cdots+\ln(3n+1)] >$$
$$3[\ln 3+\ln 6+\cdots+\ln(3n)]-\ln 3+\ln(3n+3)$$

由此得

$$\frac{(3n)!!!}{(3n+1)!!!} < \left(\frac{1}{n+1}\right)^{\frac{1}{3}} \tag{5.7.8}$$

又

$$(3,3,3) \prec\prec (1,4,4),(6,6,6) \prec\prec (4,7,7),\cdots,$$
$$(3n,3n,3n) \prec\prec (3n-2,3n+1,3n+1)$$

有

$$\ln 3+\ln 3+\ln 3 > \ln 1+\ln 4+\ln 4$$
$$\ln 6+\ln 6+\ln 6 > \ln 4+\ln 7+\ln 7$$
$$\vdots$$

$$\ln(3n)+\ln(3n)+\ln(3n)>$$
$$\ln(3n-2)+\ln(3n+1)+\ln(3n+1)$$

上述不等式相加得

$$3[\ln 3+\ln 6+\cdots+\ln(3n)]>$$
$$3[\ln 1+\ln 4+\cdots+\ln(3n+1)]-\ln(3n+1)$$

由此得

$$\left(\frac{1}{3n+1}\right)^{\frac{1}{3}}<\frac{(3n)!!!}{(3n+1)!!!} \tag{5.7.9}$$

由式(5.7.8)和式(5.7.9)得式(5.7.5).

因为

$$(3,3,3)\prec\prec(2,2,5),(6,6,6)\prec\prec(5,5,8),\cdots,$$
$$(3n,3n,3n)\prec\prec(3n-1,3n-1,3n+2)$$

又

$$(2,2,2)\prec\prec(1,2,3),(5,5,5)\prec\prec$$
$$(3,6,6),(8,8,8)\prec\prec(6,9,9),\cdots,$$
$$(3n-1,3n-1,3n-1)\prec\prec(3n-3,3n,3n)$$

类似于式(5.7.5)的证明可证得式(5.7.6).

因为

$$(2,2,2)\prec\prec(1,1,4),(5,5,5)\prec\prec(4,4,7),\cdots,$$
$$(3n-2,3n-2,3n-2)\prec\prec(3n-4,3n-1,3n-1)$$

又

$$(4,4,4)\prec\prec(2,5,5),(7,7,7)\prec\prec(5,8,8),\cdots,$$
$$(3n-2,3n-2,3n-2)\prec\prec(3n-4,3n-1,3n-1)$$

类似于式(5.7.5)的证明可证得式(5.7.7). □

定理 5.7.3 设正整数 $n>1$,则有

$$\left[\frac{1}{2(3n+1)^2}\right]^{\frac{1}{3}}<\frac{(3n)!!!}{(3n+2)!!!}<\left[\frac{1}{6(n+1)^2}\right]^{\frac{1}{3}} \tag{5.7.10}$$

$$\left[\frac{1}{(3n+1)^2}\right]^{\frac{1}{3}} < \frac{(3n-1)!!!}{(3n+1)!!!} < \left[\frac{2}{(3n+2)^2}\right]^{\frac{1}{3}} \tag{5.7.11}$$

$$\frac{1}{3}\left(\frac{1}{n^2}\right)^{\frac{1}{3}} < \frac{(3n-2)!!!}{(3n)!!!} < \left[\frac{1}{(3n+1)^2}\right]^{\frac{1}{3}} \tag{5.7.12}$$

证明 设 $f(x)=\ln x$，易知 $f(x)$ 是 $\mathbf{R}_{++}$ 上的严格凹函数. 因为

$$(2,2,2) \prec\prec (1,2,3),(5,5,5) \prec\prec (3,6,6),(8,8,8) \prec\prec (6,9,9),\cdots,$$
$$(3n+2,3n+2,3n+2) \prec\prec (3n,3n+3,3n+3)$$

由 $\ln x$ 在 $\mathbf{R}_{++}$ 上的严格凹性，有

$$\ln 2+\ln 2+\ln 2 > \ln 1+\ln 2+\ln 3$$
$$\ln 5+\ln 5+\ln 5 > \ln 3+\ln 6+\ln 6$$
$$\ln 8+\ln 8+\ln 8 > \ln 6+\ln 9+\ln 9$$
$$\vdots$$
$$\ln(3n+2)+\ln(3n+2)+\ln(3n+2) > \ln(3n)+\ln(3n+3)+\ln(3n+3)$$

上述不等式相加得

$$3[\ln 2+\ln 5+\ln 8+\cdots+\ln(3n+2)] > 3[\ln 3+\ln 6+\ln 9+\cdots+\ln(3n)]-\ln 3+2\ln(3n+3)$$

由此得

$$\frac{(3n)!!!}{(3n+2)!!!} < \left[\frac{1}{6\,(n+1)^2}\right]^{\frac{1}{3}} \tag{5.7.13}$$

又

$$(3,3,3) \prec\prec (2,2,5),(6,6,6) \prec\prec (5,5,8),\cdots,$$
$$(3n,3n,3n) \prec\prec (3n-1,3n-1,3n+2)$$

有

$$\ln 3+\ln 3+\ln 3>\ln 2+\ln 2+\ln 5$$
$$\ln 6+\ln 6+\ln 6>\ln 5+\ln 5+\ln 8$$
$$\vdots$$
$$\ln(3n)+\ln(3n)+\ln(3n)>$$
$$\ln(3n-1)+\ln(3n-1)+\ln(3n+2)$$

上述不等式相加得

$$3[\ln 3+\ln 6+\cdots+\ln(3n)]>$$
$$3[\ln 2+\ln 5+\cdots+\ln(3n+2)]-$$
$$\ln 2-2\ln(3n+2)$$

由此得

$$\left[\frac{1}{2(3n+1)^2}\right]^{\frac{1}{3}}<\frac{(3n)!!!}{(3n+2)!!!} \quad (5.7.14)$$

由式(5.7.13)和式(5.7.14)得式(5.7.10).

因为

$$(4,4,4)\prec\prec(2,5,5),(7,7,7)\prec\prec(5,8,8),\cdots,$$
$$(3n+1,3n+1,3n+1)\prec\prec(3n-3,3n+2,3n+2)$$

又

$$(2,2,2)\prec\prec(1,1,4),(5,5,5)\prec\prec(4,4,7),\cdots,$$
$$(3n-1,3n-1,3n-1)\prec\prec(3n-2,3n-2,3n+1)$$

类似于式(5.7.10)可证得式(5.7.11).

因为

$$(3,3,3)\prec\prec(1,4,4),(6,6,6)\prec\prec(4,7,7),\cdots,$$
$$(3n,3n,3n)\prec\prec(3n-2,3n+1,3n+1)$$

又

$$(4,4,4)\prec\prec(3,3,6),(7,7,7)\prec\prec(6,6,9),\cdots,$$
$$(3n-2,3n-2,3n-2)\prec\prec(3n-3,3n-3,3n)$$

类似于式(5.7.10)的证明可证得式(5.7.12). □

对于更高级的跳阶乘不等式也可用控制方法证明，在此不一一赘述.

5.8 等差数列和等比数列的凸性和对数凸性

5.8.1 等差数列的凸性和对数凸性

设$\{a_i\}$是公差为 d 的等差数列，则其通项

$$a_i = a_1 + (i-1)d \tag{5.8.1}$$

其前 n 项和

$$S_n = \sum_{i=1}^{n} a_i = \frac{n(a_1 + a_n)}{2} = n\left(a_1 + \frac{(n-1)d}{2}\right) \tag{5.8.2}$$

石焕南和李明[181] 研究等差数列的凸性和对数凸性并利用受控理论证明一些等差数列不等式.

定理 5.8.1　等差数列$\{a_i\}$满足

$$a_{i+1} + a_{i-1} = 2a_i, i \geqslant 2 \tag{5.8.3}$$

也就是说$\{a_i\}$既是凸数列也是凹数列.

定理 5.8.2　若$\{a_i\}$是非负等差数列，则$\{a_i\}$是对数凹数列.

定理 5.8.3　若$\{a_i\}$是正项等差数列，公差 $d \geqslant 0$，则$\left\{\dfrac{a_i}{a_{i-1}}\right\}$是对数凸数列也是凸数列.

定理 5.8.4　若$\{a_i\}$是非负等差数列，公差 $d \geqslant 0$，则$\{ia_i\}$既是凸数列也是对数凹数列.

定理 5.8.5　若$\{a_i\}$为正项等差数列，则数列

$\left\{\frac{1}{a_i}\right\}$是凸数列.

定理 5.8.6 若公差 $d \geqslant 0$,则非负等差数列$\{a_i\}$的前 n 项和数列$\{S_i\}$既是凸数列也是对数凹数列.

定理 5.8.7 设$\{a_i\}$为非负等差数列,公差 $d \geqslant 0$, $T_i = \prod_{j=1}^{i} a_j$ 为前 i 项乘积,则$\{T_i\}$是对数凸数列也是凸数列.

例 5.8.1[2] 设 $n > 1$,证明下述阶乘不等式

$$(n!)^{m-1} \leqslant (m!)^{n-1}, m > n \tag{5.8.4}$$

$$((n+1)!)^n \leqslant \prod_{k=1}^{n} (2k)! \tag{5.8.5}$$

$$(n!)^n \leqslant \prod_{k=1}^{n} (2k-1)! \tag{5.8.6}$$

$$2^n \cdot n! \leqslant (2n)! \tag{5.8.7}$$

$$(2n)!! \leqslant (n+1)^n \tag{5.8.8}$$

证明 由定理 5.8.7 知正项等差数列$\{i\}$的前 i 项乘积数列$\{i!\}$是对数凸数列.利用定理 1.3.7 不难验证

$$(\underbrace{n, \cdots, n}_{m-1}) \prec (\underbrace{m, \cdots, m}_{n-1}, \underbrace{1, \cdots, 1}_{m-n})$$

据推论 5.1.2,由上式即得式(5.8.4).

由式(1.3.12)有

$$(\underbrace{n+1, \cdots, n+1}_{n}) \prec (2, 4, \cdots, 2n) \tag{5.8.9}$$

和

$$(\underbrace{n, \cdots, n}_{n}) \prec (1, 3, \cdots, 2n-1) \tag{5.8.10}$$

易见

$$(n,\underbrace{2,\cdots,2}_{n})\prec(2n,\underbrace{1,\cdots,1}_{n})\qquad(5.8.11)$$

据推论 5.1.2，由式(5.8.9)，式(5.8.10)和式(5.8.11)分别可得式(5.8.5)，式(5.8.6)和式(5.8.7).

利用定理 1.3.7 不难验证

$$(n,n,n,\underbrace{2,\cdots,2}_{2n})\prec(2n,n+1,\underbrace{1,\cdots,1}_{4n-1})$$

据推论 5.1.2，由上式可得式(5.8.8).

例 5.8.2[2]　Khinchin不等式：设 n_k 为非负整数，且 $\sum_{i=1}^{k}n_i=n$，则

$$\prod_{j=1}^{k}n_j!\leqslant\left(\frac{1}{2}\right)^n\prod_{j=1}^{k}(2n_j)!\qquad(5.8.12)$$

证明　由定理 5.8.7 知正项等差数列$\{i\}$的前 i 项乘积数列$\{i!\}$是对数凸数列. 利用定理 1.3.7 不难验证

$$(n_1,\cdots,n_k,\underbrace{2,\cdots,2}_{n})\prec(2n_1,\cdots,2n_k\ \underbrace{1,\cdots,1}_{n})\qquad(5.8.13)$$

据推论 5.1.2，由式(5.8.13)可得

$$2^n\prod_{j=1}^{k}n_j!\leqslant\prod_{j=1}^{k}(2n_j)!$$

即式(5.8.12)成立.

例 5.8.3　证明

$$\frac{1}{n}+\frac{1}{n+1}+\frac{1}{n+2}+\cdots+\frac{1}{n^2}\geqslant\frac{2(n^2-n+1)}{n(n+1)}>1,n>1\qquad(5.8.14)$$

$$\frac{1}{n}+\frac{1}{n+1}+\frac{1}{n+2}+\cdots+\frac{1}{2n}\leqslant\frac{3(n+1)}{4n}\leqslant\frac{3}{2} \tag{5.8.15}$$

证明 由定理 5.8.5 知正项等差数列$\{i\}$的倒数数列$\left\{\frac{1}{i}\right\}$是凸数列. 由式(1.3.12) 有

$$\underbrace{\left(\frac{n(n+1)}{2},\cdots,\frac{n(n+1)}{2}\right)}_{n^2-n+1}\prec(n,n+1,\cdots,n^2) \tag{5.8.16}$$

据推论 5.1.2,由式(5.8.16) 可得

$$\frac{1}{n}+\frac{1}{n+1}+\frac{1}{n+2}+\cdots+\frac{1}{n^2}>$$
$$(n^2-n+1)\cdot\frac{1}{\frac{n(n+1)}{2}}=\frac{2(n^2-n+1)}{n(n+1)}$$

当 $n>2$ 时

$$\frac{2(n^2-n+1)}{n(n+1)}>1\Leftrightarrow$$
$$2(n^2-n+1)>n(n+1)\Leftrightarrow(n-2)(n-1)>0$$

成立. 而当 $n=2$ 时

$$\frac{1}{2}+\frac{1}{3}+\frac{1}{4}=\frac{13}{12}>1$$

故式(5.8.14) 成立.

利用定理 1.3.7 不难验证

$$(2n,2n,2n-1,2n-1,\cdots,n+1,n+1,n,n)\prec$$
$$(\underbrace{2n,\cdots,2n}_{n+1},\underbrace{n,\cdots,n}_{n+1}) \tag{5.8.17}$$

因$\left\{\frac{1}{i}\right\}$是凸数列. 由推论 5.1.2 有

$$2\left(\frac{1}{n}+\frac{1}{n+1}+\frac{1}{n+2}+\cdots+\frac{1}{2n}\right)\leqslant$$
$$(n+1)\left(\frac{1}{2n}+\frac{1}{n}\right)=\frac{3(n+1)}{2n}$$

于是

$$\frac{1}{n}+\frac{1}{n+1}+\frac{1}{n+2}+\cdots+\frac{1}{2n}\leqslant\frac{3(n+1)}{4n}$$

而

$$\frac{3(n+1)}{4n}\leqslant\frac{3}{2}\Leftrightarrow 2\leqslant 2n$$

故式(5.8.15)成立.

注 5.8.1　式(5.8.14)和式(5.8.15)分别加细了文献[182]第 185 页中的两个不等式.

5.8.2　等比数列的凸性和对数凸性

设$\{b_i\}$是公比为 q 的等比数列,则其通项

$$b_i=b_1q^{i-1} \tag{5.8.18}$$

其前 n 项和

$$S_n=\sum_{i=1}^{n}b_i=\frac{b_1(1-q^n)}{1-q}=\frac{b_1-b_nq}{1-q} \tag{5.8.19}$$

其前 n 项积

$$T_n=\prod_{i=1}^{n}b_i=b_1^nq^{\frac{n(n-1)}{2}} \tag{5.8.20}$$

笔者[183]研究等比数列的凸性和对数凸性并利用受控理论证明一些等比数列不等式.

定理 5.8.8　等比数列$\{b_i\}$满足

$$b_{i+1}\cdot b_{i-1}=b_i^2,i\geqslant 2 \tag{5.8.21}$$

也就是说,$\{b_i\}$既是对数凸数列也是对数凹数列.

定理 5.8.9　若$\{b_i\}$是非负等比数列,则$\{b_i\}$是

凸数列.

定理 5.8.10 若 $\{b_i\}$ 是正项等比数列，则 $\{b_i - b_{i-1}\}$ 既是对数凸数列也是对数凹数列，还是凸数列.

定理 5.8.11 若$\{b_i\}$是非负等比数列，公比 $q \geqslant 1$，则$\{ib_i\}$既是凸数列也是对数凹数列.

定理 5.8.12 若$\{b_i\}$是非负等比数列，公比 $q \geqslant 1$，则$\{b_i^i\}$既是对数凸数列也是凸数列. 若公比 $q \leqslant 1$，则$\{b_i^i\}$是对数凹数列.

定理 5.8.13 若$\{b_i\}$是非负等比数列，公比 $q > 0$，$b_1 \leqslant q$，则$\{b_i^{\frac{1}{i}}\}$是对数凹数列.

定理 5.8.14 若$\{b_i\}$是非负等比数列，则$\left\{\dfrac{b_i}{i}\right\}$既是对数凸数列也是凸数列.

定理 5.8.15 设$\{b_i\}$为正项等比数列，则下述命题成立：

(a)$\left\{\dfrac{1}{b_i}\right\}$既是对数凸数列也是对数凹数列，还是凸数列；

(b) 若 c 是非负常数，则数列$\left\{\dfrac{1}{b_i + c}\right\}$是对数凹数列；

(c) 若公比 $q \geqslant 1$，$c < b_1$，则数列$\left\{\dfrac{1}{b_i - c}\right\}$是对数凸数列也是凸数列.

定理 5.8.16 非负等比数列$\{b_i\}$的前n项和数列$\{S_i\}$是对数凹数列. 若公比$q \geqslant 1$，则$\{S_i\}$也是凸数列.

定理 5.8.17 设$\{b_i\}$是非负等比数列，c是正常数，若公比$q \geqslant 1$且$c < b_1$，则$\{S_i - c\}$既是凸数列也是

对数凹数列.

定理 5.8.18　若$\{b_i\}$是非负等比数列，则数列$\left\{\frac{S_i}{i}\right\}$是凸数列.

定理 5.8.19　设$\{b_i\}$为非负等比数列，公比$q \geqslant 1$，$T_i = \prod_{j=1}^{i} b_j$为前$i$项乘积，则$\{T_i\}$既是凸数列也是对数凸数列.

例 5.8.4[2]　设$P_n(x)=\sum_{i=0}^{n} x^i$，$n \geqslant 2$，则当$x > 0$时

$$\frac{P_n(x)}{P_n(x)-1-x^n} \geqslant \frac{n+1}{n-1} \tag{5.8.22}$$

$$P_n(x) \geqslant (2n+1)x^n \tag{5.8.23}$$

证明　不难验证式(5.8.22)等价于

$$2P_n(x) \leqslant (n+1)(1+x^n) \tag{5.8.24}$$

利用定理 1.3.7 不难验证

$$(n,n,n-1,n-1,\cdots,1,1,0,0) \prec (\underbrace{n,\cdots,n}_{n+1},\underbrace{0,\cdots,0}_{n+1}) \tag{5.8.25}$$

据推论 5.1.2，由式(5.8.25)即得式(5.8.24).

由式(1.3.12)有

$$(\underbrace{n,\cdots,n}_{2n+1}) \prec (2n,2n-1,\cdots,1,0) \tag{5.8.26}$$

据推论 5.1.2，由式(5.8.26)即得式(5.8.23).

例 5.8.5　设$x > 0$，且$x \neq 1$，$n \in \mathbf{N}$，则

$$x + x^{-n} \geqslant 2n \cdot \frac{x-1}{x^n-1} \tag{5.8.27}$$

证明　不难验证式(5.8.27)等价于

$$\frac{(x^{n+1}+1)(x^n-1)}{x-1}=$$
$$(x^{n+1}+1)(x^{n-1}+x^{n-2}+\cdots+x+1)\geqslant$$
$$2nx^n$$

即

$$x^{2n}+x^{2n-1}+\cdots+x^{n+1}+x^{n-1}+$$
$$x^{n-2}+\cdots+x+1\geqslant 2nx^n]\tag{5.8.28}$$

据式(1.3.12)知

$$(\underbrace{n,\cdots,n}_{2n})\prec(2n,2n-1,\cdots,n+1,n-1,\cdots,1,0)\tag{5.8.29}$$

从而据推论 5.1.2,由式(5.8.29)即得式(5.8.28).

第六章 Schur 凸函数与积分不等式

6.1 涉及 Hadamard 积分不等式的 Schur 凸函数

定理 6.1.1 设 $f: I\subset \mathbf{R}\to\mathbf{R}$ 是定义在实数区间上的一个凸(凹)函数,又设 $x,y\in I$ 且 $x<y$,则有如下双边不等式

$$f\left(\frac{x+y}{2}\right)\leqslant(\geqslant)\ \frac{1}{y-x}\int_x^y f(t)\mathrm{d}t\leqslant(\geqslant)\ \frac{f(x)+f(y)}{2} \tag{6.1.1}$$

这是关于凸函数的著名的 Hadamard 不等式[2]430.

Hadamard 不等式的证明方法有多种,这里是郑宁国[184] 给出的控制证明.

证明 设 $x_n(i)=x+\frac{i(y-x)}{n}\in[x,y],i=1,\cdots,n$，由定积分的定义

$$\frac{1}{y-x}\int_x^y f(t)\mathrm{d}t=\frac{1}{y-x}\lim_{n\to\infty}\sum_{i=1}^{n}[f(x_n(i))\Delta x_n(i)]=$$

$$\frac{1}{n}\lim_{n\to\infty}\sum_{i=1}^{n}f(x_n(i))\geqslant\lim_{n\to\infty}f\left(\frac{\sum_{i=1}^{n}x_n(i)}{n}\right)=$$

$$\lim_{n\to\infty}f\left(\frac{\sum_{i=1}^{n}\left(x+\frac{i(y-x)}{n}\right)}{n}\right)=f\left(\frac{x+y}{2}\right)$$

另一方面

$$\frac{1}{y-x}\int_x^y f(t)\mathrm{d}t=$$

$$\frac{1}{y-x}\lim_{n\to\infty}\left[\sum_{i=1}^{n-1}f(x_n(i))\Delta x_n(i)+f(x_n(n))\Delta x_n(n)\right]=$$

$$\frac{1}{n}\lim_{n\to\infty}\left[\sum_{i=1}^{n}f(x_n(i))+f(y)\right]=$$

$$\lim_{n\to\infty}\frac{1}{n}\left[\sum_{i=1}^{n-1}f(x_n(i))\right]=$$

$$\lim_{n\to\infty}\frac{1}{2n}\left[\sum_{i=1}^{n-1}f(x_n(i))+\sum_{i=1}^{n-1}f(x_n(n-i))\right]=$$

$$\lim_{n\to\infty}\frac{1}{2n}\sum_{i=1}^{n-1}[f(x_n(i))+f(x_n(n-i))]$$

由于 $y\geqslant x_n(i)$ 且 $y\geqslant x_n(n-i)$，即 $y\geqslant\max\{x_n(i),x_n(n-i)\}$，又 $x_n(i)+x_n(n-i)=x+y$，故 $(x_n(i),x_n(n-i))\prec(x,y),i=1,\cdots,n$. 因 f 是 I 上的凸函数，由定理 1.5.4(a) 有

$$f(x_n(i))+f(x_n(n-i))\leqslant f(x)+f(y),i=1,\cdots,n$$

从而

$$\frac{1}{y-x}\int_x^y f(t)\mathrm{d}t \leqslant$$

$$\lim_{n\to\infty}\frac{1}{2n}\sum_{i=1}^{n}[f(x)+f(y)]=\frac{f(x)+f(y)}{2}$$

证毕. □

2000 年,Elezovic 和 Pečarić[185] 考虑了函数平均值关于积分上下限的 Schur 凸性,借助于 Hadamard 积分不等式,建立了如下重要的结果.

定理 6.1.2　设 f 是 I 上的连续函数,则

$$F(x,y)=\begin{cases}\dfrac{1}{y-x}\displaystyle\int_x^y f(t)\mathrm{d}t, x,y\in I, x\neq y\\ f(x), x=y\end{cases} \tag{6.1.2}$$

是 I^2 上的 $S-$凸($S-$凹) 函数当且仅当 f 是 I 上的凸(凹) 函数.

证明　F 显然对称. 对于任意 $x,y\in I$,有

$$(y-x)\left(\frac{\partial F}{\partial y}-\frac{\partial F}{\partial x}\right)=$$

$$(y-x)\left[-\frac{1}{(y-x)^2}\int_x^y f(t)\mathrm{d}t+\frac{f(y)}{y-x}-\frac{1}{(y-x)^2}\int_x^y f(t)\mathrm{d}t+\frac{f(x)}{y-x}\right]=$$

$$f(x)+f(y)-\frac{2}{y-x}\int_x^y f(t)\mathrm{d}t$$

由 Hadamard 不等式,$f(x)+f(y)-\dfrac{2}{y-x}\displaystyle\int_x^y f(t)\mathrm{d}t\geqslant 0$ 当且仅当 f 是 I 上的凸(凹) 函数,由此即证得定理6.1.2. □

注 6.1.1　仅当 f 是线性函数时 Hadamard 不等

式中的等式成立.因此,若 f 是 I 上的非线性的凸(凹)函数,则 $F(x,y)$ 是 I^2 上的严格 $S-$凸(凹)函数.

大约是在 2001 年七、八月间,我到国家图书馆查资料,看到了 Elezovic 和 Pečarić 的这篇简洁漂亮的论文.当时我很兴奋,因为此前我一直试图将受控理论应用于一些积分不等式,但一直没有思路,此文让我顿开茅塞.得到此文不久,我将复印件寄给好友祁锋教授分享,祁锋立即回信说:"此文对我太重要了".不久祁锋写就了文[186],受文[186]的影响,我也相继完成了多篇此类论文(见文[187]~[191]).

推论 6.1.1[192] 设 f 是定义在区间 $I\subset\mathbf{R}$,值域为 J 的勒贝格(Lebesgue)可积函数,k 是 J 上的严格单调的连续实函数,定义函数 f 的广义积分拟算术平均如下

$$M_k(f;a,b)=\begin{cases}k^{-1}\left(\dfrac{1}{y-x}\displaystyle\int_x^y(k\circ f)(t)\mathrm{d}t\right),\\(x,y)\in I^2,x\neq y\\f(x),x=y\end{cases}\tag{6.1.3}$$

(a) 若 $k\circ f$ 是 I 上的凸函数且 k 在 J 上递增,或 $k\circ f$ 是 I 上的凹函数且 k 在 J 上递减,则 $M_k(f;x,y)$ 在 I^2 上 $S-$凸;

(b) 若 $k\circ f$ 是 I 上的凸函数且 k 在 J 上递减,或 $k\circ f$ 是 I 上的凹函数且 k 在 J 上递增,则 $M_k(f;x,y)$ 在 I^2 上 $S-$凹.

证明 对 $k\circ f$ 应用定理 6.1.2,有

$$\Phi(x,y)=\frac{1}{y-x}\int_x^y(k\circ f)(t)\mathrm{d}t$$

在 I^2 上 $S-$凸($S-$凹)当且仅当 $k\circ f$ 是 I 上的凸(凹)

函数. 进而对 $M_k(f;x,y)=f^{-1}(\Phi(x,y))$ 应用定理 2.1.9 即得证. □

文[193] 和文[194] 用不同方法证明了下述定理.

定理 6.1.3　设 f 是 $I\subset\mathbf{R}_{++}$ 上的连续递增(递减)的凸(凹)函数,则 $F(x,y)$ 既是 I^2 上的 $S-$几何凸($S-$几何凹)函数,也是 I^2 上的 $S-$调和凸($S-$调和凹)函数.

这里笔者利用 $S-$几何凸函数和 $S-$调和凸函数的有关性质给出别证.

证明　不妨设 $y>x$. 因 f 在 I 上递增且凸,由式(6.1.1)有

$$\frac{\partial F}{\partial x}=\frac{1}{y-x}\left[\frac{1}{y-x}\int_x^y f(t)\mathrm{d}t-f(x)\right]\geqslant$$

$$\frac{1}{y-x}\left[f\left(\frac{x+y}{2}\right)-f(x)\right]\geqslant 0$$

$$\frac{\partial F}{\partial y}=\frac{1}{y-x}\left[f(y)-\frac{1}{y-x}\int_x^y f(t)\mathrm{d}t\right]\geqslant$$

$$\frac{1}{y-x}\left[f(y)-\frac{f(x)+f(y)}{2}\right]=$$

$$\frac{1}{2}\cdot\frac{f(y)-f(x)}{y-x}\geqslant 0$$

这就是说,$F(x,y)$ 在 I^2 上递增. 又由定理 6.1.2 知 $F(x,y)$ 在 I^2 上 $S-$凸,从而由定理 2.4.6 和定理 2.4.12 知 $F(x,y)$ 既是 I^2 上的 $S-$几何凸函数,也是 I^2 上的 $S-$调和凸函数. 同理可证 f 在 I 上递减且凹的情形. □

定理 6.1.4[11]　设 $0<a<b$, $f:[a,b]\to\mathbf{R}_{++}$ 为二阶可微函数,且 $3f'(x)+xf''(x)\geqslant(\leqslant)0$ 对任取 $x\in[a,b]$ 都成立,则由(6.1.2)定义的 $F(x,y)$ 为 $S-$

几何凸(凹) 函数.

2002 年,祁锋等[195] 建立了定理 6.1.2 的加权形式.

定理 6.1.5 设 f 是 I 上的连续函数,p 是 I 上的正的连续函数,则以 p 为权的 f 的加权算术平均

$$F_p(x,y)=\begin{cases}\dfrac{\int_x^y p(t)f(t)\mathrm{d}t}{\int_x^y p(t)\mathrm{d}t}, x\neq y\\ f(x), x=y\end{cases}\tag{6.1.4}$$

是 I^2 上的 $S-$凸($S-$凹) 函数当且仅当不等式

$$\frac{\int_x^y p(t)f(t)\mathrm{d}t}{\int_x^y p(t)\mathrm{d}t}\leqslant\frac{p(x)f(x)+p(y)f(y)}{p(x)+p(y)}\tag{6.1.5}$$

对于$(x,y)\in I^2$ 成立(反向).

2013 年,龙波涌等人[193] 进一步考察了 $F_p(x,y)$ 的 $S-$几何凸性和 $S-$调和凸性,得到如下结果:

定理 6.1.6 条件同定理 6.1.5,则

(a)$F_p(x,y)$ 是 I^2 上的 $S-$几何凸函数当且仅当不等式

$$\frac{\int_x^y p(t)f(t)\mathrm{d}t}{\int_x^y p(t)\mathrm{d}t}\leqslant\frac{xp(x)f(x)+yp(y)f(y)}{xp(x)+yp(y)}\tag{6.1.6}$$

对于$(x,y)\in I^2$ 成立;

(b)$F_p(x,y)$ 是 I^2 上的 $S-$调和凸函数当且仅当不等式

$$\frac{\int_x^y p(t)f(t)\mathrm{d}t}{\int_x^y p(t)\mathrm{d}t} \leqslant \frac{x^2p(x)f(x)+y^2p(y)f(y)}{x^2p(x)+y^2p(y)} \tag{6.1.7}$$

对于$(x,y)\in I^2$成立.

定理 6.1.7　设 p 是 I 上的正的连续函数，f 是 I 上的可微函数，且对于任意 $x,y\in I$ 满足

$$f'(y)\geqslant \frac{p(y)}{\int_x^y p(t)\mathrm{d}t}\cdot\frac{f(y)-f(x)}{y-x}$$

则下述命题成立：

(a) 若 f 和 p 在 I 上具有相同的单调性，则 $F_p(x,y)$ 在 I^2 上 $S-$凸；

(b) 若 $f(t)$ 和 $tp(t)$ 在 I 上具有相同的单调性，则 $F_p(x,y)$ 在 I^2 上 $S-$几何凸；

(c) 若 $f(t)$ 和 $t^2p(t)$ 在 I 上具有相同的单调性，则 $F_p(x,y)$ 在 I^2 上 $S-$调和凸.

1992 年，Dragomir[196] 用分析的方法证得：

定理 6.1.8　设 $f:[a,b]\to\mathbf{R}$ 是凸函数. 定义

$$H:[0,1]\to\mathbf{R}$$

$$H(t):=\frac{1}{b-a}\int_a^b f\left(tx+(1-t)\frac{a+b}{2}\right)\mathrm{d}x \tag{6.1.8}$$

则 H 是$[0,1]$上的增的凸函数，且对于所有 $t\in[0,1]$，有

$$f\left(\frac{a+b}{2}\right)=H(0)\leqslant H(t)\leqslant H(1)=\frac{1}{b-a}\int_a^b f(x)\mathrm{d}x \tag{6.1.9}$$

式(6.1.9)给出式(6.1.1)左边不等式的加细.

这里借助定理 6.1.2 给出定理 6.1.9 一个简洁的证明.

证明 作变换 $s=tx+(1-t)\dfrac{a+b}{2}$,则

$$H(t)=\frac{1}{u-v}\int_v^u f(s)\mathrm{d}s$$

其中 $u=(1+t)\dfrac{b}{2}+(1+t)\dfrac{a}{2}$,$v=(1+t)\dfrac{a}{2}+(1+t)\dfrac{b}{2}$,由式(1.4.32)知

$$\left(\frac{a+b}{2},\frac{a+b}{2}\right)\prec(u,v)\prec(a,b)$$

从而据定理 6.1.2 有

$$F\left(\frac{a+b}{2},\frac{a+b}{2}\right)\leqslant F(u,v)\leqslant F(a,b)$$

即式(6.1.9)成立. □

定理 6.1.9[197] 设 f 是 I 上的连续函数,则由式(6.1.2)定义的 $F(x,y)$ 是 I^2 上的凸(凹)函数当且仅当 f 是 I 上的凸(凹)函数.

定理 6.1.9 的证明要用到如下三个引理.

引理 6.1.1[198] 设 f 是开区间 I 上的凸函数.对于任意子区间$[a,b]\subset I$,存在无限可微的凸函数序列$\{f_n\}$在$[a,b]$上一致收敛于 f.

引理 6.1.2 设 $\Omega\subset\mathbf{R}^n$ 是凸集,$f_n:\Omega\to\mathbf{R}(n=1,2,\cdots)$是一个连续凸函数序列.若 $\lim\limits_{n\to\infty}f_n(\boldsymbol{x})=f(\boldsymbol{x})$,$\forall\boldsymbol{x}\in\Omega$,则 f 是 Ω 上的凸函数.

证明 由凸函数的定义易证.

引理 6.1.3 设 f 是开区间 I 上的具有连续二阶导数的凸函数,则 F 是 I^2 上的凸函数.

证明　对于 $x,y\in I$，分三种情形讨论.

情形 1. $y>x$，经简单计算得

$$F''_{11}=(y-x)^{-3}\left[2\int_x^y f(t)\mathrm{d}t-(y-x)^2f'(x)-2(y-x)f(x)\right]$$

$$F''_{12}=(y-x)^{-2}[f(y)+f(x)]-(y-x)^{-3}\int_x^y f(t)\mathrm{d}t$$

和

$$F''_{22}=(y-x)^{-1}f'(y)-(y-x)^{-2}f(y)+(y-x)^{-3}\int_x^y f(t)\mathrm{d}t$$

令

$$g(t)=(t-x)^2f'(t)+2(t-x)f(t)-2\int_x^y f(u)\mathrm{d}u,t\in(x,y)$$

则

$$g'(t)=2(t-x)\left[f'(x)-\frac{f(t)-f(x)}{t-x}\right]$$

由拉格朗日中值定理知，存在 $\xi_1(t)\in(x,t)$ 和 $\xi_2(t)\in(x,\xi_1(t))$ 使得

$$g'(t)=2(t-x)[f'(x)-f'(\xi(t))]=-2(t-x)[\xi_1(t)-x]f''(\xi_2(t))$$

因 f 凸，有 $f''(\xi_2(t))\geqslant 0$，从而 $g'(t)\geqslant 0$，这意味着 $g(t)$ 在 $[a,b]$ 上递增，因此 $g(y)\leqslant g(x)=0$，从而 $F''_{11}\geqslant 0$.

令 $\boldsymbol{K}(x,y)=\begin{pmatrix}F''_{11} & F''_{12}\\ F''_{21} & F''_{22}\end{pmatrix}$，由 $f''_{11}\geqslant 0$，易见 $\boldsymbol{K}(x,y)$ 半正定当且仅当 $F''_{11}F''_{22}-F''_{12}F''_{21}\geqslant 0$，这等

价于

$$h(y) \leqslant 0 \tag{6.1.10}$$

其中

$$h(t) = [f(t) - f(x)]^2 + (t - x)^2 f'(y) f'(x) - 2(t - x) \cdot [f(t) f'(x) - f'(t) f(x)] - 2[f'(t) - f'(x)] \int_x^t f(u) \mathrm{d}u, t \in [x, y] \tag{6.1.11}$$

易见

$$h(x) = 0 \tag{6.1.12}$$

且

$$h'(t) = f''(t) L(t) \tag{6.1.13}$$

其中

$$L(t) = (t - x)^2 f'(x) + 2(t - x) f(x) - 2\int_x^t f(u) \mathrm{d}u, t \in [x, y]$$

简单计算得

$$L(x) = 0 \tag{6.1.14}$$

$$L'(t) = 2(t - x) f'(x) + 2f(x) - 2f(t)$$

$$L'(x) = 0 \tag{6.1.15}$$

和

$$L''(x) = 2[f'(x) - f'(t)] \tag{6.1.16}$$

因 f 凸，由式(6.1.16) 有 $f''(x) \geqslant 0$，由此可知 $L''(x) \leqslant 0, \forall x, y \in I$. 从而结合式(6.1.11) ~ 式(6.1.15) 知式(6.1.10) 成立，因此 $\boldsymbol{K}(x, y)$ 是半正定矩阵. 由定理 1.1.5(a) 知 F 是 I^2 上的凸函数.

情形 2. $y < x$. 据 F 的对称性，由情形 1 即知此情形结论亦成立.

情形 3. $y = x$. 由 $F(x, y)$ 的定义有

$$F'_1(x,x)=F'_2(x,x)=\frac{1}{2}f'(x)$$

$$F''_{21}(x,x)=F''_{12}(x,x)=\frac{1}{6}f''(x)\quad(6.1.17)$$

$$F''_{11}(x,x)=F''_{22}(x,x)=\frac{1}{3}f''(x)\quad(6.1.18)$$

由式(6.1.17)和式(6.1.18)知$\boldsymbol{K}(x,y)$是半正定矩阵.故F是I^2上的凸函数. □

定理 6.1.9 证明　必要性:若F是I^2上的凸函数,由F在对称凸集I^2上的对称性以及推论 2.2.1 和定理 6.1.2 即知f是I上的凸函数.

充分性:对于任何(x_1,y_1)和$(x_2,y_2)\in I^2$,存在$a,b\in I$使得(x_1,y_1)和$(x_2,y_2)\in[a,b]^2$.因f在I上连续凸,由引理 6.1.1 知存在具有连续二阶导数的凸函数序列$\{f_n\}$在$[a,b]$上一致收敛于f.令

$$F_n(x,y)=\begin{cases}\dfrac{1}{y-x}\displaystyle\int_x^y f_n(t)\mathrm{d}t,x,y\in I,x\neq y\\ f_n(x),x=y\end{cases}$$

由引理 6.1.3 知F_n是I^2上的凸函数,从而由引理 6.1.2 知

$$G(x,y)=\lim_{n\to\infty}F_n(x,y)=\begin{cases}\dfrac{1}{y-x}\displaystyle\int_x^y f(t)\mathrm{d}t,x,y\in I,x\neq y\\ f(x),x=y\end{cases}$$

是I^2上的凸函数.因此有

$$F\left(\frac{x_1+x_2}{2},\frac{y_1+y_2}{2}\right)=G\left(\frac{x_1+x_2}{2},\frac{y_1+y_2}{2}\right)\leqslant\frac{G(x_1+x_2)+G(y_1+y_2)}{2}=\frac{F(x_1+x_2)+F(y_1+y_2)}{2}$$

由此知 F 是 I^2 上的凸函数,证毕. □

注 6.1.2 由推论 2.2.1 知对称凸集上的对称凸(凹)函数一定是 $S-$凸(凹)函数.因此由张小明和褚玉明得到的定理 6.1.6 是定理 6.1.2 的加强.2003 年,Wulbert[199] 曾证得充分性,即若 f 是 I 上的凸函数,则 F 是 I^2 上的凸函数.

褚玉明等人[200] 证得下述定理:

定理 6.1.10 设 f 是开区间 I 上的连续函数,定义

$$F_f(x,y)=\begin{cases}\frac{1}{y-x}\int_x^y f(t)\mathrm{d}t-f\left(\frac{x+y}{2}\right),x,y\in I,x\neq y\\0,x=y\in I\end{cases}\tag{6.1.19}$$

和

$$G_f(x,y)=\begin{cases}\frac{f(x)+f(y)}{2}-\frac{1}{y-x}\int_x^y f(t)\mathrm{d}t,x,y\in I,x\neq y\\0,x=y\in I\end{cases}\tag{6.1.20}$$

则 $F_f(x,y)$ 和 $G_f(x,y)$ 是 I^2 上的 $S-$凸($S-$凹)函数当且仅当 f 是 I 上的凸(凹)函数.

注 6.1.3 2010 年 12 月 13 日,张小明来信指出:若 $(a_1,b_1)\prec(a_2,b_2)$,则有 $\frac{a_1+b_1}{2}=\frac{a_2+b_2}{2}$,$f\left(\frac{a_1+b_1}{2}\right)=f\left(\frac{a_2+b_2}{2}\right)$,所以利用 $S-$凸函数的定义,易证定理 6.1.10 等价于定理 6.1.2.

若 $f:[a,b]\to\mathbf{R}$ 二阶可微,则成立如下恒等

式[394]

$$\frac{1}{b-a}\int_a^b f(t)\mathrm{d}t-\frac{f(a)+f(b)}{2}+$$
$$\frac{b-a}{8}[f'(b)-f'(a)]= \tag{6.1.21}$$
$$\frac{1}{2(b-a)}\int_a^b\left(t-\frac{a+b}{2}\right)^2 f''(t)\mathrm{d}t$$

借助于此恒等式，文[192] 证得如下：

定理 6.1.11　若 $f:I\to\mathbf{R}$ 是凸(凹) 函数，则函数

$$P(x,y)=$$
$$\begin{cases}\dfrac{f(x)+f(y)}{4}-\dfrac{1}{2}f\left(\dfrac{x+y}{2}\right)-\\ \dfrac{1}{y-x}\displaystyle\int_x^y f(t)\mathrm{d}t,x,y\in I,x\neq y\\ 0,x=y\in I\end{cases} \tag{6.1.22}$$

在 I^2 上 $S-$ 凸(凹).

若 $f\in C^2(I)$ 且 P 在 I^2 上 $S-$ 凸(凹)，则 f 是凸(凹) 函数.

证明　利用(6.1.21) 可得

$$\Delta:=(y-x)\left(\frac{\partial P}{\partial y}-\frac{\partial P}{\partial x}\right)=$$
$$\frac{2}{y-x}\int_x^y f(t)\mathrm{d}t-[f(y)+f(x)]+$$
$$\frac{y-x}{4}[f'(y)-f'(x)]=$$
$$\frac{1}{y-x}\int_a^b\left(t-\frac{x+y}{2}\right)^2 f''(t)\mathrm{d}t$$

若 f 是凸(凹) 函数，则 $f''(t)\geqslant(\leqslant 0)$，故 P 在 I^2 上 $S-$ 凸(凹).

现在假定附加条件 $f \in C^2(I)$，应用积分中值定理，存在 $\xi \in (a,b)$，使得对于任意的 $x,y \in I$，有

$$\Delta := (y-x)\left(\frac{\partial P}{\partial y} - \frac{\partial P}{\partial x}\right) =$$

$$f''(\xi)\,\frac{1}{y-x}\int_a^b \left(t - \frac{x+y}{2}\right)^2 \mathrm{d}t = \frac{(y-x)^2}{12} f''(\xi)$$

若 P 在 I^2 上 $S-$凸（凹）的假设，则 $\Delta \geqslant (\leqslant) 0$，必有 $f''(\xi) \geqslant (\leqslant) 0$，故 f 是凸（凹）函数. □

由 $\left(\frac{x+y}{2},\frac{x+y}{2}\right) \prec (x,y)$ 并结合 P 在 I^2 上 $S-$凸（凹）性，易得下面的推论：

推论 6.1.2 设 $f: I \to \mathbf{R}$ 是凸（凹）函数，$x,y \in I$ 且 $x<y$，则

$$\frac{1}{y-x}\int_x^y f(t)\mathrm{d}t - f\left(\frac{x+y}{2}\right) \leqslant (\geqslant)$$
$$\frac{f(x)+f(y)}{2} - \frac{1}{y-x}\int_x^y f(t)\mathrm{d}t \tag{6.1.23}$$

设非空开区间 $I \subset \mathbf{R}$，定义函数 $S: I^2 \to \mathbf{R}$ 如下

$$S(x,y) = \begin{cases} \dfrac{f(x)+f(y)}{6} - \dfrac{2}{3} f\left(\dfrac{x+y}{2}\right) - \\ \dfrac{1}{y-x}\displaystyle\int_x^y f(t)\mathrm{d}t, x,y \in I, x \neq y \\ 0, x=y \in I \end{cases} \tag{6.1.24}$$

文[201]证得如下结果.

定理 6.1.12 若 $f \in C^4(I)$，则下述陈述等价：

(a) $S(x,y)$ 在 I^2 上 $S-$凸；

(b) $\forall\ x,y \in I, x<y$ 有

$$\frac{1}{y-x}\int_x^y f(t)\mathrm{d}t \leqslant \frac{f(x)+f(y)}{6}+\frac{2}{3}f\left(\frac{x+y}{2}\right)$$

(c) f 在 I 上 4－凸，即 $f^{(4)} \geqslant 0$.

文[202]给出如下双边积分不等式.

定理 6.1.13　设映射 $f:[a,b]\to\mathbf{R}$ 在 (a,b) 上二阶可微，且 $\forall\ t\in(a,b)$，$\gamma\leqslant f''(t)\leqslant\Gamma$，则

$$\frac{\gamma(b-a)^2}{24}\leqslant\frac{1}{b-a}\int_a^b f(t)\mathrm{d}t-f\left(\frac{a+b}{2}\right)\leqslant\frac{\Gamma(b-a)^2}{24} \tag{6.1.25}$$

$$\frac{\gamma(b-a)^2}{12}\leqslant\frac{f(a)+f(b)}{2}-\frac{1}{b-a}\int_a^b f(t)\mathrm{d}t\leqslant\frac{\Gamma(b-a)^2}{12} \tag{6.1.26}$$

文[203]分别利用定理 6.1.10，定理 6.1.11 和定理 6.1.12，并结合式(1.4.32)得到式(6.1.25)和(6.1.26)的推广及加细.

定理 6.1.14　在定理 6.1.13 的条件下，若 $0\leqslant p\leqslant\frac{1}{2}$，则对于 $a<b$ 有

$$\frac{\gamma p(1-p)(b-a)^2}{6}\leqslant\frac{1}{b-a}\int_a^b f(t)\mathrm{d}t-\frac{1}{v-u}\int_u^v f(t)\mathrm{d}t\leqslant\frac{\Gamma p(1-p)(b-a)^2}{6} \tag{6.1.27}$$

和

$$\frac{\gamma p(1-p)(b-a)^2}{3}\leqslant$$

$$\left(\frac{f(a)+f(b)}{2}-\frac{1}{b-a}\int_a^b f(t)\mathrm{d}t\right)-$$
$$\left(\frac{f(u)+f(v)}{2}-\frac{1}{v-u}\int_u^v f(t)\mathrm{d}t\right)\leqslant$$
$$\frac{\Gamma p(1-p)(b-a)^2}{3} \tag{6.1.28}$$

定理 6.1.15 在定理 6.1.14 的条件下,有

$$\frac{\gamma p(1-p)(b-a)^2}{12}\leqslant$$
$$\left(\frac{f(a)+f(b)}{4}-\frac{1}{b-a}\int_a^b f(t)\mathrm{d}t\right)-$$
$$\left(\frac{f(u)+f(v)}{4}-\frac{1}{v-u}\int_u^v f(t)\mathrm{d}t\right)\leqslant$$
$$\frac{\Gamma p(1-p)(b-a)^2}{12} \tag{6.1.29}$$

定理 6.1.16 设映射 $f:[a,b]\to\mathbf{R}$ 在(a,b) 上 4 阶导数 $f^{(4)}$ 连续,且 $\forall\ t\in(a,b),\gamma\leqslant f^{(4)}(t)\leqslant\Gamma$. 若 $0\leqslant p\leqslant\frac{1}{2}$,则对于 $a<b$ 有

$$\frac{\gamma p(1-p)(p^2+(1-p)^2)(b-a)^4}{360}\leqslant$$
$$\left(\frac{f(a)+f(b)}{6}-\frac{1}{b-a}\int_a^b f(t)\mathrm{d}t\right)-$$
$$\left(\frac{f(u)+f(v)}{6}-\frac{1}{v-u}\int_u^v f(t)\mathrm{d}t\right)\leqslant$$
$$\frac{\Gamma p(1-p)(p^2+(1-p)^2)(b-a)^4}{360} \tag{6.1.30}$$

6.2 涉及 Hadamard 型积分不等式的 Schur 凸函数

本节讨论关联 Hadamard 型积分不等式的几类函数的 S − 凸性.

6.2.1 涉及 Dragomir 积分不等式的 Schur 凸函数

1992 年，Dragomir[196] 给出：

定理 6.2.1 设 $f:[a,b]\to\mathbf{R}$ 是凸函数. 定义

$$F:[0,1]\to\mathbf{R}$$

$$F(t):=\frac{1}{(b-a)^2}\int_a^b\int_a^b f(tx+(1-t)y)\mathrm{d}x\mathrm{d}y \tag{6.2.1}$$

则：

(a) F 在 $[0,1]$ 上凸，关于 $\frac{1}{2}$ 对称，即对于 $t\in[0,1]$，$F(t)=F(1-t)$，F 在 $\left[0,\frac{1}{2}\right]$ 上非增，在 $\left[\frac{1}{2},1\right]$ 上非减，且对于所有 $t\in[0,1]$，有

$$F(t)\leqslant F(1)=\frac{1}{b-a}\int_a^b f(x)\mathrm{d}x \tag{6.2.2}$$

和

$$F(t)\geqslant F\left(\frac{1}{2}\right)=\frac{1}{(b-a)^2}\int_a^b\int_a^b f\left(\frac{x+y}{2}\right)\mathrm{d}x\mathrm{d}y\geqslant f\left(\frac{a+b}{2}\right) \tag{6.2.3}$$

(b) 对于所有 $t\in[0,1]$，有

$$F(t) \geqslant \max\{H(t), H(1-t)\} \tag{6.2.4}$$

其中 $H(t)$ 见式(6.1.5).

作为文[204]有关结论的推广,Dragomir[205]给出.

定理 6.2.2 设 $f:[a,b]\to\mathbf{R}$ 是凸函数,定义 $G:[0,1]\to\mathbf{R}$,且

$$G(t):=\frac{1}{2(b-a)}\int_a^b[f(ta+(1-t)x)+f(tb+(1-t)x)]\mathrm{d}x \tag{6.2.5}$$

则 G 是$[0,1]$上的凸函数,且对于所有 $t\in[0,1]$,有

$$\frac{1}{b-a}\int_a^b f(x)\mathrm{d}x=G(0)\leqslant G(t)\leqslant G(1)=\frac{f(a)+f(b)}{2} \tag{6.2.6}$$

注 6.2.1 若 $f:[a,b]\to\mathbf{R}$ 是凹函数,则式(6.2.6)反向(注意 $-f$ 是凸函数).

笔者[187]分别对于 $F(t)$ 和 $G(t)$ 建立与定理6.1.2类似的结果.并给出这些结果的应用.

定理 6.2.3[187] 设 f 是 I 上的连续函数,对于 $t\in[0,1]$,定义二元函数

$$P(a,b)=\begin{cases}G(t), & a,b\in I, a\neq b\\ f(a), & a=b\end{cases} \tag{6.2.7}$$

(a) 对于$\frac{1}{2}\leqslant t\leqslant 1$,若 f 是I上的凸函数,则 $P(a,b)$ 是 I^2 上的 $S-$凸函数;

(b) 对于 $0\leqslant t\leqslant\frac{1}{2}$,若 f 是 I 上的凹函数,则 $P(a,b)$ 是 I^2 上的 $S-$凹函数.

定理 6.2.4[187] 设 f 是 I 上的连续函数,$t\in[0,$

1]，定义二元函数

$$Q(a,b)=\begin{cases}F(t),a,b\in I,a\neq b\\ f(a),a=b\end{cases}\tag{6.2.8}$$

若 f 是 I 上的凸(凹)函数，则 $Q(a,b)$ 是 I^2 上的 S－凸(S－凹)函数.

引理 6.2.1　设 $F(\alpha,\beta)=\int_a^\alpha\int_a^\beta f(x,y)\mathrm{d}x\mathrm{d}y$，其中 $f(x,y)$ 在矩形 $[a,p;a,q]$ 上连续，$\alpha=\alpha(b)$，$\beta=\beta(b)$ 是 b 的可微函数，$a\leqslant\alpha(b)\leqslant p$，$a\leqslant\beta(b)\leqslant q$，则

$$\frac{\partial F}{\partial b}=\left(\int_a^\beta f(\alpha,y)\mathrm{d}y\right)\alpha'(b)+\left(\int_a^\alpha f(x,\beta)\mathrm{d}x\right)\beta'(b)\tag{6.2.9}$$

证明　因为 $F(\alpha,\beta)=\int_a^\alpha\mathrm{d}x\int_a^\beta f(x,y)\mathrm{d}y$，由复合函数的微分法得

$$\frac{\partial F}{\partial b}=\frac{\partial F}{\partial\alpha}\frac{\mathrm{d}\alpha}{\mathrm{d}b}+\frac{\partial F}{\partial\beta}\frac{\mathrm{d}\beta}{\mathrm{d}b}$$

由此即得式(6.2.9).

定理 6.2.3 的证明　仅证(a)，(b) 的证明与(a)类似. 不妨设 $\frac{1}{2}\leqslant t<1$. 显然 $P(a,b)$ 对称. 当 $a\neq b$ 时，令

$$P_1(a,b)=\int_a^b f(ta+(1-t)x)\mathrm{d}x$$

和

$$P_2(a,b)=\int_a^b f(tb+(1-t)x)\mathrm{d}x$$

则

$$P(a,b)=\frac{1}{2(b-a)}[P_1(a,b)+P_2(a,b)]=G(t),a\neq b$$

对于 $P_1(a,b)$，作变换 $s=ta+(1-t)x$，则

$$P_1(a,b)=\frac{1}{1-t}\int_a^{ta+(1-t)b}f(s)\mathrm{d}s=$$

$$\frac{1}{1-t}\left[\int_0^{ta+(1-t)b}f(s)\mathrm{d}s-\int_0^a f(s)\mathrm{d}s\right]$$

于是

$$\frac{\partial P_1(a,b)}{\partial a}=\frac{1}{1-t}[f(ta+(1-t)b)\cdot t-f(a)]=$$

$$\frac{t}{1-t}f(ta+(1-t)b)-\frac{f(a)}{1-t} \tag{6.2.10}$$

$$\frac{\partial P_1(a,b)}{\partial b}=\frac{1}{1-t}[f(ta+(1-t)b)\cdot(1-t)]=$$

$$f(ta+(1-t)b) \tag{6.2.11}$$

注意 $P_2(a,b)=-P_1(b,a)$，由式(6.2.11)有

$$\frac{\partial P_2(a,b)}{\partial a}=-\frac{\partial P_1(b,a)}{\partial a}=-f(tb+(1-t)a)$$

而由式(6.2.10)有

$$\frac{\partial P_2(a,b)}{\partial b}=-\frac{\partial P_1(b,a)}{\partial b}=$$

$$\frac{f(b)}{1-t}-\frac{t}{1-t}f(tb+(1-t)a)$$

$$\frac{\partial P_1(a,b)}{\partial b}-\frac{\partial P_1(a,b)}{\partial a}=$$

$$f(ta+(1-t)b)-\frac{t}{1-t}f(ta+(1-t)b)+\frac{f(a)}{1-t}=$$

$$\frac{1-2t}{1-t}f(ta+(1-t)b)+\frac{f(a)}{1-t}$$

$$\frac{\partial P_2(a,b)}{\partial b}-\frac{\partial P_2(a,b)}{\partial a}=$$

$$\frac{f(b)}{1-t}-\frac{t}{1-t}f(tb+(1-t)a)+f(tb+(1-t)a)=$$

$$\frac{f(b)}{1-t}+\frac{1-2t}{1-t}f(tb+(1-t)a)$$

$$\frac{\partial P(a,b)}{\partial b}=\Big[-\frac{1}{2(b-a)^2}(P_1(a,b)+P_2(a,b))+$$

$$\frac{1}{2(b-a)}\Big(\frac{\partial P_1(a,b)}{\partial b}+\frac{\partial P_2(a,b)}{\partial b}\Big)\Big]$$

$$\frac{\partial P(a,b)}{\partial a}=\Big[\frac{1}{2(b-a)^2}(P_1(a,b)+P_2(a,b))+$$

$$\frac{1}{2(b-a)}\Big(\frac{\partial P_1(a,b)}{\partial a}+\frac{\partial P_2(a,b)}{\partial a}\Big)\Big]$$

于是

$$(b-a)\Big(\frac{\partial P(a,b)}{\partial b}-\frac{\partial P(a,b)}{\partial a}\Big)=$$

$$\frac{1}{2}\Big[\Big(\frac{\partial P_1(a,b)}{\partial b}-\frac{\partial P_1(a,b)}{\partial a}\Big)+\Big(\frac{\partial P_2(a,b)}{\partial b}-\frac{\partial P_2(a,b)}{\partial a}\Big)\Big]-$$

$$\frac{1}{(b-a)}[P_1(a,b)+P_2(a,b)]=$$

$$\frac{1}{2(1-t)}\{f(a)+f(b)+(1-2t)[f(ta+(1-t)b)+$$

$$f(tb+(1-t)a)]\}-2G(t)\geqslant$$

$$\frac{1}{2(1-t)}\{f(a)+f(b)+(1-2t)[tf(a)+$$

$$(1-t)f(b)+tf(b)+(1-t)f(a)]\}-$$

$2G(t)=$　（注意 f 凸且因 $\frac{1}{2}\leqslant t<1$ 有 $1-2t\leqslant 0$）

$f(a)+f(b)-2G(t)\geqslant 0$　（由式(6.2.6)右边不等式）

故 $P(a,b)$ 是 I^2 上的 S－凸函数，定理 6.2.3 得证.

□

定理6.2.4的证明　在引理6.2.1中取 $\alpha=\beta=b$，则当 $a\neq b$ 时，有

$$\frac{\partial Q(a,b)}{\partial b}=\frac{-2}{(b-a)^3}\int_a^b\int_a^b f(tx+(1-t)y)\mathrm{d}x\mathrm{d}y+\frac{1}{(b-a)^2}\left[\int_a^b f(tb+(1-t)y)\mathrm{d}y+\int_a^b f(tx+(1-t)b)\mathrm{d}x\right]$$

$$\frac{\partial Q(a,b)}{\partial a}=\frac{2}{(b-a)^3}\int_a^b\int_a^b f(tx+(1-t)y)\mathrm{d}x\mathrm{d}y+\frac{1}{(b-a)^2}\left[\int_b^a f(ta+(1-t)y)\mathrm{d}y+\int_b^a f(tx+(1-t)a)\mathrm{d}x\right]$$

下面仅就 f 凸的情形讨论（f 凹的情形类似），此时

$$(b-a)\left(\frac{\partial Q(a,b)}{\partial b}-\frac{\partial Q(a,b)}{\partial a}\right)=$$

$$\frac{1}{b-a}\left\{\int_a^b[f(tb+(1-t)y)+f(ta+(1-t)y)]\mathrm{d}y+\int_a^b[f(tx+(1-t)b)+f(tx+(1-t)a)]\mathrm{d}x\right\}-$$

$$\frac{4}{(b-a)^2}\int_a^b\int_a^b f(tx+(1-t)y)\mathrm{d}x\mathrm{d}y\geqslant$$

$$\frac{4}{b-a}\int_a^b f(x)\mathrm{d}x-$$

$$\frac{4}{(b-a)^2}\int_a^b\int_a^b f(tx+(1-t)y)\mathrm{d}x\mathrm{d}y\geqslant$$

（由式(6.2.6) 左边的不等式）

0　（由式(6.2.2)）

故 $Q(a,b)$ 是 I^2 上的 $S-$凸函数，证毕. □

定理 6.2.5　设 $t\in[0,1)$，$a,b\in\mathbf{R}_+$，$r\neq 0$，记

$$L_r(a,b;t)=\left[\frac{(b^r-a^r)-(u^r-v^r)}{2r(1-t)(b-a)}\right]^{\frac{1}{r-1}},a\neq b$$
$$L_r(a,a;t)=a$$

其中 $u=tb+(1-t)a$，$v=ta+(1-t)b$，则：

(a) 当 $r\geqslant 2$ 且 $\frac{1}{2}\leqslant t\leqslant 1$ 时，$L_r(a,b;t)$ 在 $\mathbf{R}_+^2$ 上 $S-$凸；

(b) 当 $1<r<2$ 且 $0\leqslant t\leqslant\frac{1}{2}$ 时，$L_r(a,b;t)$ 在 $\mathbf{R}_+^2$ 上 $S-$凹；

(c) 当 $r\leqslant 1$，$r\neq 0$ 且 $\frac{1}{2}\leqslant t\leqslant 1$ 时，$L_r(a,b;t)$ 在 $\mathbf{R}_+^2$ 上 $S-$凹.

证明　在定理 6.2.3 中取 $f(x)=x^{r-1}$，$r\neq 0$，则当 $a\neq b$ 时，有

$$G(t)=\frac{1}{2(b-a)}\int_a^b[(ta+(1-t)x)^{r-1}+(tb+(1-t)x)^{r-1}]\mathrm{d}x=$$
$$\frac{1}{2r(1-t)(b-a)}[(ta+(1-t)x)^r\big|_a^b+(tb+(1-t)x)^r\big|_a^b]=$$
$$\frac{(b^r-a^r)+(ta+(1-t)b)^r-(tb+(1-t)a)^r}{2r(1-t)(b-a)}=$$
$$\frac{(b^r-a^r)-(u^r-v^r)}{2r(1-t)(b-a)}$$

(a) 当 $r\geqslant 2$ 且 $\frac{1}{2}\leqslant t\leqslant 1$ 时，$f(\boldsymbol{x})=x^{r-1}$ 在 $\mathbf{R}_+$ 上凸，由定理 6.2.3，$P(a,b)$ 在 $\mathbf{R}_+^2$ 上 $S-$凸，又 $t\to t^{\frac{1}{r-1}}$

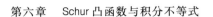

是增函数，由定理 2.1.9(a) 知 $L_r(a,b;t)=[P(a,b)]^{\frac{1}{r-1}}$ 在 $\mathbf{R}_+^2$ 上 $S-$凸.

(b) 当 $1\leqslant r<2$ 且 $0\leqslant t\leqslant\frac{1}{2}$ 时，$f(\boldsymbol{x})=x^{r-1}$ 在 $\mathbf{R}_+$ 上凹，由定理 6.2.3 知 $P(a,b)$ 在 $\mathbf{R}_+^2$ 上 $S-$凹，又 $t\to t^{\frac{1}{r-1}}$ 是增函数，由定理 2.1.9(c) 知 $L_r(a,b;t)$ 在 $\mathbf{R}_+^2$ 上 $S-$凹.

(c) 当 $r<1,r\neq 0$ 且 $\frac{1}{2}\leqslant t\leqslant 1$ 时，$f(x)=x^{r-1}$ 在 $\mathbf{R}_+$ 上凸，由定理6.2.3 知 $P(a,b)$ 在 $\mathbf{R}_+^2$ 上 $S-$凸，又 $t\to t^{\frac{1}{r-1}}$ 是减函数，由定理 2.1.9(b) 知 $L_r(a,b;t)$ 在 $\mathbf{R}_+^2$ 上 $S-$凹. 令 $r\to 1$，可知当 $r=1$ 时，$L_r(a,b;t)$ 仍在 $\mathbf{R}_+^2$ 上 $S-$凹. 定理6.2.5 得证. □

推论 6.2.1 当 $r\geqslant 2$ 且 $\frac{1}{2}\leqslant t\leqslant 1$ 时，有

$$\frac{a+b}{2}\leqslant L_r(a,b;t)\leqslant (a+b)\left[\frac{(t^r-1)-(1-t)^r}{2r(t-1)}\right]^{\frac{1}{r-1}} \tag{6.2.12}$$

当 $1\leqslant r<2$ 且 $0\leqslant t\leqslant\frac{1}{2}$ 或 $r<1,r\neq 0$ 且 $\frac{1}{2}\leqslant t\leqslant 1$ 时，式(6.2.12) 中的两个不等式均反向.

证明 因为

$$\left(\frac{a+b}{2},\frac{a+b}{2}\right)\prec (a,b)\prec (a+b,0)$$

由定理 6.2.5，当 $r\geqslant 2$ 且 $\frac{1}{2}\leqslant t\leqslant 1$ 时，有

$$L_r\left(\frac{a+b}{2},\frac{a+b}{2};t\right)\leqslant L_r(a,b;t)\leqslant L_r(a+b,0;t)$$

即式(6.2.12)成立. 当 $1\leqslant r<2$ 且 $0\leqslant t\leqslant\frac{1}{2}$ 或 $r<1$, $r\neq 0$ 且 $\frac{1}{2}\leqslant t\leqslant 1$ 时,式(6.2.12)中的两个不等式均反向.

注 6.2.2 $L_r(a,b;0)$ 即为广义对数平均(Stolarsky 平均) $S_r(a,b)=\left[\frac{b^r-a^r}{r(b-a)}\right]^{\frac{1}{r-1}}$. 取 $t=0$,由式(6.2.12)可得已知不等式[2]67

$$\frac{a+b}{2}\leqslant S_r(a,b)\leqslant\frac{a+b}{r^{\frac{1}{r-1}}} \tag{6.2.13}$$

定理 6.2.6 设 $\frac{1}{2}\leqslant t<1$, $a,b\in\mathbf{R}_+$,记

$$L(a,b;t)=\frac{(\ln b-\ln a)-(\ln u-\ln v)}{2(1-t)(b-a)},a\neq b$$

$$L(a,a;t)=a^{-1}$$

其中 $u=tb+(1-t)a$, $v=ta+(1-t)b$,则 $L(a,b;t)$ 在 $\mathbf{R}_+^2$ 上 S-凸.

证明 在定理 6.2.3 中取 $f(x)=x^{-1}$,则当 $a\neq b$ 时,有

$$G(t)=\frac{1}{2(b-a)}\int_a^b\{[ta+(1-t)x]^{-1}+[tb+(1-t)x]^{-1}\}\mathrm{d}x=$$

$$\frac{1}{2(1-t)(b-a)}[\ln(ta+(1-t)x)\big|_a^b+\ln(tb+(1-t)x)\big|_a^b]=$$

$$\frac{(\ln b-\ln a)-[\ln(tb+(1-t)a)-\ln(ta+(1-t)b)]}{2(1-t)(b-a)}=$$

$$\frac{(\ln b-\ln a)-(\ln u-\ln v)}{2(1-t)(b-a)}$$

因 $f(x)=x^{-1}$ 在 $\mathbf{R}_+$ 上凸，由定理6.2.3知当 $\frac{1}{2}\leqslant t<1$ 时，$L(a,b;t)$ 在 $\mathbf{R}_+^2$ 上 $S-$凸. □

因 $\left(\frac{a+b}{2},\frac{a+b}{2}\right)\prec(a,b)$，由定理6.2.6立得下面的推论：

推论 6.2.2 设 $\frac{1}{2}\leqslant t<1$，$a,b\in\mathbf{R}_+$，则

$$L(a,b;t)\geqslant\frac{2}{a+b}\tag{6.2.14}$$

注 6.2.3 取 $t=0$，由式(6.2.14)可得下面的不等式(Ostle-Terwilliger's 不等式[206])

$$\frac{\ln b-\ln a}{b-a}\geqslant\frac{2}{a+b}\tag{6.2.15}$$

定理 6.2.7 设 $t\in(0,1)$，$a,b\in\mathbf{R}_+$，记

$$Q_r(a,b;t)=\left[\frac{a^{r+1}+b^{r+1}-(u^{r+1}+v^{r+1})}{r(r+1)t(1-t)(b-a)^2}\right]^{\frac{1}{r-1}},a\neq b$$

$$Q_r(a,a;t)=a$$

其中 $u=tb+(1-t)a$，$v=ta+(1-t)b$，则当 $r\geqslant2$ 时，$Q_r(a,b;t)$ 在 $\mathbf{R}_+^2$ 上 $S-$凸，当 $1\leqslant r<2$，或 $r<1$ 且 $r\neq0,-1$ 时，$Q_r(a,b;t)$ 在 $\mathbf{R}_+^2$ 上 $S-$凹.

证明 取 $f(x)=x^{r-1}$，当 $a\neq b$ 时

$$Q(a,b)=F(t)=\frac{1}{(b-a)^2}\int_a^b\int_a^b[tx+(1-t)y]^{r-1}\mathrm{d}x\mathrm{d}y=$$

$$\frac{1}{rt(b-a)^2}\int_a^b[tx+(1-t)y]^r\Big|_a^b\mathrm{d}y=$$

$$\frac{1}{rt(b-a)^2}\int_a^b\{[tb+(1-t)y]^r-[ta+(1-t)y]^r\}\mathrm{d}y=$$

$$\frac{1}{r(r+1)t(1-t)(b-a)^2}\cdot$$

$$\{[tb+(1-t)y]^{r+1}-[ta+(1-t)y]^{r+1}\}\Big|_a^b=$$

$$\frac{b^{r+1}-[ta+(1-t)b]^{r+1}-[tb+(1-t)a]^{r+1}+a^{r+1}}{r(r+1)t(1-t)(b-a)^2}=$$

$$\frac{a^{r+1}+b^{r+1}-(u^{r+1}+v^{r+1})}{r(r+1)t(1-t)(b-a)^2}$$

以下的讨论与定理 6.2.5 类似，故略. 定理 6.2.7 得证. □

推论 6.2.3　当 $r\geqslant 2$ 时，有

$$\frac{a+b}{2}\leqslant Q_r(a,b;t)\leqslant (a+b)\left[\frac{1-(1-t)^{r+1}-t^{r+1}}{r(r+1)t(1-t)}\right]^{\frac{1}{r-1}} \tag{6.2.16}$$

当 $1\leqslant r<2$，或 $r<1$ 且 $r\neq 0,-1$ 时，式(6.2.16) 中的两个不等式均反向.

证明　因

$$\left(\frac{a+b}{2},\frac{a+b}{2}\right)\prec(a,b)\prec(a+b,0)$$

由定理 6.2.7，当 $r\geqslant 2$ 时，有

$$Q_r\left(\frac{a+b}{2},\frac{a+b}{2};t\right)\leqslant Q_r(a,b;t)\leqslant Q_r(a+b,0;t)$$

即式(6.2.16) 成立. 当 $1\leqslant r<2$ 时，或当 $r<1$ 且 $r\neq 0,-1$ 时，式(6.2.16) 中的两个不等式均反向. □

最近，Čuljak[192] 将定理 6.2.3 推广为下面的定理：

定理 6.2.8　设区间 $I\subset\mathbf{R}$ 的内部非空，f 在 I 上连续，α 在$[0,1]$上连续. 定义 $L_\alpha:[0,1]\to\mathbf{R}$

$$L_\alpha(t):=\frac{1}{2(b-a)}\int_a^b[f(\alpha(t)a+(1-\alpha(t))x)+f(\alpha(t)b+(1-\alpha(t))x)]\mathrm{d}x \tag{6.2.17}$$

定义 I^2 上的二元函数

$$P_\alpha(a,b)=\begin{cases}L_\alpha(t),a,b\in I,a\neq b\\ f(a),a=b\end{cases}\tag{6.2.18}$$

(a) 对于满足 $\min\limits_{t\in I}\alpha(t)=\frac{1}{2},\max\limits_{t\in I}\alpha(t)=1$ 的 α，若 f 是 I 上的凸函数，则 P_α 是 I^2 上的 $S-$ 凸函数；

(b) 满足 $\min\limits_{t\in I}\alpha(t)=0,\max\limits_{t\in I}\alpha(t)=\frac{1}{2}$ 的 α，若 f 是 I 上的凹函数，则 P_α 是 I^2 上的 $S-$ 凹函数.

证明　定理 6.1.2 考虑的是 $P_\alpha(a,b)$ 关于(a,b) 在 I^2 上的 $S-$ 凸性，且其证明不依赖于参数 t. 由定理 6.2.3，显然 $P_\alpha(a,b)=L_\alpha(t)=L(\alpha(t))$ 在相应的条件下，即(a) 对于满足 $\min\limits_{t\in I}\alpha(t)=\frac{1}{2},\max\limits_{t\in I}\alpha(t)=1$ 的 α，若 f 是 I 上的凸函数，则 P_α 是 I^2 上的 $S-$ 凸函数，情形 (b) 类似. □

钱伟茂、郑宁国[368] 通过研究 $P(a,b)$ 和 $Q(a,b)$ 的二元凹凸性，从而改进了定理 6.2.3 和定理 6.2.4，不仅对定理 6.2.3 的条件进行推广，而且对定理 6.2.3 和定理 6.2.4 结果，分别加强为以下两个较完善的定理.

定理 6.2.9　如定理 6.2.3 所设，则 $P(a,b)$ 是 I^2 上的凸(凹) 函数当且仅当 f 是 I 上的凸(凹) 函数.

定理 6.2.10　如定理 6.2.4 所设，则 $Q(a,b)$ 是 I^2 上的凸(凹) 函数当且仅当 f 是 I 上的凸(凹) 函数.

注 6.2.4　由推论 2.2.1 知对称凸集上的对称凸(凹) 函数一定是 $S-$ 凸(凹) 函数. 因此定理 6.2.9 和定理 6.2.10 分别是定理 6.2.3 和定理 6.2.4 的加强，而且还推广了定理 6.2.3 的条件.

定理 6.2.9 的证明　必要性:若 $P(a,b)$ 是 I^2 上的凸(凹) 函数,则任取 $x_1,x_2 \in I$,有

$$f\left(\frac{x_1+x_2}{2}\right)=P\left(\frac{x_1+x_2}{2},\frac{x_1+x_2}{2}\right)=P\left(\frac{(x_1,x_1)+(x_2,x_2)}{2}\right)\leqslant(\geqslant)\frac{P(x_1,x_1)+P(x_2,x_2)}{2}=\frac{f(x_1)+f(x_2)}{2}$$

由定义 1.1.2 知 f 是 I 上的凸(凹) 函数.

充分性:任取 $\boldsymbol{x}=(x_1,x_2)\in I^2$,$\boldsymbol{y}=(y_1,y_2)\in I^2$,当 $\frac{x_1+y_1}{2}\neq\frac{x_2+y_2}{2}$ 时,有

$$P\left(\frac{\boldsymbol{x}+\boldsymbol{y}}{2}\right)=\frac{1}{x_2+y_2-x_1-y_1}\cdot\int_{\frac{x_1+y_1}{2}}^{\frac{x_2+y_2}{2}}\left[f\left(t\cdot\frac{x_1+y_1}{2}+(1-t)u\right)+f\left(t\cdot\frac{x_2+y_2}{2}+(1-t)u\right)\right]\mathrm{d}u$$

令 $u=\frac{x_1+y_1}{2}+s\left(\frac{x_2+y_2}{2}-\frac{x_1+y_1}{2}\right)$,有

$$P\left(\frac{\boldsymbol{x}+\boldsymbol{y}}{2}\right)=\frac{1}{2}\int_0^1\left[f\left(\frac{x_1+y_1}{2}+(1-t)s\left(\frac{x_2+y_2}{2}-\frac{x_1+y_1}{2}\right)\right)+f\left(t\cdot\frac{x_2+y_2}{2}+(1-t)\frac{x_1+y_1}{2}+(1-t)s\left(\frac{x_2+y_2}{2}-\frac{x_1+y_1}{2}\right)\right)\right]\mathrm{d}s=$$

$$\frac{1}{2}\int_0^1 f((x_1+(1-t)s(x_2-x_1)+y_1+$$
$$(1-t)s(y_2-y_1))/2)\,\mathrm{d}s+$$
$$\frac{1}{2}\int_0^1 f((tx_2+(1-t)x_1+(1-t)s(x_2-x_1)+$$
$$ty_2+(1-t)y_1+(1-t)s(y_2-y_1))/2)\,\mathrm{d}s$$

因 f 为凸(凹)函数,所以有

$$P\left(\frac{\boldsymbol{x}+\boldsymbol{y}}{2}\right)\leqslant(\geqslant)\ \frac{1}{4}\int_0^1[f(x_1+(1-t)s(x_2-x_1))+$$
$$f(y_1+(1-t)s(y_2-y_1))]\mathrm{d}s+$$
$$\frac{1}{4}\int_0^1[f(tx_2+(1-t)x_1+(1-t)s(x_2-x_1))+$$
$$f(ty_2+(1-t)y_1+(1-t)s(y_2-y_1))]\mathrm{d}s=$$
$$\frac{1}{4}\int_0^1[f(x_1+(1-t)s(x_2-x_1))+$$
$$f(tx_2+(1-t)x_1+(1-t)s(x_2-x_1))]\mathrm{d}s+$$
$$\frac{1}{4}\int_0^1[f(y_1+(1-t)s(y_2-y_1))+$$
$$f(ty_2+(1-t)y_1+(1-t)s(y_2-y_1))]\mathrm{d}s$$
$$(6.2.19)$$

若 $x_1\neq x_2$,则在式(6.2.19)的第一个积分中令 $s=\frac{u-x_1}{x_2-x_1}$,若 $y_1\neq y_2$,则在式(6.2.19)的第二个积分中令 $s=\frac{u-y_1}{y_2-y_1}$,式(6.2.19)可化为

$$P\left(\frac{\boldsymbol{x}+\boldsymbol{y}}{2}\right)\leqslant(\geqslant)\ \frac{1}{4}\int_0^1[f(tx_1+(1-t)u)+$$
$$f(tx_2+(1-t)u)]\mathrm{d}s+$$
$$\frac{1}{4}\int_0^1[f(ty_1+(1-t)u)+f(ty_2+(1-t)u)]\mathrm{d}s=$$

$$\frac{1}{2}(P(\boldsymbol{x})+P(\boldsymbol{y})) \tag{6.2.20}$$

对于$\frac{x_1+y_1}{2}=\frac{x_2+y_2}{2}$或 $x_1=x_2$ 或 $y_1=y_2$,式(6.2.20) 显然也是成立的. 至此证得 $P(a,b)$ 在 I^2 上凸(凹). □

定理 6.2.10 的证明　必要性的证明类于定理 6.2.9,故略.

充分性:任取 $\boldsymbol{x}=(x_1,x_2)\in I^2,\boldsymbol{y}=(y_1,y_2)\in I^2$,当$\frac{x_1+y_1}{2}\neq\frac{x_2+y_2}{2}$时,有

$$Q\left(\frac{\boldsymbol{x}+\boldsymbol{y}}{2}\right)=\frac{1}{\left(\frac{y_2+x_2}{2}-\frac{y_1+x_1}{2}\right)^2}\int_{\frac{y_1+x_1}{2}}^{\frac{y_2+x_2}{2}}\int_{\frac{y_1+x_1}{2}}^{\frac{y_2+x_2}{2}}f(tu+(1-t)v)\,\mathrm{d}u\mathrm{d}v$$

令

$$u=\frac{y_1+x_1}{2}+\left(\frac{y_2+x_2}{2}-\frac{y_1+x_1}{2}\right)p$$

$$v=\frac{y_1+x_1}{2}+\left(\frac{y_2+x_2}{2}-\frac{y_1+x_1}{2}\right)q$$

有

$$Q\left(\frac{\boldsymbol{x}+\boldsymbol{y}}{2}\right)=\int_0^1\int_0^1 f\left(\frac{y_1+x_1}{2}+t\left(\frac{y_2+x_2}{2}-\frac{y_1+x_1}{2}\right)p+(1-t)\left(\frac{y_2+x_2}{2}-\frac{y_1+x_1}{2}\right)q\right)\mathrm{d}p\mathrm{d}q=$$

$$\int_0^1\int_0^1 f((x_1+t(x_2-x_1)p+(1-t)(x_2-x_1)q+y_1+t(y_2-y_1)q+(1-t)(y_2-y_1)q)/2)\,\mathrm{d}p\mathrm{d}q\leqslant(\geqslant)$$

$$\frac{1}{2}\int_0^1\int_0^1 f(x_1+t(x_2-x_1)p+(1-t)(x_2-x_1)q)\,\mathrm{d}p\mathrm{d}q+$$

$$\frac{1}{2}\int_0^1\int_0^1 f(y_1+t(y_2-y_1)p+(1-t)(y_2-y_1)q)\,\mathrm{d}p\mathrm{d}q$$

(6.2.21)

若 $x_1\neq x_2$ 且 $y_1\neq y_2$，在(6.2.21)的第一积分中令 $p=\frac{u-x_1}{x_2-x_1}$ 和 $q=\frac{v-x_1}{x_2-x_1}$，第二积分中令 $p=\frac{u-y_1}{y_2-y_1}$ 和 $q=\frac{v-y_1}{y_2-y_1}$ 有

$$\begin{aligned}
&Q\left(\frac{\boldsymbol{x}+\boldsymbol{y}}{2}\right)\leqslant(\geqslant)\\
&\frac{1}{2\,(x_2-x_1)^2}\int_{x_1}^{x_2}\int_{x_1}^{x_2} f(x_1+t(u-x_1)+\\
&(1-t)(v-x_1))\,\mathrm{d}u\mathrm{d}v+\\
&\frac{1}{2(y_2-y_1)}\int_{y_1}^{y_2}\int_{y_1}^{y_2} f(y_1+t(u-y_1)+\\
&(1-t)(v-y_1))\,\mathrm{d}u\mathrm{d}v=\\
&\frac{1}{2\,(x_2-x_1)^2}\int_{x_1}^{x_2}\int_{x_1}^{x_2} f(tu+(1-t)v)\,\mathrm{d}u\mathrm{d}v+\\
&\frac{1}{2(y_2-y_1)}\int_{y_1}^{y_2}\int_{y_1}^{y_2} f(tu+(1-t)v)\,\mathrm{d}u\mathrm{d}v=\\
&\frac{1}{2}(Q(\boldsymbol{x})+Q(\boldsymbol{y}))
\end{aligned}$$

(6.2.22)

对于 $\frac{x_1+y_1}{2}=\frac{x_2+y_2}{2}$ 或 $x_1=x_2$ 或 $y_1=y_2$，式(6.2.22)显然也是成立的. 至此证得 $Q(a,b)$ 在 I^2 上凸(凹). □

6.2.2 涉及 Lan He 积分不等式的 Schur 凸函数

设 $f, -g$ 均是凸函数且满足 $\int_a^b g(x)\mathrm{d}x > 0$，$f\left(\frac{a+b}{2}\right) \geqslant 0$，文[207]将式(6.1.1)推广为

$$\frac{f\left(\frac{a+b}{2}\right)}{g\left(\frac{a+b}{2}\right)} \leqslant \frac{\frac{1}{b-a}\int_a^b f(x)\mathrm{d}x}{\frac{1}{b-a}\int_a^b g(x)\mathrm{d}x} \tag{6.2.23}$$

为了进一步研究(6.2.23)，文[207]定义了如下两个映射

$$L:[a,b]\times[a,b]\to\mathbf{R}$$

$$L(x,y;f,g)=\left[\int_x^y f(t)\mathrm{d}t-(y-x)f\left(\frac{x+y}{2}\right)\right]\cdot\left[(y-x)g\left(\frac{x+y}{2}\right)-\int_x^y g(t)\mathrm{d}t\right]$$

和

$$F:[a,b]\times[a,b]\to\mathbf{R}$$

$$F(x,y;f,g)=g\left(\frac{x+y}{2}\right)\int_x^y f(t)\mathrm{d}t-f\left(\frac{x+y}{2}\right)\int_x^y g(t)\mathrm{d}t$$

并建立下述两个定理，它们均加细了式(6.2.23).

定理 6.2.11　设 $f, -g$ 均是 $[a,b]$ 上的凸函数，则：

(a) $L(x,y;f,g)$ 关于 (x,y) 在 $[a,b]\times[a,b]$ 上非负单调增；

(b) 当 $\int_a^b g(x)\mathrm{d}x > 0$，$f\left(\frac{a+b}{2}\right) \geqslant 0$ 时，对于任意

$x,y\in(a,b)$ 和 $\alpha\geqslant 0,\beta\geqslant 0,\alpha+\beta=1$,有

$$\frac{f\left(\frac{a+b}{2}\right)}{g\left(\frac{a+b}{2}\right)}\leqslant\frac{(b-a)f\left(\frac{a+b}{2}\right)}{2\int_a^b g(t)\mathrm{d}t}+\frac{\int_a^b f(t)\mathrm{d}t}{2(b-a)g\left(\frac{a+b}{2}\right)}\leqslant$$

$$\frac{(b-a)f\left(\frac{a+b}{2}\right)}{2\int_a^b g(t)\mathrm{d}t}+\frac{\int_a^b f(t)\mathrm{d}t}{2(b-a)g\left(\frac{a+b}{2}\right)}+$$

$$\frac{\alpha L(a,y;f,g)+\beta L(x,b;f,g)}{2(b-a)g\left(\frac{a+b}{2}\right)\int_a^b g(t)\mathrm{d}t}\leqslant$$

$$\frac{\int_a^b f(x)\mathrm{d}x}{2\int_a^b g(x)\mathrm{d}x}+\frac{2f\left(\frac{a+b}{2}\right)}{2g\left(\frac{a+b}{2}\right)}\leqslant\frac{\int_a^b f(x)\mathrm{d}x}{\int_a^b g(x)\mathrm{d}x}\tag{6.2.24}$$

笔者[191] 研究了 $L(x,y;f,g)$ 和 $F(x,y;f,g)$ 关于(x,y) 的 S－凸性,S－几何凸性和 S－调和凸性.

定理 6.2.12　设 $f,-g$ 均是$[a,b]$上的凸函数,则:

(a)$L(x,y;f,g)$ 在$[a,b]\times[a,b]\subset\mathbf{R}^2$ 上 S－凸,且 $L(x,y;f,g)$ 在$[a,b]\times[a,b]\subset\mathbf{R}_{++}^2$ 上 S－几何凸和 S－调和凸;

(b) 若$\frac{1}{2}\leqslant t_2\leqslant t_1\leqslant 1$ 或 $0\leqslant t_1\leqslant t_2\leqslant\frac{1}{2}$,则对于 $a<b$,有

$$\begin{aligned}0&\leqslant L(t_1a+(1-t_1)b,t_1b+(1-t_1)a;f,g)\leqslant\\&L(t_2a+(1-t_2)b,t_2b+(1-t_2)a;f,g)\leqslant\\&L(a,b;f,g)\end{aligned}\tag{6.2.25}$$

且对于 $0<a<b$,有

$$0 \leqslant L(a^{t_1}b^{1-t_1},b^{t_1}a^{1-t_1};f,g) \leqslant \\ L(a^{t_2}b^{1-t_2},b^{t_2}a^{1-t_2};f,g) \leqslant L(a,b;f,g) \tag{6.2.26}$$

和

$$0 \leqslant L\left(\frac{1}{t_1a+(1-t_1)b},\frac{1}{t_1b+(1-t_1)a};f,g\right) \leqslant \\ L\left(\frac{1}{t_2a+(1-t_2)b},\frac{1}{t_2b+(1-t_2)a};f,g\right) \leqslant \\ L\left(\frac{1}{a},\frac{1}{b};f,g\right) \tag{6.2.27}$$

定理 6.2.13　设 $f,-g$ 均是$[a,b]$上的非负凸函数，则：

(a) $F(x,y;f,g)$ 在$[a,b]\times[a,b]\subset \mathbf{R}^2$ 上 S—凸；

(b) 若$\frac{1}{2}\leqslant t_2\leqslant t_1\leqslant 1$ 或 $0\leqslant t_1\leqslant t_2\leqslant\frac{1}{2}$，则对于 $a<b$，有

$$0 \leqslant F(t_1a+(1-t_1)b,t_1b+(1-t_1)a;f,g) \leqslant \\ F(t_2a+(1-t_2)b,t_2b+(1-t_2)a;f,g) \leqslant \\ F(a,b;f,g) \tag{6.2.28}$$

定理 6.2.14　设 $f,-g$ 均是$[a,b]$上的凸函数，若$\int_a^b g(x)\mathrm{d}x>0$，$f\left(\frac{a+b}{2}\right)\geqslant 0$，则

$$\frac{f\left(\frac{a+b}{2}\right)}{g\left(\frac{a+b}{2}\right)} \leqslant \frac{\int_a^b f(t)\mathrm{d}t-\int_{ta+(1-t)b}^{tb+(1-t)a} f(t)\mathrm{d}t}{\int_a^b g(t)\mathrm{d}t-\int_{ta+(1-t)b}^{tb+(1-t)a} g(t)\mathrm{d}t} \leqslant \frac{\int_a^b f(t)\mathrm{d}t}{\int_a^b g(t)\mathrm{d}t} \tag{6.2.29}$$

其中$\frac{1}{2}\leqslant t\leqslant 1$ 或 $0\leqslant t\leqslant\frac{1}{2}$.

引理 6.2.2　设 $f,-g$ 均是$[a,b]$上的凸函数，若

$\int_a^b g(x)\mathrm{d}x \geqslant 0$ 且 $f\left(\frac{a+b}{2}\right) \geqslant 0$，则

$$L(a,b;f,g) \leqslant 2(b-a)\left[g\left(\frac{a+b}{2}\right)\int_a^b f(t)\mathrm{d}t - f\left(\frac{a+b}{2}\right)\int_a^b g(t)\mathrm{d}t\right] \tag{6.2.30}$$

证明

$$L(a,b;f,g) = \left[\int_a^b f(t)\mathrm{d}t - (b-a)f\left(\frac{a+b}{2}\right)\right]\cdot \left[(b-a)g\left(\frac{a+b}{2}\right) - \int_a^b g(t)\mathrm{d}t\right] =$$
$$(b-a)g\left(\frac{a+b}{2}\right)\int_a^b f(t)\mathrm{d}t - \int_a^b f(t)\mathrm{d}t\int_a^b g(t)\mathrm{d}t -$$
$$(b-a)^2 f\left(\frac{a+b}{2}\right)g\left(\frac{a+b}{2}\right) - (b-a)f\left(\frac{a+b}{2}\right)\int_a^b g(t)\mathrm{d}t \tag{6.2.31}$$

结合式(6.2.31)与文[207]中的式(3.6)和式(3.7)即得式(6.2.30).

定理 6.2.12 的证明 (a) 显然 $L(x,y;f,g)$ 关于 x,y 对称，不妨设 $y \geqslant x$，直接计算得

$$\frac{\partial L}{\partial y} = \left[f(y) - f\left(\frac{x+y}{2}\right) - \frac{y-x}{2}f'\left(\frac{x+y}{2}\right)\right]\cdot \left[(y-x)g\left(\frac{x+y}{2}\right) - \int_x^y g(t)\mathrm{d}t\right] + \left[\int_x^y f(t)\mathrm{d}t - (y-x)f\left(\frac{x+y}{2}\right)\right]\cdot \left[g\left(\frac{x+y}{2}\right) + \frac{y-x}{2}g'\left(\frac{x+y}{2}\right) - g(y)\right]$$

$$\frac{\partial L}{\partial x} = \left[-f(\boldsymbol{x}) + f\left(\frac{x+y}{2}\right) - \frac{y-x}{2}f'\left(\frac{x+y}{2}\right)\right]\cdot \left[(y-x)g\left(\frac{x+y}{2}\right) - \int_x^y g(t)\mathrm{d}t\right] +$$

$$\left[\int_x^y f(t)\mathrm{d}t-(y-x)f\left(\frac{x+y}{2}\right)\right]\cdot$$
$$\left[-g\left(\frac{x+y}{2}\right)+\frac{y-x}{2}g'\left(\frac{x+y}{2}\right)+g(x)\right]$$

由微分中值定理,存在 $\xi\in\left(\frac{x+y}{2},y\right)$ 使得

$$f(y)-f\left(\frac{x+y}{2}\right)=\left(y-\frac{x+y}{2}\right)f'(\xi)=\frac{y-x}{2}f'(\xi)$$

因为 f 凸,意味着 f' 增,故 $f'(\xi)\geqslant f'\left(\frac{x+y}{2}\right)$,于是

$$f(y)-f\left(\frac{x+y}{2}\right)-\frac{y-x}{2}f'\left(\frac{x+y}{2}\right)\geqslant 0$$

同理有

$$-f(x)+f\left(\frac{x+y}{2}\right)-\frac{y-x}{2}f'\left(\frac{x+y}{2}\right)\leqslant 0$$

类似地,因为 $-g$ 凸,有

$$g\left(\frac{x+y}{2}\right)+\frac{y-x}{2}g'\left(\frac{x+y}{2}\right)-g(y)\geqslant 0$$

同理有

$$-g\left(\frac{x+y}{2}\right)+\frac{y-x}{2}g'\left(\frac{x+y}{2}\right)-g(x)\leqslant 0$$

由 Hadamard 不等式(6.1.1)有

$$(y-x)g\left(\frac{x+y}{2}\right)-\int_x^y g(t)\mathrm{d}t\geqslant 0$$

和

$$\int_x^y f(t)\mathrm{d}t-(y-x)f\left(\frac{x+y}{2}\right)\geqslant 0$$

因此 $\frac{\partial L}{\partial y}\geqslant 0,\frac{\partial L}{\partial x}\leqslant 0$,进而有 $(y-x)\left(\frac{\partial L}{\partial y}-\frac{\partial L}{\partial x}\right)\geqslant 0$ 和 $(y-x)\left(x^2\frac{\partial L}{\partial y}-y^2\frac{\partial L}{\partial x}\right)\geqslant 0$,据定理 2.1.3 和定理

2.5.2 知 $L(x,y;f,g)$ 在 $[a,b]\times[a,b]\subset\mathbf{R}^2$ 上 $S-$凸，在 $[a,b]\times[a,b]\subset\mathbf{R}_{++}^2$ 上 $S-$调和凸；注意 $y\geqslant x$ 有 $\ln x-\ln y\leqslant 0$，于是 $(\ln y-\ln x)\left(\frac{\partial L}{\partial y}-\frac{\partial L}{\partial x}\right)\geqslant 0$，据定理 2.4.3 知 $L(x,y;f,g)$ 在 $[a,b]\times[a,b]\subset\mathbf{R}_{++}^2$ 上 $S-$几何凸.

(b) 由式(1.4.32)有

$$(\ln\sqrt{ab},\ln\sqrt{ab})\prec(\ln(b^{t_2}a^{1-t_2}),\ln(a^{t_2}b^{1-t_2}))\prec(\ln(b^{t_1}a^{1-t_1}),\ln(a^{t_1}b^{1-t_1}))\prec(\ln a,\ln b) \tag{6.2.32}$$

据定理 6.2.12(a)，由式(1.4.32)和式(6.2.32)即知式(6.2.25)，式(6.2.27)和式(6.2.26)成立. □

定理 6.2.13 的证明 (a) 显然 $F(x,y;f,g)$ 关于 x,y 对称，不妨设 $y\geqslant x$，直接计算得

$$\frac{\partial F}{\partial y}=\frac{1}{2}g'\left(\frac{x+y}{2}\right)\int_x^y f(t)\mathrm{d}t+g\left(\frac{x+y}{2}\right)f(y)-\frac{1}{2}f'\left(\frac{x+y}{2}\right)\int_x^y g(t)\mathrm{d}t-f\left(\frac{x+y}{2}\right)g(y)$$

$$\frac{\partial F}{\partial y}=\frac{1}{2}g'\left(\frac{x+y}{2}\right)\int_x^y f(t)\mathrm{d}t-g\left(\frac{x+y}{2}\right)f(y)-\frac{1}{2}f'\left(\frac{x+y}{2}\right)\int_x^y g(t)\mathrm{d}t+f\left(\frac{x+y}{2}\right)g(x)$$

从而

$$(y-x)\left(\frac{\partial F}{\partial y}-\frac{\partial F}{\partial x}\right)=(y-x)\left[g\left(\frac{x+y}{2}\right)(f(x)+f(y))-f\left(\frac{x+y}{2}\right)(g(x)+g(y))\right]$$

因为 $f,-g$ 均是 $[a,b]$ 上的凸函数，有

$$f(x)+f(y)\geqslant 2f\left(\frac{x+y}{2}\right)$$

$$g\left(\frac{x+y}{2}\right)\geqslant\frac{g(x)+g(y)}{2}$$

于是

$$g\left(\frac{x+y}{2}\right)(f(x)+f(y))-$$

$$f\left(\frac{x+y}{2}\right)(g(x)+g(y))\geqslant 0$$

进而 $(y-x)\left(\frac{\partial F}{\partial y}-\frac{\partial F}{\partial x}\right)\geqslant 0$，故 $F(x,y;f,g)$ 在 $[a,b]\times[a,b]\subset\mathbf{R}^2$ 上 $S-$凸.

(b) 据定理 6.2.13(a)，由式(1.4.32) 即知式(6.2.26) 成立. □

定理 6.2.14 的证明　对于 $\frac{1}{2}\leqslant t\leqslant 1$ 或 $0\leqslant t\leqslant\frac{1}{2}$，由定理 6.2.13 有

$$F(ta+(1-t)b,tb+(1-t)a;f,g)=$$

$$g\left(\frac{a+b}{2}\right)\int_{ta+(1-t)b}^{tb+(1-t)a}f(t)\mathrm{d}t-f\left(\frac{a+b}{2}\right)\int_{ta+(1-t)b}^{tb+(1-t)a}g(t)\mathrm{d}t\leqslant$$

$$g\left(\frac{a+b}{2}\right)\int_a^b f(t)\mathrm{d}t-f\left(\frac{a+b}{2}\right)\int_a^b g(t)\mathrm{d}t=F(a,b;f,g)$$

即

$$f\left(\frac{a+b}{2}\right)\left(\int_a^b g(t)\mathrm{d}t-\int_{ta+(1-t)b}^{tb+(1-t)a}g(t)\mathrm{d}t\right)\leqslant$$

$$g\left(\frac{a+b}{2}\right)\left(\int_a^b f(t)\mathrm{d}t-\int_{ta+(1-t)b}^{tb+(1-t)a}f(t)\mathrm{d}t\right)$$

上式等价于式(6.2.27). □

定理 6.2.15　设 $a,b\in\mathbf{R}_{++}$，$a<b$，$u=tb+(1-t)a$，$v=ta+(1-t)b$，$\frac{1}{2}\leqslant t\leqslant 1$ 或 $0\leqslant t\leqslant\frac{1}{2}$，则对于 $1\leqslant r\leqslant 2$ 有

$$\left(\frac{2}{a+b}\right)^r \leqslant \frac{r[(\ln b-\ln a)-(\ln u-\ln v)]}{2(b-a)(1-t)} \leqslant \frac{r(\ln b-\ln a)}{b-a} \tag{6.2.33}$$

证明 对于 $1\leqslant r\leqslant 2$ 取 $f(x)=x^{2r-1}$ 和 $g(x)=x^{r-1}$，则 f，$-g$ 均是$[a,b]$上的凸函数，由定理 6.2.14 知式(6.2.33) 成立. □

定理 6.2.16 设 $a,b\in\mathbf{R}_{++}$，$a<b$，$u=tb+(1-t)a$，$v=ta+(1-t)b$，$\frac{1}{2}\leqslant t\leqslant 1$ 或 $0\leqslant t\leqslant\frac{1}{2}$，则对于 $1\leqslant r\leqslant 2$ 有

$$\frac{2}{a+b}\leqslant\left[\frac{(b^{2r}-a^{2r})-(u^{2r}-v^{2r})}{2(b^r-a^r)-2(u^r-v^r)}\right]^{\frac{1}{r}}\leqslant\left(\frac{a^r+b^r}{2}\right)^{\frac{1}{r}} \tag{6.2.34}$$

证明 对于 $1\leqslant r\leqslant 2$，取 $f(x)=x^{-1}$ 和 $g(x)=x^{r-1}$，则 f，$-g$ 均是$[a,b]$上的凸函数，由定理 6.2.14 易知式(6.2.34) 成立. □

6.2.3 涉及广义积分拟算术平均的 Schur 凸函数

王东生等人[629]结合式(6.1.3)和(6.2.23)，考察了如下两个涉及广义积分拟算术平均的函数的 S－凸性

$$H_{p,q}(f,g;a,b)=\begin{cases}\dfrac{M_p(f;a,b)}{M_q(g;a,b)}, a\neq b\\[2mm] \dfrac{f(a)}{g(a)}, a=b\end{cases} \tag{6.2.35}$$

和

$$L_{p,q}(f,g;a,b)=\begin{cases}\left[M_p(f;a,b)-f\left(\dfrac{a+b}{2}\right)\right]\cdot \\ \left[g\left(\dfrac{a+b}{2}\right)-M_q(g;a,b)\right],a\neq b \\ 0,a=b\end{cases}$$

(6.2.36)

得到如下结果.

定理 6.2.17 设 f 和 g 是定义在区间 $I\subset\mathbf{R}$,值域分别为 J_1 和 J_2 的勒贝格可积函数,p 和 q 分别是 J_1 和 J_2 上的严格递增的连续函数,又设 $M_p(f;a,b)\geqslant 0$,$M_q(g;a,b)>0$ 且 $g\left(\frac{a+b}{2}\right)\neq 0$.

(a) 若 $p\circ f$ 在 I 上凸,$q\circ g$ 在 I 上凹,则 $H_{p,q}(f,g;a,b)$ 在 I^2 上 $S-$凸,从而对于 $a<b$ 有

$$\frac{M_p(f;a,b)}{M_q(g;a,b)}\geqslant\frac{M_p(f;u,v)}{M_q(g;u,v)}\geqslant\frac{f\left(\dfrac{a+b}{2}\right)}{g\left(\dfrac{a+b}{2}\right)}$$

(6.2.37)

其中 $u=ta+(1-t)b$,$v=tb+(1-t)a$,$\frac{1}{2}\leqslant t\leqslant 1$ 或 $0\leqslant t\leqslant\frac{1}{2}$.

(b) 若 $p\circ f$ 在 I 上凹,$q\circ g$ 在 I 上凸,则 $H_{p,q}(f,g;a,b)$ 在 I^2 上 $S-$凹,且不等式(6.2.37) 反向.

定理 6.2.18 条件同定理 6.2.17,若 $p\circ f$ 在 I 上凸,$q\circ g$ 在 I 上凹,则 $L_{p,q}(f,g;a,b)$ 在 I^2 上 $S-$凸且如下不等式链成立

$$\frac{M_p(f;a,b)}{M_q(g;a,b)} \geqslant \frac{M_p(f;a,b)}{2M_q(g;a,b)} + \frac{f\left(\frac{a+b}{2}\right)}{2g\left(\frac{a+b}{2}\right)} \geqslant$$

$$\frac{f\left(\frac{a+b}{2}\right)}{2M_q(g;a,b)} + \frac{M_p(f;a,b)}{2g\left(\frac{a+b}{2}\right)} \geqslant \frac{f\left(\frac{a+b}{2}\right)}{g\left(\frac{a+b}{2}\right)} \tag{6.2.38}$$

定理 6.2.17 的证明　(a) 不妨设 $b \geqslant a$. 因为

$$\frac{\partial H_{f,g}}{\partial a} = \frac{1}{M_g^2(q;a,b)}\left(\frac{\partial M_f}{\partial a}M_g - \frac{\partial M_g}{\partial a}M_f\right)$$

$$\frac{\partial H_{f,g}}{\partial b} = \frac{1}{M_g^2(q;a,b)}\left(\frac{\partial M_f}{\partial b}M_g - \frac{\partial M_g}{\partial b}M_f\right)$$

$$\Delta := (b-a)\left(\frac{\partial H_{f,g}}{\partial b} - \frac{\partial H_{f,g}}{\partial a}\right) =$$

$$\frac{M_g}{M_g^2(q;a,b)}(b-a)\left(\frac{\partial M_f}{\partial b} - \frac{\partial M_f}{\partial a}\right) -$$

$$\frac{M_f}{M_g^2(q;a,b)}(b-a)\left(\frac{\partial M_g}{\partial b} - \frac{\partial M_g}{\partial a}\right)$$

由推论 6.1.1 有

$$(b-a)\left(\frac{\partial M_f}{\partial b} - \frac{\partial M_f}{\partial a}\right) \geqslant 0$$

$$(b-a)\left(\frac{\partial M_g}{\partial b} - \frac{\partial M_g}{\partial a}\right) \leqslant 0$$

又 $M_f(p;a,b) \geqslant 0$, $M_g(q;a,b) > 0$, 所以 $\Delta \geqslant 0$, 这意味着 $H_{f,g}(p,q;a,b)$ 在 I^2 上 $S-$凸, 从而由(1.4.32)即得式(6.2.37). 同理可证(b). □

定理 6.2.18 的证明　不妨设 $b \geqslant a$

$$\frac{\partial L_{f,g}}{\partial a}=\left(\frac{\partial M_f}{\partial a}-\frac{1}{2}p'\left(\frac{a+b}{2}\right)\right)\cdot\left[q\left(\frac{a+b}{2}\right)-M_g(q;a,b)\right]+\left(\frac{1}{2}q'\left(\frac{a+b}{2}\right)-\frac{\partial M_g}{\partial a}\right)\cdot\left[M_f(p;a,b)-p\left(\frac{a+b}{2}\right)\right]$$

$$\frac{\partial L_{f,g}}{\partial b}=\left[\frac{\partial M_f}{\partial b}-\frac{1}{2}p'\left(\frac{a+b}{2}\right)\right]\cdot\left[q\left(\frac{a+b}{2}\right)-M_g(q;a,b)\right]+\left[\frac{1}{2}q'\left(\frac{a+b}{2}\right)-\frac{\partial M_g}{\partial b}\right]\cdot\left[M_f(p;a,b)-p\left(\frac{a+b}{2}\right)\right]$$

于是

$$\Delta:=(b-a)\left(\frac{\partial L_{f,g}}{\partial b}-\frac{\partial L_{f,g}}{\partial a}\right)=\left[q\left(\frac{a+b}{2}\right)-M_g(q;a,b)\right](b-a)\left(\frac{\partial M_f}{\partial b}-\frac{\partial M_f}{\partial a}\right)-\left[M_f(p;a,b)-p\left(\frac{a+b}{2}\right)\right](b-a)\left(\frac{\partial M_g}{\partial b}-\frac{\partial M_g}{\partial a}\right)$$

因$\left(\frac{a+b}{2},\frac{a+b}{2}\right)\prec(a,b)$，由推论 6.1.1 有

$$\begin{aligned}&q\left(\frac{a+b}{2}\right)-M_g(q;a,b)\geqslant 0\\&M_f(p;a,b)-p\left(\frac{a+b}{2}\right)\geqslant 0\end{aligned}\qquad(6.2.39)$$

以及

$$(b-a)\left(\frac{\partial M_f}{\partial b}-\frac{\partial M_f}{\partial a}\right)\geqslant 0$$

$$(b-a)\left(\frac{\partial M_g}{\partial b}-\frac{\partial M_g}{\partial a}\right)\leqslant 0$$

所以 $\Delta\geqslant 0$,这意味着 $L_{f,g}(p,q;a,b)$ 关于 (a,b) 在 I^2 上 $S-$凸,从而有

$$L_{p,q}(f,g;a,b)\geqslant L_{p,q}\left(f,g;\frac{a+b}{2},\frac{a+b}{2}\right)=0$$

即

$$\left[M_p(f;a,b)-f\left(\frac{a+b}{2}\right)\right]\cdot$$
$$\left[g\left(\frac{a+b}{2}\right)-M_q(g;a,b)\right]\geqslant 0$$

它等价于

$$g\left(\frac{a+b}{2}\right)M_p(f;a,b)+f\left(\frac{a+b}{2}\right)M_q(g;a,b)\geqslant$$
$$f\left(\frac{a+b}{2}\right)g\left(\frac{a+b}{2}\right)+M_p(f;a,b)M_q(g;a,b)$$

上式两边同除以 $2M_q(g;a,b)g\left(\frac{a+b}{2}\right)$ 即得式(6.2.38)中第二个不等式.

由式(6.2.37)可得

$$g\left(\frac{a+b}{2}\right)M_p(f;a,b)-f\left(\frac{a+b}{2}\right)M_q(g;a,b)\geqslant 0$$

上式两边同除以 $2M_q(g;a,b)$ 得

$$2g\left(\frac{a+b}{2}\right)\frac{M_p(f;a,b)}{M_q(g;a,b)}-g\left(\frac{a+b}{2}\right)\frac{M_p(f;a,b)}{M_q(g;a,b)}-$$
$$f\left(\frac{a+b}{2}\right)\geqslant 0$$

上式两边同除以 $2g\left(\frac{a+b}{2}\right)$ 即得式(6.2.38)中第一个

不等式.

由式(6.2.39)有

$$g\left(\frac{a+b}{2}\right)\left[f\left(\frac{a+b}{2}\right)\left(g\left(\frac{a+b}{2}\right)-M_q(g;a,b)\right)+\right.$$
$$\left.M_q(g;a,b)\left(M_p(f;a,b)-f\left(\frac{a+b}{2}\right)\right)\right]\geqslant 0$$

即

$$\left(g\left(\frac{a+b}{2}\right)\right)^2 f\left(\frac{a+b}{2}\right)+$$
$$g\left(\frac{a+b}{2}\right)M_p(f;a,b)M_q(g;a,b)\geqslant$$
$$2g\left(\frac{a+b}{2}\right)f\left(\frac{a+b}{2}\right)M_q(g;a,b)$$

上式两边同除以 $2\left(g\left(\frac{a+b}{2}\right)\right)^2 M_q(g;a,b)$ 即得式(6.2.38)中第三个不等式. □

推论 6.2.4　设 f 和 g 是定义在区间 $I\subset \mathbf{R}$ 上的正值函数，满足 $g\left(\frac{a+b}{2}\right)>0$. 若 f 是对数凸函数且 $g''(x)\leqslant 0$，则

$$\frac{\exp\left\{\frac{1}{b-a}\int_a^b \ln f(t)\mathrm{d}t\right\}}{\exp\left\{\frac{1}{b-a}\int_a^b \ln g(t)\mathrm{d}t\right\}}\geqslant$$
$$\frac{\exp\left\{\frac{1}{b-a}\int_{tb+(1-t)a}^{ta+(1-t)b} \ln f(t)\mathrm{d}t\right\}}{\exp\left\{\frac{1}{b-a}\int_{tb+(1-t)a}^{ta+(1-t)b} \ln g(t)\mathrm{d}t\right\}}+$$
$$\frac{p\left(\frac{a+b}{2}\right)}{2g\left(\frac{a+b}{2}\right)} \tag{6.2.40}$$

其中$\frac{1}{2} \leqslant t \leqslant 1$或$0 \leqslant t \leqslant \frac{1}{2}$.

证明 取$p(x)=q(x)=\ln x$,因$g''(x) \leqslant 0$,则$(\ln g(x))''=\frac{g(x)g''(x)-(g'(x))^2}{(g(x))^2} \leqslant 0$,即$\ln g(x)$是凹函数,由定理 6.2.17 即得证. □

注 6.2.4 若取$g(x)=e$,由推论 6.2.4 可得

$$\exp\left\{\frac{1}{b-a}\int_a^b \ln f(t)\mathrm{d}t\right\} \geqslant$$

$$\exp\left\{\frac{1}{b-a}\int_{tb+(1-t)a}^{ta+(1-t)b} \ln f(t)\mathrm{d}t\right\} \geqslant f\left(\frac{a+b}{2}\right) \tag{6.2.41}$$

此为文[208]中一不等式的加细.

6.3 涉及 Schwarz 积分不等式的 Schur 凸函数

设f和g是区间$[a,b]$($a<b$)上的可积函数,则

$$\left(\int_a^b f(x)g(x)\mathrm{d}x\right)^2 \leqslant \int_a^b f^2(x)\mathrm{d}x\int_a^b g^2(x)\mathrm{d}x \tag{6.3.1}$$

这是著名的 Schwarz 积分不等式.

文[209]利用式(6.3.1)定义了一个二元函数$W:[a,b]\times[a,b]\to \mathbf{R}$为

$$W(x,y)=W(x,y;f,g)=$$

$$\int_x^y f^2(t)\mathrm{d}t\int_x^y g^2(t)\mathrm{d}t-\left(\int_x^y f(t)g(t)\mathrm{d}t\right)^2 \tag{6.3.2}$$

本节研究$W(x,y)$的$S-$凸性,所述内容取材于笔者的文[210],但这里不仅大为简化了原有的证明,

并将原有结论扩展到 $S-$ 调和凸和 $S-$ 幂凸的情形.

定理 6.3.1 设 f 和 g 在区间$[a,b]$上可积,则:

(a)$W(x,b)$ 关于 x 在$[a,b]$上单调递减;$W(a,y)$ 关于 y 在$[a,b]$上单调递增.

(b)$W(x,y)$ 在$[a,b]\times[a,b]\subseteq\mathbf{R}\times\mathbf{R}$ 上 $S-$ 凸,在$[a,b]\times[a,b]\subseteq\mathbf{R}_{++}^2$ 上 $S-$ 几何凸,$S-$ 调和凸和 $S-$ 幂凸.

证明 易见 $W(x,y)$ 关于 x,y 对称,不妨设 $y\geqslant x$,由

$$\frac{\partial W}{\partial x}=-\left(f^2(x)\int_x^y g^2(t)\mathrm{d}t+g^2(x)\int_x^y f^2(t)\mathrm{d}t-2f(x)g(x)\int_x^y f(t)g(t)\mathrm{d}t\right)=-\int_x^y (f(x)g(t)-g(x)f(t))^2\mathrm{d}t\leqslant 0$$

和

$$\frac{\partial W}{\partial y}=f^2(y)\int_x^y g^2(t)\mathrm{d}t+g^2(y)\int_x^y f^2(t)\mathrm{d}t-2f(y)g(y)\int_x^y f(t)g(t)\mathrm{d}t=\int_x^y (f(y)g(t)-g(y)f(t))^2\mathrm{d}t\geqslant 0$$

由此证得(a).

由 $\frac{\partial W}{\partial x}\leqslant 0$ 和 $\frac{\partial W}{\partial y}\geqslant 0$ 以及 $y\geqslant x$ 有

$$(x-y)\left(\frac{\partial W}{\partial x}-\frac{\partial W}{\partial y}\right)\geqslant 0$$

$$(\ln x-\ln y)\left(x\frac{\partial W}{\partial x}-y\frac{\partial W}{\partial y}\right)\geqslant 0$$

和

$$(x-y)\left(x^2\frac{\partial W}{\partial x}-y^2\frac{\partial W}{\partial y}\right)\geqslant 0$$

以及

$$\frac{x^m-y^m}{m}\left(x^{1-m}\frac{\partial \varphi}{\partial x}-y^{1-m}\frac{\partial \varphi}{\partial y}\right)\geqslant 0, m\neq 0$$

故 $W(x,y)$ 在$[a,b]\times[a,b]\subseteq \mathbf{R}^2$ 上 S－凸，在$[a,b]\times[a,b]\subseteq \mathbf{R}_{++}^2$ 上 S－几何凸和 S－调和凸，以及当 $m\neq 0$ 时，$W(x,y)$ 在$[a,b]\times[a,b]\subseteq \mathbf{R}_{++}^2$ 上S－幂凸（参见注 2.4.2）由此证得(b). □

定理 6.3.2 设 $a<b$，若$\frac{1}{2}\leqslant t_2\leqslant t_1\leqslant 1$ 或 $0\leqslant t_1\leqslant t_2\leqslant\frac{1}{2}$，则

$$0\leqslant W(t_2b+(1-t_2)a,t_2a+(1-t_2)b)\leqslant W(t_1b+(1-t_1)a,t_1a+(1-t_1)b)\leqslant W(a,b) \tag{6.3.3}$$

证明 结合式(1.4.32)和定理 6.3.1(b)即得证. □

定理 6.3.3 设 $0<a\leqslant b$，若$\frac{1}{2}\leqslant t_2\leqslant t_1\leqslant 1$ 或 $0\leqslant t_1\leqslant t_2\leqslant\frac{1}{2}$，则

$$0\leqslant W(b^{t_2}a^{1-t_2},a^{t_2}b^{1-t_2})\leqslant W(b^{t_1}a^{1-t_1},a^{t_1}b^{1-t_1})\leqslant W(a,b) \tag{6.3.4}$$

证明 由式(1.4.32)有

$$(\ln\sqrt{ab},\ln\sqrt{ab})\prec(\ln(b^{t_2}a^{1-t_2}),\ln(a^{t_2}b^{1-t_2}))\prec(\ln(b^{t_1}a^{1-t_1}),\ln(a^{t_1}b^{1-t_1}))\prec(\ln a,\ln b)$$

从而结合 $W(x,y)$ 在 $[a,b]\times[a,b]\subseteq\mathbf{R}_{++}^2$ 上 $S-$几何凸性即得证. □

定理 6.3.4　设 $a<b$,若 $\frac{1}{2}\leqslant t_2\leqslant t_1\leqslant 1$ 或 $0\leqslant t_1\leqslant t_2\leqslant\frac{1}{2}$,则

$$0\leqslant W((t_2b+(1-t_2)a)^{-1},(t_2a+(1-t_2)b)^{-1})\leqslant W((t_1b+(1-t_1)a)^{-1},(t_1a+(1-t_1)b)^{-1})\leqslant W(a^{-1},b^{-1}) \tag{6.3.5}$$

证明　由定理 6.3.1(b) 并结合定义 2.4.2(b) 和式(1.4.32) 即得证. □

由定理 6.3.2 和定理 6.3.3 和定理 6.3.4 可直接分别得到下述推论 6.3.1,推论 6.3.2 和推论 6.3.3.

推论 6.3.1　设 f 和 g 是区间 $[a,b]$ $(a<b)$ 上的可积函数,$0\leqslant t\leqslant 1$,则

$$\left(\int_a^b f(t)g(t)\mathrm{d}t\right)^2\leqslant\int_a^b f^2(t)\mathrm{d}t\int_a^b g^2(t)\mathrm{d}t-W(tb+(1-t)a,ta+(1-t)b) \tag{6.3.6}$$

推论 6.3.2　设 f 和 g 是区间 $[a,b]$ $(0<a<b)$ 上的可积函数,$0\leqslant t\leqslant 1$,则

$$\left(\int_a^b f(t)g(t)\mathrm{d}t\right)^2\leqslant\int_a^b f^2(t)\mathrm{d}t\int_a^b g^2(t)\mathrm{d}t-W(b^ta^{1-t},a^tb^{1-t}) \tag{6.3.7}$$

推论 6.3.3　设 f 和 g 是区间 $[a,b]$ $(0<a<b)$ 上的可积函数,$0\leqslant t\leqslant 1$,则

$$\left(\int_a^b f(t)g(t)\mathrm{d}t\right)^2 \leqslant \int_a^b f^2(t)\mathrm{d}t\int_a^b g^2(t)\mathrm{d}t - W((tb+(1-t)a)^{-1},(ta+(1-t)b)^{-1}) \tag{6.3.8}$$

注 6.3.1 因 $W(tb+(1-t)a,ta+(1-t)b)\geqslant 0$，$W(b^ta^{1-t},a^tb^{1-t})\geqslant 0$ 以及

$$W((tb+(1-t)a)^{-1},(ta+(1-t)b)^{-1})\geqslant 0$$

故式(6.3.6)，式(6.3.7)和式(6.3.8)均给出了Schwarz积分不等式的加强.

6.4 涉及 Chebyshev 积分不等式的 Schur 凸函数

对于两个可积函数 $f,g:[a,b]\to\mathbf{R}$，著名的Chebyshev算子定义为

$$T(p,f,g):=M(p,fg)-M(p,f)M(p,g) \tag{6.4.1}$$

其中

$$M(p,f)=\frac{1}{\int_a^b p(x)\mathrm{d}x}\int_a^b p(x)f(x)\mathrm{d}x \tag{6.4.2}$$

$p:[a,b]\to\mathbf{R}_{++}$ 为权函数. 特别，$T(1,f,g)$ 记作 $T(f,g)$.

关于Chebyshev算子 $T(p,f,g)$ 有两个重要的不等式：

Chebyshev积分不等式：若 f 和 g 在 $[a,b]$ 上的单调性相同，则

$$T(p,f,g)\geqslant 0 \tag{6.4.3}$$

若 f 和 g 在 $[a,b]$ 上的单调性相反，则式(6.4.3)反向.

反向 Chebyshev－Grüss 不等式：设函数 f 和 g 在区间 $[a,b]$ 上可积，且 $m_1 \leqslant f(x) \leqslant M_1, m_2 \leqslant g(x) \leqslant M_2, x \in [a,b]$，则

$$|T(p,f,g)| \leqslant \frac{1}{4}(M_1-m_1)(M_2-m_2) \tag{6.4.4}$$

王良成[211] 证得：

定理 6.4.1 对于 $a \leqslant x \leqslant y \leqslant b$，记

$$u(x,y)=\int_x^y p(t)\mathrm{d}t\int_x^y p(t)f(t)g(t)\mathrm{d}t-\int_x^y p(t)f(t)\mathrm{d}t\int_x^y p(t)g(t)\mathrm{d}t$$

若 f 和 g 在$[a,b]$上的单调性相同(相反)，则 $u(x,y)$ 在$[a,b]$上关于 y 递增(递减)，关于 x 递减(递增).

视 $T(p,f,g)$ 为积分上下限的二元函数 $T:[a,b]^2 \to \mathbf{R}$ 为

$$T(x,y)=T(p,f,g;x,y)=\frac{1}{y-x}\int_x^y p(t)f(t)g(t)\mathrm{d}t-\left(\frac{1}{y-x}\int_x^y p(t)f(t)\mathrm{d}t\right)\left(\frac{1}{y-x}\int_x^y p(t)g(t)\mathrm{d}t\right) \tag{6.4.5}$$

最近，Čuljak 和 Pečarić[212] 就权函数 $p(t)=1$ 的情形证得 Chebyshev 算子的 S－凸性.

定理 6.4.2 设函数 f 和 g 均在区间$[a,b]$上 Lebesgue 可积. 若 f 和 g 具有相同的递增性(相异的递增性)，则 $T(f,g;x,y)$ 在$[a,b]\times[a,b]\subseteq \mathbf{R}^2$ 上S－凸(S－凹).

证明 就函数的单调性分三种情形讨论.

情形 1. 设 f 和 g 均在 $[a,b]$ 上递增，且 $x<y$. 则 $f(x)\leqslant f(t)\leqslant f(y)$ 和 $g(x)\leqslant g(t)\leqslant g(y)$，从而

$$(f(y)-f(t))(f(t)-f(x))\geqslant 0 \tag{6.4.6}$$

$$(g(y)-g(t))(g(t)-g(x))\geqslant 0 \tag{6.4.7}$$

以 $\frac{1}{y-x}$ 乘这两个不等式并在 $[x,y]$ 上积分得

$$\frac{1}{y-x}\int_x^y f^2(t)\mathrm{d}t\leqslant$$

$$(f(x)+f(y))\frac{1}{y-x}\int_x^y f(t)\mathrm{d}t-f(x)f(y)$$

$$\frac{1}{y-x}\int_x^y g^2(t)\mathrm{d}t\leqslant$$

$$(g(x)+g(y))\frac{1}{y-x}\int_x^y g(t)\mathrm{d}t-g(x)g(y)$$

于是

$$T(f,f;x,y)=$$

$$\frac{1}{y-x}\int_x^y f^2(t)\mathrm{d}t-\left(\frac{1}{y-x}\int_x^y f(t)\mathrm{d}t\right)^2\leqslant$$

$$(f(x)+f(y))\frac{1}{y-x}\int_x^y f(t)\mathrm{d}t-$$

$$f(x)f(y)-\left(\frac{1}{y-x}\int_x^y f(t)\mathrm{d}t\right)^2=$$

$$\left(f(y)-\frac{1}{y-x}\int_x^y f(t)\mathrm{d}t\right)\left(\frac{1}{y-x}\int_x^y f(t)\mathrm{d}t-f(x)\right) \tag{6.4.8}$$

类似地有

$$T(g,g;x,y)=\frac{1}{y-x}\int_x^y g^2(t)\mathrm{d}t-\left(\frac{1}{y-x}\int_x^y g(t)\mathrm{d}t\right)^2\leqslant$$

$$\left(g(y)-\frac{1}{y-x}\int_x^y g(t)\mathrm{d}t\right)\left(\frac{1}{y-x}\int_x^y g(t)\mathrm{d}t-g(x)\right) \tag{6.4.9}$$

又 $T(f,g;x,y)$ 可表示成

$$T(f,g;x,y)=\frac{1}{2(y-x)^2}\int_x^y\int_x^y(f(t)-f(s))(g(t)-g(s))\mathrm{d}t\mathrm{d}s$$

类似地

$$T(f,f;x,y)=\frac{1}{2(y-x)^2}\int_x^y\int_x^y(f(t)-f(s))^2\mathrm{d}t\mathrm{d}s$$

$$T(g,g;x,y)=\frac{1}{2(y-x)^2}\int_x^y\int_x^y(g(t)-g(s))^2\mathrm{d}t\mathrm{d}s$$

应用柯西不等式有

$$|T(f,g;x,y)|\leqslant \frac{1}{2(y-x)^2}\left(\int_x^y\int_x^y(f(t)-f(s))^2\mathrm{d}t\mathrm{d}s\right)^{\frac{1}{2}}\cdot \left(\int_x^y\int_x^y(g(t)-g(s))^3\mathrm{d}t\mathrm{d}s\right)^{\frac{1}{2}}\leqslant$$

$$\left[\frac{1}{2(y-x)^2}\int_x^y\int_x^y(f(t)-f(s))^2\mathrm{d}t\mathrm{d}s\right]^{\frac{1}{2}}\cdot \left[\frac{1}{2(y-x)^2}\int_x^y\int_x^y(g(t)-g(s))^3\mathrm{d}t\mathrm{d}s\right]^{\frac{1}{2}}=$$

$$T(f,f;x,y)^{\frac{1}{2}}T(g,g;x,y)^{\frac{1}{2}}$$

在余下的证明中，我们使用记号 $\bar{f}:=\frac{1}{y-x}\int_x^y f(t)\mathrm{d}t$ 和 $\bar{g}:=\frac{1}{y-x}\int_x^y g(t)\mathrm{d}t$. 据式(6.4.8)和式(6.4.9)有

$$|T(f,g;x,y)|\leqslant[(f(y)-\bar{f})(\bar{f}-f(x))]^{\frac{1}{2}}\cdot[(g(y)-\bar{g})(\bar{g}-g(x))]^{\frac{1}{2}}=$$

$$[(\bar{f}-f(x))(\bar{g}-g(x))\cdot(f(y)-\bar{f})(g(y)-\bar{g})]^{\frac{1}{2}}$$

由算术－几何平均值不等式，有

$$|T(f,g;x,y)| \leqslant \frac{1}{2}[(\bar{f}-f(x))(\bar{g}-g(x))+$$

$$(f(y)-\bar{f})(g(y)-\bar{g})]$$

据 Chebyshev 不等式，有

$$T(f,g;x,y) \leqslant \frac{1}{2}[(\bar{f}-f(x))(\bar{g}-g(x))+ (f(y)-\bar{f})(g(y)-\bar{g})] \tag{6.4.10}$$

$T(x,y):=T(f,g;x,y)$ 显然对称. 直接计算得

$$\left(\frac{\partial T(f,g;x,y)}{\partial y}-\frac{\partial T(f,g;x,y)}{\partial x}\right)(y-x)=$$

$$\left\{\frac{1}{y-x}[-2T(f,g;x,y)+f(x)g(x)+f(y)g(y)+ 2\bar{f}\bar{g}-g(y)\bar{g}-f(y)+f(x)\bar{g}+g(x)\bar{f}]\right\}(y-x) \tag{6.4.11}$$

$$=2\left\{\frac{1}{2}[(\bar{f}-f(x))(\bar{g}-g(x))+ (f(y)-\bar{f})(g(y)-\bar{g})]-T(f,g;x,y)\right\} \tag{6.4.12}$$

由式(6.4.10)知，对于任意 $x,y\in[a,b]$ 有

$$\left(\frac{\partial T(f,g;x,y)}{\partial y}-\frac{\partial T(f,g;x,y)}{\partial x}\right)(y-x)\geqslant 0 \tag{6.4.13}$$

注 6.4.1 对于 $x>y$，式(6.4.6)和式(6.4.7)仍成立，此外，由等式(6.4.11)和式(6.4.12)，显然(6.4.13)成立.

情形 2. 假设 f 和 g 均在$[a,b]$上递减，且 $x<y$. 因 $f(x)\geqslant f(t)\geqslant f(y)$ 和 $g(x)\geqslant g(t)\geqslant g(y)$，式(6.4.6)和式(6.4.7)仍成立，故证明与情形 1 相同.

若 $x>y$,结论同于情形 1 的注 6.4.1.

情形 3. 设 f 在$[a,b]$上递增,g 在$[a,b]$上递减. 注意此时可以对于 f 和 $-g$ 考虑情形 1. 由式(6.4.10) 我们有

$$T(f,-g;x,y)\leqslant\frac{1}{2}[(\bar{f}-f(x))(-\bar{g}+g(x))+(f(y)-\bar{f})(-g(y)+\bar{g})]$$

由 $T(f,-g;x,y)$ 的定义,有

$$-T(f,-g;x,y)\leqslant-\frac{1}{2}[(\bar{f}-f(x))(\bar{g}-g(x))+(f(y)-\bar{f})(g(y)-\bar{g})]$$

即

$$T(f,-g;x,y)\geqslant\frac{1}{2}[(\bar{f}-f(x))(\bar{g}-g(x))+(f(y)-\bar{f})(g(y)-\bar{g})] \tag{6.4.14}$$

类似于情形 1,由式(6.4.11) 断定

$$\left(\frac{\partial T(f,g;x,y)}{\partial y}-\frac{\partial T(f,g;x,y)}{\partial x}\right)(y-x)\leqslant 0$$

由此证得 $T(f,g;x,y)$ 关于(x,y) 在$[a,b]^2\subset\mathbf{R}^2$上 $S-$凹. □

Čuljak[212] 进一步就加权 Chebyshev 算子 $T(p,f,g)$ 证得如下结论:

定理 6.4.3　设 f 和 g 在区间$[a,b]$上勒贝格可积,且设 p 是$[a,b]$上正的连续权函数,使得 pf 和 pg 在区间$[a,b]$上勒贝格可积,则 $T(p,f,g)$ 在$[a,b]^2\subseteq R^2$ 上 $S-$凸($S-$凹) 当且仅当 $\forall x,y\in[a,b]$,不等式

$$T(p,f,g)\leqslant$$
$$(p(x)(\bar{f}_p(x,y)-f(x))(\bar{g}_p(x,y)-g(x))+$$
$$p(y)(\bar{f}_p(x,y)-f(y))\cdot$$
$$(\bar{g}_p(x,y)-g(y))/(p(x)+p(y))$$

成立(反向),其中

$$\bar{f}_p(x,y)=\frac{1}{\int_x^y p(t)\mathrm{d}t}\int_x^y p(t)f(t)\mathrm{d}t$$

$$\bar{g}_p(x,y)=\frac{1}{\int_x^y p(t)\mathrm{d}t}\int_x^y p(t)g(t)\mathrm{d}t$$

2013 年,龙波涌等人[193] 将定理 6.4.3 引申到S－几何凸和 S－调和凸的情形,得到如下结果:

定理 6.4.4 设 f 和 g 在区间$[a,b]$上勒贝格可积,且设 p 是$[a,b]$上正的连续权函数,使得 pf 和 pg 在区间$[a,b]$上勒贝格可积,则

(a)$T(p,f,g)$ 在$[a,b]^2\subseteq R^2$ 上 S－几何凸当且仅当 $\forall x,y\in[a,b]$,不等式

$$T(p,f,g)\leqslant$$
$$(xp(x)(\overline{f_p}(x,y)-f(x))(\overline{g_p}(x,y)-g(x))+$$
$$yp(y)(\overline{f_p}(x,y)-f(y))\cdot$$
$$(\overline{g_p}(x,y)-g(y)))/(xp(x)+yp(y))$$

成立.

(b)$T(p,f,g)$ 在$[a,b]^2\subseteq \mathbf{R}^2$ 上 S－调和凸当且仅当 $\forall x,y\in[a,b]$,不等式

$$T(p,f,g)\leqslant$$
$$(x^2p(x)(\overline{f_p}(x,y)-f(x))(\overline{g_p}(x,y)-g(x))+$$
$$y^2p(y)(\overline{f_p}(x,y)-f(y))\cdot$$

$\overline{(g_p}(x,y)-g(y)))/(x^2p(x)+y^2p(y))$
成立.

定理 6.4.5　设 f 和 g 在区间$[a,b]$上勒贝格可积,且设 p 是$[a,b]$上正的连续权函数,$G_p(t)=(\overline{f_p}(x,y)-f(t))(\overline{g_p}(x,y)-g(t))$是$[a,b]$上可微函数,且对于任意 $x,y\in[a,b]$满足

$$G'_p(y)\geqslant\frac{p(y)}{\int_x^y p(t)\mathrm{d}t}\cdot\frac{G(y)-G(x)}{y-x}$$

则下述命题成立:

(a) 若 G_p 和 p 在$[a,b]$上具有相同的单调性,则 $T(p,f,g)$ 在$[a,b]^2$上 $S-$凸;

(b) 若 $G_p(t)$ 和 $tp(t)$ 在$[a,b]$上具有相同的单调性,则 $T(p,f,g)$ 在$[a,b]^2$上 $S-$几何凸;

(c) 若 $G_p(t)$ 和 $t^2p(t)$ 在$[a,b]$上具有相同的单调性,则 $T(p,f,g)$ 在$[a,b]^2$上 $S-$调和凸.

2000年,笔者[213]在较强的条件下证得如下结果.

定理 6.4.6　设函数 f 和 g 均在区间$[a,b]$上可积.

(a) 若 f 和 g 具有相同的递增性和相同的凹凸性,则 $T(x,y)$ 在$[a,b]^2\subset\mathbf{R}^2$上 $S-$凸,在$[a,b]^2\subset\mathbf{R}^2_{++}$上 $S-$几何凸和 $S-$调和凸;

(b) 若 f 和 g 具有相异的递增性和相异的凹凸性,则 $T(x,y)$ 在$[a,b]^2\subset\mathbf{R}^2$上 $S-$凹,在$[a,b]^2\subset\mathbf{R}^2_{++}$上 $S-$几何凹和 $S-$调和凹.

6.5　受控型积分不等式

定义 6.5.1[154]324　给定$[a,b]$上的两个可积函数

$f,g:[a,b]\to\mathbf{R}$,若它们在$[a,b]$上递减且满足

$$\int_a^s f(t)\mathrm{d}t\leqslant\int_a^s g(t)\mathrm{d}t,\ \forall s\in[a,b]\tag{6.5.1}$$

和

$$\int_a^b f(t)\mathrm{d}t=\int_a^b g(t)\mathrm{d}t\tag{6.5.2}$$

则称函数 g 控制 f,记作 $f\prec g$.

定理 6.5.1[154]325　设函数 $f,g:[a,b]\to\mathbf{R}$ 可积,则 $f\prec g$ 当且仅当 f 和 g 在$[a,b]$上递减且对于任何连续凸函数 h

$$\int_a^b h(f(t))\mathrm{d}t\leqslant\int_a^b h(g(t))\mathrm{d}t\tag{6.5.3}$$

成立,假定上述积分存在.

定理 6.5.1 是著名的 Karamata 不等式,即定理 1.5.4(a) 的积分类似.

文[215]对定理 6.5.1 做了推广.

定理 6.5.2　设函数 $f:[a,b]\to\mathbf{R}_+$ 连续,函数 $g:[a,b]\to\mathbf{R}_+$ 连续,递增且满足

$$\int_x^b f(t)\mathrm{d}t\geqslant\int_x^b g(t)\mathrm{d}t,\ \forall x\in[a,b]\tag{6.5.4}$$

则对于任何满足 $h'\geqslant 0$ 且 h' 在 $\mathbf{R}_+$ 上可积的凸函数 h,有

$$\int_x^b h(f(t))\mathrm{d}t\geqslant\int_x^b h(g(t))\mathrm{d}t\tag{6.5.5}$$

成立.

推论 6.5.1　设函数 $f:[a,b]\to\mathbf{R}_+$ 连续,函数 $g:[a,b]\to\mathbf{R}_+$ 连续,递增且满足(6.5.4),则对于任何 $\alpha>1$ 有

$$\int_a^b f^\alpha(t)\mathrm{d}t\geqslant\int_a^b g^\alpha(t)\mathrm{d}t\tag{6.5.6}$$

引理 6.5.1[215]35　设函数 $f:[a,b]\to\mathbf{R}$ 单调有界,函数 $g:[a,b]\to\mathbf{R}$ 可积,则存在 $\xi\in[a,b]$ 使得

$$\int_a^b f(t)g(t)\mathrm{d}t=f(a)\int_a^{\xi}g(t)\mathrm{d}t+f(b)\int_{\xi}^{b}g(t)\mathrm{d}t$$

定理 6.5.2 的证明　令 $\phi(x)=-\int_x^b f(t)\mathrm{d}t$ 和 $\varphi(x)=-\int_x^b g(t)\mathrm{d}t$. 因 h 凸, 对于 $a\leqslant s,t\leqslant b$, 有 $h(t)\geqslant h(s)+(t-s)h'(s)$,因此

$$\int_a^b h(\varphi'(t))\mathrm{d}t\geqslant$$
$$\int_a^b h(\varphi'(t))\mathrm{d}t+\int_a^b[\phi'(t)-\varphi'(t)]h'(\varphi'(t))\mathrm{d}t$$

只需证 $R:=\int_a^b[\phi'(t)-\varphi'(t)]h'(\varphi'(t))\mathrm{d}t\geqslant 0$. 因 h 凸,故 h' 递增. 因 g 递增,则 φ' 亦递增,于是复合函数 $h'(\varphi'(t))$ 关于 t 递增. 由引理 6.5.1,对某 $\xi\in[a,b]$ 有

$$R=h'(\varphi'(a))\int_a^{\xi}[\phi'(t)-\varphi'(t)]\mathrm{d}t+h'(\varphi'(b))\cdot$$
$$\int_{\xi}^{b}[\phi'(t)-\varphi'(t)]\mathrm{d}t=$$
$$h'(g(a))[\phi(\xi)-\phi(a)-\varphi(\xi)+\varphi(a)]+$$
$$h'(g(b))[\phi(b)-\phi(\xi)-\varphi(b)+\varphi(\xi)]\geqslant$$
$$h'(g(a))[\phi(\xi)-\varphi(\xi)]+h'(g(b))+$$
$$h'(g(b))[\phi(b)-\phi(\xi)-\varphi(b)+\varphi(\xi)]=$$
$$[\phi(\xi)-\varphi(\xi)][h'(g(a))-h'(g(b))]$$

因 $\phi(\xi)\leqslant\varphi(\xi)$ 和 $0\leqslant h'(g(a))\leqslant h'(g(b))$,有 $R\geqslant 0$,定理 6.5.2 得证. □

定理 6.5.3　设函数 $f:[a,b]\to\mathbf{R}_+$ 连续,函数 $g:[a,b]\to\mathbf{R}$ 连续,递减且满足式(6.5.4)中的不等式反向成立,则对于任何满足 $h'\leqslant 0$ 且 h' 在 $\mathbf{R}_+$ 上可积

的凸函数 h,式(6.5.5)成立.

证明 由定理 6.5.2 的证明可知,只需证

$$\int_a^b[\varphi'(t)-\varphi'(t)]\cdot[-h'(\varphi'(t))]\mathrm{d}t\leqslant 0$$

即 $R\geqslant 0$. 因 h 凸,故 $-h'$ 递减. 又因 g 递减,则 φ' 亦递减,于是复合函数 $-h'(\varphi'(t))$ 关于 t 递减. 由引理 6.5.1,对某 $\xi\in[a,b]$ 有

$$R=h'(\varphi'(a))\int_a^\xi[\phi'(t)-\varphi'(t)]\mathrm{d}t+h'(\varphi'(b))\cdot$$

$$\int_\xi^b[\phi'(t)-\varphi'(t)]\mathrm{d}t=$$

$$h'(\varphi'(a))[\phi(\xi)-\phi(a)-\varphi(\xi)+\varphi(a)]+$$

$$h'(\varphi'(b))[\phi(b)-\phi(\xi)-\varphi(b)+\varphi(\xi)]\geqslant$$

$$[\phi(\xi)-\varphi(\xi)][h'(g(a))-h'(g(b))]$$

因 $\phi(\xi)\geqslant\varphi(\xi)$ 和 $0\geqslant h'(g(a))\geqslant h'(g(b))$,有 $R\geqslant 0$,定理 6.5.3 得证. □

定理 6.5.4[216] 设函数 $f,g:[a,b]\to\mathbf{R}$ 可积使得 $f\prec g$,又设 $\varphi:[a,b]\to\mathbf{R}$ 是可积的递增函数,则

$$\int_a^b\varphi(t)f(t)\mathrm{d}t\geqslant\int_a^b\varphi(t)g(t)\mathrm{d}t$$

证明 令 $h(t)=g(t)-f(t)$ 和 $G(s)=\int_a^s h(t)\mathrm{d}t$. 由题设有 $G(s)\geqslant 0,s\in[a,b]$ 且 $G(a)=G(b)=0$,分部积分得

$$\int_a^b\varphi(t)h(t)\mathrm{d}t=\int_a^b\varphi(t)\mathrm{d}G(t)=$$

$$\varphi(t)G(t)\Big|_a^b-\int_a^b G(t)\mathrm{d}\varphi(t)=$$

$$-\int_a^b G(t)\mathrm{d}\varphi(t)\leqslant 0$$

□

注 6.5.1　定理6.5.4是定理1.3.5(a)的积分类似.

推论 6.5.2(Steffensen 不等式)　设函数 $f,g:[0,a]\to\mathbf{R}$ 可积,$0\leqslant g(x)\leqslant 1$,$f$ 在$[0,a]$上递减且令 $F(x)=\int_0^x f(t)\mathrm{d}t$,则

$$\int_0^a f(x)g(x)\mathrm{d}x\leqslant F\left(\int_0^a g(x)\mathrm{d}x\right)\quad(6.5.7)$$

证明　若记 $c=\int_0^a g(x)\mathrm{d}x$,则 $0<c\leqslant a$. 令 $\bar{g}(x)=\begin{cases}1,x\in[0,c]\\0,x\in(c,a]\end{cases}$,则不难验证 $g<\bar{g}$,从而由定理6.5.4有

$$\int_0^c f(x)\mathrm{d}x=\int_0^a f(x)\bar{g}(x)\mathrm{d}x\geqslant\int_0^a f(x)g(x)\mathrm{d}x$$

□

推论 6.5.3[381]　设函数 $f,g:[0,a]\to\mathbf{R}$ 可积,$g(x)\geqslant 0$,f 在$[0,a]$上递减,则

$$\int_0^a f(x)g(x)\mathrm{d}x\leqslant\gamma\int_0^{\frac{c}{\gamma}} f(x)\mathrm{d}x\quad(6.5.8)$$

其中 $\gamma=\sup\{g(x);x\in[0,a]\}$,$c=\int_0^a g(x)\mathrm{d}x$.

证明　令 $\bar{g}(x)=\begin{cases}\gamma,x\in\left[0,\dfrac{c}{\gamma}\right]\\0,x\in\left(\dfrac{c}{\gamma},a\right]\end{cases}$,则不难验证 $g<\bar{g}$,从而由定理6.5.4有

$$\gamma\int_0^{\frac{c}{\gamma}} f(x)\mathrm{d}x=\int_0^a f(x)\bar{g}(x)\mathrm{d}x\geqslant\int_0^a f(x)g(x)\mathrm{d}x$$

□

6.6 Schur 凸函数与其他积分不等式

记号 $R[a,b]$ 表示有界闭区间 $[a,b]$ 上所有黎曼可积函数所组成的集合，黎曼积分 $\int_a^b g(x)f^n(x)\mathrm{d}x$ 简记作 $\int_a^b gf^n\mathrm{d}x$. 陈欢[382] 利用二重积分证明了如下结论：

定理 6.6.1 对 $f,g\in R[a,b]$，$m,n>0$，且 $f,g\geqslant 0$，$m\leqslant n$，$\int_a^b gf^n\mathrm{d}x\neq 0$，$\int_a^b gf^m\mathrm{d}x\neq 0$，则

$$\frac{\int_a^b gf^{m+1}\mathrm{d}x}{\int_a^b gf^m\mathrm{d}x}\leqslant\frac{\int_a^b gf^{n+1}\mathrm{d}x}{\int_a^b gf^n\mathrm{d}x}\tag{6.6.1}$$

笔者[218] 利用受控理论证明并推广式(6.6.1)，并建立一系列此类积分不等式，以显示控制不等式理论"成批生产不等式"的鲜明特征.

引理 6.6.1 设 $f,g\in R[a,b]$ 且 $f,g\geqslant 0$，记 $I(r)=\int_a^b gf^r\mathrm{d}x$，$r\geqslant 0$，则 $\ln I(r)$ 是 $\mathbf{R}_+$ 上的凸函数.

证明 设 $\alpha,\beta\geqslant 0$，$0<t<1$，利用积分的 Hölder 不等式[2]6，有

$$I(t\alpha+(1-t)\beta)=\int_a^b gf^{t\alpha+(1-t)\beta}\mathrm{d}x=$$

$$\int_a^b [gf^\alpha]^t[gf^\beta]^{1-t}\mathrm{d}x\leqslant$$

$$\left[\int_a^b gf^\alpha\mathrm{d}x\right]^t\left[\int_a^b gf^\beta\mathrm{d}x\right]^{1-t}=$$

$$I^t(\alpha)I^{1-t}(\beta)$$

即

$$\ln I[(t\alpha+(1-t)\beta)]\leqslant t\ln I(\alpha)+(1-t)I(\beta)$$

这说明 $\ln I(r)$ 是 $\mathbf{R}_+$ 上的凸函数. □

引理 6.6.2　设 $f,g\in R[a,b]$ 且 $f,g\geqslant 0,n\geqslant 2$. 记 $I(r)=\int_a^b gf^r\mathrm{d}x,r\geqslant 0,\forall\, \boldsymbol{p},\boldsymbol{q}\in\mathbf{R}_+^n$,若 $\boldsymbol{p}\prec\boldsymbol{q}$,有

$$\prod_{i=1}^n I(p_i)\leqslant\prod_{i=1}^n I(q_i)\qquad(6.6.2)$$

证明　由引理 6.6.1 知 $\ln I(r)$ 是 $\mathbf{R}_+$ 上的凸函数,从而由定理 1.5.4(a) 有

$$\sum_{i=1}^n\ln I(p_i)\leqslant\sum_{i=1}^n\ln I(q_i)$$

即式(6.6.2) 成立. □

定理 6.6.1 的证明　取 $\boldsymbol{p}=(m+1,n),\boldsymbol{q}=(m,n+1)$,易见 $\boldsymbol{p}\prec\boldsymbol{q}$,从而由式(6.6.2) 有 $I(n)I(m+1)\leqslant I(m)I(n+1)$,即

$$\int_a^b gf^n\mathrm{d}x\cdot\int_a^b gf^{m+1}\mathrm{d}x\leqslant\int_a^b gf^m\mathrm{d}x\cdot\int_a^b gf^{n+1}\mathrm{d}x$$

而此式与式(6.6.1) 等价. □

下面我们通过构造各种控制关系,建立一系列此类不等式.

定理 6.6.2　设 $f,g\in R[a,b]$ 且 $f\geqslant 0,g>0,m,n\in\mathbf{N},m\leqslant n$,则

$$\left(\frac{\int_a^b gf^m\mathrm{d}x}{\int_a^b g\mathrm{d}x}\right)^n\leqslant\left(\frac{\int_a^b gf^n\mathrm{d}x}{\int_a^b g\mathrm{d}x}\right)^m\qquad(6.6.3)$$

证明　取 $\boldsymbol{p}=(\underbrace{m,\cdots,m}_{n}),\boldsymbol{q}=(\underbrace{n,\cdots,n}_{m},\underbrace{0,\cdots,0}_{n-m})$,易见 $\boldsymbol{p}\prec\boldsymbol{q}$,从而由式(6.6.2) 有$[I(m)]^n\leqslant[I(n)]^m\cdot$

$[I(0)]^{n-m}$,即

$$\left(\int_a^b g f^m \mathrm{d}x\right)^n \leqslant \left(\int_a^b g f^n \mathrm{d}x\right)^m \cdot \left(\int_a^b g \mathrm{d}x\right)^{n-m}$$

此式等价于式(6.6.3). □

特别取 $n=m+1$,则式(6.6.3)化为文[219]的定理 4,即

$$\left(\int_a^b g f^m \mathrm{d}x\right)^{m+1} \leqslant \int_a^b g \mathrm{d}x \left(\int_a^b g f^{m+1} \mathrm{d}x\right)^m \tag{6.6.4}$$

取 $g(x)=1$,则式(6.6.3)化为

$$\left(\frac{1}{b-a}\int_a^b f^m \mathrm{d}x\right)^n \leqslant \left(\frac{1}{b-a}\int_a^b f^n \mathrm{d}x\right)^m, m \leqslant n \tag{6.6.5}$$

进一步取 $n=2, m=1$,则式(6.6.5)化为熟悉的不等式

$$\left(\int_a^b f \mathrm{d}x\right)^2 \leqslant (b-a)\int_a^b f^2 \mathrm{d}x \tag{6.6.6}$$

而取 $n=3, m=2$,则式(6.6.5)化为

$$\left(\frac{1}{b-a}\int_a^b f^2 \mathrm{d}x\right)^3 \leqslant \left(\frac{1}{b-a}\int_a^b f^3 \mathrm{d}x\right)^2 \tag{6.6.7}$$

类似地,利用 $(m, n-m) \prec (n, 0)$,可得:

定理 6.6.3 设 $f, g \in R[a,b]$ 且 $f, g \geqslant 0$, $m, n \in \mathbf{N}$, $m \leqslant n$,则

$$\int_a^b g f^m \mathrm{d}x \cdot \int_a^b g f^{n-m} \mathrm{d}x \leqslant \int_a^b g \mathrm{d}x \cdot \int_a^b g f^n \mathrm{d}x \tag{6.6.8}$$

若 $f>0$,取 $n=2, m=1, g=\frac{1}{f}$,则由式(6.6.8)可得下面的定理:

推论 6.6.1 设 $f \in R[a,b]$ 且 $f>0$,则

$$\left(\int_a^b f \mathrm{d}x\right)\left(\int_a^b \frac{1}{f} \mathrm{d}x\right) \geqslant (b-a)^2 \tag{6.6.9}$$

这也是熟知的结果. 利用

$$(\underbrace{n-m,\cdots,n-m}_{n-m},\underbrace{n,\cdots,n}_{2m}) \prec (\underbrace{m,\cdots,m}_{m},\underbrace{n,\cdots,n}_{n})$$

可得下面的定理：

定理 6.6.4　设 $f,g\in R[a,b]$ 且 $f,g\geqslant 0,m,n\in\mathbf{N},2m<n$，则

$$\left(\int_a^b gf^{n-m}\mathrm{d}x\right)^{n-m}\cdot\left(\int_a^b gf^{n}\mathrm{d}x\right)^{2m}\leqslant \left(\int_a^b gf^{m}\mathrm{d}x\right)^{m}\cdot\left(\int_a^b gf^{n}\mathrm{d}x\right)^{n} \tag{6.6.10}$$

利用

$$(\underbrace{m,\cdots,m}_{n-h}) \prec (\underbrace{n,\cdots,n}_{m-h},\underbrace{h,\cdots,h}_{n-m}),h<m<n$$

可得：

定理 6.6.5　设 $f,g\in R[a,b]$ 且 $f,g\geqslant 0,h,m,n\in\mathbf{N},h<m<n$，则

$$\left(\int_a^b gf^{m}\mathrm{d}x\right)^{n-h}\leqslant\left(\int_a^b gf^{n}\mathrm{d}x\right)^{m-h}\cdot\left(\int_a^b gf^{h}\mathrm{d}x\right)^{n-m} \tag{6.6.11}$$

由定理 1.3.7(a) 容易验证

$$(0,0,1,1,\cdots,n,n) \prec (\underbrace{0,\cdots,0}_{n+1},\underbrace{n,\cdots,n}_{n+1})$$

利用上式可得下面的定理：

定理 6.6.6　设 $f,g\in R[a,b]$ 且 $f,g\geqslant 0,n\in\mathbf{N}$，则

$$\prod_{i=0}^{n}\left(\int_a^b gf^{i}\mathrm{d}x\right)^{2}\leqslant\left(\int_a^b g\,\mathrm{d}x\right)^{n+1}\cdot\left(\int_a^b gf^{n}\mathrm{d}x\right)^{n+1} \tag{6.6.12}$$

取 $g(x)=1$，由式(6.6.12) 可得

$$\prod_{i=0}^{n}\left(\frac{1}{b-a}\int_a^b f^i\mathrm{d}x\right)\leqslant\left(\frac{1}{b-a}\int_a^b f^n\mathrm{d}x\right)^{\frac{n+1}{2}}$$

(6.6.13)

特别取 $n=3$，由式(6.6.13)可得

$$\left(\frac{1}{b-a}\int_a^b f\mathrm{d}x\right)\cdot\left(\frac{1}{b-a}\int_a^b f^2\mathrm{d}x\right)\leqslant\frac{1}{b-a}\int_a^b f^3\mathrm{d}x$$

(6.6.14)

由定理 1.3.7(a) 容易验证

$$(\underbrace{1,\cdots,1}_{n+1},\underbrace{2,\cdots,2}_{n+1},\cdots,\underbrace{n-1,\cdots,n-1}_{n+1})\prec$$

$$(\underbrace{0,\cdots,0}_{n-1},\underbrace{1,\cdots,1}_{n-1},\cdots,\underbrace{n,\cdots,n}_{n-1})$$

利用上式可得下面的定理：

定理 6.6.7 设 $f,g\in R[a,b]$ 且 $f,g\geqslant 0,n\in\mathbf{N}$，则

$$\prod_{i=1}^{n-1}\left(\int_a^b gf^i\mathrm{d}x\right)^{n+1}\leqslant\prod_{i=0}^{n}\left(\int_a^b gf^i\mathrm{d}x\right)^{n-1}$$

即

$$\prod_{i=1}^{n-1}\left(\int_a^b gf^i\mathrm{d}x\right)^2\leqslant\left(\int_a^b g\mathrm{d}x\right)^{n-1}\cdot\left(\int_a^b gf^n\mathrm{d}x\right)^{n-1}$$

(6.6.15)

利用式(1.4.41)，即

$$(\underbrace{2,\cdots,2}_{n+1},\underbrace{4,\cdots,4}_{n+1},\cdots,\underbrace{2n,\cdots,2n}_{n+1})\prec$$

$$(\underbrace{1,\cdots,1}_{n},\underbrace{3,\cdots,3}_{n},\cdots,\underbrace{2n+1,\cdots,2n+1}_{n})$$

可得下面的定理：

定理 6.6.8 设 $f,g\in R[a,b]$ 且 $f,g\geqslant 0,n\in\mathbf{N}$，则

$$\prod_{i=1}^{n}\left(\int_a^b g f^{2i}\,\mathrm{d}x\right)^{n+1} \leqslant \prod_{i=0}^{n}\left(\int_a^b g f^{2i+1}\,\mathrm{d}x\right)^{n} \tag{6.6.16}$$

由式(1.3.12)有

$$(\underbrace{n,\cdots,n}_{2n+1}) \prec (0,1,\cdots,2n)$$

利用上式可得下面的定理：

定理 6.6.9 设 $f,g \in R[a,b]$ 且 $f,g \geqslant 0, n \in \mathbf{N}$，有

$$\left(\int_a^b g f^{n}\,\mathrm{d}x\right)^{2n+1} \leqslant \prod_{i=0}^{2n}\left(\int_a^b g f^{i}\,\mathrm{d}x\right) \tag{6.6.17}$$

需要指出的是，由于对于可测集上的勒贝格积分，Hölder 不等式亦成立，进而引理 6.6.1 和引理 6.6.2 亦成立. 因此上述结论不局限于有限区间上的黎曼可积函数. 例如，下面是有关无穷广义积分的一个例子.

对于 $g(t)=\exp\left(-\frac{t^2}{2}\right)$，$f(t)=t$，注意 $(1,1) \prec (0,2)$，由引理 6.6.2 可得：

定理 6.6.10[8]597 对于 $x>0$，有

$$\left[\int_x^{\infty} t\exp\left(-\frac{t^2}{2}\right)\mathrm{d}t\right]^2 \leqslant \int_x^{\infty}\exp\left(-\frac{t^2}{2}\right)\mathrm{d}t \cdot \int_x^{\infty} t^2\exp\left(-\frac{t^2}{2}\right)\mathrm{d}t \tag{6.6.18}$$

6.7 Schur 凸函数与伽马函数

欧拉伽马函数(Euler gamma function)$\Gamma(x)$ 是

最重要的一类特殊函数. 对于 $x > 0$,定义

$$\Gamma(x) = \int_0^{\infty} \mathrm{e}^{-t} t^{x-1} \mathrm{d}t \tag{6.7.1}$$

文[220] 应用推论 2.1.3 得到下述定理 6.7.1,并依据定理 6.7.1 考察了一些有关伽马函数乘积的 $S-$凸性,即随后的定理 6.7.2.

定理 6.7.1 若 v 是 $\mathbf{R}_+$ 上的一个测度使得 $g(x) = \int_0^{\infty} z^x \mathrm{d}v(z)$ 对区间 I 上的所有 x 存在,则 $\ln g$ 在 I 上凸,除非 v 的质量集中在形如 $\{0, z_0\}$ 的集合上,$\ln g$ 在 I 上严格凸.

当 v 是一个概率测度$[g(0)=1]$时,常记 $g(x) \equiv \mu_x$. μ 的对数凸性等价于 Lyapunov 不等式[2]787

$$\mu_s^{r-t} \leqslant \mu_t^{r-s} \mu_r^{r-t}, r \geqslant s \geqslant t$$

对于一个概率测度 v,若 μ_x 对区间 $I \subset \mathbf{R}$ 上的所有 x 存在,则

$$\varphi(\boldsymbol{x}) = \varphi(x_1, \cdots, x_n) = \prod_{i=1}^{n} \mu_{x_i} \tag{6.7.2}$$

在 I^n 上 $S-$凸.

定理 6.7.2 (a) $\varphi_1(\boldsymbol{x}) = \prod_{i=1}^{n} \Gamma(x_i + a)$,在 $(-a, \infty)^n$ 上 $S-$凸,其中 $a \geqslant 0$;

(b) $\varphi_2(\boldsymbol{x}) = \prod_{i=1}^{n} \dfrac{\Gamma(x_i + a)}{\Gamma(x_i + a + b)}$ 在 $(-a, \infty)^n$ 上 $S-$凸,其中 $a, b > 0$;

(c) $\varphi_3(\boldsymbol{x}) = \prod_{i=1}^{n} \dfrac{\Gamma(m x_i + a)}{\Gamma^s(x_i + a)}$ 在 $\left(-\dfrac{a}{m}, \infty\right)^n$ 上 $S-$凸,其中 $a > 1, m \geqslant 2, s \leqslant m$;

(d) $\varphi_4(\boldsymbol{x}) = \prod_{i=1}^{n} \dfrac{x_i^{x_i+1}}{\Gamma(x_i + 1)}$ 在 $\mathbf{R}_+^n$ 上 $S-$凹.

证明　(a) 取 $\mathrm{d}v(z)=z^{a-1}\mathrm{e}^{-z}\mathrm{d}z, 0\leqslant z<\infty, I=(-a,\infty)$，则 $\mu_x=\Gamma(x+a)$，由定理 6.2.1 和式(6.7.2)即得证；

(b) 取 $\mathrm{d}v(z)=z^{a-1}(1-z)^{b-1}\mathrm{d}z, 0\leqslant z\leqslant 1, I=(-a,\infty)$，则

$$\mu_x=\frac{\Gamma(x+a)}{\Gamma(x+a+b)}$$

由定理 6.2.1 和式(6.7.2)即得证；

(c) 勒让得倍量公式可以推广为

$$\prod_{i=1}^{n}\frac{\Gamma(mz+a)}{\Gamma^{s}(z+a)}=$$

$$\frac{m^{mz+a-1/2}}{(2\pi)^{(m-1)/2}}\prod_{j=1}^{s}\left(\frac{\Gamma\left(z+\frac{a+j-1}{m}\right)}{\Gamma(z+a)}\right)\prod_{j=s+1}^{m}\Gamma\left(z+\frac{a+j-1}{m}\right) \tag{6.7.3}$$

定义

$$\psi_j(z_i)=\frac{\Gamma\left(z_i+\frac{a+j-1}{m}\right)}{\Gamma(z+a)}, j=1,\cdots,s$$

和

$$\psi_j(z_i)=\Gamma\left(z_i+\frac{a+j-1}{m}\right), j=s+1,\cdots,m$$

注意对于 $a\geqslant 1, (a+j-1)/m\leqslant a$，则

$$\varphi_3(\boldsymbol{x})=c\prod_{i=1}^{n}\prod_{j=1}^{m}\psi_j(x_j) \tag{6.7.4}$$

其中 c 依赖于 m,n,a 和 $\sum x_i$，$\sum x_i$ 不影响 $S-$凸性. 由 $\varphi_1(\boldsymbol{x})$ 和 $\varphi_2(\boldsymbol{x})$ 的 $S-$凸性可断定乘积(6.7.4)$S-$凸.

(d) $\varphi_4(\boldsymbol{x})$ 在 $\mathbf{R}_+^n$ 上 $S-$凹. 注意

$$\frac{\Gamma(r+1)}{r^{r+1}}=\int_0^{\infty}(t\mathrm{e}^{-t})^r\mathrm{d}t=\int_0^{\infty}z^r\mathrm{d}v(z)$$

其中

$$v[-y,z]=\int_{t\mathrm{e}^{-t}\leqslant z}t\mathrm{e}^{-t}\mathrm{d}t$$

因此,$\ln\left(\frac{\Gamma(x+1)}{x^{x+1}}\right)$ 在 $\mathbf{R}_{++}$ 上凸,且 $\ln\left(\frac{x^{x+1}}{\Gamma(x+1)}\right)$ 在 $\mathbf{R}_{++}$ 上凹.

用类似的方法可获得其他一些结果.特别,若 g 是一个 Laplace 变换,即

$$g(s)=\int_0^{\infty}\mathrm{e}^{-sz}\mathrm{d}t=\int_0^{\infty}z^r\mathrm{d}\mu(z)$$

则 $\varphi(\boldsymbol{x})=\prod g(x_i)$ 在 $\mathbf{R}_{++}$ 上 $S-$凹.

下述定理归纳了专著[22]中的有关结论.

定理6.7.2[22] (a)$\varphi_1(\boldsymbol{x})=\prod_{i=1}^{n}\Gamma(x_i)$ 在 $\mathbf{R}_{++}^n$ 上严格 $S-$凸;

(b)$\varphi_2(\boldsymbol{x})=\prod_{i=1}^{n}\frac{\Gamma(x_i+a)}{\Gamma(x_i+1)}$ 在$(-a,\infty)^n$ 上$S-$凸,其中 $0<a\leqslant 1$;

(c)$\varphi_3(\boldsymbol{x})=\prod_{i=1}^{n}\frac{\Gamma(x_i+a)}{\Gamma(x_i+a+b)\Gamma(x_i+1)}$ 在 $\mathbf{R}_+^n$ 上 $S-$凸($S-$凹),其中 $a,b\leqslant 1(a,b\geqslant 1)$;

(d)$\varphi_4(\boldsymbol{x})=\prod_{i=1}^{n}\frac{x_i^{x_i}}{\Gamma(x_i+1)}$ 在 $\mathbf{R}_+^n$ 上 $S-$凸;

(e)$\varphi_5(\boldsymbol{x})=\prod_{i=1}^{n}\frac{\Gamma(mx_i+a)}{\Gamma^k(x_i+a)}$ 在 $\left(-\frac{a}{m},\infty\right)^n$ 上 $S-$凸,其中 $a\geqslant\frac{m-1}{k-1}$,$k>1$;当 $m>1$ 时,凸性严格;

$$(\mathrm{f})\varphi_6(\boldsymbol{x})=\begin{cases}\dfrac{\ln\Gamma(x)-\Gamma(y)}{x-y}, x\neq y\\ \dfrac{\Gamma'(x)}{\Gamma(x)}, x=y\end{cases} \quad 在\ \mathbf{R}_{++}^2\ 上$$

严格 S－凹.

2005 年，使用几何方法，Alsina and Tomas[221] 证得双边不等式

$$\frac{1}{n!}\leqslant\frac{\Gamma(1+x)^n}{\Gamma(1+nx)}\leqslant 1, x\in[0,1], n\in\mathbf{N} \tag{6.7.5}$$

2009 年，Nguyen and Ngo [222] 获得式(6.7.5)的如下推广

$$\prod_{i=1}^{n}\frac{\Gamma(1+\alpha_i)}{\Gamma\left(\beta+\sum\limits_{i=1}^{n}\alpha_i\right)}\leqslant \prod_{i=1}^{n}\frac{\Gamma(1+\alpha_i x)}{\Gamma\left(\beta+\left(\sum\limits_{i=1}^{n}\alpha_i\right)x\right)}\leqslant\frac{1}{\Gamma(\beta)} \tag{6.7.6}$$

其中 $x\in[0,1],\beta\geqslant 1,\alpha_i>0,n\in\mathbf{N}$.

对于 $k>0$，文[223]定义了伽马函数的推广

$$\Gamma_k(x)=\lim_{n\to\infty}\frac{n!\ k^n(nk)^{\frac{x}{k}-1}}{(x)_{n,k}}, x\in\mathbf{C}\backslash k\mathbf{Z}^- \tag{6.7.7}$$

其中 $(x)_{n,k}=x(x+k)(x+2k)\cdots(x+(n-1)k)$.

对于 $x\in\mathbf{C}$ 且 $\mathrm{Re}(x)>0$，则 $\Gamma_k(x)$ 有如下积分形式

$$\Gamma_k(x)=\int_0^\infty \mathrm{e}^{-\frac{t^k}{k}}t^{x-1}\mathrm{d}t \tag{6.7.8}$$

作为黎曼 Zeta 函数 $\zeta(x)$ 的推广，文[370]定义了如下 k－黎曼 Zeta 函数 $\zeta_k(x)$

$$\zeta_k(x)=\frac{1}{\Gamma_k(x)}\int_0^{\infty}\frac{t^{x-k}}{e^t-1}dt, x>k \quad (6.7.9)$$

张静和石焕南[224] 利用受控理论将不等式(6.7.6) 推广到 $\Gamma_k(x)$ 和 $\zeta_k(x)$ 上,得到:

定理 6.7.3

$$\prod_{i=1}^{n}\frac{\Gamma_k(1+\alpha_i)}{\Gamma_k\left(\beta+\sum_{i=1}^{n}\alpha_i\right)}\geqslant \prod_{i=1}^{n}\frac{\Gamma_k(1+\alpha_i x)}{\Gamma_k\left(\beta+\left(\sum_{i=1}^{n}\alpha_i\right)x\right)}\leqslant\frac{1}{\Gamma_k(\beta)} \quad (6.7.10)$$

其中 $x\in[0,1],\beta\geqslant 1,\alpha_i>0,n\in\mathbf{N}.$

定理 6.7.4

$$\prod_{i=1}^{n}\frac{\zeta_k(k+1+\alpha_i)\Gamma_k(k+1+\alpha_i)}{\zeta_k\left(\beta+k+\sum_{i=1}^{n}\alpha_i\right)\Gamma_k\left(\beta+k+\sum_{i=1}^{n}\alpha_i\right)}\leqslant \prod_{i=1}^{n}\frac{\zeta_k(k+1+\alpha_i)\Gamma_k(k+1+\alpha_i x)}{\zeta_k\left(\beta+k+\left(\sum_{i=1}^{n}\alpha_i\right)x\right)\Gamma_k\left(\beta+k+\left(\sum_{i=1}^{n}\alpha_i\right)x\right)}\leqslant \frac{\left(\frac{\pi^2}{6}\right)^n}{\zeta_k(\beta+k)\Gamma_k(\beta+k)} \quad (6.7.11)$$

其中 $x\in[0,1],\beta\geqslant 1,\alpha_i>0,n\in\mathbf{N}.$

在不等式(6.7.11) 中取 $k=1,\alpha_i=1,i=1,2,\cdots,n$,并注意 $\Gamma(3)=2$ 和 $\zeta(2)=\frac{\pi^2}{6}$,可得:

推论 6.7.1

$$\frac{(2\zeta(3))^n}{\zeta(1+\beta+n)\Gamma(1+\beta+n)}\leqslant$$

$$\frac{(\zeta(2+x))(\Gamma(2+x))^n}{\zeta(1+\beta+nx)\Gamma(1+\beta+nx)}\leqslant$$
$$\frac{(\zeta(2))^n}{\zeta(1+\beta)\Gamma(1+\beta)} \tag{6.7.12}$$

其中 $x\in[0,1],\beta\geqslant 1,n\in\mathbf{N}$.

定理 6.7.5[617],[225]　设 $\boldsymbol{a}=(a_1,a_2,\cdots,a_n),\boldsymbol{b}=(b_1,b_2,\cdots,b_n)\in\mathbf{R}_{++}^n$ 满足 $\boldsymbol{a}\prec_w\boldsymbol{b}$,则函数

$$x\rightarrow\prod_{i=1}^{n}\frac{\Gamma_k(x+a_i)}{\Gamma_k(x+b_i)} \tag{6.7.13}$$

在$(0,\infty)$上完全单调(见定义 5.2.2).

定理 6.7.6[616]　设 $\boldsymbol{a}=(a_1,a_2,\cdots,a_n),\boldsymbol{b}=(b_1,b_2,\cdots,b_n)\in\mathbf{R}_{++}^n$ 满足 $\boldsymbol{a}\prec_w\boldsymbol{b}$. 若 $f''(x)$ 在$(0,+\infty)$上是完全单调的,则函数

$$\exp\Big(\sum_{i=1}^{n}(f(x+a_i)-f(x+b_i))\Big) \tag{6.7.14}$$

在$(0,+\infty)$上是对数完全单调的.

卡塔兰数(Catalan numbers)C_n 是组合数学中一类重要的自然数数列,其计算公式可用伽马函数表为

$$C_n=\frac{4^n\Gamma\left(n+\frac{1}{2}\right)}{\sqrt{\pi}\,\Gamma(n+2)} \tag{6.7.15}$$

祁锋等人[226]给出式(6.7.13)的一个推广形式

$$C(a,b;x)=\frac{\Gamma(b)}{\Gamma(a)}\left(\frac{b}{a}\right)^x\frac{\Gamma(x+a)}{\Gamma(x+b)} \tag{6.7.16}$$

其中 $a,b>0,x\geqslant 0$.

因为 $C\left(\frac{1}{2},2,x\right)=C_n$,故称 $C(a,b;x)$ 为卡塔兰－祁函数(或广义卡塔兰函数),祁锋等人[227]研究了此

函数的 S－凸性，得到如下结果：

定理 6.7.7 对于 $a,b>0,x\geqslant 0$，令 $F_x(a,b)=|\ln C(a,b,x)|$，则对于 $x\geqslant 0$，$F_x(a,b)$ 关于 (a,b) 在 $\mathbf{R}_{++}^2$ 上 S－凸.

Schur 凸函数与二元平均值不等式

第七章

平均值不等式在不等式理论中处于核心地位. 本章讨论受控理论在二元平均值不等式上的应用.

二元平均值不等式由于其精巧多变,一直受不少不等式研究者的青睐. 对于二元平均值,早期较关注单调性、对数凸性、几何凸性以及各个二元平均值的比较不等式. 近几年国内同行开始关注二元平均值的 $S-$凸性、$S-$几何凸性以及二元凸性.

7.1 Stolarsky 平均的 Schur 凸性

设 $(r,s) \in \mathbf{R}^2$, $(x,y) \in \mathbf{R}_{++}^2$. Stolarsky[228],[229] 介绍了 Stolarsky 平均

$$E(r,s;x,y)=\begin{cases}\left(\dfrac{r}{s}\cdot\dfrac{y^s-x^s}{y^r-x^r}\right)^{\frac{1}{s-r}}, rs(r-s)(x-y)\neq 0\\ \left(\dfrac{1}{r}\cdot\dfrac{y^r-x^r}{\ln y-\ln x}\right)^{\frac{1}{r}}, r(x-y)\neq 0\\ \exp\left(-\dfrac{1}{r}+\dfrac{x^r\ln x+y^r\ln y}{x^r-y^r}\right), r(x-y)\neq 0, r=s\\ \sqrt{xy}, x\neq y\end{cases}$$

(7.1.1)

Stolarsky 平均有时也称为差平均(difference means)或广义平均(extended means)(参见[230]). 许多二元平均是 Stolarsky 平均的特例. 例如:

$E(1,2;x,y)=\dfrac{x+y}{2}=A(x,y)$ 为算术平均;

$E(0,0;x,y)=\sqrt{xy}=G(x,y)$ 为几何平均;

$E(-2,-1;x,y)=\dfrac{2xy}{x+y}=H(x,y)$ 为调和平均;

$E(1,0;x,y)=\dfrac{x-y}{\ln x-\ln y}=L(x,y)$ 为对数平均;

$E(1,1;x,y)=\dfrac{1}{e}x^{\left(\frac{x}{x-y}\right)}y^{\left(1-\frac{x}{x-y}\right)}=I(x,y)$ 为指数平均;

$E(2,3;x,y)=\dfrac{2}{3}\left(\dfrac{x^2+xy+y^2}{x+y}\right)=g(x,y)$ 为形心平均;

$E\left(\dfrac{1}{2},\dfrac{3}{2};x,y\right)=\dfrac{x+\sqrt{xy}+y}{3}=h(x,y)$ 为 Heron 平均;

$E(p,2p;x,y)=\left(\dfrac{x^p+y^p}{2}\right)^{\frac{1}{p}}=M_p(x,y)$ 为幂平

均(Hölder 平均);

$E(1,p;x,y)=\left[\frac{x^p-y^p}{p(x-y)}\right]^{\frac{1}{p-1}}=S_p(x,y)$ 为广义对数平均.

Stolarsky 平均是一类内涵丰富的二元平均,这不仅因为它包含众多重要平均,而且它还具有许多良好的性质.

性质7.1.1(对称性) $E(r,s;x,y)=E(s,r;x,y)$ 且 $E(r,s;x,y)=E(r,s;y,x)$.

性质 7.1.2(齐次性) $E(r,s;\lambda x,\lambda y)=\lambda E(r,s;x,y),\lambda>0$.

性质 7.1.3 $E(r,s;x,y)=[E(-r,-s;x^{-1},y^{-1})]^{-1}$.

性质 7.1.4(单调性)[231] $E(r,s;x,y)$ 既关于 (x,y) 在 $\mathbf{R}_{++}^2$ 上单调增,也关于 (s,r) 在 $\mathbf{R}_{++}^2$ 上单调增.

性质 7.1.5(对数凸性)[217] 对于固定的 $x,y\in\mathbf{R}_{++}$:

(a) 若 $(r,s)\in\mathbf{R}_{++}^2=(0,\infty)\times(0,\infty)$,则 $E(r,s;x,y)$ 无论关于 r 还是 s 都是对数凹的;

(b) 若 $(r,s)\in\mathbf{R}_{--}^2=(-\infty,0)\times(-\infty,0)$,则 $E(r,s;x,y)$ 无论关于 r 还是 s 都是对数凸的.

性质7.1.6(几何凸性)[233] (a) $E(r,s;x,y)$ 关于 (x,y) 在 $\mathbf{R}_{++}^2$ 上几何凸,当且仅当 $s+r\geqslant 0$.

(b) $E(r,s;x,y)$ 关于 (x,y) 在 $\mathbf{R}_{++}^2$ 上几何凹,当且仅当 $s+r\leqslant 0$.

定理 7.1.1[234] 若 $s\neq r$,则

$$\ln E(r,s;x,y)=\frac{1}{s-r}\int_s^r \ln I_t\,\mathrm{d}t \quad (7.1.2)$$

其中

$$I_t = \exp\left(-\frac{1}{t} + \frac{x^t \ln x + y^t \ln y}{x^t - y^t}\right) \quad (7.1.3)$$

证明[235] 不妨设 $x \neq y$,因为 $x = y$ 的情形是平凡的.

不妨设 $x > y$ 和 $s > r$. 若 $s > r > 0$ 或 $r < s < 0$,则

$$\frac{1}{s-r}\int_r^s \ln I_t \mathrm{d}t = \frac{1}{s-r}\int_r^s \left(-\frac{1}{t} + \frac{x^t \ln x + y^t \ln y}{x^t - y^t}\right) \mathrm{d}t =$$

$$\frac{1}{s-r}\left[\ln\left(\frac{x^t - y^t}{t}\right)\Bigg|_r^s\right] = \frac{1}{s-r}\ln\frac{\frac{x^s - y^s}{s}}{\frac{x^r - y^r}{r}} =$$

$$\ln E(r,s;x,y)$$

若 $s > r = 0$ 或 $r < s = 0$,可应用积分关于积分限的连续性,例如

$$\frac{1}{s}\int_0^s \ln I_t \mathrm{d}t =$$

$$\lim_{r\to 0+}\frac{1}{s-r}\int_r^s \left(-\frac{1}{t} + \frac{x^t \ln x + y^t \ln y}{x^t - y^t}\right) \mathrm{d}t =$$

$$\frac{1}{s}\lim_{r\to 0+}\left[\ln\left(\frac{x^t - y^t}{t}\right)\Bigg|_r^s\right] =$$

$$\frac{1}{s}\left(\ln\frac{x^s - y^s}{s} - \lim_{r\to 0+}\ln\frac{x^r - y^r}{r}\right) =$$

$$\frac{1}{s}\left(\ln\frac{x^s - y^s}{s} - \ln(\ln x - \ln y)\right) =$$

$$\ln E(s,0;x,y)$$

最后若 $s > 0 > r$,则

$$\frac{1}{s-r}\int_r^s \ln I_t \mathrm{d}t = \frac{1}{s-r}\left(\int_r^0 \ln I_t \mathrm{d}t + \int_0^s \ln I_t \mathrm{d}t\right) =$$

$$\frac{1}{s-r}\left\{s\,\frac{1}{s}\left[\ln\frac{x^s-y^s}{s} - \ln(\ln x - \ln y)\right] - \right.$$

$$\left. r\,\frac{1}{r}\left[\ln\frac{x^r-y^r}{r} - \ln(\ln x - \ln y)\right]\right\} =$$

$$\ln E(r,s;x,y)$$

□

注 7.1.1　不难验证 $E(r,s;x,y)$ 还可以表成如下积分形式

$$E(r,s;x,y) = \left(\frac{1}{y^r - x^r}\int_{x^r}^{y^r} t^{\frac{s}{r}-1}\mathrm{d}t\right)^{\frac{1}{s-r}}, r(s-r) \neq 0 \tag{7.1.4}$$

定理 7.1.2(Stolarsky 平均比较定理)[230]　设 $x, y \in \mathbf{R}_{++}$, $p,q,r,s \in \mathbf{R}$, $(p-q)(r-s) \neq 0$,则

$$E(p,q;x,y) \leqslant E(r,s;x,y) \Leftrightarrow \begin{cases} p+q \leqslant r+s \\ m(p,q) \leqslant m(r,s) \end{cases} \tag{7.1.5}$$

其中

$$m(u,v) = \begin{cases} \dfrac{u-v}{\ln\left(\dfrac{u}{v}\right)}, \min\{p,q,r,s\} \geqslant 0 \text{ 或 } \max\{p,q,r,s\} \leqslant 0 \\ \dfrac{|u|-|v|}{u-v}, \min\{p,q,r,s\} < 0 < \max\{p,q,r,s\} \end{cases} \tag{7.1.6}$$

定理 7.1.3　Minkowski 型不等式[13]

$$\begin{aligned} &E(r,s;x_1+x_2,y_1+y_2) \leqslant \\ &E(r,s;x_1,y_1) + E(r,s;x_2,y_2) \end{aligned} \tag{7.1.7}$$

成立的充要条件是 $r+s\geqslant 3$ 且 $\min\{r,s\}\geqslant 1$. 当 $(r,s)\neq(1,2)$, $(r,s)\neq(2,1)$ 时,等式成立的充要条件是 $\frac{x_1}{x_2}=\frac{y_1}{y_2}$.

定理 7.1.4[236] 对于固定的 $(x,y)\in\mathbf{R}_{++}^2$ 且 $x\neq y$, $E(r,s;x,y)$ 关于 (r,s) 在 $\mathbf{R}_+^2$ 上 $S-$凹和在 $\mathbf{R}_-^2$ 上 $S-$凸.

Sándor[237] 给出了定理 7.1.4 一个简洁的证明. 后来,郭白妮和祁锋[232] 亦给出了定理 7.1.4 一个简洁的证明.

结合运用定理 7.1.2 和定理 7.1.4,李大矛等[238] 证得一组单参数平均值不等式.

定理 7.1.5 对固定的 $(x,y)\in\mathbf{R}_{++}^2$ 和 $x\neq y$, 有:

当 $p\leqslant 0$ 时

$$I_{\frac{p}{2}}\leqslant M_{\frac{p}{3}}\leqslant h_{\frac{p}{2}}\leqslant L_p\leqslant S_{p-1} \tag{7.1.8}$$

当 $0<p\leqslant 1$ 时

$$S_{p-1}\leqslant L_p\leqslant h_{\frac{p}{2}}\leqslant M_{\frac{p}{3}}\leqslant I_{\frac{p}{2}} \tag{7.1.9}$$

当 $1<p\leqslant\frac{4}{3}$ 和 $p>4$ 时

$$L_p\leqslant S_{p-1}\leqslant h_{\frac{p}{2}}\leqslant M_{\frac{p}{2}}\leqslant I_{\frac{p}{2}} \tag{7.1.10}$$

当 $\frac{4}{3}<p\leqslant\frac{3}{2}$ 和 $3<p\leqslant 4$ 时

$$L_p\leqslant h_{\frac{p}{2}}\leqslant S_{p-1}\leqslant M_{\frac{p}{3}}\leqslant I_{\frac{p}{2}} \tag{7.1.11}$$

当 $\frac{3}{2}<p\leqslant 3$ 时

$$L_p\leqslant h_{\frac{p}{2}}\leqslant M_{\frac{p}{3}}\leqslant S_{p-1}\leqslant I_{\frac{p}{2}} \tag{7.1.12}$$

其中

$$M_p=M_p(x,y)=\left(\frac{x^p+y^p}{2}\right)^{\frac{1}{p}} \tag{7.1.13}$$

$$L_p = L_p(x,y) = \left[\frac{x^p - y^p}{p(\ln x - \ln y)}\right]^{\frac{1}{p}}$$

(7.1.14)

$$h_p = h_p(x,y) = \left(\frac{x^p + x^{\frac{p}{2}} y^{\frac{p}{2}} + y^p}{3}\right)^{\frac{1}{p}}$$

(7.1.15)

$$I_p = I_p(x,y) = \exp\left(-\frac{1}{p} + \frac{x^p \ln x - y^p \ln y}{x^p - y^p}\right)$$

(7.1.16)

$$S_p = S_p(x,y) = \left[\frac{x^p - y^p}{p(x-y)}\right]^{\frac{1}{p-1}} \quad (7.1.17)$$

注意 $L_p = E_{p,0}(x,y), h_p = E_{\frac{3p}{2},\frac{q}{2}}(x,y), M_p = E_{2p,p}(x,y), I_p = E_{p,p}(x,y), S_p = E_{p,1}(x,y)$，特别 $\sqrt{ab} = E_{0,0}(x,y)$.

定理 7.1.5 的证明 不难证明，当 $p \leqslant 1$ 时，有

$$\left(\frac{p}{2},\frac{p}{2}\right) \prec \left(\frac{2p}{3},\frac{p}{3}\right) \prec \left(\frac{3p}{4},\frac{p}{4}\right) \prec (p,0) \prec (p-1,1)$$

(7.1.18)

对于固定的 $(x,y) \in \mathbf{R}_{++}^2$ 和 $p \in \mathbf{R}$，当 $p \leqslant 0$ 时，由定理 7.1.4 和式(7.1.18) 有

$$E_{\frac{p}{2},\frac{p}{2}} \leqslant E_{\frac{2p}{3},\frac{p}{3}} \leqslant E_{\frac{3p}{4},\frac{p}{4}} \leqslant E_{p,0}$$

即

$$I_{\frac{p}{2}} \leqslant M_{\frac{p}{3}} \leqslant h_{\frac{p}{2}} \leqslant L_p$$

成立. 另一方面，因为

$$\min\{p-1,1,p,0\} = p-1 < 0 < \max\{p-1,1,p,0\} = 1$$

和

$$p + 0 \leqslant (p-1) + 1$$

以及

$$m(p,0)=\frac{|p|-|0|}{p-0}=$$

$$-1<-1+\frac{2}{2-p}=\frac{|p-1|-|1|}{p-1-1}=$$

$$\frac{p}{2-p}=m(p-1,1)$$

故由定理 7.1.2 有

$$L_p=E_{p,0}\leqslant E_{p-1,1}=S_{p-1}$$

至此证得式(7.1.8).

当 $0<p\leqslant 1$ 时,由定理 7.1.4 和式(7.1.18) 有

$$E_{p,0}\leqslant E_{\frac{3p}{4},\frac{p}{4}}\leqslant E_{\frac{2p}{3},\frac{p}{3}}\leqslant E_{\frac{p}{2},\frac{p}{2}}$$

即

$$L_p\leqslant h_{\frac{p}{2}}\leqslant M_{\frac{p}{3}}\leqslant I_{\frac{p}{2}}$$

成立.另一方面,因为

$$\min\{p-1,1,p,0\}=$$

$$p-1<0<\max\{p-1,1,p,0\}=1$$

和

$$(p-1)+1\leqslant p+0$$

以及

$$m(p-1,1)=\frac{|p-1|-|1|}{p-1-1}=$$

$$\frac{p}{2-p}<p<1=m(p,0)=\frac{|p|-|0|}{p-0}$$

所以由定理 7.1.2 有

$$S_{p-1}=E_{p-1,1}\leqslant E_{p,0}=L_p$$

至此证得式(7.1.9).

当 $1<p\leqslant\frac{4}{3}$ 和 $p>4$ 时,易证

$$\left(\frac{p}{2},\frac{p}{2}\right)\prec\left(\frac{2p}{3},\frac{p}{3}\right)\prec\left(\frac{3p}{4},\frac{p}{4}\right)\prec(p-1,1)\prec(p,0) \tag{7.1.19}$$

由定理 7.1.4 和式(7.1.19) 有

$$E_{p,0}\leqslant E_{p-1,1}\leqslant E_{\frac{3p}{4},\frac{p}{4}}\leqslant E_{\frac{2p}{3},\frac{p}{3}}\leqslant E_{\frac{p}{2},\frac{p}{2}}$$

即式(7.1.10) 成立.

当 $\frac{4}{3}<p\leqslant\frac{3}{2}$ 和 $3<p\leqslant 4$ 时,易证

$$\left(\frac{p}{2},\frac{p}{2}\right)\prec\left(\frac{2p}{3},\frac{p}{3}\right)\prec(p-1,1)\prec\left(\frac{3p}{4},\frac{p}{4}\right)\prec(p,0) \tag{7.1.20}$$

由定理 7.1.4 和式(7.1.20) 有

$$E_{p,0}\leqslant E_{\frac{3p}{4},\frac{p}{4}}\leqslant E_{p-1,1}\leqslant E_{\frac{2p}{3},\frac{p}{3}}\leqslant E_{\frac{p}{2},\frac{p}{2}}$$

至此证得式(7.1.11).

当 $\frac{3}{2}<p\leqslant 3$ 时,易证

$$\left(\frac{p}{2},\frac{p}{2}\right)\prec(p-1,1)\prec\left(\frac{2p}{3},\frac{p}{3}\right)\prec\left(\frac{3p}{4},\frac{p}{4}\right)\prec(p,0) \tag{7.1.21}$$

由定理 7.1.4 和式(7.1.21) 有

$$E_{p,0}\leqslant E_{\frac{3p}{4},\frac{p}{4}}\leqslant E_{\frac{2p}{3},\frac{p}{3}}\leqslant E_{p-1,1}\leqslant E_{\frac{p}{2},\frac{p}{2}}$$

至此证得式(7.1.12).

对于固定的(r,s),文[239] 试图得到 $E(r,s;x,y)$ 关于(x,y) 的 S — 凸性,并宣布如下一个错误的结果:对固定的(r,s),如果$(r,s)\notin(0,\frac{3}{2})$(或$(r,s)\notin(0,1)$),则 $E(r,s;x,y)$ 关于$(x,y)\in\mathbf{R}_{++}^2$ 是 S — 凹(或 S — 凸) 函数.

石焕南等[240] 发现了上面结果的错误性,并利用(7.1.4) 得到了下面定理:

定理 7.1.6 对固定的$(r,s)\in\mathbf{R}^2$,有:

(a) 若$2<2r<s$或$2\leqslant 2s\leqslant r$,则$E(r,s;x,y)$关于(x,y)在$\mathbf{R}_{++}^2$上$S-$凸;

(b) 若$(r,s)\in\{r<s\leqslant 2r,0<r\leqslant 1\}\cup\{0<r<s\leqslant 1\}\cup\{s\leqslant 2r<0\}\cup\{r\leqslant 2s<0\}\cup\{s<r\leqslant 2s,0<s\leqslant 1\}\cup\{0<s<r\leqslant 1\}$,则$E(r,s;x,y)$关于$(x,y)$在$\mathbf{R}_{++}^2$上$S-$凹.

褚玉明和张小明[241]的下述定理完善了定理7.1.6的结果.

定理 7.1.7 对于固定的$(r,s)\in\mathbf{R}^2$,有:

(a)$E(r,s;x,y)$关于(x,y)在$\mathbf{R}_{++}^2$上$S-$凸,当且仅当$r\geqslant 1,s\geqslant 1$且$r+s\geqslant 3$;

(b)$E(r,s;x,y)$关于(x,y)在$\mathbf{R}_{++}^2$上$S-$凹,当且仅当$r+s\leqslant 3$且$r\leqslant 1$或$s\leqslant 1$.

定理 7.1.8[242] 对于固定的$(r,s)\in\mathbf{R}^2$,有:

(a)$E(r,s;x,y)$关于(x,y)在$\mathbf{R}_{++}^2$上$S-$几何凸,当且仅当$r+s\geqslant 0$;

(b)$E(r,s;x,y)$关于(x,y)在$\mathbf{R}_{++}^2$上$S-$几何凹,当且仅当$r+s\leqslant 0$.

注 7.1.2 文[242]是根据定理2.4.3($S-$几何凸判定定理)证得定理5.1.6的.定理5.1.6也可结合性质7.1.6和定理2.4.4加以证明.

夏卫锋等人[243]考察了$E(r,s;x,y)$的$S-$调和凸性,得到:

定理 7.1.9 对于固定的$(r,s)\in\mathbf{R}^2$:

(a)$E(r,s;x,y)$关于(x,y)在$\mathbf{R}_{++}^2$上$S-$调和凸,当且仅当$(r,s)\in\{(r,s):s\geqslant -1,s\geqslant r,r+s+3\geqslant 0\}\cup\{(r,s):r\geqslant -1,r\geqslant s,s+r+3\geqslant 0\}$;

(b) $E(r,s;x,y)$ 关于 (x,y) 在 $\mathbf{R}_{++}^2$ 上 S－调和凹，当且仅当 $(r,s) \in \{(r,s): s \leqslant -1, r \leqslant -1, r+s+3 \leqslant 0\}$.

2012年，杨镇杭[244] 考察了 $E(r,s;x,y)$ 的 S－幂凸性，得到：

定理 7.1.10　对于固定的 $(r,s) \in \mathbf{R}^2$：

(a) 若 $m>0$，则 $E(r,s;x,y)$ 关于 (x,y) 在 $\mathbf{R}_{++}^2$ 上 m 阶 S－幂凸(S－幂凹)当且仅当 $r+s \geqslant (\leqslant) 3m$ 且 $\min\{r,s\} \geqslant m (\leqslant m)$；

(b) 若 $m<0$，则 $E(r,s;x,y)$ 关于 (x,y) 在 $\mathbf{R}_{++}^2$ 上 m 阶 S－幂凸(S－幂凹)当且仅当 $r+s \geqslant (\leqslant) 3m$ 且 $\max\{r,s\} \geqslant m (\leqslant m)$；

(c) 若 $m=0$，则 $E(r,s;x,y)$ 关于 (x,y) 在 $\mathbf{R}_{++}^2$ 上 m 阶 S－幂凸(S－幂凹)当且仅当 $r+s \geqslant (\leqslant) 0$.

本节最后给出两例应用.

例 7.1.1　对于 $(x,y) \in \mathbf{R}_{++}^2$，$x \neq y$，有匡继昌插值不等式[49]

$$
\begin{aligned}
& H(x,y) < G(x,y) < Q_{\frac{1}{3}}(x,y) < L(x,y) < \\
& M_{\frac{1}{3}}(x,y) < M_{\frac{1}{2}}(x,y) < h(x,y) < \\
& M_{\frac{2}{3}}(x,y) < I(x,y) < A(x,y) < \\
& g(x,y) < M_2(x,y)
\end{aligned}
\tag{7.1.22}
$$

其中

$$
Q_{\frac{1}{3}} = \frac{1}{2}(a^r b^s + a^s b^r), r = \frac{1}{2}\left(1+\frac{1}{\sqrt{3}}\right), s = \frac{1}{2}\left(1-\frac{1}{\sqrt{3}}\right)
$$

若在(7.1.22)中撇开 $Q_{\frac{1}{3}}(x,y)$，借助于广义平均 $E(r,s;x,y)$ 的符号可写作

$$E(-2,-1;x,y)<E(0,0;x,y)<$$
$$E(1,0;x,y)<E\left(\frac{1}{3},\frac{2}{3};x,y\right)<$$
$$E\left(\frac{1}{2},1;x,y\right)<\left(\frac{1}{2},\frac{3}{2};x,y\right)<$$
$$E\left(\frac{2}{3},\frac{4}{3};x,y\right)<E(1,1;x,y)<$$
$$E(1,2;x,y)<E(2,3;x,y)<E(2,4;x,y)\tag{7.1.23}$$

注意

$$(-2,-1)\prec(0,0)\prec(1,0)\succ\succ$$
$$\left(\frac{1}{3},\frac{2}{3}\right)\prec\left(\frac{1}{2},1\right)\prec$$
$$\left(\frac{1}{2},\frac{3}{2}\right)\succ\succ\left(\frac{2}{3},\frac{4}{3}\right)\succ\succ(1,1)\prec$$
$$(1,2)\prec(2,3)\prec(2,4)$$

结合 $E(r,s;x,y)$ 关于参数 (r,s) 在 $\mathbf{R}^2$ 上的严格单调性以及在 $\mathbf{R}^2$ 上的严格 $S-$凸性即得式(7.1.23).

此例显示了受控方法“成批生产”不等式的特点，即“把许多已有的从不同方法得来的不等式用一种统一的方法简便地推导出来”.

例 7.1.2[2]352　对于 $x\neq y$,有

$$e^{\frac{x+y}{2}}<\frac{e^x-e^y}{x-y}<\frac{e^x+e^y}{2}\tag{7.1.24}$$

$$\frac{x+y}{2}<\frac{(x-1)e^x-(y-1)e^y}{e^x-e^y}\tag{7.1.25}$$

结合这两个不等式,郭白妮和祁锋[611] 使用分析方法证得

$$\ln\frac{e^x-e^y}{x-y}<\frac{(x-1)e^x-(y-1)e^y}{e^x-e^y}<\ln\frac{e^x+e^y}{2}\tag{7.1.26}$$

这里利用 $E(r,s;x,y)$ 关于参数 (r,s) 的严格单调性(参见[612]),给出一个简单的证明.

令 $e^x=u,e^y=v$,则式(7.1.26)等价于

$$\frac{u-v}{\ln u-\ln v}<\frac{1}{e}\left(\frac{u^u}{v^v}\right)^{\frac{1}{u-v}}<\frac{u+v}{2} \tag{7.1.27}$$

也就是

$$E(1,0;u,v)<E(1,1;u,v)<E(1,2;u,v) \tag{7.1.28}$$

由 $E(r,s;x,y)$ 关于参数 (r,s) 的严格单调性,式(7.1.28)成立.

该例也可通过考虑差函数

$$\ln\frac{e^x-e^y}{x-y}-\frac{(x-1)e^x-(y-1)e^y}{e^x-e^y}$$

和

$$\ln\frac{e^x+e^y}{2}-\frac{(x-1)e^x-(y-1)e^y}{e^x-e^y}$$

的 $S-$凸性加以证明,这里略.

7.2　Gini 平均的 Schur 凸性

设 $(r,s)\in\mathbf{R}^2,(x,y)\in\mathbf{R}^2_{++}$. 本节介绍另一类内涵丰富的二元平均—Gini 平均

$$G(r,s;x,y)=\begin{cases}\left(\dfrac{x^s+y^s}{x^r+y^r}\right)^{\frac{1}{s-r}}, & s\neq r\\ \exp\left(\dfrac{x^s\ln x+y^s\ln y}{x^s+y^s}\right), & s=r\end{cases} \tag{7.2.1}$$

Gini 平均也称为和平均(sum means).

Gini 平均同样包含众多重要平均，例如 $G(p-1,p;x,y)$ 为 Lehme 平均

$$L_p(a,b)=\frac{a^p+b^p}{a^{p-1}+b^{p-1}},-\infty\leqslant p\leqslant+\infty \tag{7.2.2}$$

Gini 平均具有与 Stolarsky 平均类似的性质.

定理 7.2.1[234] 若 $s\neq r$，则

$$\ln G(r,s;x,y)=\frac{1}{s-r}\int_r^s\ln J_t\mathrm{d}t \tag{7.2.3}$$

其中

$$J_t=\exp\left(\frac{x^t\ln x+y^t\ln y}{x^t+y^t}\right) \tag{7.2.4}$$

证明[235] 不妨设 $x\neq y$，因为 $x=y$ 的情形是平凡的，则

$$\begin{aligned}\frac{1}{s-r}\int_r^s\ln J_t\mathrm{d}t=&\frac{1}{s-r}\int_r^s\frac{x^t\ln x+y^t\ln y}{x^t+y^t}\mathrm{d}t=\\&\frac{1}{s-r}\left[\ln(x^t+y^t)\right]\Big|_r^s=\\&\frac{1}{s-r}\ln\left(\frac{x^s+y^s}{x^r+y^r}\right)=\\&\ln G(r,s;x,y)\end{aligned}$$

□

定理 7.2.2(Gini 平均比较定理)[245] 设 $x,y\in\mathbf{R}_{++}$，$p,q,r,s\in\mathbf{R}$，$(p-q)(r-s)\neq0$，则

$$G(p,q;x,y)\leqslant G(r,s;x,y)\Leftrightarrow\begin{cases}p+q\leqslant r+s\\m(p,q)\leqslant m(r,s)\end{cases} \tag{7.2.5}$$

其中

$$m(u,v)=\begin{cases}\min\{u,v\},\min\{p,q,r,s\}\geqslant 0\\ \dfrac{|u|-|v|}{u-v},\min\{p,q,r,s\}<0<\max\{p,q,r,s\}\\ \max\{u,v\},\max\{p,q,r,s\}\leqslant 0\end{cases}\tag{7.2.6}$$

例 7.2.1　杨学枝[25] 提出猜想：设 $x,y\geqslant 0,n\in\mathbf{N},n>1$，则

$$2(x^n+y^n)^{n+1}\geqslant(x^{n+1}+y^{n+1})(x^{n-1}+y^{n-1})^{n+1}\tag{7.2.7}$$

当且仅当 $x=y$ 时等式成立.

何灯[246] 利用一定的技巧并结合软件计算证实了该猜测，但其证明过程计算量较大且属于半手工证明，李明[247] 利用导数手工证得，当 $x,y\geqslant 0,n\in\mathbf{R},n=2$ 或 $n\geqslant 3$ 时式(7.2.7) 成立，而当 $2<n<3$ 时，未给出手工证明. 笔者[248] 利用 Z. Pales 的 Gini 平均比较定理，就 $x,y\geqslant 0,n\in\mathbf{R},n\geqslant 2$ 的推广情形给出这个猜想的一个简洁的证明.

证明　若 $xy=0$，易见式(7.2.7) 成立. 现设 $x>0,y>0$，此时式(7.2.7) 等价于

$$G(n,n-1;x,y)=\frac{x^n+y^n}{x^{n-1}+y^{n-1}}\geqslant\left(\frac{x^{n+1}+y^{n+1}}{2}\right)^{\frac{1}{n+1}}=G(n+1,0;x,y)\tag{7.2.8}$$

由于当 $n\in\mathbf{R},n\geqslant 2$ 时，$n+1+0\leqslant n+n-1$，又 $\min\{n+1,0,n,n-1\}\geqslant 0$ 且 $\min\{n+1,0\}\leqslant\min\{n,n-1\}$，由 Gini 平均比较定理知式(7.2.8) 成立，从而式(7.2.7) 得证. □

定理 7.2.3[249]　Minkowski 型不等式

$$G(r,s;x_1+x_2,y_1+y_2)\leqslant G(r,s;x_1,y_1)+G(r,s;x_2,y_2) \tag{7.2.9}$$

成立的充要条件是 $r+s\geqslant 1$ 且 $0\leqslant \min\{r,s\}\leqslant 1$.

定理 7.2.4[237]　对于固定的 $(x,y)\in \mathbf{R}_{++}^2$ 且 $x\neq y$, $G(r,s;x,y)$ 关于 (r,s) 在 $\mathbf{R}_+^2$ 上 $S-$凹和在 $\mathbf{R}_-^2$ 上 $S-$凸.

证明　文[237]证得 J_t 对于 $t>0$ 对数凹,而对于 $t<0$ 对数凸.将此结论与定理 7.2.1 以及定理 6.1.2 相结合即证得定理 7.2.4. □

结合运用定理 7.2.4 和定理 7.2.2,李大矛等[250]证得下面的定理:

定理 7.2.5　对于固定的 $a,b\in \mathbf{R}_+$,有:

当 $p\geqslant 1$ 时

$$M_p\leqslant L_{\frac{p-1}{2}}\leqslant J_{\frac{p}{2}} \tag{7.2.10}$$

当 $p\leqslant -1$ 时

$$J_{\frac{p}{2}}\leqslant L_{\frac{p-1}{2}}\leqslant M_p \tag{7.2.11}$$

当 $-1<p<0$ 时

$$J_{\frac{p}{2}}\leqslant M_p\leqslant L_{\frac{p-1}{2}} \tag{7.2.12}$$

当 $0<p<1$ 时

$$L_{\frac{p-1}{2}}\leqslant M_p\leqslant J_{\frac{p}{2}} \tag{7.2.13}$$

当 $p=0$ 时

$$M_0=L_{-\frac{1}{2}}=J_0=G$$

其中

$$L_p=L_p(x,y)=\frac{x^{p+1}+y^{p+1}}{x^p+y^p} \tag{7.2.14}$$

$$M_p=M_p(x,y)=\left(\frac{x^p+y^p}{2}\right)^{\frac{1}{p}} \tag{7.2.15}$$

又记

$$J_p = J_p(x,y) = \exp\left(\frac{x^p \ln x + y^p \ln y}{x^p + y^p}\right) \tag{7.2.16}$$

证明 首先注意

$$M_p = G(p,0;x,y), L_p = (p+1,p;x,y)$$

$$J_p = (p,p;x,y), \sqrt{ab} = G(0,0;x,y)$$

不难证明,当 $p \geqslant 1$ 和 $p \leqslant -1$ 时,有

$$\left(\frac{p}{2},\frac{p}{2}\right) \prec \left(\frac{p-1}{2},\frac{p+1}{2}\right) \prec (p,0) \tag{7.2.17}$$

对于固定的 $(x,y) \in \mathbf{R}^2_{++}$,当 $p \geqslant 1$ 时,据定理 7.2.4,由式(7.2.17)有

$$G(p,0;x,y) \leqslant G\left(\frac{p-1}{2},\frac{p+1}{2};x,y\right) \leqslant G\left(\frac{p}{2},\frac{p}{2};x,y\right)$$

即式(7.2.10)成立;

当 $p \leqslant -1$ 时,据定理 7.2.4 由式(7.2.17)有

$$G\left(\frac{p}{2},\frac{p}{2};x,y\right) \leqslant G\left(\frac{p-1}{2},\frac{p+1}{2};x,y\right) \leqslant G(p,0;x,y)$$

即式(7.2.11)成立;

当 $-1 < p < 1$ 时,不难证明

$$\left(\frac{p}{2},\frac{p}{2}\right) \prec (p,0) \prec \left(\frac{p-1}{2},\frac{p+1}{2}\right) \tag{7.2.18}$$

据定理 7.2.4,由式(7.2.18)有

$$J_{\frac{p}{2}} = G\left(\frac{p}{2},\frac{p}{2};x,y\right) \leqslant G(p,0;x,y) = M_p$$

另一方面，因为$\frac{p-1}{2}<p<0<\frac{p+1}{2}$，有

$$p+0\leqslant\frac{p-1}{2}+\frac{p+1}{2}$$

且

$$m(p,0)=\frac{|p|-|0|}{p-0}=-1<p=$$

$$m\left(\frac{p-1}{2},\frac{p+1}{2}\right)=$$

$$\frac{\left|\frac{p-1}{2}\right|-\left|\frac{p+1}{2}\right|}{\frac{p-1}{2}-\frac{p+1}{2}}$$

所以，由定理 7.2.2 有

$$M_p=G(p,0;x,y)\leqslant G\left(\frac{p-1}{2},\frac{p+1}{2};x,y\right)=L_{\frac{p-1}{2}}$$

至此证得式(7.2.12).

当 $0<p<1$ 时，据定理 7.2.4，由式(7.2.18) 有

$$M_p=G(p,0;x,y)\leqslant G\left(\frac{p}{2},\frac{p}{2};x,y\right)=J_{\frac{p}{2}}$$

另一方面，因为$\frac{p-1}{2}<0<p<\frac{p+1}{2}$，有

$$\frac{p-1}{2}+\frac{p+1}{2}\leqslant p+0$$

且

$$m\left(\frac{p-1}{2},\frac{p+1}{2}\right)=\frac{\left|\frac{p-1}{2}\right|-\left|\frac{p+1}{2}\right|}{\frac{p-1}{2}-\frac{p+1}{2}}=p<$$

$$1=m(p,0)=\frac{|p|-|0|}{p-0}$$

所以，由定理 7.2.2 有

$$L_{\frac{p-1}{2}}=G\left(\frac{p-1}{2},\frac{p+1}{2};x,y\right)\leqslant G\left(\frac{p}{2},\frac{p}{2};x,y\right)=M_p$$

至此证得式(7.2.13).

特别，当 $p=0$ 时，$M_0=L_{-\frac{1}{2}}=J_0=G$. 定理 7.2.5 证毕. □

笔者先于文[251]初步讨论了 Gini 平均关于 (x,y) 的 S－凸性和 S－几何凸性，后与江永明，姜卫东合作，对 Gini 平均关于 (x,y) 的 S－凸性作了深入一步的研究(见文[36]). 褚玉明和夏卫锋[252] 给出 Gini 平均 S－凸性的另一个证明.

下面给出文[36]的结果及证明.

定理 7.2.6　对于固定的 $(r,s)\in\mathbf{R}^2$，有：

(a) $G(r,s;x,y)$ 关于 (x,y) 在 $\mathbf{R}_{++}^2$ 上 S－凸，当且仅当 $(r,s)\in\Omega_1=\{r\geqslant 0,s\geqslant 0,r+s\geqslant 1\}$；

(b) $G(r,s;x,y)$ 关于 (x,y) 在 $\mathbf{R}_{++}^2$ 上 S－凹，当且仅当 $(r,s)\in\Omega_2=\{r\leqslant 0,r+s\leqslant 1\}\cup\{s\leqslant 0,r+s\leqslant 1\}$.

为证明定理 7.2.6，我们需要如下引理.

引理 7.2.1[253]　设 $l,t,p,q\in\mathbf{R}_{++}$，$p>q$ 且 $p+q\leqslant 3(l+t)$，又 $\frac{1}{3}\leqslant\frac{l}{t}\leqslant 3$ 或 $q\leqslant l+t$，则

$$G(l,t;x,y)\leqslant\left(\frac{p}{q}\right)^{\frac{1}{p-q}}E(p,q;x,y)$$

引理 7.2.2　设

$$g(t,z)=\frac{z^t+1}{t(z^{t-1}-1)}$$

则对于固定的 $z>1$：

(a) $g(t,z)$ 关于 t 在 $(-\infty,0)$ 上递增；

(b) $g(t,z)$ 关于 t 在 $(0,\xi_z)$ 上递增；

(c)$g(t,z)$ 关于 t 在$(\xi_z,1)$ 或$(1,+\infty)$ 上递减.

其中 ξ 是函数 $g_1(t,z)=t(z^t+z^{t-1})\ln z+(z^t+1)(z^{t-1}-1)$ 的零点,其中 $0<\xi<\frac{1}{2}$.

证明　对 $g(t,z)$ 关于 t 求导得

$$\frac{\partial g(t,z)}{\partial t}=(tz^t(z^{t-1}-1)\ln z-(z^t+1)(z^{t-1}-1)-tz^{t-1}(z^t+1)\ln z)/t^2(z^{t-1}-1)^2=\frac{-g_1(t,z)}{t^2(z^{t-1}-1)^2}$$

对于固定的 $z>1$,当 $t\in(-\infty,0)$ 时,$g_1(t,z)<0$ 且$\frac{\partial g(t,z)}{\partial t}>0$,故 $g(t,z)$ 关于 t 在$(-\infty,0)$ 上递增,当 $t\in(1,+\infty)$ 时,$g_1(t,z)>0$ 且$\frac{\partial g(t,z)}{\partial t}<0$,故 $g(t,z)$ 关于 t 在$(1,+\infty)$ 上递减.

对 $g_1(t,z)$ 关于 t 求导得

$$\frac{\partial g_1(t,z)}{\partial t}=[2z^{2t-1}+2z^{t-1}+t(z^t+z^{t-1})\ln z]\ln z$$

当 $0<t<1$ 时,$\frac{\partial g_1(t,z)}{\partial t}<0$,故 $g_1(t,z)$ 在$(0,1)$ 上为减函数,因此有 $g_1(0,z)\geqslant g_1(t,z)\geqslant g_1(1,z)$. 另外,考虑 $g_1(0,z)=2(1-z^{-1})>0$,$g_1(1,z)=-(z^t+z^{t-1})\ln z<0$,因而存在 $\xi_z\in(0,1)$ 使得 $g_1(\xi_z,z)=0$,且当 $0<t\leqslant\xi$ 时,$g_1(t,z)\leqslant 0$ 和$\frac{\partial g(t,z)}{\partial t}\geqslant 0$,当 $\xi<t<1$ 时,$g_1(t,z)>0$ 和$\frac{\partial g(t,z)}{\partial t}<0$. 这就是说,$g(t,z)$ 在$(0,\xi]$ 上递增而在$(\xi,1)$ 上递减.

对 $g_1(t,z)$ 关于 z 求导得

$$\begin{aligned}\frac{\partial g_1(t,z)}{\partial z}=&\ tz^{t-1}(z^{t-1}-1)+(t-1)z^{t-2}(z^t+1)+\\&t(z^{t-1}+z^{t-2})+t[tz^{t-1}+(t-1)z^{t-2}]\ln z=\\&(2t-1)z^{2t-2}+t^2z^{t-1}\ln z+\\&(2t-1)z^{t-2}+(t^2-t)z^{t-2}\ln z\end{aligned}$$

对于 $1>t\geqslant\frac{1}{2}$，有

$$\begin{aligned}&\frac{\partial g_1(t,z)}{\partial z}\geqslant\\&t^2z^{t-1}\ln z+(2t-1)z^{t-2}+(t^2-t)z^{t-2}\ln z=\\&(t^2z+t^2-t)z^{t-2}\ln z>t(2t-1)z^{t-2}\ln z\geqslant 0\end{aligned}$$

故对于 $1>t\geqslant\frac{1}{2}$，$g_1(t,z)$ 关于 z 在 $(1,+\infty)$ 上递增，从而 $g_1(t,z)>\lim\limits_{z\to 1^+}g_1(t,z)=g_1(t,1)=0$. 于是我们断定 $0<\xi<\frac{1}{2}$，引理 7.2.2 证毕. □

引理 7.2.3　对于固定的 (x,y) 满足 $x>y>0$. 若

$$(r,s)\in\{r>1,s<0,r+s\leqslant 1\}\cup\{1<r\leqslant s\}\cup\{0<r\leqslant 1-r\leqslant s<1\}\cup\{\frac{1}{2}\leqslant r\leqslant s<1\}$$

则

$$s(x^r+y^r)(x^{s-1}-y^{s-1})\geqslant r(x^s+y^s)(x^{r-1}-y^{r-1})\tag{7.2.19}$$

若 $(r,s)\in\{s>1,r<0,r+s\leqslant 1\}\cup\{r\leqslant s<0\}$，则式(7.2.19)反向.

证明　设 $g(t)=\frac{z^t+1}{t(z^{t-1}-1)}$，其中 $z=\frac{x}{y}>1$. 注

意到 $y>0$，易见式(7.2.19)等价于 $g(r)\geqslant g(s)$.

当 $r>1$ 时，我们先来证 $g(r)>g(1-r)$，即

$$\frac{y(z^r+1)}{r(z^{r-1}-1)}\geqslant\frac{y(z^{1-r}+1)}{(1-r)(z^{-r}-1)}=\frac{y(x^r+x)}{(r-1)(z^r-1)}$$

只需证 $h(z)=(r-1)(z^r+1)(z^r-1)-r(z^{r-1}-1)(z^r+z)\geqslant 0$. 直接计算得

$$h(z)=(r-1)z^{2r}-rz^{2r-1}+rz-r+1$$
$$h'(z)=2r(r-1)z^{2r-1}-r(2r-1)z^{2r-2}+r$$
$$h''(z)=2r(r-1)(2r-1)z^{2r-3}(z-1)$$

由 $z>1$ 和 $r>1$ 知 $h''(\boldsymbol{x})>0$，因此 $h'(z)>h'(1)=0$，且 $h(z)>h(1)=0$，即 $g(r)\geqslant g(1-r)$.

若 $r>1, r<0$ 且 $r+s\leqslant 1$ 则 $s\leqslant 1-r<0$，由引理 7.2.2 的(a)立即得出 $g(r)\geqslant g(s)$，即式(7.2.19)成立.

若 $s>1, s<0$ 且 $r+s\leqslant 1$，在上述情形中，将 r 换成 s，将 s 换成 r 得 $g(s)\geqslant g(r)$，即式(7.2.19)反向.

若 $0<r\leqslant\frac{1}{2}\leqslant 1-r\leqslant s<1$，则 $h''(z)>0$，于是 $h'(z)\geqslant h'(1)=0$，进而 $h(z)\geqslant h(1)=0$，即 $g(r)\geqslant g(1-r)$，由引理 5.2.2 的(c)有 $g(r)\geqslant g(s)$，即式(7.2.19)成立.

若 $\frac{1}{2}\leqslant r\leqslant s<1$ 或 $1<r\leqslant s$，由引理 5.2.2 的(c)有 $g(r)\geqslant g(s)$，即式(7.2.19)成立.

若 $r\leqslant s<0$，由引理 5.2.2 的(a)有 $g(r)\leqslant g(s)$，即式(7.2.19)反向. □

定理 7.2.6 的证明 记 $\varphi(x,y)=\frac{x^s+y^s}{x^r+y^r}$. 当 $s\neq r$ 时，对于固定的 $(s,r)\in\mathbf{R}^2$，有

$$\frac{\partial\varphi}{\partial x}=\frac{sx^{s-1}(x^r+y^r)-rx^{r-1}(x^s+y^s)}{(x^r+y^r)^2}$$

$$\frac{\partial\varphi}{\partial y}=\frac{sy^{s-1}(x^r+y^r)-ry^{r-1}(x^s+y^s)}{(x^r+y^r)^2}$$

$$\frac{\partial\varphi}{\partial x}-\frac{\partial\varphi}{\partial y}=$$

$$\frac{s(x^r+y^r)(x^{s-1}-y^{s-1})-r(x^s+y^s)(x^{r-1}-y^{r-1})}{(x^r+y^r)^2}=$$

$$\frac{s(x^{r-1}-y^{r-1})}{x^r+y^r}\left[\frac{s-1}{r-1}\cdot\frac{(r-1)(x^{s-1}-y^{s-1})}{(s-1)(x^{r-1}-y^{r-1})}-\right.$$

$$\left.\frac{r}{s}\cdot\frac{x^s+y^s}{x^r+y^r}\right]=$$

$$\frac{s(x^{r-1}-y^{r-1})}{x^r+y^r}\left[\frac{s-1}{r-1}E^{s-r}(r-1,s-1;x,y)-\right.$$

$$\left.\frac{r}{s}G^{s-r}(r,s;x,y)\right]$$

于是

$$\Delta:=(x-y)\left(\frac{\partial G}{\partial x}-\frac{\partial G}{\partial y}\right)=$$

$$\frac{x-y}{s-r}\left(\frac{\partial\varphi}{\partial x}-\frac{\partial\varphi}{\partial y}\right)\varphi^{\frac{1}{s-r}-1}(x,y)=$$

$$\frac{s(x-y)(x^{r-1}-y^{r-1})}{(s-r)(x^r+y^r)}\left[\frac{s-1}{r-1}E^{s-r}(r-1,s-1;x,y)-\right.$$

$$\left.\frac{r}{s}G^{s-r}(r,s;x,y)\right]\varphi^{\frac{1}{s-r}-1}(x,y)$$

在引理 7.2.1 中，取 $l=r,t=s,p=r-1,q=s-1$，则

$$\begin{cases}l>0,t>0,p>0,q>0\\ p>q\\ p+q\leqslant 3(l+t)\\ \dfrac{1}{3}\leqslant\dfrac{l}{t}\leqslant 3\end{cases}\Leftrightarrow$$

$$\begin{cases} r>1, s>1 \\ r>s \\ r+s \geqslant -1 \\ \dfrac{s}{3} \leqslant r \leqslant 3s \end{cases} \Leftrightarrow 3s \geqslant r > s > 1$$

和

$$\begin{cases} l>0, t>0, p>0, q>0 \\ p>q \\ p+q \leqslant 3(l+t) \\ q \leqslant l+t \end{cases} \Leftrightarrow$$

$$\begin{cases} r>1, s>1 \\ r>s \\ r+s \geqslant -1 \\ r \geqslant -1 \end{cases} \Leftrightarrow r>s>1$$

即当 $r>s>1$ 时,有

$$G(r,s;x,y) \leqslant \left(\frac{s-1}{r-1}\right)^{\frac{1}{s-r}} E(r-1,s-1;x,y)$$

即

$$G^{s-r}(r,s;x,y) \geqslant \frac{s-1}{r-1} E^{s-r}(r-1,s-1;x,y) \tag{7.2.20}$$

又当 $r>s>1$ 时有 $s-r<0$ 和 $(x-y)(x^{r-1}-y^{r-1}) \geqslant 0$,结合式(7.2.20)有 $\Delta \geqslant 0$,故 $G(r,s;x,y)$ 关于 (x,y) 在 $\mathbf{R}_{++}^2$ 上 S-凸.

现考虑其他情形.注意

$$(x-y)\left(\frac{\partial \varphi}{\partial x}-\frac{\partial \varphi}{\partial y}\right)=$$
$$(s(x^r+y^r)(x-y)(x^{s-1}-y^{s-1})-$$
$$r(x^s+y^s)(x-y)(x^{r-1}-y^{r-1}))/(x^r+y^r)^2$$

当 $r \geqslant 1, 0 \leqslant s \leqslant 1$ 时，因为 t^{r-1} 和 t^{s-1} 分别在 $\mathbf{R}_{++}$ 上递增和递减，导致

$$(x-y)(x^{s-1}-y^{s-1}) \geqslant 0$$

和
$$(x-y)(x^{r-1}-y^{r-1}) \leqslant 0$$

故
$$(x-y)\left(\frac{\partial \varphi}{\partial x}-\frac{\partial \varphi}{\partial y}\right) \leqslant 0$$

从而
$$\Delta=\frac{x-y}{s-r}\left(\frac{\partial \varphi}{\partial x}-\frac{\partial \varphi}{\partial y}\right) \varphi^{\frac{1}{s-r}-1}(x, y) \geqslant 0$$

这意味着当 $r \geqslant 1, 0 \leqslant s \leqslant 1$ 时，$G(r, s; x, y)$ 关于 (x, y) 在 $\mathbf{R}_{++}^2$ 上 $S-$凸.

当 $r<0, 0 \leqslant s \leqslant 1$ 时，因为 t^{r-1} 和 t^{s-1} 均在 $\mathbf{R}_{++}$ 上递减，导致

$$(x-y)(x^{s-1}-y^{s-1}) \leqslant 0$$

和

$$(x-y)(x^{r-1}-y^{r-1}) \leqslant 0$$

故 $(x-y)\left(\frac{\partial \varphi}{\partial x}-\frac{\partial \varphi}{\partial y}\right) \leqslant 0, \Delta \leqslant 0$，这意味着当 $r<0$，$0 \leqslant s \leqslant 1$ 时，$G(r, s; x, y)$ 关于 (x, y) 在 $\mathbf{R}_{++}^2$ 上 $S-$凹.

不失一般性，假定 $x>y>0$，注意

$$\begin{aligned}\Delta=&\frac{x-y}{s-r}((s(x^r+y^r)(x^{s-1}-y^{s-1})- \\ & r(x^s+y^s)(x^{r-1}-y^{r-1}))/(x^r+y^r)^2) \cdot \\ & \varphi^{\frac{1}{s-r}-1}(x, y)\end{aligned}$$

当 $r>1, s<0, r+s \leqslant 1$ 时，由引理 7.2.3 有 $\Delta \leqslant 0$，即 $G(r, s; x, y)$ 关于 (x, y) 在 $\mathbf{R}_{++}^2$ 上 $S-$凹.

类似地，我们可证明当 $r \leqslant s<0$ 时，$G(r, s; x, y)$ 关于 (x, y) 在 $\mathbf{R}_{++}^2$ 上 $S-$凹，当 $0<r<1-r \leqslant s$ 或

$\frac{1}{2} \leqslant r \leqslant s < 1$ 时，$G(r,s;x,y)$ 关于(x,y) 在 $\mathbf{R}_{++}^2$ 上 S－凸.

当 $r=s \geqslant 1$ 时，令

$$\psi(x,y)=\frac{x^s\ln x+y^s\ln y}{x^s+y^s}=\frac{x^r\ln x+y^r\ln y}{x^r+y^r}$$

则

$$\frac{\partial\psi}{\partial x}=\frac{x^{s-1}h(x,y)}{(x^s+y^s)^2},\quad \frac{\partial\psi}{\partial y}=\frac{y^{s-1}k(x,y)}{(x^s+y^s)^2}$$

其中

$$h(x,y)=(s\ln x+1)(x^s+y^s)-s(x^s\ln x+y^s\ln y)$$

$$k(x,y)=(s\ln y+1)(x^s+y^s)-s(x^s\ln x+y^s\ln y)$$

经计算

$$\begin{aligned}&x^{s-1}h(x,y)-y^{s-1}k(x,y)=\\&(x^s+y^s)[x^{s-1}(s\ln x+1)-y^{s-1}(s\ln y+1)]-\\&s(x^s\ln x+y^s\ln y)(x^{s-1}-y^{s-1})=\\&sx^{s-1}y^{s-1}(x+y)(\ln x-\ln y)+\\&(x^{s-1}-y^{s-1})(x^s+y^s)\end{aligned}$$

于是

$$\begin{aligned}&(x-y)\left(\frac{\partial G}{\partial x}-\frac{\partial G}{\partial y}\right)=(x-y)\left(\frac{\partial\psi}{\partial x}-\frac{\partial\psi}{\partial y}\right)\mathrm{e}^{\psi(x,y)}=\\&((sx^{s-1}y^{s-1}(x+y)(x-y)(\ln x-\ln y)+\\&(x-y)(x^{s-1}-y^{s-1})(x^s+y^s))/(x^s+y^s)^2)\cdot\\&\mathrm{e}^{\psi(x,y)}\end{aligned}$$

注意当 $s \geqslant 1$ 时，$\ln t$ 和 t^{s-1} 均在$(0,+\infty)$上单调增，故有$(x-y)(\ln x-\ln y) \geqslant 0$ 和$(x-y)(x^{s-1}-y^{s-1}) \geqslant 0$，从而$(x-y)\cdot\left(\frac{\partial G}{\partial x}-\frac{\partial G}{\partial y}\right) \geqslant 0$，即当 $r=s \geqslant 1$ 时，$G(r,s;x,y)$ 关于(x,y) 在 $\mathbf{R}_{++}^2$ 上 S－凸.

总之，若$(r,s)\in\Omega_{11}=\{r>s>1\}\cup\{r=s>1\}\cup\{r\geqslant 1,0\leqslant s\leqslant 1\}\cup\{0<r<1-r\leqslant s\}\cup\{\frac{1}{2}\leqslant r\leqslant s<1\}$，则$G(r,s;x,y)$关于$(x,y)$在$\mathbf{R}_{++}^2$上$S-$凸；若$(r,s)\in\Omega_{21}=\{r<0,0<s\leqslant 1\}\cup\{r>1,s<0,r+s\leqslant 1\}\cup\{r\leqslant s<0\}$，则$G(r,s;x,y)$关于$(x,y)$在$\mathbf{R}_{++}^2$上$S-$凹.

因为$G(r,s;x,y)$关于(r,s)对称，若$(r,s)\in\Omega_{12}=\{s>r>1\}\cup\{s\geqslant 1,0\leqslant r\leqslant 1\}\cup\{0<s<1-s\leqslant r\}\cup\left\{\frac{1}{2}\leqslant s\leqslant r<1\right\}$，则$G(r,s;x,y)$仍关于$(x,y)$在$\mathbf{R}_{++}^2$上$S-$凸；若$(r,s)\in\Omega_{22}=\{s<0,0<r\leqslant 1\}\cup\{s>1,r<0,r+s\leqslant 1\}\cup\{s\leqslant r<0\}$，则$G(r,s;x,y)$仍关于$(x,y)$在$\mathbf{R}_{++}^2$上$S-$凹. 注意$\Omega_1=\Omega_{11}\cup\Omega_{12}$和$\Omega_2=\Omega_{21}\cup\Omega_{22}$，定理 7.2.6 得证. □

注 7.2.1　文[36]通过举反例说明当$(r,s)\in\mathbf{R}_{++}^2-\Omega_1\cup\Omega_2=\{r,s>0,r+s<1\}\cup\{s<0$或$r<0$且$r+s>1\}$时，$G(r,s;x,y)$关于$(x,y)$的$S-$凸性不确定. 文[41]利用定理 2.1.6 对此给予了如下证明：

因$G(r,s;x,y)$关于(x,y)是齐次的，由定理 2.1.6 知，$G(r,s;x,y)$关于$(x,y)S-$凸$(S-$凹$)$当且仅当$G(r,s;x,1-x)$在$[0,\frac{1}{2}]$上关于x递减（递增）.

令$H(x)=G(r,s;x,1-x)$，简单计算得

$$(\ln H(x))'|_{x=\frac{1}{2}}=0,\quad (\ln H(x))''|_{x=\frac{1}{2}}=r+s-1$$

若$r,s>0,r+s<1$，则当x接近$\frac{1}{2}$时，$\ln H(x)$递增，进而当x接近$\frac{1}{2}$时，$H(x)$亦递增，但$H(0)=1>$

$H\left(\frac{1}{2}\right)=\frac{1}{2}$，故 $H(x)$ 在 $\left[0,\frac{1}{2}\right]$ 上不单调.

类似地，若 $s<0$ 或 $r<0$ 且 $r+s>1$，则 $H(x)$ 在 $\frac{1}{2}$ 附近递减，$H(0)=0<H\left(\frac{1}{2}\right)=\frac{1}{2}$，故在 $\left[0,\frac{1}{2}\right]$ 上 $H(x)$ 不单调.

王梓华考察了 $G(r,s;x,y)$ 的 $S-$几何凸性，得到如下结果.

定理 7.2.7[254] 对于固定的 $(r,s)\in\mathbf{R}^2$，有：

(a) $G(r,s;x,y)$ 关于 (x,y) 在 $\mathbf{R}_{++}^2$ 上 $S-$几何凸，当且仅当 $r+s\geqslant 0$；

(b) $G(r,s;x,y)$ 关于 (x,y) 在 $\mathbf{R}_{++}^2$ 上 $S-$几何凹，当且仅当 $r+s\leqslant 0$.

注 7.2.2 Gini 平均和 Stolarsky 平均的 $S-$几何凸性完全一致.

夏卫锋和褚玉明讨论了 Gini 平均的 $S-$调和凸性，得到如下结论.

定理 7.2.8[255] 对于固定的 $(r,s)\in\mathbf{R}^2$，有：

(a) $G(r,s;x,y)$ 关于 (x,y) 在 $\mathbf{R}_{++}^2$ 上 $S-$调和凸当且仅当 $(r,s)\in\{(r,s)\mid r\geqslant 0, r\geqslant s, r+s+1\geqslant 0\}\cup\{(r,s)\mid s\geqslant 0, s\geqslant r, r+s+1\geqslant 0\}$；

(b) $G(r,s;x,y)$ 关于 (x,y) 在 $\mathbf{R}_{++}^2$ 上 $S-$调和凹当且仅当 $(r,s)\in\{(r,s)\mid r\leqslant 0, s\leqslant 0, r+s+1\leqslant 0\}$.

为证明定理 7.2.8 需如下引理：

引理 7.2.4 设 $r,s\in\mathbf{R}$ 且 $f(t)=(r-s)(t^{r+s+1}-1)+rt^{r+1}+st^{r}-rt^{s}-st^{s+1}$. 则：

(a) 若 $r\geqslant 0, r\geqslant s, r+s+1\geqslant 0$，则 $f(t)\geqslant 0$，$\forall t\in[1,\infty)$；

(b) 若 $r<0, r>s, r+s+1>0$，则存在 $t_1, t_2 \in (1,\infty)$ 使得 $f(t_1)<0$ 和 $f(t_2)>0$；

(c) 若 $r>0, r+s+1<0$，则存在 $t_3, t_4 \in (1,\infty)$ 使得 $f(t_3)<0$ 和 $f(t_4)>0$；

(d) 若 $r\leqslant 0, r\geqslant s, r+s+1\leqslant 0$，则 $f(t)\leqslant 0$，$\forall t\in[1,\infty)$.

证明　令 $f_1(t)=t^{-r-s}f'(t)$，$f_2(t)=t^{2+r}f'_1(t)$ 和 $f_3(t)=t^{-r+s+2}f''_2(t)$，简单计算得

$$f(1)=0 \tag{7.2.21}$$

$$f'(t)=(r-s)(r+s+1)t^{r+s}+r(r+1)t^r+rst^{r-1}-rst^{s-1}-s(s+1)t^s \tag{7.2.22}$$

$$f_1(1)=f'_1(1)=2(r-s)(r+s+1) \tag{7.2.23}$$

$$f'_1(t)=-rs(r+1)t^{-b-1}+rs(r+1)t^{-r-2}+rs(s+1)t^{-r-1}-rs(s+1)t^{-s-2}$$

$$f_2(1)=f'_1(1)=0 \tag{7.2.24}$$

$$f'_2(t)=-rs(r+1)(r-s+1)t^{r-s}-rs(s+1)(r-s)t^{r-s-1}+rs(s+1)$$

$$f'_2(1)=-rs(r-s)(r+s+3) \tag{7.2.25}$$

$$f'_3(1)=f''_2(1)=-rs\,(r-s)^2(r+s+3) \tag{7.2.26}$$

和

$$f'_3(t)=-rs(r+1)(r-s)(r-s+1) \tag{7.2.27}$$

(a) 若 $r\geqslant 0, r\geqslant s, r+s+1\geqslant 0$，分两种情形证明：

情形 1. $r\geqslant s\geqslant 0$. 由式(7.2.22)，易见 $\forall t\in[1,$

$\infty)$ 有

$$f'(t)=(r-s)(r+s+1)t^{r+s}+\left[r(r+1)t^{r}-s(s+1)t^{s}\right]+rs(t^{r-1}-t^{s-1})\geqslant 0 \tag{7.2.28}$$

因此,由式(7.2.21) 和式(7.2.28) 知 $f(t)\geqslant 0$.

情形 2. $r\geqslant 0,s\leqslant 0$ 且 $r+s+1\geqslant 0$. 由式(7.2.23) 和式(7.2.25) ~ 式(7.2.27) 易见

$$f'_{3}(t)\geqslant 0 \tag{7.2.29}$$

$$f_{3}(1)\geqslant 0 \tag{7.2.30}$$

$$f'_{2}(1)\geqslant 0 \tag{7.2.31}$$

和

$$f_{1}(1)\geqslant 0 \tag{7.2.32}$$

由式(7.2.29) ~ 式(7.2.32) 以及式(7.2.21) 和式(7.2.24) 知 $f(t)\geqslant 0$.

(b) 若 $r<0,r>s,r+s+1>0$,由式(7.2.23) 知 $f'(1)>0$,进而据 $f'(t)$ 的连续性知存在 $\delta_{1}>0$ 使得对于 $t\in[1,1+\delta_{1})$ 有

$$f'(t)>0 \tag{7.2.33}$$

从而由式(7.2.21) 和式(7.2.33) 知 $f(t)>0,t\in(1,1+\delta_{1})$.

另一方面,易见 $\lim\limits_{t\to+\infty}f(t)=-\infty$. 因此引理 7.2.4(b) 成立.

(c) 若 $r>0$ 且 $r+s+1<0$. 由 $r>s$ 和式(7.2.23) 导致 $f'(1)<0$,进而据 $f'(t)$ 的连续性知存在 $\delta_{2}>0$ 使得对于 $t\in[1,1+\delta_{2})$ 有

$$f'(t)<0 \tag{7.2.34}$$

从而由式(7.2.21) 和式(7.2.34) 知 $f(t)<0,t\in(1,1+\delta_{2})$.

另一方面，易见 $\lim\limits_{t\to+\infty} f(t)=+\infty$. 因此引理 7.2.4(c) 成立.

(d) 若 $r\geqslant s, r\leqslant 0$ 且 $r+s+1\leqslant 0$，分两种情形证明：

情形 1. $r\geqslant s, r\leqslant 0, r+s+1\leqslant 0$ 且 $r+s+2\geqslant 0$，此时 $r\geqslant -1$，且由式(7.2.23) 和式(7.2.25) ~ 式(7.2.27) 易见

$$f'_3(t)\leqslant 0 \tag{7.2.35}$$

$$f_3(1)\leqslant 0 \tag{7.2.36}$$

$$f'_2(1)\leqslant 0 \tag{7.2.37}$$

和

$$f_1(1)\leqslant 0 \tag{7.2.38}$$

从而由式(7.2.35) 和式(7.2.38) 以及式(7.2.21) 和式(7.2.24) 知 $f(t)\leqslant 0, \forall t\in[1,\infty)$.

情形 2. $r\geqslant s, r\leqslant 0$ 且 $r+s+2\leqslant 0$，此时 $rt^{r+1}\leqslant rt^{s+1}, st^r\leqslant st^s$ 且 $\forall t\in[1,\infty)$ 有

$$\begin{aligned} f(t)\leqslant &(r-s)(t^{r+s+1}-1)+(r-s)(t^{s+1}-t^s)= \\ &(r-s)(t^{r+s+1}+t^{s+1}-t^s-1) \end{aligned} \tag{7.2.39}$$

令 $h(t)=t^{r+s+1}+t^{s+1}-t^s-1, h_1(t)=t^{-r-s}h'(t)$ 和 $h_2(t)=t^{-r+2}h'_1(t)$，经简单计算得

$$h(1)=0 \tag{7.2.40}$$

$$h_1(1)=h'(1)=r+s+2\leqslant 0 \tag{7.2.41}$$

$$h_2(1)=h'(1)=-(r-s)\leqslant 0 \tag{7.2.42}$$

和

$$h'_2(t)=-r(s+1)\leqslant 0 \tag{7.2.43}$$

由式(7.2.40) ~ 式(7.2.43) 易见 $\forall t\in[1,\infty)$ 有

$$h(t)\leqslant 0 \tag{7.2.44}$$

因此 $\forall t\in[1,\infty)$，由式(7.2.39) 和式(7.2.44) 有

$f(t) \leqslant 0.$ □

引理 7.2.5 设 $r, s \in \mathbf{R}$ 且 $f(t) = r(t^{r+1} + t^{r})\ln t + t^{2r+1} + t^{r+1} - t^{r} - 1$. 若 $-\dfrac{1}{2} < r < 0$，则存在 t_5，$t_6 \in (1, \infty)$ 使得 $f(t_5) < 0$ 和 $f(t_6) > 0$.

证明 经简单计算得

$$f(1) = 0 \tag{7.2.45}$$

$$f'(t) = [r(r+1)t^{r} + r^{2}t^{r-1}]\ln t + (2r+1)(t^{2r} + t^{r})$$

以及对于 $-\dfrac{1}{2} < r < 0$ 有

$$f'(1) = 2(2r+1) > 0 \tag{7.2.46}$$

由式(7.2.46)和 $f'(t)$ 的连续性知，存在 $\eta > 0$ 使得对于 $t \in [1, 1+\eta)$ 有 $f'(t) > 0$，进而由式(7.2.45)知 $f(t) > 0, t \in (1, 1+\eta)$.

另一方面，易见 $\lim\limits_{t \to +\infty} f(t) = -\infty$. 因此引理 7.2.5 成立. □

设 $E \subset \mathbf{R}^2$ 是一个具有非空内点的集合，$\overline{E}$ 是 E 的闭包. 由 $G(r, s; x, y)$ 的连续性和 $S-$调和凸性的定义知下述引理 7.2.6 显然成立.

引理 7.2.6 设 E 是 $rs-$平面内的一个具有非空内点的集合. 若对于 $(r, s) \in E$，$G(r, s; x, y)$ 关于 $(x, y) \in \mathbf{R}_{++}^{n}$ $S-$调和凸(凹)，则对于 $(r, s) \in \overline{E}$，$G(r, s; x, y)$ 关于 $(x, y) \in \mathbf{R}_{++}^{n}$ $S-$调和凸(凹).

定理 7.2.8 的证明 由 $G(r, s; x, y)$ 对称性，不妨设 $y > x$. 令

$$E_1 = \{(r, s) \mid r \geqslant 0, r \geqslant s, r + s + 1 \geqslant 0\} \cup \{(r, s) \mid s \geqslant 0, s \geqslant r, r + s + 1 \geqslant 0\}$$

$$E_2 = \{(r, s) \mid r \geqslant 0, s \leqslant 0, r + s + 1 \leqslant 0\}$$

和

$$E_3=\{(r,s)\mid r>0,r+s+1<0\}\cup\{(r,b)\mid s>0,r+s+1<0\}\cup\{(r,s)\mid r<0,s<0,r+s+1>0\}$$

分三种情形讨论：

情形 1. $(r,s)\in E_1$. 令

$$E_{11}=\{(r,s)\mid r>0,r>s,r+s+1>0,s\neq 0\}$$

和

$$E_{12}=\{(r,s)\mid s>0,s>r,r+s+1>0,r\neq 0\}$$

则

$$E_1=\bar{E}_{11}\cup\bar{E}_{12} \tag{7.2.47}$$

注意对于 $(r,s)\in E_{11}$，由式(7.2.1)可导出如下恒等式

$$(y-x)\left(y^2\frac{\partial G(r,s;x,y)}{\partial y}-x^2\frac{\partial G(r,s;x,y)}{\partial x}\right)=\frac{(y-x)}{r-s}\frac{G(r,s;x,y)}{(x^r+y^r)(x^s+y^s)}x^{r+s+1}\cdot\left\{(r-s)\left[\left(\frac{y}{x}\right)^{r+s+1}-1\right]+r\left(\frac{y}{x}\right)^{r+1}+s\left(\frac{y}{x}\right)^{r}-r\left(\frac{y}{x}\right)^{s}-s\left(\frac{y}{x}\right)^{s+1}\right\} \tag{7.2.48}$$

据引理 7.2.4(a) 和 $y>x$ 知式(7.2.48)非负. 故由定理 2.4.11 知：对于 $(r,s)\in E_{11}$，$G(r,s;x,y)$ 关于 $(x,y)\in\mathbf{R}_{++}^2$ $S-$调和凸. 进而据 $G(r,s;x,y)$ 关于 (x,s) 的对称性和连续性连同引理 7.2.6，由式(7.2.48)知：对于 $(r,s)\in E_1$，$G(r,s;x,y)$ 关于 $(x,y)\in\mathbf{R}_{++}^2$ $S-$调和凸.

情形 2. $(r,s)\in E_2$. 令

$$E_{21}=\{(r,s)\mid r<0,r>s,r+s+1<0\}$$

和

$$E_{22}=\{(r,s)\mid s<0,s>r,r+s+1<0,r\neq 0\}$$

则

$$E_2=\bar{E}_{21}\cup\bar{E}_{22}\tag{7.2.49}$$

据引理 7.2.4(d) 和 $y>x$ 以及定理 2.4.11 知:对于 $(r,s)\in E_{21}$,$G(r,s;x,y)$ 关于 $(x,y)\in\mathbf{R}_{++}^2$ $S-$调和凹.进而据 $G(r,s;x,y)$ 关于 (x,s) 的对称性和连续性连同引理 7.2.6,由式(7.2.49)知:对于 $(r,s)\in E_2$,$G(r,s;x,y)$ 关于 $(x,y)\in\mathbf{R}_{++}^2$ $S-$调和凹.

情形 3.$(r,s)\in E_3$.令

$$E_{31}=\{(r,s)\mid r>0,r+s+1<0\}$$
$$E_{32}=\{(r,s)\mid s>0,r+s+1<0\}$$
$$E_{33}=\{(r,s)\mid r<0,r>s,r+s+1>0\}$$
$$E_{34}=\{(r,s)\mid s<0,s>r,r+s+1>0\}$$

和

$$E_{35}=\left\{(r,s)\mid -\frac{1}{2}<r=s<0\right\}$$

则

$$E_3=E_{31}\cup E_{32}\cup E_{33}\cup E_{34}\cup E_{35}\tag{7.2.50}$$

又可分为如下五种情形.

(1).$(r,s)\in E_{31}$.据定理 2.4.11 和引理 7.2.4(c) 以及 $y>x$ 和式(7.2.48)知:$G(r,s;x,y)$ 关于 $(x,y)\in\mathbf{R}_{++}^2$ 既非 $S-$调和凸也非 $S-$调和凹.

(2).$(r,s)\in E_{32}$.据 $G(r,s;x,y)$ 关于 (x,s) 的对称性和情形(1)知:$G(r,s;x,y)$ 关于 $(x,y)\in\mathbf{R}_{++}^2$ 既非 $S-$调和凸也非 $S-$调和凹.

(3). $(r,s)\in E_{33}$. 据(调和凸判定定理)和引理 7.2.4(b) 以及 $y>x$ 和式(7.2.48) 知：$G(r,s;x,y)$ 关于 $(x,y)\in \mathbf{R}_{++}^2$ 既非 $S-$调和凸也非 $S-$调和凹.

(4). $(r,s)\in E_{34}$. 据 $G(r,s;x,y)$ 关于 (x,s) 的对称性和情形(3) 知：$G(r,s;x,y)$ 关于 $(x,y)\in \mathbf{R}_{++}^2$ 既非 $S-$调和凸也非 $S-$调和凹.

(5). $(r,s)\in E_{35}$. 此时由式(7.2.1) 可导出恒等式

$$(y-x)\left(y^2\frac{\partial G(r,r;x,y)}{\partial y}-x^2\frac{\partial G(r,r;x,y)}{\partial x}\right)=\frac{(y-x)}{(x^r+y^r)^2}G(r,r;x,y)x^{2r+1}\cdot\left\{r\left[\left(\frac{y}{x}\right)^{r+1}+\left(\frac{y}{x}\right)^r\right]\log\frac{y}{x}+\left(\frac{y}{x}\right)^{2r+1}+\left(\frac{y}{x}\right)^{r+1}-\left(\frac{y}{x}\right)^r-1\right\}\tag{7.2.51}$$

据定理 2.4.11 和引理 7.2.5 以及 $y>x$，由式(7.2.51) 易见 $G(r,s;x,y)$ 关于 $(x,y)\in \mathbf{R}_{++}^2$ 既非 $S-$调和凸也非 $S-$调和凹.

(1) ~ (5) 和式(7.2.51) 说明对于 $(r,s)\in E_3$，$G(r,s;x,y)$ 关于 $(x,y)\in \mathbf{R}_{++}^2$ 既非 $S-$调和凸也非 $S-$调和凹. □

注意 Lehme 平均 $L_p(x,y)=G(p-1,p;x,y)$，由定理 7.2.5，定理 7.2.6 和定理 7.2.7 立得如下推论.

推论 7.2.1　(a)[256] 当 $p\geqslant 1$ 时，$L_p(x,y)$ 关于 (x,y) 在 $\mathbf{R}_{++}^2$ 上 $S-$凸；而当 $p\leqslant 1$ 时，$L_p(x,y)$ 关于 (x,y) 在 $\mathbf{R}_{++}^2$ 上 $S-$凹；

(b)[256] 当 $p\geqslant \frac{1}{2}$ 时，$L_p(x,y)$ 关于 (x,y) 在 $\mathbf{R}_{++}^2$

上 $S-$ 几何凸；而当 $p\leqslant\frac{1}{2}$ 时，$L_p(x,y)$ 关于 (x,y) 在 $\mathbf{R}_{++}^2$ 上 $S-$ 几何凹；

(c)[257] 当 $p\geqslant 0$ 时，$L_p(x,y)$ 关于 (x,y) 在 $\mathbf{R}_{++}^2$ 上 $S-$ 调和凸；而当 $p\leqslant 0$ 时，$L_p(x,y)$ 关于 (x,y) 在 $\mathbf{R}_{++}^2$ 上 $S-$ 调和凹.

注 7.2.3 杨镇杭[258] 给出 Gini 平均 $S-$ 调和凸性的另一个证明.

2013 年，杨镇杭[64] 考察了 Gini 平均的 $S-$ 幂凸性，得到：

定理 7.2.9 对于固定的 $(r,s)\in\mathbf{R}^2$，

(a) 若 $m>0$，则 $G(r,s;x,y)$ 关于 (x,y) 在 $\mathbf{R}_{++}^2$ 上 m 阶 $S-$ 幂凸($S-$ 幂凹) 当且仅当 $r+s\geqslant(\leqslant)m$ 且 $\min\{r,s\}\geqslant 0(\leqslant 0)$；

(b) 若 $m<0$，则 $G(r,s;x,y)$ 关于 (x,y) 在 $\mathbf{R}_{++}^2$ 上 m 阶 $S-$ 幂凸($S-$ 幂凹) 当且仅当 $r+s\geqslant(\leqslant)m$ 且 $\max\{r,s\}\geqslant 0(\leqslant 0)$；

(c) 若 $m=0$，则 $G(r,s;x,y)$ 关于 (x,y) 在 $\mathbf{R}_{++}^2$ 上 m 阶 $S-$ 幂凸($S-$ 幂凹) 当且仅当 $r+s\geqslant(\leqslant)0$.

7.3 Gini 平均与 Stolarsky 平均的比较

Stolarsky 平均和 Gini 平均是两个相对独立的重要的二元双参数平均. 本节讨论二者的比较与联系. 首先介绍几个二者的比较定理.

定理 7.3.1[259] 设 $x,y\in\mathbf{R}_{++}$ 且 $x\neq y$，$r,s\in\mathbf{R}$，若 $r+s>0$，则

$$E(r,s;x,y)\leqslant G(r,s;x,y) \qquad (7.3.1)$$

若 $r+s<0$，则式(7.3.1)反向，等式成立当且仅当 $r+s=0$.

定理 7.3.2[260] 设 $r,s\in\mathbf{R}, r\neq s$，对于任意的 $x,y\in\mathbf{R}_{++}$，不等式

$$E(r,s;x,y)\leqslant G(r-1,s-1;x,y) \qquad (7.3.2)$$

成立的必要条件是

$$r+s\geqslant 3 \text{ 且 } \min\{r,s\}\geqslant 1 \qquad (7.3.3)$$

反之，若

$$\max\{3,\ln 2\cdot L(r,s)+2\}\leqslant r+s \text{ 且 } \min\{r,s\}\geqslant 1 \qquad (7.3.4)$$

则对于任意的 $x,y\in\mathbf{R}_{++}$，式(7.3.2)成立. 式(7.3.2)的等式成立当且仅当 $(r,s)\in\{(2,1),(1,2)\}$ 或 $(r,s)\notin\{(2,1),(1,2)\}$ 且 $x=y$. 其中

$$L(r,s)=\begin{cases}\dfrac{r-s}{\ln r-\ln s}, & r\neq s\\ s, & r=s\end{cases}$$

为 r 与 s 的对数平均.

定理 7.3.3[260] 设 $r,s\in\mathbf{R}, r\neq s$，对于任意的 $x,y\in\mathbf{R}_{++}$，不等式

$$E(r,s;x,y)\geqslant G(r-1,s-1;x,y) \qquad (7.3.5)$$

成立的必要条件是

$$r+s\leqslant 3 \text{ 且 } \min\{r,s\}\leqslant 1 \qquad (7.3.6)$$

反之，若

$$r+s\leqslant 2 \qquad (7.3.7)$$

或

$$r+s\leqslant \min\{3,\ln 2\cdot L(r,s)+2\} \text{ 且 } 0\leqslant \min\{r,s\}\leqslant 1 \qquad (7.3.8)$$

则对于任意的 $x,y\in\mathbf{R}_{++}$，式(7.3.5)成立. 式(7.3.5)的等式成立当且仅当 $(r,s)\in\{(2,1),(1,2)\}$ 或 $(r,s)\notin\{(2,1),(1,2)\}$ 且 $x=y$.

定理 7.3.4[260] 设 $r\in\mathbf{R}$，对于不同的 $x,y\in\mathbf{R}_{++}$，不等式

$$E(r,r;x,y)<G(r-1,r-1;x,y) \tag{7.3.9}$$

成立当且仅当 $r\geqslant\frac{3}{2}$，式(7.3.9)反向成立当且仅当 $r\leqslant 1$.

江永明和石焕南[261]建立一个关于 $E(r-1,s-1;x,y)$ 和 $G(r,s;x,y)$ 比较的新结果，即下面的定理：

定理 7.3.5 设 $x>y>0$，则当 $(r,s)\in\{r>1,s<0,r+s\leqslant 1\}\cup\{0<r\leqslant 1-r\leqslant s<1\}\cup\{s\leqslant r<0\}\cup\{\frac{1}{2}\leqslant r\leqslant s<1\}$ 时，有

$$G(r,s;x,y)\geqslant\left[\frac{r(r-1)}{s(s-1)}\right]^{\frac{1}{r-s}}\cdot E(r-1,s-1;x,y) \tag{7.3.10}$$

当 $(r,s)\in\{s>1,r<0,r+s\leqslant 1\}\cup\{0<s\leqslant 1-s\leqslant r<1\}\cup\{\frac{1}{2}\leqslant s\leqslant r<1\}\cup\{r\leqslant s<0\}\cup\{r>1,s>1\}$ 时，式(7.3.10)反向成立；

当 $(r,s)\in\{sr<0,r+s>1\}\cup\{s>0,r>0,r+s<1\}$ 时，结果不确定.

上述结论用 rOs 坐标系来表示，如图 7.1 所示.

其中浅色区域表示式(7.3.10)不等式正向成立，深色区域表示式(7.3.10)不等式反向成立，划斜线区域表示式(7.3.10)不等式两端一般无确定的不等关系，而未着色区域表示式(7.3.10)两端无比较意义.

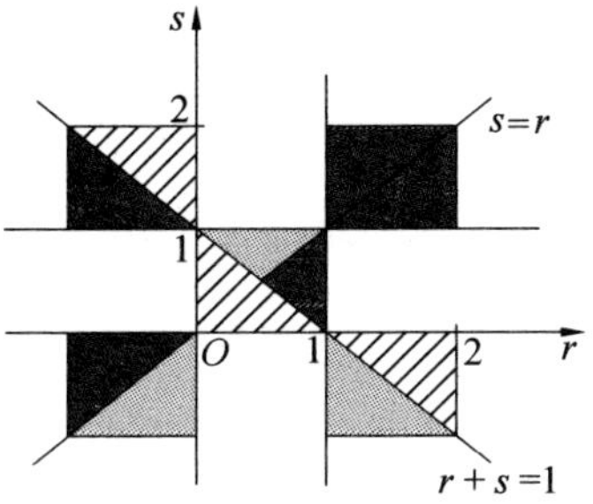

图 7.1

为证明定理 7.3.5,先给出如下引理.

引理 7.3.1　设 $x>1$, $r,k\in\mathbf{R}$, $(r-1)(r+k)\neq 0$, $m=\min\{-k,1\}$, $M=\max\{-k,1\}$,则函数

$$g(r,x)=\frac{x^r+1}{(r+k)(x^{r-1}-1)}$$

(a) 当 $r<m$ 或 $m<r\leqslant\xi$ 时,$g(r,x)$ 关于 r 为增函数;

(b) 当 $r>M$ 或 $\xi<r<M$ 时,$g(r,x)$ 关于 r 为减函数.

其中 ξ 是关于 r 的方程 $(x^r+1)(x^{r-1}-1)+(r+k)(x^r+x^{r-1})\ln x=0$ 在区间 (m,M) $(k\neq-1)$ 内的唯一实根,并且当 $-1<k\leqslant 1$ 时,$\xi\in\left(-k,\frac{1-k}{2}\right)$;当 $k>1$ 时,$\xi\in(-k,0)$;当 $k<-1$ 时,$\xi\in\left(1,\frac{1-k}{2}\right)$.

证明　分三部分进行.

(ⅰ) 直接计算得

$$\frac{\partial g(r,x)}{\partial r}=\frac{g_1(r,x)}{(r+k)^2(x^{r-1}-1)^2}$$

其中

$g_1(r,x)=$

$-(r+k)(x^r+x^{r-1})\ln x-(x^r+1)(x^{r-1}-1)$

注意 $x>1$，当 $r<1$ 且 $r+k<0$，即 $r<m$ 时，$g_1(r,x)>0\Rightarrow\frac{\partial g(r,x)}{\partial r}>0\Rightarrow g(r,x)$ 于 $(-\infty,m)$ 上关于 r 严格递增；当 $r>1$ 且 $r+k>0$，即 $r>M$ 时，$g_1(r,x)<0\Rightarrow\frac{\partial g(r,x)}{\partial r}<0\Rightarrow g(r,x)$ 于 $(M,+\infty)$ 上关于 r 严格递减.

特别地，当 $k=-1$ 时，$m=M=1$，$g(r,x)$ 于 $(-\infty,1)$ 上关于 r 严格递增，于 $(1,+\infty)$ 上关于 r 严格递减.

(ⅱ) 当 $k\neq-1$ 时，我们来论证 ξ 的存在性、唯一性以及在 (m,M) 内关于 r 的函数 $g(r,x)$ 的单调性.

注 7.3.1 考虑到以下诸函数在 $r=1$ 和 $r=-k$ 处为可去间断点，因此约定：必要时，在 $r=1$ 和 $r=-k$ 处它们分别定义为各自在 $r=1$ 和 $r=-k$ 处的极限.

直接计算有

$\frac{\partial g_1(r,x)}{\partial r}=$

$-(x^r+x^{r-1})\ln x-(r+k)(x^r+x^{r-1})(\ln x)^2-$

$x^r(x^{r-1}-1)\ln x-x^{r-1}(x^r+1)\ln x=$

$[-2x^{2r-1}-2x^{r-1}-(r+k)(x^r+x^{r-1})\ln x]\ln x=$

$g_2(r,x)x^{r-1}\ln x$

其中

$$g_2(r,x)=-2x^r-2-(r+k)(x+1)\ln x$$

$$\frac{\partial g_2(r,x)}{\partial r}=-2x^r\ln x-(x+1)\ln x<0$$

下面分两种情形来论证.

情形 1. 当 $-k<r<1$ 时，显然 $g_2(r,x)<0\Rightarrow$

$\frac{\partial g_1(r,x)}{\partial r}<0$,故 $g_1(r,x)$ 于 $(-k,1)$ 上关于 r 严格递减,又 $g_1(-k,x)=(x^{-k}+1)(1-x^{-k-1})>0$,$g_1(1,x)=-(k+1)(x+1)\ln x<0$,所以关于 r 的方程 $g_1(r,x)=0$ 在 $(-k,1)$ 内有唯一实根 ξ,并且当 $-k<r\leqslant\xi$ 时,$g_1(r,x)\geqslant 0\Rightarrow\frac{\partial g(r,x)}{\partial r}\geqslant 0\Rightarrow g(r,x)$ 于 $(-k,\xi]$ 上关于 r 递增;当 $\xi<r<1$ 时,$g_1(r,x)<0\Rightarrow\frac{\partial g(r,x)}{\partial r}<0\Rightarrow g(r,x)$ 于 $(\xi,1)$ 上关于 r 递减.

情形2.当 $1<r<-k$ 时,显然 $g_2(r,x)$ 于 $(1,-k)$ 上关于 r 严格递减,并且有 $g_2(1,x)=-2(x+1)-(k+1)(x+1)\ln x$,$g_2(-k,x)=-2(x^{-k}+1)<0$.再分两种情形:

若 $g_2(1,x)\leqslant 0$,则在 $(1,-k)$ 内恒有 $g_2(r,x)<0\Rightarrow\frac{\partial g_1(r,x)}{\partial r}<0$,故 $g_1(r,x)$ 关于 r 于 $(1,-k)$ 上严格递减;又 $g_1(1,x)=-(k+1)(x+1)\ln x>0$,$g_1(-k,x)=(x^{-k}+1)(1-x^{-k-1})<0$,所以关于 r 的方程 $g_1(r,x)=0$ 在 $(1,-k)$ 内有唯一实根 ξ.

若 $g_2(1,x)>0$,则关于 r 的方程 $g_2(r,x)=0$ 在 $(1,-k)$ 内有唯一的实根 ξ_1,并且当 $1<r<\xi_1$ 时,$g_2(r,x)>0\Rightarrow\frac{\partial g_1(r,x)}{\partial r}>0\Rightarrow g_1(r,x)$ 于 $(1,\xi_1)$ 上关于 r 严格递增;当 $\xi_1<r<-k$ 时,$g_2(r,x)<0\Rightarrow\frac{\partial g_1(r,x)}{\partial r}<0\Rightarrow g_1(r,x)$ 于 $(\xi_1,-k)$ 上关于 r 严格递减.又 $g_1(1,x)=-(k+1)(x+1)\ln x>0$,$g_1(-k,x)=(x^{-k}+1)(1-x^{-k-1})<0$,所以 $g_1(r,x)$

关于 r 于 $(1,-k)$ 内有唯一极大值 $g_1(\xi_1,x)>0$，从而关于 r 的方程 $g_1(r,x)=0$ 在 $(\xi_1,-k)$（显然也是 $(1,-k)$）内有唯一实根 ξ.

因此，不论 $g_2(1,x)$ 的符号如何，关于 r 的方程 $g_1(r,x)=0$ 在 $(1,-k)$ 内都只有唯一实根 ξ. 并且当 $1<r\leqslant\xi$ 时，$g_1(r,x)\geqslant 0\Rightarrow \dfrac{\partial g(r,x)}{\partial r}\geqslant 0\Rightarrow g(r,x)$ 于 $(1,\xi]$ 上关于 r 递增；当 $\xi<r<-k$ 时，$g_1(r,x)<0\Rightarrow \dfrac{\partial g(r,x)}{\partial r}<0\Rightarrow g(r,x)$ 于 $(\xi,-k)$ 上关于 r 递减.

（ⅲ）下面再进一步讨论 $k\neq -1$ 且 $r\in(m,M)$ 时，ξ 的存在范围.

注 7.3.2 同样考虑到以下诸函数在 $x=1$ 处为可去间断点，因此约定：必要时，在 $x=1$ 处它们分别定义为其在 $x=1$ 处的极限.

设

$$F(r,x)=-g_1(r,x)=(x^r+1)(x^{r-1}-1)+(r+k)(x^r+x^{r-1})\ln x$$

直接计算有

$$F(r,1)=0$$

$$\begin{aligned}\frac{\partial F(r,x)}{\partial x}=&rx^{r-1}(x^{r-1}-1)+(r-1)x^{r-2}(x^r+1)+\\&(r+k)(x^{r-1}+x^{r-2})+\\&(r+k)[rx^{r-1}+(r-1)x^{r-2}]\ln x=\\&(2r-1)x^{2r-2}+kx^{r-1}+(2r+k-1)x^{r-2}+\\&(r+k)[rx^{r-1}+(r-1)x^{r-2}]\ln x=\\&x^{r-2}F_1(r,x)\end{aligned}$$

其中

$$F_1(r,x)=(2r-1)x^r+kx+(2r+k-1)+(r+k)(rx+r-1)\ln x$$

$$F_1(r,1)=(2r-1)+k+(2r+k-1)=2(2r+k-1)$$

$$\frac{\partial F_1(r,x)}{\partial x}=r(2r-1)x^{r-1}+k+\frac{(r+k)(rx+r-1)}{x}+r(r+k)\ln x$$

$$\left.\frac{\partial F_1(r,x)}{\partial x}\right|_{x=1}=r(2r-1)+k+(r+k)(2r-1)=2r(2r+k-1)$$

$$\begin{aligned}\frac{\partial^2 F_1(r,x)}{\partial x^2}&=r(r-1)(2r-1)x^{r-2}+\\&(r+k)(1-r)x^{-2}+r(r+k)x^{-1}=\\&x^{r-2}[r(r-1)(2r-1)+(r+k)(1-r)x^{-r}+\\&r(r+k)x^{1-r}]=\\&x^{r-2}H(r,x)\end{aligned}$$

其中

$$H(r,1)=r(r-1)(2r-1)+r+k=2r^3-3r^2+2r+k$$

$$\begin{aligned}\frac{\partial H(r,x)}{\partial x}&=-r(r+k)(1-r)x^{-r-1}+\\&r(1-r)(r+k)x^{-r}=\\&r(r+k)(1-r)(x-1)x^{-r-1}\end{aligned}$$

又分四种情形来讨论.

情形 1. 当 $0\leqslant k\leqslant 1$ 且 $1>r\geqslant\frac{1-k}{2}\geqslant 0$ 时,又分两种情形:

(1) 若 $\frac{1}{2}\leqslant r<1$,则有

$$F_1(r,x) \geqslant (r+k)(rx+r-1)\ln x >$$
$$(r+k)(2r-1)\ln x = 0$$

即 $F_1(r,x) > 0$.

(2) 若 $\frac{1-k}{2} \leqslant r < \frac{1}{2}$，则显然 $\frac{1}{2} > r \geqslant 0, r+k \geqslant 1-r > 0$，故有

$$\frac{\partial^2 F_1(r,x)}{\partial x^2} > 0$$

情形 2. 当 $-1 < k < 0$ 且 $\frac{1-k}{2} \leqslant r < 1$ 时，显然 $r > \frac{1}{2}, r+k \geqslant 1-r > 0$，故 $\frac{\partial H(r,x)}{\partial x} > 0 \Rightarrow H(r,x)$ 关于 x 于 $(1, +\infty)$ 上严格递增 $\Rightarrow H(r,x) > H(r,1) = r(r-1)(2r-1)+r+k \geqslant r(r-1)(2r-1)+1-r = (r-1)^2(2r+1) > 0$，即 $H(r,x) > 0 \Rightarrow \frac{\partial^2 F_1(r,x)}{\partial x^2} > 0$.

情形 3. 当 $k > 1$ 且 $0 \leqslant r < 1$ 时，显然 $2r+k-1 > 0$，同情形 2 的论证，可得 $\frac{\partial^2 F_1(r,x)}{\partial x^2} > 0$.

情形 4. 当 $k < -1$ 且 $\frac{1-k}{2} \leqslant r < -k$ 时，显然有 $r > 1$，$r+k < 0, r+k \geqslant 1-r > 0$，故仍有 $\frac{\partial H(r,x)}{\partial x} > 0$，然后又与情形 2 的论证相同，可得 $\frac{\partial^2 F_1(r,x)}{\partial x^2} > 0$.

因此，在情形 1 的(2)，情形 2，情形 3，情形 4 四种情形下都有 $\frac{\partial^2 F_1(r,x)}{\partial x^2} > 0$，于是 $\frac{\partial F_1(r,x)}{\partial x}$ 关于 x 于 $(1, +\infty)$ 上严格递增，从而

$$\frac{\partial F_1(r,x)}{\partial x} > \frac{\partial F_1(r,x)}{\partial x}\bigg|_{x=1} =$$
$$r(2r-1)+k+(r+k)(2r-1)=$$
$$2r(2r+k-1)\geqslant 0$$

即 $F_1(r,x)$ 关于 x 于 $(1,+\infty)$ 上严格递增,故

$$F_1(r,x) > F_1(r,1) = 2(2r+k-1) \geqslant 0$$

综上所述四种情形知都有 $F_1(r,x) > 0$,即 $\frac{\partial F(r,x)}{\partial x} > 0$. 故当 $-1 < k \leqslant 1$(或 $k > 1$ 或 $k < -1$) 时,对任意的 $r \in \left[\frac{1-k}{2},1\right)$ $\left(或[0,1) 或\left[\frac{1-k}{2},-k\right)\right)$,$F(r,x)$ 关于 x 于 $(1,+\infty)$ 上严格递增,于是

$$F(r,x) > \lim_{x\to 1+} F(r,x) = F(r,1) = 0$$

即 $\forall x \in (1,+\infty)$,关于 r 的方程 $F(r,x)=0$ 在 $\left[\frac{1-k}{2},1\right)$ $\left(或[0,1) 或\left[\frac{1-k}{2},-k\right)\right)$ 上无实根,从而 $\xi \in \left(-k,\frac{1-k}{2}\right)$ $\left(或 \xi \in (-k,0) 或 \xi \in \left(1,\frac{1-k}{2}\right)\right)$,引理 7.3.1 证毕. □

注 7.3.3　当 $k > 1$ 时,ξ 的存在范围还可进一步改进为 $\xi \in \left(\frac{1-k}{2},0\right)$,限于篇幅,不再赘述.

定理 7.3.5 的证明　证明过程中只需用到引理 7.3.1 中 $k=0$ 的情形.

不难验证式(7.3.10) 等价于

$$s(x^r+y^r)(x^{s-1}-y^{s-1}) \geqslant r(x^s+y^s)(x^{r-1}-y^{r-1}) \tag{7.3.11}$$

设 $g(r)=\frac{x^r+1}{r(x^{r-1}-1)}$ $\left(其中 x=\frac{x}{y}>1\right)$,注意到 $y > 0$,易见(7.3.11) 又等价于

$$g(r) \geqslant g(s)$$

当 $r>1$ 时，我们先来证 $g(r)>g(1-r)$，即

$$g(r)=\frac{x^r+1}{r(x^{r-1}-1)}>g(1-r)=$$

$$\frac{x^r+x}{(1-r)(1-x^r)}=$$

$$\frac{x^r+x}{(r-1)(x^r-1)}$$

只需证

$$h(x)=(r-1)(x^r+1)(x^r-1)-$$
$$r(x^{r-1}-1)(x^r+x)=$$
$$(r-1)x^{2r}-rx^{2r-1}+rx-(r-1)>0,x>1$$

因为

$$h'(x)=2r(r-1)x^{2r-1}-r(2r-1)x^{2r-2}+r$$
$$h''(x)=2r(r-1)(2r-1)x^{2r-2}-$$
$$r(2r-1)(2r-2)x^{2r-3}=$$
$$2r(r-1)(2r-1)x^{2r-3}(x-1)$$

当 $x>1,r>1$ 时，$h''(x)>0\Rightarrow h'(x)>h'(1)=0\Rightarrow h(x)>h(1)=0$，即 $g(r)>g(1-r)$.

当 $r>1,s<0$，且 $r+s\leqslant 1$ 时，$s\leqslant 1-r<0$，由引理 7.3.1 的(a) 立即得出 $g(r)>g(1-r)\geqslant g(s)$.

当 $0<r\leqslant \frac{1}{2}\leqslant 1-r\leqslant s<1$ 时，$h''(x)\geqslant 0\Rightarrow h'(x)\geqslant h'(1)=0\Rightarrow h(x)\geqslant h(1)=0\Rightarrow g(r)\geqslant g(1-r)$，再结合引理的 (b) 立得 $g(r)\geqslant g(1-r)\geqslant g(s)$，即 $g(r)\geqslant g(s)$.

当 $s\leqslant r<0$ 或 $\frac{1}{2}\leqslant r\leqslant s<1$ 时，由引理 7.3.1 的(a)，(b) 立得 $g(r)\geqslant g(s)$.

另外，由于 r 和 s 具有对称性，据上述诸事实，只需交换 r,s 便立即证得前四个反向结果.

当 $r>1,s>1$ 时，再分如下两种情形：

若 $1<s\leqslant r$，则不难验证式(7.3.10)的反向结果等价于

$$s(x^r+y^r)(x^{s-1}-y^{s-1})\leqslant r(x^s+y^s)(x^{r-1}-y^{r-1})$$

也即是 $g(r)\leqslant g(s)$，由引理 7.3.1(b) 知：这是显然的.

若 $1<r\leqslant s$，则不难验证式(7.3.10)的反向结果等价于

$$s(x^r+y^r)(x^{s-1}-y^{s-1})\geqslant r(x^s+y^s)(x^{r-1}-y^{r-1})$$

也即是 $g(r)\geqslant g(s)$，由引理的(b)或在上一情形中交换 r,s 知：这也是显然的.

最后，当 $(r,s)\in\{sr<0,r+s>1\}\cup\{s>0,r>0,r+s<1\}$ 时，$g(r)$ 与 $g(s)$ 之间无确定的不等关系. 事实上，记

$$G(r,s,x,y)=g(r)-g(s)=\frac{x^r+y^r}{r(x^{r-1}-y^{r-1})}-\frac{x^s+y^s}{s(x^{s-1}-y^{s-1})}$$

若取 $(r,s)=(1.5,-0.2)\in\{sr<0,r+s>1\}$，对于 $(x,y)=(5,1)$，有

$$G(1.5,-0.2,5,1)=-3.516\ 509\ 640<0$$

而对于 $(x,y)=(15,1)$，却有

$$G(1.5,-0.2,15,1)=5.484\ 544\ 905>0$$

若取 $(r,s)=(0.5,0.2)\in\{s>0,r>0,r+s<1\}$，对于 $(a,b)=(50,1)$，有

$$G(0.5,0.2,50,1)=-2.138\ 658\ 75<0$$

而对于 $(x,y)=(5,1)$，却有

$$G(0.5,0.2,5,1)=4.725\ 165\ 94>0$$

综上诸所述知:定理 7.3.5 成立,证毕. □

对于 (r,s), $(u,v)\in\mathbf{R}^2$, $(x,y)\in\mathbf{R}^2_{++}$, Witkowski[262] 定义了如下四参数二元平均

$$R(u,v;r,s;x,y)=\begin{cases}\left[\dfrac{E(r,s;x^u,y^u)}{E(r,s;x^v,y^v)}\right]^{\frac{1}{u-v}},u\neq v\\ \exp\left\{\dfrac{\mathrm{d}}{\mathrm{d}u}\ln E(r,s;x^u,y^u)\right\},u=v\end{cases}\tag{7.3.12}$$

该 R 平均包含了众多重要平均,特别是它囊括了两个互不涵盖的 Stolarsky 平均和 Gini 平均.

易见:

$R(1,0;r,s;x,y)=E(r,s;x,y)$ 为 Stolarsky 平均;

$R(2,1;r,s;x,y)=G(r,s;x,y)$ 为 Gini 平均;

$R\left(\frac{3}{2},\frac{1}{2};r,s;x,y\right)$ 为 Heron 平均;

$R(1,n+1;0,1;x,y)=$

$\left(\dfrac{x^n+x^{n-1}y+\cdots+xy^{n-1}+y^n}{n+1}\right)^{\frac{1}{n}}$.

对于 R 平均,文[262]建立了如下比较定理:

定理 7.3.6(R 平均比较定理) 当 $u\neq v$ 时,对于 $(x,y)\in\mathbf{R}^n_{++}$,不等式

$$R(u,v;r,s;x,y)\leqslant R(u,v;p,q;x,y)$$

成立当且仅当

$$u+v=0$$

或

$$u+v>0,r+s\leqslant p+q \text{ 且 } w(r,s)\leqslant w(p,q)$$

或

$$u+v<0, r+s \geqslant p+q \text{ 且 } w(r,s) \geqslant w(p,q)$$

其中

$$w(r,s)=\begin{cases} e(r,s), uv=0 \\ m(r,s), uv \neq 0 \end{cases}$$

$$e(u,v)=\begin{cases} \dfrac{u-v}{\ln\left(\dfrac{u}{v}\right)} \\ \min\{p,q,r,s\} \geqslant 0 \text{ 或 } \max\{p,q,r,s\} \leqslant 0 \\ \dfrac{|u|-|v|}{u-v} \\ \min\{p,q,r,s\}<0<\max\{p,q,r,s\} \end{cases} \tag{7.3.13}$$

$$m(u,v)=\begin{cases} \min\{u,v\}, \min\{p,q,r,s\} \geqslant 0 \\ \dfrac{|u|-|v|}{u-v}, \\ \min\{p,q,r,s\}<0<\max\{p,q,r,s\} \\ \max\{u,v\}, \max\{p,q,r,s\} \leqslant 0 \end{cases} \tag{7.3.14}$$

定理 7.3.7[56]　$R(u,v;r,s;x,y)$ 关于 (x,y) 在 $\mathbf{R}_{++}^2$ 上 S－几何凸(凹)当且仅当 $(u+v)(r+s) \geqslant 0 (\leqslant 0)$.

注 7.3.4　据定理 7.3.7，由 $R(1,0;r,s;x,y)=E(r,s;x,y)$ 和 $R(2,1;r,s;x,y)=G(r,s;x,y)$ 可分别得到定理 5.1.6 和定理 7.2.7.

为证明定理 7.3.7 需如下引理.

引理 7.3.2　对于 $t,A,B>0$，设

$$h(t,A,B)=At\coth At-Bt\coth Bt$$

若 $s \neq t$ 且 $A \neq B$，则

$$\operatorname{sgn}(h(t,A,B)-h(s,A,B))=\operatorname{sgn}(t-s)(A-B)$$

证明　$k(x)=x\coth x$ 是偶函数，因此 $k'(0)=0$ 且 $k''(x)=\frac{2\operatorname{ch} x}{\operatorname{sh}^3 x}(x-\operatorname{th} x)\geqslant 0$，这意味着 k 在 $(0,\infty)$ 上递增，而这等价于 $(A-B)h(t,A,B)>0$. k 的凸性意味着差商 $\frac{h(t,A,B)}{t(A-B)}$ 关于 t 递增. 不等式

$$0\leqslant\left(\frac{h(t,A,B)}{t(A-B)}\right)'=$$

$$\frac{t(A-B)h'(t,A,B)-t'(A-B)h(t,A,B)}{t^2(A-B)^2}$$

蕴涵着对于任何 t，$t(A-B)h'(t,A,B)>0$，因此 h' 和 $A-B$ 同号. 由中值定理有

$$\operatorname{sgn}(h(t,A,B)-h(s,A,B))=$$

$$\operatorname{sgn}(t-s)h'(\xi,A,B)=\operatorname{sgn}(t-s)(A-B)$$

引理 7.3.2 证毕. □

定理 7.3.7 的证明　据定理 2.4.5，需证：对于 $0<x<1$，若 $(u+v)(r+s)\geqslant 0(\leqslant 0)$，$R\left(u,v;r,s;x,\frac{1}{x}\right)$ 递减（递增），或等价地 $T(t)=\ln R(u,v;r,s;\mathrm{e}^t,\mathrm{e}^{-t})$ 关于 $t>0$ 递增（递减）. 我们有

$$T(t)=(\ln|\operatorname{sh} urt|-\ln|\operatorname{sh} ust|-$$

$$\ln|\operatorname{sh} vrt|+\ln|\operatorname{sh} vst|)/(u-v)(r-s)=$$

$$(\ln|\operatorname{sh} ur|t-\ln|\operatorname{sh} us|t-\ln|\operatorname{sh} vr|t+$$

$$\ln|\operatorname{sh} vs|t)/(u-v)(r-s)$$

和

$$T'(t)=(|ur|t\coth|ur|t-|us|t\coth|us|t-|vr|t\coth|vr|t+|vr|t\coth|vs|t)/t(u-v)(r-s)=\frac{h(|u|,|r|t,|s|t)-h(|v|,|r|t,|s|t)}{t(u-v)(r-s)}$$

因 $\frac{|u|-|v|}{u-v}=\frac{u^2-v^2}{(u-v)(|u|+|v|)}=\frac{u+v}{|u|+|v|}$;

由引理 7.3.2 可得

$$\operatorname{sgn} T'(t)=\operatorname{sgn}\frac{|u|-|v|}{u-v}\operatorname{sgn}\frac{|r|-|s|}{r-s}=\operatorname{sgn}(u+v)(r+s)$$

定理 7.3.7 得证. □

注 7.3.5 据定理 7.3.7,由 $E(r,s;x,y)=R(1,0;r,s;x,y)$ 和 $G(r,s;x,y)=R(2,1;r,s;x,y)$ 可立刻分别得到定理 5.1.6 和定理 7.2.7. 这样,定理7.3.7统一而简洁地证得 Stolarsky 平均和 Gini 平均关于 (x,y) 在 $\mathbf{R}_{++}^2$ 上的 $S-$几何凸性,实在美妙! 我们自然想到如下问题:

问题 7.3.1 $R(u,v;r,s;x,y)$ 关于 (x,y) 在 $\mathbf{R}_{++}^2$ 上的 $S-$凸性和 $S-$调和凹性如何?

问题 7.3.2 $R(u,v;r,s;x,y)$ 关于 (u,v) 或 (r,s) 在 $\mathbf{R}_{++}^2$ 上的 $S-$凸性和 $S-$调和凸性如何?

2011 年,Witkowski[56] 证得:

定理 7.3.8 对于任意正数 x,y,若 $r+s\geqslant 0(\leqslant 0)$,则 $R(u,v,r,s;x,y)$ 关于 (u,v) 在 $\mathbf{R}_{+}^2$ 上 $S-$凹($S-$凸),在 $\mathbf{R}_{-}^2$ 上 $S-$凸($S-$凹).

2016 年,对于 $(x,y)\in\mathbf{R}_{++}^2$,$(r,s)$,$(p,q)\in\mathbf{R}^2$ 且 $r+s=1$,Murali 和 Nagaraja[263] 定义了一种扩展型 Stolarsky 平均

$$N_{p,q}(x,y;r,s)=\left[\frac{p^2}{q^2}\left(\frac{rx^p+sy^p}{rx^q+sy^q}\right)\left(\frac{x^q-y^q}{x^p-y^p}\right)\right]^{\frac{1}{q-p}} \tag{7.3.15}$$

并得到如下结果：

定理 7.3.9 对于固定的$(p,q)\in \mathbf{R}^2$且$r=s$，若$p+q-3\leqslant 0(\geqslant 0)$，则$N_{p,q}(x,y;r,s)$关于$(x,y)$在$\mathbf{R}_{++}^2$上$S-$凸($S-$凹).

问题 7.3.3 在$r\neq s$的情况下，$N_{p,q}(x,y;r,s)$的$S-$凸性如何?

文[371]考察了扩展型Stolarsky平均的$S-$调和凸性，得到：

定理 7.3.10 对于固定的$(p,q)\in \mathbf{R}^2$，若$p+q+3\geqslant 0(\leqslant 0)$，则$N_{p,q}(x,y;r,s)$关于$(x,y)$在$\mathbf{R}_{++}^2$上$S-$调和凸($S-$调和凹).

7.4 广义 Heron 平均的 Schur 凸性

7.4.1 广义 Heron 平均

前述的Stolarsky平均和Gini平均是近些年国内外最为关注的两类二元平均，其次当属Heron平均.

设$(x,y)\in \mathbf{R}_+^2$，$w,\lambda\in \mathbf{R}_0$，$p\in \mathbf{R}$. 经典的Heron平均[2]55 定义为

$$H_e(x,y)=\frac{x+\sqrt{xy}+y}{3}=\frac{2A+G}{3} \tag{7.4.1}$$

关于此类平均有著名的双边不等式[264]

$$M_\alpha\leqslant H_e(x,y)\leqslant M_\beta \tag{7.4.2}$$

其中 $\alpha=\frac{\ln 2}{\ln 3},\beta=\frac{2}{3}$，$M_p(x,y)$ 为幂平均.

毛其吉[265] 定义了对偶 Heron 平均

$$\widetilde{H}_e(x,y)=\frac{x+4\sqrt{xy}+y}{6}=\frac{A+2G}{3} \tag{7.4.3}$$

并建立了双边不等式

$$M_{\frac{1}{3}}(x,y)\leqslant \widetilde{H}_e(x,y)\leqslant M_{\frac{1}{2}}(x,y) \tag{7.4.4}$$

笔者[266] 用控制方法推广了式(7.4.4)右边不等式，得到：

定理 7.4.1 设 $x,y\in \mathbf{R}_{++},n\in \mathbf{N},p\in \mathbf{R}$，则

$$M_p(x,y)\geqslant \left[\sum_{i=0}^{n}\frac{(\mathrm{C}_n^i)^2}{\mathrm{C}_{2n}^n}x^{ip}y^{(n-i)p}\right]^{\frac{1}{np}}\geqslant \left[\frac{2A(x^{np},y^{np})+(\mathrm{C}_{2n}^n-2)G(x^{np},y^{np})}{\mathrm{C}_{2n}^n}\right]^{\frac{1}{np}} \tag{7.4.5}$$

当 $n=1$ 或 $a=b$ 时，等式(7.4.5)成立.

当 $n=2$ 时，式(7.4.5)化为

$$M_p(a,b)\geqslant \left(\frac{b^{2p}+4a^pb^p+a^{2p}}{6}\right)^{\frac{1}{2p}}=\left(\frac{A(a^{2p},b^{2p})+2G(a^{2p},b^{2p})}{3}\right)^{\frac{1}{2p}} \tag{7.4.6}$$

特别当 $p=\frac{1}{2}$ 时，式(7.4.6)化为式(7.4.4)右边的不等式，因此可以说，式(7.4.5)给出式(7.4.4)右边的不等式的双参数的推广.

当 $n=3$ 时，式(7.4.6)化为

$$M_p(a,b) \geqslant \left(\frac{b^{3p}+9a^pb^{2p}+9a^{2p}b^p+a^{3p}}{20}\right)^{\frac{1}{3p}} \geqslant$$

$$\left[\frac{A(a^{3p},b^{3p})+9G(a^{3p},b^{3p})}{10}\right]^{\frac{1}{3p}} \tag{7.4.7}$$

Walther[267] 对 $H_e(x,y)$ 和 $\widetilde{H}_e(x,y)$ 进行了统一的推广,定义了广义 Heron 平均

$$H_w(x,y)=\begin{cases}\dfrac{x+w\sqrt{xy}+y}{w+2}, 0\leqslant w<\infty\\ \sqrt{xy}, w=\infty\end{cases} \tag{7.4.8}$$

并讨论了 $H_w(x,y)$ 与其他一些平均的可比性.

文[268]讨论了有关广义 Heron 平均

$$H_p(x,y)=\begin{cases}\left[\dfrac{x^p+(xy)^{\frac{p}{2}}+y^p}{3}\right]^{\frac{1}{p}}, p\neq 0\\ \sqrt{xy}, p=0\end{cases} \tag{7.4.9}$$

的不等式,得到双边不等式

$$L(x,y)\leqslant H_p(x,y)\leqslant M_q(x,y) \tag{7.4.10}$$

其中 $p\geqslant\frac{1}{2}, q\geqslant\frac{2p}{3}$,并且 $p=\frac{1}{2}, q=\frac{1}{3}$ 是最佳常数.

李大矛等人[269] 讨论了 $H_p(x,y)$ 关于 (x,y) 的单调性质及 $S-$凸性,得到:

定理 7.4.2 $H_p(x,y)$ 关于 (x,y) 在 $\mathbf{R}_+^2$ 上单调递增. 当 $p\leqslant\frac{3}{2}$ 时,$H_p(x,y)$ 关于 (x,y) 在 $\mathbf{R}_+^2$ 上 $S-$凹;当 $p\geqslant 2$ 时,$H_p(x,y)$ 关于 (x,y) 在 $\mathbf{R}_+^2$ 上 $S-$凸;

而当$\frac{3}{2}<p<2$时，$H_p(x,y)$关于(x,y)在$\mathbf{R}_+^2$上的$S-$凸性不确定.

石焕南等人[270]定义了更为一般的广义 Heron 平均

$$H_{w,p}(x,y)=\begin{cases}\left[\dfrac{x^p+w\,(xy)^{\frac{p}{2}}+y^p}{w+2}\right]^{\frac{1}{p}},p\neq 0,w\geqslant 0\\ \sqrt{xy},p=0,w=+\infty\end{cases}\tag{7.4.11}$$

并且讨论了$H_{w,p}(x,y)$的$S-$凸性和$S-$几何凸性，得到如下两个定理.

定理 7.4.3　设$(p,w)\in\mathbf{R}^2$：

(a)$H_{w,p}(x,y)$关于(x,y)在$\mathbf{R}_+^2$上单调递增；

(b) 若$(p,w)\in\{p\leqslant 1,w\geqslant 0\}\cup\{1<p\leqslant\frac{3}{2},w\geqslant 1\}\cup\{\frac{3}{2}<p\leqslant 2,w\geqslant 2\}$，则$H_{w,p}(x,y)$关于$(x,y)$在$\mathbf{R}_+^2$上$S-$凹；

(c) 若$p\geqslant 2,0\leqslant w\leqslant 2$，则$H_{w,p}(x,y)$关于$(x,y)$在$\mathbf{R}_+^2$上$S-$凸.

定理 7.4.4　设$(p,w)\in\mathbf{R}^2$：

(a) 若$p<0,w\geqslant 0$，则$H_{w,p}(x,y)$关于(x,y)在$\mathbf{R}_{++}^2$上$S-$几何凹；

(b) 若$p>0,w\geqslant 0$，则$H_{w,p}(x,y)$关于(x,y)在$\mathbf{R}_{++}^2$上$S-$几何凸.

付丽丽[271]完善了定理 7.4.3，得到：

定理 7.4.5　设$(x,y)\in\mathbf{R}_+^2,w\in\mathbf{R}_+,p\in\mathbf{R}$，若

$(p,w)\in E_1$，则 $H_{w,p}(x,y)$ 关于(x,y) 在 $\mathbf{R}_+^2$ 上 $S-$凸；若$(p,w)\in E_2$，则 $H_{w,p}(x,y)$ 为关于(x,y) 在 $\mathbf{R}_+^2$ 上 $S-$凹，其中

$$E_1=\{(p,w)\mid p\geqslant 2,0\leqslant w\leqslant 2(p-1)\}\cup\{(p,w)\mid 1<p\leqslant 2,w=0\}\tag{7.4.12}$$

$$E_2=\{(p,w)\mid p\leqslant 2,\max\{2(p-1),0\}\leqslant w\}\tag{7.4.13}$$

为证明定理 7.4.5 需要如下引理：

引理 7.4.1 对于 $u\in\mathbf{R}_+$，设

$$h_{w,p}(u)=(1+u)^{p-1}-1-\frac{w}{2}u\,(1+u)^{\frac{p}{2}-1}\tag{7.4.14}$$

则 $h_{w,p}(u)\geqslant 0\Leftrightarrow(p,w)\in E_1$；$h_{w,p}(u)\leqslant 0\Leftrightarrow(p,w)\in E_2$.

证明 先证充分性.

对于 $u\in\mathbf{R}_+$ 有

$$h'_{w,p}(u)=(1+u)^{\frac{p}{2}-2}\left[(p-1)\,(1+u)^{\frac{p}{2}}-\frac{w}{2}\left(1+\frac{p}{2}u\right)\right]\tag{7.4.15}$$

由定理 3.4.10，$\forall u\in\mathbf{R}_+$，若 $p\geqslant 2$，有

$$(1+u)^{\frac{p}{2}}\geqslant 1+\frac{p}{2}u\tag{7.4.16}$$

若 $0\leqslant p\leqslant 2$，有

$$(1+u)^{\frac{p}{2}}\leqslant 1+\frac{p}{2}u\tag{7.4.17}$$

（ⅰ）若$(p,w)\in E_1$，则由 $p\geqslant 1+\frac{w}{2}$，$p\geqslant 2$ 以及

式(7.4.15)和式(7.4.16)有

$$h'_{w,p}(u) \geqslant (1+u)^{\frac{p}{2}-2}\ \frac{w}{2}\left[(1+u)^{\frac{p}{2}}-1-\frac{p}{2}u\right] \geqslant 0$$

故 $h_{w,p}(u)$ 关于 $u \in \mathbf{R}_+$ 递增且 $h_{w,p}(u) \geqslant h_{w,p}(0)=0$.

（ⅱ）若 $(p,w) \in E_2$ 且 $p \leqslant 1, w \geqslant 0$，则 $h_{w,p}(u) \leqslant 0$ 显然成立. 若 $(p,w) \in E_2$ 且 $1 \leqslant p \leqslant 2$, $p \leqslant 1+\frac{w}{2}$,则由式(7.4.15)和(7.4.17)有

$$h'_{w,p}(u) \leqslant (1+u)^{\frac{p}{2}-2}\ \frac{w}{2}\left[(1+u)^{\frac{p}{2}}-1-\frac{p}{2}u\right] \leqslant 0$$

显然 $h_{w,p}(u)$ 关于 $u \in \mathbf{R}_+$ 递减且 $h_{w,p}(u) \leqslant h_{w,p}(0)=0$.

下证必要性.

（ⅲ）对于 $w,u \in \mathbf{R}_+$，由于 $h_{w,p}(0)=0$ 和 $h_{w,p}(u) \geqslant 0$,有

$$h'_{w,p}(0^+)=p-1-\frac{w}{2} \geqslant 0$$

即

$$p-1 \geqslant \frac{w}{2}$$

若设 $p-1=\frac{w}{2}>0$,则

$$h_{w,p}(u)=h_{2(p-1),p}(u)=$$

$$(1+u)^{p-1}-1-2(p-1)u\,(1+u)^{\frac{p}{2}-1} \geqslant 0 \tag{7.4.18}$$

因此,由 $h_{w,p}(0)=0$ 有

$$h'_{w,p}(u)=$$

$$(p-1)\,(1+u)^{\frac{p}{2}-2}\left[(1+u)^{\frac{p}{2}}-\left(1+\frac{p}{2}u\right)\right] \geqslant 0 \tag{7.4.19}$$

由定理 3.4.10,有 $p \geqslant 2$,这意味着 $h_{w,p}(u) \geqslant 0$ 必有 $(p,w) \in E_1$.

(iv) 对于 $w,u \in \mathbf{R}_+$, 由于 $h_{w,p}(0) = 0$ 和 $h_{w,p}(u) \leqslant 0$,有 $h'_{w,p}(0^+) \leqslant 0$ 和 $p-1 \leqslant \frac{w}{2}$.

若 $0 \leqslant p-1 \leqslant \frac{w}{2}$,与(iii)中的讨论相同,易知 $1 \leqslant p \leqslant 2$ 时有 $h_{w,p}(u) \leqslant 0$.

若 $p-1 < 0 \leqslant \frac{w}{2}$,则当 $w=0$ 时,有

$$h_{0,p}(u) = (1+u)^{p-1} - 1 \leqslant 0 \qquad (7.4.20)$$

因此,$h_{w,p}(u) \leqslant 0$ 必有$(p,w) \in E_2$,引理 7.4.1 证毕.

□

与引理 7.4.1 的证法相同,可得

引理 7.4.2 对于 $u \in \mathbf{R}_+$,设

$$k_{w,p}(u) = (1+u)^{p+1} - 1 + \frac{w}{2}u\,(1+u)^{\frac{p}{2}} \qquad (7.4.21)$$

则 $k_{w,p}(u) \geqslant 0 \Leftrightarrow (p,w) \in F_1$,$k_{w,p}(u) \leqslant 0 \Leftrightarrow (p,w) \in F_2$,其中

$$F_1 = \{(p,w) \mid p \geqslant -2, \max\{0, -2(p+1)\} \leqslant w\} \qquad (7.4.22)$$

$$F_2 = \{(p,w) \mid p \leqslant -2, 0 \leqslant w \leqslant -2(p+1)\} \cup \{(p,w) \mid p \leqslant -1, w=0\} \qquad (7.4.23)$$

定理 7.4.5 的证明 显然 $H_{w,0}(x,y) = \sqrt{xy}$ 关于(x,y) 在 $\mathbf{R}_+^2$ 上 $S-$凹.

当 $p \neq 0$ 时,有

$$\frac{\partial H_{w,p}}{\partial x}=$$

$$\frac{1}{w+2}\left[x^{p-1}+\frac{wy}{2}(xy)^{\frac{p}{2}-1}\right](H_{w,p}(x,y))^{1-p}>0$$

(7.4.24)

$$\frac{\partial H_{w,p}}{\partial y}=$$

$$\frac{1}{w+2}\left[y^{p-1}+\frac{wx}{2}(xy)^{\frac{p}{2}-1}\right](H_{w,p}(x,y))^{1-p}>0$$

(7.4.25)

不妨设 $x\geqslant y,1+u=x$ 且 $u\in\mathbf{R}_+$，则

$$\Delta:=(x-y)\left(\frac{\partial H_{w,p}}{\partial x}-\frac{\partial H_{w,p}}{\partial y}\right)=$$

$$\frac{x-y}{w+2}(H_{w,p}(x,y))^{1-p}\cdot$$

$$\left[x^{p-1}-y^{p-1}-\frac{w}{2}(x-y)(xy)^{\frac{p}{2}-1}\right]=$$

$$\frac{(x-y)y^{p-1}}{w+2}(H_{w,p}(x,y))^{1-p}h_{w,p}(u)$$

(7.4.26)

其中 $h_{w,p}(u)$ 由式(7.4.14)所确定.

由引理7.4.1和式(7.4.26)即可证得定理7.4.5.

□

注 7.4.1　设

$$E_3=\left\{(p,w)\mid 1+\frac{w}{2}<p<2,0<w<2\right\}$$

(7.4.27)

$$E_4=\left\{(p,w)\mid 2<p<1+\frac{w}{2},w>2\right\}$$

(7.4.28)

则当 $(p,w)\in E_3\cup E_4$ 时，$H_{w,p}(x,y)$ 的 S－凸性不确

定. 例如对于$(1.98,1.92)\in E_3$有

$$h_{1.98,1.92}(1)=0.0767\cdots>0$$

$$h_{1.98,1.92}(59)=-0.0852\cdots<0$$

而对于$(4,8)\in E_4$有

$$h_{4,8}(1.01)=-0.999799<0$$

$$h_{4,8}(2)=3>0$$

由式(7.4.26)知Δ的符号也随之改变.

定理 7.4.6[272] 设$(x,y)\in\mathbf{R}_+^2$，$w\in\mathbf{R}_0$，$p\in\mathbf{R}$，若$(p,w)\in F_1$，则$H_{w,p}(x,y)$关于(x,y)在$\mathbf{R}_+^2$上$S-$调和凸；若$(p,w)\in F_2$，则$H_{w,p}(x,y)$关于(x,y)在$\mathbf{R}_+^2$上$S-$调和凹，其中F_1和F_2见式(7.4.22)和式(7.4.23).

注 7.4.2 设

$$F_3=\{(p,w)\mid -2<p<-1,0<\frac{w}{2}<-(p+1)\} \tag{7.4.29}$$

$$F_4=\{(p,w)\mid p<-2,-(p+1)<\frac{w}{2}\} \tag{7.4.30}$$

类似于注 7.4.1 的讨论可知，当$(p,w)\in F_3\cup F_4$时，$H_{w,p}(x,y)$的$S-$调和凸性不确定.

文[272]还研究了广义 Heron 平均比的一些性质.

设$(x,y)\in\mathbf{R}_+^2$，$w\geqslant1$，$p\in\mathbf{R}$，记

$$F_{w,p}(x,y)=\frac{H_{w,p}(x,y)}{H_{w-1,p}(x,y)}$$

$$g_w(x,y)=\frac{x^p+w(xy)^{\frac{p}{2}}+y^p}{w+2}$$

定理 7.4.7 设$(x,y)\in\mathbf{R}_+^2$，$w\geqslant1$，$p\in\mathbf{R}$，则：

(a) 当 $p\geqslant 0$ 时，$F_{w,p}(x,y)$ 关于 w 在 $[1,+\infty)$ 上递增；当 $p\leqslant 0$ 时，函数 $F_{w,p}(x,y)$ 关于 w 在 $[1,+\infty)$ 上递减.

(b) 当 $p\geqslant 0$ 时，$F_{w,p}(x,y)$ 关于 (x,y) 在 $\mathbf{R}_+^2$ 上 $S-$凹；当 $p\leqslant 0$ 时，$F_{w,p}(x,y)$ 关于 (x,y) 在 $\mathbf{R}_+^2$ 上 $S-$凸.

证明　当 $p=0$ 时，显然 $F_{w,0}(x,y)=1$ 且

$$\lim_{w\to\infty}F_{w,p}(x,y)=\lim_{w\to\infty}\frac{H_{w,p}(x,y)}{H_{w-1,p}(x,y)}=1$$

当 $p\neq 0$ 时，有

$$F_{w,p}(x,y)=\frac{(g_w(x,y))^{\frac{1}{p}}}{(g_{w-1}(x,y))^{\frac{1}{p}}}$$

(a) 因为

$$\frac{\partial F_{w,p}(x,y)}{\partial w}=\frac{(g_{w-1}(x,y))^{-\frac{1}{p}-1}\ (g_w(x,y))^{\frac{1}{p}-1}}{p\ (w+1)^2\ (w+2)^2}\cdot$$

$$(x^{\frac{p}{2}}-y^{\frac{p}{2}})^2[x^p+(2w+1)\ (xy)^{\frac{p}{2}}+y^p]$$

由此可见，当 $p\geqslant 0$ 时，$F_{w,p}(x,y)$ 关于 w 在 $[1,+\infty)$ 上递增；当 $p\leqslant 0$ 时，$F_{w,p}(a,b)$ 关于 w 在 $[1,+\infty)$ 上递减.

(b) 当 $p=0$ 时，$F_{w,0}(x,y)=1$，显然关于 (x,y) 在 $\mathbf{R}_+^2$ 上既 $S-$凹又 $S-$凸.

当 $p\neq 0$ 时，有

$$\frac{\partial F_{w,p}(x,y)}{\partial x}=$$

$$\frac{(g_w(x,y))^{\frac{1}{p}-1}\ (g_{w-1}(x,y))^{-\frac{1}{p}-1}\ (xy)^{\frac{p}{2}}}{2(w+1)(w+2)}\left(\frac{y^p-x^p}{x}\right)\tag{7.4.31}$$

$$\frac{\partial F_{w,p}(x,y)}{\partial y}=$$

$$\frac{(g_w(x,y))^{\frac{1}{p}-1}(g_{w-1}(x,y))^{-\frac{1}{p}-1}(xy)^{\frac{p}{2}}}{2(w+1)(w+2)}\left(\frac{x^p-y^p}{y}\right) \tag{7.4.32}$$

从而

$$\Delta:=(x-y)\left(\frac{\partial F_{w,p}(x,y)}{\partial x}-\frac{\partial F_{w,p}(x,y)}{\partial y}\right)=$$

$$-((g_w(x,y))^{\frac{1}{p}-1}(g_{w-1}(x,y))^{-\frac{1}{p}-1}\cdot$$

$$(xy)^{\frac{p}{2}-1}(x+y))/2(w+1)(w+2)$$

$$(x-y)(x^p-y^p)$$

由此可见，当 $p>0$ 时，$\Delta\leqslant 0$，故 $F_{w,p}(x,y)$ 关于(x,y) 在 $\mathbf{R}_+^2$ 上 $S-$凹；而当$p<0$ 时，$\Delta\geqslant 0$，故 $F_{w,p}(x,y)$ 关于(x,y) 在 $\mathbf{R}_+^2$ 上 $S-$凸，证毕. □

定理 7.4.8 设$(x,y)\in\mathbf{R}_{++}^2$，$w\geqslant 1$，$p\in\mathbf{R}$，当 $p\geqslant 0$ 时，$F_{w,p}(x,y)$ 关于(x,y) 在 $\mathbf{R}_{++}^2$ 上 $S-$几何凹和 $S-$调和凹；当 $p\leqslant 0$ 时，$F_{w,p}(x,y)$ 关于(x,y) 在 $\mathbf{R}_{++}^2$ 上 $S-$几何凸和 $S-$调和凸.

证明 当 $p=0$ 时，$F_{w,0}(x,y)=1$，显然关于(x,y) 在 $\mathbf{R}_{++}^2$ 上既 $S-$几何凹又 $S-$几何凸，既 $S-$调和凹又 $S-$调和凸.

当 $p\neq 0$ 时，由式(7.4.31) 和式(7.4.32) 有

$$(\ln x-\ln y)\left(x\frac{\partial F_{w,p}(x,y)}{\partial x}-y\frac{\partial F_{w,p}(x,y)}{\partial y}\right)=$$

$$-\frac{(g_w(x,y))^{\frac{1}{p}-1}(g_{w-1}(x,y))^{-\frac{1}{p}-1}(xy)^{\frac{p}{2}}}{(w+1)(w+2)}\cdot$$

$$(\ln x-\ln y)(x^p-y^p)$$

$$(x-y)\left(x^2\frac{\partial F_{w,p}(x,y)}{\partial x}-y^2\frac{\partial F_{w,p}(x,y)}{\partial y}\right)=$$

$$-\frac{(g_w(x,y))^{\frac{1}{p}-1}(g_{w-1}(x,y))^{-\frac{1}{p}-1}(xy)^{\frac{p}{2}}(x+y)}{2(w+1)(w+2)}\cdot$$

$$(x-y)(x^p-y^p)$$

由此可见结论成立. □

定理 7.4.9　设 $(x,y)\in\mathbf{R}_{+}^2, w>\lambda\geqslant 0, p\in\mathbf{R}$，则：

(a) 当 $p\geqslant 0$ 时，$F_{w,\lambda,p}(x,y)=\dfrac{H_{w,p}(x,y)}{H_{\lambda,p}(x,y)}$ 关于 (x,y) 在 $\mathbf{R}_{++}^2$ 上 $S-$凹，$S-$几何凹和 $S-$调和凹；

(b) 当 $p\leqslant 0$ 时，$F_{w,\lambda,p}(x,y)=\dfrac{H_{w,p}(x,y)}{H_{\lambda,p}(x,y)}$ 关于 (x,y) 在 $\mathbf{R}_{++}^2$ 上 $S-$凸，$S-$几何凸和 $S-$调和凸.

证明　当 $p=0$ 时，$F_{w,\lambda,0}(x,y)=1$，显然关于 x，y 在 $\mathbf{R}_{++}^2$ 上既 $S-$凹又 $S-$凸.

当 $p\neq 0$ 时，有

$$\frac{\partial F_{w,\lambda,p}(x,y)}{\partial x}=$$

$$\frac{(w-\lambda)(g_w(x,y))^{\frac{1}{p}-1}(g_\lambda(x,y))^{-\frac{1}{p}-1}(xy)^{\frac{p}{2}}}{2(w+2)(\lambda+2)}\cdot$$

$$\left(\frac{y^p-x^p}{x}\right)\tag{7.4.33}$$

$$\frac{\partial F_{w,\lambda,p}(x,y)}{\partial y}=$$

$$\frac{(w-\lambda)(g_w(x,y))^{\frac{1}{p}-1}(g_\lambda(x,y))^{-\frac{1}{p}-1}(xy)^{\frac{p}{2}}}{2(w+2)(\lambda+2)}\cdot$$

$$\left(\frac{x^p-y^p}{y}\right)\tag{7.4.34}$$

于是

$$\Delta_1 := (x-y)\left(\frac{\partial F_{w,\lambda,p}(x,y)}{\partial x} - \frac{\partial F_{w,\lambda,p}(x,y)}{\partial y}\right) =$$

$$-((w-\lambda)(g_w(x,y))^{\frac{1}{p}-1}(g_\lambda(x,y))^{-\frac{1}{p}-1}\cdot$$

$$(xy)^{\frac{p}{2}-1}(x+y))/2(w+2)(\lambda+2)\cdot$$

$$(x-y)(x^p-y^p)$$

由此可见,当 $p>0$ 时,$\Delta_1\leqslant 0$,故 $F_{w,\lambda,p}(x,y)$ 关于(x,y) 在 $\mathbf{R}_{++}^2$ 上 $S-$ 凹;当 $p<0$ 时,$\Delta_1\geqslant 0$,$F_{w,\lambda,p}(x,y)$ 关于(x,y) 在 $\mathbf{R}_{++}^2$ 上 $S-$凸.

当 $p\neq 0$ 时,由式(7.4.33) 和式(7.4.34) 有

$$\left\{(\ln x-\ln y)\left(x\frac{\partial F_{w,\lambda,p}(x,y)}{\partial x} - y\frac{\partial F_{w,\lambda,p}(x,y)}{\partial y}\right)=\right.$$

$$-((w-\lambda)(g_w(x,y))^{\frac{1}{p}-1}(g_\lambda(x,y))^{-\frac{1}{p}-1}\cdot$$

$$\left.\frac{(xy)^{\frac{p}{2}})}{(w+2)(\lambda+2)}\right\}\cdot(\ln x-\ln y)(x^p-y^p)$$

$$(x-y)\left(x^2\frac{\partial F_{w,\lambda,p}(x,y)}{\partial x} - y^2\frac{\partial F_{w,\lambda,p}(x,y)}{\partial y}\right) =$$

$$\{-((w-\lambda)(g_w(x,y))^{\frac{1}{p}-1}(g_\lambda(x,y))^{-\frac{1}{p}-1}\cdot$$

$$(xy)^{\frac{p}{2}}(x+y))/2(w+2)(\lambda+2)\}\cdot$$

$$(x-y)(x^p-y^p)$$

由此可见,当 $p>0$ 时,$F_{w,\lambda,p}(x,y)$ 关于(x,y) 在 $\mathbf{R}_{++}^2$ 上 $S-$几何凹和 $S-$调和凹;当 $p<0$ 时,$F_{w,\lambda,p}(x,y)$ 关于(x,y) 在 $\mathbf{R}_{++}^2$ 上 $S-$ 几何凸和 $S-$ 调和凸. 证毕. □

张涛[139] 研究了广义 Heron 平均关于 p 的单调性和对数凸性. 得到下面两个定理.

定理 7.4.10 设 $x,y>0,x\neq y,w\geqslant 0,p\in\mathbf{R}$,

则 $H_{p,w}(x,y)$ 为关于 p 严格单调递增.

定理 7.4.11　对于 $0 \leqslant w \leqslant 4$：

(a) 若 $p \geqslant 0$，则 $H_{w,p}(x,y)$ 关于 p 是对数凹的；

(b) 若 $p \leqslant 0$，则 $H_{w,p}(x,y)$ 关于 p 是对数凸的.

推论 7.4.1　对于 $0 \leqslant w \leqslant 4$：

(a) 若 $p \geqslant 0$，则 $H_{w,p}(x,y)$ 是关于 p 的凹函数；

(b) 若 $p \leqslant 0$，则 $H_{w,p}(x,y)$ 是关于 p 的凸函数.

7.4.2　广义 Heron 平均的推广

关开中和朱焕桃[273] 给出广义 Heron 平均的多元推广：

设 $\boldsymbol{x} \in \mathbf{R}_{+}^{n}$，定义

$$H_w(\boldsymbol{x}) = \begin{cases} \dfrac{nA_n(\boldsymbol{x}) + wG_n(\boldsymbol{x})}{w+n}, 0 \leqslant w < +\infty \\ G_n(\boldsymbol{x}), w = +\infty \end{cases} \tag{7.4.35}$$

得到如下结果：

定理 7.4.12　$H_w(\boldsymbol{x})(w>0)$ 是 $\mathbf{R}_{++}^{n}$ 上递增的严格 $S-$ 凹函数.

定理 7.4.13　$\dfrac{H_w(\boldsymbol{x})}{H_{w-1}(\boldsymbol{x})}(w>1)$ 是 $\mathbf{R}_{++}^{n}$ 上的严格 $S-$ 凹函数.

对于 $\boldsymbol{x} \in \mathbf{R}_{++}^{n}$，文[274]定义了多元几何平均和调和平均的混合平均

$$M_w(\boldsymbol{x}) = \begin{cases} \dfrac{H_n(\boldsymbol{x}) + wG_n(\boldsymbol{x})}{1+w}, 0 \leqslant w < +\infty \\ G_n(\boldsymbol{x}), w = +\infty \end{cases} \tag{7.4.36}$$

并得到如下结果：

定理 7.4.14 若 $w \geqslant 0$，则 $M_w(\boldsymbol{x})$ 在 $\mathbf{R}_{++}^n$ 上 $S-$凹，$S-$几何凹和 $S-$调和凸.

证明 若 $w = +\infty$，则由式(7.4.36)可得

$$\frac{\partial M_w(\boldsymbol{x})}{\partial x_i} = \frac{G_n(\boldsymbol{x})}{n x_i}, i = 1, 2, \cdots, n \quad (7.4.37)$$

$$(x_1 - x_2)\left(\frac{\partial M_w(\boldsymbol{x})}{\partial x_1} - \frac{\partial M_w(\boldsymbol{x})}{\partial x_2}\right) = -\frac{(x_1 - x_2)^2 G_n(\boldsymbol{x})}{n x_1 x_2} \leqslant 0 \quad (7.4.38)$$

$$(\ln x_1 - \ln x_2)\left(x_1 \frac{\partial M_w(\boldsymbol{x})}{\partial x_1} - x_2 \frac{\partial M_w(\boldsymbol{x})}{\partial x_2}\right) = 0 \quad (7.4.39)$$

$$(x_1 - x_2)\left(x_1^2 \frac{\partial M_w(\boldsymbol{x})}{\partial x_1} - x_2^2 \frac{\partial M_w(\boldsymbol{x})}{\partial x_2}\right) = \frac{(x_1 - x_2)^2 G_n(\boldsymbol{x})}{n} \geqslant 0 \quad (7.4.40)$$

若 $0 \leqslant w < +\infty$，则由式(7.4.36)可得

$$\frac{\partial M_w(\boldsymbol{x})}{\partial x_i} = \frac{H_n^2(\boldsymbol{x})}{n(w+1)x_i{}^2} + \frac{w\, G_n(\boldsymbol{x})}{n(w+1)x_i} \quad (7.4.41)$$

$$(x_1 - x_2)\left(\frac{\partial M_w(\boldsymbol{x})}{\partial x_1} - \frac{\partial M_w(\boldsymbol{x})}{\partial x_2}\right) = -\frac{(x_1 - x_2)^2}{n(w+1)x_1^2 x_2{}^2}[(x_1 + x_2)H_n^2(\boldsymbol{x}) + w x_1 x_2 G_n(\boldsymbol{x})] \leqslant 0 \quad (7.4.42)$$

$$(\ln x_1 - \ln x_2)\left(x_1 \frac{\partial M_w(\boldsymbol{x})}{\partial x_1} - x_2 \frac{\partial M_w(\boldsymbol{x})}{\partial x_2}\right) = -\frac{(x_1 - x_2)(\ln x_1 - \ln x_2)}{n(w+1)x_1 x_2} H_n^2(\boldsymbol{x}) \leqslant 0 \quad (7.4.43)$$

$$(x_1-x_2)\left(x_1^2\frac{\partial M_w(\boldsymbol{x})}{\partial x_1}-x_2^2\frac{\partial M_w(\boldsymbol{x})}{\partial x_2}\right)=$$

$$\frac{w}{n(w+1)}(x_1-x_2)^2G_n(\boldsymbol{x})\geqslant 0 \tag{7.4.44}$$

由式(7.4.38)和式(7.4.42)可知 $M_w(\boldsymbol{x})$ 在 $\mathbf{R}_{++}^n$ 上 S－凹，由式(7.4.39)和式(7.4.43)可知 $M_w(\boldsymbol{x})$ 在 $\mathbf{R}_{++}^n$ 上 S－几何凹，而由式(7.4.40)和式(7.4.44)可知 $M_w(\boldsymbol{x})$ 在 $\mathbf{R}_{++}^n$ 上 S－调和凹. □

定理 7.4.15　(a)若 $w\geqslant 1$，则 $\Phi_w(\boldsymbol{x})=\dfrac{M_w(\boldsymbol{x})}{M_{w-1}(\boldsymbol{x})}$ 在 $\mathbf{R}_{++}^n$ 上 S－几何凸和 S－调和凸.

(b)$\Phi_w(\boldsymbol{x})$ 在 $\mathbf{R}_{++}^2$ 上 S－凸，但当 $n\geqslant 3$ 时，$\Phi_w(\boldsymbol{x})$ 在 $\mathbf{R}_{++}^n$ 上非 S－凸亦非 S－凹.

证明　只证(a). 若 $w=+\infty$，定理显然成立. 若 $1\leqslant w<+\infty$，则由式(7.4.36)可得

$$(\ln x_1-\ln x_2)\left(x_1\frac{\partial \Phi_w(\boldsymbol{x})}{\partial x_1}-x_2\frac{\partial \Phi_w(\boldsymbol{x})}{\partial x_2}\right)=$$

$$\frac{w(x_1-x_2)(\ln x_1-\ln x_2)}{n(w+1)x_1x_2[H_n(\boldsymbol{x})+(w-1)G_n(\boldsymbol{x})]^2}\cdot G_n(\boldsymbol{x})H_n(\boldsymbol{x})^2\geqslant 0 \tag{7.4.45}$$

$$(x_1-x_2)\left(x_1^2\frac{\partial \Phi_w(\boldsymbol{x})}{\partial x_1}-x_2^2\frac{\partial \Phi_w(\boldsymbol{x})}{\partial x_2}\right)=$$

$$\frac{w(x_1-x_2)^2}{n(w+1)[H_n(\boldsymbol{x})+(w-1)G_n(\boldsymbol{x})]^2}\cdot H_n(\boldsymbol{x})G_n(\boldsymbol{x})\geqslant 0 \tag{7.4.46}$$

由式(7.4.45)可知 $\Phi_w(\boldsymbol{x})$ 在 $\mathbf{R}_{++}^n$ 上 S－几何凸，

而由式(7.4.46)可知 $\Phi_w(\boldsymbol{x})$ 在 $\mathbf{R}^n_{++}$ 上 S－调和凹.

□

注 7.4.3 不难证明,对于 $w \geqslant 1$,$\Phi_w(\boldsymbol{x})$ 在 $\mathbf{R}^2_{++}$ 上 S－凸,而对于 $w \geqslant 1$ 和 $n \geqslant 3$,$\Phi_w(\boldsymbol{x})$ 在 $\mathbf{R}^n_{++}$ 上即非 S－凸亦非 S－凹.

定理 7.4.16 若 $w \geqslant 0$,则:

(a) 对于 $\boldsymbol{x} \in \mathbf{R}^n_{++}$ 和 $\alpha \geqslant 0$,有

$$M_{w+1}(\boldsymbol{x})M_{w+\alpha}(\boldsymbol{x}) \geqslant M_w(\boldsymbol{x})M_{w+1+\alpha}(\boldsymbol{x})$$

(b) 对于 $\boldsymbol{x} \in \left(0,\frac{1}{2}\right]^n$,有

$$\frac{H_n(\boldsymbol{x})}{H_n(1-x)} \leqslant \frac{M_w(\boldsymbol{x})}{M_w(1-x)} \leqslant \frac{G_n(\boldsymbol{x})}{G_n(1-x)}$$

证明 (a) 由式(7.4.36)有

$$\frac{\mathrm{d}}{\mathrm{d}w}\left(\frac{M_{w+1}(\boldsymbol{x})}{M_w(\boldsymbol{x})}\right) =$$

$$\frac{\mathrm{d}}{\mathrm{d}w}\left(\frac{w+1}{w+2}\ \frac{H_n(\boldsymbol{x})+(w+1)G_n(\boldsymbol{x})}{H_n(\boldsymbol{x})+w\,G_n(\boldsymbol{x})}\right) =$$

$$\frac{[H_n(\boldsymbol{x})+2(w+1)G_n(\boldsymbol{x})][H_n(\boldsymbol{x})-G_n(\boldsymbol{x})]}{(w+2)^2[H_n(\boldsymbol{x})+w\,G_n(\boldsymbol{x})]} \leqslant 0 \tag{7.4.47}$$

由式(7.4.47)知,对于任何固定的 $\boldsymbol{x} \in \mathbf{R}^n_{++}$,$\dfrac{M_{w+1}(\boldsymbol{x})}{M_w(\boldsymbol{x})}$ 关于 w 递减,由此证得定理 7.4.16(a).

(b) 若 $w = +\infty$,由式(7.4.36)和王－王不等式[79]

$$\frac{H_n(\boldsymbol{x})}{H_n(1-\boldsymbol{x})} \leqslant \frac{G_n(\boldsymbol{x})}{G_n(1-\boldsymbol{x})},\boldsymbol{x} \in \left(0,\frac{1}{2}\right]^n \tag{7.4.48}$$

易知定理 7.4.15(b) 成立.

若 $0 \leqslant w < +\infty$,则式(7.4.36)化为

$$\frac{M_w(\boldsymbol{x})}{M_w(1-\boldsymbol{x})}=\frac{w\,G_n(\boldsymbol{x})+H_n(\boldsymbol{x})}{w\,G_n(1-\boldsymbol{x})+H_n(1-\boldsymbol{x})}$$

且

$$\frac{\mathrm{d}}{\mathrm{d}w}\left(\frac{M_w(\boldsymbol{x})}{M_w(1-\boldsymbol{x})}\right)=\frac{G_n(\boldsymbol{x})H_n(1-\boldsymbol{x})-H_n(\boldsymbol{x})G_n(1-\boldsymbol{x})}{[w\,G_n(1-\boldsymbol{x})+H_n(1-\boldsymbol{x})]^2} \tag{7.4.49}$$

由式(7.4.48)和式(7.4.49)知,对于任何固定的 $\boldsymbol{x}\in\left(0,\frac{1}{2}\right]^n$,$\frac{M_w(\boldsymbol{x})}{M_w(1-\boldsymbol{x})}$ 关于 $w\geqslant 0$ 递增,由此单调性以及 $M_0(\boldsymbol{x})=H_n(\boldsymbol{x})$ 和 $M_{+\infty}(\boldsymbol{x})=G_n(\boldsymbol{x})$ 知定理 7.4.16(b) 成立.

2009 年,匡继昌[2]61 定义了含三个参数二元平均

$$K(w_1,w_2,p)=\left(\frac{w_1A(x^p,y^p)+w_2G(x^p,y^p)}{w_1+w_2}\right)^{\frac{1}{p}} \tag{7.4.50}$$

其中 $p\neq 0,w_1,w_2\geqslant 0,w_1+w_2\neq 0$.

$K\left(1,\frac{w_2}{2},p\right)$ 为广义 Heron 平均(7.4.11). 若 $w_1\neq 0$,令 $w=\frac{2w_2}{w_1}$,则 $K(w_1,w_2,p)$ 亦化为广义 Heron 平均(7.4.11).

2016 年,傅春茹等人[275] 考查了 $K(w_1,w_2,p)$ 关于(x,y) 的 $S-$凸性,$S-$几何凸性和 $S-$调和凸性,得到如下三个定理.

定理 7.4.17 (a) 当 $w_1\cdot w_2\neq 0$ 时:

若 $p\geqslant 2$ 且 $p\left(w_1-\frac{w_2}{2}\right)-w_1\geqslant 0$,则 $K(w_1,w_2,$

p) 关于(x,y) 在 $\mathbf{R}_{++}$ 上 Schur 凸；

若$1\leqslant p<2$且$p\left(w_1-\frac{w_2}{2}\right)-w_1\leqslant 0$，则$K(w_1,w_2,p)$ 关于(x,y) 在 $\mathbf{R}_{++}$ 上 $S-$ 凹；

若$p<1$，则$K(w_1,w_2,p)$ 关于(x,y) 在 $\mathbf{R}_{++}$ 上 $S-$ 凹.

(b) 当$w_1=0$，$w_2\neq 0$时，$K(0,w_2,p)$ 关于(x,y) 在 $\mathbf{R}_{++}$ 上严格 $S-$ 凹.

(c) 当$w_1\neq 0$，$w_2=0$时，若$p\geqslant 2$，则$K(w_1,0,p)$ 关于(x,y) 在 $\mathbf{R}_{++}$ 上 $S-$ 凸；若$p<2$，则$K(w_1,0,p)$ 关于(x,y) 在 $\mathbf{R}_{++}$ 上严格 $S-$ 凹.

定理 7.4.18 (a) 当$p\geqslant 0$时，$K(w_1,w_2,p)$ 关于(x,y) 在 $\mathbf{R}_{++}$ 上 $S-$ 几何凸；

(b) 当$p<0$时，$K(w_1,w_2,p)$ 关于(x,y) 在 $\mathbf{R}_{++}$ 上 $S-$ 严格几何凹.

定理 7.4.19 (a) 当$p\geqslant -1$时，$K(w_1,w_2,p)$ 关于(x,y) 在 $\mathbf{R}_{++}$ 上 $S-$ 调和凸；

(b) 当$-2<p<-1$且$w_1(p+1)+w_2\left(\frac{p}{2}+1\right)\geqslant 0$时，$K(w_1,w_2,p)$ 关于(x,y) 在 $\mathbf{R}_{++}$ 上 $S-$ 调和凸；

(c) 当$p\leqslant -2$且$w_1\left(\frac{p}{2}+1\right)+w_2=0$时，$K(w_1,w_2,p)$ 关于(x,y) 在 $\mathbf{R}_{++}$ 上 $S-$ 调和凹.

王东生等人[276] 考查了 $K(w_1,w_2,p)$ 关于(x,y) 的 $S-$ 幂凸性，得到如下结果.

定理 7.4.20

(a) 对于$m>0$：

若 $p \geqslant \max\left\{\left(1+\frac{w_2}{w_1}\right)m, 2m\right\}$，则 $K(w_1, w_2, p)$ 关于 (x, y) 是 m 阶 $S-$ 幂凸的；

若 $m \leqslant p \leqslant \min\left\{\left(1+\frac{w_2}{w_1}\right)m, 2m\right\}$，则 $K(w_1, w_2, p)$ 关于 (x, y) 是 m 阶 $S-$ 幂凹的；

若 $0 \leqslant p < m$，则 $K(w_1, w_2, p)$ 关于 (x, y) 是 m 阶 $S-$ 幂凹的；

若 $p < 0$，则 $K(w_1, w_2, p)$ 关于 (x, y) 是 m 阶 $S-$ 幂凹的.

(b) 对于 $m < 0$：

若 $p \geqslant 0$，则 $K(w_1, w_2, p)$ 关于 (x, y) 是 m 阶 $S-$ 幂凸的.

若 $m \leqslant p < 0$，则 $K(w_1, w_2, p)$ 关于 (x, y) 是 m 阶 $S-$ 幂凸的.

若 $2m \leqslant p < m$ 且 $p = \left(1+\frac{w_2}{w_1}\right)m$，其中 $0 < \frac{w_2}{w_1} < 1$，则 $K(w_1, w_2, p)$ 关于 (x, y) 是 m 阶 $S-$ 幂凸的.

若 $p < 2m$ 且 $p = (1+\frac{w_2}{w_1})m$，其中 $\frac{w_2}{w_1} > 1$，则 $K(w_1, w_2, p)$ 关于 (x, y) 是 m 阶 $S-$ 幂凹的.

王东生等人[277] 还将 $K(w_1, w_2, p)$ 推广到 n 元情形，定义

$$K_n(w_1, w_2, p) = \left[\frac{w_1 A(x_1^p \cdots x_n^p) + w_2 G(x_1^p \cdots x_n^p)}{w_1 + w_2}\right]^{\frac{1}{p}} \tag{7.4.51}$$

其中 $p \neq 0, w_1 \geqslant 0, w_2 \geqslant 0, w_1 + w_2 \neq 0, \boldsymbol{x} = (x_1,$

$x_2,\cdots,x_n)\in\mathbf{R}_{++}^n$.

考察了 $K_n(w_1,w_2,p)$ 关于 $\boldsymbol{x}=(x_1,\cdots,x_n)$ 的 $S-$ 凸性，$S-$ 几何凸性和 $S-$ 调和凸性.

定理 7.4.21

(a) 当 $p\leqslant 1, w_1.w_2\neq 0$ 时，$K_n(w_1,w_2,p)$ 关于 $\boldsymbol{x}$ 在 $\mathbf{R}_{++}^n$ 上 $S-$ 凹；

(b) 当 $p\geqslant 1, w_2=0$ 时，$K_n(w_1,w_2,p)$ 关于 $\boldsymbol{x}$ 在 $\mathbf{R}_{++}^n$ 上 $S-$ 凸；

(c) 当 $p\geqslant 1, w_1=0$ 时，$K_n(w_1,w_2,p)$ 关于 $\boldsymbol{x}$ 在 $\mathbf{R}_{++}^n$ 上 $S-$ 凹；

(d) 当 $p\geqslant 2, w_1\geqslant \dfrac{w_2 s^p}{n^p}$ 时，$K_n(w_1,w_2,p)$ 关于 $\boldsymbol{x}$ 在 B 上 $S-$ 凸，其中

$$B=\{\boldsymbol{x}=(x_1,x_2,\cdots,x_n):x_i\geqslant 1, i=1,2,\cdots,n,\ \sum_{i=1}^n x_i\leqslant s\}$$

(e) 当 $p\geqslant n>1, w_1\leqslant w_2$ 时，$K_n(w_1,w_2,p)$ 关于 $\boldsymbol{x}$ 在 C 上 $S-$ 凹，其中

$$C=\{\boldsymbol{x}=(x_1,x_2,\cdots,x_n):x_i\geqslant 1, i=1,2,\cdots,n\}$$

定理 7.4.22

(a) 当 $p>0$ 时，$K_n(w_1,w_2,p)$ 关于 $\boldsymbol{x}$ 在 $\mathbf{R}_{++}^n$ 上 $S-$ 几何凸，当 $p<0$ 时，$K_n(w_1,w_2,p)$ 关于 $\boldsymbol{x}$ 在 $\mathbf{R}_{++}^n$ 上 $S-$ 几何凹；

(b) 当 $p\geqslant -1$ 时，$K_n(w_1,w_2,p)$ 关于 $\boldsymbol{x}$ 在 $\mathbf{R}_{++}^n$ 上 $S-$ 调和凸.

杨镇杭[278] 将广义 Heron 平均 $H_{w,p}(x,y)$ 参数 w 的取值范围 $w\geqslant 0$ 扩展为 $w>-2$，并称此时的广义 Heron 平均为 Daróczy 平均，得到如下结果.

定理 7.4.23　对于固定的 $p\in\mathbf{R}$，$m>0$ 和 $w>-2$，Daróczy 平均 $H_{w,p}(x,y)$ 关于 (x,y) 在 $\mathbf{R}_{++}^2$ 上 m 阶 $S-$ 幂凸当且仅当 $(p,w)\in\Omega_1$，其中

$$\Omega_1=\left\{-2<w\leqslant 0,p\geqslant\frac{w+2}{2}m\right\}\cup\left\{w>0,p\geqslant\max\left(\frac{w+2}{2}m,2m\right)\right\}\tag{7.4.52}$$

定理 7.4.24　对于固定的 $p\in\mathbf{R}$，$m>0$ 和 $w>-2$，Daróczy 平均 $H_{w,p}(x,y)$ 关于 (x,y) 在 $\mathbf{R}_{++}^2$ 上 m 阶 $S-$ 幂凹当且仅当 $(p,w)\in\Omega_2$，其中

$$\Omega_2=\{-2<w<0,p<0\}\cup\left\{w\geqslant 0,p\leqslant\min\left(\frac{w+2}{2}m,2m\right)\right\}\tag{7.4.53}$$

定理 7.4.25　对于固定的 $p\in\mathbf{R}$，$m<0$ 和 $w>-2$，Daróczy 平均 $H_{w,p}(x,y)$ 关于 (x,y) 在 $\mathbf{R}_{++}^2$ 上 m 阶 $S-$ 幂凸当且仅当 $(p,w)\in E_1$，其中

$$E_1=\{-2<w<0,p>0\}\cup\left\{w\geqslant 0,p\geqslant\max\left(\frac{w+2}{2}m,2m\right)\right\}\tag{7.4.54}$$

定理 7.4.26　对于固定的 $p\in\mathbf{R}$，$m<0$ 和 $w>-2$，Daróczy 平均 $H_{w,p}(x,y)$ 关于 (x,y) 在 $\mathbf{R}_{++}^2$ 上 m 阶 $S-$ 幂凹当且仅当 $(p,w)\in E_2$，其中

$$E_2=\left\{-2<w\leqslant 0,p\leqslant\frac{w+2}{2}m\right\}\cup\left\{w>0,p\leqslant\min\left(\frac{w+2}{2}m,2m\right)\right\}\tag{7.4.55}$$

定理 7.4.27 对于固定的 $p\in\mathbf{R}$, $m=0$ 和 $w>-2$, Daróczy 平均 $H_{w,p}(x,y)$ 关于 (x,y) 在 $\mathbf{R}_{++}^2$ 上 m 阶 S－幂凸(S－幂凹) 当且仅当 $p\geqslant(\leqslant)0$.

2014 年，邓勇平等人[279] 将广义 Heron 平均 $H_{w,p}(x,y)$ 和 Gini 平均 $G(r,s;x,y)$ 统一推广为如下含有三个参数的广义 Gini-Heron 平均并考察了它的 S－几何凸性

$$H_{p,q,w}(x,y)=$$

$$\begin{cases}\left(\dfrac{x^p+w(xy)^{\frac{p}{2}}+y^p}{x^q+w(xy)^{\frac{q}{2}}+y^q}\right)^{\frac{1}{p-q}}, & p\neq q\\ \exp\left\{\dfrac{x^p\ln x+w(xy)^{\frac{p}{2}}\ln xy+y^p\ln y}{x^p+w(xy)^{\frac{p}{2}}+y^p}\right\}, & p=q\end{cases} \tag{7.4.56}$$

其中 $(p,q)\in\mathbf{R}^2$, $(x,y)\in\mathbf{R}_{++}^2$.

定理 7.4.28 对于固定的 $(p,q,w)\in\mathbf{R}^3$：

(a) 若 $p+q\geqslant 0$ 且 $w\geqslant 0$, 则 $H_{p,q,w}(x,y)$ 关于 (x,y) 在 $\mathbf{R}_{++}^2$ 上 S－几何凸；

(b) 若 $p+q\leqslant 0$ 且 $w\geqslant 0$, 则 $H_{p,q,w}(x,y)$ 关于 (x,y) 在 $\mathbf{R}_{++}^2$ 上 S－几何凹.

定义 7.4.1[280] 设 $(x,y)\in\mathbf{R}_+^2$, $k\in\mathbf{Z}_+$, $(\alpha,\beta)\in\mathbf{R}^2$, Gnan 平均 $G_{p,q,w}(x,y;k,\alpha,\beta)$ 和它的对偶式定义如下

$$G_{p,q,w}(x,y;k,\alpha,\beta)=$$

$$\left[\frac{1}{k}\sum_{i=1}^{k}\left(\frac{(k+1-i)x^\alpha+iy^\alpha}{k+1}\right)^{\frac{\beta}{\alpha}}\right]^{\frac{1}{\beta}}$$

$$G_{p,q,w}(x,y;k,0,\beta)=\left[\frac{1}{k}\sum_{i=1}^{k}x^{\frac{(k+1-i)\beta}{k+1}}b^{\frac{i\beta}{k+1}}\right]^{\frac{1}{\beta}}$$

$$G_{p,q,w}(x,y;k,\alpha,0)=\prod_{i=1}^{k}\left(\frac{(k+1-i)x^{\alpha}+iy^{\alpha}}{k+1}\right)^{\frac{1}{k\alpha}}$$

$$G_{p,q,w}(x,y;k,0,0)=\sqrt{xy}$$

$$g(x,y;k,\alpha,\beta)=\left[\frac{1}{k+1}\sum_{i=0}^{k}\left(\frac{(k-i)x^{\alpha}+iy^{\alpha}}{k}\right)^{\frac{\beta}{\alpha}}\right]^{\frac{1}{\beta}}$$

$$g(x,y;k,0,\beta)=\left[\frac{1}{k+1}\sum_{i=0}^{k}x^{\frac{(k-i)\beta}{k}}b^{\frac{i\beta}{k}}\right]^{\frac{1}{\beta}}$$

$$g(x,y;k,\alpha,0)=\prod_{i=0}^{k}\left(\frac{(k-i)x^{\alpha}+iy^{\alpha}}{k}\right)^{\frac{1}{(k+1)\alpha}}$$

$$g(x,y;k,0,0)=\sqrt{xy}$$

定理 7.4.29[280]　若 $\alpha,\dfrac{\beta}{\alpha}\geqslant 1$，则 Gnan 平均 $G_{p,q,w}(x,y;k,\alpha,\beta)$ 及其对偶式在 $\mathbf{R}_{+}^{2}$ 上 $S-$凸.

定理 7.4.30[281]　Gnan 平均 $G_{p,q,w}(x,y;k,\alpha,\beta)$ 及其对偶式在 $\mathbf{R}_{+}^{2}$ 上 $S-$几何凸($S-$几何凹)当且仅当 $\alpha,\beta\geqslant 0(\alpha,\beta\leqslant 0)$.

问题 7.4.1　Gnan 平均及其对偶式的调和凸性和 $S-$幂凸性如何?

7.5　其他二元平均的 Schur 凸性

7.5.1　广义 Muirhead 平均

对于 $(x,y)\in\mathbf{R}_{++}^{2}$ 和 $(r,s)\in\mathbf{R}^{2}$ 且 $r+s\neq 0$，Trif[282] 介绍了如下广义 Muirhead 平均

$$M(r,s;x,y)=\left(\frac{x^{r}y^{s}+x^{s}y^{r}}{2}\right)^{\frac{1}{r+s}}\qquad(7.5.1)$$

定理 7.5.1[283] 对于固定的$(r,s)\in\mathbf{R}^2$：

(a)$M(r,s;x,y)$关于(x,y)在$\mathbf{R}^2$上$S-$凸当且仅当$(r,s)\in\{(r,s)\in\mathbf{R}_+^2,(r-s)^2\geqslant r+s$且$rs\leqslant 0\}$；

(b)$M(r,s;x,y)$关于(x,y)在$\mathbf{R}_{++}^2$上$S-$凹当且仅当$(r,s)\in\{(r,s)\in\mathbf{R}_+^2,(r-s)^2\leqslant r+s$且$(r,s)\neq(0,0)\}\cup\{(r,s)\in\mathbf{R}^2,r+s<0\}$.

定理 7.5.2[284] 对于固定的$(x,y)\in\mathbf{R}_{++}^2,x\neq y$,$M(r,s;x,y)$关于$(r,s)$在$\mathbf{R}_{++}^2$上$S-$凸,在$\mathbf{R}_{--}^2$上$S-$凹.

问题 7.5.1 当(r,s)取值在第二、四象限时,$M(r,s;x,y)$关于(r,s)的$S-$凹凸性如何?

定理 7.5.3[285] 对于固定的$(r,s)\in\mathbf{R}^2$：

(a)$M(r,s;x,y)$关于(x,y)在$\mathbf{R}_{++}^2$上$S-$几何凸,当且仅当$r+s>0$；

(b)$M(r,s;x,y)$关于(x,y)在$\mathbf{R}_{++}^2$上$S-$几何凹,当且仅当$r+s<0$.

定理 7.5.4[286] 对于固定的$(r,s)\in\mathbf{R}^2$：

(a)$M(r,s;x,y)$关于(x,y)在$\mathbf{R}_{++}^2$上$S-$调和凸当且仅当$(r,s)\in\{(r,s)\mid r+s>0\}\cup\{(r,s)\mid r\leqslant 0,s\leqslant 0,(r-s)^2+(r+s)\leqslant 0,r^2+s^2\neq 0\}$；

(b)$M(r,s;x,y)$关于(x,y)在$\mathbf{R}_{++}^2$上$S-$调和凹当且仅当$(r,s)\in\{(r,s)\mid r\geqslant 0,r+s<0,(r-s)^2+r+s\geqslant 0\}\cup\{(r,s)\mid s\geqslant 0,r+s<0,(r-s)^2+r+s\geqslant 0\}$.

定理 7.5.5[287] 对于固定的$(x,y)\in\mathbf{R}_{++}^2$,记

$$E_1(m)=\{(r,s):r+s>0,m\leqslant 0\}\cup\{(r,s):r+s>0,rs\leqslant 0,(r-s)^2-m(r+s)\geqslant 0,m>0\}\cup\{(r,s):r+s<0,rs\geqslant 0,(r-s)^2-m(r+s)\leqslant 0,m<0\}$$

$$E_2(m)=\{(r,s):r+s<0,m\geqslant 0\}\cup\{(r,s):r+s<0,rs\leqslant 0,(r-s)^2-m(r+s)\geqslant 0,m<0\}\cup\{(r,s):r+s>0,rs\geqslant 0,(r-s)^2-m(r+s)\leqslant 0,m>0\}$$

(a) 当 $(r,s)\in E_1(m)$ 时，关于 $M(r,s;x,y)$ 关于 (x,y) 在 $\mathbf{R}_{++}^2$ 上 m 阶 $S-$ 幂凸，

(b) 当 $(r,s)\in E_2(m)$ 时，关于 $M(r,s;x,y)$ 关于 (x,y) 在 $\mathbf{R}_{++}^2$ 上 m 阶 $S-$ 幂凹.

2014 年，邓勇平等人[288] 将广义 Heronian 平均 (7.4.11) 与广义 Muirhead 平均 (7.5.1) 作了统一推广，定义如下更一般的平均

$$H_{p,q,w}(x,y)=\begin{cases}\left(\dfrac{x^py^q+w(xy)^{\frac{p+q}{2}}+x^qy^p}{w+2}\right)^{\frac{1}{p+q}}, & p+q\neq 0\\ \sqrt{xy}, & p=q=0\end{cases}\tag{7.5.2}$$

其中 $p,q\in\mathbf{R}$，研究了 $H_{p,q,w}(x,y)$ 关于 (x,y) 在 $\mathbf{R}_{++}^2$ 上的单调性及 $S-$ 凸性.

在文[288] 的基础上，文[289] 进一步探讨了 $H_{p,q,w}(x,y)$ 关于 (x,y) 在 $\mathbf{R}_{++}^2$ 上的 $S-$ 几何凸性及 $S-$ 调和凸性(详见原文).

7.5.2 Seiffert 型平均

1993 年，Seiffert[290] 提出了如下有关两个正实数 x,y 的新的平均

$$P=P(x,y)=\begin{cases}\dfrac{x-y}{4\arctan\sqrt{\dfrac{x}{y}}-\pi}, & x\neq y\\ , & x=y\end{cases}\tag{7.5.3}$$

定理 7.5.6[291] Seiffert 平均 $P(x,y)$ 关于 (x,y) 在 $\mathbf{R}_{++}^2$ 上既 S－凹亦 S－几何凹.

证明 首先判断 $P(x,y)$ 在 $\mathbf{R}_{++}^2$ 上的对称性.

对于 $(x,y)\in\mathbf{R}_{++}^2$，$x\neq y$，有

$$P(x,y)=\frac{x-y}{4\arctan\sqrt{\dfrac{x}{y}}-\pi}=\frac{x-y}{4\displaystyle\int_1^{\sqrt{\frac{x}{y}}}\frac{1}{1+t^2}\mathrm{d}t}$$

令 $t=\dfrac{1}{u}$，则 $u=\dfrac{1}{t}$. 当 $t=1$ 时，$u=1$；当 $t=\sqrt{\dfrac{x}{y}}$ 时，$u=\sqrt{\dfrac{b}{a}}$. 于是

$$P(x,y)=$$

$$\frac{y-x}{4\displaystyle\int_1^{\sqrt{\frac{y}{x}}}\frac{1}{1+u^2}\mathrm{d}u}=\frac{y-x}{4\arctan\sqrt{\dfrac{y}{x}}-\pi}=P(y,x)$$

所以 $P(x,y)$ 在 $\mathbf{R}_{++}^2$ 上关于 x,y 对称. 下证 $P(x,y)$ 满足 Schur 条件.

对于 $(x,y)\in\mathbf{R}_{++}^2$，$x\neq y$，令 $v=v(x,y)=\sqrt{\dfrac{x}{y}}$，$\varphi=\varphi(x,y)=4\arctan v-\pi$，则

$$P(x,y)=\frac{x-y}{4\arctan\sqrt{\frac{x}{y}}-\pi}=\frac{x-y}{4\arctan v-\pi}=\frac{x-y}{\varphi}$$

于是

$$\Delta:=(x-y)\left(\frac{\partial P}{\partial x}-\frac{\partial P}{\partial y}\right)=$$

$$\frac{(x-y)}{\varphi^2}\left[2\varphi+(x-y)\left(\frac{\partial\varphi}{\partial y}-\frac{\partial\varphi}{\partial x}\right)\right]=$$

$$\frac{x-y}{\varphi^2}\left[2\varphi+(x-y)\left(\frac{4}{1+v^2}\frac{\partial v}{\partial y}-\frac{4}{1+v^2}\frac{\partial v}{\partial x}\right)\right]=$$

$$\frac{x-y}{\varphi^2}\left[2\varphi+\frac{4(x-y)}{1+v^2}\left(-\frac{x}{2vy^2}-\frac{1}{2vy}\right)\right]=$$

$$\frac{x-y}{\varphi^2}\left[2\varphi-\frac{2(x-y)}{v(1+v^2)}\left(\frac{x}{y^2}+\frac{1}{y}\right)\right]=$$

$$\frac{2(x-y)}{\varphi^2}\left(\varphi+\frac{1}{v}-v\right)=$$

$$\frac{2(x-y)}{\varphi^2}\left(4\arctan v-\pi+\frac{1}{v}-v\right)$$

令 $f(v)=4\arctan v-\pi+\frac{1}{v}-v$,则

$$f'(v)=\frac{4}{1+v^2}-\frac{1}{v^2}-1=\frac{-v^4+2v^2-1}{v^2(1+v^2)}=$$

$$-\frac{(v^2-1)^2}{v^2(1+v^2)}\leqslant 0$$

故 $f(v)$ 关于变量 $v(v>0)$ 单调减. 当 $v<1,f(v)\geqslant f(1)=0$;而当 $v>1,f(v)\leqslant f(1)=0$. 由此可见,当 $x<y$ 时,$v<1,f(v)\geqslant 0$,有 $\Delta\leqslant 0$;当 $x>y$ 时,$v>1,f(v)\leqslant 0$,亦有 $\Delta\leqslant 0$,故 $\forall(x,y)\in\mathbf{R}_{++}^2$,都有 $\Delta\leqslant 0$. 由定理2.1.3知 $P(x,y)$ 关于 (x,y) 在 $\mathbf{R}_{++}^2$ 上 S—凹

$$\Lambda:=(\ln x-\ln y)\left(x\frac{\partial P}{\partial x}-y\frac{\partial P}{\partial y}\right)=$$

$$(\ln x-\ln y)\left\{\frac{x}{\varphi^2}\left[\varphi-(x-y)\frac{\partial\varphi}{\partial x}\right]-\right.$$

$$\left.\frac{y}{\varphi^2}\left[-\varphi-(x-y)\frac{\partial\varphi}{\partial y}\right]\right\}=$$

$$\frac{\ln x-\ln y}{\varphi^2}\left[(x+y)\varphi-(x-y)\left(y\frac{\partial\varphi}{\partial y}-x\frac{\partial\varphi}{\partial x}\right)\right]=$$

$$\frac{\ln x-\ln y}{\varphi^2}\cdot$$

$$\left[(x+y)\varphi+(x-y)\left(\frac{4y}{1+u^2}\frac{\partial u}{\partial y}-\frac{4x}{1+u^2}\frac{\partial u}{\partial x}\right)\right]=$$

$$\frac{\ln x-\ln y}{\varphi^2}\cdot$$

$$\left[(x+y)\varphi+(x-y)\frac{4}{1+u^2}\left(y\frac{\partial u}{\partial y}-x\frac{\partial u}{\partial x}\right)\right]=$$

$$\frac{\ln x-\ln y}{\varphi^2}\left[(x+y)\varphi-(x-y)\frac{4u}{1+u^2}\right]=$$

$$y\frac{\ln x-\ln y}{\varphi^2}\left[(u^2+1)\varphi-(u^2-1)\frac{4u}{1+u^2}\right]=$$

$$y\frac{\ln x-\ln y}{\varphi^2}(u^2+1)\left[\varphi-\frac{4u(u^2-1)}{(1+u^2)^2}\right]=$$

$$\frac{y(\ln x-\ln y)(u^2+1)}{\varphi^2}\cdot$$

$$\left[\varphi-\frac{4u^3}{(1+u^2)^2}+\frac{4u}{(1+u^2)^2}\right]=$$

$$\frac{y(x-y)(u^2+1)}{\varphi^2}\left(\frac{\ln x-\ln y}{x-y}\right)\cdot$$

$$\left[4\arctan u-\pi-\frac{4u^3}{(1+u^2)^2}+\frac{4u}{(1+u^2)^2}\right]$$

令 $g(u)=4\arctan u-\pi-\dfrac{4u^3}{(1+u^2)^2}+\dfrac{4u}{(1+u^2)^2}$，

则

$$g'(u)=\frac{4}{1+u^2}-4\,\frac{3u^2(1+u^2)^2-2u^3(1+u^2)2u}{(1+u^2)^4}+$$

$$4\,\frac{(1+u^2)^2-4u^2(1+u^2)}{(1+u^2)^4}=$$

$$4\left[\frac{(1+u^2)^2}{(1+u^2)^3}-\frac{3u^2+3u^4-4u^4}{(1+u^2)^3}+\frac{1+u^2-4u^2}{(1+u^2)^3}\right]=$$

$$\frac{4}{(1+u^2)^3}(u^4+2u^2+1-3u^2+u^4+1+u^2-4u^2)=$$

$$\frac{4}{(1+u^2)^3}(2u^4-4u^2+2)=\frac{8}{(1+u^2)^3}(u^4-2u^2+1)=$$

$$\frac{8(u^2-1)^2}{(1+u^2)^3}\geqslant 0$$

故 $g(u)$ 关于变量 $u(u>0)$ 单调增. 当 $u<1$, $g(u)\leqslant g(1)=0$,而当 $u>1$,$g(u)\geqslant g(1)=0$. 由此,当 $a<b$ 时,$u<1$,$g(u)\leqslant 0$,有 $\Lambda\geqslant 0$;当 $a>b$ 时,$u>1$,$g(u)\geqslant 0$,亦有 $\Lambda\geqslant 0$,即对 $\forall a,b\in\mathbf{R}^2_{++}$,$a\neq b$,都有 $\Lambda\geqslant 0$,由定理 2.4.3 知 $P(a,b)$ 关于 a,b 在 $\mathbf{R}^2_{++}$ 上 S－几何凸. □

2012 年,何灯[292] 证得:

定理 7.5.7　Seiffert 平均 $P(x,y)$ 关于 (x,y) 在 $\mathbf{R}^2_{++}$ 上 m 阶 S－幂凸(S－幂凹)当且仅当 $m\leqslant\frac{1}{2}$ $\left(m\geqslant\frac{2}{3}\right)$.

1995 年 Seiffert[293] 又定义了如下反正切的 Seiffert 型平均

$$T=T(x,y)=\begin{cases}\dfrac{x-y}{2\arctan\dfrac{x-y}{x+y}}, & x\neq y\\ x, & x=y\end{cases}\tag{7.5.4}$$

定理 7.5.8[294] $T(x,y)$ 关于(x,y) 在 $\mathbf{R}_{++}^2$ 上既 $S-$凸亦 $S-$几何凸.

2008 年，姜卫东[295] 引入如下反双曲正弦的 Seiffert 型平均[213]

$$N_1 = N_1(x,y) = \begin{cases} \dfrac{x-y}{2\operatorname{arcsh}\dfrac{x-y}{x+y}}, & x \neq y \\ x, & x = y \end{cases} \tag{7.5.5}$$

可以证明 $N_1(x,y)$ 关于(x,y) 在 $\mathbf{R}_{++}^2$ 上既 $S-$凸亦 $S-$几何凸.

何灯和沈志军[296] 指出，还可定义如下反双曲正切的 Seiffert 型平均

$$N_2 = N_2(x,y) = \begin{cases} \dfrac{x-y}{2\operatorname{arcth}\dfrac{x-y}{x+y}}, & x \neq y \\ x, & x = y \end{cases} \tag{7.5.6}$$

并研究其 $S-$凸性和 $S-$几何凸性.

2003 年，Neuman 和 Sàndo[297] 定义了两个正实数 x,y 的所谓 Neuman-Sàndo 平均

$$N_3 = N_3(x,y) = \begin{cases} \dfrac{x-y}{2\sinh^{-1}\dfrac{x-y}{x+y}}, & x \neq y \\ x, & x = y \end{cases} \tag{7.5.7}$$

2012 年，钱伟茂[298] 证得

定理 7.5.9 $N_3(x,y)$ 关于(x,y) 在 $\mathbf{R}_{++}^2$ 上既 $S-$凸亦 $S-$几何凸.

2015 年，Witkowski[615] 定义了如下一般形式的

Seiffert 型平均

$$S(f)(x,y)=\begin{cases}\dfrac{|x-y|}{2f\left(\dfrac{|x-y|}{x+y}\right)}, & x\neq y\\ x, & x=y\end{cases}\tag{7.5.8}$$

得到如下结论:

定理 7.5.10　设 $f:(0,1)\to\mathbf{R}$ 满足

$$\frac{z}{1+z}\leqslant f(z)\leqslant\frac{z}{1-z}\tag{7.5.9}$$

若 $f:(0,1)\to\mathbf{R}$ 凹(凸),则 $S(f)(x,y)$ 在 $\mathbf{R}_{++}^2$ 上 $S-$凸($S-$凹).

文[615]很有趣,内涵丰富,建议读者详读原文.

7.5.3　指数型平均

对于$(x,y)\in\mathbf{R}_{++}^2$,文[299]介绍了一类指数型平均

$$E=E(x,y)=\begin{cases}\dfrac{y\mathrm{e}^y-x\mathrm{e}^x}{\mathrm{e}^y-\mathrm{e}^x}-1, & x\neq y\\ x, & x=y\end{cases}\tag{7.5.10}$$

并给出一个基本结果

$$E(x,y)>A\tag{7.5.11}$$

其中 $A=A(x,y)=\dfrac{x+y}{2}$.

文[300]介绍了另一类指数型平均

$$\bar{E}=\bar{E}(x,y)=\begin{cases}\dfrac{x\mathrm{e}^y-y\mathrm{e}^x}{\mathrm{e}^y-\mathrm{e}^x}+1, & x\neq y\\ x, & x=y\end{cases}\tag{7.5.12}$$

容易验证

$$\bar{E}=2A-E \tag{7.5.13}$$

再由式(7.5.3)可得

$$\bar{E}<A \tag{7.5.14}$$

定理 7.5.11[301] $E(x,y)$ 关于(x,y)在 $\mathbf{R}_{++}^2$ 上 $S-$凸且 $S-$几何凸.

证明 显然 $E(x,y)$ 关于 x,y 是对称的,则

$$\frac{\partial E}{\partial x}=\frac{y\mathrm{e}^{x+y}-x\mathrm{e}^{x+y}-\mathrm{e}^{x+y}+\mathrm{e}^{2x}}{(\mathrm{e}^y-\mathrm{e}^x)^2} \tag{7.5.15}$$

$$\frac{\partial E}{\partial y}=\frac{x\mathrm{e}^{x+y}-y\mathrm{e}^{x+y}-\mathrm{e}^{x+y}+\mathrm{e}^{2y}}{(\mathrm{e}^y-\mathrm{e}^x)^2} \tag{7.5.16}$$

$$(x-y)\left(\frac{\partial E}{\partial x}-\frac{\partial E}{\partial y}\right)=\frac{(x-y)^2}{(\mathrm{e}^y-\mathrm{e}^x)^2}\left(\frac{\mathrm{e}^{2x}-\mathrm{e}^{2y}}{x-y}-2\mathrm{e}^{x+y}\right)$$

又易证 $f(x)=\mathrm{e}^{2x}$ 在$(0,+\infty)$上是凸的,由式(6.1.1)中的左边不等式可得 $\frac{\mathrm{e}^{2x}-\mathrm{e}^{2y}}{x-y}\geqslant 2\mathrm{e}^{x+y}$,从而 $(x-y)\left(\frac{\partial E}{\partial x}-\frac{\partial E}{\partial y}\right)\geqslant 0$,故 $E(x,y)$ 关于(x,y)在 $\mathbf{R}_{++}^2$ 上 $S-$凸.

由式(7.5.15)和式(7.5.16)可得

$$(\ln x-\ln y)\left(x\frac{\partial E}{\partial x}-y\frac{\partial E}{\partial y}\right)=$$

$$\frac{\ln x-\ln y}{x-y}\cdot\frac{(x-y)^2}{(\mathrm{e}^y-\mathrm{e}^x)^2}\cdot$$

$$\left[\frac{x\mathrm{e}^{2x}-y\mathrm{e}^{2y}}{x-y}-(x+y-1)\mathrm{e}^{x+y}\right]$$

又易知 $(2x+1)\mathrm{e}^{2x}$ 在$(0,+\infty)$上为凸函数,由式(6.1.1)可得

$$\frac{x\mathrm{e}^{2x}-y\mathrm{e}^{2y}}{x-y}\geqslant(x+y+1)\mathrm{e}^{x+y}>(x+y-1)\mathrm{e}^{x+y}$$

又 $\ln x$ 单调递增,所以 $\dfrac{\ln x-\ln y}{x-y}>0$,从而 $(\ln x-\ln y)\left(x\dfrac{\partial E}{\partial x}-y\dfrac{\partial E}{\partial y}\right)\geqslant 0$,故 $E(x,y)$ 关于 (x,y) 在 $\mathbf{R}_{++}^2$ 上 $S-$几何凸,定理 7.5.6 证毕. □

定理 7.5.12　$\bar{E}(x,y)$ 关于 (x,y) 在 $\mathbf{R}_{+}^2$ 上 $S-$凹.

证明　由式(7.5.9)及定理 7.5.7 的证明过程易证. □

定理 7.5.13　$\bar{E}(x,y)$ 关于 (x,y) 在 $\left(0,\dfrac{3}{2}\right)^2$ 上 $S-$几何凸,在 $\left(\dfrac{3}{2},+\infty\right)^2$ 上 $S-$几何凹.

证明　经过简单的计算,可得

$$(\ln x-\ln y)\left(x\frac{\partial \bar{E}}{\partial x}-y\frac{\partial \bar{E}}{\partial y}\right)=$$

$$\frac{\ln x-\ln y}{x-y}\cdot\frac{(x-y)^2}{(\mathrm{e}^y-\mathrm{e}^x)^2}\mathrm{e}^{2x+2y}\left[\frac{\dfrac{x}{\mathrm{e}^{2x}}-\dfrac{y}{\mathrm{e}^{2y}}}{x-y}-\frac{1-(x+y)}{\mathrm{e}^{x+y}}\right]$$

令 $h(x)=\dfrac{1-2x}{\mathrm{e}^{2x}}$,易知 $h''(x)=\dfrac{4(3-2x)}{\mathrm{e}^{2x}}$,则当 $0<x<\dfrac{3}{2}$ 时,$h(x)$ 为凸函数,由式(6.1.1)可得

$$\frac{\dfrac{x}{\mathrm{e}^{2x}}-\dfrac{y}{\mathrm{e}^{2y}}}{x-y}-\frac{1-(x+y)}{\mathrm{e}^{x+y}}\geqslant 0$$

而当 $0<x<\dfrac{3}{2}$ 时,$h(x)$ 为凹函数,此时由式(6.1.1)可得

$$\frac{\frac{x}{e^{2x}}-\frac{y}{e^{2y}}}{x-y}-\frac{1-(x+y)}{e^{x+y}}\leqslant 0$$

从而当$(x,y)\in\left(0,\frac{3}{2}\right)^2$时，$(\ln x-\ln y)$ $\left(x\frac{\partial\bar{E}}{\partial x}-y\frac{\partial\bar{E}}{\partial y}\right)\geqslant 0$，而当$(x,y)\in\left(\frac{3}{2},+\infty\right)^2$时，$(\ln x-\ln y)\left(x\frac{\partial\bar{E}}{\partial x}-y\frac{\partial\bar{E}}{\partial y}\right)\leqslant 0$，定理 7.5.9 得证.

□

推论 7.5.1 设$(x,y)\in\mathbf{R}_{++}^2$，$x\leqslant y$，则

$$\bar{E}(x,y)\leqslant\bar{E}\left(\frac{3x+y}{4},\frac{x+3y}{4}\right)\leqslant A(x,y)\leqslant E\left(\frac{3x+y}{4},\frac{x+3y}{4}\right)\leqslant E(x,y) \tag{7.5.17}$$

证明 由式(1.4.32)有

$$\left(\frac{x+y}{2},\frac{x+y}{2}\right)\prec\left(\frac{3x+y}{4},\frac{x+3y}{4}\right)\prec(x,y)$$

再结合 $E(x,y)$ 的 $S-$凸性和 $\bar{E}(x,y)$ 的 $S-$凹性即得证.

□

7.5.4 三角平均

对于$(x,y)\in\left[0,\frac{\pi}{2}\right]^2$，文[300]介绍了两个三角平均

$$M_{\sin}(x,y)=\begin{cases}\dfrac{y\sin y-x\sin x}{\sin y-\sin x}-\tan\left(\dfrac{x+y}{2}\right), & x\neq y\\ x, & x=y\end{cases} \tag{7.5.18}$$

和

$$M_{\tan}(x,y)=\begin{cases}\dfrac{y\tan y-x\tan x+\ln\left(\dfrac{\cos y}{\cos x}\right)}{\tan y-\tan x}, & x\neq y\\ x, & x=y\end{cases}$$

(7.5.19)

并给出基本结果

$$M_{\sin}(x,y)<A(x,y)<M_{\tan}(x,y)$$

(7.5.20)

毕燕丽和姜卫东[302] 证得：

定理 7.5.14　$M_{\sin}(x,y)$ 在 $\left[0,\frac{\pi}{2}\right]^2$ 上 $S-$凹，$M_{\tan}(x,y)$ 在 $\left[0,\frac{\pi}{2}\right)^2$ 上 $S-$凸.

推论 7.5.2　设 $(x,y)\in\left[0,\frac{\pi}{2}\right)^2$，$x\leqslant y$，则

$$M_{\sin}(x,y)\leqslant M_{\sin}\left(\frac{3x+y}{4},\frac{x+3y}{4}\right)\leqslant A(x,y)\leqslant M_{\tan}\left(\frac{3x+y}{4},\frac{x+3y}{4}\right)\leqslant M_{\tan}(x,y)$$

(7.5.21)

式(7.5.21) 加细了式(7.5.20).

文[303] 证得：

定理 7.5.15　$M_{\sin}(x,y)$ 在 $\left[0,\frac{\pi}{2}\right]^2$ 上 m 阶 $S-$幂凸当且仅当 $m\geqslant 1$；$M_{\tan}(x,y)$ 在 $\left[0,\frac{\pi}{2}\right)^2$ 上 m 阶 $S-$幂凸当且仅当 $m\leqslant 1$.

仿文[302]，何灯和李明[304] 对于 $(x,y)\in\mathbf{R}_{+}^{2}$，定义了两个有关双曲函数的平均

$$M_{sh}(x,y)=\begin{cases}\dfrac{y\operatorname{sh} y-x\operatorname{sh} x}{\operatorname{sh} y-\operatorname{sh} x}-\operatorname{th}\left(\dfrac{x+y}{2}\right), & x\neq y\\ x, & x=y\end{cases} \tag{7.5.22}$$

和

$$M_{th}(x,y)=\begin{cases}\dfrac{y\operatorname{th} y-x\operatorname{th} x+\ln\left(\dfrac{\operatorname{ch} y}{\operatorname{ch} x}\right)}{\operatorname{th} y-\operatorname{th} x}, & x\neq y\\ x, & x=y\end{cases} \tag{7.5.23}$$

并证得：

定理 7.5.16 $M_{sh}(x,y)$ 在 $\mathbf{R}_+^2$ 上 $S-$凸，$M_{th}(x,y)$ 在 $\mathbf{R}_+^2$ 上 $S-$凹.

推论 7.5.3 设 $(x,y)\in\mathbf{R}_+^2$，$x\leqslant y$，则

$$M_{th}(x,y)\leqslant M_{th}\left(\frac{3x+y}{4},\frac{x+3y}{4}\right)\leqslant A(x,y)\leqslant M_{sh}\left(\frac{3x+y}{4},\frac{x+3y}{4}\right)\leqslant M_{sh}(x,y) \tag{7.5.24}$$

文[303]证得

定理 7.5.17 $M_{sh}(x,y)$ 在 $[0,+\infty)^2$ 上 m 阶 $S-$幂凸当且仅当 $m\leqslant 1$；$M_{th}(x,y)$ 在 $[0,+\infty)^2$ 上 m 阶 $S-$幂凸当且仅当 $m\geqslant 1$.

文[305]定义如下两个新的三角平均

$$M_c\text{os}(x,y)=\begin{cases}\dfrac{y\cos y-x\cos x}{\cos y-\cos x}-\cot\left(\dfrac{x+y}{2}\right), & x\neq y\\ x, & x=y\end{cases} \tag{7.5.25}$$

和

$$M_{\cot}(x,y)=\begin{cases}\dfrac{y\cot y-x\cot x+\ln\left(\dfrac{\sin y}{\sin x}\right)}{\cot y-\cot x}, & x\neq y\\ x, & x=y\end{cases}$$

(7.5.26)

定理 7.5.18　$M_{c}os(x,y)$ 在 $\left[0,\frac{\pi}{2}\right]^2$ 上 $S-$凸，$M_{\cot}(x,y)$ 在 $\left[0,\frac{\pi}{2}\right]^2$ 上 $S-$凹.

文[306]还介绍了两个反三角函数平均

$$M_{\arcsin}(x,y)=\frac{\sqrt{1-y^2}-\sqrt{1-x^2}}{\arcsin y-\arcsin x},x,y\in[0,1]$$

(7.5.27)

和

$$M_{\arctan}(x,y)=\frac{\ln\sqrt{1+y^2}-\ln\sqrt{1+x^2}}{\arctan y-\arctan x},x,y\geqslant 0$$

(7.5.28)

张帆，钱伟茂[306]证得：

定理 7.5.19　$M_{\arcsin}(x,y)$ 在 $[0,1]^2$ 上 $S-$凸，$M_{\arctan}(x,y)$ 在 $[0,+\infty)^2$ 上 $S-$凹.

7.5.5　Lehme **平均**

设 $(x,y)\in\mathbf{R}_{++}^2$，$(x,y)$ 的 Lehme 平均[307]定义为

$$L_p(x,y)=\frac{x^p+y^p}{x^{p-1}+y^{p-1}},-\infty<p<+\infty$$

(7.5.29)

$L_p(x,y)$ 是一类重要的二元平均，它包含了下述常见二元平均：

$$L_0(x,y)=\frac{2}{x^{-1}+y^{-1}}=H(x,y)$$:调和平均;

$$L_{\frac{1}{2}}(x,y)=\sqrt{xy}=G(x,y)$$:几何平均;

$$L_1(x,y)=\frac{x+y}{2}=A(x,y)$$:算术平均;

$$L_2(x,y)=\frac{x^2+y^2}{x+y}$$:反调和平均.

关于 $L_p(x,y)$,Witkowski[308] 给出如下结论:

(ⅰ)对于固定的 $(x,y)\in\mathbf{R}_{++}^2$,$L_p(x,y)$ 关于 p 严格递增,且

$$L_{+\infty}(x,y)=\lim_{p\to+\infty}L_p(x,y)=\max(x,y)$$
$$L_{-\infty}(x,y)=\lim_{p\to-\infty}L_p(x,y)=\min(x,y)$$

(ⅱ)对于 $x\neq y$,当 $p<(>)-\frac{1}{2}$ 时,$L_p(x,y)$ 是 p 的对数凸(凹)函数.若 $p>(<)-\frac{1}{2}$,则对于任意实数 t,有 $L_{p_0-t}(x,y)L_{p_0+t}(x,y)\leqslant(\geqslant)L_{p_0}^2(x,y)$.

文[309]用 $L_p(x,y)$ 给出两类 seiffert 平均 $P(x,y)$ 和 $T(x,y)$ 的最佳估计:

对于 $x,y\in\mathbf{R}_{++}$,$x\neq y$,有

$$L_{-\frac{1}{6}}(x,y)<P(x,y)<L_0(x,y)\quad(7.5.30)$$

且 $L_{-\frac{1}{6}}(x,y)$ 和 $L_0(x,y)$ 分别是 $P(x,y)$ 的最佳下界和上界

$$L_0(x,y)<T(x,y)<L_{\frac{1}{3}}(x,y)\quad(7.5.31)$$

且 $L_0(x,y)$ 和 $L_{\frac{1}{3}}(x,y)$ 分别是 $T(x,y)$ 的最佳下界和上界.

顾春和石焕南[256] 完整解决了二元 Lehme 平均 $L_p(a,b)$ 关于变量 (a,b) 在 $\mathbf{R}_{++}^2$ 上的 $S-$凹凸性和 $S-$几何凸性,并对 n 元 Lehme 平均在 $\mathbf{R}_{++}^n$ 上的 $S-$凹凸

性作了初步的探讨. 主要结论有：

定理 7.5.20　当 $p\geqslant 1$ 时，$L_p(x,y)$ 关于 (x,y) 在 $\mathbf{R}_{++}^2$ 上 S－凸；而当 $p\leqslant 1$ 时，$L_p(x,y)$ 关于 (a,b) 在 $\mathbf{R}_{++}^2$ 上 S－凹.

定理 7.5.21　当 $p\geqslant \frac{1}{2}$ 时，$L_p(x,y)$ 关于 (x,y) 在 $\mathbf{R}_{++}^2$ 上 S－几何凸；而当 $p\leqslant \frac{1}{2}$ 时，$L_p(x,y)$ 关于 (x,y) 在 $\mathbf{R}_{++}^2$ 上 S－几何凹.

定理 7.5.22[256]　设 $\boldsymbol{x}\in\mathbf{R}_{++}^n$，则 n 元 Lehme 平均

$$L_p(\boldsymbol{x})=L_p(x_1,\cdots,x_n)=\frac{\sum\limits_{i=1}^n x_i^p}{\sum\limits_{i=1}^n x_i^{p-1}}\tag{7.5.32}$$

当 $1\leqslant p\leqslant 2$ 时，在 $\mathbf{R}_{++}^n$ 上 S－凸；而当 $0\leqslant p\leqslant 1$ 时，在 $\mathbf{R}_{++}^2$ 上 S－凹.

证明　经计算

$$\frac{\partial L_p}{\partial x_1}=\frac{px_1^{p-1}\sum\limits_{i=1}^n x_i^{p-1}-(p-1)x_1^{p-2}\sum\limits_{i=1}^n x_i^p}{\left(\sum\limits_{i=1}^n x_i^{p-1}\right)^2}$$

$$\frac{\partial L_p}{\partial x_2}=\frac{px_2^{p-1}\sum\limits_{i=1}^n x_i^{p-1}-(p-1)x_2^{p-2}\sum\limits_{i=1}^n x_i^p}{\left(\sum\limits_{i=1}^n x_i^{p-1}\right)^2}$$

于是

$$\Delta=(x_1-x_2)\left(\frac{\partial L_p}{\partial x_1}-\frac{\partial L_p}{\partial x_2}\right)=$$

$(x_1-x_2)\cdot$

$$\frac{p(x_1^{p-1}-x_2^{p-1})\sum_{i=1}^{n}x_i^{p-1}-(p-1)(x_1^{p-2}-x_2^{p-2})\sum_{i=1}^{n}x_i^{p}}{\left(\sum_{i=1}^{n}x_i^{p-1}\right)^2}$$

当 $1\leqslant p\leqslant 2$ 时，$\Delta\geqslant 0$，而当 $0\leqslant p\leqslant 1$ 时，$\Delta\leqslant 0$. 定理 7.5.21 得证. □

猜想 7.5.1[256] n 元 Lehme 平均 $L_p(\boldsymbol{x})$ 当 $p\geqslant 2$ 时，在 $\mathbf{R}_{++}^n$ 上 $S-$凸；而当 $p\leqslant 0$ 时，在 $\mathbf{R}_{++}^n$ 上 $S-$凹.

文[256]是分别根据定理 2.1.3 和定理 2.4.3 证得定理 7.5.20 和定理7.5.21 的. 现分别根据定理 2.1.6 和定理 2.4.5 证明定理 7.5.20 和定理7.5.21.

定理 7.5.20 的证明 对于

$$L_p(x,a-x)=\frac{x^p+(a-x)^p}{x^{p-1}+(a-x)^{p-1}}$$

经计算得

$$\frac{\partial L_p}{\partial x}=\frac{h(x)}{[x^{p-1}+(a-x)^{p-1}]^2}$$

其中

$$\begin{aligned}h(x)=&\ p[x^{p-1}-(a-x)^{p-1}][x^{p-1}+(a-x)^{p-1}]-\\&(p-1)[x^{p-2}-(a-x)^{p-2}][x^p+(a-x)^p]=\\&px^{2p-2}-p(a-x)^{2p-2}-(p-1)x^{2p-2}-\\&(p-1)x^{p-2}(a-x)^p+\\&(p-1)x^p(a-x)^{p-2}+(p-1)(a-x)^{2p-2}=\\&x^{2p-2}-(a-x)^{2p-2}-(p-1)x^{p-2}(a-x)^p+\\&(p-1)x^p(a-x)^{p-2}=\\&x^{2(p-1)}-(a-x)^{2(p-1)}+\\&(p-1)x^{p-2}(a-x)^{p-2}(x^2-(a-x)^2)\end{aligned}$$

对于 $x\leqslant\frac{a}{2}$，有 $x\leqslant a-x$，故 $x^2-(a-x)^2\leqslant 0$.

当 $p\geqslant 1(\leqslant 1)$ 时，有 $x^{2(p-1)}-(a-x)^{2(p-1)}\leqslant 0(\geqslant 0)$，从而 $h(x)\leqslant 0(\geqslant 0)$. 这意味着 $L_p(x,a-x)$ 在 $\left(-\infty,\frac{a}{2}\right)$ 上递减(递增)，由定理 2.1.6 知 $L_p(a,b)$ 关于 (a,b) 在 $\mathbf{R}_{++}^2$ 上 S－凸(S－凹). □

定理 7.5.21 的证明

$$L_p\left(x,\frac{a}{x}\right)=\frac{x^p+\left(\frac{a}{x}\right)^p}{x^{p-1}+\left(\frac{a}{x}\right)^{p-1}}$$

经计算得

$$\frac{\partial L_p}{\partial x}=\frac{k(x)}{\left[x^{p-1}+\left(\frac{a}{x}\right)^{p-1}\right]^2}$$

其中

$$\begin{aligned}k(x)=&p\left(x^{p-1}-\frac{a^p}{x^{p+1}}\right)\left[x^{p-1}+\left(\frac{a}{x}\right)^{p-1}\right]-\\&(p-1)\left[x^p+\left(\frac{a}{x}\right)^p\right]\left(x^{p-2}-\frac{a^{p-1}}{x^p}\right)=\\&p\left[x^{2(p-1)}+a^{p-1}-\frac{a^p}{x^2}-\frac{a^{2p-1}}{x^{2p}}\right]-\\&(p-1)\left(x^{2(p-1)}-a^{p-1}+\frac{a^p}{x^2}-\frac{a^{2p-1}}{x^{2p}}\right)=\\&x^{2(p-1)}-\frac{a^{2p-1}}{x^{2p}}+(2p-1)\left(a^{p-1}-\frac{a^p}{x^2}\right)\end{aligned}$$

对于 $x\leqslant\sqrt{a}$ 有 $a^{p-1}-\frac{a^p}{x^2}\leqslant 0$，且当 $p\geqslant\frac{1}{2}\left(\leqslant\frac{1}{2}\right)$ 时，有 $x^{2(2p-1)}\leqslant(\geqslant)a^{2p-1}$，即 $x^{2(p-1)}-\frac{a^{2p-1}}{x^{2p}}\leqslant 0(\geqslant 0)$，从而 $k(x)\leqslant 0(\geqslant 0)$. 这意味着

$L_p\left(x,\frac{a}{x}\right)$ 在 $(-\infty,\sqrt{a})$ 上递减(递增),由定理 2.4.5 知 $L_p(a,b)$ 关于 (a,b) 在 $\mathbf{R}_{++}^2$ 上 $S-$几何凸($S-$几何凹). □

2016 年,傅春茹等人[627] 指出猜想 7.5.1 不成立. 事实上,对于 $n=3,p=3$,经简单计算有

$$\Delta:=(x_1-x_2)\left(\frac{\partial L_3(x)}{\partial x_1}-\frac{\partial L_3(x)}{\partial x_2}\right)=\frac{(x_1-x_2)^2\lambda(x)}{(x_1^2+x_2^2+x_3^2)^2}$$

其中

$$\lambda(x)=\lambda(x_1,x_2,x_3)=3(x_1+x_2)(x_1^2+x_2^2+x_3^2)-2(x_1^3+x_2^3+x_3^3)$$

如果取 $\boldsymbol{x}=(1,3,7)$,那么 $\lambda(\boldsymbol{x})=-34$,使得 $\Delta<0$,但若 $\boldsymbol{y}=(1,2,3)$,则 $\lambda(\boldsymbol{y})=54$ 使得 $\Delta>0$,所以 $L_3(x_1,x_2,x_3)$ 在 $\mathbf{R}_{++}^3$ 上的 Schur 凸性不确定. 易见 $L_{-2}(x_1,x_2,x_3)=L_3\left(\frac{1}{x_1},\frac{1}{x_2},\frac{1}{x_3}\right)$,故 $L_{-2}(x_1,x_2,x_3)$ 在 $\mathbf{R}_{++}^3$ 上的 Schur 凸性也不确定. 此外,文[627] 得到如下结果.

定理 7.5.23

(a) 当 $p\geqslant 2$ 时,对任意的 $a>0$,$L_p(\boldsymbol{x})$ 关于 $\boldsymbol{x}$ 在 $\left[\frac{p-2}{p}a,a\right]^n$ 上 $S-$凸;

(b) 当 $p<0$ 时,对任意的 $a>0$,$L_{n,p}(\boldsymbol{x})$ 关于 $\boldsymbol{x}$ 在 $\left[a,\frac{p-2}{p}a\right]^n$ 上 $S-$凹.

定理 7.5.24

(a) 当 $p<\frac{1}{2}$ 且 $p\neq 0$ 时,对任意的 $a>0$,

$L_{n,p}(\boldsymbol{x})$ 关于 $\boldsymbol{x}$ 在 $\left[a,\left(\frac{p-1}{p}\right)^2 a\right]^n$ 上 $S-$几何凹；

(b) 当 $p>\frac{1}{2}$ 时，对任意的 $a>0$，$L_p(\boldsymbol{x})$ 关于 $\boldsymbol{x}$ 在 $\left[\left(\frac{p-1}{p}\right)^2 a,a\right]^n$ 上 $S-$几何凸.

(c) 当 $p=0$ 时，$L_p(\boldsymbol{x})$ 关于 $\boldsymbol{x}$ 在 $\mathbf{R}_{++}^n$ 上 $S-$几何凹.

定理 7.5.25

(a) 当 $0\leqslant p\leqslant 1$ 时 $L_p(\boldsymbol{x})$ 关于 $\boldsymbol{x}$ 在 $\mathbf{R}_{++}^n$ 上 $S-$调和凸. 当 $-1\leqslant p\leqslant 0$ 时，$L_p(\boldsymbol{x})$ 关于 $\boldsymbol{x}$ 在 $\mathbf{R}_{++}^n$ 上 $S-$调和凹；

(b) 当 $p>1$ 时，对任意的 $a>0$，$L_p(\boldsymbol{x})$ 关于 $\boldsymbol{x}$ 在 $\left[\frac{p-1}{p+1}a,a\right]^n$ 上 $S-$调和凸；

(c) 当 $p<-1$ 时，对任意的 $a>0$，$L_p(\boldsymbol{x})$ 关于 $\boldsymbol{x}$ 在 $\left[a,\frac{p-1}{p+1}a\right]^n$ 上 $S-$调和凹.

7.5.6 **“奇特”平均**

2003 年，《美国数学月刊》11031 问题给出了一个“奇特”的平均，并提出了一个相关的不等式猜想. 问题如下：

问题 11031：设 $x,y>0$，平均 $M(x,y)=\ln N(x,y)$，其中

$$N=N(x,y)=\frac{1+\ln\left(\sqrt{1+f}+\sqrt{f}\right)}{1-\ln\left(\sqrt{1+f}+\sqrt{f}\right)}$$

$$f(x,y)=\frac{\left(\mathrm{e}^{2\frac{\mathrm{e}^x-1}{\mathrm{e}^x+1}}-1\right)\left(\mathrm{e}^{2\frac{\mathrm{e}^y-1}{\mathrm{e}^y+1}}-1\right)}{4\mathrm{e}^{\left(\frac{\mathrm{e}^x-1}{\mathrm{e}^x+1}+\frac{\mathrm{e}^y-1}{\mathrm{e}^y+1}\right)}}$$

求证或否定 $M(x,y)\leqslant G(x,y)=\sqrt{xy}$.

此猜想成立. 张小明[12]118-121 是通过考察函数 $g(x,y)=\sqrt{1+f(x,y)}+\sqrt{f(x,y)}$ 的 $S-$几何凹性得以证明.

李大矛和石焕南[310] 首先证明了 $M(x,y)$ 可以写成双曲函数的复合形式

$$M(x,y)=2\ \mathrm{th}^{-1}\ \mathrm{sh}^{-1}\sqrt{\mathrm{sh}\left(\mathrm{th}\ \frac{x}{2}\right)\mathrm{sh}\left(\mathrm{th}\ \frac{y}{2}\right)} \tag{7.5.33}$$

然后证明了 $\mathrm{sh}(\mathrm{th}\ x)$ 是 $\mathbf{R}_{++}$ 上递增的几何函数,从而证明了此猜想.

利用表达式(7.5.33) 可证明如下结果.

定理 7.5.26

$$M(x,y)=2\ \mathrm{th}^{-1}\ \mathrm{sh}^{-1}$$

$\sqrt{\mathrm{sh}\left(\mathrm{th}\ \frac{x}{2}\right)\mathrm{sh}\left(\mathrm{th}\ \frac{y}{2}\right)}$ 为 $\mathbf{R}_{+}^{2}$ 上的递增的 $S-$凹函数和 $S-$几何凹函数.

为此先证明两个引理.

引理 7.5.1 $g(x)=[\mathrm{ch}^2x\,\mathrm{th}(\mathrm{th}\ x)]^{-1}$ 在 $\mathbf{R}_{++}$ 上递减.

证明 因为

$$g'(x)=$$

$$-\frac{2\mathrm{sh}\ x\mathrm{ch}\ x\,\mathrm{th}(\mathrm{th}\ x)+\mathrm{ch}^2x[\mathrm{ch}(\mathrm{th}\ x)\mathrm{ch}x]^{-2}}{\mathrm{ch}^4x\,\mathrm{th}^2(\mathrm{th}\ x)}=$$

$$-\frac{\mathrm{sh}\ 2x\cdot\mathrm{th}(\mathrm{th}\ x)\cdot\mathrm{ch}^2(\mathrm{th}\ x)+1}{\mathrm{ch}^4x\cdot\mathrm{sh}^2(\mathrm{th}\ x)}\leqslant 0$$

所以 $g(x)$ 在 $\mathbf{R}_{++}$ 上递减. □

引理 7.5.2 $h(x)=xg(x)=x[\mathrm{ch}^2x\,\mathrm{th}(\mathrm{th}\ x)]^{-1}$

在 $\mathbf{R}_{++}$ 上递减.

证明　$h(x)'=\dfrac{q(x)}{\mathrm{ch}^4 x\,\mathrm{th}^2(\mathrm{th}\ x)}$，其中 $q(x)=$ $\mathrm{ch}^2 x\,\mathrm{th}(\mathrm{th}\ x)-x\mathrm{sh}\ 2x\,\mathrm{th}(\mathrm{th}\ x)-x\mathrm{ch}^2 x[\mathrm{ch}(\mathrm{th}\ x)\cdot\mathrm{ch}\ x]^{-2}$，只需证 $q(x)\leqslant 0$

$$
\begin{aligned}
q(x)=&(\mathrm{ch}^2 x-x\mathrm{sh}\ 2x)\mathrm{th}(\mathrm{th}\ x)-x[\mathrm{ch}(\mathrm{th}\ x)]^{-2}=\\
&(\mathrm{ch}^2 x-x\mathrm{sh}\ 2x)\frac{\mathrm{sh}(\mathrm{th}\ x)}{\mathrm{ch}(\mathrm{th}\ x)}-x[\mathrm{ch}(\mathrm{th}\ x)]^{-2}=\\
&(\mathrm{ch}^2 x-x\mathrm{sh}\ 2x)\frac{\mathrm{sh}(\mathrm{th}\ x)\mathrm{ch}(\mathrm{th}\ x)}{\mathrm{ch}^2(\mathrm{th}\ x)}-x[\mathrm{ch}(\mathrm{th}\ x)]^{-2}=\\
&(\mathrm{ch}^2 x-x\mathrm{sh}\ 2x)\mathrm{sh}(\mathrm{th}\ x)\mathrm{ch}(\mathrm{th}\ x)-x=\\
&\mathrm{sh}(2\mathrm{th}\ x)(\mathrm{ch}^2 x-x\mathrm{sh}\ 2x)-2x=\\
&\mathrm{sh}(2\mathrm{th}\ x)\mathrm{ch}^2 x(1-2x\mathrm{th}\ x)-2x\leqslant\\
&\mathrm{sh}(2\mathrm{th}\ x)\mathrm{ch}^2 x(1-2\mathrm{th}^2 x)-2\mathrm{th}\ x(\text{注意 }\mathrm{th}\ x<x)=\\
&\mathrm{sh}(2\mathrm{th}\ x)(\mathrm{ch}^2 x-2\mathrm{sh}^2 x)-2\mathrm{th}\ x=\\
&\mathrm{sh}(2\mathrm{th}\ x)\frac{\mathrm{ch}^2 x-2\mathrm{sh}^2 x}{\mathrm{ch}^2 x-\mathrm{sh}^2 x}-2\mathrm{th}\ x=\\
&\mathrm{sh}(2\mathrm{th}\ x)\left(1-\frac{\mathrm{th}^2 x}{1-\mathrm{th}^2 x}\right)-2\mathrm{th}\ x=\\
&\sum_{k=0}^{+\infty}\frac{(2\mathrm{th}\ x)^{2k+1}}{(2k+1)!}(1-\mathrm{th}^2 x-\\
&\mathrm{th}^4 x-\cdots-\mathrm{th}^{2n} x-\cdots)-2\mathrm{th}\ x=\\
&\left[\sum_{k=0}^{+\infty}\frac{(2\mathrm{th}\ x)^{2k+1}}{(2k+1)!}(1-\mathrm{th}^2 x)-2\mathrm{th}\ x\right]-\\
&\left(\sum_{k=2}^{\infty}\mathrm{th}^{2k} x\right)\sum_{k=0}^{+\infty}\frac{(2\mathrm{th}\ x)^{2k+1}}{(2k+1)!}=\\
&\left[\sum_{k=0}^{+\infty}\frac{(2\mathrm{th}\ x)^{2k+1}}{(2k+1)!}-\sum_{k=0}^{+\infty}\frac{2^{2k+1}(\mathrm{th}\ x)^{2k+3}}{(2k+1)!}-2\mathrm{th}\ x\right]-\\
&\left(\sum_{k=2}^{\infty}\mathrm{th}^{2k} x\right)\sum_{k=0}^{+\infty}\frac{(2\mathrm{th}\ x)^{2k+1}}{(2k+1)!}=
\end{aligned}
$$

$$\left[\sum_{k=1}^{+\infty}\frac{2^{2k+1}(\text{th } x)^{2k+1}}{(2k+1)!}-\sum_{k=0}^{+\infty}\frac{2^{2k+1}(\text{th } x)^{2k+3}}{(2k+1)!}\right]-$$

$$\left(\sum_{k=2}^{\infty}\text{th}^{2k}x\right)\sum_{k=0}^{+\infty}\frac{(2\text{th } x)^{2k+1}}{(2k+1)!}=$$

$$\left[\sum_{k=0}^{+\infty}\frac{2^{2k+3}(\text{th } x)^{2k+3}}{(2k+3)!}-\sum_{k=0}^{+\infty}\frac{2^{2k+1}(\text{th } x)^{2k+3}}{(2k+1)!}\right]-$$

$$\left(\sum_{k=2}^{\infty}\text{th}^{2k}x\right)\sum_{k=0}^{+\infty}\frac{(2\text{th } x)^{2k+1}}{(2k+1)!}=$$

$$\sum_{k=0}^{+\infty}\left[\frac{2^{2k+3}-2^{2k+1}(2k+2)(2k+3)}{(2k+3)!}\right](\text{th } x)^{2k+3}-$$

$$\left(\sum_{k=2}^{\infty}\text{th}^{2k}x\right)\sum_{k=0}^{+\infty}\frac{(2\text{th } x)^{2k+1}}{(2k+1)!}=$$

$$-\sum_{k=0}^{+\infty}\left[\frac{2^{2k+1}(4k^2+10k+2)}{(2k+3)!}\right](\text{th } x)^{2k+3}-$$

$$\left(\sum_{k=2}^{\infty}\text{th}^{2k}x\right)\sum_{k=0}^{+\infty}\frac{(2\text{th } x)^{2k+1}}{(2k+1)!}\leqslant 0$$

所以 $h(x)$ 在 $\mathbf{R}_{++}$ 上递减. □

定理 7.5.26 证明 经计算

$$\frac{\partial M}{\partial x}=\frac{\text{ch}\left(\text{th }\frac{x}{2}\right)\text{sh}\left(\text{th }\frac{y}{2}\right)}{F(x,y)\text{ch}^2\left(\frac{x}{2}\right)}$$

$$\frac{\partial M}{\partial y}=\frac{\text{ch}\left(\text{th }\frac{y}{2}\right)\text{sh}\left(\text{th }\frac{x}{2}\right)}{F(x,y)\text{ch}^2\left(\frac{y}{2}\right)}$$

其中

$$F(x,y)=2\left\{1-\left[\mathrm{sh}^{-1}\sqrt{\mathrm{sh}\left(\mathrm{th}\,\frac{x}{2}\right)\mathrm{sh}\left(\mathrm{th}\,\frac{y}{2}\right)}\right]^2\right\}\cdot$$
$$\sqrt{1+\mathrm{sh}\left(\mathrm{th}\,\frac{x}{2}\right)\mathrm{sh}\left(\mathrm{th}\,\frac{y}{2}\right)}\cdot$$
$$\sqrt{\mathrm{sh}\left(\mathrm{th}\,\frac{x}{2}\right)\mathrm{sh}\left(\mathrm{th}\,\frac{y}{2}\right)}$$

由于当 $t>0$ 时，$\mathrm{ch}\,t>0$，$\mathrm{sh}\,t>0$，$\mathrm{th}\,t>0$，而由 $0<\mathrm{th}\,t<1$，有 $0<\mathrm{sh}(\mathrm{th}\,t)<\mathrm{sh}\,1$，于是，对于 $x>0$，$y>0$ 有

$$0<\mathrm{sh}\left(\mathrm{th}\,\frac{x}{2}\right)\mathrm{sh}\left(\mathrm{th}\,\frac{y}{2}\right)<\mathrm{sh}^2 1\Rightarrow$$
$$1-\left[\mathrm{sh}^{-1}\sqrt{\mathrm{sh}\left(\mathrm{th}\,\frac{x}{2}\right)\mathrm{sh}\left(\mathrm{th}\,\frac{y}{2}\right)}\right]^2>0\Rightarrow$$
$$F(x,y)>0$$

所以 $\frac{\partial M}{\partial x}\geqslant 0$，$\frac{\partial M}{\partial y}\geqslant 0$. 故 $M(x,y)$ 在 $\mathbf{R}_{++}$ 上递减.

$$\Delta=(x-y)\left(\frac{\partial M}{\partial x}-\frac{\partial M}{\partial y}\right)=$$
$$\frac{x-y}{F(x,y)}\left[\frac{\mathrm{ch}\left(\mathrm{th}\,\frac{x}{2}\right)\mathrm{sh}\left(\mathrm{th}\,\frac{y}{2}\right)}{\mathrm{ch}^2\left(\frac{x}{2}\right)}-\right.$$
$$\left.\frac{\mathrm{ch}\left(\mathrm{th}\,\frac{y}{2}\right)\mathrm{sh}\left(\mathrm{th}\,\frac{x}{2}\right)}{\mathrm{ch}^2\left(\frac{y}{2}\right)}\right]=$$
$$\frac{(x-y)\mathrm{sh}\left(\mathrm{th}\,\frac{x}{2}\right)\mathrm{sh}\left(\mathrm{th}\,\frac{y}{2}\right)}{F(x,y)}\cdot$$

$$\left[\frac{\text{ch}\left(\text{th}\,\frac{x}{2}\right)}{\text{ch}^2\left(\frac{x}{2}\right)\text{sh}\left(\text{th}\,\frac{x}{2}\right)}-\frac{\text{ch}\left(\text{th}\,\frac{y}{2}\right)}{\text{ch}^2\left(\frac{y}{2}\right)\text{sh}\left(\text{th}\,\frac{y}{2}\right)}\right]=$$

$$\frac{(x-y)\text{sh}\left(\text{th}\,\frac{x}{2}\right)\text{sh}\left(\text{th}\,\frac{y}{2}\right)}{F(x,y)}[g(x)-g(y)]=$$

$$\frac{(x-y)^2\text{sh}\left(\text{th}\,\frac{x}{2}\right)\text{sh}\left(\text{th}\,\frac{y}{2}\right)}{F(x,y)}\cdot\frac{g(x)-g(y)}{x-y}$$

由引理 7.5.1，当 $x>0$ 时，函数 $g(x)=\left[\text{ch}^2\left(\frac{x}{2}\right)\text{th}\left(\text{th}\,\frac{x}{2}\right)\right]^{-1}$ 递减，所以 $\frac{g(x)-g(y)}{x-y}\leqslant 0$，进而 $\Delta\leqslant 0$，故 $M(x,y)$ 为 $\mathbf{R}_+^2$ 上的 $S-$ 凹函数.

2016 年，何灯[311] 定义了如下与 $M(x,y)$ 类似的函数

$$H(x,y)=2\tan^{-1}\sin^{-1}\sqrt{\sin\left(\tan\frac{x}{2}\right)\sin\left(\tan\frac{y}{2}\right)},$$
$$(x,y)\in\left(0,2\tan^{-1}\frac{\pi}{2}\right)\tag{7.5.34}$$

并借助于 maple 数学软件和多项式判别系统[312],[313] 研究了 $M(x,y)$ 和 $H(x,y)$ 的 $S-$ 幂凸性. 证得如下结果.

定理 7.5.27 $M(x,y)$ 为 $\mathbf{R}_{++}^2$ 上的 m 阶 $S-$ 幂凹函数当且仅当 $m\geqslant 0$.

定理 7.5.28 $H(x,y)$ 为 $\left(0,2\tan^{-1}\frac{\pi}{2}\right)^2$ 上的 m 阶 $S-$ 幂凹函数当且仅当 $m\geqslant 1-p(t_0)\approx 0.086\ 2$，其中 $p(t)=\frac{t[2-\sin 2t\sin(2\tan t)]}{\cos^2 t\sin(2\tan t)}$，$t_0$ 为 $p(t)$ 在区

间$\left(0, 2\tan^{-1}\frac{\pi}{2}\right)$上的唯一稳定点.

7.5.7 Toader 型积分平均

1998 年,Gh. Toader 定义了一个积分平均 $M_{g,n}(a,b)$ 如下[2]

$$M_{g,n}(a,b)=g^{-1}[f(a,b;g,n)] \quad (7.5.35)$$

其中 $g:\mathbf{R}_{++}\to\mathbf{R}$ 是严格单调函数,而 $f(a,b;g,n)$ 的定义如下

$$f(a,b;g,n)=\begin{cases}\dfrac{1}{2\pi}\displaystyle\int_0^{2\pi} g[(a^n\cos^2\theta+b^n\sin^2\theta)^{\frac{1}{n}}]\mathrm{d}\theta, n\neq 0\\ \dfrac{1}{2\pi}\displaystyle\int_0^{2\pi} g(a^{\cos^2\theta}b^{\sin^2\theta})\mathrm{d}\theta, n=0\end{cases} \quad (7.5.36)$$

李明和张小明[314] 提出一个 Toader 型积分平均 $T_{r,m}(a,b)$ 如下

$$T_{r,m}(a,b)=\begin{cases}\dfrac{2}{\pi}\displaystyle\int_0^{\frac{\pi}{2}}\left(a^r\frac{\cos^m\theta}{\cos^m\theta+\sin^m\theta}+b^r\frac{\sin^m\theta}{\cos^m\theta+\sin^m\theta}\right)^{\frac{1}{r}}\mathrm{d}\theta, r\neq 0\\ \dfrac{2}{\pi}\displaystyle\int_0^{\frac{\pi}{2}} a^{\frac{\cos^m\theta}{\cos^m\theta+\sin^m\theta}}b^{\frac{\sin^m\theta}{\cos^m\theta+\sin^m\theta}}\mathrm{d}\theta, r=0\end{cases} \quad (7.5.37)$$

其中,$r\in(-\infty,+\infty)$,$m\in[0,+\infty)$.

李明和张小明证得如下结果.

定理 7.5.29 当 $r\geqslant 1$ 时,$T_{r,m}(a,b)$ 在 $\mathbf{R}_{++}^2$ 上是 S－凸函数;当 $r\leqslant 1$ 时,$T_{r,m}(a,b)$ 在 $\mathbf{R}_{++}^2$ 上是 S－凹函数.

证明 易证 $T_{r,m}(a,b)=T_{r,m}(b,a)$，即 $T_{r,m}(a,b)$ 是对称凸集 $\mathbf{R}_{++}^2=(0,+\infty)\times(0,+\infty)$ 上的对称函数. 于是不妨设 $a\geqslant b>0$. 记 $T=T_{r,m}(a,b)$，$c=\cos\theta$，$s=\sin\theta$. 当 $r\neq 0$ 时

$$\frac{\partial T}{\partial a}=\frac{2}{\pi}\int_0^{\frac{\pi}{2}}\frac{c^m}{c^m+s^m}\left[\frac{c^m}{c^m+s^m}+\left(\frac{b}{a}\right)^r\frac{s^m}{c^m+s^m}\right]^{\frac{1-r}{r}}\mathrm{d}\theta$$

$$\frac{\partial T}{\partial b}=\frac{2}{\pi}\int_0^{\frac{\pi}{2}}\frac{s^m}{c^m+s^m}\left[\left(\frac{a}{b}\right)^r\frac{c^m}{c^m+s^m}+\frac{s^m}{c^m+s^m}\right]^{\frac{1-r}{r}}\mathrm{d}\theta=$$

$$\frac{2}{\pi}\int_0^{\frac{\pi}{2}}\frac{c^m}{c^m+s^m}\left[\left(\frac{a}{b}\right)^r\frac{s^m}{c^m+s^m}+\frac{c^m}{c^m+s^m}\right]^{\frac{1-r}{r}}\mathrm{d}\theta$$

于是

$$\Delta=(a-b)\left(\frac{\partial T}{\partial a}-\frac{\partial T}{\partial b}\right)=$$

$$\frac{2}{\pi}(a-b)\int_0^{\frac{\pi}{2}}\frac{c^m}{c^m+s^m}\left\{\left[\frac{c^m}{c^m+s^m}+\left(\frac{b}{a}\right)^r\frac{s^m}{c^m+s^m}\right]^{\frac{1-r}{r}}-\right.$$

$$\left.\left[\left(\frac{a}{b}\right)^r\frac{s^m}{c^m+s^m}+\frac{c^m}{c^m+s^m}\right]^{\frac{1-r}{r}}\right\}\mathrm{d}\theta$$

当 $r\geqslant 1$ 时，有 $\left(\frac{b}{a}\right)^r\leqslant\left(\frac{a}{b}\right)^r$ 和 $\frac{1-r}{r}\leqslant 0$. 此时 $\Delta\geqslant 0$. 故 $T_{r,m}(a,b)$ 在 $\mathbf{R}_{++}^2$ 上 S－凸.

当 $0<r\leqslant 1$ 时，有 $\left(\frac{b}{a}\right)^r\leqslant\left(\frac{a}{b}\right)^r$ 和 $\frac{1-r}{r}\geqslant 0$. 此时 $\Delta\leqslant 0$. 故 $T_{r,m}(a,b)$ 在 $\mathbf{R}_{++}^2$ 上 S－凹.

当 $r<0$ 时，有 $\left(\frac{b}{a}\right)^r\geqslant\left(\frac{a}{b}\right)^r$ 和 $\frac{1-r}{r}\leqslant 0$. 此时 $\Delta\leqslant 0$. 故 $T_{r,m}(a,b)$ 在 $\mathbf{R}_{++}^2$ 上 S－凹.

最后来研究 $r=0$ 时的情况. 当 $r=0$ 时，T 对 a,b 分别求偏导数得

$$\frac{\partial T}{\partial a}=\frac{2}{\pi}\int_0^{\frac{\pi}{2}}\frac{c^m}{c^m+s^m}\left(\frac{b}{a}\right)^{\frac{s^m}{c^m+s^m}}\mathrm{d}\theta$$

$$\frac{\partial T}{\partial b}=\frac{2}{\pi}\int_0^{\frac{\pi}{2}}\frac{c^m}{c^m+s^m}\left(\frac{a}{b}\right)^{\frac{c^m}{c^m+s^m}}\mathrm{d}\theta=$$

$$\frac{2}{\pi}\int_0^{\frac{\pi}{2}}\frac{c^m}{c^m+s^m}\left(\frac{a}{b}\right)^{\frac{s^m}{c^m+s^m}}\mathrm{d}\theta$$

于是

$$\Delta=\frac{2}{\pi}(a-b)\int_0^{\frac{\pi}{2}}\left[\left(\frac{b}{a}\right)^{\frac{s^m}{c^m+s^m}}-\left(\frac{a}{b}\right)^{\frac{s^m}{c^m+s^m}}\right]\mathrm{d}\theta\leqslant 0$$

故 $T_{n,m}(a,b)$ 在 $\mathbf{R}_{++}^2$ 上 $S-$凹. 证毕. □

结合定理 7.5.29 和式(1.4.32),易得:

推论 7.5.4 设 $0\leqslant a\leqslant b,-\infty<p\leqslant 1\leqslant q<+\infty,A(a,b)=\frac{a+b}{2}$,则

$$T_{p,m}(a,b)\leqslant T_{p,m}\left(\frac{3a+b}{4},\frac{a+3b}{4}\right)\leqslant A(a,b)\leqslant T_{q,m}\left(\frac{3a+b}{4},\frac{a+3b}{4}\right)\leqslant T_{q,m}(a,b) \tag{7.5.38}$$

推论 7.5.5 设椭圆 $\frac{x^2}{a^2}+\frac{y^2}{b^2}=1(a\geqslant b>0)$ 的周长为 L,则

$$\pi(a+b)\leqslant L\leqslant 4a+\pi b \tag{7.5.39}$$

证明 因

$$(a,b)\prec\left(a+\frac{b}{2},\frac{b}{2}\right)$$

有

$$T_{2,2}(a,b)\leqslant T_{2,2}\left(a+\frac{b}{2},\frac{b}{2}\right)$$

于是

$$L=4\int_0^{\frac{\pi}{2}}\sqrt{a^2\cos^2\theta+b^2\sin^2\theta}\,\mathrm{d}\theta=2\pi T_{2,2}(a,b)\leqslant$$

$$2\pi T_{2,2}\left(a+\frac{b}{2},\frac{b}{2}\right)=$$

$$4\int_0^{\frac{\pi}{2}}\sqrt{\left(a+\frac{b}{2}\right)^2\cos^2\theta+\left(\frac{b}{2}\right)^2\sin^2\theta}\,\mathrm{d}\theta\leqslant$$

$$4\int_0^{\frac{\pi}{2}}\left(a\cos\theta+\frac{b}{2}\right)\mathrm{d}\theta=$$

$$4a+\pi b$$ □

7.5.8 椭圆纽曼平均

文[315]研究了椭圆纽曼平均的 Schur 凸性.

对于$(x,y)\in\mathbf{R}_{++}^2$和$k\in[0,1]$，椭圆纽曼平均(elliptic Neuman mean)定义为

$$N_k(x,y)=\begin{cases}\dfrac{\sqrt{y^2-x^2}}{cn^{-1}\left(\dfrac{x}{y},k\right)}, & x<y\\ x, & x=y\\ \dfrac{\sqrt{x^2-y^2}}{nc^{-1}\left(\dfrac{x}{y},k\right)}, & y<x\end{cases}\tag{7.5.40}$$

其中

$$cn^{-1}(x,k)=\int_x^1\frac{\mathrm{d}u}{\sqrt{(1-u^2)(k'^2+k^2u^2)}}\tag{7.5.41}$$

和

$$nc^{-1}(x,k)=\int_1^x\frac{\mathrm{d}u}{\sqrt{(u^2-1)(k^2+k'^2u^2)}}\tag{7.5.42}$$

分别是雅可比椭圆函数的反函数 cn 和 nc，且 $k'=\sqrt{1-k^2}$，特别

$$cn^{-1}(0,k)=K(k)=\int_0^{\pi/2}\frac{\mathrm{d}u}{\sqrt{1-k^2\sin^2 t}} \tag{7.5.43}$$

定理 7.5.30　$N_k(x,y)$ 关于在 $\mathbf{R}_{++}^2$ 上严格 $S-$凸当且仅当 $k\leqslant\frac{\sqrt{2}}{2}$，在 $\mathbf{R}_{++}^2$ 上严格 $S-$凹当且仅当 $k\geqslant k_0\in(0.897,0.898)$，这里 k_0 是方程 $K(k)-\frac{1}{\sqrt{1-k^2}}=0$ 的唯一解.

定理 7.5.31　$N_k(x,y)$ 关于在 $\mathbf{R}_{++}^2$ 上严格 $S-$几何凸当且仅当 $k\leqslant\frac{\sqrt{2}}{2}$，且对于任何 $\frac{\sqrt{2}}{2}<k\leqslant 1$，$N_k(x,y)$ 在 $\mathbf{R}_{++}^2$ 上不是严格 $S-$几何凹的.

定理 7.5.32　$N_k(x,y)$ 关于在 $\mathbf{R}_{++}^2$ 上严格 $S-$调和凸当且仅当 $k\leqslant\frac{\sqrt{2}}{2}$，且对于任何 $\frac{\sqrt{2}}{2}<k\leqslant 1$，$N_k(x,y)$ 在 $\mathbf{R}_{++}^2$ 上不是严格 $S-$调和凹的.

7.6　某些均值差的 Schur 凸性

7.6.1　某些均值差的凸性和 Schur 凸性

Taneja[316] 给出了关于二元平均值的如下不等式链

$$H(x,y)\leqslant G(x,y)\leqslant N_1(x,y)\leqslant N_3(x,y)\leqslant N_2(x,y)\leqslant A(x,y)\leqslant S(x,y) \tag{7.6.1}$$

其中

$$H(x,y)=\frac{2xy}{x+y}$$

$$G(x,y)=\sqrt{xy}$$

$$N_1(x,y)=\left(\frac{\sqrt{x}+\sqrt{y}}{2}\right)^2=\frac{A(x,y)+G(x,y)}{2}$$

$$N_3(x,y)=\frac{x+\sqrt{xy}+y}{3}$$

$$N_2(x,y)=\left(\frac{\sqrt{x}+\sqrt{y}}{2}\right)\left(\sqrt{\frac{x+y}{2}}\right)$$

$$A(x,y)=\frac{x+y}{2}$$

$$S(x,y)=\sqrt{\frac{x^2+y^2}{2}}$$

$A(x,y)$,$G(x,y)$,$H(x,y)$,$S(x,y)$,$N_1(x,y)$,$N_3(x,y)$分别为算术平均,几何平均,调和平均,根平方平均,平方根平均和 Heron 平均. 文[223]还考虑了如下平均值的差

$$M_{SA}(x,y)=S(x,y)-A(x,y) \tag{7.6.2}$$

$$M_{SN_2}(x,y)=S(x,y)-N_2(x,y) \tag{7.6.3}$$

$$M_{SN_3}(x,y)=S(x,y)-N_3(x,y) \tag{7.6.4}$$

$$M_{SN_1}(x,y)=S(x,y)-N_1(x,y) \tag{7.6.5}$$

$$M_{SG}(x,y)=S(x,y)-G(x,y) \tag{7.6.6}$$

$$M_{SH}(x,y)=S(x,y)-H(x,y) \tag{7.6.7}$$

$$M_{AN_2}(x,y)=A(x,y)-N_2(x,y) \tag{7.6.8}$$

$$M_{AG}(x,y)=A(x,y)-G(x,y) \tag{7.6.9}$$

$$M_{AH}(x,y)=A(x,y)-H(x,y) \tag{7.6.10}$$

$$M_{N_2N_1}(x,y)=N_2(x,y)-N_1(x,y) \tag{7.6.11}$$

$$M_{N_2G}(x,y)=N_2(x,y)-G(x,y) \tag{7.6.12}$$

证得如下结论：

定理 7.6.1 由式(7.6.2)－(7.6.12)给出的平均值的差均非负且在 $\mathbf{R}_{++}^2$ 上凸.

此外，利用定理 7.6.1，文[316]建立了下述几个不等式链，从而加细了式(7.6.1)中的不等式.

定理 7.6.2 下述均值差之间的不等式成立

$$M_{SA}(x,y)\leqslant\frac{1}{3}M_{SH}(x,y)\leqslant\frac{1}{2}M_{AH}(x,y)\leqslant\frac{1}{2}M_{SG}(x,y)\leqslant M_{AG}(x,y) \tag{7.6.13}$$

$$\frac{1}{8}M_{AH}(x,y)\leqslant M_{N_2N_1}(x,y)\leqslant\frac{1}{3}M_{N_2G}(x,y)\leqslant\frac{1}{4}M_{AG}(x,y)\leqslant M_{AN_2}(x,y) \tag{7.6.14}$$

$$M_{SA}(x,y)\leqslant\frac{4}{5}M_{SN_2}(x,y)\leqslant 4M_{AN_2}(x,y) \tag{7.6.15}$$

$$M_{SH}(x,y)\leqslant 2M_{SN_1}(x,y)\leqslant\frac{3}{2}M_{SG}(x,y) \tag{7.6.16}$$

$$M_{SA}(x,y)\leqslant\frac{3}{4}M_{SN_3}(x,y)\leqslant\frac{2}{2}M_{SN_1}(x,y) \tag{7.6.17}$$

注 7.6.1 由式(7.6.2)－(7.6.12)给出的平均值的差显然是对称的，由定理 7.6.1 和推论 2.2.1 知，这些平均值的差均在 $\mathbf{R}_{+}^{2}$ 上 S－凸.

7.6.2 某些均值差的 Schur 几何凸性

石焕南等[317] 证得如下定理,并据此建立一些有关平均值差的不等式.

定理 7.6.3 由式(7.6.2)－(7.6.12)给出的平均值的差均在 $\mathbf{R}_{++}^{2}$ 上 S－几何凸.

证明 对于

$$M_{SA}(x,y)=S(x,y)-A(x,y)=\sqrt{\frac{x^2+y^2}{2}}-\frac{x+y}{2}$$

有

$$\frac{\partial M_{SA}}{\partial x}=\frac{x}{2}\left(\frac{x^2+y^2}{2}\right)^{-\frac{1}{2}}-\frac{1}{2}$$

$$\frac{\partial M_{SA}}{\partial y}=\frac{y}{2}\left(\frac{x^2+y^2}{2}\right)^{-\frac{1}{2}}-\frac{1}{2}$$

于是

$$\Lambda:=(\ln x-\ln y)\left(x\frac{\partial M_{SA}}{\partial x}-y\frac{\partial M_{SA}}{\partial y}\right)=$$

$$(\ln x-\ln y)\left[\left(\frac{x^2+y^2}{2}\right)^{-\frac{1}{2}}\frac{x^2-y^2}{2}-\frac{x-y}{2}\right]=$$

$$\frac{(\ln x-\ln y)(x-y)}{2}\left[(x+y)\left(\frac{x^2+y^2}{2}\right)^{-\frac{1}{2}}-1\right]$$

因 $\ln x$ 单调增,有 $(\ln x-\ln y)(x-y)\geqslant 0$,又 $(x+y)\cdot\left(\frac{x^2+y^2}{2}\right)^{-\frac{1}{2}}-1\geqslant 0$ 等价于明显成立的不等式 $x^2+y^2\leqslant 2x^2+2y^2+4xy$,故 $\Lambda\geqslant 0$,由定理 2.4.3 知 $M_{SA}(x,y)$ 关于 (x,y) 在 $\mathrm{R}_{++}^{2}=(0,+\infty)\times(0,+\infty)$ 上 S－几何凸.

对于

$$M_{AN_2}(x,y)=A(x,y)-N_2(x,y)=$$

$$\frac{x+y}{2}-\left(\frac{\sqrt{x}+\sqrt{y}}{2}\right)\left(\sqrt{\frac{x+y}{2}}\right)$$

有

$$\frac{\partial M_{AN_2}}{\partial x}=\frac{1}{2}-\frac{1}{4\sqrt{x}}\sqrt{\frac{x+2}{2}}-\frac{1}{4}\left(\frac{\sqrt{x}+\sqrt{y}}{2}\right)\left(\frac{x+y}{2}\right)^{-\frac{1}{2}}$$

$$\frac{\partial M_{AN_2}}{\partial y}=\frac{1}{2}-\frac{1}{4\sqrt{y}}\sqrt{\frac{x+2}{2}}-\frac{1}{4}\left(\frac{\sqrt{x}+\sqrt{y}}{2}\right)\left(\frac{x+y}{2}\right)^{-\frac{1}{2}}$$

于是

$$\Lambda:=(\ln x-\ln y)\left(x\frac{\partial M_{SN_2}}{\partial x}-y\frac{\partial M_{SN_2}}{\partial y}\right)=$$

$$(\ln x-\ln y)\cdot$$

$$\left[\frac{x-y}{2}-\frac{1}{4}\sqrt{\frac{x+y}{2}}(\sqrt{x}-\sqrt{y})-\right.$$

$$\left.\frac{1}{4}\left(\frac{\sqrt{x}+\sqrt{y}}{2}\right)\left(\frac{x+y}{2}\right)^{-\frac{1}{2}}(x-y)\right]=$$

$$\frac{(\ln x-\ln y)(x-y)}{2}\cdot$$

$$\left[1-\frac{1}{2}\sqrt{\frac{x+y}{2}}(\sqrt{x}+\sqrt{y})^{-1}-\right.$$

$$\left.\frac{1}{2}\left(\frac{\sqrt{x}+\sqrt{y}}{2}\right)\left(\frac{x+y}{2}\right)^{-\frac{1}{2}}\right]$$

注意

$$1-\frac{1}{2}\sqrt{\frac{x+y}{2}}(\sqrt{x}+\sqrt{y})^{-1}-$$

$$\frac{1}{2}\left(\frac{\sqrt{x}+\sqrt{y}}{2}\right)\left(\frac{x+y}{2}\right)^{-\frac{1}{2}}\geqslant 0\Leftrightarrow$$

$$4(\sqrt{x}+\sqrt{y})\sqrt{\frac{x+y}{2}}-(x+y)-(\sqrt{x}+\sqrt{y})^2\geqslant 0\Leftrightarrow$$

$\sqrt{2}(\sqrt{x}+\sqrt{y})\sqrt{x+y}\geqslant(x+y)+\sqrt{xy}\Leftrightarrow$

$2(x+y+2\sqrt{xy})(x+y)\geqslant$

$(x+y)^2+2(x+y)\sqrt{xy}+xy\Leftrightarrow$

$(x+y)^2+2(x+y)\sqrt{xy}\geqslant xy$

上式显然成立. 这意味着 $\Lambda\geqslant 0$,故 $M_{AN_2}(x,y)$ 关于 (x,y) 在 $\mathbf{R}_{++}^2$ 上 $S-$几何凸. 对于

$$M_{SN_2}(x,y)=S(x,y)-N_2(x,y)=$$

$$\sqrt{\frac{x^2+y^2}{2}}-\frac{\sqrt{x}+\sqrt{y}}{2}\cdot\sqrt{\frac{xy+y}{2}}$$

注意

$$M_{SN_2}(x,y)=M_{SA}(x,y)+M_{AN_2}(x,y)$$

而据 $S-$几何凸函数的定义知两个 $S-$几何凸函数之和仍为 $S-$几何凸函数,故 $M_{SN_2}(x,y)$ 关于(x,y) 在 $\mathbf{R}_{+}^2$ 上 $S-$几何凸.

对于

$$M_{SN_3}(x,y)=S(x,y)-N_3(x,y)=$$

$$\sqrt{\frac{x^2+y^2}{2}}-\frac{x+\sqrt{xy}+y}{3}$$

有

$$\frac{\partial M_{SN_3}}{\partial x}=\frac{x}{2}\left(\frac{x^2+y^2}{2}\right)^{-\frac{1}{2}}-\frac{1}{3}\left(1+\frac{y}{2\sqrt{xy}}\right)$$

$$\frac{\partial M_{SN_3}}{\partial y}=\frac{y}{2}\left(\frac{x^2+y^2}{2}\right)^{-\frac{1}{2}}-\frac{1}{3}\left(1+\frac{x}{2\sqrt{xy}}\right)$$

于是

$$\Lambda:=(\ln x-\ln y)\left(x\frac{\partial M_{SN_3}}{\partial x}-y\frac{\partial M_{SN_3}}{\partial y}\right)=$$

$$(\ln x-\ln y)(x-y)\left[\left(\frac{x^2+y^2}{2}\right)^{-\frac{1}{2}}\frac{(x+y)}{2}-\frac{1}{3}\right]$$

注意

$$\left(\frac{x^2+y^2}{2}\right)^{-\frac{1}{2}}\cdot\frac{x+y}{2}-\frac{1}{3}\geqslant 0\Leftrightarrow$$

$$9(x+y)^2\geqslant 2(x^2+y^2)$$

有 $\Lambda\geqslant 0$，故 $M_{SN_3}(x,y)$ 关于 (x,y) 在 $\mathbf{R}_+^2$ 上 $S-$几何凸.

对于

$$M_{N_2N_1}(x,y)=N_2(x,y)-N_1(x,y)=$$

$$\frac{\sqrt{x}+\sqrt{y}}{2}\cdot\sqrt{\frac{x+y}{2}}-\frac{x+y}{4}-\frac{\sqrt{xy}}{2}$$

有

$$\frac{\partial M_{N_2N_1}}{\partial x}=\frac{1}{4\sqrt{x}}\sqrt{\frac{x+y}{2}}+$$

$$\frac{1}{4}\frac{\sqrt{x}+\sqrt{y}}{2}\left(\frac{x+y}{2}\right)^{-\frac{1}{2}}-\frac{1}{4}-\frac{y}{4\sqrt{xy}}$$

$$\frac{\partial M_{N_2N_1}}{\partial y}=\frac{1}{4\sqrt{y}}\sqrt{\frac{x+y}{2}}+$$

$$\frac{1}{4}\frac{\sqrt{x}+\sqrt{y}}{2}\left(\frac{x+y}{2}\right)^{-\frac{1}{2}}-\frac{1}{4}-\frac{x}{4\sqrt{xy}}$$

于是

$$\Lambda:=(\ln x-\ln y)\left(x\frac{\partial M_{N_2N_1}}{\partial x}-y\frac{\partial M_{N_2N_1}}{\partial y}\right)=$$

$$(\ln x-\ln y)\left[\frac{1}{4}\sqrt{\frac{x+y}{2}}(\sqrt{x}-\sqrt{y})+\right.$$

$$\left.\frac{1}{4}\frac{\sqrt{x}+\sqrt{y}}{2}\left(\frac{x+y}{2}\right)^{-\frac{1}{2}}(x-y)-\frac{1}{4}(x-y)\right]=$$

$$\frac{1}{4}(\ln x-\ln y)(x-y)\cdot$$

$$\left[\sqrt{\frac{x+y}{2}}(\sqrt{x}+\sqrt{y})^{-1}+\frac{\sqrt{x}+\sqrt{y}}{2}\left(\frac{x+y}{2}\right)^{-\frac{1}{2}}-1\right]$$

由算术－几何平均值不等式有

$$\sqrt{\frac{x+y}{2}}(\sqrt{x}+\sqrt{y})^{-1}+\frac{\sqrt{x}+\sqrt{y}}{2}\left(\frac{x+y}{2}\right)^{-\frac{1}{2}}-1\geqslant$$

$$2\left[\left(\sqrt{\frac{x+y}{2}}\right)(\sqrt{x}+\sqrt{y})^{-1}\cdot\right.$$

$$\left.\frac{\sqrt{x}+\sqrt{y}}{2}\left(\frac{x+y}{2}\right)^{-\frac{1}{2}}\right]^{\frac{1}{2}}-1=\sqrt{2}-1\geqslant 0$$

故 $M_{N_2N_1}(x,y)$ 关于(x,y) 在 $\mathbf{R}_{++}^2$ 上 $S-$几何凸.

对于

$$M_{SN_1}(x,y)=S(x,y)-N_1(x,y)=$$

$$\sqrt{\frac{x^2+y^2}{2}}-\frac{x+y}{4}-\frac{\sqrt{xy}}{2}$$

注意

$$M_{SN_1}(x,y)=M_{SN_2}(x,y)+M_{N_2N_1}(x,y)$$

即 $M_{SN_1}(x,y)$ 是两个 $S-$几何凸函数之和，故 $M_{SN_1}(x,y)$ 关于(x,y) 在 $\mathbf{R}_{+}^2$ 上$S-$几何凸.

对于

$$M_{AG}(x,y)=A(x,y)-G(x,y)=\frac{x+y}{2}-\sqrt{xy}$$

有

$$\frac{\partial M_{AG}}{\partial x}=\frac{1}{2}-\frac{y}{2\sqrt{xy}}$$

$$\frac{\partial M_{AG}}{\partial y}=\frac{1}{2}-\frac{x}{2\sqrt{xy}}$$

于是

$$\Lambda:=(\ln x-\ln y)\left(x\frac{\partial M_{AG}}{\partial x}-y\frac{\partial M_{AG}}{\partial y}\right)=$$

$$\frac{1}{2}(\ln x-\ln y)(x-y)\geqslant 0$$

故 $M_{AG}(x,y)$ 关于(x,y) 在 $\mathbf{R}_{++}^2$ 上 S－几何凸.

对于

$$M_{SG}(x,y)=S(x,y)-G(x,y)=\sqrt{\frac{x^2+y^2}{2}}-\sqrt{xy}$$

注意

$$M_{SG}(x,y)=M_{SA}(x,y)+M_{AG}(x,y)$$

即知 $M_{SG}(x,y)$ 关于(x,y) 在 $\mathbf{R}_{++}^2$ 上 S－几何凸.

对于

$$M_{AH}(x,y)=A(x,y)-H(x,y)=\frac{x+y}{2}-\frac{2xy}{x+y}$$

有

$$\frac{\partial M_{AH}}{\partial x}=\frac{1}{2}-\frac{2y^2}{(x+y)^2}$$

$$\frac{\partial M_{AH}}{\partial y}=\frac{1}{2}-\frac{2x^2}{(x+y)^2}$$

于是

$$\begin{aligned}\Lambda:=&(\ln x-\ln y)\left(x\frac{\partial M_{AH}}{\partial x}-y\frac{\partial M_{AH}}{\partial y}\right)=\\&(\ln x-\ln y)\left[\frac{x-y}{2}-\frac{2xy(y-x)}{(x+y)^2}\right]=\\&(\ln x-\ln y)(x-y)\left[\frac{1}{2}+\frac{2xy}{(x+y)^2}\right]\geqslant 0\end{aligned}$$

故 $M_{AH}(x,y)$ 关于(x,y) 在 $\mathbf{R}_{++}^2$ 上 S－几何凸.

对于

$$M_{SH}(x,y)=S(x,y)-H(x,y)=\sqrt{\frac{x^2+y^2}{2}}-\frac{2xy}{x+y}$$

注意

$$M_{SH}(x,y)=M_{SA}(x,y)+M_{AH}(x,y)$$

即知 $M_{SH}(x,y)$ 关于(x,y) 在 $\mathbf{R}_{++}^2$ 上 $S-$几何凸.

对于

$$M_{N_2G}(x,y)=N_2(x,y)-G(x,y)=\left(\frac{\sqrt{x}+\sqrt{y}}{2}\right)\left(\sqrt{\frac{x+y}{2}}\right)-\sqrt{xy}$$

有

$$\frac{\partial M_{N_2G}}{\partial x}=\frac{1}{4\sqrt{x}}\sqrt{\frac{x+y}{2}}+\frac{1}{4}\,\frac{\sqrt{x}+\sqrt{y}}{2}\left(\frac{x+y}{2}\right)^{-\frac{1}{2}}-\frac{y}{2\sqrt{xy}}$$

$$\frac{\partial M_{N_2G}}{\partial y}=\frac{1}{4\sqrt{y}}\sqrt{\frac{x+y}{2}}+\frac{1}{4}\,\frac{\sqrt{x}+\sqrt{y}}{2}\left(\frac{x+y}{2}\right)^{-\frac{1}{2}}-\frac{x}{2\sqrt{xy}}$$

于是

$$\Lambda:=(\ln x-\ln y)\left(x\frac{\partial M_{N_2G}}{\partial x}-y\frac{\partial M_{N_2G}}{\partial y}\right)=$$

$$(\ln x-\ln y)\cdot$$

$$\left[\frac{1}{4}\left(\sqrt{\frac{x+y}{2}}\right)(\sqrt{x}-\sqrt{y})+\frac{1}{4}\,\frac{\sqrt{x}+\sqrt{y}}{2}\left(\frac{x+y}{2}\right)^{-\frac{1}{2}}(x-y)\right]=$$

$$\frac{1}{4}(\ln x-\ln y)(x-y)\cdot$$

$$\left[\sqrt{\frac{x+y}{2}}(\sqrt{x}+\sqrt{y})^{-1}+\frac{\sqrt{x}+\sqrt{y}}{2}\left(\frac{x+y}{2}\right)^{-\frac{1}{2}}\right]\geqslant 0$$

故 $M_{N_2G}(x,y)$ 关于(x,y) 在 $\mathbf{R}_{+}^2$ 上 $S-$几何凸. 至此定理 7.6.3 证毕. □

定理 7.6.4　设 $x>0, y>0, \frac{1}{2}\leqslant t\leqslant 1$ 或 $0\leqslant t\leqslant \frac{1}{2}$,则

$$0\leqslant \sqrt{\frac{x^{t^2}y^{(1-t)^2}+x^{(1-t)^2}y^{t^2}}{2}}-\frac{x^ty^{1-t}+x^{1-t}y^t}{2}\leqslant \sqrt{\frac{x^2+y^2}{2}}-\frac{x+y}{2} \tag{7.6.18}$$

$$0\leqslant \sqrt{\frac{x^{t^2}y^{(1-t)^2}+x^{(1-t)^2}y^{t^2}}{2}}-\left(\frac{\sqrt{x^ty^{1-t}}+\sqrt{x^{1-t}y^t}}{2}\right)\cdot\left(\sqrt{\frac{x^ty^{1-t}+x^{1-t}y^t}{2}}\right)\leqslant \sqrt{\frac{x^2+y^2}{2}}-\frac{\sqrt{x}+\sqrt{y}}{2}\cdot\sqrt{\frac{x+y}{2}} \tag{7.6.19}$$

$$0\leqslant \sqrt{\frac{x^{t^2}y^{(1-t)^2}+x^{(1-t)^2}y^{t^2}}{2}}-\frac{x^ty^{1-t}+\sqrt{xy}+x^{1-t}y^t}{3}\leqslant \sqrt{\frac{x^2+y^2}{2}}-\frac{x+\sqrt{xy}+y}{3} \tag{7.6.20}$$

$$0\leqslant \frac{x^ty^{1-t}+x^{1-t}y^t}{2}-\left(\frac{\sqrt{x^ty^{1-t}}+\sqrt{x^{1-t}y^t}}{2}\right)\cdot\left(\sqrt{\frac{x^ty^{1-t}+x^{1-t}y^t}{2}}\right)\leqslant \frac{x+y}{2}-\frac{\sqrt{x}+\sqrt{y}}{2}\cdot\sqrt{\frac{x+y}{2}} \tag{7.6.21}$$

$$0 \leqslant \left(\frac{\sqrt{x^t y^{1-t}}+\sqrt{x^{1-t} y^t}}{2}\right)\left(\sqrt{\frac{x^t y^{1-t}+x^{1-t} y^t}{2}}\right)-\left(\frac{\sqrt{x^t y^{1-t}}+\sqrt{x^{1-t} y^t}}{2}\right)^2 \leqslant \frac{\sqrt{x}+\sqrt{y}}{2} \cdot \sqrt{\frac{x+y}{2}}-\left(\frac{\sqrt{x}+\sqrt{y}}{2}\right)^2 \tag{7.6.22}$$

证明　由式(1.4.32)有

$$(\ln \sqrt{xy}, \ln \sqrt{xy}) \prec (\ln(y^t x^{1-t}) \ln(x^t y^{1-t}) \prec (\ln x, \ln y) \tag{7.6.23}$$

据定理 7.6.2,式(7.6.2)中的平均值差

$$M_{SA}(x,y)=S(x,y)-A(x,y)=\sqrt{\frac{x^2+y^2}{2}}-\frac{x+y}{2}$$

在 $\mathbf{R}_{++}^2$ 上的 $S-$几何凸,故有

$$M_{SA}(\sqrt{xy}, \sqrt{xy}) \leqslant M_{SA}(y^t x^{1-t}, x^t y^{1-t}) \leqslant M_{SA}(x,y)$$

即式(7.6.13)成立.

类似地,据式(7.6.3),式(7.6.4),式(7.6.8)和式(7.6.11)中各平均值差在 $\mathbf{R}_{++}^2$ 上的 $S-$几何凸性,由式(7.6.23)即可证得式(7.6.20),式(7.6.21),式(7.6.22)和式(7.6.23). □

注 7.6.2　式(7.6.18)和式(7.6.19)分别给出式(7.6.1)中的不等式 $A(x,y) \leqslant S(x,y)$ 和 $N_2(x,y) \leqslant A(x,y)$ 的加强.

吴英等人[318]定义了一个二元平均

$$M_1(x,y)=\frac{A(x,y)+H(x,y)}{2}=\frac{x+y}{4}+\frac{xy}{x+y} \tag{7.6.24}$$

并考虑如下与 $M_1(x,y)$ 相关的平均值差

$$M_{SM_1}(x,y)=S(x,y)-M_1(x,y) \quad (7.6.25)$$

$$M_{AM_1}(x,y)=A(x,y)-M_1(x,y) \quad (7.6.26)$$

$$M_{N_2M_1}(x,y)=N_2(x,y)-M_1(x,y) \quad (7.6.27)$$

$$M_{N_3M_1}(x,y)=N_3(x,y)-M_1(x,y) \quad (7.6.28)$$

$$M_{N_1M_1}(x,y)=N_1(x,y)-M_1(x,y) \quad (7.6.29)$$

$$M_{M_1G}(x,y)=M_1(x,y)-G(x,y) \quad (7.6.30)$$

$$M_{M_1H}(x,y)=M_1(x,y)-H(x,y) \quad (7.6.31)$$

定理 7.6.5　由式(7.6.25)—(7.6.31)给出的平均值的差均在 $\mathbf{R}^2_{++}$ 上 S－几何凸.

7.6.3　某些均值差的 Schur 几何凸性和调和凸性

石焕南等人[319] 进一步考察定理 7.6.2 中的被比较的均值差之间的差的 S－几何凸性,进而加细定理 7.6.2 中不等式. 文[319] 的结论是:

定理 7.6.6　下述各个差均在 $\mathbf{R}^2_{++}$ 上 S－几何凸

$$D_{SH-SA}(x,y)=\frac{1}{3}M_{SH}(x,y)-M_{SA}(x,y) \quad (7.6.32)$$

$$D_{AH-SH}(x,y)=\frac{1}{2}M_{AH}(x,y)-\frac{1}{3}M_{SH}(x,y) \quad (7.6.33)$$

$$D_{SG-AH}(x,y)=M_{SG}(x,y)-M_{AH}(x,y) \quad (7.6.34)$$

$$D_{AG-SG}(x,y)=M_{AG}(x,y)-\frac{1}{2}M_{SG}(x,y) \tag{7.6.35}$$

$$D_{N_2N_1-AH}(x,y)=M_{N_2N_1}(x,y)-\frac{1}{8}M_{AH}(x,y) \tag{7.6.36}$$

$$D_{N_2G-N_2N_1}(x,y)=\frac{1}{3}M_{N_2G}(x,y)-M_{N_2N_1}(x,y) \tag{7.6.37}$$

$$D_{AG-N_2G}(x,y)=\frac{1}{4}M_{AG}(x,y)-\frac{1}{3}M_{N_2G}(x,y) \tag{7.6.38}$$

$$D_{AN_2-AG}(x,y)=M_{AN_2}(x,y)-\frac{1}{4}M_{AG}(x,y) \tag{7.6.39}$$

$$D_{SN_2-SA}(x,y)=\frac{4}{5}M_{SN_2}(x,y)-M_{SA}(x,y) \tag{7.6.40}$$

$$D_{AN_2-SN_2}(x,y)=4M_{AN_2}(x,y)-\frac{4}{5}M_{SN_2}(x,y) \tag{7.6.41}$$

$$D_{SN_1-SH}(x,y)=2M_{SN_1}(x,y)-M_{SH}(x,y) \tag{7.6.42}$$

$$D_{SG-SN_1}=2M_{SN_1}(x,y)-\frac{3}{2}M_{SG}(x,y) \tag{7.6.43}$$

$$D_{SN_3-SA}(x,y)=\frac{3}{4}M_{SN_3}(x,y)-M_{SA}(x,y) \tag{7.6.44}$$

$$D_{SN_1-SN_3}(x,y)=\frac{2}{3}M_{SN_1}(x,y)-\frac{3}{4}M_{SN_3}(x,y) \tag{7.6.45}$$

引理 7.6.1　对于$(x,y)\in \mathbf{R}_{++}^2$ 有

$$1\geqslant \frac{x+y}{\sqrt{2(x^2+y^2)}}\geqslant \frac{1}{2}+\frac{2xy}{(x+y)^2} \tag{7.6.46}$$

$$\frac{x+y}{\sqrt{2(x^2+y^2)}}-\frac{xy}{(x+y)^2}\leqslant \frac{3}{4} \tag{7.6.47}$$

$$\frac{3}{2}\geqslant \frac{\sqrt{x+y}}{\sqrt{2}(\sqrt{x}+\sqrt{y})}+\frac{\sqrt{x}+\sqrt{y}}{\sqrt{2}\sqrt{x+y}}\geqslant \frac{5}{4}+\frac{xy}{(x+y)^2} \tag{7.6.48}$$

证明　易见式(7.6.46)左边不等式等价于$(x+y)^2\geqslant 0$,而右边不等式等价于

$$\frac{\sqrt{2(x^2+y^2)}-(x+y)}{\sqrt{2(x^2+y^2)}}\leqslant \frac{(x+y)^2-4xy}{2(x+y)^2}$$

即

$$\frac{(x-y)^2}{2(x^2+y^2)+\sqrt{2(x^2+y^2)}(x+y)}\leqslant \frac{(x-y)^2}{2(x+y)^2}$$

由式(7.6.46)左边不等式有

$$2(x^2+y^2)+\sqrt{2(x^2+y^2)}(x+y)\geqslant$$
$$2(x^2+y^2)+(x+y)^2\geqslant 2(x+y)^2$$

因此式(7.6.46)右边不等式成立.

式(7.6.47)等价于

$$\frac{\sqrt{2(x^2+y^2)}-(x+y)}{\sqrt{2(x^2+y^2)}}\geqslant \frac{(x-y)^2}{4(x+y)^2}$$

因

$$\frac{\sqrt{2(x^2+y^2)}-(x+y)}{\sqrt{2(x^2+y^2)}}=$$
$$\frac{2(x^2+y^2)-(x+y)^2}{\sqrt{2(x^2+y^2)}\left[\sqrt{2(x^2+y^2)}+(x+y)\right]}=$$
$$\frac{(x-y)^2}{2(x^2+y^2)+(x+y)\sqrt{2(x^2+y^2)}}$$

故只需证

$$2(x^2+y^2)+(x+y)\sqrt{2(x^2+y^2)}\leqslant 4(x+y)^2$$

即

$$(x+y)\sqrt{2(x^2+y^2)}\leqslant 2(x^2+y^2+4xy)$$

而由式(7.6.46)左边不等式有

$$(x+y)\sqrt{2(x^2+y^2)}\leqslant$$
$$2(x^2+y^2)\leqslant 2(x^2+y^2+4xy)$$

故式(7.6.47)成立.

由式(7.6.48)中不等式的齐次性,不妨设$\sqrt{x}+\sqrt{y}=1$,且令 $t=\sqrt{xy}$,则$0<t\leqslant\frac{1}{4}$且式(7.6.48)化为

$$\frac{3}{2}\geqslant\frac{\sqrt{1-2t}}{\sqrt{2}}+\frac{1}{\sqrt{2}\sqrt{1-2t}}\geqslant\frac{5}{4}+\frac{t^2}{(1-2t)^2}$$

平方上面不等式的各边得

$$\frac{9}{4}\geqslant\frac{1-2t}{2}+\frac{1}{2-4t}+1\geqslant$$
$$\frac{25}{16}+\frac{t^4}{(1-2t)^4}+\frac{5t^2}{2(1-2t)^2}\tag{7.6.49}$$

去分母并重新整理,式(7.6.49)右边不等式化为

$$\frac{(1-2t)\left[16t^2(2t-1)^2+\frac{(16t-7)^2}{8}+\frac{7}{8}\right]}{16(2t-1)^4}\geqslant 0$$

式(7.6.49) 左边不等式化为

$$\frac{2(1-2t)^2+2-5(1-2t)}{2(1-2t)}=-\frac{1+2t}{2}\leqslant 0$$

故(7.6.48) 中的两个不等式成立. □

定理 7.6.6 的证明　式(7.6.32) 的证明

$$D_{SH-SA}(x,y)=\frac{1}{3}M_{SH}(x,y)-M_{SA}(x,y)=$$

$$\frac{1}{3}\left(\sqrt{\frac{x^2+y^2}{2}}-\frac{xy}{x+y}\right)-$$

$$\left(\sqrt{\frac{x^2+y^2}{2}}-\frac{x+y}{2}\right)=$$

$$\frac{x+y}{2}-\frac{2xy}{3(x+y)}-\frac{2}{3}\sqrt{\frac{x^2+y^2}{2}}$$

$$\frac{\partial D_{SH-SA}}{\partial x}=\frac{1}{2}-\frac{2y^2}{3(x+y)^2}-\frac{2}{3}\frac{x}{\sqrt{2(x^2+y^2)}}$$

$$\frac{\partial D_{SH-SA}}{\partial y}=\frac{1}{2}-\frac{2x^2}{3(x+y)^2}-\frac{2}{3}\frac{y}{\sqrt{2(x^2+y^2)}}$$

$$\Lambda:=(\ln x-\ln y)\left(x\frac{\partial D_{SH-SA}}{\partial x}-y\frac{\partial D_{SH-SA}}{\partial y}\right)=$$

$$(x-y)(\ln x-\ln y)\cdot$$

$$\left[\frac{1}{2}+\frac{2xy}{3(x+y)^2}-\frac{2}{3}\frac{x+y}{\sqrt{2(x^2+y^2)}}\right]$$

由式(7.6.47) 有

$$\frac{1}{2}+\frac{2xy}{3(x+y)^2}-\frac{2}{3}\frac{x+y}{\sqrt{2(x^2+y^2)}}\geqslant 0$$

又因 $\ln t$ 单调增,有$(x-y)(\ln x-\ln y)\geqslant 0$,故 $\Lambda\geqslant 0$,即 $D_{SH-SA}(x,y)$ 在 $\mathbf{R}_{++}^2$ 上 $S-$ 几何凸.

式(7.6.33)的证明

$$D_{AH-SH}(x,y)=\frac{1}{2}M_{AH}(x,y)-\frac{1}{3}M_{SH}(x,y)=$$

$$\frac{x+y}{4}-\frac{xy}{3(x+y)}-\frac{1}{3}\sqrt{\frac{x^2+y^2}{2}}$$

注意 $D_{AH-SH}(x,y)=\frac{1}{2}D_{SH-SA}(x,y)$，由式(7.6.24)知 $D_{AH-SH}(x,y)$ 在 $\mathbf{R}_{++}^2$ 上 $S-$几何凸.

式(7.6.34)的证明

$$D_{SG-AH}(x,y)=M_{SG}(x,y)-M_{AH}(x,y)=$$

$$\sqrt{\frac{x^2+y^2}{2}}-\sqrt{xy}-\frac{x+y}{2}+\frac{2xy}{x+y}$$

$$\frac{\partial D_{SG-AH}}{\partial x}=\frac{x}{\sqrt{2(x^2+y^2)}}-\frac{y}{2\sqrt{xy}}-\frac{1}{2}+\frac{2y^2}{(x+y)^2}$$

$$\frac{\partial D_{SG-AH}}{\partial y}=\frac{y}{\sqrt{2(x^2+y^2)}}-\frac{x}{2\sqrt{xy}}-\frac{1}{2}+\frac{2x^2}{(x+y)^2}$$

$$\Lambda:=(\ln x-\ln y)\left(x\frac{\partial D_{SG-AH}}{\partial x}-y\frac{\partial D_{SG-AH}}{\partial y}\right)=$$

$$(x-y)(\ln x-\ln y)\left(\frac{x+y}{\sqrt{2(x^2+y^2)}}-\frac{1}{2}-\frac{2xy}{(x+y)^2}\right)$$

由式(7.6.46)有 $\Lambda\geqslant 0$，即 $D_{SG-AH}(x,y)$ 在 $\mathbf{R}_{++}^2$ 上 $S-$几何凸.

式(7.6.35)的证明

$$D_{AG-SG}(x,y)=M_{AG}(x,y)-\frac{1}{2}M_{SG}(x,y)=$$

$$\frac{1}{2}\left(x+y-\sqrt{xy}-\sqrt{\frac{x^2+y^2}{2}}\right)$$

$$\frac{\partial D_{AG-SG}}{\partial x}=\frac{1}{2}\left(1-\frac{y}{2\sqrt{xy}}-\frac{x}{\sqrt{2(x^2+y^2)}}\right)$$

$$\frac{\partial D_{AG-SG}}{\partial y}=\frac{1}{2}\left(1-\frac{x}{2\sqrt{xy}}-\frac{y}{\sqrt{2(x^2+y^2)}}\right)$$

$$\Lambda:=(\ln x-\ln y)\left(x\frac{\partial D_{AG-SG}}{\partial x}-y\frac{\partial D_{AG-SG}}{\partial y}\right)=$$

$$(x-y)(\ln x-\ln y)\left(1-\frac{x+y}{\sqrt{2(x^2+y^2)}}\right)$$

由式(7.6.46)可导出 $1-\frac{x+y}{\sqrt{2(x^2+y^2)}}\geqslant 0$，故 $\Lambda\geqslant 0$，即 $D_{AG-SG}(x,y)$ 在 $\mathbf{R}_{++}^2$ 上 $S-$ 几何凸.

式(7.6.36)的证明

$$D_{N_2N_1-AH}(x,y)=M_{N_2N_1}(x,y)-\frac{1}{8}M_{AH}(x,y)=$$

$$\frac{\sqrt{x}+\sqrt{y}}{2}\cdot\sqrt{\frac{x+y}{2}}-\frac{x+y}{4}-\frac{\sqrt{xy}}{2}-$$

$$\frac{1}{8}\left(\frac{x+y}{2}-\frac{2xy}{x+y}\right)$$

$$\frac{\partial D_{N_2N_1-AH}}{\partial x}=\frac{1}{4\sqrt{x}}\sqrt{\frac{x+y}{2}}+\frac{1}{4}\frac{\sqrt{x}+\sqrt{y}}{2}\cdot$$

$$\left(\frac{x+y}{2}\right)^{-\frac{1}{2}}-\frac{1}{4}-\frac{y}{4\sqrt{xy}}-\frac{1}{8}\left(\frac{1}{2}-\frac{2y^2}{(x+y)^2}\right)$$

$$\frac{\partial D_{N_2N_1-AH}}{\partial y}=\frac{1}{4\sqrt{y}}\sqrt{\frac{x+y}{2}}+\frac{1}{4}\frac{\sqrt{x}+\sqrt{y}}{2}\cdot$$

$$\left(\frac{x+y}{2}\right)^{-\frac{1}{2}}-\frac{1}{4}-\frac{x}{4\sqrt{xy}}-\frac{1}{8}\left(\frac{1}{2}-\frac{2x^2}{(x+y)^2}\right)$$

$$\Lambda:=(\ln x-\ln y)\left(x\frac{\partial D_{N_2N_1-AH}}{\partial x}-y\frac{\partial D_{N_2N_1-AH}}{\partial y}\right)=$$

$$\frac{1}{4}(x-y)(\ln x-\ln y)\cdot$$

$$\left[\frac{\sqrt{x+y}}{\sqrt{2}(\sqrt{x}+\sqrt{y})}+\frac{\sqrt{x}+\sqrt{y}}{\sqrt{2}\sqrt{x+y}}-\frac{5}{4}-\frac{xy}{(x+y)^2}\right]$$

由式(7.6.46)有

$$\frac{\sqrt{x+y}}{\sqrt{2}(\sqrt{x}+\sqrt{y})}+\frac{\sqrt{x}+\sqrt{y}}{\sqrt{2}\sqrt{x+y}}-\frac{5}{4}-\frac{xy}{(x+y)^2}\geqslant 0$$

故 $\Lambda\geqslant 0$，即 $D_{N_2N_1-AH}(x,y)$ 在 $\mathbf{R}_{++}^2$ 上 $S-$几何凸.

式(7.6.37)的证明

$$D_{N_2G-N_2N_1}=\frac{1}{3}M_{N_2G}(x,y)-M_{N_2N_1}(x,y)=$$

$$\frac{x+y}{4}+\frac{\sqrt{xy}}{6}-\frac{2}{3}\frac{\sqrt{x}+\sqrt{y}}{2}\cdot\sqrt{\frac{x+y}{2}}$$

$$\frac{\partial D_{N_2G-N_2N_1}}{\partial x}=\frac{1}{4}+\frac{y}{12\sqrt{xy}}-\frac{2}{6\sqrt{x}}\sqrt{\frac{x+y}{2}}-$$

$$\frac{1}{6}\frac{\sqrt{x}+\sqrt{y}}{2}\cdot\left(\frac{x+y}{2}\right)^{-\frac{1}{2}}$$

$$\frac{\partial D_{N_2G-N_2N_1}}{\partial y}=\frac{1}{4}+\frac{x}{12\sqrt{xy}}-\frac{2}{6\sqrt{y}}\sqrt{\frac{x+y}{2}}-$$

$$\frac{1}{6}\frac{\sqrt{x}+\sqrt{y}}{2}\cdot\left(\frac{x+y}{2}\right)^{-\frac{1}{2}}$$

$$\Lambda:=(\ln x-\ln y)\left(x\frac{\partial D_{N_2G-N_2N_1}}{\partial x}-y\frac{\partial D_{N_2G-N_2N_1}}{\partial y}\right)=$$

$$(x-y)(\ln x-\ln y)\left[\frac{x-y}{4}-\frac{\sqrt{x}-\sqrt{y}}{6}\sqrt{\frac{x+y}{2}}-\right.$$

$$\left.\frac{(x-y)(\sqrt{x}+\sqrt{y})}{12}\left(\frac{x+y}{2}\right)^{-\frac{1}{2}}\right]=$$

$$(x-y)(\ln x-\ln y)\cdot$$

$$\left[\frac{3}{2}-\frac{\sqrt{x+y}}{\sqrt{2}(\sqrt{x}+\sqrt{y})}-\frac{\sqrt{x}+\sqrt{y}}{\sqrt{2}\sqrt{x+y}}\right]$$

由式(7.6.46) $\Lambda\geqslant 0$，即 $D_{N_2G-N_2N_1}(x,y)$ 在 $\mathbf{R}_{++}^2$ 上$S-$几何凸.

式(7.6.38)的证明

$$D_{AG-N_2G}=\frac{1}{4}M_{AG}(x,y)-\frac{1}{3}M_{N_2G}(x,y)=$$

$$\frac{x+y}{8}+\frac{\sqrt{xy}}{12}-\frac{1}{3}\frac{\sqrt{x}+\sqrt{y}}{2}\cdot\sqrt{\frac{x+y}{2}}$$

$$\frac{\partial D_{AG-N_2G}}{\partial x}=\frac{1}{8}+\frac{y}{24\sqrt{xy}}-\frac{\sqrt{x+y}}{12\sqrt{2x}}-\frac{\sqrt{x}+\sqrt{y}}{12\sqrt{2(x+y)}}$$

$$\frac{\partial D_{AG-N_2G}}{\partial y}=\frac{1}{8}+\frac{x}{24\sqrt{xy}}-\frac{\sqrt{x+y}}{12\sqrt{2y}}-\frac{\sqrt{x}+\sqrt{y}}{12\sqrt{2(x+y)}}$$

$$\Lambda:=(\ln x-\ln y)\left(x\frac{\partial D_{AG-N_2G}}{\partial x}-y\frac{\partial D_{AG-N_2G}}{\partial y}\right)=$$

$$(\ln x-\ln y)\left[\frac{x-y}{8}-\frac{\sqrt{x+y}\,(\sqrt{x}-\sqrt{y})}{12\sqrt{2}}-\right.$$

$$\left.\frac{(x-y)(\sqrt{x}+\sqrt{y})}{12\sqrt{2}\sqrt{x+y}}\right]=$$

$$\frac{1}{8}(x-y)(\ln x-\ln y)\cdot$$

$$\left\{1-\frac{2}{3}\left[\frac{\sqrt{x+y}}{\sqrt{2}\,(\sqrt{x}+\sqrt{y})}+\frac{\sqrt{x}+\sqrt{y}}{\sqrt{2}\,\sqrt{x+y}}\right]\right\}$$

由式(7.6.48)有 $\Lambda\geqslant 0$，即 $D_{AG-N_2G}(x,y)$ 在 $\mathbf{R}_{++}^2$ 上 $S-$几何凸.

式(7.6.39)的证明

$$D_{AN_2-AG}(x,y)=M_{AN_2}(x,y)-\frac{1}{4}M_{AG}(x,y)=$$

$$\frac{3(x+y)}{8}+\frac{\sqrt{xy}}{4}-\frac{\sqrt{x}+\sqrt{y}}{2}\cdot\sqrt{\frac{x+y}{2}}$$

注意 $D_{AN_2-AG}(x,y)=3D_{AG-N_2G}(x,y)$，故由式(7.6.38)知 $D_{AN_2-AG}(x,y)$ 在 $\mathbf{R}_{++}^2$ 上 $S-$几何凸.

式(7.6.40)的证明

$$D_{SN_2-SA}(x,y)=\frac{4}{5}M_{SN_2}(x,y)-M_{SA}(x,y)=$$

$$\frac{x+y}{2}-\frac{1}{5}\sqrt{\frac{x^2+y^2}{2}}-\frac{1}{5}(\sqrt{x}+\sqrt{y})\sqrt{2(x+y)}$$

$$\frac{\partial D_{SN_2-SA}}{\partial x}=\frac{1}{2}-\frac{x}{5\sqrt{2(x^2+y^2)}}-\frac{1}{5}\sqrt{\frac{x+y}{2x}}-\frac{\sqrt{x}+\sqrt{y}}{5\sqrt{2(x+y)}}$$

$$\frac{\partial D_{SN_2-SA}}{\partial y}=\frac{1}{2}-\frac{y}{5\sqrt{2(x^2+y^2)}}-\frac{1}{5}\sqrt{\frac{x+y}{2y}}-\frac{\sqrt{x}+\sqrt{y}}{5\sqrt{2(x+y)}}$$

$$\Lambda:=(\ln x-\ln y)\left(x\frac{\partial D_{SN_2-SA}}{\partial x}-y\frac{\partial D_{SN_2-SA}}{\partial y}\right)=$$

$$(\ln x-\ln y)\cdot\left\{\frac{x-y}{2}-\frac{x^2-y^2}{5\sqrt{2(x^2+y^2)}}-\frac{1}{5}\left[\sqrt{\frac{x(x+y)}{2}}-\sqrt{\frac{y(x+y)}{2}}\right]-\frac{(x-y)(\sqrt{x}+\sqrt{y})}{5\sqrt{2(x+y)}}\right\}=$$

$$\frac{(x-y)(\ln x-\ln y)}{5\sqrt{2}}\cdot\left[\frac{5}{\sqrt{2}}-\frac{x+y}{\sqrt{x^2+y^2}}-\frac{\sqrt{x+y}}{\sqrt{x}+\sqrt{y}}-\frac{\sqrt{x}+\sqrt{y}}{\sqrt{x+y}}\right]$$

由式(7.6.46)和式(7.6.48)有

$$\frac{5}{\sqrt{2}}-\frac{x+y}{\sqrt{x^2+y^2}}-\frac{\sqrt{x+y}}{\sqrt{x}+\sqrt{y}}-\frac{\sqrt{x}+\sqrt{y}}{\sqrt{x+y}}\geqslant$$

$$\frac{5}{\sqrt{2}}-\sqrt{2}-\frac{3}{\sqrt{2}}=0$$

故 $\Lambda\geqslant 0$，即 $D_{SN_2-SA}(x,y)$ 在 $\mathbf{R}_{++}^2$ 上 $S-$几何凸.

式(7.6.41)的证明

$$D_{AN_2-SN_2}(x,y)=4M_{AN_2}(x,y)-\frac{4}{5}M_{SN_2}(x,y)=$$

$$2(x+y)-\frac{4}{5}\sqrt{\frac{x^2+y^2}{2}}-$$

$$\frac{4}{5}(\sqrt{x}+\sqrt{y})\sqrt{2(x+y)}$$

注意 $D_{AN_2-SN_2}(x,y)=4D_{SN_2-SA}(x,y)$，故由式(7.6.40)知 $D_{AN_2-SN_2}(x,y)$ 在 $\mathbf{R}_{++}^2$ 上 $S-$几何凸.

式(7.6.42)的证明

$$D_{SN_1-SH}(x,y)=2M_{SN_1}(x,y)-M_{SH}(x,y)=$$

$$\sqrt{\frac{x^2+y^2}{2}}-\frac{x+y}{2}-\sqrt{xy}+\frac{2xy}{x+y}$$

注意 $D_{SN_1-SH}(x,y)=D_{SG-AH}(x,y)$，故由式(7.6.34)知 $D_{SN_1-SH}(x,y)$ 在 $\mathbf{R}_{++}^2$ 上 $S-$几何凸.

式(7.6.43)的证明

$$D_{SG-SN_1}(x,y)=2M_{SN_1}(x,y)-\frac{3}{2}M_{SG}(x,y)=$$

$$\frac{1}{2}\left(x+y-\sqrt{xy}-\sqrt{\frac{x^2+y^2}{2}}\right)$$

$$\frac{\partial D_{SG-SN_1}}{\partial x}=\frac{1}{2}\left[1-\frac{y}{2\sqrt{xy}}-\frac{x}{\sqrt{2(x^2+y^2)}}\right]$$

$$\frac{\partial D_{SG-SN_1}}{\partial y}=\frac{1}{2}\left[1-\frac{x}{2\sqrt{xy}}-\frac{y}{\sqrt{2(x^2+y^2)}}\right]$$

$$\Lambda:=(\ln x-\ln y)\left(x\frac{\partial D_{SG-SN_1}}{\partial x}-y\frac{\partial D_{SG-SN_1}}{\partial y}\right)=$$

$$\frac{(x-y)(\ln x-\ln y)}{2}\left[1-\frac{x+y}{\sqrt{2(x^2+y^2)}}\right]$$

由式(7.6.46)$\Lambda\geqslant 0$，即 $D_{SG-SN_1}(x,y)$ 在 $\mathbf{R}_{++}^2$ 上 S－几何凸.

式(7.6.44) 的证明

$$D_{SN_3-SA}(x,y)=\frac{3}{4}M_{SN_3}(x,y)-M_{SA}(x,y)=$$

$$\frac{x+y}{4}-\frac{\sqrt{xy}}{4}-\frac{1}{4}\sqrt{\frac{x^2+y^2}{2}}$$

注意 $D_{SN_3-SA}(x,y)=\frac{1}{2}D_{AG-SG}(x,y)$，故由式(7.6.35) 知 $D_{SN_1-SH}(x,y)$ 在 $\mathbf{R}_{++}^2$ 上 S－几何凸.

式(7.6.45) 的证明

$$D_{SN_1-SN_3}(x,y)=\frac{2}{3}M_{SN_1}(x,y)-\frac{3}{4}M_{SN_3}(x,y)=$$

$$\frac{1}{12}\left(x+y-\sqrt{xy}-\sqrt{\frac{x^2+y^2}{2}}\right)$$

注意 $D_{SN_1-SN_3}(x,y)=\frac{1}{6}D_{AG-SG}(x,y)$，故由式(7.6.35) 知 $D_{SN_1-SH}(x,y)$ 在 $\mathbf{R}_{++}^2$ 上 S－几何凸.

定理 7.6.6 证毕. □

定理 7.6.7 设 $y\geqslant x>0$，$\frac{1}{2}\leqslant t\leqslant 1$ 或 $0\leqslant t\leqslant\frac{1}{2}$，$u=x^ty^{1-t}$，$v=x^{1-t}y^t$，则

$$M_{SA}(x,y)\leqslant\frac{1}{3}M_{SH}(x,y)-$$

$$\frac{1}{3}(M_{SH}(u,v)-M_{SA}(u,v))\leqslant\frac{1}{3}M_{SH}(x,y)\leqslant$$

$$\frac{1}{2}M_{AH}(x,y)-\left(\frac{1}{2}M_{AH}(u,v)-\frac{1}{3}M_{SH}(u,v)\right)\leqslant$$

$$\frac{1}{2}M_{AH}(x,y)\leqslant$$

$$\frac{1}{2}M_{SG}(x,y)-\left(\frac{1}{2}M_{SG}(u,v)-\frac{1}{2}M_{AH}(u,v)\right)\leqslant$$

$$\frac{1}{2}M_{SG}(x,y)\leqslant$$

$$M_{AG}(x,y)-\left(M_{AG}(u,v)-\frac{1}{2}M_{SG}(u,v)\right)\leqslant$$

$$M_{AG}(x,y) \tag{7.6.50}$$

$$\frac{1}{8}M_{AH}(x,y)\leqslant$$

$$M_{N_2N_1}(x,y)-\left(M_{N_2N_1}(u,v)-\frac{1}{8}M_{AH}(u,v)\right)\leqslant$$

$$M_{N_2N_1}(x,y)\leqslant$$

$$\frac{1}{3}M_{N_2G}(x,y)-\left(\frac{1}{3}M_{N_2G}(u,v)-M_{N_2N_1}(u,v)\right)\leqslant$$

$$\frac{1}{3}M_{N_2G}(x,y)\leqslant$$

$$\frac{1}{4}M_{AG}(x,y)-\left(\frac{1}{4}M_{AG}(u,v)-M_{N_2G}(u,v)\right)\leqslant$$

$$\frac{1}{4}M_{AG}(x,y)\leqslant$$

$$M_{AN_2}(x,y)-\left(M_{AN_2}(u,v)-\frac{1}{4}M_{AG}(u,v)\right)\leqslant$$

$$M_{AN_2}(x,y) \tag{7.6.51}$$

$$M_{SA}(x,y)\leqslant$$
$$\frac{4}{5}M_{SN_2}(x,y)-\left(\frac{4}{5}M_{SN_2}(u,v)-\frac{4}{5}M_{SN_2}(u,v)\right)\leqslant$$
$$\frac{4}{5}M_{SN_2}(x,y)\leqslant$$
$$4M_{AN_2}(x,y)-\left(4M_{AN_2}(u,v)-\frac{4}{5}M_{SN_2}(u,v)\right)\leqslant$$
$$4M_{AN_2}(x,y) \tag{7.6.52}$$

$$M_{SH}(x,y)\leqslant$$
$$2M_{SN_1}(x,y)-(2M_{SN_1}(u,v)-M_{SN}(u,v))\leqslant$$
$$2M_{SN_1}(x,y)\leqslant$$
$$\frac{3}{2}M_{SG}(x,y)-\left(\frac{3}{2}M_{SG}(u,v)-\frac{3}{2}M_{SG}(u,v)\right)\leqslant$$
$$\frac{3}{2}M_{SG}(x,y) \tag{7.6.53}$$

$$M_{SA}(x,y)\leqslant$$
$$\frac{3}{4}M_{SN_3}(x,y)-\left(\frac{3}{4}M_{SN_3}(u,v)-M_{SA}(u,v)\right)\leqslant$$
$$\frac{3}{4}M_{SN_3}(x,y)\leqslant$$
$$\frac{2}{3}M_{SN_1}(x,y)-\left(\frac{2}{3}M_{SN_1}(u,v)-\frac{3}{4}M_{SN_3}(u,v)\right)\leqslant$$
$$\frac{2}{3}M_{SN_1}(x,y) \tag{7.6.54}$$

证明　由式(1.4.32)有

$$(\ln\sqrt{xy},\ln\sqrt{xy})\prec(\ln(y^tx^{1-t})$$
$$\ln(x^ty^{1-t}))\prec(\ln x,\ln y)$$

由定理 7.6.6 知 $D_{SH-SA}(x,y)$ 在 $\mathbf{R}_{++}^2$ 上 $S-$几何

凸,故有

$$0=\frac{1}{3}M_{SH}(\sqrt{xy},\sqrt{xy})-M_{SA}(\sqrt{xy},\sqrt{xy})\leqslant$$

$$\frac{1}{3}M_{SH}(u,v)-M_{SA}(u,v)\leqslant$$

$$\frac{1}{3}M_{SH}(x,y)-M_{SA}(x,y)$$

由此即得

$$M_{SA}(x,y)\leqslant\frac{1}{3}M_{SH}(x,y)-$$

$$\frac{1}{3}(M_{SH}(u,v)-M_{SA}(u,v))\leqslant\frac{1}{3}M_{SH}(x,y)$$

类似地可证明式(7.6.50)中的其余不等式.

式(7.6.51)～式(7.6.54)亦可类似地证得.定理7.6.7证毕. □

注 7.6.3 式(7.6.50)－(7.6.54)分别给出式(7.6.13)－(7.6.17)的加细.

定理 7.6.8 由式(7.6.2)－(7.6.12)和式(7.6.47)－(7.6.56)给出的21个平均值的差均在$\mathbf{R}_{++}^2$上S－调和凸.

吴英等[320]还证得:

定理 7.6.9 由式(7.6.24)－(7.6.37)所示的差均在$\mathbf{R}_{++}^2$上S－调和凸.

除了式(7.6.2)－(7.6.12)所示的11个平均值的差以外,吴英,祁锋[321]还介绍了如下10个平均值的差

$$M_{AN_3}(x,y)=A(x,y)-N_3(x,y)\quad(7.6.55)$$

$$M_{AN_1}(x,y)=A(x,y)-N_1(x,y)\quad(7.6.56)$$

$$M_{N_2N_3}(x,y)=N_2(x,y)-N_3(x,y)\quad(7.6.57)$$

$$M_{N_2H}(x,y)=N_2(x,y)-H(x,y) \tag{7.6.58}$$

$$M_{N_3N_1}(x,y)=N_3(x,y)-N_1(x,y) \tag{7.6.59}$$

$$M_{N_3G}(x,y)=N_3(x,y)-G(x,y) \tag{7.6.60}$$

$$M_{N_3H}(x,y)=N_3(x,y)-H(x,y) \tag{7.6.61}$$

$$M_{N_1G}(x,y)=N_1(x,y)-G(x,y) \tag{7.6.62}$$

$$M_{N_1H}(x,y)=N_1(x,y)-H(x,y) \tag{7.6.63}$$

$$M_{GH}(x,y)=G(x,y)-H(x,y) \tag{7.6.64}$$

证得如下结论：

定理 7.6.10 由式(7.6.2)－(7.6.12)和式(7.6.55)－(7.6.64)给出的 21 个平均值的差均在 $\mathbf{R}^2_{++}$ 上 S－调和凸.

7.6.4 某些均值商的 Schur 凸性

将由式(7.6.2)－(7.6.12)和式(7.6.55)－(7.6.64)给出的21个平均值的差均改成商的形式，例如，将式(7.6.2) $M_{SA}(x,y)=S(x,y)-A(x,y)$ 改成

$$Q_{SA}(x,y)=\frac{S(x,y)}{A(x,y)}$$

尹红萍等人[322]证得如下结论：

定理 7.6.11 与式(7.6.2)－(7.6.12)和式(7.6.55)－(7.6.64)对应的 21 个平均值的商均在 $\mathbf{R}^2_{++}$ 上 S－凸，S－几何凸且 S－调和凸.

文[306]进一步证得：

定理 7.6.12 对于 $m\neq 0$，与式(7.6.2)－

(7.6.12) 和式(7.6.55)－(7.6.64) 对应的 21 个平均值的商均为 $\mathbf{R}_{++}^2$ 上的 m 阶 S－幂凸函数.

7.7　双参数齐次函数

定义 7.7.1　若定义在 Ω 上的函数 $f(x,y)$ 满足：$\forall t \in \mathbf{R}_{++}$ 有 $f(tx,ty) \in \Omega$，且

$$f(tx,ty)=t^n f(x,y)$$

则称 $f(x,y)$ 为 n 阶齐次函数.

2005 年，杨镇杭[323] 定义了一类双参数齐次函数，并研究有关的单调性.

定义 7.7.2　设 $f:\mathbf{R}_{++}^2 \to \mathbf{R}_+$ 是 n 阶齐次连续函数且一阶偏导数存在，$(x,y) \in \mathbf{R}_{++}^2$，$(r,s) \in \mathbf{R}^2$.

若 $f(x,y)>0$，$\forall (x,y) \in \mathbf{R}_{++}^2 \backslash \{(x,x): x \in \mathbf{R}_{++}\}$ 且 $f(x,x)=0$，$\forall x \in \mathbf{R}_{++}$，则定义

$$\begin{aligned} &H_f(r,s;x,y)= \\ &\left(\frac{f(x^r,y^r)}{f(x^s,y^s)}\right)^{\frac{1}{r-s}}, r \neq s, rs \neq 0 \\ &H_f(r,r;x,y)=\lim_{s\to r} H_f(r,s;x,y)= \\ &G_{f,p}(x,y), r=s \neq 0 \end{aligned} \tag{7.7.1}$$

其中

$$G_{f,r}(x,y)=G_f^{\frac{1}{r}}(x^r,y^r)$$

$$G_f(x,y)=\exp\left(\frac{xf_x(x,y)\ln x+yf_y(x,y)\ln y}{f(x,y)}\right) \tag{7.7.2}$$

$f_x(x,y)$ 和 $f_y(x,y)$ 分别表示 $f(x,y)$ 关于 x 和 y 的一阶偏导数.

若 $f(x,y)>0,\forall(x,y)\in\mathbf{R}_{++}^2$,则进一步定义

$$H_f(r,0;x,y)=\left(\frac{f(x^r,y^r)}{f(1,1)}\right)^{\frac{1}{r}},r\neq 0,s=0$$

$$H_f(0,s;x,y)=\left(\frac{f(x^s,y^s)}{f(1,1)}\right)^{\frac{1}{s}},r=0,s\neq 0$$

$$H_f(0,0;x,y)=x^{\frac{f_x(1,1)}{f(1,1)}}y^{\frac{f_y(1,1)}{f(1,1)}},r=s=0 \tag{7.7.3}$$

因为 $f(x,y)$ 是齐次函数,$H_f(r,s;x,y)$ 也是齐次函数,称其为带有参数 r 和 s 的齐次函数,且有时简记作 $H_f(r,s)$,$H_f(x,y)$ 或 H_f.

若取 $f(x,y)=L(x,y)=\dfrac{x-y}{\ln x-\ln y}$,则

$$H_f(r,s;x,y)=H_L(r,s;x,y)=$$

$$\left(\frac{L(x^r,y^r)}{L(x^s,y^s)}\right)^{\frac{1}{r-s}}=E(r,s;x,y)$$

简记作 $H_L(r,s)$ 或 H_L.

若取 $f(x,y)=A(x,y)=\dfrac{x+y}{2}$,则

$$H_f(r,s;x,y)=H_A(r,s;x,y)=G(r,s;x,y)$$

简记作 $H_A(r,s)$ 或 H_A.

$H_f(r,s)$ 有如下性质:

性质 7.7.1 $H_f(r,s)$ 关于 r,s 对称,即 $H_f(r,s;x,y)=H_f(s,r;x,y)$.

性质 7.7.2[323] 设 $f:\Omega\subset\mathbf{R}_{++}^2\to\mathbf{R}_{++}$ 是 n 阶齐次函数且二阶可微. 若 $(\ln f)_{xy}>(<)0$,则 $H_f(r,s)$ 关于 r 亦关于 s 在 $(-\infty,0)\cup(0,+\infty)$ 上严格递增(递减).

性质 7.7.3[323] 设 $f:\Omega\subset\mathbf{R}_{++}^2\to\mathbf{R}_{++}$ 是一阶齐

次函数且二阶可微. 若:

(a) 若 $\left[(\ln f)_x \ln(\frac{y}{x})\right]_y > (<) 0$, 则 $H_f(x,y)$ 关于 x 严格递增(递减);

(b) 若 $\left[(\ln f)_y \ln(\frac{x}{y})\right]_x > (<) 0$, 则 $H_f(x,y)$ 关于 y 严格递增(递减).

性质 7.7.4[324]　设 $f:\Omega \subset \mathbf{R}_{++}^2 \to \mathbf{R}_{++}$ 是齐次函数且三阶可微,若

$$J = (x-y)\left[x(\ln f)_{xy'}\right]_x < (>) 0$$

则 $H_f(r,s)$ 关于 r 亦关于 s 在 $(0,+\infty)$ 上严格对数凸(对数凹),在 $(-\infty,0)$ 上严格对数凹(对数凸).

性质 7.7.5[325]　设 $f:\mathbf{R}_{++}^2 \to \mathbf{R}_+$ 是一个齐次可微函数,且

$$T(t) = T(t;x,y) := \ln f(x^t, y^t)$$
$$(t;x,y) \in \mathbf{R} \times \mathbf{R}_{++}^2 \tag{7.7.4}$$

则

$$\frac{\partial T(t;x,y)}{\partial t} = \frac{x^t f_x(x^t,y^t)\ln x + y^t f_y(x^t,y^t)\ln y}{f(x^t,y^t)} \tag{7.7.5}$$

$$\ln H_f(r,s;x,y) = \int_0^1 \frac{\partial T(tr+(1-t)s;x,y)}{\partial t}\mathrm{d}t \tag{7.7.6}$$

性质 7.7.6[326]　设 $f:\mathbf{R}_{++}^2 \to \mathbf{R}_+$ 是一个齐次且 m 次可微函数,则 $H_f(r,s;x,y) \in C^{m-1}(\mathbf{R}^2 \times \mathbf{R}_{++}^2)$.

证明　因 $f(x,y)$ 关于 x,y 在 $\mathbf{R}_{++}^2$ 上有 m 阶连续偏导数,故式(7.7.6)中的积分关于 r,s,x,y 在 $\mathbf{R}^2 \times \mathbf{R}_{++}^2$ 上有 $m-1$ 阶连续偏导数,即 $H_f(r,s;x,y) \in C^{m-1}(\mathbf{R}^2 \times \mathbf{R}_{++}^2)$.

定理7.7.1[326] 设$f:\mathbf{R}_{++}^2\rightarrow\mathbf{R}_+$是一个对称，$n$阶齐次，连续且三次可微函数. 若$\forall (x,y)\in\mathbf{R}_{++}^2$且$x\neq y$，有

$$N(x,y)=\\(x-y)(x(\ln f)_x-y(\ln f)_y-\\2xyC\ln\left(\frac{x}{y}\right))>(<)0 \tag{7.7.7}$$

其中$C=(\ln f)_{xy'}$，则$H_f(r,s;x,y)$关于(x,y)在$\mathbf{R}_{++}^2$上S－几何凸当且仅当$r+s>(<)0$，S－几何凹当且仅当$r+s<(>)0$.

证明 （ⅰ）当$r\neq s$时，有

$$\ln H_f(r,s;x,y)=\frac{\ln f(x^r,y^r)-\ln f(x^s,y^s)}{r-s} \tag{7.7.8}$$

$$\frac{\partial\ln H_f}{\partial x}=\frac{1}{f}\frac{\partial H_f}{\partial x}=\\\frac{1}{r-s}\left(\frac{rx^{p-1}f_x(x^r,y^r)}{f(x^r,y^r)}-\frac{sx^{s-1}f_x(x^s,y^s)}{f(x^s,y^s)}\right)\\\frac{\partial\ln H_f}{\partial y}=\frac{1}{H_f}\frac{\partial H_f}{\partial y}=\\\frac{1}{r-s}\left(\frac{ry^{p-1}f_x(x^r,y^r)}{f(x^r,y^r)}-\frac{sy^{s-1}f_x(x^s,y^s)}{f(x^s,y^s)}\right) \tag{7.7.9}$$

因此

$$\frac{1}{H_f}\left(x\frac{\partial H_f}{\partial x}-y\frac{\partial H_f}{\partial y}\right)=\frac{g(r)-g(s)}{r-s} \tag{7.7.10}$$

其中

$$g(t)=\frac{tx^{t}f_{x}(x^{t},y^{t})}{f(x^{t},y^{t})}-\frac{ty^{t}f_{y}(x^{t},y^{t})}{f(x^{-t},y^{-t})}$$

(7.7.11)

不难验证 $g(t)$ 是 $\mathbf{R}$ 上的偶函数. 事实上,因 n 阶齐次函数对称,有

$$f(\lambda x,\lambda y)=\lambda^{n}f(x,y),\quad f_{x}(\lambda x,\lambda y)=\lambda^{n-1}f_{x}(x,y)$$
$$f_{y}(\lambda x,\lambda y)=\lambda^{n-1}f_{y}(x,y),\quad f(x,y)=f(y,x)$$
$$f_{x}(x,y)=f_{y}(y,x),\quad f_{y}(x,y)=f_{x}(y,x)$$

(7.7.12)

这样

$$g(-t)=\frac{-tx^{-t}f_{x}(x^{-t},y^{-t})}{f(x^{-t},y^{-t})}-\frac{-ty^{-t}f_{y}(x^{-t},y^{-t})}{f(x^{-t},y^{-t})}=$$
$$\frac{-tx^{-t}(x^{t}y^{t})^{-(n-1)}f_{x}(y^{t},x^{t})}{(x^{t}y^{t})^{-n}f(y^{t},x^{t})}-$$
$$\frac{-ty^{t}(x^{t}y^{t})^{-(n-1)}f_{y}(y^{t},x^{t})}{(x^{t}y^{t})^{-n}f(y^{t},x^{t})}=$$
$$-\frac{ty^{t}f_{y}(x^{t},y^{t})}{f(x^{-t},y^{-t})}+\frac{tx^{t}f_{x}(x^{t},y^{t})}{f(x^{t},y^{t})}=g(t)$$

(7.7.13)

令 $a^{t}=x,b^{t}=y$,则

$$g'(t)=x(\ln f)_{x}+$$
$$t\left[\left(\frac{xf_{x}(x,y)}{f(x,y)}\right)_{x}\frac{\mathrm{d}x}{\mathrm{d}t}+\left(\frac{xf_{x}(x,y)}{f(x,y)}\right)_{y}\frac{\mathrm{d}y}{\mathrm{d}t}\right]-$$
$$y(\ln f)_{y}-t\left[\left(\frac{yf_{y}(x,y)}{f(x,y)}\right)_{x}\frac{\mathrm{d}x}{\mathrm{d}t}+\right.$$
$$\left.\left(\frac{yf_{y}(x,y)}{f(x,y)}\right)_{y}\frac{\mathrm{d}y}{\mathrm{d}t}\right]=$$
$$x(\ln f)_{x}+t\left[x\left(\frac{xf_{x}(x,y)}{f(x,y)}\right)_{x}\ln a+\right.$$
$$\left.y\left(\frac{xf_{x}(x,y)}{f(x,y)}\right)_{y}\ln b\right]-$$

$$y(\ln f)_y - t\left[x\left(\frac{yf_y(x,y)}{f(x,y)}\right)_x \ln a + y\left(\frac{yf_y(x,y)}{f(x,y)}\right)_y \ln b\right] \tag{7.7.14}$$

注意$\frac{xf_x(x,y)}{f(x,y)}$和$\frac{yf_y(x,y)}{f(x,y)}$关于x,y均是0阶齐次的，则

$$x\left(\frac{xf_x(x,y)}{f(x,y)}\right)_x + y\left(\frac{xf_x(x,y)}{f(x,y)}\right)_y = 0$$
$$x\left(\frac{yf_y(x,y)}{f(x,y)}\right)_x + y\left(\frac{yf_y(x,y)}{f(x,y)}\right)_y = 0 \tag{7.7.15}$$

进而

$$x\left(\frac{xf_x(x,y)}{f(x,y)}\right)_x = -y\left(\frac{xf_x(x,y)}{f(x,y)}\right)_y = -xyC$$
$$y\left(\frac{yf_y(x,y)}{f(x,y)}\right)_y = -x\left(\frac{yf_y(x,y)}{f(x,y)}\right)_x = -xyC \tag{7.7.16}$$

因此，对于$x \neq y$有

$$\begin{aligned} g'(t) &= x(\ln f)_x + txyC(\ln a - \ln b) - \\ &\quad y(\ln f)_y - txyC(\ln a - \ln b) = \\ &\quad x(\ln f)_x - y(\ln f)_y - 2txyC(\ln a - \ln b) = \\ &\quad x(\ln f)_x - y(\ln f)_y - 2txyC\ln\left(\frac{x}{y}\right) = \frac{N(x,y)}{x-y} \end{aligned} \tag{7.7.17}$$

由中值定理，对于$x \neq y$，存在ξ位于$|r|$和$|s|$之间，使得

$$\frac{g(r)-g(s)}{r-s} = \frac{g(|r|)-g(|s|)}{r-s} = \frac{|r|-|s|}{r-s}g'(\xi) = \frac{r+s}{|r|+|s|}g'(\xi) = \frac{r+s}{|r|+|s|}\,\frac{N(x,y)}{x-y} \tag{7.7.18}$$

其中 $x=a^{\xi}, y=b^{\xi}$，这样我们有

$$(\ln a-\ln b)\left(a\frac{\partial H_f}{\partial a}-b\frac{\partial H_f}{\partial b}\right)=$$

$$H_f\frac{p+q}{|p|+|q|}\ln\left(\frac{a}{b}\right)\frac{N(x,y)}{x-y}=$$

$$H_f\frac{p+q}{|p|+|q|}\frac{N(x,y)}{\xi}\frac{\ln x-\ln y}{x-y}\Rightarrow$$

$$\begin{cases}>0, p+q>0\\<0, p+q<0\end{cases} \tag{7.7.19}$$

由此证得所需结果.

(ⅱ) 当 $p=q\neq 0$ 时，据性质 7.7.6，由式(7.7.10) 和式(7.7.17) 有

$$\frac{1}{H_f(p,p)}\left(a\frac{\partial H_f(p,p)}{\partial a}-b\frac{\partial H_f(p,p)}{\partial b}\right)=$$

$$\lim_{q\to p}\frac{1}{H_f(p,q)}\left(a\frac{\partial H_f(p,q)}{\partial a}-b\frac{\partial H_f(p,q)}{\partial b}\right)=$$

$$\lim_{q\to p}\frac{g(p)-g(q)}{p-q}=g'(p)=\frac{N(x,y)}{x-y} \tag{7.7.20}$$

其中 $x=a^{p}, y=b^{p}$. 因此有

$$(\ln a-\ln b)\left(a\frac{\partial H_f(p,p)}{\partial a}-b\frac{\partial H_f(p,p)}{\partial b}\right)=$$

$$H_f(p,p)(\ln a-\ln b)\frac{N(x,y)}{x-y}=$$

$$p^{-1}H_f(p,p)N(x,y)\frac{\ln x-\ln y}{x-y}\Rightarrow\begin{cases}>0, p+q>0\\<0, p+q<0\end{cases} \tag{7.7.21}$$

由此证得所需结果.

(ⅲ) 当 $p=q=0$ 时，由性质 7.7.6 和式(7.7.20) 有

$$\frac{1}{H_f(0,0)}\left(a\frac{\partial H_f(0,0)}{\partial a}-b\frac{\partial H_f(0,0)}{\partial b}\right)=$$
$$\lim_{p\to 0}\frac{1}{H_f(p,q)}\left(a\frac{\partial H_f(p,p)}{\partial a}-b\frac{\partial H_f(p,p)}{\partial b}\right)=$$
$$\lim_{p\to 0}g'(p) \tag{7.7.22}$$

因此

$$g'(0)=$$
$$\left(x(\ln f)_x-y(\ln f)_y-2xyC\ln\left(\frac{x}{y}\right)\right)\Bigg|_{x=1,y=1}=$$
$$1\cdot\frac{f_x(1,1)}{f(1,1)}-1\cdot\frac{f_y(1,1)}{f(1,1)}-$$
$$2\cdot 1\cdot 1\cdot C(1,1)\cdot\ln\left(\frac{1}{1}\right)=0 \tag{7.7.23}$$

由 $f(x,y)$ 的对称性,有 $f_x(1,1)=f_y(1,1)$,故

$$(\ln a-\ln b)\left(a\frac{\partial H_f(p,p)}{\partial a}-b\frac{\partial H_f(p,p)}{\partial b}\right)=0 \tag{7.7.24}$$

综合上述三种情形,定理 7.7.1 得证. □

定理 7.7.2[327] 假设 $f:\mathbf{R}_{++}^2\to\mathbf{R}_+$ 是对称齐次且三次可微函数,若

$$J=(x-y)[x(\ln f)_{xy}]_x<(>)0$$

则对于固定的 $x,y>0(x\neq y)$,$H_f(r,s;x,y)$ 关于 (r,s) 是 $S-$凸的当且仅当 $r+s>(<)0$,关于 (r,s) 是 $S-$凹的当且仅当 $r+s<(>)0$.

2010 年,杨镇杭[328] 又定义了下述四参数齐次平均.

定义 7.7.3 设 $(x,y)\in\mathbf{R}_{++}^2$,$x\neq y$ 且 (r,s),$(p,q)\in\mathbf{R}^2$. 若 $rspq(r-s)(p-q)\neq 0$,则四参数齐次平

均定义为

$$F(r,s;p,q;x,y)=\left(\frac{L(x^{rp},y^{rp})}{L(x^{sp},y^{sp})}\frac{L(x^{sq},y^{sq})}{L(x^{rq},y^{rq})}\right)^{\frac{1}{(r-s)(p-q)}} \tag{7.7.25}$$

或

$$F(r,s;p,q;x,y)=\left(\frac{x^{rp}-y^{rp}}{x^{sp}-y^{sp}}\frac{x^{sq}-y^{sq}}{x^{rq}-y^{rq}}\right)^{\frac{1}{(r-s)(p-q)}} \tag{7.7.26}$$

若 $rspq(r-s)(p-q)=0$，则定义 $F(r,s;p,q;x,y)$ 为相应的极限. 例如：

若 $rpq(p-q)\neq 0, r=s$，则

$$F(r,s;p,q;x,y)=\lim_{s\to r}F(r,s;p,q;x,y)=\left(\frac{I(x^{rp},y^{rp})}{I(x^{sp},y^{sp})}\right)^{\frac{1}{r(p-q)}}$$

若 $rpq(p-q)\neq 0, s=0$，则

$$F(r,s;p,0;x,y)=\lim_{s\to 0}F(r,s;p,q;x,y)=\left(\frac{L(x^{rp},y^{rp})}{L(x^{sp},y^{sp})}\right)^{\frac{1}{r(p-q)}} \tag{7.7.27}$$

若 $pq(p-q)\neq 0, r=s=0$，则

$$F(r,s;0,0;x,y)=\lim_{r\to 0}F(r,s;p,0;x,y)=G(x,y) \tag{7.7.28}$$

其中 $L(x,y)$ 和 $I(x,y)$ 分别为对数平均和指数平均，$G(x,y)=\sqrt{xy}$.

不难验证

$$F(r,s;p,q;x,y)=R(p,q;r,s;x,y) \tag{7.7.29}$$

即式(7.3.12) 所示的 R 平均

$$F(r,s;1,0;x,y)=E(r,s;x,y)$$
$$F(r,s;2,1;x,y)=G(r,s;x,y)$$
$$F\left(r,s;\frac{3}{4},\frac{1}{4};x,y\right)=\left[\frac{x^{\frac{r}{2}}+(\sqrt{xy})^{\frac{r}{2}}+y^{\frac{r}{2}}}{x^{\frac{s}{2}}+(\sqrt{xy})^{\frac{s}{2}}+y^{\frac{s}{2}}}\right]^{\frac{2}{r-s}}$$

特别

$$F\left(2r,0;\frac{3}{4},\frac{1}{4};x,y\right)=\left(\frac{x^r+(xy)^{\frac{r}{2}}+y^{\frac{r}{2}}}{3}\right)^{\frac{1}{r}}=H_r(x,y)$$

即式(7.4.9) 所示的广义 Heron 平均.

杨镇杭[328] 证得:

定理 7.7.3 若$(r+s)>(<)0$,则 $F(p,q;r,s;x,y)$ 关于 p 亦关于 q 在$(0,+\infty)$ 上严格对数凹 (对数凸),在$(-\infty,0)$ 上严格对数凸(对数凹).

定理 7.7.4[326] 对于固定的$(p,q),(r,s)\in\mathbf{R}^2$,四参数齐次平均 $F(p,q;r,s;x,y)$ 关于(x,y) 在 $\mathbf{R}_{++}^2$ 上 $S-$几何凸($S-$几何凹) 当且仅当$(p+q)(r+s)>(<)0$.

证明 由文[328] 第 1 节知 $F(p,q;r,s;x,y)=H_{H_L}(p,q;x,y)$,其中

$$H_L=H_L(r,s)=H_L(r,s;x,y)=E(r,s;x,y)$$

关于 x 和 y 对称. 由性质 7.7.6 可知 $H_L=H_L(r,s;x,y)\in C^\infty(\mathbf{R}^2\times\mathbf{R}_{++}^2)$,于是有

$$(\ln H_L(r,r))_x=\lim_{s\to r}(\ln H_L(r,s))_{x'}\quad(7.7.30)$$
$$(\ln H_L(r,r))_y=\lim_{s\to r}(\ln H_L(r,s))_{y'}\quad(7.7.31)$$
$$(\ln H_L(r,r))_{xy}=\lim_{s\to r}(\ln H_L(r,s))_{xy'}\quad(7.7.32)$$
$$(\ln H_L(r,0))_x=\lim_{s\to 0}(\ln H_L(r,s))_{x'}\quad(7.7.33)$$
$$(\ln H_L(r,0))_y=\lim_{s\to 0}(\ln H_L(r,s))_{y'}\quad(7.7.34)$$

$$(\ln H_L(r,0))_{xy} = \lim_{s\to r}(\ln H_L(r,s))_{xy'} \quad (7.7.35)$$

$$(\ln H_L(0,0))_{x} = \lim_{r\to 0}(\ln H_L(r,r))_{x'} \quad (7.7.36)$$

$$(\ln H_L(0,0))_{y} = \lim_{r\to 0}(\ln H_L(r,r))_{y'} \quad (7.7.37)$$

$$(\ln H_L(0,0))_{xy} = \lim_{r\to 0}(\ln H_L(r,r))_{xy'} \quad (7.7.38)$$

情形 1. 当 $rs(r-s)\neq 0$ 时

$$\ln H_L = \frac{1}{r-s}(\ln|s| + \ln|x'-y'| - \ln|r| - \ln|x^5-y^5|)$$

$$(\ln H_L)_x = \frac{1}{r-s}\left(\frac{rx^{r-1}}{x^r-y^r} - \frac{sx^{s-1}}{x^s-y^s}\right)$$

$$(\ln H_L)_y = \frac{1}{r-s}\left(\frac{-ry^{r-1}}{x^r-y^r} + \frac{sy^{s-1}}{x^s-y^s}\right)$$

$$C = (\ln H_L)_{xy} = \frac{1}{xy(r-s)}\left[\frac{r^2x^ry^r}{(x^r-y^r)^2} - \frac{s^2x^sy^s}{(x^s-y^s)^2}\right] \quad (7.7.39)$$

因此

$$N(x,y) = (x-y)\left[x(\ln H_L)_x - y(\ln H_L)_y - 2xyC\ln\left(\frac{x}{y}\right)\right] =$$

$$\frac{x-y}{r-s}\left(\frac{r(x^r+y^r)}{x^r-y^r} - \frac{2r^2x^ry^r\ln\left(\frac{x}{y}\right)}{(x^r-y^r)^2}\right) -$$

$$\frac{x-y}{r-s}\left(\frac{s(x^s+y^s)}{x^s-y^s} - \frac{2s^2x^sy^s\ln\left(\frac{x}{y}\right)}{(x^s-y^s)^2}\right) =$$

$$(x-y)\frac{P(r)-P(s)}{r-s} \quad (7.7.40)$$

其中

$$P(t)=t\left(\frac{x^t+y^t}{x^t-y^t}-\frac{2x^ty^t\ln\left(\frac{x^t}{y^t}\right)}{(x^t-y^t)^2}\right) \quad (7.7.41)$$

不难验证,若 $P(t)$ 是偶函数且 $x>(<)y$,则 $P(t)$ 在 $\mathbf{R}_{++}$ 上递增(递减).实际上

$$P(-t)=-t\left(\frac{x^{-t}+y^{-t}}{x^{-t}-y^{-t}}-\frac{2x^{-t}y^{-t}\ln\left(\frac{x^{-t}}{y^{-t}}\right)}{(x^{-t}-y^{-t})^2}\right)=P(t)$$

(7.7.42)

令 $\left(\frac{x}{y}\right)^t=u$,则 $t=\frac{\ln u}{\ln\left(\frac{x}{y}\right)}$,且 $P(t)$ 可写作

$$P(t)=\frac{1}{\ln\left(\frac{x}{y}\right)}\left(\frac{u+1}{u-1}\ln u-\frac{2u\ln^2u}{(u-1)^2}\right)$$

(7.7.43)

直接计算得

$$P'(t)=\frac{1}{\ln\left(\frac{x}{y}\right)}\left[\frac{u+1}{u-1}\ln u-\frac{2u\ln^2u}{(u-1)^2}\right]'\frac{\mathrm{d}u}{\mathrm{d}t}=$$

$$u\left((u+1)\frac{\frac{u-1}{u}-\ln u}{(u-1)^2}+\frac{\ln u}{u-1}-\frac{2u\ln^2u}{(u-1)^2}-\right.$$

$$\left.4u\frac{\ln u}{u-1}\frac{\frac{u-1}{u}-\ln u}{(u-1)^2}\right)\xlongequal{\frac{u-1}{\ln u}=L}$$

$$\frac{(u+1)L^2-6uL+2u(u+1)}{(u-1)L^2}=$$

$$\frac{2L\left[\left(\frac{u+1}{2}\right)L-u\right]+4u\left(\frac{u+1}{2}-L\right)}{(u-1)L^2} \tag{7.7.44}$$

由

$$\frac{u+1}{2}L-u=\frac{u^2-1}{\ln u^2}-\sqrt{u^2}>0$$

$$L-\frac{u+1}{2}<0 \tag{7.7.45}$$

可见，若 $u-1>0$，即 $x>y$，则 $P'(t)>0$，若 $x<y$，则 $P'(t)<0$，即对于 $t>0$ 且 $x\neq y$，有

$$(x-y)P'(t)>0 \tag{7.7.46}$$

由中值定理，存在 η 位于 $|r|$ 和 $|s|$ 之间，使得

$$P(|r|)-P(|s|)=(|r|-|s|)P'(\eta) \tag{7.7.47}$$

从而

$$N(x,y)=(x-y)\frac{P(r)-P(s)}{r-s}=$$

$$(x-y)\frac{r+s}{|r|+|s|}\frac{P(|r|)-P(|s|)}{|r|-|s|}=$$

$$\frac{r+s}{|r|+|s|}\cdot(x-y)P'(\eta)\Rightarrow\begin{cases}>0,r+s>0\\<0,r+s<0\end{cases} \tag{7.7.48}$$

由定理 7.7.1，对于固定的 $(p,q),(r,s)\in\mathbf{R}^2,rs(r-s)\neq 0$ 四参数齐次平均 $F(r,s;p,q;x,y)$ 关于 (x,y) 在 $\mathbf{R}_{++}^2$ $S-$几何凸当且仅当 $(p+q)(r+s)>0$，$S-$几何凹当且仅当 $(p+q)(r+s)<0$.

情形 2. 当 $s=0,r\neq 0$ 时，由式(7.7.40) 并结合式(7.7.33) ~ 式(7.7.35) 和式(7.7.48) 存在 η_1 在 0 和 $|r|$ 之间，使得

$N(x,y)=$

$$(x-y)\Big(x\,(\ln H_L(r,0))_x - y\,(\ln H_L(r,0))_y -$$

$$2xy\,(\ln H_L(r,0))_{xy}\ln\left(\frac{x}{y}\right)\Big)=$$

$$\lim_{s\to 0}(x-y)\Big(x\,(\ln H_L(r,s))_x - y\,(\ln H_L(r,s))_y -$$

$$2xy\,(\ln H_L(r,s))_{xy}\ln\left(\frac{x}{y}\right)\Big)=$$

$$\lim_{s\to 0}(x-y)\,\frac{P(r)-P(s)}{r-s}=\lim_{s\to 0}\frac{r+s}{|r|+|s|}\cdot$$

$$\lim_{s\to 0}(x-y)P'(\eta_1)\Rightarrow\begin{cases}>0, r>0\\<0, r<0\end{cases}\quad \text{由(7.7.46)}$$

$$(7.7.49)$$

情形 3. 当 $r=0, s\neq 0$ 时，因 $H_L(r,s;x,y)$ 关于 r 和 s 对称，由情形 2，有

$$N(x,y)=$$

$$(x-y)x\Big((\ln H_L(0,s))_x - y\,(\ln H_L(0,s))_y -$$

$$2xy\,(\ln H_L(r,s))_{xy}\ln\left(\frac{x}{y}\right)\Big)=$$

$$\begin{cases}>0, s>0\\<0, s<0\end{cases}$$

$$(7.7.50)$$

情形 4. 当 $r=0, s\neq 0$ 时，由式(7.7.40) 并结合式(7.7.30) ～ 式(7.7.32)，有

$$N(x,y)=$$

$$(x-y)\Big(x\,(\ln H_L(r,r))_x - y\,(\ln H_L(r,r))_y -$$

$$2xy\,(\ln H_L(r,r))_{xy}\ln\left(\frac{x}{y}\right)\Big)=$$

$$\lim_{s\to r}(x-y)\Big(x\,(\ln H_L(r,s))_x - y\,(\ln H_L(r,s))_y -$$

$$2xy\,(\ln H_L(r,s))_{xy}\ln\left(\frac{x}{y}\right)\Big)=$$

$$(x-y)\lim_{s\to 0}\frac{P(r)-P(s)}{r-s}=$$

$$(x-y)P'(r)\Rightarrow\begin{cases}>0,r>0\\<0,r<0\end{cases}\quad 由(7.7.46)\qquad(7.7.51)$$

情形 5. $r=s=0$. 由式(7.7.51)并结合式(7.7.36)～式(7.7.38),有

$$N(x,y)=$$

$$(x-y)\Big(x\,(\ln H_L(0,0))_x - y\,(\ln H_L(0,0))_y -$$

$$2xy\,(\ln H_L(0,0))_{xy}\ln\left(\frac{x}{y}\right)\Big)=$$

$$\lim_{r\to 0}(x-y)\Big(x\,(\ln {}_L(r,r))_x - y\,(\ln H_L(r,r))_y -$$

$$2xy\,(\ln H_L(r,r))_{xy}\ln\left(\frac{x}{y}\right)\Big)=$$

$$(x-y)\lim_{r\to 0}P'(r)$$

$$(7.7.52)$$

但由式(7.7.44) 并令 $u=\left(\frac{x}{y}\right)^t$ 可得

$$\lim_{t\to 0}P'(t)=$$

$$\lim_{u\to 1}\left[(u+1)\frac{\frac{(u-1)}{u}-\ln u}{(u-1)^2}+\frac{\ln u}{u-1}-\frac{2u\ln^2 u}{(u-1)^2}-\right.$$

$$\left.4u\frac{\ln u}{u-1}\frac{\frac{(u-1)}{u}-\ln u}{(u-1)^2}\right]=0$$

$$(7.7.53)$$

这意味着 $N(x,y)=0$.

综上所述,定理 7.7.4 得证. □

注 7.7.1 定理 7.7.4 实际上就是定理 7.3.7,但二者证法不同.

2011 年,杨镇杭[326] 又证得:

定理 7.7.5 对于固定的 $(x,y)\in\mathbf{R}_{++}^2$, $x\neq y$,四参数齐次平均 $F(p,q;r,s;x,y)$ 关于 (r,s) 在 $\mathbf{R}^2$ 上 $S-$凸($S-$凹) 当且仅当 $(p+q)(r+s)<(>)0$.

第八章 Schur 凸函数与多元平均值不等式

8.1 第三类 k 次对称平均的 Schur 凸性

8.1.1 第三类 k 次对称平均

对于 $\boldsymbol{x}\in\mathbf{R}_{++}^{n}$，彭秀平[329]定义了所谓的第三类 k 次对称平均

$$\prod_{n}^{k}(\boldsymbol{x})=\left[\prod_{1\leqslant i_1<\cdots<i_k\leqslant n}\left(\frac{1}{k}\sum_{j=1}^{k}x_{i_j}\right)\right]^{\frac{1}{\mathrm{C}_n^k}} \tag{8.1.1}$$

并证得不等式链

$$G_n(\boldsymbol{x})=\prod_{n}^{1}(\boldsymbol{x})\leqslant\prod_{n}^{2}(\boldsymbol{x})\leqslant\cdots\leqslant\prod_{n}^{n}(\boldsymbol{x})=A_n(\boldsymbol{x}) \tag{8.1.2}$$

这里 $A_n(\boldsymbol{x})$,$G_n(\boldsymbol{x})$ 分别为 $\boldsymbol{x}$ 的算术平均,几何平均.

对于$\prod_n^k(\boldsymbol{x})$,续铁权和张小明[59] 证得:

定理 8.1.1 对于 $x\in\mathbf{R}_{++}^n$,成立

$$\prod_n^k(\boldsymbol{x})\geqslant A_n^{\lambda}(\boldsymbol{x})\cdot G_n^{1-\lambda}(\boldsymbol{x}) \tag{8.1.3}$$

其中 $k=1,2,\cdots,n,\lambda=\dfrac{k(k-1)}{n(n-1)}$.

证明 式(8.1.3) 等价于

$$\frac{h(\boldsymbol{x})}{(A(\boldsymbol{x}))^{\lambda C_n^k}}\geqslant k^{C_n^k}\ (G(\boldsymbol{x}))^{(1-\lambda)C_n^k} \tag{8.1.4}$$

其中 $h(\boldsymbol{x})=\prod\limits_{1\leqslant i_1<\cdots<i_k\leqslant n}\sum\limits_{j=1}^{k}x_{i_j}$.

记 $f(\boldsymbol{x})=\dfrac{h(\boldsymbol{x})}{(A(\boldsymbol{x}))^{\lambda C_n^k}}$,则

$$\frac{\partial f}{\partial x_1}=\Big(h(\boldsymbol{x})\cdot\sum_{2\leqslant i_2<\cdots<i_k\leqslant n}\frac{1}{x_1+x_{i_2}+\cdots+x_{i_k}}\cdot$$

$$(A(\boldsymbol{x}))^{\lambda C_n^k}-\frac{\lambda}{n}C_n^k h(\boldsymbol{x})\ (A(\boldsymbol{x}))^{\lambda C_n^k-1}\Big)\Big/\ (A(\boldsymbol{x}))^{2\lambda C_n^k}=$$

$$h(\boldsymbol{x})\cdot\frac{\sum\limits_{2\leqslant i_2<\cdots<i_k\leqslant n}\dfrac{1}{x_1+x_{i_2}+\cdots+x_{i_k}}\cdot A(\boldsymbol{x})-\dfrac{\lambda}{n}C_n^k}{(A(\boldsymbol{x}))^{\lambda C_n^k+1}}$$

同理

$$\frac{\partial f}{\partial x_2}=h(\boldsymbol{x})\cdot$$

$$\frac{\sum\limits_{\substack{1\leqslant i_2<\cdots<i_k\leqslant n\\ i_j\neq 2,j=2,\cdots,k}}\dfrac{1}{x_2+x_{i_2}+\cdots+x_{i_k}}\cdot A(\boldsymbol{x})-\dfrac{\lambda}{n}C_n^k}{(A(\boldsymbol{x}))^{\lambda C_n^k+1}}$$

进而有

$$(\ln x_1-\ln x_2)\left(x_1\frac{\partial f}{\partial x_1}-x_2\frac{\partial f}{\partial x_2}\right)=$$

$$(\ln x_1-\ln x_2)\frac{h(\boldsymbol{x})}{(A(\boldsymbol{x}))^{\lambda C_n^k+1}}\cdot$$

$$\Bigg[\sum_{2\leqslant i_2<\cdots<i_k\leqslant n}\frac{x_1}{x_1+x_{i_2}+\cdots+x_{i_k}}-$$

$$\sum_{\substack{1\leqslant i_2<\cdots<i_k\leqslant n\\ i_j\neq 2,j=2,\cdots,k}}\frac{x_2}{x_2+x_{i_2}+\cdots+x_{i_k}}\Bigg]A(\boldsymbol{x})-$$

$$(\ln x_1-\ln x_2)\frac{h(\boldsymbol{x})}{(A(\boldsymbol{x}))^{\lambda C_n^k+1}}\frac{\lambda}{n}C_n^k(x_1-x_2)=$$

$$(\ln x_1-\ln x_2)\frac{h(\boldsymbol{x})}{(A(\boldsymbol{x}))^{\lambda C_n^k}}(x_1-x_2)\cdot$$

$$\sum_{3\leqslant i_3<\cdots<i_k\leqslant n}\frac{1}{x_1+x_2+x_{i_3}+\cdots+x_{i_k}}+$$

$$(\ln x_1-\ln x_2)\frac{h(\boldsymbol{x})}{(A(\boldsymbol{x}))^{\lambda C_n^k}}(x_1-x_2)\cdot$$

$$\sum_{3\leqslant i_2<\cdots<i_k\leqslant n}\frac{x_{i_2}+\cdots+x_{i_k}}{(x_1+x_{i_2}+\cdots+x_{i_k})(x_2+x_{i_2}+\cdots+x_{i_k})}-$$

$$(\ln x_1-\ln x_2)\frac{h(\boldsymbol{x})}{(A(\boldsymbol{x}))^{\lambda C_n^k+1}}\frac{\lambda}{n}C_n^k(x_1-x_2)\geqslant$$

$$(\ln x_1-\ln x_2)\frac{h(\boldsymbol{x})}{(A(\boldsymbol{x}))^{\lambda C_n^k}}(x_1-x_2)\cdot$$

$$\sum_{3\leqslant i_3<\cdots<i_k\leqslant n}\frac{1}{x_1+x_2+x_{i_3}+\cdots+x_{i_k}}-$$

$$(\ln x_1-\ln x_2)\frac{h(\boldsymbol{x})}{(A(\boldsymbol{x}))^{\lambda C_n^k+1}}\frac{\lambda}{n}C_n^k(x_1-x_2)=$$

$$(x_1-x_2)(\ln x_1-\ln x_2)\frac{h(\boldsymbol{x})}{(A(\boldsymbol{x}))^{\lambda C_n^k+1}}\cdot$$

$$\left(\sum_{3\leqslant i_3<\cdots<i_k\leqslant n}\frac{A(\boldsymbol{x})}{x_1+x_2+x_{i_3}+\cdots+x_{i_k}}-\frac{\lambda}{n}C_n^k\right)=$$

$$\frac{1}{n}(a_1-a_2)(\ln a_1-\ln a_2)\frac{h(\boldsymbol{x})}{(A(\boldsymbol{x}))^{\lambda C_n^k+1}}\cdot$$

$$\left(\sum_{3\leqslant i_3<\cdots<i_k\leqslant n}\frac{x_1+x_2+x_3+\cdots+x_n}{x_1+x_2+x_{i_3}+\cdots+x_{i_k}}-\right.$$

$$\left.\frac{k(k-1)}{n(n-1)}\cdot\frac{n!}{k!\ (n-k)!}\right)=$$

$$\frac{1}{n}(x_1-x_2)(\ln x_1-\ln x_2)\frac{h(\boldsymbol{x})}{(A(\boldsymbol{x}))^{\lambda C_n^k+1}}\cdot$$

$$\left(\sum_{3\leqslant i_3<\cdots<i_k\leqslant n}\frac{x_1+x_2+x_3+\cdots+x_n}{x_1+x_2+x_{i_3}+\cdots+x_{i_k}}-C_{n-2}^{k-2}\right)\geqslant$$

$$\frac{1}{n}(x_1-x_2)(\ln x_1-\ln x_2)\frac{h(\boldsymbol{x})}{(A(\boldsymbol{x}))^{\lambda C_n^k+1}}\cdot$$

$$\left(\sum_{3\leqslant i_3<\cdots<i_k\leqslant n}\frac{x_1+x_2+x_{i_3}+\cdots+x_{i_k}}{x_1+x_2+x_{i_3}+\cdots+x_{i_k}}-C_{n-2}^{k-2}\right)=0$$

故 f 为 $\mathbf{R}_{++}^n$ 上的 $S-$ 几何凸函数，再由 $(\ln G(\boldsymbol{x}),\cdots,\ln G(\boldsymbol{x}))\prec(\ln x_1,\cdots,\ln x_n)$ 得

$$f(x_1,\cdots,x_n)\geqslant f(G(\boldsymbol{x}),\cdots,G(\boldsymbol{x}))$$

而上式即为式(8.1.4)，定理 8.1.1 得证. □

续铁权和张小明[59] 还提出：

问题 8.1.1 当 n,k 给定后，使不等式(8.1.3)成立的 λ 最大值是什么？

8.1.2 第三类 k 次对称平均的函数推广

关开中[330] 将式(8.1.1)作如下函数推广

$$\prod_n^k(f)=\left(\prod_{1\leqslant i_1<i_2<\cdots<i_k\leqslant n}f\left(\frac{1}{k}\sum_{j=1}^k x_{i_j}\right)\right)^{\frac{1}{C_n^k}},k=1,\cdots,n \tag{8.1.5}$$

其中 f 为区间 I 上的正值函数，$\boldsymbol{x}\in I^n(n\geqslant 2)$.

易知$\prod\limits_{n}^{k}(f)$为I^n上的对称函数. 关开中[387]证得:

定理 8.1.2　设$f(x)$为区间I上的弱对数性凸函数,则

$$\prod_{n}^{k+1}(f)\leqslant\prod_{n}^{k}(f),k=1,2,\cdots,n-1\quad(8.1.6)$$

如果$f(x)$为区间I上的弱对数性凹函数,则式(8.1.6)的不等号反向.

推论 8.1.1　设$x_i>0,i=1,2,\cdots,n,\sum\limits_{i=1}^{n}x_i=1$,令

$$\varphi_k=\left(\prod_{1\leqslant i_1<\cdots<i_k\leqslant n}\frac{\sum\limits_{j=1}^{k}(1+x_{i_j})}{\sum\limits_{j=1}^{k}(1-x_{i_j})}\right)^{\frac{1}{C_n^r}}$$

则

$$\varphi_{k+1}\leqslant\varphi_k,k=1,2,\cdots,n-1\qquad(8.1.7)$$

证明　令$f(x)=\dfrac{1+x}{1-x},x\in(0,1)$,根据定理1.2.2可知$f(x)$为$(0,1)$上的弱对数性凸函数,利用定理8.1.2得到式(8.1.7).　□

定理 8.1.3[330]　设$f(x)$为区间I上二阶连续可导的弱对数性凸函数,则$\prod\limits_{n}^{k}(f)$在$I^n(n\geqslant2)$上$S-$凸;若$f(x)$为区间I上二阶连续可导的弱对数性凹函数,则$\prod\limits_{n}^{k}(f)$在I^n上$S-$凹.

证明　只证$f(x)$为弱对数性凸函数的情况,

$f(x)$ 为弱对数性凹函数的情况类似. 显然 $\prod_n^k(f)$ 在 I^n 具有连续偏导数,只须证明

$$(x_1-x_2)\left(\frac{\partial\prod_n^k(f)}{\partial x_1}-\frac{\partial\prod_n^k(f)}{\partial x_2}\right)\geqslant 0 \quad (8.1.8)$$

下面分三种情况证明式(8.1.8):

(ⅰ) 当 $k=1$ 时,取对数并求导得

$$\frac{\partial\prod_n^1(f)}{\partial x_i}=\frac{1}{n}\prod_n^1(f)\frac{f'(x_i)}{f(x_i)}, i=1,2,\cdots,n$$

因此

$$(x_1-x_2)\left(\frac{\partial\prod_n^1(f)}{\partial x_1}-\frac{\partial\prod_n^1(f)}{\partial x_2}\right)=$$

$$\frac{1}{n}\prod_n^1(f)(x_1-x_2)\left(\frac{f'(x_1)}{f(x_1)}-\frac{f'(x_2)}{f(x_2)}\right)$$

由于 $f(x)$ 为弱对数性凸函数,由定理 1.2.2 并注意到 $x_1,x_2\in I$,可知式(8.1.8) 成立.

(ⅱ) 当 $k=2$ 时,如果 $n=2$,由于此时 $\prod_2^2(f)=f\left(\frac{x_1+x_2}{2}\right)$,很容易证得式(8.1.8) 成立;如果 $n\geqslant 3$,由定义易得

$$\ln\prod_n^2(f)=\frac{1}{\mathrm{C}_n^2}\sum_{1\leqslant i<j\leqslant n}\ln f\left(\frac{x_i+x_j}{2}\right)=$$

$$\frac{1}{\mathrm{C}_n^2}\left[\sum_{j=2}^n\ln f\left(\frac{x_1+x_j}{2}\right)+\sum_{2\leqslant i<j\leqslant n}\ln f\left(\frac{x_i+x_j}{2}\right)\right]$$

关于 x_1 求偏导数得

$$\frac{\partial\prod_n^2(f)}{\partial x_1}=\frac{1}{2\mathrm{C}_n^2}\prod_n^2(f)\sum_{j=2}^n\frac{f'\left(\frac{x_1+x_j}{2}\right)}{f\left(\frac{x_1+x_j}{2}\right)}=$$

$$\frac{1}{2\mathrm{C}_n^2}\prod_n^2(f)\left[\frac{f'\left(\frac{x_1+x_2}{2}\right)}{f\left(\frac{x_1+x_2}{2}\right)}+\sum_{j=3}^n\frac{f'\left(\frac{x_1+x_j}{2}\right)}{f\left(\frac{x_1+x_j}{2}\right)}\right]$$

类似可得

$$\frac{\partial\prod_n^2(f)}{\partial x_2}=$$

$$\frac{1}{2\mathrm{C}_n^2}\prod_n^2(f)\left[\frac{f'\left(\frac{x_1+x_2}{2}\right)}{f\left(\frac{x_1+x_2}{2}\right)}+\sum_{j=3}^n\frac{f'\left(\frac{x_2+x_j}{2}\right)}{f\left(\frac{x_2+x_j}{2}\right)}\right]$$

记

$$u_*=\frac{x_1+x_j}{2},\quad v_*=\frac{x_2+x_j}{2},\quad \varphi(x)=\frac{f'(x)}{f(x)}$$

我们有

$$(x_1-x_2)\left(\frac{\partial\prod_n^2(f)}{\partial x_1}-\frac{\partial\prod_n^2(f)}{\partial x_2}\right)=$$

$$\frac{(x_1-x_2)}{2\mathrm{C}_n^2}\prod_n^2(f)(\varphi(u_*)-\varphi(v_*))=$$

$$\frac{1}{\mathrm{C}_n^2}\prod_n^2(f)\sum_{j=3}^n(\varphi(u_*)-\varphi(v_*))(u_*-v_*)$$

由于 $f(x)$ 为弱对数性凸函数，由定理 1.2.2 并注意到 $u_*,v_*\in I$，可知式(8.1.8) 成立.

（ⅲ）当 $3\leqslant k\leqslant n$ 时，易知

$$\ln \prod_{n}^{r}(f)=$$

$$\frac{1}{C_n^k}\sum_{1\leqslant i_1<i_2<\cdots<i_k\leqslant n}\ln f\left(\frac{x_{i_1}+x_{i_2}+\cdots+x_{i_k}}{k}\right)=$$

$$\frac{1}{C_n^k}\left[\sum_{2\leqslant i_1<i_2<\cdots<i_k\leqslant n}\ln f\left(\frac{x_{i_1}+x_{i_2}+\cdots+x_{i_k}}{k}\right)+\right.$$

$$\left.\sum_{2\leqslant i_1<i_2<\cdots<i_{k-1}\leqslant n}\ln f\left(\frac{x_1+x_{i_1}+\cdots+x_{i_{k-1}}}{k}\right)\right]$$

关于 x_1 求偏导数得

$$\frac{\partial\prod_{n}^{k}(f)}{\partial x_1}=\frac{1}{kC_n^k}\prod_{n}^{k}(f)\cdot$$

$$\sum_{2\leqslant i_1<\cdots<i_{r-1}\leqslant n}\frac{f'\left(\frac{x_1+x_{i_1}+\cdots+x_{i_{k-1}}}{k}\right)}{f\left(\frac{x_1+x_{i_1}+\cdots+x_{i_{k-1}}}{k}\right)}=\frac{1}{kC_n^k}\prod_{n}^{k}(f)\cdot$$

$$\left[\sum_{3\leqslant i_1<\cdots<i_{k-1}}\frac{f'\left(\frac{x_1+x_{i_1}+\cdots+x_{i_{k-1}}}{k}\right)}{f\left(\frac{x_1+x_{i_1}+\cdots+x_{i_{k-1}}}{k}\right)}+\right.$$

$$\left.\sum_{3\leqslant i_1<\cdots<i_{k-2}\leqslant n}\frac{f'\left(\frac{x_1+x_2+x_{i_1}+\cdots+x_{i_{k-2}}}{k}\right)}{f\left(\frac{x_1+x_2+x_{i_1}+\cdots+x_{i_{k-2}}}{k}\right)}\right]$$

同理可得

$$\frac{\partial \prod_n^k(f)}{\partial x_2}=\frac{1}{k\mathrm{C}_n^k}\prod_n^k(f)\cdot$$

$$\left[\sum_{3\leqslant i_1<\cdots<i_{r-1}\leqslant n}\frac{f'\left(\frac{x_2+x_{i_1}+\cdots+x_{i_{k-1}}}{k}\right)}{f\left(\frac{x_2+x_{i_1}+\cdots+x_{i_{k-1}}}{k}\right)}+\right.$$

$$\left.\sum_{3\leqslant i_1<\cdots<i_{k-2}\leqslant n}\frac{f'\left(\frac{x_1+x_2+x_{i_1}+\cdots+x_{i_{k-2}}}{k}\right)}{f\left(\frac{x_1+x_2+x_{i_1}+\cdots+x_{i_{k-2}}}{k}\right)}\right]$$

记

$$u=\frac{x_1+x_{i_1}+\cdots+x_{i_{k-1}}}{k},v=\frac{x_2+x_{i_1}+\cdots+x_{i_{k-1}}}{k},$$

$$\varphi(x)=\frac{f'(x)}{f(x)}$$

我们有

$$(x_1-x_2)\left(\frac{\partial\prod_n^k(f)}{\partial x_1}-\frac{\partial\prod_n^k(f)}{\partial x_2}\right)=$$

$$\frac{x_1-x_2}{k\mathrm{C}_n^k}\prod_n^k(f)\cdot\sum_{3\leqslant i_1<\cdots<i_{k-1}\leqslant n}(\varphi(u)-\varphi(v))=$$

$$\frac{1}{\mathrm{C}_n^k}\prod_n^k(f)\cdot\sum_{3\leqslant i_1<\cdots<i_{k-1}\leqslant n}(\varphi(u)-\varphi(v))(u-v)$$

由于 $f(x)$ 为弱对数性凸函数，由定理 1.2.2 并注意到 $u,v\in I$，可得 $(\varphi(u)-\varphi(v))(u-v)\geqslant 0$，故

$$(x_1-x_2)\left(\frac{\partial\prod_n^k(f)}{\partial x_1}-\frac{\partial\prod_n^k(f)}{\partial x_2}\right)\geqslant 0$$

即式(8.1.8)成立.综上所述,证明了$\prod_n^k(f)$为I^n上的$S-$凸函数. □

推论 8.1.2 设$f(x)$为区间I上二阶连续可导的弱对数性凸函数,$x_k \in I, k=1,2,\cdots,n$,则有

$$f\left(\frac{1}{n}\sum_{i=1}^n x_i\right) \leqslant \prod_n^r(f) \leqslant \prod_n^{r-1}(f) \leqslant \cdots \leqslant \prod_n^1(f) = \left(\prod_{i=1}^n f(x_i)\right)^{\frac{1}{n}} \tag{8.1.9}$$

如果$f(x)$为区间I上具有二阶连续导数的弱对数性凹函数,则式(8.1.9)的不等号反向.

证明 由定理8.1.3及$\bar{\boldsymbol{x}} \prec \boldsymbol{x}$,有

$$\prod_n^k(f(\bar{x})) = f\left(\frac{1}{n}\sum_{i=1}^n x_i\right) \leqslant \prod_n^k(f)$$

其中$k=1,2,\cdots,n$,再根据定理8.1.2,可得式(8.1.9). □

注 8.1.1 式(8.1.9)是对式(1.2.2)的改进.

定理 8.1.4 设$\boldsymbol{x} \in (0,1)^n$,对于初等对称函数的对偶式$E_k^*(\boldsymbol{x}) = \prod_{1\leqslant i_1<\cdots<i_k\leqslant n} \sum_{j=1}^k x_{i_j}, k=1,2,\cdots,n$,有:

(a) 当$x_i \in \left(0,\frac{1}{2}\right]$时,$\frac{E_k^*(1-\boldsymbol{x})}{E_k^*(\boldsymbol{x})}$在$\left(0,\frac{1}{2}\right]^n$上$S-$凸;

(b) 当$x_i \in \left[\frac{1}{2},1\right)$时,$\frac{E_k^*(1-\boldsymbol{x})}{E_k^*(\boldsymbol{x})}$在$\left[\frac{1}{2},1\right)^n$上$S-$凹.

证明　令 $f(x)=\dfrac{1-x}{x},x\in(0,1)$，计算得 $(f'(x))^2-f(x)f''(x)=\dfrac{2x-1}{x^4}$，因此：

(a) 当 $x\in\left(0,\dfrac{1}{2}\right]$ 时，由定理 1.2.2 知 $f(x)$ 为 $\left(0,\dfrac{1}{2}\right]$ 上的弱对数性凸函数，对于固定的 k，通过计算并利用定理 8.1.3 可得 $\prod_n^k(f)=\left(\dfrac{E_k^*(1-\boldsymbol{x})}{E_k^*(\boldsymbol{x})}\right)^{\frac{1}{C_n^k}}$ 为 $\left(0,\dfrac{1}{2}\right]^n$ 上的 $S-$ 凸函数. 因此，任取 $\boldsymbol{x},\boldsymbol{y}\in\left(0,\dfrac{1}{2}\right]^n$ 且 $\boldsymbol{x}\prec\boldsymbol{y}$，有

$$\left(\frac{E_k^*(1-\boldsymbol{x})}{E_k^*(\boldsymbol{x})}\right)^{\frac{1}{C_n^k}}\leqslant\left(\frac{E_k^*(1-\boldsymbol{y})}{E_k^*(\boldsymbol{y})}\right)^{\frac{1}{C_n^k}}$$

即

$$\frac{E_k^*(1-\boldsymbol{x})}{E_k^*(\boldsymbol{x})}\leqslant\frac{E_k^*(1-\boldsymbol{y})}{E_k^*(\boldsymbol{y})}$$

这意味着 $\dfrac{E_k^*(1-\boldsymbol{x})}{E_k^*(\boldsymbol{x})}$ 为 $\left(0,\dfrac{1}{2}\right]^n$ 上的 $S-$ 凸函数.

(b) 当 $x\in\left[\dfrac{1}{2},1\right)$ 时，由定理 1.2.2 知 $f(x)$ 为 $\left[\dfrac{1}{2},1\right)$ 上的弱对数性凹函数，对于固定的 k，根据定理 8.1.3 得 $\prod_n^k(f)=\left(\dfrac{E_k^*(1-\boldsymbol{x})}{E_k^*(\boldsymbol{x})}\right)^{\frac{1}{C_n^k}}$ 为 $\left[\dfrac{1}{2},1\right)^n$ 上的 $S-$ 凹函数. 因此，任取 $\boldsymbol{x},\boldsymbol{y}\in\left[\dfrac{1}{2},1\right)^n$ 且 $\boldsymbol{x}\prec\boldsymbol{y}$，有

$$\left(\frac{E_k^*(1-\boldsymbol{x})}{E_k^*(\boldsymbol{x})}\right)^{\frac{1}{C_n^k}}\geqslant\left(\frac{E_k^*(1-\boldsymbol{y})}{E_k^*(\boldsymbol{y})}\right)^{\frac{1}{C_n^k}}$$

即

$$\frac{E_k^*(1-\boldsymbol{x})}{E_k^*(\boldsymbol{x})} \geqslant \frac{E_k^*(1-\boldsymbol{y})}{E_k^*(\boldsymbol{y})}$$

这意味着$\frac{E_k^*(1-\boldsymbol{x})}{E_k^*(\boldsymbol{x})}$为$\left[\frac{1}{2},1\right)^n$上的$S-$凹函数. □

注 8.1.2 定理 8.1.4 解决了笔者在“中国不等式研究小组网站(http://zgbdsyjxz.nease.net)”上提出的“有关初等对称函数及其对偶式的几个问题(wt35)”之问题 3 中的 2°:$\frac{E_k^*(1-\boldsymbol{x})}{E_k^*(\boldsymbol{x})}$的$S-$凸性如何?

8.1.3 第三类 k 次对称平均的变形

将式(8.1.1)中的算术平均$\frac{1}{k}\sum_{j=1}^{k} x_{i_j}$换成调和平均$\frac{k}{\sum_{i=1}^{k} x_{i_j}^{-1}}$,关开中[331]对于$\boldsymbol{x}\in\mathbf{R}_{++}^n$,定义了一类平均

$$H_n^k(\boldsymbol{x})=\left(\prod_{1\leqslant i_1<\cdots<i_k\leqslant n}\left(\frac{k}{\sum_{i=1}^{k} x_{i_j}^{-1}}\right)\right)^{\frac{1}{C_n^k}},k=1,\cdots,n \tag{8.1.10}$$

显然,$H_n^n(\boldsymbol{x}) = H_n(\boldsymbol{x}) = \frac{n}{\sum_{i=1}^{n} x_i^{-1}}$,$H_n^1(\boldsymbol{x}) = G_n(\boldsymbol{x})=\left(\prod_{i=1}^{n} x_i\right)^{\frac{1}{n}}$.

关开中[331]研究了$H_n^k(\boldsymbol{x})$关于k的单调性,关于$\boldsymbol{x}$在$\mathbf{R}_{++}^n$上$S-$凹凸性,得到如下结果.

定理 8.1.5　设 $\boldsymbol{x}\in\mathbf{R}_{++}^n$，则

$$H_n^{k+1}(\boldsymbol{x})\leqslant H_n^k(\boldsymbol{x}),k=1,2,\cdots,n-1 \tag{8.1.11}$$

定理 8.1.6　$H_n^k(\boldsymbol{x})$ 在 $\mathbf{R}_{++}^n$ 上 S－凹，$k=1,2,\cdots,n$.

为证定理 8.1.5 和定理 8.1.6，先给出如下两个引理.

引理 8.1.1[79]　若 $0<x_i\leqslant\frac{1}{2}$，$i=1,2,\cdots,n$，则

$$\frac{H_n(\boldsymbol{x})}{H_n(1-\boldsymbol{x})}\leqslant\frac{G_n(\boldsymbol{x})}{G_n(1-\boldsymbol{x})} \tag{8.1.12}$$

引理 8.1.2　设 $\boldsymbol{x}\in\left(0,\frac{1}{2}\right]^{n+1}$，$S_{n+1}=\sum\limits_{i=1}^{n+1}x_i^{-1}$，$\bar{S}_{n+1}=\sum\limits_{i=1}^{n+1}(1-x_i)^{-1}$，则

$$\left\{\frac{\sum\limits_{i=1}^{n+1}[\bar{S}_{n+1}-(1-x_i)^{-1}]}{\sum\limits_{i=1}^{n+1}(S_{n+1}-x_i^{-1})}\right\}^n\leqslant\left\{\frac{\prod\limits_{i=1}^{n+1}[\bar{S}_{n+1}-(1-x_i)^{-1}]}{\prod\limits_{i=1}^{n+1}(S_{n+1}-x_i^{-1})}\right\}^{\frac{1}{n+1}} \tag{8.1.13}$$

证明　式(8.1.13)等价于

$$n\ln\frac{\bar{S}_{n+1}}{S_{n+1}}\leqslant\frac{1}{n+1}\ln\left\{\frac{\prod\limits_{i=1}^{n+1}[\bar{S}_{n+1}-(1-x_i)^{-1}]}{\prod\limits_{i=1}^{n+1}(S_{n+1}-x_i^{-1})}\right\}$$

因 $0<x_i\leqslant\frac{1}{2}$ 且 $1-x_i\geqslant x_i$，故

$$\frac{\bar{S}_{n+1}-(1-x_j)^{-1}}{S_{n+1}-x_j^{-1}}=$$

$$((1-x_1)^{-1}+\cdots+(1-x_{j-1})^{-1}+$$

$$(1-x_{j+1})^{-1}+\cdots+$$

$$(1-x_{n+1})^{-1})/(x_1^{-1}+\cdots+x_{j-1}^{-1}+x_{j+1}^{-1}+\cdots+x_{n+1}^{-1})\geqslant$$

$$((1-x_1)^{-1}\cdots(1-x_{j-1})^{-1}(1-x_{j+1})^{-1}\cdots$$

$$(1-x_{n+1})^{-1})/x_1^{-1}\cdots x_{j-1}^{-1}x_{j+1}^{-1}\cdots x_{n+1}^{-1}$$

由上述不等式和引理 8.1.1 有

$$\frac{1}{n+1}\ln\prod_{i=1}^{n+1}\frac{\bar{S}_{n+1}-(1-x_i)^{-1}}{S_{n+1}-x_i^{-1}}\geqslant$$

$$\frac{1}{n+1}\ln\prod_{i=1}^{n+1}\left[\frac{(1-x_i)^{-1}}{x_i^{-1}}\right]^n=$$

$$n\ln\prod_{i=1}^{n+1}\left[\frac{1-(1-x_i)^{-1}}{1-x_i^{-1}}\right]^{n+1}\geqslant$$

$$n\ln\frac{(1-x_1)^{-1}+\cdots+(1-x_{n+1})^{-1}}{x_1^{-1}+\cdots+x_{n+1}^{-1}}$$

即

$$n\ln\frac{\bar{S}_{n+1}}{S_{n+1}}\leqslant\frac{1}{n+1}\ln\frac{\prod_{i=1}^{n+1}[\bar{S}_{n+1}-(1-x_i)^{-1}]}{\prod_{i=1}^{n+1}(S_{n+1}-x_i^{-1})}$$

定理 8.1.5 的证明　由算术－几何平均值不等式和函数 $y=\ln x$ 的单调性,有

$$C_n^{k+1}\ln H_n^{k+1}(\boldsymbol{x})=\sum_{1\leqslant i_1<\cdots<i_{k+1}\leqslant n}\ln\frac{k+1}{\sum_{j=1}^{k+1}x_{i_j}^{-1}}=$$

$$\sum_{1\leqslant i_1<\cdots<i_{k+1}\leqslant n}\ln\frac{(k+1)k}{(k+1)\sum_{s=1}^{k+1}x_{i_s}^{-1}-\sum_{j=1}^{k+1}x_{i_j}^{-1}}=$$

$$\sum_{1\leqslant i_1<\cdots<i_{k+1}\leqslant n}\ln\frac{k}{\dfrac{\sum\limits_{j=1}^{k+1}\left(\sum\limits_{s=1}^{k+1}x_{i_s}^{-1}-x_{i_j}^{-1}\right)}{k+1}}\leqslant$$

$$\sum_{1\leqslant i_1<\cdots<i_{k+1}\leqslant n}\ln\frac{k}{\left(\prod\limits_{j=1}^{k+1}\left(\sum\limits_{s=1}^{k+1}x_{i_s}^{-1}-x_{i_j}^{-1}\right)\right)^{\frac{1}{k+1}}}=$$

$$\sum_{1\leqslant i_1<\cdots<i_{k+1}\leqslant n}\ln\left(\prod_{j=1}^{k+1}\frac{k}{\sum\limits_{s=1}^{r+1}x_{i_s}^{-1}-x_{i_j}^{-1}}\right)^{\frac{1}{k+1}}=$$

$$\frac{1}{k+1}\sum_{1\leqslant i_1<\cdots<i_{k+1}\leqslant n}\sum_{j=1}^{k+1}\ln\frac{k}{\sum\limits_{s=1}^{k+1}x_{i_s}^{-1}-x_{i_j}^{-1}}=$$

$$\frac{1}{k+1}\sum_{j=1}^{n}\sum_{1\leqslant i_1<\cdots<i_k\leqslant n}^{i_1,\cdots,i_k\neq j}\ln\frac{k}{\sum\limits_{s=1}^{k}x_{i_s}^{-1}}$$

令

$$S_j=\sum_{1\leqslant i_1<\cdots<i_k\leqslant n}^{i_1,\cdots,i_k\neq j}\ln\frac{k}{\sum\limits_{s=1}^{k}x_{i_s}^{-1}},j=1,2,\cdots,n$$

易得

$$\sum_{j=1}^{n}S_j=(n-k)\sum_{1\leqslant i_1<\cdots<i_{r+1}\leqslant n}\ln\frac{k}{\sum\limits_{s=1}^{k}x_{i_s}^{-1}}=$$

$$(n-k)\mathrm{C}_n^k\ln H_n^k(\boldsymbol{x})$$

这样

$$\mathrm{C}_n^{k+1}\ln H_n^{k+1}(\boldsymbol{x})\leqslant\frac{n-k}{k+1}\mathrm{C}_n^k\ln H_n^k(\boldsymbol{x})=\mathrm{C}_n^{k+1}\ln H_n^k(\boldsymbol{x})$$

即

$$H_n^{k+1}(\boldsymbol{x}) \leqslant H_n^k(\boldsymbol{x}), k=1,2,\cdots,n-1$$

推论 8.1.3 设 $\boldsymbol{x} \in \mathbf{R}_{++}^n$,则

$$H_n(\boldsymbol{x}) \leqslant H_n^{n-1}(\boldsymbol{x}) \leqslant \cdots \leqslant H_n^2(\boldsymbol{x}) \leqslant H_n^1(\boldsymbol{x}) = G_n(\boldsymbol{x}) \tag{8.1.14}$$

注 8.1.3 式(8.1.14)是调和一几何平均值不等式的加细.

定理 8.1.6 的证明 易知

$$\ln H_n^k(\boldsymbol{x}) = \frac{1}{C_n^k} \sum_{2 \leqslant i_1 < \cdots < i_k \leqslant n} \ln \frac{k}{\sum_{j=1}^k x_{i_j}^{-1}} + \sum_{2 \leqslant i_1 < \cdots < i_{k-1} \leqslant n} \ln \frac{k}{x_1^{-1} + \sum_{j=1}^{k-1} x_{i_j}^{-1}}$$

于是

$$\frac{\partial H_n^k(\boldsymbol{x})}{\partial x_1} = \frac{H_n^k(\boldsymbol{x})}{C_n^k} \left(\sum_{2 \leqslant i_1 < \cdots < i_{k-1} \leqslant n} \frac{1}{x_1^{-1} + \sum_{j=1}^{k-1} x_{i_j}^{-1}} \right) \cdot \frac{1}{x_1^2} =$$

$$\frac{H_n^k(\boldsymbol{x})}{C_n^k} \cdot \frac{1}{x_1^2} \left[\sum_{3 \leqslant i_1 < \cdots < i_{k-1} \leqslant n} \frac{1}{x_1^{-1} + \sum_{j=1}^{k-1} x_{i_j}^{-1}} + \sum_{3 \leqslant i_1 < \cdots < i_{k-2} \leqslant n} \frac{1}{(x_1^{-1} + x_2^{-1} + \sum_{j=1}^{k-2} x_{i_j}^{-1})} \right]$$

$$\frac{\partial H_n^k(\boldsymbol{x})}{\partial x_2} = \frac{H_n^k(\boldsymbol{x})}{C_n^k} \left(\sum_{2 \leqslant i_1 < \cdots < i_{k-1} \leqslant n} \frac{1}{x_2^{-1} + \sum_{j=1}^{k-1} x_{i_j}^{-1}} \right) \cdot \frac{1}{x_2^2} =$$

$$\frac{H_n^k(\boldsymbol{x})}{C_n^k} \cdot \frac{1}{x_2^2} \left[\sum_{3 \leqslant i_1 < \cdots < i_{k-1} \leqslant n} \frac{1}{x_2^{-1} + \sum_{j=1}^{k-1} x_{i_j}^{-1}} + \right.$$

$$\left.\sum_{3\leqslant i_1<\cdots<i_{k-2}\leqslant n}\frac{1}{\left(x_1^{-1}+x_2^{-1}+\sum_{j=1}^{k-2}x_{i_j}^{-1}\right)}\right]$$

进而

$$(x_1-x_2)\left(\frac{\partial H_n^k(\boldsymbol{x})}{\partial x_1}-\frac{\partial H_n^k(\boldsymbol{x})}{\partial x_2}\right)=$$

$$\frac{H_n^k(\boldsymbol{x})}{\mathrm{C}_n^k}(x_1-x_2)\left[\left(\sum_{2\leqslant i_1<\cdots<i_{k-1}\leqslant n}\frac{1}{x_1^{-1}+\sum_{j=1}^{k-1}x_{i_j}^{-1}}\right)\cdot\frac{1}{x_1^2}-\right.$$

$$\left(\sum_{2\leqslant i_1<\cdots<i_{k-1}\leqslant n}\frac{1}{x_2^{-1}+\sum_{j=1}^{k-1}x_{i_j}^{-1}}\right)\cdot\frac{1}{x_2^2}+$$

$$\left.\sum_{3\leqslant i_1<\cdots<i_{r-2}\leqslant n}\frac{1}{\left(x_1^{-1}+x_2^{-1}+\sum_{j=1}^{k-2}x_{i_j}^{-1}\right)}\left(\frac{1}{x_1^2}-\frac{1}{x_2^2}\right)\right]=$$

$$-\frac{H_n^k(\boldsymbol{x})}{\mathrm{C}_n^k}(x_1-x_2)^2\cdot$$

$$\left[\frac{(x_1+x_2)}{x_1^2x_2^2}\sum_{3\leqslant i_1<\cdots<i_{k-2}\leqslant n}\ln\frac{k}{x_1^{-1}+x_2^{-1}+\sum_{j=1}^{k-2}x_{i_j}^{-1}}+\right.$$

$$\left.\sum_{2\leqslant i_1<\cdots<i_{k-1}\leqslant n}\frac{1+(x_1+x_2)\sum_{j=1}^{k-1}x_{i_j}^{-1}}{x_1^2x_2^2\left(x_1^{-1}+\sum_{j=1}^{r-1}x_{i_j}^{-1}\right)\left(x_2^{-1}+\sum_{j=1}^{k-1}x_{i_j}^{-1}\right)}\right]\leqslant 0$$

故 $H_n^k(\boldsymbol{x})$ 在 $\mathbf{R}_{++}^n$ 上 S－凹. □

姜卫东[332] 进一步考察了 $H_n^k(\boldsymbol{x})$ 在 $\mathbf{R}_{++}^n$ 上 S－几何凹性和 S－调和凹性.

定理 8.1.7[332]　$H_n^k(\boldsymbol{x})$ 在 $\mathbf{R}_{++}^n$ 上 S－几何凹.

证明

$$\ln H_n^k(\boldsymbol{x})=\frac{1}{\mathrm{C}_n^k}\sum_{2\leqslant i_1<\cdots<i_k\leqslant n}\ln\frac{k}{\sum\limits_{j=1}^{k}x_{i_j}^{-1}}+$$

$$\sum_{2\leqslant i_1<\cdots<i_{k-1}\leqslant n}\ln\frac{k}{x_1^{-1}+\sum\limits_{i=1}^{k-1}x_{i_j}^{-1}}$$

$$\frac{\partial H_n^k(\boldsymbol{x})}{\partial x_1}=\frac{H_n^k(\boldsymbol{x})}{\mathrm{C}_n^k}\left(\sum_{2\leqslant i_1<\cdots<i_{k-1}\leqslant n}\frac{1}{x_1^{-1}+\sum\limits_{j=1}^{k-1}x_{i_j}^{-1}}\right)\cdot\frac{1}{x_1^2}=$$

$$\frac{H_n^k(\boldsymbol{x})}{\mathrm{C}_n^k}\cdot\frac{1}{x_1^2}\left[\left(\sum_{3\leqslant i_1<\cdots<i_{k-1}\leqslant n}\frac{1}{x_1^{-1}+\sum\limits_{j=1}^{k-1}x_{i_j}^{-1}}\right)+\right.$$

$$\left.\left(\sum_{3\leqslant i_1<\cdots<i_{k-2}\leqslant n}\frac{1}{x_1^{-1}+x_2^{-1}+\sum\limits_{j=1}^{k-2}x_{i_j}^{-1}}\right)\right]$$

$$\frac{\partial H_n^k(\boldsymbol{x})}{\partial x_2}=\frac{H_n^k(\boldsymbol{x})}{\mathrm{C}_n^k}\left(\sum_{2\leqslant i_1<\cdots<i_{k-1}\leqslant n}\frac{1}{x_1^{-1}+\sum\limits_{j=1}^{k-1}x_{i_j}^{-1}}\right)\cdot\frac{1}{x_2^2}=$$

$$\frac{H_n^k(\boldsymbol{x})}{\mathrm{C}_n^k}\cdot\frac{1}{x_2^2}\left[\left(\sum_{3\leqslant i_1<\cdots<i_{k-1}\leqslant n}\frac{1}{x_2^{-1}+\sum\limits_{j=1}^{k-1}x_{i_j}^{-1}}\right)+\right.$$

$$\left.\left(\sum_{3\leqslant i_1<\cdots<i_{k-2}\leqslant n}\frac{1}{x_1^{-1}+x_2^{-1}+\sum\limits_{j=1}^{k-2}x_{i_j}^{-1}}\right)\right]\cdot$$

$$(\ln x_1-\ln x_2)\left(x_1\frac{\partial H_n^k(\boldsymbol{x})}{\partial x_1}-x_2\frac{\partial H_n^k(\boldsymbol{x})}{\partial x_2}\right)=$$

$$(\ln x_1-\ln x_2)\frac{H_n^k(\boldsymbol{x})}{\mathrm{C}_n^k}\left[\left(\sum_{3\leqslant i_1<\cdots<i_{k-1}\leqslant n}\frac{1}{x_1^{-1}+\sum\limits_{j=1}^{k-1}x_{i_j}^{-1}}\right)\frac{1}{x_1}-\right.$$

$$\left(\sum_{3\leqslant i_1<\cdots<i_{k-1}\leqslant n}\frac{1}{x_2^{-1}+\sum\limits_{j=1}^{k-1}x_{i_j}^{-1}}\right)\frac{1}{x_2}+$$

$$\left.\left(\sum_{3\leqslant i_1<\cdots<i_{k-2}\leqslant n}\frac{1}{x_1^{-1}+x_2^{-1}+\sum_{j=1}^{k-2}x_{i_j}^{-1}}\right)\left(\frac{1}{x_1}-\frac{1}{x_2}\right)\right]=$$

$$-\frac{\ln x_1-\ln x_2}{x_1-x_2}(x_1-x_2)^2\cdot$$

$$\frac{H_n^k(\boldsymbol{x})}{\mathrm{C}_n^k}\left[\frac{1}{x_1x_2}\sum_{3\leqslant i_1<\cdots<i_{k-2}\leqslant n}\frac{1}{x_1^{-1}+x_2^{-1}+\sum_{j=1}^{k-2}x_{i_j}^{-1}}+\right.$$

$$\left.\sum_{3\leqslant i_1<\cdots<i_{k-1}\leqslant n}\frac{\sum_{j=1}^{k-1}x_{i_j}^{-1}}{x_1x_2(x_1^{-1}+\sum_{j=1}^{k-1}x_{i_j}^{-1})+(x_2^{-1}\sum_{j=1}^{k-1}x_{i_j}^{-1})}\right]\leqslant 0$$

故 $H_n^k(\boldsymbol{x})$ 在 $\mathbf{R}_{++}^n$ 上 $S-$ 几何凹. □

定理 8.1.8[332] $H_n^k(\boldsymbol{x})$ 在 $\mathbf{R}_{++}^n$ 上 $S-$ 调和凸.

证明

$$(x_1-x_2)\left(x_1^2\frac{\partial H_n^k(\boldsymbol{x})}{\partial x_1}-x_2^2\frac{\partial H_n^k(\boldsymbol{x})}{\partial x_2}\right)=$$

$$(x_1-x_2)\frac{H_n^k(\boldsymbol{x})}{\mathrm{C}_n^k}\left[\left(\sum_{3\leqslant i_1<\cdots<i_{k-1}\leqslant n}\frac{1}{x_1^{-1}+\sum_{j=1}^{k-1}x_{i_j}^{-1}}\right)-\right.$$

$$\left.\left(\sum_{3\leqslant i_1<\cdots<i_{k-1}\leqslant n}\frac{1}{x_2^{-1}+\sum_{j=1}^{k-1}x_{i_j}^{-1}}\right)\right]=$$

$$(x_1-x_2)^2\frac{H_n^k(\boldsymbol{x})}{\mathrm{C}_n^k}\cdot$$

$$\sum_{3\leqslant i_1<\cdots<i_{k-1}\leqslant n}\frac{1}{x_1x_2\left(x_1^{-1}+\sum_{j=1}^{k-1}x_{i_j}^{-1}\right)\left(x_2^{-1}+\sum_{j=1}^{k-1}x_{i_j}^{-1}\right)}\geqslant 0$$

故 $H_n^k(\boldsymbol{x})$ 在 $\mathbf{R}_{++}^n$ 上 $S-$ 调和凸. □

8.2 n 元加权广义对数平均的 Schur 凸性

设 $n \in \mathbf{N}, n \geqslant 2, \boldsymbol{x} = (x_1, \cdots, x_n) \in \mathbf{R}_{++}^n, \boldsymbol{x}^{\frac{1}{r}} = (x_1^{\frac{1}{r}}, \cdots, x_n^{\frac{1}{r}})$，其中 $r \in \mathbf{R}, r \neq 0$，令

$$E_{n-1} = \{(u_1, \cdots, u_n) \mid u_i > 0, \\ i = 1, \cdots, n-1, \sum_{i=1}^{n-1} u_i \leqslant 1\} \tag{8.2.1}$$

并设 $\mathrm{d}\boldsymbol{u} = \mathrm{d}u_1 \cdots \mathrm{d}u_{n-1}$.

熟知的两个正实数 x_1, x_2 的对数平均如下

$$L(x_1, x_2) = \begin{cases} \dfrac{x_1 - x_2}{\ln x_1 - \ln x_2}, x_1 \neq x_2 \\ x_1, x_1 = x_2 \end{cases} \tag{8.2.2}$$

作为对数平均的推广，Pittenger[333] 和 Pearce 等[334] 分别定义了 n 元加权广义对数平均

$$L_r(\boldsymbol{x}) = \begin{cases} \left((n-1)! \int\limits_{E_{n-1}} (A(\boldsymbol{x}, \boldsymbol{u}))^r \mathrm{d}\boldsymbol{u}\right)^{\frac{1}{r}}, r \neq 0 \\ \exp\left((n-1)! \int\limits_{E_{n-1}} \ln A(\boldsymbol{x}, u) \mathrm{d}\boldsymbol{u}\right), r = 0 \end{cases} \tag{8.2.3}$$

和

$$F_r(\boldsymbol{x}) = (n-1)! \int\limits_{E_{n-1}} (M_r(\boldsymbol{x}, \boldsymbol{u})) \mathrm{d}\boldsymbol{u} \tag{8.2.4}$$

其中 $u_n = 1 - \sum_{i=1}^{n-1} u_i, M_r(\boldsymbol{x}, \boldsymbol{u}) = \left(\sum_{i=1}^{n} u_i x_i^r\right)^{\frac{1}{r}}$ 为 $\boldsymbol{x}$ 的 r

阶加权幂平均. 特别，$A(\boldsymbol{x},\boldsymbol{u})=M_1(\boldsymbol{x},\boldsymbol{u})=\sum_{i=1}^{n}u_ix_i$ 为加权算术平均，$G(\boldsymbol{x},\boldsymbol{u})=M_0(\boldsymbol{x},\boldsymbol{u})=\prod_{i=1}^{n}x_i^{u_i}$ 为加权几何平均.

显然，$L_r(\boldsymbol{x})$，$F_r(\boldsymbol{x})$ 关于 $x_1,\cdots,x_n$ 对称，$L_r(\boldsymbol{x})$，$F_r(\boldsymbol{x})$ 在 $\mathbf{R}_{++}^n$ 连续.

郑宁国等[335] 研究了 $L_r(\boldsymbol{x})$，$F_r(\boldsymbol{x})$ 的 $S-$凸性.

定理 8.2.1　若 $r\geqslant 1$，则 $F_r(\boldsymbol{x})$ 和 $L_r(\boldsymbol{x})$ 在 $\mathbf{R}_{++}^n$ 上 $S-$凸；若 $r\leqslant 1$，则 $F_r(\boldsymbol{x})$ 和 $L_r(\boldsymbol{x})$ 在 $\mathbf{R}_{++}^n$ 上 $S-$凹.

为证明定理 8.2.1 需如下引理.

引理 8.2.1　设 $m\geqslant 1,n\geqslant 2,m,n\in\mathbf{N},\Lambda\subset\mathbf{R}^m$，$\Omega\subset\mathbf{R}^n,\varphi:\Lambda\times\Omega\to\mathbf{R}$，对于任何 $\boldsymbol{x}\in\Omega$，$\varphi(\boldsymbol{v},\boldsymbol{x})$ 关于 $\boldsymbol{v}\in\Lambda$ 连续. 设 Δ 是使得函数 $\boldsymbol{x}\to\varphi(\boldsymbol{v},\boldsymbol{x})$ 为 $S-$凸（$S-$凹）的 $\boldsymbol{v}$ 的全体，则 Δ 是 Λ 中的闭集.

证明　设 $l\geqslant 1,l\in\mathbf{N},\boldsymbol{v}_l\in\Delta,\boldsymbol{v}_0\in\Lambda$，当 $l\to+\infty$ 时 $\boldsymbol{v}_l\to\boldsymbol{v}_0$. 对于 $\forall\,\boldsymbol{y},\boldsymbol{z}\in\Omega$ 且 $\boldsymbol{z}\prec\boldsymbol{y}$ 有 $\varphi(\boldsymbol{v}_l,\boldsymbol{z})\leqslant(\geqslant)\varphi(\boldsymbol{v}_l,\boldsymbol{y})$，令 $l\to+\infty$，则 $\varphi(\boldsymbol{v}_0,\boldsymbol{z})\leqslant(\geqslant)\varphi(\boldsymbol{v}_0,\boldsymbol{y})$，即 $\boldsymbol{v}_0\in\Delta$，因此 Δ 是 Λ 中的闭集. □

定理 8.2.1 的证明　记 $\tilde{\boldsymbol{u}}=(u_2,u_1,u_3,\cdots,u_n)$. 若 $r\neq 0$，因 $L_r(\boldsymbol{x})$ 关于 $x_1,\cdots,x_n$ 对称，有

$$g_r(\boldsymbol{x}):=\int_{E_{n-1}}(A(\boldsymbol{x},\boldsymbol{u}))^r\mathrm{d}\boldsymbol{u}=\int_{E_{n-1}}(A(\boldsymbol{x},\tilde{\boldsymbol{u}}))^r\mathrm{d}\boldsymbol{u}\tag{8.2.5}$$

故

$$\frac{\partial g_r}{\partial x_1}=r\int\limits_{E_{n-1}} u_1\ (A(\boldsymbol{x},\boldsymbol{u}))^{r-1}\mathrm{d}\boldsymbol{u}=r\int\limits_{E_{n-1}} u_2\ (A(\boldsymbol{x},\tilde{\boldsymbol{u}}))^{r-1}\mathrm{d}\boldsymbol{u}$$

$$\frac{\partial g_r}{\partial x_2}=r\int\limits_{E_{n-1}} u_1\ (A(\boldsymbol{x},\boldsymbol{u}))^{r-1}\mathrm{d}\boldsymbol{u}=r\int\limits_{E_{n-1}} u_2\ (A(\boldsymbol{x},\tilde{\boldsymbol{u}}))^{r-1}\mathrm{d}\boldsymbol{u} \tag{8.2.6}$$

从而

$$\frac{\partial g_r}{\partial x_1}-\frac{\partial g_r}{\partial x_2}=r\int\limits_{E_{n-1}} u_1[(A(\boldsymbol{x},\boldsymbol{u}))^{r-1}-(A(\boldsymbol{x},\tilde{\boldsymbol{u}}))^{r-1}]\mathrm{d}\boldsymbol{u}$$

$$\frac{\partial g_r}{\partial x_1}-\frac{\partial g_r}{\partial x_2}=r\int\limits_{E_{n-1}} u_2[(A(\boldsymbol{x},\boldsymbol{u}))^{r-1}-(A(\boldsymbol{x},\tilde{\boldsymbol{u}}))^{r-1}]\mathrm{d}\boldsymbol{u} \tag{8.2.7}$$

结合式(8.2.6)和式(8.2.7)有

$$\frac{\partial g_r}{\partial x_1}-\frac{\partial g_r}{\partial x_2}=$$
$$\frac{r}{2}\int\limits_{E_{n-1}}(u_1-u_2)((A(\boldsymbol{x},\boldsymbol{u}))^{r-1}-(A(\boldsymbol{x},\tilde{\boldsymbol{u}}))^{r-1})\mathrm{d}\boldsymbol{u} \tag{8.2.8}$$

由拉格朗日中值定理可得

$$(A(\boldsymbol{x},\boldsymbol{u}))^{r-1}-(A(\boldsymbol{x},\tilde{\boldsymbol{u}}))^{r-1}=$$
$$(r-1)(x_1u_1+x_2u_2-x_2u_1-x_1u_2)\cdot$$
$$\left(\xi+\sum_{i=3}^{n}u_ix_i\right)^{r-2}=$$
$$(r-1)(u_1-u_2)(x_1-x_2)\left(\xi+\sum_{i=3}^{n}u_ix_i\right)^{r-2} \tag{8.2.9}$$

其中 ξ 介于 $x_1u_1+x_2u_2$ 和 $x_2u_1+x_1u_2$ 之间.

由式(8.2.8)和式(8.2.9)有

$$(x_1-x_2)\left(\frac{\partial g_r}{\partial x_1}-\frac{\partial g_r}{\partial x_2}\right)=\frac{r(r-1)}{2}(x_1-x_2)^2 S_r(\boldsymbol{x}) \tag{8.2.10}$$

其中

$$S_r(\boldsymbol{x})=\int\limits_{E_{n-1}}(u_1-u_2)^2\left(\xi+\sum_{i=3}^{n}u_i x_i\right)^{r-2}\mathrm{d}\boldsymbol{u}\geqslant 0 \tag{8.2.11}$$

因此，对于 $r\neq 0$，得

$$\begin{aligned}&(x_1-x_2)\left(\frac{\partial L_r}{\partial x_1}-\frac{\partial L_r}{\partial x_2}\right)=\\&(n-1)!\ \frac{1}{r}(L_r)^{1-r}(x_1-x_2)\left(\frac{\partial g_r}{\partial x_1}-\frac{\partial g_r}{\partial x_2}\right)=\\&(n-1)!\ \frac{r-1}{2}(L_r)^{1-r}(x_1-x_2)^2 S_r(\boldsymbol{x})\end{aligned} \tag{8.2.12}$$

由此可见，若 $r\geqslant 1$，则 $L_r(\boldsymbol{x})$ 在 $\mathbf{R}_{++}^n$ 上 $S-$凸；若 $r\leqslant 1$ 且 $r\neq 0$，则 $L_r(\boldsymbol{x})$ 在 $\mathbf{R}_{++}^n$ 上 $S-$凹.

根据引理 8.2.1 和 $r\to L_r(\boldsymbol{x})$ 的连续性，在 $L_r(\boldsymbol{x})$ 中分别令 $r\to 0$，$r\to 1^-$ 和 $r\to 1^+$ 可知 $L_0(\boldsymbol{x})$ 在 $\mathbf{R}_{++}^n$ 上 $S-$凹，$L_1(\boldsymbol{x})$ 在 $\mathbf{R}_{++}^n$ 上既 $S-$凹亦 $S-$凸. □

定理 8.2.2　若 $r\geqslant 1$，则 $F_r(\boldsymbol{x})$ 在 $\mathbf{R}_{++}^n$ 上 $S-$凸；若 $r\leqslant 1$，则 $F_r(\boldsymbol{x})$ 在 $\mathbf{R}_{++}^n$ 上 $S-$凹.

证明　记 $\tilde{\boldsymbol{u}}=(u_2,u_1,u_3,\cdots,u_n)$. 对于 $r\neq 0$ 有

$$\begin{aligned}F_r(\boldsymbol{x})=(n-1)!\int\limits_{E_{n-1}}M_r(\boldsymbol{x},\boldsymbol{u})\mathrm{d}\boldsymbol{u}=\\(n-1)!\int\limits_{E_{n-1}}M_r(\boldsymbol{x},\tilde{\boldsymbol{u}})\mathrm{d}\boldsymbol{u}\end{aligned} \tag{8.2.13}$$

$$\frac{\partial F_r}{\partial x_1}=(n-1)!\int_{E_{n-1}} {x_1}^{r-1}u_1\ (M_r(\boldsymbol{x},\boldsymbol{u}))^{1-r}\mathrm{d}\boldsymbol{u}=$$

$$(n-1)!\int_{E_{n-1}} u_1\left(\frac{M_r(\boldsymbol{x},\tilde{\boldsymbol{u}})}{x_1}\right)^{1-r}\mathrm{d}\boldsymbol{u}\quad(8.2.14)$$

$$\frac{\partial F_r}{\partial x_2}=(n-1)!\int_{E_{n-1}} {x_2}^{r-1}u_1\ (M_r(\boldsymbol{x},\tilde{\boldsymbol{u}}))^{1-r}\mathrm{d}\boldsymbol{u}=$$

$$(n-1)!\int_{E_{n-1}} u_1\left(\frac{M_r(\boldsymbol{x},\tilde{\boldsymbol{u}})}{x_1}\right)^{1-r}\mathrm{d}\boldsymbol{u}\quad(8.2.15)$$

结合式(8.2.14)和式(8.2.15)得

$$\frac{\partial F_r}{\partial x_1}-\frac{\partial F_r}{\partial x_2}=(n-1)!\int_{E_{n-1}} u_1\left[\left(\frac{M_r(\boldsymbol{x},\tilde{\boldsymbol{u}})}{x_1}\right)^{1-r}-\left(\frac{M_r(\boldsymbol{x},\tilde{\boldsymbol{u}})}{x_1}\right)^{1-r}\right]\mathrm{d}\boldsymbol{u}\quad(8.2.16)$$

由拉格朗日中值定理可得

$$\left(\frac{M_r(\boldsymbol{x},\tilde{\boldsymbol{u}})}{x_1}\right)^{1-r}-\left(\frac{M_r(\boldsymbol{x},\tilde{\boldsymbol{u}})}{x_2}\right)^{1-r}=$$

$$\left(u_1+\frac{u_2x_2^r+\sum_{i=3}^n u_ix_i^r}{x_1^r}\right)^{\frac{1-r}{r}}-$$

$$\left(u_1+\frac{u_2x_1^r+\sum_{i=3}^n u_ix_i^r}{x_2^r}\right)^{\frac{1-r}{r}}=$$

$$\frac{1-r}{r}\left(\frac{u_2x_2^r+\sum_{i=3}^n u_ix_i^r}{x_1^r}-\frac{u_2x_1^r+\sum_{i=3}^n u_ix_i^r}{x_2^r}\right)^{\frac{1-r}{r}}\cdot$$

$$(u_1+\theta_1)^{\frac{1-2r}{r}}=$$

$$\frac{1-r}{r}\cdot\frac{u_2x_2^{2r}+x_2^r\sum_{i=3}^n u_ix_i^r-u_2x_1^{2r}-x_1^r\sum_{i=3}^n u_ix_i^r}{x_1^rx_2^r}\cdot$$

$$(u_1+\theta_1)^{\frac{1-2r}{r}}=$$

$$(1-r)(x_2-x_1)(u_1+\theta_1)^{\frac{1-2r}{r}}T(\boldsymbol{x},\boldsymbol{u};\theta_2)\quad(8.2.17)$$

其中 θ_1 位于 $\dfrac{u_2x_2^r+\sum_{i=3}^n u_ix_i^r}{x_1^r}$ 和 $\dfrac{u_2x_1^r+\sum_{i=3}^n u_ix_i^r}{x_2^r}$ 之间，θ_2 位于 x_1 和 x_2 之间，且 $T(\boldsymbol{x},\boldsymbol{u};\theta_2)=\dfrac{2u_2\theta_2{}^{2r-1}+\theta_2{}^{r-1}\sum_{i=3}^n u_ix_i^r}{x_1^rx_2^r}\geqslant 0$.

由式(8.2.16)和式(8.2.17)有

$$(x_1-x_2)\left(\frac{\partial F_r}{\partial x_1}-\frac{\partial F_r}{\partial x_2}\right)=$$

$$(r-1)(x_1-x_2)^2(n-1)!\quad(8.2.18)$$

$$\int_{E_{n-1}}u_1\,(u_1+\theta_1)^{\frac{1-2r}{r}}T(x,u;\theta_2)\mathrm{d}\boldsymbol{u}$$

由此可见，若 $r>1$，则 $F_r(\boldsymbol{x})$ 在 $\mathbf{R}_{++}^n$ 上 $S-$凸；若 $r<1$ 且 $r\neq 0$，则 $F_r(\boldsymbol{x})$ 在 $\mathbf{R}_{++}^n$ 上 $S-$凹.

根据引理 8.2.1 和 $r\mapsto F_r(\boldsymbol{x})$ 的连续性，在 $F_r(\boldsymbol{x})$ 中分别令 $r\to 0$，$r\to 1^-$ 和 $r\to 1^+$ 可知 $F_0(\boldsymbol{x})$ 在 $\mathbf{R}_{++}^n$ 上 $S-$凹，$F_1(\boldsymbol{x})$ 在 $\mathbf{R}_{++}^n$ 上既 $S-$凹亦 $S-$凸. □

定理 8.2.3　若 $r\geqslant 1$，则 $F_r(\boldsymbol{x}^{\frac{1}{r}})$ 和 $L_r(\boldsymbol{x}^{\frac{1}{r}})$ 在 $\mathbf{R}_{++}^n$ 上 $S-$凹；若 $r\leqslant 1$ 且 $r\neq 0$，则 $F_r(\boldsymbol{x}^{\frac{1}{r}})$ 和 $L_r(\boldsymbol{x}^{\frac{1}{r}})$ 在 $\mathbf{R}_{++}^n$ 上 $S-$凸.

证明　易得

$$L_r(\boldsymbol{x}^{\frac{1}{r}})=\left[(n-1)!\int_{E_{n-1}}M_r(\boldsymbol{x},\boldsymbol{u})\mathrm{d}\boldsymbol{u}\right]^{\frac{1}{r}}=F_{\frac{1}{r}}^{\frac{1}{r}}(\boldsymbol{x})$$

$$F_r(\boldsymbol{x}^{\frac{1}{r}})=(n-1)!\int_{E_{n-1}}[A_r(\boldsymbol{x},\boldsymbol{u})]^{\frac{1}{r}}\mathrm{d}\boldsymbol{u}=L_{\frac{1}{r}}^{r}(\boldsymbol{x})$$

(8.2.19)

$$(x_1-x_2)\left(\frac{\partial L_r(\boldsymbol{x}^{\frac{1}{r}})}{\partial x_1}-\frac{\partial L_r(\boldsymbol{x}^{\frac{1}{r}})}{\partial x_2}\right)=$$

$$\frac{1}{r}(x_1-x_2)\left(\frac{\partial F_{\frac{1}{r}}(\boldsymbol{x})}{\partial x_1}-\frac{\partial F_{\frac{1}{r}}(\boldsymbol{x})}{\partial x_2}\right)F_{\frac{1}{r}}^{\frac{1-r}{r}}(\boldsymbol{x})$$

$$(x_1-x_2)\left(\frac{\partial F_r(\boldsymbol{x}^{\frac{1}{r}})}{\partial x_1}-\frac{\partial F_r(\boldsymbol{x}^{\frac{1}{r}})}{\partial x_2}\right)=$$

$$r(x_1-x_2)\left(\frac{\partial L_{\frac{1}{r}}(\boldsymbol{x})}{\partial x_1}-\frac{\partial L_{\frac{1}{r}}(\boldsymbol{x})}{\partial x_2}\right)L_{\frac{1}{r}}^{\frac{1-r}{r}}(\boldsymbol{x})$$

(8.2.20)

由定理 8.2.1 和定理 8.2.2 知，若 $r\geqslant 1$，则 $L_{\frac{1}{r}}(\boldsymbol{x})$ 和 $F_{\frac{1}{r}}(\boldsymbol{x})$ 均是 S－凹的；若 $0<r\leqslant 1$ 或 $r<0$，则 $L_{\frac{1}{r}}(\boldsymbol{x})$ 和 $F_{\frac{1}{r}}(\boldsymbol{x})$ 均是 S－凸的. 由式(8.2.20) 即证得定理 8.2.3. □

夏卫锋和褚玉明[336] 研究了 $L_r(\boldsymbol{x})$，$F_r(\boldsymbol{x})$ 的 S－几何凸性. 得到下述结论：

对于 $r\in\mathbf{R}$，若 $r\geqslant 2$ 或 $r\leqslant 0$，则 $L_r(\boldsymbol{x})$ 在 $\mathbf{R}_{++}^n$ 上 S－几何凸.

2011 年 1 月 13 日姜卫东来信指出：由于文[336] 第 1233 页的第一个等式计算有误，导致上述结论错误. 应修改为：

定理 8.2.4　对于 $r\in\mathbf{R}$，若 $0\leqslant r\leqslant 2$，则 $L_r(\boldsymbol{x})$ 在 $\mathbf{R}_{++}^n$ 上 S－几何凸.

定理 8.2.5[336] 对于 $r \in \mathbf{R}$，若 $r \geqslant \frac{1}{2}$ 或 $r=0$，则 $F_r(\boldsymbol{x})$ 在 $\mathbf{R}_{++}^n$ 上 $S-$几何凸.

夏卫锋和褚玉明[337] 以及郑宁国等人[338] 研究了 $L_r(\boldsymbol{x})$，$F_r(\boldsymbol{x})$ 的 $S-$调和凸性. 得到下述定理 8.2.6 和定理 8.2.7. 这里给出的是郑宁国等人[338] 的证明.

定理 8.2.6 对于 $r \in \mathbf{R}$，若 $-1 \leqslant r \leqslant 3$，则 $L_r(\boldsymbol{x})$ 在 $\mathbf{R}_{++}^n$ 上 $S-$调和凸.

定理 8.2.7 对于 $r \in \mathbf{R}$，若 $r \geqslant 0$，则 $F_r(\boldsymbol{x})$ 在 $\mathbf{R}_{++}^n$ 上 $S-$调和凸.

定理 8.2.6 的证明 记 $\boldsymbol{u}=(u_1,\cdots,u_n)$，$\tilde{\boldsymbol{u}}=(u_2,u_1,u_3,\cdots,u_n)$. 若 $r \neq 0$，由 $L_r(\boldsymbol{x})$ 的对称性，有

$$g_r(\boldsymbol{x})=\int_{E_{n-1}}(A(\boldsymbol{x},\boldsymbol{u}))^r\mathrm{d}\boldsymbol{u}=\int_{E_{n-1}}(A(\boldsymbol{x},\tilde{\boldsymbol{u}}))^r\mathrm{d}\boldsymbol{u} \tag{8.2.21}$$

从而有

$$\frac{\partial g_r(\boldsymbol{x})}{\partial x_1}=r\int_{E_{n-1}}u_1(A(\boldsymbol{x},\boldsymbol{u}))^{r-1}\mathrm{d}\boldsymbol{u}= r\int_{E_{n-1}}u_2(A(\boldsymbol{x},\tilde{\boldsymbol{u}}))^{r-1}\mathrm{d}\boldsymbol{u} \tag{8.2.22}$$

$$\frac{\partial g_r(\boldsymbol{x})}{\partial x_2}=r\int_{E_{n-1}}u_1(A(\boldsymbol{x},\tilde{\boldsymbol{u}}))^{r-1}\mathrm{d}\boldsymbol{u}= r\int_{E_{n-1}}u_2(A(\boldsymbol{x},\boldsymbol{u}))^{r-1}\mathrm{d}\boldsymbol{u} \tag{8.2.23}$$

由式(8.2.22) 和式(8.2.23) 可得

$$x_1^2\frac{\partial g_r}{\partial x_1}-x_2^2\frac{\partial g_r}{\partial x_2}=$$

$$r\int_{E_{n-1}}u_1[x_1^2(A(\boldsymbol{x},\boldsymbol{u}))^{r-1}-x_2^2(A(\boldsymbol{x},\tilde{\boldsymbol{u}}))^{r-1}]\mathrm{d}\boldsymbol{u} \tag{8.2.24}$$

由拉格朗日中值定理并经简单的计算，有

$$x_1^2(A(\boldsymbol{x},\boldsymbol{u}))^{r-1}-x_2^2(A(\boldsymbol{x},\tilde{\boldsymbol{u}}))^{r-1}=$$

$$\left(\frac{A(\boldsymbol{x},\boldsymbol{u})}{x_1^{\frac{2}{1-r}}}\right)^{r-1}-\left(\frac{A(\boldsymbol{x},\tilde{\boldsymbol{u}})}{x_2^{\frac{2}{1-r}}}\right)^{r-1}=$$

$$(r-1)(u_1x_1x_2^{\frac{2}{1-r}}+u_2x_2^{\frac{3-r}{1-r}}+x_2^{\frac{2}{1-r}}\sum_{i=3}^{n}u_ix_i-$$

$$u_1x_2x_1^{\frac{2}{1-r}}-u_1x_1^{\frac{3-r}{1-r}}-x_1^{\frac{2}{1-r}}\sum_{i=3}^{n}u_ix_i)x_1^{\frac{2}{1-r}}x_2^{\frac{2}{1-r}}\theta_1^{r-2}=$$

$$(r-1)[u_1x_1x_2(x_2^{\frac{1+r}{1-r}}-x_1^{\frac{1+r}{1-r}})+u_2(x_2^{\frac{3-r}{1-r}}-x_1^{\frac{3-r}{1-r}})+$$

$$(x_2^{\frac{2}{1-r}}-x_1^{\frac{2}{1-r}})\sum_{i=3}^{n}u_ix_i]x_1^{\frac{2}{1-r}}x_2^{\frac{2}{1-r}}\theta_1^{r-2}=$$

$$(r-1)(x_1-x_2)\left(\frac{1+r}{1-r}u_1x_1x_2\theta_2^{\frac{2r}{1-r}}+\frac{3-r}{1-r}u_2\theta_3^{\frac{2r}{1-r}}+\right.$$

$$\left.\frac{2}{1-r}\theta_4^{\frac{1+r}{1-r}}\sum_{i=3}^{n}u_ix_i\right)x_1^{\frac{2}{1-r}}x_2^{\frac{2}{1-r}}\theta_1^{r-2} \tag{8.2.25}$$

其中 θ_1 位于$\dfrac{A(\boldsymbol{x},\boldsymbol{u})}{x_1^{\frac{2}{1-r}}}$和$\dfrac{A(\boldsymbol{x},\tilde{\boldsymbol{u}})}{x_2^{\frac{2}{1-r}}}$之间，$\theta_2,\theta_3,\theta_4$ 位于 x_1 和 x_2 之间.

由式(8.2.24)，式(8.2.25) 和式(8.2.3)，有

$$(x_1-x_2)\left(x_1^2\frac{\partial g_r}{\partial x_1}-x_2^2\frac{\partial g_r}{\partial x_2}\right)=$$

$$(n-1)!\ \frac{1}{r}(L_r(\boldsymbol{x}))^{1-r}(x_1-x_2)\cdot$$

$$\left(x_1^2\frac{\partial g_r}{\partial x_1}-x_2^2\frac{\partial g_r}{\partial x_2}\right)=$$

$$(n-1)!\ \frac{1}{r}(L_r(\boldsymbol{x}))^{1-r}(1-r)\frac{(x_1-x_2)^2}{x_1^{\frac{2}{1-r}}x_2^{\frac{2}{1-r}}}\cdot S_r(\boldsymbol{x})$$

其中

$$S_r(\boldsymbol{x})=\int_{E_{n-1}}u_1\Big(\frac{1+r}{1-r}u_1x_1x_2\theta_2^{\frac{2r}{1-r}}+\frac{3-r}{1-r}u_2\theta_3^{\frac{2r}{1-r}}+$$

$$\frac{2}{1-r}\theta_4^{\frac{1+r}{1-r}}\sum_{i=3}^{n}u_ix_i\Big)\theta_1^{r-2}\mathrm{d}\boldsymbol{u}$$

由此可知当$-1\leqslant r\leqslant 3$时，$L_r(\boldsymbol{x})$为$S-$调和凸函数.

当$r=0$时，由式(8.2.3)有

$$(x_1-x_2)\left(x_1^2\frac{\partial g_r}{\partial x_1}-x_2^2\frac{\partial g_r}{\partial x_2}\right)=$$

$$(n-1)!\ L_r(\boldsymbol{x})(x_1-x_2)^2\int_{E_{n-1}}u_1S(\boldsymbol{x})\cdot$$

$$\frac{1}{A(\boldsymbol{x},\boldsymbol{u})A(\boldsymbol{x},\tilde{\boldsymbol{u}})}\mathrm{d}\boldsymbol{u}$$

其中

$$S(\boldsymbol{x})=u_2(x_1^2+x_1x_2+x_2^2)+u_1x_1x_2+$$

$$(x_1+x_2)\sum_{i=3}^{n}u_ix_i$$

由定理 2.4.11 可知当$r=0$时，$L_r(\boldsymbol{x})$为$S-$调和凸函数. □

定理 8.2.7 的证明　记$\boldsymbol{u}=(u_1,\cdots,u_n)$，$\tilde{\boldsymbol{u}}=(u_2,u_1,u_3,\cdots,u_n)$. 若$r\neq 0$，由$L_r(\boldsymbol{x})$的对称性，有

$$F_r(\boldsymbol{x})=(n-1)!\int\limits_{E_{n-1}} M_r(\boldsymbol{x},u)\mathrm{d}\boldsymbol{u}=$$

$$(n-1)!\int\limits_{E_{n-1}} M_r(\boldsymbol{x},\tilde{\boldsymbol{u}})\mathrm{d}\boldsymbol{u} \tag{8.2.26}$$

$$\frac{\partial F_r}{\partial x_1}=(n-1)!\int\limits_{E_{n-1}} u_1 x_1^{r-1}\ (M_r(\boldsymbol{x},\boldsymbol{u}))^{1-r}\mathrm{d}\boldsymbol{u} \tag{8.2.27}$$

$$\frac{\partial F_r}{\partial x_2}=(n-1)!\int\limits_{E_{n-1}} u_1 x_2^{r-1}\ (M_r(\boldsymbol{x},\tilde{\boldsymbol{u}}))^{1-r}\mathrm{d}\boldsymbol{u} \tag{8.2.28}$$

由式(8.2.27)和式(8.2.28)可得

$$x_1^2\frac{\partial F_r(\boldsymbol{x})}{\partial x_1}-x_2^2\frac{\partial F_r(\boldsymbol{x})}{\partial x_2}=$$

$$(n-1)!\int\limits_{E_{n-1}} u_1\left[\left(\frac{M_r(\boldsymbol{x},\boldsymbol{u})}{x_1^{\frac{r+1}{r-1}}}\right)^{1-r}-\left(\frac{M_r(\boldsymbol{x},\tilde{\boldsymbol{u}})}{x_2^{\frac{r+1}{r-1}}}\right)^{1-r}\right]\mathrm{d}\boldsymbol{u} \tag{8.2.29}$$

由中值定理可得

$$\left(\frac{M_r(\boldsymbol{x},\boldsymbol{u})}{x_1^{\frac{r+1}{r-1}}}\right)^{1-r}-\left(\frac{M_r(\boldsymbol{x},\tilde{\boldsymbol{u}})}{x_2^{\frac{r+1}{r-1}}}\right)^{1-r}=$$

$$(1-r)\left\{\left[\frac{u_1x_1^r+u_2x_2^r+\sum\limits_{i=3}^n u_ix_i^r}{x_1^{\frac{r(r+1)}{r-1}}}\right]^{\frac{1}{r}}-\right.$$

$$\left.\left[\frac{u_2x_1^r+u_1x_2^r+\sum\limits_{i=3}^n u_ix_i^r}{x_2^{\frac{r(r+1)}{r-1}}}\right]^{\frac{1}{r}}\right\}\theta_1^{-r}=$$

$$\frac{1-r}{r}\Big[u_1x_1^rx_2^{\frac{r(r+1)}{r-1}}+u_2x_2^{r+\frac{r(r+1)}{r-1}}+x_2^{\frac{r(r+1)}{r-1}}\sum_{i=3}^n u_ix_i^r-$$

$$u_1x_2^rx_1^{\frac{r(1+r)}{r-1}}-u_2x_1^{r+\frac{r(r+1)}{r-1}}-x_1^{\frac{r(r+1)}{r-1}}\sum_{i=3}^n u_ix_i^r\Big]\cdot$$

$$x_1^{\frac{r(r+1)}{1-r}}x_2^{\frac{r(r+1)}{1-r}}\theta_1^{-r}\theta_2^{\frac{1}{r}-1}=$$

$$\frac{1-r}{r}\{u_1x_1^rx_2^r(x_2^{\frac{2r}{r-1}}-x_1^{\frac{2r}{r-1}})+u_2(x_2^{\frac{2r^2}{r-1}}-x_1^{\frac{2r^2}{r-1}})+$$

$$[x_2^{\frac{r(r+1)}{r-1}}-x_1^{\frac{r(r+1)}{r-1}}]\sum_{i=3}^n u_ix_i^r\}\cdot$$

$$x_1^{\frac{r(r+1)}{1-r}}x_2^{\frac{r(r+1)}{1-r}}\theta_1^{-r}\theta_2^{\frac{1}{r}-1}=$$

$$(x_1-x_2)[2u_1x_1^rx_2^r\theta_3^{\frac{r+1}{r-1}}+2u_2r\theta_4^{\frac{2r^2-r+1}{r-1}}+$$

$$(r+1)\sum_{i=3}^n u_ix_i^r\theta_5^{\frac{r^2+1}{r-1}}]\cdot$$

$$x_1^{\frac{r(r+1)}{1-r}}x_2^{\frac{r(r+1)}{1-r}}\theta_1^{-r}\theta_2^{\frac{1}{r}-1} \tag{8.2.30}$$

其中 θ_1 位于 $M_r(\boldsymbol{x},\boldsymbol{u})x_1^{\frac{r+1}{r-1}}$ 和 $M_r(\boldsymbol{x},\tilde{\boldsymbol{u}})x_2^{\frac{r+1}{r-1}}$ 之间，θ_2 位于$(M_r(\boldsymbol{x},\boldsymbol{u}))^rx_1^{\frac{r(r+1)}{r-1}}$ 和$(M_r(\boldsymbol{x},\tilde{\boldsymbol{u}}))^rx_2^{\frac{r(r+1)}{r-1}}$ 之间，θ_3,θ_4，θ_5 位于 x_1 和 x_2 之间.

由式(8.2.29)和式(8.2.30)，有

$$(x_1-x_2)\left(x_1^2\frac{\partial F_r}{\partial x_1}-x_2^2\frac{\partial F_r}{\partial x_2}\right)=$$

$$(n-1)!\ (x_1-x_2)^2\int\limits_{E_{n-1}}u_1\cdot S_r(\boldsymbol{x})\mathrm{d}\boldsymbol{u}$$

其中

$$S_r(\boldsymbol{x})=[2u_1x_1^rx_2^r\theta_3^{\frac{r+1}{r-1}}+2u_2r\theta_4^{\frac{2r^2-r+1}{r-1}}+$$

$$(r+1)\sum_{i=3}^n u_ix_i^r\theta_5^{\frac{r^2+1}{r-1}}]x_1^{\frac{r(r+1)}{1-r}}x_2^{\frac{r(r+1)}{1-r}}\theta_1^{-r}\theta_2^{\frac{1}{r}-1}$$

由此可见当 $r>0$ 时，$F_r(\boldsymbol{x})$ 为 $S-$调和凸函数.

当 $r=0$ 时,由式(8.2.4)易得

$$(x_1-x_2)\left(x_1^2\frac{\partial F_r}{\partial x_1}-x_2^2\frac{\partial F_r}{\partial x_2}\right)=u_1(x_1-x_2)^2\geqslant 0$$

故当 $r=0$ 时,$F_r(\boldsymbol{x})$ 为 $S-$ 调和凸函数. □

推论 8.2.1 设 $r\geqslant\frac{3}{2}$,$r\in\mathbf{N}$,则完全初等对称函数 $c_r(\boldsymbol{x})$(见式(4.1.1))为 $S-$ 调和凸函数.

证明 由[339]第 164 页中的结果

$$c_r(\boldsymbol{x})=\mathrm{C}_{n-1+r}^{r}L_r^r(\boldsymbol{x})$$

及定理 8.2.1 即得证. □

8.3 关于幂平均不等式的最优值

对于 $\boldsymbol{w}=(w_1,\cdots,w_n)\in\mathbf{R}^n$,记 $W_n=w_1+\cdots+w_n$. 对于 $\boldsymbol{x}\in\mathbf{R}_{++}^n$,有

$$M_n^{[r]}(\boldsymbol{x},\boldsymbol{w})=\begin{cases}\left[\dfrac{\left(\sum w_k a_k^r\right)}{W_n}\right]^{\frac{1}{r}},0<|r|<+\infty\\ \left(\prod a_k^{w_k}\right)^{\frac{1}{W_n}},r=0\\ \min\{a_1,\cdots,a_n\},r=-\infty\\ \max\{a_1,\cdots,a_n\},r=+\infty\end{cases}$$

为 $\boldsymbol{x}$ 的以 $\boldsymbol{w}$ 为权的加权幂平均. 这里 $\sum=\sum\limits_{k=1}^{n}$,$\prod=\prod\limits_{k=1}^{n}$. 若 $w_1=\cdots=w_n=1$,则记

$$M_n^{[r]}(\boldsymbol{x},\boldsymbol{w})=M_n^{[r]}(\boldsymbol{x})$$

$$M_n^{[1]}(\boldsymbol{x},\boldsymbol{w})=A_n(\boldsymbol{x})$$

$$M_n^{[0]}(\boldsymbol{x},\boldsymbol{w})=G_n(\boldsymbol{x})$$

王挽澜，文家金和石焕南[340] 考究了如下优化问题：

设 $x \in \mathbf{R}_{++}^n(n \geqslant 2)$，$\alpha < \theta < \beta$. 问使不等式

$$[M_n^{[\alpha]}(\boldsymbol{x})]^{1-\lambda}[M_n^{[\beta]}(\boldsymbol{x})]^{\lambda} \leqslant M_n^{[\theta]}(\boldsymbol{x}) \quad (8.3.1)$$

成立的最大实数 λ^* 是什么？使不等式

$$[M_n^{[\alpha]}(\boldsymbol{x})]^{1-\lambda}[M_n^{[\beta]}(\boldsymbol{x})]^{\lambda} \geqslant M_n^{[\theta]}(\boldsymbol{x}) \quad (8.3.2)$$

成立的最小实数 λ_* 是什么？

文[340] 得到如下结果：

定理 8.3.1　设 $\boldsymbol{x} \in \mathbf{R}_{++}^n(n \geqslant 2)$，$0 < \alpha < \theta < \beta$，而 λ^* 是使式(8.3.1) 成立的所有 λ 的最大值，则

$$\lambda^* \geqslant \left[1 + \frac{\beta - \theta}{m(\theta - \alpha)}\right]^{-1} \quad (8.3.3)$$

这里

$$m = \min\left\{\frac{2 + (n-2)t^{\beta}}{2 + (n-2)t^{\alpha}}, t \in \mathbf{R}_{++}\right\} = \frac{2 + (n-2)t_0^{\beta}}{2 + (n-2)t_0^{\alpha}} \quad (8.3.4)$$

其中 $t_0 \in (0,1)$ 是方程

$$\beta t^{\beta-\alpha} + \left(\frac{n}{2} - 1\right)(\beta - \alpha)t^{\beta} - \alpha = 0 \quad (8.3.5)$$

的唯一正实根. 换言之，若 $\lambda \leqslant \left\{1 + \dfrac{\beta - \theta}{m(\theta - \alpha)}\right\}^{-1}$，那么式(8.3.1) 成立. 等式成立当且仅当 $x_1 = \cdots = x_n$.

定理 8.3.2　设 $\boldsymbol{x} \in \mathbf{R}_{++}^n(n \geqslant 2)$，$0 < \alpha < \theta < \beta$，而 λ_* 是使式(8.3.2) 成立的所有 λ 的最小值，那么

$$\lambda_* = \frac{\beta(\theta - \alpha)}{\theta(\beta - \alpha)} \quad (8.3.6)$$

换言之，式(8.3.2) 成立当且仅当 $\lambda \geqslant \dfrac{\beta(\theta - \alpha)}{\theta(\beta - \alpha)}$，等式成立当且仅当 $x_1 = \cdots = x_n$.

为证明定理 8.3.1 和定理 8.3.2，先证明两个引

理.

引理 8.3.1 设 $\boldsymbol{x}\in\mathbf{R}_{++}^{n}(n\geqslant 2)$，而 $0<\alpha<1<\beta$，则由

$$\varphi(\boldsymbol{x}):=-\ln\left[(M_n^{[\alpha]}(\boldsymbol{x}))^{1-\lambda}(M_n^{[\beta]}(\boldsymbol{x}))^{\lambda}\right] \tag{8.3.7}$$

定义的函数 φ 在 $\mathbf{R}_{++}^{n}$ 上 $S-$ 凸当且仅当

$$\lambda\leqslant\left[1+\frac{\beta-1}{m(1-\alpha)}\right]^{-1} \tag{8.3.8}$$

这里的 m 由式(8.3.4)所定义.

证明 从 φ 的定义我们得到

$$\varphi(\boldsymbol{x})=\frac{\lambda-1}{\alpha}\ln\left(\frac{1}{n}\sum x_k^{\alpha}\right)-\frac{\lambda}{\beta}\ln\left(\frac{1}{n}\sum x_k^{\beta}\right) \tag{8.3.9}$$

$$\frac{\partial\varphi}{\partial x_i}=(\lambda-1)\frac{x_i^{\alpha-1}}{\sum x_k^{\alpha}}-\lambda\frac{x_i^{\beta-1}}{\sum x_k^{\beta}},i=1,2,\cdots,n \tag{8.3.10}$$

注意 $\mathbf{R}_{++}^{n}\subset\mathbf{R}^{n}$ 为对称的开凸集，且从式(8.3.9)和式(8.3.10)知道 φ 是 $\mathbf{R}_{++}^{n}$ 上对称的连续可微函数. 下证 φ 满足 Schur 条件

$$(x_1-x_2)\left(\frac{\partial\varphi}{\partial x_1}-\frac{\partial\varphi}{\partial x_2}\right)\geqslant 0,\forall x\in\mathbf{R}_{++}^{n} \tag{8.3.11}$$

这里的式(8.3.11)意味着

$$-(x_1-x_2)\left[(1-\lambda)\frac{x_1^{\alpha-1}-x_2^{\alpha-1}}{\sum x_k^{\alpha}}+\lambda\frac{x_1^{\beta-1}-x_2^{\beta-1}}{\sum x_k^{\beta}}\right]\geqslant 0,\forall x\in\mathbf{R}_{++}^{n} \tag{8.3.12}$$

不妨假定 $x_1\neq x_2$. 由 $0<\alpha<1$ 得到 $-(x_1-$

$x_2)(x_1^{\alpha-1}-x_2^{\alpha-1})>0$. 从式(8.3.12) $\div[-(x_1-x_2)(x_1^{\alpha-1}-x_2^{\alpha-1})]$,可得式(8.3.12)等价于

$$(1-\lambda)\frac{1}{\sum x_k^{\alpha}}+\frac{\lambda\left(\frac{x_1^{\beta-1}-x_2^{\beta-1}}{x_1^{\alpha-1}-x_2^{\alpha-1}}\right)}{\sum x_k^{\beta}}\geqslant 0\Leftrightarrow$$

$$(1-\lambda)\frac{\sum x_k^{\beta}}{\sum x_k^{\alpha}}+\lambda\cdot\frac{x_1^{\beta-1}-x_2^{\beta-1}}{x_1^{\alpha-1}-x_2^{\alpha-1}}\geqslant 0\xLongleftrightarrow{\text{由(7.1.1)}}$$

$$(1-\lambda)\frac{\sum x_k^{\beta}}{\sum x_k^{\alpha}}+$$

$$\lambda\cdot\frac{\beta-1}{\alpha-1}[E(\alpha-1,\beta-1;x_1,x_2)]^{\beta-\alpha}\geqslant 0$$

$$[E(\alpha-1,\beta-1;x_1,x_2)]^{\beta-\alpha}\leqslant\frac{1-\lambda}{\lambda}\cdot\frac{1-\alpha}{\beta-1}\cdot\frac{\sum x_k^{\beta}}{\sum x_k^{\alpha}}\tag{8.3.13}$$

注意到恒等式

$$E(\alpha-1,\beta-1;x_1,x_2)=\left(\frac{\alpha-1}{\beta-1}\cdot\frac{x_1^{\beta-1}-x_2^{\beta-1}}{x_1^{\alpha-1}-x_2^{\alpha-1}}\right)^{\frac{1}{\beta-\alpha}}=$$

$$\left[\frac{\frac{\alpha-1}{\beta}}{\frac{\beta-1}{\beta}}\cdot\frac{(a_1^{\beta})^{\frac{\beta-1}{\beta}}-(x_2^{\beta})^{\frac{\beta-1}{\beta}}}{(a_1^{\beta})^{\frac{\alpha-1}{\beta}}-(x_2^{\beta})^{\frac{\alpha-1}{\beta}}}\right]^{\frac{\beta^{-1}}{\frac{\beta-1}{\beta}-\frac{\alpha-1}{\beta}}}=$$

$$\left[E\left(\frac{\alpha-1}{\beta},\frac{\beta-1}{\beta};x_1^{\beta},x_2^{\beta}\right)\right]^{\frac{1}{\beta}}\tag{8.3.14}$$

由式(8.3.14)知式(8.3.13)等价于

$$\left[E\left(\frac{\alpha-1}{\beta},\frac{\beta-1}{\beta};x_1^\beta,x_2^\beta\right)\right]^{\frac{\beta-\alpha}{\beta}}\leqslant$$
$$\frac{1-\lambda}{\lambda}\cdot\frac{1-\alpha}{\beta-1}\cdot\frac{\sum x_k^\beta}{\sum x_k^\alpha}\tag{8.3.15}$$

（ⅰ）充分性．下证式(8.3.8)真时，式(8.3.15)成立：从已知条件可得

$$\min\left\{\frac{\alpha-1}{\beta},\frac{\beta-1}{\beta},1,2\right\}=\frac{\alpha-1}{\beta}<0<2=$$
$$\max\left\{\frac{\alpha-1}{\beta},\frac{\beta-1}{\beta},1,2\right\}$$
$$\frac{\alpha-1}{\beta}+\frac{\beta-1}{\beta}=\frac{\alpha-2\beta-2}{\beta}+3<3=1+2$$
$$\frac{\left|\frac{\alpha-1}{\beta}\right|-\left|\frac{\beta-1}{\beta}\right|}{\frac{\alpha-1}{\beta}-\frac{\beta-1}{\beta}}=\frac{2-\alpha-\beta}{\alpha-\beta}=$$
$$1+\frac{2\alpha-2}{\beta-\alpha}<1=\frac{|2|-|1|}{2-1}$$

把上述这些同定理 7.1.2 结合起来，可得

$$E\left(\frac{\alpha-1}{\beta},\frac{\beta-1}{\beta};x_1^\beta,x_2^\beta\right)\leqslant E(1,2;x_1^\beta,x_2^\beta)=\frac{x_1^\beta+x_2^\beta}{2}$$

这就意味着

$$\left[E\left(\frac{\alpha-1}{\beta},\frac{\beta-1}{\beta};x_1^\beta,x_2^\beta\right)\right]^{\frac{\beta-\alpha}{\beta}}\leqslant\left(\frac{x_1^\beta+x_2^\beta}{2}\right)^{\frac{\beta-\alpha}{\beta}}\tag{8.3.16}$$

为了证明式(8.3.15)，我们只需证明

$$\frac{\sum x_k^\beta}{\sum x_k^\alpha}\geqslant m\left(\frac{x_1^\beta+x_2^\beta}{2}\right)^{\frac{\beta-\alpha}{\beta}}\tag{8.3.17}$$

当 $n=2$ 时从 $m=1$ 和幂平均不等式

$$\left(\frac{x_1^\alpha + x_2^\alpha}{2}\right)^{\frac{1}{\alpha}} \leqslant \left(\frac{x_1^\beta + x_2^\beta}{2}\right)^{\frac{1}{\beta}} \qquad (8.3.18)$$

我们得到式(8.3.17). 设 $n \geqslant 3$,且记

$$t = \frac{\left(\frac{1}{n-2}\sum_{k=3}^{n} x_k^\beta\right)^{\frac{1}{\beta}}}{\left(\frac{x_1^\beta + x_2^\beta}{2}\right)^{\frac{1}{\beta}}}$$

则 $t > 0$. 结合式(8.3.18) 与下式

$$\left(\frac{1}{n-2}\sum_{k=3}^{n} x_k^\alpha\right)^{\frac{1}{\alpha}} \leqslant \left(\frac{1}{n-2}\sum_{k=3}^{n} x_k^\beta\right)^{\frac{1}{\beta}}$$

得到

$$\frac{\sum x_k^\beta}{\sum x_k^\alpha} = \frac{2 \cdot \frac{x_1^\beta + x_2^\beta}{2} + (n-2) \cdot \frac{\sum\limits_{k=3}^{n} x_k^\beta}{n-2}}{2 \cdot \frac{x_1^\alpha + x_2^\alpha}{2} + (n-2) \cdot \frac{\sum\limits_{k=3}^{n} x_k^\alpha}{n-2}} \geqslant$$

$$\frac{2 \cdot \frac{x_1^\beta + x_2^\beta}{2} + (n-2) \cdot \frac{\sum\limits_{k=3}^{n} x_k^\beta}{n-2}}{2 \cdot \left(\frac{x_1^\beta + x_2^\beta}{2}\right)^{\frac{\alpha}{\beta}} + (n-2) \cdot \left(\frac{\sum\limits_{k=3}^{n} x_k^\beta}{n-2}\right)^{\frac{\alpha}{\beta}}} =$$

$$\left(\frac{x_1^\beta + x_2^\beta}{2}\right)^{\frac{\beta-\alpha}{\beta}} \cdot \frac{2 + (n-2)t^\beta}{2 + (n-2)t^\alpha} \geqslant m \cdot \left(\frac{x_1^\beta + x_2^\beta}{2}\right)^{\frac{\beta-\alpha}{\beta}}$$

即式(8.3.17) 成立.

式(8.3.8) 可以改写为

$$1 \leqslant \frac{1-\lambda}{\lambda} \cdot \frac{1-\alpha}{\beta-1} \cdot m \qquad (8.3.19)$$

由式(8.3.16),式(8.3.17)和式(8.3.19)得到

$$\left[E\left(\frac{\alpha-1}{\beta},\frac{\beta-1}{\beta};x_1^\beta,x_2^\beta\right)\right]^{\frac{\beta-\alpha}{\beta}}\leqslant\left(\frac{x_1^\beta+x_2^\beta}{2}\right)^{\frac{\beta-\alpha}{\beta}}\leqslant$$

$$\frac{1-\lambda}{\lambda}\cdot\frac{1-\alpha}{\beta-1}\cdot m\cdot\left(\frac{x_1^\beta+x_2^\beta}{2}\right)^{\frac{\beta-\alpha}{\beta}}\leqslant$$

$$\frac{1-\lambda}{\lambda}\cdot\frac{1-\alpha}{\beta-1}\cdot\frac{\sum x_k^\beta}{\sum x_k^\alpha}$$

这正是要证的式(8.3.15).换言之,我们已证 φ 是 $\mathbf{R}_{++}^n$ 上的 $S-$凸函数.

(ⅱ)必要性.现设 φ 是 $\mathbf{R}_{++}^n$ 上的 $S-$凸函数.于是式(8.3.15)对于 $x_1\neq x_2$ 成立.令 $x_1\to 1,x_2\to 1$, $x_k\to t$ 取极限(这儿 $k\geqslant 3$,且 t 为一任意固定的正实数),则式(8.3.15)可归结为

$$1\leqslant\frac{1-\lambda}{\lambda}\cdot\frac{1-\alpha}{\beta-1}\cdot\frac{2+(n-2)t^\beta}{2+(n-2)t^\alpha}\tag{8.3.20}$$

既然式(8.3.20)对于所有的正实数 t 为真,所以式(8.3.19)成立.换言之,式(8.3.8)成立.这就证完了引理 8.3.1. □

引理 8.3.2 设 $n\geqslant 3,0<\alpha<1<\beta$,且

$$m=\min\left\{\frac{2+(n-2)t^\beta}{2+(n-2)t^\alpha},t\in\mathbf{R}_{++}\right\}$$

而 t_0 是方程(8.3.5)的唯一正实根,那么

(a)上述的 m 正是

$$m=\frac{2+(n-2)t_0^\beta}{2+(n-2)t_0^\alpha},t_0\in(0,1)$$

(b)记

$$t_1=\left[\frac{\alpha}{\beta+\left(\frac{n}{2}-1\right)(\beta-\alpha)}\right]^{\frac{1}{\beta}}$$

$$t_2=\left[\frac{\alpha-\beta t_1^{\beta-\alpha}}{\left(\frac{n}{2}-1\right)(\beta-\alpha)}\right]^{\frac{1}{\beta}}$$

我们有

$$\frac{2+(n-2)t_2^{\beta}}{2+(n-2)t_1^{\alpha}}<m<\frac{2+(n-2)t_1^{\beta}}{2+(n-2)t_2^{\alpha}}$$

(c) 极限

$$\lim_{n\to\infty}[(n-2)^{1-\frac{\alpha}{\beta}}\cdot m]=\frac{\beta}{\alpha}\left(\frac{2\alpha}{\beta-\alpha}\right)^{1-\frac{\alpha}{\beta}}$$

证明　(a) 定义函数 $g:\mathbf{R}_{++}\to\mathbf{R}$ 为 $g(t):=\frac{2+(n-2)t^{\beta}}{2+(n-2)t^{\alpha}}$. 容易验证

$$g'(t)=2(n-2)[2+(n-2)t^{\alpha}]^{-2}t^{\alpha-1}h(t) \tag{8.3.21}$$

其中

$$h(t)=\beta t^{\beta-\alpha}+\left[\left(\frac{n}{2}\right)-1\right](\beta-\alpha)t^{\beta}-\alpha$$

结合(8.3.21) 我们得到 $g'(t)h(t)\geqslant 0$, 即 $g'(t)$ 与 $h(t)$ 同号. 但 $h(t)$ 在 $\mathbf{R}_{++}$ 上为严格递增, 而且 $h(0^+)=-\alpha, h(1)=\frac{n(\beta-\alpha)}{2}>0$, 所以, 方程(8.3.5) 具有唯一的正实根 t_0, 且 $t_0\in(0,1)$. 当 $0<t\leqslant t_0$ 时, 有 $h(t)\leqslant h(t_0)=0, g'(t)\leqslant 0$, 由此知道 g 在 $(0,t_0]$ 上为严格递减. 类似地, 有 g 在 $[t_0,+\infty)$ 上为严格递增. 从这些可见

$$m=\min\{g(t),t>0\}=g(t_0)=\frac{2+(n-2)t_0^{\beta}}{2+(n-2)t_0^{\alpha}}$$

(b) 由 $0<t_0<1$ 有 $t_0^{-\alpha}>1$, 于是可得

$$\beta t_0^{\beta} + \left(\frac{n}{2} - 1\right)(\beta - \alpha) t_0^{\beta} - \alpha <$$

$$\beta t_0^{\beta-\alpha} + \left(\frac{n}{2} - 1\right)(\beta - \alpha) t_0^{\beta} - \alpha = 0$$

$$t_0 < \left[\frac{\alpha}{\beta + \left(\frac{n}{2} - 1\right)(\beta - \alpha)}\right]^{\frac{1}{\beta}} = t_1 \tag{8.3.22}$$

和

$$t_0 = \left[\frac{\alpha - \beta t_0^{\beta-\alpha}}{\left(\frac{n}{2} - 1\right)(\beta - \alpha)}\right]^{\frac{1}{\beta}} > \left[\frac{\alpha - \beta t_1^{\beta-\alpha}}{\left(\frac{n}{2} - 1\right)(\beta - \alpha)}\right]^{\frac{1}{\beta}} = t_2 \tag{8.3.23}$$

由式(8.3.22),式(8.3.23) 和(a),我们已证得(b) 为真.

(c) 从式(8.3.22) 与式(8.3.23) 可见

$$\lim_{n\to\infty} t_0 = 0 \tag{8.3.24}$$

容易算出

$$(n-2)^{1-\frac{\alpha}{\beta}} m = \frac{2\beta}{\beta - \alpha} \cdot \frac{1 - t_0^{\beta-\alpha}}{2(n-2)^{\frac{\alpha}{\beta}-1} + \left(\frac{2\alpha - 2\beta t_0^{\beta-\alpha}}{\beta - \alpha}\right)^{\frac{\alpha}{\beta}}} \tag{8.3.25}$$

把式(8.3.24) 和式(8.3.25) 与 $0 < \alpha < \beta$ 结合起来,我们得到

$$\lim_{n\to\infty}\left[(n-2)^{1-\frac{\alpha}{\beta}} \cdot m\right] =$$

$$\frac{2\beta}{\beta - \alpha} \cdot \left(\frac{2\alpha}{\beta - \alpha}\right)^{-\frac{\alpha}{\beta}} = \frac{\beta}{\alpha}\left(\frac{2\alpha}{\beta - \alpha}\right)^{1-\frac{\alpha}{\beta}}$$

这正是我们要证明的结论(c). □

定理 8.3.1 的证明 我们先证明 $\theta = 1$ 时的一种

特殊情况：由引理8.3.1，若$\lambda\leqslant\left[1+\dfrac{\beta-1}{m(1-\alpha)}\right]^{-1}$，那么$\varphi$在$\mathbf{R}_{++}^n$上为$S$－凸函数. 由$\bar{\boldsymbol{x}}\prec\boldsymbol{x}$有$\varphi(\bar{\boldsymbol{x}})\leqslant\varphi(\boldsymbol{x})$，这儿$\bar{\boldsymbol{x}}=(A_n(\boldsymbol{x}),\cdots,A_n(\boldsymbol{x}))\in\mathbf{R}_{++}^n$. 注意$\varphi(\bar{\boldsymbol{x}})=-\ln M_n^{[1]}(\boldsymbol{x})$，所以$\varphi(\bar{\boldsymbol{x}})\leqslant\varphi(\boldsymbol{x})$就是不等式(8.3.1). 由此，$\theta=1$时定理8.3.1成立.

次证当$\theta\neq1$时结论为真：用$0<\alpha/\theta<1<\beta/\theta$与上述的论证，当

$$\lambda\leqslant\left[1+\frac{\frac{\beta}{\theta}-1}{m\left(1-\frac{\alpha}{\theta}\right)}\right]^{-1}=\left[1+\frac{\beta-\theta}{m(\theta-\alpha)}\right]^{-1}$$

时，可得

$$[M_n^{[\frac{\alpha}{\theta}]}(\boldsymbol{x}^\theta)]^{1-\lambda}[M_n^{[\frac{\beta}{\theta}]}(\boldsymbol{x}^\theta)]^\lambda\leqslant M_n^{[1]}(\boldsymbol{x}^\theta)=\frac{1}{n}\sum x_k^\theta \tag{8.3.26}$$

从幂平均的定义和$\theta>0$推断式(8.3.26)等价于不等式(8.3.1)，而式(8.3.1)取等号当且仅当$a_1=\cdots=a_n$，这里

$$m=\min\left\{\frac{2+(n-2)t^{\frac{\beta}{\theta}}}{2+(n-2)t^{\frac{\alpha}{\theta}}},t\in\mathbf{R}_{++}\right\}\xlongequal{t=u^\theta}$$

$$\min\left\{\frac{2+(n-2)u^\beta}{2+(n-2)u^\alpha},u\in\mathbf{R}_{++}\right\}=$$

$$\min\left\{\frac{2+(n-2)t^\beta}{2+(n-2)t^\alpha},t\in\mathbf{R}_{++}\right\}$$

从λ^*的定义知$\lambda^*\geqslant\left[1+\dfrac{\beta-\theta}{m(\theta-\alpha)}\right]^{-1}$，即式(8.3.3)成立. 把此式与引理8.3.1结合，可见式(8.3.3)中的m是由式(8.3.4)和式(8.3.5)确定. 至此，定理8.3.1证毕. □

定理 8.3.2 的证明　证明分三步：

第一步．设 $\lambda=\dfrac{\beta(\theta-\alpha)}{\theta(\beta-\alpha)}$．我们可证式(8.3.2)真：取

$$\frac{\theta(1-\lambda)}{\alpha}=\frac{1}{p},\quad \frac{\theta\lambda}{\beta}=\frac{1}{q}$$

结合已知条件有

$$p=\frac{\beta-\alpha}{\beta-\theta}>1,\quad q=\frac{\beta-\alpha}{\theta-\alpha}>1,\quad \frac{1}{p}+\frac{1}{q}=1$$

用 Hölder 不等式得到

$$\left[\sum(x_k^{\frac{\alpha}{p}})^p\right]^{\frac{1}{p}}\left[\sum(x_k^{\frac{\beta}{q}})^q\right]^{\frac{1}{q}}\geqslant\sum(x_k^{\frac{\alpha}{p}}x_k^{\frac{\beta}{q}}) \tag{8.3.27}$$

从 $\dfrac{\alpha}{p}+\dfrac{\beta}{q}=\theta$，$\left(\dfrac{1}{n}\right)^{\frac{1}{p}}\left(\dfrac{1}{n}\right)^{\frac{1}{q}}=\dfrac{1}{n}$，(8.3.27) 可改写为

$$\left(\frac{1}{n}\sum x_k^{\alpha}\right)^{\frac{\theta(1-\lambda)}{\alpha}}\left(\frac{1}{n}\sum x_k^{\beta}\right)^{\frac{\theta\lambda}{\beta}}\geqslant\frac{1}{n}\sum x_k^{\theta} \tag{8.3.28}$$

显然式(8.3.28)等价于式(8.3.2)．

第二步．设 $\lambda\geqslant\dfrac{\beta(\theta-\alpha)}{\theta(\beta-\alpha)}$，则我们也可证明式(8.3.2)如下：记

$$\lambda_*=\frac{\beta(\theta-\alpha)}{\theta(\beta-\alpha)}$$

从第一步的结论和

$$M_n^{[\alpha]}(\boldsymbol{x})\leqslant M_n^{[\theta]}(\boldsymbol{x})\leqslant M_n^{[\beta]}(\boldsymbol{x})$$

可得

$$[M_n^{[\alpha]}(\boldsymbol{x})]^{1-\lambda}[M_n^{[\beta]}(\boldsymbol{x})]^{\lambda}=$$

$$M_n^{[\alpha]}(\boldsymbol{x})\left[\frac{M_n^{[\beta]}(\boldsymbol{x})}{M_n^{[\alpha]}(\boldsymbol{x})}\right]^{\lambda}\geqslant M_n^{[\alpha]}(\boldsymbol{x})\left[\frac{M_n^{[\beta]}(\boldsymbol{x})}{M_n^{[\alpha]}(\boldsymbol{x})}\right]^{\lambda_*}=$$

$$[M_n^{[\alpha]}(\boldsymbol{x})]^{1-\lambda_*}[M_n^{[\beta]}(\boldsymbol{x})]^{\lambda_*}\geqslant$$

$$M_n^{[\theta]}(\boldsymbol{x})$$

因此式(8.3.2)成立.

第三步. 如果式(8.3.2)成立，我们可证 $\lambda\geqslant\frac{\beta(\theta-\alpha)}{\theta(\beta-\alpha)}$. 取式(8.3.2)中的 $x_1=1$ 并取 $x_k\to 0,(k=2,3,\cdots,n)$ 的极限,则式(8.3.2)可归结为

$$\left(\frac{1}{n}\right)^{\frac{1-\lambda}{\alpha}}\left(\frac{1}{n}\right)^{\frac{\lambda}{\beta}}\geqslant\left(\frac{1}{n}\right)^{\frac{1}{\theta}}\Leftrightarrow\frac{1-\lambda}{\alpha}+\frac{\lambda}{\beta}\leqslant\frac{1}{\theta}\Leftrightarrow$$

$$\lambda\geqslant\frac{\beta(\theta-\alpha)}{\theta(\beta-\alpha)}$$

从上述步骤和 λ_* 的定义,已证式(8.3.6)成立. 从 Hölder 不等式取等号的条件知,式(8.3.2)中的等式成立当且仅当 $x_1=\cdots=x_n$. 至此,定理 8.3.2 证毕. □

推论 8.3.1　设 $\boldsymbol{x}\in\mathbf{R}_{++}^n(n\geqslant 2),0<\alpha<\theta<\beta$,而 t_1 和 t_2 是如引理8.3.2那样定义,$m_0=\frac{2+(n-2)t_2^\beta}{2+(n-2)t_1^\alpha}$,则当 $\lambda\leqslant\left[\frac{1+(\beta-\theta)}{m_0(\theta-\alpha)}\right]^{-1}$ 时不等式(8.3.1)成立.

证明　由引理 8.3.2,我们有 $0<m_0\leqslant m$. 于是

$$\lambda\leqslant\left[1+\frac{\beta-\theta}{m_0(\beta-\alpha)}\right]^{-1}\leqslant\left[1+\frac{\beta-\theta}{m(\beta-\alpha)}\right]^{-1}\Rightarrow$$

$$\lambda\leqslant\left[1+\frac{\beta-\theta}{m(\beta-\alpha)}\right]^{-1}$$

由定理 8.3.1,不等式(8.3.1)成立. □

推论 8.3.2　设 $\boldsymbol{x},\boldsymbol{w}\in\mathbf{R}_{++}^n(n\geqslant 2),0<\alpha<\theta<$

β,那么当 $\lambda \geqslant \dfrac{\beta(\theta-\alpha)}{\theta(\beta-\alpha)}$ 时有不等式

$$[M_n^{[\alpha]}(\boldsymbol{x},\boldsymbol{w})]^{1-\lambda}[M_n^{[\beta]}(\boldsymbol{x},\boldsymbol{w})]^{\lambda} \geqslant M_n^{[\theta]}(\boldsymbol{x},\boldsymbol{w}) \tag{8.3.29}$$

其中 $M_n^{[r]}(\boldsymbol{x},\boldsymbol{w})$ 是 r 阶的加权幂平均.

证明 若 $\boldsymbol{w}=(w_1,w_2,\cdots,w_n)$,而每个分量 w_k $(k=1,2,\cdots,n)$ 为正整数,显然,式(8.3.29)成立;若每个 w_k 为有理数,则存在正整数 N 使得 $N\boldsymbol{w}=(Nw_1,\cdots,Nw_n)$ 的每个分量为正整数,从 $M_n^{[r]}(\boldsymbol{x},\boldsymbol{w})\equiv M_n^{[r]}(\boldsymbol{x},N\boldsymbol{w})$ 和定理 8.3.2 可推出式(8.3.29);因为 $M_n^{[r]}(\boldsymbol{x},\boldsymbol{w})$ 是关于 $\boldsymbol{w}$ 的连续函数,而无理分量 w_k 可用有理分量来逼近,故当某些 w_k 为无理分量时式(8.3.29)仍真.证毕. □

推论 8.3.3(Hardy 不等式之推广) 设 $\boldsymbol{x}\in\mathbf{R}_{++}^n(n\geqslant 2)$,$0<\alpha<1<\beta$,$\lambda_n\leqslant\left[1+\dfrac{\beta-1}{m(1-\alpha)}\right]^{-1}$,且设 $p>1$,$\sum\limits_{n=1}^{\infty}x_n^p<+\infty$,令

$$m=\min\left\{\frac{2+(n-2)t^{\beta}}{2+(n-2)t^{\alpha}},t\in\mathbf{R}_{++}\right\}$$

则

$$\sum_{n=1}^{\infty}\{[M_n^{[\alpha]}(\boldsymbol{x})]^{1-\lambda_n}[M_n^{[\beta]}(\boldsymbol{x})]^{\lambda_n}\}^p<\left(\frac{p}{1-p}\right)^p\sum_{n=1}^{\infty}\left(1-\frac{C_p}{2n^{1-\frac{1}{p}}}\right)x_n^p \tag{8.3.30}$$

其中

$$C_p=\begin{cases}1-(1-p^{-1})^{p-1},p\geqslant 2\\ 1-p^{-1},1<p<2\end{cases}$$

证明　由定理 8.3.1 有

$$[(M_n^{[\alpha]}(\boldsymbol{x}))^{1-\lambda_n}(M_n^{[\beta]}(\boldsymbol{x}))^{\lambda_n}]^p \leqslant$$
$$(M_n^{[1]}(\boldsymbol{x}))^p = \left(\frac{1}{n}\sum_{k=1}^{\infty} x_k\right)^p \tag{8.3.31}$$

据文[242]中的定理，由式(8.3.31)得到

$$\sum_{n=1}^{\infty}[(M_n^{[\alpha]}(\boldsymbol{x}))^{1-\lambda_n}(M_n^{[\beta]}(\boldsymbol{x}))^{\lambda_n}]^p \leqslant$$
$$\sum_{n=1}^{\infty}\left(\frac{1}{n}\sum_{k=1}^{n} x_k\right)^p <$$
$$\left(\frac{p}{1-p}\right)^p \sum_{n=1}^{\infty}\left(1-\frac{c_p}{2n^{1-\frac{1}{p}}}\right)x_n^p$$

所以式(8.3.30)成立.

注 8.3.1　取极限而令 $\alpha \to 1$ 和 $\beta \to 1$ 时，式(8.3.30)可化为 Hardy 不等式的加强结果[242]，即

$$\sum_{n=1}^{\infty}\left(\frac{1}{n}\sum_{k=1}^{n} x_k\right)^p < \left(\frac{p}{1-p}\right)^p \sum_{n=1}^{\infty}\left(1-\frac{C_p}{2n^{1-\frac{1}{p}}}\right)x_n^p$$

基于上述事实，所以(8.3.30)是著名的 Hardy 不等式

$$\sum_{n=1}^{\infty}\left(\frac{1}{n}\sum_{k=1}^{n} x_k\right)^p < \left(\frac{p}{1-p}\right)^p \sum_{n=1}^{\infty} x_n^p$$

的一种推广与加强.

推论 8.3.4　设 $f, f^r(r>0)$ 和 w 是区间 I 上的三个正的可积函数，且 $0<\alpha<\theta<\beta$，则当 $\lambda \geqslant \dfrac{\beta(\theta-\alpha)}{\theta(\beta-\alpha)}$ 时，有[3]24-25

$$(M^{[\alpha]}(f,w,I))^{1-\lambda}(M^{[\beta]}(f,w,I))^{\lambda} \geqslant M^{[\theta]}(f,w,I) \tag{8.3.32}$$

其中

$$M^{[r]}(f,w,I):=\left\{\frac{\int_I w(x)\,[f(x)]^r\mathrm{d}x}{\int_I w(x)\mathrm{d}x}\right\}^{\frac{1}{r}}$$

下面假设 $\boldsymbol{A}$ 是复数域上的 $n\times n(n\geqslant 2)$ 的正定 Hermite 矩阵，而 $\lambda_1,\cdots,\lambda_n$ 是其特征值. 则存在酉矩阵 $\boldsymbol{U}$ 使得 $\boldsymbol{A}=\boldsymbol{U\Lambda U}^*$，这里 $\boldsymbol{\Lambda}=\mathrm{diag}(\lambda_1,\lambda_2,\cdots,\lambda_n)$ 为对角阵，$\boldsymbol{U}^*$ 为 $\boldsymbol{U}$ 的转置共轭阵. 矩阵 $\boldsymbol{A}^r:=\boldsymbol{U\Lambda}^r\boldsymbol{U}^*$ 称为 $\boldsymbol{A}$ 的 r 次幂，其中 $\boldsymbol{\Lambda}^r=\mathrm{diag}(\lambda_1^r,\lambda_2^r,\cdots,\lambda_n^r)$，$r\in\mathbf{R}$. 基于此，给出矩阵 $\boldsymbol{A}$ 的特征值的 r 阶的幂平均定义如下

$$M_n^{[r]}(\boldsymbol{A}):=(n^{-1}\cdot\mathrm{tr}\,\boldsymbol{A}^{r^{\frac{1}{r}}})^{\frac{1}{r}}$$

这里 $\mathrm{tr}\,\boldsymbol{A}^r$ 是矩阵 $\boldsymbol{A}^r$ 的迹. 结合上述定义与结果，可得下面推论：

推论 8.3.5 设 $\boldsymbol{A}$ 是 $n(n\geqslant 2)$ 阶的正定 Hermite 矩阵，$0<\alpha<\theta<\beta$，而 m 由定理 8.3.1 定义，则当 $p\leqslant\left[1+\dfrac{(\beta-\theta)}{m(\theta-\alpha)}\right]^{-1}$，$q\geqslant\dfrac{\beta(\theta-\alpha)}{\theta(\beta-\alpha)}$ 时，有

$$\begin{aligned}&[M_n^{[\alpha]}(\boldsymbol{A})]^{1-p}\,[M_n^{[\beta]}(\boldsymbol{A})]^p\leqslant M_n^{[\theta]}(\boldsymbol{A})\leqslant\\&[M_n^{[\alpha]}(\boldsymbol{A})]^{1-q}\,[M_n^{[\beta]}(\boldsymbol{A})]^q\end{aligned}\tag{8.3.33}$$

事实上，如果 $\lambda_1,\cdots,\lambda_n$ 是 $\boldsymbol{A}$ 的特征值，从 $\boldsymbol{A}^r$ 和迹的定义得到 $\boldsymbol{A}^r$ 的迹为

$$\mathrm{tr}\,\boldsymbol{A}^r=\lambda_1^r+\lambda_2^r+\cdots+\lambda_n^r$$

因此，对于 $\boldsymbol{\lambda}=(\lambda_1,\lambda_2,\cdots,\lambda_n)$，我们有

$$M_n^{[r]}(\boldsymbol{A})=\left(n^{-1}\cdot\sum\lambda_k^r\right)^{\frac{1}{r}}\tag{8.3.34}$$

结合式(8.3.34)与定理 8.3.1 和定理 8.3.2，可知式(8.3.33)成立，且取等式成立当且仅当 $\lambda_1=\lambda_2=\cdots=\lambda_n$.

问题 8.3.1 基于前面研究.我们自然要问:既然不等式(8.3.2)对于$\lambda \geqslant \lambda_* = \dfrac{\beta(\theta-\alpha)}{\theta(\beta-\alpha)}$成立;对于定理 8.3.1 中的$\lambda^*$,我们能够找到$\lambda^*$的一个(初等或非初等的)具体表达式吗?

注 8.3.1 借助于文[243]的结果,当$n=2,\alpha=0,\beta=1,\theta=\dfrac{1}{3}$时,我们能够证明式(8.3.3)中的等式成立.

定理 8.3.1 给出使式(8.3.1)成立的λ的最大值λ^*的一个上界估计,如式(8.3.3)所示,但未给出λ^*的(初等的或非初等的)具体表达式. 2008 年,董艳[341]用分析的手段得到如下结果:

定理 8.3.3 设$\boldsymbol{x} \in \mathbf{R}_{++}^n (n \geqslant 2), 0<\alpha<\theta<\beta$,而$\lambda^*$是使式(8.3.1)成立的所有实数$\lambda$的最大值,则

$$\lambda^* = \min_{\substack{r+s \leqslant n \\ 0 \leqslant t<1}} \left\{ \frac{\ln M_n^{[\theta]}(\boldsymbol{x}^*) - \ln M_n^{[\alpha]}(\boldsymbol{x}^*)}{\ln M_n^{[\beta]}(\boldsymbol{x}^*) - \ln M_n^{[\alpha]}(\boldsymbol{x}^*)} \middle| \boldsymbol{x}^* = (\underbrace{t,\cdots,t}_{r}, \underbrace{1,\cdots,1}_{s}, \underbrace{0,\cdots,0}_{n-r-s}), r,s \in \mathbf{N} \right\} \tag{8.3.35}$$

8.4 n 元平均商的 p 阶 Schur-幂凸性

许谦[342]研究了算术平均$A(a)$和几何平均$G(a)$之商的p阶S-幂凸性,得到如下结果.

定理 8.4.1 设$n=2$:

(a) 若$\alpha>1$,则$\dfrac{A^\alpha(a)}{G(a)}$为$p$阶$S$-幂凸函数当且

仅当 $p \leqslant \frac{\alpha}{\alpha-1}$；

(b) 若 $\alpha=1$，则对于任何实数 p，$\frac{A^{\alpha}(a)}{G(a)}$ 都为 p 阶 S－幂凸函数；

(c) 若 $\frac{1}{2} \leqslant \alpha < 1$，则 $\frac{A^{\alpha}(a)}{G(a)}$ 为 p 阶 S－幂凸函数当且仅当 $p \geqslant -\frac{\alpha}{1-\alpha}$；

(d) 若 $0 < \alpha < \frac{1}{2}$，则 $\frac{A^{\alpha}(a)}{G(a)}$ 为 p 阶 S－幂凸函数当且仅当 $p \geqslant 0$.

定理 8.4.2 设 $n=2$：

(a) 若 $\alpha > \frac{1}{2}$，则对于任何实数 p，$\frac{A^{\alpha}(a)}{G(a)}$ 不可能为 p 阶 S－幂凹函数；

(b) 若 $0 < \alpha \leqslant \frac{1}{2}$，则 $\frac{A^{\alpha}(a)}{G(a)}$ 为 p 阶 S－幂凹函数当且仅当 $p \leqslant -\frac{\alpha}{1-\alpha}$.

定理 8.4.3 设 $n \geqslant 3$：

(a) 若 $\alpha > \frac{2}{n}$，则 $\frac{A^{\alpha}(a)}{G(a)}$ 为 p 阶 S－幂凸函数当且仅当 $0 \leqslant p \leqslant \frac{\alpha n}{\alpha n-2}$；

(b) 若 $0 < \alpha \leqslant \frac{2}{n}$，则 $\frac{A^{\alpha}(a)}{G(a)}$ 为 p 阶 S－幂凸函数当且仅当 $p \geqslant 0$.

定理 8.4.4 设 $n \geqslant 3$：

(a) 若 $\alpha > \frac{1}{n}$，对于任何实数 p，$\frac{A^{\alpha}(a)}{G(a)}$ 都不可能

为 p 阶 S — 幂凹函数；

(b) 若 $0 < \alpha \leqslant \frac{1}{n}$，则 $\frac{A^{\alpha}(a)}{G(a)}$ 为 p 阶 S — 幂凹函数当且仅当 $p \leqslant -\frac{n\alpha}{2-n\alpha}$.

推论 8.4.1　(a) 若 $\alpha > \frac{2}{n}$，$0 \leqslant p \leqslant \frac{\alpha n}{\alpha n-2}$，则 $A^{\alpha}(a) \geqslant G(a)M_p^{\alpha-1}(a)$；

(b) 若 $0 < \alpha \leqslant \frac{1}{n}$，$p = -\frac{n\alpha}{2-n\alpha}$，则

$$A^{\alpha}(a) \leqslant G(a)M_p^{\alpha-1}(a) \tag{8.4.1}$$

其中 $M_p(a)$ 为 a 的 p 次幂平均.

注 8.4.1　在式(8.4.1)中令 $\alpha = \frac{1}{n}$，可得著名的 Sierpiński 不等式(见[150],[2])

$$G^n(a) \geqslant A(a)H^{n-1}(a)$$

张小明和许谦[343]还研究了算术平均 $A(a)$ 和调和平均 $H(a)$ 之商的 p 阶 S — 幂凸性，得到如下结果.

定理 8.4.5　设 $n=2$：

(a) 若 $\alpha > 1$，则 $\frac{A^{\alpha}(a)}{H(a)}$ 为 p 阶 S — 幂凸函数当且仅当 $p \leqslant \frac{\alpha+1}{\alpha-1}$；

(b) 若 $\alpha = 1$，则对于任何实数 p，$\frac{A^{\alpha}(a)}{H(a)}$ 都为 p 阶 S — 幂凸函数；

(c) 若 $0 < \alpha < 1$，则 $\frac{A^{\alpha}(a)}{H(a)}$ 为 p 阶 S — 幂凸函数当且仅当 $p \geqslant -\frac{\alpha+1}{1-\alpha}$；

(d) 若 $\alpha>0$,对于任意实数 p,$\dfrac{A^{\alpha}(a)}{H(a)}$ 都不可能为 p 阶 S－幂凹函数.

定理 8.4.6 若 $n\geqslant 3$,$\alpha>0$:

(a) 则 $\dfrac{A^{\alpha}(a)}{H(a)}$ 为 p 阶 S－幂凸函数当且仅当 $-1\leqslant p\leqslant 1$;

(b) 对于任意实数 p,$\dfrac{A^{\alpha}(a)}{H(a)}$ 都不可能为 p 阶 S－幂凹函数.

张小明[344] 研究了算术平均 $A(a)$ 和几何平均 $G(a)$ 之积的 p 阶 S－幂凸性,得到如下结果.

定理 8.4.7 设 $\alpha>0$,

(a) $A^{\alpha}(a)G(a)$ 为 p 阶 S－幂凸函数当且仅当 $p\leqslant 0$;

(b) $A^{\alpha}(a)G(a)$ 为 p 阶 S－幂凹函数当且仅当 $p\geqslant\dfrac{\alpha}{\alpha+2}$.

定理 8.4.8 设 $\alpha>0$,

(a) 若 $n=2$,$\alpha\geqslant 1$,则 $A^{\alpha}(a)H(a)$ 为 p 阶 S－幂凸函数当且仅当 $p\leqslant 0$;

(b) 若 $n=2$,$0<\alpha<1$,则 $A^{\alpha}(a)H(a)$ 为 p 阶 S－幂凸函数当且仅当 $p\leqslant -\dfrac{1-\alpha}{1+\alpha}$;

(c) 若 $n\geqslant 3$,则 $A^{\alpha}(a)H(a)$ 为 p 阶 S－幂凸函数当且仅当 $p\leqslant -1$.

定理 8.4.9 设 $\alpha>0$,

(a) 若 $n=2$,$\alpha\geqslant 1$,则 $A^{\alpha}(a)H(a)$ 为 p 阶 S－幂凹函数当且仅当 $p\geqslant 0$;

(b) 若 $n=2, 0<\alpha<1$，则 $A^{\alpha}(a)H(a)$ 为 p 阶 $S-$ 幂凹函数当且仅当 $p\leqslant-\dfrac{1-\alpha}{1+\alpha}$；

(c) 若 $n\geqslant 3$，则 $A^{\alpha}(a)H(a)$ 为 p 阶 $S-$ 幂凹函数当且仅当 $p\geqslant 1$.

8.5 Bonferroni 平均的 Schur 凸性

对于任意的 $\boldsymbol{x}=(x_1,x_2,\cdots,x_n)\in\mathbf{R}_{++}^n$，1950 年，Bonferroni[624] 定义了一类 n 元平均

$$B_n^{pq}(\boldsymbol{x})=\left[\frac{1}{n(n-1)}\sum_n x_i^p x_j^q\right]^{\frac{1}{p+q}} \quad (8.5.1)$$

其中 $p,q\in\mathbf{R}$ 且 $p+q\neq 0$.

Bonferroni 平均蕴含着多种类型平均，例如

$$B_n^{p0}(\boldsymbol{x})=\left(\frac{1}{n}\sum_{i=1}^n x_i^p\right)^{\frac{1}{p}} \quad (8.5.2)$$

为 n 元幂平均

$$B_2^{pq}(\boldsymbol{x})=M(p,q;x_1,x_2)=\left(\frac{x_1^p x_2^q+x_1^q x_2^p}{2}\right)^{\frac{1}{p+q}} \quad (8.5.3)$$

是二元 Muirhead 平均（第七章第 5 节）.

最近王东生，石焕南[630] 研究了当 $n\geqslant 3$ 时，Bonferroni 平均的 Schur 凸性、Schur 几何凸性和 Schur 调和凸性.得到如下结果.

定理 8.5.1 对于 $n\geqslant 3$，

(1) 当 $0\leqslant q\leqslant p\leqslant 1$ 且 $p+q\neq 0$，$p-q\leqslant\sqrt{p+q}$ 时，$B_n^{pq}(x)$ 在 $\mathbf{R}_{++}^n$ 上 $S-$ 凹；

(2) 当 $q \leqslant p \leqslant 0$ 且 $p+q \neq 0$ 时，$B_n^{pq}(x)$ 在 $\mathbf{R}_{++}^n$ 上 S－凹；

(3) 当 $p \geqslant 1, q \leqslant 0$ 且 $p+q < 0$ 时，$B_n^{pq}(x)$ 在 $\mathbf{R}_{++}^n$ 上的 S－凹；

(4) 当 $p \geqslant 1, q \leqslant 0$ 且 $p+q > 0$ 时，$B_n^{pq}(x)$ 在 $\mathbf{R}_{++}^n$ 上的 S－凸.

定理 8.5.2 对于 $n \geqslant 3$，

(1) 当 $p+q > 0$ 时，$B_n^{pq}(x)$ 在 $\mathbf{R}_{++}^n$ 上 S－几何凸；

(2) 当 $p+q < 0$ 时，$B_n^{pq}(x)$ 在 $\mathbf{R}_{++}^n$ 上 S－几何凹.

定理 8.5.3 对于 $n \geqslant 3$，

(1) 当 $p \geqslant q \geqslant 0$ 且 $p+q \neq 0$ 时，$B_n^{pq}(x)$ 在 $\mathbf{R}_{++}^n$ 上 S－调和凸；

(2) 当 $0 \geqslant p \geqslant q \geqslant -1$，且 $p+q \neq 0$，$(p-q)^2 + p+q \leqslant 0$ 时，$B_n^{pq}(x)$ 在 $\mathbf{R}_{++}^n$ 上 S－调和凸；

(3) 当 $p \geqslant 0, q \leqslant -1$，且 $p+q > 0$ 时，$B_n^{pq}(x)$ 在 $\mathbf{R}_{++}^n$ 上 S－调和凸；

(4) 当 $p \geqslant 0, q \leqslant -1$，且 $p+q < 0$ 时，$B_n^{pq}(x)$ 在 $\mathbf{R}_{++}^n$ 上 S－调和凹.

作为应用，王东生，石焕南得到如下有关 Bonferroni 平均的不等式.

定理 8.5.4 对于 $\boldsymbol{x} = (x_1, x_2, \cdots, x_n) \in \mathbf{R}_{++}^n$，$n \geqslant 3$，当 $0 < q \leqslant p \leqslant 1$ 且 $p+q \neq 0$，$p-q \leqslant \sqrt{p+q}$ 或 $q \leqslant p < 0$ 或 $p+q < 0$ 且 $p \geqslant 1, q \leqslant 0$ 时，有

$$B_n^{pq}(x) \leqslant A_n(x) \tag{8.5.4}$$

当 $p \geqslant 1, q \leqslant 0$，且 $(p-q)^2 \geqslant p+q > 0$ 时，不等式 (8.5.4) 反向成立. 其中 $A_n(x) = \frac{1}{n}\sum_{i=1}^{n} x_i$.

定理 8.5.5 对于 $\boldsymbol{x} = (x_1, x_2, \cdots, x_n) \in \mathbf{R}_{++}^n$，

$n\geqslant 3$，若常数c满足$0<c<\min x_i, i=1,2\cdots n$，则当$0<q\leqslant p\leqslant 1$且$p+q\neq 0, p-q\leqslant\sqrt{p+q}$或$q\leqslant p<0$或$p+q<0$且$p\geqslant 1, q\leqslant 0$时，有

$$B_n^{pq}(\boldsymbol{x}-c)\leqslant\left(1-\frac{c}{A_n(\boldsymbol{x})}\right)B_n^{pq}(\boldsymbol{x}) \quad (8.5.5)$$

当$p\geqslant 1, q\leqslant 0$，且$(p-q)^2\geqslant p+q>0$时，不等式式(8.5.5)反向成立．其中$A_n(\boldsymbol{x})=\frac{1}{n}\sum_{i=1}^{n}x_i$.

定理8.5.6　对于$\boldsymbol{x}=(x_1,x_2,\cdots x_n)\in\mathbf{R}_{++}^n, n\geqslant 3$，有

$$B_n^{pq}(x)\geqslant G_n(x) \quad (8.5.6)$$

其中$G_n(\boldsymbol{x})=\sqrt{\prod_{i=1}^{n}x_i}, i=1,2\cdots,n$

定理8.5.7　对于$\boldsymbol{x}=(x_1,x_2,\cdots,x_n)\in\mathbf{R}_{++}^n$，$n\geqslant 3$，当$p\geqslant q\geqslant 0$且$p+q\neq 0$时，有

$$B_n^{pq}(\boldsymbol{x})\geqslant H_n(\boldsymbol{x}) \quad (8.5.7)$$

其中$H_n(\boldsymbol{x})=\frac{n}{\sum_{i=1}^{n}\frac{1}{x_i}}$.

对于任意的$\boldsymbol{x}=(x_1,x_2,\cdots x_n)\in\mathbf{R}_{+}^n$，$n$元几何Bonferroni[625]平均定义如下

$$GB^{p,q}(\boldsymbol{x})=\frac{1}{p+q}\prod_{n}(px_i+qx_j)^{\frac{1}{n(n-1)}}$$

(8.5.8)

其中$p,q>0$．特别，$GB^{p,0}(\boldsymbol{x})=\sqrt[n]{\prod_{i=1}^{n}x_i}=G(x)$为几何平均．

石焕南，王东生研究了几何Bonferroni平均的Schur凸性，Schur几何凸性和Schur调和凸性．得到如

下结果.

定理 8.5.8 对于 $p,q>0$,$GB^{p,q}(\boldsymbol{x})$ 在 $\mathbf{R}_{++}^n$ 上 $S-$凹,$S-$几何凸和 $S-$调和凸.

石焕南,王东生还研究了如下含三参数的几何 Bonferroni 平均[628]

$$GGB^{p,q,r}(\boldsymbol{x})=\frac{1}{p+q}\prod_{n}(px_i+qx_j+rx_k)^{\frac{1}{n(n-1)(n-2)}} \tag{8.5.9}$$

得到如下结果.

定理 8.5.9 对于 $p,q>0$,$GGB^{p,q}(\boldsymbol{x})$ 在 $\mathbf{R}_{++}^n$ 上 $S-$凹,$S-$几何凸和 $S-$调和凸.

第九章　Schur 凸函数与几何不等式

第
九
章

9.1　Schur 凸函数与三角形不等式

9.1.1　三角形中的控制关系

设 A,B,C 表示三角形 ABC 的三内角，三角对应角平分线为 $\omega_a,\omega_b,\omega_c$，$a,b,c$ 表示三角形 ABC 的三条边，三边对应高分别为 h_a,h_b,h_c，三边对应中线分别为 m_a,m_b,m_c，对应傍切圆半径为 r_a,r_b,r_c，内切圆半径为 r，外接圆半径为 R，$s=\frac{1}{2}(a+b+c)$ 为半周长，又记 $s_a=2(s-a)$，$s_b=2(s-b)$，$s_c=2(s-c)$.

定理 9.1.1[1]　对于任意三角形,有

$$\left(\frac{\pi}{3},\frac{\pi}{3},\frac{\pi}{3}\right)\prec\left(\frac{\pi-A}{2},\frac{\pi-B}{2},\frac{\pi-C}{2}\right)\prec(A,B,C)\prec\prec(\pi,0,0)\tag{9.1.1}$$

对于锐角三角形,有

$$\left(\frac{\pi}{3},\frac{\pi}{3},\frac{\pi}{3}\right)\prec(A,B,C)\prec\prec\left(\frac{\pi}{2},\frac{\pi}{2},0\right)\tag{9.1.2}$$

对于钝角三角形,有

$$\left(\frac{\pi}{2},\frac{\pi}{4},\frac{\pi}{4}\right)\prec(A,B,C)\prec\prec(\pi,0,0)\tag{9.1.3}$$

定理 9.1.2[345]136　设三角形 ABC 满足 $A\leqslant B\leqslant C$,又有三角形 PQR 满足 $P\geqslant C\geqslant Q\geqslant B$,则 $A\geqslant R$ 且 $(P,Q,R)\prec\prec(A,B,C)$.

定理 9.1.3[1]　对于任意三角形,有

$$\left(\frac{2s}{3},\frac{2s}{3},\frac{2s}{3}\right)\prec(a,b,c)\prec\prec(s,s,0)\tag{9.1.4}$$

$$\left(\frac{a+b}{2},\frac{b+c}{2},\frac{c+a}{2}\right)\prec(a,b,c)\prec(s_a,s_b,s_c)\tag{9.1.5}$$

对于钝角三角形,有

$$((\sqrt{2}-1)2s,(2-\sqrt{2})s,(2-\sqrt{2})s)\prec(a,b,c)\prec\prec(s,s,0)\tag{9.1.6}$$

定理 9.1.4　对于任意三角形,有

$$\left(\frac{1}{2},\frac{1}{2},\frac{1}{2}\right)\prec_w\left(\frac{a}{b+c},\frac{b}{c+a},\frac{c}{a+b}\right)\tag{9.1.7}$$

$$(2,2,2) \prec_w \left(\frac{a+b}{c},\frac{c+a}{b},\frac{b+c}{a}\right) \quad (9.1.8)$$

$$(1,1,1) \prec_w \left(\frac{a}{\sqrt{bc}},\frac{b}{\sqrt{ac}},\frac{c}{\sqrt{ab}}\right) \quad (9.1.9)$$

证明　不妨设 $a \geqslant b \geqslant c$，则 $\frac{1}{b+c} \geqslant \frac{1}{a+c} \geqslant \frac{1}{a+b}$，从而 $\frac{a}{b+c} \geqslant \frac{b}{a+c} \geqslant \frac{c}{a+b}$. 因 $\frac{a}{b+c} \geqslant \frac{a}{a+a} = \frac{1}{2}$，又 $\frac{a}{b+c}+\frac{b}{a+c} \geqslant \frac{1}{2}+\frac{1}{2}=1$ 等价于明显的不等式 $a^2+b^2 \geqslant ab+c^2$，再由熟知的不等式

$$\frac{a}{b+c}+\frac{b}{a+c}+\frac{c}{a+b} \geqslant \frac{3}{2}$$

即知式(9.1.7)成立.

由 $a \geqslant b \geqslant c$ 有 $\frac{a+b}{c} \geqslant \frac{a+c}{b} \geqslant \frac{b+c}{a}$. 因 $\frac{a+b}{c} \geqslant \frac{c+c}{c}=2$，又不难验证 $\frac{a+b}{c}+\frac{a+c}{b} \geqslant 4$ 等价于 $(b-c)^2+b(a-c)+c(a-b) \geqslant 0$，再由熟知的不等式[2]

$$\frac{a+b}{c}+\frac{a+c}{b}+\frac{b+c}{a} \geqslant 6$$

即知式(9.1.8)成立.

由式(1.3.24)知式(9.1.9)成立. □

定理 9.1.5[1]　对于任意三角形，有

$$\left(\frac{1}{3r},\frac{1}{3r},\frac{1}{3r}\right) \prec \left(\frac{1}{h_a},\frac{1}{h_b},\frac{1}{h_c}\right) \prec\prec \left(\frac{1}{2r},\frac{1}{2r},0\right) \quad (9.1.10)$$

$$\left(\frac{1}{h_a},\frac{1}{h_b},\frac{1}{h_c}\right) \prec \left(\frac{1}{r_a},\frac{1}{r_b},\frac{1}{r_c}\right) \prec \left(\frac{1}{r},0,0\right) \quad (9.1.11)$$

$$(1,1,1)\prec_w\left(\frac{r_a}{h_a},\frac{r_b}{h_b},\frac{r_c}{h_c}\right)\qquad(9.1.12)$$

对于钝角三角形,有

$$\left(\frac{\sqrt{2}-1}{r},\frac{2-\sqrt{2}}{2r},\frac{2-\sqrt{2}}{2r}\right)\prec\left(\frac{1}{h_a},\frac{1}{h_b},\frac{1}{h_c}\right)\prec\prec\left(\frac{1}{2r},\frac{1}{2r},0\right)\qquad(9.1.13)$$

$$\left(\frac{\sqrt{2}-1}{r},\frac{\sqrt{2}-1}{r},\frac{3-2\sqrt{2}}{r}\right)\prec\left(\frac{1}{r_a},\frac{1}{r_b},\frac{1}{r_c}\right)\prec\prec\left(\frac{1}{r},0,0\right)\qquad(9.1.14)$$

定理 9.1.6[22] 对任意 $t\geqslant 1$

$$\left(\frac{\sqrt{3}}{2}\right)^t(a^t,b^t,c^t)\prec_w(r_a^t,r_b^t,r_c^t)\qquad(9.1.15)$$

$$(m_a^t,m_b^t,m_c^t)\prec_w(r_a^t,r_b^t,r_c^t)\qquad(9.1.16)$$

定理 9.1.7 对于任意三角形,有

$$(m_a,m_b,m_c)\prec_w(a,b,c)\qquad(9.1.17)$$

证明 注意

$$m_a<\frac{1}{2}(a+b)\leqslant a$$

$$m_b<\frac{1}{2}(b+c)\leqslant b$$

$$m_c<\frac{1}{2}(c+a)\leqslant c$$

不难验证式(9.1.17)成立.

定理 9.1.8 对于任意三角形,有

$$(\ln\omega_b\omega_c,\ln\omega_c\omega_a,\ln\omega_a\omega_b)\prec_w(\ln\omega_a r_a,\ln\omega_b r_b,\ln\omega_c r_c)\qquad(9.1.18)$$

$$(\ln h_b h_c, \ln h_c h_a, \ln h_a h_b) \prec_w (\ln h_a r_a, \ln h_b r_b, \ln h_c r_c) \quad (9.1.19)$$

证明　这里给出刘健的证明. 只证式(9.1.18)，类似地可证式(9.1.19). 不妨设 $a \geqslant b \geqslant c$，则 $\omega_a \geqslant \omega_b \geqslant \omega_c$，进而 $\omega_a\omega_b \geqslant \omega_a\omega_c \geqslant \omega_b\omega_c$，为证式(9.1.19)，我们只需证：

(ⅰ) $\omega_a r_a \geqslant \omega_b r_b \geqslant \omega_c r_c$；

(ⅱ) $\omega_b\omega_c \leqslant \omega_a r_a$；

(ⅲ) $(\omega_b\omega_c)(\omega_c\omega_a) \leqslant (\omega_a r_a)(\omega_b r_b)$；

(ⅳ) $(\omega_b\omega_c)(\omega_a\omega_c)(\omega_a\omega_b) \leqslant (\omega_a r_a)(\omega_b r_b)(\omega_c r_c)$.

由

$$\omega_a = \frac{2\sqrt{bcs(s-a)}}{b+c}, r_a = \sqrt{\frac{s(s-b)(s-c)}{s-a}}$$

易知 $\omega_a r_a \geqslant \omega_b r_b$ 等价于

$$\sqrt{\frac{b(s-b)}{a(s-a)}} \geqslant \frac{b+c}{a+c}$$

而由 $b(s-b) \geqslant a(s-a)$，$a+c \geqslant b+c$ 知上式成立，类似地可证 $\omega_b r_b \geqslant \omega_c r_c$，故(ⅰ)成立. 易见 $\omega_b\omega_c \leqslant \omega_a r_a$ 等价于 $(c+a)(a+b) \geqslant 2a(b+c)$，即 $(a-c)(a+b) \geqslant 0$，故(ⅱ)成立. 最后由 $\omega_a^2 \leqslant r_a r_b$，$\omega_b^2 \leqslant r_b r_c$，$\omega_c^2 \leqslant r_a r_c$ 可证得(ⅲ)和(ⅳ)成立. □

定理 9.1.9[陈计]　对于任意三角形，有

$$(\ln m_a, \ln m_b, \ln m_c) \prec^w (\ln r_a, \ln r_b, \ln r_c) \quad (9.1.20)$$

定理 9.1.10　设 P 是三角形 ABC 内或边上任一点，记 $PA = R_a$，$PB = R_b$，$PC = R_c$，则

$$(R_a, R_b, R_c) \prec_w (a, b, c) \quad (9.1.21)$$

9.1.2 某些三角形内角不等式的控制证明

在本节中,符号 Σ 表循环和,Π 表循环积.

定理 9.1.11[346] 设三角形 ABC 的内切圆半径为 r,外接圆半径为 R,半周长为 s,则

$$\frac{r}{4R}\leqslant\sum\sin\frac{A}{2}\sin\frac{B}{2}\leqslant\frac{5}{8}+\frac{r}{4R}\text{(任意三角形)}\tag{9.1.22}$$

$$\frac{1}{2}+\frac{r}{4R}\leqslant\sum\sin\frac{A}{2}\sin\frac{B}{2}\leqslant\frac{5}{8}+\frac{r}{4R}\text{(锐角三角形)}\tag{9.1.23}$$

$$\frac{r}{4R}\leqslant\sum\sin\frac{A}{2}\sin\frac{B}{2}\leqslant\frac{1}{4}\left(2\sqrt{4-2\sqrt{2}}+3-2\sqrt{2}\right)+\frac{r}{4R}\text{(钝角三角形)}\tag{9.1.24}$$

$$1+\frac{p}{4R}\leqslant\sum\cos\frac{A}{2}\cos\frac{B}{2}\leqslant\frac{9}{4}-\frac{3\sqrt{3}}{8}+\frac{s}{4R}\text{(任意三角形)}\tag{9.1.25}$$

$$\sqrt{2}+\frac{s}{4R}\leqslant\sum\cos\frac{A}{2}\cos\frac{B}{2}\leqslant\frac{9}{4}-\frac{3\sqrt{3}}{8}+\frac{s}{4R}\text{(锐角三角形)}\tag{9.1.26}$$

$$1+\frac{s}{4R}\leqslant\sum\cos\frac{A}{2}\cos\frac{B}{2}\leqslant\frac{1}{4}\left(1+2\sqrt{4+2\sqrt{2}}\right)+\frac{s}{4R}\text{(钝角三角形)}\tag{9.1.27}$$

$$1+\frac{s^2}{4R^2}\leqslant\sum\cos^2\frac{A}{2}\cos^2\frac{B}{2}\leqslant$$

$$\frac{81}{64}+\frac{s^2}{16R^2}\text{（锐角三角形）}\qquad(9.1.28)$$

$$\frac{1}{4}\left(1-\frac{r}{2R}\right)\leqslant\sum\sin^2\frac{A}{2}\sin^2\frac{B}{2}\leqslant$$

$$\frac{1}{4}\left(\frac{7}{4}-\frac{2r}{R}\right)\text{（锐角三角形）}\qquad(9.1.29)$$

$$\frac{4R+r}{s}-1\leqslant\sum\tan\frac{A}{2}\tan\frac{B}{2}\leqslant$$

$$\frac{4R+r}{s}+1-\sqrt{3}\text{（锐角三角形）}\qquad(9.1.30)$$

证明　由定理 3.2.10 知 $\varphi_3(x)=E_3(x)-E_2(x)$ 是 $\Omega'_3=\{\boldsymbol{x}\in\mathbf{R}^3_+,0\leqslant x_i\leqslant 1,i=1,2,3\}$ 上的递减的 $S-$凸函数，又 $\sin\left(\frac{x}{2}\right)$ 是 $I=[0,\pi]$ 上的凹函数，据定理 2.1.11(c) 知 $\varphi_3\left(\sin\left(\frac{x}{2}\right)\right)$ 是 I^3 上的 $S-$凸函数，结合式(9.1.1) 有

$$-\frac{5}{8}=\left(\sin\frac{\pi}{6}\right)^3-3\left(\sin\frac{\pi}{6}\right)^2\leqslant$$

$$\prod\sin\frac{A}{2}-\sum\sin\frac{A}{2}\sin\frac{B}{2}\leqslant 0$$

注意

$$\sin\left(\frac{A}{2}\right)\sin\left(\frac{B}{2}\right)\sin\left(\frac{C}{2}\right)=\frac{r}{4R}$$

由上式知式(9.1.22) 成立，将 $\varphi_3\left(\sin\left(\frac{x}{2}\right)\right)$ 的 $S-$凸性与式(9.1.2)，式(9.1.3) 结合可得式(9.1.23) 和式(9.1.24)。由于 $\cos\left(\frac{x}{2}\right)$ 也是 $I=[0,\pi]$ 上的凹函数，因此，$\varphi_3\left(\cos\left(\frac{x}{2}\right)\right)$ 也是 I^3 上的 $S-$凸函数，结合式

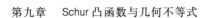

(9.1.1)－式(9.1.3) 并注意

$$\cos\left(\frac{A}{2}\right)\cos\left(\frac{B}{2}\right)\cos\left(\frac{C}{2}\right)=\frac{s}{4R}$$

即可得式(9.1.25)－式(9.1.27). 由于$\cos^2\left(\frac{x}{2}\right)$是$I=\left[0,\frac{\pi}{2}\right]$上的凹函数,因此$\varphi_3\left(\cos^2\left(\frac{x}{2}\right)\right)$是$I^3$上的$S-$凸函数,从而结合式(9.1.2) 并注意

$$\cos^2\left(\frac{A}{2}\right)\cos^2\left(\frac{B}{2}\right)\cos^2\left(\frac{C}{2}\right)=\frac{s^2}{16R^2}$$

即可得式(9.1.28). 由定理 3.2.10 知 $\varphi_2(x)=E_2(x)-E_1(x)$ 是 Ω'_3 上的减的 $S-$凹函数, 又 $\sin^2\left(\frac{x}{2}\right)$是$I=\left[0,\frac{\pi}{2}\right]$上的凸函数,据定理 2.1.11(d) 知 $\varphi_2\left(\sin^2\left(\frac{x}{2}\right)\right)$是 I^3 上的 $S-$凹函数,从而结合式(9.1.2),有

$$-\frac{9}{16}=\frac{3}{16}-\frac{3}{4}=3\sin^4\frac{\pi}{6}-3\sin^2\frac{\pi}{6}\geqslant$$

$$\sum\sin^2\frac{A}{2}\sin^2\frac{B}{2}-\sum\sin^2\frac{A}{2}\geqslant$$

$$\sin^4\frac{\pi}{4}-2\sin^2\frac{\pi}{4}=\frac{1}{4}-1=-\frac{3}{4}$$

并注意

$$\sin^2\left(\frac{A}{2}\right)+\sin^2\left(\frac{B}{2}\right)+\sin^2\left(\frac{C}{2}\right)=1-\frac{r}{2R}$$

由上式即可得式(9.1.29). 因 $\tan x$ 在 $I=\left(0,\frac{\pi}{2}\right]$上凸,则$\varphi_2\left(\tan\left(\frac{x}{2}\right)\right)$是$I^3$上的$S-$凹函数,从而结合式(9.1.2) 并注意

$$\tan\left(\frac{A}{2}\right)+\tan\left(\frac{B}{2}\right)+\tan\left(\frac{C}{2}\right)=\frac{4R+r}{s}$$

即可得式(9.1.30). □

定理 9.1.12[346]　在三角形 ABC 中,有

$$\sum\cos\frac{A}{2}\cos\frac{B}{2}-\sum\sin A\sin B\geqslant$$
$$\prod\cos\frac{A}{2}-\prod\sin A\text{(任意三角形)}\tag{9.1.31}$$

$$\sum\sin\frac{A}{2}\sin\frac{B}{2}-\sum\cos A\cos B\geqslant$$
$$\prod\sin\frac{A}{2}-\prod\cos A\text{(锐角三角形)}\tag{9.1.32}$$

$$\sum\cot\frac{A}{2}\cot\frac{B}{2}-\sum\tan A\tan B\geqslant$$
$$\sum\cot\frac{A}{2}-\sum\tan A\text{(锐角三角形)}\tag{9.1.33}$$

证明　因 $\sin x$ 是 $I=[0,\pi]$ 上的凹函数,则 $\varphi_3(\sin x)$ 是 I^3 上的 $S-$凸函数,结合式(9.1.1)的第二个控制关系即可证得式(9.1.31),因 $\cos x$ 也是 $I=\left[0,\frac{\pi}{2}\right]$ 上的凹函数,则 $\varphi_3(\cos x)$ 是 I^3 上的 $S-$凸函数,结合(9.1.1)的第二个控制关系即可证得式(9.1.32),因 $\tan x$ 是 $I=\left[0,\frac{\pi}{2}\right)$ 上的凸函数,则 $\varphi_2(\tan x)$ 是 I^3 上的 $S-$凹函数,结合(9.1.1)的第二个控制关系即可证得式(9.1.33). □

注 9.1.1　由已知不等式

$$\prod\cos\left(\frac{A}{2}\right)\geqslant\prod\cos A^{[2]}$$

知式(9.1.31)是已知不等式 $\sum\sin\dfrac{A}{2}\sin\dfrac{B}{2}\geqslant\sum\cos A\cos B^{[2]}$ 的加强.

以上不等式只涉及正弦、余弦、正切函数,读者仿此可建立有关正割、余割、余切函数的相应的不等式.

定理 9.1.13[28] 在三角形 ABC 中,当 $k\geqslant\log_2 3$ 时,有

$$\sum\frac{a}{b+c}\sin^k\left(\frac{A}{2}\right)\geqslant\frac{1}{2}\sum\sin^k\left(\frac{A}{2}\right)\geqslant\frac{3}{2^{k+1}}\tag{9.1.34}$$

证明 不妨设 $a\geqslant b\geqslant c$,则 $\dfrac{a}{b+c}\geqslant\dfrac{b}{a+c}\geqslant\dfrac{c}{a+b}$,据定理 1.3.6(a) 并结合式(9.1.7)即得式(9.1.34)中的左边不等式,再利用陈计提出、王振证明的不等式

$$\sum\sin^k\left(\frac{A}{2}\right)\geqslant\frac{3}{2^k}$$

即得式(9.1.34)中的右边不等式.

注 9.1.2 式(9.1.34)是 Milosevic D M 不等式(见[345]第 87 页 15.3°)的加细及指数推广.

定理 9.1.14 在三角形 ABC 中,有

$$\sum\frac{b+c}{a}\cos^k\left(\frac{A}{2}\right)\geqslant 2\sum\cos^k\left(\frac{A}{2}\right)\geqslant 2f_k\tag{9.1.35}$$

其中 $f_k=\min\left\{1+2\left(\frac{\sqrt{2}}{2}\right)^k,2,3\left(\frac{\sqrt{3}}{2}\right)^k\right\}$.

证明　不妨设 $a \geqslant b \geqslant c$，则 $\frac{a+b}{c} \geqslant \frac{a+c}{b} \geqslant \frac{b+c}{a}$，据定理 1.3.6(a) 并结合式(9.1.8) 即得式(9.1.35) 中的左边不等式，再利用文[622] 的结论

$$\sum \cos^k\left(\frac{A}{2}\right) \geqslant f_k$$

即得式(9.1.35) 中的右边不等式.　□

注 9.1.3　刘健的猜想 Shc8：当 $k > 0$ 时，有

$$\sum \frac{b+c}{a}\cos^k\left(\frac{A}{2}\right) \geqslant \frac{3^{1+\frac{k}{2}}}{2^{k-1}}$$

当 $k \geqslant 7$ 时，$f_k \geqslant \frac{3^{1+\frac{k}{2}}}{2^{k-1}}$，由式(9.1.35) 知 k 为不小于 7 的自然数时，此猜想成立.

定理 9.1.15　在锐角三角形 ABC 中，有

$$\sum \frac{\cos(B-C)}{\sin A} \geqslant 2\sqrt{3} \qquad (9.1.36)$$

$$\sum \frac{\sin A}{\cos(B-C)} \geqslant \frac{3\sqrt{3}}{2} \qquad (9.1.37)$$

证明　因 $\sin 2B + \sin 2C = 2\sin(B+C)\cos(B-C) = 2\sin A\cos(B-C)$，故

$$\frac{\cos(B-C)}{\sin A} = \frac{\sin 2B + \sin 2C}{\sin 2A}\cot A$$

于是式(9.1.36) 等价于

$$\sum \frac{\sin 2B + \sin 2C}{\sin 2A}\cot A \geqslant 2\sqrt{3} \quad (9.1.38)$$

取

$$x = (2, 2, 2)$$

$$y = \left(\frac{\sin 2A + \sin 2B}{\sin 2C}, \frac{\sin 2C + \sin 2A}{\sin 2B}, \frac{\sin 2B + \sin 2C}{\sin 2A}\right)$$

$$u=(\cot C,\cot B,\cot A)$$

由式(9.1.8)和定理1.3.6(a)及已知不等式$\sum\cot A\geqslant\sqrt{3}$即证得式(9.1.38).类似地可证(9.1.37). □

定理 9.1.16 在锐角三角形 ABC 中,有

$$\frac{4}{\pi}<\sum\frac{\sin A-\sin B}{A-B}\leqslant\frac{3}{2}\quad(9.1.39)$$

$$-\frac{3\sqrt{3}}{2}\leqslant\sum\frac{\cos A-\cos B}{A-B}<-1-\frac{4}{\pi}\quad(9.1.40)$$

$$1<\sum\frac{\cos A-\cos B}{\cot A-\cot B}\leqslant\frac{9\sqrt{3}}{8}\quad(9.1.41)$$

证明 考虑二元函数

$$F(x,y)=\begin{cases}\dfrac{1}{x-y}\displaystyle\int_y^x\cos t\mathrm{d}t=\dfrac{\sin x-\sin y}{x-y}, & x\neq y\\ \cos x, & x=y\end{cases}$$

因 $\cos x$ 在 $\left(0,\frac{\pi}{2}\right)$ 上凹,由定理6.1.2,$F(x,y)$ 在 $\left(0,\frac{\pi}{2}\right)^2$ 上 $S-$凹,易见 $F\left(\frac{s}{2},t\right)$ 在 $\left(0,\frac{\pi}{2}\right)$ 上严格凹,因此由定理2.2.8(b)有

$$G\left(\frac{s}{3},\frac{s}{3},\frac{s}{3}\right)\leqslant G(x,y,z)<G\left(\frac{s}{2},\frac{s}{2},0\right)$$

其中$G(x,y,z)=F(x,y)+F(y,z)+F(z,x)$,此式等价于式(9.1.39),类似地可证式(9.1.40).利用定理2.2.4和定理2.2.6可证式(9.1.41). □

类似地,利用定理6.1.3可证得:

定理 9.1.17 在任意三角形 ABC 中,有

$$-\frac{3\sqrt{3}}{2}<\sum\frac{\cos A-\cos B}{A-B}\leqslant-\frac{4}{\pi}\quad(9.1.42)$$

$$\sum \frac{A-B}{\cos A-\cos B} \leqslant -2\sqrt{3} \quad (9.1.43)$$

9.1.3　其他三角形不等式的控制证明

定理 9.1.18[347]　对于三角形三角形 ABC，当 $p>1$ 时，有

$$\sum m_a^p \leqslant \sum a^p - \frac{\left(\sum a - \sum m_a\right)^p}{3^{p-1}} \quad (9.1.44)$$

$$\sum R_a^p \leqslant \sum a^p - \frac{\left(\sum a - \sum R_a\right)^p}{3^{p-1}} \quad (9.1.45)$$

$$\sum m_a^p \leqslant \sum r_a^p - \frac{\left(\sum r_a - \sum m_a\right)^p}{3^{p-1}} \quad (9.1.46)$$

$$\left(\frac{\sqrt{3}}{2}\right)^p \sum a^p \leqslant \sum r_a^p - \frac{\left(\sum r_a - \frac{\sqrt{3}}{2}\sum a\right)^p}{3^{p-1}} \quad (9.1.47)$$

当 $0<p\leqslant 1$ 时，上述不等式均反向.

证明　据定理 2.3.5，分别由式(9.1.17)，(9.1.21)，(9.1.16)和(9.1.15)即证得式(9.1.44)－式(9.1.47).

定理 9.1.19[347]　对于三角形 ABC，当 $p>1$ 时，有

$$\sum \omega_b^p \omega_c^p \leqslant \sum \omega_a^p r_a^p - \frac{\left(\sum \omega_a r_a - \sum \omega_b \omega_c\right)^p}{3^{p-1}} \quad (9.1.48)$$

$$\sum h_b^p h_c^p \leqslant \sum h_a^p r_a^p - \frac{(\sum h_a r_a - \sum h_b h_c)^p}{3^{p-1}}$$

(9.1.49)

当 $0 < p \leqslant 1$ 时,上述不等式均反向.

证明 注意 $g(x) = e^x$ 是 $\mathbf{R}$ 上递增的凸函数,据定理 1.5.6(c),由式(9.1.18) 和式(9.1.19) 有

$$(\omega_b\omega_c, \omega_c\omega_a, \omega_a\omega_b) \prec_w (\omega_a r_a, \omega_b r_b, \omega_c r_c)$$

和

$$(h_b h_c, h_c h_a, h_a h_b) \prec_w (h_a r_a, h_b r_b, h_c r_c)$$

从而由定理 2.3.5 即可证得式(9.1.48) 和式(9.1.49).

9.1.4 多边形不等式的控制证明

对于加拿大数学家 M. S. Klamkin 的如下三角形不等式

$$\frac{a}{k(b+c)-a} + \frac{b}{k(c+a)-b} + \frac{c}{k(a+b)-c} \geqslant \frac{3}{2k-1}$$

(9.1.50)

文[348] 用初等方法将式(9.1.50) 推广到多边形.

设 $a_1, a_2, \cdots, a_n$ 为 n 边形的边长,$k \geqslant 1$,则

$$\frac{a_1}{k(a_2+a_3+\cdots+a_n)-a_1} + \frac{a_2}{k(a_1+a_3+\cdots+a_n)-a_2} + \cdots + \frac{a_n}{k(a_1+a_2+\cdots+a_{n-1})-a_n} \geqslant \frac{n}{k(n-1)-1}$$

(9.1.51)

文[349]给出式(9.1.50)一个类似.

若 a,b,c 为三角形的边长,$k\geqslant 2$,则

$$\frac{a^2}{k(b^2+c^2)-a^2}+\frac{b^2}{k(c^2+a^2)-b^2}+\frac{c^2}{k(a^2+b^2)-c^2}\geqslant \frac{3}{2k-1} \tag{9.1.52}$$

文[350]利用控制不等式理论以一种统一的方式将式(9.1.50)和式(9.1.52)推广为凸多边形的指数形式,并给出一个上界估计.

引理 9.1.1　设 $I=[0,\lambda/(\lambda+1))$,$k\geqslant\lambda>0$,$\alpha\geqslant 1$,则

$$\varphi(\boldsymbol{x})=\sum_{i=1}^{n}\frac{x_i^\alpha}{k-(k+1)x_i^\alpha}$$

是 $I^n\subset\mathbf{R}^n$ 上的 $S-$凸函数,当 $\alpha=1$ 时,$\varphi(\boldsymbol{x})$ 是递增的 $S-$凸函数.

证明　令

$$f(x)=\frac{x}{k-(k+1)x},x\in I=\left[0,\frac{\lambda}{\lambda+1}\right)$$

则

$$f'(x)=\frac{x}{[k-(k+1)x]^2},f''(x)=\frac{2(k+1)}{[k-(k+1)x]^3}$$

因为当 $k\geqslant\lambda$ 时,$x<\frac{\lambda}{\lambda+1}=1-\frac{1}{\lambda+1}\leqslant 1-\frac{1}{k+1}$,即 $k-(k+1)x>0$,所以在 I 上 $f'(x)>0$,$f''(x)>0$,即 $f(x)$ 是 I 上的严格递增的凸函数,从而对称凸函数 $\sum\limits_{i=1}^{n}f(x_i)$ 是 I^n 上的严格 $S-$凸函数. 又当 $\alpha\geqslant 1$ 时,x^α 是 $\mathbf{R}_+^n$ 上的凸函数,由定理 2.1.11(a) 知 $\varphi(\boldsymbol{x})=$

$\sum_{i=1}^{n} f(x_i^\alpha)$ 亦是 I^n 上的 S — 凸函数.

引理 9.1.2[351] 设凸 n 边形 $A_1A_2\cdots A_{n-1}A_n$ 的 n 条边 $A_1A_2=a_1, A_2A_3=a_2,\cdots,A_{n-1}A_n=a_{n-1}, A_nA_1=a_n$, n 个内角为 $A_1,A_2,\cdots,A_{n-1},A_n$,则

$$a_1^2=\sum_{2\leqslant k\leqslant n} a_k^2+2\sum_{2\leqslant m<l\leqslant n} a_m a_l \cos\left[(l-m)\pi-\sum_{m+1\leqslant j\leqslant l} A_j\right] \tag{9.1.53}$$

定理 9.1.20 设 $I=\left[0,\frac{\lambda}{\lambda+1}\right)$, $k\geqslant\lambda>1$, $\alpha\geqslant 1$, $n\geqslant 3$, $x_i\in I$, $i=1,2,\cdots,n$,且 $x_1+x_2+\cdots+x_n=1$,则

$$\frac{\lambda^\alpha}{k[(\lambda+1)^\alpha-\lambda^\alpha]-\lambda^\alpha}+\frac{1}{k[(\lambda+1)^\alpha-1]-1}\geqslant \sum_{i=1}^{n}\frac{x_i^\alpha}{k-(k+1)x_i^\alpha}\geqslant\frac{n}{k(n^\alpha-1)-1} \tag{9.1.54}$$

证明 记

$$\boldsymbol{y}=\left(\frac{1}{n},\frac{1}{n},\cdots,\frac{1}{n}\right)$$

$$\boldsymbol{x}=(x_1,x_2,\cdots,x_n)$$

$$\boldsymbol{z}=\left(\frac{\lambda-\varepsilon}{\lambda+1},\frac{\lambda-\varepsilon}{\lambda+1},0,\cdots,0\right)$$

其中 $\varepsilon>0$ 充分小,则 $\boldsymbol{x},\boldsymbol{y},\boldsymbol{z}\in I^n$,且不难验证 $\boldsymbol{y}\prec\boldsymbol{x}\prec\boldsymbol{z}$. 由引理 9.1.1

$$\varphi(x_1,\cdots,x_n)=\sum_{i=1}^{n}\frac{x_i^\alpha}{k-(k+1)x_i^\alpha}$$

是 I^n 上的递增的 S — 凸函数,因而 $\varphi(\boldsymbol{z})\geqslant\varphi(\boldsymbol{x})\geqslant\varphi(\boldsymbol{y})$,令 $\varepsilon\to 0$ 并稍加整理即得式(9.1.54).

推论 9.1.1　设 $I=\left[0,\frac{1}{2}\right)$，$k\geqslant 1$，$\alpha\geqslant 1$，$n\geqslant 3$，$x_i\in I$，$i=1,2,\cdots,n$，且 $x_1+x_2+\cdots+x_n=1$，则

$$\frac{2}{k(2^\alpha-1)-1}\geqslant\sum_{i=1}^{n}\frac{x_i^\alpha}{k-(k+1)x_i^\alpha}\geqslant\frac{n}{k(n^\alpha-1)-1}\tag{9.1.55}$$

证明　取 $\lambda>1$，则 $\frac{\lambda}{\lambda+1}>\frac{1}{2}$，$I\subset\left[0,\frac{\lambda}{\lambda+1}\right)$，由定理 9.1.20 有式(9.1.54)成立，在式(9.1.54)两边令 $\lambda\to 1$，即得式(9.1.55)。

推论 9.1.2　设 $a_1,a_2,\cdots,a_n$ 为 n 边形的边长，周长 $L=a_1+a_2+\cdots+a_n$，$k\geqslant 1$，$\alpha\geqslant 1$，则

$$\frac{2}{k(2^\alpha-1)-1}\geqslant\sum_{i=1}^{n}\frac{a_i^\alpha}{kL^\alpha-(k+1)x_i^\alpha}\geqslant\frac{n}{k(n^\alpha-1)-1}\tag{9.1.56}$$

证明　注意 $L>2a_i$，即 $\frac{a_i}{L}<\frac{1}{2}$，取 $2x_i=\frac{a_i}{L}$，$i=1,2,\cdots,n$，则当 $k\geqslant 1$ 时，由推论 9.1.1 有

$$\frac{2}{k(2^\alpha-1)-1}\geqslant\sum_{i=1}^{n}\frac{\left(\frac{a_i}{L}\right)^\alpha}{k-(k+1)\left(\frac{a_i}{L}\right)^\alpha}\geqslant\frac{n}{k(n^\alpha-1)-1}$$

由此稍加整理即得式(9.1.56)。

当 $\alpha=1$，$n=3$ 时，式(9.1.56)化为

$$\frac{2}{k-1} \geqslant \frac{a}{k(b+c)-a}+\frac{b}{k(c+a)-b}+\frac{c}{k(a+b)-c} \geqslant \frac{3}{2k-1} \tag{9.1.57}$$

上式给出式(9.1.50) 一个上界估计.

推论9.1.3 设$a_1,a_2,\cdots,a_n$为n边形的边长,$S=a_1^2+a_2^2+\cdots+a_n^2$,$\alpha \geqslant 1$,当$k \geqslant \lambda=n-1$时,有

$$\frac{(n-1)^\alpha}{k[n^\alpha-(n-1)^\alpha]-(n-1)^\alpha}+\frac{1}{k(n^\alpha-1)-1} \geqslant \sum_{i=1}^n \frac{a_i^{2\alpha}}{ks^\alpha-(k+1)a_i^{2\alpha}} \geqslant \frac{n}{k(n^\alpha-1)-1} \tag{9.1.58}$$

证明 由引理 9.1.2

$$(n-1)(s-a_1^2)-a_1^2=(n-2)(s-a_1^2)-2\sum_{2\leqslant m<l\leqslant n} a_m a_l \cos\left[(l-m)\pi-\sum_{m+1\leqslant j\leqslant l} A_j\right]=$$

$$(n-2)\sum_{i=2}^n a_i^2-2\sum_{2\leqslant m<l\leqslant n} a_m a_l \cos\left[(l-m)\pi-\sum_{m+1\leqslant j\leqslant l} A_j\right]=$$

$$\sum_{2\leqslant m<l\leqslant n}\{a_m^2+a_l^2-2a_m a_l\cos[(l-m)\pi-\sum_{m+1\leqslant j\leqslant l} A_j]\} \geqslant \sum{}'[a_m^2+a_l^2-2a_m a_l\cos[(l-m)\pi-\sum_{m+1\leqslant j\leqslant l} A_j] \geqslant$$

$\sum{}'(a_m-a_i)^2 \geqslant 0$(其中 Σ' 指对满足 $2 \leqslant m<$

$l \leqslant n$,且 $\cos[(l-m)\pi - \sum_{m+1\leqslant j\leqslant l} A_j] \geqslant 0$ 的 l,m 求和)

从而,$0 < \frac{a_1^2}{S} < \frac{n-1}{n}$. 由问题的对称性亦有 $0 < \frac{a_i^2}{S} < \frac{n-1}{n}$,$i=1,2,\cdots,n$,取 $\lambda = n-1$,$x_i = \frac{a_i^2}{S}$,$i=1,2,\cdots,n$,当 $k \geqslant \lambda = n-1$ 时,由定理 9.1.20 有

$$\frac{(n-1)^\alpha}{k[n^\alpha-(n-1)^\alpha]-(n-1)^\alpha} + \frac{1}{k(n^\alpha-1)-1} \geqslant$$

$$\sum_{i=1}^{n} \frac{(a_i^2/s)^\alpha}{k-(k+1)(a_i^2/s)^\alpha} \geqslant \frac{n}{k(n^\alpha-1)-1}$$

由此稍加整理即得式(9.1.58).

当 $\alpha=1$,$n=3$ 时,式(9.1.58)化为

$$\frac{2}{k-2} + \frac{1}{2k-1} \geqslant \frac{a^2}{k(b^2+c^2)-a^2} + \frac{b^2}{k(c^2+a^2)-b^2} + \frac{c^2}{k(a^2+b^2)-c^2} \geqslant \frac{3}{2k-1} \tag{9.1.59}$$

式(9.1.59)给出式(9.1.52)一个上界估计.

定理9.1.21[26]281-282 设 $a_1,a_2,\cdots,a_n$ 为 n 边形的边长,周长 $p=a_1+a_2+\cdots+a_n$,且若 $a_i \leqslant t$,$i=1,2,\cdots,n$,对于某个整数 l,$\frac{l}{l+1} \leqslant t \leqslant \frac{p}{l}$,则

(a)
$$\left(\frac{p}{n},\frac{p}{n},\cdots,\frac{p}{n}\right) \prec (a_1,a_2,\cdots,a_n) \prec (\underbrace{t,\cdots,t}_{l},p-lt,\underbrace{0,\cdots,0}_{n-l-1}) \tag{9.1.60}$$

(b) 对于 $0 \leqslant x < p$,$d \geqslant 0$,有

$$\frac{n(nd+1)}{n-1} \leqslant \frac{pd+a_1}{p-a_1}+\frac{pd+a_2}{p-a_2}+\cdots+\frac{pd+a_n}{p-a_n} \leqslant$$
$$\frac{l(pd+t)}{p-t}+\frac{pd+p-lt}{lt}+d(n-l-1) \tag{9.1.61}$$

定理 9.1.22[26]295-296　设 f 是 $\mathbf{R}_{++}$ 上的凸函数，$a_1, a_2, \cdots, a_n$ 为 n 边形的边长，周长 $a_1+a_2+\cdots+a_n=(n-k)s, n, k \in \mathbf{N}$ 且若 $a_i \leqslant s, a_{n+i}=a_i, i=1,2,\cdots,n$，则对于 $m=1,2,\cdots,n$，有

$$\sum_{i=1}^{m} f(a_i+a_{i+1}+\cdots+a_{i+k-1}) \leqslant \sum_{i=1}^{m} f((n-k)(s-a_i)) \tag{9.1.62}$$

证明　令 $z_i=a_i+a_{i+1}+\cdots+a_{i+k-1}$ 和 $u_i=(n-k)(s-a_i)$，则不难验证 $(z_1, \cdots, z_n)=(u_1, \cdots, u_n)P$，其中

$$P=\left[\begin{array}{cc:c}
\left.\begin{matrix}0\\ \vdots\\ 0\end{matrix}\right\}k & \begin{matrix}\frac{1}{n-k}\\ \left.\begin{matrix}0\\ \vdots\\ 0\end{matrix}\right\}k\end{matrix} & \begin{matrix}\left.\begin{matrix}0\\ \vdots\\ 0\end{matrix}\right\}k-1\\ \frac{1}{n-k}\end{matrix}\\
\frac{1}{n-k} & \frac{1}{n-k} & \vdots\\
\vdots & \vdots & \frac{1}{n-k}\\
\frac{1}{n-k} & \frac{1}{n-k} & 0
\end{array}\right]$$

是双随机矩阵，由定理 1.3.1(b) 知 $(z_1, \cdots, z_n) \prec$

$(u_1, \cdots, u_n)$，进而据定理 1.5.4(a) 即得式(9.1.62).

9.2　Schur 凸函数与单形不等式

9.2.1　单形中的记号与等式

本节尽量采用专著[345] 中的记号.

设 A 表示 n 维欧几里得空间 $E^n(n \geqslant 2)$ 中以 $A_1, A_2, \cdots, A_{n+1}$ 为顶点的 n 维单形，顶点 A_i 所对 $n-1$ 维界面 $a_i = A_1 \cdots A_{i-1} A_{i+1} \cdots A_{n+1}$ 上的高为 h_i，该界面外的旁切球半径为 ρ_i，$i=1,2,\cdots,n+1$，r 为单形的内切球半径，V 为单形的体积，F_i 是 $n-1$ 维单形 $A_i = A_1 \cdots A_{i-1} A_{i+1} \cdots A_{n+1}$ 的体积，记 $F = \sum_{i=1}^{n+1} F_i$，称之为 V 的总面积. V_i 是 $n-1$ 维单形 $G_i = A_1 \cdots A_{i-1} P A_{i+1} \cdots A_{n+1}$ 的体积，设 P 是 A 内任一点，R_i 是点 P 到顶点 A_i 的距离，r_i 是点 P 到 $n-1$ 维界面 a_i 的距离，B_i 是直线 A_iP 与界面 $a_i = A_1 \cdots A_{i-1} A_{i+1} \cdots A_{n+1}$ 的交点.

对于 $i=1,2,\cdots,n+1$，如下等式[345] 成立

$$h_i = \frac{nV}{F_i}, r_i = \frac{nV_i}{F_i} \tag{9.2.1}$$

$$nV = \sum_{i=1}^{n+1} F_i r_i ; nV = \sum_{\substack{j=1 \\ j \neq 1}}^{n+1} F_j \rho_i - F_i \rho_i \tag{9.2.2}$$

$$r = \frac{nV}{F} \tag{9.2.3}$$

$$\rho_i = \frac{nV}{F - 2F_i} \tag{9.2.4}$$

由(9.2.3) 和(9.2.4) 有

$$\frac{\rho_i - r}{r} = \frac{2F_i}{F - 2F_i} \tag{9.2.5}$$

和

$$\frac{\rho_i - r}{\rho_i + r} = \frac{F_i}{F - F_i} \tag{9.2.6}$$

由(9.2.2)和(9.2.3)有

$$\frac{1}{h_i - 2r} = \frac{1}{r} \cdot \frac{F_i}{F - 2F_i} \tag{9.2.10}$$

和

$$\frac{h_i + r}{h_i - r} = \frac{F + F_i}{F - F_i} \tag{9.2.11}$$

由(9.2.2)和(9.2.4)有

$$\frac{\rho_i}{h_i} = \frac{F_i}{F - 2F_i} \tag{9.2.12}$$

和

$$\frac{h - \rho_i}{h_i + \rho_i} = \frac{F - 3F_i}{F - F_i} \tag{9.2.13}$$

$$\sum_{i=1}^{n+1} \frac{1}{h_i} = \frac{1}{r} \tag{9.2.14}$$

$$\sum_{i=1}^{n+1} \frac{1}{\rho_i} = \frac{n-1}{r} \tag{9.2.15}$$

$$\sum_{i=1}^{n+1} \frac{r}{\rho_i} = n - 1 \tag{9.2.16}$$

$$\sum_{i=1}^{n+1} \frac{\rho_i}{h_i + 2\rho_i} = 1 \tag{9.2.17}$$

记

$$\lambda_i = \frac{PB_i}{A_iB_i} = \frac{r_i}{h_i} \tag{9.2.18}$$

则

$$\frac{A_iP}{A_iB_i} = 1 - \frac{PB_i}{A_iB_i} = 1 - \lambda_i \tag{9.2.19}$$

$$\sum_{i=1}^{n+1}\lambda_i=1,\sum_{i=1}^{n+1}(1-\lambda_i)=n \qquad (9.2.20)$$

9.2.2　单形的伍德几何不等式

设欧几里得平面上的三角形 $A_1A_2A_3$ 的三边长分别为 a_1,a_2,a_3，文[351]中有伍德(Wood)不等式

$$3(a_2a_3+a_3a_1+a_1a_2)\leqslant (a_1+a_2+a_3)^2\leqslant 4(a_2a_3+a_3a_1+a_1a_2) \qquad (9.2.21)$$

王敏生，王庚[352]运用受控理论将(9.2.19)推广到 n 维单形，得到如下定理.

定理 9.2.1　设 n 维欧几里得空间 $E^n(n\geqslant 3)$ 中的单形 A 的棱长 $a_i\left(i=1,2,\cdots,N;N=\dfrac{n(n+1)}{2}\right)$，则有

$$\frac{2N}{N-1}\leqslant\frac{\left(\sum\limits_{i=1}^{N}a_i\right)^2}{\sum\limits_{i=1}^{N}\left(a_i\sum\limits_{i<k}^{N}a_k\right)}\leqslant\frac{2n}{n-1} \qquad (9.2.22)$$

证明　不难证明

$$F(z)=\frac{\left(\sum\limits_{i=1}^{N}z_i\right)^2}{\sum\limits_{i=1}^{N}\left(z_i\sum\limits_{i<k}^{N}z_k\right)}$$

在 $\mathbf{R}_{++}^n$ 上是严格 $S-$凸的，由控制关系

$$\left(\frac{ns}{N},\cdots,\frac{ns}{N}\right)\prec(a_1,\cdots,a_n)\prec(\underbrace{s,\cdots,s}_{n},\underbrace{0,\cdots,0}_{N-n})$$

有

$$F\left(\frac{ns}{N},\cdots,\frac{ns}{N}\right) < F(a_1,\cdots,a_n) < F(\underbrace{s,\cdots,s}_{n},\underbrace{0,\cdots,0}_{N-n})$$

即式(9.2.22)成立. □

9.2.3 单形的 Berker 不等式

在三角形或四面体中,有

$$\sum_{i=1}^{n+1}\frac{R_i}{R_i+r_i}\geqslant n, n=2,3 \qquad (9.2.23)$$

文[353]将 Berker 不等式(9.2.23)做了如下推广:

定理 9.2.2 在 n 维单形 A 中,若 $k\geqslant 1$,则

$$\sum_{i=1}^{n+1}\frac{R_i}{R_i+kr_i}\geqslant\frac{n(n+1)}{n+k} \qquad (9.2.24)$$

证明 对于 $\boldsymbol{x}=(x_1,x_2,\cdots,x_{n+1})\in\mathbf{R}_{++}^{n+1}$,$s=\sum_{i=1}^{n+1}x_i$,令

$$f(x_1,x_2,\cdots,x_{n+1})=\sum_{i=1}^{n+1}\frac{x_i}{s+(k-1)x_i}$$

对于 $k\geqslant 1$,不难证明 $f(x_1,x_2,\cdots,x_{n+1})$ 在 $\mathbf{R}_{++}^{n+1}$ 上 $S-$凹. 由

$$\left(\frac{s}{n+1},\cdots,\frac{s}{n+1}\right)\prec(x_1,x_2,\cdots,x_{n+1})$$

有

$$f(x_1,x_2,\cdots,x_{n+1})\leqslant f\left(\frac{s}{n+1},\cdots,\frac{s}{n+1}\right)=\frac{n+1}{n+k}$$

于是

$$\sum_{i=1}^{n+1}\frac{\frac{nV_i}{F_i}}{\frac{nV}{F_i}+(k-1)\frac{nV_i}{F_i}}\leqslant\frac{n+1}{n+k}$$

此式等价于

$$\sum_{i=1}^{n+1}\frac{\frac{nV_i}{F_i}}{\frac{n(V-V_i)}{F_i}+k\cdot\frac{nV_i}{F_i}}\leqslant\frac{n+1}{n+k}$$

另一方面，由明显的不等式

$$R_i+r_i\geqslant h_i$$

有

$$R_i\geqslant h_i-r_i=\frac{nV}{F_i}-\frac{nV_i}{F_i}=\frac{n(V-V_i)}{F_i}$$

结合式(9.2.1)有

$$\sum_{i=1}^{n+1}\frac{r_i}{R_i+k\cdot r_i}\leqslant\frac{n+1}{n+k}$$

由此即可得式(9.2.24). □

9.2.4　单形的 Milosevič 不等式

文[354]收录了 Milosevič的如下两个三角形不等式

$$\frac{r_1}{h_1-r}+\frac{r_2}{h_2-r}+\frac{r_3}{h_3-r}\geqslant\frac{9}{2}\quad(9.2.25)$$

$$\frac{h_1+2r_1}{r_1+r}+\frac{h_2+2r_2}{r_2+r}+\frac{h_3+2r_3}{r_3+r}\geqslant\frac{27}{4}$$

(9.2.26)

专著[8]收录了如下一个结果

$$\frac{h_1+r_1}{r_1+r}+\frac{h_2+r_2}{r_2+r}+\frac{h_3+r_3}{r_3+r}\geqslant\frac{9}{2}\quad(9.2.27)$$

对于 $\boldsymbol{x}=(x_1,x_2,\cdots,x_{n+1})\in\mathbf{R}_{++}^{n+1}$，$s=\sum_{i=1}^{n+1}x_i$，$s>2x_i(i=1,2,\cdots,n+1)$，令

$$g(x_1,x_2,\cdots,x_{n+1})=\frac{s^3}{s^3-(\lambda+2)s\sum_{i=1}^{n+1}s_i^2+2\lambda\sum_{i=1}^{n+1}s_i^3}$$

$$q(x_1,x_2,\cdots,x_{n+1})=\sum_{i=1}^{n+1}\frac{s}{x_i}-(1-\lambda)\sum_{i=1}^{n+1}\frac{s}{s-x_i}$$

通过分别考察 $g(x_1,x_2,\cdots,x_{n+1})$ 和 $q(x_1,x_2,\cdots,x_{n+1})$ 的 S－凸性，姜卫东和张晗方[355] 证得如下两个定理：

定理 9.2.3 在 n 维单形 A 中，若 $-2<\lambda\leqslant 1$，则

$$\sum_{i-1}^{n+1}\frac{r_i}{h_i+\lambda r}\geqslant\frac{(n+1)^2}{(n+1-\lambda)(n-1)}\tag{9.2.28}$$

当且仅当 A 为正则单形时式(9.2.28)为等式.

定理 9.2.4 在 n 维单形 A 中，若 $\lambda\geqslant 0$，则

$$\sum_{i-1}^{n+1}\frac{h_i+\lambda r_i}{r_i+r}\geqslant\frac{(n+1)^2(n+\lambda-1)}{2n}\tag{9.2.29}$$

当且仅当 A 为正则单形时式(9.2.29)为等式.

注 9.2.1 在定理 9.2.3 中令 $\lambda=1,n=2$ 可得(9.2.25)，又在定理 9.2.3 中令 $\lambda=0,n=2$ 可得[356]中的 6.28，而在定理 9.2.4 中分别取 $n=2,\lambda=1$ 和 $n=2,\lambda=2$ 可得式(9.2.26)和式(9.2.27).

9.2.5 对称函数与单形不等式

单形不等式与对称函数有着密切的关系，通过考察对称函数的 S－凸性，建立对称函数不等式，进而可

得到相应的单形不等式(参见文[90],[91],[107],[140],[142],[613],[614]等).

定理9.2.5[65]　设$A=A_1A_2\cdots A_{n+1}$是$\mathbf{R}^n(n\geqslant 3)$中的一个单形,则$\forall m\in\mathbf{N}$成立

$$(n+1)((n+1)^{m-1}-1)G^{-m}\leqslant \left(\sum_{i=1}^{n+1}h_i^{-1}\right)^m-\left(\sum_{i=1}^{n+1}h_i^{-m}\right)\leqslant \left(1-\frac{1}{(n+1)^{m-1}}\right)\frac{1}{r^m} \tag{9.2.30}$$

$$\left(\sum_{i=1}^{n+1}h_i\right)^m-\left(\sum_{i=1}^{n+1}h_i^m\right)\geqslant r^m\left[(n+1)^{2m}-(n+1)^{m+1}\right] \tag{9.2.31}$$

其中$G=\sqrt[n+1]{\prod_{i=1}^{n+1}h_i}$.

证明　结合式(9.2.14),由定理2.4.21即得证.

定理9.2.6[65]　设$A=A_1A_2\cdots A_{n+1}$是$\mathbf{R}^n(n\geqslant 3)$中的一个单形,则$\forall m\in\mathbf{N}$成立

$$(n+1)((n+1)^{m-1}-1)G^{-m}\leqslant \left(\sum_{i=1}^{n+1}r_i^{-1}\right)^m-\left(\sum_{i=1}^{n+1}r_i^{-m}\right)\leqslant \left(1-\frac{1}{(n+1)^{m-1}}\right)\frac{(n-1)^m}{r^m} \tag{9.2.32}$$

$$\left(\sum_{i=1}^{n+1}\rho_i\right)^m-\left(\sum_{i=1}^{n+1}\rho_i^m\right)\geqslant \frac{r^m\left[(n+1)^{2m}-(n+1)^{m+1}\right]}{(n-1)^m} \tag{9.2.33}$$

其中$G=\sqrt[n+1]{\prod_{i=1}^{n+1}\rho_i}$.

证明　结合式(9.2.15),由定理2.4.21得证.

定理9.2.7[65] 设$A=A_1A_2\cdots A_{n+1}$是$E^n(n\geqslant 3)$中的一个单形,若$r\geqslant n-1$,则

$$\prod_{i=1}^{n+1}(h_i-1)\geqslant (r(n+1)-1)^{n+1} \quad (9.2.34)$$

$$\prod_{i=1}^{n}(\rho_i-1)\geqslant \left(\frac{r(n+1)}{(n-1)}-1\right)^{n+1} \quad (9.2.35)$$

证明 分别结合式(9.2.14)和式(9.2.15),由式(2.4.15)即得证.

定理9.2.8[65] 设$A=A_1A_2\cdots A_{n+1}$是$E^n(n\geqslant 3)$中的一个单形,若$r\geqslant n-1$,则

$$\sum_{i=1}^{n+1}\frac{1}{h_i-1}\geqslant \frac{r(n+1)}{r(n+1)-1} \quad (9.2.36)$$

$$\sum_{i=1}^{n+1}\frac{1}{\rho_i-1}\geqslant \frac{(n+1)(n-1)}{r(n+1)-(n-1)} \quad (9.2.37)$$

证明 分别结合式(9.2.14)和式(9.2.15),由式(2.4.20)即得证.

2015年,王文和杨世国[98]利用$S-$凸,$S-$几何凸和$S-$调和凸函数的判定定理考察了如下对称函数$S-$凸性,$S-$几何凸性和$S-$调和凸性

$$F_n^k(\boldsymbol{x},\lambda,\alpha)=\sum_{1\leqslant i_1<\cdots<i_k\leqslant n}\prod_{j=1}^{k}\frac{1+\lambda x_{i_j}^{\alpha}}{1-\lambda x_{i_j}^{\alpha}} \quad (9.2.38)$$

其中$\alpha\geqslant 1,\lambda\in\mathbf{R},0\leqslant x_i<1,k=1,\cdots,n,n\geqslant 2$.

文[98]得到如下结果:

定理9.2.9 对于$\alpha\geqslant 1$和$k=1,\cdots,n$,当$\lambda\in[0,1)$时,函数$F_n^k(\boldsymbol{x},\lambda,\alpha)$在$[0,1)^n$上$S-$凸,$S-$几何凸和$S-$调和凸;当$\lambda\in[-1,0)$时,函数$F_n^k(\boldsymbol{x},\lambda,\alpha)$在$[0,1)^n$上$S-$凹,$S-$几何凹和$S-$调和凹.

这里利用定理 3.3.18 和定理 3.3.19 给出 定理 9.2.9 的简单证明和推广.

令

$$f(x)=\frac{1+\lambda x^{\alpha}}{1-\lambda x^{\alpha}}$$

并记

$$g(x)=\ln f(x)=\ln(1+\lambda x^{\alpha})-\ln(1-\lambda x^{\alpha})$$

则

$$g'(x)=\alpha\lambda x^{\alpha-1}\left(\frac{1}{1+\lambda x^{\alpha}}+\frac{1}{1-\lambda x^{\alpha}}\right)$$

$$g''(x)=\alpha(\alpha-1)\lambda x^{\alpha-2}\left(\frac{1}{1+\lambda x^{\alpha}}+\frac{1}{1-\lambda x^{\alpha}}\right)+$$

$$(\alpha\lambda x^{\alpha-1})^2\left(\frac{1}{(1-\lambda x^{\alpha})^2}-\frac{1}{(1+\lambda x^{\alpha})^2}\right)=$$

$$\alpha\lambda x^{\alpha-2}\left(\frac{1}{1+\lambda x^{\alpha}}+\frac{1}{1-\lambda x^{\alpha}}\right)\cdot$$

$$\left[(\alpha-1)+\alpha\lambda x^{\alpha}\left(\frac{1}{1-\lambda x^{\alpha}}-\frac{1}{1+\lambda x^{\alpha}}\right)\right]=$$

$$\alpha\lambda x^{\alpha-2}\ \frac{2}{1-(\lambda x^{\alpha})^2}\left[(\alpha-1)+\alpha\lambda x^{\alpha}\ \frac{2\lambda x^{\alpha}}{1-(\lambda x^{\alpha})^2}\right]=$$

$$\frac{2\alpha\lambda x^{\alpha-2}}{1-\lambda^2x^{2\alpha}}\left[(\alpha-1)+\frac{2\alpha\lambda^2x^{2\alpha}}{1-\lambda^2x^{2\alpha}}\right]=$$

$$\frac{2\alpha\lambda x^{\alpha-2}}{(1-\lambda^2x^{2\alpha})^2}[\alpha-\alpha\lambda^2x^{2\alpha}-1+\lambda^2x^{2\alpha}+2\alpha\lambda^2x^{2\alpha}]=$$

$$\frac{2\alpha\lambda x^{\alpha-2}}{(1-\lambda^2x^{2\alpha})^2}[(\alpha-1)+(1+\alpha)\lambda^2x^{2\alpha}]$$

由此可见，当 $\lambda\geqslant 0(\leqslant 0)$ 时，$g''(x)\geqslant 0(\leqslant 0)$，即 $f(x)$ 在 $[0,1)$ 上对数凸(对数凹)，由定理 3.3.18 和定理 3.3.19 知 函数 $F_n^k(\boldsymbol{x},\lambda,\alpha)$ 在 $[0,1)^n$ 上 $S-$凸(凹)，$S-$几何凸(凹) 和 $S-$调和凸(凹).

注 9.2.2 我们将 $\lambda\in[0,1)$ 扩大为 $\lambda\geqslant 0$,而将 $\lambda\in[-1,0)$ 扩大为 $\lambda\leqslant 0$.

在三角形 $A_1A_2A_3$ 中,有如下不等式[351]

$$\frac{h_1+r}{h_1-r}+\frac{h_2+r}{h_2-r}+\frac{h_3+r}{h_3-r}\geqslant 6 \quad (9.2.39)$$

$$\frac{r_1+r}{r_1-r}+\frac{r_2+r}{r_2-r}+\frac{r_3+r}{r_3-r}\leqslant \frac{3}{2} \quad (9.2.40)$$

$$\frac{h_1-r_1}{h_1+r_1}+\frac{h_2-r_2}{h_2+r_2}+\frac{h_3-r_3}{h_3+r_3}\leqslant 0 \quad (9.2.41)$$

$$\frac{15}{4}\leqslant\frac{s+a_1}{a_2+a_3}+\frac{s+a_2}{a_3+a_1}+\frac{s+a_3}{a_1+a_2}<\frac{9}{2} \quad (9.2.42)$$

利用定理 9.2.9,文[98]将上述结果推广到单形,得到:

定理 9.2.10 设 $A=A_1A_2\cdots A_{n+1}$ 是 $E^n(n\geqslant 2)$ 中的一个单形,对于 $\alpha\geqslant 1$ 和 $k=1,\cdots,n$,当 $\lambda\in[0,1)$ 时,有

$$\sum_{1\leqslant i_1<\cdots<i_k\leqslant n}\prod_{j=1}^{k}\frac{h_{i_j}^{\alpha}+\lambda r^{\alpha}}{h_{i_j}^{\alpha}-\lambda r^{\alpha}}\geqslant C_n^k\left[\frac{(n+1)^{\alpha}+\lambda}{(n+1)^{\alpha}-\lambda}\right]^{\alpha} \quad (9.2.43)$$

$$\sum_{1\leqslant i_1<\cdots<i_k\leqslant n}\prod_{j=1}^{k}\frac{r_{i_j}^{\alpha}+\lambda r^{\alpha}}{r_{i_j}^{\alpha}-\lambda r^{\alpha}}\geqslant\left[\frac{(n+1)^{\alpha}+\lambda(n-1)^{\alpha}}{(n+1)^{\alpha}-\lambda(n-1)^{\alpha}}\right]^{k} \quad (9.2.44)$$

$$\sum_{1\leqslant i_1<\cdots<i_k\leqslant n}\prod_{j=1}^{k}\frac{(h_{i_j}^{\alpha}+2\rho_{i_j})^{\alpha}+\lambda\rho_{i_j}^{\alpha}}{(h_{i_j}^{\alpha}+2\rho_{i_j})^{\alpha}-\lambda\rho_{i_j}^{\alpha}}\geqslant C_n^k\left[\frac{(n+1)^{\alpha}+\lambda}{(n+1)^{\alpha}-\lambda}\right] \quad (9.2.45)$$

$$\sum_{1\leqslant i_1<\cdots<i_k\leqslant n}\prod_{j=1}^{k}\frac{F^{\alpha}+\lambda F_{i_j}^{\alpha}}{F^{\alpha}-\lambda F_{i_j}^{\alpha}}\geqslant \mathrm{C}_n^k\left[\frac{(n+1)^{\alpha}+\lambda}{(n+1)^{\alpha}-\lambda}\right]^k \tag{9.2.46}$$

$$\sum_{1\leqslant i_1<\cdots<i_k\leqslant n}\prod_{j=1}^{k}\frac{|A_{i_j}B_{i_j}|^{\alpha}+\lambda|PB_{i_j}|^{\alpha}}{|A_{i_j}B_{i_j}|^{\alpha}-\lambda|PB_{i_j}|^{\alpha}}\geqslant \mathrm{C}_n^k\left[\frac{(n+1)^{\alpha}+\lambda}{(n+1)^{\alpha}-\lambda}\right]^k \tag{9.2.47}$$

当 $\lambda\in[-1,0)$ 时，上述五个不等式反向成立.

注 9.2.3　定理 9.2.10 中的 $\lambda\in[0,1)$ 可扩大为 $\lambda\in[0,+\infty)$，而 $\lambda\in[-1,0)$ 可扩大为 $\lambda\in(-\infty,0)$.

参考文献

[1] 王伯英. 控制不等式基础[M]. 北京:北京师范大学出版社,1990.
[2] 匡继昌. 常用不等式(第 4 版)[M]. 济南:山东科技出版社,2010.
[3] 方逵,朱幸辉,刘华富. 二元凸函数的判别条件[J]. 纯粹数学与应用数学,2008,24(1):97-101.
[4] 弗列明 W. 多元函数(上册) [M]. 庄亚栋,译. 北京:人民教育出版社,1981.
[5] 郑宁国,张小明,褚玉明. N 元指数和对数平均的凸性及几何凸性[J]. 数学物理学报,2008,28A(6):1173-1180.
[6] 王松桂,吴密霞,贾忠贞. 矩阵论中的不等式(第二版) [M]. 北京:科学出版社,2006.
[7] MITRINOVIC D S, VASIC P M. 分析不等式 [M]. 赵汉宾,译. 南宁:广西人民出版社,1986.
[8] 匡继昌. 常用不等式(第 3 版) [M]. 济南:山东科技出版社,2003.
[9] 关开中. 弱对数性凸函数及其应用[J]. 衡阳师专学报,1990,11(3):49-56.
[10] 孙千高,卫宗礼. 弱对数凸(凹) 函数及其应用[J]. 洛阳师范学院学报,2008,27(5):35-37.
[11] 张小明,褚玉明. 解析不等式新论[M]. 哈尔滨:哈尔滨工业大学出版社,2009.
[12] 张小明. 几何凸函数[M]. 合肥:安徽大学出版社,2004.
[13] CONSTANTIN P NICULESCU. Convexity according to the geometric mean[J]. Math. Inequal. Appl. ,2000,3(2):155-167.
[14] 张天宇,荷花,冀爱萍. 关于调和凸函数的一些性质[J]. 内蒙古民族大学学报(自然科学版),2006,21(4):361-363.
[15] 吴善和. 调和凸函数与琴生型不等式[J]. 四川师范大学学报(自

然科学版),2004,27(4):382-384.

[16] ANDERSON G D,VAMANAMURTHY M K,VUORINEN M. Generalized convexity and inequalities[J]. J. Math. Anal. Appl., 2007,335:1294-1308.

[17] GUAN Kaizhong,GUAN Ruke. Some properties of a generalized Hamy symmetric function and its applications[J]. J. Math. Anal. Appl.,2011,376:494-505.

[18] CHU Yuming,ZHAO Tiehong. Convexity and concavity of the complete elliptic integrals with respect to Lehmer mean[J]. J. Inequal. Appl., (2015) 2015:396. DOI 10.1186/s13660－015－0926－7.

[19] GYULA MAKSA,ZSOLT PÁLES. Convexity with respect to families of means[J]. Aequat. Math.,2015,89:161-167.

[20] CHU Yuming,WANG Gendi,ZHANG Xiaohui,et al. Generalized convexity and inequalities involving special functions[J]. J. Math. Anal. Appl.,2007,336:768-776.

[21] GUAN Kaizhong. Wright type multiplicatively convex functions [J]. Math. Inequal. Appl.,2015,18(1):389-399.

[22] MARSHALLA W,OLKIN I. Inequalities:theory of majorization and its application [M]. New York:Academies Press,1979.

[23] 石焕南. 一类控制不等式及其应用[J]. 北京联合大学学报(自然科学版),2010,24(1):60-64.

[24] 徐利治. 数学分析的方法及例题选讲[M]. 大连:大连理工大学出版社,2007.

[25] 杨学枝. 数学奥林匹克不等式研究[M]. 哈尔滨:哈尔滨工业大学出版社,2009.

[26] MARSHALL A M,OLKIN I,ARNOLD B C. Inequalities:Theory of majorization and its application(Second Edition) [M]. New York:Springer Science＋Business Media,LLC,2011.

[27] WU Shanhe,SHI Huannan. A relation of weak majorization and its applications to certain inequalities for means [J]. Mathematica

Slovaca,2011,61(4):561-570.

[28] 石焕南. 优超理论的一个简单命题及其几何应用[M]// 杨学枝. 不等式研究. 拉萨:西藏人民出版社,2000.

[29] 吴善和,石焕南. 一类无理不等式的控制证明[J]. 首都师范大学学报(自然科学版),2003,24(3):13-16.

[30] 石焕南. 一类对称函数不等式的加细与推广[J]. 数学的实践与认识,1999,29(4):81-85.

[31] MAREK NIEZGODA. Majorization and relative concavity [J]. Linear Algebra Appl. ,2011,434:1968-1980.

[32] 石焕南,李大矛. Extensions and refinements of Adamovic's inequality [J]. 数学季刊,2004,19(1):35-40.

[33] 王伯英. 对称凸集上初等对称函数为 Schur 凹的充要条件[J]. 中国科学(A 辑),1986,(8):794-801.

[34] 吴善和,石焕南. 凸序列不等式的控制证明[J]. 数学的实践与认识,2003,33(12):132-137.

[35] 石焕南. Popoviciu 不等式的新推广[J]. 四川师范大学学报(自然科学版),2002,25(5):510-511.

[36] SHI Huannan,JIANG Yongming,JIANG Weidong. Schur convexity and Schur-geometrically concavity of Gini mean [J]. Comput. Math. Appl. ,2009,57(2):266-274.

[37] MARSHALL A W,OLKIN I,PROSCHAN F. Monotonicity of ratios of means and other applications of majorization[C]// Inequalities. Proc. Sympos. Wright — Patterson Air Force Base, Ohio,1965. New York:Academic Press,1967:177 — 190.

[38] 朱琨. 控制不等式在初等数学中的应用[D]. 四川:四川师范大学,2008.

[39] QI Feng. Inequality between the sum of squares and the exponential of sum of a nonnegative sequence [J]. J. Inequal. Pure Appl. Math. 8(3)(2007),Article 78,5 pp. http: // jipam. vu. edu. au/.

[40] SHI Huannan. A generalization of Qi's inequality for sums [J].

Kragujevac J. Math. ,2010,33:101-106.

[41] WITKOWSKI A. On Schur-nonconvexity of Gini means [J]. RGMIA Research Report Collection,2009,12(2).

[42] 石焕南,顾春,张鉴. 一个 Schur 凸性判定定理的应用[J]. 四川师范大学学报(自然科学版),2012,35(3):345-348.

[43] MILAN MERKLE. Conditions for convexity of a derivative and applications to the Gamma and digamma function [J]. FACTA UNIVERSITATIS(NIŠ) Ser. Math. Inform,16(2001),13-20.

[44] IONEL ROVENTA. Schur convexity of a class of symmetric functions [J]. Annals of the University of Craiova,Mathematics and Computer Science Series,2010,37(1):12-18.

[45] WALORSKI J. On a problem connected with convexity of a derivative[J]. Aequationes Math,2001,62:262-264.

[46] ZHU Kun,ZHANG Hong,WENG Kaiqing. A class of new trigonometric inequalities and their sharpenings [J]. J. Math. Inequal. ,2008,2(3):429-436.

[47] 石焕南,续铁权,顾春. 整幂函数不等式的控制证明[J]. 商丘师范学院学报,2003,19(2):46-48.

[48] SHI Huannan. Refinements of a inequality for the rational fraction[J]. 纯粹数学与应用数学,2006,22(2):256-262.

[49] 匡继昌. 常用不等式(第 2 版) [M]. 长沙:湖南教育出版社,1993.

[50] 陈计. 问题解答[J]. 数学通讯,1989,(12):3.

[51] 胡克. 伪平均不等式的改进与推广[J]. 抚州师专学报,1996,(1):1-3.

[52] 胡克. 解析不等式的若干问题[M]. 武汉:武汉大学出版社,2003:31-33.

[53] SHI Huannan,GU Chun. Sharpening of Kailai Zhong's inequality [J]. Journal of Latex Class Files,2007,6(1):1-4.

[54] 吴燕,李武. 凸函数的一些新性质[J]. 高等数学研究,2014,17(4):16-18,22.

[55] 石焕南,张鉴,顾春. 凸函数的两个性质的控制证明[J]. 高等数

学研究,2016,19(4):32-33.

[56] WITKOWSKI A. On Schur convexity and Schur-geometrical convexity of four-parameter family of means [J]. Math. Inequal. Appl. ,2011,14(4):897-903.

[57] SHI Huannan,ZHANG Jing. Compositions involving Schur geometrically convex functions[J]. J. Inequal. Appl. ,(2015) 2015:320.

[58] 陈胜利. 均值不等式的加强及逆向[J]. 数学通讯,2000,(17):30-31.

[59] 续铁权,张小明. 两个有关平均的不等式[J]. 不等式研究通讯,2004,11(3):299-304.

[60] CHU Y M,WANG G D,ZHANG X H. The Schur multiplicative and harmonic convexities of the complete symmetric function [J]. Math. Nachr. ,2011,284(5-6):653-663.

[61] CHU Yuming,LV Yupei. The Schur harmonic convexity of the Hamy symmetric function and its applications [J]. J. Inequal. Appl. ,Volume 2009. Article ID 838529.

[62] CHU Yuming,SUN Tianchuan. The Schur harmonic convexity for a class of symmetric functions [J]. Acta Mathematica Scientia,2010,30B(5):1501-1506.

[63] SHI Huannan,ZHANG Jing. Compositions involving Schur harmonically convex functions[J]. Journal of Computational Analysis and Applications,2017,22(5):907-922.

[64] YANG Zhenhang. Schur power convexity of Gini means [J]. Bull. Korean Math. Soc. ,2013,50(2):485-498.

[65] 石焕南,张静. 一类条件不等式的控制证明与应用[J]. 纯粹数学与应用数学,2013,29(5):441-449.

[66] 赖立,文家金. Hadry 不等式的凸函数推广[J]. 西南民族大学学报(自然科学版),2003,29(3):269-274.

[67] SHI Huannan,ZHANG Jing. Some new judgment theorems of Schur geometric and Schur harmonic convexities for a class of

symmetric functions[J]. J. Inequal. Appl. ,2013:527. doi:10.1186/1029-242X-2013-527.

[68] 杨定华. 抽象控制不等式的理论基础[J]. 中国科学 A 辑:数学,2009,39(7):873-891.

[69] 杨定华. 抽象受控不等式的同构映射[J]. 数学进展,2014,43(5):741-760.

[70] 文家金,赖立,罗钊. 对称平均对幂平均的分隔及其应用[J]. 西南民族学院学报(自然科学版),2000,26(3):244-250.

[71] 文家金,石焕南. Maclaurin 不等式的最优化加强 [J]. 成都大学学报(自然科学版),2000,19(3):1-8.

[72] 钱照平. 一个有趣的不等式[J]. 高等数学研究,2007,10(2):33-34.

[73] 赵德勤,殷明. 一个有趣不等式的新证明方法及推论[J]. 大学数学,2010,26(1):201-202.

[74] 石焕南. 关于对称函数的一类不等式[J]. 数学通报,1996,(3):38-40.

[75] 汤子庚. 一个初等对称函数不等式的加强[J]. 数学通报,1997(10):44-46.

[76] 石焕南. 一类对称函数不等式的加强、推广及应用[J]. 北京联合大学学报(自然科学版),1999,13(2):51-55.

[77] 樊益武. 对称函数的一类不等式[M]// 杨学枝. 不等式研究. 拉萨:西藏人民出版社,2000:75-78.

[78] 石焕南. 初等对称函数对偶式的 Schur- 凹性及其应用[J]. 东北师范大学学报(自然科学版),2001,33(增刊):24-27.

[79] 王挽澜,王鹏飞. 对称函数的一类不等式[J]. 数学学报,1984,27(4):385-497.

[80] PEČARIĆ JOSIP,WEN Jiajin,WANG Wanlan,et al. A generalization of Maclaurin's inequalities and its applications [J]. Math. Inequal. Appl. ,2005,8(4):583-598.

[81] 马统一. 实初等对称函数商的 Schur- 凹性及其应用[J]. 兰州大学学报(自然科学版),2001,37(4):19-24.

[82] 许谦. 初等对称函数的商的 Schur- 调和凸性[J]. 大学数学,2013,29(1):34-37.

[83] 续铁权. 关于对称函数的几个不等式[J]. 成都大学学报(自然科学版),2000,19(2):15-18.

[84] 石焕南. 初等对称函数差的 Schur 凸性[J]. 湖南教育学院学报,1999,17(5):135-138.

[85] 石焕南. 一道 IMO 试题的新推广[J]. 湖南数学通讯,1994,(5):35-36.

[86] 杨学枝. 全国第三届初等数学研究学术交流会论文集[C]. 福州:[出版者不详],1996.

[87] 张小明,李世杰. 两个与初等对称函数有关的 S- 几何凸函数[J]. 四川师范大学学报(自然科学版),2007,30(2):188-190.

[88] ZHANG Xiaoming. S-geometric convexity of a function involving Maclaurin's elementary symmetric mean [J]. J. Inequal. Pure and Appl. Math. ,2007,8(2):Art. 51.

[89] 冯烨. 关于三类对称函数的 Schur- 凸性的研究[D]. 内蒙古:内蒙古民族大学,2011.

[90] GUAN Kaizhong. Some properties of a class of symmetric functions [J]. J. Math. Anal. Appl. ,2007,336:70-80.

[91] 褚玉明,夏卫锋,赵铁洪. 一类对称函数的 Schur 凸性[J]. 中国科学 A 辑:数学,2009. 39(11):1267-1277.

[92] 石焕南. 关于三个对称函数的 Schur- 凹凸性[J]. 河西学院学报,2011,28(2):13-17.

[93] 孙明保. 两类对称函数的 Schur 凸性[J]. 中国科学:数学,2014,44(6):633-656.

[94] SHI Huannan,ZHANG Jing. Schur-convexity of dual form of some symmetric functions [J]. J. Inequal. Appl. ,2013:295(17 June 2013). doi:10. 1186/1029-242X-2013-295.

[95] XIA Weifeng,CHU Yuming. The Schur convexity and Schur multiplicative convexity for a class of symmetric functions with applications [J]. Ukrainian Mathematical Journal,2009,61(10):

1306-1318.

[96] SHI Huannan,ZHANG Jing. Schur-convexity of dual form of some symmetric functions[J]. J. Inequal. Appl. ,2013:295[2013－6－17]. doi:10. 1186/1029-242X-2013-295.

[97] XIA Weifeng,CHU Yuming. On Schur-convexity of some symmetric functions [J]. J. Inequal. Appl. ,2010:12. doi:10. 1155/2010/543250.

[98] WANG Wen,YANG Shiguo. A class of Schur-convex functions and several geometric inequalities [J]. Communications in Mathematical Research(《数学研究通讯》),2015,31(3):199-210.

[99] SHI Huannan,ZHANG Jing. Schur-convexity,Schur geometric and harmonic convexities of dual form of a class symmetric functions [J]. J. Math. Inequal. ,2014,8(2):349-358.

[100] 梅花,白春玲,满花. 一个不等式猜想的推广[J]. 内蒙古民族大学学报(自然科学版),2006,21(2):127-129.

[101] 邵志华. 一类对称函数的 Schur- 几何凸性及 Schur- 调和凸性[J]. 数学的实践与认识,2012,42(16):199-206.

[102] 冷岗松. 唐立华. 再论 Pedoe 不等式的高维推广及应用[J]. 数学学报,1997,40(1):14-21

[103] 马统一,普昭年. 再论一个分析不等式的推广及应用[J]. 四川大学学报(自然科学版),2002,39(1):1-6.

[104] SHI Huannan,ZHANG Jing. A reverse analytic inequality for the elementary symmetric function with applications[J]. J. Appl. Math. ,2013:5. Article ID 674567. doi:10. 1155/2013/674567.

[105] 王淑红,张天宇,华志强. 一类对称函数的 Schur- 几何凸性及 Schur- 调和凸性[J]. 内蒙古民族大学学报(自然科学版),2011,26(4):387-390.

[106] 张静,石焕南. 关于一类对称函数的 Schur 凸性[J]. 数学的实践与认识,2013,43(19):292-296.

[107] XIA Weifeng,ZHANG Xiaohui,WANG Gendi,et al. Some properties for a class of symmetric functions with applications [J].

Indian J. Pure Appl. Math. ,2012,43(3):227-249.

[108] KEIICHI WATANABE. On relation between a Schur, Hardy-Littlewood-Pólya and Karamata's theorem and an inequality of some products of x^p-1 derived from the Furuta inequality [J]. J. Inequal. Appl. ,2013,2013:137 doi:10. 1186/1029-242X-2013-137.

[109] PEČARIĆ J E. On Bernoulli's inequality[J]. ANUBIH Radovi-74, Odj. Prir. Nauka knj. 1983,22:61-65.

[110] 石焕南. Wierstrass 不等式的新推广[J]. 数学的实践与认识, 2002,32(1):132-135.

[111] MITRINOVIC D S,PEČARIĆ J E,FLNK A M. Classical and new inequalities in analysis[M]. Holland:Kluwer Academic Publishers,1993.

[112] KLAMKIN M S. Extensions of an inequality [J]. Publ. Elektroteh. Fak. ,Univ. Beogr. ,Ser. Mat. ,1996,7:72-73.

[113] 顾春,石焕南. 反向 Chrystal 不等式[J]. 数学的实践与认识, 2008,38(13):163-167.

[114] 石焕南. Bernoulli 不等式的控制证明及推广[J]. 北京联合大学学报(自然科学版),2008,22(2):58-61.

[115] ZHANG Jing,SHI Huannan. Multi-parameter generalization of Rado-Popoviciu inequalities[J]. J. Math. Inequal. ,2016,10(2):577-582.

[116] BULLEN P S,MITRINOVIC D S,VASIC P M. Means and their inequalities [M]. Boston:Reidel publishing Co. ,1988.

[117] JANOUS W,KUCZMA M K,KLAMKIN M S. Problem 1598[J]. Crux Math. ,1990,16:299-300.

[118] WU Shanhe. Generalization and sharpness of the power means inequality and their applications [J]. J. Math. Anal. Appl. ,2005, 312:637-652.

[119] SHI Huannan. Majorized proof of arithmetic-geometric-harmonic means inequality[J]. Advanced Studies in Contemporary Math-

ematics,2016,26(4):681-684.

[120] BENCZE M. Pproblem 11514 [J]. American Mathematical Montly,2010,117(6):559.

[121] 徐彦辉.一道美国数学月刊征解题的解答及其推广[J].高等数学研究,2015,18(4):50-51.

[122] HARDY G H,LITTLEWOOD J E,PÓLYA G. Inequalities, 2nd ed [M]. London:Cambridge,,1952. 越民义.不等式[M].北京:科学出版社,1965.

[123] HARDY G,LITTLEWOOD J E,PÓLYA G. Inequalities,2nd ed [M]. UK:Cambridge Univ. Press,1952.

[124] MENON K V. Inequalities for symmetric functions [J]. Duke Mathematical Journal,1968,35:37-45.

[125] 关开中.关于广义 k 次对称平均的不等式[J].重庆师范学院学报(自然科学版),1998,15(3):40-43.

[126] 石焕南,何灯.涉及完全对称函数的对偶不等式链[M]// 杨学枝.不等式研究(第二辑).哈尔滨:哈尔滨工业大学出版社,2012:87-93.

[127] GUAN Kaizhong. The Hamy symmetric function and its generalization [J]. Math. Inequal. Appl. ,2006,9(4):797-805.

[128] ZHANG Kongsheng,SHI Huannan. Schur convexity of dual form of the complete symmetric function [J]. J. Math. Anal. Appl. ,2013,16(4):963-970.

[129] BECKENBACH E F,BELLMAN R. Inequalities [M]. New York:Springer-Verlag,1965.

[130] PEČARIĆ J,PERIĆ I,LIPANOVIĆ M RODIĆ. Integral representations of generalized Whiteley means and related inequalities [J]. Math. Inequal. Appl. ,2009,12(2):295-309.

[131] Sun M B,Chen N S,Li S H. Some properties of a class of symmetric functions and its applications [J]. Math Nachr,2014,287(13):1530-1544. doi:10.1002/mana.201300073.

[132] SHI Huannan, ZHANG Jing, MA Qihua. Schur-convexity, Schur-geometric and Schur-harmonic convexity for a composite function of complete symmetric function[J]. SpringerPlus(2016) 5:296. DOI 10.1186/s40064-016-1940-z.

[133] GUAN Kaizhong. A class of symmetric functions for multiplicatively convex function [J]. Math. Inequal. Appl., 2007, 10(4): 745-753.

[134] 王文,杨世国. 一类对称函数的 m- 指数凸性[J]. 系统科学与数学,2014,34(3):367-375.

[135] 张鑑,顾春,石焕南. 一类对称函数的 Schur- 指数凸性的简单证明[J]. 系统科学与数学,2016,136(10):1779-1782.

[136] JIANG Weidong. Some properties of dual form of the Hamy's symmetric function [J]. J. Math. Inequal., 2007, 1(1):117-125.

[137] MENG Junxia, CHU Yuming, TANG Xiaomin. The Schur-harmonic-convexity of dual form of the Hamy symmetric function [J]. Matematiqki Vesnik, 2010, 62(1):37-46.

[138] XIA Weifeng, CHU Yuming. Schur-convexity for a class of symmetric functions and its applications [J]. J. Inequal. Appl., 2009:15. Article ID 493759. doi:10.1155/2009/493759.

[139] 张涛. 广义 Heronian 均值函数与 Hamy 对称函数的研究[D]. 内蒙古:内蒙古民族大学,2010.

[140] CHU Yuming, XIA Weifeng, ZHAO Tiehong. Some properties for a class of symmetric functions and applications [J]. J. Math. Inequal., 2011, 5(1):1-11.

[141] SHI Huannan, ZHANG Jian, GU Chun. New proofs of Schur-concavity for a class of symmetric functions[J]. J. Inequal. Appl., 2012:12. doi:10.1186/1029-242X-2012-12

[142] WANG Wen, YANG Shiguo. Schur m-power convexity of a class of multiplicatively convex functions and applications[J]. Abstract and Applied Analysis, 2014:12. Article ID 258108. http://dx.doi.org/10.1155/2014/258108.

[143] 侯典峰. 一些代数不等式证明及改进[J]. 不等式研究通讯,2007,14(4):414-418.

[144] DUŠAN DJUKIĆ VLADIMIR JANKOVIĆ IVAN MATIĆ NIKOLA PETROVIĆ. IMO Shortlist 2005 From the book "The IMO Compendium" [M]. Dordrecht:Springer Publishers,2006.

[145] 杨洪,文家金. 涉及 Hardy 函数的不等式[J]. 四川师范大学学报(自然科学版),2007,30(5):374-277.

[146] 张勇,文家金,王挽澜. 含幂指数的一个不等式猜想的研究[J]. 四川师范大学学报(自然科学版),2005,28(2):245-249.

[147] GAO Chaobang,WEN Jiajin. Inequalities of Jensen-Pečarić-Svrtan-Fan-type [J]. J. Inequal. Pure Appl. Math. ,2008,3(9):8.

[148] 张日新,文家金. 含剩余对称平均的不等式及其应用[J]. 数学的实践与认识,2004,34(10):140-147.

[149] 续铁权. Kantorovich 不等式的推广[J]. 成都大学学报(自然科学版),2005,24(2):81-83,96.

[150] 周民强. 实变函数论[M]. 北京:北京大学出版社. 2001.

[151] BAGDASAR O. Inequalities for chains of normalized symmetric sums[J]. J. Inequal. Pure. Appl. Math,2008(9),1:7. http://jipam. vu. edu. au/article. php? sid = 950.

[152] 石焕南,张小明. 一对互补对称函数的 Schur 凸性[J]. 湖南理工学院学报(自然科学版),2009,22(4):1-5.

[153] 银花. 一对互补对称函数的 Schur 凸性质[J]. 内蒙古民族大学学报(自然科学版),2010,25(2):142-144.

[154] PEČARIĆ J E,FRANK PROSCHAN,TONG Y L. Convex functions,partial orderings,and statistical applications [M]. New York:Academic Press. Inc. ,1992.

[155] WU Shanhe,DEBNATH,LOKENATH. Inequalities for convex sequences and their applications [J]. Comput. Math. Appl. ,2007,54(4):525-534.

[156] 肖振钢. 数列与不等式的一个连接点 — 凸数列[J]. 湖南数学

年刊,1995,15(4):62-69.

[157] 石焕南,李大矛.凸数列的一个等价条件及其应用[J].曲阜师范大学学报(自然科学版),2001,27(4):4-6.

[158] 石焕南.凸数列的一个等价条件及其应用,Ⅱ[J].数学杂志,2004,24(4):390-394.

[159] 吴树宏.算子凸序列不等式[J].广西科学院学报,2007,23(1):1-3.

[160] QI Feng,XU Senlin. Refinements and extensions of an inequality,Ⅱ[J]. J. Wath. Anal. Appl. ,1997,211:616-620.

[161] 张垚.关于多胞形的一类不等式[J].湖南教育学院学报,1999,17(5):99-105.

[162] 萧振钢,张志华,卢小宁.一类加权对称平均不等式[J].湖南教育学院学报,1999,17(5):130-134.

[163] LAFORGIA A,NATALINI P. On some Turán-type inequalities [J]. J. Inequal. Appl. ,2006:1—6. DOI 10. 1155/JIA/2006/29828.

[164] 吴善和.关于凸序列一个不等式的推广[J].成都大学学报(自然科学版),2004,23(3):11-15.

[165] 卢小宁,萧振纲.凸数列的几个加权和性质 [J].湖南理工学院学报(自然科学版),2014,27(4):6-9.

[166] 萧振纲.凸数列的几个封闭性质与加权和性质[J].湖南理工学院学报(自然科学版),2012,25(2):1-6.

[167] 石焕南,张鉴,顾春.凸数列的几个加权和性质的控制证明[J].四川师范大学学报(自然科学版),2016,39(3):373-376.

[168] 朱秀娟,洪再吉.概率统计 150 题(修订本) [M].长沙:湖南科学技术出版社,1987:169-170.

[169] EVARD J C,GAUCHMAN H. Steffensen type inequalities over general measure spaces [J]. Analysis,1997,17:301-322.

[170] SHI Huannan,WU Shanhe. Majorized proof and refinement of the discrete Steffensen's inequality [J]. Taiwanese Journal of Mathematics,2007,11(4):1203-1208.

[171] KUANG,J CH. Some extensions and refinements of Minc-

Sathre inequality [J]. Math. Gaz. 1999,83:123-127.

[172] QI Feng. Generalizations of Alzer's and Kang's inequality [J]. Tamking J. Math. ,2000,31(3):223-227.

[173] QI F,GUO B N. Monotonicity of sequences involving convex function and sequence[J]. RGMIA Res. Rep. Coll. 2000(3),2: 321-329. http: // rgmia. vu. edu. au/v3n2. html.

[174] CHEN CH P,QI F,CERONE P,et al. Monotonicity of sequences involving conex and concave functions[J]. Math. Inequal. Appl. 2003,6(2):229-239.

[175] 续铁权,石焕南. 两个凸函数单调平均不等式的改进[J]. 数学的实践与认识,2007,37(19):150-156.

[176] MINC H,SATHRE L. Some inequalities involving $(r!)^{\frac{1}{r}}$[J]. Proc. Edinburgh Math. Soc. 1964(65),14:41,46.

[177] ALZER H. On an inequality of H. Minc and L. Sathre[J]. J. Math. Anal. Appl. ,1993,179:396-402.

[178] SHI Huannan,XU Tiequan,QI Feng. Monotonicity results for arithmetic means ofconcave and convex functions[J]. RGMIA Research Report Collection,2006,9(3). http: // eureka. vu. edu. au/ ~ rgmia/v9n3/Shi-Xu-Qi1. pdf.

[179] GUAN Kaizhong. GA-convexity and its applications [J]. Analysis Mathematica,2013,39:189-208. DOI:10. 1007/s10476 — 013 — 0303 — z.

[180] 刘琼. 一类跳阶乘不等式的控制证明[J]. 邵阳学院学报(自然科学版),2008,15(2):4-6.

[181] 石焕南,李明. 等差数列的凸性和对数凸性[J]. 湖南理工学院学报(自然科学版),2014,27(3):1-6.

[182] 甘志国. 数列与不等式[M]. 哈尔滨:哈尔滨工业大学出版社,2014.

[183] 石焕南. 等比数列的凸性和对数凸性[J]. 广东第二师范学院学报,2015,35(3):9-15.

[184] 郑宁国. 凸函数的 Hadamard 不等式的两种证明方法[J]. 湖州

师范学院学报,2005,27(2):15-17.

[185] ELEZOVIC N,PEČARIĆ J. A note on Schur-convex functions [J]. Rocky Mountain J. Math. ,2000,30(3):853-856.

[186] QI Feng. Schur-convexity of the extended mean values [J]. RGMIA Research Report Collection,2001,4(4). http://rgmia.org/papers/v4n4/scemv.pdf.

[187] SHI Huannan. Schur-convex functions relate to Hadamard-type inequalities[J]. J. Math. Inequal. ,2007,1(1):127-136.

[188] 石焕南,吴善和. Refinement of an inequality for generalized logarithmic mean[J]. 数学季刊,2008,23(4):594-599.

[189] SHI Huannan. Schur-convex functions relate to Hadamard-type inequalities[J]. J. Math. Inequal. ,2007,1(1):127-136.

[190] SHI Huannan,LI Damao,GU Chun. Schur-convexity of a mean of convex Function [J]. Appl. Math. Lett. ,2009,22(6):932-937.

[191] SHI Huannan. Two Schur-convex functions relate to Hadamard-type integral inequalities [J]. Publicationes Mathematicae Debrecen,2011,78(2):393-403

[192] ČULJAK V,FRANJIĆ I,GHULAM R,PEČARIĆ J. Schur-convexity of averages of convex functions[J]. J. Inequal. Appl. ,2011:25. Article ID 581918. doi:10.1155/2011/581918.

[193] LONG Boyong;JIANG Yueping;CHU Yuming. Schur convexity properties of the weighted arithmetic integral mean and Chebyshev functional[J]. Rev. Anal. Numér. Théor. Approx. ,2013,42(1):72-81.

[194] SUN Jian,SUN Zhiling,XI Boyan,et al. Schur-geometric and Schur-harmonic convexity of an integral mean for convex functions[J]. Turkish Journal of Analysis and Number Theory,2015,3(3):87-89.

[195] QI F,SÁNDOR J,DRAGOMIR S S,et al. Notes on the Schur-convexity of the extended mean values [J]. Taiwanese J.

Math. ,2005,9(3):411-420.

[196] DRAGOMIR S S. Two mappings in connection to Hadamard's inequalities [J]. J. Math. Anal. Appl. 1992,167(1):49-56.

[197] ZHANG Xiaoming,CHU Yuming. Convexity of the integral arithmetic mean of a convex function [J]. Rocky Mountain J. Math. ,2010,40(3):1061-1068.

[198] KOLIHA J J. Approximation of convex functions [J]. Real Analysis Exchange 2003/2004,29:465-471.

[199] WULBERT D E. Favard's inequality on average values of convex functions [J]. Math. Comput. Modelling,2003,37:1383-1391.

[200] CHU Yuming,WANG Gendi,ZHANG Xiaohui. Schur convexity and Hadmard's inequality [J]. Math. Ineq. & Appl. ,2010, 13(4):725-731.

[201] FRANJIĆ I,PEČARIĆ J. Schur-convexity and the Simpson formula [J]. Applied Mathematics Letters,2011,24:1565-1568.

[202] CERONE P,DRAGOMIR S S. Midpoint-type rules from an inequality point of view,in Handbook of analytic-computational methods in applied mathematics(G. Anastassiou,ed.)[M]. New York:CRC Press,2000.

[203] SHI Huannan. Hermite-Hadamard type inequalities for functions with a bounded second derivative[J]. Proceedings of the Jangjeon Mathematical Society,2016,19(1):135-144.

[204] YANG G S,HONG M C. A note on Hadamard's inequality [J]. Tamkang. J. Math. 1997,28(1):33-37.

[205] DRAGOMIR S S. Further properties of some mappings associated with Hermite-Hadamard's inequalities [J]. Tamkang. J. Math. ,2003,34(1):45-57.

[206] OSTLE B,TERWILLIGER H L. A companion of two means [J]. Proc. Montana Acad. Sci. ,1957,17(1):69-70.

[207] LAN He. Two new mappings associated with inequalities of Hadamard-type for convex functions [J]. J. Inequal. Pure and

Appl. Math. ,2009,10(3):5. http: // jipam. vu. edu. au/

[208] DragomirS S,Mond B. Integral inequalities of Hadamard type for log-convex functions[J]. Demonstratio Mathematica,1998, 31(2):354-364.

[209] 张敏,杨灵,李志伟. 由 Schwarz 积分不等式生成的函数[J]. 重庆工学院学报(自然科学版),2008,22(5):160-167.

[210] 石焕南. 涉及 Schwarz 积分不等式的 Schur- 凸函数[J]. 湖南理工学院学报(自然科学版),2008,21(4):1-3.

[211] 王良成. 由 Chebyshev 型不等式生成的差的单调性[J]. 四川大学学报(自然科学版),2002,39(3):398-403.

[212] ČULJAK V,PEČARIĆ J. Schur-convexity of Čebišev functional [J]. Math. Inequal. Appl. ,2011,5(2):213-217.

[213] SHI Huannan,ZHANG Jian. Schur-convexity and Schur-geometric convexity of Chebysev Functional [J]. RGMIA Research Report Collection,2009,12(3). http: // rgmia. org/ papers/ v12n3/ Schur. pdf.

[214] QUÔC-ÂHN NGÔ,QI Feng,NINH VAN THU. New generalizations of an integral inequality [J]. Real Analysis Exchange, 2007/2008,33(2):471-474.

[215] CLOUD M J,DRACHMAN B C. Inequalities with Applications to Engineering [M]. [S. I.]:Springer,1998:35.

[216] STEFFENSEN J E. On a generalization of certain inequalities by Tchebychef and Jensen [J]. Skand. Aktuarietidskr,1925:137-147.

[217] GUO Baini,QI Feng. A simple proof of logarithmic convexity of extended mean values [J]. Numer Algor,2009,52:89-92.

[218] 石焕南. 张鉴,徐坚. 一类积分不等式的控制证明[J]. 首都师范大学学报(自然科学版),2004,25(4):11-13.

[219] 梁新健,刘碧秋,林菊芳. 关于一些积分不等式的注记 [J]. 宁夏大学学报(自然科学版),1998,19(2):113-116.

[220] MARSHALL A W, OLKIN I. Schur-convexity,Gamma func-

tions, and moments [J]. International Series of Numerical Mathematics, 2008, 157: 245-250.

[221] ALSINA C, TOMÁS M S. A geometrical proof of a new inequality for the gamma function[J]. J. Inequal. Pure Appl. Math., 2005, 6(2): Article 48.

[222] NGUYEN V V, NGO PN N. An inequality for the gamma function[J]. Int. Math. Forum, 2009, 4(28): 1379-1382.

[223] DÍAZ R, PARIGUAN E. On hypergeometric functions and Pochhammer k-symbol[J]. Divulg. Mat., 2007, 15(2): 179-192.

[224] ZHANG Jing, SHI Huannan. Two double inequalities for k-gamma and k-Riemann zeta functions[J]. J. Inequal. Appl., 2014, 2014: 191.

[225] KOKOLOGIANNAKI C G, KRASNIQI V. Some properties of the k-gamma function[J]. LE MATEMATICHE, 2016, 68: 13-22. doi: 10.4418/2013.68.1.2.

[226] QI F, SHI X T, LIU F F. An exponential representation for a function involving the gamma function and originating from the Catalan numbers[J/OL]. ResearchGate Research. http://dx.doi.org/10.13140/RG.2.1.1086.4486.

[227] QI F, SHI X T, MANSOUR M, et al. Schur-convexity of the catalan-Qi function [J/OL]. http://www.researchgate.net/publication/281448338.

[228] STOLARSKY K B. Generalizations of the logarithmic mean [J]. Math. Mag., 1975, 48(2): 87-92.

[229] STOLARSKY K B. The power and generalized logarithmic means [J]. Amer. Math. Monthly 1980, 87: 545-548.

[230] PÁLES Z. Inequalities for differences of powers [J]. J. Math. Anal. Appl., 1988, 131: 271-281.

[231] LEACH E B, SHOLANDER M C. Extended mean values II [J]. J. Math. Anal. Appl., 1983, 92: 207-223.

[232] GUO Baini, QI Feng. The function $(b^x - a^x)/x$: logarithmic

convexity and applications to extended mean values[J]. Faculty of Sciences and Mathematics, University of Ni's, Serbia, 2011, 25(4):63-73.

[233] 褚玉明,张小明. 二元广义平均的几何凸性[J]. 不等式研究通讯,2008,15(4):420-428.

[234] SÁNDOR J. Logarithmic convexity of t-modifications of a mean [J]. Octogon Math. Mag. 2001,9(2):737-739.

[235] PÉTER C, PALES Z. Inequalities on two variable Gini and Stolarsky means [J]. J. Inequal. Pure Appl. Math. ,2004,5(2):8.

[236] QI Feng. A note on Schur-convexity of extended mean values [J]. Rocky Mountain J Math,2005,35(5):1787-1793.

[237] SÁNDOR J. The Schur-convexity of Stolarsky and Gini means [J]. Banach J. Math. Anal. ,2007,1(2):212-215.

[238] 李大矛,石焕南,孙文彩. Neuman 不等式的控制证明和加强[J]. 不等式研究通讯,2010,17(2):193-198

[239] QI Feng, SÁNDOR J, DRAGOMIR S S, et al. Notes on the Schur-convexity of the extended mean values [J]. Taiwanese J. Math. ,2005,9(3):411-420. http://www.math.nthu.edu.tw/tjm/.

[240] SHI Huannan, WU Shanhe, QI Feng. An alternative note on the Schur-convexity of the extended mean values [J]. Math. Ineq. & Appl. ,2006,9(2):219-224.

[241] CHU Yuming, ZHANG Xiaoming. Necessary and sufficient conditions such that extended mean values are Schur-convex or Schur-concave [J]. Journal of Mathematics of Kyoto University, 2008,48(1):229-238.

[242] CHU Yuming, Zhangxiaoming. The Schur geometrical convexity of the extended mean values [J]. Journal of Convex Analysis, 2008,15, No. 4:869-890.

[243] XIA Weifeng, CHU Yuming, WANG Gendi. Necessary and sufficient conditions for the Schur harmonic convexity or

concavity of the extended mean values[J]. Revista De La Uniòn Matemática Argentina,2010,51(2):121-132.

[244] YANG Zhenhang. Schur power convexity of Stolarsky means [J]. Publ. Math. Debrecen,2012,80(1-2):43-66.

[245] PÁLES Z. Inequalities for sums of powers[J]. J. Math. Anal. and Appl. ,1988,131:254-270.

[246] 何灯.《数学奥林匹克不等式研究》中猜测 6 的验证[J]. 不等式研究通讯,2010,17(1):107-109.

[247] 李明. 杨学枝猜想 6 的简证及其推广研究[J]. 不等式研究通讯,2010,17(2):219.

[248] 石焕南. 杨学枝猜想 6 和猜想 8 的简证与推广[J]. 不等式研究通讯,2010,17(2):221.

[249] LOSONCZI L,PALES Z. Minkowski's inequality for two variables Gini means [J]. Acta Sci. Math. (Szeged),1996,62(3-4):413-425.

[250] 李大矛,石焕南,杨志明. Stolarsky 单参数不等式的推广[J]. 北京联合大学学报(自然科学版) 2010,24(3):56-58.

[251] 石焕南. Gini 平均的 Schur 凸性和 Schur 几何凸性[J]. 不等式研究通讯,2007,14(1):14-20.

[252] 褚玉明,夏卫锋. Gini 平均值公开问题的解[J]. 中国科学 A 辑:数学,2009. 39(8):996-1002.

[253] PETER A HÄSTÖ. A monotonicity property of ratios of symmetric homogeneous means [J]. J. Ineq. Pure Appl. Math. ,2002,3(5):1-23.

[254] 王梓华. Gini 平均的 S- 凸性和 S- 几何凸性的充要条件[J]. 北京教育学院学报(自然科学版),2007,2(5):1-3,6.

[255] XIA Weifeng,CHU Yuming. The Schur convexity of Gini mean values in the sense of harmonic mean [J]. Acta Mathematica Scientia,2011,31B(3):1103-1112.

[256] 顾春,石焕南. Lehme 平均的 Schur 凸性和 Schur 几何凸性[J]. 数学的实践与认识,2009,39(12):183-188.

[257] XIA Weifeng,CHU Yuming. The Schur harmonic convexity of Lehmer means [J]. International Mathematical Forum,2009 4(41):2009-2015.

[258] YANG Zhenhang. Schur harmonic convexity of Gini means[J]. International Mathematical Forum,2011,6(16):747-762.

[259] CZINDER P,PÁLES Z. Some comparison Inequalities for Gini and Stolarsky means [J]. Math. Inequal. Appl. ,2006,9(4):607-616.

[260] NEUMEN E,PÁLES Z. On comparison of Stolarsky and Gini means [J]. J. Math. Anal. Appl. ,2003,278:274-284.

[261] 江永明,石焕南. Stolarsky 平均与 Gini 平均的一个比较[J]. 湖南理工学院学报(自然科学版),2009,22,(3):7-11.

[262] WITKOWSKI A. Comparison theorem for two-parameter means [J]. Math. Inequal. Appl. ,2009,12(1):11-20.

[263] MURALI K,NAGARAJA K M. Schur convexity of Stolarsky's extended mean values[J]. J. Math. Inequal. ,2016,10(3):725-735.

[264] HALZER A,JANOUS W. Solution of Problem 8[J]. Crux. Math. ,1987,13:173-178.

[265] 毛其吉. 两正数的幂平均、对数平均与对偶海伦平均[J]. 苏州教育学院学报,1999,16:82-85.

[266] 石焕南. 关于二元幂平均的一个不等式[J]. 北京联合大学学报(自然科学版),2009,23(2):62-64.

[267] WALTHER JANOUS. A note on generalized Heronian means [J]. Math. Inequal. Appl. ,2001,4(3):369-375.

[268] JIA G,CAO J D. A new upper bound of the logarithmic mean [J]. J. Ineq Pure & Appl. Math. ,2003,4(4):80.

[269] 李大矛,顾春,石焕南. Heron 平均幂型推广的 Schur 凸性[J]. 数学的实践与认识,2006,36(9):386-390.

[270] SHI Huannan,BENCZE MIHALY,WU Shanhe,et al. Schur convexity of generalized Heronian means involving two

parameters [J]. J. Inequal. Appl. ,2008:9 pages.

[271] FU L I,XI B Y,SRIVASTAVA H M. Schur-convexity of the generalized Heronian means involving two positive numbers [J]. Taiwanese Journal of Mathematics,2011,15(6):2721-2731.

[272] 付丽丽. 关于几个平均值函数的单调性及凸性的研究[D]. 内蒙古:内蒙古民族大学,2010.

[273] GUAN Kaizhong,ZHU Huantao. The generalized Heronian mean and its inequalities[J]. Univ. Beograd. Publ. Elektrotehn. Fak. Ser. Mat. 2006,17,60-75. http: // matematika. etf. bg. ac. yu.

[274] LV Yupei,SUN Tianchuan,CHU Yuming. Mixed means inequalities of multivariable geometric mean and harmonic mean [J]. Int. Journal of Math. Analysis,2010,4(1):29-38.

[275] FU Chunru,WANG Dongsheng,SHI Huannan. Schur-convexity for a mean of two variables with three parameters[J]. Filomat,已录用.

[276] WANG Dongsheng,FU Chunru,SHI Huannan. Schur-m power convexity for a mean of two variables with three parameters[J]. J. Nonlinear Sci. Appl. ,2016,9:2298-2304.

[277] WANG Dongsheng,FU Chunru,SHI Huannan. Schur-convexity for a mean of n variables with three parameters[J]. Publications de l'Institut Mathématique(Beograd),已录用.

[278] YANG Zhenhang. Schur power convexity of the Daróczy means[J]. Math. Inequal. Appl. ,2013,16(3):751-762.

[279] DENG Yongping,CHU Yuming,WU Shanhe,et al. Schur-geometric convexity of the generalized Gini-Heronian means involving three parameters[J]. J. Inequal. Appl. ,2014,2014:413.

[280] LOKESHA V,NAGARAJA K M,NAVEEN KUMAR B,et al. Schur convexity of Gnan mean for two variables [J]. NNTDM, 2011,17(4):37-41.

[281] NAGARAJA K M,SUDHIR KUMAR SAHU. Schur geometric convexity of Gnan mean for two variables[J]. Journal of the

international mathematical virtual institute,2013,3:39-59.

[282] TRIF T. Monotonicity,comparison and Minkowski's inequality for generalized Muirhead means in two variables [J]. Mathematica,2006,48(71):99-110.

[283] GONG Weiming,SHEN Xuhui,CHU Yuming. The Schur convexity for the generalized Muirhead mean [J]. J. Math. Inequal. ,2014,8(4):855-862.

[284] CHEN Chaoping. Asymptotic representations for Stolarsky,Gini means and generalized Muirhead means [J]. RGMIA Research Report Collection,2008,4. http://rgmia.org/issues.php.

[285] XIA Weifeng,CHU Yuming. The Schur multiplicative convexity of the generalized Muirhead mean [J]. International Journal of Functional Analysis,Operator Theory and Applications,2009,1(1):1-8.

[286] CHU Yuming,XIA Weifeng. Necessary and sufficient conditions for the Schur harmonic convexity of the generalized muirhead mean [J]. Proceedings of A. Razmadze Mathematical Institute,2010,152:19-27.

[287] 邓勇平,吴善和,何灯. 关于广义 Muirhead 平均的 Schur 幂凸性[J]. 数学的实践与认识,2014,44(5):255-268.

[288] DENG Yongping,WU Shanhe,CHU Yuming,et al. The Schur convexity of the generalized Muirhead-Heronian means [J]. Abstract and Applied Analysis,2014:11.

[289] 何灯,李云杰. 广义 Heronian 平均与广义 Muirhead 平均的统一推广 II[J]. 广东第二师范学院学报,2015,35(5):36-47.

[290] SEIFFERT H J. Problem 887[J]. Nieuw Arch. Wisk. 1993,4(11):176.

[291] 李大矛,石焕南,张鉴. Seiffert 平均的 Schur 凸性和 Schur 几何凸性[J]. 湖南理工学院学报(自然科学版),2011,24(2):7-10.

[292] 何灯. 关于 Seiffert 平均的 Schur 幂凸性[J]. 不等式研究通讯,2012,19(2):225-230.

[293] SEIFFERT H J. Aufgabe β16[J]. Die Wurzel,1995,29:221-222.

[294]李明,何灯. 一个 Seiffert 型平均的 Schur 凸性和 Schur 几何凸性[J]. 广东第二师范学院学报,2011,31(3):23-25.

[295]姜卫东. 关于双曲函数 Huygens 型不等式及应用[J]. 不等式研究通讯,2008,15(3):259-261.

[296]何灯,沈志军. Seiffert 平均研究进展[J]. 不等式研究通讯,2010. 17(4):468-475.

[297] NEUMANE,SÀNDOJ. On the Schwab-Borechardt mean [J]. Math Pannon,2003,14(2):253-266.

[298]钱伟茂. Neuman-Sàndo 平均的 Schur 凸性[J]. 湖州师范学院学报,2012,34(2):1-5.

[299] TOADER GH. An exponential mean[J]. Seminar on Mathematical Analysis(Cluj-Napoca,1987-1988),Preprint,Univ. “Babes-Bolyai”,Cluj,1988,88:51-54.

[300] TOADER GH,SÁNDOR J. Inequalities for general integral means [J],J. Inequal. Pure Appl. Math. ,2006,7(1):article 13.

[301]姜卫东. 一类指数平均的 Schur 凸性和 Schur 几何凸性[J]. 不等式研究通讯,2008,15(4):384-387.

[302]毕燕丽,姜卫东. 两个三角平均的 Schur 凸性[J]. 高等数学研究,2008,11(2):46-47,59.

[303]何灯,李云杰,王少光. 关于四个特殊平均的 Schur 幂凸性[J]. 广东第二师范学院学报,2015,35(3):21-31.

[304]李明,何灯. 关于双曲函数的两个平均及其 Schur 凸性[J]. 湖州师范学院学报,2011,33(1):11-14.

[305]张帆,张益池. 两类三角平均的 Schur 凸性[J]. 湖州职业技术学院学报,2013,(1):88-90.

[306]张帆,钱伟茂. 两个反三角函数平均的 Schur 凸性及其应用[J]. 不等式研究通讯,2012,19(1):37.

[307] PALES Z. Inequalities for sums of powers [J]. J. Math. Anal. and Appl. ,1988,131:265-270.

[308] WITKOWSKI A. Covexity of weighted Stolarsky means [J]. J. Inequal. Pure Appl. Math. ,2006,7(2):Article 73. http: // jipam. vu. edu. au/.

[309] WANG M K,QIU Y F,CHU Y M. Sharp bounds for Seiffert means in terms of Lehmer means[J]. J. Math. Inequal. ,2010, 4(4):581-586.

[310] 李大矛,石焕南. 一个二元平均值不等式猜想的新证明[J],数学的实践与认识,2006,36(4):278-283.

[311] 何灯. 关于两个"奇特"平均的 Schur 幂凸性[J]. 广东第二师范学院学报,2016(3):30-38.

[312] 杨路,张景中,侯晓荣. 非线性代数方程组与定理机器证明[M]. 上海:上海科技教育出版社,1996:137-166.

[313] 杨路,夏壁灿. 不等式机器证明与自动发现[M]. 北京:科学出版社,2008:33-46.

[314] 李明,张小明. 线性核 Toader 平均的 Schur 凸性和 Schur 几何凸性[J]. 数学的实践与认识,2014,44(20):264-268.

[315] SONG Yingqing,WANG Miaokun,CHU Yuming. Schur convexity properties for the elliptic Neuman mean with applications [J]. Math. Inequal. Appl. ,2015,18(1):185-194.

[316] TANEJA I J. Refinement of inequalities among means [J]. Journal of Combina-torics,Information & System Sciences, 2006,31(1 — 4):343-364. arXiv:math/0505192v2 [math. GM] [2005 — 7 — 12].

[317] SHI Huannan,ZHANG Jian,LI Damao. Schur-geometric concavity for difference of some means[J]. Applied. Math. E-Notes, 2010,10:275-284. http: // www. math. nthu. edu. tw/_amen/。

[318] 吴英,尹红萍,包金山,等. 关于平均数差的 Schur- 几何凸性[J]. 内蒙古民族大学学报(自然科学版),2011,17(5):1-3.

[319] SHI Huannan,LI Damao,ZHANG Jian. Refinements of inequalities among difference of means[J]. International Journal of Mathematics and Mathematical Sciences,2012:15. Article ID

315697. doi:10. 1155/2012/315697.

[320] WU Ying, QI Feng. Schur-harmonic convexity for differences of some means [J]. Analysis, 2012, 32:1001-1008.

[321] WU Ying, QI Feng, SHI Huannan. Schur-harmonic convexity for differences of some special means in two variables [J]. J. Math. Inequal., 2014, 8(2):321-330.

[322] 尹红萍,包金山,吴英. 关于几个平均数商的 Schur- 凸性的研究 [J]. 内蒙古民族大学学报(自然科学版), 2011, 26(6):637-641.

[323] YANG Zhenhang. On the homogeneous functions with two parameters and its monotonicity[J]. J. Inequal. Pure Appl. Math., 2005, 6(4):article 101.

[324] YANG Zhenhang. On the log-convexity of two-parameter homogeneous functions [J]. Math. Inequal. Appl., 2007, 10(3):499-516.

[325] YANG Zhenhang. Some monotonictiy results for the ratio of two-parameter symmetric homogeneous functions [J]. The International Journal of Mathematics and Mathematical Sciences, 2009:. Article ID591382.

[326] YANG Zhenhang. Necessary and sufficient conditions for Schur geometrical convexity of the four-parameter homogeneous means [J]. Abstr. Appl. Anal., 2010:Article ID 830163. doi:10. 1155/2010/830163.

[327] YANG Zhenhang. Necessary and sufficient condition for Schur convexity of the two-parameter symmetric homogeneous means [J]. Applied Mathematical Sciences, 2011, 5(64):3183-3190.

[328] YANG Zhenhang. On the monotonicity and log-convexity of a four-parameter homogeneous mean [J]. J. Inequal. Appl., 2008:Article ID 149286.

[329] 彭秀平. 对称平均数及其基本定理 [J]. 湖南数学通讯, 1991(3):39-40.

[330] GUAN Kaizhong, SHEN Jianhua. Schur-convexity for a class of

symmetric function and its applications [J]. Math. Inequal. Appl. ,2006,9(2):199-210.

[331] GUAN Kaizhong. Some inequalities for a class of generalized means [J]. J. Inequal. Pure Appl. Math. ,2004,5(3):Article 69. http: // jipam. vu. edu. au/.

[332] JIANG Weidong. Schur geometrically convexity and Schur harmonic convexity of a class of symmetric mean [J]. 不等式研究通讯,2010,17(2):161-168.

[333] PITTENGER A O. The logarithmic mean in n variables [J]. Amer. Math. Monthly,1985,92(2):99-104.

[334] PEARCE C E M,PEČARIĆ J,ŠIMIĆ V. On weighted generalized logarithmic means[J]. Houston J. Math. ,1998 24(3):459-465.

[335] ZHENG Ningguo,ZHANG Zhihua,ZHANG Xiaoming. Schur-convexity of two types of one-parameter mean values in n variables [J]. J. Inequal. Appl. ,2007:Article ID 78175. doi:10. 1155/2007/78175.

[336] XIA Weifeng,CHU Yuming. The Schur multiplicative convexity of the weighted generalized logarithmic mean in n variables [J]. International Mathematical Forum,2009 4(25):1229-1236.

[337] XIA Weifeng,CHU Yuming. The Schur convexity of the weighted generalized logarithmic mean values according to harmonic mean [J]. International Journal of Modern Mathematics,2009, 4(3):225-233.

[338] ZHENG Ningguo,ZHANG Zhihua,ZHANG Xiaoming. The Schur-harmonic-convexity of two types of one-parameter mean values in n variables [J]. Journal of Inequalities and Applications, 2007:Article ID 78175. doi:10. 1155/2007/78175.

[339] HARDY G H,LITTLEWOOD J E,PÓLYA G. Some simple inequalities satised by convex functions[J]. Messenger Math. , 1929,58:145-152.

[340] 王挽澜,文家金,石焕南. 幂平均不等式的最优值[J]. 数学学报,2004,47(6):1053-1062.

[341] 董艳. 幂平均不等式的最优值机器及其实现[J]. 兰州大学学报(自然科学版),2008,44(4):131-134.

[342] 许谦. 算术平均与几何平均的商的 Schur-p 阶幂凸性[J]. 复旦学报(自然科学版),2015,54(3):299-295.

[343] 许谦,张小明. 算术平均与调和平均的商的 Schur-p 阶幂凸性[J]. 不等式研究通讯,2011,18(1):104-108.

[344] 张小明. 几个 N 元平均的积的 Schur-p 阶幂凸性[J]. 湖南理工学院学报(自然科学版),2011,24(2):1-6,13.

[345] MITRINOVIC D S,PEČARIĆ J E,VOLENEC V. Recent advances in geometric inequalities [M]. Holland:Kluwer Academic Publishers,1989.

[346] 石焕南,李大矛. 一类三角不等式的控制证明[J]. 滨州师专学报,2001,17(2):31-33.

[347] SHI Huannan. Sharpening of Zhong Kailai's inequality [J]. RGMIA Research Report Collection,2017,10:Number 1. http: //eureka. vu. edu. au/ ~ rgmia/v10n1/zhong. pdf.

[348] 陶兴模. Klamkin 不等式的一种新证法[J]. 不等式研究通讯,1999(1)(总第 20 期):22.

[349] 安振平. Klamkin 不等式的类似[J]. 中等数学,1999(3):18-19.

[350] 石焕南. Klamkin 不等式的多边形推广[J]. 安徽教育学院学报,2000,18(6):12-14.

[351] BOTTEMA O. 几何不等式[M]. 单墫,译. 北京:北京大学出版社,1991.

[352] 王敏生,王庚. n 维单形的伍德几何不等式[J]. 大学数学,2006,22(6):118-120.

[353] WU Yudong,BENCZE MIHÁLY. The generalization of Berker's inequality with one parameter in E^n[J]. General Mathematics,2011,19(4):75-79.

[354] MITRINOVI D S,PE ARI J E,VOLENEC V,等. 专著《几何不

等式新进展》的补遗(I) [J]. 宁波大学学报:理工版,1991,4(2):79.

[355] 姜卫东,张晗方. 关于 n 维单形的几个几何不等式[J]. 徐州师范大学学报(自然科学版),2008,26(1):23-25,32.

[356] Bottema O. 几何不等式[M]. 单墫,译. 北京:北京大学出版社,1991:9.

[357] 佚名. 第 40 届国际数学奥林匹克题解[J]. 数学通报,1999(1):41-43.

[358] 邹明. 第 40 届 IMO 一试题的简解[J]. 中等数学,2001(3):21.

[359] ZORAN KADELBURG,DUŠAN-DUKIC,MILIVOJE LUKIC,et al. Inequality of Karamata,Schur and Muirhead,and some applications [J]. The Teaching of Mathematics,2005,8(1):31-45.

[360] 王毅,朱琨. 琴生不等式的推广应用[J]. 数学通报,2009,48(3):61-63.

[361] FUCHS L. A new proof of an inequality of Hardy-Littlewood-Polya [J]. Mat. Tidsskr. B. ,1947:53-54.

[362] BULLEN P S,VASIC,P M,STANKOVIC,et al. A problem of A. Oppenheim[J]. Univ. Beograd. Publ. Elektrotehn. Fak. Ser. Mat. Fiz,1973,(412-460):21-30.

[363] ROVENTA I. Schur convexity of a class of symmetric functions [J]. Annals of the University of Craiova,Mathematics and Computer Science Series,2010,37(1):12-18.

[364] 邓礼伍. 最优控制不等式与一些对称函数的 Schur 凸性[D]. 湖南:湘潭大学,2012.

[365] BURAI PÁL,MAKÓ JUDIT. On certain Schur-convex functions [J]. Publ,Math. Debrecen,2016,89(3):307-319.

[366] 王挽澜. 一些平均值不等式的加细[J]. 成都科技大学学报(自然科学版),1994,(4):64-69.

[367] EVARD J C,GAUCHMAN H. Steffensen type inequalities over general measure spaces [J]. Analysis,1997,17:301-322.

[368] 钱伟茂,郑宁国.与积分有关的一类函数的凸性问题[J].数学的实践与认识,2008,38(19):225-230.

[369] ČULJAK V. Schur-convexity of the weighted Čebišev functional II [J]. J. Math. Inequal.,2012,6(1):141-147.

[370] KOKOLOGIANNAKI C G,KRASNIQI V. Some properties of the k-gamma function[J]. Matematiche,2013,68(1):13-22. http://www.journalofinequalitiesandapplications.com/content/2014/1/19.

[371] NAGARAJA K M,SUDHIR KUMAR SAHU. Schur harmonic convexity of Stolarsky extended mean values [J]. Scientia Magna,2013,9(2):18-29.

[372] DENG Yongping,WU Shanhe,CHU Yuming,et al. The Schur convexity of the generalized Muirhead-Heronian means [J]. Abstract and Applied Analysis,2014:Article ID 706518.

[373] YIN Hongping,SHI Huannan,QI Feng. On Schur m-power convexity for ratios of some means[J]. J. Math. Inequal.,2015,9(1):145-153.

[374] KLAMBAUER G. Problems and propositions in analysis [M]. New York:Marcel Dekker,Inc.,1979.

[375] QI Feng. Inequality between the sum of squares and the exponential of sum of a nonnegative sequence [J]. J. Inequal. Pure Appl. Math.,2007,8(3):Article 78. http://jipam.vu.edu.au/.

[376] SHI Huannan. A generalization of Qi's inequality for sums [J]. Kragujevac J. Math.,2010,33:101-106.

[377] DETEMPLE D W,ROBERTSON J M. On generalized symmetric means of two variables [J]. Univerzitet u Beogradu. Publikacije Elektrotehničkog Fakulteta. Serija Matematika i Fizika,1979,634-677:236-238.

[378] GUAN Kaizhong. Schur-convexity of the complete elementary symmetric function [J]. J. Inequal. Appl.,Volume 2006:Article

ID 67624. doi:10. 1155/ JIA/2006/67624.

[379] 石焕南. 一个对称函数不等式猜想的控制证明[J]. 湖南理工学院学报.(自然科学版),2010,23(2):1-3.

[380] YANG S J. A direct proof and extensions of an inequality [J]. J. Math. Res. Exposit. ,2004,24(4):649-652.

[381] MARJANOVIC M,BEOGRAD. Some inequalities with convex functions [J]. Publications de L'institut Mathematique,Nouvelle serie,tome,1968,8(22):66-68.

[382] 陈欢. 定积分的一个不等式及其应用[J]. 福州大学学报(自然科学版),2003,31(6):649-651.

[383] RAJENDRA BHATIA,HIDEKI KOSAKI. Mean matrices and infinite divisibility [J]. Liniear Algebra Appl. ,2007,424(1):36-54.

[384] XIA Weifeng,CHU Yuming. The Schur convexity of Gini mean values in the sense of harmonic mean [J]. Acta Mathematica Scientia,2011,31B(3):1103-1112.

[385] GONG Weiming,SUN Hui,CHU Yuming. The Schur convexity for the generalized Muirhead mean[J],J. Math. Inequal. ,2014,8(4):855-862.

[386] SEFFERT H J. Problem 887[J]. Nieuw Arch. Wisk. (Ser 4),1993,11:176.

[387] 关开中. 一类关于弱对数性凸函数的对称平均 [J]. 衡阳师范学院学报,2001(3):63-67.

[388] HARDY G H,LITTLEWOOD J E,PÓLYA G. Some simple inequalities satisfied by convex functions[J]. Messenger Math. ,1929,58:164.

[389] 文家金,张日新. 关于 Hardy 不等式的加强改进[J]. 数学的认识与实践,2002,32(3):476-482.

[390] 文家金,谭天,李臻. 一道美国竞赛试题的加强与推广[J]. 2001,20(2):13-16.

[391] 祁锋. 浅谈不等式理论及应用[J]. 焦作大学学报,2003,17(2):

59-64.

[392] 匡继昌.一般不等式研究在中国的新进展[J].北京联合大学学报(自然科学版),2005,19(1):29-37.

[393] ČULJAK V. A remark on Schur-convexity of the mean of a convex function [J]. J. Math. Inequal. ,2015,9(4):1133-1142.

[394] CHENG X L,SUN J. A note on the perturbed trapezoid inequality[J]. IPAM. J. Inequal. Pure Appl. Math. ,2002,3(2):Article 29.

[395] 许谦,张小明.算术平均与几何平均的商的 Schur-p 阶幂凸性[J].不等式研究通讯,2011,18(1):87-96

[396] 王挽澜.建立不等式的方法[M].哈尔滨:哈尔滨工业大学出版社,2011.

[397] PALOMAR D P,CIOFFI J M,LAGUNAS M A. Joint Tx-Rx beamforming design for multicarrier MIMO channels:A unified framework for convex optimization[J]. IEEE Trans. Signal Process,2003,51,2381-2401.

[398] ALFRED WITKOWSKI. On Schur-convexity and Schur-geometric convexity of four-parameter family of means [J]. Math. Inequal. Appl. ,2011,14(4):897-903.

[399] ANWAR M,LATIF N,PEČARIĆ J. Positive semidefinite matrices,exponential convexity for majorization and related cauchy means [J]. J. Inequal. Appl. ,2010:Article ID 728251. doi:10.1155/2010/728251

[400] ARNOLD B C. Majorization and the Lorentz order [M]. New York:Springr-Verlag,1987.

[401] MARJANOVIC M,BEOGRAD. Some inequalities with convex fuctions [J]. Publications de L'institut Mathematique,Nouvelle serie,tome,1968,8(22):66-68.

[402] BAGDASAR O. A productive inequality[J]. Amer. Math. Monthly,2008,115:268-269.

[403] BONDAR J V. Comments on and complements inequalities: theory of majorization and its applications by Albert W. Marshall and Ingram Olkin [J]. Liniear Algebra Appl. ,1994, 199:115-129.

[404] BARNETT N S,CERONE P,DRAGOMIR S S. Majorisation inequalities for Stieltjes integrals [J]. Appl. Math. Letters,2009, 22:416-421.

[405] 白淑萍,刘竞,谷桂花,等. 一个不等式的推广[J]. 内蒙古民族大学学报(自然科学版),2004,19(6):613-614.

[406] CONSTANTIN P NICULESCU,FLORIN POPOVICI. The extension of majorization inequalities within the framework of relative convexity [J]. J. Inequal. Pure Appl. Math. ,2006,7(1): Article 27. http: // jipam. vu. edu. au/.

[407] NICULESCU C P,PERSSON L E. Convex functions and their applications [M]. New York:Springer,2006.

[408] 陈计,曹冬极. 不等式优超方法引论[J]. 张在明,校. 玉溪师专学报(自然科学版),1989,4:86-101.

[409] 陈计. 一个三角形不等式的推广和加强[J]. 成都大学学报(自然科学版),1998,17(1):1-5.

[410] CZESLAW STEPNIAK. An effective characterization of Schur-convex functions with applications [J]. Journal of convex analysis,2007,14(1):103-108.

[411] DARIJ GRINBERG. Generalizations of Popoviciu's inequality [OL]. http: // arxiv. org/abs/0803. 2958.

[412] DAYKIN D E. Inequalities for functions of cyclic nature [J]. J. London Math. Soc. ,1971,3(2):453-462.

[413] DRAGOMIR S S. Some majorization type discrete inequalities for convex function [J]. Math. Ineq. & Appl. ,2004,7(2): 207-216.

[414] 丁立刚,杨金林. 关于 Karamata 不等式的一个证明[J]. 大学数学,2008,24(5):149-152.

[415] ELEZOVIC N, PEČARIĆ J. Note on Schur-convex functions [J]. Rocky Mountain J. Math. ,1998,29:853-856.

[416] ERNESTO SAVAGLIO. A note on inequality criteria [J]. Math. Ineq. & Appl. ,2003,6,(1):81-86.

[417] ERNESTO SAVAGLIO. Inequality criteria, transfers and their representations [OL].
http: // www. u-cergy. fr/IMG/2002-04Savaglio. pdf.

[418] FINK A M. Majorization for functions with monotone nth derivatives [M]. [S. l.]: Worlds Scientific Publishing Company, 1994.

[419] GAO Peng. Sum of power and majorization [J]. J. Math. Anal. Appl. ,2008,340:1241-1248.

[420] GAO Peng. On an Inequality of Diananda, IV [J]. International Journal of Mathematics and Mathematical Sciences, 2009: Article ID 468290. doi:10. 1155/2009/468290.

[421] BENNETT G. p-Free lp inequalities[J]. The Association of America monthly, 2010, 4(117):334-351.

[422] BENNETT G. A p-free lp-inequality [J]. J. Math. Inequal. ,2009, 3(2):155-159.

[423] 关开中. Hamy 对称函数及其一类不等式[J]. 贵州师范大学学报(自然科学版),2001,19(1):48-50.

[424] 关开中,申建华. 广义 Heron 平均的 Schur 凸性[J]. 衡阳师范学院学报,2006,27(6):1-3.

[425] GUAN Kaizhong. Schur-convexity of the complete symmetric function [J]. J. Inequal. Appl. ,2006: Article ID 67624.

[426] 龚智发,周步骏,文家金. 对称函数的一个猜想不等式的加强[J]. 成都大学学报(自然科学版),2000,19(2):12-14.

[427] JOE H. Majorization and divergence [J]. J. Math. Anal. Appl. , 1990,148:287-305.

[428] 何灯,沈志军. Seiffert 平均研究进展[J]. 不等式研究通讯, 2010,17(4):468-475.

[429] IMORU,CHRISTOPHER O. The Jensen-Steffensen inequality [J]. Univ. Beograd. Publ. Elektrotehn. Fak. Ser. Mat. Fiz. ,1974:461-497.

[430] PINELIS I. Multilnear direct and reverse Stolarsky inequalities [J]. Math. Inequal. Appl. ,2004,5(4):671-691.

[431] MATIĆ I. Classical inequalities [OL]. Olympiad Training Materials. hppt:// www. imomath. com.

[432] KLEMES I. Symmetric polynomials, p-norm inequalities, and certain functionals related to majorization[OL]. 2008arXiv0806. 2686K, math. nist. gov/opsf/nl154jul16. pdf

[433] JUNNILA J. A genetalization of Karama's inequality[OL]. http: // btw. blobtrox. net/ ~ btw/karamata. pdf.

[434] 姜天权. 一个控制不等式及其应用[J]. 南都学刊(自然科学版),1998,18(3):22-23.

[435] JIANG Weidong, ZHANG Xiaoming. The Schur-harmonic convexities of two types of one-parameter mean values in n variables [J]. 不等式研究通讯,2009,16(4):396-402.

[436] 靳志勇,李亦芳. 矩阵受控关系引入及其不等式[J]. 河南工程学院学报(自然科学版),2009,21(3):76-80.

[437] KY FAN, LORENTZ G G. An integral inequality [J]. Amer. Math. Monthly,1954,61:626-631.

[438] LUO Hongcai, ZHANG Zhihua, V. LOKESHA, et al. Monotonicities and Schur-convexity for a type of symmetric mean values [J]. RGMIA Research Report Collection,2008,11(3).

[439] 罗钊. 用控制法建立一些著名不等式[J]. 成都大学学报(自然科学版),1997,16(2):7-10.

[440] 罗钊. Malfatti 不等式的推广[J]. 成都气象学院学报,1998,13(2):271-273.

[441] 罗钊,文家金,石焕南. 含 k-Brocard 点的一类几何不等式[J]. 四川大学学报(自然科学版),2002,39(6):971-976.

[442] 雷天刚. 关于齐次多项式函数的 Schur 凹性[J]. 北京师范大学

学报(自然科学版),1998,34(1):51-52.

[443] 赖立.一类对称函数的 Schur 凹性[J].成都大学学报(自然科学版),1997,16(3):5-7

[444] 赖立,王挽澜.一个 Fan 型不等式的四种证明(英文) [J].成都大学学报(自然科学版),2002,21(3):8-10.

[445] 李拓,马统一.用控制法建立一类对称函数不等式[J].甘肃教育学院学报(自然科学版),2001,15(3):12-16.

[446] 李江南,冀爱萍,额尔敦布和.Mitrinovic-Djokovic 不等式的推广[J].内蒙古民族大学学报(自然科学版),2002,17(6):484-485.

[447] 李文亮.四元数矩阵[M].长沙:国防科技大学出版社,2002.

[448] LI Damao,SHI Huannan. Schur-convexity and Schur-geometric convexity for a class of the means[J]. RGMIA Research Report Collection,2006,9(4). http://eureka.vu.edu.au/~rgmia/v9n4/Li,Da-Mao.pdf.

[449] 刘学飞.n-维线性空间上两类凸函数的几个控制不等式[J].沈阳化工学院学报,2004,18(4):299-302.

[450] 刘学飞.胡晓红.广义凸函数的几个控制不等式[J].湘潭大学自然科学学报,2005,27(3):16-23.

[451] MIAO Yu,QI Feng. A discrete version of an open problem and several answers [J]. J. Inequal. Pure Appl. Math.,2009,10(2):Article 49.

[452] MICHAEL G. NEUBAUER,WILLIAM WATKINS. A variance analog of majorization and some associated inequalities [J]. J. Inequal. Pure Appl. Math.,2006,7(3):Article 79. http://jipam.vu.edu.au/.

[453] MILAN MERKLE. Convexity,Schur-convexity and bounds for the Gamma function involving the digamma function[J]. Rocky Mountain J. Math.,1998,28:1053-1066.

[454] MILAN MERKLE. Inequalities for the Gamma function via convexity [M]//P. Cerone,S. S. Dragomir(Eds.). Advances in Inequalities for Special Functions. New York:Nova Science

Publishers,2008. http://www.milanmerkle.com/documents/radovi/cfebd.pdf.

[455] MILAN MERKLE. On log-convexity of a ratio of Gamma functions [J]. Univ. Beograd. Publ. Elektrotehn. Fak. Ser. Mat., 1997,8:114-119.

[456] MILAN R. TASKOVIĆ. Extensions of Hardy-Littlewood-Pólya and Karamata majorization principles [J]. Mathematica Moravica,1997,1:109-126.

[457] MILOSAV M. MARJANOVIĆ,ZORAN KADELBURG. A proof of Chebyshev's inequality [J]. THE TEACHING OF MATHEMATICS,2007,10(2):107-108.

[458] MICHAEL G NEUBAUER,WILLIAN WATKINS. A varian analog of majorization and some associated inequalities[J]. J. Inequal. Pure Appl. Math.,2006,7(3),Issue 3:Article 79. http://jipam.vu.edu.au/.

[459] 马统一,任天胜. 关于一类对称函数不等式的控制证明[J]. 甘肃教育学院学报(自然科学版),2001,15(3):8-12.

[460] OSCAR G. VILLAREAL. The arithmetic-algebraic mean inequality via symmetric means [J]. J. Inequal. Pure Appl. Math., 2008,9(3):Article 78.

[461] PARIS J B,VENCOVSKA A. A generalization of Muirhead's inequality[J]. Math. Inequal. Appl.,2009,3(2):181-187.

[462] PEČARIĆ J E. On the Jensen-Steffensen inequality [J]. Univ. Beograd,Pudl. Elektrotehn. Fak. Ser. Mat. Fiz.,1979,634 — 1979, 677:101-107.

[463] 秦显明. 用S型函数简证不等式[J]// 杨学枝. 中国初等数学研究. 2010,2:174-175.

[464] 单墫. 一些与置换群有关的不等式[J]. 中国科学技术大学学报,1981. 11(3):16-19.

[465] 石焕南. 关于一类不等式的再推广和引伸[J]. 数学通报,1993,

(1):30-31.

[466] 石焕南,石敏琪.对称平均值基本定理应用数例[J].数学通报,1996,(10):44-45.

[467] 石焕南.一个对称函数下界的加强[J].数学通报,1998,(5):46.

[468] 石焕南.一类对称函数不等式的控制证明[J].工科数学,1999,15(3):140-142.

[469] 石焕南.与四面体内点有关的一类不等式[J].数学通报,1999,(6):45-46.

[470] 石焕南,贾玉友.一个数学问题的推广[J].数学通报,2000,(11):40-41.

[471] 石焕南.一类无理不等式[J].数学通报,2001,(12):39-40.

[472] 石焕南,文家金,周步骏.关于幂平均值的一个不等式[J].数学的实践与认识,2001,31(2):227-230.

[473] 石焕南.极限$\lim\limits_{n\to\infty}(1+1/n)^n$存在的控制证明[J].云南师范大学学报(自然科学版),2004,24(2):13-15.

[474] SHI Huannan. Schur-concavity and Schur-geometrically convexity of dual form for elementary symmetric function with applications [J]. RGMIA Research Report Collection,2007. 10(2). http: // rgmia. vu. edu. au/v10n2. html.

[475] SHI Huannan. Generalizations of Bernoulli's inequality with applications [J]. J. Math. Inequal. ,2008,2(1):101-107.

[476] 田廷彦,陈计.凸四边形的边长与直径的不等式[J].宁波大学学报(理工版),2000,13(2):43-47.

[477] TOMISLAV DOSLIC. Log-convexity of combinatorial sequences from their convexity[J]. Math. Inequal. Appl. ,2009,3(3):437-442.

[478] 王挽澜.关于平均值不等式的加强[J].成都大学学报(自然科学版),1994,13(2):1-3.

[479] 王挽澜.广义 Malfatti 不等式的两个证明[J].西南师范大学学报(自然科学版),1995,20(5):503-505.

[480] 王鹏飞,王挽澜.动态规划法建立Fan型不等式[J].成都大学学

报(自然科学版),1995,14(3):1-6.

[481] 王挽澜.华罗庚 — 王中烈型不等式[J].数学研究与评论,1996,16(3):467-470.

[482] 王伯英.控制不等式在几何三角上的应用[J].数学通报,1985,(5):35-37,12.

[483] 王庚.关于四面体的两个不等式[M]// 单墫.几何不等式在中国.南京:江苏教育出版社,1996.

[484] 王庚.N维单形的两个几何不等式[J].安徽机电学院学报,1997,12(4):14-17.

[485] 王庚.n维单形的纳斯必特 — 彼得诺维奇不等式[J].工科数学,2000,16(2):51-53.

[486] 王敏生,王庚.二维常曲率空间中的2个几何不等式[J].吉首大学学报(自然科学版),
2006,27(5):4-5.

[487] 文家金,杨荣先.一个猜想的证明与推广[J].内江师专学报,1996,11(4):11-15.

[488] 王梓华.凸函数算术平均值的凸性[J].湖州师范学院学报,2007,29(2):32-35.

[489] 文家金,王挽澜.关于琴生不等式的一些加细(英文)[J].成都大学学报(自然科学版),2002,21(2):1-4.

[490] 文家金,萧昌建,张日新.一类齐次对称多项式上的切比雪夫不等式[J].数学杂志,2003,23(4):431-436.

[491] 文家金,张日新,张勇.涉及方差平均的不等式及其应用[J].四川大学学报(自然科学版),2003,40(6):1011-1018.

[492] WEN Jiajin,WANG Wanlan,LU Yingjin,et al.The method of descending dimension for establishing inequalities(I) [J].西南民族大学学报(自然科学版),2003,29(5):527-532.

[493] 文家金,罗钊,张日新,等.含对称平均的不等式及其应用[J].四川大学学报(自然科学版),2005,42(6):1086-1095.

[494] 文家金.Hardy平均及其不等式[J],数学杂志,2007,27(4):447-450.

[495] WEN Jiajin, YUAN Jun, YUAN Shufeng. An optimal version of an inequality involving the third symmetric means [J]. Proc. Indian Acad. Sci. (Math. Sci.), 2008, 118, (4): 505-516.

[496] 文家金,王挽澜. 建立不等式的拟单调函数方法与涉及幂平均的线性不等式问题[J]. 成都大学学报(自然科学版),2009,28(2):112-118.

[497] WEN Jiajin, ZHANG Zhihua. Jensen type inequalities involving homogeneous polynomials [J]. J. Inequal. Appl., 2010: Article ID 850215. doi:10.1155/2010/850215.

[498] 吴善和. 一类对称函数的 Schur 凸性及其应用[J]. 数学的实践与认识,2004,34(12):162-172.

[499] 吴善和. 关于 Jensen 不等式加强式的推广及应用[J]. 四川大学学报(自然科学版),2005,42(3):437-443.

[500] 席博彦. 一类加强不等式的推广[J]. 工科数学,2001,17(2):81-84.

[501] 席博彦. 不等式引论[M]. 呼和浩特:内蒙古教育出版社,2000.

[502] 肖贻生,李炯生. 优超理论在几何不等式的应用[J]. 数学通报,1992,(8):38-42.

[503] 肖建中,朱杏华. Schur 凸函数与 n 维单形不等式[J]. 高校应用数学学报 A 辑,2001,16(4):428-434.

[504] 续铁权. 关于凸函数的一个控制不等式[J]. 数学通报,1995,(7):42-46.

[505] 谢巍,文家金. Jensen-Pečarić-Svrtan 型不等式[J]. 四川师范大学学报(自然科学版),2009,32(5):621-625.

[506] 杨定华. 一个控制型积分不等式及其应用[J]. 湖南教育学院学报,1999,17(5):112-115.

[507] 杨定华. 有关积凸函数的一个不等式[M]// 杨学枝. 不等式研究. 拉萨:西藏人民出版社,2000:71-74.

[508] 杨定华. 一个类新型控制型积分不等式及其应用[J]. 淮北煤师院学报,2002,23(1):5-8.

[509] 杨定华. 关于离散 Karamata 不等式及其应用[J]. 应用数学学

报,2002b,25(4):681-685.

[510] 杨露. 关于几何凸函数的不等式[J]. 河北大学学报(自然科学版),2002,22(4):325-327.

[511] 杨帆,杨露,徐丹. 关于一类控制型积分不等式及其应用[J]. 淮北煤师院学报,2002,23(1):5-8.

[512] 杨洪,文家金,王挽澜. 建立不等式的降维方法(Ⅱ) [J]. 四川大学学报(自然科学版),2007,44(4):753-758.

[513] YUAN Pingzhi,CHEN Haibo. Two inequalities for convex functions [J]. Acta Mathematica Sinica,English Series,2005,21(1):193-196. http://www.ActaMath.com.

[514] YANG Zhenhang. Necessary and sufficient conditions for Schur convexity of Stolarsky and Gini means[J]. 不等式研究通讯,2010,17(1):9-17.

[515] 宗绪锋. 柯西不等式的再推广[J]. 曲阜师范大学学报(自然科学版),2000,26(4):32-34.

[516] 赵德钧. 关于 $\varphi(k)=\sum\sin^k A-\sum\cos^k A(k=3,5)$ 的上下界[J]. 绍兴文理学院学报,1998,18(5):20-24.

[517] 赵小云,李世杰. 几何凸函数的若干性质[J]. 数学通讯,2003,(3):28-30.

[518] 竺健庭,赵德钧. 关于凸函数的一个充要条件[J]. 绍兴文理学院学报,2001,21(2):7-9.

[519] 张勇,文家金. 汽车行驶的时间问题[J]. 数学的实践与认识,2006,36(8):189-197.

[520] 张小明,吴善和. 几何凸函数的一个特征性质及其应用[J]. 湖南理工学院学报(自然科学版),2003,16(3):17-19.

[521] 张小明. 几何凸函数的几个定理及其应用[J]. 首都师范大学学报(自然科学版),2004,25(2):11-13,18.

[522] 张小明,胡英武. 由几何凸函数生成的序列的单调性[J]. 北京联合大学学报(自然科学版),2004,18(4):44-47.

[523] 张小明,褚玉明. 广义平均的S—凸性和S—几何凸性的充要条件[J]. 不等式研究通讯,2007,14:289-299.

[524] 张涛,白瑞芳,宝音特古斯.一类 Hamy 型对称函数的 Schur 凸性质[J]. 内蒙古民族大学学报(自然科学版),2010,25(2):133-135.

[525] 张小明,续铁权.广义 S－几何凸函数的定义及其应用一则[J].青岛职业技术学院学报,2005,18(4):60-62.

[526] 周银海,张小明.n 元 Stolarsky 平均的几何凸性[J].北京联合大学学报(自然科学版),2006,20(2):73-79.

[527] ZHANG Xinmin. Opimization of Schur-convex functions [J]. Math. Inequal. Appl. ,1998,1(3):319-330.

[528] ZHANG Xinmin. Schur-convex functions and isoperimetric inequalities [J]. Proceedings of the American mathematical society,1998,126(2):461-470.

[529] 朱焕民.纳斯比特不等式的推广[J].陕西师范大学学报(自然科学版),2002,30(专辑):26-30.

[530] 朱琨,翁凯庆.微微对偶不等式的控制证明[J].高等数学研究,2009,12(4):45-47.

[531] 朱杏华.应用优超理论推广单形 Fihsler-Hadwiger 型不等式[J].宁德师专学报(自然科学版),1999,11(4):252-254.

[532] 朱杏华.单形 F-H 不等式的几种形式[J].盐城师范学院学报(自然科学版),2000,18(1):11-13

[533] 朱杏华.受控与涉及旁径的 n 维单形不等式[J].盐城师范学院学报(自然科学版),2000,18(4):24-28.

[534] 朱杏华.Schur 受控理论与 n 维单形不等式[J].苏州大学学报,2000,16(4):35-42.

[535] 朱杏华.受控与涉及旁径的 n 维单形不等式[J].宝鸡文理学院学报(自然科学版),2002,22(2):105-108,122.

[536] BEN-HAIM Z,DVORKIHD T. Majorization and applications to optimization [OL]. 2004. www. technion. ac. il/ ~ zvikabh/ unpublished/ majoptim. pdf.

[537] DURANTE F,SEMPI C. Copulae and Schur-concavity[J]. Int. Math. J,2003,3:893-905.

[538] 张孔生,李柏年. 二元 copula Schur－凹的一个新特征[J]. 高效应用数学学报,2010,25(4):458-462.

[539] 张孔生,李柏年,徐健. 二元 Schur 凹 Copula 的次对角部分[J]. 中国科学 A 辑:数学,2011,54(7):629-639

[540] RINOTT Y. Multivariate majorization and rearrangement inequalities with some applications to probability and statistics[J]. Israel J. Math. ,1973,15:I60-77.

[541] MERKLE M. Conditions for convexity of a derivative and some applications to the Gamma function[J]. Aequationes Math,1998,55:273-280.

[542] DAHL G,MARGOT F. Weak k-majorization and polyhedral [J]. Mathematical Programming,1998,81:37-53

[543] 李明,张小明. 一个 Toader 型积分平均的 Schur 凸性[J]. 不等式研究通讯,2011,18(2):147-149.

[544] 冯烨,宝音特古斯. 关于一类关开中对称函数的 Schur－凸性研究[J]. 北华大学学报(自然科学版),2011,12(4):402-405.

[545] QIAN Weimao. Schur convexity for the ratios of the Hamy and generalized Hamy symmetric functions[J]. J. Inequal. Appl. ,2011,2011:131. doi:10. 1186/1029-242X-2011-131.

[546] 耿绍辉. 一个猜想的部分证明[J]. 中国初等数学研究,2011,3:116-118.

[547] ZHANG X M,HITT R,WANG B,et al. Sierpińnski pedal triangles[J]. Fractals 2008,16(2):141-150.

[548] DING Jiu,TANG Yifa. Non-convexity of the dimension function for sierpiński pedal triangles[J]. Fractals,2010,18(2):191-195.

[549] 张陆,包德喜,谷桂花,等. 一类对称函数的 Schur－凸性的研究[J]. 高师理科学刊,2012,32(1):34-36.

[550] 包德喜. 一类对称函数的 Schur- 凸性[J]. 内蒙古民族大学学报(自然科学版),2011,17(5):4-5,16.

[551] ZHANG Tianyu,JI Aiping. Schur-convexity of generalized Heronian mean[J]. Communications in Computer and Information

Science,2007,244(1):25-33.

[552] XI Boyan,WANG Shuhong,ZHANG Tianyu. Schur-convexity on generalized information entropy and its applications[J]. Lecture Notes in Computer Science,2011,7030::153-160.

[553] 钱伟茂,张帆. 两类三角平均的 Schur 凸性[J]. 不等式研究通讯,2012,19(1):21.

[554] 李大矛,石焕南. 拟算术平均的 Schur 凸性和 Schur 几何凸性[M]// 杨学枝. 不等式研究(第二辑). 哈尔滨:哈尔滨工业大学出版社,2012:40-46.

[555] 龙波涌,褚玉明. 一类对称函数的 Schur－凸性和不等式[J]. 数学物理学报,2012,32 A(1):80-89.

[556] CHU Yuming,XIA Weifeng,ZHANG Xiaohui. The Schur concavity Schur multiplicative and harmonic convexities of the second dual form of the Hamy symmetric function with applications [J]. Journal of Multivariate Analysis,2012,105:412-421.

[557] MAREK NIEZGODA. Inequalities for convex functions and doubly stochastic matrices Math. Inequal. Appl. ,2013,16(1):221-232.

[558] IONEL ROVENT. A note on Schur-concave functions [J]. J. Inequal. Appl. ,2012,2012:159. doi:10. 1186/1029-242X-2012-159.

[559] ADIL KHAN M,NAVEED LATIF,PEČARI J E,et al. On Sapogov's extension of Čebyšev's inequality and related results [J]. Thai Journal of Mathematics,2012,10(3):617-633.

[560] 孙文彩. 一类混合平均的 Schur 凸性[J]. 中国初等数学研究,2012,4:11-14.

[561] 孙世宝. 一类二元加权 Gini 平均的 Schur 凸性及其应用[J]. 中国初等数学研究,2012,4:28-31.

[562] GRAHAME BENNETT. Monotonic averages of convex functions[J]. Journal of Mathematical Analysis and Applications,2000,252:410-430.

[563] ZHAO Jiaolian, LUO Qiuming, GUO Baini, et al. Logarithmic convexity of Gini means [J]. J. Math. Inequal., 2012, 6(4): 509-516.

[564] MICHEL LE BRETON, EUGENIO PELUSO. Smooth inequality measurement: approximation theorems [J]. Journal of Mathematical Economics, 2012, 46(4): 405-415.

[565] 冯烨. 一类对称函数的 Schur 凸性[J]. 内蒙古民族大学学报(自然科学版), 2011, 26(2): 150-153.

[566] 夏卫锋, 褚玉明. 一类对称函数的 Schur 凸性与应用[J]. 数学进展, 2012, 41(4): 436-446.

[567] 张俊杰. 杨学枝猜想 21 的完善和初等证法[J]. 数学通报, 2012, 51(5): 61.

[568] KAZIMIERZ NIKODEM, TERESA RAJBA, SZYMON WASOWICZ. Functions generating strongly Schur-convex Sums [J]. Inequalities and Applications 2010 International Series of Numerical Mathematics, 2012, 161: 175-182.

[569] LOKESHA V, NAVEEN KUMAR B, NAGARAJA K M, et al. Schur geometric convexity for Ratio of diference of means[J]. Journal of Scientific Research and Reports, 2014, 3(9): 1211-1219.

[570] 刘清华, 余启, 张昱. 一类对称函数的性质及其应用[J]. 衡阳师范学院学报, 2012, 33(6): 167-171.

[571] WEN Jiajin, GAO Chaobang, WANG Wanlan. Inequalities of j-p-s-f type[J]. J. Math. Inequal., 2013, 7(2): 213-225.

[572] TSENG, KUEI-LIN, HWANG, et al. New Hermite-Hadamard-type inequalities for convex function(I) [J]. Appl. Math. Lett., 2012, 25(6): 1005--1009.

[573] TSENG, KUEI-LIN, HWANG, et al. Refinements of Fejér's inequality for convex functions[J]. Period. Math. Hungar., 2012, 65(1): 17-28.

[574] XI Boyan. On Satnoianu-Wu's inequality [J]. The Scientific World Journal, lume, 2013, 2013, : Article ID 645201.

[575] WEN Jiajin, PEČARIĆ J E, HAN Tianyong. Weak monotonicity and Chebyshev type inequality[J]. Math. Inequal. Appl., 2015, 18(1): 217-231.

[576] 周美秀,张小明,严文兰. 向量压缩控制与压缩单调函数[J]. 上海大学学报(自然科学版),2013,19(2):170-175.

[577] PHAM KIM HUNG. Majorization and Karamata Inequality [OL]. MathLinks-www. mathlinks. ro.

[578] QI Feng. Integral representations and properties of Stirling numbers of the first kind[J]. Journal of Number Theory 2013, 133: 2307-2319.

[579] ADIL KHAN M, SADIA KHALID, PEČARIĆ J. Refinements of some majorization type inequalities[J]. J. Math. Inequal., 2013, 7(1): 73-92.

[580] 龙波涌. 平均值与切贝雪夫泛函[D]. 湖南:湖南大学,2012.

[581] IOSIF PINELIS. Schur 2-concavity properties of Gaussian measures, with applications to hypotheses testing[J]. Journal of Multivariate Analysis, 2014, 124: 384-397.

[582] 张小明. 两个猜想的证明[J]. 中国初等数学研究,2014,5: 98-102.

[583] WANG Wen, YANG Shiguo. Schur m-power convexity of a class of multiplicatively convex functions and applications [J]. Abstract and Applied Analysis, 2014(2014): Article ID 258108.

[584] LOKESHA V, NAVEEN KUMAR B, NAGARAJA K M, et al. Schur geometric convexity for ratio of difference of means [J]. Journal of Scientific Research & Reports, 2014, 3(9): 1211-1219.

[585] ADIL KHAN M, ADEM KJLJÇMAN, REHMAN N. Integral majorization theorem for invex functions[J]. Abstract and Applied Analysis, 2014: Article ID 149735. http: // dx. doi. org/

10.1155/2014/149735.

[586] WANG Wen, YANG Shiguo. Schur *m*-power convexity of generalized Hamy symmetric function [J]. J. Math. Inequal., 2014, 8(3): 661-667.

[587] PAVIĆ Z, PEČARIĆ J E, VUKELIĆ A. Exponential convexity and Jensen's inequality for divided differences [J]. J. Math. Inequal., 2011, 5(2): 157-168.

[588] PAVIĆ Z, PEČARIĆ J E, VUKELIĆ A. Means for divided differences and exponential convexity [J]. Mediterr. J. Math., 2012, 9: 187-198.

[589] DENG Yongping, WU Shanhe, CHU Yuming, et al. The Schur convexity of the generalized Muirhead-Heronian means [J]. Abstract and Applied Analysis, 2014: Article ID 706518. http://dx.doi.org/10.1155/2014/706518.

[590] NIEZGODA MAREK. Remarks on Sherman like inequalities for(α,β)-convex functions[J]. Math. Inequal. Appl., 2014, 17(4): 1579-1590.

[591] SITNIK S M. On the correctness of the main theorem for absolutely monotonic functions [J]. RGMIA Research Report Collection, 2014, 17. http://rgmia.org/papers/v17/v17a107.pdf.

[592] 黄耀生. 关于 log concave 序列及有关不等式[J]. 广东机械学院学报, 1992, 10(2): 32-37.

[593] 傅小红. 凸序列与拟凸序列的一些性质[J]. 嘉应大学学报(自然科学版), 1995, (1): 47-50.

[594] FANG Jun, LI Hongbin. A new determinant inequality of positive semi-definite matrices[OL]. arxiv.org/pdf/1207.3877.

[595] 王文, 杨世国. 一类 Simic 对称函数的 Schur 凸性[J]. RESEARCH APRIL, 2015. DOI: 10.13140/RG.2.1.2011.0887.

[596] IVA FRANJIĆ. Schur-convexity and quadrature formulae [J]. Math. Nachr., 2015(1－12). DOI 10.1002/mana.201400227.

[597] 季晓蕾,王阳,李明.一个含参代数式的双边估计探究[J].赤峰学院学报(自然科学版),2015,31(7):1-2.

[598] 王阳,孙艳玲,季晓蕾.正项等差数列幂和式的双边估计[J].沈阳化工大学学报,2015,29(2):183-185.

[599] QI Feng. An integral representation, complete monotonicity, and inequalities of Cauchy numbers of the second kind[J]. Journal of Number Theory, 2014, 11(144):44-255.

[600] BIRSAN M, NEFF P, LANKEIT J. Sum of squared logarithms-an inequality relating positive definite matrices and their matrix logarithm [J]. J. Inequal. Appl., 2013, 12:168.

[601] DANNAN F M, NEFF P, THIEL C. On the sum of squared logarithms inequality and related inequalities [J]. J. Math. Inequal., 2016, 10(1):1-17.

[602] AGARWAL R P, BRADANOVIĆ S I, PEČARIĆ J. Generalizations of Sherman's inequality by Lidstone's interpolating polynomial[J]. J. Inequal. Appl., 2016:6. DOI 10.1186/s13660-015-0935-6.

[603] SATNOIANU R, ZHOU L. A majorization consequence:11080. Amer. Math. Monthly, 2005, 112:934-935.

[604] KHAN M A, LATIF N, PEČARIĆ J E. Generalization of majorization theorem by hermite's polynomial[J]. J. Adv. Math. Stud., 2015, 8(2):206-223.

[605] ALJINOVI A A, KHAN A R, PEČARIĆ J E. Weighted majorization theorems via generalization of taylor's formula[J]. J. Inequal. Appl., 2015:196. DOI 10.1186/s13660-015-0710-8.

[606] BRADY Z. Inequalities and higher order convexity[OL]. [2011-8-26]. arXiv:1108.5249vl [math. FA].

[607] KUNDUA A, CHOWDHURYB S, NANDAC A K, et al. Some results on majorization and their applications[J]. Journal of Computational and Applied Mathematics, 2016, 301:161-177.

[608] FRANJIĆ I. Schur-convexity and monotonicity of error of a general three-point quadrature formula[J]. Lithuanian Mathematical Journal,2016,56(1):60-71.

[609] WITKOWSKI A. On two-and four-parameter families[J]. RGMIA Res. Rep. Coll. ,2009,12(1):Article 3.

[610] BRADANOVIĆ S,LATIF N,PEČARIĆ J. On an upper bound for Sherman's inequality[J]. J. Inequal. Appl. ,2016:165. DOI 10.1186/s13660-016-1091-3.

[611] GUO Baini,QI Feng,On inequalities for the exponential and logarithmic functions and mean[J]. s,Malaysian Journal of Mathematical Sciences,2016,10(1):23-33.

[612] ZHANG S L,CHEN C P,QI F. Another proof of monotonicity for the extended mean values[J]. J. Math. Inequal. ,2009,3(2):217-225.

[613] XIA Weifeng,WANG Gendi,CHU Yuming. Schur convexity and inequalities for a class of symmetric functions[J]. International Journal of Pure and Applied Mathematics,2010,58(4):435-452.

[614] XIA Weifeng,CHU Yuming. Schur convexity with respect to a class of symmetric functions and their applications[J]. Bulletin of Mathematical Analysis and Applications,2011,3(3):84-96.

[615] WITKOWSKI A. On seiffert-like means[J]. J. Math. Inequal. ,2015,9(4):1071-1092.

[616] GAO Ping. Some monotonicity properties of gamma and q-gamma functions[J]. ISRN Mathematical Analysis,2011:Article ID 375715. doi:10. 5402/2011/375715.

[617] ALZER HORST. On some inequalities for the gamma and psi functions[J]. Mathematics of Computation,1997,66(217):373-389.

[618] QI F,CHEN C P. A complete monotonicity property of the

gamma function[J]. J. Math. Anal. Appl. ,2004,296:603-607.

[619] NG C T. Functions generating Schur-convex sums[J]. Int. Ser. Num. Math. 1985,80:433-438.

[620] INOAN D,RASA I. A majorization inequality for Wright-convex functions revisited[J]. Aequat. Math. ,2012,83:209-214.

[621] 徐彦辉. 均值不等式的两个加细及运用[J]. 温州大学学报(自然科学版),2016,37(3):1-5.

[622] 杨寅. $\cos^n\left(\frac{A}{2}\right)+\cos^n\left(\frac{B}{2}\right)+\cos^n\left(\frac{C}{2}\right)$ 的上下界[J]. 数学通报,1997,4:25.

[623] FU Chunru,WANG Dongsheng,SHI Huannan. Schur-convexity for Lehmer mean of n variables[J]. J. Nonlinear Sci. Appl. , 2016,9(10):5510-5520.

[624] BONFERRONI C. Sulle medie multiple di potenze[J]. Bolletino Matematica Italiana,1950,5:267-270.

[625] XIA Meimei,XU Zehui,ZHU Bin. Geometric Bonferroni means with their application in multi-criteria decision making[J]. Knowledge-Based Systems,2013,40(1):88-100.

[626] MAREK NIEZGODA. Inequalities for convex sequences and nondecreasing convex functions[J]. Aequat. Math. ,,2016. DOI 10. 1007/s00010-016-0444-9.

[627] FU Chunru,WANG Dongsheng,SHI Huannan. Schur-convexity for Lehmer mean of n variables[J]. J. Nonlinear Sci. Appl. , 2016,9:5510-5520.

[628] JIN HAN PARK,JI YU KIM. Intuitionistic fuzzy optimized weighted geometric Bonferroni means and their applications in Group Decision Making[J]. Fundamenta Informaticae,2016. 144: 363-381. DOI 10. 3233/FI-2016-1341.

[629] SUN Yijin,WANG Dongsheng,SHI Huannan. Two Schur-convex functions related to the generalized integral quasiarithmetic means[J]. Advances in Inequalities and Applications,http://scik.

org Adv. Inequal. Appl. 2017,2017:7.

[630] WANG Dongsheng,SHI Huannan. Schur convexity of Bonferroni means[J]. Advanced Studies in Contemporary Mathematics. http://scik. org Adv. Inequal. Appl. 2017,2017:7.

[631] SBERT,MATEU,POCH,et al. A necessary and sufficient condition for the inequality of generalized weighted means[J]. Journal of Inequalities and Applications, (2016) 2016:292. DOI 10. 1186/s13660-016-1233-7.

[632] HE Zaiyin. Schur convexity properties for a multivariable symmetric function and its applications[J]. 湖州师范学院学报, 2016,38 (8):1-12.

[633] WANG Wen. The property of a new class of symmetric functions with applications[J]. Journalof Number Theory,Available online 1 April 201 HYPERLINK. http: // www. sciencedirect. com/ science/ journal/ aip/ 0022314X.

[634] NIEZGODAA M. Sherman. Hermite-Hadamard and Fejér like inequalities for convex sequences and nondecreasing convex functions[J]. Filomat 2017,31(8):,2321-2335. DOI 10. 2298/ FIL1708321N.

[635] 许建艺. 两个新的三角平均及其 Schur 凸性[J]. 闽南师范大学学报(自然科学版),2016,94 (4):5-11.

人名索引

I

J

K

L

P

718,719

X

Xia Weifeng 夏卫锋 186,470,479,488,634,635,700,701,704,712,713,714,720,737,738,742

Xiao Zhengang 萧振纲 337,706

Xu Tiequan 续铁权 101,165,359,610,612,697,698,700,705,707,733,735

Xu Qian 许谦 655,657,700,721,725

Xu Yanhui 徐彦辉 234,703,743

Y

Yang Dinghua 杨定华 135,147,699,733,734

Yang Shiguo 杨世国 260,690,704,740,741

Yang Xuezhi 杨学枝 111,475,695,696,699,700,703,713,730,733,737,738

Yang Zhenhang 杨镇杭 107,471,496,532,593,600,602,608,713,715,719

Yin Hua 银花 315,705

Yin Ming 殷明 152,699

Z

Zdravko F. Starc 46

Zhang Jing 张静 100,106,128,194,195,196,218,458,698,701,704,711

Zhang Fan 张帆 549,717,737

Zhang Kongsheng 张孔生 246,703,736,753

Zhang Hanfang 张晗方 688,722

Zhang Rixin 张日新 292,705,724,732,733

Zhang Tianyu 张天宇 194,694,701,737

Zhang Tao 张涛 269,524,704,735

Zhang Xiaoming 张小明 97,101,109,111,178,182,305,398,470,556,561,610,612,657,658,694,698,700,705,709,712,718,720,721,725,728,734,735,736,739

Zhang Yunchou 张运筹 256

Zhang Zhihua 张志华 337,706,720,728

Zhao Deqin 赵德勤 152,699

Zhao Tiehong 赵铁洪 186,695,700,704

Zheng Ningguo 郑宁国 387,414,629,635,694,708,720,723

主题索引

编辑手记

芝加哥 W. 麦迪逊街 1901 号,联合中心球馆的东向,有一尊重达 907 公斤、身高 3.5 米的铜像,那正是乔丹持球飞扣的经典造型. 在铜像大理石底座刻着一句话:The best there ever was,the best there ever will be. 翻译成中文即:前无古人,后无来者.

世界上关于不等式的名著很多, 即使除了 Hardy-Littlewood-Pólya 的那本名著之外,我国著名数学家徐利治先生与王兴华合著的那本《数学分析的方法和例题选讲》也包含了大量的不等式内容. 近年来湖南师范大学数学系匡继昌教授所著的《常用不等式》受到读者的普遍欢迎,已经出到第四版. 但是单就 Schur 不等式的研究及成果汇集来讲,本书应该称得上是"前无古人,后无来者"了.

在数学史上叫 Schur 的著名数学家共有两位,两位都是在 19 世纪下半叶至 20 世纪初活跃在国际数学界的德国数学家.

一位是 F. H. 舒尔(Schur,Friedrich Heinrich, 1856. 1. 27 — 1932. 3. 18), 他生于波兰的波兹南(Poznan),卒于布雷斯劳(Breslan)(现波兰的弗罗茨瓦夫(Wroclaw)). 曾在德国莱比锡(Leipzig)、多尔帕

特(Dorpat),前苏联爱沙尼亚的塔尔图(Tartu)和布雷斯劳(Breslan)任数学教授.

他继承黎曼对空间曲面进行了研究,提出了舒尔定理.在射影几何方面,他师承皮亚诺,也取得了许多成果.著作有《解析几何教程》(*Lehrbuch der analytische Geometrie*,1898)《几何基本原理》(*Grundlagen der Geometrie*,1919)等书.

第二位就是我们要介绍的以他的名字命名不等式的德国数学家I.舒尔(Schur,Issai,1875.1.10—1941.1.10),他是一位犹太数学家,生于俄国英吉廖夫(Могилёв),卒于巴基斯坦特拉维夫(Tel Aviv,现属以色列).I.舒尔曾在柏林大学读过书,1911年执教于波恩(Bonn),1919年任柏林大学数学教授,1935年受纳粹当局迫害离职,1939年移居巴基斯坦.可以说I.舒尔是当时德国最优秀的犹太数学家之一,他除了是柏林科学院院士外还是苏联科学院通讯院士.

I.舒尔主要研究领域是函数论和数论,但他在其他领域,如线性表示理论、伽罗瓦理论、有限群及矩阵论、正交函数系理论,同样有较大贡献.他在数学中的贡献首推群的表示理论,以发现"舒尔函数"和证明"舒尔定理"而著称.他是第一个通过线性函数变换来研究所谓"表示"的人,并首先在代数数域问题上使用"舒尔指数".

对于一部好的科普图书的评判标准中有一条就是一定要"顶天立地".

"顶天"的含义是要反映本学科、本分支最新进展."立地"的含义是要接地气,让广大读者能读懂并对其有益.科普书最大的读者群就是大中学生,特别是优秀的中学生,而中学生所能参加的最高级别的考试就是数学竞赛,所以如果所读内容对解数学竞赛题有帮助那就再好不过了.为写此编辑手记,笔者翻出了十多年前写的一篇关于 Schur 不等式在中学数学解题中应用的小文,列于此从而希望本书能引起广大中学师生的兴趣:

在目前的中学数学教学中解题教学越来越受到重视.美国《数学月刊》前任主编 P. Holmos 先生指出:"问题是数学的心脏."美国数学教师协会(NCTM)认为:"数学教学的主要目的是培养和提高学生解决问题的能力."美国南伊利诺斯大学 J.P. Bakev 教授在 1987 年上海国际教育研讨会上以"解题教学——美国当前数学教学的新动向"为题的报告论文提出:"如果说确有一股贯穿 80 年代初期的潮流的话,那就是强调解题(Problem Solving)的潮流."利用数学竞赛试题培养解题能力可以说是我国的一大潮流.下面我们通过对 1983 年的一道瑞士数学竞赛试题解法的分析提出解题的四个阶段.

试题 A　a,b,c 都是正数,求证

$$abc \geqslant (a+b-c)(b+c-a)(c+a-b) \quad (*)$$

对于一个陌生的题目,第一阶段当然应该是用最快的方法证明它.

证法 1　如果 $a+b-c,b+c-a,c+a-b$ 中有负数,设 $a+b-c<0$,则 $c>a+b$,$b+c-a$ 与 $c+a-b$ 均为正数,式($*$)右边为负,结论显然成立.

设 $a+b-c,b+c-a,c+a-b$ 均非负,由平均值

不等式

$$\sqrt{(a+b-c)(b+c-a)}$$
$$\leqslant \frac{(a+b-c)+(b+c-a)}{2}=b \quad (1)$$

同样有(注意轮换性)

$$\sqrt{(b+c-a)(c+a-b)} \leqslant c \quad (2)$$

$$\sqrt{(c+a-b)(a+b-c)} \leqslant a \quad (3)$$

将(1),(2),(3) 三式相乘即得式(*).证毕.

问题是解决了,方法也算简单,但如果我们追求更简洁、更直接的证法,即免去 $a+b-c$,$b+c-a$,$c+a-b$ 的正负讨论以及不使用算术几何平均值定理的话,我们可以找到如下第二种证法:

证法 2 因为

$$a^2-(b-c)^2 \leqslant a^2 \quad (4)$$

$$b^2-(c-a)^2 \leqslant b^2 \quad (5)$$

$$c^2-(a-b)^2 \leqslant c^2 \quad (6)$$

并注意到

$$a^2-(b-c)^2=(a+b-c)(a-b+c)$$
$$b^2-(c-a)^2=(b+c-a)(b-c+a)$$
$$c^2-(a-b)^2=(c+a-b)(c-a+b)$$

将(4),(5),(6) 三式相乘再开方即得式(*).证毕.

证法 2 固然简洁且具有对称性,但这种方法并不自然.因为对证明不等式来说最自然的证法莫过于作差法,即欲证 $A \geqslant B$,只需证 $A-B \geqslant 0$.而对于不等式 $f(a,b,c) \geqslant 0$,如果 a,b,c 是对称的,则可以不妨假设 $a \geqslant b \geqslant c$,进一步可令 $a=c+\delta_1$,$b=c+\delta_2$,其中 $\delta_1 \geqslant \delta_2 \geqslant 0$ 是增量,现在我们相信一定可以用这种方法证明试题.

证法 3 首先不妨设 $a\geqslant b\geqslant c>0$,令 $a=c+\delta_1$,$b=c+\delta_2$,则 $\delta_1\geqslant\delta_2\geqslant 0$,于是

$$\begin{aligned}&abc-(b+c-a)(c+a-b)(a+b-c)\\=&(c+\delta_1)(c+\delta_2)c-(c+\delta_2-\delta_1)\cdot\\&(c+\delta_1-\delta_2)(c+\delta_1+\delta_2)\\=&(c^2+\delta_1c+\delta_2c+\delta_1\delta_2)c-\\&[c^2-(\delta_1-\delta_2)^2]\cdot\\&[c+(\delta_1+\delta_2)]\\=&c\delta_1\delta_2+(\delta_1-\delta_2)^2(c+\delta_1+\delta_2)\geqslant 0\end{aligned}$$

所以不等式(*)成立.证毕.

第二阶段要问有无推广的可能?哪种证法便于推广?

从以上已给的三种证法看都不利于推广,所以为了推广,我们必须另觅妙法.我们发现在形式上式(*)与著名的 Schur 不等式相同,不等式两端都是乘积形式.

Schur 不等式 设 n^2 个非负实数 $a_{ij}(1\leqslant i,j\leqslant n)$ 满足 $\sum\limits_{i=1}^{n}a_{ij}=1$ 和 $\sum\limits_{j=1}^{n}a_{ij}=1$,$x_k(1\leqslant k\leqslant n)$ 是 n 个非负实数,$y_i=\sum\limits_{k=1}^{n}a_{ik}x_k(1\leqslant i\leqslant n)$,则

$$y_1y_2\cdots y_n\geqslant x_1x_2\cdots x_n$$

利用 Schur 不等式我们可以将试题推广为:

定理 1 设有 n 个非负实数 $a_1,a_2,\cdots,a_n$,$a_l=a_l+\frac{n-3}{n-1}\left(\sum\limits_{i=1}^{n}a_i-a_l\right)(1\leqslant l\leqslant n,n\in\mathbf{N},n\geqslant 3)$,则

$$x_1x_2\cdots x_n \geqslant (a_2+a_3+\cdots+a_n-a_1)\cdot$$
$$(a_1+a_3+\cdots+a_n-a_2)\cdot\cdots\cdot$$
$$(a_1+a_2+\cdots+a_{n-1}-a_n)$$

(* *)

显然，当 $n=3$ 时，$x_i=a_i(1\leqslant i\leqslant 3)$，不等式(* *)为

$$a_1a_2a_3 \geqslant (a_2+a_3-a_1)\cdot$$
$$(a_1+a_3-a_2)(a_1+a_2-a_3)$$

即为试题的不等式(*).

现在我们用 Schur 定理证明不等式(* *)，从而也给出了(*)的一种新证法.

证法 4 令 $a_{lk}=\frac{1}{n-1}(1-\delta_{lk})$，这里 δ_{lk} 当 $l=k$ 时是 1，$l\neq k$ 时为 0，$1\leqslant l,k\leqslant n$，则

$$\sum_{k=1}^{n}a_{lk}=\sum_{l=1}^{n}a_{lk}=1$$

令 $S=\sum_{k=1}^{n}a_k$，那么

$$a_2+a_3+\cdots+a_n-a_1=S-2a_1$$
$$a_1+a_3+\cdots+a_n-a_2=S-2a_2$$
$$\vdots$$
$$a_1+a_2+\cdots+a_{n-1}-a_n=S-2a_n$$

当 $i\neq j$ 时，由于 $(S-2a_i)+(S-2a_j)=2S-2(a_i+a_j)\geqslant 0(1\leqslant i,j\leqslant n)$，所以 n 个数 $S-2a_1,S-2a_2,\cdots,S-2a_n$ 中至多有一个是负实数，当恰有一个是负实数时，式(* *)显然成立. 所以只要考虑全部 $S-2a_i(1\leqslant i\leqslant n)$ 为非负实数的情况即可

$$\sum_{k=1}^{n} a_{lk}(S-2a_k)=S-2\sum_{k=1}^{n} a_{lk}a_k$$

$$=S-\frac{2}{n-1}\sum_{k=1}^{n}(1-\delta_{lk})a_k$$

$$=S-\frac{2}{n-1}(S-a_l)$$

$$=\frac{2}{n-1}a_l+\frac{n-3}{n-1}S$$

$$=a_l+\frac{n-3}{n-1}(S-a_l)=x_l$$

由 Schur 不等式，立即有

$$x_1x_2\cdots x_n\geqslant(S-2a_1)(S-2a_2)\cdots(S-2a_n)$$

证毕.

至此，我们成功地推广了试题，用数学家 C. S. Pierce 的话说："数学思想的另一个特征是当它不能推广时，它就没有成功."

第三阶段则要考察这一试题与其他试题的联系. 我们说一个好的竞赛试题决不应该是一个孤立的结果，而应该与许多试题密切关联，只有这样才能满足人们化归的需要. 单墫教授指出："化归就是化简，而最大的化简莫过于将面临的需要解决的问题化为一个已解决的问题."

下面我们将建立试题 A 与若干 IMO 试题的联系.

首先将(*)改写为

$$3abc\geqslant a^2(b+c-a)+b^2(c+a-b)+c^2(a+b-c) \tag{1}$$

若 a,b,c 为三角形三边时，式(1)由式(*)可知成立. 这样就证明了如下的试题.

试题 B　设 a,b,c 是一个三角形的三边长，求证

$$a^2(b+c-a)+b^2(c+a-b)+c^2(a+b-c)\leqslant 3abc \tag{2}$$

如果我们将试题中的 a,b,c 改进为非负实数，式(*)显然仍成立，这时将(*)改写为

$$a^3+b^3+c^3+3abc\geqslant a^2(b+c)+b^2(c+a)+c^2(a+b) \tag{3}$$

由(3)不难推出当 x,y,z 为非负实数时，有

$$\frac{7}{6}(x^3+y^3+z^3)+\frac{5}{2}xyz \geqslant x^2(y+z)+y^2(z+x)+z^2(x+y) \tag{4}$$

式(4)又可改写为

$$(xy+yz+zx)(x+y+z)-2xyz \leqslant \frac{7}{27}(x+y+z)^3$$

如果取 $x+y+z=1$，便得到第25届IMO第一题：

试题 C　设 x,y,z 是非负实数，且 $x+y+z=1$，求证

$$0\leqslant yz+zx+xy-2xyz\leqslant \frac{7}{27}$$

本书中作者给出了一个漂亮的证法.

在推广之后，我们当然要问式(*)是否还可以得到加强，下面我们就给出两个加强的结果.

加强 1　$(a+b-c)^2(b+c-a)^2(c+a-b)^2+(a-b)^2(b-c)^2(c-a)^2\leqslant a^2b^2c^2$.

加强 2　$(a+b+c)^3(a+b-c)(b+c-a)\cdot(c+a-b)\leqslant 27a^2b^2c^2$.

以上两式均仅当 $a=b=c$ 时取等号.

限于篇幅,以上两式的证明留给读者.

还有人将式(*)加强为:设 a,b,c 为正数,则

$$\frac{27a^2b^2c^2}{(a+b+c)^3} \geqslant (b+c-a)(c+a-b)(a+b-c)$$

证明 (1) 不妨设 $a\geqslant b\geqslant c>0$. 当 $b+c\leqslant a$ 时,命题显然成立.

(2) 当 $b+c-a>0$ 时,易知,三个正数 a,b,c 可以作为某三角形的三边的长,设为 $\triangle ABC$,其中 $BC=a$,$CA=b$,$AB=c$. 由余弦定理得

$$c^2=a^2+b^2-2ab\cos C$$

变形得

$$(a+b)^2-c^2=2ab(1+\cos C)$$

再利用下面两个恒等式

$$(a+b)^2-c^2=(a+b-c)(a+b+c)$$

$$1+\cos C=2\cos^2\frac{C}{2}$$

便得

$$a+b-c=\frac{4ab\cos^2\frac{C}{2}}{a+b+c}$$

同理

$$c+a-b=\frac{4ca\cos^2\frac{B}{2}}{a+b+c}$$

$$b+c-a=\frac{4bc\cos^2\frac{A}{2}}{a+b+c}$$

三式相乘可得

$$(b+c-a)(c+a-b)(a+b-c)$$
$$=\frac{64a^2b^2c^2\left(\cos\frac{A}{2}\cos\frac{B}{2}\cos\frac{C}{2}\right)^2}{(a+b+c)^3}$$

注意到

$$0<\cos\frac{A}{2}\cos\frac{B}{2}\cos\frac{C}{2}\leqslant\frac{3\sqrt{3}}{8}$$

所以

$$\frac{27a^2b^2c^2}{(a+b+c)^3}\geqslant(b+c-a)(c+a-b)(a+b-c)$$

注 由 Cauchy 不等式知，$(a+b+c)^3\geqslant 27abc$，从而

$$\frac{27a^2b^2c^2}{(a+b+c)^3}\leqslant\frac{27a^2b^2c^2}{27abc}=abc$$

因此它是式(*)的一个加强.

第四阶段，我们要考察一下它的背景，这一阶段是解数学竞赛题所独有的，我们将指出试题的背景是 A. Ostrowski 不等式. 1952 年 A. Ostrowski 在《Math Purse Appel》9 月号第 31 期 253 ~ 292 页上发表了题为“*Sur quelques application des fonctions Convexeset Concaves au sens de I. Schur*”的论文. 其中他证明了：

A. Ostrowski 不等式对任意 Schur 函数 F，不等式

$$F(x)\geqslant F(y)$$

当且仅当 $x\succ y$ 时成立.

我们先介绍一下符号“$\succ$”的含义：

设 $x_1,\cdots,x_n$ 和 $y_1,\cdots,y_n$ 是实数，对于向量 $\boldsymbol{x}=(x_1,\cdots,x_n)$ 和 $\boldsymbol{y}=(y_1,\cdots,y_n)$，如果可能重新排列其分量使得

$$x_1\geqslant\cdots\geqslant x_n \text{ 和 } y_1\geqslant\cdots\geqslant y_n$$

我们有

$$\sum_{r=1}^{k} x_r \geqslant \sum_{r=1}^{k} y_r (k=1,\cdots,n-1) \text{ 和 } \sum_{r=1}^{n} x_r = \sum_{r=1}^{n} y_r$$

则称向量 $\boldsymbol{y}=(y_1,\cdots,y_n)$ 被向量 $\boldsymbol{x}=(x_1,\cdots,x_n)$ 优超(majorized),记为 $\boldsymbol{x} \succ \boldsymbol{y}$.

我们再介绍一下什么是 Schur 函数:

n 个实变量的实函数 F,若对所有 $i \neq j$,有

$$(x_i - x_j)\left(\frac{\partial F}{\partial x_i} - \frac{\partial F}{\partial x_j}\right) \geqslant 0$$

则称 F 为 Schur 函数,其中$\frac{\partial F}{\partial x_i}$是 F 对 x_i 的偏导数.

如果我们令 $x_1=a, x_2=b, x_3=c, y_1=a+b-c$, $y_2=c+a-b, y_3=b+c-a$,并且注意到:

如果令 $x_1 \geqslant x_2 \geqslant x_3$,那么就有 $y_1 \geqslant y_2 \geqslant y_3$,且

$$\begin{aligned} x_1 - y_1 &= a-(a+b-c)=c-b \\ &\leqslant 0(x_1+x_2)-(y_1+y_2) \\ &=(a+b)-(2a)=b-a \leqslant 0 \end{aligned}$$

$$\begin{aligned} &(x_1+x_2+x_3)-(y_1+y_2+y_3) \\ =&(a+b+c)-(a+b+c)=0 \end{aligned}$$

所以向量(y_1,y_2,y_3)优化于(x_1,x_2,x_3),即 $\boldsymbol{y} \succ \boldsymbol{x}$.

再令 $F(x_1,x_2,x_3)=-x_1x_2x_3$,则有

$$(x_1-x_2)\left(\frac{\partial F}{\partial x_1} - \frac{\partial F}{\partial x_2}\right) = x_3(x_1-x_2)^2 \geqslant 0$$

$$(x_2-x_3)\left(\frac{\partial F}{\partial x_2} - \frac{\partial F}{\partial x_3}\right) = x_1(x_2-x_3)^2 \geqslant 0$$

$$(x_3-x_1)\left(\frac{\partial F}{\partial x_3} - \frac{\partial F}{\partial x_1}\right) = x_2(x_3-x_1)^2 \geqslant 0$$

故 $F(x_1,x_2,x_3)$ 是 Schur 函数.

由 A. Ostrowski 不等式可知有

$$-(a+b-c)(c+a-b)(b+c-a)\geqslant -abc$$

即
$$abc\geqslant (a+b-c)(c+a-b)(b+c-a)$$

1959年I. Mirsky证明了：I. Mirsky不等式对于任意的对称凸函数，不等式

$$F(x)\leqslant F(y)$$

当且仅当 $x \prec y$ 时成立.

如果我们取其特例的话，又可以得到若干竞赛试题.

所以正如单墫教授在其新著《数学竞赛研究教程》(P564 ~ P568) 中所说："新颖的题目往往来自科研，这是'题海'的'源头活水'."

Schur函数出现在对称群的表示论中，它们对一切分划 $\{\lambda_1,\cdots,\lambda_p\}=\lambda$ 都有定义，并且包含初等对称多项式(elementary symmetric polynomials)作为实例. 例如 $S\{1,1,\cdots,1\}=S_k$，$S_{(k)}=p_k$，其中

$$S_k(x_1,\cdots,x_n)=\sum_{1\leqslant i_1<\cdots<i_k\leqslant n} x_{i_1}\cdots x_{i_k}$$

$$p_k(x_1,\cdots,x_n)=x_1^k+\cdots+x_n^k$$

具体可见D. E. Littlewood编写的 *The Theory of Group Characters and Mutrix Representations of Groups* (Clarendon press, 1950).

Schur不等式在数学竞赛中应用很广，下面我们再举两个例子，说明它的应用.

例1 $a,b,c\in \mathbf{R}^+$，$\alpha\in\mathbf{R}$，假设

$$f(\alpha)=abc(a^\alpha+b^\alpha+c^\alpha)$$

$$g(\alpha)=a^{\alpha+2}(b+c-a)+b^{\alpha+2}(a+c-b)+c^{\alpha+2}(a+b-c)$$

试确定 $f(\alpha)$ 与 $g(\alpha)$ 的大小关系.

（1994 年中国台北数学奥林匹克试题）

解

$$f(\alpha)-g(\alpha)=abc(a^{\alpha}+b^{\alpha}+c^{\alpha})+(a^{\alpha+3}+b^{\alpha+3}+c^{\alpha+3})-a^{\alpha+2}(b+c)-b^{\alpha+2}(a+c)-c^{\alpha+2}(a+b)$$

$$=[a^{\alpha+1}bc+a^{\alpha+3}-a^{\alpha+2}(b+c)]+[b^{\alpha+1}ac+b^{\alpha+3}-b^{\alpha+2}(a+c)]+[c^{\alpha+1}ab+c^{\alpha+3}-c^{\alpha+2}(a+b)]$$

$$=a^{\alpha+1}(a-b)(a-c)+b^{\alpha+1}(b-a)(b-c)+c^{\alpha+1}(c-a)(c-b)$$

右边恰是 Schur 不等式，故可知 $f(\alpha)>g(\alpha)$，即 $f(\alpha)>g(\alpha)$.

1992 年 8 月，中国科学院武汉数理所王振和宁波大学陈计提出一个征解问题：

例 2 设半径为 R 的圆内接 n 边形的边长为 a_1，a_2，…，a_n，面积为 F，证明或否定

$$\left(\sum_{i=1}^{n}a_i\right)^3\geqslant 8n^2RF\sin\frac{\pi}{n}\tan\frac{\pi}{n}$$

等号当且仅当这个 n 边形为正 n 边形时成立.

这个问题发表后，收到全国 11 个省市的 24 位读者的应征解答，但只有王振一人答对. 他就用到了 Schur 优超定理，只需要证明：RF 是 $(a_1,a_2,\cdots,a_n)$ 的严格 Schur 凹函数，即对 $1\leqslant i<j\leqslant n$，有

$$(a_i-a_j)\left[\frac{\partial(RF)}{\partial a_i}-\frac{\partial(RF)}{\partial a_j}\right]$$

$$=(a_i-a_j)\left[R^2(\cos\theta_i-\cos\theta_j)-\right.$$

$$\left.\frac{\cos\theta_i-\cos\theta_j}{2\cos\theta_i\cos\theta_j}F\left(\sum_{k=1}^{n}\tan\theta_n\right)^{-1}\right] \quad (1)$$

$$=-\frac{R(a_i-a_j)^2}{4}\tan\frac{\gamma\theta_i+\theta_j}{2}\cdot$$

$$\left[2-\frac{F}{R^2\cos\theta_j\cos\theta_j}\left(\sum_{k=1}^{n}\tan\theta_k\right)^{-1}\right]\leqslant 0$$

其中 $2\theta_k$ 为 a_k 所对的外接圆的圆心角;等号当且仅当 $a_i=a_j$ 时成立.

不妨设 $\theta_1\leqslant\theta_2\leqslant\cdots\leqslant\theta_n$,则 $|\cos\theta_i|$ 是单调减函数,且 $\cos\theta_k\left(\sum_{k=1}^{n}\tan\theta_k\right)>0$. 从而,要证(1) 只需证

$$\sum_{k=1}^{n}\sin 2\theta_k<4\cos\theta_{n-1}\cos\theta_n\left(\sum_{k=1}^{n}\tan\theta_k\right) \quad (2)$$

分以下两种情况讨论:

(1)$\theta_n\leqslant\frac{\pi}{2}$ 时,有

$$\sum_{k=1}^{n}\sin 2\theta_k<2\sum_{k=1}^{n-1}\theta_k+\sin 2\theta_{n-1}+\sin 2\theta_n$$

$$\sum_{k=1}^{n-2}\tan\theta_k>\sum_{k=1}^{n-2}\theta_k=\pi-\theta_{n-1}-\theta_n$$

于是,要证(2) 只需证

$$f(\theta_{n-1},\theta_n)=2\pi-2\theta_{n-1}-2\theta_n+\sin 2\gamma\theta_{n-1}+\sin 2\theta_n-4\sin(\theta_{n-1}+\theta_n)-4\cos\theta_{n-1}\cos\theta_n(\pi-\theta_{n-1}-\theta_n)\leqslant 0 \tag{3}$$

由于

$$\frac{\partial F}{\partial\theta_n}=-2+2\cos 2\theta_n-4\cos(\theta_{n-1}+\theta_n)+4\sin\theta_n\cos\theta_{n-1}(\pi-\theta_{n-1}-\theta_n)+4\cos\theta_{n-1}\cos\theta_n$$
$$=4\sin\theta_n[\sin\theta_{n-1}-\sin\theta_n+\cos\theta_{n-1}(\pi-\theta_{n-1}-\theta_n)]$$
$$>4\sin\theta_n\left[2\sin\frac{\theta_{n-1}-\theta_n}{2}\cos\frac{\theta_{n-1}+\theta_n}{2}+(2\theta_n-\theta_{n-1}-\theta_n)\cos\frac{\theta_{n-1}+\theta_n}{2}\right]$$
$$=4\sin\theta_n\cos\frac{\theta_n+\theta_{n-1}}{2}\left(\theta_n-\theta_{n-1}-2\sin\frac{\theta_n-\theta_{n-1}}{2}\right)\geqslant 0$$

所以

$$f(\theta_{n-1},\theta_n)\leqslant f\left(\theta_{n-1},\frac{\pi}{2}\right)$$
$$=\pi-2\theta_{n-1}+\sin 2\theta_{n-1}-4\cos\theta_{n-1}$$
$$<\pi-2\cdot\frac{\pi}{2}+\sin\pi-4\cos\frac{\pi}{2}=0$$

(2)$\theta_n>\frac{\pi}{2}$ 时，设 $\sum_{k=1}^{n-1}\theta_k=\alpha$，$\sum_{k=1}^{n-2}\theta_k=\beta$，则

$$0<\beta<\alpha<\frac{\pi}{2}$$

$$式(2)左边=\sum_{k=1}^{n}\sin 2\theta_k <$$
$$2\beta+\sin 2(\alpha-\beta)-\sin 2\alpha \tag{4}$$

$$式(2)右边=4(\sin\beta-\cos\alpha\sum_{k=1}^{n-2}\cos\theta_{n-1}\tan\theta_k)>$$
$$4\left(\sin\beta-\cos\alpha\sum_{k=1}^{n-2}\sin\theta_k\right)>$$
$$4\sin\beta-4\beta\cos\alpha \tag{5}$$

令

$$g(\alpha,\beta)=2\beta+\sin 2(\alpha-\beta)-\sin 2\alpha-4\sin\beta+4\beta\cos\alpha$$

$$\frac{\partial g}{\partial\beta}=2-2\cos 2(\alpha-\beta)-4\cos\beta+4\cos\alpha=$$
$$4\sin^2\frac{\alpha-\beta}{2}-8\sin\frac{\alpha-\beta}{2}\sin\frac{\alpha+\beta}{2}=$$
$$4\sin\frac{\alpha-\beta}{2}\left(\sin\frac{\alpha-\beta}{2}-2\sin\frac{\alpha+\beta}{2}\right)<0$$

所以

$$g(\alpha,\beta)>g(\alpha,0)=0 \tag{6}$$

联系(4)与(5),即知不等式(2)成立.

刚刚又看到安徽省寿县第一中学梁昌金老师的一个Schur不等式的出色应用(《数学教学》2017年第2期).

2005年格鲁吉亚国家集训队试题中有一道不等式题:设 a,b,c 是正实数,且 $abc=1$. 求证

$$a^3+b^3+c^3\geqslant ab+bc+ca \tag{1}$$

引理(Schur不等式) 对于任意的非负实数 a,b,c,有:

(1)$a^3+b^3+c^3+3abc\geqslant ab(a+b)+bc(b+c)+ca(c+a)$;

(2)$(a+b+c)^3+9abc\geqslant 4(a+b+c)(ab+bc+ca)$.

加强 1　设 a,b,c 是正实数，且 $abc=1$. 则

$$a^3+b^3+c^3\geqslant 3(ab+bc+ca)-6 \qquad (2)$$

证明　由 Schur 不等式，得

$$\begin{aligned}a^3+b^3+c^3+6&=a^3+b^3+c^3+3abc+3abc\\&\geqslant ab(a+b)+bc(b+c)+\\&\quad ca(c+a)+3abc\\&=(a+b+c)(ab+bc+ca)\end{aligned}$$

由 $abc=1$，知 $a+b+c\geqslant 3$，所以

$$a^3+b^3+c^3+6\geqslant 3(ab+bc+ca)$$

从而 $a^3+b^3+c^3\geqslant 3(ab+bc+ca)-6$.

注意到，当 $ab+bc+ca\geqslant 3$ 时，$(a+b+c)^2-6\geqslant a^2+b^2+c^2$. 我们有：

加强 2　设 a,b,c 是正实数，且 $abc=1$，则

$$a^3+b^3+c^3\geqslant (a+b+c)^2-6 \qquad (3)$$

证明　由 Schur 不等式有

$$a^3+b^3+c^3+\frac{15}{4}abc\geqslant \frac{1}{4}(a+b+c)^3$$

所以

$$\begin{aligned}a^3+b^3+c^3+6&=a^3+b^3+c^3+\frac{15}{4}abc+\frac{9}{4}\\&\geqslant \frac{1}{4}(a+b+c)^3+\frac{9}{4}\end{aligned}$$

令 $a+b+c=p$，则 $p\geqslant 3$，只需证 $\frac{1}{4}p^3+\frac{9}{4}\geqslant p^2$，即 $(p-3)(p^2-p-3)\geqslant 0$.

后一不等式显然成立，从而原不等式成立.

说明：由 $a^2+b^2+c^2\geqslant ab+bc+ca$，知

$(a+b+c)^2-6\geqslant 3(ab+bc+ca)-6$,则式(3)强于式(2).

加强 3 设 a,b,c 是正实数,且 $abc=1$,则

$$a^3+b^3+c^3\geqslant\frac{9}{8}(a+b+c)^2-\frac{57}{8}\tag{4}$$

证明 记 $p=a+b+c,q=ab+bc+ca$,则 $p\geqslant 3,q\geqslant 3$. 由 $(a+b+c)^3=a^3+b^3+c^3+3(a+b+c)(ab+bc+ca)-3abc$,知 $a^3+b^3+c^3=p^3-3pq+3$,于是原不等式等价于 $p^3-3pq+3\geqslant\frac{9}{8}p^2-\frac{57}{8}$. 由 Schur 不等式有 $p^3+9\geqslant 4pq$,则 $q\leqslant\frac{9+p^3}{4p}$.

故只需证 $p^3-3p\cdot\frac{9+p^3}{4p}+3\geqslant\frac{9}{8}p^2-\frac{57}{8}$,即 $2p^3-9p^2+27\geqslant 0$,故

$$(p-3)^2(2p+3)\geqslant 0$$

后一不等式显然成立,从而原不等式成立.

说明:由 $a+b+c\geqslant 3$,知 $\frac{9}{8}(a+b+c)^2-\frac{57}{8}\geqslant(a+b+c)^2-6$,故式(4)强于式(3).

由上述探究过程,得到下述两个不等式链:

设 a,b,c 是正实数,且 $abc=1$,则

$$\begin{aligned}a^3+b^3+c^3&\geqslant\frac{9}{8}(a+b+c)^2-\frac{57}{8}\\&\geqslant(a+b+c)^2-6\\&\geqslant a^2+b^2+c^2\\&\geqslant ab+bc+ca\end{aligned}$$

$$a^3+b^3+c^3\geqslant\frac{9}{8}(a+b+c)^2-\frac{57}{8}$$

$$
\begin{aligned}
&\geqslant (a+b+c)^2-6\\
&\geqslant 3(ab+bc+ca)-6\\
&\geqslant ab+bc+ca
\end{aligned}
$$

2011年12月14日，刚刚过完98岁生日，全世界最有名的书店——莎士比亚书店的老板乔治·惠特曼在巴黎左岸拉丁区的书店三楼的卧室里去世. 他曾说过：

> “我需要一家书店，对我来说经营图书就是在经营我的人生”.

这是一种境界，一种人生境界. 读罢石焕南教授的大作，使笔者强烈的感觉到，研究受控理论与解析不等式对于石教授来说也是一种宿命，也是在经营自己的人生.

曾经到过中国的好莱坞编剧大师麦基说过这样一段话：

> “我们都热切地想要理解我们的生存处境，梦想着超脱于生活的苦难，并尽可能深刻地去生活.”

石教授是一位刻苦异常的人. 由于用脑过度，在血压、血脂均不高的壮年不幸患上脑溢血，这对于一个以研究数学为生的人来说是一场人生磨难（早年熊庆来先生在法国留学时也遇到过，原全国不等式研究会理事长杨必成先生（一位专攻 Hilbert 不等式的专家，也是受脑病困扰多年），可喜的是石先生在研究不等式的过程中超越了它，并得到了一系列令人敬佩的成果. 从字里行间笔者可以感受得到作者的自信.

在1940年的一次普林斯顿大学的Fine大厅的例行茶话会上,Merston Mores宣称:

> **"一个成功的数学家总是相信他现在的定理是世上已有的数学中最重要的".**

由于工作的关系笔者与全国不等式研究会的成员多有接触,他们那种对不等式研究的执着与痴迷着实令人感动,这是一个十分小众但优秀的群体.

本书的部分内容曾在石先生的另一本几年前出版的专著《受控理论与解析不等式》(当然也是由我们工作室出版的)中出现过.那本是平装的,定价还算亲民,但这本书改为精装的了,更何况内容也大大丰富了,所以定价会略高.

当红作家慕容雪村在微博中说:

> **"有人报怨书价太贵,看跟什么比了.现在中国图书的均价也就是30元左右,相当于一包中档烟、一杯咖啡、一个套餐、一次出租车、1/2张电影票、1/3个比萨饼,有人抽得起烟,喝得起咖啡,看得起电影,却说自己看不起书,其实这只能说明此人不爱读书".**

虽然说本书在同类图书中属高定价,不过笔者相信您读了之后一定会感到物有所值.特别要指出的是许多国际奥赛题在本书中都能找到别出心裁的、深刻的、意想不到的新证法以及推广和加强.

一个叫彭伦空间的人发微博说:

“微博上活跃着许多的文字出版的同行，我始终觉得，出版人、编辑或译者本是幕后工作，应尽量保持低调，即便是为营销推广而跑到前台，也不要忘了所做的一切是让读者看到作者的光芒，而不是把自己变成明星. 不要让自己可笑的言行玷污作者的清誉. 最可悲是读者因为你的恶劣形象而拒绝你翻译、出版的作品”.

这话说的不错. 尽管我们也找到反例，如电影《天才捕手》中的那位编辑. 数学编辑也有，《纽约数学期刊》和《亚洲数学期刊》编辑，香港中文大学数学系教授梁乃聪就与复旦大学数学科学学院教授暨数学研究所所长洪家兴及台湾理论科学研究中心主任兼数学组主任李文卿共获了陈省身奖.

虽然有例外，但大多数情形下是正确的. 所以我们要以此为鉴，就此打住是明智的，最后借此僅向全国不等式研究会全体成员致敬！

刘培杰

2017 年 3 月 1 日于哈工大